# LabVIEW 宝典

## （第 3 版）

陈树学　刘萱　编著

電子工業出版社·

Publishing House of Electronics Industry

北京·BEIJING

## 内 容 简 介

本书详尽讲解了 LabVIEW 常用的编程方法、编程技巧和工程应用技术。全书共分为 3 篇，其中，入门篇归纳总结了 LabVIEW 编程人员必须掌握的基础知识，包括 LabVIEW 的基本概念、基本函数的用法和常用的运行结构，以及 LabVIEW 的基本数据结构和文件存储方式；高级篇细致地讲解了引用、属性、方法及各类高级控件的运用，LabVIEW 的文本方式编程及 DLL、C 语言接口，基于 MATLAB 语法的 math* 编程技术，LabVIEW 基于组件的高级编程方法和编程模式；工程应用篇介绍了串口、并口和网络通信的常用方法，数据采集的基本原理和方法，LabVIEW 实时系统的构建和编程，以及各种常用专业工具包的使用方法，包括数据库连接工具包、数据监控与记录工具包、报表生成工具包、状态图工具包等。

本书可作为高等院校通信、测量技术、自动控制等专业相关课程的教材和教学参考书，也可作为相关工程技术人员设计及开发仪器或自动测试系统的技术手册。

**图书在版编目（CIP）数据**

LabVIEW 宝典 / 陈树学，刘萱编著. —3 版. —北京：电子工业出版社，2022.4
ISBN 978-7-121-41167-0

Ⅰ. ①L... Ⅱ. ①陈... ②刘... Ⅲ. ①软件工具－程序设计 Ⅳ. ①TP311.561

中国版本图书馆 CIP 数据核字（2022）第 047964 号

责任编辑：张月萍
印　　刷：北京雁林吉兆印刷有限公司
装　　订：北京雁林吉兆印刷有限公司
出版发行：电子工业出版社
　　　　　北京市海淀区万寿路 173 信箱　　　　　　邮编：100036
开　　本：787×1092　1/16　　印张：44.25　　字数：1246 千字
版　　次：2011 年 3 月第 1 版
　　　　　2022 年 4 月第 3 版
印　　次：2023 年 5 月第 2 次印刷
定　　价：138.00 元

凡所购买电子工业出版社图书有缺损问题，请向购买书店调换。若书店售缺，请与本社发行部联系，联系及邮购电话：(010) 88254888，88258888。
质量投诉请发邮件至 zlts@phei.com.cn，盗版侵权举报请发邮件至 dbqq@phei.com.cn。
本书咨询联系方式：(010) 51260888-819　faq@phei.com.cn。

# 前　言

　　计算机的出现，彻底改变了人们的工作和生活方式。如今计算机已经无处不在，进入了每个人的生活之中。在工程技术人员看来，计算机不仅仅是人们常见的 PC，也包括各种微处理器。从这个角度看，我们无时无刻不在使用计算机，例如，电视、洗衣机、自动提款机等都依赖计算机来实现各种便捷的功能。

　　相同的计算机可以完成不同的工作，在于它们使用不同的程序，而程序是由计算机编程语言创建的。短短几十年中，出现了众多的编程语言，这些编程语言的共同特点是采用文本方式创建程序。文本方式编程对编程人员要求很高，这使得计算机编程只能是少数人才可以从事的职业。

　　美国国家仪器公司（National Instruments，NI）的创新软件产品 LabVIEW，允许用图形方式编程，摒弃了晦涩难懂的文本代码，使得计算机编程不再是少数人的专利。LabVIEW 的最早版本诞生于 1986 年，几乎和 Windows 的最早版本同步，这注定了 LabVIEW 是多平台的编程语言，适用于不同的操作系统。

　　20 世纪 80 年代初，NI 公司是 GPIB 总线设备的主要供货商，丰富的硬件经验和强大的软件开发需求，促使 NI 公司的工程师们决心寻找一种代替传统编程语言的开发工具，这促成了 1986年 LabVIEW 的横空出世。LabVIEW 是由测试工程师开发的专用编程语言，因此，LabVIEW 具有鲜明的行业特点，最早主要用于测试测量领域。NI 公司独创了虚拟仪器的概念，提出了"软件就是仪器"的理念，并逐步成为业界的标准。

　　随着 LabVIEW 的不断发展，几乎每隔一两年，都要推出新的版本。LabVIEW 的应用范围已经覆盖了工业自动化、测试测量、嵌入式应用、运动控制、图像处理、计算机仿真、FPGA 等众多领域。以 LabVIEW 为核心，采用不同的专用工具包和统一的图形编程方式，可以实现不同技术领域的需求。

　　由于 LabVIEW 版本升级过快，导致许多函数、VI 的名称与图标发生了变化。使用 LabVIEW新版本的读者，会发现本书前两版中程序框图中的函数、VI 与新版 LabVIEW 对应不上，而且LabVIEW 每次更新都增加了很多新功能。鉴于此，我们编写了本书的第 3 版。第 3 版在前两版的基础上，修改了一些程序框图，同时也针对新功能，增加了对应的内容。

## 本书要点

　　本书作者多年使用 LabVIEW 作为主要的编程语言，因此特别关注 LabVIEW 在工业领域的具体运用以及 LabVIEW 的实用编程技术。本书共 17 章，分为入门篇、高级篇、工程应用篇。

　　第 1~5 章为入门篇，介绍了 LabVIEW 的基本概念、基本函数的用法和常用的运行结构，详尽地分析了 LabVIEW 的基本数据结构和文件存储方式。

　　第 6~11 章为高级篇，介绍了应用程序、VI 和控件的引用、属性和方法，以及各类高级控件的运用方法。第 8 章介绍了 LabVIEW 的文本编程方式及 DLL、C 语言接口，第 9 章详细介绍了基于 MATLAB 语法的 MathScript 编程技术，第 10 章介绍了 LabVIEW 基于组件的编程方法。

　　第 12~17 章为工程应用篇，具体而细致地讲解了在做实际工程开发时所用到的 LabVIEW 编程技术。本篇结合 LabVIEW 的常用工具包，具体分析了计算机串口、并口、网络通信方面的编程技术，以及数据记录和监控工具包、数据库连接工具包、报表生成工具包、状态图工具包、FPGA工具包等的应用。第13、第14章详细介绍了数据采集的基本原理和常用编程方法，其中重点介绍了 LabVIEW 在实时系统下的运用。第15章讲解了 LabVIEW 实时系统的开发案例。第16章讲解了 LabVIEW 数据采集系统开发案例。第17章讲解了 FPGA 的开发案例，以及如何利用 LabVIEW 图形编程方式，提高开发效率。

## 读者对象

本书可作为高等院校通信、测量技术、自动控制等专业相关课程的教材和教学参考书，也可作为相关工程技术人员设计开发仪器或自动测试系统的技术手册。

## 本书特色

本书内容非常丰富，在每个章节都安排了大量的示例，针对具体编程实践中遇到的问题，提出了多种解决方法。在兼顾基础知识的前提下，深入讨论了 LabVIEW 的高级编程方法和编程技巧。

本书的宗旨是作为实用工具书，侧重于来自工程实践的一线案例。笔者在写作过程中，与众多的 LabVIEW 爱好者进行了充分的沟通与交流，总结了编程过程中经常遇到的问题，本书针对这些问题进行了探讨，并作为书中的重要内容。

本书使用了大量篇幅讲解 NI 公司各种专用工具包的运用，这部分内容具有一定的深度和实用价值，特别适合具有一定基础的编程人员学习运用。在入门篇中，虽然也介绍了许多 LabVIEW 的基础知识，但还是侧重于具体应用，其中大量的例程可以直接在具体项目中使用。

在高级篇中，重点介绍了 LabVIEW 常用的编程模式，以及状态图工具包的运用，同时介绍了新增的面向对象的编程方法。

## 补遗说明

本书写作时主要使用 8.6 版本，但是书中介绍的具体内容并不限于特定的版本，因此无版本限制。本书案例文件和相关课件扫描下方二维码下载，方便读者提高学习效率，也方便教师教学。此外，对于比较重要的内容，为了让读者印象深刻，我们以"学习笔记"的体例呈现出来。

## 致谢与分工

本书由陈树学、刘萱两位工程师编写，我们有多年的 LabVIEW 实际开发经验，经过浓缩和总结才成此书。在编写本书的过程中得到张国强老师的大力支持，他为我们提供了开发硬件，使得写作能在真实的开发环境中进行，应该说没有他的热心帮助，完成本书是难以想象的事情。本书也离不开成都道然科技有限责任公司的专业策划支持。因为本书作者为工程技术人员，对于写作并不擅长，书中错漏之处在所难免，敬请批评指正。能够为 LabVIEW 在国内的推广使用做一点力所能及的贡献，能够对广大的 LabVIEW 爱好者有所帮助，是我们最大的愿望。

# 目　录

## 第1部分　入门篇

## 第 2 部分　高级篇

# 第3部分  工程应用篇

# 第 12 章  LabVIEW 设计模式与状态图工具 .................................432

# 第 1 部分　入门篇

# 第 1 章  打开 LabVIEW 编程之门

LabVIEW 在国内流行的时间并不长，但实际上它已经诞生 30 多年了，在国外被广泛应用于教学、科研、测试和工业自动化等领域。LabVIEW 自 6.1 版开始流传开来，随后越来越多的编程人员开始使用 LabVIEW 并把它作为首选的编程语言。LabVIEW 与常规编程语言有很大的不同，可以说它是专门为工程师开发的语言，专业性很强。对于从事工程应用的工程师们来说，LabVIEW 是必须掌握的编程语言。

由于 LabVIEW 的特殊性，这里对开始学习 LabVIEW 的朋友们，提出如下建议：

◆ 要学会"背叛"。LabVIEW 有自己独特的编程方式，要学会 LabVIEW 的思维逻辑。
◆ 不要相信两三个小时就能学会 LabVIEW 之类的话，即便是学习一年也只是入门而已。
◆ 任何时候要牢记"数据流"的概念，这是 LabVIEW 编程的核心。
◆ LabVIEW 直接面向工程应用，因此"标准"是最重要的。
◆ LabVIEW 是工程师的语言，编程者首先得是一位优秀的工程师。
◆ 学习 LabVIEW 最好的资料就是 LabVIEW 的例子程序。

**学习笔记** 近几年来，LabVIEW 每年更新一个版本，新增了很多功能，同时原有功能也发生了很多变化，本书第 3 版是基于目前最新的 2020 版编写的。

## 1.1  从 VI 开始

LabVIEW 同其他编程语言和软件一样，安装程序界面友好，容易使用。登录 NI 官网，在下载相关网页，选择下载 LabVIEW，下载完成后会自动安装。安装结束后，重新启动计算机，然后用鼠标双击 LabVIEW 的快捷方式图标，即可启动 LabVIEW。

使用常规编程语言，如 VB、VC 进行开发时，都是从新建一个具体的项目开始，每个函数都必须在项目里调用。而 LabVIEW 中的 VI 类似于常规编程语言中的函数，是可以独立于项目运行调试的，非常容易使用。对于初学者，可以从创建 VI 开始，然后逐步熟悉，直到掌握 LabVIEW。在 LabVIEW 中创建复杂应用程序时，需要使用项目，项目的具体使用方法将在后续章节介绍。LabVIEW 的启动窗口如图 1-1 所示，在菜单中选择"文件"→"新建 VI"项即可创建一个 VI。

新建一个 VI 后，呈现在我们面前的是两个常见的 Windows 窗口，分别为前面板窗口与程序框图窗口，如图 1-2 所示。我们在后面的讲述中将这两个窗口简称为前面板和程序框图。

**学习笔记** VI 由前面板和程序框图组成。

一般使用常规编程语言创建的程序，由一个图形界面窗口（一般称为 GUI）和一个文本编辑窗口组成。LabVIEW 中的 VI 的前面板就相当于 GUI，程序框图则相当于文本编辑器。

显然，前面板是用来放置各种控件的，而程序框图是用来编写代码的。LabVIEW 最大的特点就是它是图形式编程语言，也就是说它的代码是完全图形化的，这一点和常规的文本式编程语言截然不同。

通过菜单栏的"工具"菜单，可以调出"控件"选板和"函数"选板，如图 1-3 所示。其中"控件"选板用于在前面板放置控件，"函数"选板用于在程序框图中放置函数（即代码）。

图 1-1　LabVIEW 启动窗口

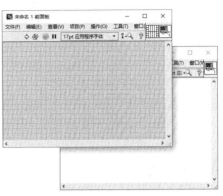

图 1-2　前面板窗口和程序框图窗口

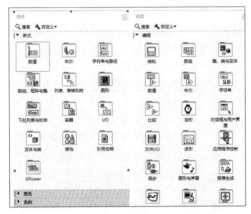

图 1-3　"控件"选板和"函数"选板

LabVIEW 给人的第一感觉，是控件的数量和种类远多于其他编程语言。例如，在 VC 中要找到一个不同于 Windows 标准的控件是很困难的。另外一个明显的不同是，LabVIEW 的控件分成输入控件和输出控件，输出控件又称为显示控件。

控件选板和函数选板的使用非常频繁，而使用菜单来调用它们非常不方便。最简单的调用方法是：右击前面板，弹出控件选板；右击程序框图，弹出函数选板。然后按 Ctrl+E 组合键，即可快速在前面板和程序框图之间切换。

### 1.1.1　创建 VI

常规语言的入门程序一般是经典的"Hello World！"，即先在显示窗口放置一个显示控件，一般是文本框，然后给这个文本框赋值。这里，我们也从"Hello World"VI 的创建开始。要输出字符串"Hello World"，首先需要在前面板放置字符串显示控件。在控件选板中选择字符串显示控件。此时出现一个带虚框的控件，将其移动到前面板合适的位置并单击前面板，就把字符串显示控件放置到了前面板中。

在前面板放置字符串显示控件后，程序框图中就会自动出现对应的接线端子，如图 1-4 所示。接线端子是 LabVIEW 特有的概念，它与前面板控件一一对应。

**学习笔记**　双击前面板中的控件或者程序框图中的接线端子，可以自动定位到对应的接线端子或

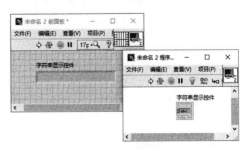

图 1-4　接线端子

控件。在快捷菜单中，通过查找控件或者接线端子，也可以实现同样目的。

现在遇到的问题是，如何给这个显示控件赋值。记住，数据流是 LabVIEW 编程的核心。作为字符串显示控件，它是数据要流动到达的目标。因此，必须有一个数据流出的源。我们自然想到，字符串输入控件就是数据源。用同样的方法，在前面板放置一个字符串输入控件。接下来我们需要考虑如何在输入控件和输出控件之间建立联系。

在 LabVIEW 中创建程序框图的过程就相当于用常规语言编写代码的过程；输入控件接线端子和显示控件接线端子之间连线的过程，就相当于用常规语言编写语句的过程。

前面板和程序框图的操作都离不开工具选板，所以在连线之前首先要熟悉工具选板，如图 1-5 所示。如果工具选板未显示，则通过菜单栏中的"工具"菜单可以调出工具选板。

在工具选板中，当鼠标箭头移动到工具按钮上时，会出现工具条提示。工具选板上各个按钮的名称和详细功能，如表 1-1 所示。

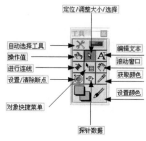

图 1-5　工具选板

表 1-1　工具选板上按钮的名称和功能

| 按　钮 | 名　称 | 功　能 |
|---|---|---|
|  | 自动选择工具 | 选中后，根据鼠标位置自动确定工具，按Shift+Tab组合键或单击此按钮可以禁止或者启用自动选择工具 |
|  | 操作值 | 改变控件值。对于数值型控件，可以直接控制增减量；对于字符串控件，可以直接输入或者更改字符串 |
|  | 定位/调整大小/选择 | 处于箭头状态时，通过双击控件或者接线端子，可以定位到接线端子或者控件。选中对象后，可以拖动改变其大小，还可以通过矩形框选择一个或者多个对象 |
|  | 编辑文本 | 编辑对象标签、标题或自由标签，也可以用来改变数值型控件的值 |
|  | 进行连线 | 仅用于程序框图，用于对象之间的连线 |
|  | 对象快捷菜单 | 与鼠标右键快捷菜单的功能相同，主要用于同时修改多个控件的属性 |
|  | 滚动窗口 | Windows常规操作，用于平移滚动窗口 |
|  | 设置/清除断点 | 在VI、函数、节点、连线和结构上设置或清除断点，使程序在断点处暂停 |
|  | 探针数据 | 在连线上设置探针，可以观察流动的瞬时数据，主要用于调试 |
|  | 获取颜色 | 取得当前窗口任意位置的颜色 |
|  | 设置颜色 | 设置对象元素的颜色，可以和获取颜色工具配合使用 |

通过连线工具创建的"Hello World"VI，如图 1-6 所示。

LabVIEW 中的 VI 类似一个函数，但是与 C 语言中的函数有明显不同。用常规编程语言编写的程序都有一个明显的入口点，比如 main()函数。VI 则不同，任何一个 VI 都是可以单独运行的，不存在明显的入口点。用常规编程语言编写代码后，需要显式的编译、连接过程，VI 则不存在显式的编译过程，在我们对 VI 程序框图进行连线时，编译过程在后台自动发生，编译过程是动态的。

单击工具栏中的"运行"按钮，运行 VI，输入到字符串控件的值将自动显示到字符串输出控件中。

**学习笔记** 输入控件经过连线，把它的值传递给显示控件。

工具栏中还提供了"连续运行"和"中止"按钮，如图 1-6 所示。这里要介绍一下"运行"和"连续运行"的区别："运行"是程序运行一次就结束了，而"连续运行"是指 VI 连续不断循环运行。"连续运行"可以修改输入控件的值，而且显示控件能动态显示出修改的结果。当 VI 连续运行时，"连续运行"按钮上的字体变为黑色并加粗，再次单击"连续运行"按钮或者工具栏中的第 3 个按钮即"终止运行"按钮来结束连续运行。

下面在图 1-6 所示 VI 的基础上，创建计算一次函数 $y=kx+b$ 的 VI，$y$ 作为输出结果，$k$、$x$、$b$ 作为输入参数。

如图 1-7 所示，数值控件使用的是双精度数据类型，它的连线颜色和线型与字符串控件明显不同。从连线的颜色和线型，可以明显区分数据类型，这是 LabVIEW 图形编程方式的突出特点。

**学习笔记** 不同颜色、不同的线型表示不同的数据类型。

当程序框图中出现未连线的情况或连线错误时，工具条上的"运行"按钮就变成"错误"按钮。单击它会自动弹出错误列表对话框，提示出现的错误，而常规编程语言在编译的过程中提示错误，这说明 LabVIEW 的编译过程是在后台自动完成的。

图 1-6 "Hello World" VI

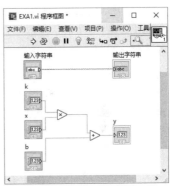

图 1-7 一次函数

**学习笔记** LabVIEW 程序的编译是在连线的过程中自动进行的。

LabVIEW 被称作"G"语言。G 指的是 Graphical Programming Language，即图形化编程语言。对照其他文本方式的编程语言，在 G 语言中键盘的作用似乎不重要了，因为在程序框图中既看不到变量，也看不出任何语句的存在。我们完全可以理解前面板中控件的含义，这和其他编程语言一样。GUI 是由各种各样的控件集合而成的，但是它的控件有独特之处：一是数量多，二是明确区分输入控件和输出控件。

"数据流"是 LabVIEW 的核心，也是 G 语言的核心。输入控件和显示控件中间的连线就表明了数据由输入控件流动到显示控件。输入控件就是数据的"来源"，显示控件就是数据要流动到的"目的地"，而这个流动的过程是通过连线完成的。与日常的物理现象中的"流动"不同的是，流动后，输入控件的数据并没有"损耗"，依然存在，而显示控件的数据被"冲掉"了，变成了新的数据。

既然是数据流，那么一点的数据应该可以流向多点，多点的数据也应该可以汇集成一点。实际上，上面的程序已经实现了多点汇集到一点，一次函数 $y=kx+b$，$k$、$x$、$b$ 都是输入控件，是数据源，而目的地是 $y$，这本身就是多个输入控件的数据汇集到一个显示控件的例子。

### 1.1.2 控件属性设置与快捷菜单

通过前面的学习，我们初步了解了 LabVIEW 程序是由 VI 组成的，而 VI 又是由输入控件、显示控件和数据连线组成的。因此，深入了解和探讨控件是非常必要的。LabVIEW 的控件种类繁多，即使是同一类型控件，在一些细节上也有很大差别。

VB、VC 也提供了大量的控件，如命令按钮、文本框、列表框和组合框等。LabVIEW 提供的控件与众不同。首先，控件分成输入控件和显示控件，另外，控件的分组也很有特点，有数值控件、布尔控件、字符串和路径组控件、数组和矩阵组控件、列表与表格组控件、图形组控件等。这不像普通的控件分组，更像是变量的数据类型分组。

#### 1. 控件的基本属性

一般的控件具有属性、方法和事件，LabVIEW 的控件与常规控件类似，也具有属性、方法和事件。一般的控件都包括"值"属性，表示控件当前的数值或字符串等，也就是说控件是数据的容器，而数据的值只是控件属性之一。

LabVIEW 中不存在常规语言中变量的说法，任何数据都是依附于控件的。控件是数据的容器，数据不能离开控件而独立存在（移位寄存器和常量例外）。

LabVIEW 的控件中包含数据，但是数据是有类型的，比如数字可以是整型，而整型又可以分成有符号和无符号，8 位、16 位、32 位等。选定数据类型后，控件与数据类型就有了对应关系，只允许在编辑环境设定，不允许在运行环境更改。

控件作为对象，由多个组成要素构成，比如标签、标题、颜色、字体等。对于一个具体的控件，通过快捷菜单或属性对话框，可以修改其属性。不同种类的控件专用属性可能不同，但是常规属性基本相同。这里以字符串控件的属性对话框为例，介绍常见的基本属性。在字符串控件的快捷菜单中选择"属性"，弹出字符串控件的属性对话框，如图 1-8 所示。

图 1-8　字符串控件的属性对话框

字符串控件的属性对话框采用典型的选项卡方式，其中包括"外观""说明信息""数据绑定""快捷键"4 个选项卡。按照常规的表示方法，位于上方的属性一般是通用属性，而位于下方的往往是控件的专用属性。

（1）"外观"选项卡上的属性用于控制控件的外观显示，控件的通用外观属性包括以下几个：

◆ "标签"和"标题"，标签代表的是控件的名称，它在运行过程中属于只读属性，不能在运行过程中更改它，相当于常规语言中的变量名。标题是控件显示给用户看的信息，属于可读写属性，在运行过程中可以随时更改标题，一般多语言环境的软件都采用类似的做法。

◆ "大小"，包括"高度"和"宽度"，表示控件的大小信息。通过高度和宽度，可以精确控制控件的大小。

◆ "启用状态"，包括"启用"、"禁用"和"禁用并变灰" 3 个单选按钮。它们用于表示控件的状态信息，处于禁用状态的控件不接受键盘和鼠标操作。

**学习笔记** 控件的标签是内部名称，用于区别控件，而标题是用于人机交互的。

（2）第二个选项卡为"说明信息"，由"说明"和"提示框"两部分组成。在"说明"和"提示框"中输入的是文本信息。

◆ 在提示框内输入的内容就是通常所说的"工具条提示"，当移动鼠标箭头到控件上时，不执行任何操作，几秒后即出现"提示框"里的说明文字。

◆ 在"说明"中可以对控件做详细解释。当程序运行时，用鼠标选择控件，然后在右键快捷菜单中选择"说明"，就会弹出一个对话框，显示的就是我们输入的"说明"信息。

**学习笔记** 在 LabVIEW 中文本输入的手动换行是通过快捷键 Shift+Enter 实现的。

（3）其他选项卡，比如"数据绑定"，将在后续章节介绍。

#### 2. 输入控件和显示控件的区别

LabVIEW 中的控件明显分成了输入控件和显示控件两大类别。LabVIEW 作为面向工程应用的编程语言，是与测试测量和自动化工程控制密切相关的。从硬件的角度看，控件分成这两大类非常合适。以自动化控制为例，它的输入和输出是有明显区别的。比如继电器是输出类型，而检测开关则是输入类型。广泛使用的数据采集卡也分成模拟量输入和模拟量输出、数字量输入和数字量输出。

从 LabVIEW 本身的编程特点来说，数据流是 LabVIEW 的核心概念，任何数据必须是有"源"的，这个"源"就是输入控件或者常量，常量可以理解成特殊的固定值输入控件，而数据最终流到的目标就是显示控件。

从控件本身的角度来看，LabVIEW 其实只是推荐了控件的使用方法，并没有绝对地区分输入控件和显示控件。比如数值控件中有"旋钮"和"量表"，旋钮是输入控件，而量表是显示控件。这与现实情况是非常符合的。对于收音机的音量控制，确实有个物理的旋钮存在，比较高级的收音机也确实有个简单的电子仪表来显示音量。

LabVIEW 的输入控件和显示控件是可以自由转换的。在控件的快捷菜单中就可以实现将输入控件转换成显示控件，或者将显示控件转换成输入控件。但这只是在程序编辑情况下才可以做，在程序运行情况下是不允许转换的。如果允许的话，数据流向就会发生变化，这将导致数据流无法实现。

#### 3. 控件快捷菜单

LabVIEW 对控件的许多操作都是通过快捷菜单实现的，所以有必要深入研究一下快捷菜单。不同控件的快捷菜单既有相同的部分，也有不同的部分。相同的部分适合所有的控件，而不同的部分对应控件的特殊属性。我们以一个旋钮控件为例来看一下控件的快捷菜单，如图 1-9 所示。

"显示项"中包括"标签"和"标题"选项，这是控件的通用基本属性。通过这个菜单可以设置控件的标签及标题，我们通过属性对话框同样可以设置这两个属性。如果只想设置控件的部分属性，直接用快捷菜单比较方便。

图 1-9　旋钮控件的快捷菜单

"显示项"中还有"单位标签"、"数字显示"和"梯度"三个选项，图 1-10 演示了它们的不同效果。

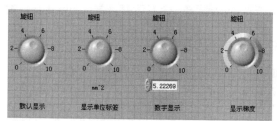

图 1-10　旋钮控件的不同显示效果

通过图 1-10 所示的效果图我们可以看到，一个 LabVIEW 控件由不同的可显示部件组成，比如上面的旋钮，就是由单位标签、数字显示和梯度等几个部件组合而成，而对于每一个独立的部件都可以单独设置它的属性，比如颜色、字体等。

### 1.1.3　创建控件、常量、局部变量、引用、属性节点和方法节点

创建控件、常量、局部变量、引用、属性节点和方法节点，是 LabVIEW 中极为常见的操作。创建方法很多，分类介绍如下。

**1. 创建控件**

LabVIEW 中的控件数量庞大，种类繁多，这极大地方便了 GUI 设计。控件从基本显示风格来划分，可分成银色、现代、古典与系统 4 大类，新版 LabVIEW 增加了 NXG 风格的系列控件。

◆ 银色控件是 LabVIEW 提供的新型控件，推荐使用银色控件。

◆ 现代控件是三维显示风格，在银色控件推出之前，多使用此类控件。

◆ 古典控件是平面显示风格，早期 LabVIEW 使用此类控件。

◆ 系统显示风格的控件，适用于编写 Windows 风格的应用程序。

◆ 与 NI NXG 开发环境相一致的最新控件。

任何一种编程语言都具备处理复杂数据类型的能力，LabVIEW 作为成熟的编程语言，自然也不例外。在各种编程语言中最常见的复杂数据类型为数组和记录（VB）或结构（C 语言），LabVIEW 中类似记录或结构的数据类型，称为"簇"。这只是一个称谓的区别，本质并无差异。

控件选板中包含数组和簇控件，由于它们是以控件形式出现的，因此，它们的创建方式与数值控件相同。在控件选板中选择数组和簇之后，前面板中会出现数组和簇的容器，之后我们需要

在数组或者簇中添加元素。

数组中的元素具有相同的属性，因此只需选择需要的元素控件类型。建立数组容器后，右击容器内空白处，弹出控件选板，选择合适的控件。也可以在前面板放置控件，然后拖动到数组容器中。在新版本中可以通过简单控件的快捷菜单，把简单控件直接转换为数组控件，这样更为方便。簇的建立方法与数组类似，不过需要选择多种类型的控件。

控件隶属于前面板，前面板往往包括多种不同类型的控件。创建控件有多种方法。

◆ 在控件选板中选择相应的控件，然后拖动到前面板，程序框图中就会出现相应的接线端子。

◆ 在程序框图函数接线端子上打开快捷菜单，选择"创建"→"输入控件"或"创建"→"显示控件"项。

◆ 通过剪贴板，复制一个或者多个控件。同常规的 Windows 程序一样，LabVIEW 提供了剪贴板功能，可以通过"编辑"菜单来使用，不过更方便的方法是使用快捷键。使用快捷键 Ctrl+C，可以复制控件或控件集合。使用快捷键 Ctrl+X，可以剪切控件或控件集合。使用快捷键 Ctrl+V，可以粘贴控件或控件集合。

◆ 用鼠标左键选择控件或控件集合，按下 Ctrl 键后拖动鼠标，可以直接创建新的控件或控件集合，这种方法称为克隆。

◆ 在程序框图中，选择接线端子或者接线端子组，然后按下 Ctrl 键并拖动鼠标，可以直接在前面板上创建新的控件。

◆ 从已经打开的别的 VI 前面板上，直接拖动控件或者控件集合到前面板。

◆ 从已经打开的别的 VI 程序框图中，直接拖动接线端子或者接线端子组，可以包括连线，这样可以直接复制程序，并自动创建相应控件。

### 2. 创建常量

常量隶属于程序框图，在程序框图中创建常量有以下几种方法。

◆ 在函数面板上找到相应的函数，比如数值、字符串、文件路径、数组或簇，它们中都包括常量。

◆ 在接线端子的右键快捷菜单中，选择"创建"→"创建常量"项。

◆ 拖动前面板上的控件或控件集合到程序框图，直接创建与控件类型对应的常量。

◆ 在类似的常量存在的情况下，通过剪贴板复制、剪切和粘贴来创建常量。

◆ 在类似的常量存在的情况下，按下 Ctrl 键后用鼠标拖动该常量，通过克隆的方式创建新的常量。

◆ 在已经打开的其他 VI 中，直接拖动控件或者常量到程序框图。

◆ 在局部变量的右键快捷菜单中，选择"创建"→"创建常量"项。

◆ 在属性节点的右键快捷菜单中，选择"创建"→"创建常量"项。

对于有些常量（比如数值常量），可以通过快捷菜单进一步选择其数据类型（比如 U8、I16、DBL 等）。

### 3. 创建局部变量

局部变量的具体含义将在后续章节介绍，创建局部变量的几种常用方法如下。

◆ 最基本的方法是在控件或者接线端子的右键快捷菜单中，选择"创建"→"局部变量"项。

◆ 对于已经存在的局部变量，通过剪贴板复制是不可行的，需要特别注意。LabVIEW 虽然支持局部变量的复制、剪切和粘贴操作，但是粘贴后会创建一个新的控件及局部变量。

◆ 对于已经存在的局部变量，可以按下 Ctrl 键，然后用鼠标拖动局部变量来克隆。

#### 4. 创建属性节点

属性节点的具体用法将在后续章节介绍。创建属性节点有如下方法。

◆ 最基本的方法是使用前面板控件或程序框图中的接线端子的右键快捷菜单，选择"创建"→
"属性节点"项来创建。

◆ 对于已经存在的属性节点，通过剪贴板复制、粘贴的并非原来控件的属性节点，而是和原
来数据类型对应的通用属性节点，暂时未指向任何控件。

◆ 最简单的方法是按下 Ctrl 键，然后用鼠标拖动属性节点，创建一个新的属性节点。

**学习笔记** 选择现有的属性节点，通过复制、粘贴可以创建严格类型的通用属性节点。按
下 Ctrl 键后用鼠标拖动该节点即可对其克隆，克隆操作不产生新的控件。

#### 5. 创建控件的引用

创建控件的引用有如下方法。

◆ 最基本的方法是在控件或者接线端子的右键快捷菜单上，选择"创建"→"引用"项。

◆ 对于已经存在的控件的引用，按下 Ctrl 键的同时用鼠标拖动控件引用来克隆。

◆ 对于已经存在的控件的引用，通过剪贴板复制、粘贴的并非原来控件的引用，而是和原来
控件类型一致的新的控件和控件的引用。

#### 6. 创建控件的方法（中文版的帮助文件中称作"调用节点"，早期文档中译为"方法"）

LabVIEW 的控件与其他编程语言的控件一样具有属性和方法。创建控件的方法有以下几种方法。

◆ 最基本的方法是在控件或者接线端子的右键快捷菜单中，选择"创建"→"方法"项。

◆ 对于已经存在的控件方法，按下 Ctrl 键后拖动该方法来克隆。

◆ 对于已经存在的控件方法，通过剪贴板复制、粘贴的并非原来控件的方法，而是和原来控
件类型一致的新的通用控件方法。

**学习笔记** 选择现有的方法，通过复制、粘贴可以创建严格类型的通用方法。

以上介绍了控件、常量、局部变量、属性节点、引用和方法的创建方法，其中都包括了按下 Ctrl
键后拖动鼠标的方法。这种方法称作"克隆"，克隆与 Windows 的复制、粘贴是不同的。Windows
里的复制和粘贴往往创建新的控件，而克隆操作创建的往往是同一控件的局部变量或者属性节点等。

可以通过子 VI 的接线端子的快捷菜单，选择"创建"，然后选择"输入控件"、"显示控件"
或者"常量"，来创建所需的输入控件、显示控件。利用这种方法，可以保证控件和子 VI 端子的
类型一致，这是一个非常重要的功能。

**学习笔记** 在子 VI 端子的快捷菜单中选择"创建"项，来创建控件和常量。

### 1.1.4 创建自定义控件

在选择控件之后，可以通过快捷菜单中的"表示法"项或者属性对话框来选择控件所代表的
数据类型，一般都是一类相近的数据类型。比如数值类型 U8、I8、U16、I16、U32 和 I32 都是相
近的数据类型。这样，在设计过程中想更改数据类型是很容易的。如果设计的数据类型和实际需

要的数据类型有很大差别，这时可以直接选择快捷菜单中的"替换"项，把原来的控件替换成想要的新形式。

在构造一个比较复杂的程序时，通常要定义一个复杂的数据结构来描述外部事物，而这个复杂的数据结构有可能贯穿整个程序的始终。一旦这个数据结构发生变化，将导致程序多处发生变化，这会给程序设计者造成极大困难，甚至导致整个程序设计的失败。

最好的方法是定义一个统一的复杂数据类型（通常用构造簇或者类的方法来实现，让簇或者类作为一种统一的数据类型，贯穿程序设计的始终）。这样对数据结构的修改就能引起程序中所有引用簇的地方自动更新。LabVIEW 通过把簇控件作为自定义控件，来定义统一的数据类型并贯彻始终。

一个控件包括外观、数据类型、控件默认值等内容，那可以自定义的是控件的哪些部分呢？如果自定义的仅仅是控件的外观，那意义不大，无非是为控件新增了特殊的显示效果。LabVIEW 在这方面做得已经足够多了，我们很容易找到所需的控件。

选择一个控件，打开快捷菜单并选择"自定义"项，弹出自定义控件编辑器，看看到底能自定义哪些部分。如图 1-11 所示，这是一个普通的数值控件自定义前面板，它与普通的前面板是有区别的。一般 VI 的前面板对应一个程序框图，而自定义控件的前面板没有对应程序框图，所以它不能用来编程。

此外还可以看出，一个控件是由一些基本对象元素组合而成的，每一个元素都可以被独立修改，如颜色、大小等。重新定义这些基本元素，就可以构造出新的符合自己特殊要求的控件。

自定义控件有三种形式：输入控件、自定义类型和严格自定义类型，如图 1-11 所示。自定义控件的三种不同形式存在很大区别。图 1-12 所示是创建的输入控件、自定义类型、严格自定义类型的属性对话框，我们可以发现，它们的属性对话框存在明显区别。

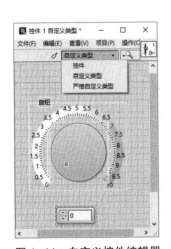

图 1-11　自定义控件编辑器

图 1-12　输入控件、自定义类型、严格自定义类型属性对话框

输入控件、自定义类型、严格自定义类型的区别如下所述。

◆ 输入控件被保存在一个单独文件中。一旦在一个 VI 中调用被保存为输入控件的自定义控件，则这个新生成的控件与原来的控件没有任何关系，可以自由地修改这个新控件的属性，如图 1-12 中左侧图所示。

◆ 自定义类型和严格自定义类型的自定义控件与输入控件不同，在一个 VI 中调用这两类自定义控件后，新生成的控件保持和文件中存储的自定义控件的链接关系。任何对文件中存储的自定义控件的修改，都会引起所有调用这个自定义控件的 VI 更新。这样就保证了一个精心设计的复杂数据类型在所有调用 VI 中保持同步更新。

◆ 自定义数据类型和严格自定义数据类型的区别，在于控件数据类型保持一致的程度。对于严格定义的数据类型，在调用它的 VI 中，除了可以修改是否可见、是否启用之外，无法对控件进行任何其他修改，完全保证它和存储在文件中的自定义控件的高度一致，如外观、代表的数据类型、数据类型的精度、数据类型的输入范围等。而对于自定义数据类型，除了外观和代表的数据类型保持一致，它的其他属性可以自由设置。在图 1-12 中，中间的图为自定义数据类型，右侧的图为严格自定义数据类型。

**学习笔记** 可以使用自定义类型或者严格自定义类型构造通用或者复杂的数据类型。

## 1.2 编辑前面板和程序框图

LabVIEW 的前面板，从基本用途上可以分为两类：GUI 人机交互界面和程序员交互界面（GPI）。GUI 是直接提供给操作者使用的，对编程者来说比较重要。GUI 针对不同领域的具体要求，有不同的设计标准。

GPI 和 GUI 则完全不同，GPI 是给程序员看的。对于多个程序员互相协作的项目，程序员交互界面也是非常重要的，也要遵循一定的标准。不过与 GUI 的标准不同，GUI 需要满足的是行业的标准规范，而 GPI 标准是 LabVIEW 程序员的"潜规则"，并不是必需的。因此也是仁者见仁，智者见智，不同的人有不同的理解。但是无论如何，清晰、整洁是最基本的要求。

同 VC、VB 等流行的常规编程语言一样，LabVIEW 也提供了有关控件布局方面的功能。由于 LabVIEW 是图形式编程语言，这方面的功能更加强大。

### 1.2.1 选择、移动和删除对象

前面板、前面板上的控件、程序框图上的接线端子、函数、图标、连线等统称为对象。所谓编辑前面板和程序框图，就是编辑这些具体的对象。

我们从前面板上的控件对象开始介绍，首先需要了解的是如何选择和移动对象。前面板对象的选择和移动的方法对程序框图对象同样适用。选择对象有多种方法，简单分类如下。

**1. 选择单个对象**

通过工具选板的"定位/调整大小/选择"按钮选择。单击某个对象，则该对象被选中。对象被选中时，周围出现虚框。在任何情况下，采用矩形框选方式，可以直接选中对象。

**2. 选择多个对象**

通过工具选板的"定位/调整大小/选择"按钮选择。单击选中某个对象，然后按住 Shift 键，选择其他对象，形成对象集合。在任何情况下，采用矩形框选方式，可以直接选中多个对象。

**3. 筛选对象**

筛选对象是在选择多个对象的基础上，在按下 Shift 键的同时，单击对象，将对象加入或剔出对象选择集。如果原来对象是被选中的，则剔除该对象；如果原来对象处于未选中状态，则添加到选择集中。通过虚框很容易判断对象是否被选中。

**4. 选择全部对象**

选择全部对象，当然也可以采用矩形框选的方法，不过利用快捷键 Ctrl+A 更简单。

**学习笔记** 使用快捷键 Ctrl+A，可以选择前面板或程序框图中的全部对象。

#### 5. 移动对象

移动对象属于常见的编辑操作，在单选或多选对象后，直接拖动其中任何一个对象，则出现一个新的虚框，其随鼠标的运动而移动，虚框的位置表明当前位置。将虚框移动到合适位置释放鼠标后，原来位置上的对象将消失，而被移动到了鼠标指定位置。

如果移动之前按住 Shift 键，则可以保证移动沿水平方向或者垂直方向进行，具体方向取决于最开始的移动方向。采用键盘的方向键也可以移动选中的对象，而按住 Shift 键，则可以快速移动对象。

#### 6. 取消移动操作

克隆对象和移动对象都涉及中间取消的问题，取消克隆和移动操作有以下几种方法。

◆ 执行完毕后，在"编辑"菜单中选择"取消"项，快捷键是 Ctrl+Z。
◆ 在克隆和移动过程中，按下 Esc 键，取消操作。
◆ 直接拖动到前面板窗口或者程序窗口外，取消操作。

**学习笔记** 在克隆和移动对象的过程中，按下 Esc 键可以取消操作。按下 Shift 键，可以沿水平或者垂直方向移动对象或者对象集合。

#### 7. 精确移动对象

移动对象时既可以用鼠标拖动，也可以用键盘方向键移动。利用键盘方向键可以做比较精确的调整，按下 Shift 键可以快速移动对象或者对象集合。选择和移动对象，如图 1-13 所示。

**学习笔记** 通过键盘方向键移动对象时，按下 Shift 键可以快速移动。

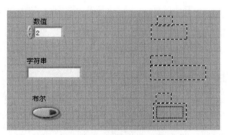

图 1-13　选择和移动对象

#### 8. 删除对象

除了可以创建、选择、移动、复制对象，我们也可以删除对象。选择要删除的对象或者对象集合，然后通过以下几种方法来删除。

◆ 在菜单栏的"编辑"菜单中，选择"从项目中删除"项。
◆ 利用 Windows 的剪切命令，快捷键为 Ctrl+X。
◆ 选择对象或者对象集合后，按下 Del、Delete、Backspace 三者中的任何一个键。
◆ 对象中包含的子元素（如控件的标签、标题等）是不能单独删除的，只能选择"显示"或者"隐藏"。

### 1.2.2　使用布局工具

前面板和程序框图有关布局的工具条是相同的，共有三个分类：对齐对象、分布对象和重新排序。其中每个分类中又有很多不同的子分类，下面我们分别介绍。

#### 1. 对齐对象

顾名思义，对齐对象是指将一组被选择的对象按照一定要求对齐排列，有上边缘、下边缘、左边缘、右边缘、垂直中心和水平居中几种对齐方式，如图 1-14 所示。

一般的控件对象默认都是有标签的，各种对齐方式也包括标签的对齐。标签默认位于对象的上方，我们可以移动某个控件标签的位置，而对齐对象有可能是以标签为基准的，所以移动时要特别小心。不过，标签是可以单独选择的，首先要对齐控件本身，然后再对齐标签或者标题。

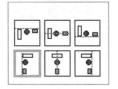

图 1-14 对齐对象

前面板和程序框图都具有网格对齐功能。默认情况下，前面板是显示网格线的。而程序框图不显示网格线，可以通过"编辑"菜单或者快捷键 Ctrl+# 设置是否采用网格对齐。在创建控件时，一般采用网格对齐方式。

**学习笔记** 在对齐时，先对齐对象，后对齐标签或者标题。快捷键 Ctrl+# 用于在前面板或程序框图中设置是否网格对齐。

### 2. 分布对象

各种分布对象的工具如图 1-15 所示。当我们将鼠标光标定位到某一个图标上时，上方会出现说明文字，比如图 1-15 左上角第一个图标显示的文字是"上边缘"。结合它的图标很容易看出，它是以对象的上边缘为基准，沿垂直方向均匀分布的。

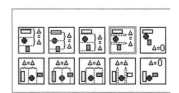

图 1-15 分布对象

需要注意的是，图 1-15 最右边上下两个图标分别是垂直压缩和水平压缩。选择这两个选项，可以使所有选择的对象沿垂直方向或水平方向紧密排列。紧密排列功能在程序框图设计中使用得非常广泛。

这里以程序框图为例，简单地说明对齐和分布的使用方法。首先选择要对齐的对象集合，用矩形框选方式，选择"对齐对象"中的"左边缘"。然后选择"分布对象"中的"垂直压缩"，这样输入控件对象的排列就完成了，具体操作如图 1-16 所示。

对于前面板中的对象采用同样方法，进行对齐和垂直压缩后，会极大地节省前面板和程序框图的空间，同时使连线变得更加简单整洁。对齐、分布是 LabVIEW 程序员必须掌握的基本技能，整理后的效果如图 1-17 所示。

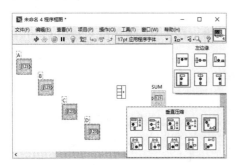

图 1-16 左边缘对齐，垂直压缩分布

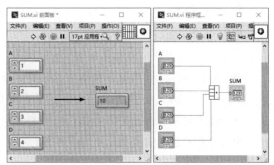

图 1-17 左边缘对齐，垂直压缩分布效果图

### 3. 调整大小

创建一个对象后，经常需要修改其大小，尤其是前面板对象，比如输入控件、显示控件和装饰等。移动光标到某个控件上，如果光标指针是常见的箭头形式，则表示目前的工具是定位/调整大小/选择状态。如果控件的大小允许调整，对象的四周和中间会出现方框标记，表示在这个方向可以调整大小。移动光标到方框标记上，当光标箭头变成缩放状后，按住鼠标左键沿某一方向拖动，就可

以更改对象的大小了。这里的对象不仅仅指控件对象，也包括标签、标题等其他元素。但是采用鼠标拖动的方法，无法精确控制对象的大小尺寸。在开启网格对齐的情况下，鼠标定位的最小单位是一个网格。一个网格到底是多少呢？首先我们需要确定的是网格大小的基本单位是什么，无论是前面板还是程序框图，或者前面板和程序框图中的对象，都是以像素点作为基本单位的。

**学习笔记** LabVIEW 中对象的大小是以像素点作为基准单位的。

LabVIEW 前面板和程序框图中的网格大小是可以设置的。默认情况下，前面板的每个网格为 12 个像素点，程序框图网格为 16 个像素点。对于新创建的 VI，可以在菜单栏中选择"工具"→"选项"，打开"选项"对话框，如图 1-18 所示。在这里，可以查看和设置网格大小。

图 1-18　"选项"对话框

在这个对话框中，我们不但可以设置网格的大小，还可以设置网格相对于背景的对比度。当我们新创建一个对象时，新对象是有默认大小的。而这个默认大小可能不是网格对齐的，开启"缩放新对象以匹配网格大小"功能，可以强制新创建的对象调整大小尺寸，自动适应网格大小。另外，有的对象无法在水平和垂直两个方向同时对齐，这时 LabVIEW 会自动选择一个合适的方向单方向对齐。

**学习笔记** 前面板网格默认为 12 个像素，程序框图网格默认为 16 个像素。

LabVIEW 的前面板和程序框图并没有直接显示每个对象的大小，不过可以通过以下方法查看控件对象的大小。

◆ 在快捷菜单上，选择"属性"，然后在打开的"属性"对话框中查看当前控件对象的大小。

◆ 单击工具栏中的"调整对象大小"按钮，弹出"调整对象大小"对话框，如图 1-19 所示。

在上述对话框中不仅可以查看控件对象的大小，更重要的是可以按照像素点修改控件对象的大小，其中有的对象只允许单方向调整。图 1-19 所示的例子就只允许调整对象的宽度。

"调整对象大小"对话框是个较常用的对话框，在其中不仅可以查看和调整单个对象的大小，还可以同时调整对象集合，使对象集合中的对象具有同样的宽度或者高度。

"调整对象大小"工具栏中其他几个按钮非常容易理解，都是作用于所选取的对象集合的，其功能分别为设置最大宽度、最小宽度、最大高度、最小高度。

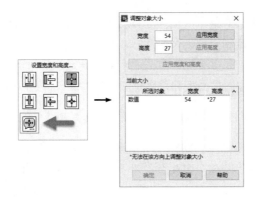

图1-19 "调整对象大小"工具按钮和"调整对象大小"对话框

#### 4. 重新排序

工具栏中有关对象布局的最后一项是重新排序，它包括3项基本功能。

（1）组合

功能相关的对象可以组合成一个组，作为一个单独的对象，统一进行复制、移动、删除等编辑操作，组中包含的对象的相对位置保持不变。

在一个包含大量对象的界面中，采用对象组合是非常必要的。有时候难免会对已经对齐、大小调整好的对象进行误操作，比如移动了不应该移动的控件，而后续又执行很多的操作。这时如果想恢复到移动前的状态，不得不执行"编辑"菜单中的撤销操作，而撤销操作是一步步进行的，这样出现错误后所有有用的编辑操作都被撤销了。

在一个复杂的界面中重新分布对象也是非常困难的，因此非常有必要在对一些对象元素完成编辑后，将它们组合成一个组。通过组合成组的方式，可以非常方便地实现GUI界面模块化。

图1-20中，四个方向键分别控制上、下、左、右四个方向。这几个控件对象的大小相同，功能相似，将它们组合在一起后，可以统一地移动，而相对位置保持不变。

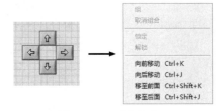

图1-20 对象组合

（2）锁定

锁定与组合不同，组合是针对对象集合的，一个单一的对象是不可能成组合的，而锁定功能既可以针对单一对象，也可以作用于整个对象组合。

锁定后，不允许对被锁定对象进行任何编辑操作，包括移动、删除、克隆等，甚至无法调用属性对话框修改属性。如果要编辑对象，必须通过"解锁"操作解除锁定，然后才能自由编辑锁定的对象。

**学习笔记** 对象编辑完成后，组合和锁定对象，可以有效防止误操作。

（3）重新排序

LabVIEW并没有像某些软件一样在窗口显示对象的坐标，原因在于前面板的坐标原点是相对的、可移动的，并不能真正体现对象相对于前面板窗口的绝对位置。

仔细观察LabVIEW的前面板，有两条网格线比较特殊，它们是加深显示的，并且显示一个交叉黑点。这个交叉黑点就是前面板窗口客户区的坐标原点。之所以强调前面板窗口客户区，是因为前面板也是一个窗口，它也具有宽度和长度属性，它本身的位置属性也是由一个点的坐标簇构成的，不过这个坐标是相对于计算机桌面的。

　　LabVIEW 的对象对于垂直于屏幕的方向是有次序的，它按照对象的创建次序自动分配。越往后创建的对象相对于操作者"越近"，或者说它的次序越高。如果发生对象重叠的情况，次序高的对象将全部覆盖或者部分覆盖次序低的对象。

　　在 LabVIEW 中，可以通过工具栏中的"重新排序"按钮来调整相对于操作者的对象的显示次序，效果如图 1-21 所示。

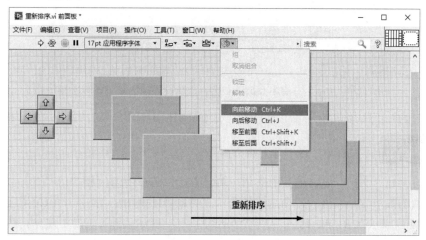

图 1-21　对象次序

## 1.3　VI 及其属性对话框

　　在 C 语言中，函数是程序的基本单元，一个函数包括输入参数、输出参数和返回值。LabVIEW 中 VI 的概念和函数非常相似，它的输入参数就是输入控件，它的输出参数就是显示控件。C 语言的函数只能有一个返回值，而 LabVIEW 的 VI 可以有多个返回值，LabVIEW 的数据流有点类似于 C 语言的值传递过程。

### 1.3.1　VI 的层次结构

　　VI 是 Virtual Instruments 的缩写，它类似于 C 语言中的函数。在 C 语言中函数可以完成独立的、特殊的功能。函数可以被上一级的函数调用，被调用的函数称为子函数。LabVIEW 也是类似的，如果一个 VI 被上一级 VI 调用，被调用的 VI 称为子 VI，这是基本的模块式编程方法。LabVIEW 的"查看"菜单中提供了一个非常有用的功能——VI 层次结构。

　　VI 层次结构有自顶向下和自左至右两种不同的显示方式。图 1-22 所示的是典型的树形结构。根部称作应用程序实例，与之紧密连接的是顶层 VI。这是显示给用户的交互 GUI，顶层 VI 调用了 6 个子 VI，双击任何一个 VI 图标，可以直接打开子 VI。

　　顶层 VI 类似于 C 语言的 main 函数，这是应用程序的入口点。从 VI 名称上看，顶层 VI 和一般的 VI 命名无任何区别。这是一个不同于其他编程语言的显著特点。也就是说，任何一个 VI，既可以作为顶层 VI，又可以作为子 VI。

　　通过前面的介绍，我们已经知道 VI 是由前面板和程序框图组成的，而且可以单独运行。但是如果把它作为子 VI，则仅有前面板和程序框图是不够的，因为一般上一级函数都需要向子函数传递参数，然后由子函数返回处理结果，这种传递参数与返回结果的功能在 VI 中是通过连线板来实现的。

　　VI 还有一个重要的组成部分——图标。在上一级的程序框图中，子 VI 是以图标的方式显示的。

在图 1-22 中，Test0、Test1、Test2、Test3 就是图标代表的 VI。

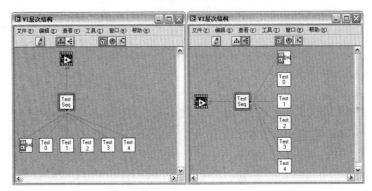

图 1-22　VI 的层次结构

**学习笔记**　完整的 VI 由前面板、程序框图、连线板和图标组成。

下面通过创建一个计算二次函数的子 VI，来介绍建立 VI 的完整过程。

已知二次函数 $Y=AX^2+BX+C$，其中 $Y$ 作为计算结果应该是输出，而 $A$、$B$、$C$、$X$ 应该是输入。因此建立的 VI 应该包括 X、A、B、C 4 个输入控件，一个显示结果 Y 的显示控件。前面板与程序框图如图 1-23 所示。

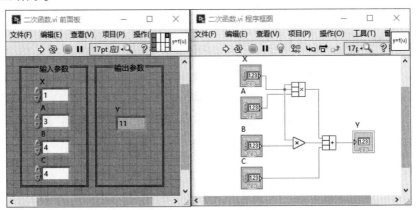

图 1-23　二次函数子 VI

创建前面板和程序框图后，右击前面板中右上角的图标，在快捷菜单中选择"显示连线板"项。选择工具选板中的连线工具，单击连线板中的端子和前面板中的控件，这样就确立了前面板控件与连线板的一一对应关系，相当于 C 语言中建立形式参数的过程。

双击图标，即可启动图标编辑器。在图标编辑器中，修改 VI 图标。这里的编辑与常规的图标编辑基本相同，也可以直接选择外部图标文件。

我们曾经创建过计算 $Y=KX+B$ 的 VI，严格地说它还不能算是子 VI，原因是我们并没有分配连接板端子和制作相应的图标。而图 1-23 已经是一个完整的子 VI 了，它包括了前面板、程序框图、连接板和图标 4 个要素。

LabVIEW 的子 VI 可以单独测试，这与常规编程语言相比，具有极大的优势。常规语言的函数测试是非常麻烦的，需要专门做一个显示界面来显示测试结果，或者用输出语句输出中间运行结果和运行过程。而 LabVIEW 的 VI 是一个非常强大的模块式结构，每个 VI 模块都可以单独运行，模块之间不需要紧密的数据连接，这非常有利于数据结构的封装。

VI 是通过连线板实现参数的输入和输出的。连线板、VI 图标位于前面板的右上角，程序框图右上角仅显示 VI 图标。根据 LabVIEW 数据流动的特点，左侧作为输入，右侧作为输出，这有利于连线。在前面板中，选择连线工具，分别单击连线板中的端子和控件，就建立了控件和连线板的一一对应关系。

VI 图标的制作比较烦琐，在图标中直接用文字来说明则相对简单。双击 VI 图标，启动图标编辑对话框，即可编辑 VI 图标。另外，也可以直接拖动一个外部图标到 VI 图标窗口，将它作为模板并做简单的修改，以满足自己特殊的需要。

编辑完 VI，保存，文件的扩展名自动被命名为 VI。

## 1.3.2 调用子 VI

在上一节中，我们创建了一个完整的子 VI，它包括前面板、程序框图、连接板和图标 4 个组成要素，可以完成一个二次函数的计算。

LabVIEW 程序具有典型的层次结构，VI 之间的相互调用形成一个完整的程序。在一个 VI 中调用另一个 VI，有如下几种方法。

◆ 在函数选板中选择"VI"选项，弹出 VI 选择对话框。该对话框类似于通用文件对话框，用于选择合适的 VI。

◆ 找到相应的 VI 文件，直接将其拖动到程序框图窗口。

◆ 如果需要调用的 VI 处于打开状态，则直接将前面板或程序框图右上角的子 VI 图标，拖动到程序框图，如图 1-24 所示。

◆ 如果建立了项目文件，则直接拖动项目文件中的 VI，如图 1-25 所示。

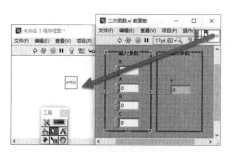

图 1-24 直接拖动打开的子 VI 的前面板或程序框图图标

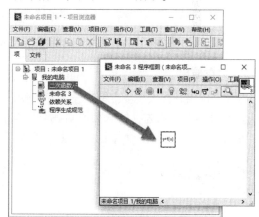

图 1-25 拖动项目文件中子 VI 的文件图标到程序框图

## 1.3.3 VI 的属性设置

对象是个虚拟的、综合的概念。前面板和程序框图本身就可以称为前面板对象和程序框图对象，输入控件、显示控件和装饰控件也是对象，包括接线端子和连线板也都可以称作对象。

对于输入控件和显示控件，可以通过快捷菜单打开属性对话框，然后在对话框上设置控件对象的各种属性。VI 也是对象，同样具有各种属性，在菜单栏中，选择"文件"→"VI 属性"，或者使用快捷键 Ctrl+I，可以弹出"VI 属性"对话框，如图 1-26 所示。

**学习笔记** 使用快捷键 Ctrl+I 可以打开"VI 属性"对话框，在这里可以设置 VI 的各种属性。

"VI 属性"对话框中包含 VI 的大量信息。有些属于查询信息，处于只读状态，不能更改。有些属于可设置的属性，比如 VI 的外观、位置等。如图 1-26 所示，"VI 属性"对话框包括以下几个分页。

### 1. 常规

"常规"页面提供了几个重要的信息，包括 VI 文件名、文件存储的实际位置、当前修订版本号和 VI 图标信息。在"常规"页面中，还可以更改 VI 图标。当然如果 VI 已经打开，则可以在其中直接修改。

图 1-26 "VI 属性"对话框

"常规"页面一个重要的功能是，可以在此设置版本修改信息。每次对 VI 进行重大修改，都可以添加说明信息，比如修改原因、增加的功能等。单击"重置"按钮，可以将版本号重置为 0。

**学习笔记** 通过"VI 属性"对话框的"常规"页面可以查看 VI 的实际存储位置。

### 2. 内存使用

程序的优劣在很大程度上取决于内存的使用情况，在"VI 属性"对话框的"内存使用"页面，可以查看 VI 当前占用内存的情况和 VI 占用硬盘空间的大小。

VI 占用的内存空间分为前面板对象、程序框图对象、代码空间、数据空间 4 部分。

**学习笔记** 在"VI 属性"对话框的"内存使用"页面上，可以查看内存使用情况和 VI 占用的硬盘空间大小。

### 3. 说明信息

类似于控件对象的说明。当其他 VI 调用这个 VI 时，在即时帮助窗口显示该说明。说明信息既可以存储于 VI 中，也可以存储于帮助文件中。

### 4. 修订历史

设置提示输入修订信息的触发条件，包括每次保存 VI 时提示添加注释，关闭 VI 时提示添加注释，记录由 LabVIEW 生成的注释。

### 5. 编辑器选项

在这个页面上可以设置 VI 的前面板和程序框图的网格线的尺寸。在菜单栏，选择"工具"→"选项"，在打开的对话框上也有网格线的设置选项。不同的是在这个对话框中，设置的是 LabVIEW 的基本工作环境，它对所有后来创建的 VI 都起作用，而在"编辑器选项"中的修改只对该 VI 起作用。

在"编辑器选项"页面中还可以设置自动创建控件时控件的样式和创建方式，比如通过函数接线端子自动创建。可以选择新式、经典、系统、银色、NXG 等控件样式。

### 6. 保护

控件对象可以通过工具栏锁定，防止用户对其非法编辑。在"保护"页面中也可以设置锁定选项，以防止未经授权而更改 VI，不过此时锁定的是整个前面板和隐藏的程序框图。如果想查看程序框图或者更改前面板，必须通过"保护"属性页解除锁定。

更严格的锁定方式是用密码锁定。我们可以设置密码，没有密码的用户是无法打开 VI 程序框图的。这样既实现了前面板的锁定，又保护了源代码。不过需要注意的是，必须精心设计密码，一旦自己忘记了密码，是没有任何方法解锁的。

**学习笔记** 设置 VI 密码，可以防止其他人员查看程序框图或者修改前面板。

### 7. 窗口外观

在这里可以选择几种窗口外观，当然通过属性节点也可以设置外观。窗口外观有顶层 VI、对话框、默认、自定义 4 种，它们的区别在于是否显示主菜单，是否显示工具栏，以及是否显示窗口最大、最小、关闭按钮等。

### 8. 窗口大小

"窗口大小"页面用来设置前面板的最小尺寸，包括宽度和高度，单位是像素点。VI 的前面板中没有直接显示出面板的大小尺寸，可以通过"窗口大小"属性页间接查看前面板的大小尺寸。

当单击"设置为当前前面板大小"按钮后，"宽度"框和"高度"框显示当前前面板的宽度和高度，并把当前宽度和高度作为最小宽度和高度。设置最小宽度和高度后，如果缩小前面板，最小只能到设定的最小尺寸，扩大则不受影响。

另外，也可以直接通过输入宽度和高度数值的方法，定义 VI 前面板的最小尺寸。如果前面板的尺寸小于设定尺寸，LabVIEW 将自动调整前面板的尺寸为设定的最小尺寸。利用这个方法可以精确设置前面板的尺寸，如图 1-27 所示。

图 1-27 "窗口大小"属性页

**学习笔记** 利用设定前面板最小尺寸的方法，可以间接设定前面板的精确尺寸。在"VI属性"对话框的"窗口大小"属性页上，设定"使用不同分辨率显示器时保持窗口比例"选项，可以使前面板中的对象按比例适应各种显示器。在该属性页上，还可以设定前面板上的对象与前面板成比例缩放。

### 9. 窗口运行时位置

用来设置 VI 运行时前面板相对于桌面的位置和大小。如果设置为不变，就可以保持 VI 窗口原来的位置。也可以居中显示、最大化显示、最小化显示，或者采用自定义方式。若采用自定义方式，可以根据需要，自由设定运行时前面板的位置和大小。

### 10. 执行

"执行"页面如图 1-28 所示，其中的"优先级"和"首选执行系统"设置比较复杂，一般不需要设置。下面分别介绍其他的选项。

（1）允许调试

在这个属性页上，"允许调试"复选框默认是勾选的。在允许调试的情况下，允许进行单步跟踪、设置断点、调用某个子 VI 时暂停程序、高亮显示程序运行过程等操作。

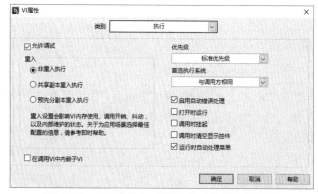

图 1-28 "VI 属性"对话框的"执行"属性页

（2）重入

"非重入执行"为默认选项。由于 LabVIEW 是支持多线程的，因此当两个线程同时调用同一子 VI 时，需要让先满足数据流条件的子 VI 先得到调用权，另外一个线程必须暂时等待，等到上一个调用线程结束调用时，才能得到调用的控制权。简单地说，在不允许重入执行的情况下，任意时刻只能有一个线程运行子 VI。通常我们创建的功能 VI 被设置为可重入执行，但是有些场合，比如针对硬件操作时，必须选择"非重入执行"方式。这保证了某一时刻，只有该 VI 在操作硬件，其他线程调用必须等待该操作完成。

在新版本中，重入执行分为了"共享副本重入执行"与"预先分副本重入执行"两项，其中"预先分副本重入执行"，就是早期版本的"重入执行"方式。

选择"预先分副本重入执行"功能，则每个线程运行的是这个子 VI 的副本，其具有单独的前面板、程序框图空间和单独的数据空间、代码空间。LabVIEW 的很多内部函数节点都是可重入的。加、减、乘、除等基本运算函数，如果不允许重入，则程序的运行效率会非常低。

若选择"共享副本重入执行"方式，则未初始化的移位寄存器会共享统一的数据空间。在某些特殊场合可能需要这种方式，即在多个副本之间共享数据。

（3）启用自动错误处理

"启用自动错误处理"复选框，默认是勾选的。这里所要处理的是程序运行过程中发生的错误，而不是指 VI 本身的错误。当 VI 本身存在类似于常规语言的语法错误（比如函数节点未连线）时，在编辑的过程中 LabVIEW 会提示错误，指出 VI 无法运行，然后弹出对话框指明错误所在。

另外，在运行过程中可能发生一些不是很重要的运行错误，比如打开一个根本不存在的文件。如果选中"启用自动错误处理"复选框，那么发生运行错误时，就会自动弹出错误对话框。这在实际应用中会带来一些不必要的麻烦。比如一个无人值守的监控程序，如果发生非特别重大错误，弹出对话框后会停止程序的运行，直到有人取消错误对话框，这显然是不合理的。这种情况下，可以取消"启用自动错误处理"复选框的选择，由程序本身来设置错误捕捉陷阱，然后根据错误的类型、性质和严重程度，采取相应的处理措施。

（4）打开时运行

"打开时运行"复选框，默认不勾选。这里的打开是指在 LabVIEW 菜单栏中，选择"文件" → "打开"项来打开，或者是在计算机中直接双击 VI 文件名打开。不勾选"打开时运行"复选框，则以编辑方式打开文件；勾选这个复选框，则打开后直接运行文件。

（5）调用时挂起

"调用时挂起"复选框，默认是不勾选的。这个选项主要是在程序调试时使用。当勾选后，程序调用到这个 VI 时，程序暂时停止运行。这时可以通过探针等调试工具观察 VI 的运行情况。

（6）调用时清空显示控件

"调用时清空显示控件"复选框，默认情况下是不勾选的。显示控件当前显示的值完全取决于它的接线端子当前数据的流动情况。在某些情况下，数据根据条件可能不会流入显示控件，这时可以选择"调用时清空显示控件"复选框。另外，这里的所谓"清空"，并非不显示任何值，而是显示显示控件的默认值。

**学习笔记** 通过"VI 属性"对话框的"执行"属性页设定"调用时清空显示控件"，显示控件将显示默认值。

### 11．打印选项

常规编程语言都提供了代码打印功能，而 LabVIEW 的代码实际就是程序框图，能将它打印出来吗？一个条件选择结构可能包括很多条件分支，而同一时刻屏幕上只能显示其中一支，能打印出全部吗？

LabVIEW 不但可以打印，还可以对不同的 VI 进行单独的设置，单独的打印设置随着 VI 一起存储。如图 1-29 所示，在"打印选项"页面上，可以选择是否打印页眉，是否对前面板加边框，是否缩放前面板以匹配打印页面，是否缩放程序框图以匹配打印页面，还可以自定义上、下、左、右的页边距。

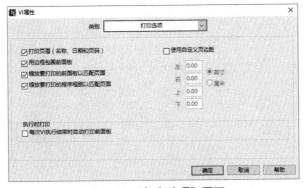

图 1-29 "打印选项"页面

"每次 VI 执行结束时自动打印前面板"复选框默认不勾选。这项设置在特定情况下非常有用。例如，我们要设计一个票据打印系统，首先可以制作一个标准的前面板，其中包括必须输入的数据和相关计算的结果显示，然后勾选这个选项，那么当 VI 调用结束，系统就会自动调用打印机打印结果。在工业控制中，可以自动打印报警信息或者程序中间运行结果。

VI 属性非常多，这里无法一一介绍。要了解这些属性的作用，需要在编程时仔细体会。通过以上的讨论，我们已经学会了如何创建、编辑、调用 VI，以及如何设置 VI 的属性。

我们知道，VI 的前面板是由各种控件组成的，所以必须充分了解各种控件的使用方法，这是 LabVIEW 编程的基础。

## 1.4 基本控件及其使用方法

我们必须首先了解的基本控件包括基本数值控件、布尔控件、数组控件、簇控件、波形图表控件和波形图控件。之所以首先要了解这些基本控件，是因为它们是最常用的，是构成一个 VI 的基本控件对象。VI 就是程序，程序是离不开数据和运行结构的。

### 1.4.1 基本数值控件

LabVIEW 是通过控件选板选择控件对象的。控件选板包含了大量的 LabVIEW 控件，按照控件能代表的数据类型（比如数值型数据、布尔型数据、字符串和路径数据等）分成不同的类别。每个类别中的控件所包含的数据类型都是相同的或者近似的，同类别控件又分为不同外观的输入控件和显示控件。

#### 1. 打开和固定控件选板

打开控件选板的最基本方式当然是使用菜单，控件选板、函数选板的打开命令都位于"查看"菜单中。不过最方便的方法是右键单击前面板任意位置，弹出控件选板。选择控件后，弹出的控件选板会自动关闭。

单击控件选板左上角的图钉按钮可以使选中的控件类别固定显示，始终处于打开状态。这种情况适用于创建多个类型相似但是外观不同的控件。

用图钉按钮固定显示，是 LabVIEW 常用的操作，函数面板中也有作用相同的图钉按钮。如图 1-30 所示，这里演示了图钉按钮的使用方法。

图 1-30　图钉按钮的使用

数值控件有多种显示方式，但是它们都有一个共同的特点——包含的数据类型都是数值型的。数值输入控件是最基本的数值控件，其他不同外观的数值型控件都是以它为基础的。LabVIEW 的控件是典型的对象继承结构，数值输入控件是其他数值型控件的基类。

#### 2. 数值控件的组成和显示方式

数值输入控件对象由一些基本对象元素组成，这些元素包括增量按钮、减量按钮、数字文本框、标签、标题、单位标签和基数等。基数指的是进制形式，可以是十进制、十六进制、八进制、二进制。基数不同，不过是数值的表现形式不同，它所代表的值是相同的。

图 1-31 显示了数值输入控件的基本对象元素以及不同的进制、单位。数值输入控件的基数默认是不显示的，可以在它的快捷菜单上选择"显示"→"基数"项来确定是否显示。在常规语言中让一个数以不同的进制显示，实现起来非常复杂，而在 LabVIEW 中只需选择相应的进制即可。这充分说明了 LabVIEW 的确是工程师的语言，直观、方便又快捷。

如果数值控件的基数处于显示状态，则单击基数标记（数值左侧），可以自由选择十进制、十六进制、八进制、二进制和 SI 符号。如果是整型数，那么这些选项都可以选择；如果是双精度数等，则只能选择十进制和 SI 符号。另外，LabVIEW 可以自动判断应该显示哪些进制。选择 SI 符号，会以字母的形式显示比较大或者非常小的数值。例如，$10^3$ 用 K 表示，$10^6$ 用 M 表示，$10^9$ 用 G 表示，$10^{-3}$ 用 m 表示，$10^{-6}$ 用 u 表示，$10^{-9}$ 用 n 表示等。

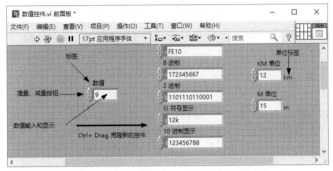

图 1-31　数值控件的组成和进制

**学习笔记**　在数值控件的快捷菜单上，可以选择是否显示基数。针对不同的基数，可以选择十进制、二进制、八进制、十六进制和 SI 显示。很大和很小的数值适合用 SI 符号表示。

数值控件不仅可以实现数制的自由转换，还可以携带物理单位。在图 1-31 中，右面的两个数据是包括单位的。它们是采用克隆方式复制的，所以数值相同。如果把 km 改成 m，数值将自动由 1 变成 1000，自动实现不同物理单位的转换。

LabVIEW 数值输入控件的单位标签默认是不显示的，但是可以在它的快捷菜单上选择"显示"→"单位标签"项，来显示标签。

**学习笔记**　适当地运用数值控件的单位标签，可以自动进行单位转换。

单位转换的功能是非常重要的。因为在实际应用过程中，经常会遇到单位转换的问题。只要适当选取单位标签，LabVIEW 会自动地为我们完成单位转换的工作。另外，LabVIEW 不仅可以进行相同单位类型的转换（比如长度单位），还可以通过运算自动处理组合单位，如图 1-32 所示，长度相乘，自动生成面积单位。

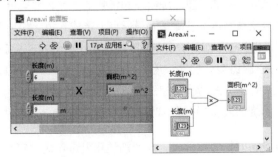

图 1-32　长度的乘积是面积，LabVIEW 自动处理单位

### 3. 数值控件的属性

在快捷菜单上，选择"属性"项，即可打开属性对话框。属性对话框由许多属性页组成，涵盖了大量的控件属性设置信息。该属性对话框使用极其频繁，必须详细了解。不同的控件其属性对话框的内容是不同的，其中数值控件的属性对话框最为复杂。如图 1-33 所示，这里以量表控件的属性对话框为例，说明数值型控件属性的用法。

如图 1-33 所示，数值控件的属性对话框由多个页面组成。标签、标题等通用属性我们已经介绍过，下面重点关注数值控件的专用属性。

（1）外观

"外观"属性页的下半部分是专用属性选项，不同类型的控件这部分选项有很大不同。对于量表控件，可以通过"添加"按钮，增加指针。

量表、旋钮、滑动杆控件是继承于基本数值控件的，它们内部本身就包含一个基本的数值控件。默认情况下基本数值控件是隐藏的，可选择显示数值控件并打开它，然后选择"显示基数"选项，如图 1-34 所示。

图 1-33　量表控件的属性对话框

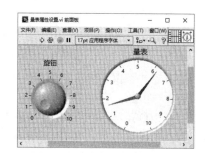

图 1-34　量表控件的显示效果

对于可以用鼠标拖动的数值控件，还有三个重要的选择项。

◆ "显示当前值提示框"。默认情况下，运行时用鼠标拖动旋钮或者滑动杆，会自动出现一个黄色的数字框，提示当前位置的值。

◆ "锁定在最小值至最大值之间"。如果取消该复选框的选择，则指针或者旋钮随着鼠标的移动自由跟随移动。当达到最大值时再继续旋转，马上会回到最小值。这种情况在实际应用中有时会非常危险。例如，通过旋钮控制重物的高度，如果没有该指定，当鼠标拖动超过最大值时，则会从最高点突然降落到最低点，造成事故。如果勾选了该复选框，则当用鼠标拖动数值到最大和最小值之外区域时，拖动操作将无效，从而避免了上述情况的发生。

◆ "跟随鼠标"。对于旋钮类型控件，还可以选择是否开启鼠标跟随功能。未勾选"跟随鼠标"复选框时，只能通过拖动改变控件的值；勾选"跟随鼠标"复选框后，单击旋钮或量表的任意位置，则旋钮或者指针自动移动到鼠标单击位置，控件的值随之自动改变。

**学习笔记**　使用旋钮型数值控件时，要特别注意是否勾选"锁定在最小值至最大值之间"复选框。

（2）数据类型

"数据类型"属性页的设置非常简单，主要是选择控件所代表的数据类型，比如各种整型数、浮点数等。对于定点数，"数据类型"属性页提供了比较详细的设置。改变数据类型一般通过快捷菜单中的"表示法"项来完成，这比使用"数据类型"属性页选择要方便得多。

（3）数据输入

"数据输入"属性页，如图 1-35 所示。默认情况下，"使用默认界限"复选框是勾选的。LabVIEW 是面向工程应用的软件，因此，对输入控件要求很高，必须保证用户的输入是有效的和合理的。"数据输入"属性页用来设置输入的有效范围，以及超出界限后的处理方式。

图 1-35 "数据输入"属性页

如图 1-35 所示，"数据输入"属性页主要用于设置数据的输入范围，包括如下内容。

◆ "最小值"和"最大值"参数，用于设置数值的输入范围。对于图形用户界面，设定数值输入范围是非常重要的。根据实际需要，程序设计者有必要限定输入的具体范围。例如，如果要设计一个用来输入年龄的输入控件，首先要通过"数据类型"属性页或控件快捷菜单，选择合适的数据类型。比较合理的选择是 U8 数据类型，它只占用 1 字节，默认最大值是 255，最小值是 0。然后限定合适的输入范围，比如最小值是 0，最大值是 150。无论如何，我们不能完全依赖用户来输入合理数据。在程序设计时就应该充分考虑各种可能，要由程序来保证数据的输入是合理的、有效的。

**学习笔记** 需要适当地设置数据的输入范围，保证用户输入的是有效数据。输入范围的设置对 GUI 起作用，对不显示前面板的子 VI 调用无效。

◆ "增量"参数用于设置，在数值型控件中单击"增量""减量"按钮时，数值变化的最小量，一般使用默认设置。

◆ 在"对超出界限的值的响应"部分，可以针对超出范围的数据，设置"忽略"或者"强制"的处理方式。采用"忽略"方式，超出设定范围的数据依然有效。选择"强制"方式，则自动把大于最大值的输入强制转换成最大值，自动把小于最小值的输入转换成最小值。

对于数值控件的多位数输入，用光标定位，比如光标定位于百位，单击增、减量按钮，则数值整百增加或者减少，光标定位于千位，单击增、减量按钮，则数值整千增加或者减少。

**学习笔记** 将光标定位在数字的某位上，则单击增、减量按钮时数值可以按照该位所代表的数值快速增加或者减少。

（4）显示格式

如图 1-36 所示，"显示格式"属性页包括了丰富的格式信息，包括计数法、进制、时间格式等。还有很多特殊的格式，包括是否隐藏无效零，是否使用最小域宽等。选择使用最小域宽，比如设置为 6 位，则当数值不满 6 位时，不足位用空格或者 0 填充。选择空格时，可以选择在左侧填充空格或者在右侧填充空格。

如图 1-37 所示，在属性页左下方，选中"高级编辑模式"选项，即可自定义显示格式，包括多行显示、不同进制显示等，功能非常强大。例如，选择"数值格式代码"项，然后在下方选择"十进制"项，并设置格式字符串。最后得到的效果如图 1-38 右图所示，左图为格式字符串。

图 1-36  "显示格式"属性页

图 1-37  显示格式之高级编辑

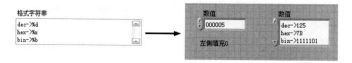

图 1-38  高级编辑后的效果

在设置数值控件的高级显示格式时，格式字符串的运用非常关键，部分数字格式字符串如表 1-2 所示。

表 1-2  整数和浮点数格式字符串

| 整　　　数 | 浮　点　数 |
| --- | --- |
| x：十六进制整数（例如，B8） | f：带小数格式的浮点数（例如，12.345） |
| o：八进制整数（例如，701） | e：科学计数法表示的浮点数（例如，1.234E1） |
| b：二进制整数（例如，1011） | g：根据数字的指数，LabVIEW使用f或e。若指数大于–4或小于指定的精度，则LabVIEW使用f。若指数小于–4或大于指定的精度，则LabVIEW使用e |
| d：带符号的十进制整数 | p：以SI符号表示的浮点数 |
| u：不带符号的十进制整数 | |

**学习笔记**  格式字符串以"%"开始，按快捷键Shift+Enter 可以在编辑字符串的时候换行。

（5）说明信息

"说明信息"属性页，包括"说明"和"提示框"。控件的说明会出现在即时帮助窗口中，使用快捷键 Ctrl+H 可以随时打开和关闭帮助窗口。当光标在控件上停留时，则显示提示框，如图 1-39 所示。

在"说明信息"属性页的说明和提示框中，可以编辑和添加控件的详细说明和简要提示。通过标注"<B>"和"</B>"，还可以使这段文字加粗显示。"说明"中的信息可以写详细些，但是"提示框"中的文字要简明、直观。说明和提示框的具体用法如图 1-40 所示，特别要注意加粗文字的方法。

图 1-39 即时帮助窗口和运行时控件提示条          图 1-40 "说明"和"提示框"

 在编辑状态下是不显示控件提示框的，只有运行时才能显示。

在即时帮助窗口下方，有"显示完整连线端及路径"、"锁定帮助"和"详细帮助"3 个按钮。其中第一个非常实用，用来在即时帮助窗口显示 VI 在硬盘中的绝对路径。

（6）快捷键

在"快捷键"属性页上，可以为显示给用户的 GUI 上的控件设置快捷键。不显示给用户的子 VI，则不需要配置快捷键。不同类型的控件，其"快捷键"属性页上的选项是不同的。

LabVIEW 会自动显示可以配置快捷键的控件。比如数值型控件，可以配置增量按钮或减量按钮，而且还可以进一步配置是否选中增量按钮和减量按钮。如果配置为选中，则使用快捷键后，不但控件的值发生变化，而且控件还处于选中状态，具有焦点。配置快捷键时既可以配置单独的键，也可以用 Ctrl 或者 Shift 配置组合键。

**学习笔记** 如果控件处于隐藏、禁用或者禁用并发灰状态，则快捷键不起作用。

有的程序（比如一个监控程序），我们不希望无关人员停止它，此时可以将"停止"按钮设置为禁用、禁用并发灰或隐藏的形式。但是如果隐藏了"停止"按钮，有授权的人也将无法停止程序。这种情况下，可以将"停止"按钮移动到显示界面之外，并为它配置一个切换的快捷键。然后就可以通过快捷键停止程序运行，而其他不知道快捷键的人员将无法停止程序。

另外，在"快捷键"属性页中，还可以设置控件是否忽略 Tab 键。通常情况下，可以用 Tab 键切换控件，被切换的控件具有焦点。如果为控件设置"忽略 Tab 键"功能，则按 Tab 键时，将越过这个控件直接选择下一个。

（7）文本标签

"文本标签"属性页如图 1-41 所示，设置好文本标签的效果如图 1-42 所示。很多数值控件的快捷菜单中，都有"文本标签"选项，比如滑动杆、旋钮、转盘和量表等。它们不仅可以显示连续数字，也可以通过文本标签功能将其变成挡位开关。

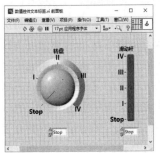

图 1-41 "文本标签"属性页          图 1-42 文本标签效果

### 1.4.2　基本布尔控件

布尔控件属于常用控件，使用极其频繁。与常规语言的布尔型控件不同，LabVIEW 提供了大量的、功能各异的布尔型控件，极大地方便了用户。不仅如此，LabVIEW 在 DSC 组件中也提供了大量的布尔型控件，比如管路、阀门等。

开关型控件在工业领域是非常重要的，比如各类开关、按钮、继电器等，从物理描述上来看都是布尔型，只有"开"和"关"两种状态。在编程语言中一般使用真和假描述，这样更具有普遍性。

#### 1. 布尔型控件

LabVIEW 的布尔数据类型占用 1 字节，而不是单独的 1 位。1 字节从二进制的角度上看是由 8 位组成的，1 字节实际上可以表示 8 个布尔型开关量。

目前，几乎所有的编程语言都采用整数来表示布尔量。虽然字节相对于位来说，占用的空间比较大，但它是各种编程语言支持的基本数据类型，运算速度很快。只有在单片机编程中，由于 RAM 空间极其有限，才采用位表示布尔型数据。

**学习笔记** LabVIEW 的布尔型数据占用 1 字节。

LabVIEW 的布尔型控件从外观上分成五大类——现代型控件、古典型控件、系统控件、银色控件与 NXG 风格控件。现代型控件具有立体外观，也称作三维控件。LabVIEW 的古典型布尔控件的外观某些时候更类似于真实的开关、按钮等。古典布尔控件主要用在早期版本的 LabVIEW 中，不过现在仍然有很多人继续使用。系统型控件与操作系统本身用的控件是类似的，在涉及软件系统配置时，经常使用系统型控件。银色控件与 NXG 风格控件是较新版本提供的，推荐使用。

LabVIEW 布尔型控件从名称上分成两类，按钮布尔控件和开关布尔控件。按钮控件和开关控件虽然都是布尔型控件，但是它们的物理意义是有区别的。

真实的按钮被按下时原来的状态改变，释放后自动恢复到原来的状态。原来的状态是接通还是断开，取决于接线方式，因此有常开按钮和常闭按钮。开关则不同，改变状态后，开关自己保持在一个稳定状态，直到下一次改变为止。比如计算机机箱上的开机按钮是按钮，而不是启动开关。因为按钮内部有个弹簧，当手离开后，弹簧使按钮自动复位。但是灯的开关则完全不同，当打开开关后，它会自动保持在打开的状态。

**学习笔记** LabVIEW 布尔型控件分成按钮型和开关型，应根据需要选择按钮或者开关。

虽然 LabVIEW 的布尔型控件分成按钮型和开关型两种，但是 LabVIEW 内部并没有区分按钮型和开关型。从编程的角度看它们是完全相同的，只是默认的操作方式不同。编辑 GUI 时还是要根据需要，选择按钮或者开关，以免造成用户误解。

#### 2. LabVIEW 布尔型控件的机械动作属性

所有的控件属性都是通过快捷菜单和属性对话框来设置的，布尔控件也是如此。布尔控件的标签、标题、可见性、开启与否、说明、快捷键等通用属性，与数值型控件非常类似。

除了上述的通用属性外，LabVIEW 的布尔型控件还有一个特别的属性——机械动作属性。机械动作属性是布尔型控件特有的，也是常规编程语言中不存在的属性。

布尔控件"值改变"的瞬间是非常重要的，在现实世界里也存在这种现象。比如我们有一个手持的计数器，每按一下按钮，需要增加一个计数。这时我们就要考虑机械动作的问题。如果按钮一旦按下就开始计数，由于仪器内部反应非常快，在我们按下到释放之前，内部可能产生多次计数，这显然是不合理的。正确的做法是在按钮抬起时计数，这样就可以按一下，产生一次计数。在各类机械动作中，该类动作称作"释放时转换"。LabVIEW 布尔控件的机械动作共分成 6 种，它们之间根本区别在于转换生效的瞬间和 LabVIEW 读取控件的时刻，如图 1-43 所示。

图1-43 布尔控件的机械动作

在属性对话框的"机械动作"属性页中，不但可以选择 6 种不同的机械动作，还可以直接预览实际效果。如果对机械动作本身非常熟悉，可以直接在快捷菜单中选择机械动作。

如图 1-43 所示，总计 6 种机械动作，它们的图标非常形象，最上边的 M（mouse）表示操作控件时鼠标的动作，V（value）表示控件输出值，RD（read）表示 VI 读取控件的时刻。下面按照图 1-43 中从左至右的顺序，介绍这 6 种机械动作。

（1）单击时转换

这种机械动作相当于机械开关。鼠标单击后，立即改变状态，并保持改变的状态，改变的时刻是鼠标单击的时刻。再次单击后，恢复原来状态，与 VI 是否读取控件无关。

（2）释放时转换

当鼠标按键释放后，立即改变状态。改变的时刻是鼠标按键释放的时刻。再次单击并释放鼠标按键时，恢复原来状态，与 VI 是否读取控件无关。

（3）单击时转换保持到鼠标释放

这种机械动作相当于机械按钮。鼠标单击时控件状态立即改变，鼠标按键释放后状态立即恢复，保持时间取决于单击和释放之间的时间间隔。

（4）单击时触发

鼠标单击控件后，立即改变状态。何时恢复原来状态，取决于 VI 何时在单击后读取控件，与鼠标按键何时释放无关。如果在鼠标按键释放之前读取控件，则按下的鼠标不再继续起作用，控件的值已经恢复到原来状态。如果在 VI 读取控件之前释放鼠标按键，则改变的状态保持不变，直至 VI 读取。简而言之，改变的时刻等于鼠标按下的时刻，保持的时间取决于 VI 何时读取。

（5）释放时触发

这种机械动作与"单击时触发"类似，差别在于改变的时刻是鼠标按键释放的时刻，何时恢复取决于 VI 何时读取控件。

（6）保持触发直至鼠标释放

这种机械动作，鼠标按键按下时立即触发，改变控件值。鼠标按键释放或者 VI 读取，这两个条件中任何一个满足，立即恢复原来状态。到底是鼠标释放还是 VI 读取触发的，取决于它们发生的先后次序。

布尔控件还具有一个独特的属性——布尔文本属性。布尔文本用文字的方式表示出当前布尔控件的状态，即真或假。很多布尔控件从颜色上可以区分真、假状态，有些则不然。布尔输入型控件向用户明确表明当前状态是非常重要的，通过显示布尔文本，用户可以准确理解控件的当前状态，从而选择对应的操作。

设置布尔文本的目的是显示"真/假"两种状态，但是在实际应用中，可以有多种描述方法，比如 ON/OFF、开/关、抬起/落下、升/降等。可以自由选择符合实际意义的文本描述，不过要特别注意和真/假的对应关系。

在布尔控件选板中，还存在确定、取消和停止三个常用的按钮。这三个按钮的属性基本相同。因为极其常用，所以单独列出，免掉了修改按钮外观和说明的麻烦。

### 3. 个性化布尔控件

我们前面已经提到过控件的自定义问题。控件自定义功能的使用极其频繁，尤其是布尔型控件。在 GUI 制作中，经常需要制作独具特色的按钮或者开关，来模拟外部真实开关和按钮。这就需要我们根据要求自定义布尔控件。LabVIEW 提供了强大的控件自定义功能，从而使我们可以非常方便地制作特色控件。

先看一些特色按钮和指示灯的效果图，如图 1-44 所示。图 1-44 中所示的自定义按钮都是通过控件自定义功能创建的。自定义布尔控件最耗时的操作是图片的制作，一般可以通过专业图片处理软件来完成。有了数码相机之后，图片的制作相对容易多了，可以把真实的按钮和开关拍摄下来作为素材，再通过专业图片处理软件，做简单的处理就可以使用了。

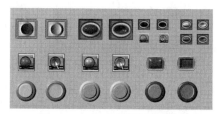

图 1-44　自定义按钮效果图

一般布尔控件需要 4 张图片，分别为：① 布尔控件为 FALSE 时的图片；② 布尔控件为 TRUE 时的图片；③ 布尔控件从 TRUE 转换成 FALSE 触发瞬间的图片；④ 布尔控件从 FALSE 转换成 TRUE 触发瞬间的图片。通常情况下，只需准备表示 TRUE 和 FALSE 的两幅图片，①、③ 使用相同图片，②、④ 使用相同图片。下面以自定义按钮为例说明自定义布尔控件的详细过程。

**step 1**　准备图片素材。

**step 2**　启动控件编辑器。可以通过两种方式启动控件编辑器，一种方法是在菜单中选择"文件"→"新建"→"其他"→"自定义控件"项，另一种方法是在前面板上布尔控件的快捷菜单中，选择"高级"→"自定义"项。

**step 3**　在工具栏的控件类型下拉列表中选择输入控件，其他两项分别是自定义类型和严格自定义类型。通过工具条中的切换按钮切换到编辑模式，删除三维边框。为体现三维效果，现代控件一般都包括一个边框对象作为装饰，不需要时可以删除这个装饰对象。然后导入图片，可以通过剪贴板导入图片，也可以直接从文件中导入。右击控件，在快捷菜单中，选择"从文件中导入图片"项，此时导入的是 FALSE 状态图，然后依次导入 4 幅图片，其中，1、3 为代表 FALSE 的图片，2、4 为代表 TRUE 的图片。

**step 4**　建立图标，存储文件。类似于一般 VI 的制作，自定义控件存储在一个单独的文件中，具有自己的文件名和图标。当使用自定义控件时，通过控件选板中的"选择控件"项，然后在文件对话框中找到对应的后缀名为 CTL 的文件，打开后，即在 VI 的前面板中创建了这个控件。也可以通过"我的电脑"，找到对应的文件，直接将其拖动到 VI 的前面板。

### 4. 单选按钮

单选按钮为常见控件，LabVIEW 把单选按钮归类在布尔控件的类别中。单选按钮本质上是枚举型控件，属于"多选一"方式，而布尔控件本身只有真/假两种状态。单选按钮是由多个布尔控件组合而成的，通过替换操作可以选择各种 LabVIEW 的布尔控件，如图 1-45 所示。

默认只包含两个单选按钮，在快捷菜单上选择"添加单选按钮"项，可以增加按钮的数量。单选按钮允许使用不同外观，但是通常情况下使用的都是相同类型的按钮。首先用替换操作选择具有所需外观的按钮，隐藏不需要显示的项目，比如标题、标签、布尔文本等。然后拉大它的边框，选择要复制的按钮，采用按住 Ctrl 键+拖动的方式克隆按钮。

在单选按钮的快捷菜单中，还有一个重要的选项——允许不选。我们不需要选择单选按钮中的任何按钮时，就可以使用"允许不选"功能。

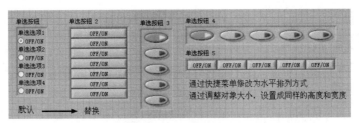

图 1-45　通过替换操作，选择单选按钮布尔控件

### 1.4.3　控件的通用编辑方法

控件的大部分属性都是通过快捷菜单设置的。控件由基本对象元素构成，比如标签和标题属于文本对象，各类装饰属于装饰对象。LabVIEW 允许改变文本的字体、字号、粗细、前景颜色和背景颜色等。

上述所有操作都属于通用编辑操作，前面板上的控件和程序框图上的接线端子等，都可以使用这些操作。控件的创建、复制、改变大小、对齐、排序等，前面已经提到了，也属于通用编辑操作。

#### 1. 文本的编辑方法

工具选板中专门设置有一个用于编辑文本的按钮。如果工具选板未出现，可以在菜单栏上选择"查看"→"工具选板"项，显示工具选板。按下 Shift 键，然后右击前面板或程序框图，可显示临时工具选板。

**学习笔记** 按下 Shift 键，然后右击前面板或程序框图，可以显示临时工具选板。

选择工具选板中的"编辑文本"按钮，单击要编辑的文本，比如控件标签，则文本自动被选中，文字将反白显示。光标定位在单击处，这时可以添加或者替换文字。双击选取整个文本，此时若输入文本，则原文本整体被替换。

当工具选板处于自动状态时，双击文字所在区域，将自动选择整个文本。然后单击文字，光标自动定位到单击处。

最常见的方式是拖动选择文本，使用鼠标在文本上画框，可以选取部分或者全部文本。

**学习笔记** 工具选板处于自动状态时，双击文本，即可选取整个文本。

对于数字控件的数值编辑，既可以用"编辑文本"按钮，也可以用"操作值"按钮。使用鼠标在文本上画框可选中一个或者几个数字。

**学习笔记** 数值控件"值"的修改可以通过"操作值"按钮或"编辑文本"按钮来完成。

#### 2. 文本的外观设置

文本的外观包括字体、字号、样式和颜色，它们都可以通过工具选板进行设置，如图 1-46 所示。

选中文本后，工具栏上将自动显示选中文本的字号和字体。非顶层 VI 的标签或者标题等，其文本外观可以保持默认设置。为了使 GUI 窗口的显示醒目，可以选择一些特殊的字体、字号和颜色。含有物理单位的标签，则可以用粗体显示。单位使用无格式字体即可。

图 1-46　工具栏的文本设置按钮

**学习笔记** 选中文本后，按组合键"Ctrl−"（即 Ctrl 键与减号键）可缩小字体，按组合键"Ctrl+"可放大字体。

文本样式包括无格式、加粗、加下画线、斜体、加轮廓线等。文本的颜色也可以在工具选板上设置。如图 1-46 所示，在下拉列表中选择"颜色配置"项，即可打开颜色对话框，从而为文本设置合适的颜色。文本的背景颜色，则可以通过工具选板中的"设置颜色"工具按钮设置。

### 3. 自由标签

LabVIEW 的自由标签类似于 VB 中的 Label 控件。它显示只读文字信息，通常用作装饰和注释说明，在前面板和程序框图中都可以使用。在系统控件中也有自由标签，它和现代控件选板上的自由标签有所不同。系统控件标签的背景色和窗体客户区是相同的，而自由标签在前面板中是透明的，在程序框图中是黄色背景。系统标签与自由标签的不同效果，如图 1-47 所示。

创建自由标签同文本编辑一样，都是通过工具选板中的"编辑文本"工具按钮来完成的。在工具选板处于自动状态时，在前面板或程序框图的空白处双击，可以创建自由标签。

标签通常用于在前面板或程序框图中显示说明信息，相当于常规编程语言中的注释。新版本针对标签提供了一个非常有用的功能，标签可以用箭头标记要说明的节点，比如函数、子 VI 等。在老版本中整理程序框图时，标签与要说明的节点无法一一对应。

当鼠标移动到标签上时，其右下角会出现箭头标志，拖曳箭头到需要标记处，即建立了对应关系。当移动所标记节点时，箭头自动跟随标记移动，使用非常方便。在标签的快捷菜单中，也新增了"标签关联至对象"选项，用于启动上述新功能。

在新版本中，针对标签提供了超级链接功能。如果在标签的快捷菜单中启用了"超级链接"功能，则标签中的有效网址自动变成蓝色并加下画线。运行时双击它，即可在默认浏览器中打开该网页。图 1-47 演示了标签的超级链接功能，运行时双击它可打开搜狐网。

**学习笔记** 当工具选板处于自动状态时，双击前面板或程序框图，将自动创建自由标签。

### 4. 修改颜色

LabVIEW 中对对象颜色的修改都是在颜色对话框中进行的，颜色对话框如图 1-48 所示。

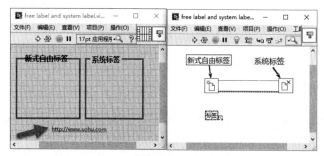

图 1-47　系统标签和自由标签

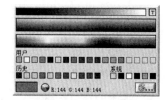

图 1-48　颜色对话框

颜色对话框从上到下分为多个部分。

◆ 顶层的颜色条由白色、黑色和灰色组成，主要用于区域较大部分的调色，比如前面板、装饰等。单击右上角的按钮，当按钮显示文字"T"时，表示选择透明色；再次单击该按钮，当按钮显示文字"X"时，表示不使用透明色。

◆ 第二个颜色条是亚暗色调，适用于中等大小的区域，比如控件等。

◆ 第三个颜色条是深色调，适用于比较小的区域，比如指示灯、曲线等。深色调是高亮的，只能用在特别需要引起注意的地方，不可滥用。否则，用户的注意力可能被吸引到无关区域。

◆ 第四行为用户组颜色，设置的是 LabVIEW 本身对象常用的颜色。使用用户组颜色有利于界面设计的统一和协调。当将光标移动到每个小的颜色框按钮上时，最下方 R、G、B 处提示该颜色适用的控件，比如指示灯、进度条等。在菜单栏上，选择"工具"→"选项"→"颜色设置"项，在打开的属性页中可以设置用户组的颜色。

◆ 第五行为历史颜色，记录的是你最近使用的颜色。

◆ 左下方的长方形是颜色显示效果框。

**学习笔记** 当光标在颜色选择框上移动时，选中控件的颜色自动跟随其变化。单击右下方的按钮，可以打开系统颜色对话框。

控件的很多对象元素都是可以更改颜色的，如果希望采用和界面上已有对象同样的颜色，那么可以使用工具选板上的"提取颜色"按钮。该按钮外形似吸管状，单击它，然后在现有对象上提取颜色，即可为其他控件配置相同的颜色。

**学习笔记** 选择工具选板中的"配置颜色"工具按钮后，按下 Ctrl 键，该按钮可以暂时变成提取颜色按钮。获取颜色后，再继续配置颜色。

### 1.4.4　字符串和路径控件

LabVIEW 以字符串输入控件和字符串显示控件的方式，提供了对字符串的支持。在常规语言中，很少有专门的路径数据类型，路径不过是特殊格式的字符串而已。在 LabVIEW 中，路径是一种专门的数据类型，同时和字符串存在密切的关系，二者之间可以自由转换。在 LabVIEW 的字符串和路径控件选板中，还包括组合框控件。组合框提供了预先定义的一组字符串，以供用户选择。

#### 1. 字符串控件

字符串控件是字符串数据的容器，字符串控件的值属性是字符串。如同其他类型控件一样，LabVIEW 的字符串控件也分为输入控件和显示控件。输入控件的值可以由用户通过鼠标或者键盘来改变，而显示控件的值则不允许用户直接输入，只能通过数据流的方式，显示字符串信息。

LabVIEW 的字符串控件颇有特色，具有 4 种不同的显示方式，可以通过快捷菜单或者属性对话框设置它们，如图 1-49 所示。

在新版本中，可以通过显示方式的标志设置显示方式。其位于字符串左侧，如箭头所示。默认不显示该标志，可以通过快捷菜单来控制是否显示。当显示该标志时，可以在运行时随意切换显示方式。

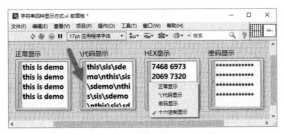

图 1-49　字符串不同显示方式的效果展示

（1）正常显示

以字符的方式显示字符串数据，这是字符串默认的显示方式。对于不可显示的字符，则显示为乱码。可显示字符也称作可打印字符。

（2）使用反斜杠转义显示

不可显示的字符以反斜杠加 ASCII 十六进制的方式显示。对于回车、换行、空格等特殊字符，则采用反斜杠加特殊字符的方式显示。LabVIEW 支持的特殊字符如表 1-3 所示。

表 1-3　特殊字符的反斜杠表示

| 代　码 | 十六进制 | 十　进　制 | 含　义 |
|---|---|---|---|
| \b | 0x08 | 8 | 退格符号 |
| \n | 0x0A | 10 | 换行符号 |
| \r | 0X0D | 13 | 回车符号 |
| \t | 0x09 | 9 | 制表符号 |
| \s | 0x20 | 32 | 空格符号 |
| \\ | 0x5C | 92 | "\" 符号 |
| \f | 0x0C | 12 | 进格符号 |
| \00：\FF | | | 8位字符的十六进制值 |

在代码中，反斜杠"\"后的特殊字符必须是小写的，而对于"\＋ASCII HEX"，其中十六进制中的 A、B、C、D、E、F 必须是大写的。比如，"\02"表示输入 STX，"\1B"表示 ESC。

（3）密码显示

选择密码显示方式时，用户输入的字符在输入字符串控件中显示为星号，登录对话框常使用这种显示方式。此时输入的真实内容是字符，类似于正常模式，只是显示为星号而已。字符串控件支持复制、粘贴命令，如果在密码显示状态下，选择复制，则复制的是星号，而不是星号代表的字符。

（4）十六进制显示

以十六进制数值方式显示字符串，这种方式在通信和文件操作中，经常会遇到。图 1-49 展示了不同显示方式下字符串的不同显示效果。

在"\"转义显示方式中，空格符和换行符是特殊字符，分别为\s 和\n。

学习笔记　字符串控件通过回车符换行，但是字符串内部未包含回车符，只有换行符"\n"。

LabVIEW 在字符串控件的快捷菜单和属性对话框中，还提供了几个非常重要的属性选项，如图 1-50 所示。

图 1-50　属性对话框和快捷菜单中的属性

1）限于单行输入

选中该项，将只允许输入一行文本，不响应回车换行操作。输入的回车符被忽略，因此无法换行。

2）键入时刷新

选中该项，控件的值随输入的字符同步刷新，不用等待回车换行符。该项在默认情况下未选中。当未选中时，必须在结束输入时才产生字符串值改变事件。

**学习笔记** 通过单击前面板使字符串控件失去焦点，LabVIEW 可自动确认输入完成。

3）自动换行

默认情况下，自动换行功能是启用的。这样，当输入到字符串输入控件的行末尾时，将自动转到下一行。需要说明的是，这种换行只是显示上的，实际字符串中并没有真正换行。

如果不启用自动换行功能，则输入的字符始终单行显示。在快捷菜单上，选择"显示"→"水平滚动条"项，可以查看不在显示区域的行文本。启用自动换行功能时，"水平滚动条"项是不允许选择的。

结束输入有两种方法。

◆ 当执行文本输入操作时，工具条最左侧显示"确定输入"按钮，图标为对号。单击"确定输入"按钮后，按钮消失且文本输入被确认。

◆ 另外一个更方便的方法是单击前面板或前面板上其他控件，使字符串控件失去焦点，则 LabVIEW 会自动确认文本输入。

**2. 组合框控件**

组合框控件可用来创建一个字符串列表。在前面板上可按次序浏览该列表。组合框控件类似于文本型或菜单型下拉列表控件。但是，组合框控件的值属性包含的是字符串型数据，而下拉列表控件的值属性包含的是数值型数据。

在组合框控件上右击打开快捷菜单，选择"编辑项"选项，即可向列表中添加字符串供用户选择。组合框属性对话框的"编辑项"中的字符串顺序，决定了控件中的字符串顺序。默认状态下，组合框控件允许用户输入未在该控件字符串列表中定义的字符串。在组合框控件上右击打开快捷菜单，取消"允许未定义字符串项"的勾选，即可禁止用户输入未定义字符串。

如果在运行时向组合框控件输入字符串，LabVIEW 将即时显示以所输入字母开头的第一个最短的匹配字符串。如果没有匹配的字符串，则也不允许输入未定义的字符串，LabVIEW 将不会接收或显示用户输入的字符。

在配置组合框控件的字符串列表时，可为每个字符串指定一个自定义值，使前面板组合框控件中显示的字符串，与程序框图中组合框控件接线端返回的字符串不同。具体方法如下。

**step 1** 在组合框控件上右击打开快捷菜单，选择"编辑项"选项，打开组合框属性对话框。
**step 2** 在对话框的"编辑项"属性页中，取消"值与项值匹配"复选框的勾选。然后在该对话框中表格的"值"列中，修改与控件中每个字符串对应的值即可。

**3. 路径控件**

路径控件是 LabVIEW 提供的独特的数据类型，专门用来表示文件或者文件夹的路径。常规语言一般都是用字符串控件，附加一些特殊的格式来表示路径。LabVIEW 的路径控件极大地方便了文件和文件夹的选择操作。

与字符串控件不同的是，路径控件包括一个"浏览"按钮。单击"浏览"按钮，将弹出文件选择对话框。在这里，可以选择相应的文件或者文件夹的绝对路径。

路径控件支持拖动操作，在计算机上找到文件或者文件所在文件夹后，直接拖动文件或文件所在的文件夹到路径控件，则路径控件会显示被拖动文件或者文件夹的绝对路径。

**学习笔记** 拖动文件或者文件所在文件夹到路径控件，路径控件将显示它们的绝对路径。

路径控件本身比较简单，但是 LabVIEW 为路径控件的"浏览"按钮专门提供了属性设置，如图 1-51 所示。

图 1-51 "浏览"按钮的属性设置

"浏览选项"属性页上包括很多可设置的选项，它们的具体作用如下。

（1）提示

在这里可以输入文件对话框的标题。如果为空，则文件对话框标题显示为"打开"。

（2）类型标签

在这里可以设置文件类型匹配符，比如要选择 Word 文档，可以设置"类型标签"为"Word"，在右边设置"类型"为"*.doc"，则在对话框文件类型中将以 Word（*.doc）显示所有 doc 文档。

（3）类型

在这里可以设置要选择的文件类型。全部文件（*.*）内部已经存在，不需要设置。若选择多种类型，则用分号隔开，注意不能有空格。例如，"*.doc；*.txt"，表示显示所有 doc 和 txt 文件。

（4）选择模式

选择其中的某个单选项，可以设置打开文件或者文件夹，打开现有文件、文件夹，新建文件或文件夹。

（5）允许选择 LLB 和打包项目库中的文件

LLB 是 LabVIEW 特有的文件格式，可以把多个 VI 或自定义控件压缩存储在一个 LLB 类型的文件中。勾选该复选框，可将 LLB 作为文件夹，可以选择其中包括的文件。不勾选该复选框，则只能选择 LLB 文件，而不能选择其中包括的文件。

（6）起始路径

在这里可以指定起始路径。如未指定起始路径，将默认使用最近打开的文件路径。指定起始路径后将显示指定起始路径下的文件和文件夹。

### 1.4.5 下拉列表与枚举控件

下拉列表与枚举控件从它包含的数据类型来说，属于数值控件。它们都是用文本的方式表示数值。下拉列表有多种表现形式，包括文本下拉列表、菜单下拉列表、图片下拉列表，以及文本与图片下拉列表。

在菜单下拉列表和文本下拉列表中，文字的输入可以通过快捷菜单中的"编辑项"完成。更简单的方法则是调用属性对话框，然后在"编辑项"属性页中设置。

图片下拉列表和文本下拉列表只能通过快捷菜单编辑。选择合适的项目后，可以从剪贴板导入图片，也可以从文件夹中直接拖动图片到图片下拉列表。文本下拉列表与图片下拉列表中的文字，则通过工具条中的"编辑文本"按钮添加。

下拉列表用文字或者图片的方式表示数字。数字可以是整型数，也可以是浮点数。既可以是有序的，比如从 0 开始递增的整型数；也可以是无序的，由用户自定义数字。

下拉列表中的各项，可以设置为启用或者禁用。如果设置为禁用，则该选项以灰色显示，不允许选择。下拉列表另外一个特有属性是"是否允许运行时有未定义值"，该项默认是未勾选的。在未勾选的情况下，只能选择设计好的条目。勾选时，将自动增添一个其他项。勾选该项后，下拉列表边上将出现一个数字框。在框中修改数字并按回车键后，下拉列表将采用用户输入的新数值。

枚举控件与下拉列表控件非常相似。枚举控件只能表示整数，而且这些整数是有序的、自动分配的。其中自定义枚举控件非常重要，广泛用于状态机中。

### 1.4.6 数组控件及其属性设置

数值型控件、布尔型控件和字符串型控件，它们的共同点是都包括一种基本的数据类型，如整数、浮点数和字符串等，基本数据类型在 LabVIEW 中也称作标量。

右击数组框架，可出现常见的控件选板。选择合适的输入控件或者输出控件，就建立了数组。也可以在前面板中先创建合适的控件，然后将其拖动到数组框架中。此时建立的数组只包含控件的类型，未包含任何实际数据。同时控件灰色显示，数组包含的元素长度为 0。

在新版本中，提供了创建数组的功能。先在前面板中创建一个标量，比如数值控件，然后在其快捷菜单中，选择"转换数组"项，则自动创建一个指定类型的一维数组。

沿着水平或者垂直方向拖动数组，会同时显示多个数组元素。单击其中一个元素，则此时数组就包含了实际元素，包括被单击的元素与其前面的所有元素。实际元素不再处于发灰的状态，变成有效状态。

数组框架的左侧是数组的索引框。LabVIEW 的数组以索引号 0 表示数组中的首个元素，临近索引号的控件就是索引代表的数据。在图 1-52 中，索引号 99 所代表的数据就是离它最近的那个布尔控件，当前值为 TRUE。可以看出，该数组有 100 个元素，索引号为 0~99。

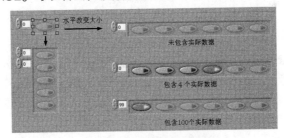

图 1-52　数组建立过程

**学习笔记** 数组中索引号代表的是与索引距离最近的元素。

通过上面的方式建立的数组是一维数组。LabVIEW 支持多维数组，增加数组的维数可以采用以下 3 种方法。

◆ 在索引框的快捷菜单中，选择"增加维度"项。

◆ 直接向下拖动索引框。

◆ 使用属性对话框增加维数。

相应的，删除维数，可以在索引框快捷菜单中，选择"减少维度"项；也可以直接向上拖动索引框。

**学习笔记** 通过拖动索引框，可以增加或者减少数组的维数。

数组控件的属性设置比较简单，主要是设置是否显示索引框，增加或者减少数组元素间隙。在数组元素较多的时候，可以显示水平或者垂直滚动条。滚动条是水平的还是垂直的取决于数组控件是水平显示还是垂直显示。多维数组可以同时显示水平和垂直滚动条。

数组中的元素可以是各种类型的控件，但是不能是数组的数组，也就是说，数组包含的元素不能是数组。数组中的元素除了它所代表的值，其他是完全相同的，具有同样的标签、标题及其他属性。

### 1.4.7 簇控件

簇和数组是 LabVIEW 中最常见的复合数据类型，簇类似于 C 语言中的结构和 VB 中的记录。在描述一个外部现象时，经常会使用到簇。各种编程语言都提供了类似于簇的数据结构，主要是因为这种数据结构能很好地实现数据的分类和分层。在此基础上，诞生了类的概念和面向对象的编程语言。可以说簇这种复合数据类型，是 LabVIEW 的核心数据类型。

**1. 簇的创建**

簇控件和数组控件位于同一个控件选板中，创建簇的基本方法和创建数组类似，具体操作如下。

**step 1** 单击控件选板中的簇控件，随着鼠标的移动，出现簇的虚框；将鼠标移动到前面板上的合适位置后，单击鼠标，簇的框架就建立起来了。

**step 2** 右击簇的框架，即出现控件选板。选择合适的控件作为簇的一个元素，将其加入簇中，也可以首先在前面板创建所需的控件，然后将它们拖动到簇框架中。

**step 3** 重复上面的过程，依次加入所需的元素。

需要注意的是，簇也分为输入控件和显示控件两种，至于到底属于哪种，则取决于输入的第一个元素是输入控件还是显示控件。如果是输入控件，则整个簇变成输入控件。后续加入的元素即使是显示控件，也自动转换成输入控件，反之亦然。当然，可以通过选择快捷菜单上的选项，将整个簇转换成输入控件或者输出控件。

**2. 簇的大小和排序**

与数组不同的是，簇中的每一个元素都是相互独立的，具有自己的标签和标题。可以通过它们各自的属性对话框修改它们的属性。簇本身的属性非常简单，除了标签、标题、可见性等通用属性，只具有几个特别的属性，例如快捷菜单中"自动调整大小"和"重新排序簇中控件"选项中所包含的属性。

"自动调整大小"选项中包括 4 个属性，分别是"无"、"自动匹配大小"、"水平排列"和"垂直排列"，如图 1-53 所示。选择"无"时，簇的框架大小和控件分布完全由用户决定。若选择"自动匹配大小"，则控件的分布由用户决定，框架自动缩放以匹配控件。选择"水平排列"和"垂直排列"时，控件分布和框架的大小都由 LabVIEW 自动调整。

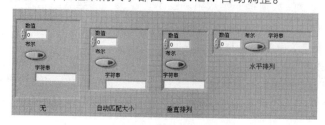

图 1-53 簇的调整方式

当簇中元素比较多时，采用水平排列或者垂直排列，所占前面板中的空间会比较大，此时需要多行多列排布。首先把簇中的元素适当分组，分组后再重新水平或者垂直分布，这样就构成了多行多列分布。

**3. 簇的逻辑次序**

簇控件的一个极其重要的特性是逻辑次序。对于簇中的元素，根据添加元素的先后，最先加入的元素的序号为 0，后面依次为 1、2 等。与簇相关的函数有些需要根据簇的序号操作，因此正确排序极其重要。簇的序号与元素控件的位置无关，只与生成次序有关。

通过簇的快捷菜单，可以重新指定簇元素的内部次序。具体方法如图 1-54 所示，启动排序窗口，光标变成手形。按照 0、1、2……的次序分别单击簇元素，进行重排。单击工具条上的"确认"按钮，可使修改生效。如果单击"取消"按钮，则放弃修改。

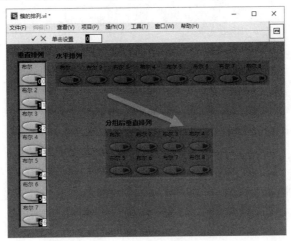

图 1-54　簇元素排序

#### 4. 簇的自定义

簇作为复合数据类型，常常用作一种数据结构。在多个 VI 中，通常需要采用同一种数据结构，然后利用数据流相互传递数据。这种情况下，簇的作用就非常明显了。我们可以在一个 VI 中创建簇结构，然后采用复制的方法，使各个 VI 使用相同的簇。

上述方法存在一个致命的缺陷：如果簇结构中需要增加一个或多个新元素，则每个子 VI 中使用的簇结构必须重新构造。

通过严格自定义簇控件就可以轻松解决这个问题。严格自定义簇控件后，簇的定义保存在单独的文件中，每个使用它的 VI 都和这个文件保持链接关系。因此，对这个文件的修改，将自动体现在各个使用它的 VI 中。这样就一次性地完成了修改。

**学习笔记**　在程序中使用的所有簇结构，要尽可能地使用严格自定义方式。数组可以在运行中改变大小，而簇在运行中不能改变大小。

簇有着非常重要的作用，通过简单的簇结构，可以构造出复杂的簇结构，即簇的嵌套。下面通过创建雇员信息簇，说明如何构造自定义簇。

雇员信息可以大致分成两部分：与公司无关的信息，比如姓名、年龄、性别等；与公司有关的信息，比如职务、工资、部门、工作年限等。前者可以称为个人信息，后者称为基本信息。下面来建立个人信息簇和基本信息簇。

**step 1**　打开自定义控件编辑器。

**step 2**　个人信息簇的元素包括姓名、年龄、性别、家庭住址、身份证号、电话号码，输入完成后，建立图标，存储文件。

**step 3**　基本信息簇的元素包括职务、所属部门、工资、内部电话等，如图 1-55 所示。

**step 4**　建立雇员完整信息簇，完整信息簇中包含两个元素，分别为图 1-55 中所示的两个自定义簇。

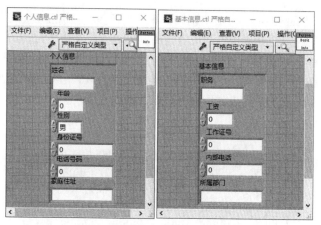

图 1-55　严格自定义类型的簇

### 1.4.8　时间标识控件与波形数据控件

时间标识控件和波形数据控件，是 LabVIEW 中特殊的控件。这两类控件存在密切关系，波形数据控件中的开始时间元素，就是时间标识控件。

**1. 时间标识控件**

为了描述和使用系统时间，LabVIEW 专门提供了时间标识输入控件和显示控件。需要注意的是，时间标识控件与数值控件位于同一个控件选板中，这也说明时间标识控件所包含的数据，本质上是数值类型。

时间标识输入控件从外观上看，非常类似于一般的数值输入控件。控件的左侧有增量和减量按钮。增减量默认情况下为 1，当光标定位在文本区域内的时、分、秒、年、月、日中的任何位置时，按照光标所处的位置，进行加 1 或者减 1 的操作。

时间标识输入控件的右侧是时间/日期浏览按钮。单击"浏览"按钮，弹出时间日期对话框。在时间日期对话框中，可以设置时间标识输入控件所代表的时间。在快捷菜单或属性对话框中，可以选择是否显示"浏览"按钮。

时间日期对话框使用起来非常简单。如果是新创建的时间标识输入控件，则打开此对话框后会自动定位到当前计算机系统日期。既可以通过文本编辑的方式修改时间，也可以通过鼠标选择年、月、日。设置完成后，单击"确认"按钮，所设置的时间和日期立即生效。

LabVIEW 内部使用双精度浮点数表示时间，单位是秒，同时根据当前的操作系统决定时区。新创建的时间标识输入控件，其默认的双精度数是 0，代表的绝对时间是 1904 年 1 月 1 日上午 08:00:00。

**学习笔记** 数值 0 表示的中国标准时间是 1904 年 1 月 1 日早晨 8 点。

时间标识控件虽然使用起来比较简单，但是时间和日期的表示形式却非常丰富。通过时间标识控件的属性对话框，可定制时间的显示方式，如图 1-56 所示。

LabVIEW 包括大量预先定义的时间格式，这些格式可以通过"时间标识"属性页直接选取。通过属性页中的"高级编辑"模式，还可以自定义时间和日期的显示格式，包括时间、日期字符串的自定义。

格式字符串以"%"开头，其必须包括在时间容器中，具体格式如表 1-4 所示。

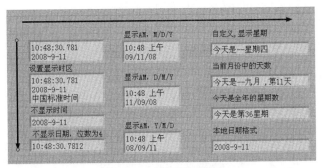

图 1-56  时间显示格式

表 1-4  时间字符串格式列表

| 名　称 | 格　式 | 说明与示例 |
|---|---|---|
| 绝对时间容器 | %< >T | 其他的格式字符串必须位于时间容器中，可以多行设置多个容器，实现时间标识的多行显示。示例：%<%H>T显示24小时制的小时数 |
| 星期名称缩写 | %a | 星期名称缩写，对于中文操作系统，与星期名称相同 |
| 星期名称 | %A | 以中文大写的方式显示星期数，比如，星期四 |
| 月份名称缩写 | %b | 月份名称缩写，对于中文操作系统，与月份名称相同 |
| 月份名称 | %B | 以中文大写的方式显示月份，比如九月、十月 |
| 第几天/日 | %d | 显示年、月、日中的日 |
| 默认日期格式 | %c | 按照计算机操作系统默认的格式显示日期 |
| 24小时制小时数 | %H | 以24小时制显示小时数（01～23） |
| 12小时制小时数 | %I | 以12小时制显示小时数（01～12） |
| 一年中的天值 | %j | 显示当前日期是这一年的第几天 |
| 月份 | %m | 显示当前日期中的月份（01～12） |
| 分钟数 | %M | 显示当前时间的分钟数（00～59） |
| AM/PM标志 | %p | 显示当前时间是上午还是下午，中文显示 |
| 秒数 | %S | 显示当前时间中的秒数（00～59） |
| 小数形式的秒值 | %<digit>u | 小数点后显示的是毫秒数，digit表示小数点后的位数。例如，%5u |
| 一年中的星期数 | %U | 显示当前日期是该年度的第几星期（0～53），星期日为每星期的开始 |
| 星期数 | %w | 以数值的方式显示星期几。比如，4表示星期四（0～6），0表示星期日 |
| 一年中的星期数 | %W | 与%U类似，区别是%W以星期一作为一星期的开始 |
| 本地日期格式 | %x | 本地日期显示方式。显示方式为：2008-9-11 |
| 长本地日期格式 | %1x | 显示方式为：2008‘年’9‘月’11‘日’ |
| 长本地日期缩写 | %2x | 中文操作系统，与%1x 相同 |
| 本地时间格式 | %X | 本地时间显示格式为：HH:MM:SS，比如10:48:32 |
| 两位数年份 | %y | 以2位数方式显示年份，比如：2008显示为08 |
| 四位数年份 | %Y | 以4位数的方式显示年份，比如：2008显示为2008 |
| 与通用时间时差 | %z | 中国标准时间与通用时间的时差为08:00:00 |

可对时间标识输入控件设置范围属性。例如，中国标准时间默认的输入范围是从 1994-1-1 08:00:00 开始，最大到 2038-1-19 11:14:07。

**2. 波形数据控件**

波形数据是 LabVIEW 中特有的数据类型。在数据采集卡采集外部物理量的过程中，一般按照采集卡内部设定的扫描时钟等时间间隔逐次采集。描述这样一个采集过程，需要 3 个要素：起始时间、时间间隔和采集的数值。正是由于波形数据的特殊性，波形数据控件位于 IO 控件组中。

　　波形数据控件由 3 个控件组成：时间控件 t0 表示开始时间，数值控件 dt 表示时间间隔，数值控件 Y 数组表示连续采集的数据。

　　通过波形数据控件，可以非常容易地计算出每个数据对应的时间点。第 i 个数据的时间点为 Ti=t0+i*dt，i 表示数组 Y 的索引号。

## 1.5　小结

　　本章从 LabVIEW 最基本的控件开始，介绍了如何创建、编辑和调用 VI。VI 是 LabVIEW 最基本的概念，贯穿于 LabVIEW 编程的始终，尤其是丰富的属性设置，使得 VI 使用起来极其灵活。

　　VI 具有明显的层次结构，模块化编程是 LabVIEW 编程的突出特点。LabVIEW 编程的其他重要特征，比如数据流和多线程，本章只是简单提及，在后续章节将专门讨论。

　　在本章的后半部分，使用较大篇幅介绍了 LabVIEW 常规控件的用法，特别是数值型控件和布尔型控件，它们的使用非常广泛。除了基本控件，LabVIEW 还提供了大量的高级控件，这些将在后续章节介绍。

◆　　　　　◆　　　　　◆

# 第 2 章　LabVIEW 基本函数

第 1 章介绍了 LabVIEW 各类基本控件的创建和属性配置方法，本章将介绍 LabVIEW 的各类基本函数。

数据处理是 LabVIEW 编程的重要任务。LabVIEW 对数据的操作是通过各种基本函数实现的。与常规语言不同，LabVIEW 不存在专门的运算符，它的所有运算都是通过函数实现的。因此，掌握 LabVIEW 基本函数的用法，是 LabVIEW 编程者必须具备的技能。

在 LabVIEW 的帮助文件中，经常出现节点、函数、函数节点等术语。函数节点通常也称作函数，节点包括函数。LabVIEW 经常用节点的数量来统计 VI 的性能，所以了解节点的真正含义是非常有必要的。

节点是程序框图上的对象，类似于文本编程语言中的语句、运算符、函数和子程序。它们带有输入/输出端，可以在 VI 运行时进行运算。LabVIEW 提供以下类型的节点。

◆ 函数：内置的执行元素，相当于文本编程语言中的运算符、函数或语句等。

◆ 子 VI：另一个 VI 程序框图上的 VI，相当于子程序。

◆ Express VI：协助完成常规测量任务的子 VI。Express VI 是在配置对话框中配置的。

◆ 结构：执行控制元素，如 For 循环、While 循环、条件结构、平铺式和层叠式顺序结构、定时结构和事件结构等。

◆ 公式节点和表达式节点：公式节点是可以直接向程序框图输入方程的结构，其大小可以调节。表达式节点是用于计算含有单变量的表达式或方程的结构。

◆ 属性节点和调用节点：属性节点是用于设置或读取类属性的结构。调用节点是用于设置对象执行方式的结构。

◆ 通过引用节点调用：用于调用动态加载的 VI 的结构。

◆ 调用库函数：用于调用大多数标准库或 DLL 的结构。

◆ 代码接口节点（CIN）：用于调用以文本编程语言所编写的代码的结构(新版已废弃)。

## 2.1　必须了解的一些基本算术运算函数

LabVIEW 是一门独特的编程语言，它的基本概念很难与常规编程语言相对应。LabVIEW 中没有单独的运算符的概念，常规编程语言中的运算符在 LabVIEW 中等同基本算术运算函数。

### 2.1.1　基本运算函数

如图 2-1 所示，数值函数选板不但包含了加、减、乘、除等基本运算函数，还包含常用的高级运算函数，比如平方、随机数、常量和类型转换等。数值函数选板是最常用的函数选板，其中的很多函数都是多态的，允许多种类型的参数输入，所以必须仔细研究，灵活掌握。

**学习笔记**　多态函数的用法是必须要掌握的，要仔细理解体会。

数值函数选板中的函数对标量运算都是适用的，它的多态特点体现在支持多种标量类型，以及支持对数组和簇的运算，使用起来极其灵活。

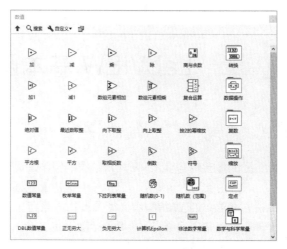

图 2-1　数值函数选板

## 2.1.2　标量之间的基本运算

标量的运算包括加、减、乘、除、乘方等，运算的结果还是标量，如图 2-2 所示。

## 2.1.3　标量与数组的运算

标量与数组的运算，指的是对标量与数组中的每一个元素进行相应运算，运算结果是相同维数的数组。

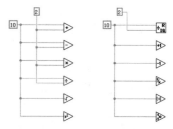

图 2-2　标量的基本运算

图 2-3 所示的是标量常量与数组常量运算的例子，实际上是对标量常量与数组常量中的每个元素进行计算。计算的结果是新的数组。

图 2-4 所示的程序通过基本运算，将输入数组清零，然后为数组元素赋初值 5。

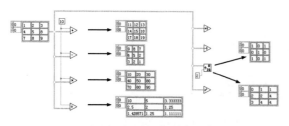

图 2-3　标量与数组的运算

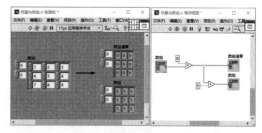

图 2-4　将数组清零，并赋初值

## 2.1.4　数组与数组的运算

数组与数组的运算分为多种不同方式，本节将对这些方式进行详细的介绍。

### 1. 相同维数、相同大小的数组运算

相同维数、相同大小的数组运算，就是对相同索引的数组元素进行相应运算，形成新的相同维数、相同大小的数组。运算后，数组的结构未发生变化，如图 2-5 所示。

### 2. 相同维数、不同大小的数组运算

对于这种情况，首先根据较小的数组长度，对较大的数组进行剪裁操作，使两个数组具有相同的长度。然后对元素进行运算，形成新的数组，如图 2-6 所示。

**学习笔记** 在做相同维数、不同大小的数组运算时，要对较大的数组进行剪裁。

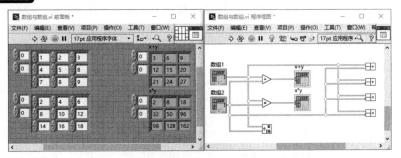

图 2-5 相同维数、相同大小的数组之间的运算

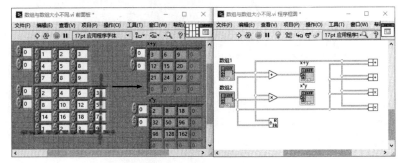

图 2-6 相同维数、不同大小的数组之间的运算

### 3. 空数组

空数组是只有维数而长度为零的数组，不包含任何元素。建立一个新数组或者数组常量后，未用赋值工具给元素赋值时，该数组就是空数组。空数组的元素发灰显示，表示处于不可用状态。某些情况下空数组的运用十分重要。注意，相同维数的数组与空数组进行运算，结果为空数组，如图 2-7 所示。不同维数的数组之间不允许进行运算操作。

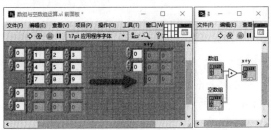

图 2-7 数组与空数组运算的结果为空数组

## 2.1.5 数组运算相关函数

如图 2-8 所示，函数选板的"数组"分类中提供了大量的针对数组操作的函数。这些函数的功能十分强大，使用非常灵活，参数也有很多变化。同一问题，往往可以用多种函数解决。因此，要仔细分析它们的用法。

### 1. "数组大小"函数

对于此函数，如果输入是一维数组，则返回的是 I32 数据，I32 的值表示一维数组的长度；如果输入是多维数组，则返回一个元素为 I32 类型的数组，数组中每一个元素表示对应维数。通过计算返回的一维数组的长度，可以推算出当前数组的维数，如图 2-9 所示。

### 2. "索引数组"函数

数组中元素的寻址是通过索引实现的，各类编程语言都提供了数组的索引功能。LabVIEW 数组的索引是从 0 开始的。

图 2-8　数组函数选板

LabVIEW 的"索引数组"函数的使用非常灵活，既可以索引取出单个元素，也可以返回数组。比如对于二维数组，可以通过只连接行索引、禁用列的方式返回某一行；也可以通过只连接某列、禁用行的方式，返回某列，如图 2-10 所示。

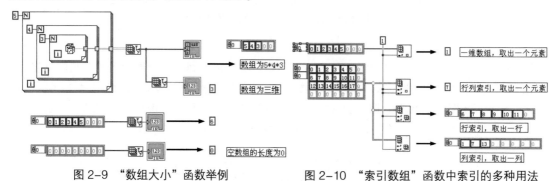

图 2-9　"数组大小"函数举例　　　　图 2-10　"索引数组"函数中索引的多种用法

如果需要索引取出几个连续或者间隔很小的数据，则可以使用顺序索引方式。以一维数组为例，如果连接索引值为 1，那么向下拖动索引数组，会自动增加新的输入/输出端。多维数组也支持这种顺序索引的方式，如图 2-11 所示。

对于数组，只连接行，不连接列，则自动禁用列；只连接列，不连接行，则自动禁用行。

### 3. "替换数组子集"函数

在一维数组中，替换的可以是一个元素，也可以是一个子数组。此函数的"索引"输入端子表示开始替换的位置，如果不连接"索引"输入端子，则默认从 0 开始替换。如果索引号＋子数组长度大于原数组长度，则只替换到末尾，多余部分将被忽略。

通过下拉接线端子，可以顺序执行多次替换，替换次序为从上至下，如图 2-12 所示。

在二维或多维数组中，可以进行元素替换、行替换、列替换和行列子集替换。如果替换部分超出原数组长度，超出部分将被忽略。不连接数组索引时，默认索引为"0"，如图 2-13 所示。

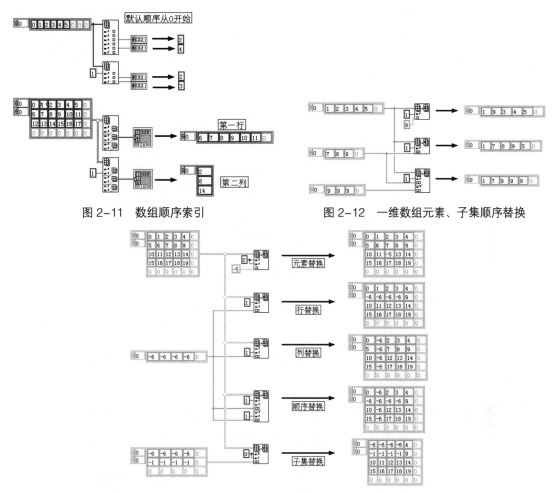

图 2-11 数组顺序索引

图 2-12 一维数组元素、子集顺序替换

图 2-13 二维数组替换的几种方式

### 4. "数组插入"函数

将一个数组连接到此函数时，函数将自动调整大小以显示数组各个维度的索引。如未连接任何索引输入，则该函数将把新的元素或子数组添加到数组末尾。如果指定的索引超出原数组范围，则操作被忽略。

**学习笔记** 在数组插入操作中，如果未连接索引则自动将新增内容加至数组末尾。

一维数组的插入方法如图 2-14 所示。二维数组的插入方法如图 2-15 所示。

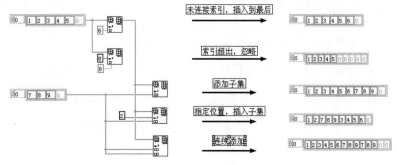

图 2-14 一维数组的插入方法

注意

对于多维数组，每次只能改变一个方向的大小，不允许直接插入标量。如果插入的行或者列的长度加上索引位置大于原数组的行或者列的长度，则多余部分被忽略；如果小于原数组行或者列的长度，则以默认值补齐。总之，每次只能插入一行或者一列，新的行或者列的长度与原数组的行列长度相同。

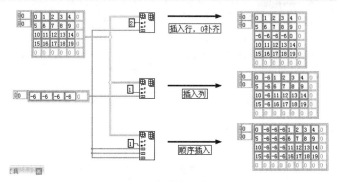

图 2-15　二维数组的插入方法

### 5. "删除数组元素"函数

该函数从数组中删除一个元素或子数组，输出端子将返回删除后的数组子集和已删除的元素或子集。图 2-16 所示为一维数组的删除操作。

将一个数组连接到该函数时，函数将自动调整大小以显示数组各个维度的索引。未连接索引时，自动从数组末尾开始删除。

**学习笔记**　在数组的删除操作中，如未连接索引将自动从数组末尾开始删除。

在二维数组的删除操作中，只能删除指定长度的行或者列，不允许同时删除行和列，如图 2-17 所示。

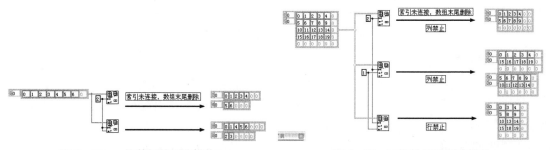

图 2-16　一维数组的删除操作　　　　　图 2-17　二维数组的删除操作

### 6. "初始化数组"函数

"初始化数组"函数输入端子包括"大小"和"初始值"两个，输出端子返回创建的数组。"大小"输入端子定义的是数组的长度，向下拖动"大小"输入端子可以增加维数。可以将数组的维数初始化为 0，如果维数为 0，则初始化后的数组为空数组，如图 2-18 所示。

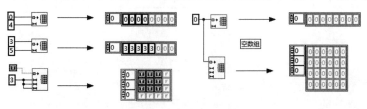

图 2-18　数组初始化

**学习笔记** 将数组维数设置为 "0"，则生成空数组。

### 7. "创建数组"函数

该函数用于连接多个数组或者向数组中添加元素。将多个标量连接到函数的输入端子可以构建一个一维数组。如果连接到输入端子的数据为标量和数组，则实现的是数组元素添加操作。

下拉输入接线端子，可以增加输入端子的数量。对于标量和数组，自动采取添加方式，即非连接方式。对于数组和数组，可以选择连接方式和不连接方式，如果选择连接方式，对二维数组，实际是添加行的操作，参见图 2-19。

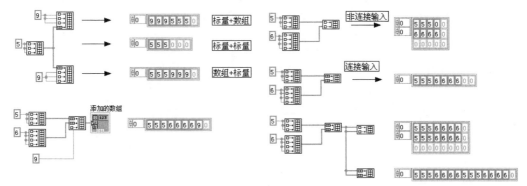

图 2-19 创建数组的几种方法

### 8. "数组子集"函数

该函数返回数组的一部分。使用输入端子指定开始索引号和长度，如果索引号大于数组实际长度，则返回同类型的空数组。如果长度为 0，则返回同类型的空数组，如图 2-20 所示。

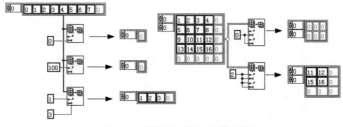

图 2-20 "数组子集"函数示例

**学习笔记** 在"数组子集"函数中，如果索引超出数组实际大小，或者实际长度为 0，则返回空数组。

### 9. "数组最大值与最小值"函数

该函数返回数组第一个最大值、最小值及其索引。对于多维数组，索引输出端子返回的为数组，数组的元素表示对应维数的索引。

"数组最大值与最小值"函数为多态函数，可以接受多种数据类型作为输入。在图 2-21 中，分别演示了如何对一维数组和二维数组求取最大值和最小值。其中二维数组索引输出端子返回的是一维数组，包括两个元素，分别是对应的行索引和列索引，如图 2-21 所示。

### 10. "重排数组维数"函数

该函数根据给定的维数，重新排列一维数组或者多维数组。如果给定数组的元素个数多于原来数组元素的数量，则用默认值补齐；反之，则原来数组多余的元素被舍弃；如果维数被设置为

0，则返回空数组，如图 2-22 所示。

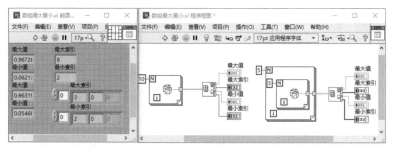

图 2-21　求数组最大值、最小值及其索引

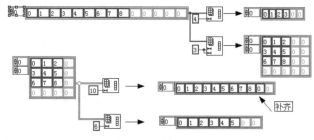

图 2-22　数组重排

### 11. "一维数组排序"函数

该函数返回元素按照升序排列的数组。如果数组的元素为簇，则该函数按照第一个元素的比较结果对元素进行排序。如果第一个元素匹配，函数将比较第二个和其后的元素，并进行排序。此函数的输入只能是一维数组，且只能按升序排列。如果需要降序排列，则可对升序数组反转，如图 2-23 所示。

图 2-23　数组排序

### 12. "搜索一维数组"函数

此函数搜索一维数组中是否存在指定元素。如果存在，则返回元素的索引号，如果不存在，返回-1。通过"开始索引"输入端子指定搜索起始的位置，搜索到第一个符合条件的元素后，搜索立即停止。如果需要搜索多个或者全部符合条件的元素，则可以通过 While 循环实现。数组搜索的例子如图 2-24 所示。

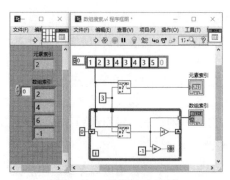

图 2-24　数组搜索示例

"搜索一维数组"函数为多态函数,支持字符串数组。

### 13. "拆分一维数组"函数

该函数以指定索引为界,把一维数组分解成两个一维数组。第一个子数组包括索引 0 到指定索引减 1 的所有元素。也就是说,指定索引的元素包含在第二个数组之中。

如果指定索引为 0,则第一个子数组是空数组,第二个子数组是原来的数组。如果指定索引大于数组最大索引,则第一个数组是原来的数组,第二个数组是空数组。此函数的用法如图 2-25 所示。

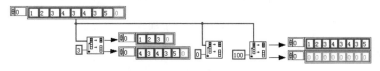

图 2-25　数组拆分示例

### 14. "反转一维数组"函数

"反转一维数组"函数非常简单,它反转所有元素的次序。比如数组{1,2,3,4}被反转后变为{4,3,2,1}。

### 15. "一维数组循环移位"函数

当输入参数 $n>0$ 时,该函数将数组最后 $n$ 个元素置于前端。当 $n<0$ 时,该函数将数组前面 $n$ 个数据置于后端,如图 2-26 所示。

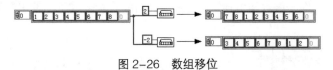

图 2-26　数组移位

下面的例子利用"一维数组循环移位"函数计算 A[i+2]-A[i],形成一个新的数组,如图 2-27 所示。

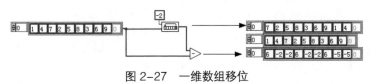

图 2-27　一维数组移位

### 16. "一维数组插值"函数

"一维数组插值"函数如图 2-28 所示。

一维数组插值函数采用线性插值的方式。当一维数组元素是数字时,X 端给定的是索引。当一维数组元素是点簇的时候,X 端给定的是点 X 坐标值。该函数的使用方法如图 2-29 所示。

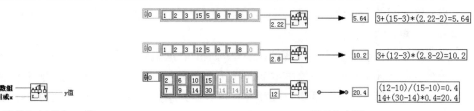

图 2-28　"一维数组插值"函数　　　　　　　图 2-29　一维数组插值

### 17. "以阈值插值一维数组"函数

该函数实际是一维数组插值的逆运算，具体用法如图 2-30 所示。首先运用一维数组插值函数（这部分与图 2-29 相同），求取指定索引下的插值。然后通过阈值插值一维数组函数，进行逆运算，把插值的结果作为阈值，返回索引值。

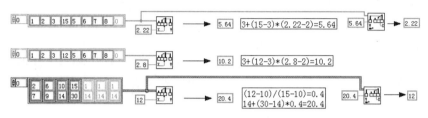

图 2-30　以阈值插值

### 18. "交织一维数组"函数

该函数输入端子连接的必须是一维数组。如果输入数组长度不同，则自动按最小长度截取成相同长度后，依次抽取一维数组中相同索引的元素合成一个新的数组。新的一维数组的长度等于一维数组最小长度乘以输入数组的数量，如图 2-31 所示。

图 2-31　数组交织

### 19. "抽取一维数组"函数

抽取一维数组是交织一维数组的逆运算，它使数组的元素分成若干输出数组，依次输出元素，如图 2-32 所示。

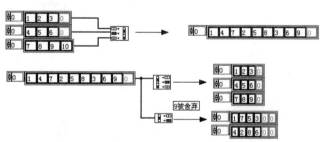

图 2-32　数组抽取

### 20. "二维数组转置"函数

二维数组转置就是重新排列二维数组。第一行变成第一列，第二行变成第二列，依次类推，如图 2-33 所示。

### 21. "数组至簇转换"函数

将一维数组转换成簇时，簇元素的名称将由数组名称和数组元素索引组合而成，簇元素的顺序依赖数组索引的次序。

数组可以自由改变大小，而簇的大小是固定的。这就需要在转换之前，手动指定簇的大小。在"数组至簇转换"函数的快捷菜单中，可以指定簇的大小。簇的大小默认是 9，最大是 256。当数组大小小于簇大小时，用默认值填充；当数组大小大于簇大小时，多出的数组元素被忽略，如图 2-34 所示。

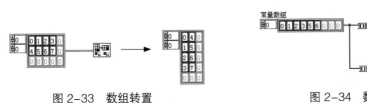

图 2-33　数组转置　　　　　　　　图 2-34　数组至簇的转换

**学习笔记**　将数组转换至簇时，必须预先在快捷菜单中设定簇的大小，默认大小为 9。

#### 22. "簇至数组转换"函数

"簇至数组转换"函数要求被转换的簇元素类型必须相同，而簇被转换成与簇元素相同数据类型的数组。簇中的元素可以是簇，只要保证簇元素的类型相同即可。"簇至数组转换"函数的使用方法如图 2-35 所示。通过"簇至数组转换"函数，包含多个相同类型的簇元素的簇被转换为对应类型的数组。

图 2-35　簇至数组转换

#### 23. "矩阵至数组转换"函数

矩阵是 LabVIEW 8 新增的数据类型，而 MathScript 的引入极大地提高了 LabVIEW 的数据处理能力。"矩阵至数组转换"函数可以把矩阵转换成相同数据类型的数组。矩阵是多态的，可以是实数矩阵，也可以是复数矩阵。此函数的应用示例如图 2-36 所示。

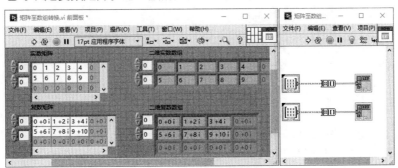

图 2-36　矩阵至数组的转换

#### 24. "数组至矩阵转换"函数

"数组至矩阵转换"函数为"矩阵至数组转换"函数的逆操作。该函数为多态函数，如果输入的是一维实数数组，则转换结果为实数列向量。如果输入为一维复数数组，则转换结果为复数列向量。新版中增加了几个数组函数，它们使用了最新的"自适应 VI"技术，这些函数将在后续章节中专门介绍。

### 2.1.6　标量与簇的基本运算

如果簇中的元素是数值型数据，则标量与簇的基本算术运算相当于对标量和簇的每个元素进行算术运算，并返回一个新的簇。

### 1. 标量与簇的运算

标量与簇的运算示例如图 2-37 所示。标量与簇的运算相当于对标量与簇中每个元素进行运算，结果为一个新的簇。

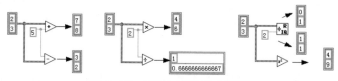

图 2-37　标量与簇的基本运算

**学习笔记**　标量与簇的运算，就是对标量与簇中的每一个元素进行运算。

### 2. 标量与簇数组的运算

二维数组的元素为点簇，如果用由一对标量构成的簇描述一个几何点，则点簇的数组就可以描述一条曲线。通过点簇的数组与标量运算，可以实现曲线的平移，如图 2-38 所示。

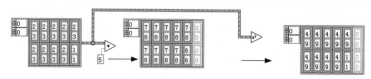

图 2-38　标量与簇数组运算示例

### 3. 标量与嵌套簇的运算

如图 2-39 所示，簇中包括两个点簇，构成一个嵌套的簇，这个簇可以用来描述几何矩形。标量与嵌套簇的运算，是对标量与簇中所有元素进行运算。通过标量计算可以实现平移、缩放等。

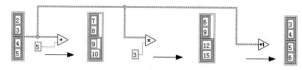

图 2-39　标量与嵌套簇运算示例

## 2.1.7　簇与簇的运算

相同类型的簇之间进行运算，实际上是对簇中对应元素进行相应运算，结果为与原来簇类型相同的新簇。同类型的簇与簇数组运算也是如此，如图 2-40 所示。

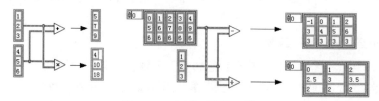

图 2-40　同类型簇的运算

不同类型的簇之间是不允许直接运算的。相同类型的簇是指两个簇中包含的对应元素类型相同，而且两个簇中包含的元素个数，即簇的大小也完全相同。

## 2.1.8　簇的函数

标量与簇、簇与簇的基本运算是通过运算函数实现的，但是在很多场合需要处理簇中一个或者几个特定元素。LabVIEW 在簇、类与变体函数选板中提供了有关簇的常用节点，使用它们可以处理簇中的特定元素。

我们知道，簇中的元素是具有独立标签的，标签代表簇中元素的名称。同时簇中的元素也是有次序的。因此，LabVIEW 提供了两种方法寻址特定的簇元素：按名称和按次序。

### 1.　"按名称解除捆绑"函数

此函数按名称返回簇中的元素，可以同时选择多个名称，并返回多个簇元素，不需要关心次序问题。通常情况下，应尽可能地使用按名称寻址方式解除捆绑，这样更直观，不容易出现错误。对于一个比较复杂，尤其是具有多种相同数据类型元素的簇，采用按次序寻址的方式很容易造成混乱。

如图 2-41 所示，这里的矩形簇用来描述一个矩形，它内部包含两个簇，分别是位置簇和边界簇。如果想直接取出嵌套簇的元素，并不需要层层解包，直接单击选取即可（如图 2-42 所示）。下拉或上拉接线端子可以增加新的元素，即可以同时处理多个簇元素。

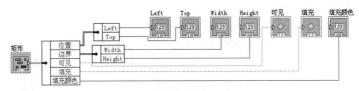

图 2-41　按名称解除捆绑，获取簇元素

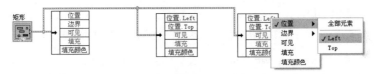

图 2-42　直接选取嵌套簇中的元素

### 2.　"按名称捆绑"函数

该函数可以替换一个或多个簇元素。无论是捆绑还是解除捆绑操作，按名称操作簇元素都远比按次序操作要清晰得多，图 2-43 中使用的是"按名称捆绑"函数。后面的图 2-46 使用的是"捆绑"函数，"捆绑"函数需要按次序进行捆绑。两个程序框图实现的是相同的功能，显然使用"按名称捆绑"函数更为清晰。

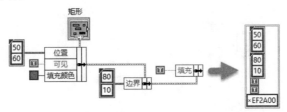

图 2-43　按名称捆绑，替换簇中的元素

捆绑操作实际是替换操作。通过函数选板生成的按名称捆绑的簇，默认情况下是不含数据类型的，所以首先必须连接数据类型，这样 LabVIEW 才能正确识别这个簇，自动分析出簇中所包含的元素。

经常会遇到这种情况，我们在捆绑一个簇的时候，并没有输入控件，只有一个显示控件。显示控件是不能直接和"捆绑"函数的"类型"输入端子直接连接的，必须指定簇的类型，如图 2-44 所示。常规的方式是利用"局部变量"或者"常量连接类型"输入端子。另外，也可以用显示控件的值属性返回数据类型，不过这种方法不适合子 VI，因为使用属性节点将导致前面板被载入内存，效率较低。

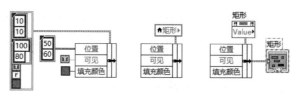

图 2-44　按名称捆绑显示控件

如果是一个非常大的簇，则它的常量会占据很大的空间。这种情况下，可以创建子 VI，由子 VI 导出簇常量。实际上，我们只关心簇的数据类型，至于其中包括的实际值则无关紧要。

**学习笔记**　在簇的捆绑和解除捆绑操作中，按名称方式操作簇元素是推荐使用的方式。

### 3.　"解除捆绑"函数

该函数将一个簇分割为独立的元素。将簇连接到该函数时，函数将自动调整大小以显示簇中的各个元素并输出，簇中的元素是按照内部次序自动排列的，如图 2-45 所示。

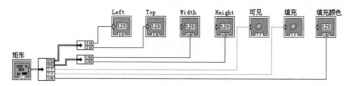

图 2-45　"解除捆绑"函数按次序获取簇中的元素

使用"解除捆绑"函数，LabVIEW 必须一次显示簇中包含的所有元素。这与按名称解除捆绑不同，按名称解除捆绑可以选择一个或者多个元素。另外，此函数只显示元素的数据类型，如果元素数量比较多，则很难区分元素。

### 4.　"捆绑"函数

"捆绑"函数将独立元素组合为簇。也可使用该函数改变现有簇中独立元素的值，而无须为所有元素指定新值，如图 2-46 所示。要实现上述操作，需要使用该函数中间的"簇类型"接线端子指明簇的类型。将簇连接到该函数时，函数将自动调整大小以显示簇中的各个输入元素。

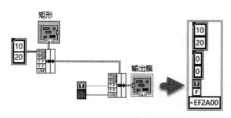

图 2-46　"捆绑"函数按次序进行捆绑

捆绑了新的元素后，原来的元素将被替换。如果有未连接的端子，则其内部数据会保持不变。

### 5.　"创建簇数组"函数

"创建簇数组"函数将每个输入对象捆绑为簇，然后将捆绑的簇组成簇数组。

特别需要注意，"创建簇数组"函数把输入参数捆绑成一个新的簇，并以这个簇作为元素来构建数组，而不是把这个输入参数本身作为元素。图 2-47 演示了这两种方式的区别，同时演示了簇数组与普通数组的区别。

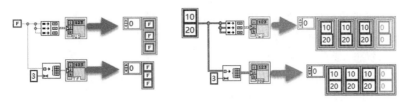

图 2-47　创建簇数组

### 6. "索引与捆绑簇数组"函数

"索引与捆绑簇数组"函数，用于对多个数组建立索引，并创建一个簇数组，其中第 i 个元素包含每个输入数组的第 i 个元素。

"索引与捆绑簇数组"函数的使用很广泛，特别适于绘制 XY 图或三维图形。三维曲线通常用由三维点构成的簇数组来描述，簇包含三个元素，分别代表 X、Y、Z 坐标。实际测量的数据往往以 X、Y、Z 的一维数组返回，通过"索引与捆绑簇数组"函数则可以将这些一维数组转换成三维点的数组，如图 2-48 所示。

图 2-48　"索引与捆绑簇数组"函数示例

## 2.2　必须了解的位运算函数和逻辑运算函数

所有与硬件关系比较密切的编程语言都支持位运算和逻辑运算。例如，C 语言不但有与、或、非等逻辑运算，还有按位与、按位或、按位非等运算。LabVIEW 也不例外，它的位运算和逻辑运算的功能更加强大。

LabVIEW 采用多态函数的方式，综合了逻辑运算和位运算。至于到底要完成逻辑运算还是位运算，则完全取决于运算符的输入参数是布尔型还是整型。

### 2.2.1　常用逻辑运算函数

一般在包含布尔运算的软件中，把一个布尔变量设置成 TRUE 的操作称作置位操作。反之，把一个布尔变量设置成 FALSE 的操作称作复位操作，这里我们沿用这种说法。如图 2-49 所示，就是使用常用逻辑运算函数对输入的布尔数据进行置位和复位操作。

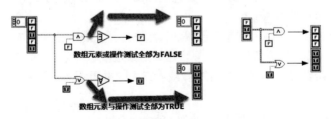

图 2-49　布尔数组、簇置位、复位操作

### 2.2.2　位运算

LabVIEW 的布尔函数是多态的，不仅可以进行逻辑运算，也可以进行位运算。一个 U8 型数据占据 1 字节的空间，可以表示 8 位。由低到高，通常称为 BIT0，BIT1，…，BIT7，对应二进制的每一位。通过位运算，可以对它的每一位进行置位和复位操作。

LabVIEW 中所谓的位操作与单片机中的位操作是不同的。单片机中的位，是可以单独寻址的，因此可以单独设置位。但是 LabVIEW 中的位操作，实际是对整个字节进行操作的。根据需要，可保留其他位的原来状态，只改变需要的位的状态。

通常位操作包括置位、复位和位测试。置位是对指定的位置 1，复位是对指定的位置 0，位测试是不改变原来位的值，仅返回指定位的状态。

置位操作是使用按位或的方式实现的。例如，要将 BIT6 置 1，可以与 0x40 执行或运算。此时因为其他位是 0，所以或操作后这些位的值保持不变；而 BIT6 与 1 或操作后，该位变成 1。

复位操作是采用按位与的方式实现的。例如，复位 BIT6，首先对 0x40 取非。这样除了 BIT6 为 0 外，其他位都为 1，然后与原来的值进行与运算即可。

位测试比较简单。例如，测试 BIT6 时，将要测试的值和 0x40 做与操作。如果结果为 0，则说明 BIT6 为 0；如果结果非 0，则说明 BIT6 为 1。

整数的位操作包括置位、复位和位测试，如图 2-50 所示。

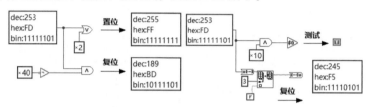

图 2-50　整数的置位、复位和位测试

还有一种方法，不过相对比较麻烦，效率也低一些。这种方法就是把 U8 数据转换成布尔数组，然后利用替换的方式，替换相应的位，再把布尔数组转换成 U8 数据，从而实现置位、复位操作。

**学习笔记**　将整数转换成布尔数组后，索引为 0 的元素表示最低位 BIT0。

### 2.2.3　深入理解复合运算函数

复合运算函数的功能非常强大，既可以进行算术运算，又可以进行逻辑和位运算。更重要的是，它支持多目运算，即可以输入多个参数。因此，在实际应用中，复合运算函数的使用较广泛。

可以使用复合运算函数进行算术运算，即加法和乘法运算等；也可以进行逻辑和位运算，即与、或和异或运算等。复合运算函数另外一个重要的功能是进行逆操作。通过快捷菜单选择逆操作的时候，"输入参数"端子处会出现一个黑色的圆圈，表示当前端子选择的是逆操作。通过下拉和上拉，可以增加节点的输入参数。

加、乘运算的逆操作，实际上就是进行减法和除法运算。逻辑运算和位运算的逆操作，实际上是进行逻辑取非、对整数按位取反运算。复合运算函数是多态函数，其输入可以是标量、数组、簇等。利用复合运算函数可以实现连续的加/减或者连续的乘/除操作，如图 2-51 所示。

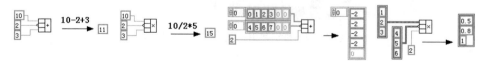

图 2-51　利用复合运算函数执行算术运算

虽然复合运算函数不支持字符串运算，但是字符串和 U8 数组是一一对应的，因此可以通过 U8 数组间接处理字符串。如果字符串为正常显示方式，那么 U8 数组中保存的就是它的 ASCII 码。这样对 U8 数组进行处理后，再将 U8 数组转换成字符串，就间接地实现了字符串的位处理，比如用按位异或运算对字符串进行简单的加密处理。按位异或的特点是，当连续两次与同一个值进行异或操作时，将恢复原来的值。这在图形处理中非常常见。利用这个特点就可以对字符串或者文件进行简单的加密处理。将字符串转换成 U8 数组，可以实现字符串的位操作，如图 2-52 所示。

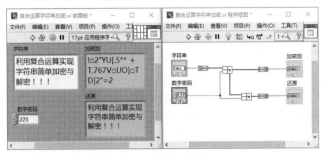

图 2-52　对字符串简单加密

138 译码器从原理上看就是由基本的逻辑门电路组合而成的，LabVIEW 这种强大的图形式编程语言也特别适合模拟逻辑电路，可以用 LabVIEW 的逻辑运算简单地模拟 138 译码器的原理，如图 2-53 所示。

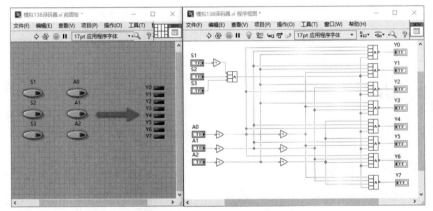

图 2-53　138 译码器原理模拟

图 2-53 完全从 138 译码器内部原理来模拟。如果只想模拟其性能，利用位操作也很容易实现，如图 2-54 所示。

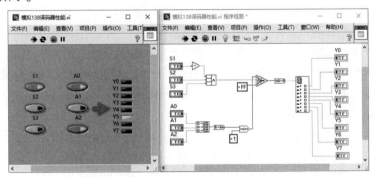

图 2-54　138 译码器性能模拟

## 2.3　必须了解的关系运算函数和比较函数

正如 LabVIEW 没有明确指定算术运算符一样，LabVIEW 中也没有明确的关系运算符的概念，所有的关系运算和高级比较函数都称为比较函数，它们都列在比较函数选板上。从比较函数选板不难看出，LabVIEW 对比较函数有一些基本的分类。这些类别为：基本关系运算函数、0 关系运算函数、字符函数和其他高级比较函数。

## 2.3.1 比较模式

LabVIEW 的多数比较函数都存在一个重要的选择项——比较模式。在比较函数的快捷菜单中，可以选择比较模式。比较模式分为"比较元素"和"比较集合"两种。

对于数组和簇这样的复合数据类型，如果选择"比较元素"，则最终结果是相同大小的布尔数组或者布尔簇。如果选择"比较集合"，则会将两个输入作为整体比较，结果是一个布尔标量。当比较集合时，要求两个输入类型完全相同。而比较元素时没有这种限制，可以比较标量和数组、标量和簇等，如图 2-55 所示。

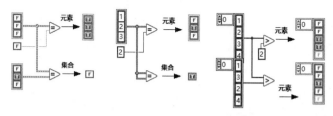

图 2-55 "比较元素"与"比较集合"

**学习笔记** 比较集合时要求输入类型完全相同，复合数据可以和标量进行元素比较。如果比较输入类型相同但是长度不同的数组，则较长的数组将被截断为较短数组的长度。

另外，不允许直接比较由元素构成的不同的簇，直接比较会发生连线错误。

## 2.3.2 通用关系运算函数

通用关系运算函数包括等于、不等于、大于、小于、大于或等于和小于或等于 6 个函数。从编程语言的角度看，必须具备两个关系运算符——等于和大于，其他的运算符都是可以通过相应的逻辑运算得到的。LabVIEW 作为偏向具体应用的编程语言，提供了如此之多的关系运算函数不过是为了便于编程。

这几个通用关系运算函数的用法极其相似，具有很多共同点，比如：

◆ 都是双目关系运算符，具有两个参数输入。

◆ 都允许设置比较模式，可以设置为"比较元素"或者"比较集合"。

◆ 比较的对象可以是标量与标量、标量与数组、标量与簇、数组与数组、簇与簇。当簇与簇进行比较时，要求元素类型、大小必须完全相同。当数组与数组进行比较时，较长的数组将会被截短，然后再进行比较。

◆ 都支持字符串的比较。比较字符串时实际是比较字符串所对应的 ASCII 数组。

使用通用关系运算函数首先要考虑的是比较模式的问题。选择"比较元素"还是"比较集合"，完全取决于实际设计需要。例如，要检查一个数组是否发生了改变，可以用"相等"函数进行比较。如果选择"比较集合"模式，就会从索引为 0 的元素开始比较。如果对应元素相等，则继续比较。一旦某个对应元素不同，则立即返回 False，不再对剩余元素进行比较，因此效率比较高。反之，如果选择"比较元素"模式，则必须对对应的所有元素进行比较，然后再返回一个布尔数组，因此效率比较低。

选择"比较集合"模式，运算效率比较高。

有些时候，必须选择"比较元素"模式。例如，比较两个字符串时，我们需要知道字符串中发生变化的字符和字符所在位置，所以只能选择"比较元素"模式。再比如，如果需要取出数组中所有大于 5 的元素，首先必须确定数组中哪些是大于 5 的元素，哪些不是。类似的问题都必须采用"比较元素"模式。

对于字符串的直接比较，LabVIEW 自动采用"比较集合"模式，如图 2-56 所示。

> 对于字符串的直接比较，LabVIEW 自动选择"比较集合"模式，即使设置成"比较元素"模式也枉然。如果必须用"比较元素"模式，则可以先将字符串转换成 U8 数组，然后进行比较。

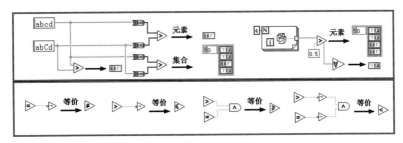

图 2-56　比较字符串

### 2.3.3 "比较 0" 关系运算函数

"比较 0" 关系运算函数是通用关系运算符的特殊形式，相当于一个参数输入为 0。"比较 0" 函数自动采用"比较元素"模式，因为标量是不允许和复合数据类型直接进行集合比较的，所以只能采用"比较元素"模式。LabVIEW 对"比较 0"函数根本没有提供比较模式的选项。

"比较 0"函数只接受数值标量、数值型数组、数值型簇和时间标识作为输入，不支持字符串，如图 2-57 所示。

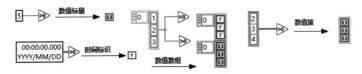

图 2-57　"比较 0" 函数的参数形式

需要特别注意的是，同其他编程语言一样，LabVIEW 中的浮点数也存在精度损失的问题。只有 2 的 $N$ 次方的浮点数是可以精确表示的，比如 0.5、0.25、0.125 等。其他的数都是根据精度取一个邻近的尽可能精确的 2 的 $N$ 次幂来表示的。这样，浮点数计算的误差不可避免。在使用关系运算符判断等于或不等于的时候要特别注意，由于误差的问题，往往会得到错误的判断结果。

如图 2-58 所示，从数学的角度看，0.42−0.5 + 0.08 = 0 和 0.08 + 0.42−0.5 = 0 应该满足交换率，运算结果完全相同。但是在 LabVIEW 中，二者的计算结果却不相同，前者不等于 0，而后者等于 0。

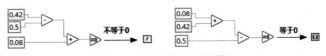

图 2-58　浮点数的比较错误

可以通过放大法和最小浮点数比较法解决上述问题，如图 2-59 所示。

图 2-59　消除浮点数比较错误的两种方法

### 2.3.4　复杂关系运算函数

这一组函数可以实现比较复杂的比较运算，其并不局限于简单的比较，需要仔细研究体会。

#### 1.　"选择"函数

"选择"函数相当于 C 语言中的三目条件运算符。当输入端子 s 为 True 时，函数返回连接到真输入端子 t 的值。当 s 为 False 时，返回连接到假输入端子 f 的值。这里，t、s、f 分别是 true、select、false 的缩写。

"选择"函数是多态函数，选择端子 s 只接受布尔输入，t、f 可连接各种数据类型，但是必须保证二者类型完全相同。t、f 可以连接数值、数组、簇、字符串、路径、时间标识、矩阵等。"选择"函数可以连接的数据类型，如图 2-60 所示。

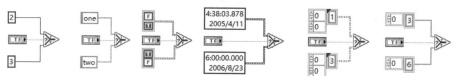

图 2-60　"选择"函数可以连接的数据类型

#### 2.　"最大值与最小值"函数

该函数返回 x、y 两个输入参数中最大和最小的值，顶部输出端返回最大值，底部输出端返回最小值。x、y 可以是各种数据类型，但必须保证二者是相同的数据类型。x、y 可以连接数值、数组、簇、字符串、路径和时间标识等。

> **学习笔记**　此函数中有两个时间标识，较新的时间为最大值，较早的时间为最小值。

"最大值与最小值"函数支持比较模式，默认选择"比较元素"模式，如图 2-61 所示。

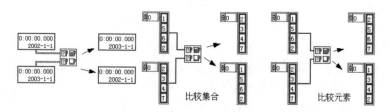

图 2-61　"最大值与最小值"函数的比较模式

#### 3.　"判断范围与强制转换"函数

"判断范围与强制转换"函数如图 2-62 所示。

"判断范围与强制转换"函数非常复杂，它可以接受

图 2-62　"判断范围与强制转换"函数

布尔、数值、字符串、路径、数组、簇、矩阵等多种类型的输入，同时又可以选择比较模式。

在该函数的快捷菜单中，可以选择是否包括上限和下限。当选择"包括"时，函数的图标中

菱形框自动变成黑色菱形，表示上限或者下限被包括。

"判断范围与强制转换"函数包括两个重要的功能：测试输入是否在指定范围内，属于关系运算；强制转换，属于数据处理范畴。通常情况下，只使用其中一个功能。

该函数支持比较模式，对于复合数据类型，可以选择"比较元素"或者"比较集合"模式。与其他关系运算函数一样，在"比较集合"模式下，要求所有输入参数的上限、x、下限类型必须完全相同，即只能做数组和数组、簇和簇的比较。而对于"比较元素"模式，可以做标量和数组、标量和簇的比较，如图 2-63 所示。

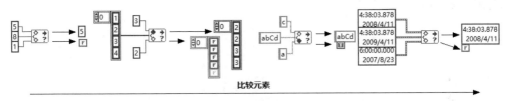

比较元素

图 2-63  用"判断范围与强制转换"函数做比较

**学习笔记**  对于标量和标量的关系运算，选择"比较集合"与"比较元素"模式是等价的。

当输入的上限和下限完全相同时，可以对数组和数值型簇中的所有元素赋相同的值。这是非常有用的特性。对于数组操作，只有初始化数组时可以在完成定义数组的同时，为其中所有元素赋同样的值。对于已经创建的数组，可以采用元素替代的方法实现为所有元素赋相同的值。此时使用"判断范围与强制转换"函数更为方便，不需要复杂的编程，如图 2-64 所示。

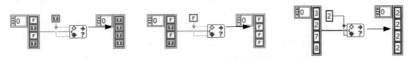

图 2-64  "判断范围与强制转换"函数的特殊用法

此函数在设计子 VI 时非常有用。在接收数据流传输过来的数据时，子 VI 的设计者必须检查数据的合理性，剔除不合理的数据。例如，一个人的年龄超过 500 显然是错误的，应该提出警告或者强制转换为合理数据。

### 4.  "非法数字/路径/引用句柄"函数

该函数用来测试输入的数字、路径和引用句柄是否是合法的。该函数的使用方法如图 2-65 所示。对于数值型数据，LabVIEW 定义了一个特殊的符号 NaN 来表示非法数字。NaN 的含义是数字无意义。

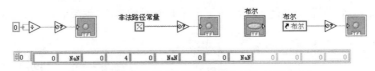

图 2-65  "非法数字/路径/引用句柄"函数示例

对于数值型控件或数组，可以直接输入字母 NaN，也可以通过计算得到。例如，计算 0/0，则 LabVIEW 返回 NaN。在绘图控件中，NaN 是不显示的。根据这个原理，可以将曲线分段显示，实现特殊效果。

在文件操作中，判断一个路径输入是否合法是非常重要的操作。如果路径不合法，将导致后面的操作发生错误，所以在打开文件之前必须判断路径是否合法。

**学习笔记** 0 除以 0 可以产生非法数字 NaN，如图 2-65 所示。

### 5. "空数组"函数

在 8.X 版本之前，LabVIEW 没有提供判断数组是否为空数组的函数。空数组只具有维数，不包含任何元素。数组为空的标志是其长度为 0，因此可以通过判断数组长度是否为 0 来判断数组是否为空。

**学习笔记** 空数组的标志是各个维的长度均为 0，如图 2-66 所示。

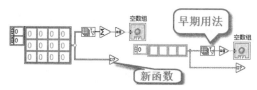

图 2-66　判断数组是否为空

### 6. "空字符串/路径"函数

LabVIEW 中的空字符串不同于 C 语言中的空字符串。C 语言中的字符串是以 "\0" 作为结束符的。"\0" 的 ASCII 值为 0，是不可以显示的特殊字符，C 语言计算字符串的长度时从首个字符开始计数，直到 "\0" 计数结束。而 LabVIEW 中没有特殊结束符的概念，LabVIEW 的字符串长度是同字符串一起存储的，所以 "\0" 和其他不可打印字符都属于字符串的一部分。

所谓空字符串，是指没有任何字符的字符串，包括可打印字符和不可打印字符。尽管可能看不到在正常方式下显示的字符串控件的内容，但是它不一定是空字符串，比如显示的可能是空格或其他不可显示字符。只有在十六进制方式下，才真正能看到该字符串是否是空字符串。注意，空字符串的字符串长度为 0，每个汉字的长度为 2，如图 2-67 所示。十六进制的 00 在正常方式下无法显示，所以无法在正常方式下判断其是否为空。

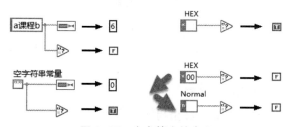

图 2-67　空字符串的含义

"空字符串/路径"函数是多态函数，可以用于判断空字符串、空路径、空变体数据、空图片和空 DSC 标签。"空字符串/路径"函数还可用于判断数组或者簇是否为空，如图 2-68 所示。

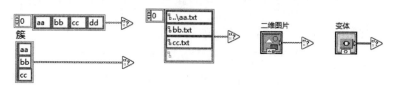

图 2-68　"空字符串/路径"函数的多态输入类型

判断空路径和非法路径，在进行文件操作时非常重要。一般采用逻辑与方式判断一个路径是否为空路径和非法路径，从而保证输入路径是非空和合法的路径。在创建有关文件操作的子 VI 时也应该判断路径的合法性。

### 2.3.5 字符关系运算函数

这一组函数都是针对字符操作的。LabVIEW 本身没有字符数据类型，我们可以把由一个字符组成的字符串理解成字符。

字符关系运算函数是多态函数，可以输入的参数类型包括字符串、数值、字符串数组、数值数组、簇和矩阵等。对于字符串，字符关系运算函数只检测第一个字符，其他的字符被忽略（如图 2-69 所示）。对于数值型输入，字符关系运算函数把输入数值作为 ASCII 码处理。如果输入数值是浮点数，函数自动四舍五入，将其转换成整数处理。

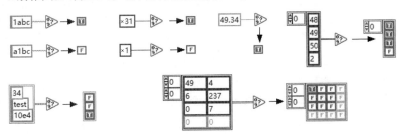

图 2-69 判断第一个字符是否为数字

图 2-69 演示了几种判断输入类型是否是十进制字符的方法。对于第一种字符 0~9，判断结果返回 True。对于十六进制数，如果第一个字符是数字 0~9 或字母 a~f 或者 A~F，判断结果返回 True。对于八进制数，如果是数字字符 0~7，判断结果返回 True。

除了判断进制的 3 个函数，LabVIEW 还提供了判断是否是可打印字符、是否是空白字符的函数。

### 2.3.6 表达式节点与公式快速 VI

在 LabVIEW 的数值函数选板上，还有一个重要的函数——表达式节点。LabVIEW 提供了大量的算术运算函数，来实现各种复杂的运算。对于比较复杂的计算，LabVIEW 的图形编程方式也存在明显的弱点，需要大量的连线工作，同时占用了程序框图大量的空间。如果只存在一个输入变量，则使用表达式节点可以很好地解决这个问题。

表达式节点支持各种常用的运算符，包括算术运算符、位运算符和关系运算符。下列内置函数可在表达式节点中使用：abs、acos、acosh、asin、asinh、atan、atanh、ceil、cos、cosh、cot、csc、exp、expm1、floor、getexp、getman、int、intrz、ln、lnp1、log、log2、max、min、mod、rand、rem、sec、sign、sin、sinc、sinh、sqrt、tan、tanh。

表达式节点可以使用常量 pi，如图 2-70 所示，但是需要注意 pi 必须是小写的，否则会被 LabVIEW 作为变量名处理。同样，表达式节点的内置函数也是有大小写区别的。

图 2-70 表达式节点举例

表达式节点只允许一个变量名作为输入，命名规则类似于 C 语言。表达式节点支持数值型数组、数值型簇或者数值型簇数组，作为输入参数。

当表达式的输入参数是数值型数组、数值型簇或数值型簇数组时，就相当于对其中的每一个元素进行表达式中的运算，结果形成和输入类型完全一致的输出，也就是说表达式节点具有批量运算的能力，如图 2-71 所示。

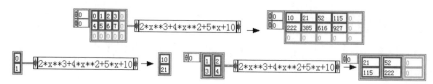

图 2-71　表达式节点的批量运算

对于单变量的运算，使用表达式节点无疑是非常方便的，但是在编程中经常遇到的是多变量输入的情况。可以使用公式节点或者 MathScript 节点解决多变量输入问题。公式节点和 MathScript 节点支持程序的各种结构，比如循环、条件跳转等，可以满足绝大多数复杂运算的需要。

对于不太复杂的多参数输入运算，更好的选择是使用公式快速 VI。公式快速 VI 是 LabVIEW 7 以后的版本中增加的一组函数，用于快速构建程序。每一个公式快速 VI 都综合了大量功能近似的 VI。它的突出特点是采用配置对话框的方式来配置参数，内部包含语法检查、效果预览等功能。适当地运用公式快速 VI，能极大地简化编程，缩短编程周期。

在函数选板中，选择"数学"→"脚本与公式"→"公式"项（图标类似于计算器），即可调出公式快速 VI。

首次调用公式快速 VI 时，会自动弹出配置对话框。打开公式快速 VI 的快捷菜单，选择"属性"项，就可以在属性对框中编辑 VI，也可以随时调出配置对话框进行编辑。打开这个对话框最简单的方法，则是双击公式快速 VI，随后打开"配置公式"对话框，如图 2-72 所示。

**学习笔记**　双击公式快速 VI，可以启动公式快速 VI 的配置对话框。

公式快速 VI 的外观非常类似于我们日常生活中常用的计算器，不过它不是用来计算的，而是用于输入计算公式的。使用公式快速 VI，首先要确定输入参数的数量和名称，默认的输入是 X1～X8。在配置对话框中，可以根据实际需要改写标签，改写后的标签将显示在程序框图中。如图 2-72 所示，在对话框中分别重命名了 A、B、C、D、E 5 个输入参数。

在配置对话框中通过"输入"按钮可以输入公式，也可以直接在文本显示框中输入公式。文本显示框右侧的指示灯表示当前语法是否正确。绿色表示正确，红色表示错误。

公式快速 VI 提供了很多内置的数学函数，除了按钮上显示的函数之外，还可以通过"更多函数"下拉列表框选择更多的数学函数。

本例我们在配置对话框中输入了二次函数的计算公式，下面看一下具体的使用方法和效果，如图 2-73 所示。

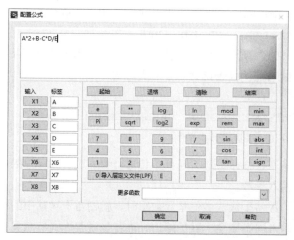

图 2-72　公式快速 VI 的配置对话框

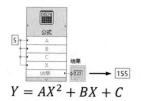

$$Y = AX^2 + BX + C$$

图 2-73　公式快速 VI

## 2.4 群体函数

LabVIEW 新增了两种重要的数据结构，分别为集合与映射表，这两种数据结构在常规编程语言中是很常见的。在常规编程语言中，集合的英文通常为 Collection 或者 Set。其中 Set 是 Collection 的特殊子集，表示集合中不允许有完全相同的重复元素，新增的集合就是 Set 特殊集合。

在常规编程语言中，字典类型也是一种非常重要的数据结构。字典是键/值对的集合，每个键对应一个值。键/值对中的键与值都可以是任意数据类型，但是通常用字符串表示键，值的类型可以根据需要来指定。字典中的键是不允许重复的，但是值是可以重复的。LabVIEW 新增的映射表类似常规编程语言中的字典数据结构。

### 2.4.1 集合与映射表函数选板

早期的集合是通过数组模拟实现的，但是集合与数组有很大的区别。数组是连续存储的同类型数据，一般数组大小是固定的。对于一个已经固定的数组，如果增加一个新的元素，必然导致内存的重新分配，以容纳这个新的元素。而对于集合，添加和删除元素是非常频繁的，所以使用数组模拟集合是非常低效的，新版集合类型解决了低效的问题。

集合与映射表在 LabVIEW 中统称为群集，集合与映射表数据结构非常重要，因此建立了单独的群集函数选板，包括集合与映射表两个子选板，如图 2-74 所示。

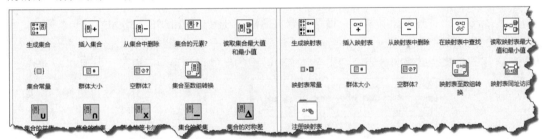

图 2-74 集合与映射表函数选板

### 2.4.2 创建集合

如同常规的控件，可以创建集合输入控件、显示控件或者常量。但是集合控件禁止编辑输入，只能通过"生成集合"函数创建集合，并通过"插入集合"函数添加集合元素。插入的集合元素如果已经存在，则不执行插入操作，保证集合中不存在重复元素，并自动按升序排序。

集合可以存储任何数据类型，创建集合时必须指定所需的数据类型。可以通过两种常用方式指定集合元素的数据类型：一是通过"生成集合"函数指定，二是通过集合常量来指定。图 2-75 演示了两种创建集合的方法，同时演示了集合元素不允许重复的特性，并且元素自动进行升序排序。

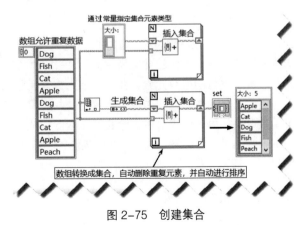

图 2-75 创建集合

## 2.4.3 集合的基本运算

集合相关的函数不多，其中最重要的是"插入集合"与"从集合中删除"函数。其他几个函数，比如"群体大小"函数返回集合的大小，"空群体"函数返回集合是否为空，非常简单。

两个集合之间的基本运算包括"交、差、并、补"等，集合函数选板提供了 5 个集合运算函数，来实现这几个基本运算，分别为"集合的并集""集合的交集""集合的笛卡儿积""集合的差集""集合的对称差"等函数，图 2-76 演示了集合的几种基本运算。

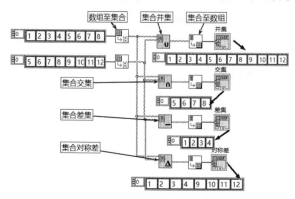

图 2-76　集合的基本运算

在图 2-76 中，首先创建了两个自适应 VI，自适应 VI 是新版 LabVIEW 增加的重要功能，这里我们可以理解为普通的子 VI。"数组至集合"自适应 VI 用于把数组转换为集合，"集合至数组"自适应 VI 用于把集合转换为数组。把集合转换为数组的目的仅仅是便于显示，如图 2-77 所示。

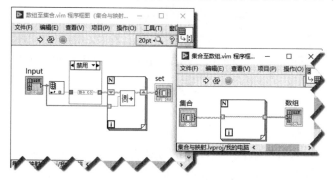

图 2-77　使用自适应 VI 进行集合运算

从图 2-77 可以看出，两个基本的数值类型集合分别为由数字 1~8 构成的集合，与由数字 5~12 构成的集合。两个集合的并集为由数字 1~12 构成的集合，共 12 个元素。可见所谓集合并集是合并了两个集合的所有元素，并去掉所有重复元素。

集合交集函数，返回由两个集合的公共元素构成的集合，这里公共元素为{5、6、7、8}。差集函数返回从第一个集合中去除交集元素而构成的集合，结果为{1、2、3、4}。

集合的对称差函数，返回从两个集合的并集去除交集所构成的集合，结果为{1、2、3、4、9、10、11、12}。

## 2.4.4 创建映射表

本书曾经介绍过可利用变体数据来实现字典功能，但是新版中增加了专门的映射表功能，从而可以更方便、更高效地创建字典。映射表为有序字典，其自动按照键/值对的键自动排序，因此可以更高效地通过键查找对应的键值。

参见图 2-78,可以通过三种方法创建映射表。第一种方法通过"生成映射表"函数创建,该函数仅适合于键/值对较少的场合,通常创建一个新的映射表。第二种方法通过"插入映射表"函数创建,它通过 For 循环构建映射表。注意"插入映射表"函数实际上具有两种功能,如果映射表中不包含键/值对,则执行插入操作。如果映射表中已经包含该键/值对,则用新的键值替代原有的键值,执行的是修改操作。第三种方法通过"映射表同址访问"函数创建,该方法更为高效,功能更强大。

图 2-78 演示了前两种构建映射表的方法,特别注意其中利用"程序框图禁用"结构,创建空集合的技巧。当然也可以直接使用"映射表常量"函数,创建空映射表。但是由于映射表的键与值,允许任意数据类型,所以使用上述技巧,可以自动创建各种类型的空映射表。该技巧同样适用于各种需要默认值的场合,用途非常广泛。

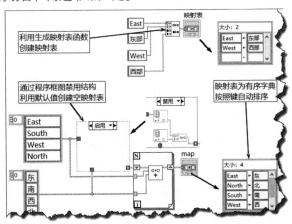

图 2-78  创建映射表

插入映射表、修改映射表、删除映射表中的键/值对等是几种常见的映射表操作,其中插入映射表、修改映射表功能由"插入映射表"函数实现,删除映射表中的键/值对功能由"从映射表中删除"函数实现。"映射表同址访问"函数同样可以实现上述三种基本功能,并且使用起来更为方便,使用方法如图 2-79 所示。

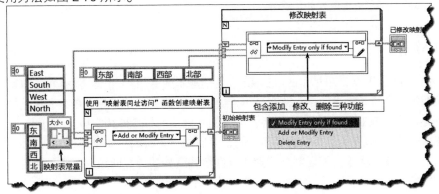

图 2-79  使用"映射表同址访问"函数

## 2.4.5  注册与注销映射表

通常情况下,映射表中的键/值对由字符串类型的键与任意类型的值组成,一个键对应一个值。

在特殊情况下，一个键需要对应多个值。比如聊天室应用，一个房间对应一个键，但是每个房间可以包括多个聊天者，针对这种应用，LabVIEW 提供了三个高级映射表自适应 VI，分别为"注册"、"确认注册"与"注销"VI。

这三个 VI 实际上是映射表与集合的综合应用，映射表的键可以为任何类型，通常使用字符串，值使用集合类型，这样一个键就可以对应多个值了。

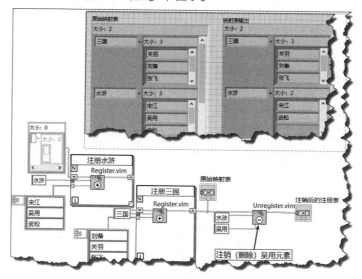

图 2-80　使用"注册"、"确认注册"、"注销"高级 VI

图 2-80 中第一个循环，通过"注册"VI，为水浒键注册了宋江、吴用、武松三个元素。第二个循环为三国键注册了刘备、关羽、张飞三个元素。原始映射表控件显示了注册结果。

通过注销 VI，删除了水浒键对应的集合中的吴用元素，注意水浒键对应的集合大小从 3 变成 2，吴用元素已经被删除。

确认注册 VI 非常简单，它返回一个布尔值。给定一个键与元素，如果键对应的集合中包含该元素，则返回真，否则返回假。

上述三个高级自适应 VI 提供了程序框图，根据这些程序框图，很容易创建所需的各种功能 VI，比如返回键对应集合中的所有元素等。

## 2.5　小结

本章介绍了 LabVIEW 常用基本函数的用法，包括基本运算函数、位运算函数、逻辑运算函数、关系运算函数等。这些基本函数是 LabVIEW 编程的基础，必须熟练掌握。数组和簇是构造复杂数据结构的基础，也是在 LabVIEW 中进行组件编程的基础，同样应熟练掌握。

LabVIEW 的基本运算函数很多都是多态的，可以进行多种数据类型的计算，使用极其灵活。在很多种情况下，使用多态运算函数就能解决复杂数据结构的计算问题。因此，本章介绍的知识点需要勤加练习，认真体会。

在本章的最后详细介绍了 LabVIEW 新增的群体数据类型，包括集合与映射表。使用新版本的用户建议需要时优先采用这些数据类型。

◆　　　　　◆　　　　　◆

# 第 3 章　LabVIEW 的程序运行结构

无论底层的汇编语言还是高级的 VB、VC 语言，控制程序流程的结构都是必不可少的。从汇编语言中我们可以清晰地看到，最基本的控制程序流程的结构只有两个，即顺序结构和条件跳转结构，其他复杂的高级结构都是由这两个基本结构派生出来的。比如常见的循环结构，实际上是一个特殊的条件跳转结构。当循环内的代码执行完毕时，内部循环计数器加 1，并将该计数值与内部设定的循环次数比较。如果计数值不等于设定次数，则跳转到循环体的起始位置继续循环。如果计数大于或者等于设定的循环次数，则终止循环，继续执行循环外的代码。

LabVIEW 也不例外，在函数选板中专门有一个结构选板，上面提供了常见的程序流程控制结构，如图 3-1 所示。LabVIEW 中所谓的结构和一般编程语言中控制流程的结构是有很大不同的，有的结构，比如公式节点、MathScript 节点、事件结构，已经近似于编程模式，而不是简单的程序流程控制结构。注意新版本增加了类型专用结构。

图 3-1　结构选板

## 3.1　两种不同的循环结构

如图 3-1 所示，结构选板中排在前两位的分别是 For 循环和 While 循环。这也说明了循环结构是 LabVIEW 程序设计中最基本的结构。建立结构和选择一般的函数的方法没有区别：单击相应的结构，将光标移动到程序框图上，此时会出现一个与程序框图不同颜色的小矩形框；按住鼠标左键，沿任意方向拖动到合适大小后，释放左键即可。

结构的编辑与控件和接线端子的编辑方法相同，它也支持复制和克隆操作。

**学习笔记**　在结构的空白处，按下 Ctrl 键的同时，按住鼠标左键并拖动，可以增加结构的内部空间。

### 3.1.1　For 循环的组成和特点

For 循环是各种高级编程语言中都有的运行结构。在 C 语言中，For 循环定义如下所示。

```
int i;
for(i=0;i<100;i++)
{
    /* 循环内容 */
}
```

　　从上面的例子可以看出，C 语言的 For 循环包括三个基本要素：初值设定（i=0）；循环条件（i<100）；更新表达式（i++）。这三个要素中的值都是可以随意设定的。而 LabVIEW 中的 For 循环则不同，它只有一个元素允许设定：循环次数。

　　LabVIEW 的 For 循环的最大特点是循环的次数是固定的，如图 3-2 所示。For 循环的循环计数端子是只读的，因此只能读出当前循环的次数，而无法改变它。每次循环结束后，循环计数 i 自动执行加 1 操作。

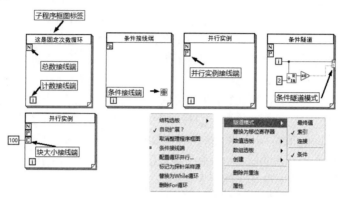

图 3-2　For 循环结构的端口及快捷菜单

**学习笔记** For 循环是固定次数的循环。LabVIEW 8.5 以后新增了几个功能，包括条件接线端，使用它可以提前结束循环，它相当于 C 语言中的 break 语句；并行实例，用于实现多核处理器并行；条件隧道，根据规定条件，索引输出所需的数组。

　　新版本增加了结构体子程序框图标签，用来说明该结构体的功能。该功能非常有用，解决了以前版本中在整理框图时标签说明与结构脱离的问题。如果循环计数端子未使用，则可以通过循环的快捷菜单隐藏计数端子，这个小改进非常有利于"自动整理程序框图"。

　　循环总数 N 和循环计数 i 的数据类型都是 I32，这也非常值得我们深思，为什么不用 U32？U32 可以表示更高的循环次数，而 I32 的负数部分对循环毫无帮助。根本原因在于 I32 是计算机系统默认的数据类型，相对于无符号数，它的运行速度更快。For 循环作为最基本的循环结构，首先要考虑的是它的运行速度。所以，循环计数 i 和循环总数 N 的数据类型都是 I32。

　　For 结构体把程序框图分成结构内部和结构外部两个不同的区域。对于 For 循环，结构体内部是循环体。从 For 结构体外部拖动一个控件的接线端子到 For 循环体内部，For 循环结构体将自动抖动，表示该接线端子已经隶属于 For 循环体；从循环体内部移出接线端子时，For 循环结构体将自动抖动，表示该接线端子已经不属于 For 循环体。

　　For 循环结构的快捷菜单中有几个重要的选项，它们的具体功能如表 3-1 所示，其中的几个选项的应用效果如图 3-3 所示。

表 3-1　For 循环结构的快捷菜单选项

| 选　　项 | 功能描述 |
| --- | --- |
| 自动扩展 | 选中时，在循环体边缘拖动函数节点或者接线端子，For 循环体将自动扩大 |
| 条件接线端 | LabVIEW 8.5 的新增功能，选中后 For 循环体自动添加循环条件端子，其可以提前结束循环 |
| 配置循环并行 | 启动并行循环迭代对话框，配置 For 循环并行 |
| 替换为 While 循环 | 把 For 循环转换成 While 循环，对于 While 循环结构，该项为"替换为 For 循环" |
| 删除 For 循环 | 删除 For 循环，但保留循环体内部框图。按下 Del、Space 或 Delete 键则全部删除 |

续表

| 选　　项 | 功能描述 |
|---|---|
| 添加移位寄存器 | 新建移位寄存器 |
| 标记为探针采样源 | 使用采样探针，用于FPGA模块 |

图 3-3 演示了 For 循环常用功能，包括条件接线端、移位寄存器、条件隧道等，注意箭头位置。

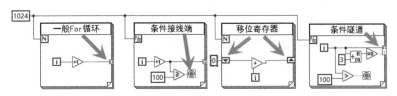

图 3-3　For 循环结构的几种功能

## 3.1.2 For 循环与数组

For 循环与数组操作是密不可分的，For 循环最重要的功能就是处理数组数据。我们知道，LabVIEW 是通过连线来传递数据的。结构体外部的数据要流入结构体内时，连线可以从结构体的任何方向和结构体形成交叉。这个交叉点，一般位于结构体的左、上或者下方向，LabVIEW 称之为"输入隧道"。输入隧道是非常重要的概念，从数据流的角度看，可以把隧道想象成一个数据池，结构体外部的数据流入数据池后，数据流入通道即被关闭。此时数据池外部的数据无论如何变化，都不会影响数据池中的数据。从计算机编程的角度看，输入隧道相当于结构体中的临时变量，临时变量存储的是从结构体外部传递进来的数据。

一般情况下，向循环结构的输入隧道流入一个数组。从隧道中提取数据有两种方式：一是整体提取，即取全部数据；二是利用循环计数作为索引，每次循环使用数组中的一个元素。

如果输入隧道引入的是数组，LabVIEW 的循环可以选择"禁用索引"和"开启索引"。当选择"禁用索引"时，通过输入隧道提取全部数据；当选择"开启索引"时，每次循环使用数组中的一个元素。

**学习笔记** 输入隧道是数据暂存的空间，只有在下一次数据流入时，输入隧道的数据才会更新。For 循环连接数组时，默认开启索引，输入隧道显示为空心方框。

For 循环一个非常重要的特点是：当开启索引时，For 循环可以根据数组长度自动设定循环次数。此时 N 端子可以不连接任何数据。通常情况下，当 For 循环未连接数组，N 端子未连接任何数据时，For 循环显示为不可运行状态。

如图 3-4 所示，不同长度的数组，处于开启索引状态时，For 循环会根据数组长度和 N 的设定值，取其中最小的数作为循环次数。在图 3-4 所示循环中加入延时，观察 N 的输出。可以发现循环时 N 的输出始终不变，这说明执行 For 循环之前，就已经确定了循环次数。

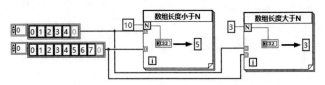

图 3-4　测试循环次数

**学习笔记** 当 For 循环连接数组时，会开启索引，并自动确定循环次数为数组长度。

当数据流入循环结构体时，建立的是输入隧道，只为输入隧道提供了禁用索引和启用索引两个选项。而当循环内部数据流出结构体时，则建立的是输出隧道。按照惯例，输出隧道通常位于结构体右侧。在新版本中，为输出隧道增加了几个新功能，具体参见图 3-5 所示的输出隧道快捷菜单。

循环的输出隧道有"最终值"、"索引"、"连接"及"条件"4 个选项，其中"条件隧道"将在后面介绍，图 3-5 演示了其他 3 个选项的用法。

◆ 输出隧道在"索引"方式下，循环内标量数据经输出隧道输出后，形成一维数组；循环内一维数组经输出隧道输出后，形成二维数组，以此类推。

◆ 输出隧道在"最终值"方式下，当循环结束后，只输出最后一次循环的值。因此，循环内部的标量数据，经输出隧道输出后，依然是标量数据；同理循环内的一维数组，经输出隧道输出后，依然是一维数组，数据类型不会发生变化。

◆ 输出隧道的"连接"方式为新增功能，相当于在循环内部调用了"创建数组"函数。对于循环内部的一维数组，"连接"方式循环输出的依然是一维数组，如果是索引方式，则输出的是二维数组，图 3-5 详细演示了在"连接"和"索引"方式下，不同的输出结果。

当 For 循环的循环次数端子 N 连接 0 时，则循环一次也不会执行，此时为空循环。如果开启了索引，则循环内的标量经输出隧道输出后，变为对应数据类型的空数组，如图 3-5 所示。

**学习笔记** 当 For 循环连接数组时，会开启索引，并自动确定循环次数为数组长度。

For 循环是非常重要的程序结构，尤其是它与数组的关系密切，需要通过大量的练习才能深入理解。如图 3-6 所示，For 循环的典型用法包括以下几类：

◆ 建立元素为 10~99 的自然数组。

◆ 建立元素为 0~99 的所有偶数的数组。

◆ 用 For 循环初始化数组。

◆ 用 For 循环抽取一维数组。

◆ 用 For 循环抽取数组子集。

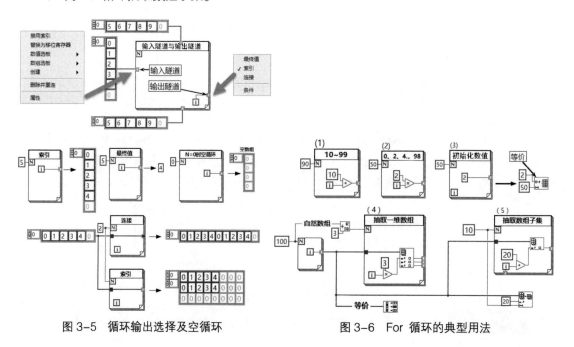

图 3-5 循环输出选择及空循环　　　　　图 3-6 For 循环的典型用法

单击、双击、三击连线，可以选择一段、两段和所有连线，按 Del 或 Delete 键，则可以删除连线。选择连线后，在快捷菜单中选择"整理连线"项，可以自动调整连线。

**框图设计守则** 在框图中连线时遵循由左到右、由上到下的原则。

利用 For 循环可以处理和创建一维数组，利用嵌套 For 循环可以处理和创建多维数组。比较常见的是二维数组和二重嵌套循环，如图 3-7 所示。

二维数组用行和列表示，而二重循环的外层循环以行为索引，内层循环以列为索引。

**学习笔记** 二维数组对应二重嵌套 For 循环，外层对应行，内层对应列。

图 3-8 所示的例子利用 For 循环求二维数组各行和各列的和，并求出所有元素的和。

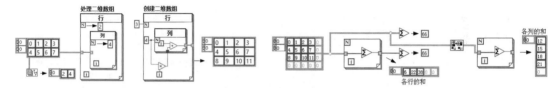

图 3-7　二维数组与 For 循环　　　图 3-8　计算二维数组各行与各列的和及所有元素的和

### 3.1.3　For 循环与移位寄存器

LabVIEW 的数据是包含在控件中的，在结构中，隧道也可以存储数据。很多时候，程序并不需要从外部输入数据或者输出数据，需要的是一段内存空间，用来保存中间运算结果。在常规语言中这是一个非常基本的功能，只需要定义一个简单的局部变量就可以了。先看一段自然数求和的 C 代码：

```
For(i=1;i<=100;i++)  sum=sum+i;   /* sum 是局部变量，用来保存计算结果 */
```

同样的问题在 LabVIEW 中是如何解决的呢？同样，我们也需要申请一段内存空间，用来保存中间运行结果，供下次循环使用。这就引入一个重要的概念：移位寄存器。

移位寄存器是依附于循环结构的，也就是说不可能单独定义一个移位寄存器。在图 3-3 中，我们已经看到，如何通过 For 循环结构的快捷菜单定义移位寄存器了。

移位寄存器本身也是数据的容器，它可以用来存储 LabVIEW 支持的任何数据类型。当连接一个常量或者控件的接线端子时，移位寄存器的数据类型也就确定了。运行中的移位寄存器是不允许更改数据类型的。

**学习笔记** 移位寄存器是数据的容器，可以包含任何数据类型的数据。

添加移位寄存器后，在循环结构左右两侧的平行位置，将各增加一个包含三角形的方框。左侧的方框代表上一次循环的运行结果，而右侧的代表本次循环要输入的结果。

移位寄存器不但可以保存前一次循环的运行结果，还可以保存前几次的运行结果，但需要增加左侧的接线端子数量。打开移位寄存器端子的快捷菜单，选择"添加元素"项，或者直接拖动左侧方框，即可增加左侧移位寄存器端子。

这里的移位寄存器并非普通编程语言中的移位寄存器，它实际是借用了硬件移位寄存器的概念。移位寄存器是一个简单的先入先出（FIFO）结构。新的数据不断移入寄存器，原有的数据不断被移出移位寄存器。当其中存储的数据非常多时，一般称其为数据缓冲区。移位寄存器比较适合存储少量的数据。

**学习笔记** 移位寄存器通常简称为 SR（Shift Register）。通过向下或者向上拖动 SR 左侧的连线端子，可以增加或者减少接线端子数。一个循环可以使用多种不同数据类型的移位寄存器，数量不受限制。

使用移位寄存器前需要对其初始化，否则它内部保存的初始数据是无意义的。例如，当移位寄存器位于子 VI 中时，未初始化的移位寄存器将保持它上一次被调用的结果。LabVIEW 并没有强制要求移位寄存器必须初始化。实际上未初始化的移位寄存器更为重要，用它可以实现函数全局变量（Function Global）和动作机（Action Engine），具体将在后续章节专门讨论。

通过移位寄存器可以轻松实现 1～100 自然数的求和运算，如图 3-9 所示。

图 3-9 也演示了使用基本求和函数与抽取数组函数实现同样的功能。丰富的函数体现了 LabVIEW 强大的能力，它们极大地简化了编程。

图 3-10 所示的程序连续生成 5 个随机数，通过 SR，求它们的平均数、最大值和最小值。同时演示了数组的最大与最小值函数与平均值函数的用法。

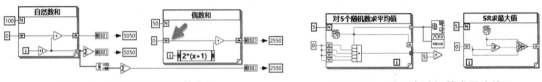

图 3-9 1～100 的自然数求和　　　　图 3-10 对 5 个随机数求平均值及最大值和最小值

### 3.1.4 For 循环中的 continue 和 break

continue 和 break 是 C 语言的关键字。continue 的意思是忽略 continue 后的循环体语句，直接进入下一次循环，break 的意思则是中断循环并退出。

LabVIEW 8.5 以前的版本是没有办法提前退出 For 循环的，唯一的退出条件是完成设定的循环次数。如果需要提前退出，要把 For 循环改成 While 循环。LabVIEW 8.5 之后的版本，就可以自由地中断 For 循环了。continue 语句的功能在 LabVIEW 中可以通过条件结构间接实现，而 break 语句的功能 For 循环本身就可以实现。

下面通过例子来演示如何实现 continue 和 break 功能（程序框图如图 3-11 所示）。

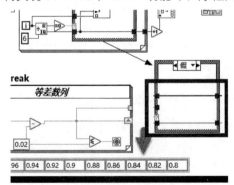

图 3-11 continue 和 break 功能的实现方法

（1）找出 0～100 之间所有能被 6 整除的数。

（2）设计一个等差数列，最大长度为 100，首项为 1，差值为 0.02，所有数必须大于或者等于 0。

在找出 0～100 间所有能被 6 整除的数的程序框图中，演示了早期版本两种不同的方法。这两种方法分别使用了"创建数组"函数和"替换数组子集"函数，它们在性能上存在很大差别。下面说明了二者之间的差别。尤其是当数组很大时，要尽量避免使用较差的方法。

 对较大数组操作时要特别注意，尽量不要在循环中使用需要改变数组大小的函数。这类函数导致不断地调用内存管理器以扩大数组。较好的方式是一次性分配数组大小，然后在循环中替换数组中的元素，最后再截取数组，抽取需要的数组子集，这样效率更高。

**框图设计守则** 不要在循环内改变数组的大小，应该采用先分配后替换元素的方法。

条件隧道是 LabVIEW 新增功能，从图 3-11 可以看出，使用条件隧道可以简化编程，使用新版本的读者推荐使用这种方法。

## 3.1.5 While 循环，不仅仅是循环

For 循环是固定次数的循环，在循环开始之前就已经设定好了循环次数。因此，For 循环特别适用于数组操作。而 While 循环则不同，它的循环次数完全取决于条件的变化，可能仅执行一次，也可能执行多次。它既可以用于简单的计算，又可以用于构造复杂的设计模式。总的来说，While 循环是 LabVIEW 编程的关键和核心。

LabVIEW 的 While 循环同样支持数据隧道和索引功能，但是 While 循环在默认的情况下是不开启自动索引功能的。因为循环次数不固定，所以 LabVIEW 无法预先分配数组的内存空间。While 循环如果开启索引功能，会以数据块的形式申请内存，而不是每次循环时为数组增加一个元素的空间。

While 循环与 For 循环除了循环次数是否固定的区别，还存在另一个重要的区别，For 循环可以一次都不执行，而 While 循环至少会执行一次。因此，LabVIEW 的 While 循环相当于 C 语言中的 Do-While 循环。

如图 3-12 所示，这个例子展示的是，如何找出随机数组中大于或等于 0.5 的元素，并组成新的数组。常规算法，即早期版本常用的方法是，首先根据判断条件，创建一个布尔数组。然后根据布尔数组中为真的数量，确定 For 循环的循环次数。利用"搜索一维数组"函数，查找为真的索引，依次取出对应元素。

图 3-12 同时也演示了利用条件隧道，分别使用 For 循环和 While 循环实现同样的功能。

一个结构体，只有所有输入隧道的数据全部流入后，才能运行；只有结构体运行结束后，所有的输出隧道才能一起输出数据。在结构体运行过程中，无法通过数据流向结构体外部传递数据。这是数据流的突出特点，也是 For 循环和 While 循环共同的特点。数据的流动决定了程序的流程，不仅仅是循环结构，其他结构也是如此。

**学习笔记** 结构的数据在结构运行前一次性流入，运行后一次性流出。

决定 While 循环结束的唯一条件，是条件输入端子的布尔值。通过条件接线端子的快捷菜单可以选择条件为真时停止或者条件为假时停止，条件接线端子还可以连接错误簇。

如图 3-13 所示，错误簇是 LabVIEW 内部定义好的控件，在"数组与簇控件"的选板中可以找到错误簇的输入控件和显示控件。

错误簇由三个基本元素组成：状态，布尔控件，表示是否发生错误；代码，I32 数值控件，表示错误代码；源字符串控件，用文本的形式指出发生错误的位置。LabVIEW 对内部错误都规定了错误代码，用户也可以自定义错误代码。

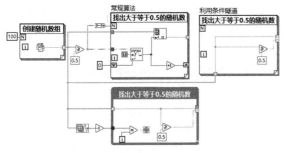

图 3-12　在随机数组中查找特征数

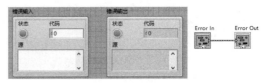

图 3-13　错误簇

**学习笔记**　循环结束条件可以使用错误簇。

While 循环不同的停止方式，如图 3-14 所示，这里分别演示了错误簇、错误状态和停止按钮的停止方式。最右边演示了无限循环。

图 3-14　停止循环的不同方式

## 3.1.6　While 循环与定时

While 循环不仅可以用于数据计算，还是最基本的设计模式。也就是说，用一个 While 循环就可以设计一个完整的顶层 VI，并编译成 EXE 文件。

对于计算和数据处理任务，一般要求 VI 以最快的速度运行，可以称此为瞬时 VI。运行程序则不同，它可能等待用户输入，然后响应用户的输入。比如一个文本编辑器，它就需要等待输入，然后才能在编辑窗口显示输入的字符。

如图 3-15 所示，这里用一个随机数来模拟一个输入数据在 0~100 之间的温度采集系统。

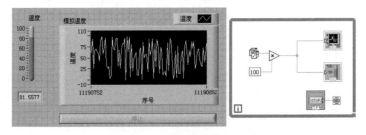

图 3-15　模拟温度采集系统

如果把随机数用实际采集温度的 VI 代替，就可以构成最简单的温度采集系统。温度本身是缓慢变化的，但是该程序会以尽可能快的速度运行。在 Windows 任务管理器上，可以看到 CPU 的占用率达到了 100%。这一方面说明对于 Windows 操作系统，LabVIEW 是比较容易获得控制权的，体现了 LabVIEW 的优势；另一方面也说明了在循环中必须加入一定的延时操作，以放弃控制权，使操作系统有时间处理其他队列的消息。

该温度采集系统，每秒检测 5 次就可以满足要求了。因此，需要在循环中加入 200 ms 的延时。对于时间控制，LabVIEW 不但提供了时间标识控件，还在函数选板中专门提供了定时函数选板，如图 3-16 所示。下面介绍常用的时间相关函数，这些函数经常同 While 循环协同使用。

图 3-16  定时函数选板

### 1. "时间计数器"函数

该函数获取自计算机启动以来所经过的毫秒数，与 API 函数 GetTickCount 的功能相同。该函数返回值的类型是 U32，它能表示的最长时间是 $2^{32}-1$ ms，相当于 49.7 天。当连续开机超过 49.7 天时，时间计数器重新开始计时。

因为该函数的初始值不确定，所以不能用来表示绝对时间，通常利用差值表示相对时间，比如计算程序运行时间等。

LabVIEW 的帮助文件中未明确说明时间计数器的初值，只是说未定义。可以通过 GetTickCount 函数测试一下初值，过程如图 3-17 所示。

毫秒时间计数器与 GetTickCount 的功能是相同的，所以毫秒时间计数器的初始值就是自计算机启动以来经历的毫秒数。因为计算机启动时间是随机的，所以毫秒时间计数器的初始值也不确定。

### 2. "等待（ms）"函数

如图 3-17 所示，"等待（ms）"函数可使程序等待指定的毫秒数，并返回毫秒时间计数器的当前值。如果将"等待时间（毫秒）"输入端子指定为 0 ms 则会迫使当前线程让出控制权，使操作系统有机会执行别的任务。"等待（ms）"函数相当于常规编程语言中的 Sleep 函数或者 Delay 函数，当执行到该函数时，暂停线程的运行，用法参见图 3-17。

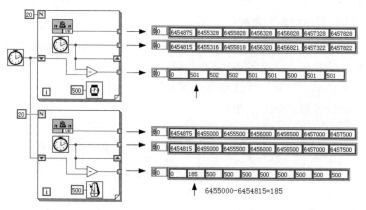

图 3-17  "等待（ms）"函数

### 3. "等待下一个整数倍毫秒"函数

"等待下一个整数倍毫秒"函数的"毫秒倍数"输入端子用于指定 VI 运行的时间间隔，以 ms 为单位。若该输入端子为 0 可强制当前线程放弃 CPU。其相当于 VB 语言中的 DoEvents 函数，当操作系统处理完队列消息后当前线程重新获得控制权。

"等待下一个整数倍毫秒"函数的精度要高于"等待（ms）"函数。不仅如此，"等待下一个整数倍毫秒"函数还可以实现多个线程的同步操作，保证多个线程在同样整数倍毫秒同步循环，如图 3-18 所示。

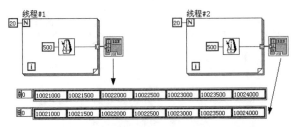

图 3-18 "等待下一个整数倍毫秒"函数实现线程同步

如果循环内代码的执行时间超过设定的毫秒数，则下一次循环会立即启动，此时"等待下一个整数倍毫秒"函数不起作用。如果循环中加入并行的两个"等待下一个整数倍毫秒"函数，则以较长的时间为准。

**学习笔记** "等待（ms）"函数与"等待下一个整数倍毫秒"函数使当前线程放弃控制权。"等待下一个整数倍毫秒"函数的精度高于"等待（ms）"函数，而且前者可以实现多个线程的同步。

### 4. "转换为时间标识"函数

LabVIEW 内部以双精度的形式表示时间，单位是 s。"转换为时间标识"函数用于将数值转换为时间标识。数值 0 表示的时间与操作系统有关，中文操作系统以北京时间表示，按北京时间计算是 1904 年 1 月 1 日 8:00，如图 3-19 所示。

图 3-19 数值 0 代表的时间

**学习笔记** 数字 0 对应北京标准时间 1904-01-01 8:00:00，如图 3-19 所示。

### 5. "获取日期/时间字符串"函数

该函数把时间标识转换成日期和时间字符串。当输入端子不连接外部输入时，表示获取当前的日期和时间。默认情况下，时间字符串不显示秒。

日期格式是枚举类型，可以选择短、长和缩写三种格式。默认为短格式。在中文操作系统中，长格式和缩写格式没有区别，如图 3-20 所示。

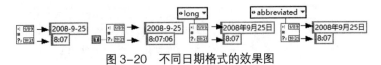

图 3-20 不同日期格式的效果图

**学习笔记** 当"获取日期/时间字符串"函数的输入端子不连接输入时，返回当前时间和日期。

### 6. "获取日期/时间（秒）"函数

该函数返回当前时间，以时间标识显示当前系统时间。LabVIEW 将时间标识定义为自 1904 年 1 月 1 日星期五 12:00 a.m（通用时间）以来的秒数。中文操作系统与英文操作系统之间存在时差的区别。在中文操作系统中，按北京时间计算是 1904 年 1 月 1 日 8:00，如图 3-21 所示。

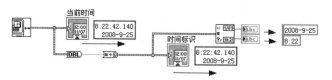

图 3-21 获取当前时间

### 7. "日期/时间至秒转换"函数

LabVIEW 除了用时间标识描述时间外，还定义了一个时间日期记录簇来描述时间。该簇包含了年、月、日、时、分、秒等重要的时间信息，如图 3-22 所示。

图 3-22 日期/时间记录簇

"日期/时间至秒转换"函数实际上是把时间簇转换成时间标识，再转换成双精度数，这样就可以变成秒了。当"日期/时间至秒转换"函数的 UTC 输入端子为 True 时，则选择的是通用时间。该端子默认为 False，默认选择当地时区时间。

### 8. "秒至日期/时间转换"函数

该函数把时间标识转换成日期/时间记录簇。一般不连接 UTC 输入端子，表示使用当地时区，如图 3-23 所示。

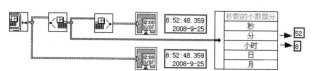

图 3-23 把时间标识转换为日期时间记录簇

### 9. "时间延迟"快速 VI

快速 VI（Express VI）是在 LabVIEW 7.0 后推出的新节点形式，可通过对话框对其输入参数进行配置，使用很方便，它封装了基本函数。快速 VI 与函数不同，其是一种特殊形式的 VI，有前面板和程序框图。

"时间延迟"快速 VI 设定延迟的单位是 s，此时等价于"等待（ms）"函数，不过是 VI 中增加了错误簇和单位转换。在快速 VI 的快捷菜单中，选择"打开前面板"项，可以在前面板中把快速 VI 转换成常规 VI。

下面跟踪一下把"时间延迟"快速 VI 转换成常规 VI 的程序框图。从图 3-24 可以看出，"时间延迟"快速 VI 就是对"等待（ms）"函数的重新封装。左面的 VI 引入了错误簇输入控件和错误簇显示控件，二者是直接连接的。这是设计子 VI 的重要方法。其目的是利用错误簇作为数据流，实现顺序动作。

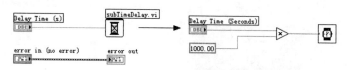

图 3-24 "时间延迟"快速 VI 的内部程序框图

**学习笔记** 把快速 VI 转换为常规 VI 后可以跟踪程序框图。通过在子 VI 中添加错误簇，利用数据流可以实现顺序动作。

### 10. "已用时间"快速 VI

"已用时间"快速 VI 的功能非常强大。它包含很多输入、输出端子，灵活运用这些端子可以实现很多复杂的功能。

（1）取得当前时间和首次调用以来经过的时间

取得当前时间和首次调用以来经过的时间，是"已用时间"快速 VI 最简单的功能。使用"已用时间"快速 VI 既可以用秒和时间标识的形式表示当前日期和时间，也可以返回由字符串形式表示的时间和日期，如图 3-25 所示。

图 3-25 用"已用时间"快速 VI 获取当前日期和时间

（2）定时触发

当将"已用时间"快速 VI 的"自动重置"输入端子设置为 False 时，可以定时触发一个事件。当经过的时间达到设定的时间时，"已用时间"快速 VI 的"结束"输出端子输出 True，导致 While 循环结束，如图 3-26 所示，循环运行 10 s 后自动结束循环。

（3）周期触发

当将"自动重置"端子设置为 True，且经过的时间达到设定时间时，在"结束"端子会输出一个上升沿脉冲。下次循环自动重新开始计时，"结束"端子输出为 False，如图 3-27 所示。利用这个特性可以周期性地触发事件，比如每隔一分钟写一次文件等。

图 3-26 定时触发并自动结束循环

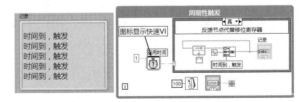

图 3-27 周期性脉冲触发

**学习笔记** 利用"已用时间"快速 VI，可以按照设定时间周期性地触发事件。

（4）脉宽调制

同周期触发类似，如果把该快速 VI 设置成自动重置方式，同时在运行过程中改变设定时间，就可以实现类似于脉宽调制的功能。图 3-28 展示的是如何模拟一个红绿灯的动作，其中绿灯亮 10 s，红灯亮 5 s。

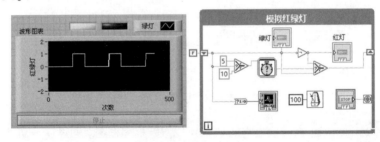

图 3-28 模拟红绿灯

### 11. "格式化日期/时间字符串"函数

该函数使用时间格式代码指定格式,按照该格式将时间标识的值或数值显示为时间。时间格式代码包括:%a(星期名缩写)、%b(月份名缩写)、%c(地区日期/时间)、%d(日期)、%H(时,24 小时制)、%I(时,12 小时制)、%m(月份)、%M(分钟)、%p(am/pm 标识)、%S(秒)、%x(地区日期)、%X(地区时间)、%y(两位数年份)、%Y(四位数年份)、%<digit>u(小数秒,<digit>位精度)。

如果不连接"时间标识"端子,则默认输出当前系统时间,如图 3-29 所示。

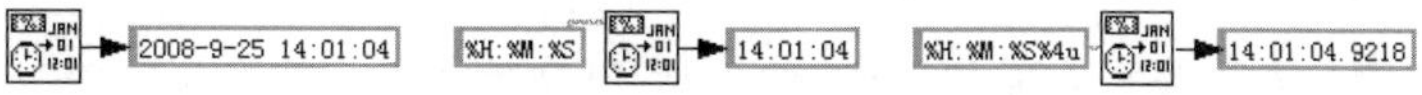

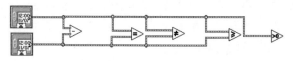

图 3-29 格式化日期与时间

> **学习笔记** 格式化字符串时,使用时间格式代码%u 可以返回毫秒字符串,u 前面加数字可指定毫秒位数。

### 12. "时间标识常量"控件

该控件是 LabVIEW 中操作时间/日期的基本控件。由于时间标识与双精度数之间可以自由转换,因此"时间标识常量"控件支持一些基本的算术运算和比较运算。

该控件进行减法运算,实际上是隐性地把两个时间标识转换成双精度数,然后计算两个时间的差值(单位是 s)。两个时间标识之间也是可以比较大小的,如图 3-30 所示。

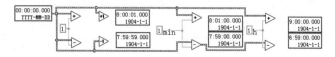

图 3-30 时间标识的运算

"时间标识常量"控件同样支持与标量进行加、减运算,其中,如果不明确指明标量单位,则默认以 s 为单位。"时间标识常量"控件的强大功能还在于它支持其他时间单位的加减运算。通过快捷菜单可以显示和设置其单位。

图 3-31 时间标识与标量的运算

代表时间的标量可以使用:d(天)、h(小时)、min(分)、s(秒,默认)、ms(毫秒)等单位。使用 For 循环,利用加减运算很容易构造一个时间标识序列,如图 3-32 所示。

图 3-32 时间标识序列

### 13. "高精度相对秒钟"与"暂停数据流"VI

这两个 VI 是 LabVIEW 新增的,其中"高精度相对秒钟"VI 早就存在,但是未对用户公开。该 VI 相当于"等待(ms)"函数,但是精度更高,可以实现亚毫秒级别的控制,比如 0.5 毫秒。当给定等待时间为负数时,表示不等待。

"暂停数据流"VI 是新增的自适应 VI(VIM),在过去如果涉及数据流动,需要插入"等待( ms )"

函数，非常麻烦，一般需要借助错误簇封装 VI，或者使用顺序结构。"暂停数据流" VI 可以轻松解决这个问题，由于是 VIM，可以自动适应各种数据类型。

### 3.1.7 反馈节点

反馈节点在 LabVIEW 的早期版本中是不存在的，它实际上类似于移位寄存器。在没有多次迭代的情况下，为了避免连线过长，可以用反馈节点代替移位寄存器。反馈节点实际上是经过伪装的移位寄存器。

移位寄存器和反馈节点，可以通过快捷菜单相互转换。同移位寄存器一样，反馈节点也存在初始化的问题。值得注意的是，反馈节点是可以脱离循环独立存在的，这种情况一般在子 VI 中创建函数全局变量时发生，此时反馈节点不需要初始化。

下面通过一个具体示例说明反馈节点的用法及其与移位寄存器的相互转换。在图 3-33 中，使用多种方法求自然数的平方和。

如同移位寄存器，通常反馈节点也需要初始化。初始化接线端可以选择在循环外或者循环内进行，通过快捷菜单可以切换。

在新版本中，为反馈节点提供了"启用接线端"选项，默认不显示这个端子。通过反馈节点的属性对话框，可以配置其是否显示。当"启用接线端"连接 False 时，反馈节点不接受新的输入值，保持内部数据不变，始终输出内部保存的原有值。

通过属性对话框，可以将反馈节点设置为"延迟"方式，并可以设置"Z 变换"方式显示。所谓延迟，类似于在循环中，将循环左侧的移位寄存器下拉，以保存几次循环值，延迟次数可以在属性对话框中设置。实际上将延迟设置为 1 时就是通常的反馈节点。图 3-34 分别演示了"启用接线端"与"延迟"反馈节点的用法。

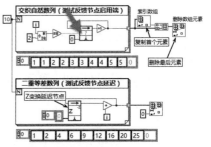

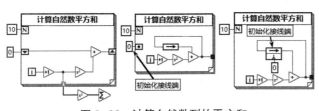

图 3-33　计算自然数列的平方和　　　图 3-34　"启用接线端"与"延迟"
　　　　　　　　　　　　　　　　　　　　　　　反馈节点的用法

## 3.2　定时结构

精确的时间控制一直是编程者苦苦追求的目标。令人遗憾的是，在没有硬件定时器的情况下，Windows 操作系统能够达到的最高精度是 1ms，而且这里所说的 1ms 指的是由电池保持的计算机的系统时间。因此，时间的精确与否完全取决于计算机本身的计时精度。一般计算机的系统时间，1 个月误差在 1 分钟以内。

利用系统时间计算时间差的精度是比较高的，但是通过系统时间是无法精确控制循环间隔的，能采用的方法是用"等待（ms）"函数和"等待下一个整数倍毫秒"函数来控制，后者的精度相对要高一些。但是无论哪种方法，都无法保证精确的定时。虽然它们的输入参数是以 ms 为单位，但是根本无法保证 1ms 的精度，在连续运行几个小时后，就会出现很大的误差。

Windows 操作系统中精度最高的是多媒体定时器，它的精度是 1ms。即使如此，我们在播放多媒体文件时也经常会遇到停顿现象。由于 Windows 操作系统抢先式多任务的特性，我们根本无法预知何时操作系统会暂停我们的程序，何时再交还控制权，所以靠软件实现精确的定时是不可能的。这不是 LabVIEW 本身的问题，而是操作系统的问题。

LabVIEW 在 7.x 版本后，新增了一种定时结构——定时循环，后来又增加了定时顺序结构。这两种定时结构本身是用于实时系统（RT）和 FPGA 应用的，但是定时循环也可以在 Windows 状态下使用，其精度高于"等待（ms）"函数和"等待下一个整数倍毫秒"函数。另外，由于定时循环有能力占用更多的系统资源，因此在定时要求比较高的情况下，可以使用定时结构。定时结构的函数选板如图 3-35 所示。

图 3-35 "定时结构"函数选板

**学习笔记** 定时循环精度比较高，但是占用资源较多。

## 3.2.1 定时循环的基本组成要素和配置对话框

定时循环的参数一般都是在配置对话框中设置的。双击定时循环的相应部分，或者在快捷菜单上选择对应的选项，都可以启动相应的对话框。定时循环分成两种方式，默认情况下创建的是类似于 While 的定时循环，另一种是包含平铺式顺序结构的定时循环，其中每一帧都可以单独设置。

### 1. 单帧定时循环

在图 3-36 中，右半部分显示的是定时循环重要的参数设置。可以为定时循环选择不同的时钟源，但是 Windows 操作系统中的软件只能选择 1kHz 的时钟源，其他的时钟源，需要相应的硬件才能实现。

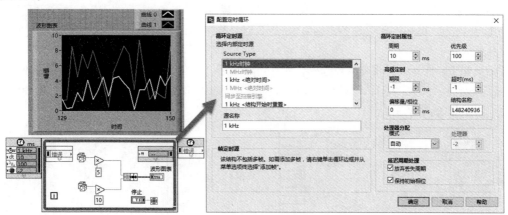

图 3-36 单帧定时循环及其重要配置

**学习笔记** Windows 操作系统中的软件定时只能使用 1kHz 的时钟源。

图 3-36 所示的定时循环的几个重要参数的意义如下所述。

◆ "周期"用来设置循环的间隔，类似于循环中使用的"等待（ms）"函数或者"等待下一个整数倍毫秒"函数。

◆ 当同时存在多个定时循环时，优先级别高的先运行，默认优先级是100。

◆ 结构名称可以自由命名，其他有关定时结构的函数，需要使用定时循环的名称作为参数。

◆ 处理器的分配可以选择自动方式和手动方式。使用多核CPU时，如果选择"手动"方式，则可以选择运行定时循环的CPU。

◆ "期限"参数用于设定帧允许的最长时间。当运行时间超过期限时，下一次循环在"延迟完成"端子输出True，表明上一帧的运行时间超过设定的时间。这里输出True实际是报警，不影响框图的运行。

◆ "超时"同"期限"参数类似，也用于设置时间期限。当帧中的代码运行时间超过设定的超时时间时，下一次循环会在"唤醒原因"端子输出报警信息。

◆ "偏移量/相位"参数用于指定帧相对于循环开始运行的时间。

**学习笔记** 当将"期限"或者"超时"参数设置成–1时，这两个参数将采用"周期"设定值。

如图3-37所示，循环周期为500 ms，"期限"和"超时"参数均被设置为–1。当循环次数是5的整数倍时，延迟600 ms。这会导致"延迟完成"端子为True。同时得到循环持续时间为600 ms，这个时间是从实际结束接线端得到的累次循环总的持续时间。

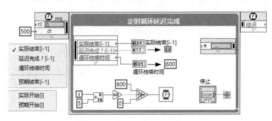

图3-37 定时循环延迟

在属性对话框中还有一个"保持初始相位"复选框，选中它可以保持设定的相位不变。如图3-37和图3-38所示，这两个框图完全相同，偏移量都为200 ms。可以看出，两个循环都是从200 ms开始的，循环的周期是500 ms，在i=3时，程序延迟623 ms，导致本次循环在500 ms内没有完成。

如果勾选"保持初始相位"复选框，则发生延迟后，下次循环仍然保持原来的相位不变（如图3-38所示）；如果不选择，则以延迟后的时间为新的时间基准，循环周期不变，但是相位发生变化（如图3-38所示）。

图3-38 保持初始相位

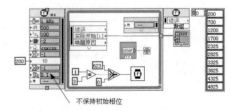

图3-39 不保持初始相位

"放弃丢失周期"选项主要是在有硬件缓冲区和软件缓冲区的情况下起作用。

单帧定时循环虽然有很多高级功能，但是最常用的还是它的定时循环功能。定时循环与普通循环相比，除了定时精度不同，还有一个重要的特点，即可以通过定时循环名称控制定时循环的启动和停止。

**学习笔记** 定时循环允许不连接"循环条件"端子，通过"定时结构停止"函数停止定时循环。

"定时结构"选板提供了"定时结构停止"函数，该函数用于停止定时循环，如图 3-40 所示。

在"定时结构"选板上，可以用"同步定时结构开始"函数，来保证多个定时结构同步开始运行，如图 3-40 所示。"同步定时结构开始"函数以组的方式同步多个定时结构，每个组中以循环名称区别多个定时结构。"定时结构停止"函数根据循环名称，通过 For 循环，停止两个定时结构的运行。

同步循环的组参数是可以随意命名的，但是在字符串控件中指定的循环名称，必须和当前存在的定时结构的名称一致，如果不存在指定的定时结构，则运行时会出现找不到定时结构的错误。

**学习笔记** "同步定时结构开始"函数可以同步多个定时结构的启动时间。

定时循环结构由于定时比较精确，因此适合于计时和较低频率的控制。通过分频，一个定时循环可以实现多种频率控制，如图 3-41 所示，循环定时周期被设置为 10ms。经过分频，分别得到不同的周期时间。

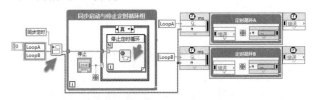

图 3-40　"同步定时结构开始"函数与"定时
　　　　　结构停止"函数使用示例

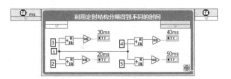

图 3-41　10 ms 分频

### 2. 多帧定时循环

定时循环不但可以实现单帧循环，还可以实现多帧循环，此时相当于在定时循环中嵌入一个平铺式顺序结构，在每一帧都可以设定相对于上一帧的起始时间。下一帧的起始时间代表该帧要延迟的时间。在每帧均不超时的情况下，各帧延迟的时间之和等于一个循环周期。

如图 3-42 所示，整个循环周期为 1000 ms，第二帧的启动时间是 400 ms，因此第一帧的延迟时间是 400 ms。第三帧的启动时间是 200 ms，因此第二帧的运行时间是 200 ms，第三帧本身的延迟时间等于 1000-400-200=400 ms。"实际开始"参数表示自循环启动以来经过的毫秒数，数组记录了各帧的实际运行时间，可以清晰地看到它的流程为：0,400,600,1000,1400,1600……数组中相邻元素的差值就是整个循环周期。

如图 3-43 所示，这里用多帧定时循环结构实现 8 个指示灯的循环闪烁，其中周期和占空比均可调。

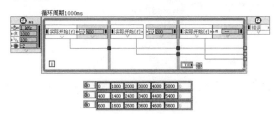

图 3-42　多帧定时循环

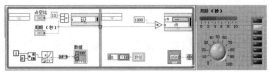

图 3-43　用多帧定时循环结构实现 8 个指示灯循环闪烁

## 3.2.2 定时顺序结构

定时顺序结构与定时循环结构非常类似，区别在于前者仅执行一次。含有多帧的定时循环结构可以理解成定时循环和定时顺序结构的组合。定时顺序结构的设置对话框与定时循环结构的设置对话框类似。图 3-44 所示的例子是利用定时顺序结构测试代码执行的时间，"帧持续时间"表示上一帧运行的时间。

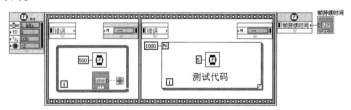

图 3-44　用定时顺序结构测试代码运行时间

## 3.3　独特的条件结构

条件结构是除了循环结构，LabVIEW 中另一种重要的结构。LabVIEW 的条件结构独具特色，与常规编程语言中的有很大不同。它的特点如下：

◆ LabVIEW 只存在一种条件结构，即条件分支结构。

◆ LabVIEW 的条件结构可以接受多种条件输入，比如布尔值、数值、枚举数据、字符串等。

◆ LabVIEW 的条件结构必须有 Default Case 部分。

◆ LabVIEW 的数据输出隧道，要求所有条件分支必须连接，不允许有中断的数据流。

## 3.3.1　条件结构的基本结构

如图 3-45 所示，基本的条件结构由以下几个基本元素组成。

◆ 条件选择器：可以是布尔值、错误簇、数值、枚举数据、下拉列表、字符串等。

◆ 条件分支增减按钮：用于浏览前一个或者下一个分支，具有自动回卷功能。到达最后一个分支后自动回卷到第一个条件分支。反之，则向前浏览到最前面分支，自动回卷到最后。

**学习笔记**　使用快捷键 Ctrl+鼠标滚轮，可以快速浏览条件分支。

◆ 条件分支下拉列表：以下拉列表的方式，显示所有分支。可以在这里选择需要的分支。

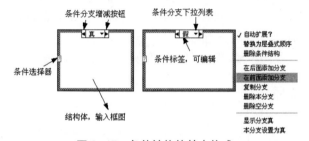

图 3-45　条件结构的基本构成

◆ 条件标签：用文本的形式表示当前分支的条件，用工具选板中的"编辑文本"工具可以修改标签。

◆ 结构体：它属于条件分支中的空白部分，用来输入程序框图。

**学习笔记** 按住 Ctrl 键并用鼠标拖动矩形选择框，可以增加条件结构体的空白空间。

LabVIEW 的条件结构可以接受多种数据类型的输入，从而构成各种复杂的条件结构。

### 3.3.2 布尔型输入

如图 3-46 所示，布尔型输入条件结构（简称布尔型条件结构，省去"输入"二字，以下均同）相当于 If-Else 结构，只存在真和假两个分支。默认创建的条件结构就是布尔型输入条件结构。

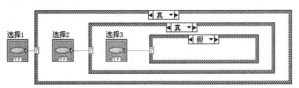

图 3-46　布尔型条件结构

**学习笔记** 布尔型条件结构的嵌套一般不应该超过 3 层，否则跟踪调试会比较困难。

### 3.3.3 错误簇输入

错误簇条件结构的输入为错误簇，其经常用于创建子 VI。因此，在 LabVIEW 启动窗口的"新建"→"基于模板"创建列表中，专门提供了错误簇条件结构的模板。当条件选择器连接错误簇时，会自动生成两个分支——无错误分支和错误分支，如图 3-47 所示。

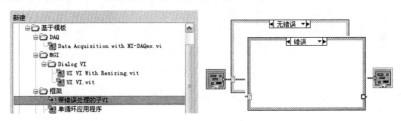

图 3-47　错误簇条件结构

### 3.3.4 数值型输入

由于条件结构的限制，LabVIEW 只允许有符号整数和无符号整数作为条件选择器的输入，单精度和双精度数作为输入时将自动被转换成有符号整数，如图 3-48 所示。

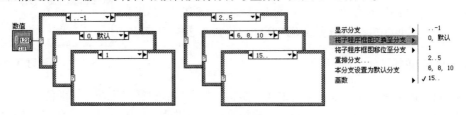

图 3-48　数值型条件结构

**学习笔记** 数值型条件结构只接受有符号整数和无符号整数作为条件选择器的输入。

对于整数数值型输入，一个分支可以表示一个数值选择，也可以表示多个数值选择。比如"2，6，8"表示当条件等于 2、6、8 时选择这个分支。".."表示一段区间。比如"..-1"，表示的是所有小于或者等于-1 的整数，"2..7"表示的是所有大于或等于 2 和小于或等于 7 的整数。

> **学习笔记** 使用 "," 或者 ".." 能表示多个分支。

在传统 NI DAQ 函数中经常能看到数值型条件结构的特殊用法。通常，硬件设备第一次被调用时需要执行初始化操作，而初始化操作仅仅执行一次。我们可以创建一个只包括两个分支的数值型条件结构。为 0 的分支用来初始化，为 1 的分支被设置成默认方式。这个 VI 被调用时它直接连接 While 循环的循环计数端子。这样首次循环时，子 VI 自动执行初始化操作，如图 3-49 所示。

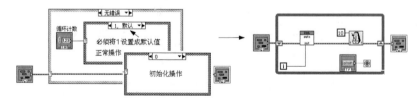

图 3-49　实现自动初始化的子 VI 和主 VI

> **学习笔记** 数值型条件结构和循环端子结合可以实现初始化操作。

利用同样的方式可以实现真正的 While 循环。我们已经了解，LabVIEW 的 While 循环实际上是 Do While 循环，也就是它的循环体必须执行一次后才能检测条件，决定是否退出。有的时候，我们需要首先检查条件是否满足，如果不满足，则不执行循环体内的框图，立即退出。通过首次空循环可以实现这个目的，如图 3-50 所示。

图 3-50　通过首次空循环实现真正的 While 循环

通过上面两种方法都可以实现真正意义的 While 循环，其中第二种方法使用了一个重要的函数，即 "首次调用" 函数。

> **学习笔记** "首次调用" 函数只有在第一次被调用时，返回 True，再次调用就返回 False。

While 循环由于循环次数不固定，是否结束循环完全取决于循环条件。因此，如果不注意，容易形成无限循环，即通常所说的死循环。出现死循环时，可以单击工具栏上的 "中止执行" 按钮来强行中断。

创建包括 While 循环的 VI 时，可以暂时添加一个 STOP 按钮，作为停止条件，等调试成功后再删除 STOP 按钮，如图 3-51 所示。

图 3-51　调试时避免死循环

### 3.3.5　枚举型输入

枚举型输入的条件结构是非常常用的条件结构。枚举型数据虽然本质上是数值型的，但是在条件结构标签中，显示的是枚举的字符串，这样更直观地说明了分支的具体用途。利用枚举型输入，通过条件结构的快捷菜单，可以创建每一个分支。这样分支和枚举是一一对应的关系。更为重要的是，如果枚举型输入采用严格类型定义，则对枚举型输入的任何修改，都将自动反映到条件结构的分支中。

> **学习笔记** 要尽可能地使用严格类型定义的枚举型输入来定义条件结构。严格类型定义的枚举型输入一旦发生变化，就会自动反映到条件结构中。

从图 3-52 所示的例子可以看出，对于严格自定义枚举类型，当枚举型输入发生改变时，改变会自动反映到条件结构中。这个功能关系到 LabVIEW 的常用设计模式，例如状态机等。枚举型输入是状态机设计模式的基础，常用于设计较大的程序。

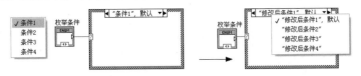

图 3-52 枚举型条件结构

### 3.3.6 下拉列表输入

如图 3-53 所示，下拉列表输入的条件结构同数值型输入的条件结构类似。这也表明了下拉列表的数据类型本质上就是数值型。

图 3-53 下拉列表条件结构

### 3.3.7 字符串和组合框输入

LabVIEW 条件结构的强大功能，还在于条件选择器允许字符串或下拉列表输入，如图 3-54 所示。使用 LabVIEW 的条件结构可以处理字符串命令，这在仪表通信中异常重要。

字符串条件结构的分支标签，只能通过工具选板中的"编辑文本"工具修改。

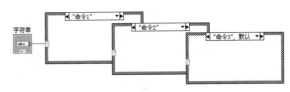

图 3-54 字符串条件结构

**学习笔记** 字符串输入的条件标签是通过工具选板中的"编辑文本"工具编辑的。

因为字符串输入的条件标签是通过"编辑文本"工具修改的，所以只有编程者自己能保证文本的正确性。尤其在输入中文时，经常会出现双引号错误。条件标签使用的是英文双引号（即半角），不是中文双引号。

**学习笔记** 在编辑条件标签文本时，不要加引号。编辑完成后，LabVIEW 将自动添加。

### 3.3.8 输入/输出隧道

同循环结构类似，条件结构体内部是通过输入/输出隧道与外部交换数据的。对于要输出的数据，存在两种输出方式：一是在条件分支内部输出数据；二是通过数据输出隧道，在条件结构体外部输出数据。在分支内部输出数据更符合常规编程语言的编程方式，但是从 LabVIEW 的数据流的观点来看却不是最佳选择。

如图 3-55 所示，这是个求输入数据的双精度平方根的例子。在有理数计算的情况下，负数的平方根是没有意义的。因此，在计算之前必须判断输入是否大于或等于 0。

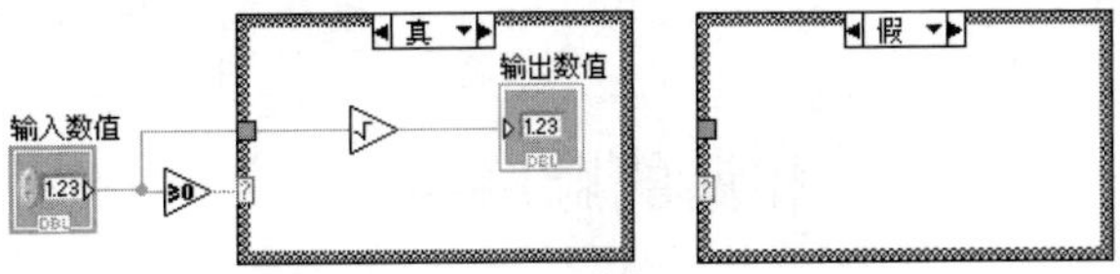

图 3-55 从分支内部输出数据

该示例中的计算结果由显示控件输出，从数据流的角度看，这种做法是有问题的。如果输入是负数，条件为真的分支根本不会执行。如果调用的是子 VI，显示控件会输出它的默认值。如果未设定默认值，则双精度数的默认值是 0。

假如设定的默认值是 20，那么当输入小于 0 的时候，子 VI 的返回结果是 20。

**学习笔记** 尽量避免在分支内部输出数据，应该通过隧道输出，特别是调用子 VI 时。

图 3-56 所示的是在分支外部通过隧道传递数据的情况。当输入数值小于 0 的时候，输出 NaN，表示数值无意义。或者通过快捷菜单，选择"未连线时使用默认值"项，此时输出结果是 0。

分支输出隧道有三种不同的形式：实心方框，表示已经连接数据；空心方框，表示未连接，此时程序处于错误状态，无法运行；半空心状态，表示未连接，使用默认值。

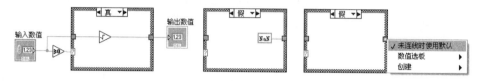

图 3-56 在分支外部输出数据

### 3.3.9 多重 If-Else 的处理方法

由于 LabVIEW 独特的图形式编程风格，当遇到多重 If-Else 嵌套的情况时，实现起来非常困难。随着嵌套层数的增多，占用的框图空间会越来越多。同时由于分支结构只能显示一个分支，程序的跟踪也非常困难，调试极为不便。因此，建议不要超过三重嵌套。

在上述情况下，应该归纳输入条件，将其转换成分支条件结构处理，或者转换成几个子 VI 来处理。

```
IF AoValue<=0.1 THEN
  AoValue1=(AoValue-0.0060)
    ELSEIF (AoValue >0.1) AND  (AoValue<=0.2) THEN
  AoValue1=(AoValue-0.0035)
    ELSEIF (AoValue >0.2) AND (AoValue<=0.3) THEN
  AoValue1=(AoValue-0.0045)
ENDIF
```

上面的伪代码用 LabVIEW 的 Ture、False 分支处理会非常麻烦，但转换成多分支结构就容易多了。条件嵌套的处理方法，如图 3-57 所示。当然，类似的计算问题采用公式节点更为方便。

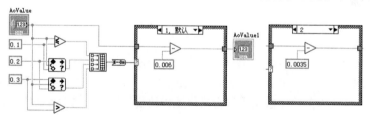

图 3-57 条件嵌套的处理方法

## 3.4 不和谐的顺序结构

顺序结构在文本编程语言中是不存在的，可以说文本编程语言本身的语句就是按顺序执行的，循环和条件结构不过是更改了语句执行的次序。而 LabVIEW 则完全不同，LabVIEW 是数据流驱动的，它本质是多线程并行的结构。决定 LabVIEW 的一个节点是否运行，完全取决于该节点的输入端是否有数据流入。当节点所有必需的输入端都有数据流入时，该节点才继续运行。

### 3.4.1 多线程运行次序

LabVIEW 的这种数据的自由流动性，使 LabVIEW 程序框图的运行次序很难判断，运行的先后顺序具有一定程度的随机性。

如图 3-58 所示，这里存在并行的两个线程——加法线程和乘法线程。它们运行的先后次序如何呢？

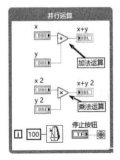

答案是无法判断。程序框图中的上下、左右位置与运行次序无任何关系。这两个线程的先后运行次序是随机的。在某个循环中，可能加法先执行。在另一个循环中，可能乘法先执行。如此灵活的多线程运行方式使我们不需要任何额外的编程就可以实现多线程运行。要知道，在常规语言编程中，实现多线程操作是非常复杂的。

多线程并行的优势是不容置疑的，但是有些时候却不得不需要人为地控制运行次序，尤其在涉及硬件操作时。想想看，如果两个人同时驾驶汽车会发生什么？

图 3-58

LabVIEW 通常用两种方法控制运行次序，那就是自然的数据流和顺序结构。

### 3.4.2 两种不同的顺序结构

在结构选板中，存在两种顺序结构，分别是平铺式顺序结构和堆叠式顺序结构。从本质上看，它们的功能完全相同，二者可以自由转换。但事实上，LabVIEW 的早期版本中只存在堆叠式顺序结构。这种顺序结构从外观上看类似于条件结构，也是由一系列分支组成。而平铺式顺序结构，则由一幅幅类似于电影胶片的帧结构组成。

如图 3-59 所示，这个例子用两种不同的顺序结构描述了一组顺序动作，具体的操作和运行顺序如下：

**step 1** 等待启动按钮被按下。

**step 2** 1 号电机启动。

**step 3** 延迟 2s。

**step 4** 2 号电机启动。

**step 5** 等待停止按钮被按下。

**step 6** 1 号电机关闭。

**step 7** 延迟 2s。

**step 8** 2 号电机关闭。

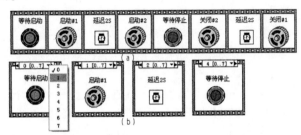

图 3-59 平铺式顺序结构（a）和堆叠式顺序结构（b）

堆叠式顺序结构非常类似于条件结构，单击分支标签显示下拉列表，可以选择当前的帧。

通过平铺式顺序结构和堆叠式顺序结构的快捷菜单，二者之间可以实现自由转换。即平铺式顺序结构可以转换成堆叠式顺序结构，堆叠式顺序结构同样也可以转换成平铺式顺序结构。

当帧数量不多时，应尽量采用平铺式顺序结构。平铺式顺序结构的特点是能够显示所有程序框图，结构较直观，直接用连线就可以传递数据，缺点是占据程序框图空间较大。堆叠式顺序结构恰恰相反，适合于帧数量较多的场合，优点是节省框图空间，缺点是只能显示某一个帧，其他帧的框图被隐藏，各帧之间必须通过顺序局部变量传递数据。

**学习笔记** 堆叠式顺序结构通过顺序局部变量由前至后传递数据，而平铺式顺序结构不需要。

两种顺序结构的快捷菜单非常相似，都有"在前面添加帧""在后面添加帧"等选项。值得注意的是，它们的删除操作有所不同。对平铺式顺序结构做删除操作时只删除顺序结构，各帧程序框图保持不变。而对堆叠式顺序结构做删除操作时，只保留当前显示的帧程序框图，隐藏的帧程序框图被丢弃。

在删除堆叠式顺序结构时，如果需要保留各帧程序框图，则可以先将其转换成平铺式，然后再删除。

如图3-60所示，这里是在计算机并口的PIN2发送一个脉冲的操作。我们经常会在要求不高的步进电机脉冲发生器中使用这个操作。计算机并口的数据寄存器端口地址是0x378，它可以同时控制8路TTL电平输出。读写端口的基本函数位于"互联接口"→"I/O端口"选板中，包括"读端口"和"写端口"函数，如图3-61所示。

在新版本中，取消了"I/O端口"函数选板，但是依然可以使用。

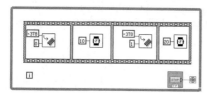  

图3-60　用两种顺序结构完成输出脉冲功能　　　　　　图3-61　I/O端口选板

### 3.4.3　隧道与顺序局部变量

在堆叠式顺序结构中，所有的输入隧道的数据都会被一次性读取，所有的输出隧道的数据也会在全部帧执行完毕后一次性输出。在单个帧执行期间，顺序结构之外的输入数据的变化不会影响顺序结构。

堆叠式顺序结构中多个帧可以共享一个输入隧道，但是不允许共享输出隧道，这与条件结构是不同的，而且不相关的帧可以不连接输出。平铺式顺序结构则不同，在每一帧运行完毕后都可以单独输出数据，每一帧也可以单独输入数据。这样某一帧的运行不但取决于前一帧是否完成，还取决于这一帧的输入隧道是否流入数据。这和堆叠式顺序结构是完全不同的。堆叠式顺序结构的所有输入隧道是一次性读取的，一旦顺序结构开始运行，则每一帧自动运行一次。

如图3-62所示，堆叠式顺序结构每一帧都可以有单独的输出隧道。如果把不同帧的输出连接到同一个输出隧道，程序会报错。

而平铺式顺序结构，不但每一帧有不同的输出隧道，而且一旦帧运行，输出隧道立即输出结果，比如第一帧有加1操作，第二帧由于连接了无限循环，它的输入隧道的数据永远无法流入。因此，第二帧将永远处于等待状态，无法运行。如果将同样的无限循环连接到堆叠式顺序结构，则堆叠式顺序结构整体永远不会执行。

在平铺式顺序结构中，帧与帧之间的数据传递可以直接通过连线进行，而堆叠式顺序结构则无法通过连线直接传递数据。因为任何时刻只能显示一帧的程序框图，所以堆叠式顺序结构引进了所谓的顺序局部变量，用来在各帧之间传递数据。顺序局部变量的作用域是顺序结构内部。在某一帧建立顺序局部变量后，其后的任何帧都可以引用这个局部变量。

如图 3-63 所示，这里的例子显示了如何通过顺序局部变量在各个帧之间传递文件引用，完成打开文件、写入文件和关闭文件的操作。可以看出，通过顺序局部变量传递数据是比较麻烦的，在各个帧之间很难分清局部变量的含义。

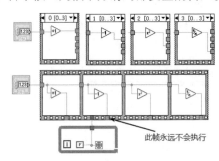

图 3-62 顺序结构输入、输出隧道 　　　　　　 图 3-63 顺序局部变量

## 3.4.4 顺序结构的替代

顺序结构在 LabVIEW 中是颇具争议的结构。它强行中断了 LabVIEW 固有的数据流程，人为地规定了运行次序，因此要尽量避免使用顺序结构。需要顺序结构的地方都可以通过精心设计，来消除顺序结构。消除顺序结构的最好方法是利用公共连线，使各个 VI 之间通过数据依赖关系，实现自然的数据流动。

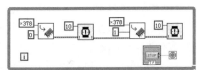

如图 3-64 所示，将脉冲输出的例子稍加修改，就可以消除顺序结构。

图 3-64 用数据流实现顺序结构

**框图设计守则** 顺序结构是效率较低的结构，应尽量采用数据依赖关系替代它。

堆叠式顺序结构最佳的替代是条件结构。在堆叠式顺序结构的快捷菜单中，选择"替换"→"条件结构"项，就可以使用条件结构来替代顺序结构。

## 3.4.5 顺序结构的典型应用

虽然不建议采用顺序结构，但它绝不是毫无作用的，有些场合还是需要使用顺序结构的。下面举两个典型的顺序结构的应用例子。

### 1. 计时程序

如图 3-65 所示，为了测量代码的效率，经常要使代码多次循环，以测试它的运行时间。这是平铺式顺序结构的典型应用。

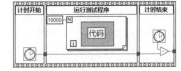

图 3-65 顺序结构用于计算代码运行时间

### 2. 基本设计模式

如图 3-66 所示，常见的基本设计模式由初始化帧、执行帧和退出帧三部分组成。这种设计模式特别适合用顺序结构实现，特别是平铺式顺序结构。

> 退出帧使用了应用程序属性节点中的 APP.KIND 属性，它返回一个枚举变量，表明当前是开发系统还是运行系统。如果是运行系统（EXE），则退出 LabVIEW；如果是开发系统，则不退出 LabVIEW。

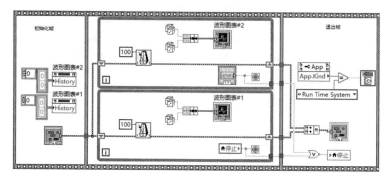

图 3-66　基本设计模式

## 3.5　程序框图禁用结构

程序框图禁用结构在早期 LabVIEW 版本中是不存在的，它相当于文本语言的程序段注释功能。在 C 语言中，把所有在注释符"/*"和"*/"之间的文本或者代码当作注释，这些代码在编译时会被忽略掉。

在程序框图禁用结构出现之前，LabVIEW 是通过条件结构来屏蔽一段程序框图的。

在编写 LabVIEW 程序时，可能与程序相关的硬件并不存在。因此，在涉及硬件处理时，经常采用模拟的方式。当硬件条件具备的时候，再用

图 3-67　注释和程序框图禁用结构

实际的数据替代模拟数据。如图 3-67 所示，这里通过模拟 0~5V 数据采集，来说明程序框图禁用结构的使用方法。

## 3.6　局部变量、内置全局变量和功能（LV2 型）全局变量

局部变量和全局变量在常规语言中是常见的变量。所谓全局和局部，指的是变量的作用域。LabVIEW 的局部变量和全局变量之间的区别，也在于作用域。

### 3.6.1　局部变量

顾名思义，局部变量的作用域是局部的，通常也就是当前调用它的 VI。局部变量是不能单独存在的，都与某个输入控件或者显示控件对应。局部变量代表的是控件的值属性，而不是控件本身。一个控件可以生成大量的局部变量，每一个局部变量，都需要复制它所代表的控件包含的数据。因此，对于比较大的数据结构，比如大的数组，使用局部变量时要特别注意。

每一个局部变量和全局变量，都会引起数据的复制，从而消耗内存，因此大的数据结构不宜使用局部变量或者全局变量。由于是复制内存，因此局部变量的运行速度，远快于控件的值属性。控件的值属性必须调用用户界面线程，因此速度较慢。虽然局部标量变量必须多占用一份内存，但是标量的局部变量可以不考虑复制的问题，因此标量的局部变量更常用。

**学习笔记** 数据流的运行速度高于局部变量，数据流和局部变量的速度远高于属性节点。

局部变量和全局变量的最大问题是数据竞争，尤其是像 LabVIEW 这种自动多线程的语言，它们的影响更为明显。当多处的局部变量试图改变同一控件的值时，很难预测控件当前的值是多少。因

此使用局部变量和全局变量之前需要仔细斟酌。首先要看是否确实需要局部变量或者全部变量，其次是看全局变量和局部变量，对简化编程到底有多大作用，是否有可能对整个程序造成很大影响。

**学习笔记** 局部变量和全局变量容易引起数据竞争，应尽量避免使用。

使用局部变量和全局变量的另一个不利的因素，是它们与 LabVIEW 的基本编程风格相背。因为使用它们以后，数据的流动不再是依赖数据的连线关系，局部变量和全局变量可以在任何时间、任何地点，强行改变控件的值。

全局变量和局部变量的这些弊端，并不意味着绝对不能使用它们。在特定情况下，使用全局变量和局部变量，可以使编程更简单快捷。

可以在输入控件或者显示控件的快捷菜单中，选择"创建"→"局部变量"项来创建局部变量。除此之外，通过控件的连线端子也可以创建局部变量。而在已存在局部变量的情况下，用克隆方式创建则更方便。

**框图设计守则** 按下 Ctrl 键，用鼠标拖动局部变量或者全局变量，可以创建新的变量。

全局变量和局部变量都是可读写的，通过快捷菜单可以改变它们的状态。下面将详细介绍局部变量的各种典型用法。

### 1. 初始化

在程序启动时，控件的初始化很重要，尤其是采用事件结构时，需要对显示控件进行初始化。虽然在编程的时候，可以设置控件的默认值，但是有些时候，启动时的初始值往往和上次程序结束时的状态有关。因此，通常在程序结束时将控件的值写入 INI 文件。下次程序启动时再读取 INI 文件记录，来设置启动时的初始值。图 3-68 给出了一个用局部变量实现初始化的例子。

### 2. 结束并行的循环

当一个 VI 中包括多个 While 循环时，通常需要用一个 STOP（停止）按钮停止多个循环。但必须注意的是，默认的 STOP 按钮是锁定型的，也就是说当改变它的状态后，一旦 LabVIEW 读取了它的值，该按钮又会自动恢复成原来的值。因此，使用锁定型按钮时，不允许使用局部变量，应该采用单击时转换方式，如图 3-69 所示。注意，新版本中局部变量的图标已经改变。

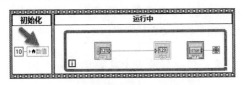

图 3-68 局部变量用于初始化

图 3-69 局部变量用于停止多个循环

**框图设计守则** 锁定型布尔控件不允许使用局部变量。

### 3. 代表数据类型

当使用簇捆绑函数时，需要提供簇的数据类型。可以通过常量的方式输入数据类型，但是簇常量占据的框图空间比较大，使用局部变量更为方便，如图 3-70 所示。在新版本中，簇常量可以显示为图标方式，因此不需要局部变量这种方式。

### 4. 布尔控件互斥和自锁

在早期版本的 LabVIEW 中不存在单选控件。因此，布尔控件的互斥只能通过局部变量实现。

即使是支持单选控件的 LabVIEW 版本，如果多个布尔控件距离较远，也不适合使用单选控件。当需要以当前的输出状态作为输入条件时，也必须采用局部变量，如图 3-71 所示。

如图 3-72 所示，电机启动和电机停止都是在按钮释放时触发，电机靠自身的状态保持运行或停止状态，因此需要利用局部变量读回电机的当前运行状态。

### 5. 间隔数据存储或显示数据

在实际的工程应用中，一般采集的数据量都很大，不需要全部存储。这时可以在特定条件下，或者按照一定时间间隔存储或者显示一部分数据，不需要随时传递数据。这种情况下，用局部变量传递数据比较合适。

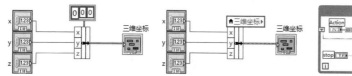
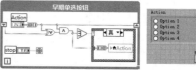

图 3-70　用局部变量表示数据类型　　　　图 3-71　局部变量用于互斥

图 3-73 所示的例子就是用局部变量来传递数据，这里使用移位寄存器是为了保证每分钟只存储一次数据，即将经过的时间与 1 分钟做比较，为真时写入数据。

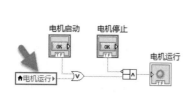
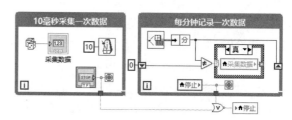

图 3-72　局部变量用于自锁　　　　　图 3-73　每分钟存储一次数据

## 3.6.2　内置全局变量

LabVIEW 的内置全局变量的作用域是不受限制的，这是因为 LabVIEW 的全局变量存储在单独的文件中。全局变量的文件名后缀也是 VI，但是其和一般的 VI 有明显不同，它只有前面板而没有程序框图，一个全局变量 VI 可以存储一个或者多个全局变量。值得注意的是，全局变量虽然是用控件表示的，但是它只利用控件代表它的数据类型。它只能完成简单的数据存储，而不具备控件的其他属性。也就是说，无法像对常规控件那样利用属性节点控制它的外观等。

> **学习笔记**　全局变量存储在单独的文件中，一个文件可以存储多个全局变量。

同局部变量一样，全局变量也涉及数据的内存复制问题。因此同样不适合存储大型的数据结构，比如大的数组、字符串等。尤其是字符串，因为它的长度经常发生变化，所以需要反复调用内存管理器，以改变字符串所占空间的大小。

由于变量用于在各个 VI 之间交换数据，对于简单的数据类型，比如布尔标量、数值标量等，它的运行速度要高于普通的 VI。而在传递大型数据时，由于必须做数据的内存复制，速度反而不如一般的 VI。因为普通 VI 通过数据流往往能实现缓存重用，从而避免数据复制的操作，所以速度更快、更有效率。

> **学习笔记**　标量型全局变量的运行速度快于普通 VI，大型数据的全局变量效率较低，不宜使用。

全局变量与局部变量一样，也存在数据竞争的问题。与局部变量相比，它的危险性更大。局部变量的作用域仅限于一个单独的 VI。因此，它的数据竞争可以完全限制在 VI 本身。全局变量则不然，它可以在任何时间被任何 VI 调用。因此，出现数据竞争的可能性大大增加了，且更加难以确定问题出现的位置。

内置全局变量是从 LabVIEW 3 开始引入的，早期的 LabVIEW 同样也涉及 VI 之间的数据交换，但却不使用全局变量，所以内置全局变量并不是绝对必需的。

可以用两种方法建立内置全局变量：在菜单栏中选择"文件"→"新建"→"其他"→"全局变量"项，或者在结构选板上选择"全局变量"。

两种方式都可以打开 VI 的前面板，但不存在程序框图。在前面板上拖入合适的控件即可。全局变量的默认值的设置特别重要，尤其是只读型的全局变量，是被当作常量来使用的，因此必须设置默认值。

按住 Ctrl 键并拖动鼠标，可以克隆全局变量，从而快速建立新的全局变量，如图 3-74 所示。内置全局变量虽然存在数据竞争的问题，但是在某些情况下其还是非常有用的。下面将分别介绍适合使用全局变量的情形。

### 1. 作为只读变量或者常量

在 C 语言中，可以通过宏定义实现在程序中多处使用相同的值，如"#define　LPT1　0X378"。在 LabVIEW 中可以使用全局变量来定义常量，尤其是标量。需要说明的是，LabVIEW 并没有规定全局变量是常量或者只读变量，所有的全局变量都是可以读写的。编程者需要自己保证不在程序中对它进行写操作。图 3-75 所示的是全局变量作为常量的例子。

图 3-74　全局变量的创建和调用　　　　　图 3-75　全局变量作为常量

### 2. 结束多个 VI

局部变量可以结束多个循环，不过它们需要位于同一个 VI 中。而全局变量可以用来结束多个 VI。

### 3. 服务器/客户端方式

服务器/客户端方式是全局变量的典型用法，由服务器 VI 提供数据，其他 VI 通过全局变量按照一定的时间间隔读取数据，存储或者显示数据，等等。局部变量也有类似的用法，不过它局限于一个 VI 中。

如图 3-76 所示，这里的例子不但演示了服务器/客户端模式，同时也说明了如何用全局变量停止多个 VI。

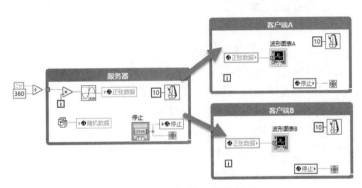

图 3-76　服务器/客户端模式

### 3.6.3 功能（LV2型）全局变量

LabVIEW 是从 LabVIEW 3 以后开始提供内置全局变量的。在 LabVIEW 3 以前的版本中同样需要使用全局变量来交换数据，那时是通过功能全局变量（也称作 LV2 型全局变量）来实现的。

功能全局变量实际上译作函数全局变量更合理。功能全局变量与其说是全局变量，不如说就是一个特殊的函数，是 LabVIEW 与生俱来的功能。功能全局变量是通过未初始化的移位寄存器实现的。

我们已经多次介绍过移位寄存器，也不断强调移位寄存器初始化的重要性。如果不进行初始化，移位寄存器的初始值是不固定的。随着程序的运行，移位寄存器将保持上次被调用时的值。而这正是移位寄存器能作为全局变量的根本原因。

> **学习笔记** 功能全局变量又称作 LV2 型全局变量，其是通过未初始化的移位寄存器来实现的。

全局变量存储在 VI 中，因此它的作用域是全局的。调用功能全局变量和调用一般 VI 的方法完全相同。我们自然就能想到，如果在 VI 中能够存储数据，那就可以实现全局变量的功能了。一般情况下，数据是不能脱离控件而独立存在的，移位寄存器是个特例。它代表的是内存的一段区域，专门用来存储数据，而且通过迭代的方式，可以保持多次的运算数据。

如图 3-77 所示是功能全局变量最基本的形式。功能全局变量是一个完整的子 VI，与一般的子 VI 无明显不同。两者的区别在于它用的移位寄存器未初始化。While 循环条件端子连接一个 True 常量，由于 LabVIEW 的 While 结构是 Do While 循环，所以循环的内部框图执行一次即会退出。使用 While 循环的唯一目的是使用移位寄存器。没有循环是无法建立移位寄存器的。当然，上面的循环完全可以用 For 循环代替，只要运行次数设置为 1 就可以了，功能完全相同。

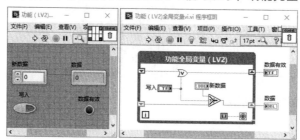

图 3-77　基本的功能全局变量

> **学习笔记** 循环一次，能使移位寄存器保存数据或者读取移位寄存器中的数据。

由于移位寄存器没有初始化，而且如果一直没有写入操作，那移位寄存器中存储的数据是没有意义的。此时执行读操作显然不合理，所以图 3-77 增加了一个有效数据指示。如果已经执行过写数据操作，则数据有效，且返回 TRUE 状态。

如果写入按钮为 TRUE，则表示是写操作，将新的数据移入移位寄存器。如果写入按钮为 FALSE，则输出移位寄存器中存储的内容。这样就完全实现了数据的读写功能。

功能全局变量实际上就是一个特殊的 VI，一般设置为不可重入，因此它本身不存在内置全局变量竞争的问题。当多个线程调用同一个 VI 时，只有一个线程结束，另一个 VI 才能获得控制权。在这样的规则下 VI 本身就消除了竞争的可能。

> **学习笔记** 功能全局变量不存在数据竞争的问题。

图 3-77 中存储的是双精度数值类型。把这个 VI 作为模板，可以存储任意数据类型，如数组、簇、变体数据等。功能全局变量可以完成内置全局变量的全部功能。唯一的不足是，如果需要使用大量的全局变量，则需要很多的单独 VI。而内置全局变量一个 VI 中可以包括多个全局变量。

功能全局变量只要不涉及长度改变，就不存在内存复制的问题。当存储大型数据时，功能全局变量使用的是同一段内存空间，因此效率更高。功能全局变量可以有效利用缓存，适合传递或者共享数据，如图 3-78 所示。

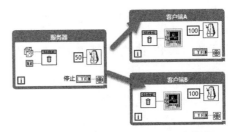

图 3-78　功能全局变量可以共享数据

## 3.7　事件结构

事件驱动或消息驱动是 Windows 操作系统和其他编程语言一直在使用的编程模式，这和 LabVIEW 推崇的数据流编程模式完全不同。事件驱动是被动等待，必须在外部事件发生后才能触发程序运行，比如按钮被按下、鼠标移动等。事件发生时，自动触发一段程序，即回调函数。这类似于硬件的中断方式，因此节省了 CPU 资源。另外，事件采用队列方式，也避免了事件的错漏。而 LabVIEW 用户界面采用的是查询的方式，它通过循环不断地查询用户界面的控件是否发生了变化。因此，从界面处理的角度看，LabVIEW 处理的效率是不高的。

在 LabVIEW 6.X 后，引入了流行的事件结构。这个新结构极大地改善了界面处理的效率，也增加了新的设计模式。LabVIEW 传统的设计模式和事件结构的结合，形成了许多新的设计模式。随着 LabVIEW 版本的不断更新，事件结构也在不断变化。如今的 LabVIEW 具备了自定义事件和动态注册事件的能力，处理事件的能力大大地提高了。LabVIEW 8.X 又引入了 XControl，初步具备了定制控件的能力。相信随着 LabVIEW 不断地升级，事件结构的能力一定会不断地提高。

**学习笔记**　事件结构的优点是减少 CPU 占用，响应及时，且采用队列方式避免了漏掉事件。事件结构一般仅适用于用户接口界面，在子 VI 中很少使用。

要想深入理解事件结构的运行机理，不能不提到回调函数。通过回调函数，可以清楚地看到事件结构的作用机理。下面以 CVI 中回调函数为例，简单地对回调函数做一些说明。

```
int CVICALLBACK Function (int panel, int control, int event,
                void *callbackData, int eventData1, int eventData2)
```

回调函数的几个基本参数含义如下：

◆ panel 表示发生事件的窗口。

◆ control 表示发生事件的控件。

◆ event 表示事件的类型，如值改变事件、鼠标移动、键按下等。

◆ callbackData 传递一个复杂数据结构的指针；LabVIEW 新增的回调函数中已经使用了这个参数。

◆ eventData1 和 eventData2 是系统检测到事件发生后，返回的数据。它们对于不同的事件有不同的含义，比如鼠标移动事件，返回的可能是鼠标的 X 坐标和 Y 坐标等。

回调函数中的这些参数都是由操作系统返回的。也就是说，事件发生是由操作系统检测的，这与轮询有本质的区别。对于事件结构，操作系统替我们做了绝大多数的工作，我们需要确定的是事件发生后，如何处理问题。这样就极大地简化了编程。况且在没有事件发生时，系统一直处于等待状态，避免了轮询中的无意义查询，提高了运行效率。

### 3.7.1 事件结构的基本构成和创建方法

LabVIEW 的条件结构、堆叠式顺序结构和事件结构，从基本构成上看是非常类似的。事件的检测和处理一般是连续进行的。因此，事件结构也应该是连续被调用的，常见的事件结构用法是 While 循环+事件结构。事件结构的基本组成如图 3-79 所示，过滤节点只有过滤事件时才显示。

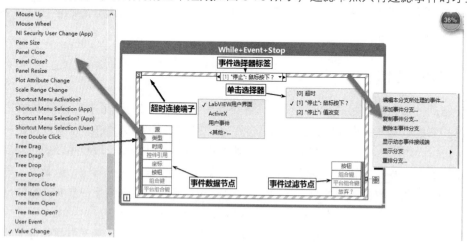

图 3-79　事件结构的基本组成

**学习笔记** 按住 Ctrl 键并滚动鼠标滚轮，可以快速浏览事件，然后通过选择器标签选择要浏览的事件。超时连接端子默认在不连接时为-1，表示永不超时，即禁用超时事件。

对照回调函数，LabVIEW 的事件结构不需要系统回传窗口参数。我们建立的事件结构只能作用于当前 VI 的前面板窗口，即这个窗口的引用直接通过当前 VI 就可以得到。

回调函数中的 control 表明哪个控件发生了事件。在事件数据节点中，通过操作系统已经返回了这个参数，即控件引用。它对应发生事件的控件。

回调函数中的 event 表明发生事件的类型，对应的是事件数据节点的类型参数。这是一个枚举型参数，通过枚举的方式说明当前发生的事件，该事件对应选择器标签中的事件。

回调函数中的 eventData1 和 eventData2 表示事件发生时操作系统返回的数据。这两个参数随着事件的不同而变化。如图 3-79 所示，在事件数据节点中，对于键盘事件，它们表示按下键的 ASCII 码；对于值变化事件，它们表示事件发生前和事件发生后的值；对于鼠标事件，它们表示鼠标点击时的坐标，按钮返回的是哪个鼠标键点击（左键、中键或右键）。

由此可以看出，LabVIEW 的事件结构就是图形化的回调函数结构，当然，其中也包括了事件配置等。

事件结构的快捷菜单，与条件结构和堆叠式结构的非常类似。值得注意的是，它多了一个选项——查找输入控件。通过它可以直接定位产生事件的控件。

由于事件数据节点是由操作系统返回的，因此它的参数是只读的。与常规回调函数不同的是，事件数据节点还有"源"和"时间"两个参数。在 LabVIEW 中，存在 GUI、ActiveX 和用户事件三大类事件源。最常用的是 GUI，即 LabVIEW 用户界面事件。

"时间"参数返回事件发生时，计算机启动以来经过的毫秒数，相当于调用了定时函数选板中的时间计数器。这两个参数存在于所有的事件中，但是一般使用得不多。为节省框图空间，事件数据节点中不使用的元素要将其删除，并放在左下角。

**学习笔记** 要删除不使用的事件数据节点端子，并将其放在左下角。通过事件结构快捷菜单中的"查找输入控件"项可以直接定位事件对应的控件。

### 3.7.2 事件的分类及其特点

因为 LabVIEW 支持的事件种类繁多，所以正确选择事件是事件结构设计的核心。LabVIEW 支持的事件如表 3-2 所示，其中五角星符号表示支持该类事件，斜杠表示不支持。

表 3-2  LabVIEW 支持的事件

| 事件源 | 鼠标事件 | 键盘事件 | 应用程序菜单 | 快捷菜单 | 大小改变 | 值改变 |
|---|---|---|---|---|---|---|
| 应用程序 | 典型的应用程序事件包括应用程序关闭和超时事件 | | | | | |
| VI | ★ | ★ | ★ | \ | ★ | \ |
| 窗格 | ★ | \ | \ | ★ | ★ | \ |
| 分隔栏 | ★ | \ | \ | \ | \ | \ |
| 控件 | ★ | ★ | \ | ★ | \ | ★ |

常用的应用程序事件包括应用程序关闭事件和超时事件。

**1. 应用程序事件**

一个 LabVIEW 应用程序可能包括一个或多个正在显示的前面板。当选择任意一个前面板菜单栏的"文件"→"退出"项时，将触发应用程序关闭事件。注意，这与 VI 事件中前面板关闭事件不同，前面板关闭事件检测的是当前 VI 关闭的事件，而不是整个应用程序关闭事件。通过应用程序关闭事件，可以禁止非法用户通过主菜单关闭应用程序。图 3-80 给出的例子说明了二者的区别。

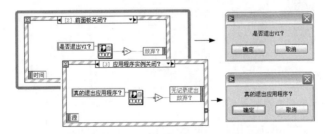

图 3-80  应用程序关闭与前面板关闭事件

 在主菜单中选择"退出"项，触发的是应用程序退出事件，而单击窗口关闭按钮触发的是前面板关闭事件。

**2. 超时事件**

从上一个事件开始，在设定时间内没有其他事件发生，则产生超时事件。如果"超时"连线端子被设置成-1，则禁止超时事件。如果在设定时间内有事件发生，则从事件结束后重新计时。值得注意的是，超时事件是级别较低的事件，相当于 Windows 中的 Idle 事件。任何事件的发生都会导致超时事件重新计时，所以不宜在超时事件中处理实时性要求比较高的事情，比如硬件数据采集、通信等。

### 3. 鼠标事件

常用鼠标事件包括鼠标按下、鼠标释放、鼠标移动、鼠标进入、鼠标移开等。对于用户界面，鼠标事件的使用是最频繁的。LabVIEW 8.X 又增加了拖动事件的处理，极大地增强了 LabVIEW 用户界面的处理能力。鼠标事件返回的参数比较多，不但能返回鼠标当前的位置，而且能返回 Shift、Ctrl、Alt 等键的状态。

鼠标事件数据节点同时返回一个重要的参数按钮，表示哪个鼠标键按下或者释放：1 表示鼠标左键，2 表示鼠标右键，3 表示滚轮键，如图 3-81 所示。

平台组合键中 Cmd 和 Opt 专门用于 Mac 系统。一般控件事件中没有双击事件，通过组合键可以检测鼠标双击事件。

**学习笔记** 鼠标事件中包含 Ctrl、Alt 和 Shift 键的状态，通过组合键可以检测双击事件。

### 4. 键盘事件

另一类重要的事件是键盘事件，键盘事件的种类比较少，包括键按下、键释放和键重复。当连续按下某个键时，就会产生键重复事件。

键盘事件除了返回组合键和平台组合键，同时还返回键的 ASCII 码、虚拟键码和键盘扫描码。对于某些控件，还返回子控件的引用。

虚拟键简称 VK。如果你对计算机键盘 I/O 比较了解，应该知道键盘上每一个键对应一个扫描码。扫描码是由 OEM 生产商制定的，不同厂商生产的键盘，键盘的扫描码可能不同。为摆脱由于系统设备不同而造成的扫描码不一致，我们通过键盘驱动程序将扫描码映射为统一的虚拟键码，如将回车键定义为 VK_RETURN，其十六进制值为 0x0D。

LabVIEW 对虚拟键进行了重新定义，通过"字符"端子返回可打印字符 ASCII 码。通过"V键"端子返回一个不可打印的字符枚举类型，表示按下的虚拟键，比如功能键 F1～F12、回车键、上下翻页键等，如图 3-82 所示。

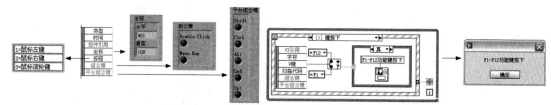

图 3-81　鼠标事件数据节点　　　　　图 3-82　检测 F1～F12 功能键

只有前面板和控件才能够响应鼠标和键盘事件，事件结构不能检测全局鼠标和键盘状态。

### 5. 监测全局键盘和鼠标

LabVIEW 专门提供了一套函数，用于查询全局鼠标、键盘和操纵杆的状态。

**学习笔记** 鼠标事件和键盘事件只适用于前面板或者控件，不能检测全局鼠标和键盘状态。

如图 3-83 所示，输入设备控制函数位于"互连接口"函数选板中。它是通过调用 DirectX 实现的，因此我们必须安装 8.0 以上的 DirectX。图 3-84 演示了如何检测全局键盘和鼠标状态。

**学习笔记** 利用"输入设备控制"函数可以检测全局鼠标和键盘状态。

在图 3-84 中，Key mode（按键模式）用来选择鼠标坐标是绝对坐标还是相对坐标。

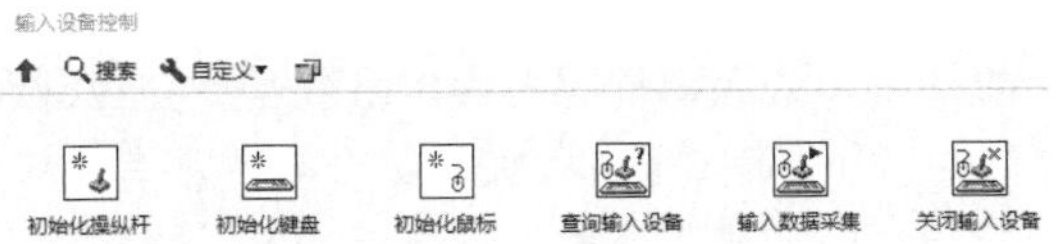

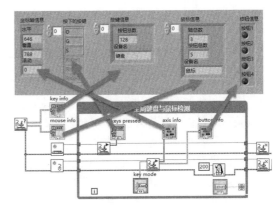

图 3-83  "输入设备控制"函数选板

图 3-84  检测全局鼠标和键盘状态

### 3.7.3  事件结构之间的数据传送与共享

LabVIEW 的条件结构、堆叠式顺序结构和事件结构都拥有多个分支结构，尤其是条件结构和事件结构，都存在数据传送和共享的问题，移位寄存器是最常用的数据传送和共享方法。

在编写一个中等规模的程序时，状态机和事件结构是常见的设计模式，移位寄存器经常用于在各个分支之间传递数据。当分支比较多时，经常会出现忘记连接移位寄存器，或者需要增加新的移位寄存器等问题。此时会非常麻烦，需要在几十个分支之间切换，重新连线。

LabVIEW 的条件结构和事件结构有一个非常重要的功能——分支或者事件复制功能。借助这个功能，很容易解决上面所说的问题。

在设计程序时，一定要预留一些移位寄存器，不用时将它们设置成布尔类型，这样并不会占用很多的内存空间。进行条件判断时，可以将移位寄存器设置成布尔数组，这样一个移位寄存器可以表示多个位的状态，相当于 PLC 的 M 中间继电器。

**框图设计守则**  使用条件分支结构和事件结构时一定要预留移位寄存器。连线较长的移位寄存器，可以用透明标签标注其用途，如图 3-85 所示，新版 LabVIEW 可以直接显示数据连线标签。

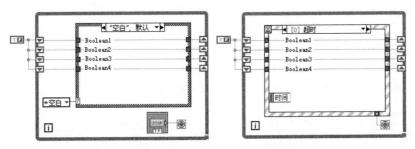

图 3-85  复制事件结构和条件结构

**框图设计守则**  在条件结构和事件结构中建立空白分支，并将其复制到其他分支。

在分支结构中，当有未连接的分支输出隧道时，会提示错误。而事件结构并不提示错误，直接使用默认值。因此，在事件结构编程中，移位寄存器经常会出现错误的结果。这些错误大多是由未连接移位寄存器造成的，复制可以避免类似的问题。

**框图设计守则**  当使用的移位寄存器较多时，可以将移位寄存器置于结构的顶部。

当需要大量的移位寄存器时，推荐使用簇、类等复杂数据类型，以避免过多连线。

### 3.7.4 事件发生的次序、事件过滤和转发

在 Windows 操作系统中，检测事件是否发生是由操作系统负责的。它在内部维护一个消息队列，将每一个发生的事件，以消息的形式置于队列之中。因此，消息的处理是按顺序进行的，当然如果有必要，可以将紧迫的消息提前调出队列。消息的种类非常多，但是对于 LabVIEW 的编程者来说，只要了解一些基本常识就可以了。

假如我们没有使用事件结构，操作系统是否会检测消息或者事件呢？操作系统当然会检测而且处理消息，我们的事件结构不过是为需要响应的事件注册了回调函数。如果某个事件没有响应，操作系统会采用默认方式处理。因此，我们可以决定是否响应事件，并根据外部情况，决定事件是否继续或者终止。

我们知道，LabVIEW 的事件结构既可以处理窗格事件（也就是前面板客户区中发生的事件），也可以处理前面板上控件发生的事件。如果在两个事件分支中，分别响应窗格的鼠标按下事件和控件按下事件，那么如何来响应它们呢？如果要同时响应两个事件，响应它们的先后次序如何？一般是，先产生前面板窗格事件，然后产生控件事件。

鼠标事件包括鼠标进入、鼠标离开、鼠标按下、鼠标释放、鼠标移动等。除了鼠标移动是连续不断发生的持续事件，其他鼠标事件都是一次性事件。持续事件耗费资源比较多，若非必要，不宜使用。我们可以通过动态注册事件的方法，在必要的时候，使用鼠标移动事件，然后暂停它。

**学习笔记** 只在特别必要时，才使用持续事件，比如鼠标移动事件。

用户界面事件有两种类型：通知事件和过滤事件。

对于通知事件，我们可以理解成事后事件。例如，一个改变了控件的值的事件发生时，操作系统首先监测到鼠标或者键盘的变化。由于当前前面板具有焦点，因此通知前面板。前面板首先响应事件，LabVIEW 自身改变了控件的外观、值等属性，然后再产生"值变化"事件。针对不同的需要，可配置一个或多个事件结构对通知事件做出响应。当事件发生时，LabVIEW 会将该事件的副本发送到每个并行处理该事件的事件结构。

对于过滤事件，我们可以理解成事前事件，也就是 LabVIEW 在处理事件之前，首先将权力交给编程者，由编程者决定事件是否继续或者终止。例如，将一个事件结构配置为禁止"前面板关闭？"事件结构，可防止用户关闭 VI 的前面板。过滤事件的名称以问号结束，如"前面板关闭？"，以便与通知事件区分（多数过滤事件都有相关的同名通知事件）。同名的通知事件是在过滤事件之后产生的，如果过滤事件分支放弃事件，则不会产生通知事件。

**学习笔记** 使用过滤事件可以终止或者转发事件。鼠标事件发生次序为窗格鼠标按下、控件鼠标按下、值改变、窗格鼠标释放和控件鼠标释放。如果在窗格过滤鼠标按下事件并放弃它们，则所有控件不再响应鼠标按下事件。

图 3-86 演示了鼠标事件在窗格和控件中发生的次序。

通过过滤事件不但可以终止事件的传送，而且可以转发事件。如图 3-87 所示，该例子中包括大写字符串、小写字符串、数值字符串 3 个字符串控件。要求分别只能输入大写字符、小写字符和 0~9 数字字符。通过字符串"键按下？"过滤事件以及控件引用，判断在哪个字符串控件中产生了事件，然后处理该事件。如图 3-87 所示，如果是数值字符串事件，则判断输入是否为 0~9 数值字符，如果不是，则放弃该事件，禁止输入数值字符串。

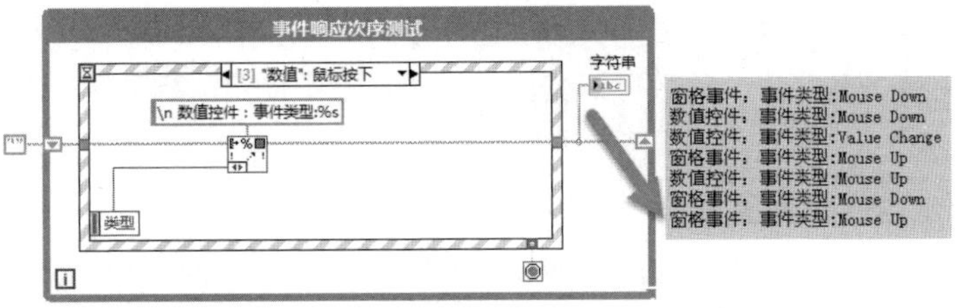

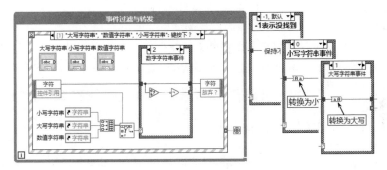

图 3-86　鼠标事件发生的先后次序

图 3-87　事件过滤与转发

### 3.7.5　正确地使用事件结构

LabVIEW 的事件结构独具特色，它不同于常规语言的事件驱动编程方式，融合了许多 LabVIEW 自身的特点，因此我们必须了解如何正确地使用事件结构。

**1. 前面板锁定的问题**

在事件编辑对话框下方有"锁定前面板（延迟处理前面板的用户操作）直至事件分支完成"选项，默认情况下是选中的，如图 3-88 所示。如果勾选了这个复选框，LabVIEW 将一直保持前面板的锁定状态，直至所有事件结构都处理完该事件。该选项只允许设置通知事件，不允许设置过滤事件。如果在事件结构中，响应事件的处理需要较长时间，将导致界面失去任何响应。后续的所有事件将保存在队列的缓冲区中，一直到耗时的事件处理完成后再进行处理。尤其是过滤事件，会自动锁定前面板。

新版本中增加了"限制事件队列中该事件的最大实例数"选项，来限制某个事件的数量。事件结构仅处理指定数量的事件，在新的事件进入队列时自动丢弃旧的多余事件。

一般应该尽量避免在事件结构中进行长时间的操作，所有耗时操作应该在其他线程中完成。如果确实需要，应该用对话框或者鼠标忙碌状态提示用户等待，如图 3-89 所示。

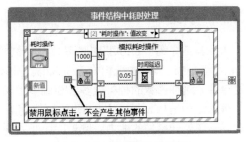

图 3-89　耗时事件的处理

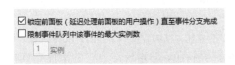

图 3-88　前面板锁定

**学习笔记**　避免在事件结构中进行耗时操作，耗时操作应该在其他线程中完成。

在对话框选板中设置"鼠标忙碌"VI 和"取消鼠标忙碌"VI。设置"鼠标忙碌"VI 时有一个重要的参数"禁用单击"，这个参数可以禁止在忙碌状态中使用鼠标，因此，在此期间不会产生鼠标按下事件。

### 2. 触发型布尔控件的问题

触发型布尔控件，只有在程序框图读取接线端子后，才会自动恢复默认状态。读取接线端子的最佳位置在布尔控件的值变化事件中。

**学习笔记** 在值变化事件中读取触发型布尔控件，使布尔控件自动恢复状态。

循环的停止按钮本身就是触发型布尔控件，所以也应该在值变化事件中读取它。如果直接连接条件端子，那么循环开始时事件结构处于等待状态。由于停止条件为 FALSE，因此响应值变化后会直接进入下一次循环。而此时停止按钮为 TRUE，故循环停止。但事件结构依然处于等待状态，需要再一次触发事件后其才能正确退出，如图 3-90 所示。

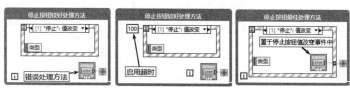

图 3-90 事件结构中停止按钮的处理方法

### 3. 在循环内处理事件

事件结构只能处理一次事件。如果需要连续处理事件，则必须将事件结构包含在循环内部。只有在消息对话框中才有可能使用一次事件结构，即检测到确认按钮后退出对话框。通常情况下，事件结构必须位于循环之中。

### 4. 多个事件结构响应同一事件

允许多个事件结构响应同一个事件，但是在一个循环中不能包括两个或者两个以上的事件结构，否则会导致程序由于等待事件而死锁。

**学习笔记** 多个事件结构可以响应同一个事件，但是一个循环只能包含一个事件结构。

### 5. 用户交互触发事件

只有用户与前面板交互时，才触发该事件。总体而言，使用 VI 服务器、共享变量、全局变量、局部变量、DataSocket 等改变 VI 或前面板对象，LabVIEW 不会产生事件。唯一例外是值（信号）属性，修改值（信号）可以产生控件的值变化事件。

**学习笔记** 通过局部变量或者全局变量改变控件的值不会产生值变化事件。

## 3.8　小结

本章详细介绍了 LabVIEW 的基本运行结构，包括 For 循环、While 循环、条件结构等。所有的 VI 都是通过这些基本结构构造而成的。同时详细介绍了各种定时相关函数及其用法。定时函数非常重要，这种函数的种类很多，在细节上差别很大。

事件结构是从 LabVIEW 6.x 开始新增的功能，其极大地简化了 LabVIEW 的程序设计，LabVIEW 因此具备了处理事件的能力。但是 LabVIEW 的事件结构独具特色，与常规语言中的事件结构相比有较大差别，使用时需要特别注意。

◆　　　　◆　　　　◆

# 第 4 章　LabVIEW 的数据结构及内存优化

　　LabVIEW 的数据类型包括标量数据类型，如整数、布尔量、双精度浮点数等；也包括复杂的数据类型，如数组、簇、波形数据等。

　　数据的类型与其在内存和磁盘中的存储机制密切相关，不了解数据的存储机制，就无法理解数据类型的相互转换和二进制文件的存储机制。要想深入了解 LabVIEW 的编程技术，就需要熟悉各种数据类型及其存储机制，这是必备的条件。

## 4.1　常用数据类型转换函数

　　如图 4-1 所示，在 LabVIEW 的"数值函数"选板中有一个"数据操作"子选板，其中包含"强制类型转换"函数和"平化至字符串"函数，这两个函数可以帮助我们清楚地了解各种数据类型的存储机制。另外，LabVIEW 安装目录下 cintools 文件夹中的 C 语言头文件，可以帮助熟悉 C 语言的编程者从 C 语言的角度了解和分析 LabVIEW 的数据存储机制。

图 4-1　"数据操作"函数选板

### 4.1.1　"强制类型转换"函数

　　"强制类型转换"函数，过去也曾将其翻译为"铸模"函数。它可以对存储在连续内存中的数据进行重新构造。例如，一个 U64 数据包含 8 个连续字节，这 8 个字节可以理解成 8 个 U8 数据或者 8 个布尔量；也可以理解成 2 个 U32 数据，甚至是 8 个字符。需要注意的是，进行强制类型转换时，必须保证数据类型是可以转换的，比如 U8 类型数据为 1 字节，DBL 数据为 8 字节，由于二者占据的内存空间不同，是不允许做强制类型转换的。

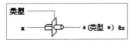

图 4-2　"强制类型转换"函数

　　"强制类型转换"函数的函数说明，如图 4-2 所示。如果输入端子"x"连接的数据类型和指定类型所占的空间大小不一致，则函数会生成非预期数据。如果 x 需要的存储位数大于"类型"可提供的位数，则该函数将使用 x 的高位字节，放弃剩余的低位字节。如果 x 是长度小于"类型"的数据类型，则该函数将把 x 中的数据移至"类型"的高位字节，在剩余的低位字节中填充 0。例如，一个值为 1 的无符号 8 位整数被强制转换为无符号 16 位整数，其值变为 256。

　　**学习笔记**　使用"强制类型转换"函数时，编程者必须保证两个要转换的数据所占内存大小一致。

"强制类型转换"函数在串口通信中很常用，LabVIEW 的 VISA 串口通信支持 ASCII 字符串方式和十六进制字节方式。如果采用十六进制字节方式，就需要对数据进行强制类型转换。

如果是十六进制字节字符串，则需要在 LabVIEW 中以 HEX 方式显示该字符串。"强制类型转换"函数不仅能进行 HEX 字符串的转换，只要占用的内存空间相同，也可以进行其他类型的数据转换。如图 4-3 所示，U16 类型数据可以被强制转换成包括 2 个元素的 U8 数组。

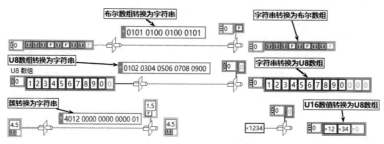

图 4-3　HEX 字符串转换

## 4.1.2 "平化至字符串"函数与"从字符串还原"函数

LabVIEW 可以将数据从内存格式转换为一种更适于进行文件读写的格式，这种格式转换称为平化数据。"平化至字符串"函数的说明如图 4-4 所示，从平化后的数据可以非常清楚地看到数据在内存中的映射方式。

LabVIEW 中的数组和字符串与 C 语言中的不同。LabVIEW 在内存中保存了数组和字符串的长度。因此，"平化至字符串"函数有一个输入端子——预置数组或者字符串大小？。它默认为 TRUE，即写入数组或字符串长度，该选项对标量数据不起作用。

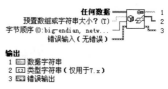

图 4-4　"平化至字符串"函数

"平化至字符串"函数的另外一个重要输入端子是"字节顺序"。字节顺序是个非常重要的概念，通常也称作数据的大小端。大端模式，是指数据的低位保存在内存的高地址中，而数据的高位保存在内存的低地址中。小端模式，则是指数据的低位保存在内存的低地址中，而数据的高位保存在内存的高地址中。

这里举个例子来说明大小端的问题，比如一个 32 位整数 I32 在内存中的地址为 0x100，它的值为 0x1234567，则它所占据的 4 字节空间分别为 0x100、0x101、0x102 和 0x103，如图 4-5 所示。

**学习笔记**　数据的大小端是由编译器决定的，不同的可执行文件在交换数据时要考虑大小端问题。

如图 4-6 所示，我们可以验证在 Windows 操作系统下，LabVIEW 采用的是大端模式，"平化至字符串"函数默认的字节顺序也是大端模式。

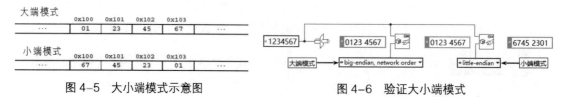

图 4-5　大小端模式示意图　　　　　图 4-6　验证大小端模式

**学习笔记** LabVIEW 的数据采用大端模式存储。

"从字符串还原"函数可把平化字符串转换成相应的数据类型。"从字符串还原"函数的函数说明如图 4-7 所示。

如果转换后的数据为数组，则需要指明是否包括数组长度。一般情况下，数组被平化为字符串后是包括长度的，平化字符串的前 4 字节代表的是一维数组的长度。如图 4-8 所示，U8 数组平化后的字符串，其前 4 字节 0000 000A（HEX 方式）表示数组的长度为 10，4 字节之后的字符代表 U8 数组的元素。

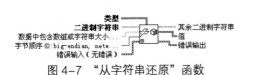

图 4-7　"从字符串还原"函数

图 4-8　将数组平化至字符串及从字符串还原

**学习笔记** LabVIEW 用 4 字节表示一维数组长度。

## 4.1.3　变体数据

LabVIEW 还提供了一种重要的数据类型：变体数据。一些常规编程语言也支持变体数据，变体数据在自动化服务器、ActiveX 编程和网络通信方面有广泛的应用。

使用变体数据的最大好处是，它兼容各种数据类型。"变体"函数选板如图 4-9 所示。变体数据支持 LabVIEW 的各种数据类型，通过"转换为变体"函数，任何数据类型都可以被转换成变体数据。相反，通过"变体至数据转换"函数，则可以把变体数据转换成对应的数据类型。

图 4-9　"变体"函数选板

变体数据还具有属性，可以为一个变体数据设置一个或多个属性，属性使变体数据使用起来非常灵活。如图 4-10 所示，通过"转换为变体"函数把一个随机数组转换成变体数据。然后通过"变体至数据转换"函数，还原这个数组。图 4-10 也演示了变体数据属性的写入与读取，通过设置多个属性，可以为变体数据动态添加各种不同类型的数据，从而构成更为复杂的数据结构。

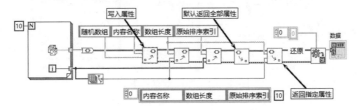

图 4-10　数组与变体数据的转换

## 4.1.4　变体数据数据类型解析

变体数据可以存储任意数据类型，根据指定的数据类型，可以把变体数据还原成原始数据。

在很多场合，比如在队列状态机中，根据需要每次传输的变体数据其实际存储的数据类型并不相同。比如一个时刻传递的是布尔变体数据，另一时刻传递的是数值数组数据。这样在还原数据时，就无法指定相应的数据类型。

如果我们能从变体数据本身获取其存储的数据类型，就可以极大地方便我们的编程。新版中提供了很多变体数据类型解析函数，实际上这些函数有很多在早期版本已经存在，只是未列入函数选板中。图 4-11 所示为新增的变体数据类型解析函数选板，其中包括很多函数。

变体数据可以包含任意类型的数据，因此变体数据的解析函数也有多个类别，比如标量数值型、数组、簇，以及类、引用、自定义控件等。通常情况下，我们需要处理的是标量数据、数组和簇，在函数选板中，分别对应"获取数值信息""获取数组信息"和"获取簇信息"函数。

在不知道变体数据包含的数据类型时，首先需要调用"获取类型信息"函数。该函数对于标量数据，直接返回其数据类型；对于复杂数据类型，比如数组，首先返回主要类型信息"Array"，然后再调用"获取数组信息"函数，得到数组的维数、数组中元素的数据类型等；对于簇类型数据，返回主要类型信息"簇"后，再调用"获取簇信息"函数，得到簇中包含的每个元素的变体数据。

图 4-12 演示了"获取类型信息"函数的基本用法，其中的变体数据包括各种标量与复杂数据类型。该函数不但能返回数据的类型，也能返回数据的标签。

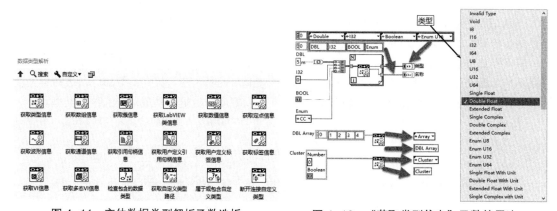

图 4-11　变体数据类型解析函数选板　　　　图 4-12　"获取类型信息"函数的用法

图 4-13 演示了通过"获取类型信息"函数与"获取数组信息"函数将包含双精度数组的变体数据，还原成双精度数组的方法。可以看出，通过条件分支结构，可以自动判断变体数据中包含的实际类型。自动判断变体数据的类型，非常适用于数据类型不固定的情形。

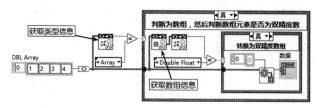

图 4-13　还原双精度数组

## 4.2　整数的类型转换及内存映射

在 LabVIEW 中，布尔、U8、I8 等基本数据类型所占空间均为 1 字节，也就是说它们都映射到内存的 1 字节，或文件中的 1 字节。

### 4.2.1　布尔型数据与字符串和数值之间的相互转换

图 4-14 提供了多种布尔型数据与 U8 型数据、字符串相互转换的方法，其中使用了"强制类型转换"函数、"变体转换"函数、"平化至字符串"函数等。特别要注意，其中一个转换方法使用了"布尔值至（0，1）转换"函数，该函数把布尔类型数据转换为 I16 数据，这与基于内存的强制转换是完全不同的，因为布尔数据从 1 字节被转换为 2 字节。

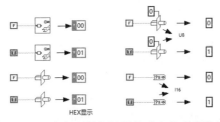

图 4-14　布尔型数据被转换成字符串或数值

同理，也可以将字符串和数值转换成布尔型数据，如图 4-15 所示，该图中提供了多种转换方法。其中"不等于 0"函数与"强制类型转换"函数是不同的，它并不是基于内存进行转换。

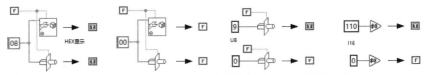

图 4-15　将字符串、数值转换成布尔型数据

### 4.2.2　U8 类型数据与字符串之间的相互转换

U8 类型代表无符号 8 位整数，占 1 字节的空间。字符也占 1 字节的空间，它在内存中是以 ASCII 码形式存储的。因此，可以将一个 U8 数据转换成一个字符，同理可以将 U8 数组转换成字符串。反之，可以将一个字符转换成一个 U8 数据，即它的 ASCII 码，将一个字符串转换为 U8 数组。

如图 4-16 所示，LabVIEW 提供了字符串和 U8 数组相互转换的函数。通过"强制类型转换"函数，也可以实现字符串与 U8 数组的相互转换，图 4-16 演示了两种不同的转换方法。

**学习笔记** U8 与字符、U8 数组与字符串可以通过"强制类型转换"函数相互转换。

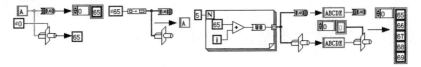

图 4-16　U8 数组与字符串相互转换

### 4.2.3　整数类型之间的相互转换

由于整数是以字节为单位连续存储的，所以 U8、U16、U32、U64 可以通过"强制类型转换"函数进行相互转换。例如，一个 U32 标量有 32 位，占 4 字节空间。这 4 字节可以理解成 2 个 U16，或者 4 个 U8，或者 4 个字符，或者 4 个 U8 组成的簇等。

LabVIEW 之所以能提供灵活多变的转换方式，是因为它的簇数据在内存中是 1 字节对齐的，这与常规编程语言的做法不同。因此在进行数据类型转换之前，还需要了解一个重要的概念——对齐。数据如何对齐是由编译器决定的。下面我们以 C 语言中的结构体为例来介绍对齐是如何定义的。

设结构体如下定义：

```
struct A{
        int a;          //整数，4 字节
        char b;         //字符，1 字节
        short c;        //短整型，2 字节      };
```

在结构体 A 中，包含了一个 4 字节的 int，一个 1 字节的 char 和一个 2 字节的 short 型数据。A 的实际空间应该是 7 字节，但是由于编译器要在空间上对数据成员进行对齐，因而在 char 型的 b 后面附加一个占位字节。所以 sizeof（struct A）返回的值为 8，也就是说在 C 语言中，上述结构需要占据 8 字节的空间。同样的结构体在 LabVIEW 中用簇表示，则占据的空间为：4+1+2=7 字节。

也就是说，C 语言结构体内所有数据的长度之和，并不等于结构体的长度。通过查阅 CIN 的头文件可以发现，LabVIEW 采用的是字节对齐方式，即一个簇的长度等于它所包含的元素的长度之和，簇元素之间是无间隙的，没有附加填充字节。

因为采用字节对齐方式，所以可以对整数组成的簇进行强制类型转换。以 U32 数据为例，一个 U32 数据可以转换成两个 U16 整数，如图 4-17 所示。在程序框图中，提供了多种转换方法，分别是除法求商和余数方法、数据移位方法、整数拆分方法、强制类型转换方法，其中强制类型转换方法更为简洁。

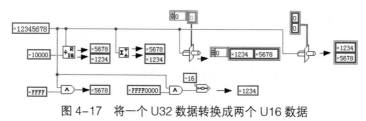

图 4-17　将一个 U32 数据转换成两个 U16 数据

同理，也可以通过各种方式将两个 U16 数据转换成一个 U32 数据，比如乘法、移位或强制类型转换，如图 4-18 所示。

图 4-18　将两个 U16 数据转换成一个 U32 数据

## 4.3　其他标量数据的类型转换及内存映射

除了布尔型、整型，LabVIEW 中还存在其他标量数据类型，比如定点数、浮点数和复数等，它们的内存映射关系，与整数相比要复杂得多。

### 4.3.1　定点数、浮点数的类型转换与内存映射

计算机只能以字节为单位存储二进制数，有理数在计算机中也是以二进制方式存储的。定点数和浮点数都可以用来表示有理数。定点数和浮点数的区别在于，小数点的位置是否固定。如果小数点的位置是固定的，则为定点数；如果小数点的位置是浮动的、变化的，则为浮点数。

#### 1. 整数的二进制表示

要想深入理解定点数和浮点数的内存映射关系，必须熟悉数据的二进制表示方式。这里先以

U8 和 I8 数据为例，介绍一下整数的十进制和二进制转换方法。U8 和 I8 数据都占用 1 字节的空间，U8 数据表示的数的范围是 0~255，I8 数据表示的范围是−128~127，最高位是符号位。一个 U8 数据的计算方法，如图 4-19 所示。图中使用了数据移位函数，数据移位操作可以获取数据特定位的值。

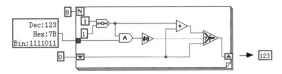

图 4−19　U8 数据的二进制计算方法

所用的算法为：$1111011 = 1×2^6 + 1×2^5 + 1×2^4 + 1×2^3 + 0×2^2 + 1×2^1 + 1×2^0 = 123$

### 2. 定点数的二进制表示

LabVIEW 8.X 新增加了定点数数据类型。LabVIEW 的应用领域不断拓宽，增加了对 ARM 等嵌入式单片机和 FPGA 的支持。而很多单片机和 FPGA 是不支持浮点运算的，很多 PLC 也是如此，为了能表示有理数，采用定点数来表示小数。

由于定点数小数点的位置是固定的，因此可以用整数的方式表示小数。LabVIEW 在默认情况下以 8 字节表示定点数，其中用 4 字节表示整数部分，用另外 4 字节表示小数部分。在定点数控件的属性对话框中，可以设置定点数整数部分和小数部分的位置，也就是可以设置小数点的位置和定点数的位数。

在定点数控件的属性对话框中，选择"高级显示模式"，可以清楚地看到定点数的构成。如图 4-20 所示，上下两个控件显示的值都是 5.75，区别是下面的控件的整数部分被设置成 48 位，小数部分被设置为 16 位。

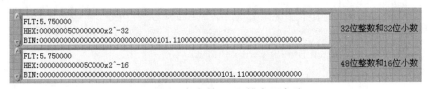

图 4−20　定点数 5.75 的表示方法

从二进制的角度看，定点数和整数的计算方式是相同的，不过小数部分用 2 的负次幂表示。如：$101.11 = 1×2^2 + 0×2^1 + 1×2^0 + 1×2^{-1} + 1×2^{-2} \rightarrow 5.75 = 4 + 1 + 0.5 + 0.25$

**学习笔记** 整数和定点数可以以多种数制方式显示，而单精度和双精度数则不可以。

定点数的优点是小数点位置固定，很容易用整数来表示，但是它是以牺牲数据的取值范围为代价的。因此，LabVIEW 采用了人为设定小数位数的方法，使用定点数的双方必须约定小数点的位置，否则无法正确解析这个数。

### 3. 浮点数的二进制表示

在计算机中很少采用定点数的方式表示小数，基本上都采用浮点数的方式。浮点数的含义是小数点是浮动的。LabVIEW 中的浮点数分为两种类型：单精度，32 位、4 字节（SGL）；双精度，64 位、8 字节（DBL）。浮点数在内存中的存储方式如图 4-21 所示。

**IEEE 单精度浮点数**

| 符号 | 指数 | 尾数 |
|---|---|---|
| 1位 | 8位 | 23位 |

**IEEE 双精度浮点数**

| 符号 | 指数 | 尾数 |
|---|---|---|
| 1位 | 11位 | 52位 |

图 4−21　浮点数的内存存储方式

LabVIEW 采用的是 IEEE 754 标准，该标准定义了单精度 32 位浮点数（SGL）和双精度 64 位浮点数（DBL）的格式。在 IEEE 标准中，将特定长度浮点数的连续字节的所有二进制位，分隔为特定宽度的符号域、指数域和尾数域三个域。

**学习笔记** 浮点数被分为符号域、指数域和尾数域三个域。

◆ 在符号域中，0 表示该数值为正数，而 1 则表示为负数。

◆ 在指数域中，单精度浮点数的指数域为 8 位，能表示的范围是 0~255。因为指数可能为负，所以采用偏差值的计算方法。对于单精度数，指数偏差值是 127，也就是说，在指数域中实际保存的值是它的真正指数值加 127。这样，如果指数域的值是 137，则它实际的指数是 137–127=10。

◆ 双精度数的指数域是 11 位，能表示的范围是 0~2047。同样采用偏差值的计算方法，双精度数的偏差值是 1023，所以能表示的指数范围是 –1023~1024，它的两端是用来表示特殊值的。

◆ 在尾数域中，单精度数的尾数域为 23 位，双精度为 52 位。IEEE 标准规定，尾数的小数点左侧必须为 1，即该位是默认的，并不需要存储。因此，单精度数的实际尾数是 24 位，双精度数的实际尾数是 53 位。

**学习笔记** 浮点数尾数的小数点左侧必须为 1，该位无须存储。

如图 4-19 所示，通过强制类型转换函数把 5.75 转换成 HEX 形式字符串，然后再转换成二进制形式。第 1 位是符号位，0 表示正数，紧接着的 11 位为指数位。指数位的值是 1025，减去偏差值 1023，则指数为 2。尾数位加上隐含位，则尾数部分用二进制表示为 1.0111。

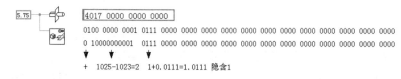

图 4-22  浮点数的内存映射

计算方法如下：

$101.11 = 1×2^2 + 0×2^1 + 1×2^0 + 1×2^{-1} + 1×2^{-2} \rightarrow 5.75 = 4 + 1 + 0.5 + 0.25$

如果采用十进制计算方法，则数值=尾数×2^指数。在图 4-19 中，尾数 1.0111 被转换成十进制数为 1.4375（1+0.25+0.125+0.625=1.4375），指数为 2。通过"尾数与指数"函数可以直接求浮点数的尾数和指数，如图 4-23 所示，通过函数求取的尾数和指数与上述分析的结果是相同的。

#### 4. 特殊浮点数常量

LabVIEW 中有几个特殊的双精度常量：NaN、正无穷大（$+\infty$）和负无穷大（$-\infty$），如图 4-24 所示。它们就是利用指数和尾数的特殊值表示的，通过"强制类型转换"函数，我们可以分析出这些特殊的双精度数在内存中是如何表示的，分析结果如图 4-24 所示。

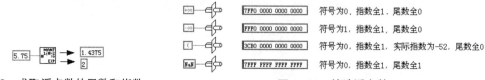

图 4-23  求取浮点数的尾数和指数

图 4-24  特殊浮点数

NaN 表示无意义的双精度数，比如 0/0 的结果为 NaN。在 LabVIEW 的各类图形显示控件中，NaN 是不显示的。但实际上它也是特殊的数，也可以参与运算，使用它可以实现许多特殊效果。

#### 5. 浮点数与十六进制字符串的相互转换

在通信中经常采用十六进制字符串方式表示浮点数，通过"强制类型转换"函数和"从字符串还原"函数，可以把接收的字符串转换成具体的数，如图 4-25 所示。

### 6. 扩展浮点数

LabVIEW 还提供了精度更高的扩展浮点数，但是一般不建议使用它。原因有两点：一是它占用空间比较大；二是它依赖于操作系统，在不同的操作系统下其表示方式不同。图 4-26 说明了在不同操作系统下，扩展浮点数的不同表示方法。

**学习笔记** 扩展浮点数依赖于操作系统，一般不建议使用。

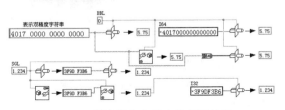

图 4-25　浮点数和字符串的相互转换

图 4-26　不同操作系统中的扩展浮点数

## 4.3.2　复数的类型转换及内存映射

同浮点数的分类类似，LabVIEW 提供了 3 种不同类型的复数，分别为单精度复数、双精度复数和扩展精度复数。

复数的内存映射方式和浮点数是类似的。比如双精度复数，它是用两个连续的复数表示的。参照图 4-27，容易发现双精度复数是用两个连续的双精度数表示的。

**学习笔记** 双精度复数的实部和虚部是连续存储的。

同理，两个双精度浮点数可以通过多种方式构造为双精度复数。复数和极坐标是密不可分的，因此 LabVIEW 也提供了几个基本的复数和极坐标相互转换的函数。图 4-28 演示了复数和极坐标的几种转换方法，其中也包括了强制类型转换方法。

图 4-27　复数的内存映射关系

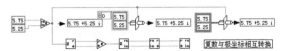

图 4-28　将两个双精度数构造成复数

## 4.3.3　时间标识的类型转换与内存映射

如图 4-29 所示，时间标识是 LabVIEW 新增的数据类型，早期 LabVIEW 版本中不存在此类型。它实际是 4 个 I32 数据组成的簇，共计 128 位，16 字节。

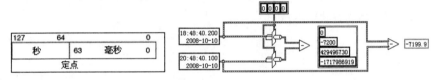

图 4-29　时间标识

时间标识中前两个整数（64 位二进制形式）表示自 1904 年 1 月 1 日凌晨以来无时区影响的所有秒数。后两个整数（64 位二进制形式）则代表了毫秒数。

如果按中国时区（北京时间）计算，0 秒的起始点是 1904 年 1 月 1 日 08∶00∶00。

## 4.4 复合数据类型

复合数据类型包括数组、簇、字符串和路径等。它们的内存映射非常复杂，特别是字符串、数组以及包含数组和字符串的簇。

复合数据类型都是可变长度数据类型。LabVIEW 以句柄的方式保存数据。句柄就是指向指针的指针。字符串和数组占据一段连续存储区域，这个区域的首地址被记录在句柄中。因此，LabVIEW 对于数组或者字符串，都是通过句柄找到对应的地址，然后才进行操作的。

**学习笔记** 句柄是指针的指针，句柄存储的是指针，其存储的指针指向字符串或者数组。

### 4.4.1 标量数组的内存映射

在前面的章节中，我们使用到了大量数组，并详细探讨了数组和循环的关系。现在我们研究数组是如何存储的，也就是数组在内存中的存储机制。字符串数组和簇数组的内存映射关系极其复杂，在 CIN 和 CLN 编程的相关章节再对它们详细探讨。

#### 1. 一维标量数组的内存映射

下面要研究的数组是由标量构成的数组，首先看一下一维数组与内存的映射关系。在内存中一维标量数组占据一段连续的存储空间，前 4 字节代表一个 I32 数据，用来表示数组的长度，之后的内存空间用来存储数组中的元素。

**学习笔记** 一维数组前 4 字节（I32 数据）用来表示数组的长度。

LabVIEW 中的数组与 C 语言中的数组明显不同，C 语言中的数组本身不包含长度，而 LabVIEW 中的数组存储了数组的长度，因此很容易就能计算出它实际占用的空间。

从图 4-30 所示的一维数组内存映射图可以发现，使用"强制类型转换"函数得到的结果中并未包括数组长度 5，它是根据字符串长度和数据类型自动计算出来的。而"平化至字符串"函数的"预置数组长度"端子未连接，其默认为 TRUE，即包括数组长度。可以看出数组平化后的字符串中，前 4 字节（0000 0005）表明数组长度为 5。

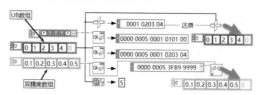

图 4-30　一维数组的内存映射

#### 2. 多维数组的内存映射

多维数组中每一维的长度都需要 4 字节来表示，所以额外需要 DIM×4 字节的空间。如图 4-31 所示，三维数组的各维长度分别为 3、2、3，平化后的字符串前 12 字节指明了三维数组的长度。图 4-32 所示为多维数组内存映射示意图。

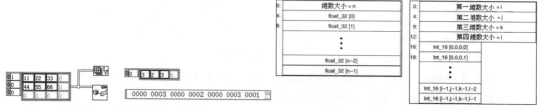

图 4-31　三维数组的内存映射　　　　图 4-32　多维数组内存映射示意图

**学习笔记**　多维数组前 *N*\*4 字节用来表示各个维的长度，*N* 表示数组的维数。

### 4.4.2　字符串、路径和字符串数组的内存映射

在任何编程语言中，灵活多变的字符串都是难点之一，在 LabVIEW 中也不例外。

#### 1. 字符串的内存映射

LabVIEW 提供了大量的字符串函数，其中很多函数包含对字符串格式的处理。要想正确地使用字符串，首先必须了解其内存映射的规则。字符串的内存映射如图 4-33 所示。07 表示总共 7 个字符，41 为字符 A 的 ASCII 码，BCDEFG 依次类推。从字符串内存映射示意图中，可以看出字符串与 U8 数组的内存映射完全相同。所以字符串和 U8 数组之间，可以直接进行强制类型转换。

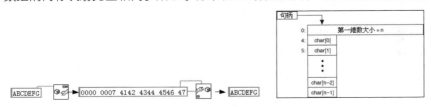

图 4-33　字符串内存映射示意图

**学习笔记**　字符串和 U8 一维数组在内存中的存储方式相同，因此它们之间可以进行强制类型转换，如图 4-34 所示。

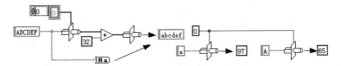

图 4-34　将大写字符串转换成小写字符串、字符与 ASCII 之间的相互转换

通过强制类型转换，将字符串转换为 U8 数组。我们知道小写字符与大写字符 ASCII 差值为 32。将转换后的 U8 数组中的元素加上 32，然后再强制转换为字符串，这样就实现了字符串的大小写转换。LabVIEW 没有直接提供字符与 ASCII 码之间的相互转换函数，但可以使用强制类型转换函数或者转换为 U8 数组来实现转换。

#### 2. 路径的内存映射

路径是一种特殊的数据类型，和字符串非常相似，但是它们的内存映射是不同的。在内存中存储字符串时，至少要用 4 字节来表示字符串的长度。但是路径不同，LabVIEW 在内存中保存路径时并未包括路径的长度值，路径的总长度就是它在内存中占的实际空间大小。因此，对路径无法使用"强制类型转换"函数。

使用"平化至字符串"函数平化字符串时，平化后的字符串在内存中的存储方式不变。路径则不同，路径类型数据被平化后前面会自动添加 8 字节，这 8 字节具有特殊含义。如图 4-35 所示，路径被平化后前 4 字节 5054 4830 是 PTH0 对应的 ASCII 码，后 4 字节用来表示路径的长度。

接下来 2 字节用来表示路径类型，0 代表绝对路径，1 代表相对路径。F:\a\bb\c.txt 被分成 4 个部分，分别为 F、a、bb、c.txt。每一个部分以一个 Pascal 字符串（P-string）来表示，Pascal 字符串的首个字节表示字符串的长度，但该长度不把这个字节本身计算在内。

在常规语言中不存在路径数据类型，通常用特殊的字符串表示路径，因此字符串和路径经常需要相互转换。根据 LabVIEW 路径规范，我们可以进行路径和字符串的相互转换。但由于编程实

现非常复杂，因此 LabVIEW 专门提供了一组函数。"路径/数组/字符串转换"函数选板包括 6 个函数，如图 4-36 所示。

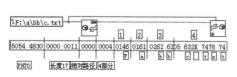

图 4-35  路径的内存映射示意图

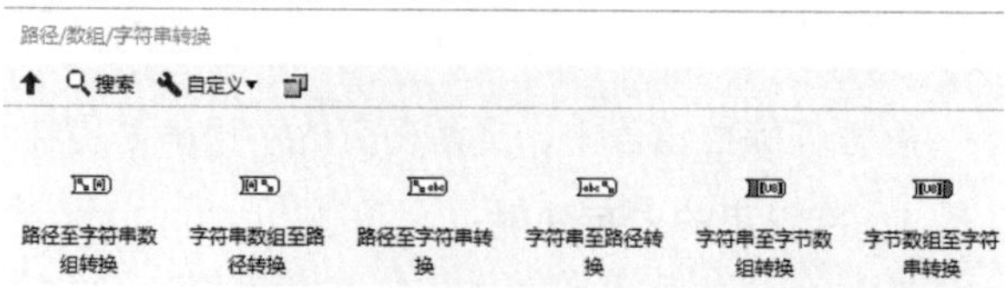

图 4-36  "路径/数组/字符串转换"函数选板

其中"字符串至字节数组转换"函数和"字节数组至字符串转换"函数在"数值转换"函数选板中也存在，它们是完全相同的。图 4-37 演示了将路径转换成字符串和字符串数组的方法，以及将字符串和字符串数组转换为路径的方法。

### 3. 字符串数组的内存映射

LabVIEW 的字符串是连续存储的，其等同于 U8 数组，即为字节的数组。但是字符串数组却不是连续存储的，每个字符串都占据相对独立的内存空间。字符串数组中实际保存的是每个字符串的句柄，每个句柄指向各自的字符串。

字符串数组被平化后元素是连续存储的，存储的方式和普通数组类似。如图 4-38 所示，一维字符串数组包含 3 个字符串元素。在平化后的字符串中，前 4 字节 0000 0003 表示一维字符串数组的长度，即字符串数组包含 3 个字符串。接下来是每个平化后的字符串。

图 4-37  字符串与路径相互转换

图 4-38  平化字符串数组

字符串数组所占的实际空间包括两部分：指向各个字符串的指针所占的空间和字符串本身所占的空间。

**学习笔记**  对于庞大的字符串数组，句柄占用的空间也需要考虑。

### 4.4.3  LabVIEW 使用的编码

LabVIEW 为了支持多个系统平台，没有采用 Windows 操作系统中常用的 Unicode 编码（也就是 UTF-16 编码），而是采用 MBCS 编码系统。因此，要进行发送汉字信息等类似的通信时需要首先获取 Unicode 编码。获取 Unicode 编码可以通过两个 API 函数实现，如图 4-39 所示。

LabVIEW 提供了获取 Unicode 编码的 VI，不过未列入文档。此 VI 存储的位置如下（假设 LabVIEW 安装在 C 盘）：

C:\Program Files\National Instruments\LabVIEW8.5\vi.lib\register\registry.llb，STR_ASCII-UNICODE.VI。

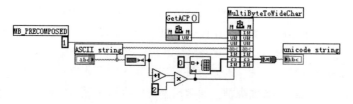

图 4-39  获取 Unicode 编码

## 4.5  簇的内存映射

由标量组成的簇是非常简单的，LabVIEW 采用 1 字节对齐方式，所以簇元素是连续存储的。以标量作为元素的簇，可以直接使用"强制类型转换"函数转换。包含字符串或者数组的簇其元素并不是连续存储的，这类簇中实际包含的是指向字符串或者数组的句柄。

### 4.5.1  由标量组成的簇

如图 4-40 所示的簇包含 3 个标量元素，其类型分别为：布尔、U16 和 DBL。由于这类簇的元素是连续存储的，因此该簇共占用 8+16+64=88 位，即 11 字节空间。其中布尔型占 1 字节，U16 型占 2 字节，DBL 型占 8 字节，如图 4-40 所示。

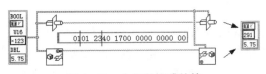

图 4-40  由标量组成的簇

> **学习笔记**  由标量组成的簇其元素是连续存储的，可以直接对其进行强制类型转换。

### 4.5.2  包含数组和字符串的簇

由标量组成的簇，其簇元素按照数据类型和内部次序连续存储，但是包含数组的簇则不同。如果簇中的元素为数组或者字符串，则簇中存储的并非数组和字符串本身，而是指向数组或字符串的句柄。一般的句柄是 32 位整数数据类型，占 4 字节。因此，包含复合数据类型的簇，其元素不是连续存储的，平化后的簇与原来的簇的内存映射不同。

> **学习笔记**  包含数组的簇，其中存储的是指向数组的句柄，无法使用"强制类型转换"函数转换。

如图 4-41 所示的簇包括 3 个元素,其中前两个元素是 U8 型数据,第三个元素为 U8 型数组,这类似于波形数据的构成方式。

包含数组的簇，平化为字符串后，离散的数据将被存储在一起。数组元素紧接着两个 U8 数据存放，包括数组的长度，如图 4-41 所示。

在平化后的字符串中，0102 两个字节表示 2 个 U8 型数据，值分别为 01 和 02。4 字节 0000 0003 表示 U8 数组的长度，即长度为 03。0001 02 表示 U8 数组中包含的 3 个元素，分别是 00、01 和 02。

使用"从字符串还原平化数据"函数时必须指定数据类型，否则无法解析平化后的数据。在图 4-41 中，"从字符串还原平化数据"函数指定了簇数据类型。在图 4-41 所示的例子中，根据指定的数据类型，LabVIEW 可以确定前两个字节是 U8 标量数据，接下来是 U8 数组长度及其数据。因此，LabVIEW 在分配了两个字节的 U8 数据后，同时为 U8 数组分配了空间。另外，要注意分配的 U8 数组的空间是独立的，LabVIEW 在两个 U8 数据之后再分配 4 字节，用于存储 U8 数组的句柄。

包含字符串的簇和包含 U8 数组的簇，二者的内存分配基本是相似的。如图 4-42 所示的簇包括一个布尔量和一个字符串，平化字符串后布尔量和字符串是连续存储的。如图 4-42 所示，平化后的字符串首个字节 01 表示布尔值为真，接下来的 00 0000 03 总计 4 字节，表示字符串包括 3

个字符，其后分别是 A、B、C 的 ASCII 码。

图 4-41　包含一维数组的簇

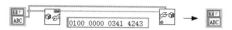

图 4-42　包含布尔量和字符串的簇

## 4.6　类型描述符

　　LabVIEW 是数据流驱动的，数据流是通过连线实现的，因此，连线就是数据。不同颜色、粗细的线代表不同的数据类型。很多 LabVIEW 函数都是多态的，会自动根据连线的数据类型，调用相应类型的 VI。更为奇妙的是，对于每个函数或者连线，LabVIEW 都可以自动创建对应类型的输入控件、显示控件和常量。

　　LabVIEW 具有超强的适应数据类型的能力，非常智能化。本章我们已经讨论了数据在内存中的存储方式，但并未介绍具体的控件。我们知道，作为数据的载体，同样的一个数值控件可以携带 U8、U16、SGL 或者 DBL 等类型数据。类型一旦确定，控件与其代表的数据就有了一一对应的关系。

　　LabVIEW 的这种魔力是通过类型描述符实现的，下面就详细介绍如何使用类型描述符。

**学习笔记**　类型描述符是一种数据结构，用来描述控件的标签及其代表的数据类型。

### 4.6.1　类型描述符的基本构成要素

　　利用"变体至平化字符串"函数可以获取控件的类型描述符，如图 4-43 所示，这里详细分析了布尔量、U8 数据类型描述符的基本结构。类型描述符返回的是 I16 型数组，每个元素都是一个字，即两个字节。

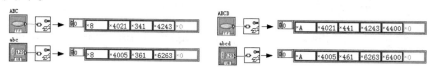

图 4-43　类型描述符的基本结构

　　在类型描述符中，第一个字表示该类型描述符的大小（以字节为单位），该值包括字本身所占用的 2 字节。在图 4-43 中，对于布尔控件 ABC 和数值控件 abc，它们的类型描述符的长度都是 8 字节。I16 型数组包含 4 个元素，所以总计 4 个字，共 8 字节。

　　类型描述符的第二个字为类型代码。LabVIEW 保留类型代码的高位字节供内部使用。比较两个类型描述符是否相同时，应忽略高位字节。即使两个类型代码的高位字节不同，但如果低位相同，两个类型描述符也是相同的。

　　在图 4-43 中，布尔控件的类型码是 0x21，U8 控件的类型码是 0x05，紧随其后的是 Pascal 字符串，包括长度和字符串内容。左列 Pascal 字符串的长度是 3，表示其后有 3 个字符。414243 是 ABC 的 ASCII 编码，616263 是 abc 的 ASCII 编码。

　　右列与左列唯一的区别是控件的标签变成了 4 个字符，相应的 Pascal 字符串长度为 4。后面分别是 ABCD 和 abcd 的 ASCII 码，特别要注意，类型描述符是连续存储的，所以最后一个字用 0 填充。

### 4.6.2　常用类型描述符列表

　　如表 4-1 所示。

表 4-1 常用类型描述符列表

| 数据类型 | 类型代码（十六进制） | 类型描述符（十六进制） |
|---|---|---|
| 8位二进制整数 | 01 | 0004 xx01 |
| 16位二进制整数 | 02 | 0004 xx02 |
| 32位二进制整数 | 03 | 0004 xx03 |
| 64位二进制整数 | 04 | 0004 xx04 |
| 无符号8位整型 | 05 | 0004 xx05 |
| 无符号16位整型 | 06 | 0004 xx06 |
| 无符号32位整型 | 07 | 0004 xx07 |
| 无符号64位整型 | 08 | 0004 xx08 |
| 单精度浮点数 | 09 | 0004 xx09 |
| 双精度浮点数 | 0A | 0004 xx0A |
| 扩展精度浮点数 | 0B | 0004 xx0B |
| 单精度浮点复数 | 0C | 0004 xx0C |
| 双精度浮点复数 | 0D | 0004 xx0D |
| 扩展精度浮点复数 | 0E | 0004 xx0E |
| 枚举8位二进制整数 | 15 | \<nn\> xx15 \<k\> \<k pstrs\> |
| 枚举16位二进制整数 | 16 | \<nn\> xx16 \<k\> \<k pstrs\> |
| 枚举32位二进制整数 | 17 | \<nn\> xx17 \<k\> \<k pstrs\> |
| 布尔型 | 21 | 0004 xx21 |
| 字符串 | 30 | 0008 xx30 \<dim\> |
| 路径 | 32 | 0008 xx32 \<dim\> |
| 图片 | 33 | 0008 xx33 \<dim\> |
| 数组 | 40 | \<nn\> xx40 \<k\> \<k个dim\> \<k个元素\> \<元素类型描述符\> |
| 簇 | 50 | \<nn\> xx50 \<k\> \<k个成员\> \<k个元素类型描述符\> |
| 波形数据 | 54 | \<nn\> xx54 \<波形类型\> \<元素类型描述符\> |
| 引用句柄 | 70 | \<nn\> \<应用句柄类型代码\>\<特定类型代码信息\> |
| 变体 | 53 | \<nn\> xx53 |

### 4.6.3 常见数据类型的类型描述符结构

　　包含标量的控件，其类型描述符结构非常清晰，容易分析，但是复合数据类型控件的类型描述符则非常复杂。字符串和数组的主要特征是，它们的长度是变化的，类型描述符用 FFFFFFFF（-1）来表示其为可变长度数据。

**学习笔记** 类型描述符用两个字 FFFFFFFF（-1）来表示其为可变长度数据。

#### 1. 枚举类型的描述符

　　8 位二进制数枚举控件的类型码是 0x15，其后 0x03 表示枚举控件包括 3 个项目，接下来是每个项目标签的 Pascal 字符串，最后是枚举控件标签的 Pascal 字符串，如图 4-44 所示。

图 4-44 枚举控件的类型描述符

### 2. 字符串与路径的类型描述符

字符串的类型码是 0X30，后面附加两个字 FFFFFFFF（-1）表示数据的长度是可变的；最后是 Pascal 字符串，表示控件的标签。字符串的类型描述符除了附加-1，其他的结构与标量的类型描述符是相同的，如图 4-45 所示。

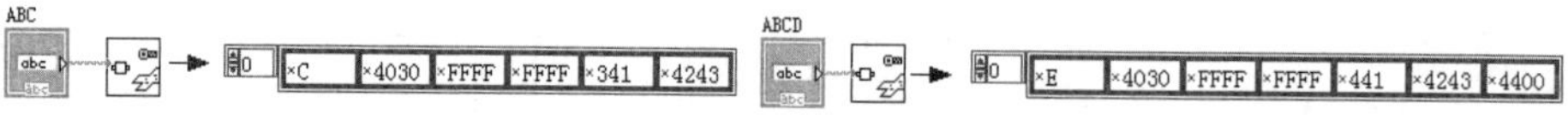

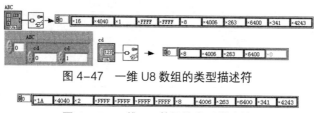

图 4-45　字符串类型描述符

路径的类型描述符除了类型码与字符串不同，其他表示方式与字符串完全相同，如图 4-46 所示。

图 4-46　路径类型描述符

### 3. 一维数组和二维数组的类型描述符

数组的类型码是 0x40，类型码后的字代表数组的维数，接着是数组各维大小。由于长度可变，因此每一维的长度都是 FFFFFFFF。然后是数组包含元素的完整类型描述符，最后是数组标签的 Pascal 字符串。

因为数组的类型描述符中包含了各元素的完整类型描述符，所以完全可以通过数组的类型描述符来确定元素的所有信息。如图 4-47 和图 4-48 所示，由于数组控件中所有元素的类型、标签都是完全相同的，因此数组控件只需要一个元素的类型描述符即可。

图 4-47　一维 U8 数组的类型描述符

图 4-48　二维 U8 数组的类型描述符

### 4. 簇的类型描述符

簇的类型码是 0x50，接下来的字表示簇控件所包含元素的数量。如图 4-49 所示，簇中包括 3 个元素，类型分别是布尔、U8 和 DBL。在元素数量之后是这 3 个元素的类型描述符，最后为簇的标签 Pascal 字符串。

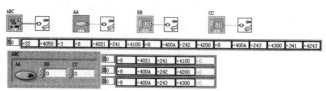

图 4-49　簇类型描述符

## 4.7　OpenG 中有关类型描述符的函数

OpenG 是全世界的 LabVIEW 爱好者在 LabVIEW 原有函数的基础上精心设计的一整套实用函数。它的源代码是完全开放的，里面集中了大量的 LabVIEW 的设计技巧。仔细跟踪它们的设计过程，可以极大地提高 LabVIEW 的设计水平。OpenG 中的函数可以直接应用到我们的程序设计中。

OpenG 是完全免费的，新版本中集成了 VIPM 软件，通过 VIPM 软件，可以自动安装包括 OpenG 在内的第三方工具。安装 OpenG 后，其函数选板就出现在 LabVIEW 的函数选板中。

前面介绍了类型描述符，似乎它只是 LabVIEW 内部描述控件的一种方式。实际上类型描述符很有用，因此 OpenG 中也提供了大量与类型描述符有关的函数。

### 4.7.1　类型描述符函数

OpenG 专门提供了类型描述符函数（Type DesCriptor）选板，其中包括众多与类型描述符相关的函数，如图 4-50 所示。

控件的类型描述符包括长度、类型码和标签等属性。在 OpenG 中，把类型描述符的前三个字定义为类型描述符头（Header），如图 4-51 所示。

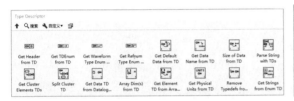

图 4-50　OpenG 的类型描述符函数选板

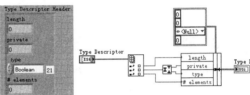

图 4-51　类型描述符头

OpenG 专门定义了一个自定义簇，用来描述类型描述符头信息，如图 4-52 所示，其中包括类型描述符长度、LabVIEW 保留字节、类型描述符元素数量等。获取类型描述符的头部信息，是使用类型描述符时的最基本操作。

另一个基本的函数是获取控件类型的函数，调用方法如图 4-53 所示。通过类型描述符，我们自己也很容易获取控件的类型信息。控件类型描述符的第二个字的低位字节为类型码，提取类型码就可以获取控件的类型信息。

图 4-52　通过控件获取类型描述符头　　　　　　图 4-53　获取控件类型信息

通过类型描述符，可以获取控件标签名，也可以获取数组的维数、数组中包含元素的类型描述符、元素的类型、元素标签名和元素所占字节数，等等。如图 4-54 所示，分别调用控件名函数、数组维数函数、数组元素类型描述符函数和占字节函数。

簇是由许多元素组成的，簇的类型描述符中包含了簇中所有元素的类型描述符。因此，通过簇的类型描述符，可以得到它所包含的所有元素的类型、标签和所占空间等信息。

如图 4-55 所示，OpenG 提供了把簇元素的类型描述符转换成类型描述符数组的函数，并提供了专门处理簇的函数选板。

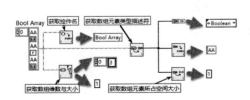

图 4-54　获取数组及数组包含元素的信息

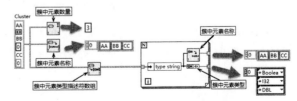

图 4-55　获取簇的类型描述符数组

类型描述符函数是实现其他复杂功能的基础，OpenG 提供了很多非常有用的类型描述符函数。

### 4.7.2 利用类型描述符处理枚举型数据

OpenG 为枚举数据类型专门提供了两个函数："获取枚举字符串"函数和"设置枚举字符串"函数。函数的使用方法如图 4-56 所示。"获取枚举字符串"函数能够获取枚举控件的标签名、枚举条目的字符串数组、枚举控件的当前条目字符串。

图 4-56　获取枚举字符串

图 4-56 也演示了实现同样功能的常规方法。通过控件的属性节点和格式化字符串函数，也可以实现同样的功能。但是属性节点无法操作常量，而 OpenG 提供的函数可以操作常量。

### 4.7.3 利用类型描述符处理簇

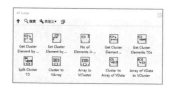

图 4-57　变体簇函数选板

如图 4-57 所示，OpenG 专门提供了变体簇函数选板。变体簇函数选板中的函数通过类型描述符可以实现许多功能，下面简单介绍一下。

**1. 获取和设置簇元素**

获取和设置簇元素函数的使用方法，如图 4-58 所示。簇中包含的元素具有独立的标签，因此可以通过标签查找到特定的元素，也可以通过标签来设置簇元素的值。如图 4-58 所示通过标签名 type 获取了簇中的枚举控件，同样通过标签名 type 更新了簇中枚举元素的值。

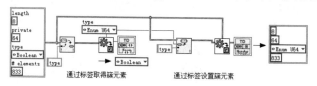

图 4-58　获取和设置簇元素

**2. 获取簇元素的数量和簇元素标签数组**

"获取簇元素的数量"函数和"获取簇元素标签数组"函数，使用方法如图 4-59 所示。图 4-59 中也演示了实现同样功能的常规方法，OpenG 函数是利用类型描述符实现的，常规方法是利用簇的属性节点实现的。

图 4-59　获取簇元素名和元素标签

OpenG 中包括了大量的函数，每个函数都公开了源代码。这是一个巨大的资源宝库，集中了众多 LabVIEW 爱好者的智慧，应该详细分析，认真体会。熟练掌握 OpenG，肯定会极大地提高我们的编程水平。

## 4.8 几种常用的内存分析工具和方法

LabVIEW 是易于使用的，但是绝不代表它是简单的。21 天学会 VB、两小时学会 LabVIEW 之类的说法，其实是在误导我们。不管使用何种语言编程都是复杂而艰辛的，甚至可以称为艺术创作，绝非数日就能掌握的。

　　说 LabVIEW "简单"，原因在于 LabVIEW 屏蔽了很多的细节，而 C 语言恰恰相反。从事过单片机编程的工程师们都了解内存的重要性，一旦硬件设计完成，RAM 空间的大小已经不可改变了。内存使用是否高效，直接关系到设计的成败，因为我们没有办法增加 RAM 的大小，除非更改硬件设计。

## 4.8.1　内存的重要性

　　计算机技术发展到现在，内存的大小似乎不如过去那么重要了，我们可以很容易将其扩充到几个 GB。编程者因此不再局限于狭小的内存空间。但是内存空间的扩充也导致了其他问题的出现，那就是程序运行效率低下，运行速度降低。

　　运行效率低下，对于以控制和测试为主的 LabVIEW 程序而言是致命的。如果一个程序已经接近完成，却无法实现预定的功能，那就可能要推翻原来的设计，失败的原因可能就在于忽视了内存优化。

　　目前，除了汇编语言，对内存使用得最灵活的要算 C 语言了。因此，C 语言通常被称作中级语言，而不是高级语言。这绝不是说它的能力低，所谓中级语言，是指它与硬件的关系较紧密。关系越紧密，控制能力越强，当然编程难度越大。

　　C 语言允许编程者申请内存，再分配内存和释放内存，这为编程者提供极大方便的同时，也造成了非常多的隐患。例如，C 程序运行中的许多莫名其妙的错误都和内存泄漏有关。程序可能连续运行几个小时没有任何问题，但突然就发生错误。在一个比较复杂的程序中，追踪内存泄漏非常困难，经常要借用第三方的专门的内存分析工具。

　　C 程序中与内存相关的错误多是起因于下面两种情况。

### 1. 数组越界

　　数组越界是 C 语言编程中的常见错误，根本原因是使用了未事先分配的内存空间，如下面的代码所示。

```
int Array[10];                    //系统自动分配 10*4B 的空间
for(int i=0;i<100;i++) Array[i]=i; //写入前 10 个元素时没有问题，超过 10 个，
                                  //程序就会继续向与 Array 连续的内存空间写数据
```

　　如果该内存空间未被使用，就没有致命问题。如果这段内存空间被系统或者其他应用程序占用，那错误地写入可能会导致系统崩溃，这种情况系统通常提示发生意外错误。比较高级的操作系统一般不会崩溃，会提示内存读写错误，应用程序会退出。

### 2. 分配的内存没有释放（内存泄漏）

　　内存泄漏是令人头疼的问题，原因在于程序开始运行时不会出现问题，随着运行时间的增加，当内存空间不足时，才会出现错误。因此，很难排除这种错误。内存泄漏的原因在于申请了空间但是没有释放，因此操作系统无法再利用这段内存空间，导致可用内存越来越小。

　　下面的代码功能是申请空间、利用空间和释放空间，这是 C 语言中的常见操作。

```
int *p;                          //定义整型指针
p=(int *)malloc(100*sizeof(int)); //申请 100*4B 的内存
if(p==NULL)                      //系统无法分配,退出程序
{ return (erro); }
free(p);                         //释放申请的内存空间。如果没有这条语句,重复调用这段程序,
                                 //将导致占用的内存空间越来越多
```

在使用 LabVIEW 编程时，很少看到有关内存的问题，甚至变量都只是在特殊情况下才能看到。数据流编程模式屏蔽了内存管理过程，内存的申请、重新分配、释放都在后台自动进行。因此在 C 语言中经常出现的问题在 LabVIEW 中都不存在了。但我们也失去了对内存的控制权。我们能做的是深入了解 LabVIEW 内存管理的特点，尽可能地按照 LabVIEW 的模式，提高内存的使用效率，提高 VI 的运行速度。

## 4.8.2 内存和性能查看工具

如果想有效利用内存，首先必须了解如何查看 VI 占用的内存。查看的方法有几种，下面分别详细介绍。

### 1. 使用"关于"对话框查看 LabVIEW 总内存

如图 4-60 所示，在"关于"对话框上查看 LabVIEW 使用内存情况。

内存分配：20195K
TCP服务器在端口3363处于活动状态
版本8.5.1

图 4-60 "关于"对话框

"关于"对话框中提供了一些重要的信息，如 LabVIEW 中已经安装的重要组件，LabVIEW 当前使用的总内存及版本号等。记录当前占用内存情况，编辑 VI 后再次查看这个值，就可以大概确定 VI 占用的内存情况。

### 2. 使用 VI 属性对话框查看 VI 内存

使用快捷键 Ctrl+I 打开 VI 属性对话框，如图 4-61 所示。在 VI 属性对话框中，可以查看 VI 前面板、程序框图、代码空间、数据空间、总的内存和所占磁盘空间大小等信息。

### 3. 使用性能工具查看

在 LabVIEW 的"工具"→"性能分析"菜单中，可以打开 3 个非常有用的工具，分别是"性能和内存信息"、"显示缓冲区分配"和"VI 统计"。

如图 4-62 所示，在"性能和内存信息"窗口中，可以查看 VI 运行时间、运行次数、平均运行时间、最长最短运行时间等信息。

图 4-62 "性能和内存信息"窗口

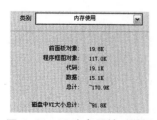

图 4-61 VI 内存属性对话框

如图 4-63 所示，在"显示缓冲区分配"窗口中，可以查看程序框图中分配缓冲区的位置，该窗口还可显示数组、簇、字符串、路径、标量等信息。

如图 4-64 所示，在"VI 统计"窗口中，显示了 VI 包含的全部节点、结构，程序框图包含的节点数量、局部和全局变量的数量等信息。

图 4-63  "显示缓冲区分配"对话框

图 4-64  "VI 统计"窗口

### 4.8.3  VI 使用的内存

我们经常提及的内存指的是物理内存，通常称作 RAM。内存的大小是选配计算机时的一个关键指标。RAM 的空间是很有限的，因此，操作系统借用硬盘的一部分作为虚拟内存使用。操作系统会把不重要的数据暂时移入虚拟内存，需要的时候再从虚拟内存移入物理内存。显而易见，虚拟内存的速度远低于 RAM 的速度。办公软件等常规软件使用虚拟内存对性能影响不大。而让实时控制软件使用虚拟内存，则是不可取的。因此，在 LabVIEW 编程中要经常关注内存的使用情况，尽量避免使用内存过多。

LabVIEW 的内存管理器负责内存的分配、释放工作。虽然我们无法干预内存管理器的工作，但是如果我们了解它的基本特点，养成良好的编程习惯，就可以有效地提高内存的使用效率。图 4-65 所示为 VI 所占的内存空间示意图，灰色部分表示必须分配的内存空间，白色部分（箭头所示）表示可以不分配的内存空间。

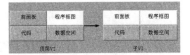

图 4-65  VI 内存空间示意图

**学习笔记**  VI 内存空间分为前面板空间、程序框图空间、代码空间和数据空间。良好的编程习惯是高效使用内存的最好方法。

前面板和程序框图占用了 VI 内存的主要部分。前面板要占据一定的内存空间，对于 Windows 操作系统来说，前面板是常规的窗口。前面板有自己的窗口句柄，前面板占据内存空间的多少与界面的复杂程度有很大关系。

**学习笔记**  简洁的前面板设计有利于提高内存使用效率。

程序框图占据的内存空间比较难理解。如图 4-65 所示，如果不打开程序框图窗口，就不将程序框图载入内存，而且生成执行文件后，也不可能再显示程序框图。如果不打开前面板和程序框图，则调用子 VI 时，子 VI 的前面板和程序框图都不加载。甚至可以通过设置，清除程序框图，这丝毫不影响 VI 的运行。因此，程序框图所占内存空间指的是程序框图本身窗口及其显示部分所占的内存空间。

**学习笔记**  不打开子 VI，则子 VI 的前面板和程序框图不载入内存。

因为 VI 是 LabVIEW 独立的可执行单元，VI 是自动编译的，所以 VI 中存储了程序编译后形成的机器码。机器码对应的内存空间就是图 4-65 中所示的代码空间。

前面板主要是由输入控件（control）和显示控件（indicator）组成的，当然也包括装饰等内容。每个输入控件和显示控件内部都包含数值。未修改数据之前，它们使用默认值。在编辑状态

下，我们可以随意更改输入控件和显示控件的值。只要程序不运行，
显示控件中没有新的数据流到来，它就始终保持原来的值不变。输
入控件和显示控件内部的数据称为操作数据，因为只有通过具体操
作才能改变它的值。程序框图中的数据（数据流）称为执行数据，
因为只有 VI 运行时它才起作用，可以将其理解成连线上的数据，
如图 4-66 所示。VI 的执行数据和操作数据，以及默认值和常量数据所占的空间称为数据空间。

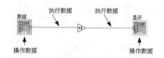

图 4-66　操作数据与执行数据

一般来说，数据空间占据的内存是最大的，因此需要重点考虑。

**学习笔记** LabVIEW 中的代码空间和数据空间是自动被加载到内存的。

不显示的子 VI 是不存在操作数据的，如果打开了子 VI 的前面板，则数据空间包含输入控件
和显示控件的操作数据。在下面几种情况下，数据空间包括操作数据：

◆　前面板打开。
◆　程序框图使用了属性节点，导致前面板被载入内存。
◆　局部变量读/写了输入控件或者显示控件。
◆　设置 VI 属性为"调用时打开"。

不需要显示的子 VI，一定要避免使用局部变量和属性节点，否则将导致前面板被载入内存，
同时数据空间也需要存储控件的默认值和操作值。

**学习笔记** 不需要显示的子 VI 不要使用属性节点和局部变量。

程序框图中的运行数据只有在程序框图显示的情况下才存在，当程序框图被编译为执行文件时
可以不考虑它们。顶层 VI 及静态调用的子 VI 代码空间在将顶层 VI 载入内存时一起分配并长期存
在。代码空间包含的是程序框图经编译形成的机器码，虽然子 VI 的代码空间一般比较小，但是当
存在几百个以上的子 VI 时，占用的内存就不能不考虑了。当我们执行主 VI 时，不管这段代码是
否有用，它都是一直存放在内存的。如果通过 VI 服务器动态调用子 VI，那么代码空间是否载入，
何时载入，就取决于编程者了。因此，使用动态调用的方法可以有效地节约内存。但是如果经常
重复动态调用子 VI，将影响运行速度，毕竟节约内存是以牺牲速度为代价的。

### 4.8.4　优化内存的一般注意事项

虽然 LabVIEW 的内存分配和释放完全由内存管理器自动执行，我们无法干预，但是在
LabVIEW 编程中，仍必须随时关注内存的使用情况。只要遵循一定的编程规则，就可以避免内存
滥用，高效使用内存。具体编程时必须注意如下事项。

**1. 避免不必要的控件默认值**

数组或者包含数组、常量字符串的簇以及簇数组等复合数据，尽量使用 LabVIEW 控件本身的
默认值，没有必要时，不要将当前值设置为默认值。如果设置控件默认值，则会导致 LabVIEW 不
得不在 VI 的数据空间中存储设定的默认值。例如，一个包含 400K 个元素的双精度数组，如果设
定当前值为默认值，由于双精度数用 8 字节表示，故需要额外的 400K×8B=3200 KB 空间保存设
定值。而使用 LabVIEW 自身的默认值，就不需要额外空间。

**学习笔记** 无必要时不要设置控件当前值为默认值。

**2. 有效利用数据缓存**

LabVIEW 是采用数据流方式编程的，自然需要有数据源和数据目的地。LabVIEW 使用数据缓

冲区来描述数据的流动，数据缓冲区通常简称缓存，实际上就是包含数据的一段内存区域。如果重复使用同一段内存区域，我们就称此为数据缓冲区重用或缓存重用。

LabVIEW 会自动判断输入数据的缓冲区，是否可以被重复利用，作为输出数据的缓冲区。也就是数据源的缓冲区，是否可以直接用作数据目的地的缓冲区。如果能够重复利用，内存管理器就不必再分配新的内存。这种智能选择可以极大地提高内存使用效率，减少内存的使用。

当然这种智能选择也不是万能的，有时 LabVIEW 自身的判断和我们设计初衷会不一致，良好的设计风格可以有效避免这个问题。

在"显示缓冲区分配"窗口中，可以查看 LabVIEW 分配内存的位置。在每个需要分配输出缓冲区的位置，会出现一个黑点，表示此处需要分配内存，如图 4-67 所示。

在图 4-67 中，左右两图实现的功能是类似的，但是左边程序框图在每个节点的输出端都重新分配了数据缓冲区，而右侧的框图仅分配了一次。内部黑点则表示，此处实现了输入/输出数据缓冲区的重用。

LabVIEW 对框图做出不同的解读的原因，可能在于数组是可变大小的。如果是子 VI，则输入控件到输出控件是一个完整的数据流动过程，因此，缓存重用是它的最佳选择和默认规则。而在左边的框图中人为地规定了数据源。LabVIEW 考虑这个数据源可能被多处使用。因此，它采用了最保守的方式，在每一处都开辟了新的输出数据缓冲区。

### 3. 移位寄存器是有效利用内存的最佳方法

移位寄存器是内存中的一段区域，"移位寄存器"这个名称本身就表明，这段内存是可以重复利用的。移位寄存器除了强大的迭代和保存数据的能力，其占有的内存空间也是可以重复利用的。通过移位寄存器，可以有效地实现缓存的重用，如图 4-68 所示，与图 4-67 相比，这里在执行连续加 1 操作的过程中，的确重用了缓存。

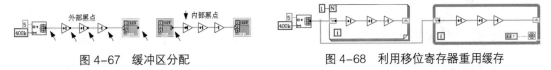

图 4-67　缓冲区分配　　　　　　　　　图 4-68　利用移位寄存器重用缓存

> **学习笔记**　移位寄存器可以实现数据缓冲区的重用。

### 4. 元素同地址操作结构

在应用程序控制选板中，LabVIEW 8.X 新增了一个结构——元素同地址操作结构（如图 4-69所示）。所谓同地址操作，类似于 C 语言的指针操作，因为操作的是同一地址，自然重用了内存空间。元素同地址操作结构允许多种输入。它有效地解决了缓存重用的问题，同时支持数组替换、簇解除捆绑和捆绑。使用这个结构，不仅可以高效使用内存，而且简化了程序框图。如图 4-69 所示，在 +1 和 -1 操作中，使用同地址操作结构，不需要分配新的缓冲区。图 4-67 则不同，在每个 +1 和 -1 操作前，都重新分配了缓冲区。

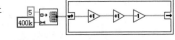

图 4-69　输入/输出同地址操作

> **学习笔记**　元素同地址操作结构可以操作数组、簇、波形数据和变体数据，实现缓存重用。

## 4.8.5　数组与内存优化

数组和字符串无疑是 LabVIEW 中最耗费内存的数据类型。信号处理是 LabVIEW 最为擅长的，而所谓信号处理，归根到底是数组的处理。同样，因为字符串可以被理解成字符的数组，所以是否正确使用数组直接影响程序的性能。

### 1. 创建数组的几种方法

如图 4-70 所示，可以通过多种方式创建数组，但是不同的方法在性能上有很大差别。这不仅仅体现在占用内存空间的大小上，频繁改变数组的长度会导致经常调用内存管理器，这也极大地影响程序的性能。

图 4-70　创建数组的 3 种方法

由于标量数组中的数据元素在内存中是连续存储的，因此数组的长度和数组所占的内存空间比较容易计算，总的空间等于元素的空间乘以数组长度。

第一种方法采用了 For 循环，For 循环的特点是循环次数固定，在循环开始的时候就已经确定数组的长度了。因此，使用 For 循环创建数组，只需要调用一次内存管理器来分配数组的空间。这是 LabVIEW 最常用的，也是最好的创建固定长度数组的方法。

第二种方法是初始化数组。一次性调用内存管理器，将数组的所有元素都初始化为 0，然后采用元素替代的方法，重新赋值。每一次替代使用的都是已经分配好的内存空间，所以内存空间是可以重用的并且是高效利用的。

第三种方法是用移位寄存器初始化一个空数组，即该数组只有数据类型，长度为 0。在循环中使用"创建数组"函数。循环每执行一次，就可能需要调用一次内存管理器，同时增加数组的长度。这是效率最低的一种编程方式，要尽量避免。

另外，在使用"创建数组"函数添加元素时，要优先选择在数组后面插入新的元素，在数组前面插入新的元素效率要低很多。

**学习笔记** 避免改变数组长度的操作，而采用一次性创建数组，然后替代数组元素的方法。

### 2. 无法预知长度的数组

在很多情况下由于无法预先知道数组的长度，因而无法使用循环的自动索引功能。编程时可以考虑采用分配内存块的方法。当数组空间不足的时候，分配一块内存空间。最后根据实际数据长度，对数组进行适当的裁剪。采用分配内存块的方法，可以极大地减少内存管理器的调用次数，从而提高程序的运行效率。分配内存块的方法如图 4-71 所示，每当替换到数组的最后一个元素时，增加 1KB 的空间。

图 4-71　为变长数组分配内存块

**学习笔记** 对于变长数组采用分配内存块的方式，可以减少调用内存管理器的次数。

频繁地改变数组的长度，还容易引起内存碎片和内存移动的问题。为数组和字符串申请内存时，需要为它们分配一段连续的内存空间，操作系统负责查找和分配可用空间。程序长时间运行后，随着不断地分配和释放内存，使得已使用内存空间和空闲内存空间混杂在一起。这就是所谓内存碎片的问题。当我们增加数组长度时，该数组附近的内存空间可能已经分配给其他应用程序了。操作系统不得不在一个新的位置分配内存，并复制原来内存空间的内容，所以要尽可能避免更改数组和字符串的长度。

### 3. 读、写数组时，数据缓冲区的区别

改变数组长度是影响内存使用效率的重要因素，改变数组元素，在有些情况下也会引起LabVIEW 重新分配数据缓冲区。如果对数组元素进行读操作（比如索引数组），则不会生成新的缓冲区，而写操作则不确定，同时进行读、写操作则更为复杂。通常情况下，当有多个并行写操作时，只有一个写操作可以重用数据输入缓冲区，其他写操作则必须为其生成新的缓冲区。

在图 4-72 中，程序框图由 3 部分构成，为不同部分分配缓冲区的方式是不同的。左边的程序框图因为执行索引操作，并不更改输入数组的值，所以未为其分配新的缓冲区。

中间部分的程序框图执行替换操作，所以必须生成新的缓冲区。原来的数组可以缓冲重用，所以生成两个新的缓冲区，位置如箭头所示。在箭头所示的函数中，出现了黑点，表示此处分配了新的缓冲区。

右边部分的程序框图执行一个索引操作和两个替换操作。LabVIEW 自动先执行了索引操作，然后重用一个缓冲区，新建一个缓冲区，这个流程体现了 LabVIEW 的智能化。

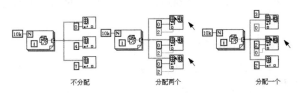

图 4-72　读、写数组时缓冲区的区别

**学习笔记** 对数组进行读操作不会生成新的缓冲区，对数组进行多次并行写操作时，只有一个缓冲区可以重用。

### 4. 数组的类型转换与内存优化

**学习笔记** 在操作大型数组时，应使用连贯的数据类型，避免数组发生类型转换。

在数组操作中，不同数据类型之间的转换可能耗费了大量内存，而我们却浑然不知，所以重要的设计原则是使用统一、连贯的数据类型。如果必须进行类型转换，那么要认真考虑转换的位置。

LabVIEW 中的类型转换分为显性类型转换和隐性类型转换。LabVIEW 在类型转换选板中，提供了很多类型转换函数。使用类型转换函数转换数据类型时，转换的位置和转换后的类型是由编程者确定的，因此称之为显性转换。

如果直接连接两个不同数据类型的控件和函数的输入端子，LabVIEW 会自动进行类型转换。在转换的位置会出现一个红色的点，表示该处发生了隐性类型转换。从性能上看，隐性类型转换的速度稍快些，不过显性类型转换可以让编程者自己确定转换的位置。

**学习笔记** 隐性类型转换的速度略快于显性类型转换。

如图 4-73 所示，在左边的程序框图中，双精度数组显示控件需要 80KB 的空间保存操作数据，For 循环需要 80 KB 的输出缓冲区，不存在类型转换的问题，总计需要 160 KB 的空间。

在一般编程语言中隐性转换的原则是，转换成精度更高的数据类型，所以在图 4-73 右边的框

图中，双精度数组要被转换成扩展精度数组，这样将无法重用 For 循环的 80 KB 缓冲区。因此，额外需要 160 KB 的缓冲区。又因为显示控件是双精度数组，不得不生成新的 80 KB 的输出缓冲区，所以总计需要 400 KB 的内存空间。其中 240 KB 新增空间是毫无必要的，由此可见保持类型连贯的重要性。

标量由于所占空间极小，所以其类型转换对内存空间影响不大。如果必须要进行数据类型转换，则进行显性类型转换，自己控制转换的位置更合适。在图 4-74 中，做两次隐性转换，这是毫无必要的。右边的程序框图使用了显性类型转换函数，只需要转换一次，明显效率更高。

图 4-73　强制类型转换需要生成新的数据缓冲区　　图 4-74　隐性与显性类型转换节点

### 4.8.6　避免在循环中进行不必要的计算、读/写控件或者变量

在 LabVIEW 编程中，不恰当的数组操作是引起程序性能下降的主要原因，运行很大次数的循环也是一个重要的因素。不良的设计会导致程序运行缓慢，严格遵循必要的设计原则，可以有效地提高程序的运行速度。

#### 1. 避免在循环中进行不必要的计算

如图 4-75 所示，3 段程序都是画正弦波形，其中在（a）图中有 10k 次循环，每一次循环都需要转换一次弧度，这是没有必要的；（b）图中只运行了一次转换弧度操作，这极大地减少了循环的计算量；（c）图利用数组函数的多态运算对已经存在的数组进行运算，非常合理。

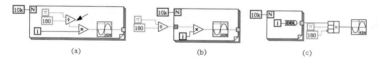

图 4-75　避免不必要的计算

**学习笔记** 应该在循环之外进行不必要的计算，通过隧道或者移位寄存器引入结果。

#### 2. 避免多次读、写全局和局部变量

与数据流驱动方式不同，不当使用局部变量和全局变量，也是影响内存使用的另一个重要因素。因为子 VI 有输入和输出端子，所以当数据流入子 VI 时，待处理完毕后，才会流出。因此，子 VI 可以有效地重用数据输入缓冲区来作为数据输出缓冲区。局部变量和全局变量则不同，它们中断了内在的数据流，在任何时刻、任何位置都可以读、写。读局部变量时，读的是前面板控件的最新值。因为 LabVIEW 无法判断其他位置是否已经更新了控件的值，所以不得不复制控件的值。这对于一个大的控件对象，比如数组或者簇而言，内存开销是非常大的。

**学习笔记** 读、写局部变量或者全局变量时需要复制内存。

如图 4-76 所示，图（a）示例中每次循环都执行一次全局变量的读写操作，而图（b）中只读、写局部变量一次。写局部变量对程序性能的影响更大，因为每次执行写操作，都会导致控件的数据发生变化。因此需要更新界面，这极大地影响了程序的运行速度。

#### 3. 避免多次读、写控件

如图 4-77 所示，在循环内读控件时，必须通过界面线程读取当前输入控件，获取输入控件的

最新值。数据流入到显示控件时则导致界面不断更新。如果目的只是为了运算，不需要随时更新，那么应该将输入控件和显示控件放在循环之外。

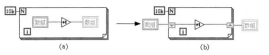

图 4-76　避免多次读、写局部变量或者全局变量　　　　图 4-77　避免在循环中多次读、写控件

#### 4. 避免多次调用控件的属性节点

控件的属性节点是直接作用于界面元素的，在子 VI 中，如果不需要更改子 VI 前面板的显示效果，则不需要使用属性节点。即使子 VI 的前面板没有显示，使用属性节点，也会导致前面板被加载到内存。如果子 VI 输入端子为控件的引用，对它的属性操作并非是对子 VI 本身前面板的操作，而是针对调用子 VI 的主 VI 的控件操作，因此，子 VI 本身不受影响。

对于需要显示的顶层 VI，也要特别注意其属性节点的使用。只有在需要更改属性的时候，才调用属性节点，不要在循环中多次重复调用。在事件结构中使用属性节点是最好的方式，事件结构本身就保证了属性节点只在变化的时候被调用一次。

**学习笔记**　只有在需要更改属性的情况下才调用属性节点，不要连续调用，最好在事件结构中调用属性节点。

## 4.9　影响 VI 运行速度的因素

内存的滥用是影响程序运行速度的重要因素，但不是唯一因素。还有一些因素也可以影响 VI 的运行速度，比如：

◆ 硬件输入/输出。例如，文件、GPIB、数据采集、网络等方面的问题。
◆ 屏幕显示。例如，庞大的控件、重叠的控件、打开窗口过多等原因。
◆ 内存管理。例如，数组和字符串的低效使用，数据结构低效等原因。
◆ 其他因素。例如，执行的系统开销和调用子 VI 的系统开销，但通常这些因素对执行速度影响极小。

### 4.9.1　硬件输入/输出

LabVIEW 的主要用途是测试测量和工业控制，而且主要对具体硬件操作。例如最常见的 LabVIEW 应用——数据采集和通信，与计算机极高的运行速度相比，采集和通信的速度是缓慢的，所以比较耗时。因此硬件采集大多采用异步方式，而不是同步方式。因为采用同步方式，程序就必须一直等待，直到获取到硬件采集或者通信的结果才能返回。

LabVIEW 是自动多线程的，这种方式特别适合于连续采集方式。通常程序在一个独立的线程（循环）中连续采集数据。连续采集是由硬件自动完成的，采集的结果通过 DMA（直接内存访问）的方式传入计算机内存，不需要 CPU 的参与。因此异步采集不影响程序其他部分的运行。

在编写没有特定驱动程序支持的硬件处理程序时一定要注意，应该将所有硬件操作封装在一起，实现自己的驱动程序。这样可以保证所有的硬件操作都在一处执行，防止阻塞其他线程的运行。

**学习笔记**　硬件数据采集和通信操作应采用单独的线程，应该将采集程序进行适当封装，防止多处调用。

### 4.9.2 屏幕显示

屏幕显示的更新是影响程序运行速度的另一个关键因素。LabVIEW 会智能地决定是否更新控件。当 LabVIEW 判断当前控件的值未发生变化时，是不会更新屏幕显示的。正因为这样，LabVIEW 必须时刻关注并判断数据是否发生变化。这在一定程度上也会影响速度。

在 LabVIEW 6.1 之前，通过循环轮询控件是唯一的编程方式。事件结构出现后，轮询控件的问题得到了根本的解决。现在，通过事件结构中控件的值变化事件来处理控件的读/写，这是目前最佳的处理方式。

因为人的眼睛对于界面显示过快的更新不敏感，所以对于需要周期性更新的控件，每秒更新 20 次以内就可以了。为图表控件添加一次数据就会导致界面更新一次。因此，可关闭图形和图表的自动调整标尺、调整刻度、平滑线绘图及网格等功能，以加速屏幕显示。

对于图表等输入控件，可将多个点数据一次性传递给它们。每次传递到图表的数据越多，图表更新的次数便越少。如果将图表数据以数组的形式显示，采用每次多点增加的方法，而不是每次仅增加一个点，则可以减少图表和波形控件的更新速度。如果数据量比较大，则可以采用数据抽样的方法，不显示全部数据。

另外，控件的重叠也是引起屏幕刷新的原因，应该尽量采用简洁的界面设计，避免控件重叠。

## 4.10 小结

本章重点讨论了 LabVIEW 的各种数据类型及其存储机制，这对于深入理解 LabVIEW 编程是非常重要的。理解数据类型与内存的映射关系，可以更好地理解各种数据类型的相互转换机理，这也是内存优化的基础。而优化内存可以提高程序的运行效率，同时这也直接关系到程序设计的成败。如果在项目接近完成的时候，出现内存使用的问题，就很难解决了。因此，必须在程序设计初期就关注内存的使用情况。在创建每一个 VI 时都要考虑内存的使用问题。

◆　　　　◆　　　　◆

# 第 5 章　字符串与文件存储

字符串操作和文件存储是密不可分的，文件的写入和读取均与字符串操作有关。本章重点讨论字符串及文件操作的常用函数和方法。

## 5.1　字符串

字符串操作是程序设计中的难点之一，尤其是 LabVIEW 程序设计。在串口通信、TCP/IP 通信和仪器通信中，经常需要格式化字符串和解析字符串。文件存储和前面板的显示也都离不开字符串操作。同时，由于字符串的长度是可变的，所以字符串处理得好坏也直接影响到程序的运行效率。

LabVIEW 提供了大量的字符串处理函数，都集中在"字符串"函数选板中，如图 5-1 所示。

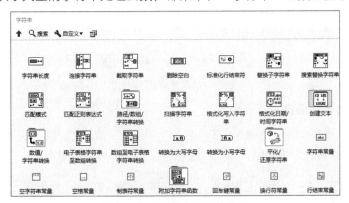

图 5-1　"字符串"函数选板

### 5.1.1　几种常用的字符串常量

LabVIEW 提供了几种常用的预定义字符串常量，包括回车、换行、空格、空字符串。图 5-2 给出了几种字符串常量及其代表的 ASCII 码和一些特殊格式符号，这些符号对于格式化字符串非常有用。

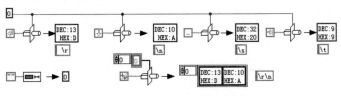

图 5-2　预定义字符串常量

**学习笔记**　空字符串不含任何字符，它与 C 语言中的 NULL 不同，LabVIEW 中的空字符串的长度为零，而 NULL 是指仅包含一个 ASCII 码为 0 的字符的字符串，它的长度为 1。

C 语言的字符串以\0 结尾，本身不包括长度。当读到\0，即 NULL 时，认为字符串结束。在 LabVIEW 程序中调用 API 或者 DLL 时可能需要使用 C 字符串，这时可以通过 U8 数组附加 ASCII 0

的方式来构造 C 字符串。

如图 5-3 所示，左边第一个例子显示的是如何为 C 字符串分配 size 大小的字节空间，C 字符串以 NULL 结束，因此需要附加 1 字节，总计 size+1 字节。第二个例子是把一个字符串转换成总长度为 5 并包括 NULL 的字符串。

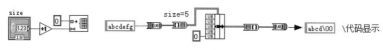

图 5-3　构造 C 字符串

### 5.1.2　几种常用的字符串函数

常用字符串函数包括"字符串长度"函数、"连接字符串"函数、"截取字符串"函数、"替换子字符串"函数和"搜索替换子字符串"函数等。这些基本字符串函数的使用比较简单，与常规语言的字符串函数类似。

#### 1.　"字符串长度"函数

该函数返回字符串包含的字符数，包括不可打印字符。如图 5-4 所示，将字符串转换成 U8 数组，然后获取 U8 数组的长度，使用这种方法获取的长度与直接获取的字符串长度是相同的，这说明字符串与 U8 数组是一一对应的关系。

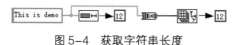

图 5-4　获取字符串长度

#### 2.　"连接字符串"函数

"连接字符串"函数支持多态输入，如图 5-5 所示。图中演示了"连接字符串"函数支持的多态输入，包括字符串输入、字符串一维数组输入及字符串二维数组输入。

图 5-5　"连接字符串"函数的多态输入

**学习笔记**　"连接字符串"函数可以用于连接字符串数组。

#### 3.　"截取字符串"函数

"截取字符串"函数根据指定偏移量和长度返回子字符串，偏移量默认为 0。如果未指定长度，则长度等于字符串总的长度减偏移量，即返回偏移量以后的全部字符串。如图 5-6 所示，截取字符串函数按照指定的偏移量和长度返回一个子字符串。通过 U8 数组也可以实现相同的操作。

图 5-6　截取字符串

#### 4.　"替换子字符串"函数

"替换子字符串"函数虽然不是多态函数，但是其根据是否采用默认输入值可以实现多种操作。如图 5-7 所示，通过输入不同参数实现了替换、删除、插入、覆盖操作。

**学习笔记**　"替换子字符串"函数可以实现替换、删除、插入和覆盖 4 种操作。

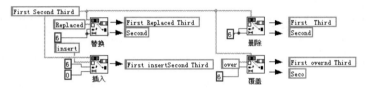

图 5-7 "替换子字符串"函数的 4 种用法

#### 5. "搜索替换子字符串"函数

"搜索替换子字符串"函数是常用函数，如图 5-8 所示，在这个例子中把空格转换成回车换行符。左边的程序框图选择一次替换；中间的程序框图选择全部替换；右边的程序框图不连接替换字符串，执行的是删除操作。另外，此函数还允许选择是否忽略大小写。

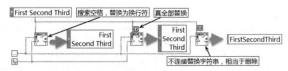

图 5-8 "搜索替换子字符串"函数

"搜索替换子字符串"函数能实现精确查找和替换。例如，为了使数据格式文件保持对齐，负数之间用空格分隔，正数则省略加号并用空格补位，这样会导致正数存在两个空格。如图 5-9 所示，这个例子通过两次查找替换，把两个空格分隔符转换成逗号分隔符。

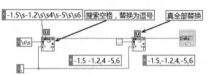

图 5-9 利用"搜索替换子字符串"函数转换分隔符

### 5.1.3 "匹配模式"和"匹配正则表达式"函数

"匹配模式"函数和"匹配正则表达式"函数根据输入的正则表达式，在输入字符串的偏移量位置开始搜索匹配正则表达式。如找到匹配字符串，则将字符串拆分成三个子字符串，分别为匹配前子字符串、匹配字符串和匹配后子字符串。

#### 1. 正则表达式语法列表

"正则表达式"并非 LabVIEW 中的概念，其是一种通用的搜索匹配子字符串的模式。在表 5-1 中列出了"匹配正则表达式"函数可以使用的匹配模式，"匹配模式"函数仅支持表中的一部分模式。

表 5-1 正则表达式列表

| 要搜索的符号 | 正则表达式 |
|---|---|
| VOLTS | VOLTS |
| 所有大小写格式的volts，例如，VOLTS、Volts、volts等 | [Vv][Oo][Ll][Tt][Ss] |
| 空格、加号、减号 | [+−] |
| 一位或多位数序列 | [0-9]+ |
| 0或多个空格 | \s*或*（即后带一个星号的空格） |
| 一个或多个空格、制表位、新行、回车 | [\t \r \n \s]+ |
| 一个或多个字符而不是数位 | [~0-9]+ |
| 在字符串偏移位置出现的Level | ^Level |

续表

| 要搜索的符号 | 正则表达式 |
|---|---|
| 在字符串结尾出现的Volts | Volts$ |
| 括号中最长的字符串 | (.*) |
| 括号中最长的字符串，其中不包含任何字符串 | ([~()]*) |
| 左括号 | \[ |
| 右括号 | \] |
| cat、dog、cot、dot、cog等 | [cd][ao][tg] |

正则表达式由特殊字符和普通字符构成，其中的特殊字符并非代表字符本身，而是具有特定的含义。特殊字符称作匹配符，表5-2详细描述了正则表达式中特殊字符的用途。

表5-2　特殊字符的用途

| 特殊字符 | 在正则表达式中的用途 |
|---|---|
| . | 匹配任意字符，例如，"l.g"可匹配lag、leg、log和lug等 |
| ? | 匹配0或1个位于?之前的表达式，例如，"be?t"可匹配bt和bet，但不可匹配best |
| \ | 下列转义表达式的特殊含义如下：<br>\b，表示单词的边界。单词边界是紧挨着单词的一个字符，但单词边界并不是"单词字符"（构成单词的字符）。"单词字符"是字母/数字字符或者下画线（ _ ）。例如，"\bhat"匹配hatchet中的hat，但不匹配that中的hat。"hat\b"匹配that中的hat，但不匹配hatchet中的hat。"\bhat\b"匹配hat中的hat，但不匹配thathatchet中的hat<br>\c，匹配任何控件或非打印字符，包括字符集中任何不代表书面符号的代码点<br>\w，匹配任意"单词字符"，等同于[a-zA-Z0-9_]<br>\w，匹配任意"非单词字符"，等同于[^a-zA-Z0-9_]<br>\d，匹配任意数字字符，等同于[0-9]<br>\D，匹配任意非数字字符，等同于[^0-9]<br>\s，匹配任意空白字符，包括空格、换行、制表符、回车等<br>\S，匹配任意非空白字符<br>\n，匹配换行符<br>\t，匹配制表符<br>\r，匹配回车符<br>\f，匹配换页符<br>\031，匹配八进制字符（在本例中是八进制的31）<br>\x3F，匹配十六进制字符（在本例中是十六进制的3F） |
| ^ | 从字符串起始处开始匹配。例如，^dog匹配dog catcher中的dog，但不匹配the dog中的dog |
| [ ] | 标记可选项。例如，"[abc]"可匹配a、b、c。"[　]"用于数字或大小写字母之间时，表示一个范围，例如[0-5]、[a-g]或[L-Q]<br>下列字符作为括号中的第一个字符时，有特殊含义：<br>● 匹配任意字符（括号中的字符或括号中指定范围内的字符除外），包括非打印字符。例如，"[~0-9]"可匹配0～9以外的任意字符<br>● 匹配任意可打印字符（括号中的字符或括号中指定范围内的字符除外），包括空格字符。例如，"[^0-9]"可匹配除0～9以外的所有可打印字符，包括空格字符 |
| + | 尽可能多地匹配位于"+"之前的表达式，至少匹配1个。例如，"be+t"匹配bet和beet，但不匹配bt |
| * | 尽可能多地匹配正则表达式中位于"*"之前的表达式，允许匹配0个。例如，"be*t"可匹配bet和beet |

续表

| 特殊字符 | 在正则表达式中的用途 |
|---|---|
| $ | 如果将$作为正则表达式的最后一个字符，将匹配字符串的最后一个字符。如果正则表达式匹配字符串中包括最后一个字符在内的子串，则匹配成功；否则匹配失败。如果$不是正则表达式的最后一个字符，将不作为定位符处理 |

"匹配模式"函数与"匹配正则表达式"函数相比，虽然只提供较少的字符串匹配选项，但其执行速度比"匹配正则表达式"函数快。

**学习笔记**　尽量采用"匹配模式"函数，少用或者不用"匹配正则表达式"函数。

"匹配模式"函数对拆分字符串很有用，它可以把字符串拆分成匹配之前、匹配和匹配之后三部分。在通信中经常通过帧的方式交换数据，简单的自定义协议的帧通常以特定字符作为帧结束符，因此我们在解析数据时，必须以结束符来分解字符串。通过"匹配模式"函数，可以非常容易地分解字符串。

"匹配模式"函数的使用非常灵活，下面分别举例介绍如何使用它匹配确定字符串和数字。

**2. 匹配确定字符串**

如图 5-10 所示，这里的字符串以 FF 为结束符，通过"匹配模式"函数将其解析成一维数组。

如图 5-11 所示，通过匹配换行符，把多行字符串分解成多个字符串，并输出字符串数组。

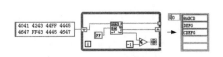

图 5-10　解析字符串

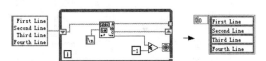

图 5-11　将多行字符串转换成字符串数组

**3. 匹配数字**

搜索字符串中的数字是常见的字符串操作，尤其是在通信中。如图 5-12 所示，这里演示了如何在字符串中搜索一个或者多个数字。

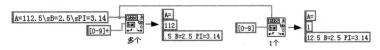

图 5-12　匹配单个数字或者多个数字

"[ ]"表示匹配范围，"[0-9]"表示匹配所有十进制数。例如，"[.]"表示匹配小数点，"[0-5]"表示匹配 0、1、2、3、4、5，"[a-c]"表示匹配 a、b、c。"+"表示尽可能多地匹配。在该例中，"[0-9]+"表示尽可能多地匹配数字，所以返回 112。

**学习笔记**　"+"表示尽可能多地匹配字符，至少返回一个，如果全部不符合条件则返回–1。

图 5-12 中的例子返回了 112，显然字符串中的完整数为 112.5。在图 5-13 中，通过"?"和"*"匹配符返回了完整的数字。

图 5-13　"?"与"*"匹配符号的使用

**学习笔记** "？"表示匹配 0 个或者 1 个它之前的表达式。"*"和"+"类似，但是可以匹配 0 个字符。

#### 4. 提取字符串中的多个数字

前面所述的例子只能提取一个完整的数字，如果要提取字符串中的多个数字，则可以通过循环找出字符串中的所有数字，如图 5-14 所示。

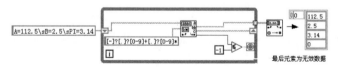

图 5-14　提取字符串中的所有数字

### 5.1.4　字符串与数值的相互转换

字符串与数值之间的相互转换是 LabVIEW 中最常见的操作之一，LabVIEW 在字符串函数选板中提供了"数值/字符串转换"函数选板，如图 5-15 所示。

图 5-15　"数值/字符串转换"函数选板

字符串与数值间的转换，与强制类型转换和平化字符串不同。强制类型转换是针对特定内存空间的数据重新构造，而数值和字符串之间的转换是不同类型之间的转换，它们占用的内存空间是完全不同的。例如，U16 型数据占 2 字节，无论最小的 U16 整数 0x0000（0），还是最大的 U16 整数 0xFFFF（65535）都是占用 2 字节。而字符串 0 占 1 字节，字符串 65535 占 5 字节。

图 5-15 所示的函数选板中的函数分为两类，分别是将数值转换为字符串类函数和将字符串转换为数值类函数。下面分别介绍该函数选板中各种常用函数的用法。

#### 1. 将整数转换成字符串

可以将整数转换成十进制、十六进制、八进制等形式。这些转换函数都具有"宽度"输入端子。设定宽度参数后，如果整数位数不足，则在左侧填充空格或者 0。十进制转换用空格填充，十六进制转换用 0 填充。如果设定的宽度小于整数位数，则进行舍入操作。如果未设置"宽度"端子，则 LabVIEW 自动调整字符串宽度为整数位数，如图 5-16 所示。

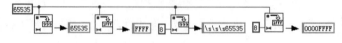

图 5-16　将整数转换成不同形式的字符串

**学习笔记** 将整数转换成字符串时，如果未设定宽度参数，则自动采用数值位数作为字符串长度；如果设定宽度大于位数，则左侧用空格或者 0 填充。

#### 2. 将浮点数转换成字符串

可以将浮点数转换成小数、指数或工程字符串。在实现这种转换的 3 个函数中都可以设置宽度和精度。精度指的是小数点后的位数，默认值是 6。宽度是指总的位数，不包含小数点。如果不连接 "宽度" 输入端子，则自动适应长度。如果位数不足，则在左侧填充空格，如图 5-17 所示。

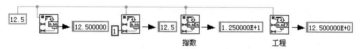

图 5-17　将浮点数转换成不同形式的字符串

**学习笔记** 将数值转换成字符串的这类函数是多态函数，可以处理标量、数组、簇和簇数组等数据，如图 5-18 所示。

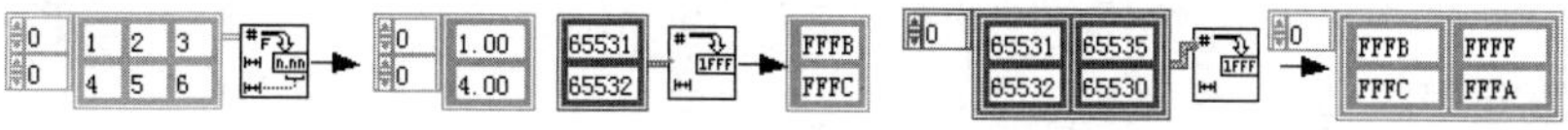

图 5-18　将数值转换成字符串函数的多态输入

### 3. 将字符串转换成数值

可以将数值转换成十进制、十六进制、八进制和小数字符串，也可以将字符串转换成相应的十进制数、十六进制数等，如图 5-19 所示。

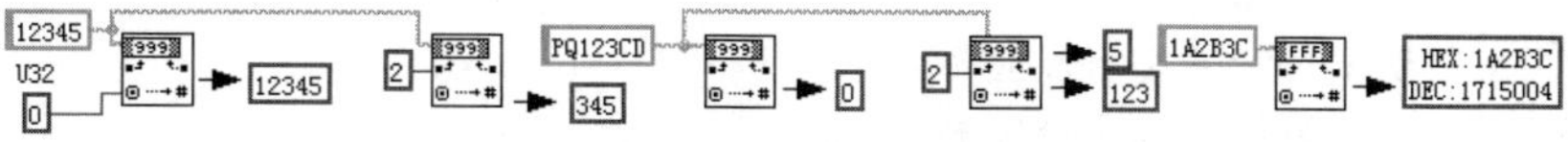

图 5-19　将字符串转换成不同进制的数值

将字符串转换成数值的几个函数比较简单，每个函数都包括 3 个输入端子，分别为输入字符串、偏移量和默认值。默认值有两个作用：一是确定输出数据类型；二是当字符串无法被转换成数值时，输出默认值。偏移量表示开始转换的位置，如果从指定偏移量处无法转换，则返回默认值。

**学习笔记** 将字符串转换成数值的函数是多态函数，可以处理标量、数组、簇与簇数组等数据，如图 5-20 所示。

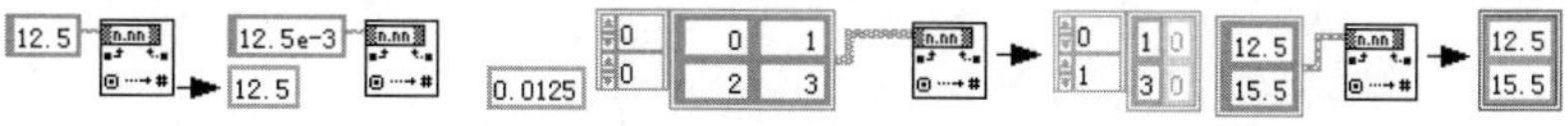

图 5-20　将字符串转换成数值函数的多态输入

在 "数值/字符串转换" 函数选板中，还提供了两个函数："格式化值" 和 "扫描值"，它们的功能与 "格式化字符串" 函数及 "扫描字符串" 函数非常类似，所以在下一节中讨论。

## 5.1.5　功能强大的 "格式化字符串" 函数和 "扫描字符串" 函数

"格式化字符串" 函数和 "扫描字符串" 函数功能极其强大，可以实现上面介绍的所有字符串/数值转换函数的功能，并且允许多个输入。恰当使用这两个函数，可以简化编程，减小框图所占空间。

### 1. "格式化值" 函数和 "格式化字符串" 函数

LabVIEW 提供了将数值转换成十进制字符串、十六进制字符串和八进制字符串的函数，但是没有提供将数值转换成二进制字符串的函数。在编程中经常遇到将数值转换成二进制字符串的操作，LabVIEW 不可能不提供转换的方法。其实方法是有的，奥秘就在 "格式化字符串" 函数的运用中。图 5-21 所示的方法利用 "格式化值" 函数把数值转换为了二进制字符串。

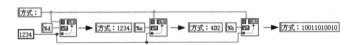

图 5-21　利用"格式化值"函数将数值转换成二进制字符串

**学习笔记**　"格式化值"函数只允许输入一个数值，而"格式化字符串"函数可以允许输入多个数值。

"格式化值"函数可以将数值转换成十进制、十六进制、八进制、二进制字符串，同时可以设置显示格式。使用过 C 语言的编程者对格式字符串一定不会感到陌生，掌握"格式化值"函数和"格式化字符串"函数的关键是要熟悉格式字符串。

**2. 格式字符串**

格式字符串支持多种转换代码，分别对应不同的数据类型。下列是用于整数和定点数的转换代码：

◆ x，用于转换十六进制整数（例如，B8）。

◆ o，用于转换八进制整数（例如，701）。

◆ b，用于转换二进制整数（例如，1011）。

◆ d，用于转换带符号的十进制整数。

◆ u，用于转换不带符号的十进制整数。

下列是用于浮点数和定点数的转换代码：

◆ f，用于转换小数格式的浮点数（例如，12.345）。

◆ e，用于转换用科学计数法表示的浮点数（例如，1.234E1）。

◆ g，用于转换数值的指数，LabVIEW 使用 f 或 e。若指数大于-4 或小于指定的精度，则 LabVIEW 使用 f；若指数小于-4 或大于指定的精度，则 LabVIEW 使用 e。

◆ p，用于转换以 SI 符号表示的浮点数。

◆ s，用于转换字符串（例如，abc）。

除了不同的转换代码，格式字符串还提供了多种显示方式。例如，填充 0 或者空格、最小宽度、有效位数等，如图 5-22 所示。

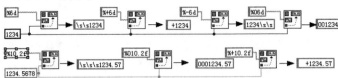

图 5-22　不同格式字符串的功能

可以将格式字符串组合成以"%"开头的复杂格式，具体格式请参照 LabVIEW 帮助文件。图 5-23 演示了常用格式字符串的用法。

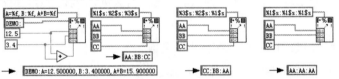

图 5-23　常用格式字符串的用法

经常使用格式字符串处理枚举数据。图 5-24 演示了如何在枚举、数值和字符串类型之间进行转换。

**学习笔记** 在状态机中，枚举、数值和字符串类型之间经常相互转换。

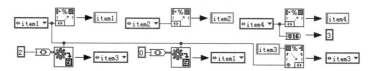

图 5-24 枚举、数值和字符串类型之间的相互转换

### 3. 配置格式化字符串对话框

使用"格式化字符串"函数和"扫描字符串"函数需要熟悉格式字符串。LabVIEW 为经常使用的格式都提供了配置对话框，不过要想实现复杂的格式化，还需要灵活掌握格式字符串本身的特点。

打开"格式化字符串"函数或者"扫描字符串"函数的快捷菜单，在其中选择"编辑格式字符串"或者"编辑扫描字符串"项，即可弹出配置对话框，如图 5-25 所示。"编辑扫描字符串"对话框和"编辑格式字符串"对话框基本相同。

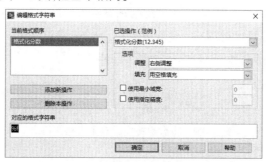

图 5-25 "编辑格式字符串"对话框

**学习笔记** 通过"格式化字符串"函数和"扫描字符串"函数的快捷菜单可以打开配置对话框。

### 4. "扫描值"函数和"扫描字符串"函数

"扫描值"函数和"扫描字符串"函数非常类似，它们的区别在于"扫描值"函数只能有一个输出，而"扫描字符串"函数则非常灵活，可以同时扫描多个数据。

使用"扫描字符串"函数扫描固定格式的数据非常方便，不但可以扫描字符串、数值和枚举数据，而且可以直接扫描时间数据，如图 5-26 所示。

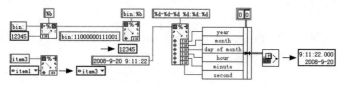

图 5-26 扫描二进制数据和时间类型数据

还可以先扫描整型数，然后再将其转换为时间标识。除此之外，也可以直接扫描时间类型数据，如图 5-27 所示。

图 5-27 扫描时间类型数据

通过简单的匹配符，可以实现非固定格式的扫描，如图 5-28 所示。

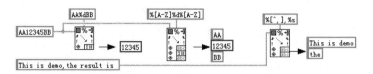

图 5-28　对非固定格式数据的扫描

"格式化字符串"函数和"扫描字符串"函数虽然功能强大，但是无法完全替代普通的数值和字符串转换函数。一方面是出于对运行效率的考虑，另一方面是因为它们不是多态函数，不支持数组和簇的操作。

## 5.1.6　数组与电子表格字符串

在程序设计中以表格形式显示数据是非常常见的，为此，LabVIEW 提供了专门用于显示二维字符串数组的表格控件、"数组至电子表格字符串"函数，以及"电子表格字符串转换成数组"函数。

"数组至电子表格字符串"函数的一个重要特性是允许用户自己定义分隔符，例如，如图 5-29 所示，分别使用了默认的 Tab 分隔符、逗号分隔符、##分隔符。由于很多语言都有自己的数据格式，因而使用的分隔符经常不同，一般默认使用 Tab 分隔符。

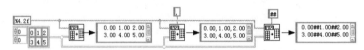

图 5-29　将数组转换成电子表格字符串

**学习笔记**　"数组至电子表格字符串"函数允许自定义分隔符，支持对整数、浮点数和复数等的处理，还支持处理一维、二维和多维数组。

具有相同分隔符的电子表格字符串很容易被转换成相应的数值型数组，转换方法如图 5-30 所示。

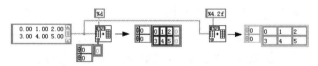

图 5-30　将电子表格字符串转换成数值型数组

## 5.1.7　附加字符串函数

关于字符串操作的函数种类繁多，除了上面介绍的基本函数，在字符串函数选板中还包含"附加字符串函数"选板，如图 5-31 所示。

图 5-31　"附加字符串函数"选板

该选板中的函数大多比较简单，比如"字符串移位"函数、"反转字符串"函数等。图 5-32 列举了简单附加字符串函数的几种常用方法。

OpenG 中也提供了一些字符串操作函数，如图 5-33 所示，这些函数使用起来也十分方便。

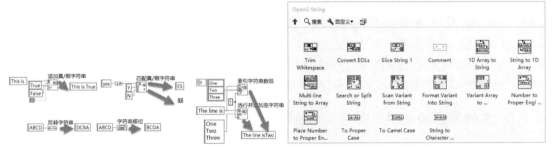

图 5-32  简单附加字符串函数的几种用法　　　图 5-33  OpenG 中的字符串操作函数

## 5.2  文件存储

文件存储是编程中要考虑的重要问题，与其他编程语言相比，LabVIEW 支持的文件类型更多，使用文件的方法也更灵活。因此，这在方便了用户使用的同时，也给用户造成了一定的困难。用户必须认真领会各种文件的不同点，选择合适的文件类型。很多数据类型在文件中的存储方式和在内存中的存储方式是相同或类似的，熟练掌握数据在内存中的存储方式对于理解文件存储机制至关重要。

### 5.2.1  文本文件与二进制文件的区别

通常编程语言支持的文件包括文本文件和二进制文件两类。从本质上说，文本文件不过是具有特殊格式的二进制文件。数据被存储在内存和磁盘中时，都是以字节为基本单位，计算机采用二进制编码来记录其信息。计算机本身不能存储 A、B、C、1、2、3、4 这样的字符或者数字，在计算机内部它们都是用 0 和 1 并以字节为单位组成的编码。

文本文件以 ASCII 方式存储字符，自然在读取这个文件时，也应该用 ASCII 方式读取文件的内容。用 ASCII 方式存储的文本，除了包括可显示字符（字母、数字、标点符号），还包括不可显示字符。用记事本打开 VI 文件后出现乱码，就是因为其中包含了很多不可显示字符。

网上有很多文件工具可以以十六进制方式显示文件内容。如图 5-34 所示，左图显示的就是十六进制文件，右图显示的是通过记事本打开的同样文件。可以清楚地看到，文本文件存储的是字符的 ASCII 码。31～39（HEX）是 1～9 的 ASCII 码，0D 和 0A 代表的是回车换行。

同样是上面的文件，十六进制数 61 是字符 a 的 ASCII 码。当然它也可能代表的就是数字，也可能是经过加密后的字符。文件对所有人都是可见的，问题的关键是我们无法知道它的组成格式。不过文本文件中的数字代表的是 ASCII 码，因此记事本程序把十六进制数 61 显示成 a。

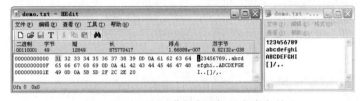

图 5-34  以十六进制方式打开文本文件

文件名的后缀通常表示文件的类型。例如，TXT 表示文本文件，JPG 表示图形文件。知道文件类型后我们就可以解读其中的数据了。同样是文本文件，如果我们对其中的格式做了特殊的规定，就可以将其变成另外一种文件类型。例如，INI 文件就是文本文件，可以通过记事本轻松读取，但是它具有特定的格式。只有清楚它的格式规定，才真正知道它代表的是什么。

　　在存储和通信时数据多采用二进制格式，这种格式的最大特点是节省空间和安全。例如，要存储 12345，如果以文本的格式存储则需要 5 字节的空间，用 ASCII 码表示为 31 32 33 34 35。而采用二进制格式，只需要两个字节，即 3039。如果数据量非常庞大，存储为二进制文件，既可以极大地节省空间，也可以提高读/写的速度。二进制文件的另一个重要的特点就是安全，如果不了解文件的组成格式，想解读二进制文件是不可能的。

### 5.2.2　文件常量和通用目录、文件函数

　　在"文件常量"函数选板中列举了常用的路径、文件常量相关函数，如图 5-35 所示。

图 5-35　路径与文件常量函数

常用路径函数的说明如下。

◆ "当前 VI 路径"函数：此函数最常用，它返回当前 VI 的完整路径。如果 VI 尚未被存储，则返回非法路径。"当前 VI 路径"函数在开发环境和运行环境（编译成 EXE 文件）下是不同的。

◆ "获取系统目录"函数：返回操作系统的重要目录，比如桌面、用户目录等。

◆ "VI 库"函数：在开发环境下返回 LabVIEW VI 库所在的路径，里面保存的是 LabVIEW 系统 VI；在运行环境下，该函数返回 EXE 文件所在的路径。

◆ "默认目录"函数、"临时目录"函数和"默认数据目录"函数：这些目录都可以由用户设置。在 LabVIEW 菜单中，选择"工具"➜"选项"，在打开的选项对话框中，可以设置这些目录。

图 5-36 列举了几种常用路径函数返回的实际路径，比如默认目录、临时目录和 VI 库目录等。

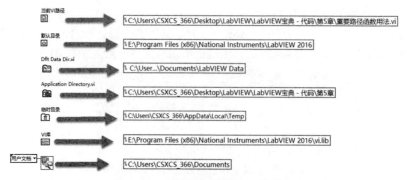

图 5-36　常用路径函数返回的路径

　　除了文件常量，在"高级文件函数"选板中还提供了常用的文件操作函数，比如复制、删除、移动、创建文件夹和罗列文件夹等函数，"高级文件函数"选板如图 5-37 所示。

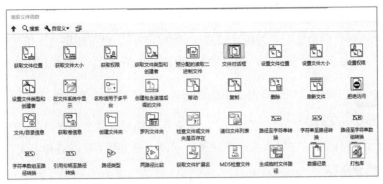

图 5-37 高级文件函数

"高级文件函数"选板中的有些函数不支持 Windows 操作系统， LabVIEW 的帮助文件对此有详细说明。

在 LabVIEW 默认目录中，配置文件 LabVIEW.ini 保存着 LabVIEW 的当前设置。每次通过"工具"➜"选项"修改设置后，所作的修改自动被保存在 LabVIEW.ini 文件中。通常情况下，我们采用默认设置，如果需要修改，应先保存一份 LabVIEW.ini 文件，以备将来恢复。

> **学习笔记** 备份 LabVIEW.ini 文件，以备将来恢复之用。

图 5-38 所示的程序框图会自动备份 LabVIEW.ini 文件。它在默认目录中检查 LabVIEW.Ini 文件是否存在，如果存在则备份一份。这里利用"复制"函数实现了配置文件的备份，并获取了备份后的文件大小与修改日期。利用"在文件系统中显示"函数，打开资源管理器，定位至该文件。在默认浏览器中打开该文件，浏览该文件内容。

"高级文件函数"选板除了提供文件夹和文件的常规操作函数，还提供了一些有用的工具，比如计算文件的 MD5 信息摘要的工具。MD5 信息摘要是一个以小写十六进制格式显示的 128 位数，也就是通常所说的文件的数字签名。从理论上讲，这个信息摘要是独一无二的。因此，可以通过它判断文件是否已经改动。图 5-39 演示了"MD5 检查文件"函数与"罗列文件夹"函数的用法。

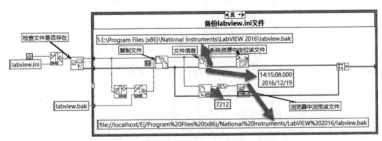

图 5-38 备份配置文件

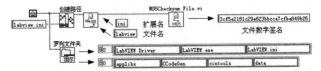

图 5-39 "MD5 检查文件"函数与"罗列文件夹"函数的用法

## 5.2.3 构造路径的方法

在文件操作中最重要的输入参数是路径，路径分为相对路径和绝对路径。绝对路径指明了文件在计算机硬盘中的绝对位置，比如 D:\img\aa.bmp。操作文件时要尽量避免使用绝对路径。一般在安装软件时，都允许设置安装路径，如果使用绝对路径，有可能将文件指向错误的位置。而相对路径则不同，它是一个可变化的路径，这样无论路径如何变化，它都能指向一个正确的位置。

**学习笔记** 在操作文件时避免使用绝对路径，应该尽可能使用相对路径。

使用相对路径的关键是 "..\" 的应用，"..\" 表示当前目录的上一级目录。同理，"..\..\" 表示当前目录的上两级目录。".\" 表示当前目录，不过一般省略不写，直接用文件名即可。

### 1. 创建和拆分路径

LabVIEW 中有两个常用的构造路径函数——"创建路径"和"拆分路径"。这两个函数可以接受字符串或者路径作为输入。图 5-40 演示了利用 "..\" 取得上一级目录的方法。

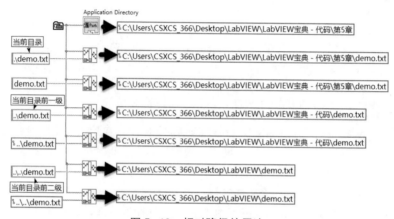

图 5-40 相对路径的用法

user.lib 是 LabVIEW 中固有的一个文件，user.lib 中的 VI 自动显示在用户库函数选板中。图 5-41 演示了取得 user.lib 文件路径的方法。

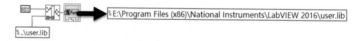

图 5-41 获取 user.lib 文件路径

### 2. "当前 VI 路径"函数在编辑环境和运行环境下的区别

使用相对路径时，经常需要使用"当前 VI 路径"函数，不过这个函数在开发环境和编辑环境中是有区别的。不恰当地使用该函数，容易导致生成的 EXE 文件在运行时发生路径错误。在开发环境中直接使用此函数是没有问题的，但是在编译后，路径中会增加执行文件名，这可能导致路径错误。

**学习笔记** "当前 VI 路径"函数在运行环境和开发环境中是不同的。

假设当前 VI 经编译后的执行文件名是 AAA。在同一目录下，在开发环境中调用"当前 VI 路径"函数和直接执行 EXE 文件获得的当前 VI 路径是不同的，如图 5-42 所示。很明显，在运行环境中，"当前 VI 路径"函数返回的路径中增加了 AAA.EXE 文件。

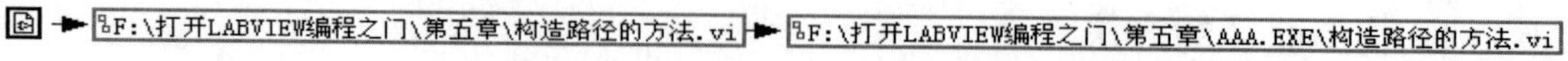

▶F:\打开LABVIEW编程之门\第五章\构造路径的方法.vi ▶ F:\打开LABVIEW编程之门\第五章\AAA.EXE\构造路径的方法.vi

图 5-42 "当前 VI 路径"函数在开发环境与运行环境中的区别

由此导致了在开发环境和运行环境中使用"当前 VI 路径"函数的两种不同方法，如图 5-43 所示，在运行环境中，需要调用两次"拆分路径"函数，才能得到正确的路径。

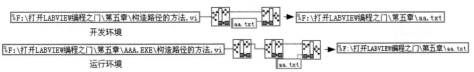

图 5-43 "当前 VI 路径"函数在开发环境与运行环境中的不同用法

### 3. 解决开发和运行环境中路径问题的几种方法

在运行环境中需要对"当前 VI 路径"函数的返回值做两次拆分才能得到正确的路径。因此，在设计时必须自己判断是开发环境还是运行环境。以下几种方法可以解决在开发环境和运行环境中"当前 VI 路径"函数返回不同值的问题。

（1）通过应用程序属性节点类别来判断是开发环境还是运行环境

将图 5-44 所示的例子做成子 VI，在需要使用当前路径时调用。在开发环境中仅拆分一次路径，而在运行环境中则拆分两次，这样就避免了该问题。

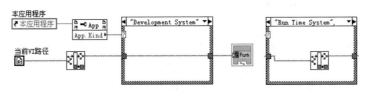

图 5-44 判断当前是运行环境还是开发环境

在图 5-44 中判断是开发环境还是运行环境是利用应用程序属性节点实现的。如图 5-45 所示，这个 VI 就可以保证在开发环境时不退出 LabVIEW，而在运行环境时退出 LabVIEW。

（2）通过文件夹是否存在判断

通过分析在运行环境中"当前 VI 路径"函数返回的结果来判断是开发环境还是运行环境。在运行环境中，当前 VI 的前一级文件夹是应用程序文件名，而这个文件在开发环境中是不存在的。由此产生了解决问题的第二种方法，即判断当前路径是否存在，如图 5-46 所示。

图 5-45 在运行环境中退出 LabVIEW

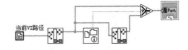

图 5-46 判断路径是否存在

（3）OpenG 提供的方法

OpenG 也提供了文件常量选板，使用其中的"当前 VI 的父目录"函数就可以解决开发环境和运行环境路径不同的问题。实现过程如图 5-47 所示。

OpenG 的方法与图 5-46 中的方法类似，都是通过子 VI 的方式来调用，而不是直接调用"当前 VI 路径"函数，因为"当前 VI 路径"函数会返回子 VI 的路径。通过子 VI 的上一级调用 VI 的引用，利用属性节点返回路径，然后逐级判断目录是否存在。如果存在，说明是开发环境；如果不存在，说明是运行环境。

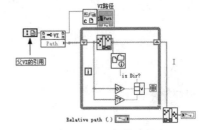

图 5-47 实现过程

（4）使用"应用程序目录"VI

对于我们自己创建的项目，应该尽量使用"应用程序目录"VI 来确定路径。该 VI 直接返回编译后应用程序所在路径，因此所有针对应用程序所在路径的相对路径，不存在上述的编译后路径不同的问题。

**学习笔记** 最好在初始化时取得当前 VI 的正确路径，并将其赋给全局变量。需要使用该路径时，可以直接使用全局变量。也可以使用函数型全局变量（LV2 型全局变量）存储路径。

### 5.2.4 文本文件的读/写

文本文件是最常见的文件格式，各种操作系统平台都支持文本文件。文本文件是以 ASCII 方式存储的，从 DOS 时代的批处理文件（.BAT），到 Windows 时代的 TXT 文件（DOS 中也存在此类型）、INI 文件，都是典型的文本文件。

**1. 文本文件的优缺点**

文本文件具有下面两个主要优点：

◆ 适用于各种操作系统平台。

◆ 不需要使用专门的编辑器来读写。

同时，文本文件也存在下面两个缺点：

◆ 所占空间较大。

◆ 安全性差。

**2. 文本文件的相关函数**

操作文件的基本步骤为：打开文件；读写文件；关闭文件。读写文本文件和读写二进制文件的相关函数集中在"文件 I/O"函数选板中，如图 5-48 所示。

操作文本文件的函数包括"写入带分隔符电子表格"、"读取带分隔符电子表格"、"写入文本文件"和"读取文本文件"等。无论是操作文本文件还是二进制文件，第一步都是打开文件。

"打开/创建/替换文件"函数是通用的文件函数，函数说明如图 5-49 所示。"打开/创建/替换文件"函数既可以打开文本文件，也可以打开二进制文件。该函数的"文件路径"输入端子连接要打开的文件路径，如果不连接，则自动启动文件对话框，由用户在对话框中选择文件名和路径。

图 5-48 "文件 I/O"函数选板

图 5-49 "打开/创建/替换文件"函数

 如果未指定文件路径，则自动启动文件对话框。

"操作"输入端子用来指定文件操作方式，包括创建、打开、替换等，默认情况下是"打开"。在"打开"方式下，如果文件不存在，则提示错误。可以使用的文件操作方式如表 5-3 所示。

表 5-3  文件操作方式列表

| 数 值 | 枚 举 | 说 明 |
|---|---|---|
| 0 | open | 打开已经存在的文件（默认）。若未找到文件，将发生错误7 |
| 1 | replace | 通过打开文件并将文件结尾设置为0来替换已存在文件 |
| 2 | create | 创建一个新文件。若文件已存在，将发生错误10 |
| 3 | open or create | 打开一个已存在文件，若文件不存在，则创建一个新文件 |
| 4 | replace or create | 创建一个新文件，若文件已存在，则替换该文件 |
| 5 | replace or create with confirmation | 创建一个新文件，若文件已存在且拥有对此文件的操作权限，则替换该文件。该VI通过打开文件并将文件结尾设置为0来替换一个文件 |

在打开文件时，如果不指定路径，则默认打开文件对话框。使用文件对话框时，存在一个常见的问题。如果用户选择了对话框中的取消按钮，则后续操作会返回错误。所以在使用文件对话框时，需要判断用户是否执行了取消操作，可以通过检查错误号是否为 43 来判断。

**学习笔记** 如果在文件对话框中选择"取消"操作，则返回错误 43。

"打开/创建/替换文件"函数的另一个重要输入参数是文件操作权限，打开文件的权限默认是 read/write（读/写），即读写权限。文件操作权限总共有 3 种类型：读/写、只读和只写。

打开文件是比较费时的，函数会在内部维护一个缓冲区。当执行写操作时，先将数据写入缓冲区，在缓冲区满的情况下，自动将数据写入磁盘。如果需要连续存储，应该采用一次打开文件，然后在循环中多次读/写，最后再关闭文件的方式。这样可以保证在整个文件操作的过程中，文件只打开和关闭一次，这就是所谓的磁盘流技术。

**学习笔记** 当连续存储时，不能频繁打开和关闭文件，这样做会极大地影响文件操作速度。

LabVIEW 中文本文件的读/写操作是通过"写入文本文件"函数和"读取文本文件"函数实现的。这两个函数既支持磁盘流方式，也支持一次性读/写方式。为方便用户，在一次性读/写文件时，打开和关闭文件的操作都隐含在函数中。

### 3. 一次性读/写文本文件

"写入文本文件"函数是多态函数，既可以写入字符串，也可以按行写入字符串数组。在"写入文本文件"函数和"读取文本文件"函数的快捷菜单中，都有一个重要的选项——"转换 EOL"（行结束符）选项（如图 5-50 所示），注意选择该选项函数图标会发生变化。选择该选项，可以转换行结束符，默认情况下是自动转换的。这样函数在字符串中遇到"\n"换行符时，在 Windows 操作系统下，会自动将其转换成"\r\n"，即回车换行符。如果不转换，则直接按字符方式写入"\n"。

**学习笔记** EOL（End Of Line）是行结束符，不同操作系统的行结束符有区别。

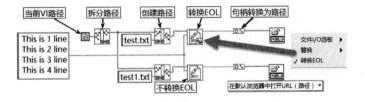

图 5-50  选择是否转换行结束符

通过记事本可以看到 test.txt 和 test1.txt 的明显区别，如图 5-51 所示。前者因为把"\n"自动

转换成 "\r\n"，所以可以正常显示。后者不换行，有些操作系统甚至会显示乱码。

图 5-51  转换 EOL 与不转换 EOL 的不同效果

"写入文本文件"函数允许直接输入字符串数组，默认情况下自动转换 EOL。

将字符串数组写入文本文件时，将数组元素作为行，并自动添加回车换行符 "\r\n"，如图 5-52 所示。当一次性写入时，隐含的文件打开方式是 create（创建）或者 replace（替换）。如果文件存在，则覆盖该文件。因为一次性写入采用创建或者替换方式，会造成原文件被覆盖，所以无法添加数据，只能记录新数据。

一次性读文本文件和一次性写文本文件非常类似，可以采用读取字符串的方式和读取行的方式。采用读取字符串的方式，返回结果是字符串。采用读取行的方式，返回结果则是字符串数组。也可以选择是否转换 EOL，如图 5-53 所示。

图 5-52  将字符串数组写入文本文件

图 5-53  一次性读取文件

### 4. 利用磁盘流读/写文本文件

利用磁盘流读/写文本文件，不但提高了读写速度，还可以实现随机读写，特别适合于连续读/写文件，如图 5-54 所示。

图 5-54  连续写入文本文件

与一次性写入明显不同的是，在利用磁盘流写文本文件时"写入文本文件"函数接受的输入不再是文件路径，而是文件引用。由此我们可以发现不仅仅控件存在引用，文件也存在引用。其实在 LabVIEW 的编程过程中，引用无处不在。应用程序有引用，VI 也有引用。

### 5. 位置标记与随机读/写

除了文件引用，文件操作中还存在另外一个重要的概念，这个概念在 C 语言中称为位置指针，在 LabVIEW 中则称为位置标记。通过设置位置标记，可以实现文件的随机读/写。简单地说，位置标记就是在文件中要开始读/写的位置。

**学习笔记** 设置位置标记，可以实现文件的随机读/写。

一般情况下，在打开文件时，位置标记位于文件的开始处。如果打开文件后，将位置标记置于文件末尾，就可以实现文件的添加操作。要实现添加操作，必须以 open 方式打开文件，所以必须保证写入的文件存在。

如图 5-55 所示，新的数据被添加在原有数据之后。这说明每次执行写入操作后，位置标记自动移动到文件末尾。

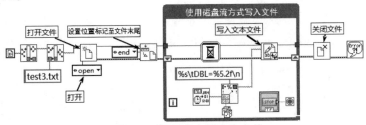

图 5-55　添加文本到文本文件

实际上通过定位位置标记，可以实现随机读/写。下面的例子在文件中第 5 字节处开始写入数据，新写入的数据覆盖掉原有位置的数据，如图 5-56 所示。

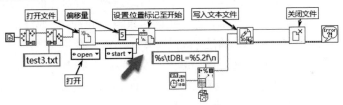

图 5-56　随机写入文本文件

通过定位位置标记，可以实现文本文件的随机读操作。如图 5-57 所示，从文件中 20 字节偏移处读取 40 字节。由于文本文件存储格式较自由，所以随机读取文本文件并不常见，随机读取二进制文件在工程应用中则更为常见。

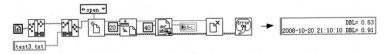

图 5-57　随机读取文本文件

### 6. 读/写电子表格文本文件

电子表格文件（有些资料中也称作表单文件）是一种特殊格式的文本文件。它以行列的方式存储信息。默认情况下，列和列之间用 Tab 符分隔，行与行之间通过 EOL 符分隔，一般电子表格文件名后缀为 xls。xls 是 Excel 软件默认的文件类型，但是电子表格文件和 Excel 文件是有区别的。电子表格文件是纯文本文件，可以用记事本编辑。Excel 文件则是有特定格式的，只能通过 Excel 软件编辑，用记事本打开会出现乱码。

**学习笔记** 电子表格文件是纯文本文件，与 Excel 文件不同。

"写入带分隔符电子表格"函数的说明如图 5-58 所示。电子表格文件可以存储一维数组或者二维数组，一维数组在函数内部被转换成只有一行的二维数组。数组可以是双精度数组、整型数组和字符串数组，双精度数组和整型数组在函数内部被自动转换成字符串数组。

"写入带分隔符电子表格"函数具有"添加至文件？"端子。如果"添加至文件？"端子的值为 TRUE，则函数把数据添加至已有文件。如果"添加至文件？"端子的值为 FALSE（默认值），则函数会替换已有文件中的数据。如果文件不存在，会创建一个新的文件。

电子表格读/写函数（"写入带分隔符电子表格"函数和"读取带分隔符电子表格"函数）允许选择列分隔符，默认为 Tab（\t），如图 5-58 所示，也可以自定义列分隔符。

电子表格读/写函数本身包含了打开、读/写、关闭三个基本流程，因此其不适合连续存储的情况，但是适合操作不是特别频繁、写入数据量比较小的场合。

电子表格读/写函数是可以直接打开跟踪的，双击函数，即可打开其前面板和程序框图。如图 5-59 和图 5-60 所示，"写入带分隔符电子表格"函数通过"数组至电子表格字符串"函数，把双精度数组、整型数组或者字符串数组转换成电子表格字符串，然后写入文本文件。

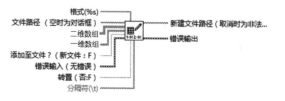

图 5-58　写入电子表格文件

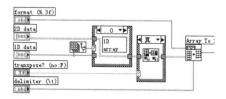

图 5-59　将数组转换成电子表格字符串

需要注意的是，如果不输入文件路径，该函数会自动启动文件对话框。如果在文件对话框中执行"取消"操作，系统会自动提示错误。发生错误的原因在于函数内部调用了通用错误处理函数，通用错误处理函数的参数使用的选项是"continue or stop message"，因此发生错误时会弹出对话框，让用户选择是继续还是停止。解决这个问题有以下两种方法：

◆ 另存"写入带分隔符电子表格"函数的 VI，在通用错误处理对话框上选择"no dialog"选项，则执行取消操作时不会显示对话框。

◆ 如果需要使用文件对话框，则可以自己调用文件对话框。这样就可以判断用户是否执行了取消操作。

**学习笔记**　需要使用文件对话框时，最好自己调用，不要采用自动启动的方式。

"读取带分隔符电子表格"函数的参数设置与"写入带分隔符电子表格"函数基本相同，就不具体介绍了。"读取带分隔符电子表格"函数的使用非常简单，图 5-61 就给出了一个例子。该例子将二维双精度数组存储至电子表格文件，然后通过"读取带分隔符电子表格"函数，读回存储的二维双精度数组。

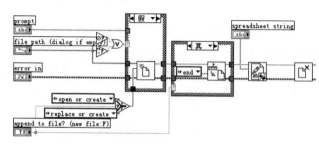

图 5-60　将电子表格字符串写入文本文件

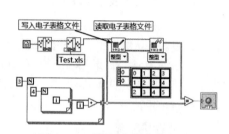

图 5-61　读/写电子表格文件

## 5.2.5　数据记录文件的读/写

数据记录文件是 LabVIEW 中特有的，这种格式的文件采用二进制方式保存数据。由于二进制文件的格式有不确定性，在使用时会产生许多问题，因此 LabVIEW 提供了具有特定格式的二进制文件，即数据记录文件。数据记录文件特别适于存储数据块。数据记录文件内部以记录的方式存储数据，一个记录就是一个完整的数据块，文件位置采用记录号定位，因此寻址非常快。

**学习笔记** 数据记录文件特别适合存储簇类型的数据。

在 LabVIEW 高级函数选板中，提供了"数据记录"函数选板，如图 5-62 所示。

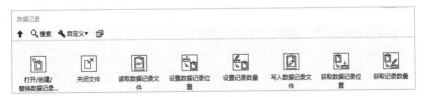

图 5-62　"数据记录"函数选板

数据记录文件的读/写也是通过打开、读/写和关闭三个步骤实现的。在创建或者打开数据记录文件时，必须指定文件中包含的数据类型。如图 5-63 所示，文件中存储的是簇，簇元素包括时间标识、整型数、一维双精度数组和字符串，整个簇是作为一个完整的记录被存储的。

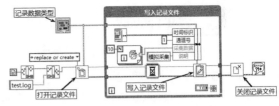

图 5-63　写入数据记录文件

写入数据记录文件时只能在文件尾部写入。也就是说，对数据记录文件只能采用添加方式写入，不允许随机写入。但是读取文件时，可以根据记录号随机读取。

如果用 open 方式打开数据记录文件来进行写操作，将自动定位到文件末尾，以添加记录的方式进行写操作。因此，写入数据记录文件不需要使用文件标记。

读文件时，如果"记录偏移量"输入端子为"–1"，则一次读取所有记录，如图 5-64 所示。定位记录后，指定记录偏移量，可以一次读取一个或者多个记录，如图 5-65 所示。

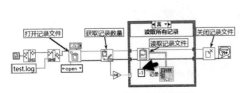

图 5-64　读取全部记录

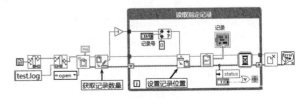

图 5-65　随机读取记录

### 5.2.6　读/写二进制文件

二进制文件是最常见的计算机文件。它占用空间最小，适合于连续存储大量数据。同时，它的存储格式与数据在内存中的存储格式一致或者类似，很多情况下甚至就是内存的映射。因此，无论是存储还是读取，二进制文件都是速度最快的，而且它还具有非常高的安全性。因为如果不知道数据的格式，就很难分析出文件的内容。

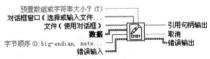

图 5-66　"写入二进制文件"函数

**1. 写入二进制文件**

二进制文件的创建或者打开方式与文本文件相同，它们的区别在于读/写函数。"写入二进制文件"函数的说明如图 5-66 所示。

"写入二进制文件"函数与"平化至字符串"函数非常类似，实际上，LabVIEW 是把数组或者字符串平化后存入文件的。其中的"预置数组或字符串大小？"输入端子在默认情况下为 TRUE，表示将数组或者字符串长度一同写入文件。"字节顺序"端子设置的其实就是数据大小端。

**学习笔记** 二进制文件支持一次性读/写和磁盘流读/写两种方式，支持随机读/写。

默认情况下，需要预置数组或者字符串长度。如图 5-67 所示，分别写入 1000 个 I32 整型数据和 1000 个 DBL 数据，则写入的字节数应该是 4000 和 8000。由于在头部写入了数组长度信息，附加了 4 字节来表示数组长度，因而文件的总长度分别为 4004 和 8004。在 Windows 操作系统中查看文件详细信息，可以看到这两个文件的大小的确和写入的数据数相同。在 HEDIT 工具中，可以看到，文件前 4 字节分别为 00、00、03 和 E8，将它们转换成十进制就是 1000，这就是数组的长度。如果查看平化后的字符串，会发现平化字符串和二进制文件中存储的数组格式完全相同。

**学习笔记** LabVIEW 的二进制文件中的字符串是平化字符串。

### 2. 一次性读取二进制文件的全部数据

在图 5-67 中，并没有使用创建和打开文件函数，由此可以看出，"二进制文件"函数是支持一次性写入的。在图 5-68 中，也没有使用创建和打开文件函数，这说明二进制文件也支持一次性读取全部数据。

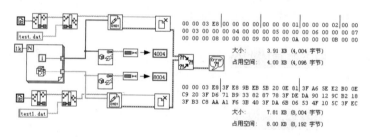

图 5-67 将数组写入二进制文件，包括长度

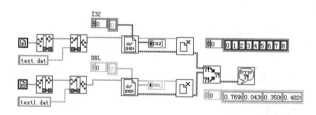

图 5-68 一次性读取数组数据

将数组或者字符串写入数组时，必须写入长度信息，否则 LabVIEW 无法自动解析数据。

### 3. 随机读取二进制文件

二进制文件不仅支持以复合数据类型读写，还支持以字节为单位读写。我们知道，test.dat 文件的前 4 字节代表数组的长度，如图 5-69 所示，左边的程序框图在文件开始位置读取一个 I32 型数据，该数据为 4 字节，表示数组长度，数组长度为 1000。右边的程序框图以字节为单位读取 4 字节数据，将读取到的数据 0X3E8 转换为十进制即为 1000，两种方法结果相同。

在图 5-70 中，"读取二进制文件总数"输入端子连接–1，表示读取所有数据。"数据类型"端子未连接，默认为字符串。因此，"读取二进制文件"函数返回的是字符串，其包括数组的长度信息。通过还原平化字符串，一样可以得到存储的数组。如果连接"数据类型"端子，则可以直接返回对应类型的数据。

图 5-69　读取数组长度

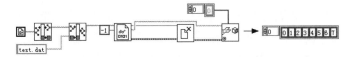

图 5-70　以字节方式读取整个数组

#### 4. 以磁盘流方式读/写二进制文件

更常见的是以磁盘流方式读/写二进制文件。下面的例子通过字节序号读取一个 I32 型数据，如图 5-71 所示。通过不同序号（从文件开始位置算起，偏移量等于序号乘以 4）可读取不同位置的 I32 型数据。

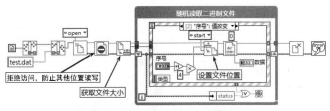

图 5-71　随机读取二进制文件

### 5.2.7　INI 文件的读/写

在 Windows 95 以前，Windows 操作系统还没有引入注册表的概念，当时 Windows 是利用 INI 文件来存储计算机相关配置信息的。Windows 提供了丰富的 API 函数用于操作 INI 文件，LabVIEW 也专门提供了函数选板，封装了这些 API 函数。LabVIEW 也使用 INI 文件来存储配置信息，在 LabVIEW 中，生成执行文件后也自动生成一个 INI 文件。

#### 1. INI 文件的适用场合

LabVIEW 主要在下列情况下使用 INI 文件：

◆ 存储前面板或前面板特定控件的默认值和当前值。

◆ 存储本次应用程序的运行结果，以便在下一次运行时调用它。

◆ 存储硬件配置信息。

存储硬件配置信息是非常重要的。例如，一般的板卡都有 16 个数字输出，并且通过继电器来控制外部设备。继电器比较容易损坏，通常 16 个继电器中有备用的。那么，如何在不改变软件和硬件的情况下把输出更改到另外的继电器上呢？只需要简单地改动一下外部接线就可以了。而有了配置文件就可以轻松实现这一目的。

#### 2. INI 文件的基本格式

INI 文件非常简单，是特殊格式的文本文件。可以用 Windows 记事本直接打开 INI 文件，它是一个简单的树形结构。INI 文件格式说明如下：

```
[section1]
```

```
key1_section1=Value1
key2_section2=Value2
key3_section3=Value3
[section2]
key1_section2=value1
key2_section2=value2
key3_section2=value3
```

从上面的代码可以看出 INI 文件结构非常简单。每个 INI 文件由一个或多个段组成，由"[ ]"内部的字符串来区别不同的段，而每个段由一系列键名和键值组成。等号左边的字符串称为键名，等号右边的字符串称为键值，键值的类型可以是布尔型、双精度浮点数、I32 整型、U32 整型、字符串和路径等。

### 3. 读/写 INI 文件

图 5-72 所示的是 LabVIEW 专门提供的操作 INI 文件的函数选板，位于"文件 IO"选板中。

图 5-72 "配置文件 VI"选板

写入 INI 文件也包括打开、读/写、关闭三个基本步骤。输入段名、键名和键值，调用"写入键"函数，就可以完成写入。图 5-73 和图 5-74 演示了如何读/写 INI 文件。读/写键函数为多态函数。图 5-73 演示了如何把包含多个 U32 型数据的簇写入 INI 文件中，簇的标签作为段名称，簇中的每个控件的标签作为键名称。

图 5-74 所示例子读取在图 5-73 中写入的数据，其中"获取段名"函数返回 INI 文件中的所有段名称。示例中只有一个段，所以字符串数组中的 0 索引对应的元素就是 DAQ。利用"获取键名"函数返回段中包含的所有键。通过循环得到所有键对应的键值，然后将它们强制转换为簇。

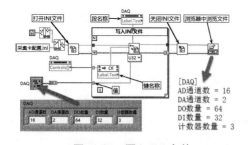

图 5-73 写入 INI 文件

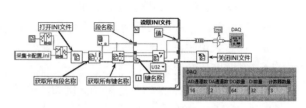

图 5-74 读取 INI 文件

**学习笔记** INI 文件包括段、键名和键值三部分。

### 4. OpenG 中的 INI 函数

INI 文件的读取非常简单，但是 LabVIEW 提供的"配置文件 VI"函数仅支持标量的存取。如图 5-75 所示，OpenG 也提供了用于操作 INI 文件的函数，这些函数可以直接操作簇和数组。

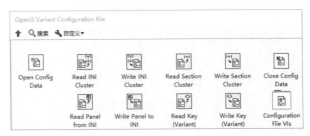

图 5-75　OpenG 中的 INI 函数选板

OpenG 中的 INI 函数选板中的函数按照功能可以分成如下几类。

（1）记录和恢复前面板上所有控件的当前值函数

图 5-76 演示了如何记录和恢复前面板上所有控件的当前值。这个功能非常有用。在某些应用场景中，需要累加有些数据，比如设备运行时间或者加工零件数量。对于需要累加的数据，在关闭程序时，必须记录控件的当前值。以便在下次程序启动时，读入文件中记录的值。

在设计程序时，将读取 INI 文件的部分和写入 INI 文件的部分分别封装成两个子 VI，这样有利于程序的模块化。

图 5-76　恢复与记录前面板控件的当前值

**学习笔记**　可利用 OpenG 提供的函数记录和恢复前面板控件的当前值。

（2）记录或者读取簇中的所有元素（不指定段名称）函数

通常情况下，不需要记录前面板上所有控件的值，需要记录的是特定数据结构的值。特定的数据结构一般使用自定义簇表示。因此，记录和读取簇是非常常见的操作。图 5-77 演示了如何记录和读取簇中的所有元素。如果不指定段名称，则自动把簇的标签作为段名。

图 5-78 演示了如何记录和读取簇中所有元素，并使用我们自己定义的段名称。

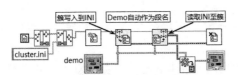
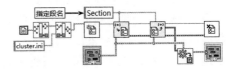

图 5-77　记录和读取簇，将簇标签作为段名　　　图 5-78　记录与读取簇，指定段名

## 5.2.8　XML 文件的读/写

可扩展标记语言（eXtensible Markup Language），简称为 XML。XML 的规则很简单，XML 文件可以用来显示结构性数据，比如簇、数组等。XML 已经成为跨操作系统、跨平台交换数据所使用的标准数据格式。

新版本的 LabVIEW 提供了 XML 的相关操作函数，图 5-79 所示为 XML 函数选板，该函数选板主要包括将任意类型数据结构平化为 XML 字符串、从 XML 字符串还原为数据结构以及 XML 文件读/写等函数。

图 5-79　XML 函数选板

XML 文件中包含的是文本型数据，可以用各种文本编辑器浏览。图 5-80 演示了各种标量数据在 XML 中是如何被表示的，从而也使我们对其构成规则有了一定的认识。

从图 5-80 可以看出，XML 基本元素从<>开始，至</>结束。一个基本的标量数据，从<数据类型>开始，到</数据类型>结束。其内部包括两个基本元素：控件的标签名单元及控件的值单元。因为 XML 字符串包含了控件的标签名及数值，所以很容易把 XML 字符串还原成控件。

XML 文件构成的规则非常简单，就是基本元素的层层嵌套，图 5-81 演示了数组、簇在 XML 中的表示方式。

图 5-80　标量数据的 XML 格式　　　　图 5-81　数组、簇的 XML 格式

数组 XML 从<Array>开始，至</Array>结束。其中还包含了数组的大小，图 5-81 演示的是一维数组的表示方式，其中包含了 3 个 U32 型数据，分别是 1、2、3。注意数组中每个元素的标签名都是相同的，这符合数组的规则。

簇 XML 从<Cluster>开始，至</Cluster>结束。其中还包含了簇元素数量，图 5-81 中所示的簇包括两种标量，分别是 DBL 与布尔。

无论数组还是簇，从 XML 的角度看，都是单一的数据类型，可以将其看成单一的元素。通过连接多个 XML 字符串，可以构成多元素的 XML 字符串。

在还原 XML 字符串至数据结构函数中，需要用户指定数据类型。如果指定的数据类型与 XML 中的数据类型不一致，则会发生错误。

通过"写入 XML 文件"函数，可把 XML 字符串写入文件中。通过"读取 XML 文件"函数，可返回 XML 字符串。"读取 XML 文件"函数为多态函数，可以返回一个单一的元素，也可以返回多个元素，从而构成字符串数组。如图 5-82 所示，把数组、簇的 XML 字符串合并成一个字符串，并写入 XML 文件中。然后读取该 XML 文件，并还原成数组与簇。

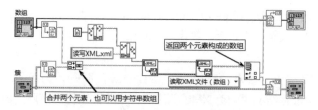

图 5-82　读写 XML 文件

以上介绍了读/写 XML 文件的方法。对于更为复杂的 XML 文件，新版本提供了 XML 解析器函数选板，这里的函数可以操作更为复杂的 XML 文件。

## 5.2.9 注册表的读/写

Windows 注册表的重要性是不言而喻的，Windows 绝大部分重要信息都记录在注册表中。读取注册表是在 Windows 编程中的常见操作。注册表是特定格式的二进制文件，可使用 Windows 的注册表编辑工具 regedit.exe 进行编辑。Windows 同时也提供了常用的 API 函数来操作注册表。由于注册表操作的复杂性和危险性，对不熟悉 Windows 系统编程的程序员而言，编辑注册表有一定难度，因此 LabVIEW 特别封装了注册表 API 函数，简化了注册表编程工作。

在"互联接口"函数选板中提供了关于注册表操作的函数选板，如图 5-83 所示。

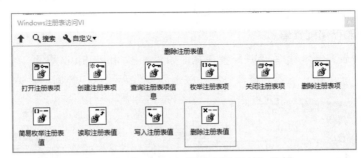

图 5-83 "Windows 注册表访问 VI"选板

Windows 注册表采用树形结构，所有的信息都是从注册表的"根项"开始存放的。通过子项的名称可以找到注册表值名称。值的类型可以是简单字符串、U32 或者二进制数据。LabVIEW 为注册表提供了枚举数据类型，直接选择使用就可以了。

### 1. 读取 LabVIEW 在注册表中的信息

图 5-84 演示了如何通过读取注册表获得 LabVIEW 版本、序列号等信息。

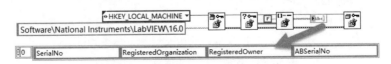

图 5-84 枚举注册表子项中所有的值名称

在编辑注册表时，必须保证输入的子项是正确的，子项不能以"\"开始，否则会发生子项无法找到错误。通过"查询注册表项信息"函数可以获得注册表子项中值数量、值名称的最大长度和数据的最大长度信息，然后通过"枚举注册表项"函数，可获得当前子项中所有的值名称。

指定值名称，然后调用"读取注册表值"函数，就可以读取值数据，如图 5-85 所示。

图 5-85 读取注册表值

结合图 5-84 与图 5-85 所示功能，我们很容易读取指定子项下所有的值名称与值数据，如图 5-86 所示。

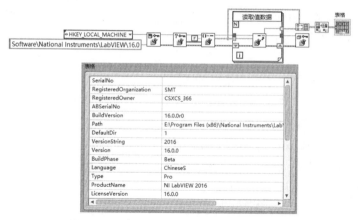

图 5-86　读取子项下所有值名称与值数据

#### 2. 利用注册表存储配置信息

可以通过注册表方便地读/写用户配置信息，如图 5-87 和图 5-88 所示。注册表能实现和 INI 文件同样的功能，缺点是一旦重做操作系统，注册表中保存的用户数据会丢失。

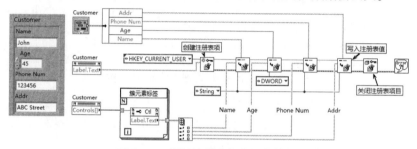

图 5-87　通过注册表保存用户信息

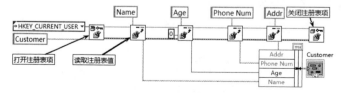

图 5-88　读取注册表中保存的用户信息

注册表仅适合保存较少的二进制数据，利用注册表可以实现许多系统功能，例如，应用程序的自动运行。把应用程序名写入注册表 Run 项中，即可实现应用程序的自动运行。注册表 Run 项的位置在 LOCAL_MACHINE\SOFTWARE\Microsoft\Windows\CurrentVersion\Run。

### 5.2.10　TDM 文件

早期的 LabVIEW 虽然支持多种格式的文件，但是它并没有一个真正完善的数据管理系统。在很多场合，LabVIEW 不得不借助于常规数据库来做一些数据管理工作，但是常规数据库对于中高速数据采集显然是不合适的。原因在于采集的数据量非常大，用一般的数据库无法满足存储速度的要求。

#### 1. TDM 文件的基本构成

LabVIEW 8.X 后，这种情况得到明显改善，LabVIEW 首先引入了 TDM（Technical Data Management）数据管理技术，然后又引入了 TDMS 流式技术，这使得快速存储和查询、管理采集数据成为可能。

TDM 采用文件、通道组和通道三层结构来描述和记录数据。每一层都包含固有属性，也可以自定义属性。可以将 TDM 文件理解成小型的关系数据库，其中，文件自然相当于数据库，通道组相当于数据库的表，而通道可以理解成不同的字段。

一个完整的 TDM 包括两个文件：tdm 和 tdx 文件。tdm 类型文件记录的是属性信息，比如文件的作者、通道组名称、通道名称和信号单位等。tdm 文件是 XML 格式的文件，可以使用普通浏览器打开它，查看它的具体内容。tdx 文件是纯粹的二进制数据文件，用来记录动态数据类型信号。

由于 TDM 采用各种属性来描述采集的数据（相当于数据库的索引方式），因此可以快速定位、写入和查询它的数据。

### 2. 读写 TDM 文件

LabVIEW 提供了一些操作 TDM 文件的快速 VI。快速 VI 的输入和输出端子既可以通过对话框配置，也可以引出，供用户动态修改。LabVIEW 的快速 VI 适于快速搭建数据采集存储系统。但是对 LabVIEW 非常熟悉的编程者，一般不愿采用快速 VI。毕竟快速 VI 在简化编程的同时，也丧失了一定的灵活性。TDM 的快速 VI 选板如图 5-89 所示。

TDM 文件的读/写过程也遵循打开、读/写和关闭三个步骤。图 5-90 显示了非常简单的 TDM 文件的读/写过程。例子中未添加任何文件属性和通道组属性信息，而是采用默认属性。通过快速 VI 产生的正弦波形和锯齿波形被写入 TDM 文件，然后读取文件并显示波形。

图 5-89 TDM 的快速 VI 选板

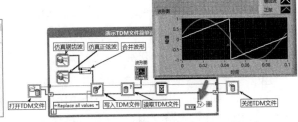

图 5-90 简单的 TDM 读/写流程

**学习笔记** 布尔运算可直接连接错误簇，不再需要解除捆绑。（新特性）

快速 VI 使用非常方便，VI 的输入、输出端子可以通过对话框配置。对于"打开数据存储"快速 VI，在配置对话框中可以设置如下选项。

◆ **存储文件格式**：支持两种格式，TDM 和 TDMS 高速流式。

◆ **文件名称**：可以使用文件对话框选择需要操作的文件名称，也可以采用常规方式，由输入端子引入文件名称。

◆ **选择打开方式**：和一般文件操作相同，可以选择创建、替代和打开等多种方式。

对于"写入数据"快速 VI，需要配置的参数是"添加替换数据值"输入端子，这是一个枚举型数据，有以下三种选择。

◆ **添加**：在现有值的末尾添加新值，相当于一般文件的添加操作。

◆ **替换索引位置的值**：根据程序框图上连接到索引接线端的索引，在指定索引处替换值。这相当于随机写操作，指定位置的数据被覆盖，如果写入数据超过覆盖范围，则相当于添加数据。

◆ **替换全部**：将全部现有值替换为新值。删除通道原来的数据，写入新的数据。

**学习笔记** 利用"添加替换数据值"输入端子，可以实现数据的添加和随机写入。

### 3. TDM 文件属性设置

TDM 数据系统的最大特点是采用了三层结构，每一层结构都有可以设置的属性，通过属性可以快速定位数据。LabVIEW 提供了"设置多个属性"和"获取多个属性"两个函数，用来控制 TDM 属性。图 5-91 所示的例子模拟了发动机数据的采集存储。首先打开文件，写入文件属性，包括名称、标题、作者等。通过属性对话框，根据需要可以自定义多个文件属性。然后创建通道组，设置通道组属性，写入波形数据至通道。通过分组写入 4 路仿真波形信号，两路正弦波信号和两路锯齿波信号，如图 5-91 所示。注意，在通道中不仅可以写入波形数据，也可以写入字符串、数值等各种类型数据。

属性的分层读写是通过引用实现的。在文件层，打开文件后返回存取引用句柄，即通常的文件句柄。在通道组层，通过存取引用句柄查询通道组，获得通道组引用句柄。在通道层，通过通道组引用句柄，获得通道句柄。这样通过各类句柄，就可以读取或者设置不同层次的属性，如文件属性、通道组属性和通道属性等。在图 5-92 中，通过打开的存取引用句柄，获取了 TDM 文件的属性，包括标题、作者、通道组等。

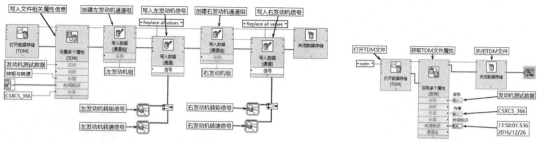

图 5-91　分组写入波形数据　　　　　　　　图 5-92　获取文件属性

由于一个文件可以包括多个通道组，故通过文件属性获得的是通道组引用句柄的数组。通过通道组引用句柄数组，可以获得特定的通道组引用句柄。通过特定通道组的引用句柄，就可以获得特定通道的属性。如图 5-93 所示的程序框图读出在图 5-91 中写入的波形数据。

TDM 正在逐步被 LabVIEW 8.2 之后推出的 TDMS 取代。TDMS 的存取速度更快，编辑方式也与普通 VI 相同，更适合新用户使用。

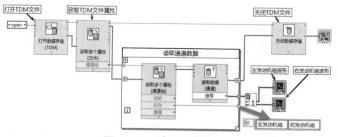

图 5-93　读取通道组 VI

## 5.2.11　TDMS 文件

TDMS 文件是 NI 公司新推出的数据管理系统，TDMS 文件以二进制方式存储数据，所以文件尺寸更小，存取速度更快。因此，它在具备二进制文件优点的同时，又具备关系型数据库的一些优点。据 NI 公司测试，TDMS 格式文件的存取速度能达到 600MB/s。这样的存取速度能满足绝大多数数据采集系统存取的需要。

### 1. TDMS 的基本构成

如此之快的存取速度得益于 TDMS 内部的结构。TDMS 与 TDM 一样采用三层的逻辑结构，但是它们的物理结构是完全不同的。

与 TDM 类似，TDMS 也分为文件、通道组和通道三部分。三种对象的关系是逻辑层次关系，处于顶层的是文件对象。文件对象包含固定的属性和用户自定义的属性，每个文件对象可以包含任意数量的通道组对象。同样的，通道组对象也包含属性，比如名称等，每个通道组对象可以包含任意数量的通道对象。通道对象也同样具有自己的属性，比如信号、名称等。其中，只有通道属性包括原始数据，通常是一维数组。

LabVIEW 专门提供了 TDMS 文件函数选板，其位于"文件 IO"选板中，如图 5-94 所示。

TDMS 的读/写与一般格式的文件基本相同，也包括打开、读/写、关闭三个步骤。

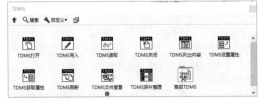

图 5-94　TDMS 函数选板

### 2. 简单文件读/写

简单文件读/写的过程如图 5-95 所示。结束循环后，调用"TDMS 文件查看器"函数。TDMS 查看器用于浏览 TDMS 文件，该文件包括文件属性、组属性、通道属性、通道数据等信息。通道数据既可以用表格方式显示，也可以用波形图方式显示。

在图 5-95 中，写入数据时未指定组名称和通道名称，所以在查看器中组名、通道名均显示为"未命名"。

"TDMS 写入"函数可以接受各种数据类型数据作为输入，包括：

◆ 波形数据，或一维、二维波形数组
◆ 数字表格
◆ 动态数据
◆ 一维或二维数组，数组元素类型可以是：
  • 有符号或无符号整数
  • 单精度、双精度或扩展精度数值
  • 不包含空白字符的由数字和字符组成的字符串
  • 时间标识
  • 布尔型数据

通过设置通道组和通道，可以记录不同类型的数据。如图 5-96 所示，在"测试组"中，包括三个通道，分别记录了双精度、时间标识和整形数据。

图 5-95　利用 TDMS 文件存储随机数并显示

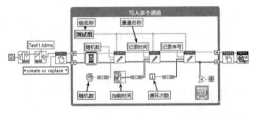

图 5-96　在 TDMS 文件中写入多种类型数据

在读取 TDMS 文件时，需要指定文件名、通道组名称、通道名和通道的数据类型，如图 5-97 所示。

"TDMS 读取"函数还允许指定偏移量和总数，从而可以实现 TDMS 文件的随机读取。假如指定偏移量为 1，总数为 3，即从第 2 个数据开始，读取 3 个数据。第 1 个数据偏移量规定为 0。

### 3. 波形数据的写入和读取

TDMS 文件高速存取的特性使得它特别适合于存取海量数据。TDMS 文件在数据采集应用中，经常用于存取波形数据。图 5-98 所示为在 TDMS 文件中同时写入多组波形数据。图 5-99 所示为在 TDMS 文件中同时读取多组波形数据。

在图 5-98 中，既可以一次读取全部波形数据，也可以随机读取。通过指定偏移量和总数，可以分段随机读取数据。

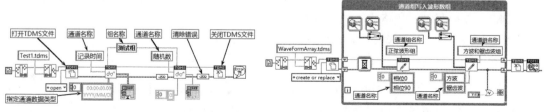

图 5-97　在 TDMS 文件中读取多种类型数据　　　　图 5-98　存储波形数据

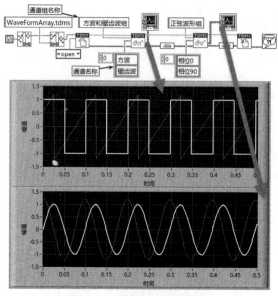

图 5-99　读取波形数组数据

### 4. 表格的写入和读取

TDMS 允许存取二维数值数组或者字符串数组，数组的每一列作为一个通道，如图 5-100 和图 5-101 所示。存储表格数据时需要注意，不允许有空字符串。遇到空字符串时，可以采用空格或者其他不可打印字符代替，然后再存储。

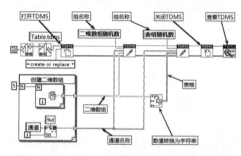　　　　　　　　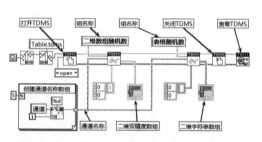

图 5-100　写入二维数值数组和字符串数组　　　　图 5-101　读取二维数值数组和字符串数组

**学习笔记**　在 TDMS 文件中写入字符串表格数据时，表格中不允许有空字符串。

#### 5. TDMS 文件的属性

通过 "TDMS 列出内容" 函数，可以查看通道组名称和通道名称。若不输入 "通道组名称" 参数，函数将返回所有通道组名称和所有通道名称。输入通道组名称，则返回对应通道组的所有通道名称，"TDMS 列出内容" 函数的用法如图 5-102 所示。

通过 "TDMS 设置属性" 函数和 "TDMS 获取属性" 函数，可以设置或者获取文件、通道组、通道的属性，可以为文件、通道组和通道设置任意数量的属性。

#### 6. TDMS 文件的内置属性

可以为 TDMS 文件设置任意数量的属性。同时，TDMS 文件也存在固有的属性。跟踪 "TDMS 查看器" 函数，可以看到该函数使用了两个 TDMS 文件的内置属性：NI_DataType 和 NI_ChannelLength。

NI_DataType 返回通道数据的类型码，通过类型码可以判断通道存储的数据类型。

NI_ChannelLength 返回通道包含元素的个数，即长度，通过通道长度可以判断是否读取到通道尾部，如图 5-103 所示。

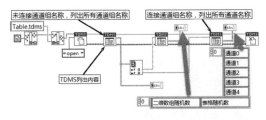

图 5-102　列出通道组名称与通道名称

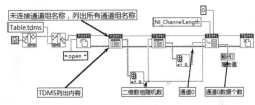

图 5-103　通道长度

使用 "TDMS 设置属性" 函数可重命名 .tdms 文件中的组和通道。将 NI_UpdateGroupName 端子连线至 "属性" 输入端可以对通道组重新命名，将 NI_UpdateChannelName 端子连线至 "属性" 输入端则可对通道重新命名。

## 5.3　小结

本章通过大量示例详细介绍了字符串和文件操作常用函数的用法。字符串和文件操作是 LabVIEW 编程难点之一，尤其是文件操作。与常规语言相比，LabVIEW 支持的文件类型更为丰富，这充分体现了面向应用的特点。针对不同的应用，选择不同的文件系统，这是 LabVIEW 非常显著的特点。例如，由于报警操作是随机的、不确定的，故通常采用文本文件存取数据，这样有利于用户直接查看。对于采集的数据，由于数量比较大，而且要求写入和读取的速度很快，因此采用二进制文件存取数据比较合适。随着 LabVIEW 功能的不断完善，文件操作已经由简单的记录数据发展到管理数据，文件的功能越来越强大。尤其是 TDMS 文件的引入，使 LabVIEW 具备了高速数据管理功能。TDMS 文件的一项重要用途是存取 LabVIEW 中的波形数据，需要好好研究该文件类型。

◆　　　　　◆　　　　　◆

# 第 2 部分　高级篇

# 第 6 章  LabVIEW 对象的解析

　　属性和方法是面向对象编程中的基本概念，在 ActiveX 中也是通过属性和方法来描述控件的。属性通常是指控件的内在特性或者性质，如标题、字体、颜色、大小等。方法是供外部程序调用的，是完成特定任务的函数。例如，一个计算器控件，为其输入相应的数值和符号，它就会执行运算并返回结果。

　　LabVIEW 不是面向对象的编程语言，但是它的控件却是典型的面向对象的结构。熟悉面向对象编程的人都非常清楚，一个面向对象的结构是从基类一步一步继承而来的，LabVIEW 的控件也是如此。一个复杂的控件通常是由几个基本的控件组合而成的。

## 6.1  LabVIEW 控件对象的层次继承结构

　　LabVIEW 的控件对象是典型的层次继承结构，每个类可以继承父类的所有属性、方法和事件。比较复杂的控件还可以进行多重继承。通用类是所有图形控件的基类，所有的图形控件都是从通用类继承而来的。学习过 C 语言的读者知道，子类和父类的指针是可以相互转换的。LabVIEW 使用了"引用句柄"的概念，控件的引用句柄类似于类的指针。因此，通过控件的引用句柄转换，可逐级找到控件的上级基本类。

　　在"应用程序控制"函数选板中，提供了"转换成特定的类"函数和"转换成通用类"函数。前者把当前引用句柄转换成更为具体的类，也就是子类。后者把当前引用句柄转换成更为通用的类，也就是它的父类。

### 6.1.1  布尔控件的层次继承结构

　　下面介绍布尔控件的层次继承结构。可以通过布尔控件的快捷菜单创建布尔控件的引用，通过"转换成通用类"函数把布尔引用转换成通用类句柄，如图 6-1 所示。

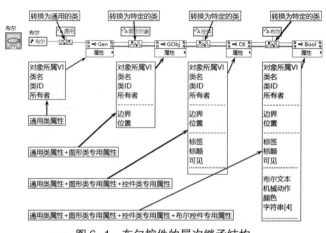

图 6-1　布尔控件的层次继承结构

　　从图 6-1 可以看到，通用类具有对象所属 VI、类 ID、类名和所有者 4 个属性。通用类是所有图形控件的父类。

> **学习笔记** 通用类包含 4 个属性：对象所属 VI、类 ID、类名和所有者。

图形对象类继承了通用类的 4 个属性，同时又增加了"边界"属性和"位置"属性。通过快捷菜单的分隔线，可以明显看到它的分层结构，位于最上部的是通用类的属性。

在图 6-1 中，控件类的属性和布尔类的属性没有完全显示，但是它们的属性是逐步增加的。新增的属性以分隔线隔开，表示这些属性分属于不同的类型。

## 6.1.2 通用类的属性

引用句柄在 LabVIEW 中无处不在。不仅控件具有引用句柄，VI、前面板、文件、硬件设备等都有引用句柄。从逻辑关系上看，应用程序包含 VI，VI 包含前面板，前面板包含控件。因此，控件隶属于前面板，当然也隶属于特定的 VI。

### 1. 通用类的 4 个基本属性

通用类包含以下 4 个基本属性。

◆ 对象所属 VI 与所有者："对象所属 VI"属性返回的是所属 VI 的引用句柄。"所有者"属性返回的是 VI 前面板的引用句柄，如图 6-2 所示。由于前面板为顶层对象，因此它没有所有者属性。

◆ 类 ID 与类名：LabVIEW 内部为每种"控件类"都提供一个识别号，用来区分不同类型的控件类。这个识别号称为类 ID（ClassID）。类 ID 既可以用数值来表示，也可以用字符串表示。每一个类 ID 对应一个唯一的字符串（称为类名，ClassName），如图 6-3 所示。

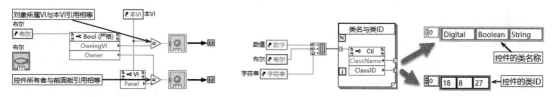

图 6-2 对象所属 VI 和所有者　　　　　　图 6-3 类 ID 和类名

> **学习笔记** 类 ID 和类名用于区分不同类型的控件类。

随着 LabVIEW 版本的不断更新，控件类也在不断增多，这里用表 6-1 对它们进行了总结。

表 6-1 常用的类 ID 和类名

| ID | Name | ID | Name | ID | Name | ID | Name |
|---|---|---|---|---|---|---|---|
| 1 | Application | 19 | NamedNumeric | 37 | Plot | 55 | TabArrayTabControl |
| 2 | VI | 20 | ColorRamp | 38 | Cursor | 56 | ConPane |
| 3 | Generic | 21 | Slide | 39 | NumericText | 57 | DaqmxName |
| 4 | Decoration | 22 | GraphOrChart | 40 | Scale | 58 | VIRefNum |
| 5 | Text | 23 | WaveformChart | 41 | ColorScale | 59 | LVObjectRefNum |
| 6 | Control | 24 | WaveformGraph | 42 | GraphScale | 60 | AbsTime |
| 7 | ColorBox | 25 | IntensityChart | 43 | ColorGraphScale | 61 | DigitalTable |
| 8 | Boolean | 26 | IntensityGraph | 44 | TypedRefNum | 62 | TableControl |
| 9 | RefNum | 27 | String | 45 | OldKnobScale | 63 | MulticolumnListboxContrl |
| 10 | Variant | 28 | IOName | 46 | MCListbox | 64 | SingleColumnListbox |
| 11 | Path | 29 | ComboBox | 47 | MeasureData | 65 | SubPanel |
| 12 | ListBox | 30 | Cluster | 48 | BVTag | 66 | TreeControl |
| 13 | Table | 31 | Panel | 49 | DAQName | 67 | GenClassTagRef |

续表

| ID | Name | ID | Name | ID | Name | ID | Name |
|----|------|----|------|----|------|----|------|
| 14 | Array | 32 | Knob | 50 | VISAName | 68 | GenClassRef |
| 15 | Picture | 33 | NumWithScale | 51 | IVIName | 69 | RotaryColorScale |
| 16 | ActiveXContainer | 34 | Ring | 52 | SlideScale | 70 | PlugInControl |
| 17 | Numeric | 35 | Enum | 53 | TabControl | 71 | PlugInDD0DummyContainer |
| 18 | Digital | 36 | GObject | 54 | Page | 72 | Undefined |

类 ID 和类名数目众多，通常被做成枚举常量。枚举的数值代表 ID，枚举的项目名称表示类名。这样在编程中就不需要再查找它的值和名称了。

### 2. 通用类基本属性的应用

类 ID 和类名在统计 VI 信息和批量修改控件属性方面非常实用，下面列举两个具体实例。

（1）获取簇元素的引用

如图 6-4 所示，这里假设簇中只包含一个布尔控件，通过簇的引用和"取得所有对象"属性节点，利用类 ID 过滤控件引用，取得布尔控件的引用。取得布尔控件引用后，把布尔文本由"确定"修改成"取消"，并更改布尔文本前景色为红色。

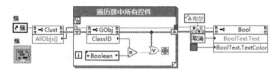

图 6-4　修改布尔文本及其颜色

（2）批量处理控件

在使用 LabVIEW 进行程序设计时，经常遇到需要批量处理控件的情况。例如，遇到重大故障时，需要让所有的报警指示灯闪烁。如果指示灯的数量较少，可以将指示灯的各个引用组成数组，一起处理。但是如果指示灯数量很多，这样做就不现实了。此时利用类 ID 和类名可以解决批量处理的问题。

下面两个例子（图 6-5 和图 6-6）完成同样的功能。图 6-5 中所用的方法是，每增加一个指示灯，就需要增加一个引用句柄。

图 6-6 所用的方法则避免了多个引用的问题。它通过遍历窗格中所有的引用，找到所有布尔指示灯的引用，一起修改了它们的相同属性。

图 6-5　批量处理控件属性的常规方法

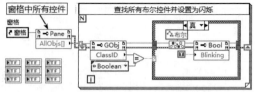

图 6-6　批量处理控件的推荐方法

**学习笔记** 通过类 ID 和类名遍历控件引用，可以批量修改控件的属性。

### 3. 建立通用属性节点

上述例子中的属性节点不能通过控件快捷菜单建立，因为它们未连接至任何控件，需要使用"应用程序控制"函数选板中的"属性节点"函数来连接。通用类和专用类的相互转换函数也位于这个选板中，如图 6-7 所示。

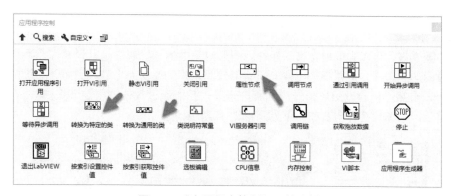

图 6-7　"应用程序控制"函数选板

图 6-7 中的"VI 服务器引用"函数在之前例子中已经多次使用过，该函数为多态函数，可以返回应用程序引用、VI 引用或窗格引用。通过函数的快捷菜单或者工具选板中的操作值工具，可以选择返回三种引用中的一种。

通过前面板滚动条的快捷菜单可以创建窗格引用。创建窗格引用后，可以通过快捷菜单将其修改为 VI 引用或应用程序引用。这种方法与图 6-7 中的"VI 服务器引用"函数执行的操作相同。

图 6-8

通过继承通用对象类，LabVIEW 创建了 4 个子类，分别是曲线类、图形对象类、页类和游标类，如图 6-8 所示。这几个类近似于面向对象编程中的虚拟类。它们只能作为其他类的父类，无法具体实例化。

所有的控件对象类均继承于基本的图形对象类，后面我们将沿着这个方向继续研究控件的属性。

### 6.1.3　图形对象类

图形对象类继承了通用类的 4 个基本属性——对象所属 VI、类 ID、类名和所有者，又增加了两个新的属性——边界和位置，如图 6-9 所示。

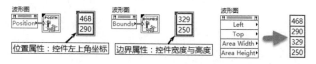

图 6-9　图形对象类的位置和边界属性

LabVIEW 的所有控件对象都继承了边界和位置属性。位置属性、边界属性使用簇来描述，位置属性描述的是一个坐标点，该点为控件矩形范围的左上角点，而边界属性描述的是矩形的宽度和高度。包括簇的属性节点可以使用簇，也可以直接使用簇元素。

**学习笔记**　位置和边界采用的单位是像素点。

位置和边界属性既可以返回簇的数据类型，也可以返回单个元素。不同的编程语言描述矩形时采用的方法是不同的。有的采用两个点来描述，即矩形的左上角点和矩形的右下角点。有的则采用 LabVIEW 的这种描述方法——左上角点和边界的方法。这两种方法很容易相互转换，转换方法如图 6-10 所示，该图中也演示了计算矩形中心点的方法。

控件属性分为只读属性和读/写属性，比如通用控件的 4 个基本属性都是只读属性。只读属性意味着 LabVIEW 不允许用户动态更改它，比如类 ID。而读/写属性则不同，是允许用户动态修改的，比如位置属性。

学习笔记 通过属性节点的快捷菜单可以转换属性的读/写方式。

通过位置属性，可以实现动态移动控件。图形对象类的边界属性是只读属性，不能通过该属性动态修改图形的边界，但并不是控件的所有部分都是不能改变大小的。例如，图片控件的绘图区域的大小，虽然不能通过图形类的边界属性修改，却能通过其他的属性节点修改。如图 6-10 右侧框图所示，把图片控件向右和向下分别移动 10 个像素。

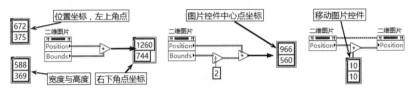

图 6-10　右下角点和中心点的计算

## 6.2　图形对象类的子类

以图形对象作为父类，可以创建标尺类、窗格类、分隔栏类、控件类、前面板类和修饰类。其中窗格类、分隔栏类、前面板类都是可以实例化的类，也就是说我们可以直接使用这些类，如图 6-11 所示。

图 6-11　图形对象的子类

### 6.2.1　前面板类

前面板是我们再熟悉不过的概念了，它具有自己的属性和方法。因为前面板类继承于图形对象类，所以它已经具有了类名、所属 VI、位置和边界属性。

**1. 前面板的专用属性**

前面板类的层次继承结构如图 6-12 所示。除了继承通用类和图形对象类的所有属性，前面板对象本身还增加了新的专用属性。

LabVIEW 8.X 后，前面板与以前的版本相比，有了很大的变化。最重要的变化是引入了窗格的概念。分隔栏控件把窗口客户区分成了不同的窗格，如图 6-13 所示。每个窗格都是独立的对象，有自己的属性和方法。

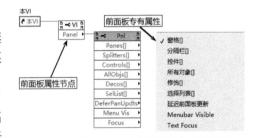

图 6-12　前面板对象类的层次继承结构

前面板的多窗格是通过创建分隔栏来实现的。前面板中包含窗格、分隔栏。窗格中包含修饰、输入控件和显示控件。因此，通过前面板的引用句柄可以获得窗格、分隔栏、控件对象和修饰的引用。

前面板类是已经实例化的类。它不同于通用类和图形类，除了具有属性，还具有自己的方法，如图 6-14 所示。前面板具有"屏幕坐标转换为前面板坐标"方法和"前面板坐标转换为屏幕坐标"方法。

学习笔记 通过前面板的方法节点，可以实现屏幕坐标和前面板坐标的相互转换，如图 6-14 所示。

**2. 前面板类应用实例**

前面板是所有控件的容器，因此，通过前面板的属性节点，可以实现控件的批量属性设置。

下面给出两个常用前面板属性节点的使用示例。

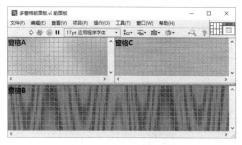

图 6-13　多窗格前面板

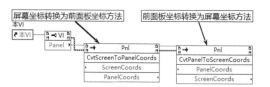

图 6-14　前面板坐标和屏幕坐标的相互转换

（1）下面的例子禁用前面板中所有的输入控件并使其发灰，禁用后用户无法操作输入控件。其中使用了 Disabled 属性节点，它有几个可选的输入值：0 表示启用；1 表示禁用；2 表示禁用并发灰。新版本提供了枚举控件，不再需要直接输入数值。通过控件的 Indicator 属性，判断控件是显示控件还是输入控件。如图 6-15 所示。

（2）前面板中的"延迟前面板更新"属性也是很常用的属性。表格控件、列表框控件、树控件包括大量的显示数据，如果每增加一个项目就更新一次数据，会导致运行速度的急剧下降。使用"延迟前面板更新"属性，可以在所有数据处理完毕后，一次性更新前面板，如图 6-16 所示。

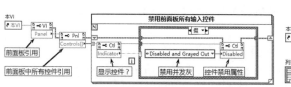

图 6-15　禁用所有输入控件并使其变灰

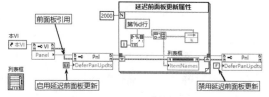

图 6-16　延迟前面板更新

**学习笔记** 使用"延迟前面板更新"属性可以提高程序的运行速度。

## 6.2.2　窗格类和分隔栏类

窗格类、分隔栏类、前面板类都是图形对象的子类，但是显然前面板类包含窗格类和分隔栏类。从面向对象的角度看，窗格类、分隔栏类的实例是前面板类的数据成员。

窗格和分隔栏是 LabVIEW 的新增特性。当新建一个 VI 时，只有一个窗格，此时它和前面板的客户区是完全一致的。通过水平分隔栏和垂直分隔栏，可以把前面板的客户区分成不同的区域，每个区域称为一个窗格，如图 6-13 所示。

窗格同控件一样，也是有标签的，但是没有标题，并且在默认情况下不显示标签。通常窗格具有水平滚动条和垂直滚动条，可以选择"始终打开"、"始终关闭"或"运行时关闭"它们。在显示窗口固定时，在编译 EXE 文件时可以选择"运行时关闭"滚动条。

通过窗格属性对话框，可以设置窗格的背景。通过窗格滚动条快捷菜单可以创建窗格的引用、属性节点和方法。窗格具有许多属性和方法，如图 6-17 所示。

**1. 窗格类的常用属性**

窗格类的常用属性包括：

◆ 背景模式和背景图像：背景图像属性用于动态设定窗格的背景。同设置桌面背景一样，可以选择拉伸、居中和平铺三种背景模式。

◆ 窗格颜色：用于设置窗格的背景色。

图 6-17　窗格控件的属性和方法

◆ 所有对象[]：用于获取窗格中所有对象的引用，包括控件、修饰等。
◆ 控件[]：用于获取窗格中包含的所有控件的引用，包括输入控件和显示控件。
◆ 修饰[]：用于获取窗格所包含的所有修饰的引用。
◆ 内容区域和原点：用于返回窗格内容区域的边界和窗格坐标原点。

窗格具有两个重要的方法："窗格坐标转换为前面板坐标"方法和"前面板坐标转换为窗格坐标"方法。

**2. 窗格类应用举例**

LabVIEW 支持使用 BMP、JPG 和 PNG 格式的图片作为背景，下面介绍如何动态更换背景，如图 6-18 所示。

分隔栏和窗格一样隶属于前面板。通过前面板可以获得窗格和分隔栏的引用，进而通过属性控制分隔栏和窗格。分隔栏的属性比较少，也没有任何方法。图 6-19 所示通过分隔栏的颜色属性来设置分隔栏的颜色。

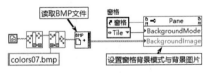

图 6-18　设置窗格背景

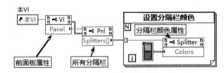

图 6-19　设置分隔栏的颜色

## 6.2.3　LabVIEW 的坐标映射

操作系统使用的是桌面坐标系，单位是像素。例如，计算机桌面坐标系的坐标原点是计算机屏幕的左上角点，水平方向为 X 轴，垂直方向为 Y 轴。

**1. 前面板窗口边界与前面板边界**

在 Windows 操作系统下，前面板窗口是标准的 Windows 窗口。这个矩形窗口是通过两个点来描述的，即窗口的左上角点和窗口的右下角点。在 LabVIEW 中，Windows 窗口用 VI 的"窗口边界属性"表示。

Windows 窗口有客户区的概念，窗口客户区即用户可用的窗口区域。一个标准窗口包括标题栏、菜单栏、工具栏、滚动条和边界框等区域。上述这些区域都是系统负责维护的，对于用户来说是不能使用的区域。在 LabVIEW 中，窗口客户区称为前面板边界，用"前面板边界属性"表示，如图 6-20 所示。

窗口边界和前面板边界的单位是像素，它们都基于桌面坐标系。通过 VI 的前面板窗口边界属性和前面板边界属性，可以获得两个窗口的左上角点和右下角点的坐标。如图 6-21 所示，这里调用了 API 函数 GetCursorPos，以返回鼠标的绝对坐标值。移动鼠标即可验证窗口边界和前面板边界的位置。

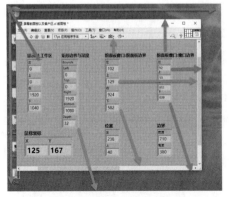

图 6-20　窗口客户区和前面板

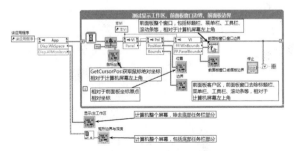

图 6-21　窗口边界和前面板边界

我们知道，任何控件都具有位置和边界属性。控件的位置没有使用屏幕坐标系，而是使用相对窗格的坐标系统。窗格的坐标原点在前面板中是浮动的，可以通过工具选板中的"滚动窗口"函数来改变，如图 6-22 所示。

### 2．窗格坐标与控件坐标

控件的位置属性是相对于窗格坐标原点的。控件所属的坐标系是一个虚拟的、运行时不可见的坐标系。可以想象在透明的窗格坐标系后面有一个无限大的画板，所有的控件都被画在这个画板上。当我们通过窗格的滚动条移动画面的时候，实际上是在移动这个画板。

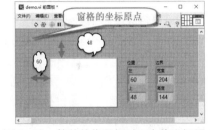

图 6-22　控件的位置相对于窗格坐标原点

在我们新创建一个 VI 时，通过工具选板的滚动条向左下方移动，可以看到两条特殊的交叉直线，交点是粗圆点。这就是上面所说的虚拟坐标系。当转入运行模式时，是看不到这两条线和交点的。我们通过滚动条移动窗口时，所有的控件相对这个虚拟坐标系的位置并没有发生任何变化，变化的是画板的原点相对于窗格的位置，如图 6-22 所示。

下面我们需要思考的问题是，如何把控件的位置坐标转换成屏幕桌面坐标。如果我们能够获得控件位置的绝对坐标，再加上它的边界属性，然后通过当前鼠标的绝对位置，就可以判断鼠标是否位于控件之上。实际上，这是事件驱动编程方式出现之前，判断按钮是否被按下的常用方法。

### 3．绝对坐标与相对坐标

如图 6-21 所示，我们已经获得了前面板边界的绝对坐标，如果能够获得控件所属坐标系的原点相对于窗格左上角的位置，就可以计算出控件的绝对位置。实际上，窗格的原点属性就具有这个功能。需要注意的是，原点向右下移动时，$X$、$Y$ 的坐标是负数，而向左上方移动时，原点的坐标是正数。

控件的绝对坐标 = 窗格的左上角点坐标 - 原点坐标 + 控件相对位置，如图 6-23 所示。

现在我们知道，从屏幕至控件存在多个坐标系和窗口。分别是屏幕坐标系、前面板窗口、前面板边界（客户区）、一个或者多个窗格、窗格之后的虚拟坐标系。

计算一个控件的绝对坐标，首先要把点的坐标从窗格坐标转换为前面板的坐标，然后再转换为相对于屏幕的绝对坐标，反之亦然。图 6-24 所示利用窗格与前面板的坐标转换方法，实现了和图 6-23 中相同的功能。

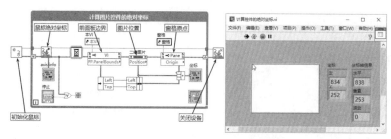

图 6-23　计算控件的绝对坐标

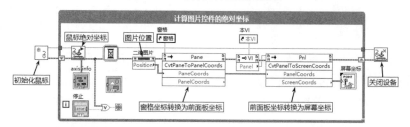

图 6-24　利用窗格与前面板的方法节点，计算控件的绝对坐标

#### 4. 利用窗格的原点属性实现多界面

原点属性是窗格最重要的属性之一。由于窗格后面的虚拟坐标系范围不受限制，因此，在一个窗格中可以设计多个界面，再通过设置不同位置的原点显示不同的画面，如图 6-25 所示。

在图 6-25 中，正弦波形图、锯齿波形图、三角波形图相距很远，通过设置波形图的窗格原点属性，可以实现正弦波形图画面、锯齿波形图画面与三角波形图画面的相互切换。同时需要保持"停止"按钮与"选择界面"枚举控件相对于前面板边界的位置不变。

三个波形图的坐标位置始终未变，改变的是窗格的原点位置，这相当于平移操作。对于"停止"布尔控件与"选择界面"枚举控件，执行的是移动位置操作，它们的坐标位置已经改变。

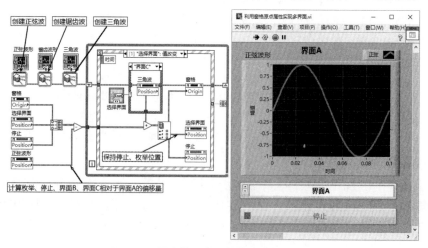

图 6-25　用窗格原点属性实现多界面切换

### 6.2.4　修饰类

对于前面板上的修饰类，虽然无法通过快捷菜单创建它的引用、属性节点和方法节点，但是实际上修饰类是一个可实例化的类，同样具有引用、属性节点和方法节点。修饰类是所有控件必须包括的成员，任何控件都包括标签和标题两个对象。标签和标题就是继承于修饰类的文本类。

### 1. 修饰类的基本属性

从自定义控件可以看出，修饰类及继承于修饰类的文本类是所有控件类的基本元素，控件的绝大多数属性节点都是用来控制它的修饰类和文本类的。如图 6-26 所示，这里自定义了一个基本的数值控件，它的标题、标签、单位、基数等元素都是基本的文本类。它的数值显示部分是数值文本类，其也继承于修饰类。增减按钮和数值框是修饰类，所有这些修饰类作为数值控件对象的

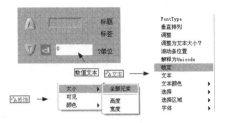

图 6-26　修饰类和文本类的属性

组成元素构成了数值控件。因此，只要研究清楚文本控件和修饰类的属性，其他控件类的外观和文本属性（如标签和标题）就容易理解了。

如图 6-26 所示，我们详细拆分了数值输入控件。修饰类具有大小、可见、颜色三种基本属性。数值文本类具有文本、字体、文本颜色、滚动条位置等属性。

不允许生成修饰控件和自由标签控件的引用、属性节点和方法节点。对修饰控件和自由标签控件属性的控制只能通过遍历它们的引用来实现。通过窗格引用，可以获得所有修饰对象的引用数组。需要注意的是，后加入前面板的修饰对象排在修饰引用数组的最前面。

**学习笔记**　一般来说，后加入的修饰对象排在修饰引用数组的前面。

### 2. 修饰类应用举例

自由标签控件是最常用的修饰类，下面举两个具体例子，演示如何控制自由标签控件的属性。

（1）通过修饰控件的是否可见属性实现报警

可以设置普通修饰控件的大小、是否可见和颜色属性。如图 6-27 所示，通过窗格引用，获取所有修饰控件的引用数组。这里假设红色修饰控件为第一个修饰控件，通过索引数组函数，取得红色修饰控件的引用。

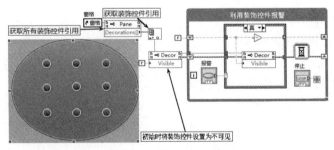

图 6-27　报警区域闪烁报警

正常情况下，修饰控件是隐藏的。当出现警情时，其就会按一定时间间隔显示或者隐藏，实现闪烁效果。可以通过控制它的位置和大小属性，实现更为特殊的动态效果。

（2）修改自由标签控件的字体、字号和对齐方式。

自由标签控件就是典型的文本类对象。文本类的属性很多，比如字体、文本颜色、文本前景和背景及文本样式等。文本类是所有控件类的数据成员，控件类的绝大多数属性就是用来设置文本类的属性的。

**学习笔记**　在标签中不宜采用太多的字体，尽量采用常用字体，并使用字号和是否加粗属性区分不同情况。

　　自由标签控件在程序框图中的作用是注释说明，在前面板设计中，则通常用于显示不需要改动的文本。例如，界面的标题等通常都是在前面板编辑的过程中设定的。因此，LabVIEW 未对自由标签控件提供属性节点。如果确实需要动态修改，一般都使用文本显示控件来完成，这样更为方便快捷。

　　虽然自由标签控件一般显示的是固定文本，我们依然可以通过它的引用控制其属性。通过遍历修饰引用数组的方法，可以得到自由标签控件的引用，进而控制它的相关属性，如图 6-28 所示。可以将自由标签控件的引用转换为文本类的引用。可通过文本类的引用，控制自由标签的字体是否加粗、字体大小、标签的文本内容等。

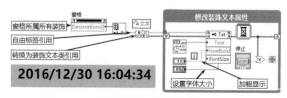

图 6-28　设置自由标签控件的文本属性

## 6.3　控件类

　　控件类继承于图形对象，我们使用的绝大多数控件都直接继承于控件类。控件类是虚拟类，虽然它具有各种各样的属性和方法，但是不能在前面板中直接创建控件类的具体实例。控件类也是前面板控件类的父类，其拥有自己的属性和方法，前面板控件的很多属性和方法是从控件类继承来的。

### 6.3.1　控件类的常用属性

　　控件类继承了通用类、图形对象类的属性和方法，同时也增加了自己专有的属性和方法。

**1. 控件类的专有属性**

下面列出控件类的各种专有属性。

◆ **按 Tab 键时跳过**：在 Windows 应用程序中，可以通过 Tab 键在不同的控件之间切换，勾选"按 Tab 键跳过"功能，切换时则忽略这个控件。

◆ **标签和标题**：标签和标题是文本类对象，可以设置它们的字体等众多属性。

◆ **键选中**：当值为 TRUE 时，控件具有焦点。这个属性很常用，例如，使用条形码扫描时，就需要字符串控件处于焦点状态。

◆ **禁用和可见**：可见属性只有两种状态，当该属性为 TRUE 时控件可见，为 FALSE 时不可见。禁用属性有三种状态：0——启用状态；1——禁用状态；2——禁用并发灰状态。控件处于禁用状态时不允许操作。在新版本中可直接使用枚举控件设置禁用属性。

◆ **闪烁**：该属性为 TRUE 时控件闪烁，为 FALSE 时则禁止闪烁。注意，很多系统型控件不支持该属性。闪烁的颜色可以通过主菜单中的"工具"菜单进行设置。

◆ **数据绑定**：用于网络通信。

◆ **说明与提示框**：用于设置说明和提示框文本。

◆ **同步显示**：用于设置是否同步显示，通常情况下采用默认设置，不同步显示。

◆ **显示控件**：只读属性，用来判断控件是输入控件还是显示控件。值为 TRUE 时是显示控件；为 FALSE 时是输入控件。

◆ **选中信号**：读/写属性，用于设置或者读取控件的快捷键，通常是通过属性对话框设置的。

◆ **"值"与"值（信号）"**："值"属性是控件最重要的属性，通过"值"属性可以设置或者读取控件的当前值。"值（信号）"属性与"值"属性相同，也可以用来设置或者读取控件的当前值，不过它可以触发事件结构中的值改变事件，这个特性也很常用。

下面重点介绍控件类的"闪烁"属性和"值（信号）"属性。

### 2. "闪烁"属性

如图 6-29 所示，我们通过修饰控件可以实现报警闪烁。其实 LabVIEW 的每一个控件都可以被设置为是否闪烁。闪烁的颜色和频率是统一设置的，通过主菜单中的"工具"菜单，可以打开颜色对话框，在该对话框中可以设置闪烁的颜色，如图 6-29 所示。

闪烁频率和颜色的所有更改信息都存储在 LabVIEW.ini 文件中，其中 blinkFG 表示闪烁前景色，blinkBG 表示闪烁背景色，blinkSpeed 表示闪烁频率。下面显示的是 LabVIEW.ini 中有关闪烁的三个基本设置：

```
blinkFG = 000041DC
blinkBG = 00EF12FF
blinkSpeed=500
```

当控件被编译成 EXE 文件后，会自动生成 INI 文件，我们需要将以上三项加入用户 INI 文件中，否则仍使用默认的闪烁颜色和频率。通过"闪烁"属性控制控件闪烁的操作过程和效果如图 6-30 所示。

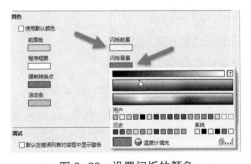

图 6-29　设置闪烁的颜色

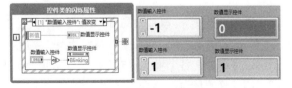

图 6-30　数值控件报警闪烁

### 3. "值（信号）"属性

需要重视的另一个属性是"值（信号）"属性。"值（信号）"属性使用户拥有了触发事件的能力，而使用局部变量、全局变量等改变控件的值是不会触发值改变事件的。"值（信号）"属性有两个重要的功能：一是可以触发显示控件事件；二是实现事件转发。

我们知道，可以为显示控件配置事件，但是改变显示控件的值是不能触发事件的。在此之前，我们没有任何办法触发显示控件的事件。而很多时候，又需要触发显示控件的事件。例如，外部硬件按钮或者开关状态发生变化时需要触发事件，进而进行其他操作。

图 6-31 演示了如何在两个工作循环中，利用"值（信号）"属性触发显示控件的值改变事件。在事件处理器 EHL 中，包括波形图、停止两个显示控件，并在这里分别建立了对应的值改变事件分支。数据采集 DAQ 循环负责采集正弦波形数据，通过触发波形图的值改变事件，测量波形的幅值与频率。DAQ 循环同时通过停止改变显示控件的值（信号），停止 EHL 循环。

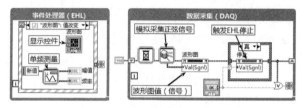

图 6-31　触发显示控件事件

**学习笔记**　"值（信号）"属性可以用来触发显示控件事件。

"值（信号）"属性另一个重要的功能是事件转发。例如，在运动控制中，经常需要通过数值簇（包含 X 坐标和 Y 坐标）控制外部设备的运行位置，同时也需要提供类似游戏杆的步进功能，以控制外部设备上、下、左、右方向的点动。

如果采用事件结构，则数值簇的"值变化"事件和上、下、左、右布尔控件的"值变化"事件的作用基本相同。常用的方法是这几个事件结构调用相同的函数。更好的方法是只在一个事件分支中控制外部设备，而其他的事件则自动触发处理硬件设备的分支，通过转发事件实现控制。

下面的例子演示了如何通过图片修饰控件模拟外部设备的运动，如图 6-32 和图 6-33 所示。

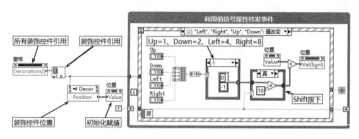

图 6-32　通过事件转发移动修饰图片

通过"键按下"事件检测 Shift 键是否按下。如果按下，则每次移动 10 个像素。如果未按下，则移动一个像素。通过移位寄存器给事件结构各个分支传递 Shift 键状态和当前位置状态。经常使用移位寄存器在各个事件分支之间传递数据。图 6-34 所示的前面板上面的 4 个方向按钮用于控制修饰图片的移动。

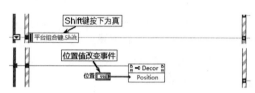

图 6-33　"位置改变"事件和"键按下"事件

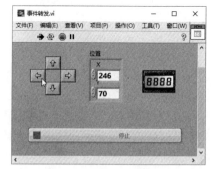

图 6-34　模拟外部设备的运动

## 6.3.2　控件类的常用方法

控件类不但具有属性，还具有几个重要的方法，如图 6-35 所示。

**1. 常用方法**

控件支持的常用方法如下。

◆ "附加 DataSocket"、"删除 DataSocket"与"数据绑定"：用于通信。

◆ "获取接线端图像"、"获取图像"：用于获取控件本身或者控件接线端的图像。

◆ "将控件匹配窗格"：用于调整控件大小以匹配所属窗格，并设置为按窗格缩放控件。

◆ "重新初始化为默认值"：该方法相当于在快捷菜单中，选择"数据操作"→"重新初始化为默认值"项。

**2. 控件类方法应用举例**

方法节点的使用比较简单。图 6-36 所示的例子展示了如何读取 labVIEW.ini 文件，并将读取内容显示于字符串显示控件中。获取字符串控件图像，将其写入 PNG 文件，然后在浏览器中显示该图像。

图 6-35　控件的方法节点

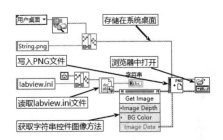

图 6-36　控件的方法节点应用实例

### 6.3.3　数值控件类

数值控件类是所有数值类型控件的父类。数值控件类是虚拟类，不允许生成具体实例。数字、旋钮、枚举、下拉列表等控件都继承于数值控件类。图 6-37 列出了数值控件类及其子类的继承关系。

数字控件是数值型控件中最简单的一类控件，它继承了数值控件类的所有属性和方法，同时具有自己的属性。如图 6-38 所示，左侧为数值控件类的属性，右侧为数字控件的专有属性。注意，数字控件继承了数值控件类的所有属性。

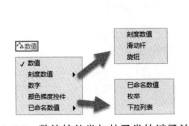

图 6-37　数值控件类与其子类的继承关系

图 6-38　数值控件类的属性与数字控件类的专有属性

**1. 数值控件类的基本属性**

如图 6-38 所示，数值控件类的基本属性如下。

◆ 单位标签：为修饰文本，拥有文本类的所有属性。

◆ **对超出界限的值的响应**：包括增量、最大值和最小值。当超出界限值时有 4 种选择，忽略（0）；强制至最近值（1）；向上强制（2）；向下强制（3）。

◆ **数据输入界限**：读取或者设定最大值、最小值和增量的范围。

◆ **增量键绑定、减量键绑定**：读取或者配置增量按钮、减量按钮的快捷键。

数字控件的专有属性介绍如下。

◆ **Hide Text**：这是私有属性，通常在 LabVIEW 中是看不到的，这里不做过多介绍。

◆ **格式字符串**：读/写属性，通过它可以直接更改数字控件的显示方式，比如，%b 为二进制显示方式。

◆ **基数、增量/减量按钮是否可见**：读/写属性，控制是否显示基数、增/减量按钮。

◆ **显示格式**：显示格式和精度与格式化字符串是一一对应的。改变了格式化字符串，自然改变了精度与格式，反之亦然。该属性接受下列格式值：十进制（0）；科学（1）；工程（2）；二进制（3）；八进制（4）；十六进制（5）；相对时间（6）；日期和时间（7）；SI（8）和自定义（9）。精度指小数点后面的位数。

**2. 数字控件属性节点应用举例**

图 6-39 演示了如何利用数字控件的格式字符串属性动态控制数字控件的显示方式。

 **注意** 因为二进制和十六进制显示方式仅支持整数类型，所以数字控件必须使用整型值。

把图 6-39 所示的程序框图创建为子 VI，使之可以适用于任何数字控件。如图 6-40 所示，枚举控件可以使用十进制、二进制、十六进制等显示方式。修改显示方式的子 VI 通过数字控件的引用修改其显示方式。

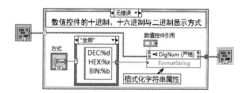

图 6-39 动态修改数字控件的显示方式

图 6-40 调用动态修改显示方式的子 VI

数值控件的数据输入界限一般是通过属性对话框设置的。在特殊情况下，需要动态设置。例如，设置一个挡位开关，然后为不同挡位设定不同的数据输入界限，如图 6-41 所示。

根据不同的挡位，数值控件的数据输入范围可以为 0～100、100～200、200～300。

图 6-41 设置数值控件的数据输入界限

## 6.4 常用控件的专有属性

前面板上的控件大多继承于控件类，因此也就继承了控件类的所有方法。除此之外，专门的控件，比如布尔控件、数值控件、字符串控件等都有各自的属性和方法，尤其是列表框、表格、树控件等的属性、方法和事件更为复杂。

### 6.4.1　布尔控件的专有属性

布尔控件的专有属性如图 6-42 所示。

**1. 专有属性介绍**

布尔控件的专有属性说明如下。

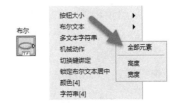

图 6-42　布尔控件的专有属性

- ◆ **按钮大小**：用于读取或者更改布尔控件的大小。注意它与控件的"边界"属性不同，按钮大小属性中不包括标签、标题。

- ◆ **布尔文本**：属于修饰文本类，具有文本类的所有属性。

- ◆ **切换键绑定**："选中键绑定"属性只是用于设置布尔控件是否具有焦点，而"切换键绑定"属性则可以用于设置快捷键，切换布尔控件的真假状态。

- ◆ **锁定布尔文本居中**：用来设置布尔文本是否居中显示。

- ◆ **颜色[4]**：最多包含 4 对颜色（前景色和背景色）的数组。颜色对包括假、真、真至假、假至真四种状态。

- ◆ **字符串[4]**：最多包含 4 个字符串的数组。4 个字符串为布尔控件在假、真、真至假、假至真四种状态时其上显示的文本。

**2. 专有属性应用举例**

布尔控件的颜色和字符串属性比较常用。图 6-43 所示的例子演示了如何通过颜色属性创建一个多态指示灯。指示灯具有未上电（黑色）、未运行（黄色）、正常（绿色）和异常（红色）4 种状态。

把图 6-43 所示的程序框图创建成子 VI，供图 6-44 所示的例子调用。多态指示灯的运行效果如图 6-44 所示。

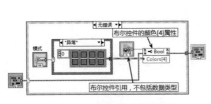

图 6-43　多态指示灯子 VI

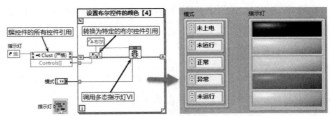

图 6-44　调用多态指示灯子 VI

### 6.4.2　枚举控件和下拉列表控件的专有属性

枚举控件和下拉列表控件本质上也是数值型控件，但是它们不直接继承于数值控件类，而是继承于它的子类的已命名数值类。枚举控件和下拉列表控件都可以使用其代表的数值类型，它们可以直接和数字显示控件相连接。

枚举控件和下拉列表控件是用字符串的方式来表示数字的，因此存在与字符串相关的一些属性，如图 6-45 所示。

### 1. 专有属性

如图 6-45 所示，用英文显示的属性为私有节点，暂不介绍。枚举控件和下拉列表控件有许多相同的属性，下面介绍一下这些属性。

◆ **禁用项[]**：读/写属性。通过禁用项索引的数组，禁用或者开启项目，索引从 0 开始。如果禁用项索引的数组中包括项索引，则该项被禁止。

◆ **数字显示**：枚举控件和下拉列表控件都包含一个数值控件成员，通过该属性可以设置其是否显示。

◆ **项数**：只读属性，返回枚举控件或者下拉列表控件包含的项目总数。

◆ **已命名数值大小**：设置枚举控件或者下拉列表控件中，显示项目修饰文本框的大小。

◆ **字符串与值[]**：读/写属性，这是枚举控件和下拉列表控件最常用的属性之一。在枚举控件中，"字符串与值[]"属性为只读属性，因此，运行时不允许增加或者减少枚举项。

### 2. 专有属性应用举例

在图 6-46 所示的例子中，我们建立了数学与科学常数 INI 文件。读取该 INI 文件，将键名作为字符串读取，将键值作为值读取，利用下拉列表控件的"字符串与值[]"属性，将它们动态填充到下拉列表。

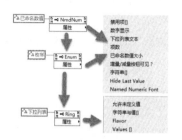

图 6-45 枚举控件与下拉列表控件的专有属性

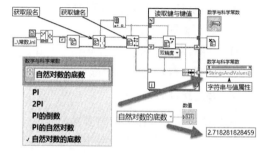

图 6-46 动态设置下拉列表

## 6.4.3 字符串控件、路径控件和组合框控件的专有属性

字符串控件继承于控件类，组合框控件继承于字符串类。路径控件直接继承于控件类，与字符串类之间没有直接关系。

### 1. 字符串属性

组合框控件继承于字符串类，因此其具有字符串类的所有属性和方法。图 6-47 展示了字符串类、组合框控件和路径控件的常用属性。

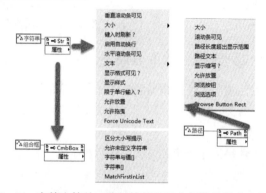

图 6-47 字符串控件、路径控件和组合框控件的专有属性

下面对字符串类常用属性进行详细介绍。

- ◆ **垂直滚动条可见、水平滚动条可见**：读/写属性，用于控制水平滚动条和垂直滚动条是否可见。
- ◆ **键入时刷新?**：读/写属性。设置为 TRUE 时，每输入一个字符，就刷新字符串值一次，产生一次字符串值变化事件。如果设置成 FALSE，则按回车键或者字符串失去焦点时，才刷新字符串值，产生一次字符串值变化事件。
- ◆ **启用自动换行**：如果启用自动换行功能，则当输入的字符串超过水平边界时，自动回卷。如果不启用该功能，则只有遇到换行符时才换行。
- ◆ **显示样式**：读/写属性，用于设置字符串对象的显示样式，有效值包括 0（正常）、1（反斜杠'\'代码）、2（密码）和 3（十六进制）。如果为字符串控件配置了快捷键，将无法写入该属性。
- ◆ **文本**：修饰文本型类是字符串控件的数据成员，通过它可以设置显示文本的字体、大小、颜色等。

### 2. 文本的特殊效果显示

通过字符串控件的属性节点，可以实现文本的特殊效果显示，下面列举几个实用例子。

（1）改变程序框图部分文本的颜色和字体，如图 6-48 所示。改变部分文本的关键是利用字符串控件文本属性中的属性节点取得选择区域，然后修改各种属性。

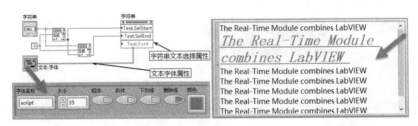

图 6-48　改变部分文本

（2）制作滚动文本特效。我们在很多程序中都能看到文本的滚屏效果，这在 LabVIEW 中也很容易实现。使用古典文本控件，设置边框为透明，然后通过移动控件的位置就能实现滚屏操作，如图 6-49 所示。

（3）把滚屏特效创建为子 VI，加入颜色渐变效果，实现文本的滚屏＋颜色渐变效果，程序框图如图 6-50 所示。

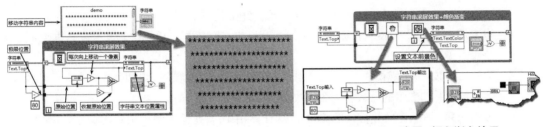

图 6-49　文本滚屏效果　　　　　图 6-50　滚屏+颜色渐变效果

（4）利用滚动条位置属性滚动显示数据。字符串控件没有总行数属性，图 6-51 演示了如何计算文本总行数，并逐条显示。首先将滚动条位置属性设置为最大值，然后返回实际总行数，最后赋值为 0，恢复最初位置。

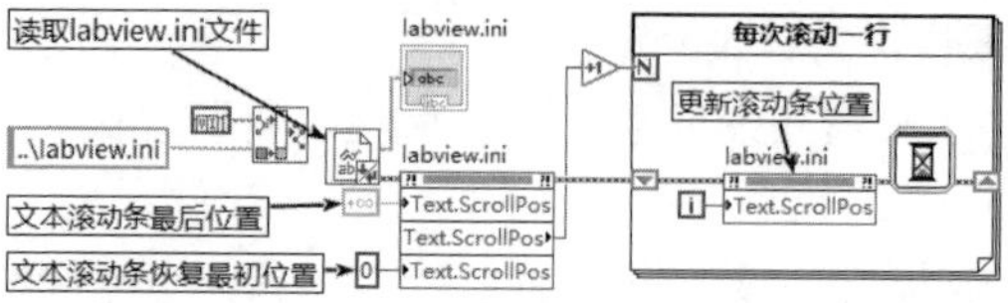

图 6-51　计算文本总行数，逐条滚动

### 3. 字符串控件的方法节点

字符串控件不但具有属性，而且拥有几个特别有用的方法节点。

◆ **单击后字节偏移量**。此方法返回鼠标单击处字符串位置偏移量。如图 6-52 所示，在字符串控件的鼠标按下、鼠标释放事件中，两次调用单击后字节偏移量方法，计算出截取字符串的长度，提取拖曳的子字符串。

◆ **调整为文本大小**。此方法根据目前文本行数，自动调整文本框高度，以适应字符串。

◆ **获取第 N 行**。这是一个非常重要的方法，其根据指定的索引获取行文本。

◆ **追加字符串**。新增方法，在文本最后添加新的字符串。

如图 6-53 所示，通过"获取第 N 行"方法，得到按行索引的所有行字符串数组，以及文本总的行数。当使用"获取第 N 行"方法节点时，如果指定行数超过实际行数，则方法节点返回错误。程序框图右侧部分演示了字符串控件追加字符串的两种方法，其中新增方法更为简单高效。

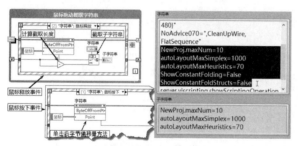

图 6-52　提取鼠标拖曳的子字符串

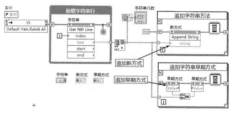

图 6-53　使用"获取第 N 行"方法与"追加字符串"方法追加字符串

## 6.4.4　数组控件的属性和方法

数组控件继承于控件类，具有控件类所有的属性与方法，同时它还增加了专有属性和方法，如图 6-54 所示。在该图中也演示了"导出数据至剪贴板"与"导出数据至 Excel"方法的用法。

### 1. 数组控件的专有属性和方法

◆ Index Rect：私有属性，用于返回索引框的矩形边界。

◆ **垂直滚动条可见、水平滚动条可见**：读/写属性，布尔型，用于控制水平或者垂直滚动条是否可见。

◆ **列数、行数**：读/写属性，用于设置或者获取数组可见区域的行数和列数。注意，这里的列数和行数并非数组的行数和列数，数组的行数或者列数通过"数组大小"函数获取。

◆ **数组元素**：数组控件是控件的集合，数组控件中所有元素的类型相同，属性也完全相同。"数组元素"属性用于返回数组控件所包含的元素控件。

◆ **索引可见**：读/写属性，用于设置索引框是否显示。

◆ **选择区域大小[]、选择区域起始[]**：读/写属性，用于让选择的区域高亮显示。当使用这两个属性时，必须通过快捷菜单选择"高亮显示所选项"选项。

◆ 导出数据至剪切板方法：用制表符作为分隔符，导出字符串数组数据至剪贴板。

◆ 导出数据至 Excel 方法：导出数值型数组的数据到 Excel，如图 6-54 所示。

**2. 数组控件的属性和方法应用举例**

绝大多数数组控件操作是通过数组函数完成的，使用属性节点的情况不多。下面介绍几个使用数组控件属性节点的示例。

（1）很多 LabVIEW 编程者都会遇到需要判断到底数组的哪个元素发生变化的情况。有的人会试图通过属性节点判断。实际上属性节点是无法判断的，只能通过比较数组的前后值来判断。图 6-55 演示了如何判断数组哪个元素的值发生了变化。图中分别使用了轮询方法与值变化事件方法，其中轮询方法是推荐的方法，值变化事件方法仅适用于顶层 VI。

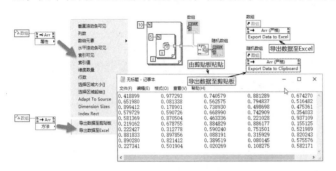

图 6-54  数组控件的专有属性和方法          图 6-55  判断发生变化的数组元素

（2）图 6-56 演示了如何统一修改数组元素的属性。数组元素具有相同的数据类型和属性。对单个元素属性的修改将作用于所有元素，没有可以直接修改某个元素的属性的方法。

使用数组索引值属性可以实现每次循环向上滚动一行，就改变一次字体颜色及判断一次字体是否为粗体。

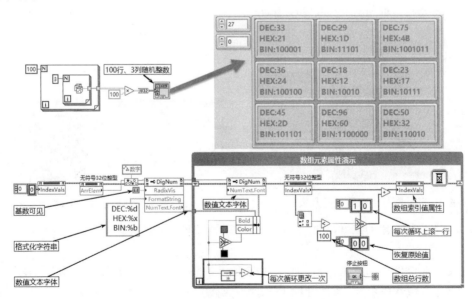

图 6-56  修改数组元素字体属性

（3）在显示数组时，如果数组中的元素超过设定值，则需要让这些元素特殊显示。由于数组中所有元素的属性是完全相同的，因此无法直接实现此效果。在数组的最大长度可以预知的情况下，可以将数组转换成簇来实现特殊显示。如图 6-57 所示，当元素值大于或等于 0.5 时，让它闪烁报警。

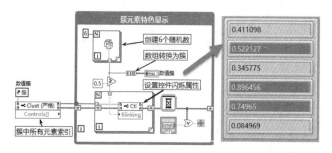

图 6-57　将数组转换成簇，并让某些簇元素特殊显示

### 6.4.5　簇的属性及方法

簇控件继承于控件类，拥有所有控件类的属性和方法。簇控件有几个重要的专有属性，如图 6-58 所示。簇控件继承了控件类的方法，它没有提供专有的方法。

**1. 簇的专有属性和方法**

簇的专有属性及方法详细介绍如下。

◆ 颜色：读/写属性，用于读取或者设置簇的背景颜色。

◆ 控件[]：只读属性，用于返回簇中包含的所有控件引用。

◆ 所有对象[]：只读属性，用于返回簇中包含的所有元素的引用。

◆ 修饰[]：只读属性，用于返回簇中包含的所有修饰的引用。

**2. 簇的属性和方法应用举例**

簇的几个属性，其实在前面的例子中已经用到了，下面再列举几种簇属性的使用方法。

（1）改变簇的背景颜色，如图 6-59 所示。

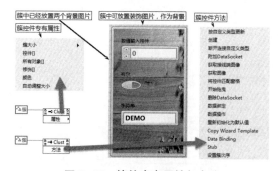

图 6-58　簇的专有属性与方法

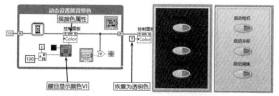

图 6-59　动态修改簇的背景颜色

（2）获取全部对象的位置，使全部对象上下或者左右移动，实现簇的滚屏效果，如图 6-60 所示。

（3）使用簇控件显示不同背景。如图 6-58 所示的簇，其中预先放置了两幅背景图片。当前只能看到其中一幅背景图片。在图 6-61 所示的程序框图中，依次切换这两幅图片的显示，实现更换背景。

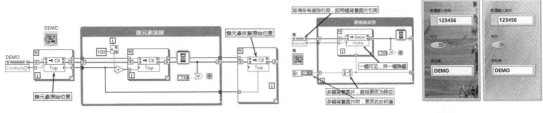

图 6-60　簇元素滚屏　　　　　　　　　　图 6-61　更换簇背景图片

## 6.5　引用句柄

引用句柄在 LabVIEW 中是无处不在的。引用句柄通常被称为引用，这是一个非常容易使用却难以理解的概念。在 Windows 编程中，常使用窗口句柄。所谓句柄，从 C 语言的角度看，是指向指针的指针。也就是说，句柄中保存的是另一段内存数据结构的地址。LabVIEW 的引用句柄无疑也是指向特定的数据结构的。从控件类的继承结构看，控件类是特定的数据结构，而创建的真实控件实际是这个控件类的实例。

### 1．引用句柄与类的实例化

LabVIEW 的每个控件都是由多个类组成的。例如，一个简单的布尔控件，它继承于控件类，同时许多基本类可作为它的数据成员，例如标签和标题就是修饰文本类。并不是控件中的所有数据成员都能实例化。

**学习笔记** 并非控件包含的所有类都能实例化。

在创建一个布尔控件时，标签是自动生成的，但是标题是不显示的。到底是不显示，还是根本就不存在？我们可以试验一下并得出结论。

如图 6-62 所示，在创建布尔控件时，没有选择显示标题。而在运行程序框图时，LabVIEW 提示错误，提示标题属于尚未创建部分的属性。这说明我们创建布尔控件时，尚未创建标题。

图 6-62　尚未创建标题，标题属性运行错误，创建后运行正常

同样的程序，我们在布尔控件的快捷菜单中，选择"显示标题"项，可以显示布尔控件的标题。若再选择"不显示标题"项，则隐藏标题。如图 6-62 所示，只要显示了标题，就可以正常使用标题属性。这说明布尔控件的标题属性是在我们选择显示标题后才自动创建的实例。只要创建了，隐藏与否并没有关系。默认情况下不显示标题，因此在默认情况下，控件不会创建标题的实例。

控件的引用句柄，我们可以理解成指向对象的指针。引用句柄本身就是 LabVIEW 的基本数据类型之一。我们先看一下引用句柄的类型描述符。如图 6-63 所示，打开一个 VI 之后，VI 前面板中包含的控件就已经被创建了，因此控件具有相应的地址，也就是具有相应的数值。图中演示了引用句柄与数值的相互转换，引用句柄实际上就是包装过的地址。

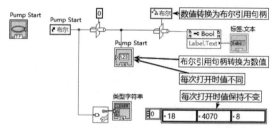

图 6-63　控件的引用句柄与引用句柄的类型描述符

由于每次打开 VI，为其分配的内存地址是不同的，因此引用句柄的值也不相同。VI 句柄和控件句柄存在生存周期的问题，如果 VI 退出内存，自然 VI 引用句柄和控件句柄指向的内存空间也会被释放。引用句柄与它代表的数据的生存周期是相同的。对于控件来说，一旦打开 VI，控件的引用句柄就是固定不变的。而文件类的引用句柄是指向对象的临时指针，一旦文件关闭，引用句柄也就不存在了。当再次打开文件时，又会建立一个新的引用句柄。

LabVIEW 的引用句柄长度为 4 字节，类型码为 70。引用句柄不但能表示控件的具体类型，而且与控件一一对应，这是通过引用句柄编号（RefNum）实现的。引用句柄编号是唯一的标识符号，代表特定的对象。指向两个不同布尔控件的引用句柄，虽然它们的类型完全相同，但是编号不同，因此可以区分它们。

类的指针可以指向特定的实例，引用句柄也是如此。一个通用的控件引用句柄，它本身未指向任何实例，只代表引用句柄的类型。通用引用句柄指向特定实例后，就可以操作特定对象了。

### 2. 创建通用引用句柄的方法

如图 6-64 所示，LabVIEW 的引用句柄种类很多，但是层次还是比较清楚的。一个 LabVIEW 应用程序由顶层 VI 和其他被调用的 VI 组成，而每个 VI 由菜单、控件等组成。

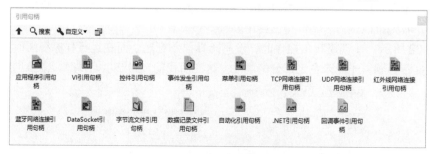

图 6-64　引用句柄的种类

控件引用句柄是最常用的引用句柄之一，在前面的例子中我们已经多次用到。一个通用的控件引用句柄指向的是控件类，而控件类是虚拟类，不能创建任何实例。

在前面板中创建通用引用句柄后，通过句柄控件的快捷菜单，可以选择让其继承于控件类的特定类，比如布尔控件。建立特定控件通用引用句柄的更快捷的方法，是在前面板中建立控件和控件引用句柄，然后直接拖动控件到引用句柄，如图 6-65 所示。

**学习笔记** 直接拖动控件到控件引用句柄，可以建立特定控件类型的引用句柄。

通过新创建的引用句柄虽然能够区分控件类型（如布尔控件或者数字控件），但是它显然未指向任何控件的实例。未指向任何对象的句柄可以称为空引用句柄，空引用句柄的特点是它代表的数值等于 0。而一旦指向特定控件，空引用句柄就有了具体的值，这时候它就是特定控件的引用句柄，如图 6-66 所示。

图 6-65　建立特定控件的引用句柄

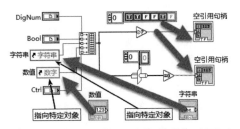

图 6-66　引用句柄未指向任何控件与引用句柄
指向特定控件的区别

## 6.6　VI 的属性

VI 作为 LabVIEW 应用程序的基本单元，具有众多的属性和方法。了解 VI 的属性和方法对于动态调用 VI 是非常重要的。VI 的引用句柄相当于 C 语言中的函数指针，通过 VI 引用句柄，可以实现 VI 的动态调用，这是 LabVIEW 的核心技术之一。

**学习笔记**　VI 的引用句柄相当于 C 语言中的函数指针。

### 6.6.1　获取 VI 的引用句柄

在使用 VI 的属性和方法之前，首先需要得到 VI 的引用句柄，获取 VI 引用句柄有两种方法。

◆ 要获取 VI 的引用句柄，可以使用应用程序函数选板中的 "VI 服务器引用" 函数。使用该函数可以获取应用程序引用句柄、当前 VI 引用句柄或窗格引用句柄。

◆ 更为通用的方法，是利用应用程序函数选板中的 "打开 VI 引用" 函数。使用该函数不但可以获取本 VI 的引用句柄，也可以获取其他 VI 的引用句柄，甚至可以调用网络中其他计算机上的 VI。如图 6-67 所示，通过两种不同的方法获取当前 VI 的引用句柄，二者结果相同。

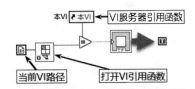

图 6-67　获取当前 VI 引用句柄的两种方法

### 6.6.2　常用 VI 属性

VI 属性节点中的属性与 VI 属性对话框中的属性是对应的，但是 VI 的属性节点可以控制的属性更多。因为 VI 属性非常多，所以这里仅选择一些常用的属性，探讨一下它们的用法。

#### 1. VI 路径、VI 名称与 VI 说明

如图 6-68 所示，我们验证了 "VI 路径" 属性与当前 VI 路径完全相同。编译后的执行文件同 "当前路径" 函数一样，也存在路径改变的问题。"VI 名称" 是 VI 的文件名，不包括路径。"VI 说明" 是显示在 VI 帮助窗口的说明文字，其内容可以在 VI 属性对话框中设置。

#### 2. VI 所属应用程序引用句柄与前面板引用句柄

如图 6-69 所示，VI 隶属于应用程序，因此通过 VI 属性可以得到应用程序的引用句柄。VI 拥有前面板，因此通过 VI 属性可以得到前面板引用句柄。在图 6-69 中，我们通过两种方法获取本应用程序的引用句柄，同时验证了两种方法的结果是完全相同的。通过两种不同的方法获取窗格的引用句柄，得到的结果也是完全相同的。

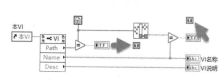

图 6-68　VI 路径、VI 名称和 VI 说明属性

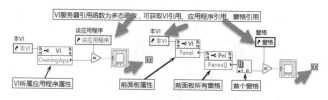

图 6-69　获取应用程序和前面板的引用句柄

### 3. "控制工具栏"属性

"控制工具栏"属性用于设置工具栏是否可见，是否显示"运行"按钮、"终止"按钮和"自动运行"按钮。

### 4. "VI 统计"属性

"VI 统计"属性非常重要，一个具体的 VI 所占内存空间分成程序框图空间、前面板空间、代码空间和数据空间 4 个部分。通过 VI 属性窗口可以观察到这 4 个空间的大小。如果存在大型数组的操作，则实际内存空间是不断变化的。通过该属性可以动态观察 VI 内存分布情况，如图 6-70 所示。更为重要的是，通过 VI 引用句柄，可以查看正在使用的 VI 内存情况。

图 6-70　查看 VI 内存空间

### 5. "自动错误处理"属性

"自动错误处理"属性，默认值为 TRUE，即允许自动错误处理。如果允许进行自动错误处理，则出现错误时会暂时停止程序的运行，弹出错误对话框。在开发环境中，一般允许自动错误处理，这样可以及时发现错误。而在运行环境中，通常是禁止自动错误处理的。这时编程者自己设置错误陷阱，以捕捉错误。该属性为只读属性，只能在编辑环境下通过对话框设置。

如图 6-71 所示，如果允许自动错误处理，则程序将无法正常运行。簇中包含三个元素，分别是布尔控件、双精度数值控件和字符串控件。我们取得簇中所有元素的控件引用句柄，它们的值属性节点采用了变体数据类型，可以表示任意数据。向布尔和字符串控件写入任意双精度随机数，会导致错误。如果允许自动错误处理，则会弹出错误对话框，提示数据类型不匹配。如果禁止自动错误处理，则不会弹出错误对话框，程序会正常运行。

### 6. "执行状态"属性

"执行状态"属性是常用的属性，尤其是在动态调用 VI 时经常使用。该属性为只读属性，用来返回 VI 当前状态。VI 的执行状态包括以下可能值：Bad（VI 包括错误并且无法执行）；Idle（VI 位于内存中但没有运行）；Run top level（VI 属于活动层次结构中的顶层 VI）；Running（VI 已由一个或多个处于活动状态的顶层 VI 保留为执行）。如图 6-71 所示，这个例子通过 VI 引用句柄返回当前 VI 的执行状态。

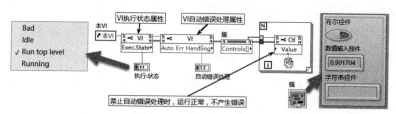

图 6-71　禁止自动错误处理后程序正常执行

VI 前面板的属性比较多，其中很多属性与窗口外观控制有关，比如窗口标题、标题栏是否可

见、透明度等。通过 VI 前面板属性节点，可以控制前面板窗口绝大多数属性。系统相关的属性设置，比如修改关闭按钮的形状等，则可以通过 API 函数实现。

下面的例子演示了 VI 前面板属性的几个常规用法。

### 1. 读取或者设置标题栏中最小化按钮、最大化按钮和关闭按钮

图 6-72 演示了如何设置标题栏中最小化按钮、最大化按钮和关闭按钮，如何设置前面板标题栏、菜单栏，以及工具栏是否可见。

**学习笔记** 当控制属性比较多时，使用簇可以简化连线，使用簇的值改变事件可以简化编程。

"是否显示工具栏"不属于前面板属性，但是通常和标题栏、菜单栏是否可见属性一起使用。如果还需要隐藏水平滚动条和垂直滚动条，可通过窗格属性实现，如图 6-73 所示。

### 2. 以透明方式运行 VI 与设置透明度

"以透明方式运行 VI"属性用于设置是否允许前面板透明显示，"透明度"属性则用来设置前面板透明的程度，通常这两个属性结合使用，如图 6-73 所示。

图 6-72　VI 常用外观设置

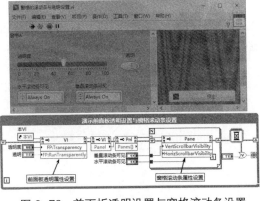

图 6-73　前面板透明设置与窗格滚动条设置

设置透明方式是 LabVIEW 8.X 新增的特性，早期版本只能通过 API 函数实现。

### 3. 前面板的状态属性

该属性为读/写属性，用于读取或者设置前面板的状态，有效值包括 0（Invalid）、1（Standard）、2（Closed）、3（Hidden）、4（Minimized）和 5（Maximized）。

写入 Closed 状态属性，相当于执行前面板的 FP.Close 方法，其功能是关闭前面板，退出 VI。如图 6-74 所示，通过前面板的状态属性写入了新的状态。然后读取前面板的当前状态，以由上至下的次序保证先写入后读取。运行时更改前面板状态，5s 后自动恢复为标准状态。

**学习笔记** 属性的运行遵循从上至下的次序。使用前面板 Closed 属性或者前面板 Close 方法关闭前面板，退出 VI。

### 4. 窗口边界和前面板边界属性

这两个属性已经详细讨论过了，但都是限于在 VI 内部调用这两个属性节点。下面的例子演示了如何自动调整各个 VI 的大小，然后并排放置两个 VI 窗口，如图 6-75 所示。图中"排列 VI2" VI 动态调用"排列 VI1" VI，利用 VI1 的属性修改 VI 的边界。

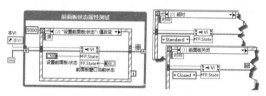

图 6-74　前面板状态属性测试

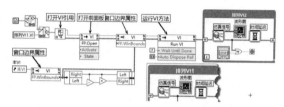

图 6-75　并排放两个 VI，它们具有相同大小

### 5. 窗口句柄

因为 LabVIEW 的前面板窗口是标准的 Windows 窗口，所以熟悉 Windows 编程的读者自然会想到利用 API 函数处理窗口。对于标准的 Windows 窗口，如果能够获取窗口句柄，就可以实现对窗口的处理。

通过 API 函数和私有节点都可以获得窗口句柄。通过 API 函数获取窗口句柄的方法如图 6-76 所示。调用 API 函数的方法非常复杂，必须熟悉函数原型。图 6-76 中使用了 FindWindow 函数，在 VB 中该函数的声明如下：

```
Public Declare Function FindWindow Lib "user32" Alias "FindWindowA" (ByVal
lp类名 As String, ByVal lpWindowName As String) As Long.
```

LabVIEW 存在一个未公开的私有属性节点 FP.NativeWindow（早期为 FP.OSwindow），通过该属性节点也可以获取窗口句柄，如图 6-76 所示，其中的 Front Panel Window: OS Window 返回窗口句柄，该句柄与通过 FindWindow 函数返回的句柄相同。

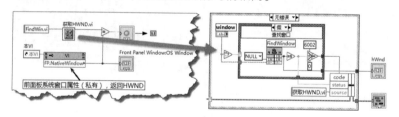

图 6-76　获取窗口句柄

每次打开 VI 窗口时，操作系统都会为其动态分配窗口句柄。获得了窗口句柄后，利用 API 函数即可操作窗口。下面的例子展示的就是如何动态修改窗口标题，使其在特殊情况下闪烁，如图 6-77 所示。该例中使用了 FlashWindow API 函数，函数声明如下所示：

```
Public Declare Function FlashWindow Lib "user32" Alias "FlashWindow" (ByVal
hwnd As Long, ByVal bInvert As Long) As Long.
```

当随机数发生器产生的随机数大于 0.5 或小于 0.5 时，窗口显示不同的标题。FlashWindow 函数使标题栏不断闪烁，提醒用户注意。

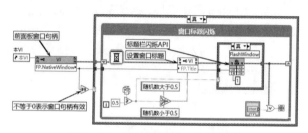

图 6-77　更改并让窗口标题闪烁

## 6.7　常用 VI 方法

VI 不但具有众多的属性，而且还具有许多重要的方法。通过 VI 的方法，可以实现对其他 VI 的动态调用，这也是 LabVIEW 编程的核心之一。VI 的方法众多，用途和用法各异。下面就分别对它们进行详细介绍。

### 6.7.1 获取前面板、程序框图和 VI 图标的图像

"获取前面板图像"方法用于获取前面板的图像，"获取程序框图图像"方法用于获取程序框图图像，"获取 VI 图标"方法用于获取 VI 图标的图像。

如图 6-78 所示，该例中使用了"获取前面板图像"、"获取程序框图图像"、"获取图标图像"方法，把获取的图像存储为 PNG 文件，并将图像显示在默认浏览器中。

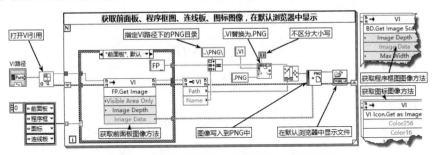

图 6-78 获取前面板、程序框图、图标图像

### 6.7.2 打印控制

打印控制方法包括"打印至文件"和"打印至打印机"两类，如图 6-79 所示。"打印至文件"方法支持几种文件类型，包括文本文件、RTF 文件、HTML 文件，等等。

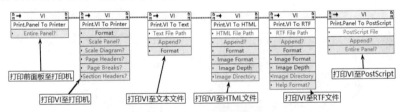

图 6-79 VI 的几种重要打印方法

如图 6-80 所示，"打印 VI 至 HTML 文件"方法，把 VI 前面板、程序框图、图标、子 VI 列表等信息输出至 HTML 文件中，并在默认浏览器中显示该文件。

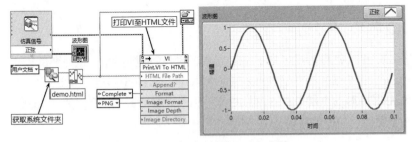

图 6-80 打印 VI 至 HTML 文件

### 6.7.3 默认值方法

默认值方法包括"全部控件重新初始化为默认值"与"设置当前值为默认值"两个方法节点。其中"全部控件初始化为默认值"方法可以在 VI 运行时设置，比较常用。

**1. 全部控件重新初始化为默认值**

可以为前面板上所有输入控件和显示控件设置默认值。在控件快捷菜单上，可以把控件当前

值设置成默认值。在"编辑"菜单上，选择"设置当前值为默认值"项，可以一次性把所有输入控件和显示控件的当前值设置成默认值。

在程序运行过程中，通过"全部控件重新初始化为默认值"方法，可以恢复全部控件的默认值，如图 6-81 所示。

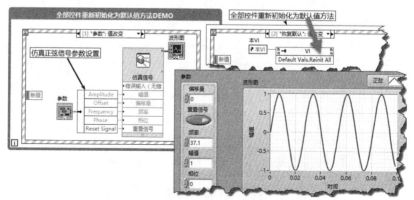

图 6-81　全部控件重新被初始化为默认值

"全部控件重新初始化为默认值"方法可以在 VI 运行时使用，而"设置当前值为默认值"方法仅适合于编辑环境，在其他地方很少使用。

**2．设置当前值为默认值**

通过 VI 服务器，可以设置另一个未运行的 VI 的当前值为默认值，如图 6-82 所示。因为"设置当前值为默认值"方法只能在编辑环境下运行，所以在一个 VI 内部是无法调用该方法的。

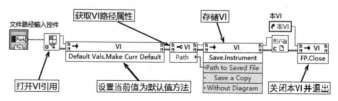

图 6-82　设置 VI 的当前值为默认值并存储 VI

## 6.8　动态调用 VI

前面已经多次提到 VI 服务器与 VI 动态调用的问题。VI 服务器是非常重要的概念，是 LabVIEW 核心技术之一。通过 VI 服务器，不仅可以动态加载 VI，而且各个 VI 之间还可以动态交换数据。VI 服务器既支持调用本地计算机上的 VI，也支持调用远程计算机上的 VI。VI 服务器和动态调用 VI 是两个不同的概念，动态调用 VI 只是 VI 服务器的部分功能。

### 6.8.1　静态调用和动态调用的比较

我们通常将通过接线端子调用子 VI 的方式称为静态调用。静态调用采用数据流与子 VI 交换数据，这是最常用的，也是最高效的调用方式。它的缺点是不管 VI 是否使用频繁，都在程序启动时将子 VI 加载到内存之中。即使不显示前面板的 VI，前面板的空间和程序框图空间尽管并未加载，但是其代码空间和数据空间始终存在，而数据空间往往占用的空间最大。因此，为节省内存空间，可以采用动态调用。

静态调用的 VI，它的生存周期与应用程序相同，但它的高效运行是以牺牲内存空间为代价的。

静态调用的 VI 只能在本地调用，无法实现网络调用。同时缺少足够的灵活性，静态调用的 VI 在被编译为执行文件后它的功能是无法扩展的。

与静态调用相对应的是动态调用，与静态调用相比，动态调用有如下优点。

◆ 动态加载、运行和关闭 VI，有利于减少内存的使用。

◆ 动态控制 VI 的特性，如位置、外观等。

◆ 各 VI 之间的数据交换灵活，特别适于不连续数据的交换，比如监控。

◆ 主 VI 和子 VI 并行运行。当静态调用子 VI 时，主 VI 必须等待子 VI 运行完毕后才继续运行。

◆ 动态调用可以实现网络 VI 调用，即通过计算机网络，远程调用其他计算机上的 VI。

◆ 强大的插件功能。通过动态调用，可以新增功能。比较典型的是滤波器的使用。只要输入、输出参数相同，原有程序不需任何改动，就可以增加新的滤波器。

## 6.8.2 通过"引用节点调用"函数动态调用 VI

在 C 语言中，函数是有类型的。如果两个函数的参数数量、位置、参数类型、返回值的类型完全相同，则这两个函数就属于同一类型，可以通过同一个函数指针来调用。

VI 也是有类型的。如果在两个 VI 的连线板中，输入和输出参数的类型、位置、数量完全相同，则这两个 VI 的类型是相同的。

使用"引用节点调用"函数时，首先需要有一个严格类型 VI 引用句柄存在。通过严格类型 VI 引用句柄，可识别所需调用 VI 的连线板，但这并不是和 VI 建立永久连接，且引用句柄也不包含如名称、位置等 VI 的其他信息。"引用节点调用"函数的输入和输出连接的方法和其他 VI 相同。下面举例说明严格类型 VI 的调用方法。

**step 1** 创建严格类型 VI。

这里分别创建 6 个严格类型的 VI，它们的参数数量、类型和连线板的位置完全相同，分别实现两个数之间的加、减、乘、除运算，以及返回两个数中的最大值和最小值。图 6-83 所示为实现加法运算和求最大值 VI 的程序框图，其他 VI 程序框图与此类似。注意 VI 的连线板，它们的模式、输入/输出参数位置和数量必须相同。

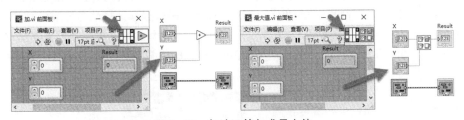

图 6-83　加法运算与求最大值

**step 2** 动态调用严格类型 VI 的方法。

静态调用 VI 的方法我们已经非常熟悉了，下面看看如何动态调用严格类型 VI。调用严格类型 VI 的基本流程为：打开 VI 引用（含 VI 类型）；通过引用节点动态调用 VI；关闭引用句柄。

通过"打开 VI 引用"函数的"类型说明符 VI 引用句柄"输入端子，创建一个常量或者输入控件。然后在创建的常量的快捷菜单中，选择"VI 服务器类"项，再选择"浏览"，找到需要调用的 VI。"打开 VI 引用"函数需要的只是 VI 的类型，与程序框图无关。上面创建的 6 个 VI 的连线板完全相同，随便用哪个都可以。如果是更专业的应用，应该专门建立一个模板 VI。

如图 6-84 所示，通过严格类型引用，选择不同的 VI 名称，就可以实现动态调用不同的 VI。调用的这些 VI，虽然类型完全相同，但是 VI 内部实现的功能是完全不同的。

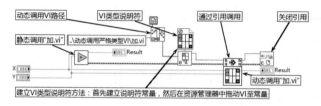

图 6-84　VI 的静态调用与通过引用节点的动态调用

静态调用 VI，不需要我们指明路径，因为路径隐含在静态调用的过程中。通过引用节点动态调用严格类型 VI 则不然，调用时首先必须指明 VI 的类型，然后通过不同的 VI 路径调用不同的 VI。

**step 3**　以相同代码调用不同 VI，实现不同功能。

严格类型 VI 动态调用的优势，在于对于类型相同的 VI 可以使用完全相同的调用方法。这样就可以实现类似于 C 语言的函数指针调用，如图 6-85 所示。

上例中，通过相同的调用方式调用了类型相同而功能不同的 VI。另外，在选择 VI 时使用的是下拉列表控件，而不是枚举类型控件。这样做的原因在于枚举类型控件不能动态增加或者减少项目，而下拉列表可以。这样对于已经发布的程序，不需要任何改动，只要增加类型相同的 VI，就可以实现新的功能。

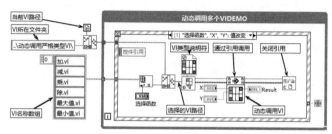

图 6-85　调用多个相同类型的 VI

**step 4**　动态添加 VI，实现插件功能。

上述例子使用相同代码可以调用不同的 VI。不仅如此，动态调用还可以实现插件功能。如图 6-86 所示，当把 VI 编译为执行文件后，我们可以增加 VI，以新增功能，这就是所谓的插件。

首先对图 6-85 中的程序框图进行修改，使 VI 名称字符串数组和选择函数变成可以动态添加。罗列当前 VI 目录中的所有 VI，剔除当前 VI，获得所有相同类型的 VI。然后用严格类型 VI 的名称填充下拉列表，同时将其写入移位寄存器。图 6-85 与图 6-86 实现的功能完全相同，不同之处在于插件 VI 允许动态添加函数节点。

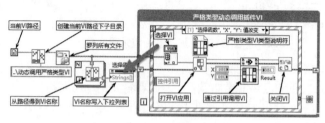

图 6-86　插件 VI

创建了插件 VI 之后，我们就可以创建任意的严格类型 VI，并将其存储在当前 VI 之下的"动态调用严格类型 VI"文件夹中，之后就可以直接调用了。比如我们创建一个 VI，其功能是求 X、Y 的平均值。不需要对插件 VI 做任何改变，就可以动态添加功能函数，这是静态调用无法实现的。

**学习笔记**　利用严格类型 VI 动态调用，可以实现 VI 插件功能。

### 6.8.3　一般类型 VI 的动态调用

严格类型 VI 的动态调用用处非常大。但是严格类型 VI 动态调用和 VI 静态调用一样，都适合于瞬时 VI，也就是不需要显示和操作 VI 的前面板。但是静态调用和严格类型动态调用都无法实现多窗口显示。我们知道 LabVIEW 是基于数据流的，如果静态调用一个 VI，当被调用的子 VI 未结束时，主 VI 会停止运行，一直等到子 VI 结束时才继续运行。这种方式有的时候是必要的。例如，需要显示一个对话框等待用户输入，但是更多的应用场合需要启动一个新的窗口，让两个 VI 同时运行，进行数据交换。

**学习笔记**　一般类型 VI 的动态调用特别适合于多窗口操作。

#### 1. 获取 VI 的引用句柄

通常所说的动态调用 VI 指的是一般类型 VI 的动态调用，而非通过引用节点动态调用严格类型 VI。动态调用 VI 的关键是获得被调用的 VI 引用句柄，然后通过 VI 的属性和方法，实现对被调用 VI 的操控。

获得 VI 引用句柄是通过"打开 VI 引用句柄"函数实现的，任何情况下都可以通过 VI 的绝对路径获得 VI 的引用句柄。如果"打开 VI 引用句柄"函数的"VI 路径"输入端子直接连接了 VI 名称，则可以在内存中查找 VI，参见图 6-87，如果未找到则返回错误。这同样适合于网络 VI 的调用，通常我们很难获得网络 VI 的路径，因此一般"VI 路径"这个输入端子连接 VI 名称。如果网络计算机上的同名 VI 已经被加载到内存，则能够返回 VI 引用句柄。

当使用路径动态调用 VI 时，生成波形 VI 被加载至内存。如果禁用关闭 VI 引用，则该 VI 会驻留内存中；如果启用关闭 VI 引用，则从内存中卸载生成波形 VI。在禁用关闭 VI 引用的情况下，直接使用生成波形 VI 名称可以进行动态调用。使用应用程序的"内存中所有 VI"属性查看内存中所有 VI，从中可以观察到 VI 的加载与卸载过程。

动态调用 VI 是通过 VI 引用句柄，使用 VI 的方法和属性实现的。下面详细说明动态调用 VI 的具体步骤。

**step 1**　创建被调用的 VI。

首先创建一个生成波形 VI，作为被动态调用的子 VI，如图 6-88 所示。因为是动态调用，所以不需要创建连线板，这与静态调用完全不同。

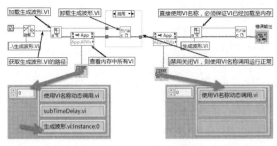

图 6-87　使用 VI 路径动态调用与使用 VI 名称动态调用

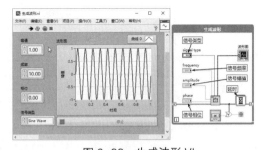

图 6-88　生成波形 VI

**step 2**　通过引用句柄动态加载子 VI。

主 VI 通过"打开前面板"方法节点加载生成波形 VI，然后通过 VI 的"运行"方法运行该 VI，再通过"关闭引用"函数关闭引用句柄，如图 6-89 所示。

#### 2. 动态调用的过程分析

如图 6-89 所示，动态调用的基本过程为：获取 VI 引用→打开 VI 前面板→运行 VI→关闭 VI。

打开 VI 前面板，是通过"打开前面板"方法节点实现的。

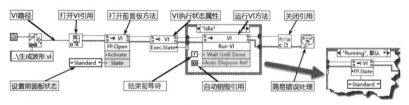

图 6-89　动态调用 VI 的一般方法

"打开前面板"方法节点包含"激活"和"状态"两个输入端子。当"激活"输入端子的值为 TRUE 时，被调用 VI 的前面板窗口为活动窗口，具有焦点。当"激活"输入端子的值为 FALSE 时，保持原来激活窗口不变。"状态"输入端子用来设置被调用 VI 的窗口状态，可以选择：标准、最大化、最小化和隐藏 4 种状态。

执行"打开前面板"方法后，整个 VI 已经被加载至内存中，只是尚未运行。执行"运行"方法后，被调用 VI 开始运行。

"运行"方法有"结束前等待"和"自动销毁引用"两个重要的输入参数。如果"结束前等待"参数的值为 TRUE，则主调用 VI 暂停运行当前任务，一直到被调用 VI 结束后再继续运行，这类似 Windows 的模式对话框。更常见到的是，"结束前等待"参数的值为 FALSE，此时，主 VI 和被调用 VI 并行工作在不同的线程中。

如果被调用 VI 已经打开并且处于运行状态，则执行"运行"方法会出现错误。因此在动态调用 VI 之前，应该先判断 VI 的状态。如果 VI 已经处于运行状态，则不执行"运行"方法，或者设置 VI 需要的状态属性。

比较难理解的是"自动销毁引用"参数，如果其值被设置为 TRUE，则引用句柄和被调用 VI 脱离关系。当被调用 VI 停止运行后，会自动销毁与之相连的引用句柄。因此，主 VI 的引用句柄将变成无效状态，此时主 VI 无法继续控制被调用 VI。如果此参数被设置为 FALSE，则被调用 VI 停止运行后，并不销毁与之相连的引用句柄，主 VI 可以继续控制被调用 VI。

现在我们创建一个测试程序验证一下，如图 6-90 所示。

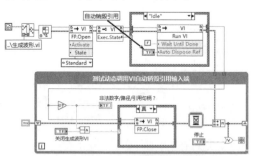

图 6-90　测试"自动销毁引用"参数的作用

在测试程序中，无论"自动销毁引用"参数的值为 TRUE 还是 FALSE，只要被调用 VI 仍然处于运行过程中，都可以通过主 VI 停止被动态调用的生成波形 VI 并关闭前面板，使被调用 VI 退出内存。

如果被调用 VI 自己停止了运行，则测试程序的运行效果完全不同。当"自动销毁引用"参数的值为 TRUE 时，停止生成波形 VI 后，图 6-90 中生成波形 VI 引用句柄布尔显示控件为 ON 状态，表示引用句柄已经非法。这说明停止生成波形 VI 后，程序自动销毁了与之相连的引用句柄。

如果"自动销毁引用"参数的值为 FALSE，则在生成波形 VI 前面板中停止 VI 后，与其相连的引用句柄依然存在。因此，仍然可以通过主 VI 中的"关闭生成波形 VI"按钮，关闭生成波形

VI 的前面板并退出。

### 6.8.4 创建闪屏

在程序启动时，计算机需要做大量耗时的初始化工作。当程序比较大时，初始化可能需数秒的时间。在此期间，如果不做任何处理，容易使用户产生死机或者程序启动错误的感觉。解决这个问题最好的方法是闪屏。例如，很多成熟的应用软件在启动时，首先出现的欢迎画面就做了闪屏处理。这么做一方面是为了界面友好，另一方面则是为了解决启动缓慢的问题。

退出闪屏的一般方法是利用鼠标单击窗口，或通过时间控制。当到达指定时间或者用户用鼠标单击欢迎画面时，自动关闭欢迎窗口，切换到主程序窗口。而在等待期间，后台会载入主程序。

如图 6-91 所示，在闪屏 VI 循环中，响应"超时"事件、窗格"鼠标单击"事件，以及 Exit 布尔显示控件的值（信号）改变事件。上述三个事件导致闪屏 VI 退出并关闭，且在循环运行的同时，自动加载生成波形 VI。当动态调用生成波形 VI 结束后，通过 Exit 值改变事件，退出闪屏。

在图 6-91 中调用了配置闪屏 VI，以隐藏闪屏窗口的标题栏、菜单栏、工具栏和边框等。动态调用生成波形 VI 封装了整个动态调用过程，这两个 VI 的程序框图如图 6-92 所示。

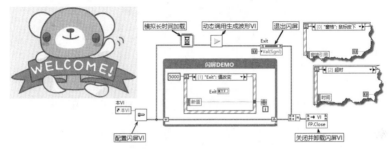

图 6-91 闪屏前面板与程序框图

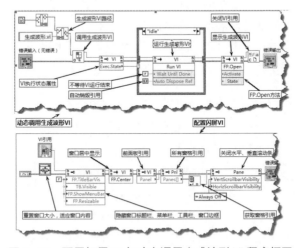

图 6-92 配置闪屏 VI 与动态调用生成波形 VI 程序框图

### 6.8.5 创建后台运行程序

在计算机系统托盘中，有很多图标，单击它们会弹出应用程序窗口。这些都是运行时显示窗口的程序。而在任务管理器中，可以发现更多的后台运行程序。所有这些后台运行的程序都有一个共同的特点，即它们的窗口不需要显示。

　　无界面的后台应用程序很常见，比如打印服务程序通常就是在后台工作的。在 LabVIEW 实际应用中，也经常会遇到需要创建后台程序的情况。例如，长时间运行的监控程序，只需要在固定时间间隔记录数据，并不需要人机交互，也就不需要使用窗口界面。在 LabVIEW 中创建后台运行程序，与创建一般动态调用的程序没有明显的区别，关键在于动态调用 VI 时，选择不加载前面板，或者隐藏 VI 的前面板窗口。因为窗口被隐藏，所以其他用户无法关闭程序。因此，必须考虑后台程序如何退出。如图 6-93 所示，生成波形 VI 在后台工作，隐藏了其前面板。

　　通常通过系统托盘可以弹出或者隐藏后台运行的程序窗口。

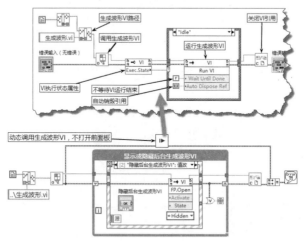

图 6-93　显示或者隐藏后台运行的生成波形 VI 前面板

### 6.8.6　创建向导程序

　　用于安装软件的程序属于典型的向导程序。向导程序运行的基本过程为：由窗口 A 开始，用户单击"下一步"按钮，关闭或者隐藏 A 窗口，弹出 B 窗口。在 B 窗口中用户单击"下一步"按钮，然后关闭或者隐藏 B 窗口，弹出 C 窗口。在 B 窗口单击"上一步"按钮，则弹出 A 窗口。

　　像这一类的向导程序，在 LabVIEW 中只能通过动态调用 VI 来实现。下面的例子通过三个 VI 相互动态调用来说明如何创建向导程序。

　　为了便于使用，首先封装一个动态调用子 VI，如图 6-94 所示。

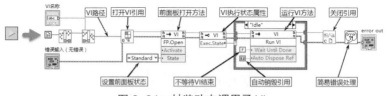

图 6-94　封装动态调用子 VI

　　创建了动态调用子 VI 后，窗口 A、B、C 之间相互调用就十分简单了，通过不同的 VI 名称就可以调用不同的 VI。窗口 A、B、C 的程序框图基本相同，如图 6-95 所示。

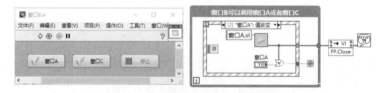

图 6-95　窗口 B 及其程序框图

### 6.8.7 动态调用 VI 之间的数据交换

静态调用 VI 和严格类型动态调用 VI 是通过连线板和主 VI 交换数据的。但是一般类型的动态调用 VI 无法通过连线板与主 VI 交换数据。事实上,动态调用的 VI 几乎都是单线程的,类似于顶层 VI。它们的连线板不连接,但这并不意味着主 VI 和被调用 VI 无法进行数据通信。动态调用类似 C 语言中的指针调用,我们不但可以控制被调用 VI 的显示方式,还可以控制它所有的输入/输出控件。

前面介绍过,通过 VI 引用可以操控它内部包含的所有控件对象。而 VI 服务器的强大功能在于我们通过它可以获得已经运行的所有 VI 的引用,进而实现对内存中所有 VI 的统一控制,同时还具有从磁盘中加载、运行和退出 VI 的能力。

#### 1. "控件值"方法

动态调用 VI 之间的数据交换是通过 VI 的"控件值"方法实现的。"控件值"方法共包括 3 个方法,下面一一介绍它们。

- ◆ "获取控件值"方法:通过 VI 引用和控件标签,获取返回的变体数据。
- ◆ "设置控件值"方法:通过 VI 引用和控件标签,设置控件的值。
- ◆ "获取全部控件值"方法:可以返回全部输入控件或全部显示控件的变体簇数组。

获取或者设置控件值方法通过 VI 引用来判断需要操控的控件隶属于哪个 VI。通过控件标签,定位要操控的控件。控件标签是控件的名称标识,用来标识控件。动态调用 VI 通常要显示被调用 VI 的前面板,因此,不要把顶层 VI 和需要显示前面板的 VI 的标签作为显示标识来使用。描述控件时,应该使用标题而不是标签。对于被调用的 VI,一般显示其标题,隐藏其标签,否则,如果标签被改动,则会发生"控件值"方法找不到控件的错误。

#### 2. 控制 VI 的外观

一个 VI 操控另外一个 VI,通常包括两方面的操作:一是控制 VI 的显示方式;二是读取或者设置 VI 中控件的值。下面的例子展示了如何通过获得的 VI 引用,控制 VI 标题栏、菜单栏和工具栏是否可见,如图 6-96 所示。

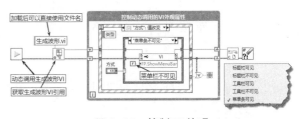

图 6-96  控制 VI 外观

#### 3. 利用"获取控件值"方法读取 VI 中的控件数据,利用"设置控件值"方法写入数据到 VI 中的控件

VI 和 VI 之间经常需要交换数据。下面的例子展示了通过"获取控件值"方法,获取生成波形 VI 中的信号类型、幅值、频率和相位输入控件的当前值。

为简化操作,首先创建读取控件值的子 VI,来获取生成波形 VI 中的 4 个主要参数,如图 6-97 所示。

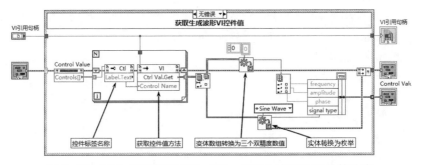

图 6-97  通过"获取控件值"方法,获取生成波形 VI 的控件值

如图 6-98 所示为写入动态调用 VI 控件值的子 VI。

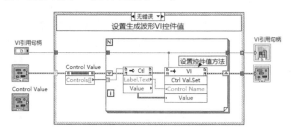

图 6-98　通过"设置控件值"方法，设置生成波形 VI 的控件值

创建了读/写生成波形 VI 控件值的子 VI 后，设计读/写生成波形 VI 控件值程序就非常简单了，如图 6-99 所示。

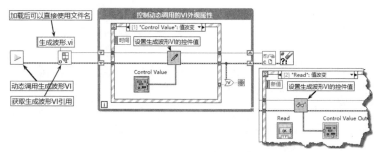

图 6-99　读/写生成波形 VI 的控件值

利用"控件值"方法不仅可以获得其他 VI 中的控件值，而且如果 VI 引用为本 VI，也可以获得本 VI 中的控件值。不过由于本 VI 的控制值可以通过控件本身和局部变量获取，所以很少在本 VI 中使用"获取控件值"方法。

## 6.9　应用程序的属性和方法

从 VI 属性和方法到控件的属性和方法，体现了非常明显的层次结构。而一个具体的应用程序本身由一个或者多个 VI 构成，应用程序本身也具有大量的属性和方法。与控件、VI 一样，应用程序的属性和方法也是通过引用句柄调用的。因此，要想正确使用应用程序的属性和方法，首先要解决如何获取应用程序引用句柄的问题。

### 6.9.1　获取应用程序的引用句柄

获取应用程序引用句柄的一般方法是使用"打开应用程序引用"函数。该函数位于应用程序控制函数选板中。"打开应用程序引用"函数不但可以获取运行在本机上的 LabVIEW 应用程序引用句柄，还可以获取网络中其他计算机上运行的应用程序引用句柄。

如图 6-100 所示，"机器名"是指需要连接的计算机的 IP 地址或者域名。如果"机器名"为空，则默认为打开的是工作在本机上的应用程序。"端口号或服务名称"指的是 VI 服务器注册的端口，默认值为 3363。本

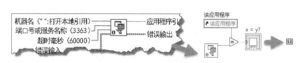

图 6-100　获取应用程序引用句柄

节讨论的是运行在本机上的应用程序，因此需要获取本机上应用程序的引用句柄。

获取本机上应用程序引用句柄有以下两种方法。

◆ 使用"打开应用程序引用"函数。机器名为空，表示获取的是本机应用程序引用句柄。

◆ 使用应用程序控制函数选板提供的"VI 服务器引用"函数。该函数默认返回本 VI 的引用
句柄，通过函数的快捷菜单或工具选板的操作值按钮，可以修改为返回应用程序引用句
柄或者窗格引用句柄。

上面两种方法获取的应用程序引用句柄是完全相同的，如图 6-100 所示。

## 6.9.2  应用程序的常用属性

应用程序的属性和方法很多，而且不少都与网络应用有关。与网络有关的属性这里暂不讨论，
本节主要讨论应用程序的通用属性。

### 1. 显示属性

LabVIEW 应用程序虽然支持多显示器，但通常来说用户使用的都是单显示器。应用程序的显
示属性包括"所有显示器"和"主工作区"属性。"所有显示器"属性返回由所有显示器信息组
成的簇数组，簇元素包括显示器的矩形边界和颜色深度信息。"主工作区"属性也返回一个簇，
表示显示器可用的矩形边界。通常情况下，可用的矩形边界与显示器的矩形边界的区别在于，是
否包括任务栏。当设置了自动隐藏任务栏时，二者是相同的。

下面的例子展示了如何获取显示分辨率和颜色深度信息，并计算任务栏的高度，如图 6-101
所示。

### 2. 打印属性

打印属性包括系统打印和 LabVIEW 专用打印属性。下面的例子展示了如何获取所有可用的打
印机和默认的打印机，如图 6-101 所示。"默认打印机"属性是读/写属性，可以通过"默认打印
机"属性设置打印机。"彩色打印和灰度打印"属性是常用属性，如果该属性值为 TRUE，则 LabVIEW
会发送彩色或者灰度图到打印机；如果为 FALSE，则发送单色图到打印机。

### 3. 获取操作系统信息

该属性用于获取操作系统的常规信息，比如操作系统名称和版本号等，具体操作如图 6-102
所示。

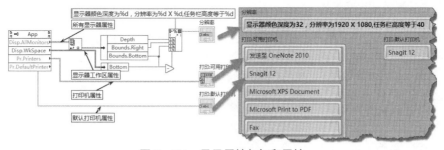

图 6-101  显示属性与打印属性

### 4. 获取 LabVIEW 本身的信息

在编写 LabVIEW 应用程序时，由于 LabVIEW 存在不同版本，因此需要判断 LabVIEW 当前的
版本号。通过读取注册表，可以获取 LabVIEW 的版本号。更为简单的方法则是利用应用程序属性
节点来获取。还有一些有关 LabVIEW 自身一些信息的 LabVIEW 应用程序属性，如图 6-102 所示。

### 5. 类别属性

类别属性是应用程序非常重要的属性。LabVIEW 的开发环境和运行环境有很大的不同，尤其

是两种环境下 VI 文件路径不同。编译后的执行文件，执行完毕后应该退出操作系统。而在开发环境中，经常性地退出不利于调试。可以通过类别属性来判断所处运行环境从而决定是否退出 LabVIEW，这样可以很好地解决上面的问题，如图 6-103 所示。

### 6. 内存中所有 VI 属性

该属性节点罗列内存中的所有 VI，返回 VI 名称的数组（注意，VI 名称不包括路径）。通过 VI 名称，即可以获得 VI 的引用句柄，进而可以控制 VI 的行为，如图 6-103 所示。

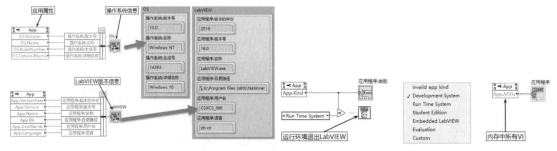

图 6-102　操作系统信息与 LabVIEW 版本信息　　　图 6-103　类别属性与内存中所有 VI 属性

## 6.10　小结

本章用大量的篇幅讨论了属性节点和方法节点的用法，包括控件、VI、前面板和应用程序的属性节点和方法节点。详细介绍了 LabVIEW 控件类的继承结构。从通用类到图形类，从图形类到控件类，LabVIEW 的类具有明显的继承关系。在 VI 属性和方法的讨论中，重点介绍了 VI 的动态调用技术和 VI 服务器技术，这些技术在 LabVIEW 编程中都是非常实用的。

◆　　　　　◆　　　　　◆

# 第 **7** 章　高级控件的运用

在设计应用程序显示界面时，简单的界面可以用基本控件构成，但是对于复杂的程序，仅仅使用基本控件是远远不能满足界面显示需求的。常规的 Windows 应用程序显示界面包括菜单栏、工具栏、状态栏、树控件、列表框等，LabVIEW 的应用程序也不例外。除了常规的高级控件，LabVIEW还提供了丰富的图形显示控件，用于显示测试和测量数据。高级控件的使用是 LabVIEW 界面设计的关键，它决定了整个 GUI 的显示风格。

## 7.1　列表框

列表框由一系列的项目组成，每个项目都包括符号和文本。其中，符号以图形显示，文本以字符显示。列表框经常作为显示控件使用，比如用列表框显示一个文件夹中的所有文件名和图标。列表框作为输入控件时，其主要用途是供用户选择多个项目，形成新的列表。

### 7.1.1　列表框的创建及显示风格

列表框同简单控件一样，有"新式"、"系统"和"古典"三种不同显示风格。列表框控件位于"列表、表格和树"控件选板中，如图 7-1 所示。

列表框的外观与一般的字符串控件比较相似，

图 7-1　"列表、表格和树"控件选板

但是它们的数据类型是完全不同的。列表框控件内含的数据类型是 I32，它本质是数值型控件。

如图 7-2 所示，列表框控件具有众多属性。不需要经常改动的属性可以通过控件的快捷菜单来设置。需要动态设置的属性则必须借助于属性节点来设置。

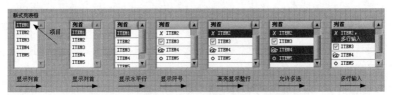

图 7-2　列表框不同的属性设置及其效果

### 7.1.2　列表框的常用属性、方法与事件

列表框的动态控制是通过属性节点实现的。列表框继承于控件类，因此具有控件类的所有属性、方法和事件。同时，列表框本身也增加了一些属性、方法和事件。常用的列表框属性如表 7-1 所示。

表 7-1　列表框属性

| 属　　性 | 描　　述 |
| --- | --- |
| 编辑行 | 读/写属性，用于获取或者设置当前文本编辑项所在行。值为0表示首行；-1代表列首；-2表示当前文本未改变 |
| 项目名 | 读/写属性，用于获取或者设置列表框项目名称。列表框的项目名对应一个字符串数组 |

| 属　　性 | 描　　述 |
|---|---|
| 项目符号 | 用于获取或者设置列表框项目符号。列表框的项目符号对应一个I32数组，值范围为0～40，每一个值对应一个符号 |
| 多行输入 | 读/写属性，用于获取或者设置是否允许项目名称的多行输入，值为TRUE时允许多行输入 |
| 行数 | 读/写属性，用于获取或者设置可见项目行数。设置该属性，可以改变列表框大小，并显示设定的行数 |
| 选择颜色 | 读/写属性，用于获取或者设置选中项目的颜色，默认是蓝色 |
| 选中模式 | 读/写属性，选中模式分为单选和多选。单选模式对应标量，在多选模式下可以同时选择多个项目，对应一维数组。选中模式可以设置为0、1、2、3，分别对应0或1项、1项、0或多项、1或多项。设置为0项时，列表框允许不选择任何项目，此时单击列表框首，不选择任何项目 |
| 大小属性 | 读/写属性，用于获取或者设置列表框的高度和宽度 |
| 顶行属性 | 读/写属性，用于获取或者设置列表框可见区域内的顶行项目索引。通过该属性还可以控制滚动条位置 |
| 显示项属性 | 读/写属性，用于控制是否显示列首，是否显示水平线，是否显示符号，是否显示垂直滚动条 |
| 禁用项属性 | 读/写属性，用于获取或者设置列表框中禁用的项目。被禁用项目发灰显示，禁止选中。输入参数为索引数组，用来指明哪些项目被禁用 |
| 自动调整行高 | 读/写属性，用于设定单元格中的字体或者行数改变时，是否自动更改行高以适应项目 |
| 内容区域边界及位置 | 读/写属性，用于获取边界属性或设置列表框控件内容区域的宽度和高度，单位为像素。位置属性用于获取或者设置列表框内容区域的左上角点 |
| 列首字符串 | 读/写属性，用于读取或者设置列首中需要显示的字符串 |
| 活动行 | 读/写属性，用于获取或者设置活动行的位置。索引值-1代表列首，-2代表所有行 |
| 活动行位置 | 只读属性，用于获取活动行的左上角点坐标，其相对于窗格坐标原点 |
| 单元格背景色 | 读/写属性，用于获取或设置活动单元格的背景色 |
| 单元格字体 | 读/写属性，用于获取或设置活动单元格的字体 |

列表框除了继承控件类所有的方法，还具有一些专用的方法。

◆ **点到行**：这里点的坐标是相对于窗格原点的坐标，单位为像素。该方法用于获取坐标点所在的列表框中的行。该方法还返回点是否在列表框区域之内的布尔值，以及点是否在单元格自定义符号之内的布尔值。

◆ **获取被双击的行**：该方法用于获取鼠标双击的项目所在的行号。返回值为 0 表示双击顶部第一行，返回值为-2 表示未双击任何行。

◆ **自定义符号**：此方法中包括几个常用的方法，用于获取或者设置列表框符号。

◆ **获取符号方法**：该方法用于返回符号的图形数据簇，可将其写入图形文件或者图片控件中。

◆ **获取符号数组方法**：该方法用于返回多个符号的图形数据簇的数组。

◆ **转换所有符号为默认符号**：该方法用于将所有符号设置成默认值。

◆ **设置为自定义符号**：该方法用于将图形数据设置为自定义符号。

◆ **设置为自定义符号数组**：该方法用于将图形数据簇的数组设置为项目符号。

列表框除了支持一般控件的事件，还增加了鼠标双击事件和编辑单元格事件。

## 7.1.3　列表框的应用举例

列表框的使用非常广泛，下面通过一些具体例子，讨论列表框的使用方法。

### 1. 列出文件夹中的所有文件及文件夹

列出文件夹中的文件是列表框的典型应用之一。下面的例子展示了如何在列表框中列出文件夹中的所有文件、文件夹，如图 7-3 所示。图中对于文件夹中的文件和子文件夹，设置了不同的符号。

使用"罗列文件夹"函数获取 LabVIEW 默认文件夹，即 LabVIEW.EXE 文件所在文件夹下的所有文件和文件夹。在图 7-3 中，对于文件夹和文件名使用了不同的符号，需要注意的是，项目名称数组和符号数组长度是相同的，一个具体的项目对应一个符号。默认情况下，列表框是不显示项目符号的。如果需要显示符号，则必须设置"符号可见"属性为真。

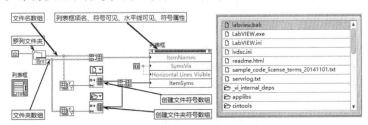

图 7-3 利用列表框显示文件列表

### 2. 选择项目并组成新的列表

从列表框中选择合适的项目并组成新的列表，也是列表框的典型用法。在有些用户必须参与选择的应用案例中，使用列表框是比较合适的。

如图 7-4 所示，这里假设有三台电机，而且电机的启动、关闭和运行时间都是不固定的，由用户自行选择动作和动作的次序。在左侧列表框中选择不同的项目，在右侧形成新的动作列表框，就可以满足这一要求。

在"动作"列表框中双击项目，或者单击"选择添加"按钮，会自动把选择的项目添加到"选择动作"列表框中。在"选择添加"按钮的事件分支中，当"选择添加"按钮被单击时，将产生"值改变"事件，此时程序首先读取"动作"列表中选中的项目，然后将其添加到"选择动作"列表框。

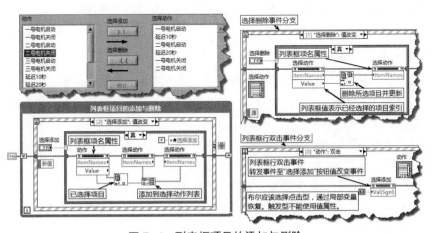

图 7-4 列表框项目的添加与删除

由于双击项目和"选择添加"按钮执行的是相同的功能，因此，对于双击事件，不需要重新编程。通过"选择添加"按钮的"值信号"属性，触发"选择添加"的值变化事件。这样鼠标双击和"选择添加"按钮响应同一事件，简化了编程。注意"选择添加"按钮不能为触发型机械动作按钮，触发型机械动作按钮无法使用值属性。

当"选择动作"列表框中某一项目被选中时，单击"选择删除"按钮，则该项目被删除。请读者编程实现双击"选择动作"列表框中某行时，删除选择的行。

### 3. 输出多选列表框中选中的项目

列表框的选择模式属性极其重要，它决定了列表框包含的值的类型。选择模式属性共有 0、1、2 和 3 这 4 个有效值。模式 0 表示可以选择 0 项或 1 项，模式 1 表示只能选择 1 项。模式 0 和模式 1 都是单选模式，因此列表框代表的类型为 I32 标量。模式 2 表示可以选择 0 项或多项，模式 3 表示只能选择多项。模式 2 和模式 3 是多选模式，因此列表框代表的数据类型是 I32 数组。

在图 7-5 所示的程序框图和前面板中，多选列表框返回由选中的多个项目构成的索引数组，通过索引数组函数和 For 循环，提取多选列表框中选中的项目并将它们写入"选中列表框"中。

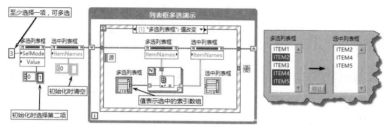

图 7-5　选中多项

**学习笔记** 选择模式 2 或者 3 时，同时按住 Ctrl、Shift 键并单击，可以选中多个项目。

### 4. 判断鼠标指针所在的行

在列表框的"点到行"方法中，点的坐标是相对于窗格坐标原点的。而在列表框事件结构中（比如鼠标移动事件），返回的坐标也是相对于窗格坐标原点的。因此，"点到行"方法经常和列表框鼠标事件结合使用。图 7-6 展示了如何通过列表框中的鼠标移动事件，去判断行数和鼠标指针是否在列表框内容边界中，并返回鼠标所在的行号。

该示例在列表框中列出了系统内置的信号处理图标，根据鼠标的移动，在二维图形控件中，绘制对应的图标。

### 5. 自定义列表框符号

列表框另外一个重要的方法是读取或者设置项目符号方法。通过符号属性也可以设置项目符号，但是项目符号必须是内置的符号，编号为 0~40。在"对话框与用户界面"函数选板中，提供了符号常量，如图 7-6 所示。

通过"自定义符号"方法，可以自定义列表框符号。从文件中读取不同风格的列表框符号，有利于区分不同的项目。Windows 文件对话框就是用不同的符号来代表不同的文件类型的。"自定义符号"方法的程序框图与运行效果，如图 7-7 所示。

将"自定义符号"方法封装成 VI，供图 7-8 所示 VI 调用，用来填充列表框。

### 6. 拖动列表框项目

在 LabVIEW 8.X 之后的版本中，事件结构的能力得到提升，比如增加了事件拖动的功能。在列表框和树控件操作中，经常需要进行拖动操作。添加事件拖动功能，极大地方便了用户的操作。"拖动"操作就是从一个控件中将数据拖动放置到另一个控件中。被拖动数据控件一般称作"源控件"，往其中放置数据的控件称作"目的控件"。

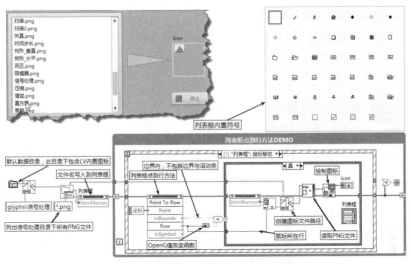

图 7-6 列表框"点到行"方法 DEMO

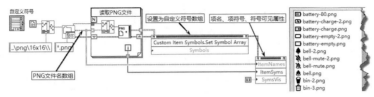

图 7-7 "自定义符号"方法 DEMO

如图 7-8 所示，首先源控件响应"拖曳开始"事件，在"拖曳开始"事件中把要复制或者移动的数据存入"数据"端子中。"数据"端子由"data name（数据名称）"和"dray data（拖曳数据）"两个元素组成，可以同时拖动多个数据，组成簇数组。在目的控件中，要响应"拖曳输入"和"放置"两个事件。在"拖曳输入"事件中，先判断"数据"端子输入的数据是否有效，如果有效，则响应事件。在"放置"事件中，则需要提取拖曳的数据，并将其写入目的控件中。

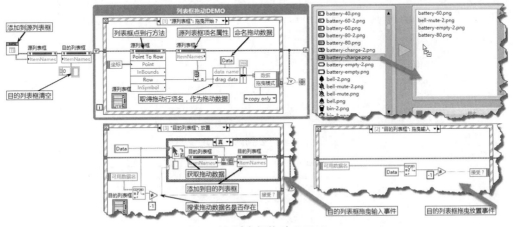

图 7-8 列表框拖动 DEMO

## 7.2 多列列表框

多列列表框是 Windows 常用控件之一，在 Windows 操作系统中进行文件浏览时使用的就是多列列表框。LabVIEW 也提供了多列列表框，不过与 Windows 的多列列表框相比，功能要少一些。因此，要实现 Windows 多列列表框的效果，需要额外编程。多列列表框作为显示控件的情况比较多，其适合显示分条的多种信息。

多列列表框的属性与单列列表框相似，它们的快捷菜单也基本相同。两者的主要区别在于单列列表框的项目名是一维字符串数组，而多列列表框的项目名是二维数组。

**学习笔记** 单列列表框项目名为一维字符串数组，而多列列表框的项目名则是二维字符串数组。

多列列表框的属性与列表框相似，就不再讨论了。下面我们通过具体示例来了解它的主要用法和用途。

## 7.2.1 显示多列项目并排序

多列列表框特别适于显示分类项目，比如数据库的不同字段，文件夹的内容，如文件名、大小、更改日期等。这些常见的例子都有显示和排序的要求。通常要求单击行首或者列首，自动对内容进行排序。

下面通过一个具体的案例，详细说明如何用多列列表框显示数据，以及对数据排序。

**step 1** 创建多行多列随机数发生器，并在多列列表框中显示。

多列列表框的数据可以在编辑环境中手动输入，然后设置成默认值。更常见的做法，则是通过编程建立二维字符串数组，自动将它们写入列表框中。下面的案例演示了如何写入多行多列随机数到多列列表框中。

为便于使用，通过多列列表框的引用来创建子 VI，这样子 VI 就不依赖于具体的多列列表框。多列列表框由行首数组、列首数组和项目二维字符串数组组成。多行多列随机数发生器的程序框图如图 7-9 所示。

创建随机数发生器子 VI 后，调用就非常简单了。主 VI 的前面板和程序框图如图 7-10 所示。当将多列列表框的引用、行首字符串数组与列首字符串数组传入子 VI 后，程序就会自动填充主 VI 中的多列列表框。主 VI 的程序框图非常清晰简单，这是典型的 VI 模块式编程方法。

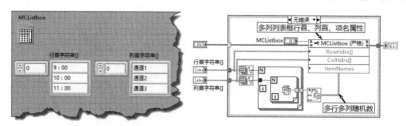

图 7-9 多行多列随机数发生器

图 7-10 随机数发生器调用方法

按照行列来排序多列列表框中的数据是非常常见的操作，接下来我们继续讨论如何进行行列排序。

**step 2** 对数组排序。

多列列表框的值实际上是一个二维字符串数组，所以多列列表框的排序实际上就是对二维字符串数组排序。首先我们研究一下，如何获取一维数组排序后的索引。

数组排序是 LabVIEW 中常用的编程技巧，数组函数中仅提供了"一维数组排序"函数。"一维数组排序"函数是多态函数，其中的数组元素可以是标量，也可以是簇。如果数组元素是簇，则以簇的首个元素作为标准进行排序。利用这个方法，就可以得到排序后重新分布的索引，进而通过索引数组，得到排序后的数组，如图 7-11 所示。

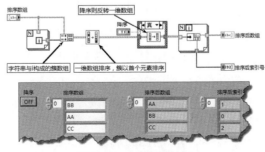

图 7-11　对数组排序

**学习笔记**　一维簇数组的排序，是以簇的首个元素为基准来进行排序的。

图 7-11 实现了一维字符串数组的排序，把这个 VI 作为子 VI，供 **step 3** 中的 VI 调用。

**step 3**　通过引用建立通用多列列表框排序函数。

在 **step 2** 中创建了通用数组排序函数后，获取鼠标单击的行数或者列数，以行或者列作为标准，就能对整个项目名数组进行排序。下面的程序以列为基准排序，行排序过程与此类似。具体操作过程如图 7-12 所示。

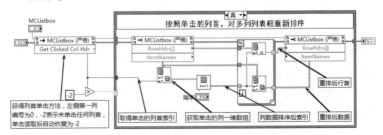

图 7-12　多列列表框按列排序 VI

把图 7-12 所示的 VI 作为子 VI，供 **step 4** 中的 VI 调用。

**step 4**　生成具有列排序功能的多列列表框随机数发生器。

建立了以列为标准排序的子 VI 后，一切就非常简单了。首先调用在 **step 1** 中创建的随机数发生器子 VI，然后再调用 **step 2** 中创建的排序子 VI，如图 7-13 所示。

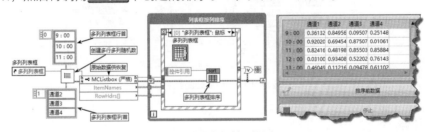

图 7-13　多列列表框按列排序 DEMO

以上详细介绍了多列列表框按列排序的方法。下面利用多列列表框，创建一个简易的文件浏览器，这也是多列列表框的典型应用。简易文件浏览器能显示文件路径、大小和修改日期。

把简易文件浏览器封装为子 VI 可供程序调用。利用按列排序子 VI 和列表框的符号功能来判断文件类型，即可以实现更为丰富的文件浏览功能。如图 7-14 所示。

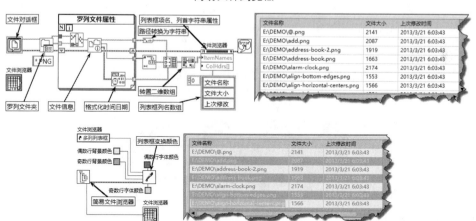

图 7-14　简易文件浏览器及浏览器特色显示

## 7.2.2　多列列表框的特效制作

多列列表框一般用于显示数据。例如在进行数据采集时，同时采集多个通道数据，并记录采集时间。在进行数据采集结果显示时，通常要求有上、下限报警功能。当采集的数据低于下限，或者高于上限时，通过特殊颜色或者闪烁，通知用户数据超出上、下限，这种需求在监控程序中很常见。

下面的例子演示了如何实现多列列表框行的背景颜色与单元格字体颜色的交替变换。指定活动单元格，并设置活动单元格背景颜色和字体颜色属性，即可以实现多列列表框单元格的不同颜色显示。首先来看看它的显示效果和程序框图，如图 7-14 所示。

如图 7-14 所示，简易文件浏览器偶数行与奇数行交替变换颜色，同时相应行的字体颜色也交替变换。交替变换颜色是通过列表框变换颜色子 VI 实现的，该子 VI 的功能是交替改变不同行的颜色和单元格字体的颜色。通过修改这个子 VI，很容易实现改换字体等其他特效显示。该子 VI 的程序框图如图 7-15 所示。

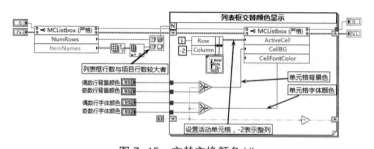

图 7-15　交替变换颜色 VI

## 7.3　表格

表格与列表框和多列列表框位于同一个控件选板中，如图 7-1 所示。表格控件从外观上看与多列列表框非常相似，但是其包含的数据类型则完全不同。多列列表框包含的数据类型是 I32 标量，如果允许多选，则多列列表框包含的数据类型是 I32 数组。表格包含的数据类型是二维字符串数组，表格中的每个单元格代表二维字符串数组中的一个元素。

## 7.3.1 表格的常用属性和方法

表格继承于控件类，具有控件类的所有属性和方法，同时也具有自己的属性和方法。

### 1. 表格控件的常用属性

表格控件的常用属性如表 7-2 所示。

表 7-2　表格控件的常用属性

| 属　　性 | 描　　述 |
|---|---|
| 编辑位置 | 读/写属性，用于获取或设置当前编辑的单元格的行、列索引。值为-1时，表示行首或者列首。值为（-2，-2）时，表示不修改当前单元格的文本 |
| 索引值 | 读/写属性，用于读取或设置左上角单元格的行、列索引，不包括行首和列首 |
| 行数与列数 | 读/写属性，用于获取或者设置表格在前面板中可见的行数与列数，改变这个属性可以扩大或者缩小表格的可见区域。表格的实际行数与列数等于二维字符串数组的长度 |
| 行首字符串与列首字符串 | 读/写属性，用于获取或设置行首字符串和列首字符串。其数据类型为一维字符串数组 |
| 选择颜色 | 读/写属性，用于获取或设置选取数据后，选中单元格边框的颜色 |
| 选择区域起始与选择区域大小 | 读/写属性，通过这两个属性，指定行索引与列索引作为选择区域开始，通过设置区域大小的行和列，指定选择区域的范围。用于设置区域大小的参数并非索引而是行数和列数 |
| 平滑水平滚动 | 读/写属性，如果值为TRUE，则以像素为单位水平滚动；如果值为FALSE，则整列滚动 |
| 大小 | 读/写属性，用于获取或者设置表格的宽度和高度，与表格边界的属性的区别在于不包括标签和标题 |
| 内容区域边界 | 读/写属性，用于获取或者设置表格内容区域，不包括边框、滚动条等对象 |
| 显示 | 读/写属性，用于设置是否显示标签、标题、水平或垂直滚动条、水平或垂直分隔线、索引、行首和列首等 |
| 位置 | 只读属性，用于获取活动单元格左上角的坐标。坐标数值相对于窗格坐标原点，单位为像素 |
| 活动单元格 | 读/写属性，用于获取或者设置活动单元格的行索引和列索引。与"编辑位置"属性不同，处于编辑位置的单元格具有焦点，而活动单元格是通过行和列指定要操作的单元格，该单元格不一定具有焦点。写入属性时，如果行或列索引值为-1，则表示选择整行或者整列；为-2，则表示选择所有行或者所有列 |
| 单元格背景色 | 读/写属性，用于获取或者设置活动单元格的背景色 |
| 单元格字体、样式等 | 读/写属性，用于获取或设置活动单元格字体、字体颜色、字体样式等 |

### 2. 表格控件的常用方法

表格控件继承了控件类的所有方法，同时新增了一些方法。下面介绍这些新增方法。

◆ **"导出数据至剪贴板"方法**：以制表符为分隔符，把选中的表格数据输出至剪贴板。

◆ **"导出数据至 Excel"方法**：把选中的数据输出至 Excel。

◆ **"导出图像"方法**：控件类具有"获取图像"方法，获取的图像中包括标签、标题等内容，是控件真实的图像。"导出图像"方法则不同，这里的图像只包含表格控件的内容和字体信息，不含颜色、滚动条等。表格控件的"导出图像"方法更适合于直接输出表格数据，其输出对象可以是剪贴板或文件，文件格式可以选择 emf、bmp 或 eps。

◆ **"导出彩色图像"方法（私有方法）**：把表格控件本身导出至文件或者剪贴板，类似控件类的"获取图像"方法。

◆ **"点到行列"方法**：点的坐标相对于窗格的坐标原点，单位为像素。该方法通常与表格鼠标事件结合使用，返回当前鼠标指针所在的行和列。该方法也可以用来判断鼠标指针是否位于表格内。

◆ **"设置单元格值"方法**。该方法用于设置指定行、列索引的单元格值。下面的例子演示了如何使用"设置单元格值"方法来清空单元格，如图 7-16 所示。其中，"X index"端子指定列，"Y index"端子指定行。需要特别注意，处于焦点的单元格无法使用该方法。

**学习笔记** 处于焦点的单元格无法使用"设置单元格值"方法。

上述表格控件的几个方法使用非常广泛。下面创建一个演示程序，演示如何使用表格控件的方法。因为程序框图比较复杂，下面根据其功能分成几个部分介绍。

1）首先创建生成 0~100 之间的随机数组程序框图，用来生成二维数据，填充表格，如图 7-16 所示。

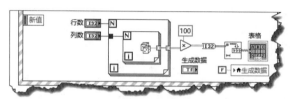

图 7-16　生成二维 0~100 随机数组，填充表格

因为程序使用了"生成数据"布尔控件的值信号属性来初始化数据，或单击控件生成新数据，所以在"生成数据"布尔控件中，必须选择"单击时转换"机械动作，"单击时转换"布尔控件不能自动恢复状态，只能通过局部变量恢复。

根据指定的行数和列数，创建 0~1 之间的二维随机数组，再乘以 100 后转换为整数，然后转换为二维字符串数组，并填充到表格控件。

2）导出数据至剪贴板，并自动粘贴到字符串控件中。

导出数据之前，必须预先框选表格中的部分数据，只有框选的数据才能导出。导出数据以制表符作为分隔符，可以在任意文本编辑器中粘贴所选数据，如图 7-17 所示。

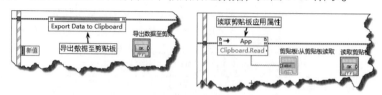

图 7-17　导出数据至剪贴板方法事件分支与读取剪贴板方法事件分支

使用"导出数据至 Excel"方法，可以将选定数据输出到电子表格软件。另外表格控件的快捷菜单中，也提供了"复制"选项，使用该选项可以直接将选定数据复制到剪贴板，供其他程序使用。

3）使用"导出图像"方法，将表格简易图像导出至文件或者剪贴板，包括数据和简易表格。注意，并非导出表格控件本身的图像。如图 7-18 所示，导出图像存储在计算机文档文件夹中，存储后的文件在默认浏览器中显示。

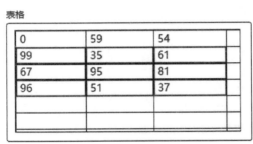
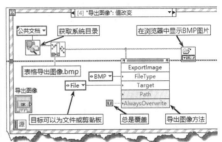

图 7-18　导出图像方法事件分支

4）"导出彩色图像"方法，该方法导出表格控件的实际显示图像至文件或者剪贴板，如图 7-19 所示。导出 BMP 图像文件，将其存储在计算机文档文件夹中，并在浏览器中显示。

5）使用"导出彩色图像"方法，既可以将图像导出至文件，也可以导出至剪贴板。图 7-19 所示事件分支导出彩色图像至剪贴板，利用应用类方法读取剪贴板中存储的图像，并将其显示在图片控件中。图 7-20 同时也演示了控件类的"获取图像"通用方法，这两种方式实现同一功能。

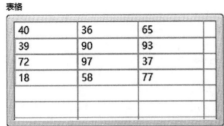
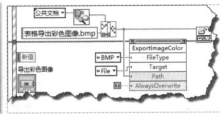

图 7-19　导出彩色图像方法事件分支

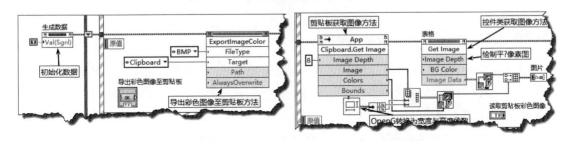

图 7-20　导出彩色图像至剪贴板与读取剪贴板图像事件分支

6）如图 7-21 所示，利用"点到行列"方法返回鼠标单击坐标所在单元格的行列，经常将该方法与事件结构一起使用。在鼠标按下事件中，记录框选数据的开始行列；在鼠标释放事件中，得到框选数据的结束行列。计算二者之间的差值，得到需要截取的二维数组长度。然后利用数组子集函数，得到框选的数据，将它们写入输出表格控件中。注意框选时，用户可能由上至下选取，也可能由下至上选取，在程序框图中使用最大最小值函数与绝对值函数，就是为了处理这两种情况的。

**学习笔记**　通过表格的选择区域开始属性与选择区域大小属性，也可以实现上述功能。

7）图 7-22 所示的例子演示了如何使用"设置单元格值"方法。通过属性节点，使单元格失去焦点，此时才可以使用"设置单元格值"方法。通过布尔控件指定是否清空单元格，如果选择"清空"，则清空单元格，否则单元格处于编辑状态。

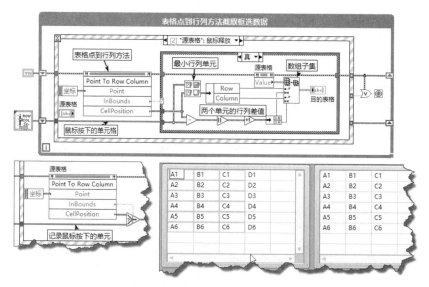

图 7-21　利用表格的"点到行列"方法截取选定的数据

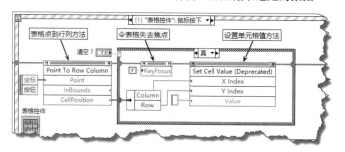

图 7-22　"设置单元格值"方法

## 7.3.2　表格的应用举例

充分利用表格的属性和方法，可以定制表格并实现不同的表格显示效果。由于表格控件的数据类型是二维字符串数组，因此对表格的操作实际就是对二维字符串数组的操作。

### 1. 在行首或行尾添加数据

下面制作一个简单的通讯录，并让通讯录具有简单的添加和查询功能。首先创建一个通讯簇，用来描述通讯记录，包括姓名、地址、年龄、性别等信息。然后创建两个功能子 VI。将通讯簇转换为表格行数据 VI 用于通讯录数据添加；将表格行数据转换为簇 VI 用于通讯录数据查询，如图 7-23 所示。

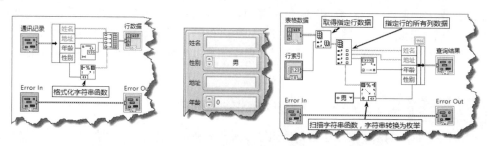

图 7-23　将通讯簇转换为行数据与将行数据转换为通讯簇子 VI

如图 7-24 所示，在添加事件分支中，通过一个布尔控件来控制是进行行首添加还是行尾添加。

在查询事件分支中，按姓名进行查询。首先获取表格中的姓名列，构成一个一维字符串数组，对一维字符串数组进行搜索，找到对应的索引号，进而获取表格的指定行。

在使用事件结构时，除了响应用户鼠标、键盘等事件，经常需要编程自动触发某些事件分支。在前面的例子中，我们多次使用了控件的值信号属性来自动触发事件，比如进行事件的初始化操作。比较新的版本支持用户事件，允许编程者任意触发自定义用户事件。

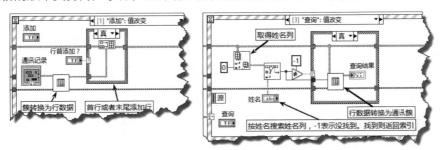

图 7-24　通讯录添加与查询事件分支

用户事件极大地方便了基于事件的编程，本例中使用一个自定义的用户事件来对事件结构进行初始化。在初始化的过程中，自动从通讯簇获取所有标签名，作为表格的列名称，如图 7-25 所示。

使用用户事件包括几个步骤：创建用户事件，注册用户事件，取消注册与销毁用户事件。

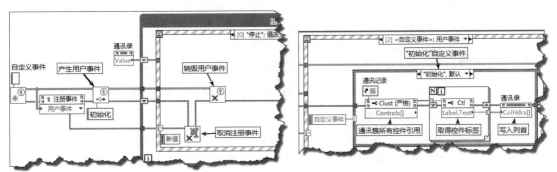

图 7-25　利用用户事件进行初始化，写表格列名称

注意，用户事件可以使用任意数据类型，本例中使用了字符串类型，且仅仅使用了"初始化"用户事件。读者可以任意扩充，完成更复杂的功能。

### 2. 表格的行列排序

表格的数据类型是二维字符串数组，所以对表格的排序就是对二维字符串数组的排序，与多列列表框排序类似。我们可以借用在前面介绍多列列表框时创建的二维数组排序 VI，对其稍作修改即可使用。如图 7-26 所示，这里使用的实际是二维数组通用排序方法。因为表格控件的数据是二维字符串数组，所以更改二维字符串数组的数据类型，即可以轻松实现对不同数据类型的二维数组排序。对数组进行行列转置，即可以实现按行排序。

### 3. 表格行交替用不同颜色显示

在下面这个例子中，采用循环结构，利用"设置活动单元格背景色"属性节点，来设置不同行的背景色，实现行颜色交替显示。然后通过表格引用创建"通用交替颜色显示"子 VI。整个流程的程序框图如图 7-27 所示。

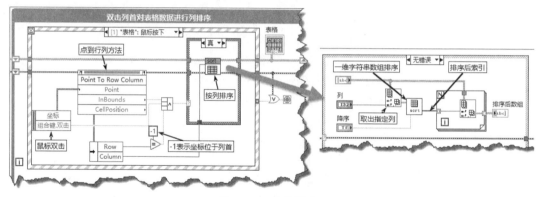

图 7-26　表格排序

通过表格引用调用子 VI，即可以实现表格行交替显示不同颜色。调用子 VI 的程序框图和效果图如图 7-27 所示，可以选择行交替或者列交替。

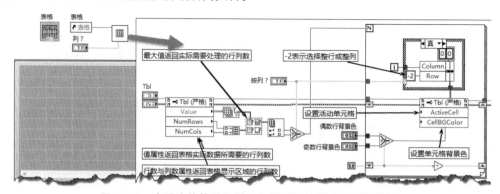

图 7-27　实现表格控件行颜色交替显示的程序框图及效果

### 4. 禁用一个或者多个单元格

在列表框中禁用某个项目非常容易，通过列表框控件快捷菜单或者属性节点进行禁用即可。表格控件并没有类似的属性，所以只能通过编程，间接禁用某个单元格或者多个单元格。方法是通过改变单元格背景色，表示该单元格处于禁用状态。一旦发现用户选择该单元格，就通过属性节点使该单元格失去焦点，间接实现禁用的目的。

首先创建一个设置表格区域背景颜色子 VI，使用该 VI 设置指定的开始单元和指定的单元格范围的背景颜色，以标记此处的单元格是禁用的。我们将对整个表格操作，禁止或者启用某单元格。所以创建一个对应的布尔数组，来表示每个单元格状态，如图 7-28 所示，为真表示启用，为假表示禁止。

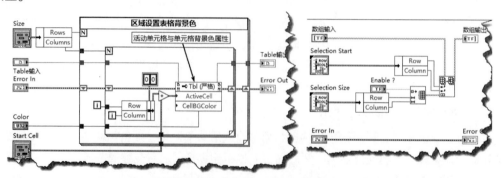

图 7-28　区域设置表格背景颜色 VI 与表格禁用布尔数组 VI

创建上述两个子 VI 后，就可以创建表格禁用与启用 DEMO 程序框图了。启用单元格与禁用单元格事件分支的框图基本相同，不同的仅仅是移位寄存器数组相应部分的值为 TRUE，同时恢复原来单元格的颜色，如图 7-29 所示。

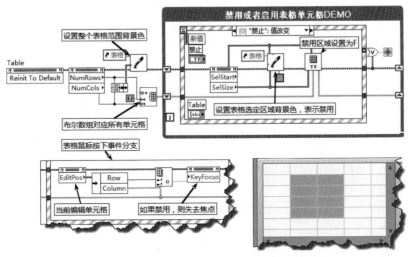

图 7-29　表格单元格禁用与启用 DEMO

### 5. 高亮显示行

列表框控件具有"高亮显示行"属性，而表格控件没有该属性。要让表格行高亮显示，需要通过编程实现，程序框图如图 7-30 所示。

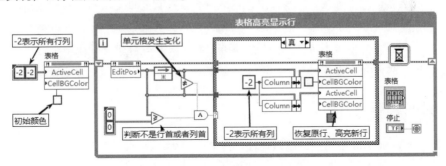

图 7-30　高亮显示表格行

在上面的例子中需要注意判断条件，如果 EditPos 大于或者等于 0，则说明不是行首和列首单元格。利用当前的 EditPos 和原来的进行不等比较，可以判断用户选择的行数是否发生变化。让反馈节点保存原来状态，将其与新的状态进行比较，使用条件结构产生类似"值变化"事件，保证操作只进行一次。值变化的检测是很常用的技巧，在 PLC 等控制技术中，通常称值变化为上升或者下降沿变化。

### 6. 在表格中嵌入其他控件

表格控件的数据是二维字符串数组。这种数据类型作为显示控件的数据是非常合适的，但是作为输入控件的数据则不太常见。输入控件必须保证输入的数据是合理有效的，比如一个人的年龄为负数显然是不合理的。使用表格控件判断数据输入是否合理非常困难。解决这个问题比较好的方法是在表格中嵌入控件，比如嵌入枚举或者下拉列表控件。这样就可以保证用户只能选择合理的数据。让嵌入控件发生作用的基本方法是，当用户单击某个单元格的时候显示一个原来隐藏的控件，使用户只能在该控件中选择可以加入表格中的数据，如图 7-31 所示。

被嵌入的控件平常是隐藏的，在表格"鼠标按下"事件中，将嵌入控件移动到表格活动单元格中，同时使嵌入控件获得焦点。这样用户就无法直接在表格中输入数据，而只能在下拉列表中选择。

在下拉列表的"值改变"事件中，获得下拉列表的字符串，并将其写入表格单元格中，然后隐藏下拉列表控件，如图 7-31 所示。

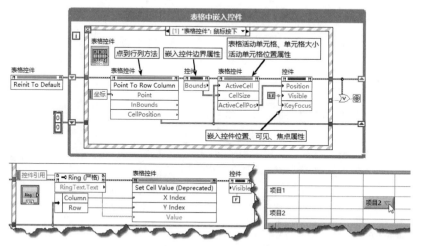

图 7-31　在表格中嵌入下拉列表控件

在表格的"鼠标按下"事件中，把活动表格的行列位置写入移位寄存器，并保存当前活动单元格位置。这样在嵌入控件的"值改变"事件中，就能使用在移位寄存器中保存的上次活动单元格的位置。移位寄存器是在事件结构中不同事件分支间传递数据的最佳方法。

## 7.4　树形控件

树形控件是 Windows 中常用的高级控件，在 Windows 应用程序中非常常见。Windows 资源管理器和 NI 的板卡配置软件 MAX 就采用了树形控件。树形控件适合于比较复杂的应用，其属性和方法的使用非常灵活。在系统控件、经典控件和新式控件的控件选板中都提供了树形控件，它们除了显示风格不同，使用方法完全相同。树形控件的内容既可以静态编辑，也可以通过编程来动态填充。静态编辑的树形控件适用于内容固定不变的场合，而动态填充的树形控件则适用于内容无法确定的场合。

### 7.4.1　树形控件的创建与静态编辑

树形控件与列表框、表格位于同一控件选板中，如图 7-1 所示。树形控件的创建非常简单，但是静态编辑稍显复杂，首先需要熟悉树形控件各部分名称及其含义。

如图 7-32 所示，树形控件由几个基本元素构成，包括扩展/折叠符号、项目符号、左单元格字符串和子项文本。其中扩展/折叠符号可以选择 Windows、LabVIEW 等显示方式，项目符号同列表框中的一样，可以选择内部项目符号表中的符号，也可以自定义符号。左单元格字符串表示项目的具体含义，直接显示在树形控件中。LabVIEW 内部区分具体项目是通过项目标识实现的。项目标识也是字符串，可以与左单元格字符串相同，也可以不同。子项文本是字符串数组，可以多列显示，它通常用于说明项目的用途，也可以不用它。

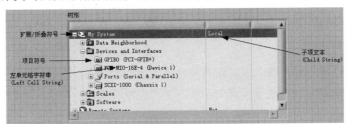

图 7-32　树形控件基本构成

**学习笔记** 树形控件用项目标识（Tag）区分各个项目。

"树形控件"这个名称非常形象，其如同树一样，是典型的分层结构。位于顶端的项目通常称作顶端项目或者根项，根项的特点是没有父项。而其他中间项目既有父项，又有子项，它们相互之间有隶属关系。位于末端的项目可以仅设置为子项，表示该项目不能作为其他项目的父项。

对于内容固定不变的树控件，可以在开发编辑环境中直接用操作选板编辑，下面简单说明树形控件的编辑方法。

**step 1** 按层次结构设计树形控件内容草图，包括所有的左单元格字符串及其标识（Tag），如图 7-33 所示。

**step 2** 设计树形控件时，显示在树形控件中的左单元格字符串不是很重要，重要的是区别各个项目的标识。必须保证这些标识是唯一的。默认情况下，LabVIEW 会根据左单元格字符串自动生成同名的标识。左单元格字符串可以相同，对于同名单元格，生成的标签将自动添加序号。这时，可以通过快捷菜单打开"编辑项"对话框来设置标识名称。在"编辑项"对话框中，按照顺序输入所有左单元格字符串，遵循从左到右、从上到下的原则。

**step 3** 根据不同层次，通过树形控件的快捷菜单中的"缩进项"进行缩进。多层项目需要多层缩进。项目编辑完成后，选择合适的缩进符号。如果需要使用不同的项目符号，则可在树形控件快捷菜单中通过选择"显示项"打开"符号"对话框，然后选择合适的内置项目符号，如图 7-34 所示。

**step 4** 在"编辑"菜单中，选择"当前值设置成默认值"项，然后存储树形控件所在的 VI。这一步极为关键。如果不将当前值设置成默认值，则当再次打开树形控件时所有输入的项目将不复存在。

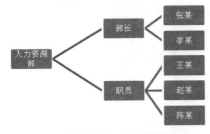

图 7-33　内容草图

图 7-34　选择合适的内置项目符号

## 7.4.2 树形控件的常用属性、方法和事件

树形控件的数据类型为字符串或者字符串数组，如果允许多选，则树形控件返回字符串数组。如果不允许多选，则返回字符串。虽然树形控件的值属性会返回树，但是树形控件和树形控件的值属性，可以直接和字符串或者字符串数组连接。连接的字符串或者字符串数组表示选中项目的

标签字符串。

**学习笔记** 树形控件可以直接连接字符串或者字符串数组，这些字符串和字符串数组表示选中项目的标识。

树形控件继承于基本控件类，具有所有控件类的属性和方法，同时它也增加了许多专有属性和方法。树形控件的属性和方法是实现动态填充树形控件的关键，必须仔细分析和理解。

### 1. 树形控件的常用属性

树形控件的常用属性如表 7-3 所示。

表 7-3　树形控件的常用属性

| 属　　性 | 描　　述 |
|---|---|
| 编辑位置 | 读/写属性，用于获取或者设置当前文本编辑项目的行索引或者列索引，索引(0, 0)表示左上角项目，索引(-1，-1) 表示行首和列首，索引(-2，-2)表示未选择任何编辑项。另外，必须设置可编辑单元格后才能使用"编辑位置"属性 |
| 显示层次为0的项缩进/移出符号 | 读/写属性，用于获取或者设置是否显示顶层根项的缩进/移出符号。隐藏缩进/移出符号时，缩进等级为0的项将与树形控件的左侧对齐 |
| 缩进/移出符号类型 | 读/写属性，用于获取或者设置缩进/移出符号的类型，有效值包括0（None）、1（LabVIEW）、2（Mac OS）、3（Windows）和4（Default） |
| 显示的项 | 只读属性，用于获取所有可见项的项目标识，并按显示次序排列。不返回未展开的子项的项目标识 |
| 行数和列数 | 读/写属性，用于获取或者设置树形控件可见部分的行数和列数 |
| 行列首字符串 | 读/写属性，用于获取或者设置行首和列首字符串 |
| 活动列数 | 读/写属性，用于获取或者设置活动单元格所在的列。值为-2表示选择所有列；值为-1表示选择列首；值为0表示选择第1列 |
| 字体 | 读/写属性，用于读取或设置活动单元格字体、背景颜色、对齐方式等显示效果 |
| 单元格大小 | 读/写属性，用于读取或者设置单元格的高度和宽度 |
| 标识符 | 用于设置标识项目为活动项目，其后所有操作针对活动项进行 |
| 所有标识符 | 用于返回从上至下所有项目的标识 |
| 排列子项 | 用于对某一项的子项按字母顺序进行排序 |
| 删除项 | 在树形控件中删除指定项。如需删除树形控件中的所有项，则可设置标识为空字符串，并设置删除子项为TRUE |
| 添加项 | 在树形控件中添加指定项 |
| 添加项到末尾 | 在树形控件现有项之后添加项 |
| 添加多个项到末尾 | 在树形控件现有项之后同时添加多个项 |
| 获取子项 | 根据给定的父项标识，获取它的第一个子项。最顶端的项没有父项，为空字符串。如果没有子项则返回空字符串 |
| 获取后一项 | 用于返回同一层次（即同属于一个父项）指定标识之后的子项标识。如不存在则返回空字符串 |
| 获取前一项 | 用于返回同一层次指定标识项之前的项目。如果不存在，则返回空字符串 |
| 获取父项 | 用于返回子项的父项，如果为空，则为顶层项目 |
| 获取路径 | 用于返回顶层至指定子项之间所有项的标识字符串数组 |
| 打开/关闭全部 | 用于展开或者关闭树形控件的所有节点。值为TRUE时展开所有节点，值为FALSE时关闭所有节点 |
| 打开/关闭项 | 用于展开或者关闭指定项的子项。值为TRUE时展开子项，值为FALSE时关闭子项 |

续表

| 属　　性 | 描　　述 |
|---|---|
| 点到行列 | 用于返回像素点所在位置的标识和列,同时返回像素点是否在内容区域边界内和自定义符号内 |
| 显示层次结构线 | 用于设置是否显示水平和垂直分隔线。如果显示,则能更清楚地显示出项目的层次结构 |

#### 2. 树形控件的常用事件

树形控件也增加了一些重要的事件,它们为事件结构编程提供了极大的方便。这些事件的介绍如下。

◆ "编辑单元格"事件:编辑某个单元格时触发该事件,树形控件必须被设置为可编辑的才能产生该事件。

◆ "双击"事件:双击树形控件时会发生此事件,并返回双击行的项目标识。

◆ "项打开"事件:某个父项展开时发生该事件。

◆ "项关闭"事件:某个父项关闭时发生该事件。

### 7.4.3 树形控件高级应用举例

树形控件作为输入控件时,一般采用静态编辑的方法来添加内容;而作为显示控件时,一般采用动态填充的方法,因为要显示的内容无法事先确定。

动态填充的关键在于属性和方法的使用,其中方法节点尤为重要。下面通过具体示例简单介绍常用树形控件属性、方法和事件的使用方法。

#### 1. "删除项"和"添加多个项到末尾"方法

如图 7-35 所示,在为树形控件填充项之前,首先必须通过"删除项"方法删除树形控件中的原有项。"删除项"方法通常用于删除某个具体项。如果项目标识为空字符串(默认),"删除子项"输入参数为 TRUE,则删除树形控件的所有项目。此方法常用于程序初始化时清空树形控件。

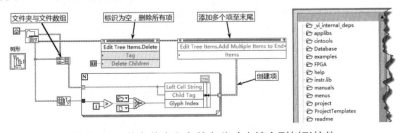

图 7-35　将文件夹和文件名称动态填充到树形控件

在图 7-35 中,"罗列文件夹与文件"函数连接的路径是"默认目录",即 LabVIEW.EXE 文件所在目录,该函数返回指定文件夹下的所有文件夹及文件。图中使用了树形控件的"添加多个项至末尾"方法,该方法的输入端子是簇数组,簇数组的元素为一个具体的项目。

树形控件项目的数据类型为 LabVIEW 内部自定义的簇。通过树形控件"添加多个项至末尾"方法的快捷菜单建立常量数组,从数组中拖出一个簇元素,即可抽取这个自定义的簇类型。这是一个使用 LabVIEW 内部自定义类型的重要技巧。

#### 2. 获取同辈项目方法

同辈项目是指具有相同父项的项目,查找同辈项目是常见的树形控件操作。树形控件提供了获取所有项目标识的属性,但是没有提供获取同辈项目标识的属性或者方法,需要自己编程实现。

如图 7-36 所示，这里的 VI 就可以获取所有同辈的项目标识。

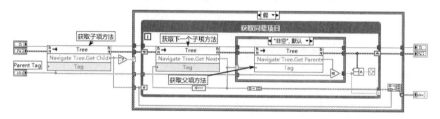

图 7-36　获取同辈项目标识 VI

如图 7-36 所示，此 VI 的输入端子使用了树形控件引用，因此这个 VI 可以应用于任何树形控件。首先使用"获取子项"方法取得指定父项的首个子项，然后利用"获取下一个子项"方法，通过循环取得所有子项。

把图 7-36 所示的 VI 创建为子 VI，将它的输入端子设为树形控件和项目标识，图 7-37 展示了如何调用该 VI。通过"点到行列"方法获取父项标识，然后利用父项标识调用获取同辈项目标识子 VI，即可获得所有同辈项目的标识。

在图 7-37 中，Ports 项目包含三个子项，分别是 COM1、COM2 和 LPT1，这三个子项具有相同的父项，属于同辈项目。

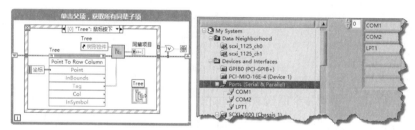

图 7-37　使用"点到行列"方法获取同辈子项标识

### 3. 自定义项目符号

LabVIEW 本身提供了一个非常好的自定义项目符号的例程，如图 7-38 所示。

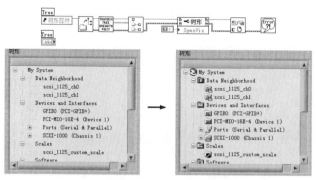

图 7-38　自定义项目符号

## 7.5　波形图表

本章前面部分讨论的高级控件与常用的 Windows 控件类似，接下来要讨论的是 LabVIEW 专用的高级显示控件，即波形图和波形图表。与前面所讲的通用高级控件不同的是，它们主要用于数据显示。

波形图和波形图表是 LabVIEW 中最常用的数据显示控件。使用数据显示控件的方法是否得当，直接关系到采集和控制程序的成败，因此需要重点研究这些控件。

我们很容易把波形图表（Chart）和波形图（Graph）弄混淆。波形图表的最大特点是，控件内部包含一个先入先出的缓冲区（First In First Out，FIFO）。这是一个非常重要的概念，波形图表的先入先出缓冲区的默认大小为 1024 个数据，在编辑环境下可以设置缓冲区的大小，运行时无法改变。当有新数据到来时，其会被自动添加到缓冲区尾部。当缓冲区满后，最先进入缓冲区的数据会被自动移出缓冲区，以保持缓冲区设定的大小不变。

由于波形图表内含 FIFO，因而特别适合显示实时数据。波形图表、波形图、XY 图、强度图等统称为图形控件，图形控件的控件选板如图 7-39 所示。

图 7-39　图形控件的控件选板

## 7.5.1　波形图表的组成要件

图形控件是 LabVIEW 中最为复杂的控件，一个基本的图形控件由许多要件组合而成。这些要件从功能上相当于一个控件，但是它们不能独立存在，必须依附于图形控件。

### 1. 波形图表的基本组成要件

波形图表控件及其基本组成要件如图 7-40 所示，要件包括 X 标尺、Y 标尺、图例、标尺图例、图形工具选板、滚动条、数字显示等。

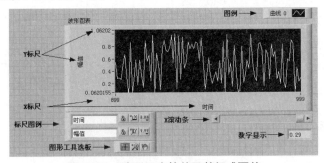

图 7-40　波形图表控件及其组成要件

波形图表的组成要件和波形图的十分相似。这些组成要件的各种属性不仅能在编辑环境中修改，在运行环境中也可以实时修改。而且，这些组成要件允许用户自己设定曲线的颜色、曲线显示方式等，这极大地丰富了图表控件的功能。

在编辑环境中，可以使用快捷菜单、属性对话框和图表要件控制图表的各种属性。在运行环境中，则可以通过属性节点、方法节点和图表要件控制图表的属性。

### 2. 图例要件

用鼠标右击图例要件的任何一条曲线，可弹出快捷菜单，通过该快捷菜单可设置选定曲线的颜色、点的形状、线型和线宽等，如图 7-41 所示。

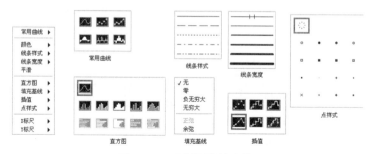

图 7-41　图例要件的功能

不需任何编程，通过图例要件即可实现风格迥异的曲线显示（如图 7-42 所示），由此可见图形控件强大的功能。

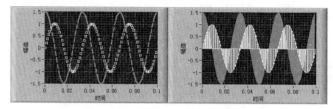

图 7-42　通过图例要件设置曲线显示方式

### 3. 标尺图例

如图 7-43 示，通过标尺图例，可以设定 X 轴和 Y 轴的标尺名称。锁定标尺后，如果用户通过鼠标或键盘动态修改标尺刻度，标尺会自动恢复到原来的状态。解锁标尺后，用户可以自由修改标尺上、下限。

单击标尺格式按钮，弹出快捷菜单，从中可以设置标尺的显示格式和显示数字精度。映射模式可以选择"线性"和"对数"两种。对数模式可用于 X、Y 之间存在指数关系的曲线。通过标尺格式按钮，还可以设置图形控件网格线的颜色等。

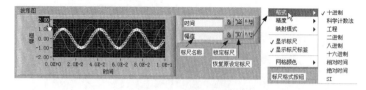

图 7-43　标尺图例

### 4. 图形工具选板

如图 7-44 示，图形工具选板包括"模式转换"、"放大模式"和"平移模式"3 个按钮。选择"放大模式"或者"平移模式"后，单击"模式转换"按钮即可转换到正常状态。放大模式下包括"矩形放大"、"水平放大"、"垂直放大"、"点击放大"、"点击缩小"和"恢复原状态"6 个功能。其中"点击放大"和"点击缩小"功能是指通过点击显示区域，将显示

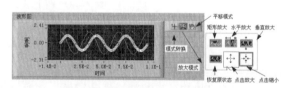

图 7-44　图形工具选板

区域放大或者缩小一次。"恢复原状态"功能则可以使绘图区域恢复到原来的显示比例。

### 7.5.2　波形图表的输入类型

波形图表控件既可以显示单条曲线，也可以显示多条曲线。单条曲线和多条曲线的输入数据类型是不同的。对于单条曲线，波形图表可以接受标量型输入和由标量构成的数组输入，也可以接受波形数据输入。多条曲线的输入类型为簇或簇的数组，簇中的每个元素代表相同时刻或者相同序号的点集合。

由于波形图表控件是实时刷新的，因此每当有新数据添加进来的时候，会导致波形曲线更新。而过于频繁的更新会导致程序性能下降，同时人的视觉也无法做出及时反应，不利于观察数据。通常情况下，添加数据的间隔应该在 200 ms 左右。对于温度等变化缓慢的数据，利用标量的方式单点添加数据是比较合适的。但是对于变化较快的数据，过少的采样点会导致漏掉实时数据。

因此，可以采用数组型输入方式，在采集多个数据后以数组的形式添加数据，这种方法可以有效地降低更新频率。

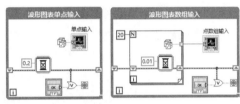

如图 7-45 所示，分别采用单点输入和点数组输入方式，同样是每 200 ms 更新一次数据，但是两种方式的采样速度是不同的。单点输入每 200 ms 采样一次，而点数组输入则每 10 ms 采样一次。

图 7-45　单条曲线的单点输入和点数组输入

> **学习笔记**　图形控件采用数组型输入可以增加采样数，从而减少更新次数。

对于多条曲线，波形图表控件只能接受簇或者簇的数组，如图 7-46 和图 7-47 所示。

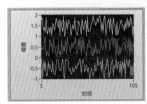
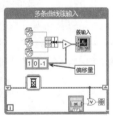

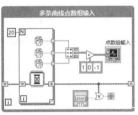

　　图 7-46　多条曲线的簇输入　　　　　　　　　图 7-47　多条曲线的簇数组输入

波形图表虽然也可以接受波形数据输入，但是很少这样做。波形数据更适用于波形图控件。

### 7.5.3　波形图表专用属性

波形图表继承于图形图表类，而波形图继承于控件类。波形图表属于多重继承类，包括曲线类、标尺类等。因此，波形图表的属性极其复杂，很难列表说明。下面根据具体分类和示例，简单分析波形图表的属性。

#### 1. 刷新模式

波形图表有带状模式、示波器模式和扫描模式 3 种刷新模式。带状模式是最常用模式，在该模式下，从左至右显示数据。最右边是最新数据，添加新数据后，曲线将向左移动，同时显示新数据，并擦除旧数据。在示波器模式下，数据由左至右填充，绘图至右边界时，擦除原曲线，并重新由左至右填充。扫描模式同示波器模式类似，只是当绘图到右边界时，并不擦除原曲线，而是以垂直分隔线分隔新旧数据，左侧为新数据，右侧为旧数据。三种刷新模式的效果和程序框图如图 7-48 和图 7-49 所示。

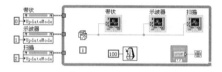

图 7-48　波形图表的三种刷新模式（效果图）　　　图 7-49　波形图表的三种刷新模式（程序框图）

### 2. "历史数据"、"数字显示[]"属性

波形图表内部用先入先出缓冲区记录最新的数据，缓冲区默认大小是 1024 个数据。在编辑环境中可以设置缓冲区的大小，在运行环境中不允许设置。缓冲区的大小指的是记录数据数组的大小，而不是指占用实际内存的大小。例如，需要记录三条曲线，而且输入数据为双精度数，则缓冲区实际占用内存大小为 3×8×1024 字节。

"历史数据"属性用于读/写缓冲区中的数据。"读历史数据"属性用于返回缓冲区中所有数据。"写历史数据"属性用于向缓冲区写入数据，通常用于清空波形图表，如图 7-50 所示。

波形图表包含一个数值显示控件，默认情况下不显示。通过"数字显示[]"属性，可以设置是否显示数值显示控件。数值显示控件中显示的是缓冲区中的最后一个数据，也就是最新添加的数据。由于波形图表可以显示多条曲线，因而多条曲线可以对应多个数字控件。"数字显示[]"属性返回所有数字控件的引用数组，通过数字控件的引用，能控制数字控件的行为。如图 7-50 所示的例子，当波形图表输入数据超限时，让数字控件的背景变成红色。

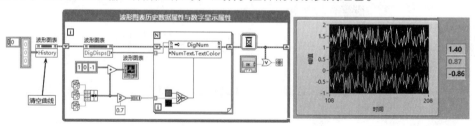

图 7-50　波形图表的"历史数据"和"数字显示[]"属性

**学习笔记**　当波形图表的"历史数据"属性被赋以空值时将清空曲线。

### 3. "活动曲线"与"曲线"属性

波形图表可以同时显示多条曲线，每一条曲线的属性都可以单独设置。如图 7-51 所示，曲线的属性与图例中的设置存在对应的关系。这样就可以编程实现对曲线的动态设置，比如设置线的颜色、线型、点形状等。

波形图表中的多条曲线是根据序号来区别的，序号从 0 开始。若想修改某一曲线的属性，首先必须通过"活动曲线"属性，将该曲线设置成活动状态，之后所有的属性操作都只对处于活动状态的曲线。

如图 7-51 所示，这里使用了信号处理函数选板中的"逐点分析"库函数。逐点分析库中的函数特别适合用于控制波形图表显示，因为它每次循环都产生一次新的数据。

### 4. "标尺"属性

波形图表类是多重继承类，包括标尺类、X 标尺和 Y 标尺等。标尺类控件元素具有自己的属性，其中最常用的是"范围"属性，该属性包括最大值、最小值、增量和次增量属性。"最大值"和"最小值"属性用于设定标尺的显示范围，"增量"属性用于设置网格线和标尺中大的分隔线，"次增量"属性用于设置小的分隔线。

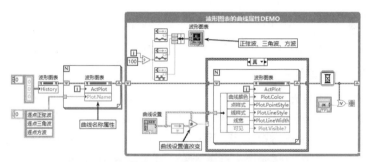

图 7-51 波形图表的"活动曲线"与"曲线"属性

"偏移量和缩放系数"是标尺控件的另一个常用属性，利用该属性，可以实现实际数据即原始数据的缩放显示。显示在波形图表中的数据等于原始数据乘以缩放系数加上偏移量，如图 7-52 所示。

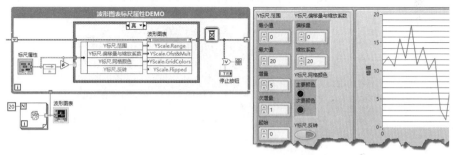

图 7-52 波形图表的"标尺"属性

## 7.5.4 波形图表应用举例

波形图表在图形显示控件中相对比较简单，下面介绍几种波形图表控件的特殊应用方法。

### 1. 波形图表中不显示部分数据

当有新数据添加进来时，波形图表会自动更新数据，并在图表中显示最新数据。某些情况下，需要根据外部条件决定是否添加数据并显示。

不显示部分数据通常有两种方法。第一种方法是采用条件结构，不添加不需要显示的数据。此时波形图表处于停止状态，而且保持原来的数据不变，这容易让人产生错觉，似乎程序停止运行了。第二种方法是继续添加数据，但是不显示添加的数据，这样在用户看来，数据是分段显示的。

下面的例子展示了如何通过上述两种方法不显示部分数据，效果和程序框图如图 7-53 所示。

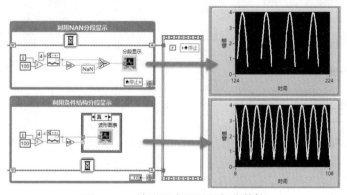

图 7-53 波形图表不显示部分数据

**学习笔记** 在图形控件中不显示 NaN 数据。NaN 表示数据无意义。在图形控件中遇到 NaN 数据时，将不执行绘图操作，这是非常重要的编程技巧。

#### 2. 波形图表的特殊显示

在实际的应用中，当数据高于上限或者低于下限时，经常需要使用特殊颜色或者线型显示超限数据，但是波形图表不允许只更改曲线中的一部分。解决的方法是，利用 NaN 特性，用两条完全重合的曲线模拟出一条曲线的效果。图 7-54 所示为前面板的显示效果与程序框图。

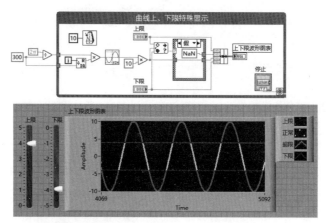

图 7-54　波形图表的上、下限特殊显示

#### 3. 波形图表中的横坐标使用绝对时间

默认情况下，波形图表的纵坐标显示幅值，横坐标显示采样点数。如前所述，波形图表适于显示变化较慢的数据，因此通常用于显示采样时间间隔较长的曲线。在实际应用中，经常需要让波形图表的横坐标显示系统的绝对时间。在波形图表的属性对话框中，可以设置 X 标尺的显示格式为绝对时间，或者相对时间。设置时间之后，要把当前时间作为 X 标尺的偏移量，然后设置 X 标尺的最大、最小范围。最后在工作循环中，根据循环时间，设置 X 标尺缩放系数，这样就可以在波形图表中使用时间作为 X 标尺了，如图 7-55 所示。

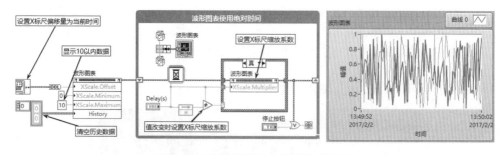

图 7-55　在波形图表中使用绝对时间

## 7.6　波形图

波形图经常在数据采集程序中使用。波形图（Graph）在早期有些资料中被翻译成"事后波形图"。从字面上看，这更符合波形图的特点。由于波形在数据采集中的重要性，LabVIEW 专门提供了波形数据类型，而图形化显示波形数据的最佳方式就是使用波形图。

一般的数据采集卡通常返回的都是波形数据，波形图控件就特别适合显示采集数据。采集的数据已非实时数据，因此称此时的数据曲线为事后波形图。波形图的横坐标用来表示相对时间或者绝对时间，这与波形图表控件不同，波形图控件特别适合显示采集间隔很短而采集数量很大的波形数据。

## 7.6.1　波形图控件的创建和组成要件

波形图控件除了具备波形图表控件的所有要件，它还新增了游标和注释这两个重要的部件，如图 7-56 所示。

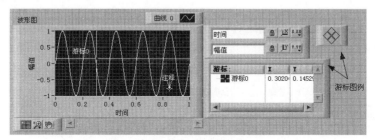

图 7-56　波形图的游标与注释

波形图的常用要件和波形图表基本相同。由于波形图显示的是波形数据，内部没有输入/输出缓冲区，因此它没有数字显示要件，但是增加了游标和注释。波形图的绘图区域是一个独立的坐标系，（0，0）为坐标原点，游标用于定位该坐标系中的点的坐标。如图 7-56 所示，按键盘上的方向键，用鼠标单击界面上的方向键，或者直接用鼠标拖动绘图区域的游标，都可以移动游标。同时，游标图例中会显示游标的当前横纵坐标。

静态创建游标的方法是使用属性对话框或者快捷菜单来创建。游标分为自由游标和依附于曲线的游标两种形式。自由游标可以在绘图区内任意移动，可以显示绘图区内任意点的坐标。而依附于曲线的游标则不同，它会自动定位到曲线上的点，显示的坐标也是曲线上点的坐标。这个特性非常实用——给定一个横坐标，通过游标就可以查找到纵坐标，从而实现数据查询。

波形图控件的注释是 LabVIEW 的新增特性。注释适合于标记波形曲线中的特殊点，比如最大、最小值等。在波形图的快捷菜单中，选择"数据操作"→"创建注释"项来创建注释。

## 7.6.2　波形图控件的输入类型

波形图控件与波形数据是密切相关的。波形数据是特殊类型的簇，由开始时间（标量）、时间间隔（标量）和值数组（数组）这 3 个基本元素组成。由此可以看出，波形图的横坐标表示绝对时间或者相对时间。横坐标以时间间隔等间距排列，纵坐标表示波形的幅值。

波形图控件的输入实际上不仅仅局限于波形数据，它可以直接显示一个数值型数组。此时，波形图的横坐标表示数组的索引号，纵坐标表示数组元素。

提及波形图控件，不能不提波形和信号的创建。在信号处理函数选板中提供了大量的波形和信号创建函数，如图 7-57 所示。创建信号是指按照一定方式生成值序列，创建波形指的是在信号的基础上附加时间信息生成波形序列。

### 1. 显示单条曲线

利用波形图显示单条曲线时，它的输入可以是标量一维数组、波形数据和包含时间信息的波形簇。图 7-58 分别演示了一维数组输入、波形数据输入和簇输入三种常用的波形图输入方式。

对于一维数组输入，波形图显示曲线的横坐标是数组元素的序号。对于波形数据输入，曲线的横坐标是时间间隔。簇输入的情况与波形数据输入类似。X0 代表数据的起始点，dt 代表数组元素之间的间隔，可以是时间，当然也可以是用户自己定义的其他参数。如图 7-59 所示，虽然簇的结构和波形数据非常类似，但是其内部结构完全不同。

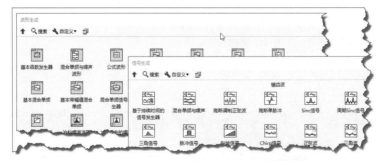

图 7-57 波形生成与信号生成函数选板

图 7-58 显示单条曲线时波形图的输入类型

图 7-59 波形图显示波形数据和簇时的区别

和波形数据相比，波形簇的使用更为灵活，它可以自由解释初值和间隔的含义。

**2. 具有相同数据长度的多条曲线**

波形图控件还可以显示具有相同数据长度的多条曲线。相同数据长度是指标量数组的长度相同，波形数据中的 Y 数组的长度相同，或者波形簇中值数组的长度相同。因为具有相同的点数，所以多条曲线是对齐的。

（1）波形图控件直接接受二维数组输入

使用二维数组绘制多条曲线时，波形图的横坐标为二维数组的行索引，如图 7-60 所示，波形图中显示了三条曲线。

**学习笔记** 二维数组的每一行可以代表一条曲线。

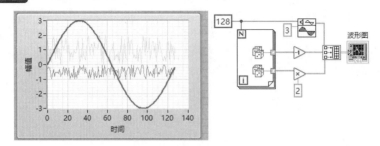

图 7-60 用二维数组作为输入画多条曲线

（2）二维数组与 X0、dt 捆绑成簇

簇中二维数组的每行代表一条曲线，如图 7-61 所示，波形图中显示了两条曲线，分别是正弦波形和由随机数构成的波形。

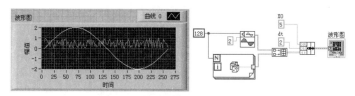

图 7–61　用簇数组画多条曲线

（3）使用多个波形数据画多条曲线

每个波形数据代表一条曲线，多个波形数据代表多条曲线。图 7-62 演示了如何利用多个波形数据在波形图中画多条曲线。图中提供了两种方法，分别是创建波形数组和合并波形信号。

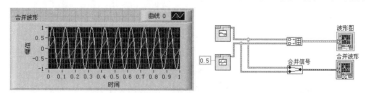

图 7–62　用波形数据画多条曲线

### 3. 具有不同数据长度的多条曲线

相同长度的多条曲线波形图是比较常见的，比如同时采集几个通道的数据就会产生这样的波形图。在有些情况下，数据的长度是不同的，这时采用二维数组的输入方式将产生问题，原因在于创建数组的函数会自动扩展长度较短的数组的长度，并用 0 填充扩展部分，从而导致较短的曲线增加了一段为 0 的线段，如图 7-63 所示。

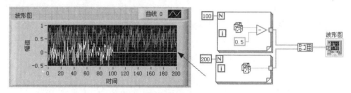

图 7–63　采用二维数组作为输入来显示不同长度曲线

采用簇数组作为输入就不存在上述问题，因为簇数组中的每一个元素都被作为一条单独的曲线处理，如图 7-64 所示。

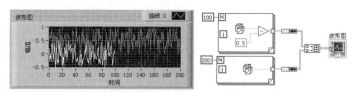

图 7–64　采用簇数组作为输入来显示不同长度曲线

可以单独定制多条不同长度的曲线的起始点和时间间隔。通过修改簇的第一个元素，定制曲线的起始点。通过修改簇的第二个元素，定制曲线的时间间隔。在显示多条曲线时，使用这种方式更为灵活，如图 7-65 所示。

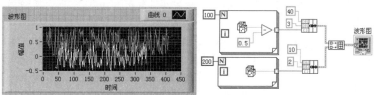

图 7–65　单独定制多条曲线的起始点和时间间隔

### 7.6.3 波形图控件的专用属性

波形图的很多属性与波形图表相同或者类似，但是有些属性是波形图表所不具备的，下面详细地介绍一下波形图的特有属性。

#### 1. 游标

首先需要重点关注的是游标以及游标相关的属性，游标在波形图中有着非常重要的作用。虽然从波形图上可以看出曲线变化的一般特征，但是要具体研究某个特殊点，比如过零点、最大值、最小值、波峰或者波谷等，都需要借助于游标。游标直接继承于通用类，而非控件类。因此，游标无法单独存在，只能作为某个图形控件的数据成员出现。

通过前面的示例可知，如果需要操作某一条曲线，首先必须把该曲线设置成活动曲线，游标也是如此。如果需要修改某个游标的属性，则必须首先通过"活动游标"属性，将游标设置为活动游标，在此之后，所有对游标的属性修改都是针对活动游标进行的。

在创建游标时，LabVIEW 会自动为其分配编号。编号从 0 开始，依次类推。"所选游标"属性返回当前选中游标的信息，"游标列表"则返回波形图中所有游标的信息。这些信息包括颜色、坐标等。与波形图表相比，波形图增加了"游标图例"属性，通过该属性可以控制游标是否可见。

游标作为单独的控件元素，具有自己独立的引用和属性。如图 7-66 所示，游标的属性基本包含在游标列表中，可以通过游标列表统一读取或者设置游标的属性。游标的属性包括游标名称、颜色、样式、点样式、位置等。对于较少使用的属性的读取或者修改，使用游标单独的属性节点更方便。

图 7-66　游标列表中包含游标的大部分属性

图 7-67 演示了如何生成随机波形，并使用游标标记出最大、最小值，求出平均值。由于波形图中 X 坐标表示的是数组的索引号，因而可通过数组的"最大最小值"函数，获得数组的最大值和最大值对应的索引，然后将它们连接到波形图的 Cursor.PosY 属性和 Cursor.PosX 属性。运行程序后，波形图中游标就直接定位在波形的最大值处。

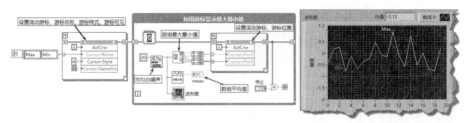

图 7-67　用游标标记最大、最小值

比较常见的游标操作是读取游标的当前位置。如图 7-68 所示，图中包含了两个游标。该示例演示了如何通过游标列表来检测游标位置，以及如何判断游标是否移动。波形图本身的游标图例可以直接显示游标位置信息。

通过游标列表可以读取游标的状态，更重要的是"游标列表"属性为读/写属性，这意味着通过写入游标列表，可以动态创建或者删除游标，这使得游标的使用极其灵活和方便。

**学习笔记**　通过对话框静态创建游标，通过写入游标列表可以动态创建游标，参见图 7-69。

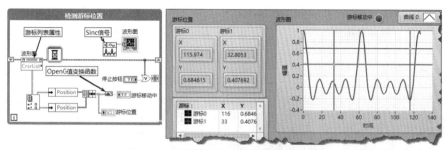

图 7-68　通过游标列表检测游标位置

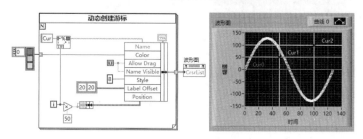

图 7-69　创建动态游标

### 2. 注释

　　LabVIEW 8.X 中的波形图控件增加了注释属性。注释的用法和游标非常相似，可以通过快捷菜单静态创建注释，也可以通过"注释列表"属性动态创建注释。

　　因为在图 7-70 中，需要建立一个无重复的整数数组，所以首先决定如何生成不重复的随机整数。使用 LabVIEW 本身提供的 0～1 之间的随机数不可取，因为它是伪随机数，所以不能通过放大随机数然后取整来操作，因为舍入操作可能造成数据重复。

　　在 LabVIEW 中产生不重复的随机整数有多种方法，图 7-70 演示了三种常用方法：一是通过 MathScript 中的 randperm（n）函数，该函数产生 1～n 的无重复的随机排列的整数；二是采用随机数组排序的方法。例如需要产生一个包含 100 个元素的随机数组，随机数组排序后，它的索引号就是不重复、随机排列的 0～99 之间的整数；三是利用重排数组元素 VI。

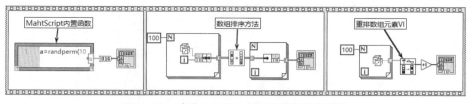

图 7-70　产生 1～100 之间不重复的自然数

　　图 7-71 通过一个具体示例说明注释的用法。首先创建一个 1～100 之间不重复的自然数随机序列，然后找出为 25 的倍数的数并动态添加注释。由于注释列表中的簇元素类似于波形图中的游标列表，非常复杂，因此我们采取一种更为简单的方法——静态添加一个注释，然后以它作为模板，生成其他注释。

### 3. 自制特色波形图控件

　　波形图控件拥有众多的组成要件，使用这些要件可以创建不同的波形图控件。例如，不需要任何编程，用简单的颜色工具就可构建出个性迥异的波形图控件，如图 7-72 所示。除了使用不同颜色，该波形图中还使用了"颜色透明"属性，把一些要件的前景色和背景色设置成透明状态。

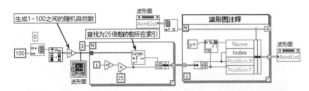

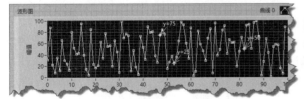

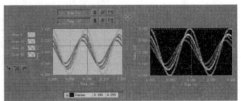

图 7-71　为是 25 的倍数的数做注释（前面板）　　　　　　图 7-72　特色波形图

### 7.6.4　波形图控件的高级应用举例

波形图控件拥有众多的属性、方法和事件，它们的使用极其灵活，下面通过一些具体示例介绍波形图控件的高级用法。

#### 1. 利用滚动条显示部分波形数据

波形图控件适合显示采集后的数据。如果采集的数据量比较大（比如超过几百个点），则在波形图的绘图区域内显示全部数据时，会由于点数过密，使得曲线很难区分。这种情况下，可以设置 X 标尺的最大和最小值，分段显示波形数据。在分段显示的波形图中，需要禁止 X 标尺自动调整，并通过程序设定曲线的显示范围。波形图控件本身就提供了 X 滚动条，通过滚动条即可显示部分波形数据，但是这样显示不够灵活。如图 7-73 所示，该例子通过外部滚动条来控制波形数据的显示范围。

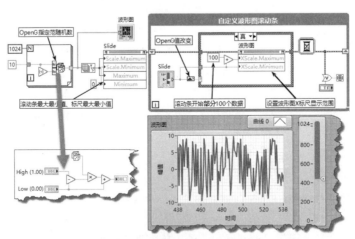

图 7-73　用外部滚动条来控制波形数据的显示范围

该示例中使用了 OpenG 中的随机数发生器函数。它可以生成指定范围内的随机数，这部分的程序框图如图 7-73 中箭头所指部分。

在图 7-73 所示的例子中，一定要将 X 标尺设置为"禁止自动调节"。

#### 2. 在 X 轴表示系统时间

很多情况下，要求波形的 X 轴表示绝对时间。例如，回放文件中存储的数据时，如果数据是用相同时间间隔采集的，就要求波形图显示温度与时间的变化关系，如图 7-74 所示。

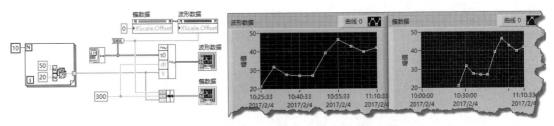

图 7-74　在波形图的 X 轴显示系统时间（前面板）

 波形数据和簇数据的 X 轴偏移量是不相同的。

### 3. 采用多 Y 轴和映射模式

如果两个不同的波形幅值差距很大，则当它们显示在一个波形图中时，幅值较小的波形容易被湮没。这种情况下，可以采用两个 Y 轴，以不同刻度和比例显示两条曲线。由于指数形式的波形幅值变化非常快，所以采用对数映射模式，缩小波形的显示范围。

右击 Y 轴标尺，弹出快捷菜单。在弹出的快捷菜单中选择"复制标尺"项，即可增加新的标尺。在 Y 轴标尺的快捷菜单中，选择"两侧交换"项，可以更改标尺的显示位置，增加的新标尺默认在左侧显示，可更改为右侧显示。如图 7-75 所示，该例子使用两个 Y 轴标尺，其中 YScale.MapMode 属性用来设置 Y 轴的映射模式。

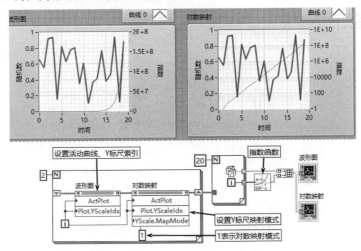

图 7-75　在波形图中使用双 Y 轴并使用线性映射、对数映射模式

### 4. NaN 的妙用

同波形图表类似，波形图中的 Y 数组如果包含 NaN 元素，则该元素不会被绘制。我们利用这个特性可以使曲线分段显示，以显示特征点，如图 7-76 所示。

### 5. 曲线图像

新版本 LabVIEW 的波形图控件又增加了一个重要属性——曲线图像。曲线图像相当于在波形图控件的绘图区域附加了三个图片控件，分别是前景图像、背景图像和中间图像。它们之间的区别在于图片的层次位置不同。前景图像位于曲线图像之上，因此可以覆盖曲线。中间图像位于网格线和曲线之间，因此在图片框中绘图可以覆盖网格线而不能覆盖曲线。背景图像则位于网格线之后，曲线和网格线不受其影响。

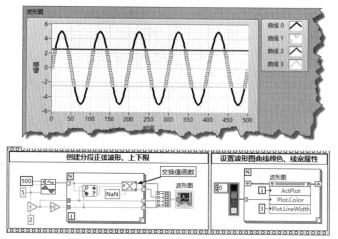

图 7-76　在波形图中妙用 NaN 实现多段曲线特色显示

如图 7-77 所示，该例子利用波形图控件的前景图像属性标记出正弦波形的所有波峰。通过波峰检测函数找到所有波峰的索引，即 X 坐标，然后找出所有波峰对应的 Y 值，即 Y 坐标。通过波形图的映射坐标方法把这些坐标转换为实际像素点的坐标。通过图片的"绘制圆"函数绘制波峰点标记，即红色圆点。

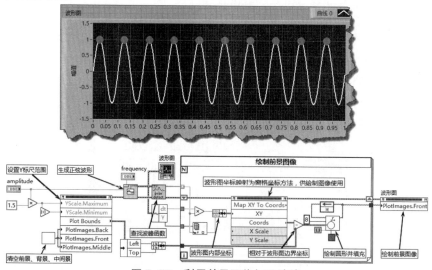

图 7-77　利用前景图像标记波峰

## 7.7　XY 图

与波形图表和波形图相比，XY 图的功能更为强大。常用的组态软件和控制类软件提供的数据图形软件基本都包括 XY 图。通常情况下，波形图表和波形图的 X 轴的数据都是等间隔的，而 XY 图则不同，它更注重于显示 X 变量和 Y 变量之间的函数关系，比如压力和流量之间的关系。通过定制 XY 图，可以实现波形图表和波形图的全部功能。当然对于有些特定情况，使用波形图表和波形图则更为方便。

XY 图的创建和组成要件与波形图、波形图表很类似，这里就不详细讨论了。

## 7.7.1　XY 图的输入数据类型

XY 图可以显示一条或者多条曲线，可以接受多种数据输入。曲线是由一系列的坐标点连接而成的，所以 XY 图的输入数据本质上都是点，这些点则由 X 坐标和 Y 坐标构成。

### 1. 复数数组输入

在笛卡儿坐标系中，点是可以用复数来描述的，比如(X，Y)就可以用 X+Yi 来表示。因此，我们自然想到，XY 图可以接受复数数组输入。事实也是如此，复数数组实际上代表的是点的一维数组。如图 7-78 所示，该例子即接受复数数组输入。

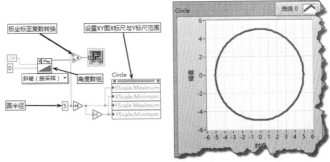

图 7-78　用复数数组作为 XY 图的输入

### 2. 点簇数组输入

通常情况下，LabVIEW 用簇的方式表示点。簇由两个元素构成，分别为点的 X 轴坐标和 Y 轴坐标。因此，XY 图可以接受点簇数组输入，如图 7-79 所示。

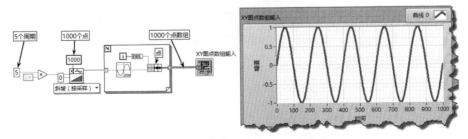

图 7-79　点簇数组作为 XY 图的输入

### 3. 一维数组捆绑输入

两个长度相同的一维数组，在被捆绑成簇后，可以直接连接 XY 图。XY 图在解除捆绑时，自动按照索引组成点，如图 7-80 所示。图中也演示了通过索引与"捆绑簇数组"函数，把两个一维数组合并成点簇数组的方法，这种方法和图 7-79 所示的方法是相同的。

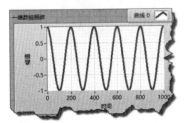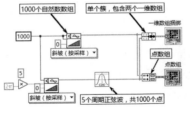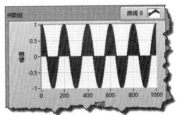

图 7-80　将一维数组捆绑成簇作为输入

#### 4. X 轴使用系统时间

让 XY 图的 X 轴使用系统时间，如图 7-81 所示，X 轴使用由系统时间构成的一维数组，时间间隔为 5 s。在 XY 图属性配置对话框中，应该将 X 轴设置为显示绝对时间。

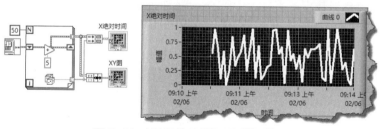

图 7-81　XY 图的 X 轴显示系统时间

#### 5. 利用由复数数组构成的簇数组显示多条曲线

若要绘制多条曲线，则可以将复数数组捆绑成簇数组。XY 图将簇数组中每一个元素解释为一条曲线，如图 7-82 所示，绘制了多个同心圆。

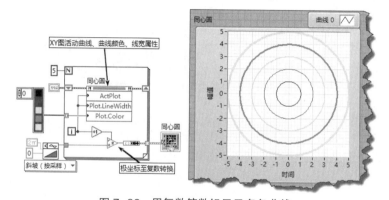

图 7-82　用复数簇数组显示多条曲线

#### 6. 利用簇数组显示多条曲线

点簇数组和捆绑的两个一维数组都可以表示一条曲线。同理，利用由簇构成的簇数组可以表示多条曲线，如图 7-83 所示。

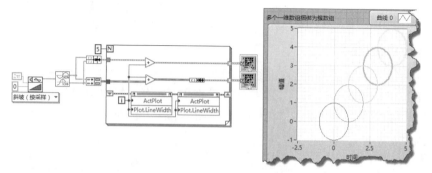

图 7-83　利用簇数组显示多条曲线

#### 7. 在 XY 图中显示两条曲线的特殊方法

对于显示两条曲线，XY 图存在一种特殊方法，如图 7-84 所示。XY 图对于由三个参数构成的簇数组，自动以第一个参数作为 X 坐标，以另外两个参数作为 Y 坐标，构成两条曲线。

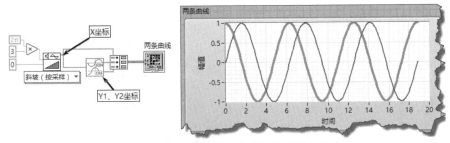

图 7-84　XY 图显示两条曲线的特殊方法

### 7.7.2　XY 图的高级应用

　　XY 图的属性、方法和事件与波形图和波形图表非常类似，熟悉了波形图表和波形图属性节点的用法，也就基本了解了 XY 图的属性节点的用法。XY 图可以实现波形图表和波形图的功能，波形图表的最大特点是内部存在一个数据缓冲区，如果 XY 图也能构建一个点的数据缓冲区，那么 XY 图就可以实现波形图表的功能。下面通过几个具体示例演示 XY 图的强大数据显示能力。

#### 1.　实现与波形图表一样的显示效果

　　波形图表之所以能连续显示实时曲线，是因为它内部存在一个先入先出的数据缓冲区（FIFO）。如果我们能够自己构建一个数据缓冲区，XY 图自然就可以实现波形图表的功能。LabVIEW 在 "逐点分析库" 函数选板中提供了这样的函数，我们可以直接使用它。该函数默认的数据类型是双精度数，但是函数的代码是公开的，因此对其稍加改动就可以适应任何数据类型。为了绘图方便，我们直接使用复数输入，得到的效果和程序框图如图 7-85 所示。

　　LabVIEW 的快速 XY 图也可以实现类似的功能，但不如自己编程灵活。在快速 XY 图中，有一个关于重置的布尔连接端子，如果设置该端子为 "重置"，则每次调用该端子时，清除原来的曲线，这相当于一般的 XY 图的功能。如果设置为 "不重置"，则保留原来的曲线。

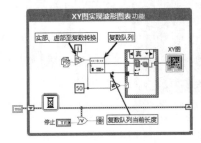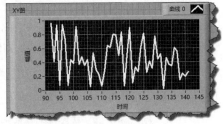

图 7-85　用 XY 图实现波形图表功能

#### 2.　曲线的纵向显示

　　通常情况下，数据是沿 X 轴方向增加的，Y 轴表示信号的幅值。XY 图提供了足够的灵活性，它可以以一种不同的形式显示数据。单条曲线通常是由两个一维数组构成的点对来描述的。因此，只要交换 X 坐标和 Y 坐标，就能实现曲线的纵向显示。通过标尺的 "反转" 属性，还可以实现曲线的左右或者上下翻转，如图 7-86 所示。

#### 3.　动态指定标尺

　　同波形图类似，XY 图也可以使用多个标尺。LabVIEW 不允许动态创建标尺。因此，在需要切换单标尺和多标尺的应用中，可以利用快捷菜单预先创建多个标尺，然后通过隐藏不使用的标尺来实现切换功能，如图 7-87 所示。

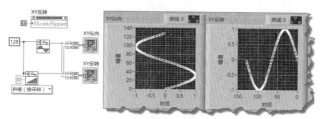

图 7-86　曲线的反转和镜像

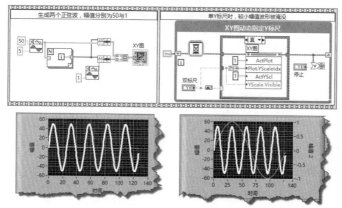

图 7-87　动态切换 XY 图 Y 标尺

### 4. 导出图像

波形图提供了"导出图像"方法。不过控件本身具有"获取图像"方法，由于波形图、XY 图都继承于控件类，因此它们本身就继承了"获取图像"方法。控件的"获取图像"方法获取的图像是控件图像的完全拷贝，而"导出图像"方法获取的图像则忽略了控件的颜色等信息，更适于打印和存储。下面通过具体示例说明二者之间的不同，如图 7-88 所示。

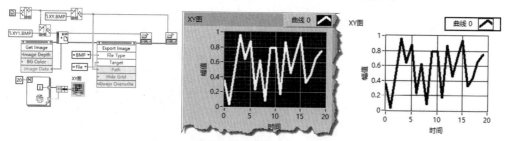

图 7-88　XY 图控件的获取图像方法与导出图像方法

### 5. 显示背景图片

XY 图控件也可以使用 NaN 实现特殊效果，方法同波形图和波形图表类似，这里就不再举例了。而且 XY 图控件支持"前景图片"、"背景图片"和"中间图片"属性，使用方法和波形图类似。这里举一个简单的例子，利用 XY 图显示图片，相应的程序框图和效果如图 7-89 所示。

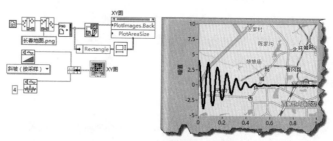

图 7-89　XY 图控件显示背景图片

## 7.8 强度图表和强度图

强度图表和强度图的区别如同波形图表和波形图的区别。强度图表存在内部缓冲区，读/写强度图表缓冲区的属性是"历史数据"属性。强度图表和强度图在其他方面并无明显区别，但强度图使用得更多一些。强度图的组成要件和输入参数如图 7-90 所示。

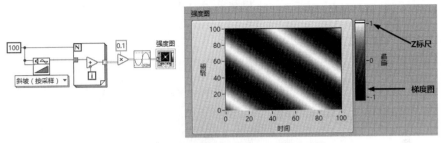

图 7-90　强度图的组成要件和输入参数

强度图与波形图的最大区别是，强度图由三个坐标 X、Y、Z 构成，默认 X、Y、Z 轴的标签分别为时间、频率和幅值。其中 X、Y 轴坐标确定位置，而 Z 轴坐标表示当前位置的值，这实际上就是二维数组的表示方式，所以强度图的输入参数是二维数组。X 轴表示数组的行数，Y 轴表示数组的列数，而 Z 轴表示数组的值，因此也可以认为强度图是表格数据的图形化体现。

与波形图相比，强度图增加了 Z 轴和颜色梯度控件，以对应强度图中的"色码表"属性。色码表是一维颜色数组，长度为 256。也就是说，强度图控件最多能显示 256 种不同颜色。强度图的组成非常类似 256 色图形的构成方式，因此强度图控件特别适合显示 256 色 BMP 图片。如图 7-91 所示，该示例利用强度图显示以像素点为单位的图形数据，由该图可以看出强度图和256 色图片之间的关系。

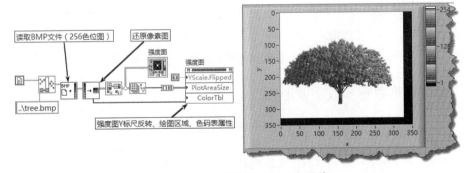

图 7-91　用强度图显示 256 色图片

## 7.9 数字数据、数字波形数据与数字波形图

数字数据、数字波形数据和数字波形图是 LabVIEW 新增的数据类型和图形显示方式。熟悉单片机的工程师一定非常了解数字量的重要性，在硬件和软件设计中经常需要考虑数字电路的时序和数字逻辑，正是基于这种需求，LabVIEW 特别提供了数字数据、数字波形数据和数字波形图。

我们在描述模拟量的时候，可以使用信号（即一个离散量的数组），也可以通过波形（即在信号上附加开始时间和时间间隔）来描述。波形图表和波形图可以用来图形化显示信号或者波形。数字信号可以用数字数据来描述。数字波形数据则包含时间信息，即在数字数据上又附加了时间信息，数字波形图控件可以用来显示数字信号或者数字波形。

## 7.9.1 数字数据

数字数据也称作数字表格，数字表格的行表示一组数字信号，列表示采集信号的次数或者通道数。数字表格本质上是二维布尔数组，同时对应整型量二进制形式的每一位。数字表格、布尔数组和二进制数据的对应关系如图7-92所示。

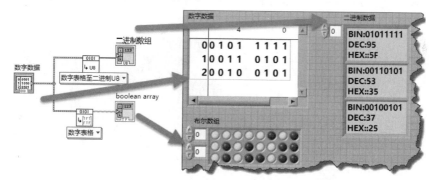

图 7-92　数字表格、布尔数组和二进制数据的对应关系

创建数字表格的方式分为静态创建和动态创建两种。静态创建就是首先创建一个空白的数字控件，然后通过工具选板中的"编辑文本"按钮逐位修改。更为常见的方式是动态创建。可以将数字表格转换成二维布尔数组或者一维数值数组，然后通过二维布尔数组或者一维数值数组就可以动态创建数字表格。除此之外，还有其他的输入类型可以用来动态创建数字数据，如图7-93所示。

图 7-93　动态创建数字表格的几种方法

## 7.9.2 数字波形数据和数字波形图

数字波形数据就是附加了开始时间和时间间隔的数字表格，其作用机理与一般波形数据完全相同。由于数字波形数据的时间间隔一般很短，所以很少采用绝对时间显示方式，更多的是采用相对时间显示方式，时间间隔为采样时间。数字波形数据与数字波形图如图7-94所示。

除了上述的常用图形显示控件，LabVIEW对三维数据也提供了一组控件。这组控件的使用场合不多，这里就不介绍了，下一节重点介绍LabVIEW的另外一类基于像素点进行控制的图片控件。

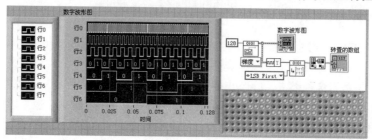

图 7-94　数字波形数据与数字波形图

## 7.10 图片控件

图片控件是比较常用的控件。各类高级编程语言都提供了图片控件，只是名称略有区别，比如 CVI 中的此类控件称为画布控件。图片控件的最大特点在于它是基于像素点来进行控制的，也就是说我们可以控制图片控件绘图区域中的每个像素点。这就给了我们足够的能力来控制各类图片。

强大的灵活性意味着编程的复杂性，图片控件的使用是 LabVIEW 编程的难点之一。在早期版本的 LabVIEW 中，图片控件以 LabVIEW 组件的形式出现。对于专业的图形图片处理任务，LabVIEW 提供了更为专业的 VISION 工具包。那些使用波形图表和波形图等不易处理的图片数据可以使用图片控件来处理。

### 7.10.1 利用图片控件显示图片

图片控件最简单的应用就是显示已经存在的图片。基于像素的图片有很多种，比较常见的有 BMP、JPG、GIF 和 PNG 等图片。虽然都是基于像素的，但是各种图片文件描述像素点的方式都是不同的，文件的内部结构非常复杂。

#### 1. 读/写图片文件的函数

LabVIEW 为常用的图片文件提供了专门的读取函数，该函数返回 LabVIEW 统一的图片数据格式。同时，由于 BMP 文件的通用性，"读取 BMP 文件"函数公开了源代码，我们从中可以领会读取图片文件的常规方法。

LabVIEW 对 BMP、JPG 和 PNG 文件直接提供了读/写支持，实现这些功能的函数位于"图形格式"函数选板中，如图 7-95 所示。

LabVIEW 没有提供 GIF 图片文件的读/写函数，但是我们可以用专门的处理工具把 GIF 图片文件转换成 LabVIEW 图片控件直接支持的文件格式。NI 论坛中的 LabVIEW 爱好者开发了 GIF 图片文件的读/写函数，可以免费下载使用。

如图 7-96 所示，利用"图形格式"函数选板中的函数读取图片文件和写入图片文件非常简单。

图 7-95 "图形格式"函数选板

图 7-96 读取图片并显示

#### 2. 图像数据的组成结构

读取图片文件函数返回的是 LabVIEW 专门定义的用于描述图形的数据簇，它是图片控件的核心。我们先看一下 LabVIEW 是如何描述基于像素点的图像数据结构的，如图 7-97 所示。

图 7-97 图像数据簇

图像数据类型是 LabVIEW 内部保留的数据结构，用户不能使用。图像深度是指图像的颜色深度，对应一个像素点的颜色数。如图 7-97 所示，图像深度为 8，表示该图像是 256 色图像，即一个字节可以表示 256 种不同的颜色。图像深度取值范围可以是 1、4、8、24 等，其中 24 为 24 位真彩色模式。图像深度 24 表示用 3 字节描述一个像素点的颜色，第 1 个字节代表红色，第 2 个字节代表绿色，第 3 个字节代表蓝色。

下面以图 7-97 为例说明 256 色图片的图像数据结构。"图像深度"为 8，表明颜色数为 256。簇中颜色是由一维数组表示的，数组元素为 4 字节，首个字节为 00，其后依次为红色、绿色、蓝色的 RGB 值。"图像"为一维数组，根据图像的长度和宽度，构成二维数组，对应每个像素点，数组元素的值为颜色表中的索引。"矩形"表示图片的左上角点和右下角点。

图 7-98 和图 7-99 所示的示例，通过绘制像素点的方式旋转了读入的图片。

图 7-98 旋转图片（效果图）

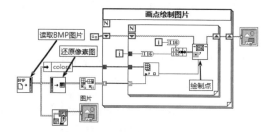

图 7-99 旋转图片（程序框图）

从图 7-97 可以得出结论，图像数据对应一个二维数组。对代表图像的二维数组进行操作，就可以实现图片的旋转、镜像和剪裁等操作。尤其是对真彩色图片，直接操作数组更为方便。

除了动态载入图片，也可以通过自定义图片控件，静态载入图片作为背景图片。

### 3. 图片控件的属性、方法和事件

图片控件的属性、方法和事件比较简单，下面列出几个比较常用的属性。

- ◆ **绘图区域**：读/写属性，用于读取或者设置图片控件绘图区域的高度和宽度，单位为像素。
- ◆ **画前清除图片**：读/写属性，用于表示绘制前是否清除图片。值为 0 表示不清除；值为 1 表示清除一次；值为 2 表示始终清除。
- ◆ **水平、垂直滚动条可见**：读/写属性，用于控制水平、垂直滚动条的显示或隐藏。
- ◆ **原点**：读/写属性，用于获取或者设置图片控件左上角的坐标。通过设置原点位置，可以平移图片。
- ◆ **缩放因子**：读/写属性，用于获取或者设置图片的缩放倍数。例如，0.5 表示缩小到 50%，2 表示放大到 200%。
- ◆ **鼠标**：只读属性，用于获取鼠标的坐标，同时返回组合键的状态。

如果图片的绘图区域不能容纳图片，那么通过水平、垂直滚动条可以上、下、左、右移动图片。这个功能的原理实际上是修改原点属性，原点的位置和滚动条位置存在对应关系。图片的平移和缩放程序如图 7-100 所示。

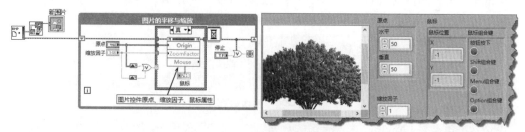

图 7-100 图片的平移和缩放

## 7.10.2　常用绘图操作函数

作为操作像素点的控件，与其他图形类控件相比，图片控件的属性、方法和事件都是非常简单的。这也恰恰说明图片控件属于比较低级的控件，但可以完成高级绘图控件不容易完成的功能。当然图片控件的高级应用也对编程者提出了更高的要求。

### 1. 基本绘图函数

显示图片是图片控件最基本的功能，不过利用图片控件可以实现更为复杂的功能，编程者可以通过点、线和圆等基本绘图函数，实现需要的绘图操作。LabVIEW 的绘图函数集中在"图片函数"选板中，如图 7-101 所示。

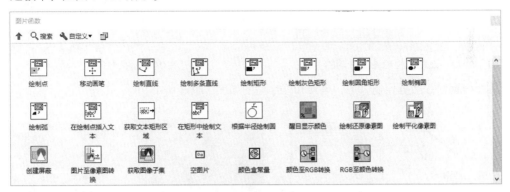

图 7-101　"图片函数"选板

图片函数分为以下几个类别。

◆ **基本绘图函数**：包括绘制点、直线、多段线、矩形、圆、圆弧和椭圆等。
◆ **文字绘图函数**：包括在绘制点插入文本、获取文本矩形区域、在矩形中绘制文本等。
◆ **颜色处理函数**：包括醒目显示颜色、RGB 至颜色转换、颜色至 RGB 转换等。
◆ **图片处理函数**：包括绘制还原像素图、绘制平化像素图、图片至像素图转换、获取图像子集等。

### 2. 绘制五环标志

基本绘图函数的使用方法比较简单，关键是如何计算坐标。下面的例子展示了如何通过绘制圆函数绘制五环标志，效果和程序框图如图 7-102 所示。

### 3. 绘制饼图

由于 LabVIEW 的绘图操作是基于像素点的，所以可以绘制任何图形。在做数据统计时经常会用到饼图控件，但是 LabVIEW 并没有提供饼图控件。下面详细介绍如何通过图片控件来制作一个简单的饼图控件。

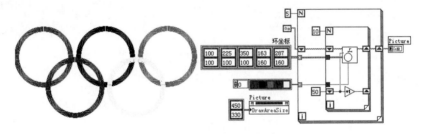

图 7-102　绘制五环标志

**step 1** 构建透明图片。由于图片控件是矩形控件，而饼图控件是圆形控件，因此必须隐藏图片控件的边框。这可以通过使用调色工具，设置图片边框和将图片设置为透明的来实现，如图 7-103 所示。

**step 2** 通过"绘图区域"属性节点，确定图片控件的大小，同时设置为饼图绘图区域的宽度和高度。为了使用不同颜色显示数据，我们首先制作一个随机颜色发生器，随机产生 RGB 颜色，如图 7-104 所示。

图 7-103　设置图片控件为透明的

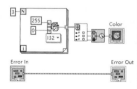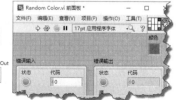

图 7-104　随机颜色发生器

**step 3** 根据饼图数据绘制饼图，效果和程序框图如图 7-105 所示。

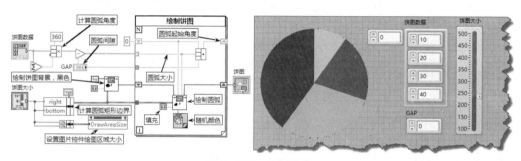

图 7-105　绘制饼图

### 4．透明效果

在绘制饼图的过程中，利用调色工具可以实现图片控件的透明显示。如图 7-106 所示，可以通过"绘制矩形"函数实现同样的效果。由于图片的边框是无法消除的，因此首先还是通过调色工具实现边框的透明显示，然后利用属性节点和绘图函数实现透明效果。为了显示程序的运行效果，本例中保留了边框，如图 7-106 所示。

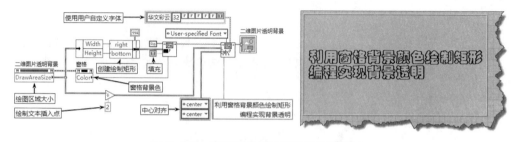

图 7-106　实现图片控件的背景透明显示

### 5．特效文字

利用图片控件的文本绘制功能，可以实现文字的特效显示。下面的示例通过修改文本颜色与文本字体大小，实现文字渐变的明暗显示效果，如图 7-107 所示。

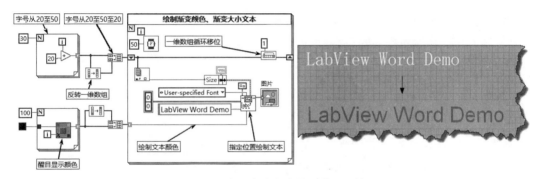

图 7-107　实现文字渐变的明暗显示效果

## 7.10.3　图片控件的高级应用

使用图片控件进行编程非常复杂。LabVIEW 根据行业特点，在图片控件的基础上进一步开发了一些绘图函数，并且公开了这些绘图函数的源代码。

如图 7-108 所示，"图片绘制"函数选板中由左至右列出的函数分别为极坐标图、Smith 图、多 Smith 图、归一化 Smith 图、绘制 XY 图、绘制多曲线 XY 图、绘制波形图、雷达图、绘制图例、标度规范、绘制标尺、映射设置、数据值至像素映射、像素至数据值映射。

图 7-108　"图片绘制"函数选板

借助于上述函数，也可以让图片控件显示波形数据，实现类似于 XY 图和波形图的功能。与 XY 图和波形控件相比，图片控件显示波形的速度较慢，在频繁绘图时也有闪烁感，但是它更灵活。XY 图和波形图增加了设置前景、中间层和背景的功能，该功能相当于在 XY 图和波形图中增加了三个图片控件。对这三个图片控件进行绘图，从而使 XY 图和波形图实现更为复杂的图形显示。

### 1. 映射设置

计算机的分辨率决定了像素点的最小尺寸。如果是固定的分辨率，图片控件的大小就是它的"绘图区域"属性的值。当我们需要用像素显示数据的时候，就涉及映射的问题，即将数据转换到像素点和将像素点转换成数据的问题。它们之间的转换非常简单，就是一个简单的比例缩放，如图 7-109 所示。

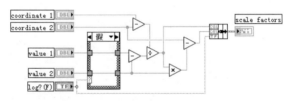

图 7-109　设置映射的程序框图

### 2. 标尺规范和绘制标尺

标尺是图片控件显示波形数据的基础。波形图和 XY 图具有 X、Y 两个方向的标尺。通过"标尺规范"和"绘制标尺"两个函数，可以绘制水平方向和垂直方向标尺，如图 7-110 所示。

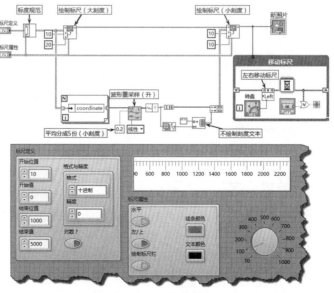

图 7-110　绘制标尺

### 3. 绘制波形图

利用图片控件可以绘制波形图，如图 7-111 所示。

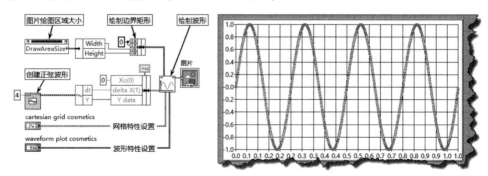

图 7-111　在图片控件中显示波形

### 4. 绘制 XY 图

用图片控件绘制 XY 图分为绘制单条曲线和绘制多条曲线。"绘制单曲线 XY 图" VI 和"绘制多曲线 XY 图" VI 分别用于绘制单条曲线和多条曲线，绘制效果和程序框图如图 7-112 所示。

### 5. 极坐标图

极坐标图与雷达图非常特殊，用普通 XY 图实现非常困难，不过使用图片控件，则可以任意绘制，如图 7-113 所示。

虽然用图片控件来绘制图片非常简单，但是通过跟踪绘图函数可以发现，用图片控件实现复杂的绘图操作还是非常困难的。使用图片控件绘图，本质上是改变图片控件像素点的颜色。如果跟踪到绘图函数的底层就会发现，绘图函数绘制图像是通过连接字符串函数实现的。但是 LabVIEW 并未公开图片控件的细节，因此无从推断图片控件是如何解析字符串的。比较复杂的图片是通过多次绘制完成的。如果把每次的绘图结果都直接传递到图片控件，会导致绘图速度非常缓慢，同时也会出现闪烁感。最佳方式是使用移位寄存器存储中间过程的绘图结果，最后一次性输出至图片控件。这样就可以极大地提高绘图速度。

图片控件有一个重要的属性——绘图前清除图片。如果需要多次绘图，则应该关闭"绘图前清除图片"功能。这种情况下，以覆盖方式绘图，这样只改变需要改变的地方，从而避免出现图像闪烁现象。

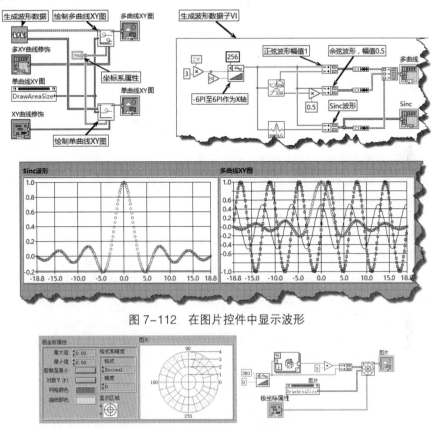

图 7-112　在图片控件中显示波形

图 7-113　用图片控件绘制极坐标图

## 7.11　小结

本章主要介绍了 LabVIEW 高级控件的属性与方法。高级控件是构成用户界面的重要元素，通常用户界面都包含一个或者多个高级控件。因此，掌握高级控件的使用方法，对 LabVIEW 编程是十分重要的。通过本章大量的示例，我们可以基本了解高级控件的特点。

图片控件的编程非常复杂，但是某些特殊的效果只能使用图片控件实现。LabVIEW 也提供了三维曲线和曲面函数，较新版本还提供了 3D 功能。限于篇幅，这些内容无法一一介绍。NI 公司对于图像处理也提供了专门的软件包，其图片处理功能更为强大，在编写图像处理相关的程序时，可以借助该软件包中的函数实现一些功能。

# 第 8 章  文本式编程与外部程序接口

LabVIEW 是图形式编程语言，但并不是说 LabVIEW 彻底摒弃了传统的文本式编程语言的特点。从 LabVIEW 最近几年的版本变迁来看，LabVIEW 加强了与文本式编程方法结合的力度。事件结构的引入是 LabVIEW 对基于数据流的模式的一大突破，而这正是目前流行的文本式编程语言常用的编程方法。MathScript 的引入和不断发展，表明 LabVIEW 与文本式语言相结合已经进入到一个新的阶段。文本式编程和图形式编程相结合已经成为 LabVIEW 编程发展的趋势。

LabVIEW 从诞生之日起，就一直致力于发展与外部程序的接口。典型的外部接口包括动态链接库的调用、与 C 语言的接口，以及 COM、ActiveX 调用等。文本式编程和外部程序接口是 LabVIEW 编程的难点，要求 LabVIEW 的编程者必须熟悉传统编程语言，尤其是 C 语言和 MATLAB 语言，而一般的初学者很难做到这一点。

## 8.1  公式节点

公式节点是 LabVIEW 内嵌的小型工具，主要用于简单的计算。对于 LabVIEW 而言，实现复杂的数学计算是毫无问题的，但是使用表达式节点和公式节点更为方便。对于复杂的数学计算和逻辑结构，使用公式节点的优势非常明显。

公式节点的语法与 C 语言非常类似，熟悉 C 语言的编程者只需要简单地熟悉一下公式节点支持的函数，就可以自由运用公式节点了。

### 8.1.1  公式节点的数据类型、语法与控制结构

公式节点的数据类型、语法和控制结构与 C 语言十分相似，可以认为其是 C 语言的子集。下面我们介绍公式节点的具体用法和特点。

#### 1. 公式节点支持的数据类型

如图 8-1 所示，公式节点支持标准数据类型和相应类型的数组，但不支持 C 语言中的结构数据类型。

int 和 float 是默认的整型和浮点数据类型。

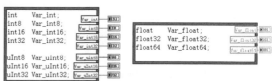

图 8-1  公式节点支持的数据类型

同 C 语言一样，它的具体含义取决于编译器和操作系统。默认情况下，int 和 int32 是等价的，float 和 float64 是等价的。除了支持标量数据类型，公式节点也支持数组数据类型，如 int a[10]。

#### 2. 公式节点的注释和运算符

公式节点中的程序语句以分号";"结尾。对语句的注释有两种方法：用"/*"和"*/"，这两个符号中间的内容为注释；用"//"，其后的内容为注释。

公式节点支持的运算符包括：=、+=、−=、*=、/=、>>=、<<=、&=、^=、|=、%=、**=、+、−、*、/、^、!=、==、>、<、>=、<=、&&、||、&、|、%、**、++和−−。

#### 3. 公式节点的控制结构

公式节点支持常见的 C 语言控制结构，比如条件结构、循环结构等。其中条件结构包括 If-else

和 Switch 分支结构。循环结构包括 Do-while 循环、For 循环和 While 循环 3 种结构。

### 4. 公式节点支持的函数

公式节点支持一些内置的函数,不支持用户自定义函数。公式节点支持的内置函数如表8-1所示。

表 8-1　公式节点支持的内置函数

| 函　　数 | 函数名称 | 说　　明 |
|---|---|---|
| abs(x) | 绝对值 | 返回x的绝对值 |
| acos(x) | 反余弦 | 计算x的反余弦,以弧度为单位 |
| acosh(x) | 反双曲余弦 | 计算x的反双曲余弦 |
| asin(x) | 反正弦 | 计算x的反正弦,以弧度为单位 |
| asinh(x) | 反双曲正弦 | 计算x的反双曲正弦 |
| atan(x) | 反正切 | 计算x的反正切,以弧度为单位 |
| atan2(y,x) | 反正切(2个输入) | 计算y/x 的反正切,以弧度为单位 |
| atanh(x) | 反双曲正切 | 计算x的反双曲正切 |
| ceil(x) | 向上取整 | 将x舍入为较大的整数 |
| cos(x) | 余弦 | 计算x的余弦,其中x以弧度为单位 |
| cosh(x) | 双曲余弦 | 计算x的双曲余弦 |
| cot(x) | 余切 | 计算x的余切(1/tan(x)),其中x以弧度为单位 |
| csc(x) | 余割 | 计算x的余割(1/sin(x)),其中x以弧度为单位 |
| exp(x) | 指数 | 计算e的x次幂 |
| expm1(x) | exp(arg)−1 | 计算e的x次幂,结果减去1,即$e^x-1$ |
| floor(x) | 向下取整 | 将x舍入为较小的整数 |
| getexp(x) | 尾数与指数 | 返回x的指数 |
| getman(x) | 尾数与指数 | 返回x的尾数 |
| int(x) | 最近数取整 | 将x四舍五入至最近的整数 |
| intrz(x) | 无 | 将x舍入到x至0之间的最近的整数 |
| ln(x) | 自然对数 | 计算x的自然对数(以e为底) |
| lnp1(x) | 自然对数(arg +1) | 计算(x + 1)的自然对数 |
| log(x) | 底数为10的对数 | 计算x的对数(以10为底) |
| log2(x) | 底数为2的对数 | 计算x的对数(以2为底) |
| max(x,y) | 最大值与最小值 | 比较x和y的大小,返回较大值 |
| min(x,y) | 最大值与最小值 | 比较x和y的大小,返回较小值 |
| mod(x,y) | 商与余数 | 计算x/y的余数,商向下取整 |
| pow(x,y) | x的幂 | 计算x的y次幂 |
| rand( ) | 随机数(0-1) | 在0~1区间产生不重复的浮点随机数 |
| rem(x,y) | 商与余数 | 计算x/y的余数,商四舍五入 |
| sec(x) | 正割 | 计算x的正割(1/cos(x)),其中x以弧度为单位 |
| sign(x) | sign | 如x大于0,返回1;如x等于0,返回0;如x小于0,返回0 |
| sin(x) | 正弦 | 计算x的正弦,其中x以弧度为单位 |
| sinc(x) | sinc | 计算x的正弦除以x(sin(x)/x),其中x以弧度为单位 |
| sinh(x) | 双曲正弦 | 计算x的双曲正弦 |
| sizeOfDim(ary,di) | 数组长度 | 返回为数组ary指定的维数di |
| sqrt(x) | 平方根 | 计算x的平方根 |
| tan(x) | 正切 | 计算x的正切,其中x以弧度为单位 |
| tanh(x) | 双曲正切 | 计算x的双曲正切 |

### 8.1.2　公式节点的应用举例

公式节点的使用比较简单。下面通过几个例子，简要说明公式节点的用法。

#### 1. 求数组元素的最大、最小值

图 8-2 所示的例子使用公式节点创建随机数组，并求出数组最大值、最小值和平均值。该示例利用公式节点和 LabVIEW 内置函数进行了相同的运算，并对运算结果进行比较，结果是相同的。

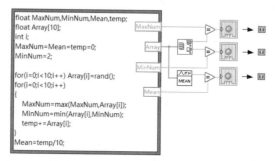

图 8-2　创建随机数组，并求数组最大、最小和平均值

#### 2. Modbus 协议中的 CRC 校验

CRC 校验，即循环冗余码校验，是数据通信中常见的校验方式，其目的是判断数据传输过程中是否发生错误。Modbus 是非常流行的通信协议，它采用的 CRC-16 校验方法是非常典型的检验方法。

下面的例子演示了如何进行 Modbus CRC-16 校验。首先看一下 NI Modbus 库中 CRC-16 校验程序框图，然后再利用公式节点实现同样的功能，程序框图如图 8-3 所示。

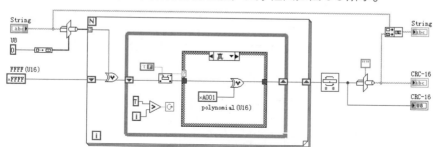

图 8-3　Modbus CRC-16 校验程序框图

Modbus CRC16 算法概述如下。

**step 1**　将 CRC 16 位寄存器预先设置为 0XFFFF，即各位均为 1。

**step 2**　对数据帧中的第一个字节与 CRC 16 寄存器进行异或操作。

**step 3**　CRC 16 寄存器无进位右移一位，左侧补 0。若最低有效位为 0 则继续移位，如果为 1，则与一个固定的值进行异或操作。该固定值与校验方式有关，Modbus 协议中为 0XA001。重复移位 8 次，完成一个字节的运算。

**step 4**　重复 **step 2**，进行第二个字节的运算，直至完成所有字节的运算。

下面通过公式节点完成同样的校验过程。Modbus CRC 校验的程序框图如图 8-4 所示。

公式节点的功能比较简单，仅适合于复杂公式计算和简单的逻辑处理。其主要的优点是节省框图空间。从运行效率上看，对于大型的数组运算，使用公式节点不如 For 循环采用自动索引效率高。因此，可以采用 For 循环加上公式节点的方式处理大型数组。

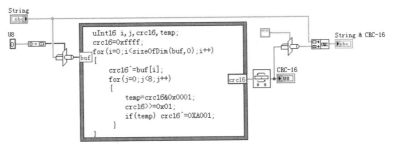

图 8-4 用公式节点实现 Modbus CRC-16 校验

## 8.2 调用库函数

调用库函数节点（CLN）、代码接口节点（CIN）和执行系统命令函数位于同一函数选板中，该函数选板是"互联接口"选板的子选板，即"库与可执行程序"选板，如图 8-5 所示。新版本中不显示 CIN 节点，但是其仍然可以使用。

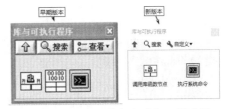

图 8-5 "库与可执行程序"函数选板

### 8.2.1 DLL 与 API 函数

调用库函数就是指调用动态链接库（DLL）中的函数。DLL 的重要性是不言而喻的，熟悉 Windows 操作系统的编程者都非常清楚，整个 Windows 操作系统就是由大量 DLL 组成的。DLL 中不仅可以存储函数代码，也可以存储图标、位图等资源文件。

#### 1．DLL 的优点

动态链接是相对于静态链接而言的。在 DOS 时代，可执行文件中调用的函数都是静态链接的，这些函数主要是编程语言提供的库函数。通过编译、链接，它们都成了执行文件的一部分，这就是所谓的静态链接。

Windows 操作系统的出现改变了这种情况。所谓动态链接，就是执行文件中不再包含调用函数的代码，其中包含的是被调用函数所属的链接库文件和文件中包含的函数的序号或者名称。这些函数由执行文件或者进程在运行中动态调用。有些软件在运行过程中经常提示找不到 DLL 文件。这说明只有在调用到 DLL 文件中的函数时，才真正加载 DLL 文件，并寻找要调用的函数。同静态链接相比，动态链接具有静态链接无法比拟的优点。当然使用静态链接时，由于函数代码就在可执行文件中，所以程序运行速度比较快。

使用 DLL 具有如下优点。

◆ DLL 可以实现代码、资源和数据的共享，可以被所有的 Windows 应用程序调用。因此，使用 DLL 能避免可执行文件过于庞大，同时又可以实现各个程序之间的数据交换。

◆ DLL 是独立于编程语言的。无论使用任何编程语言，只要编写的 DLL 文件遵循 DLL 文件的规范，就可以被其他编程语言调用，这是 DLL 很重要的特点。

◆ 隐藏及可扩展特性。虽然通过函数原型定义，编程者可以自由使用 DLL 中的函数，但是无法知道函数实现的细节，因此对于程序而言，这种方式非常安全。由于 DLL 是独立于执行文件的，因而在不改变函数名称的情况下，同一函数可以实现不同的功能或者扩展原来的功能。Windows 操作系统就是这样实现的，从 Windows 98 到 Windows XP，DLL

中的函数，即 API 函数，其名称、参数都是完全相同的，但是实现的功能不同。Windows 的补丁程序也多是通过修改 DLL 文件完成的。

◆ 节省空间，尤其是内存空间。每个调用 DLL 函数的可执行文件使用的是同一段 DLL 映射的内存空间，因此使用 DLL 可有效地节省内存。同时，DLL 中的函数只有在被调用时才被加载至内存，多个可执行文件调用同一个 DLL，也只需要加载一次。

### 2. API 函数

提到 DLL，自然会想到 API（应用程序接口），熟悉 VC、VB 等高级语言的程序员都非常熟悉 API 函数。从本质上说，API 函数与 DLL 中的函数是完全相同的。它们之间的区别在于 API 函数是由操作系统提供的 DLL 中的函数。这些 DLL 文件是操作系统的一部分，所以 API 函数基本都是系统相关函数，比如窗口、鼠标和键盘的操作函数等。所有运行在 Windows 操作系统中的可执行文件都是通过调用 API 函数来实现功能。不过很多高级编程语言通过各种方式封装了 API 函数，因此编程者可能看不到 API 函数。但是追踪溯源，它们还是在底层调用了 API 函数。API 函数随着操作系统的不断变迁，数量越来越庞大，任何高级编程语言都不可能完全封装 API 函数。

API 函数是操作系统本身携带的 DLL 中的函数。这些 DLL 文件基本位于 Windows 目录下的系统文件夹中。因此调用时使用相对路径即可，不需要指定绝对路径。

LabVIEW 通过 CLN 可以调用外部 DLL 中的函数，同时 LabVIEW 也提供了创建 DLL 的能力。基于 LabVIEW 本身的特点，并不是所有外部 DLL 中的函数它都可以直接调用。通过 LabVIEW 创建的 DLL，由于包括许多 LabVIEW 特有的数据类型，比如波形数据、时间标识数据等，要直接调用相对比较困难。

为了自如地调用 DLL，编程者必须具备一定的 DLL 方面的常识，还必须深入了解 DLL 中使用的数据类型与 LabVIEW 中使用的数据类型的对照关系。这一点是极其重要的。如果使用了错误的数据类型，会导致 LabVIEW 崩溃，你不得不重新启动 LabVIEW。

在常规编程中通常是不需要调用 DLL 的，但是在某些情况下是必须调用的，比如涉及操作系统方面和第三方数据采集卡的操作。因此，使用 DLL 有些时候是唯一的选择。

### 3. LabVIEW、标准 C 和 Windows 数据类型的对应关系

为了正确使用 API 和 DLL 函数，理解 LabVIEW 数据类型和外部数据类型之间的关系是极其重要的。如表 8-2 所示，这里列出了常用的 Windows、标准 C 和 LabVIEW 数据类型的对应关系。

表 8-2　Windows、标准 C 和 LabVIEW 数据类型的对应关系

| 外部数据类型 | LabVIEW 数据类型 | 外部数据类型 | LabVIEW 数据类型 |
| --- | --- | --- | --- |
| BOOL | I32 | float | SGL |
| BOOLEAN | U8 | int | I32 |
| BYTE | U8 | long | I32 |
| CHAR | String | short | I16 |
| COLORREF | U32（需要转换） | unsigned char | String |
| DWORD | U32 | unsigned int | U32 |
| FLOAT | SGL | unsigned long | U32 |
| HWND | U32 | unsigned short | U16 |
| INT | I32 | cmplx64 | CSG |
| LONG | I32 | cmplx128 | CDB |
| SHORT | I16 | cmplxExt | CXT |

续表

| 外部数据类型 | LabVIEW 数据类型 | 外部数据类型 | LabVIEW 数据类型 |
|---|---|---|---|
| SIZE_T | U32 | CStr | String |
| SSZIE_T | I32 | float32 | SGL |
| UCHAR | String | float64 | DBL |
| UINT | U32 | floatExt | EXT |
| ULONG | U32 | int8 | I8 |
| USHORT | U16 | int16 | I16 |
| WORD | U16 | int32 | I32 |
| char | String | LStrHandle | String |
| double | DBL | LVBoolean | Boolean |
| UInt8 | U8 | | |

## 8.2.2 如何调用 DLL 函数

调用 API 函数是最常见的调用 DLL 的操作，API 函数所属的 DLL 文件大多位于 SYSTEM32 文件夹中。在任何安装了 Windows 操作系统的计算机中都可以调用 API 函数，所以可以通过调用 API 函数来熟悉 DLL 调用的完整过程。调用 DLL 中的函数，必须知道函数原型定义，一般的 DLL 都会提供头文件。由于 API 函数数量庞大，因此最好通过专用工具查找 API 函数的原型定义。VB 编程语言提供了一个非常有用的工具——API 文本浏览器。通过它可以查找 API 函数的原型定义和其中预定义的常数，以及 API 函数所属的 DLL 文件。

### 1. 创建 CLN

调用库函数节点（Call Library Function Node）简称 CLN。下面通过一个例子说明如何调用 API 函数，这段程序的目的是取得当前鼠标的绝对位置，即屏幕坐标。

```
Public Declare Function GetCursorPos Lib "user32" Alias "GetCursorPos"
(lpPoint As POINTAPI) As Long
Public Type POINTAPI
        x As Long
        y As Long
End Type
```

这段代码是在 VB 中获取鼠标绝对位置的 API 函数 GetCursorPos 的定义和它使用的类型定义。该函数的返回值为 Long 类型，对应于 LabVIEW 中的 I32 类型。它的输入参数是指向结构的指针，结构由两个 I32 数据构成，分别代表 X 坐标和 Y 坐标。由于 x、y 类型相同，故它们在内存中是连续存储的，总计 8 字节，所以该 API 函数需要传递的是 LabVIEW 分配的连续的 8 字节。

对于连续的 8 字节，在 LabVIEW 中可以用 8 个 I8 类型的数组、4 个 I16 类型的数组、2 个 I32 类型的数组、1 个 I64 类型标量数据、2 个 I32 类型组成的簇和 4 个 I16 类型组成的簇等表示。因此，不必拘泥于 DLL 中函数的原型定义，重要的是要知道函数真正需要的是什么参数。

首先在程序框图上放置一个 CLN，然后打开快捷菜单，选择"配置"项，弹出"调用库函数"对话框，如图 8-6 所示。

### 2. "调用库函数"对话框选项说明

"调用库函数"对话框包括很多重要的选项，下面主要介绍"函数"属性页中的一些设置。

图 8-6 "调用库函数"配置对话框

（1）库名/路径

在"调用库函数"对话框的"函数"属性页中，首先需要指定库名或者路径，即 DLL 文件的路径。因为我们调用的是 API 函数，所以不需要指定绝对路径，指定文件名即可。从 GetCursorPos 函数在 VB 中的定义可以看到，它位于 user32.dll 中。指定文件名后，在"函数名"下拉列表中，选定需要的函数。此时，"函数原型"中的返回值和参数均为 void（无值）状态。

DLL 调用，分为隐式调用和显式调用。隐式调用是不明确指定 DLL 加载的时刻，当可执行文件开始运行时，自动加载所需的 DLL 文件。而显式调用方式则不同，如果在程序生存周期中，仅需要在进程或者线程中调用 DLL 函数，则可以明确指定加载的时机。在进程或者线程运行完毕后，可卸载 DLL。这样可以避免在程序启动时，加载大量的 DLL 文件，从而有效地节省内存空间。当然，频繁调用 DLL 也会影响程序的运行效率。

**学习笔记** 在"调用库函数"对话框中，勾选"在程序框图中指定路径"复选框，即可使用显式调用方式。

（2）线程

在"线程"属性部分，可以选择"在 UI 线程中运行"或者"在任意线程中运行"选项。这实际上是明确说明所调用的 DLL 函数是否是线程安全的。如果是线程安全的，则其可以在任何线程中运行。线程安全意味着不同的线程可能同时调用这个 DLL 函数，此时函数相当于可重入 VI。而 UI 线程采用消息队列排队的方式，在 UI 线程中某一时刻只能执行一个函数。这样，UI 线程可以运行不可重入 VI，这避免了同时调用同一个非线程安全的 DLL 函数。

**学习笔记** 如果 DLL 函数是非线程安全的，则不允许重入，此时就选择"在 UI 线程中运行"选项。

在使用 DLL 函数时，经常用 VI 重新封装 DLL 函数，即一个不可重入的 VI 中仅包括一个 DLL 函数。不可重入 VI 的意思是，若两个不同的线程调用同一个 VI，则只有一个线程中的 VI 运行完毕后，另一个线程中相同的 VI 才可以获得控制权，这自然避免了线程不安全的问题。

**学习笔记** 对于非线程安全的 DLL 函数，采用不可重入 VI 封装 DLL 函数。

（3）调用规范

可以将"调用规范"属性指定为 stdcall（WINAPI）或者 C，在创建 DLL 时指定，两个参数入栈的次序不同。如果是 Windows API 函数，必须指定为 WINAPI。一般用户自己创建的 DLL 函数，通常采用 C 方式。必要时，要查看 DLL 文件的头文件，其中会明确说明该函数使用的是 WINAPI 还是 C 方式。

### 3. DLL 函数的参数设置

在"参数"属性页中可以配置 DLL 函数的参数。这些设置是很重要的，直接关系到调用 DLL 函数的成败。

（1）标量参数的传递方式

基本数据类型（比如标量）参数的配置非常简单。首先选择标量的数据类型，比如 U8、I32 等，然后选择参数的传递方式，如果函数原型要求指针传递，则选择相应数据类型的传递方式为指针，否则采用值传递。

```
int Fun1(int Para);      /* 值传递 */
int Fun2(int *lPara);    /* 指针传递，传入变量地址，可以修改为传入变量的值 */
```

GetCursorPos 函数要求传入连续 8 字节空间的地址，因此可以传入 I64 型的指针，如图 8-7 所示。

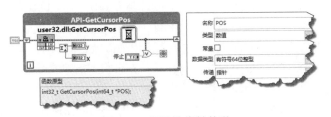

图 8-7　标量的指针传递

（2）数组参数的传递方式

也可以为 GetCursorPos 函数传入长度为 2 的 I32 类型数组，共计 8 字节；或者长度为 4 的 I16 类型的数组，也是 8 字节。因为涉及数组的长度问题，所以传入数组参数比较复杂。根据如何确定数组长度，数组参数传递可以分成以下几种情况。

1）根据数组本身的长度自动确定

如图 8-8 所示，在这个例子中，输入是包含两个 I32 元素的数组，传递的是数组指针，即数组首个元素的地址，也就是数组的地址。这里使用的是数组本身的长度，即 2。

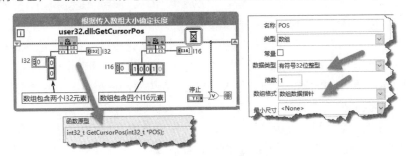

图 8-8　传递数组指针

熟悉 C 语言的编程者都非常清楚，在 C 语言中当数组作为参数时，除了需要传递数组的首地址，还需要传入数组的大小。LabVIEW 在调用 DLL 时，也要考虑数组大小问题。

在图 8-7 中，在 CLN 左侧并没有输入任何参数。这是因为对于 I64 数据，LabVIEW 完全能确定它的类型和大小，LabVIEW 自动为其分配了 8 字节的连续空间。

在图 8-8 中，数组的长度是可变的，LabVIEW 无法自动确定其长度，所以必须由用户指定数组长度。I32 数组包括两个元素，所以指定了数组大小为 2，共 8 字节。I16 数组包括 4 个元素，所以指定了数组大小为 4，共 8 字节。由于 LabVIEW 中的数组本身包含数组长度，因此在调用 DLL 时，数组长度由数组自动确定。

2）通过最小尺寸确定数组的最小长度

如图 8-9 所示，在新版本的 LabVIEW 中，新增了"最小尺寸"选项，最小尺寸指的是数组包含元素数。

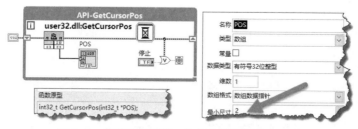

图 8-9　传递数组指针，并指定数组维数与尺寸

如图 8-9 所示，在 CLN 左侧没有给定数组，因此与图 8-8 不同，LabVIEW 不可能根据输入数组自动确定数组大小。但是在配置对话框中，配置了最小尺寸为 2。

在指定最小尺寸的同时，CLN 的数组参数端也可以连接数组输入控件或者常量，参见图 8-8。如果连接的数组尺寸小于指定的最小尺寸，则自动扩充数组到指定的最小尺寸。如果连接的数组尺寸大于指定的尺寸，则直接使用输入数组的大小。

"数组格式"有"数组数据指针"、"数组句柄"和"数组句柄指针"3 种类型可以选择。最常用的是数组数据指针。通过配置不同的数组格式，可以发现参数是按照如下方式变化的。

◆ **数组数据指针**：传入类型为*arg1，传入的是数组的首地址，即分配空间的起始地址。

◆ **数组句柄**：传入类型为**arg1，传入的是数组指针的指针，即数组的句柄。

◆ **数组句柄指针**：传入类型为***arg1，传入的是数组句柄的指针。

数组数据指针代表一段内存地址。指针本身是 32 位整型，它内部存储的是变量在内存中的地址。在 C 语言中，它可以代表数组的起始地址，也就是首个元素的地址。

句柄在 Windows 编程中经常使用，句柄是指针的指针。通常情况下，我们会认为一旦分配了内存空间，它的地址就是固定不变的。但是 Windows 操作系统采用的是虚拟内存管理方式。操作系统会根据需要，随时移动内存块中的数据。这样就导致了内存块的地址是不断变化的。Windows 移动内存块后，会将新的地址存入句柄中。也就是说，句柄的地址是不变的，但是句柄中存储的内容即内存空间的地址是不断变化的。API 函数经常进行句柄操作，如操作窗口句柄、位图句柄等。

数组句柄的指针是指向句柄的指针，主要用于 DMA 传送、图像处理和系统底层的调用。

（3）字符串参数的传递方式

DLL 中经常使用的数据类型是标量和数组，另一种经常使用的数据类型是字符串。字符串的使用方法和数组非常类似，实际上，LabVIEW 中的字符串与 U8 数组是可以直接相互转换的。下面通过 GetComputerName、GetWindowsDirectory、GetSystemDirectory 这 3 个 API 函数说明字符串参数的用法。其中 GetComputerName 函数的 nSize 参数传递的是指针，并非值。GetComputerName 函数声明如下所示：

```
Public Declare Function GetComputerName Lib "kernel32" Alias
"GetComputerNameA" (ByVal lpBuffer As String, nSize As Long) As Long
```

GetComputerName 函数需要字符串缓冲区的首地址（CpButfer）和字符串长度（nSize）这两个参数。字符串和 U8 数组的内存映射是相同的。因此，可以通过传入 U8 数组，返回字符串。需要注意的是，GetComputerName 函数中的字符串长度参数未标明是值传递还是引用传递。默认是引用传递，需要传递指针。

图 8-10 演示了调用 GetComputerName API 的三种不同方法。第一种方法使用 U8 数组代替字符串参数，预先分配长度为 256 的 U8 数组，传入数组及其大小。第二种方法创建长度为 256 的字符串，传入字符串及其长度。第三种方法指定字符串的最小长度，注意此时字符串参数连接的是空字符串，所以实际分配的字符串空间由字符串最小长度确定。

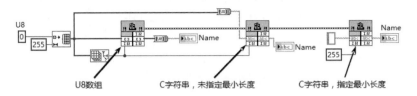

图 8-10　调用 GetComputerName API 的三种方法

U8 数组和 C 字符串存在明显区别。C 字符串以 NULL 为结束符号，当采用 C 字符串输入时，一旦遇到 NULL（即 ASCII 值为 0 的字符），调用立即结束。同时 C 字符串对有些字符是有特殊解释的，比如"\\"转换成"\"。

图 8-11 演示了如何获取 Windows 目录和 SYSTEM 目录。从此示例就可以看到两种格式的明显区别。

**学习笔记** C 字符串以 NULL（ASCII 值为 0 的字符）作为结束符号，遇到 NULL 则调用结束。

在调用字符串相关的 DLL 时，选择正确的字符串格式是非常重要的。LabVIEW 的 CLN 支持如下字符串格式。

◆ **C 字符串指针**：以 NULL（ASCII 值为 0）结尾的字符串，其是 C 语言中的标准字符串格式。C 字符串的特点是存储空间中并不包含字符串的长度。通过查找 NULL，可以确定字符串的长度。在 C 语言中，字符和 U8 是等同的。

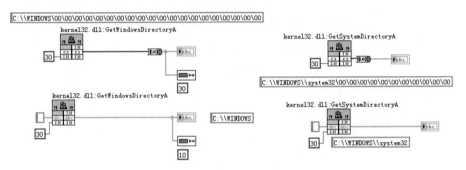

图 8-11　C 字符串和 U8 数组的区别

◆ **Pascal 字符串指针**：首个字节存储的是字符串的长度，因此其能表示的最长字符串的长度为 255。

◆ **字符串句柄**：LabVIEW 保存字符串的方式。LabVIEW 用前 4 字节表示字符串的长度，其他字节依次保存字符。字符串句柄是字符串指针的指针。CLN 和 LabVIEW 创建的有关字符串的 DLL 函数经常使用字符串句柄。

◆ **字符串句柄指针**：指向字符串句柄数组的指针，可以用来处理多维字符串数组。

（4）簇参数的传递方式

从函数定义上看，点簇的指针最符合 GetCursorPos 函数的参数要求。下面建立一个描述点的簇，分别表示 X 坐标和 Y 坐标，设置输入参数类型为"匹配至类型"，数据格式为"句柄指针"。调用 LabVIEW 本身提供的获取全局鼠标坐标的函数，可以看到它与 GetCursorPos 函数返回的结果是完全相同的。

图 8-12 演示了如何创建一个簇结构，其中包含两个元素，数据类型都是 I32，对应于 GetCursorPos 函数中的点结构。通过自动类型匹配，GetCursorPos 函数自动把 X 坐标和 Y 坐标写入传入的地址中。这就要求 LabVIEW 中的簇和 DLL 函数中的结构的内存映射完全相同，否则就无法直接使用匹配至类型功能。

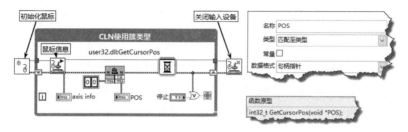

图 8-12　传递簇参数

如果簇中包含的元素的数据类型完全相同（所占字节相同），同时簇元素能确切对应 C 语言结构中的元素，则直接使用"匹配至类型"。如果簇中的元素是不同长度的，则不能直接使用，必须填充多余字节以补齐，因为存在字节对齐的问题。

**4. 显式加载 DLL**

通常调用 DLL 时都是在配置对话框中指定 DLL 文件的路径。这是隐式加载方式，即随着程序的启动，所需的 DLL 文件自动被加载到内存中。"在程序框图中指定路径"为显式加载方式。

在 LabVIEW 的 DLL 调用例程中，提供了获取计算机名的 DLL 函数，这个例程会被隐式加载。下面的例子会显式加载调用这个 DLL，如图 8-13 所示。

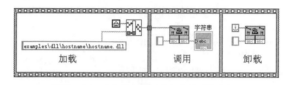

图 8-13　显式加载 DLL 与卸载 DLL

如图 8-13 所示，在"调用库函数"对话框中选择"在程序框图中指定路径"方式后，CLN 会自动生成一个"路径"端子，为这个端子连接 DLL 文件路径后，第一次调用 CLN 时将加载 DLL，后续调用则不再需要加载。如果"路径"端子连接空路径则卸载 DLL。

### 8.2.3　常用 API 函数的调用

API 函数对于 Windows 操作系统的应用程序很重要，但是只有部分 API 函数可以在 LabVIEW

中直接调用，所以有必要了解如何合理地调用 API 函数。

窗口是构成 Windows 应用程序的核心组件。在 Windows 编程中，各类控件实际上也是继承于窗口的，具有窗口的各类特性。所有与窗口相关的 API 都是通过窗口句柄来调用的，所以我们首先要获取窗口句柄。在 6.6.2 节中，我们已经讨论过如何获取前面板句柄，下面可以直接使用它。

### 1. 在前面板窗口绘制文本

VB 等编程语言可以通过调用 DrawText API 函数直接在窗口动态绘制文本，但是 LabVIEW 无法直接在前面板动态绘制文本。NI 公司的 CVI 编程语言的示例程序使用 DLL 封装了 DrawText 函数。调用封装后的函数，就可以在前面板窗口绘制文本，如图 8-14 所示。

封装后的函数声明如下所示，需要传入的参数包括：窗口句柄、文本开始坐标、字体、大小等。

```
void DLLEXPORT __stdcall DrawTextInWindow(HWND theWindow, short x, short y,
char *text, char *fontName,short pointSize, short bold, short italic, short
shadow, long color);
```

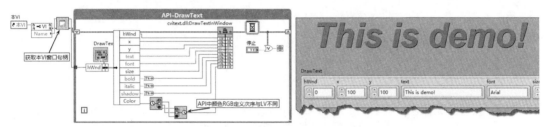

图 8-14　在前面板窗口绘制文本

### 2. 模拟鼠标输入

Windows 操作系统下的应用程序是通过发送消息实现事件驱动的。通过 API 函数，可以编程移动鼠标的位置，自动产生鼠标事件。这和用户移动鼠标并单击的效果是完全相同的。

模拟鼠标输入需要使用 mouse_event API 函数，该函数的声明与所使用的常量如下所示。

```
Public Declare Sub mouse_event Lib "user32" Alias "mouse_event" (ByVal dwFlags
As Long, ByVal dx As Long, ByVal dy As Long, ByVal cButtons As Long, ByVal
dwExtraInfo As Long)
Public Const MOUSEEVENTF_LEFTDOWN = &H2 ' left button down
Public Const MOUSEEVENTF_LEFTUP = &H4 ' left button up
Public Const MOUSEEVENTF_MIDDLEDOWN = &H20 ' middle button down
Public Const MOUSEEVENTF_MIDDLEUP = &H40 ' middle button up
Public Const MOUSEEVENTF_RIGHTDOWN = &H8 ' right button down
Public Const MOUSEEVENTF_RIGHTUP = &H10 ' right button up
Public Declare Function SetCursorPos Lib "user32" Alias "SetCursorPos" (ByVal
x As Long, ByVal y As Long) As Long
```

图 8-15 模拟了鼠标输入。过程为移动鼠标到指定位置（SetCursorPos）→产生鼠标左键按下事件→产生鼠标左键抬起事件。这和用户手动操作鼠标的效果完全相同。

通过窗格的方法，将窗格坐标转换成前面板坐标，再通过前面板的方法，可以将前面板坐标转换成屏幕坐标。如果已经获取了屏幕坐标，则通过类似的方法，可以再将其转换成窗格坐标。在图 8-15 所示的例子中，首先通过 SetCursorPos 函数将鼠标移动到"减"按钮上，然后通过 mouse_event 函数产生鼠标左键 MOUSE_DOWN 和 MOUSE_UP 事件。这相当于操作者按下又抬起了"减"按钮，在"减"按钮的"值变化"事件分支中执行减一操作。

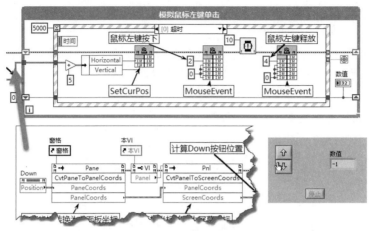

图8-15　模拟鼠标输入

### 3. 设置父窗口

很多高级编程语言支持多重窗体（MDI），即程序具有一个主窗体，其他的子窗体均位于主窗体中。LabVIEW 虽然可以同时显示多个前面板，但是前面板之间并没有隶属关系。图 8-16 所示的例子通过调用 SetParent API 函数，使 Windows 字符映射表工具窗口隶属于调用的 VI 窗口。SetParent API 函数声明如下：

```
Public Declare Function SetParent Lib "user32" Alias "SetParent" (ByVal
hWndChild As Long, ByVal hWndNewParent As Long) As Long
```

### 4. 限制鼠标和键盘操作

API 函数的数量极其庞大，上述例子不过是 API 函数简单的应用。而一些特殊的操作只能借助于 API 函数实现。例如，在工业自动化领域中，经常需要锁定键盘和鼠标，以防止无关人员误操作造成事故。锁定鼠标和键盘有多种方法，下面分别进行介绍。

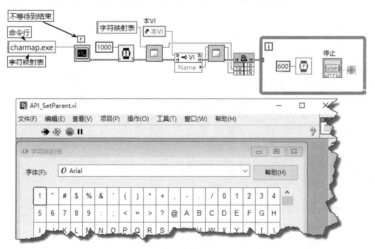

图8-16　设置父窗口

（1）利用 ShowCursor 函数

这不是一个非常好的方法，因为它只是不显示鼠标指针，但实际上鼠标还是起作用的，如果有人胡乱按下鼠标，就可能触发鼠标事件。下面是 ShowCursor 函数的函数说明：

```
Public Declare Function ShowCursor Lib "user32" Alias "ShowCursor" (ByVal bShow
As Long) As Long
```

函数返回值是当前鼠标指针计数器的值，bShow 为 0 表示隐藏，为非零值表示显示。

（2）利用 ClipCursor 函数

这个 API 函数是全局的，它可以把鼠标指针限定在一个特定区域里，以像素点为单位。该函数的声明如下：

```
Public Declare Function ClipCursor Lib "user32" Alias "ClipCursor" (lpRect
As Any) As Long
```

（3）利用 BlockInput 函数

这个方法可以封锁全部的鼠标和键盘操作。它的问题是如果用户按下 Alt+Ctrl+Del 组合键，则自动会解除锁定。

（4）利用 EnableWindow 函数

利用 EnableWindow 函数可以禁止鼠标和键盘对窗口的操作，该函数的声明如下：

```
Public Declare Function EnableWindow Lib "user32" Alias "EnableWindow" (ByVal
hwnd As Long, ByVal fEnable As Long) As Long
```

（5）使用键盘锁定连接器

一般计算机的主板上都有键盘锁定连接器，只要通过连接线将其从机箱引出到外部，并连接到外部按钮（工业控制计算机的机箱一般已经引出，机箱配有键盘锁定按钮），就可以彻底禁止键盘的操作。再加上前面的鼠标禁止操作，就可以完全禁止非法用户操控计算机了。

## 8.2.4　LabVIEW 调用 DLL 的局限性

API 是在 Windows 操作系统下编程时的有利工具，但是由于 LabVIEW 自身的一些特点，并非所有的 DLL 都能在 LabVIEW 中直接调用。遇到下列情形时在 LabVIEW 中不能直接调用 DLL。

◆ 在 VC 编程环境中，不但可以导出函数，而且可以直接导出变量。在 LabVIEW 中以 CLN 方式调用 DLL 时只能使用导出函数，不能使用导出变量。

◆ LabVIEW 目前仅支持有限的面向对象编程，无法直接使用导出类的 DLL。

◆ MFC 扩展 DLL 是基于面向对象语言的，LabVIEW 无法直接使用。

◆ 包含复杂数据结构，如链表或者需要动态分配内存的 DLL 函数。

◆ 函数的返回值是复杂的数据结构。

API 函数和许多 DLL 函数的调用需要传递指针，即变量的地址。这意味着需要在 LabVIEW 中分配内存空间，然后把分配的内存空间的首地址和大小作为参数传递给 DLL 中的函数。LabVIEW 中并没有类似于 C 语言中的 malloc 动态分配内存函数，通常的情形是利用定义好的数组或者簇来分配内存。由于数组元素的数据类型完全相同，所以只要元素数据类型与 DLL 函数中的参数的数据类型相符合，一般不会出现问题。如果簇结构元素的类型各不相同，则会出现所谓字节对齐的问题。

**1．字节对齐问题**

我们看一下下面的 C 语言中的结构是如何定义的：

```
struct A
{
```

```
    int a;
    char b;
    short c;
};
struct B
{
    char b;
    int a;
    short c;
};
```

在 32 位编译器中，整型数为 4 字节，默认的对齐方式也是 4 字节。根据结构包含的数据类型和数据类型的最大长度，可能自动调整为 8 字节或者 16 字节对齐，而且存放地址从偶数位置开始。

在 C 语言中，通过 sizeof 函数可以确定结构类型所需空间的大小，比如 sizeof(struct A)=8，sizeof(struct B)=12。

在 LabVIEW 中，簇结构采用 1 字节对齐方式，元素和元素之间连续排列，因此不需要 sizeof 这样的函数。簇所占的空间就是所有元素所占空间之和。

上面所示的 C 语言的结构则不同，在 struct A 中，a 占 4 字节，b、c 共占 4 字节。b、c 本身应该占用 3 字节，但是需要用一个额外的空闲字节来补齐 4 字节。在 struct B 中，b 占 1 字节，但是与其相邻的元素需要 4 字节，所以只能为 b 分配 4 字节。为 a 和 c 也同样分配 4 字节，就导致最后总计分配 12 字节。

由于上述原因，尽管 LabVIEW 中的簇的所有元素的数据类型都和 C 语言中的数据类型匹配，但是它们占用的总的空间并不相同。也正是由于这个原因，造成了很多 DLL 函数无法在 LabVIEW 中直接使用。

如果我们知道 C 语言结构的对齐方式，比如 struct A 为 8 字节，那么我们可以将其传入包含两个整型数的 LabVIEW 簇。这样就能保证所需空间是完全一致的。但是由于编译器的不同，对齐方式也是不同的，而且即使同一个编译器也可以设定为不同的对齐方式，因此很难使 LabVIEW 的簇与 C 语言的结构完全对应。

### 2. 函数返回指针的问题

关于动态分配内存空间，除了采用数组的方式，LabVIEW 还提供了几个非常有用的未公开函数。通过这几个函数，可以直接分配内存空间，函数返回指向这段分配空间的指针。如果 DLL 函数返回值为复杂结构的指针，则通过这几个函数可以获取指针所代表的数据。这些函数位于下面的文件夹中（假设 LabVIEW 安装在 C 盘），LabVIEW 未提供帮助文档：

```
C:\Program Files\National Instruments\LabVIEW 2016\vi.lib\Utility\importsl
```

如图 8-17 所示，DSNewPtr.vi 用于分配内存空间，并返回指向分配的内存空间指针。GetValueByPointer.xnode 获取指针指向的数据，DSDispsePtr.vi 用于释放指针指向的内存空间。首先利用 DSNewPtr.vi 分配 100 字节大小的空间，把指针传入 GetComputerName 函数后，通过 GetValueByPointer.xnode 获取返回的字符串。

LabVIEW 8.5 中的 DSNewPtr.vi 返回 32 位指针，LabVIEW 8.6 及以后版本中的 DSNewPtr.vi 则返回 64 位指针。

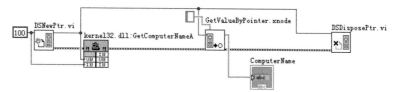

图 8-17　分配内存、值传递指针

由于 DSNewPtr.vi 会返回所分配空间的指针，因此在配置 GetComputerName API 时，必须选择以值传递的方式将 DSNewPtr.vi 返回的指针传入 DLL，这样实际传递的是分配空间的指针。如果选择"指针传递"，那么传递的是指针的指针，这样会产生错误。

### 3. Wrapper DLL

如果无法直接使用一个 DLL 函数，那么一般采用变通的方法来使用，即重新封装函数，构建一个新的 DLL 文件，从而把复杂的数据结构转换成 LabVIEW 易于使用的数据类型。通常称这样的 DLL 为 Wrapper DLL。

下面通过一个简单的例子介绍 Wrapper DLL 的用法。首先通过 CVI 或者 VC 构建一个实现简单加法的 add.dll。函数定义如下：

```
typedef  struct {
                  int first;
                  double second;
                  double* result;
             } add;
int __stdcall dll_function (add x);
#include "Add.h"
int __stdcall dll_function (add x)
{
    *x.result = x.first + x.second;
    return sizeof(add);
}
```

该函数定义了一个结构 add，其中第 3 个元素是指向双精度数的指针，第 1 个元素和第 2 个元素的类型不同，所以肯定存在字节对齐问题。该函数会返回结构的真正大小。

由于结构的数据类型很难和 LabVIEW 中的数据类型直接对应，因而我们创建 Wrapper DLL。Wrapper DLL 代码如下所示：

```
int __stdcall Wrap_dll_function (int first, double second, double * result);
#include "Add.h"
#include "Wrapper.h"
int __stdcall Wrap_dll_function (int x, double y, double* z)
{
    add temp;
    temp.first = x;
    temp.second = y;
    temp.result = z;   /*calls the code that adds the numbers. */
    return dll_function(temp);
}
```

Wrapper DLL 中的输入参数类型完全和 LabVIEW 中的相匹配，故调用起来非常简单。而如果直接调用 add 则非常复杂，编程者必须仔细分析字节对齐的问题。

如图 8-18 所示，从返回值可以发现，C 语言的 add 结构实际占用的空间是 24 字节，是按 8 字节对齐的。整型量和指向双精度数的指针虽然本身只需要 4 字节，但是实际上为它们都分配了 8 字节，所以总计 24 字节。

### 4. 使用占位符

在上面的例子中，由于字节对齐的原因，我们采用 Wrapper DLL 再次封装了 DLL。对于只需要调用一个或者几个 DLL 函数的情形，这种方法显得有些复杂。如果我们了解参数的具体结构，则可以自行添加多余的占位符，使 LabVIEW 中的参数与函数的参数所占空间一致。

由于 add 函数参数使用的是结构而非结构指针，因而无法直接使用 LabVIEW 中的簇。也就是说只有函数参数使用结构指针的时候，才能使用 LabVIEW 中的簇结构。对于输入的结构参数，依次把结构体中的每个元素传递给函数。下面我们采用占位符的方法直接调用 add.dll，如图 8-19 所示。

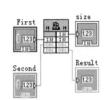  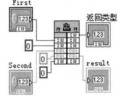 

图 8-18　调用 Wrapper DLL　　　　　　　　图 8-19　人为调整字节对齐

在图 8-19 中，为了满足结构体的对齐方式，人为增加了两个 I32 参数，目的是补齐结构体多出的 4+4=8 字节。人为补齐一个非常复杂的数据结构是很难的，因此，在某些场合不得不使用 Wrapper DLL。

## 8.3　CIN

CIN（Code Interface Node）和 CLN 在很多方面都非常像，从运行性能上看也基本相同。它们最显著的区别在于 CLN 依赖于所调用的 DLL 文件,当我们发布应用程序时必须提供相应的 DLL 文件，而 CIN 的代码被编译后，是嵌入在 VI 之中的，因此不需要外部 DLL 文件的支持。另外一个重要区别是 CIN 支持明确的运行过程。

在下列情况中，必须使用 DLL 或者 CIN。

◆ 已经有现成的 C 代码，想在 LabVIEW 中使用。
◆ LabVIEW 不直接支持硬件，必须使用外部驱动程序。
◆ 很难用 G 语言实现的任务。
◆ 系统调用。
◆ 实时要求非常高的任务。
◆ 复杂数据处理和高效算法。

我们可以简单地理解，所谓 CIN 就是在 VI 中嵌入 C 代码，就如同在 C 语言里嵌入汇编代码一样。即便使用 Wrapper DLL，学习 CIN 也是非常有必要的。CIN 中的数据类型和 LabVIEW 中的数据类型在内存使用上是完全相同的,在 DLL 中调用 CIN 提供的头文件中的函数,可以使 Wrapper DLL 和 LabVIEW 实现无缝连接。我们似乎看不到 CIN 在 LabVIEW 中的作用，但是如果跟踪 VI 到最后，会发现绝大多数 VI 最后调用的都是 CIN。一些知名厂商的硬件驱动程序也都是以 CIN 方式提供的。

LabVIEW 本身没有提供 C 编程环境。在 CIN 中进行 C 编程时可以自由选择 C 编译器，最常用的是 VC 和 NI 的 LabWindows。很多书都介绍了 VC 环境下 CIN 的使用方法，在本书中我们采用 NI 公司的文本式编程语言 LabWindows，也就是 CVI。除了编译器的选项配置有区别，在不同 C 编译器下 CIN 的使用方法都是相同的。

## 8.3.1 CIN 创建的一般过程

使用 CIN 首先面临的问题是 C 编译器环境设置的问题。我们使用 LabWindows 创建 DLL 和 CIN，所以需要合理配置 LabWindows 的编程环境，下面详细介绍配置步骤。

### 1. 配置编译器环境

对 LabWindows 需要做如下设置：

**step 1** 在 CVI 中建立一个空项目，选择合适的文件夹，设置目标类型为"Target Type"，选择"Dynamic Link Library"，即可建立动态链接库。更改项目名称，并存储项目。

**step 2** 将 LabVIEW 中 CIN 文件夹下的相关头文件和静态链接库文件添加到项目中，并存储项目，如图 8-20 所示。

图 8-20 向项目添加必要的文件

 **注意** 将 CIN 文件夹复制到项目文件夹中不是必须的，但这样做方便编程。

**step 3** 在 CVI 的主菜单中，选择"Target Settings"，在弹出的对话框中，设置输出文件名，即 DLL 文件名，如图 8-21 所示。

**step 4** 因为必须将生成的 DLL 文件转换成 LSB 文件，所以将 CINTOOLS 文件夹中的 lvsutil.exe 复制到 DLL 所在文件夹中。

**step 5** 设置"Build Step"，在"Post Build Action"中加入编译后要执行的操作，如图 8-22 所示。设置并编译文件后，LabVIEW 自动调用 lvsutil.exe 文件，该文件负责把 DLL 文件转换为 LSB 文件。

图 8-21 设置输出 DLL 文件名

图 8-22 编译后 DLL 文件自动被转换成 LSB 文件

**step 6** 存储项目。此项目可以作为样板项目。

编译器设置完成后，就可以开始创建 CIN 了。如同编辑一个 C 语言函数一样，首先要确定函数需要完成的功能，以及确定需要输入的参数的类型和数量、返回值等。

### 2. 创建 CIN 的基本步骤

下面通过一个具体示例来详细说明如何创建 CIN。我们的目的是创建一个 CIN，其功能是判断输入的双精度数是否在上、下限范围之内。如果高于上限，则强制

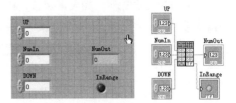

图 8-23 设置输入、输出参数

转换成上限；如果低于下限，则强制转换成下限；如果在范围内，直接返回该数值，同时返回布尔参数，表明输入的参数是否在上、下限范围之内。详细的操作步骤如下。

**step 1** 打开一个 VI，放置一个 CIN，配置输入、输出参数，如图 8-23 所示。

CIN 的参数都是成对出现的。因为 CIN 的输入参数都是用指针传递的，传入的是地址，所以既可以作为输入，又可以作为输出。通过 CIN 的快捷菜单，可以设置为"只输出"。如图 8-23 所示，刚刚调入 CIN 时，CIN 节点参数部分（NumIn）是空白，向下拖曳 CIN 节点，可以增加参数。

**step 2** 在快捷菜单中选择"创建 C 文件"项后，会自动生成 C 文件框架，然后将自动生成的 C 文件加入 CVI 项目中，并在 CINRun 中编写用户代码。下面是图 8-23 对应的 CIN 代码：

```
/* CIN source file */
#include "extcode.h"
//用户添加
#include "cvilvsb.h"
#include <analysis.h>
#include <ansi_c.h>
#include <utility.h>
/* CIN source file */
void *dummyPointer = GetLVSBHeader;
//用户添加结束
MgErr CINRun(float64 *UP, float64 *NumIn, float64 *DOWN, LVBoolean *InRange);
MgErr CINRun(float64 *UP, float64 *NumIn, float64 *DOWN, LVBoolean *InRange)
    {
    /* Insert code here */
    //用户添加
    if(*NumIn>=*DOWN  && *NumIn<=*UP)  *InRange=LVTRUE;
    //如果输入数值在上、下限之间，InRange 为真
    else
    {
        if(*NumIn>*UP) *NumIn=*UP;      //如果大于上限，强制设为上限
        else
            *NumIn=*DOWN;               //如果小于下限，强制设为下限
        *InRange=LVFALSE;              //InRange 为假
    }
    //用户添加结束
    return noErr;
    }
```

 CIN 自动创建的 CINRun 函数只具有基本的结构，包括声明、函数体。用户添加部分就是我们需要编程的部分，其他部分是自动创建的。

**step 3** 编译成功后，自动生成 demo.dll 文件和 demo.lsb 文件。

**step 4** 在 CIN 的快捷菜单上，选择"加载代码资源"项，然后在打开的对话框上选择刚才生成的 LSB 文件。如果无错误，则新的 CIN 就已经建立起来了。

**step 5** 配置连线端子，绘制图标，并建立子 VI，如图 8-24 所示。

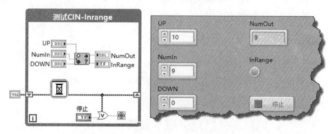

图 8-24　测试 InRange CIN 函数

### 8.3.2 CIN 的数据类型和常用函数

LabVIEW 最初是采用 C 语言开发的，所以 LabVIEW 和 C 语言关系非常密切。LabVIEW 的数据类型和 CIN 的数据类型存在严格的对应关系。在 CIN 的头文件中，对 LabVIEW 支持的数据类型进行了定义，从 fundtypes.h 和 extcode.h 文件中，可以清晰地看到 LabVIEW 的数据类型和 C 语言的数据类型的对应关系。

#### 1. CIN 中定义的基本数据类型

LabVIEW 中的标量数据类型与 C 语言的基本数据类型是严格对应的，如下所示。例如 int8、int32 为 LabVIEW 的基本数据类型，int8 对应 C 语言中的 char，int32 对应 C 语言中的 long。

```
typedef char                 int8;
typedef unsigned char        uInt8;
typedef uInt8                uChar;
typedef short int            int16;
typedef unsigned short int   uInt16;
typedef long                 int32;
typedef unsigned long        uInt32;
typedef float                float32;
typedef double               float64;
```

LabVIEW 中的布尔数据类型占一个字节，它实际对应 C 语言中的 unsigned char。LabVIEW 为布尔数据类型定义了两个宏 LVBooleanTrue 和 LVBooleanFalse，分别用于表示布尔数据的真和假。布尔数据类型在 CIN 中定义如下：

```
typedef uInt8 LVBoolean;                       //定义布尔数据类型为无符号 8 位整数
#define LVBooleanTrue     ((LVBoolean)1)   //定义 TRUE 为 1
#define LVBooleanFalse    ((LVBoolean)0)   //定义 FALSE 为 0
```

#### 2. CIN 中定义的标量数组

以一维双精度数组为例，假设它包含 100 个元素，并用 4 字节表示数组的长度，那么实际为

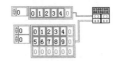

图 8-25 调用 CIN 的程序框图

它分配的内存空间为 4+8*100=804 字节。以标量数组作为参数，调用 CIN 的程序框图如图 8-25 所示。

在 CIN 快捷菜单中选择"创建 C 文件"后，在 C 文件中可以看到 LabVIEW 数组和 C 语言数组的对应关系。双精度一维数组和二维数组在 CIN 中定义如下：

```
typedef struct {
    int32 dimSize;       //数组长度，占 4 字节
    float64 elt[1];      //数组元素类型
    } TD1;               //对应 LabVIEW 中的一维双精度数组
typedef TD1 **TD1Hdl;    //定义数组句柄
typedef struct {
    int32 dimSizes[2];  //数组长度，因为是二维数组，所以数组长度为数组，包括两个整型数
    float64 elt[1];      //数组元素类型为 LabVIEW 中的双精度类型
    } TD2;
typedef TD2 **TD2Hdl;  //二维数组句柄
MgErr CINRun(TD1Hdl arg1, TD2Hdl arg2);
```

C 语言的结构体存在字节对齐的问题。为了和 LabVIEW 的数据类型相适应，必须保证 CIN

中定义的结构是字节对齐的。可以设置整个编译器为 1 字节对齐方式，但是这样会导致在 CIN 中调用 C 语言的结构或者外部 DLL 时出现问题。因此，更好的做法是仅让 LabVIEW 结构采用 1 字节对齐方式，其他则采用默认方式。这样既保证了 LabVIEW 参数的字节对齐，又保证了外部调用不受影响。解决对齐问题的方法如下所示。

```
#pragma pack(1)        //设置1字节对齐
// LabVIEW 数据对应的结构
#pragma pack()         //恢复默认对齐方式
```

在 CIN 中，LabVIEW 数组是以句柄的方式传递给 CIN 的。一维数组的前 4 字节（int32）表示数组的大小，二维数组则需要两个 int32 数表示，依次类推。知道了数组的大小和元素的数据类型后，CIN 就可以完全控制 LabVIEW 的数组了。令人感到疑惑的是，结构中的数组 elt 仅包含 1 个元素。实际上它只代表数组中元素的数据类型，真正开辟内存空间是在 LabVIEW 中完成的，数组的长度是通过结构中的 dimSize 传递到 CIN 中的。

继续完成图 8-25 中的 CIN 编程。我们的目的是计算输入数组中各个元素的平方，然后通过 CIN 函数输出计算结果。函数代码如下，调用 CIN 的程序框图如图 8-26 所示：

```
#pragma pack(1)
typedef struct {
    int32 dimSize;
    float64 elt[1];
    } TD1;
typedef TD1 **TD1Hdl;
typedef struct {
    int32 dimSizes[2];
    float64 elt[1];
    } TD2;
typedef TD2 **TD2Hdl;
#pragma pack()
MgErr CINRun(TD1Hdl arg1, TD2Hdl arg2);
MgErr CINRun(TD1Hdl arg1, TD2Hdl arg2)
    {
    /* Insert code here */
    int i,j,size0,size1;
    size0=(*arg1)->dimSize;
    for(i=0;i<size0;i++)
    ((*arg1)->elt[i])=  ((*arg1)->elt[i])*((*arg1) ->elt[i]); //计算输入数组
元素的平方。
    size0=(*arg2)->dimSizes[0];
    size1=(*arg2)->dimSizes[1];
    for(i=0;i<size0;i++)
        {
        for(j=0;j<size1;j++)
        (*arg2)->elt[i*size1+j]= ((*arg2)->elt [i*size1+j])* ((*arg2)->elt
[i*size1+j]);
        }
        return noErr;
    }
```

### 3. CIN 中定义的 LabVIEW 字符串、字符串数组

C 语言中的字符串和字符数组是等价的，LabVIEW 中的字符串和 U8 数组也是等价的，所以 CIN 处理字符串的方式和处理数组的方式是非常类似的。通过 CIN 自动创建的字符串输入参数，被传递到 CIN 中后会变为字符串句柄。字符串句柄在头文件中已经预定义了，查找头文件，发现字符串句柄定义如下：

```
typedef struct {
    int32   cnt;                    /* number of bytes that follow */
    uChar   str[1];                 /* cnt bytes */
} LStr, *LStrPtr, **LStrHandle;
```

字符串句柄的定义和一维 U8 数组的定义基本相同，用 4 字节表示字符串长度，数组类型为无符号字符型。下面是字符串数组在 CIN 中的定义：

```
/* Typedefs */
typedef struct {
    int32 dimSize;
    LStrHandle elt[1];
    } TD1;
typedef TD1 **TD1Hdl;
```

LabVIEW 中数组的元素是连续存放的，在字符串数组中连续存放的是代表每个字符串的句柄而不是字符串本身。所以字符串数组中的各个字符串在内存中实际是分散存放的，这和 C 语言中的字符串指针数组类似。

字符串和字符串数组是 CIN 编程的难点之一。在 CIN 编程中，有些字符串操作可以使用 C 语言中的字符串函数完成，但是主要还是使用 CIN 函数库中提供的字符串操作函数。其原因是 LabVIEW 中的字符串构成方式和 C 语言中字符串的构成方式不同。CIN 中的函数支持 C 字符串、LabVIEW 字符串和 Pascal 字符串。C 语言中的字符串不包括长度信息，以 NULL 为结束符。Pascal 字符串用首个字节表示长度，LabVIEW 字符串用前 4 字节表示长度。这意味着 LabVIEW 字符串的最大长度是 65535。

下面的例子展示了如何通过 CIN 来反转字符串和字符串数组，CIN 程序框图如图 8-27 所示。

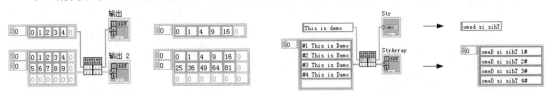

图 8-26 计算数组元素的平方     图 8-27 反转字符串和字符串数组

CIN 代码如下所示：

```
MgErr CINRun(LStrHandle arg1, TD1Hdl arg2)
    {
    /* Insert code here */
    int i,j,Len;
    char tempStr[100];
    LToCStr(*arg1, tempStr);          //将 LabVIEW 字符串转换为 C 字符串
    Len=LHStrLen(arg1);
    for(i=0;i<Len;i++)
    (*arg1)->str[Len-1-i]=tempStr[i]; //反转 LabVIEW 字符串
```

```
for(i=0;i<(*arg2)->dimSize;i++)
{
    Len=LHStrLen((*arg2)->elt[i]);
    LToCStr((*(*arg2)->elt[i]), tempStr);
    for(j=0;j<Len;j++)
    (*(*arg2)->elt[i])->str[Len-1-j]=tempStr[j];
            //反转 LabVIEW 字符串
}
return noErr;
}
```

#### 4. LabVIEW 中的簇与 CIN 中的结构的对应关系

在 LabVIEW 中创建一个簇，该簇包括布尔控件、I32 控件和 DBL 控件，则 CIN 中对应的结构如下所示：

```
typedef struct {
    LVBoolean BOOLEAN;        //对应 LabVIEW 中的布尔控件
    int32 I32;                //对应 LabVIEW 中的 I32 控件
    float64 DBL;              //对应 LabVIEW 中的 DBL 控件
    } TD1;                    //对应 LabVIEW 中的簇
MgErr CINRun(TD1 *_);
```

传递给 CIN 的是簇的指针，即簇的地址。如果簇中包含多个标量，则这些标量按照所占字节的大小连续存放。但是包含复杂类型的簇则不然，比如包含数组或者字符串的簇，那么簇中存放的是数组和字符串的句柄。例如，在图 8-28 中，LabVIEW 中的簇由双精度数、I32 整型数、布尔数组、字符串构成，它们在 CIN 中被描述如下：

```
typedef struct {
    int32 dimSize;
    LVBoolean Boolean[1];            //布尔数组长度
    } TD2;                           //定义布尔数组
typedef TD2 **TD2Hdl;

typedef struct {
    float64 DBL;                     //簇元素为 DBL 类型
    int32 I32;                       //簇元素为 I32 类型
    TD2Hdl BooleanArray;             //簇元素为布尔数组
    LStrHandle string;               //簇元素为字符串
    } TD1;                           //定义簇
MgErr CINRun(TD1 *ClusterIn);
```

簇中的数组、字符串与标量的存储方式不同。簇中的字符串、数组与簇实际上是分开存放的，数组、字符串有各自的内存空间，簇中存储的只是它们的句柄。

下面继续编辑 CIN。设置布尔数组中的奇数索引元素为 TRUE，设置偶数索引元素为 FALSE，并让字符串的字符值加 1，对字符串简单加密。如图 8-28 所示，字符串 abc 的各个字符加 1 后变成 bcd。

图 8-28 对应的 CIN 代码如下所示：

图 8-28　簇类型

```
MgErr CINRun(TD1 *ClusterIn)
{
/* Insert code here */
int len,i;
ClusterIn->DBL*=2;                                    // DBL 加倍
ClusterIn->I32*=4;                                    //I32 扩大 4 倍
len=(*(ClusterIn->BooleanArray))->dimSize;            //取得布尔数组长度
for(i=0;i<len;i++)
 (*(ClusterIn->BooleanArray))->Boolean[i]=i%2;
 len=LHStrLen(ClusterIn->string);                     //取得字符串的长度
 for(i=0;i<len;i++) (*(ClusterIn->string))->str[i]+=1; //反转字符串
return noErr;
}
```

### 8.3.3 CIN 与内存管理器

前面在讨论有关数组和 VI 的运行性能时，我们多次提到 LabVIEW 的内存管理器。在使用创建数组函数和连接字符串函数时，由于数组元素不断增加，字符串逐渐加长，导致所需的内存空间是逐渐增加的，LabVIEW 会在后台自动调整数组和字符串所占的内存空间。通过 CIN 编程，我们可以更清晰地看到 LabVIEW 是如何实现这种内存空间的变化的。借助于 CIN，我们可以重新分配内存，由此我们具有了与 LabVIEW 内存管理器同样的能力。

#### 1. 静态和动态分配内存

任何应用程序都会涉及内存的分配和释放的问题。内存分配可分为静态分配和动态分配两种情形。比如 LabVIEW 中的内置全局变量，在程序启动时就已经为其分配了内存空间了，它一直到整个程序停止运行，才退出内存。在程序运行期间，全局变量所占的空间大小和位置都是不变的。这就是所谓的静态分配。显然，在很多情况下，静态分配是不能满足要求的。很多内存空间的需求都是在运行过程中发生的，编程者无法预知。

动态分配与静态分配不同，它是在需要的时候才分配内存空间，不需要的时候释放空间。LabVIEW 内存管理器支持两种形式的动态内存分配：一种是通过指针分配，另一种是通过句柄分配。通过指针与通过句柄分配内存是完全不同的，通过指针分配的内存在运行过程中不能重新定位，也就是说这段内存空间是不可以移动的。而使用句柄分配的内存空间是可以重新定位的，在 Windows 编程中经常使用句柄也是因为这个原因。

在前面 CIN 的例子中，传入的数组参数和字符串参数都是句柄形式。这意味着我们可以在 CIN 中自由改变已经分配的内存空间的大小和位置。重新定位内存空间是非常必要的。例如，一个数组需要增加新的数据，那必然要扩大它的连续内存空间。但此时在原来位置可能已经无法再分配内存空间了。内存管理器会在新的位置重新分配内存，并把该内存的指针写入句柄中。这样虽然空间的地址变化了，但是句柄还是会指向正确的内存空间。

CIN 函数库中提供了大量的内存管理函数，其中很多内存管理函数的功能是类似的。这是因为内存管理器把内存分成了两个不同的区。数据区（DZ）用来存储 VI 的运行数据，而应用区（AZ）用来存储其他数据。传入 CIN 中的数据和从 CIN 中传出的数据都位于数据区中。只有路径参数是个例外，它位于应用区中。

下面通过具体示例说明 CIN 中常用内存管理函数的使用方法。

#### 2. 将字符串数组转换成字符串

下面的例子通过 CIN 把输入的字符串数组的所有元素连接成一个字符串，如图 8-29 所示。

图 8-29　将一维字符串数组转换成字符串

StrOut 输出由数组元素连接而成的字符串，StrOut 由多个字符串连接而成，这里显然需要根据字符串的大小，重新为其分配内存空间。图 8-29 对应的 CIN 代码如下所示：

```
typedef struct {
    int32 dimSize;          //定义字符串数组长度，即字符串数组包含字符串的个数
    LStrHandle string[1];   //字符串句柄数组
    } TD1;
typedef TD1 **TD1Hdl;       //字符串数组句柄
#pragma pack()              //定义字节对齐方式
MgErr CINRun(TD1Hdl StrArray, LStrHandle StrOut);  //CINRun 函数声明
MgErr CINRun(TD1Hdl StrArray, LStrHandle StrOut)
    {
    /* Insert code here */
    int i,size;
    MgErr err;
    int stringlen[200];                             //记录字符串长度的数组
    size=0;
    stringlen[0]=0;
    for(i=0;i<(*StrArray)->dimSize;i++)
    {
        size+=LHStrLen((*StrArray)->string[i]) ;    //计算所有字符串的长度
        stringlen[i+1]=size;                        //记录偏移量
    }
    err = NumericArrayResize(uB, 1L, (UHandle *)&StrOut, size);
                                                    // 重新分配内存空间
    if (!err) {
        for(i=0;i<(*StrArray)->dimSize;i++)
        {
        MoveBlock(LHStrBuf((*StrArray)->string[i]), LStrBuf(*StrOut)
+stringlen[i],LHStrLen((*StrArray)->string[i]) );
        } //MoveBlock 函数复制字符串到所分配的内存中，即连接字符串
        LStrLen(*StrOut) = size;
    }
    return noErr;
    }
```

### 3. 输出指定长度的随机数数组

下面的例子演示了如何在 CIN 的输入参数只有数组的长度的情况下，输出一个一维双精度数组。这种情况下，LabVIEW 并没有传入分配好的内存空间，而需要在 CIN 中根据指定的长度动态分配一维数组的存储空间，如图 8-30 所示。

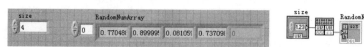

图 8-30　创建指定长度的一维数组

图 8-30 对应的 CIN 代码如下所示：

```
typedef struct {
    int32 dimSize;                  //定义数组大小
    float64 elt[1];                 //DBL 型数组
    } TD1;
typedef TD1 **TD1Hdl;               //数组句柄
# pragma pack()
MgErr CINRun(uInt32 *size, TD1Hdl RandomNumArray);
MgErr CINRun(uInt32 *size, TD1Hdl RandomNumArray)
    {
    /* Insert code here */
    int i;
    if(*size==0) *size=1;           //保证最小数组长度为 1
    NumericArrayResize (fD, 1L,(UHandle *) &RandomNumArray, *size);
                                    //重新分配句柄指向的内存空间
    (*RandomNumArray)->dimSize=*size;   //写入分配后的数组长度
    for(i=0;i<*size;i++) RandomGen(&(*RandomNumArray)-> elt[i]);
                                    //写入数据到已经分配的内存空间
    return noErr;
    }
```

CIN 本身提供了大量的 C 函数，也可以直接使用 C 语言本身的标准库函数和编译器提供的函数库中的函数。除了 CIN 具有特殊的函数，CIN 编程与一般 C 语言编程没有任何区别。CIN 特别适合于编写驱动程序，NI 的驱动程序很多也是通过 CIN 编写的。

#### 4. CIN 读写物理内存

LabVIEW 没有提供读写物理内存的函数，但 LabWindows 提供了该函数。通过 CIN，LabVIEW 一样具有读写、映射物理内存的能力。

CVI 提供了访问物理内存的函数，包括读物理内存、写物理内存、映射物理内存和取消映射物理内存 4 个函数。如果需要为第三方板卡编写驱动程序，那么这几个函数会非常有用。

在计算机启动后，在内存中保留了 BIOS 映像，物理地址 0x400 后的几个字节存储的是串口和并口地址。下面介绍如何通过 CIN 读取 COM1、COM2 和 LPT1 的端口地址，如图 8-31 所示。

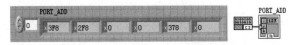

图 8-31 读串口、并口端口地址

如图 8-31 所示，COM1、COM2、LPT1 的端口地址分别为 0X3F8、0X2F8 和 0X378。图 8-31 对应的 CIN 代码如下所示：

```
#pragma pack(1)
/* Typedefs */
typedef  struct {
    int32 dimSize;
    int16 I32[1];
    } TD1;                  //定义 I32 数组
typedef TD1 **TD1Hdl;       //数组句柄
#pragma pack()
MgErr CINRun(TD1Hdl PORT_ADD);
MgErr CINRun(TD1Hdl PORT_ADD)
    {
    /* Insert code here */
```

```
int16 *mapptr;
int i,mapHandle;
NumericArrayResize (iW,1L,(UHandle *) &PORT_ADD, 8); //为数组分配内存空间
(*PORT_ADD)->dimSize=8;                               //更新数组大小
MapPhysicalMemory (0x400, 32, &mapptr, &mapHandle); //映射物理内存
for(i=0;i<8;i++) (*PORT_ADD)->I32[i]=mapptr[i];     //读取物理内存
return noErr;
}
```

### 8.3.4 CIN 的运行过程和数据共享

CIN 的运行机制非常复杂，如果不小心使用，则很容易发生 CIN 调用错误，甚至直接导致 LabVIEW 崩溃，非正常退出。

**1. 用 LSB 文件名来区分 CIN**

在同时调用多个 CIN 时，LabVIEW 是如何区分不同的 CIN 的呢？

为 CIN 加载 LSB 文件后，CIN 的代码被嵌入 VI 中。一个 VI 中可以包含不同的 CIN，同一个 CIN 也可以在不同的 VI 中调用。LabVIEW 显然非常清楚特定的 CIN 的用途，因为 LabVIEW 是通过 CIN 中的 LSB 文件名来区分不同的 CIN 的。如果在为不同的 CIN 加载 LSB 文件时，LSB 文件名相同，那么由于 CIN 的参数和功能完全不同，就会导致 LabVIEW 崩溃。因此，必须保证 LSB 文件名是唯一的，既不能和自己创建的其他 CIN 的 LSB 文件同名，也不能和 LabVIEW 系统使用的 CIN 的 LSB 文件同名。

**学习笔记** 为 CIN 加载的 LSB 文件名是 CIN 的区分标识，必须是唯一的。

**2. CIN 定义的程序块**

所有 CIN 中都包括 CINRun 函数。从 C 语言语法来看，它只能称为函数，但是在 LabVIEW 中将它称为 Routine，即程序块。这说明它与一般的函数不同，其类似于 C 语言中的 main 函数，是由系统自动调用的。CIN 还包括其他几个程序块，通过头文件可以看到它们的函数定义。CIN 中定义的程序块声明如下所示：

```
CIN MgErr _FUNCC CINInit(void);               // 在加载 VI 之后或者重新编译后，自动调用
CIN MgErr _FUNCC CINDispose(void);            // 在卸载 VI 之前或者重新编译后，自动调用
CIN MgErr _FUNCC CINAbort(void);              // 在 VI 中止时自动调用
CIN MgErr _FUNCC CINLoad(RsrcFile reserved);  // 在加载 VI 时自动调用
CIN MgErr _FUNCC CINUnload(void);             // 在卸载 VI 时自动调用
CIN MgErr _FUNCC CINSave(RsrcFile reserved);  // 在存储 VI 时自动调用
CIN MgErr _FUNCC CINProperties(int32 selector, void *arg); //设置可重入 CIN
```

如上所示，这些程序块都是 LabVIEW 自动调用的，而且是必须调用的。除了 CINRun 程序块必须显式调用外，其他程序块如果不显式调用，则调用内部默认的程序块，不需要编程。

CINRun 一般在 VI 被调用的时候运行。如果在循环中重复调用该 VI，则 CINRun 被重复调用，而其他的程序块都是自动在特定时刻运行的。

LSB 文件类似于 C 语言中的目标代码文件，当我们加载 LSB 文件到 CIN 中时，LabVIEW 把 LSB 文件中的代码复制到内存，并附加到 CIN 中。当存储这个 VI 时，LSB 中的代码作为 VI 的一部分同时被存储。也就是说，CIN 不再需要原来的 LSB 文件了。

当 LabVIEW 加载一个 VI 时，会为 VI 分配前面板空间、程序框图空间、代码空间和数据空间，其中数据空间是一段内存区域，它用来存储数据，比如数组和移位寄存器的值等。如果 VI 是可重

入的，则 LabVIEW 会为每个被调用的 VI 分配单独的空间。

### 3. 代码空间全局变量

在 CINRun 函数中，可以动态创建 C 形式的局部变量，也称为自动变量。这种变量的生命周期为从 CINRun 被调用开始，一直到 CINRun 结束。C 语言中还有另外两类变量——局部静态变量和全局变量。局部静态变量和全局变量可以在两次调用之间保持原来的值。在 CIN 中同样可以使用全局变量和局部静态变量。下面的例子展示了如何在 CIN 中利用全局变量求滑动平均数。

```
/*
 * CIN source file
 */
#include "extcode.h"
float64 gTotal;                                 //在函数外部定义的变量为全局变量
int32 gNumElements;                             //记录输入元素的个数
CIN MgErr CINRun(float64 *new_num, float64 *avg);
CIN MgErr CINRun(float64 *new_num, float64 *avg)
  {
  gTotal += *new_num;                           //将输入的数据与全局变量相加求和
  gNumElements++;                               //输入元素个数加 1
  *avg = gTotal / gNumElements;                 //求平均值
  return noErr;
  }
CIN MgErr CINLoad(RsrcFile rf)                   //加载 CIN 时，将全局变量清零
  {
  gTotal=0;
  gNumElements=0;
  return noErr;
  }
```

变量 gTotal 和 gNumElements 是在程序块外部定义的，称为代码空间全局变量。如果在多处或者多次调用相同的 CIN，则可通过代码空间全局变量共享数据。由于所有相同的 CIN、CINLoad 和 CINUnlaod 只调用一次，因此，代码空间全局变量必须在 CINLoad 程序块中初始化，如果是动态分配的内存，则必须在 CINUnload 程序块中释放。

同一个 CIN，可以在同一个 VI 中多次调用，也可以在多个 VI 中同时调用。根据 CIN 中 LSB 的名称，这些 CIN 将指向同一段 CIN 代码空间。虽然代码空间相同，但是每次 CIN 调用都会生成不同的数据空间。

### 4. CIN 数据空间全局变量

CIN 数据空间全局变量用于在同一位置多次调用 CIN 时共享数据。在不同位置调用相同的 CIN 时，会分配不同的数据空间，因此会创建不同的数据空间全局变量。

每当一处调用新的 CIN 时，将自动执行 CINInit 程序块，而在 CIN 退出时则自动执行 CINDispose 程序块。因此，数据空间全局变量的初始化位置在 CINInit 中，而释放位置在 CINDispose 中。

通过下面的例子，可以看到代码空间全局变量和数据空间全局变量的明显区别：

```
/* CIN source file */
#include "extcode.h"
#include "cvilvsb.h"
#include <analysis.h>
#include <ansi_c.h>
```

```
#include <utility.h>
/* Typedefs */
    void *dummyPointer = GetLVSBHeader;
        uInt32 GlobalCounterValue;                    //定义代码空间全局变量
    /* Typedefs */
    #pragma pack(1)
    /* Typedefs */
    typedef struct {
    uInt32 LocalCounterValue;
        } dsGlobalStruct;                             //定义数据空间全局变量
    /* Typedefs */
    #pragma pack()
    MgErr CINRun(uInt32 *GlobalCounter, uInt32 *LocalCounter);
    CIN MgErr _FUNCC CINLoad(RsrcFile reserved)
     {
        GlobalCounterValue=0;                         // 初始化代码空间全局变量
        return noErr;
     }
    CIN MgErr CINInit() {
        dsGlobalStruct **dsGlobals;                   //定义数据空间全局变量句柄
        if (!(dsGlobals = (dsGlobalStruct **)
        DSNewHandle(sizeof(dsGlobalStruct)))) /* if 0, ran out of memory */
                                                      //分配内存空间
            return mFullErr;
        (*dsGlobals)->LocalCounterValue=0;            //写入数据空间全局变量
        SetDSStorage((int32) dsGlobals);
        return noErr;
        }
    MgErr CINRun(uInt32 *GlobalCounter, uInt32 *LocalCounter)
  {
    /* Insert code here */
    dsGlobalStruct **dsGlobals;
     dsGlobals=(dsGlobalStruct **) GetDSStorage();
                                                //取得数据空间全局变量句柄
    if (dsGlobals) {
        (*dsGlobals)->LocalCounterValue+=1;     //写入数据空间全局变量
        }
  GlobalCounterValue++;
  (*GlobalCounter)=GlobalCounterValue;
  (*LocalCounter)=(*dsGlobals)->LocalCounterValue;
  return noErr;
  }
CIN MgErr CINDispose() {
    dsGlobalStruct **dsGlobals;
    dsGlobals=(dsGlobalStruct **) GetDSStorage();
    if (dsGlobals)
            DSDisposeHandle(dsGlobals);              //释放数据空间全局变量
        return noErr;
    }
```

如图 8-32 所示，这里的两个 CIN 完全相同。每次调用 CIN 时，两个全局计数器记录的调用次数都加 1，这里记录的是在所有位置 CIN 被调用的次数。而两个局部计数器则不同，分别记录在各自位置被调用的次数。

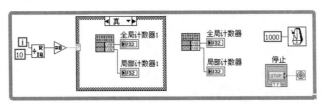

图 8-32 测试代码空间全局变量和数据空间全局变量

CIN 和 CLN 的编程难度非常大，要求编程者非常熟悉 C 语言和 LabVIEW 的数据类型。初学者很难在短时间内掌握这两种方法，需要进行大量的编程实践才能真正理解。

## 8.4 系统命令

在 CIN、CLN 函数选板中，还包括一个非常重要的函数——调用系统命令函数。它相当于 Windows 操作系统的"运行"功能，可以直接启动其他应用程序和命令行命令，更为重要的是它能执行 DOS 命令。在操作系统的 command.com 文件中提供了大量的系统命令，有的时候，用 API 函数难以实现的系统调用，用 DOS 命令却能轻松实现。因此，调用系统命令函数非常重要。

DOS 命令分为内部命令和外部命令。内部命令相当于 command.com 文件中的一个函数，用于完成某种特定的系统功能。内部命令都包含在 command.com 文件中，这个文件在计算机启动后自动被加载，所以内部命令随时可以使用。外部命令实际上是一个单独的执行文件，现在一般都位于 Windows\System32\文件夹下。

### 1. 调用内部 DOS 命令

常用的内部 DOS 命令包括 CD、RD、DIR、COPY、TYPE 等。DIR 是一个最基本的 DOS 命令，它可以列出指定文件夹下的文件，支持通配符。例如，DIR *.*可以列出所有文件，包括文件夹；DIR *.可以列出所有文件夹；DIR *.TXT 可以列出所有后缀为 TXT 的文件。图 8-33 演示了 DIR 命令的用法。

图 8-33 调用内部 DOS 命令

如图 8-33 所示，cmd 表示调用 Windows 命令窗口，/C 表示执行命令后立即终止。一般一条 DOS 命令都具有多种功能，通过命令/?可以查到它所支持的功能。只要修改 cmd /c 后面的部分，就可以执行不同的 DOS 命令。

### 2. 调用外部 DOS 命令

一条外部 DOS 命令一般都对应一个执行文件。ipconfig（ipconfig.exe）就是一条常用的外部 DOS 命令，通过它可以获得很多的网络信息，如图 8-34 所示。

### 3. 调用一般执行文件

外部 DOS 命令相当于带命令行输入的执行文件，所以通过它也可以直接调用其他执行文件。图 8-35 演示了如何调用记事本来打开 labview.ini 文件。与 DOS 命令不同，调用一般执行文件不存在标准输出。

图 8-34　调用外部 DOS 命令

图 8-35　调用一般执行文件

**4．带复杂参数的命令行输入**

图 8-36 以内部 sort 命令为例演示了带复杂参数的命令行输入。

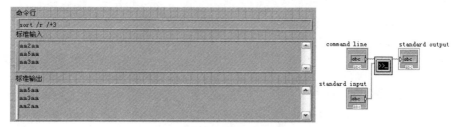

图 8-36　带复杂参数的命令行输入

其中，/r 表示反向排序，/+3 表示按第 3 个字符进行排序。在 LabVIEW 中要实现这样的排序编程比较困难，而使用带复杂参数的 DOS 命令实现起来却很简单。

以上介绍了如何在 LabVIEW 中调用 DOS 内部、外部命令，以及如何调用命令行执行文件。DOS命令的功能很强大，在编程中如果遇到不易实现的系统调用，可以看看用 DOS 命令能否完成。

另外，调用系统命令函数还有几个输入、输出端子。例如，是否等待操作完成返回，是否最小化命令窗口，以及设定输出缓冲区大小等。它们的使用方法都非常简单，就不过多介绍了。

## 8.5　剪贴板

剪贴板内置于 Windows 操作系统中，它使用系统的内部 RAM 或虚拟内存来临时保存剪切和复制的信息。保存在剪贴板上的信息，只有在再次剪切、复制、断电或有意地清除时，才可能更新或被清除，即剪切或复制一次，就可以粘贴多次。

剪贴板本质上是一段共享的内存区域，任何应用程序都可以读写剪贴板。它相当于全局变量，不过这个全局变量是针对 Windows 操作系统的。因此，它可以在几个 LabVIEW 执行文件之间，或者在 LabVIEW 和其他 Windows 程序间实现数据传递。一般在进行 LabVIEW 编程时很少用到它，因为它不太适合实时控制。在任何时刻，任何 Windows 程序都可以对其进行读写。剪贴板的读操作是不会清理剪贴板的，而写操作则会更新剪贴板，使原来的信息丢失。

LabVIEW 直接支持剪贴板操作，在"应用程序方法"节点中提供了操作剪贴板的功能，不过 LabVIEW 仅支持文本类型的剪贴板操作。文本类型的剪贴板使用方法如图 8-37 所示。LabVIEW 提供了文本类型的剪贴板写方法和剪贴板读方法。

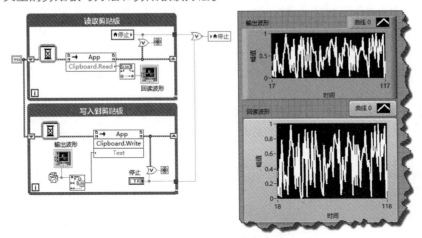

图 8-37　利用剪贴板传递文本数据

通过 Windows 的剪贴板可以传递多种类型的数据，但是 LabVIEW 只明确支持文本类型的数据。使用 API 函数可以实现图形数据的剪贴板读写，但是比较麻烦。

下面介绍一种比较简单的通过剪贴板使用图形数据的方法。借助于图片控件的导出图像方法，可以把图片数据写入剪贴板。然后通过应用程序的 Getimage 方法，获取剪贴板的图片数据。图 8-38 所示的例子演示了如何将图片数据写入剪贴板和如何从剪贴板读取该图片数据。其中，顺序结构实际没有什么用，只是用来区分各部分功能的。

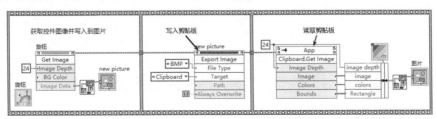

图 8-38　利用剪贴板传递图片数据

## 8.6　DDE 库

LabVIEW 支持多线程，而在多个线程之间交换数据有多种方法。注意，进程（process）和线程（thread）是两个不同的概念。我们启动一个执行文件实际上就是启动一个进程。在 Windows 的进程管理器中可以观察到当前存在哪些活动进程。进程间交换数据，可以简单地理解成多个执行文件之间交换数据。

进程间交换数据有几种方法：剪贴板、动态数据交换（DDE）、内存映射等。当然也可以用 TCP/IP、共享变量、Datasocket 等方法。这些都属于网络数据交换方法，自然也适用于本机进程间的通信。我们下面要讨论的 DDE 是早期进程间通信的常用方法。

### 8.6.1　DDE 概述

DDE（Dynamic Data Exchange），即动态数据交换，是 Windows 平台上的一个完整的通信协议，它使应用程序之间能彼此交换数据和发送指令。DDE 过程是两个程序的对话过程，即一方向另一方提出问题，然后等待回答。提出问题的一方，即请求信息的应用程序，称为客户端（Client）。回答的一方，即提供信息的应用程序，称为服务器（Server）。一个应用程序可以同时是客户端和服务器。当它向其他程序请求数据时，它充当的是客户端；当有其他程序需要它提供数据时，它又成了服务器。

DDE 本质上是通过发送消息实现的。在 VC 和 CVI 中，可以注册事件回调函数来实现自动数据交换。但是 LabVIEW 并没有对 DDE 提供事件驱动方式，DDE 也是通过轮询（Polling）方式进行数据交换的，因此就涉及两个进程 DDE 速度协调的问题。

DDE 是 Windows 早期进程间通信的重要方式，现在用得不多了。虽然如此，Office、MATLAB 等应用程序，以及其他各种流行的组态软件，依然提供对 DDE 的支持。因此，我们还是有必要了解一下 DDE。

在 7.1 以上版本的 LabVIEW 的模板中是找不到 DDE 库的，需要手动将其添加到 User.lib 中。DDE 库的路径如下：

```
C:\Program Files\National Instruments\LabVIEW 2016\vi.lib\Platform\dde.llb
```

## 8.6.2　LabVIEW 中的常用 DDE 方法

DDE 库中包含了许多常用的 DDE 函数，主要分成客户端和服务器两部分，如图 8-39 所示。

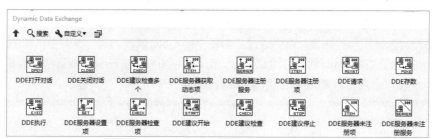

图 8-39　DDE 函数选板

进行 DDE 数据交换时，首先要启动服务器，否则客户端无法连接。下面介绍三种常用的 DDE 通信方式。

### 1. 简单的发送与接收

由 DDE 服务器定时发送信息，DDE 客户端定时接收数据，这是最简单的 DDE 通信方式。服务器的操作过程是：注册服务→注册 ITEM→设定 ITEM 值→取消 ITEM 注册→取消服务注册。简单的发送与接收程序框图如图 8-40 和图 8-41 所示。

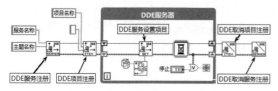

图 8-40　DDE 服务器定时发送数据

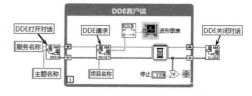

图 8-41　DDE 客户端定时接收数据

如图 8-40 和图 8-41 所示，服务器的数据每 200 ms 更新一次，客户端的数据也每 200 ms 更新一次，服务器和客户端基本保持同步，如果客户端速度高于服务器，将导致对服务器的同一数据读多次。同理，如果服务器运行速度快，客户端运行速度慢，将导致数据丢失。这正是没有事件响应的缺点，很难保证发送和接收的同步。因此上面的程序仅适用于对数据交换要求不高的场合，比如监控等。

DDE 是一个层次结构，它的数据结构为 Server→Topic→Item。一个服务器（Server）可以包括多个主题（Topic），每个主题又可以包括多个项目（Item）。我们可以通过循环注册多个主题和多个项目，实现批量数据交换。下面的例子展示了如何通过一个主题建立多个项目，然后通过多个项目交换多个数据，如图 8-42 和图 8-43 所示。

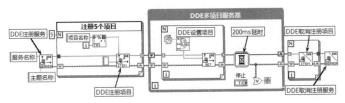

图 8-42　DDE 多项目服务器

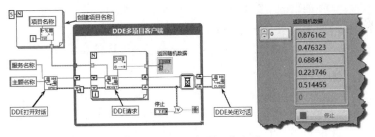

图 8-43　DDE 多项目客户端

### 2. Advise 方式

如果想要实现客户端与服务器同步，可以采用 Advise 方式。这时客户端类似于中断方式，服务器没有数据变化时，客户端处于等待状态。一旦服务器发生数据变化，客户端立即执行数据接收。

服务器依然采用图 8-41 所示的定时方式发送数据，客户端采用图 8-44 所示方式接收数据。未使用任何延时，一旦服务器有数据更新，客户端立即读取，否则一直等待。

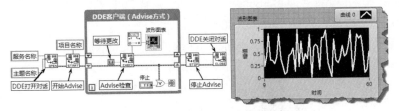

图 8-44　DDE 客户端同步接收数据

### 3. 客户端发送命令的请求方式

前面的例子都是服务器发送数据，客户端接收数据。实际上 DDE 可以实现双向数据通信，客户端也可以发送数据，服务器也可以接收数据。DDE 服务器接收数据和客户端发送数据的程序框图如图 8-45 和图 8-46 所示。

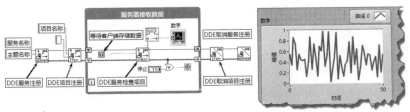

图 8-45　DDE 服务器接收数据

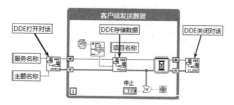

图 8-46　DDE 客户端发送数据

　　DDE 不仅能够实现本机进程间的通信，而且支持网络间不同进程之间的通信。进行网络通信时除了需要对服务器计算机进行简单配置，其他和本机 DDE 通信没有区别。

## 8.7　ActiveX 控件与 ActiveX 文档

　　ActiveX 是 Microsoft 提出的一组 COM（Component Object Model，部件对象模型），它与具体的编程语言无关。作为针对 Internet 应用开发的技术，ActiveX 被广泛应用于 Web 服务器以及客户端的各个方面。同时，ActiveX 技术也经常用于创建普通的桌面应用程序。

### 8.7.1　ActiveX 的基本概念

　　ActiveX 既包含服务器技术，也包含客户端技术。其主要由下列几部分构成。

◆ ActiveX 控件（ActiveX Control）：用于向 Web 页面、Microsoft Word 等支持 ActiveX 的容器（Container）中插入 COM 对象。

◆ ActiveX 文档（ActiveX Document）：用于在 Web 浏览器或者其他支持 ActiveX 的容器中浏览复合文档（非 HTML 文档），如 Microsoft Word 文档、Microsoft Excel 文档或者用户自定义的文档等。

◆ ActiveX 自动化：用于在不同的应用之间传递数据和命令。

◆ ActiveX 脚本描述（ActiveX Scripting）：用于从客户端或者服务器操纵 ActiveX 和 Java 程序以传递数据，并协调它们之间的操作。

　　ActiveX 是随着 Windows 操作系统不断的升级改进而逐步发展起来的，它的基础是 COM 对象技术和 OLE 技术。ActiveX 控件是一种可重入的对象，从最早 VB 支持的 VBX、OCX 改进而来。ActiveX 不依赖于任何语言平台，是独立的控件对象。它通过属性和方法来实现和应用程序的交互，使用 ActiveX 控件就是在一个应用中嵌入一个对象。

### 8.7.2　ActiveX 控件的调用过程

　　ActiveX 控件具有独立的外观显示，因此需要调用它的编程语言必须提供相应的容器，作为 ActiveX 的显示窗口。LabVIEW 中的 ActiveX 容器位于"容器"选板中，如图 8-47 所示。

　　Windows 操作系统本身就提供了大量的 ActiveX 控件，日历控件就是比较常用的一个。下面以日历控件为例，说明如何调用 ActiveX 控件。

**step 1** 在"容器"快捷菜单中，选择"插入 ActiveX 对象"项，在 VI 前面板放置一个 ActiveX 容器，如图 8-48 所示。

**step 2** 插入 ActiveX 控件后，ActiveX 容器会自动适应 ActiveX 控件的大小。通过 ActiveX 容器的快捷菜单中的"属性浏览器"项，或者 ActiveX 控件属性对话框，可以修改 ActiveX 控件的属性。

图 8-47 "容器"选板

图 8-48 选择 ActiveX 对象

**step 3** ActiveX 控件的属性可以通过对话框修改，也可以通过程序框图动态地修改或者读取。如图 8-49 所示，修改了日历控件标题栏的颜色。LabVIEW 中颜色的构成与 ActiveX 控件不同，这里进行了相应的转换。

图 8-49 动态读取或者修改日历控件的属性

操作系统和各类应用软件中提供了很多的 ActiveX 控件，LabVIEW 的三维绘图控件也是以 ActiveX 方式提供的。每个 ActiveX 控件都包含众多的属性、方法和事件，具体使用方法需要参考它们的帮助文档。

### 8.7.3 ActiveX 应用实例

下面通过一些具体示例来介绍如何调用 ActiveX 控件。

**1. 调用 Office 提供的条形码控件**

调用 Office 提供的条形码控件具体的程序框图和效果如图 8-50 所示。条形码控件的属性非常简单，这里使用了"格式"与"值"两个属性。

**2. 调用 Windows 系统对话框**

Windows 系统对话框包括文件对话框、字体对话框、颜色对话框和打印对话框等。使用 ActiveX 控件调用 Windows 的字体对话框和颜色对话框的前面板和程序框图如图 8-51 和图 8-52 所示。在该示例中，通过字体对话框返回的字体和颜色对话框返回的颜色，修改了图片控件的字体和颜色。

图 8-50 调用 Office 条形码控件

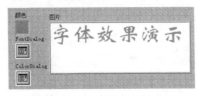

图 8-51 调用字体、颜色通用对话框（前面板图）

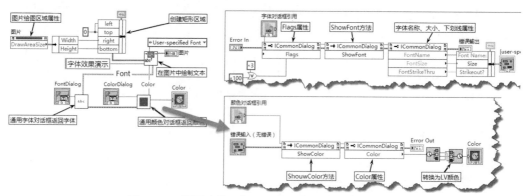

图 8-52　调用字体、颜色通用对话框（程序框图）

如图 8-52 所示，先在通用对话框中使用 ShowFont 方法和 ShowColor 方法，来分别显示字体对话框和颜色对话框。然后利用各自的属性节点取得相应的字体和字体颜色。由于 Windows 的 RGB 颜色和 LabVIEW 定义的不同，所以需要进行简单的转换。

### 3. ActiveX 注册回调函数

回调函数在事件编程中是极其常用的。当某个事件发生时，系统自动调用回调函数。例如，用户单击一个按钮，系统就会获得鼠标按下事件，并自动调用某个函数。早期的 LabVIEW 是不支持回调函数的。随着 LabVIEW 支持事件的能力不断提高，ActiveX、.NET 和 LabVIEW 本身的控件都可以使用回调函数。下面通过 Windows 的 SysInfo 控件来介绍如何通过 ActiveX 事件自动调用回调函数。

"事件回调注册"函数位于 ActiveX 函数选板中，如图 8-53 所示。

使用 ActiveX 事件首先要注册回调函数。回调函数是 LabVIEW 自动创建的，与用常规语言创建的回调函数类似，回调函数的输入参数由操作系统自动传入。例如，在鼠标按下事件中，一般系统会自动传入鼠标的 X 坐标和 Y 坐标。如果要在回调函数中处理用户数据，则需要传入用户数据的引用或者使用全局变量。这里对 SysInfo 控件的 TimeChanged 事件注册一个回调函数。这样一旦用户修改了系统时间，就自动调用回调函数。向回调函数的用户数据中，传入一个字符串引用，当 TimeChanged 事件发生后，显示字符串"系统时间日期被改变"，效果和程序框图如图 8-54 所示。

图 8-53　ActiveX 函数选板

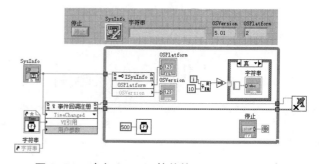

图 8-54　响应 SysInfo 控件的 TimeChanged 事件

"事件回调注册"函数连接 ActiveX 控件的引用后，会自动显示该控件可用的事件。通过下拉列表选择合适的事件，再连接需要的用户参数，然后通过 VI 引用的快捷菜单，选择"创建回调函数 VI"，就可以自动生成回调函数了。图 8-54 中的回调函数对应的程序框图如图 8-55 所示。

#### 4. 插入 ActiveX 文档

LabVIEW 程序经常需要在前面板上显示数学公式，比较常用的方法是将公式存储为图片，然后拖入 LabVIEW 前面板或程序框图中。更为灵活的方法是通过 Office 中的公式组件，使用 ActiveX 文档，直接在 ActiveX 容器中显示公式。

插入 ActiveX 控件，在下拉列表中选择"创建文档"➔"Microsoft 公式 3.0"项，然后在 ActiveX 容器的快捷菜单中，选择"编辑对象"项，就可以编辑公式了。使用 ActiveX 文档显示公式的效果如图 8-56 所示。

图 8–55  SysInfo 控件的回调函数

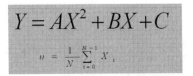

图 8–56  使用 ActiveX 文档显示公式

ActiveX 控件在 ActiveX 技术中是比较简单的，它类似于 LabVIEW 本身的控件，具有独立的显示界面，以及独立的属性、方法和事件。在系统中安装注册一个 ActiveX 控件后，系统中的所有应用程序都可以使用这个控件。

### 8.7.4  ActiveX 自动化服务器

通过 ActiveX 自动化服务器程序，能够对另一个应用程序中的对象进行操作。比如我们常用的 Excel 电子表格软件，本身是一种应用程序，但是它公开了大量可编程对象。这些可编程对象被称作自动化组件，应用程序本身称作自动化服务器。通过自动化服务器，用户程序可以操作提供服务的应用程序。

NI 公司的报表生成工具包和数据库工具包就是通过自动化服务器的方式实现的，通过研究它实现的方法，可以更好地领会在 LabVIEW 中是如何使用自动化服务器技术的。下面通过读写电子表格特定单元的例子，说明如何使用自动化服务器。

图 8–57  选择 Excel 类型库

**step 1**  首先打开自动化服务器，获取自动化服务器的引用句柄。在程序框图中放置"打开自动化"节点，创建自动化引用控件或者常量，并选择合适的类型库，如图 8-57 所示。

**step 2**  由应用程序引用获取工作簿集 Workbooks 的引用，通过 Workbooks 引用调用 Add 方法来新建一个工作簿。

**step 3**  使用 Add 方法返回新建工作簿的引用，通过新建工作簿的引用获取表单对象集的引用。

**step 4**  通过索引获取特定表单。通过表单和表单对象属性取得范围属性，并写入数据。

**step 5**  关闭所有引用。

该例子的程序框图如图 8-58 所示。写入 Excel 表单后的效果如图 8-59 所示。

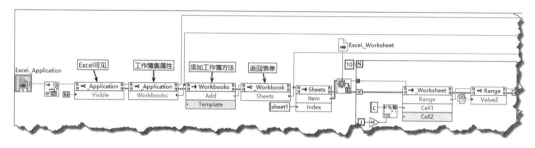

图 8-58　通过自动化服务器写入电子表格

| | A | B | C | D | E | F |
|---|---|---|---|---|---|---|
| 4 | | | 0.981979 | | | |
| 5 | | | 0.071239 | | | |
| 6 | | | 0.916639 | | | |
| 7 | | | 0.519632 | | | |
| 8 | | | 0.653703 | | | |
| 9 | | | 0.658653 | | | |

图 8-59　写入 Excel 表单中

一个应用程序自动化服务器包含大量的对象，对象之间具有明显的层次关系，这非常适合于面向对象编程。新版本的 NI Office 组件采用面向对象的方式重新改写了它的组织结构。

# 8.8　.NET 技术

在 8.2.1 节中谈到了 DLL 相对于静态链接库的优点。随着软件功能的不断增强，DLL 越来越多，也越来越庞大。在开发的时候，大量的链接库文件位于本机中。虽然执行文件本身并不是很大，但是在发布应用程序时，必须同时打包所用的 DLL，导致一个小的应用程序也需要很大的磁盘空间，同时也导致 DLL 文件版本和名称冲突的问题。.NET 技术的出现很好地解决了这个问题。它把应用程序需要的 DLL 函数变成了操作系统的一部分，也就是说应用程序所需的外部代码已经包含在操作系统中了。这样执行文件的体积变得很小，同时也有效地解决了版本冲突的问题。

.NET 架构最重要的组成部分是.NET 架构类库。类库中保存了大量的预先编写的代码，从简单的数据类型到文件操作，以及系统相关操作全部被封装成了类库。通过这些类库很容易实现跨平台、跨语言编程。

LabVIEW 作为成熟的编程语言，也提供了对.NET 技术的支持。与使用 ActiveX 控件和 ActiveX 自动化服务器类似，LabVIEW 既可以使用.NET 控件，也可以使用.NET 类服务。

## 8.8.1　.NET 控件

.NET 控件同 ActiveX 控件一样，也必须包含在一个容器中。下面简单介绍在 LabVIEW 中调用.NET 控件的步骤。

**step 1** 首先在前面板放置.NET 控件容器，然后通过快捷菜单插入所需的控件，本例中插入 MaskedTextBox 控件，用来输入 IP 地址，如图 8-60 所示。

**step 2** 不同于 ActiveX 控件，LabVIEW 没有提供.NET 控件的属性对话框，所有属性都必须通过属性节点设置。这使得.NET 控件的使用非常复杂。

图 8-60　插入.NET 控件

其他专业的.NET 编程工具都提供了对话框设置。如图 8-61 所示，我们通过属性节点修改 MaskedTextBox 的属性。

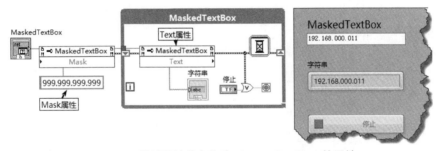

图 8-61　通过属性节点修改 MaskedTextBox 的属性

很多.NET 控件和 LabVIEW 中的控件是相似的。因此，除非在 LabVIEW 中很难实现某个操作，否则无须使用.NET 控件。毕竟.NET 控件属于 LabVIEW 的外部接口，远没有使用 LabVIEW 本身的控件高效和方便。

VB 中提供了链接标签控件，用户单击链接文本，就能自动打开网页。LabVIEW 没有提供类似的控件。下面的例子演示了如何调用.NET 控件中的图片控件和链接标签控件，如图 8-62 和图 8-63 所示。

图 8-62　.NET 图片控件和链接标签控件（效果图）

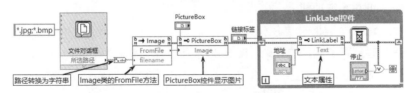

图 8-63　.NET 图片控件和链接标签控件（程序框图）

## 8.8.2　.NET 服务

.NET 通过类库封装了大部分的 API 函数，这极大地降低了调用 API 函数的复杂程度。使得一般的编程者不再需要深入研究 API 就可以直接使用 API 的功能。同时，类库提供了大量的常见数据结构，如链表、字典等。借助于这些.NET 工具，可以实现一些 LabVIEW 本身很难实现的功能。

### 1. 使用.NET 数据类型

.NET 具有许多的集合数据类，比如动态数组、哈希表、字典、堆栈、队列等。这些集合数据类有些是 LabVIEW 典型的数据结构，有些则在 LabVIEW 中不存在或者实现比较困难。在特殊情况下，我们可以采用.NET 集合数据类来定义特殊的数据结构。

动态数组是一种常见的数据结构。很多时候我们很难预先判断需要的数组的大小，只能动态增加或者缩短它的长度。LabVIEW 在数组长度发生变化时会调用内存管理器，连接字符串操作也是如此，这样极大地影响了程序的性能。因此，通常采用的方法是当需要增加数组长度时，一次性增加一定长度，然后采用替换元素的方法，更新数组中的数据。这种方法实际上就是使用了动态数组。

　　.NET 中的 ArrayList 类可以实现这样的功能。它以 16 的倍数增加数组长度。例如，我们需要存储 129 个元素，为动态数组分配的空间是 128*2=256 字节。使用动态数组减少了分配内存的次数，有利于提高程序的性能。

　　使用.NET 服务不同于使用.NET 控件。使用.NET 服务类似于面向对象编程，首先需要构造类。相关函数位于.NET 函数选板中，如图 8-64 所示。

图 8-64　.NET 函数选板

　　下面的例子演示了如何通过 ArrayList 类存储一系列的点，然后读取 ArrayList 类中的点，并在 XY 图上绘制出来。具体的程序框图如图 8-65 所示。

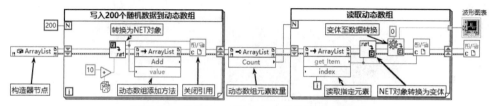

图 8-65　使用.NET 服务定义并使用动态数组

### 2. 使用.NET 调用系统功能

　　在 LabVIEW 中调用系统功能是比较困难的，但是在.NET 中往往比较容易实现。使用.NET 进行系统调用往往能起到事半功倍的效果。图 8-66 演示了如何获取系统活动进程。

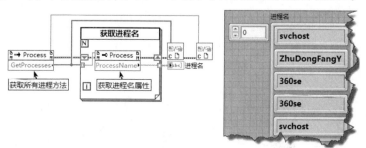

图 8-66　获取活动进程

### 3. 使用.NET 调用内置对话框

　　.NET 中内置的对话框与 Windows 操作系统中的对话框一样，符合用户的使用习惯。常用对话框包括：

◆ 打开文件、保存文件对话框。

◆ 文件夹浏览对话框。

◆ 字体对话框。

◆ 颜色对话框。

◆ 打印预览、页面设置和打印对话框。

图 8-67 演示了颜色对话框、字体对话框与文件对话框的使用方法。注意，在使用文件对话框时，必须将 VI 设置为用户界面执行系统。

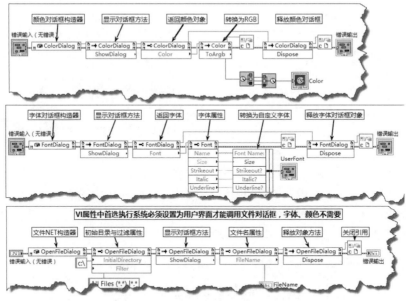

图 8-67　利用.NET 调用通用对话框

## 8.8.3　利用.NET 创建托盘程序

调用.NET 与调用 ActiveX 非常类似，都是通过属性、方法和事件实现的。LabVIEW 8.X 在事件驱动方面有了很大的改善。尤其是增加了回调函数之后，LabVIEW 可以调用外部控件的全部功能了。专业的应用程序都包括系统托盘操作。由于早期的 LabVIEW 不支持回调函数，所以很难实现系统托盘操作，通常是通过调用外部 ActiveX 控件实现。现在通过.NET 可以非常容易地在自己的应用程序中实现托盘操作了。下面详细介绍实现步骤，因为托盘例程比较复杂，所以需要创建项目，包括所有子 VI 及图标文件。

**step 1**　编写托盘程序的基本过程为：构造 NotifyIcon 对象→调用属性节点→释放 NotifyIcon 对象→关闭引用，如图 8-68 所示。

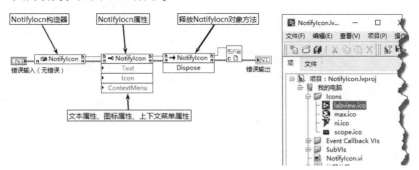

图 8-68　编写托盘程序的基本过程

**step 2**　需要设置以下几个基本属性。
- ◆　Text 属性：将鼠标移动到托盘时显示的提示工具条文本。
- ◆　Icon：托盘图标，显示在系统托盘区。
- ◆　ContextMenu：鼠标右键快捷菜单。

　　.NET 中的所有元素都是对象，因此需要构造 Icon 对象和 ContextMenu 对象。构造 Icon 对象需要从硬盘中读取图标文件，如图 8-69 所示。

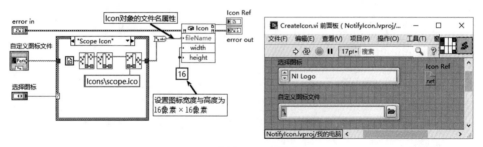

图 8-69　创建 Icon 对象子 VI

　　托盘中的图标必须是 16 像素×16 像素大小。如果需要提供不同的图标供用户使用，则应该建立一个专门的图标文件夹，选取不同的图标就是从文件夹中读取不同的图标文件。

　　右击托盘图标时，通常会显示快捷菜单，也即上下文菜单。上下文菜单也是一个对象，它是由不同的菜单项目对象构成的，如图 8-70 所示。

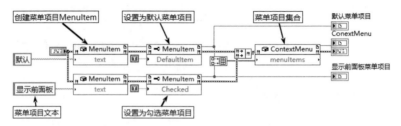

图 8-70　创建上下文菜单子 VI

　　目前的上下文菜单包括"默认"和"显示前面板"两个菜单项目，可将其扩充为包含任意数量项目的菜单。

**step 3** 当单击托盘图标和选择快捷菜单项目时，需要执行相应动作。这就需要为单击图标和快捷菜单项目事件注册回调函数。单击托盘图标和快捷菜单项目，会触发托盘图标单击事件和快捷菜单项目单击事件，如图 8-71 所示。

　　在图 8-71 中分别为托盘图标和快捷菜单项目单击事件注册了回调函数。托盘图标单击回调函数响应的是托盘图标单击事件（如图 8-72 所示），所以单击托盘图标时弹出对话框。

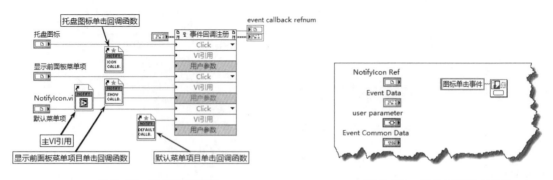

图 8-71　注册回调函数　　　　　　　　图 8-72　托盘图标单击事件

　　快捷菜单项目单击回调函数响应的是快捷菜单项目单击事件。本例中建立了"显示前面板"与"默认菜单"两个快捷菜单项目的单击回调函数，如图 8-73 和图 8-74 所示。

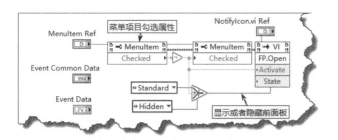

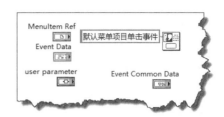

图 8-73　"显示前面板"菜单项目回调函数　　　　图 8-74　"默认菜单"菜单项目回调函数

**step 4**　将上述函数均封装成子 VI，供主 VI 调用。主 VI 为事件结构，在此可以更改图标，也可以更改托盘工具提示。图 8-75 和图 8-76 为托盘程序的主 VI 程序框图，分别响应"图标更新"值改变和"显示气泡"值改变两个事件，前面板如图 8-77 所示。

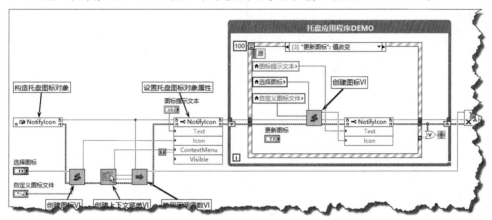

图 8-75　响应"图标更新"值改变事件

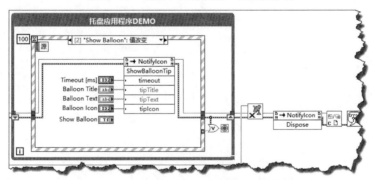

图 8-76　响应"显示气泡"值改变事件

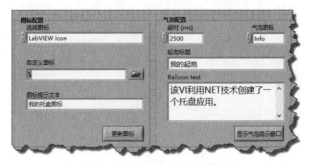

图 8-77　托盘应用程序前面板

.NET 是目前流行的编程工具，随着 LabVIEW 版本的不断更新，相信它将对.NET 提供进一步的支持。

## 8.9  小结

本章讨论了 LabVIEW 的外部程序接口，这是 LabVIEW 编程的难点，对编程人员要求非常高，但同时也是非常重要的一部分内容，具体包括 DLL 调用、C 语言接口编程及 ActiveX 技术运用等。本章的后半部分使用较大篇幅讨论了流行的.NET 技术。在特殊情况下，使用.NET 技术可以极大地简化编程。

LabVIEW 的外部程序接口，尤其是 CIN 非常重要。自己开发的简易数据采集板卡，通常需要利用 CIN 为其编写 LabVIEW 驱动程序。编写 LabVIEW 外部接口程序是 LabVIEW 编程人员必须具备的能力。

◆　　　　◆　　　　◆

# 第 9 章　MathScript

MATLAB 是适合多学科、多平台的强大编程语言，广泛应用于高等数学、数值分析、数字信号处理、自动化控制和其他工程应用中。与 LabVIEW 一样，MATLAB 也是使用 C 语言开发的，其与 LabVIEW 有很多的共同点。通过 ActiveX 自动化服务器，LabVIEW 与 MATLAB 之间可以实现数据交换。但这种数据交换存在诸多不便之处，比如计算机必须同时安装 LabVIEW 和 MATLAB。另外，由于不同应用程序之间的数据交换非常复杂，因此，这种数据交换也会带来一定的问题。

LabVIEW 8.X 引入了一种新的编程语言——MathScript。MathScript 具有和 MATLAB 相似的语法和函数，熟悉 MATLAB 编程的工程师可以毫不费力地进行 MathScript 编程。虽然 MathScript 与 MATLAB 非常类似，但实际上二者之间没有任何关系，它只是借用了 MATLAB 的语法。内置的 600 多个函数虽然函数名与 MATLAB 中的相同，但都是独立编写的。

MathScript 作为嵌入在 LabVIEW 中的文本式编程语言，具有极其强大的数据处理和图形显示能力。目前，MathScript 已经直接支持 NI 的实时系统，可以预见，随着 LabVIEW 版本的不断更新，MathScript 的功能会越来越强大。

## 9.1　如何使用 MathScript

在 LabVIEW 中可以通过两种接口使用 MathScript，分别是 MathScript 节点和 MathScript 交互式窗口。

### 9.1.1　使用 MathScript 节点

利用 MathScript 节点，可以在 VI 中嵌入 MathScript 脚本，该脚本类似于公式节点。首先创建一个 VI，然后在 VI 的程序框图中加入 MathScript 节点，如图 9-1 所示。

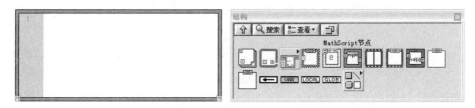

图 9-1　插入 MathScript 节点

MathScript 节点内部相当于一个文本编辑器。通过工具条中的文本操作按钮，可以直接在 MathScript 节点中输入程序代码，也可以从其他编辑器复制粘贴已经存在的代码。MathScript 节点具有错误检查功能，一旦输入的代码不符合 MathScript 节点的语法，就会出现错误提示。

MathScript 节点的使用十分简单，关键是要深入了解 MathScript 的语法、函数和程序结构。图 9-2 和图 9-3 所示的例子演示了如何输出一个正弦波形。

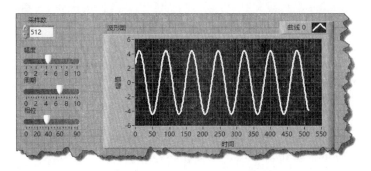

图 9-2　利用 MathScript 节点输出正弦波形（前面板）

图 9-3　利用 MathScript 节点输出正弦波形（程序框图）

## 9.1.2　使用 MathScript 交互窗口

MATLAB 又称为演算纸式编程语言。不同于其他编程语言，它的运算结果是立即输出的，每一步的运算结果都是根据前面的运算结果计算得来。MathScript 模仿了 MATLAB 的开发界面，提供了交互式窗口。

启动 LabVIEW 后，在主菜单中选择"MathScript 窗口"项，可打开 MathScript 交互窗口，如图 9-4 所示。

图 9-4　MathScript 交互窗口

MathScript 交互窗口由 4 部分构成。

◆ **输出窗口**：用于显示输入命令的运算结果和已输入的命令的运算结果。

◆ **命令窗口**：用于输入 MathScript 命令、函数，是 MathScript 的编程窗口。

◆ **变量、脚本、历史数据窗口**：用于显示已经定义的变量及变量值，切换到历史数据窗口可以显示过去输入的所有命令。

◆ **预览窗口**：用于显示选中的变量的值，可以选择图形显示或者数值显示。

通过命令窗口输入命令，如果命令语法正确，回车后会自动运行该命令。例如，输入图 9-5 左侧所示命令，会输出一个正弦波形，如图 9-5 的右图所示。

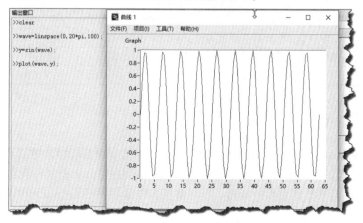

图 9-5　通过 MathScript 交互窗口输出正弦波形

## 9.2　MathScript 常用命令

MathScript 是文本式编程语言，用户每输入一个函数就会立即执行，这是一种基于命令的输入方式。其中一部分命令是系统命令，类似于 DOS 命令；还有一部分是控制 MathScript 交互窗口的命令。在学习 MathScript 编程之前，熟悉这些命令是非常重要的。下面详细介绍一下各种常用命令，如表 9-1 所示。

表 9-1　MathScript 中的常用命令

| 命　令 | 功　能 |
|---|---|
| Help | MathScript将众多函数分成了许多类。如果无法牢记所有函数的用法，使用help命令可以直接打开该函数或者分类的帮助文档。<br>例如，使用help advanced命令，将显示advanced分类函数帮助。使用help sin命令，将显示正弦函数的帮助 |
| cd和dir | 类似于DOS命令，cd命令显示或者改变文件夹，dir命令显示当前文件夹中的内容，可以使用通配符。<br>例如，使用cd命令会显示当前文件夹，使用cd '.. '命令会进入上一级文件夹，使用cd 'f:\abc'命令会改变文件夹到 "f:\abc"；使用dir命令会显示所有文件及文件夹，使用dir '*.vi'命令会显示所有vi类型的文件 |
| disp和display | 使用disp命令将显示变量的内容，不含名称。使用display命令会显示变量的内容和名称 |
| dos和system | 用于在当前文件夹中执行DOS或者Windows命令。<br>例如，使用[code, result] = dos('ipconfig', '-echo')命令，会运行ipcongfig.exe程序，并返回运行结果 |
| exit | 退出MathScript窗口或者停止MathScript节点的运行 |
| Labviewroot | 该命令返回LabVIEW安装目录，即LabVIEW.EXE文件所在目录 |
| Ver | 返回MathScript当前的版本号 |
| who和whos | 使用who命令会显示正在使用的变量名，使用whos命令会显示正在使用的变量名、大小和类型 |

续表

| 命　令 | 功　　能 |
|---|---|
| clc和home | 使用该命令会清除MathScript输出窗口的内容,然后光标会定位于输出窗口的左上角 |
| clear | 从MathScript窗口和MathScript节点,清除内存中的变量,释放内存 |
| keyboard | 等待键盘输入，按任意键后继续运行 |
| pause | 暂停运行程序。例如，使用pause(3)命令，将暂停执行程序3s。如果不指定参数，pause命令会等待键盘释放事件，然后才继续运行 |
| quit | 清除所有变量，然后停止运行程序，并关闭窗口 |
| waitforbuttonpress | 等待键盘释放事件或鼠标释放事件，然后继续运行 |

## 9.3　MathScript 基础知识

矩阵是 MathScript 的核心概念，MathScript 中的所有数据都是以矩阵方式存储的：标量是 1×1 矩阵；单行多列数据称作行向量；单列多行数据称作列向量。行向量和列向量是特殊形式的矩阵，在矩阵运算中具有非常重要的作用。行向量和列向量相当于 LabVIEW 中的一维数组。

### 9.3.1　创建向量和矩阵的基本方法

列向量可以通过转置行向量得到，因此我们重点讨论如何创建行向量。在 C 语言中，可以在声明数组的同时为其赋值，在 MathScript 中也是如此。最基本的定义向量的方法就是定义时赋值。

#### 1.　创建行向量

在一对中括号中，放入向量的各个元素并用逗号或者空格分隔，就可以创建一个行向量，示例代码如下所示：

```
>>x=[1,3,5,7,9]
x =
          1       3       5       7       9
```

#### 2.　创建列向量

如果用分号作为元素分隔符，那么创建的就是一个列向量，示例代码如下所示：

```
>>x1=[1;3;5;7;9]
```

**学习笔记**　逗号或者空格用于指定不同列的元素，分号则用于指定不同行的元素。

将一个行向量转置也可以得到一个列向量，示例代码如下所示：

```
>>x=[1 3 5 7 9]
>>y=x'
```

#### 3.　向量的索引

通过向量的下标或者索引，可以取得相应位置的元素，首个元素的下标为 1。取出向量中第 5 个元素，示例代码如下所示：

```
>>x=[1,2,3,4,5,6]
>>x5=x(5)
```

#### 4.　利用索引构建新的向量

使用冒号"："运算符可以获取一个区间的元素，形成一个新的向量。代码如下所示：

```
>>x=[1 2 3 4 5 6 7 8]
>>x(2:5)
>>x(4:end)
>>x(3:-1:1)
>>x([2,1,3,2,5,6])
   ans =
        2     1     3     2     5     6
```

ans 是 MathScript 内置的全局变量。在 MathScript 中，如果不指定运算的结果或者函数的返回值变量，则自动将结果或者返回值写入变量 ans 中；如果指定了变量，则写入该变量中。

x(2:5)表示从 2 开始，然后累计加 1 一直到 5，这实际上是形成一个新的向量[2 3 4 5]。关键字 end 表示最后一个元素。

x(3:-1:1)表示从 3 开始，向下减 1 计数，到 1 结束，这实际上是形成一个新的向量[3 2 1]。

**学习笔记** 通过向量下标，可以同时提取多个元素，形成新的向量。

上面的程序实际上提供了创建向量的新方法，那就是用冒号 ":" 创建向量。这里创建一个等间隔的行向量，代码如下所示：

```
>>x=3:8
>>y=3:2:9
>>z=3:-1:-3
```

":" 运算符是创建等间隔向量最常用的方法，该方法需要指定开始值、步长和结束值。与之类似的是 linspace 函数，它需要指定开始值、结束值和采样数。

#### 5. 利用 linspace 和 logspace 函数创建向量

linspace 函数自动按采样数计算间隔，而冒号 ":" 运算符则根据间隔自动计算采样数。linspace 函数和 ":" 运算符形成的是等间隔向量，logspace 函数形成的是等对数间隔的向量。利用 linspace 函数创建向量，代码如下所示：

```
>>x=(0:0.1:1)*pi
>>y=linspace(0,1,11)*pi
```

#### 6. 使用行列向量构成矩阵

使用多个行向量或者多个列向量就可以构成一个矩阵。矩阵和 LabVIEW 中的二维数组很类似，都是由行列构成。创建矩阵的最基本方法是定义赋值方法。列与列之间用空格或者逗号分隔，行与行之间用分号分隔。用行列向量构成矩阵，代码如下所示。

```
>>x=[1,2,3;4,5,6;7,8,9]
>>x=[1 2 3;4 5 6;7 8 9]
```

### 9.3.2　矩阵的基本运算

标量与矩阵之间的基本运算等价于标量与矩阵各个元素之间的运算。当两个矩阵具有相同维数和大小时，可以进行元素之间的基本运算。

#### 1. 标量与矩阵的运算

进行标量与矩阵之间的运算时，标量自动扩充为具有相同元素的矩阵，然后进行矩阵对应元素之间的基本运算。向量是特殊的矩阵，所以标量与向量之间的运算也是如此运算。下面的代码将矩阵 x 与标量 2 做乘法运算，然后将运算结果与标量 1 进行减法运算。

```
>>x=[1 2 3;4 5 6;7 8 9]
>>2*x-1
```

**学习笔记** 标量与矩阵之间的基本运算等价于标量与矩阵各个元素之间的基本运算。

### 2. 相同维数和大小的矩阵之间的基本运算

做相同大小和维数的矩阵之间的运算时，如果是加减运算，则直接使用加减运算符运算；如果是乘除运算，则必须使用 ".*" 和 "./" 运算符。乘除符号前面的点表示这是对应元素之间的运算。常用的乘除符号在矩阵运算中是有特定含义的，并非对应的运算。矩阵元素之间的除法运算示例代码如下：

```
>>x=[1 2 3;4 5 6;7 8 9]
>>z1=x./y
```

### 3. 指数运算

矩阵之间或者标量之间可以直接进行指数运算。标量与矩阵之间的指数运算，示例代码如下：

```
>>y=2.^x
>>z=x.^2
```

## 9.3.3 标准矩阵

作为 MathScript 的基本要素，MathScript 专门提供了一些创建标准矩阵的函数，如创建全 1 矩阵、全 0 矩阵、单位矩阵、对角矩阵、随机数矩阵等函数。

### 1. 创建全 1 矩阵和全 0 矩阵

ones 函数用来创建全 1 矩阵，zeros 函数用来创建全 0 矩阵，示例代码如下：

```
>>ones(3)
>>zeros(2,3)
```

ones 函数和 zeros 函数的使用方法类似。如果只输入一个参数 $N$，则创建 $N \times N$ 矩阵；如果输入两个参数 $M$ 和 $N$，则创建 $M \times N$ 矩阵。

### 2. 创建单位矩阵和随机数矩阵

单位矩阵主对角线上的元素全为 1，其他元素全为 0。eye 函数用来创建单位矩阵。rand 函数用来创建随机数矩阵，示例代码如下：

```
>>eye(3)
 ans =
      1      0      0
      0      1      0
      0      0      1
>>rand(size(ans))
```

## 9.3.4 矩阵元素的插入、替换、删除和提取

进行矩阵元素的插入、替换和删除操作前，首先需要了解元素的寻址方式。

### 1. 矩阵元素的寻址

矩阵元素的寻址有两种方式。

◆ 通过矩阵的索引或者下标定位要操作的元素，给定行列索引即可定位矩阵中的元素。

◆ 使用单个索引。矩阵在内存中是以列的方式存储的，因此，MathScript 还提供了另外一种定位元素的方法——使用单个索引。在某些情况下，这个方法的效率更高。

使用索引定位矩阵中的元素，示例代码如下：

```
A =
        1       2       3
        4       5       6
        7       8       9
>>A(2,2)
   ans =
        5
>>A(5)
   ans =
        5
```

在内存中，矩阵 A 中的元素是按照 1、4、7、2、5、8、3、6、9 的次序存放的，因此 A(2,2) 与 A(5)定位的是同一个元素。

### 2. 替换与插入操作

替换矩阵中的元素时，也需要先定位元素，然后再为矩阵中元素赋予新的值。如果指定的位置超出原矩阵，则原矩阵自动扩充，此时执行的实际是插入操作。替换与插入矩阵元素的示例代码如下：

```
>>A=[1 2 3;4 5 6;7 8 9]
>>A(2,2)=8
>>A(2,5)=10
```

MathScript 支持整行或者整列元素的插入或者替换操作，用 ":" 符号表示选择整行或者整列。整行和整列的插入与替换，示例代码如下：

```
>>A(:,2)=20
>>A(1,:)=10
```

上例中，A(:,2)=20 表示将第 2 列的所有元素替换为 20，A(1,:)=10 表示将第 1 行所有元素替换为 10。

### 3. 删除操作

通过索引提取部分元素并赋值给原来的矩阵，这样就达到了删除其他元素的目的。下面的例子要保留原矩阵第 2 行和第 3 行中的第 1 列和第 2 列的元素，然后形成一个新的矩阵，代码如下：

```
>>A=[1,2,3;4,5,6;7,8,9]
>>A=A([2 3],[1 2])
```

### 4. 提取部分矩阵

通过冒号运算符可以选择行或者列，形成新的矩阵。如果指定单行或者单列则获取的是行向量或者列向量；如果不指定行列，则获取一个向量，该向量包含矩阵中的所有元素。提取部分矩阵元素，示例代码如下：

```
>>A=[1,2,3;4,5,6;7,8,9]
>>B=A([1 2],:)
>>C=A(1,:)
>>D=A(:)
```

### 9.3.5　矩阵元素的排序和搜索特征值

在数据处理中经常遇到数组排序操作，但是 LabVIEW 仅提供了一维数组的排序方法，多维数组的排序需要通过循环来完成。MathScript 的矩阵排序功能非常强大，在 LabVIEW 中难以处理的情况，不妨试试 MathScript。

#### 1.　向量的排序

首先用 randperm 函数构造一个随机数向量，然后使用 sort 函数对其排序，并返回排序结果的索引，示例代码如下：

```
>>x=randperm(6)
>>[xs,idx]=sort(x)
```

使用 sort 函数对向量进行升序排序，如果需要对向量进行降序排序，则可以通过数组索引翻转向量。

#### 2.　矩阵的排序

sort 函数还可以对矩阵中的元素进行排序。这里用 sort 函数对矩阵中的各列元素进行升序排序，代码如下所示：

```
>>x=rand(3)
>>sort(x,2)
>>sort(x,1)
```

sort 函数可以对矩阵中的所有行、所有列排序。在实际应用中经常遇到以某一列为标准进行行排序的情况。这时可以使用 sortrows 函数。sortrows(x)表示以第 1 列为标准进行行排序，这等价于 sortrows（x,1）。sortrows（x,n）表示以第 n 列为标准，进行行排序。使用 sortrows 函数排序的示例代码如下：

```
>>x=rand(3,4)
>>sortrows(x)
>>sortrows(x,1)
>>sortrows(x,3)
```

#### 3.　查找特征值及其索引

查找矩阵中满足条件的元素也是经常会遇到的操作，MathScript 中的 find 函数可以满足这个要求。find 函数的作用是查找矩阵中满足条件的元素的索引，进而取得满足特定条件的元素。

find 函数的返回值为由返回的行列索引构成的行列向量或者单一的索引值，还可以返回由非 0 元素组成的向量。下面的示例返回随机矩阵中大于 0.5 的所有元素：

```
>>x=rand(3,4)
>>k=find(x>0.5)
>>x(k)
```

除了查找满足条件的元素，还可以获取矩阵中元素的最大值、最小值、平均值等。MathScript 中的最大值和最小值函数都是获取每一列的最大值和最小值。如果需要获取每一行的最大值或最小值，可以先对矩阵进行转置操作，再调用最大、最小值函数，示例代码如下：

```
>>x=rand(3,4)
>>max(x)
>>min(x)
>>max(x(:))
>>min(x(:))
>>mean(x)
```

### 9.3.6 常用的矩阵变换函数

MathScript 的特色就是把所有的数据都作为矩阵处理，标量和向量都被看作特殊的矩阵。MathScript 中矩阵变换函数非常多，熟练使用矩阵变换函数是掌握 MathScript 的基础。MathScript 节点极大地增强了 LabVIEW 处理数组的能力，简化了编程。下面讨论常用的矩阵变换函数的用法。

#### 1. 上下翻转变换和左右翻转变换

flipud 函数用于上下整体翻转矩阵，fliplr 函数用于左右整体翻转矩阵。对矩阵进行上下翻转变换和左右翻转变换的示例代码如下：

```
>>x=[1 2 3;4 5 6;7 8 9;10 11 12]
>>flipud(x)
>>fliplr(x)
```

#### 2. 旋转变换和循环平移变换

rot90 函数用于旋转变换矩阵，它将矩阵旋转 90º 的整数倍，如 180º、270º 等。cirshift 函数用于循环平移行或者循环平移列，通过设置不同的参数，可以实现平移行、平移列或同时平移行列等操作。参数可以为正数或者负数，用于表示不同的平移方式。使用这两个函数进行矩阵旋转变换和循环平移变换的代码如下所示：

```
>>rot90(x,2)
>>circshift(x,[1,1])
```

在上面的代码中，rot90(x,2)将矩阵 x 旋转 180º，circshift(x,[1,1])将矩阵向下滚动一行，向右滚动一列。如果参数为负值，则分别向上和向左滚动；如果行参数或者列参数为 0，则仅平移列或行。

#### 3. 重构矩阵

reshape 函数可以把一个矩阵转换成元素数量相同的另一个矩阵，还能把矩阵转换成向量或者把向量转换成矩阵。

在使用 reshape 函数时，需要指定转换后矩阵的行数和列数，而且必须保证元素的个数是相同的，否则会出错。

#### 4. 求矩阵大小

size 函数用于获取矩阵的维数，即矩阵包含的行数和列数。length 函数用来获取矩阵的行数或者列数中较大的那一个。numel 函数用来获取矩阵中包含的元素数。

MathScript 中的矩阵变换函数很多，无法一一介绍。可以通过 MathScript 交互窗口实践各个函数的用法。勤加练习，就可以迅速掌握它们的用法。

### 9.3.7 矩阵中元素的数据类型及转换

MathScript 创建的矩阵，元素的默认数据类型是双精度型。MathScript 还支持其他几种数据类型，包括 int8、int16、int32、int64、uint8、uint16、uint32、uint64、single、double 和字符串等。由于创建矩阵的函数返回的都是双精度型，所以需要强制将它们转换成其他数据类型。

#### 1. 数值数据类型的强制转换

矩阵元素的默认数据类型是双精度型，通过 int8 强制类型转换函数，可以把双精度型转换成 int8 类型。在下面的例子中，class 函数返回矩阵中元素的类型，然后使用 int8 函数进行强制类型转换：

```
>>x=[1 2 3;4 5 6]
>>class(x)
ans =
     double
>>x=int8(x)
>>class(x)
ans =
     int8
```

#### 2. 字符串数据类型

在任何编程语言中，字符串处理都是非常重要的，在 MathScript 中也不例外。MathScript 提供了大量的字符串处理函数。在 MathScript 中定义字符串的代码如下所示（注意，定义字符串时，字符串两端需要使用单引号）：

```
>>str='this is demo'
>>class(str)
  ans =
        char
>>size(str)
  ans =
           1        12
>>length(str)
  ans =
          12
>>whos str
  Variable  Dimension  Type           Bytes
  str       1x12       char array        12
```

#### 3. 字符串与 ASCII 码的相互转换

在 MathScript 中，字符串两端需要使用单引号，每个字符占 1 字节，每个中文字符占 2 字节。在内存中存储的是字符串各个字符的 ASCII 码，并构成向量。如果要取得代表字符串的 ASCII 码，则可以将字符串强制转换为数值类型。通过 char 函数可以把 ASCII 向量转换成字符串，代码如下所示：

```
>>str='abc1234'
>>Asc=uint8(str)
Asc =
        97      98      99      49      50      51      52
>>char(Asc)
```

#### 4. 使用矩阵运算完成字符串操作

字符串从本质上来说是用字符的 ASCII 值构成的数值向量，因此所有的矩阵处理函数对字符串都是适用的。常见的获取子字符串、连接字符串等操作实际上可以用矩阵基本运算来完成。

使用矩阵基本运算获取子字符串的代码如下所示：

```
str =
     abc1234
>>substr=str(2:4)
```

使用矩阵基本运算连接字符串的代码如下所示：

```
>>str1='First '
>>str2='Second'
>>str1=[str1 str2]
```

一个字符串是被作为行向量来处理的，而字符串数组则需要用矩阵来表示，要求各个字符串的长度必须相同，否则无法构成矩阵。因此，较短的字符串需要使用空格填充，从而使所有的字符串长度相同。手动输入的方式很难保证字符串的长度相同，而 MathScript 提供了两个函数：char 和 strvcat，使用这两个函数可以自动填充空格，示例代码如下：

```
>>str=char('first','second','third','fouth')
>>str1=strvcat('first','second')
```

#### 5. 常用字符串与数值的转换函数

数值和字符串的转换是常见的操作。LabVIEW 提供了大量的数值和字符串转换函数，在 MathScript 中也有类似的函数，它们位于 string 类别中。表 9-2 说明了这些数值与字符串转换函数的功能和用法。

表 9-2　MathScript 中常用的字符串与数值转换函数的功能和用法

| 函数名称 | 函数功能 | 应用举例 |
| --- | --- | --- |
| blanks | 用于创建指定长度的由空格构成的字符串 | C=blanks(4) |
| deblank | 用于去掉字符串末尾空格，返回去除空格后的字符串 | C=deblank(str) |
| strtrim | 用于删除字符串两端空白字符，包括空格、Tab、回车换行符等 | C=strtrim(str) |
| base2dec | 按照指定的基数将字符串转换为十进制数。基数最大为36 | dec=base2dec('111',2) |
| bin2dec | 用于将二进制字符串转换成十进制数，与base2dec取基数为2时相同 | dec=bin2dec('111') |
| hex2dec | 用于将十六进制字符串转换成十进制数 | dec=hex2dec('1AB') |
| hex2num | 用于将十六进制字符串转换成浮点数。字符串为16个字符，不足16个则末尾补0 | dbl=hex2num('1AB') |
| dec2base | 用于按照指定的基数把十进制数转换成字符串 | c=dec2base(123,16) |
| dec2bin | 用于把十进制数转换成二进制字符串 | bin=dec2bin(10) |
| dec2hex | 用于把十进制数转换成十六进制字符串 | hex=dec2hex(100) |
| lower、upper | lower函数用于把字符串转换成小写字符串，upper函数用于将字符串转换成大写字符串 | lower(str) |

有关字符串的函数非常多，无法一一介绍，表 9-2 只是列举了其中的一小部分，其他函数的用法请参照 LabVIEW 帮助文件。

### 9.3.8 关系运算、逻辑运算和位操作

关系运算和逻辑运算是各类编程语言中常见的运算，C语言和LabVIEW提供了位操作函数，MathScript也不例外。它采用的逻辑是非0为TRUE，0为FALSE。

MathScript的关系运算符同C语言的关系运算符类似，除了不等关系的表示方法不同，其他完全相同。关系运算符包括小于（<）、小于或等于（<=）、大于（>）、大于或等于（>=）、等于（= =）、不等于（~=）。

MathScript中的比较关系运算，只能对相同维数、相同大小的矩阵逐元素比较，或者对标量和矩阵中的元素进行比较。结果是相同大小的矩阵，但是只包括0和1两种元素。这里的0和1并非双精度数的0、1，它只占一个字节，类似于LabVIEW中的布尔型数据。比较运算的示例代码如下：

```
>>x=1:5
>>y=x>3
```

关系运算返回的数据类型是logical，即逻辑数据类型，占一个字节。

MathScript中的逻辑运算包括与（&）、或（|）、非（~）三种。这与C语言的逻辑运算表达方式是不同的。在C语言中，这些运算符是位操作符。除了基本的逻辑运算符，MathScript还提供了常用的逻辑运算函数，如表9-3所示。

表9-3 常用的逻辑运算函数

| 函数名称 | 函数功能 | 应用举例 |
|---|---|---|
| all | 如果矩阵中不包括0元素，则返回1，否则返回0 | status=all(a) |
| any | 如果矩阵中包括0元素，则返回1，否则返回0 | status=any(a) |
| and | 和与操作符(&)相同，用于对元素逐个进行与操作 | c=and(a,b) |
| or | 和或操作符(|)相同，用于对元素逐个进行或操作 | c=or(a,b) |
| not | 与非操作符(~)相同，用于对元素逐个进行非操作 | c=not(a) |
| xor | 用于对大小相同的矩阵的对应元素进行异或操作 | xor(a,b) |
| logical | 用于把数值转换成布尔值 | logical(a) |

MathScript中的位操作函数也非常丰富，如表9-4所示。

表9-4 MathScript中的位操作函数

| 函数名称 | 函数功能 | 应用举例 |
|---|---|---|
| bitand、bitor、bitxor | 用于将矩阵中对应元素按位与、按位或和按位异或 | c=bitand(a,b) |
| bitget、bitset | 用于获取或者设置矩阵中元素某位的值 | bitget(a,4) |
| Bitcmp | 用于对矩阵中的元素按位求补，第2个参数指定总的位数 | bitcmp(9,8) |
| Bitshift | 用于对矩阵中的元素进行移位操作，第2个参数指定移位的次数，第3个参数指定总的位数 | bitshift(a,b,c) |

### 9.3.9 集合函数

MathScript中有几个集合函数非常实用。在LabVIEW中处理类似的问题比较困难，而通过MathScript节点这些问题可以轻松解决。下面举例说明这几个函数的具体用法和用途。

◆ intersect函数：用于求两个集合的交集。下面的程序找出两个向量中共有元素，然后组成新的向量，并返回相同元素在两个向量中的索引。如果两个矩阵具有相同的列数，则intersect函数还可以返回它们之间共有的行。

在下面的代码中，c 是共有元素形成的向量，d 是 x 向量中共有元素的索引，e 是 y 向量中共有元素的索引。

```
>>x=3:6
>>y=1:4
>>[c d e]=intersect(x,y)
```

◆ setdiff 函数：用于返回属于第一个集合而不属于另一个集合的元素，用法类似于 setintersect 函数。
◆ setxor 函数：用于返回两个集合中不相同的元素，即两个集合交集的补集。
◆ union 函数：用于返回两个集合的并集，并保证每个元素只出现一次。
◆ unique 函数：用于返回升序排列的向量或者矩阵，重复元素仅保留最后一个，并返回最后元素的索引。

## 9.3.10　时间、日期和计时函数

MathScript 中的日期时间函数比较简单，不如 LabVIEW 中的日期时间函数灵活多变，但是它们具有自己的特色。在表 9-5 中介绍了几个 MathScript 中常用的日期时间函数。

表 9-5　MathScript 中常用的日期时间函数

| 函数名称 | 函数功能 | 应用举例 |
| --- | --- | --- |
| now | 返回一个双精度数，显示当前的时间和日期，不需要任何参数 | dbl=now |
| date | 以 "dd-mm-yyyy" 格式返回日期字符串，不需要任何参数 | c=date |
| datestr | 用于把双精度数、向量或者日期时间字符串按照规定格式转换为字符串 | datestr(now) |
| datevec | 用于把双精度数或者日期时间字符串转换成表示日期时间的向量 | datevec(now) |
| eomday | 用于返回某年某月的天数 | eomday(2009,1) |
| weekday | 用于返回指定日期的星期，其中1表示星期一，依次类推 | weekday(now) |
| datenum | 用于把字符串类型的日期时间或者向量类型的日期时间转换为双精度数 | datenum(datestr(now)) |
| clock | 类似于now函数，以向量的形式返回当前日期时间，不需要参数 | clock |
| calendar | 用于返回指定年、月的日历 | calendar(2006, 6) |

MathScript 内部以双精度数记录系统时间。now 函数返回当前时间，以双精度数表示。date 函数返回当前日期，以字符串形式表示。now 函数和 date 函数的示例代码如下：

```
>>now
ans =
        7.3378e+005
>>date
ans =
    02-Jan-2009
>>datestr(now)
ans =
    02-Jan-2009 21:16:54
```

上例中，datestr 函数用来把时间数值转换为日期时间字符串。该函数还可以把日期时间字符串按照规定的格式转换为其他形式的字符串。datestr 函数的示例代码如下：

```
% S = datestr(s1, dateform, pivotyear)
```

```
S = datestr('18-Oct-04', 'yyyy/mm/dd', 1900)
% S = datestr(s1, dateform)
S = datestr('18-Oct-04', 'yyyy/mm/dd')
% S = datestr(v, dateform)
S = datestr([2004, 10, 18, 0, 0, 0] , 'yyyy/mm/dd')
% S = datestr(n, dateform)
S = datestr(2, 'yyyy/mm/dd')
```

MathScript 提供了几个简单实用的计时函数，这些函数的功能和用法如表 9-6 所示。

表 9-6　MathScript 中的计时函数

| 函数名称 | 函数功能 | 应用举例 |
|---|---|---|
| cputime | 用于返回计算机启动以来经过的秒数，取两次调用的差值计算经过的时间 | dbl=cputime |
| etime | 用于计算两个时间点之间消逝的秒数，时间参数必须是向量形式 | etime(t0,t1) |
| tic、toc | 它们一般配合使用。tic函数用于启动秒表，toc函数用于停止秒表，并返回秒表的值 | toc |

计时函数示例代码如下：

```
>>cputime
ans =
        7597.7
>>now
ans =
        7.3378e+005
>>etime(datevec(now),datevec(ans))
>>tic
>>toc
   elapsed time: 3.144s
```

## 9.4　程序控制结构与函数

MATLAB 作为成熟的编程语言，具有所有编程语言的常用程序控制结构，比如顺序结构、条件选择结构和循环结构，等等。MathScript 使用了 MATLAB 的语法，因此它的程序控制结构与 MATLAB 是完全相同的。

### 9.4.1　For 循环和 While 循环

For 循环是所有编程语言都有的循环结构，它最大的特点是在循环开始之前就已经确定好了循环运行的次数了。MathScript 的 For 循环是比较特殊的，下面先看一下它的语法：

```
for variable = expression
    statement1,
    ...
    statementn,
end
```

For 循环的循环次数是由表达式决定的。表达式可以是标量、向量或者矩阵。如果是标量，则相当于只包含一个元素的向量，循环只执行一次；如果是向量，则循环执行的次数等于向量中包含元素的数量，即向量的大小；如果是矩阵，则循环执行的次数等于矩阵的列数。标量和向量都是特殊的矩阵。总体来说，循环执行的次数等于表达式的列数，每次取出表达式的一列。

**学习笔记** MathScript 中的 For 循环的循环执行次数等于表达式的列数。

由于 MathScript 是基于命令方式的，因此在命令窗口输入程序结构时，不能直接使用回车键换行，否则会立即执行程序。使用 Shift＋Enter 组合键可以进行多行输入，最后按回车键会立即执行。For 循环示例代码如下：

```
>>for n=[1 3 7;2 5 8]
j=n
end
```

在这个例子中，由于矩阵包含 3 列元素，所以循环一共运行了 3 次，每次从变量 n 取出一列数据。

矩阵运算类似于 LabVIEW 中数组的多态运算，直接使用运算符的效率比使用 For 循环高得多。一般情况下，能直接通过矩阵运算实现的计算都不宜使用循环。下面的例子说明了使用运算符和使用 For 循环的区别：

```
>>x=3:7
>>y=x.^2
y =
         9        16        25        36        49
>>for n=x
y=n*n
end
y =
         9
…
        49
```

While 循环用于循环次数无法确定的场合，它的语法比较简单，示例代码如下：

```
while expression
    statement1
    ...
    statementn
end
```

条件表达式（expression）一般是标量，当条件表达式为真时循环一直运行，为假则退出循环。While 循环的示例代码如下：

```
>>m=1;sum=1;
>>while(m<100)
m=m+1;sum=sum+m;
end
>>sum
sum =
      5050
```

**注意** 语句后加分号"；"则不在输出窗口显示运行结果。

### 9.4.2 If 条件结构和 Switch 分支条件结构

条件结构和分支条件结构是各类编程语言都有的程序结构。MathScript 中的条件结构的语法比较简单，与 C 语言类似。条件结构的基本语法如下所示：

```
if expression
    statement, ... , statement
elseif expression
    statement, ... , statement
else
    statement, ... , statement
end
```

If 结构中的表达式是逻辑类型，当表达式为真时，执行 if 条件中的语句；为假时，执行 else 条件中的语句。当某一个条件为真时，执行相应语句后会立即退出其他条件检测。

If 结构经常和 For 循环配套使用。下面的例子展示了如何找出向量中所有大于 5 的元素并返回其索引，功能类似于 find 函数，示例代码如下：

```
>>x=rand(1,10)
idx=0;counter=1;
for n=1:10
  if x(n)>0.5
  idx(counter)=n;
  counter=counter+1;
  end
end
```

Switch 多分支条件结构是另一种常见的条件结构。Switch 语句后的表达式的数据类型可以是标量或者字符串。当表达式等于 case 后的表达式时，执行这个条件后的相应语句。示例代码如下：

```
switch expression
case expression
statement, ... , statement
...
otherwise
statement, ... , statement
end
```

下面的例子来源于帮助文件，其功能是利用条件分支，选择不同的颜色，示例代码如下：

```
color = 'green';
switch color
case 'green'
   disp('color is green');
case 'red'
   disp('color is red');
otherwise
   disp('color is neither green nor red')
end
```

MathScript 中的程序控制结构比较少，这也从另外一个侧面说明了 MathScript 的主要用途并非过程控制，而在于数据处理。

## 9.4.3 函数和脚本文件

MathScript 提供了 600 多个内置函数。作为一门编程语言，它自然也支持自定义函数。

MathScript 中的自定义函数存储在后缀名为 m 的文件中，通常称作 M 函数文件。在 MathScript 中，使用脚本窗口来编辑函数和脚本。

### 1. MathScript 自定义函数

在 MathScript 中，M 函数和 M 脚本都是以 M 文件形式表示的，但是性质不同。在 C 语言中，在函数内部可以定义局部变量，在函数结束后自动释放该变量的空间。也就是说，它的作用域是在函数内部。MathScript 的函数与 C 函数有些类似，我们也可以在函数内定义变量，不过这个变量在函数结束后就不存在了，在函数外部是无法调用函数内部的变量的。M 脚本文件则不同，它实际上是一系列 MathScript 命令和函数的集合，在它内部定义的变量并非像函数一样定义在函数内部，而是定义在 MathScript 的工作区中。

下面演示如何定义 M 函数，以及如何判断输入参数、输出参数的数量，示例代码如下：

```
function [quotient, remainder] = integerdivision(dividend, divisor)
%该例程演示如何定义 M 函数，以及如何判断输入参数、输出参数的数量
    if nargin<2
        divisor = 1;
    end
quotient = floor(dividend / divisor);
    if nargout>1
        remainder = rem(dividend, divisor);
    end
```

如上所示，在 M 函数中，第一行是函数定义。首先用关键字 function 表明这是个 M 函数，方括号内为函数的返回值，等号后是函数名，圆括号内部是形参。MathScript 规定函数名和存储的 M 文件名必须相同，调用函数时是通过查找相同名称的 M 文件实现的。

nargin 和 nargout 是两个 MathScript 的内部函数，分别用来获取输入参数的数量和输出参数的数量。由于很多 MathScript 函数都允许不定数量的输入和不定数量的输出，因此很多情况下都必须判定输入和输出参数的数量。上面的函数用来计算两个数的商和余数，所以必须输入被除数和除数。如果只输入一个参数，则认为除数为 1；如果输出参数只有一个，则返回商，否则返回商和余数。

### 2. 函数的注释及加载路径

通过 help 命令，可以将函数定义和语句的注释显示在输出窗口。M 文件的存储位置是非常重要的。我们在 MathScript 节点或者命令交互窗口输入一个函数名称，MathScript 会自动在默认设置的路径中查找同名 M 文件。如果存在，则自动加载；如果不存在，则提示错误。MathScript 默认的路径就是 LabVIEW 的数据路径，也就是如下路径：

C:\Documents and Settings\Administrator\My Documents\LabVIEW Data

在 LabVIEW 工具菜单中选择"选项"，在打开的对话框中，可以设置多个搜索路径，如图 9-6 所示。

### 3. 自定义函数的调用

建立 M 函数并存储后，就可以在 MathScript 节点或者 MathScript 命令交互窗口直接使用此 M 函数了。需要注意的是，调用它的方法和调用内置的函数一样，不需要输入文件名，只需要输入函数名就可以了。例如，调用上面定义的求商和余数函数，示例代码如下（使用 MathScript 节点调用此函数的程序框图如图 9-7 所示）：

```
>>[q,r]=integerdivision(10,3)
```

```
q =
        3
r =
        1
```

图 9-6　设置 MathScript 搜索路径

图 9-7　在 MathScript 中调用自定义函数

#### 4. M 脚本文件

M 脚本文件比函数要简单，它不过是罗列了一些 MathScript 的命令和函数来完成特定的功能，其调用方式和 M 函数类似。由于不存在输入、输出参数的问题，因而调用时只需要指定文件名即可。下面的例子生成一个正弦波形：

```
x=linspace(0,2*pi,100);
y=sin(x);
plot(x,y);
clear x;
clear y;
```

将生成的正弦波形存储为 sinwave.m 文件后，用命令行调用它就非常简单了，如图 9-8 所示。

以上介绍的都是 MathScript 非常基础的内容。引进 MathScript，目的是要利用它强大的数据处理能力。后面还将陆续介绍 MathScript 强大的数据处理和显示能力。

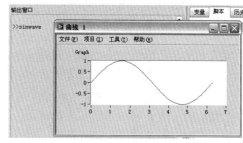

图 9-8　调用 M 脚本文件

## 9.5　数据统计和数据插值拟合

MATLAB 最为擅长和备受推崇的就是它强大的数据处理能力，原因在于它的基本数据结构是矩阵，而矩阵是最为常见的数据表示方式。LabVIEW 本身具有强大的数据分析和处理能力，其中的 VI 本身都是精心设计的 C 语言模块。借助于 MathScript，LabVIEW 处理和分析数据的能力得到进一步提高。很多在 LabVIEW 中不易分析的数据，在 MathScript 中可以搞定。我们学习使用 MathScript 的重要目的就是分析和处理数据。

### 9.5.1　常用数据统计函数

LabVIEW 提供了一系列的数据统计函数，MathScript 也提供了类似的函数。由于 MathScript 采用文本方式编程，因此它的程序代码显得更为简洁。

#### 1. 利用脚本文件存储数据

通常以表格方式存储数据采集卡采集的数据，每列代表一个通道，每行代表某次采集的各通道值。下面的例子生成 4×30 随机数矩阵，代表 4 个通道和 30 次采集结果，示例代码如下：

```
Data=[ 0.80708      0.28597      0.86297      0.54432;
       0.6114       0.12997      0.024445     0.61139;
       …
```

```
           0.44786          0.08477          0.63748          0.15612;
           0.25372          0.39714          0.5067           0.72956;
           0.73856          0.21347          0.85222          0.15819];
```

为了便于使用，可以将上面的数据存入 M 脚本文件中，然后通过 M 脚本文件重复使用这组数据。因为 M 脚本文件的变量位于 MathScript 工作区中，所以加载 M 脚本后就可以直接使用它了。调用 M 脚本文件中存储的数据，示例代码如下：

```
>>clear all
>>MyData
>>Data
Data =
           0.80708          0.28597          0.86297          0.54432
           0.6114           0.12997          0.024445         0.61139
           0.46601          0.16966          0.66489 …
```

### 2. 求矩阵中元素的平均值、最大值和最小值

MathScript 中的函数在默认情况下按列的方式进行计算，比如常用的 max、min、sort、mean、median 等函数均如此。求矩阵中元素的平均值和最大值的示例代码如下：

```
>>mean(Data)
>>max(Data)
```

很多函数允许输入第 2 个参数，当该参数值为 1 时，按列计算；值为 2 时按行计算；当不指定第二个参数时，默认按列计算，这时相当于该参数值为 1。以列的方式求平均值，示例代码如下：

```
>>mean(Data,1)
ans =
           0.52497          0.51351          0.48953          0.48865
>>mean(Data,2)
```

mean(Data)和 mean(Data,1)的结果是完全相同的，而 mean(Data,2)则返回每行的平均值。

max(Data)获取的是每列的最大值，返回一个向量，而 max(max(Data))则返回矩阵中所有元素的最大值。

```
>>max(max(Data))
ans =
           0.99941
```

如果需要求每行的最大值，而由于默认是以列的方式处理，因此，可以通过转置矩阵来计算。

median 函数获取每列自动排序后的中值。取中值函数是数据处理中非常常用的函数。它首先对数组排序，如果元素个数是奇数，则取排序后中间的一个元素；如果元素个数是偶数，则取中间两个元素，求和后除以 2，所得平均值即中值。

```
>>median(Data)
ans =
           0.52351          0.50526          0.60675          0.55111
```

### 3. 差分函数

差分函数 diff 在数据统计中使用很普遍，可以用它来求相邻元素的差值，第 2 个参数用于选

择阶数。diff 函数示例代码如下：

```
>>x=[1 5 2 3 4 6]
>>diff(x)
>>diff(diff(x))
ans =
        -7      4      0      1
>>diff(x,2)
ans =
        -7      4      0      1
```

> 每次使用 diff 函数后，返回的向量元素都减少一个，n 阶则减少 n 个元素。该函数同样适用于矩阵。

#### 4. 标准方差函数

std 函数用于返回向量或者矩阵的标准方差，而且对于矩阵是以列为单位进行运算的。std 函数示例代码如下：

```
>>x=1:20;
>>std(x)
```

#### 5. 相关函数

相关函数 corrcoef 用来判断两组数据是否有内在的关系。返回的值越接近 1，表示两组数据存在的关系越密切，返回值越小则关系越不密切。corrcoef 函数示例代码如下：

```
>>x=1:5;
>>y=x.^4;
>>corrcoef(x,y)
ans =
        1              0.90341
        0.90341        1
```

在上例结果矩阵中，对角线中的 1 表示 x 和 x 之间的相关系数、y 和 y 之间的相关系数。另外两个数表示 x 和 y、y 和 x 之间的相关系数。由于 y 中的元素是 x 中的对应元素的四次方，所以二者之间是有密切关系的。从运行结果上看，x、y 之间的相关系数为 0.90341，接近于 1，说明它们之间具有明显的相关关系。

下面的例子使用随机数矩阵，看看相关函数的运行结果：

```
>>x=[1 8 30 190 3600];
>>y=rand(1,5);
>>corrcoef(x,y)
ans =
        1              -0.094722
        -0.094722      1
```

x 和 y 之间的相关系数为负值，表明两组数据之间没有直接关系。

#### 6. 去除趋势函数

去除趋势函数 detrend 用来去掉数据中包含的上升或者下降的趋势数据，经常用于振动处理中。比如将一个水平偏移量积分后会形成直线，这明显体现向上的趋势。detrend 函数的示例代码如下：

```
>>x=1:5;
>>y=rand(1,5);
>>z=x+y;
>>detrend(z)
ans =
        0.09273    -0.28715     0.35145    -0.21239     0.05535
>>z
z =
        1.805       2.3538      3.9211      4.286       5.4824
```

使用去除趋势函数后，去掉了数据中呈线性的数据，去除趋势数据后剩余的是随机数据。

**7. 判断区间内元素出现的次数**

统计矩阵中符合条件的元素个数也是比较常见的操作。通过 histc 函数就可以计算出某个元素出现的频率，并可以在直方图中绘制出来，示例代码如下：

```
>>x=1:10;
>>[m,n]=histc(x,[5.1 8.1 9.1])
m =
        3       1       0
n =
        -1      -1      -1      -1      -1      0      0      0      1      -1
```

上面的例子统计值在 5.1～8.1 的元素个数为 3，8.1～9.1 的元素个数为 1。第 2 个参数为 0 表示符合第 1 个范围，为 1 表示符合第 2 个范围。根据第 2 个参数可以获取符合条件的元素索引并提取符合条件的元素。提取符合要求的元素的示例代码如下：

```
>>n
n =
        -1      -1      -1      -1      -1      0      0      0      1      -1
>>find(n==0)
ans =
        6       7       8
```

## 9.5.2 数据插值

计算机能够处理的数据是离散数据，从外部采集的也是等时间间隔的一组数据。不过通过数据插值，可以在相邻数据点之间加入新的点。随着数据点的增加，可以更精确地描述外部事物的特征。MathScript 和 LabVIEW 在绘制连续曲线时，都采用了数据插值和拟合的方法。

下面用一个例子来介绍数据插值函数的使用。要求在 12 小时内，每小时检测一次温度，原始数据如下：

```
>>temps=[5 8 9 15 25 29 31 30 22 25 27 24]
>>hours=1:12
```

**1. 线性插值**

由于每小时检测一次，所以无法知道任意时刻的温度。不过可以通过插值计算获取任意时刻的温度，示例代码如下：

```
>>interp1(hours,temps,2.4)
ans =
        8.4
```

上面代码使用线性插值的方法，计算出 2.4 小时对应的温度值是 8.4。

### 2. 样条插值

常用的插值方法有 linear、cubic、spline 和 nearest，其中 linear 是默认的方法。样条插值函数示例代码如下：

```
>>interp1(hours,temps,2.4,'spline')
ans =
          8.3139
```

使用不同的插值方法得到的结果是不同的。通常情况下线性插值方法速度最快，但是数据平滑性相对较差。

插值函数更重要的用途是返回插值后的向量或者矩阵，下面的例子返回插值后的向量：

```
>>interp1(hours,temps,1:0.1:12,'spline')
ans =
          5          5.3782        5.7516        6.1156        6.4653        6.7961
7.1032        7.3819        7.6274        7.835         8    ...
```

经过插值后的向量由于数据点增加，所以绘制的曲线更为平滑。为了更好地体现拟合效果，本例为拟合后的数据增加了偏移量，如图 9-9 所示。

```
>>h1=1:0.1:12;
>>temps1=interp1(hours,temps,h1,'spline');
>>temps1=temps1+10;
>>plot(hours,temps,h1,temps1);
```

另外，MathScript 不仅可以对向量进行插值运算，也支持矩阵插值。

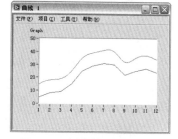

图 9-9　插值前后曲线对比

### 3. 曲线拟合

曲线拟合和插值有很多相似之处。它们的不同之处在于，进行插值计算时原有的数据点没有丝毫改变，而做曲线拟合是试图找出一个能用数学公式来描述的曲线，因此所有的数据都会发生变化。比较常见的曲线拟合方法是最小二乘法，它遵循的原则是原始数据点和拟合后曲线上的对应点的平方差是否达到最小。最常用的最小二乘法是多项式拟合，如果多项式为 1 阶，则称为最佳直线拟合，也称为线性回归。最佳直线拟合对于基本呈线性的测量结果非常有效。它实际上最后要求出一条直线 $Y=KX+B$，需要获取两个参数 $K$ 和 $B$，而如果是二次多项式则要获取三个系数，依次类推。

下面的例子在一组线性数据中附加一组随机数。通过最佳直线拟合，可以消除这些随机波动数据。通过返回的 $K$、$B$ 系数再对多项式求值，可求得拟合后的数据。

```
>>x=1:5;
>>y=x+rand(1,5);
>>y1=polyfit(x,y);
>>polyfit(x,y,1)
ans =
          0.82524       1.041
>>y1=polyval(ans,x);
>>plot(x,y,x,y1);
```

下面的例子首先利用多项式求值生成一个序列，然后加上随机漂移。对漂移后的数据再进行二阶多项式拟合，代码如下所示（二次曲线拟合效果如图 9-10 所示）：

```
>>x=1:10;
>>y=polyval([5 2 4],x);
>>y1=y+50*rand(1,10);
>>p=polyfit(x,y1,2);
>>p
p =
        5.2754      3.8193      6.8911
>>plot(x,y1,x,y3);
```

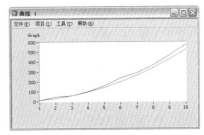

图 9-10　二次曲线拟合

## 9.6　多项式、积分和微分

使用 MathScript 处理多项式，求函数的零点和极值是非常方便的。下面先讨论如何求多项式的根，实际上就是解方程。

### 9.6.1　多项式

在 MathScript 中，多项式是由多项式系数组成的行向量表示的，要求多项式必须遵循降幂排列，这样向量中的元素就与多项式的系数一一对应。如果其中某个单项不存在，则必须用 0 补位，表示该次单项不存在，然后就可以通过 roots 函数来获取多项式的根。

#### 1．求多项式的根

下面的例子求二次多项式 $x^2-5x+6$ 的根，示例代码如下：

```
>>p=[1 -5 6];
>>roots(p)
```

**学习笔记**　多项式用行向量表示，返回的多项式的根用列向量表示。

#### 2．通过根创建多项式

通过多项式的根，反过来可以创建相应的多项式，示例代码如下：

```
>>r=[3 2];
>>pp=poly(r)
pp =
        1      -5       6
```

由于计算机对于数值的计算存在误差，有可能在本该为 0 的位置出现一个非常接近 0 的数，所以对于非常小的系数，应该强制其为 0。

#### 3．多项式求值

我们在前面的例子中已经使用过 polyval 函数。通过该函数，可以获取某区间内多项式的值，示例代码如下：

```
>>pp
pp =
        1      -5       6
>>x=polyval(pp,1:8)
x =
        2       0       0       2       6      12      20      30
```

#### 4. 多项式运算

多项式是可以直接进行加、减、乘、除运算的。加、减法非常简单，只要保证两个多项式系数向量长度相同就可以直接运算了。多项式乘法实际上就是两个多项式系数向量的卷积，而多项式除法就是两个系数向量的反卷积。多项式乘、除法的示例代码如下：

```
>>a=[1 2 3 4];b=[2 3];
>>y=conv(a,b)
>>y1=deconv(y,a)
```

### 9.6.2 极值与零点

例如 y=f(x)函数，经常要求特殊的 y 值对应的 x 值，比如 y 为 0 或极值时。多项式求根运算就是求当多项式等于 0 时，对应的 x 值。如果是一个简单的函数则可以通过它的逆函数来计算。但是很多情况下是不存在逆函数的，只能通过迭代的方式求根。即找到一个 x，使它满足 y−f(x)=0。求极值也是如此。一个函数的最大值就是该函数取负之后的最小值，所以求极值的过程就是求最小值的过程，通常称为最小值算法。

查找函数零点可以使用 fzero 函数，该函数需要两个参数。第一个参数是函数名，可以是自定义函数名。第二个参数是 0 附近的 x 值，由于一个函数的零点可能有多个，因此必须事先估计零点附近的 x 值。

首先用 MathScript 中的 humps 函数创建一组数据，然后绘制曲线，粗略估计一下零点的位置。示例代码如下，创建的数据如图 9-11 所示。

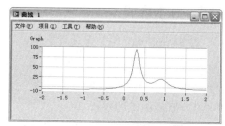

图 9-11　humps 函数曲线

```
>>x=linspace(-2,2);
>>y=humps(x);
>>plot(x,y);
grid on
```

从图 9-11 所示的曲线可以发现，该曲线有两个零点，一个在−0.1 附近，另一个在 1.5 附近。下面通过 fzero 函数获取零点的准确位置，具体代码如下所示：

```
>>fzero('humps',0.1)
ans =
        -0.13162
>>fzero('humps',1.5)
ans =
        1.2995
```

除了零点，函数还有其他特征点，比如最大值点、最小值点。最大值点、最小值点在函数的导数为 0 的位置，或者说斜率为 0 的位置。如果数据拟合后符合多项式，则可以通过求导数的方法来求得极值点。在大多数时候是通过区域搜索的方法，对相邻数据进行比较，以获取最大值点和最小值点。

MathScript 提供了优化函数类，其中的 fminbnd 函数就是用于求向量的最大值、最小值的。使用 fminbnd 函数来求函数的最大值、最小值，具体的代码如下所示：

```
>>xmin=fminbnd('sin',0,2*pi)
xmin =
        4.7124
```

### 9.6.3 积分和微分

使用 MathScript 处理积分和微分十分方便。由于采集的数据都是离散数据，所以这些数据的积分并不等同于函数的积分。从数学的角度看，函数积分处理的是连续的变量。从几何上看，积分是函数曲线和自变量轴之间围成的面积，所以离数数据的积分可以用细化的梯形来逼近。而微分则与之相反，它描述的是函数的斜率或者梯度，微分表示数值之间变化的剧烈程度。

MathScript 提供的积分函数包括 polyint、quad、quad8、quadl 和 trapz 等。各个积分函数采用了不同的算法。因此，它们的精度和效率都有区别，需要不断尝试，才能找到合适的积分方法。

最简单的积分方法是多项式积分，polyint 函数返回一个多项式积分后的系数向量。

quad、quad8 和 quadl 函数的使用方法非常类似，都需要指定函数名称、起始位置和结束位置。quad 函数的使用方法参考下面的代码：

```
quad('sin',0,1)
```

如果已经存在采集的数据点，则使用 trapz 函数更为方便。trapz 函数的示例代码如下：

```
>>x=linspace(0,1,10000);
>>y=sin(x);
>>trapz(x,y)
```

由于采集的数据受到外界因素的影响，比如干扰造成数据变化，因此它们并不能准确地反映外部的变化，这样的数据不宜直接在微分函数中使用。采集到原始数据后需要经过滤波和最小二乘曲线拟合，才能用来做微分。使用微分函数的方法如下所示：

```
>>x=[1 -5 6];
>>polyder(x)
ans =
         2      -5
```

该例子对多项式 $x^2-5x+6$ 进行微分，结果为 $2x-5$。

## 9.7 数据的图形显示

数据图形显示是 MathScript 一个重要的功能。MathScript 提供了丰富的二维图形显示和三维图形显示函数。函数的图形通过绘图窗口显示。首先我们来了解一下 MathScript 的绘图窗口，如图 9-12 所示。

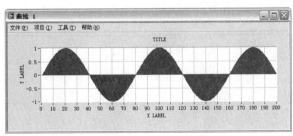

图 9-12 MathScript 的绘图窗口

同 LabVIEW 的图形显示控件类似，MathScript 的绘图窗口主要由标题栏、X 标签、Y 标签、X 轴标尺、Y 轴标尺和栅格构成。其中每个组成部分都可以通过菜单单独控制，也可以通过命令修改它们的属性。

## 9.7.1 窗口类属性与常用窗口操作函数

在 MathScript 中，所有的绘图窗口都是由窗口类对象、绘图区域类对象、线对象和文本对象这 4 类基本对象构成，其中窗口类对象是其他类对象的容器。

### 1. 窗口类对象

先来认识窗口类对象。当我们绘制一条曲线时，会自动弹出一个窗口，同时绘图函数返回一个窗口类的对象引用。通过引用，即可设置该对象的属性。其中 set 函数用来设置对象的属性，get 函数用来获取对象的属性，figure 函数用来创建一个绘图窗口。

下面使用 figure 函数创建了一个绘图窗口，同时返回了一个对象引用。通过对象引用，我们发现为绘图窗口自动配置的序号是 1，同时窗口标题显示曲线 1。创建窗口时可以指定其他窗口序号，如下面的代码所示，figure 函数直接指定窗口序号为 100。

```
>>obj=figure(100)
Plot object
         0000000000000064
```

十六进制的数字 64 等于十进制的数字 100。已经知道了窗口序号是 100，那么使用 close(100) 函数可以关闭这个绘图窗口。使用 close all 指令，可以关闭所有已经打开的绘图窗口。

### 2. 窗口类对象的属性

get(obj)函数用于获取绘图窗口对象的属性。窗口类对象包括几个重要的属性，分别介绍如下。

◆ **颜色属性（Color）**：用来设置窗口对象的颜色。颜色属性是通用属性，绘图区域、线、文本都具有颜色属性。MathScript 中的颜色值是由 R、G、B 的百分比表示的向量，范围为 0~1。同时为了使用方便，MathScript 还预定义了几种常用颜色，以字符串的方式表示。表 9-7 给出了常用颜色的字符串表示。

表 9-7  常用颜色的字符串表示

| 字 符 串 | 代表的颜色 |
| --- | --- |
| 'b' | Blue（蓝） |
| 'c' | Cyan（青） |
| 'g' | Green（绿） |
| 'k' | Black（黑） |
| 'm' | Magenta（品红） |
| 'r' | Red（红） |
| 'w' | White（白） |
| 'y' | Yellow（黄） |

下面两种方法都可以将绘图窗口设置为蓝色，具体代码如下：

```
>>obj=figure(100);
>>set(obj,'color',[0,0,1]);
>>set(obj,'color','b');
```

◆ **当前坐标属性（CurrentAxes）**：用于返回绘图窗口活动绘图区域对象的引用。一个绘图窗口可以包含多个绘图区域。

◆ **名称属性（Name）**：用于指定绘图窗口标题栏中显示的字符串。默认字符串为空。

◆ **下一次绘图属性（NextPlot）**：用于指明再次绘图时采用的方式，共有三种选择。选择

new 方式，绘制新图形时打开新的窗口；选择 add 方式，在当前绘图窗口增加新的绘图窗口；选择 replace 方式，新绘制的图形覆盖原来绘制的图形。默认情况下选择的是覆盖（replace）方式。

◆ **数字标题属性（NumberTitle）**：用于在创建绘图窗口后，自动显示曲线号。设置该属性为 off 时，关闭数字显示；设置为 on 时，打开数字显示。

◆ **位置属性（Position）**：用于读取或者设置绘图窗口的位置。位置信息由向量表示，包括四个元素。前面两个元素表示屏幕左下角点到绘图窗口的水平和垂直距离，第三和第四个元素表示绘图窗口的宽度和高度。位置属性的单位为像素。

◆ **改变窗口大小属性（Resize）**：用于设置窗口大小是否能改变。值为 on 时，允许改变窗口大小；值为 off 时，不允许改变窗口大小。

◆ **类型属性（Type）**：用于返回对象的类型，这个属性也适用于其他对象类。

◆ **可见属性（Visible）**：用于设置对象是否可见。值为 on 时，对象可见；值为 off 时，对象不可见。这个属性同样适用于其他对象。

**3. 创建、获取和关闭窗口类对象**

figure 函数既可以通过对象引用修改其属性，也可以在创建窗口时直接设置其属性，语法如下：

```
figure
figure(a)
figure(name1, value1, ..., nameN, valueN)
obj = figure
obj = figure(a)
obj = figure(name1, value1, ..., nameN, valueN)
```

其中 name 为属性名，value 为属性值。需要注意的是 figure(a) 函数，其中的参数 a 为整数，表示创建窗口的序号。如果该窗口已经被创建，则设置该窗口为活动窗口；如果窗口不存在，则创建新的窗口。set 函数可以同时设置多个属性，语法如下：

```
obj = figure;
set(obj, 'Color', 'g', 'Name', 'My MathScript Plot', 'NumberTitle', 'off')
```

close 函数用于关闭绘图窗口。除了 figure 函数和 close 函数，gcf 函数和 clf 函数也是常用的操作绘图窗口的函数。gcf 函数用于返回活动绘图窗口的引用。如果绘图窗口不存在，则创建一个新窗口并返回引用。clf 函数用于清除当前活动绘图窗口，并返回活动窗口的引用。如果绘图窗口不存在，则创建一个新的绘图窗口并返回引用。gcf 函数的使用方法如下所示：

```
>>X = 0:1:10;
plot(X)
figure
Y = X.*X;
plot(Y)
obj = gcf
```

**4. 子图**

MathScript 可以同时显示多个绘图窗口，而在同一绘图窗口中又可以显示多个绘图区域，或称为轴坐标系、子图。subplot 函数把绘图窗口分成多个子图，绘图操作在某个活动的子窗口中进行。subplot 函数语法如下所示：

```
subplot(a, b, c)
subplot(ijk)
obj = subplot(a, b, c)
obj = subplot(ijk)
```

subplot 函数用于返回处于活动状态的绘图区域的引用。其中，参数 a 表示子图的行数，参数 b 表示子图的列数，参数 c 表示需要激活的子图，范围在 a～b 之间。subplot(ijk)为简化用法，i、j、k 必须在 1～9 之间，i 表示行数，j 表示列数。子图的使用方法如下所示：

```
>>X=0:10;
Y = X.*X;
subplot(2, 1, 1)
plot(X)
subplot(212)
plot(Y)
obj = subplot(212);
set(obj, 'Color', 'c', 'XColor', 'm', 'YColor', 'm')
a = subplot(211);
set(a, 'Color', 'm', 'XColor', 'c', 'YColor', 'c'
```

该例子由于没有指定绘图窗口，所以会自动创建曲线 1 绘图窗口。subplot(2,1,1)创建了两行一列的子绘图区域，subplot(2 1 2)设置第二个子图为活动绘图区域，subplot(2 1 1)设置第一个子图为活动绘图区域。

除了使用命令，还可以通过绘图窗口的菜单来控制绘图窗口。菜单中提供了丰富的控制命令。可以把窗口图形存储成 BMP、EPS 图片。通过类似 LabVIEW 绘图控件的图例的方法，可以设置曲线的各种属性。另外，还可以通过注释功能对曲线进行标注。

**学习笔记** 通过菜单，可以把 X 轴数据和 Y 轴数据存入剪帖板，供其他程序调用。

## 9.7.2 绘图区域属性

图形的属性有很多，下面简单地分类介绍常用的属性。首先看看如何通过绘图窗口获取绘图区域的引用，并列举绘图区域的属性，具体的代码如下：

```
>>objPlotWindow=figure(10);
>>objPlotArea=get(objPlotWindow,'currentaxes');
>>get(objPlotArea)
ans =
    Color = [1 1 1]              % 读写属性，设置绘图区域的颜色，默认[1 1 1]为白色
    ColorOrder = [7x3 double array]
    FontAngle = normal          % 读写属性，指定字体是否为斜体，或是否为 italic 或
                                  者 normal 字体
    FontName = App Font         % 读写属性，指定字体名称
    FontSize = [12]             % 读写属性，指定字体大小
    FontWeight = normal         % 读写属性，指定字体是否为粗体、bold 或者 normal
    NextPlot = replace          % 读写属性，指定下一次绘图时采用增加(add)或者覆盖
                                  (replace)方式
    OuterPosition = [0 0.055263 0.97308 0.92895]
                        % 外部位置，包括 X 标签、Y 标签和标题所在的矩形范围
```

```
   Position = [0.11923 0.16316 0.82885 0.75263]
                      % 读写属性，获取或者设置绘图区域的位置，前两个参数表示相对于绘图
   Title =            % 窗口的左下角点，后两个参数表示宽度和长度
   Type = plot area   % 返回对象类型
   Visible = on       % 读写属性，设置绘图窗口是否可见
   XColor = [0 0 0]   % 读写属性，设置 X 轴标尺的颜色，默认为白色
   XDir = normal      % 读写属性，设置是否反转 X 轴的最大、最小值
   XGrid = off        % 读写属性，设置 X 标尺的网格线
   XLabel =           % 只读属性，读取 X 轴标签，需要通过其他函数设置
   XLim = [0 10]      % 读写属性，设置 X 轴的最大、最小范围
   XLimMode = auto    % 读写属性，设置是否自动适应 X 轴范围
   XMinorGrid = off   % 读写属性，设置是否显示 X 轴小网格线
   XMinorTick = off   % 读写属性，设置是否显示 X 轴最小刻度
   XScale = linear    % 读写属性，设置 X 轴映射模式是线性映射还是对数映射
   XTick =
   XTickMode = auto
   YColor = [0 0 0]   % Y 轴的属性和 X 轴的对应属性类似
```

绘图区域的属性非常多，为节省篇幅，在代码中采用添加注释的方法对相应属性进行了简单说明。

### 1. 设置标题、X 标签、Y 标签及文本属性

设置标题、X 标签、Y 标签及文本属性，具体的代码如下所示：

```
>>xlabel('X LABEL');
>>ylabel('Y LABEL');
>>title('TITLE');
```

xlabel、ylabel 和 title 函数的用法基本相同，它们都是在图形窗口的指定位置输出文本。使用这几个函数不但可以指定文本的内容，还可以指定文本的属性，如前景色、背景色、字体等。以 xlabel 为例，看它的用法：

```
xlabel(text)
xlabel(text, name1, value1, ..., nameN, valueN)
obj = xlabel(text)
obj = xlabel(text, name1, value1, ..., nameN, valueN)
```

通过 get 函数能获取对象的属性，通过 set 函数则能设置对象的属性。对象可以是文本对象、绘图区域对象、绘图窗口对象和线对象。set 函数的示例代码如下：

```
>>obj=title('this is demo');
>>set(obj,'color','r','backgroundcolor','b');
```

### 2. 设置网格线和图形坐标轴

grid 命令用来设置是否显示网格线。

◆ grid on：显示网格线。

◆ grid off：关闭网格线。

◆ grid：如果不带参数则切换网格的显示状态。

用于设置图形坐标轴的命令比较多，下面选择常用的命令分类介绍，如表 9-8 所示。

表 9-8　设置图形坐标轴的命令

| 命　　令 | 功　　能 |
|---|---|
| axis on | 用于隐藏坐标轴 |
| axis auto | 手动调整X、Y轴比例，必须自己设定X、Y轴范围 |
| axis ij | 能使绘图区域变成方形区域 |
| axis normal | 用于设置X轴最大、最小范围，Y轴最大、最小范围 |
| xlim和ylim | 用于设置X轴和Y轴的限制 |

## 9.7.3　线对象和文本对象的属性及常用函数

MathScript 用曲线的方式形象地描述数据。我们可以设置曲线的线型（比如实线、虚线），线条的粗细、颜色等。曲线的各种属性设置方法，参照下面的代码：

```
>>x=linspace(0,2*pi);
>>plot(x,sin(x));
>>obj=plot(x,cos(x));
>>get(obj)
ans =
     Color = [0 0 1]
     LineStyle = -
     LineWidth = [1]
     Marker = none
     MarkerSize = [1]
     Type = line
     Visible = on
     XData = [1x100 double array]
     YData = [1x100 double array]
```

曲线的属性不多，常用的属性如表 9-9 所示。

表 9-9　常用的曲线属性

| 属性名称 | 属性功能 | 属 性 值 |
|---|---|---|
| 'Color' | 用于指定曲线的颜色，默认为[0, 0, 1]，即使用蓝色 | [0.5, 0.5, 0.5 ] |
| 'LineStyle' | 用于指定曲线的线型，包括实线、虚线、点线和点画线 | '-'：实线，'—'：虚线，'..'：点线，'-.'：点画线 |
| 'LineWidth' | 用于指定曲线的粗细，范围为0～5，默认为1 | |
| 'Marker' | 用于指定曲线点的标记 | 'none'：不显示点标记<br>'.'：.显示点标记<br>'o'：显示圆标记<br>'x'：显示交叉标记<br>'*'：显示星号标记<br>'s'：显示方框标记<br>'d'：显示方块标记 |
| 'MarkerSize' | 用于指定标记的大小，范围为0～5，默认为1 | |
| 'Type' | 用于返回对象的类型 | |
| 'Visible' | 用于指定是否显示曲线 | 'on'：显示曲线<br>'off'：关闭曲线 |
| 'XData' | 用于指定X轴数据，默认是空数组 | |
| 'YData' | 用于指定Y轴数据，默认是空数组 | |

修改文本的属性有两种方式：一是在指定标签文本的同时，指定文本的属性。文本的属性由属性名称和属性值两部分组成，可以同时设置这两个属性；二是通过返回的文本对象引用，对属性做进一步设置。

文本的重要属性和用法如表 9-10 所示。

表 9-10　文本的重要属性和用法

| 属性名称 | 属性功能 | 属性值示例 |
| --- | --- | --- |
| 'BackgroundColor' | 用于指定文本的背景色，默认情况下无背景色 | [0.5 0.5 0.5] |
| 'Color' | 用于指定文本的前景色，默认值为[0 0 0]，即黑色 | [0.5 0.5 0.5] |
| 'EdgeColor' | 用于指定文本框边缘的颜色，默认无边框颜色 | [0 0 0] |
| 'FontAngle' | 用于指定文本是否倾斜，默认不倾斜 | 'italic' 'normal'（default） |
| 'FontName' | 用于指定字体名称，默认为APP字体 | 字符串 |
| 'FontSize' | 用于指定字体大小，默认为13磅 | 整数 |
| 'FontWeight' | 用于指定是否采用粗体 | bold或normal |
| 'HorizontalAlignment' | 用于指定水平方向对齐方式，可以选择左对齐、中心对齐或者右对齐 | left、center和right |
| 'Position' | 用于指定文本位置，输入一个有两个元素的向量，分别表示X坐标和Y坐标，默认时为空向量 | [10 10] |
| 'String' | 用于指定文本的内容字符串 | string |
| 'Type' | 用于返回对象的类型，可能是线、绘图区域、绘图窗口或者文本 | |
| 'VerticalAlignment' | 用于指定垂直对齐方式 | baseline、top、cap和middle等 |
| 'Visible' | 用于指定是否显示文本 | on或者off |

### 9.7.4　基本绘图函数

MathScript 包括众多的绘图函数和绘图命令，具有强大的数据图形显示能力。下面选择几个重要的函数和命令，讨论它们的具体用法。

#### 1. plot 函数

plot 函数是 MathScript 最重要的绘图函数，前面虽然多次使用过它，但是并未详细讨论过它。plot 函数接受多种参数形式，类似于 LabVIEW 中的多态函数。plot 函数返回线对象引用，通过该引用，可以设置曲线的颜色、线型、点标记等属性。

plot 函数最简单的用法是，输入一个向量，构成曲线的 Y 坐标，X 坐标则自动被设置成向量元素的索引，具体的代码如下所示：

```
>>x=linspace(0,4*pi,100);
>>y=5*sin(x);
>>plot(y);
>>obj=plot(y);
>>obj
Plot object
        00000A0001020001
>>set(obj,'linewidth',3);
>>legend on
```

legend on 函数用于打开曲线图例显示，类似于 LabVIEW 中的波形图例。如图 9-13 所示，在图例中可以设置线型、线宽、点类型等属性。

绘制多条曲线有两种方式。如果 $X$ 轴为矩阵列的序号，则每列构成一条曲线，如图 9-14 所示。以矩阵的列构成多条曲线，具体的代码如下所示：

```
>>x=linspace(0,4*pi);
>>y=2*sin(x);
>>y1=3sin(x);
>>y1=3*sin(x);
>>y2=4*cos(x);
>>plot([y' y1' y2']);
```

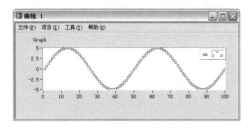 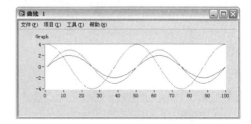

图 9-13　显示曲线图例　　　　　　　图 9-14　用矩阵绘制多条曲线，每列对应一条曲线

绘制多条不同长度的曲线，需要分别指定它们各自的 x 向量和 y 向量，具体的代码如下所示（绘制的曲线如图 9-15 所示）：

```
>>x1=linspace(0,4*pi);
>>x2=linspace(0,5*pi);
>>y1=2*sin(x1);
>>y2=3*cos(x2);
>>plot(x1,y1,x2,y2);
```

在绘制曲线的同时可以指定各条曲线的属性，具体的代码如下所示：

```
>>plot(x1,y1,'bo-',x2,y2,'rs--');
```

使用上面的代码绘制的曲线如图 9-16 所示。

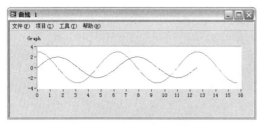 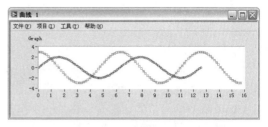

图 9-15　绘制多条不同长度的曲线　　　　　　图 9-16　绘制曲线的同时指定属性

### 2. 对数刻度

如果 $y=f(x)$ 是指数类型函数，则不能用于等间距地绘制曲线。因为随着 $X$ 的增大，$Y$ 将产生剧烈的变化。正确描述指数类型函数的最好方法是采用对数刻度。semilogx 函数用于将 $X$ 轴转换为对数刻度，semilogy 函数用于把 $Y$ 轴转换为对数刻度。

### 3. area 填充函数

area 填充函数用于创建一个填充的绘图区域，可以指定 $Y$ 轴方向的填充位置，默认为 0。填充函数的示例代码如下，得到的绘图区域如图 9-17 所示：

```
>>x=linspace(0,6*pi);
```

```
>>y=5*sin(x);
>>area(x,y,2);
```

### 4. pie 函数

pie 函数用于绘制饼图。pie 函数最多需要两个参数，为长度相同的向量，向量长度就是饼图分割的数量。创建饼图的具体代码如下所示，绘制的饼图如图 9-18 所示。

```
x=[1 3 6 9];
y=[0 1 0 1];
pie(x,y);
```

x 向量和 y 向量如具有相同的长度，而且 y 向量中如果元素不为 0，则表示 x 中对应的元素偏离中心显示，这可以强调该部分的作用，参照图 9-18 中的 16%和 47%。

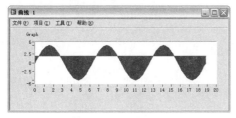

图 9-17　填充区域

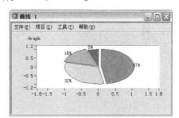

图 9-18　绘制饼图

### 5. bar 函数

bar 函数接受向量或者矩阵输入，用于绘制条形图。饼图由于范围的限制，不宜表示多个数据，而使用条形图则没有这个问题。用条形图显示数据的具体代码如下所示，绘制的条形图如图 9-19 所示。

```
>>y=rand(10,3);
>>bar(y);
```

barh 函数和 bar 函数类似，不过它反转了 X 轴和 Y 轴的位置，沿水平方向绘制条形图。另外，stairs 函数可用于绘制阶梯图。

### 6. hist 函数

hist 函数用于绘制柱状图。柱状图特别适合于显示数据出现的频率。这里先用 randn 函数创建一个呈正态分布的随机数列，然后通过 hist 函数，显示数据的分布情况，具体的代码如下所示。最后绘制的柱状图如图 9-20 所示，从柱状图中，可以清晰地看到，数据的确是呈正态分布的。

```
>>y=randn(5000,1);
>>hist(y);
```

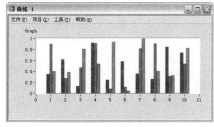

图 9-19　绘制条形图

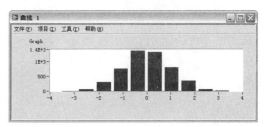

图 9-20　柱状图，用于显示数据出现的频率

### 7. stem 函数

stem 函数用于绘制离散数据。plot 函数在绘图时对离散数据进行了处理，绘制出的是连续的曲线。有些时候，数据本身就是离散的，这种情况下绘制离散点能更真实地描述实际情况。用 stem 函数绘制离散点，具体的代码如下，绘制的图形如图 9-21 所示。

```
>>t=linspace(-2,2,50);
>>stem(t,sinc(t),'filled','r');
```

### 8. plotyy 函数

plotyy 函数用于绘制双 Y 轴图形。使用 plotxy 函数绘制双 Y 轴图形的具体代码如下所示，最后绘制的图形如图 9-22 所示。

```
>>x = 0:0.1:2*pi;
y1 = x;
y2 = 0.1*sin(5*x).*x;
plotyy(x, y1, x, y2)
```

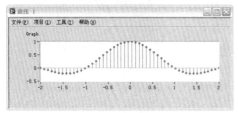

图 9-21　绘制离散点

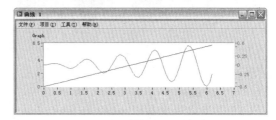

图 9-22　绘制双 Y 轴图形

## 9.8　小结

MathScript 是 LabVIEW 新增的重要工具，其提供了 600 多个函数，具有强大的数据处理和图形显示能力。相信随着 LabVIEW 版本的不断更新，MathScript 的性能会进一步增强，并会加入更多的专用处理函数。MathScript 相当于 MATLAB 的简化版本，其性能非公式节点可比，尤其是对比较熟悉 MATLAB 的编程者来说，MathScript 简直是不可多得的编程利器。

◆　　　　　◆　　　　　◆

# 第 10 章 组件、同步技术、面向对象编程

从汇编语言开始，各种编程语言就不断地强调模块化的重要性。作为一种编程语言，LabVIEW也不例外。随着编程技术的不断发展，简单的模块化结构已经无法满足设计要求了。有些高级语言已经进入了面向对象编程的新阶段，虽然比较新的版本也新增了类的概念，但是 LabVIEW 却不是面向对象编程语言，而是典型的面向过程的编程语言。

前面章节已经讨论过 LabVIEW 的"结构"选板，其中包括 While 循环、For 循环等。在一般的编程语言中，它们被称为过程结构。本章讨论的程序结构不同于过程结构，程序结构是由各种基本的过程结构组成并具有一定智能的综合的功能模块。它屏蔽了实现功能的细节，使用时只需要了解它能实现何种功能，而不必关心该功能是如何实现的。构建了不同的功能模块后，构建一个复杂的应用程序就容易得多了。

## 10.1　数据的封装与隔离

我们编写程序的目的是为了准确描述事物，而人们使用语言描述同一事物时，各自表述的方法往往是不同的，计算机编程也是如此。完成同一目的，不同的软件工程师编写的程序存在很大差别。因此，程序的优劣并不完全在于所使用的语言，而在于工程师的逻辑思维方式。一个精心设计的程序，它的结构必然是清晰明朗的，而且是高度模块化的，这使得不懂得计算机编程的人也能大致理解编程者的思想。

我们在进行软件设计时往往把整个软件分成多个系统，然后将每个系统又分为多个子系统，又将每个子系统分成多个功能单元。每个功能单元都是独立的，只是通过简单的接口与其他功能单元产生联系。功能单元在 LabVIEW 编程中通常被称为组件或者模块。组件和模块的概念是类似的。模块一般都比较小，功能比较简单，而组件由多个模块组成，是能完成一定功能的复合模块。

组件或者模块都具有简单的外部接口，自身具有处理数据的能力。使用者不必关心组件内部的实现细节，只需要了解它可以实现的功能及如何与之通信。LabVIEW 程序的优劣很大程度上体现在数据的封装上。面向对象的编程语言实现这样的结构比较容易，因为它本身就提供了数据封装和隔离的能力，而 LabVIEW 要实现这样的结构则需要一定的技巧。

与数据封装和隔离相反的是数据共享。虽然一直强调组件的外部接口要尽量简单，但是在组件内部，多个不同功能模块之间，某些时候又需要共享数据，这时要充分考虑组件内部数据流的合理性。

### 10.1.1　合理地使用数据流

LabVIEW 特别适于模块化编程，但是模块化编程并非 LabVIEW 的独创。在其他编程语言中，模块化设计也是非常有效的设计方法。

LabVIEW 的核心要素是数据流，但是滥用数据流也会产生很大的问题。我们经常能看到一些初学者的设计，一个 While 循环就把一个屏幕占满了，里面到处充斥着连线、接线端子、属性节

点等对象。从框图上看，的确符合数据流的要求。但是这种数据流是杂乱无章的，业内形象地称之为"意大利面条"。出现这样杂乱的设计，其根本原因是没有真正理解数据流。

避免滥用数据流最好的方法是组件编程。在 LabVIEW 中一般说的模块式编程也是指组件编程。可以将组件理解成由多个功能模块组成的大模块。这个组件可以完成复杂的功能，但是输入、输出接口却很简单。从数据流的角度来说，一个组件内部数据流动的规则可能是非常复杂的，但是对外却只有几个简单的数据流动通道。

概念比较好理解，但是如何衡量我们的程序是不是模块化的呢？

*The LabVIEW Style Book* 一书的作者给出了一个量化的方法——"模块化系数"。他是这样定义模块化系数的：程序中 VI 的数量除以总的节点数量乘以 100。这个系数越大，表明平均一个 VI 中所含节点数相对越少，模块化程度也就越高。他提出的原则是：模块化系数应该大于 3.0，也就是说平均每个 VI 包含的节点数要少于 30 个。我们在做程序设计时，可以参考这个原则。

## 10.1.2　LV2 型全局变量

LV2 型全局变量又被称作 Function Global，有些资料翻译为功能全局变量或者函数型全局变量。在 LabVIEW 3.0 以前，没有内置的全局变量，因此，这种全局变量被称作 LV2 型全局变量。顾名思义，全局变量的主要用途是共享数据，共享是指它本身具有自己的数据空间，而这些数据可以被其他 VI 访问。如果我们利用 LV2 型全局变量封装数据，并赋予它自动处理各种命令的能力，那么它的功能对内是共享数据，对外则是一个组件的接口。对外部 VI 来说，LV2 内部的数据是不可见的，这说明它有效地封装了数据。

LV2 型全局变量的本质是未初始化的移位寄存器。这是在 LabVIEW 中开辟用户内存空间的有效方法，也是 LabVIEW 编程的精华所在。而由 LV2 型全局变量派生出 Action Engine，是最常用的 LabVIEW 设计方法。

我们以一个常见的工程问题来具体说明如何创建和使用 LV2 型全局变量。

### 1. 设计要求

一个油缸拖动工作台做往复运动，工作台到达终点开关后自动返回，到达原位开关后自动进给。现在需要统计工作台循环次数，而从原位到终点再返回原位为一个完整的循环。假如油缸由一个三位四通液压换向阀控制，则一共需要两个数字输出点，分别命名为工作台进与工作台退。两个数字输入点，分别代表终点开关和原位开关。

### 2. 常规方法

首先需要考虑如何记录循环次数，油缸从原点出发到返回原点是一个完整的循环过程。这样只要每次在原位开关由低到高变化的瞬间将计数器加 1，就可以实现统计循环次数的目的。

如图 10-1 所示，程序中利用移位寄存器分别保存了工作台进、工作台退、原位开关的前一个状态及计数器的值。计数器的初始值之所以为–1，是因为首次返回到原位并非真正的一次完整循环。该 VI 是作为主 VI 设计的，如果把布尔输入控件和输出控件替换为数字 I/O，就可以直接使用该 VI。

由于工作台进与工作台退是互斥的，任意时刻只能有一个为真，因此可以简化上面的程序。简化后的程序框图如图 10-2 所示。

图 10-1 和图 10-2 中的 VI 都是作为主 VI 来使用的。我们更希望把这个具体应用封装在子 VI 中，做成一个组件或者模块。开关的输入是外部数字量输入，工作台进退电磁铁的输出是数字量输出，开关的状态决定了电磁铁的工作状态，所以完全可以把它们封装在同一个子 VI 中，做成一个组件。组件需要输出的仅仅是计数器当前的值，用来记录循环次数。

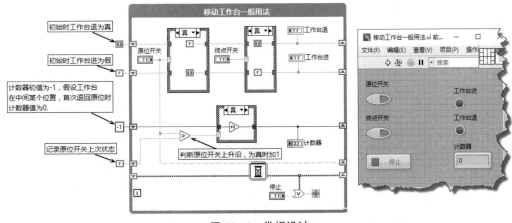

图 10-1 常规设计

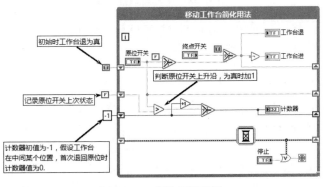

图 10-2 简化后的设计

### 3. 封装定时触发子 VI

在图 10-2 中，通过两个布尔控件模拟原位和终点
行程开关，需要手动触发开关。为了模拟连续自动运行
的过程，我们通过定时器自动触发原位开关和终点开关，
"定时触发开关"的子 VI 程序框图如图 10-3 所示。

这个程序框图存在以下两个重要的特点。

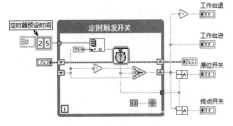

◆ 包含一个 While 循环，但是循环仅执行一次，
目的是利用移位寄存器保存数值。

图 10-3 "定时触发开关"子 VI

◆ 移位寄存器未被初始化。这样在下次调用时保持上次的值，而不是通常那样在循环开始
时将移位寄存器设置为初始值。

使用循环（While 循环和 For 循环均可），使其仅运行一次，并利用移位寄存器共享数据，
这种 VI 称作 LV2 型全局变量，有些文献称作功能全局变量或者函数型全局变量。之所以称为 LV2
型全局变量，是因为在 LabVIEW 2.0 之前，没有提供内置全局变量，只能利用移位寄存器共享数
据。

在"定时触发开关"VI 中，不仅利用 LV2 型全局变量共享了数据，更为重要的是，子 VI 可以
根据内部保存的数据，自动实现特定的动作。

自动重置利用的是"已用时间"函数。当设定时间到达后，重新设置时间为 2 s 或者 5 s 自
动重新开始计时。这样每隔 2 s 触发一次原位开关，每隔 5 s 触发一次终点开关。

由于工作台进、工作台退是互斥的，任意时刻有且只有一个为真，所以用一个移位寄存器就

可以表示它们的状态。实际上图 10-3 中的未初始化的布尔移位寄存器，同时也代表了工作台的进退状态。

使用"定时触发开关"子 VI，可以进一步改进图 10-2 所示的程序框图。如图 10-4 所示，不再需要手动切换开关，就可以自动循环。

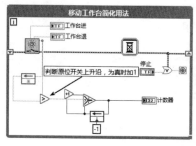

图 10-4　工作台自动循环

如图 10-4 所示，在框图中使用了计数器来统计次数，在 10.1.4 节中，我们将介绍软件计数器。通过软件计数器可以进一步简化程序框图。

## 10.1.3　值变化与上升、下降沿

在上一节中，我们逐步在子 VI 中封装了部分功能，而我们最终的目的是把所有的功能都封装在一个 VI 中，构成一个单独的组件。为了实现这一目的，我们首先要知道如何判断控件的值变化和获取上升、下降沿。

对于主 VI 前面板中的控件，可以采用事件结构判断控件是否发生值变化。在事件结构中，每当一个控件的值产生变化时，都会自动触发"值变化"事件。但是事件结构主要是针对用户界面的，在子 VI 中，也经常需要判断一个值是否发生变化。

### 1.　如何判断值变化

判断一个控件的值是否发生变化的前提是必须记录控件上一次的值，这样才能进行比较，如果二者不等则说明产生了"值变化"事件。显然我们需要用一个移位寄存器保持上次的值，并且这个移位寄存器是不能初始化的，否则每次调用时移位寄存器会恢复成初始值。

如图 10-5 所示，OpenG 中就提供了这样的函数，用来判断是否发生了"值变化"。该函数为多态 VI，适应各种通用数据类型。图 10-5 所示的两个函数，除了输入数据类型，结构完全相同。这里调用了"首次调用"函数，"首次调用"函数只是在第一次调用时返回真，再次调用时则返回假。

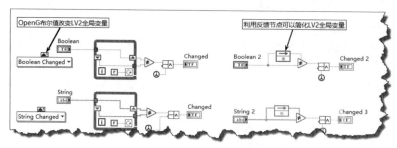

图 10-5　OpenG 中的判断值变化函数

### 2.　创建多态 VI

在图 10-5 中，几个 VI 的程序框图是很相似的，只是输入的数据类型不同。对于类似的问题，

最合适的方法是创建多态 VI。多态 VI 要求各个 VI 的接线端子的位置和数量必须大致相同，实现原理也非常相似。在创建多态 VI 时，通常以一个 VI 作为模板来修改不同的数据类型，分别建立具有不同输入数据类型的 VI。

创建完所有 VI 后，在主菜单中选择"新建"项，然后选择"新建多态 VI"项，弹出如图 10-6 所示的对话框。单击对话框中的"添加"按钮，加入编辑完成的各个 VI 后，就完成了多态 VI 的制作。

"判断值变化" VI 是典型的 LV2 型全局变量，其通过移位寄存器保持上次的值并与本次值相比较。如果不等，则表示值发生了变化。这与 C 语言中静态局部变量的用法是完全相同的，等价的 C 语言代码如下所示：

```
int ValueChanged(int num)
{   static int OldValue;
    int temp;
    if(num==OldValue) temp=0;
    else    temp=1;
    OldValue=num;
    return temp;
}
```

图 10-6　创建多态 VI

"判断值变化"函数只能判断对象的值是否发生变化，而在很多情况下不但需要知道控件的值是否发生变化，还要了解变化的趋势。例如，一个数值控件，就可能需要判断它的值是否过零，是负到正过零，还是正到负过零。

### 3. 上升、下降沿

谈到判断值变化，最为常见的可能就是判断布尔值的变化。如果布尔值由假变成真，则称为上升沿；如果布尔值由真变成假，则称为下降沿。上升沿和下降沿的重要作用不在于布尔值的真假，而在于布尔值变化的时刻。LabVIEW 中的布尔控件的多种机械属性就是用来设置布尔控件的值发生变化的时刻的。

可以利用原位开关的布尔值由假变真产生的上升沿来计算循环次数。如果仅仅通过原位开关压下来判断，那么由于运行速度的影响，有时原位开关不会立即脱开，这时会导致重复计数。而采用上升沿判断，则不会产生类似的问题。

（1）OpenG 提供的上升、下降沿函数

OpenG 提供了类似的判断沿的函数。上升沿和下降沿产生的前提是布尔变量的值发生变化。也就是说，一旦出现上升或者下降沿，布尔控件的值肯定发生变化了。

如图 10-7 所示，由于移位寄存器中的初始值并非由外部输入而是上次运行结果，所以在首次

调用时应该禁止产生上升沿和下降沿。

（2）LabVIEW 提供的上升、下降沿函数

LabVIEW 在逐点分析库中也提供了类似的节点函数，以及其他几个函数，如图 10-8 所示。

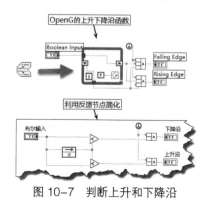

图 10-7　判断上升和下降沿

图 10-8　逐点分析库中"其他函数"选板

其中的"布尔值转换"函数就是专门用于判断布尔值的上升和下降沿的。与 OpenG 中的函数相比，它的使用方法更为灵活，可以使用上升沿、下降沿、上升下降沿。同时，它还提供了初始化端子，可以随时进行初始化操作。该函数的实现机理同样是基于 LV2 型全局变量，如图 10-9 所示。

另外，逐点分析库中也提供了判断值变化的函数，与 OpenG 中的类似。

**4. 判断过零**

在图 10-8 所示的函数选板中，"零相交"函数也是非常常用的。该函数可以判断由负到正和由正到负过零。如果加上偏移量，就可以判断任意幅值。该函数的源代码是公开的。下面通过具体示例说明该函数的用法，其效果图和程序框图如图 10-10 所示。

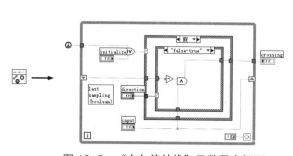

图 10-9　"布尔值转换"函数程序框图

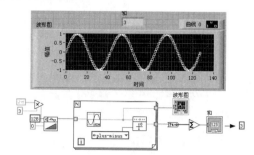

图 10-10　由正到负过零次数

在图 10-10 中，正弦波波形图清晰地表明，由正变负的情形一共出现了三次。

零相交函数也是通过 LV2 型全局变量来进行判断的。比较前一次值和当前值，如果前一次的值小于或等于 0，而当前值大于 0，则说明出现了由负到正的正向过零。如果前一次的值大于 0，而当前值小于或等于 0，则出现了由正到负的过零。如果要判断两个方向的过零，则检查前后两次值的符号是否不同。

## 10.1.4　定时触发与计数器

在编写工业控制过程程序时（比如 PLC 程序），除了会涉及上升沿和下降沿的问题，也经常会用到定时器和计数器。

### 1. 定时触发

我们已经讨论过如何使用 LabVIEW 的定时器实现定时触发，OpenG 也提供了定时触发函数。定时触发函数的作用是，运行到达预先设置的时间时，自动触发一次事件，然后重新计时，以实现周期性触发功能。

在实际应用中，经常遇到需要每隔一段时间触发一次事件的情况。例如，使用周期性触发函数实现数据记录等。周期触发程序框图如图 10-11 所示，其中使用了 OpenG 中的定时触发函数，每 10s 播放一次报警声音。

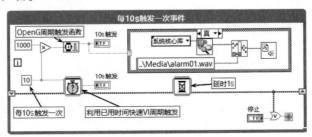

图 10-11　每 10s 触发一次

### 2. 计数器

下面我们介绍另外一个重要的工具函数——计数器。通常的软件计数器可以分为加计数器和减计数器两种。它们在实现计数功能的同时还需要在计数达到某一数值时输出一个布尔量，表示计数已经达到预先设定的数值。

在条件为真时，计数器值增加或减少 1。显然我们需要用 LV2 型全局变量存储计数器的值。

这里以加计数器为例，看看如何通过 LabVIEW 实现计数器的功能。我们首先需要一个触发端，每次触发端为真时执行加 1 操作。同时，还需要一个计数器复位端，当复位端为真时，让计数器复位。具体的程序框图如图 10-12 所示。

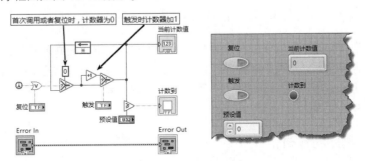

图 10-12　加计数器

逐点分析库的函数选板中提供了加、减计数器函数，它们的源代码是公开的，其用法见图 10-13。

### 3. 构建工作台自动循环组件

使用沿函数、值变化函数和计数器函数重新设计循环自动计数 VI，程序框图如图 10-13 所示。

重新设计循环自动计数 VI 后，对图 10-4 所示的程序框图进一步优化，并完全将其封装成一个子 VI。该子 VI 仅有一个输入端子，即初始化端子；仅有一个输出端子，即工作台状态输出端子。这样就完全变为一个功能组件，设置组件 VI 可重入运行。这样不但屏蔽了所有的细节，在主 VI 中调用时数据流清晰明了，而且可以同时运行多个工作台，实现了组件重用，如图 10-13 所示。图 10-14 演示了同时调用两次组件，构成左右移动工作台。可以想象，如果没有创建组件，实现多个工作台调用会如何烦琐。

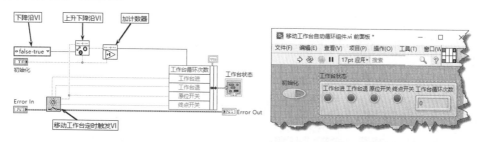

图 10-13　工作台自动循环组件

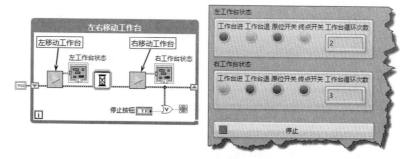

图 10-14　左右移动工作台

通过上面的讨论，可见数据封装的重要性。封装不仅使程序层次更清楚，更为重要的是软件易于调试。一旦出现问题，按照模块的不同层次，很容易找到故障所在。同时，由于封装后 VI 保持简单的输入、输出接口，所以只要接口不变，就可以随意更改组件的功能，而整个程序不受影响。

## 10.2　动作机（Action Engine）

LV2 型全局变量利用未初始化的移位寄存器保存数据，实现数据共享和数据封装。一个具体的组件，仅仅能封装数据显然是不够的，还需要通过外部命令完成特定的功能。国外的 LabVIEW 方面的专家提出了 Action Engine 这个概念，可以把它翻译为动作机。动作机不但可以存储数据，而且具有响应命令的能力。

### 10.2.1　准备建立动作机

可以把一个动作机理解成一个黑匣子，它可以接受外部命令并自动执行相应的操作。命令的具体执行过程外部是看不到的，这类似于类的属性和方法的概念。

下面通过一个实际应用来进一步说明如何创建和使用动作机。一般的数据采集卡都有一个 8 位的数字量输出，每一位对应一个外部的输出点，用来控制电机、换向阀等。由于端口一般是通过字节操作的，需要对字节的各个位进行置位和复位操作，同时不能影响其他位的状态，所以就需要一个 LV2 型全局变量来保存字节的当前值。有些采集卡的数字量输出不支持读取操作。要想了解当前的各个位的状态，只能自己保存当前字节并读取这个字节。

在 8 位数字量输出中，要为 0~7 位分别命名，bit 0 为 Relay0，bit1 为 Relay1，依次类推，并且 8 位数字量输出的每一位都有置 0 和置 1 的功能。

动作中包括的命令有：Relay0 On（bit 0 置 1）、Relay0 Off（bit 0 置 0）……Port On（全部

位置 1）、Port Off（全部位置 0）、Keep（可以改变，但不输出）等，动作的命名方式和数量是不受限制的。

我们需要描述动作机的每个动作。对于能够预先确定的动作，使用自定义枚举数据类型是最合适的。如果动作数量比较庞大，则可以采用发送字符串的方法。该方法的优点是命令的数量不受限制，易于扩充命令。

对于简单的动作机，可以使用自定义枚举数据类型来定义命令，LabVIEW 的状态机通常也是采用枚举数据类型来控制不同的状态的。

## 10.2.2 建立动作机的步骤

下面建立一个完整的动作机，用来控制 8 位数字量输出，具体的操作如下。

**step 1** 创建一个自定义枚举数据类型，用来描述数字量输出端口的 8 个位的不同动作，如图 10-15 所示。

**step 2** 创建一个 LV2 型全局变量，用来保存一个 U8 数据，代表数字量输出端口的当前值。由于在命令中没有初始化操作，所以需要使用"首次调用"函数实现初始化操作。需要注意的是，在使用"首次调用"函数时，循环执行了两次，首次循环完成初始化操作，第二次循环执行需要的操作。除了在使用"首次调用"函数时循环需要执行两次，在其他情形中循环均执行一次，具体的程序框图如图 10-16 所示。

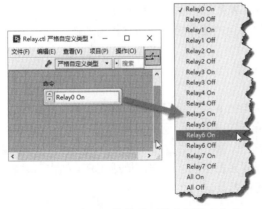

图 10-15 定义严格枚举型数字量输出命令

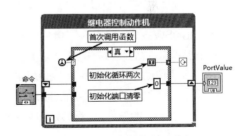

图 10-16 继电器控制动作机

**step 3** 对字节中的位进行置位和复位有多种方法，这里对不同的命令建立相应的命令分支结构。注意枚举类型作为选择器的条件结构，这里可以自动生成所有条件分支。

**step 4** 编写置位、复位操作程序。这里以 Relay0 为例，其他分支依次类推，具体的程序框图如图 10-17 所示。

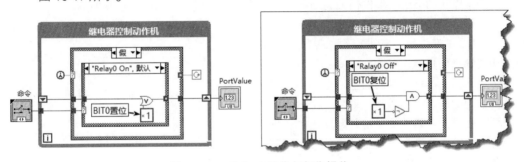

图 10-17 Relay0 置位与复位操作

**step 5** 编辑 VI 图标和连线板，就完成了一个简单动作机的创建。调用新创建的动作机，定时切换继电器状态，并通过动作机返回当前端口各个位的状态。图 10-18 所示的例子利用继电器控制动作机，实现了流水灯的效果。左边的程序框图依次点亮、关闭每一个流水灯，循环往复。右侧的程序框图定义流水灯运行规则，依次点亮，然后全部关闭，循环往复。

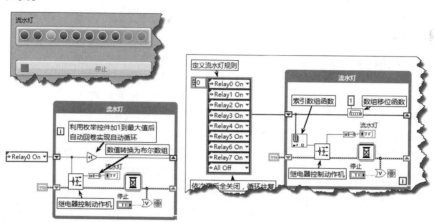

图 10-18　流水灯

　　动作机是简单形式的状态机。动作机根据不同的事件自动触发不同的状态，就构成了状态机。动作机是介于 LV2 型全局变量和状态机之间的一种常用的程序结构，用途极为广泛。

## 10.3　用户事件与动态注册事件

　　自 LabVIEW 6.1 开始引入了事件结构。事件结构主要用于用户界面的编程，事件结构同时也是一种非常有效的交换数据的方法。它通过用户自定义的事件，可以在不同线程之间传递数据。

　　用户事件和动态注册事件是 LabVIEW 新增的特性。用户事件主要用于在不同线程之间交换数据。由于鼠标移动之类的事件是连续发生的，所以容易发生消息阻塞，造成 CPU 的占用率显著增高。使用动态注册事件可以有效地减少发送消息的数量。

### 10.3.1　用户事件

　　WM_USER 是 Windows 专门为用户预留的消息，通过它就可以向主窗口发送各种命令和数据。LabVIEW 的用户事件同样具有这种能力。有效地利用用户事件可以简化编程，节省 CPU 时间，同时还能获得较高的响应速度。

　　用户事件和动态注册事件相关的函数位于"事件"选板中，如图 10-19 所示。

　　用户事件函数包括"创建用户事件"函数、"注册事件"函数、"产生用户事件"函数、"取消注册事件"函数和"销毁用户事件"函数。其中"创建用户事件"函数定义了用户事件消息的类型，返回用户事件严格数据类型引用句柄。"创建用户事件"函数的输入数据类型为簇，使用用户事件的关键是定义簇的数据形式。因为簇可以传递任意类型、任意数量的数据，所以用户事件的使用是非常灵活的。

图 10-19　"事件"选板

### 1. 简单用户事件

使用用户事件的基本步骤为：创建用户事件→注册用户事件→产生、处理用户事件→取消注册用户事件→销毁用户事件。

如图 10-20 所示，通过一个线程产生数据，通过用户事件发送该数据。接收数据线程响应用户事件，接收数据并显示。通过用户事件，实现在两个不同的线程之间交换数据。

**学习笔记** 创建用户事件时，必须指定用户数据类型，否则系统会提示错误。

在图 10-20 所示的例子中，定时结构每 10 ms 产生一次数据，每 100 ms 产生一次用户事件，以模拟数据的采集。每发生一次用户事件，就在波形图表中显示一次数据。

不过用户事件在多个子 VI 中向主 VI 传递数据更为常见。为了使用起来更方便，可以利用动作机封装用户事件，并在动作机中存储用户事件的引用，供其他 VI 调用。

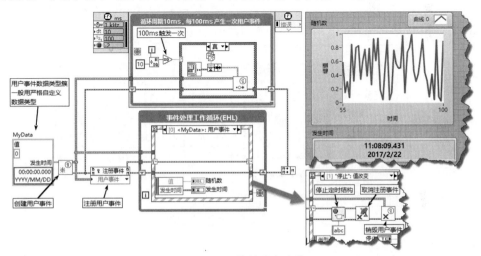

图 10-20　简单用户事件

### 2. 用户事件动作机

下面通过动作机模拟 Windows 消息发送机制，具体步骤如下。

**step 1** 自定义严格数据类型，并定义不同的消息。

首先自定义一个严格数据类型。在自定义严格数据类型中，定义了 50 种消息，如图 10-21 所示。其中，用枚举控件区分 50 种不同的消息。

消息结构包括一个枚举数据、一个字符串和两个数值型数据，分别用来模拟消息名称、消息内容和消息传递的简单数值数据。实际上，消息结构可以使用任意数据类型。由于使用了严格数据类型，因而在编辑时可以很方便地替换该消息结构，实现自己需要的功能。这正是严格自定义数据类型的优势所在。

每个事件需要传递的信息如下。

◆ **消息号**：50 种，可以理解成 50 种命令。

◆ **字符串**：用来表述特定消息的文本信息。

◆ **两个数值型数据**：模拟 Windows 的 wParam 和 lParam 参数，传递数值类型信息。

**step 2** 创建动作机。

下面建立一个动作机，并执行获取用户事件引用、触发用户事件和销毁用户事件这三个动作。在首次调用动作中创建用户事件引用，在未初始化的移位寄存器中存储用户事件引用。创建并存储用户事件引用的程序框图如图 10-22 所示。利用 "产生事件" 函数触发用户事件，程序框图如图 10-23 所示。

图 10-21　定义消息结构

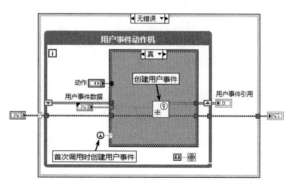

图 10-22　创建并存储用户事件引用

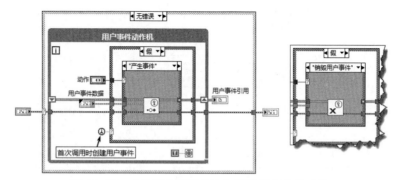

图 10-23　产生用户事件动作与销毁用户事件动作

**step 3**　使用动作机。

建立了动作机后，使用动作机就非常简单了。如图 10-24 所示，数据采集 VI 产生用户事件，主控 VI 处理用户事件并接收采集数据。两个 VI 之间通过用户事件实现了数据传递。

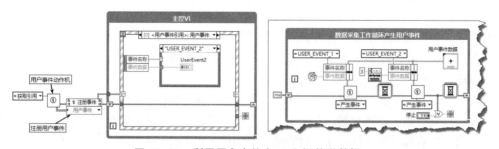

图 10-24　利用用户事件在 VI 之间传递数据

### 3. 多个用户事件

我们通过上面两个例子已经基本熟悉了用户事件的使用方法。复杂的控制程序可以注册多个用户事件，也可以使用多个事件结构处理同一用户事件。如何注册多个用户事件，参照图 10-25。

该例子每 10 ms 触发一次字符串类型用户事件，传递当前采集次数。每 100 ms 传递一次采集结果。

与一般的事件结构类似，在 LabVIEW 中可以使用多个线程或者 VI 同时接收用户事件。因此，用户事件可以用来广播消息，实现多个线程同时接收消息。

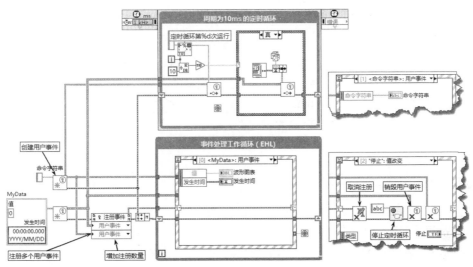

图 10-25 注册多个用户事件

**学习笔记** 可以使用多个事件结构响应同一事件，构建多对多的程序结构。

## 10.3.2 动态注册事件

动态注册事件是 LabVIEW 7.0 以后新增的特性。与一般的事件结构相比，动态注册事件结构具有两个突出的优势。

◆ 在子 VI 中响应事件。我们知道，事件结构主要用在顶层 VI 中来响应用户界面事件。而动态注册事件结构可以用在子 VI 中响应顶层 VI 特定控件产生的事件。

◆ 动态注册事件可以在事件结构内部根据外部条件决定是否产生或者响应事件。对于鼠标移动这样的连续事件，动态注册事件可以避免无意义的事件连续发生。例如，用鼠标拖动一个图片，比较恰当的操作是当鼠标左键按下选取图片时，注册鼠标移动事件，当鼠标左键抬起时注销鼠标移动事件。这样就避免了在其他情况下鼠标移动事件的发生。

动态注册事件的使用方法与用户事件的使用方法类似。用户事件也是通过注册事件函数实现的，不过输入参数是用户事件的引用。如果输入的是控件的引用，就是我们下面要讨论的动态注册事件了。

### 1. 在子 VI 中响应顶层 VI 前面板控件事件

下面通过一个简单的例子说明动态注册事件的基本过程。示例中用同一个"停止"按钮结束两个不同的 VI，并在一个 VI 中产生数据，在另外一个 VI 中则通过动态注册事件，监控主 VI 中数字控件的变化。两个 VI 的执行效果和程序框图如图 10-26 和图 10-27 所示。通过主 VI 传递的两个控件引用，在监控主 VI 中可以监控"数字"控件和"停止"按钮产生的事件。

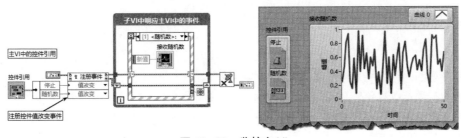

图 10-26 监控主 VI

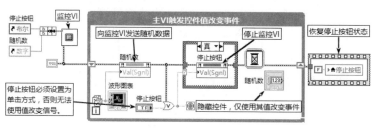

图 10-27　主 VI

 **注意**　必须使用"值（信号）"属性节点才能产生"值变化"事件。

### 2. 用户决定何时响应事件

下面的例子演示了如何利用鼠标按下动作注册鼠标移动事件；利用鼠标释放事件，取消注册事件，实现在图片框中移动图片。程序框图如图 10-28、图 10-29 所示。

图 10-28 所示的程序框图的功能是，从磁盘中读取 JPG 文件并显示在图片控件中。在图片控件的鼠标按下事件中注册了鼠标移动事件，也就是说只有鼠标按下时才产生鼠标移动事件。在图 10-29 中，在鼠标移动事件中，利用图片控件的原点属性移动图片控件。在窗格鼠标释放事件中，取消图片控件的"鼠标移动"事件注册。

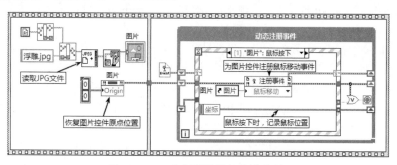

图 10-28　动态注册鼠标移动事件

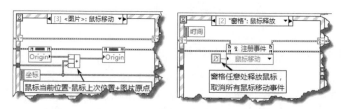

图 10-29　图片控件鼠标移动事件与窗格鼠标释放事件

## 10.4　堆栈与数据缓冲区

数组在内存中是连续存储的，存储数组相当于在内存中开辟一段内存空间。动态开辟内存空间和使用共享的内存空间是构成复杂数据结构的基础。

移位寄存器可以存储任意数据类型，比如簇和簇的数组。通过移位寄存器存储数组，引申出一系列重要的数据结构，如堆栈、缓冲区和队列等。本节详细介绍如何利用 LV2 型全局变量和数组实现堆栈和数据缓冲区。

### 10.4.1 堆栈的实现

堆栈在计算机编程中是一个非常重要的概念，尤其是在嵌入式应用中。从作用机理上看，堆栈是一个先入后出的数据结构，最先进入堆栈的最后出堆栈，所有的操作都是针对堆栈末端的数据进行的，我们无法操作堆栈中间的数据。从封装数据的角度看，堆栈中间的数据对用户来说是不可见的。

堆和栈从细节上看有所不同，但是作用机理是类似的。这里我们只是模拟堆栈的功能，因此不需要细致讨论它们之间的区别。

堆栈的操作比较简单，利用 LabVIEW 数组，结合动作机就可以实现堆栈的操作。堆栈动作机需要初始化、入栈和出栈这三个动作。因此，首先需要创建一个严格自定义枚举数据类型，描述堆栈的动作。为了更方便地使用堆栈，我们加入另外一个动作——返回堆栈的长度，即堆栈中包含的数据的数量。

如图 10-30 所示，初始化堆栈实际上是构造一个空数组。空数组只包含数据类型，不包含任何实际数据。将空数组存入移位寄存器中。进栈操作会把数据加入数组中，同时数组长度加 1。出栈操作则是取出数组末尾的元素，同时数组长度减 1，如图 10-31 所示。

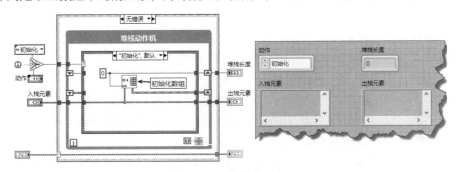

图 10-30　初始化动作

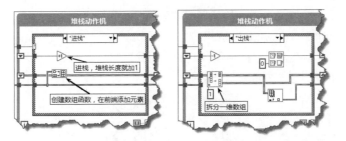

图 10-31　进栈和出栈动作

由于封装了数组操作，所以只能对数组的末尾进行操作。这样就通过数组实现了堆栈。如图 10-32 所示，将 0~9 压入栈，然后将它们弹出栈。

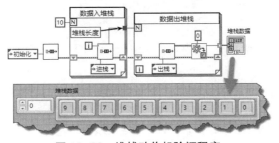

图 10-32　堆栈动作机验证程序

由于堆栈是先进后出的数据结构，因此写入的 0～9 在出栈后变成了 9～0，这说明图 10-32 所示的程序实现了堆栈的功能。

由于进栈和出栈动作使用了创建数组函数和拆分数组函数，这两个函数都需要不断地改变数组长度，因此需要不断地调用内存管理器，从而使得程序运行效率很低，所以该程序不适合数据量较大的场合。

### 10.4.2　数据缓冲区

数据缓冲区是一段长度固定的内存区域，当数据缓冲区被填满后，最先进入的数据自动被移出缓冲区。波形图表采用的就是这种数据结构，默认可以存储 1024 个数据。数据缓冲区一般被称作 FIFO Buffer。

XY 图控件经常使用数据缓冲区。我们都知道，XY 图描述的是一个代表 X 坐标和 Y 坐标的点数组。如果 XY 图控件需要显示连续波形，就需要设立一个数据缓冲区来存储 X 坐标和 Y 坐标。

在逐点分析库中，提供了数据队列 VI。数据队列 VI 就可以实现上述的数据缓冲区。数据队列 VI 存储的数据为双精度数据。由于公开了源码，所以很容易将其修改为存储任意数据类型的数据缓冲区。

如图 10-33 所示，通过循环不断地在缓冲区末端加入新的数据。如果缓冲区已满，则自动丢弃首个数据，后加入的数据替换最后一个数据。通过数据缓冲区，存储了 128 个坐标点，然后以连续输出波形的方式在 XY 图控件中绘制一个圆形。

环形缓冲区是另一种常见的缓冲区，LabVIEW 自带的例程中提供了环形缓冲区函数。该函数的代码是公开的，我们从中可以学到环形缓冲区的创建方法，它也是通过 LV2 型全局变量实现的。

LabVIEW 环形缓冲区示例的路径如下：

C:\Program Files\National Instruments\LabVIEW 16\examples\general\globals.llb\Recent History Buffer Example.VI

NI 网站提供了一个功能更为强大的环形缓冲区组件，可以免费下载使用，地址如下：

http://zone.ni.com/devzone/cda/tut/p/id/7188

该组件支持多种数据类型，包括标量和波形，用途非常广泛。安装后从用户库即可以直接调用。环形缓冲区组件的使用方法如图 10-34 所示。

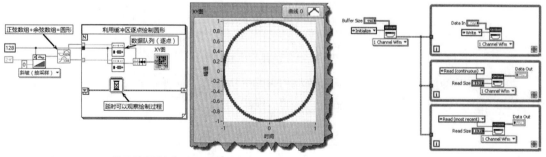

图 10-33　利用数据缓冲区，逐点绘制 XY 图　　　　图 10-34　环形缓冲区组件

### 10.5　同步控制技术

由于经常需要在多个 VI 之间或者同一 VI 不同线程之间同步任务和交换数据，为此 LabVIEW 专门提供了"同步"函数选板，如图 10-35 所示。

"同步"函数选板包括"通知器操作"、"队列操作"、"信号量"、"集合点"、"事件发生"和"首次调用"函数。"首次调用"函数在介绍 LV2 型全局变量时已经多次使用过，不再赘述。本节将详细介绍其他几个函数。

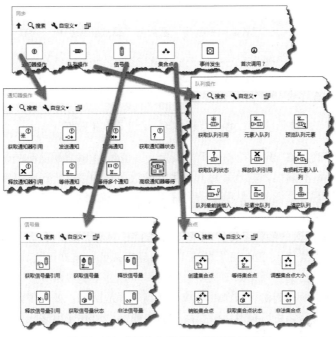

图 10-35　"同步"函数选板及其子选板

## 10.5.1　队列

队列和数据缓冲区非常类似，通常情况下也是一个先入先出（FIFO）的数据结构。虽然如此，队列与数据缓冲区也存在明显区别。我们知道，波形图表控件内部包含数据缓冲区，缓冲区的默认大小为 1024。如果设定队列的长度也是 1024，那么队列和数据缓冲区存在两个重要区别：

◆ 初始化后队列和缓冲区中都是没有数据的。当有数据进入的时候，队列和缓冲区中才有数据。在未达到缓冲区最大许可的长度 1024 之前，缓冲区中的数据会不断地增加。队列则不同，队列中的数据是否增加取决于是否有读队列的过程，就是所谓的出队。如果出队的速度大于入队的速度，则队列中根本不会有残留的数据。如果出队的速度小于入队的速度，则队列中的数据也是不断地增加的。这是第一个区别。

◆ 当队列和数据缓冲区都装满了 1024 个数据后，如果有新的数据要进来，队列和数据缓冲区的表现是不同的。数据缓冲区自动移出最早进入缓冲区的数据，这就是所谓的先进先出。而队列则不同，它要求写队列的线程等待，一直到有别的线程从队列中取出数据，队列中出现了空闲位置，才让新数据入队。因此，队列有调节读写速度的能力，这是队列和数据缓冲区的第二个区别。

### 1. 各种队列操作函数

"队列操作"函数选板如图 10-36 所示，下面详细介绍队列操作函数的使用方法。

（1）"获取队列引用"函数与"释放队列引用"函数

"获取队列引用"函数的图标及连线端子如图 10-36 所示。

图 10-36 "获取队列引用"函数与"释放队列引用"函数

"获取队列引用"函数根据队列名称返回队列的引用。如果该队列不存在，则创建一个新的队列，并且"新建"输出端子返回 TRUE。如果同名队列已经存在，则返回队列的引用。这意味着可以使用同一队列在多个 VI 之间传递数据。

**学习笔记** 可以使用队列在多个线程或者 VI 之间传递数据。

输入参数"队列最大值"用来控制队列的长度，该值为–1 时表明队列的长度不受限制。如果设定了最大长度，当队列满后，将元素写入队列的函数所在的线程会一直等待，直到队列中有新的空闲位置为止。这客观上调节了队列的读写速度。队列可以包含任意数据类型，但是对于过于复杂的数据类型应该慎用。

"释放队列引用"函数的图标及接线端子如图 10-36 所示。输入参数"强制销毁？"，表明是否需要销毁队列。如果值为 FALSE（默认），而且有多处引用调用队列，则"释放队列引用"函数只释放应用本身所占的空间（即句柄所占的空间），并不销毁队列所占的空间，以便其他引用能继续工作。一直到所有的引用被全部释放，才彻底释放队列。如果值为 TRUE，则由该函数销毁队列，用户无须多次调用"释放队列引用"函数或停止所有使用该队列引用的 VI。销毁队列后，所有指向该队列的引用失效。

（2）"元素入队列"函数、"队列最前端插入"函数和"有损耗元素入队列"函数

"元素入队列"函数、"队列最前端插入"函数、"有损耗元素入队列"函数的图标及接线端子如图 10-37 所示。

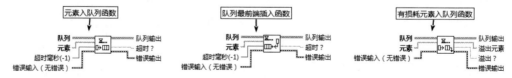

图 10-37 "元素入队列"函数、"队列最前端插入"函数与"有损耗元素入队列"函数

"元素入队列"函数与"队列最前端插入"函数基本类似，唯一的区别在于新元素入队列的位置。如果使用"元素入队列"函数，则是先入先出的次序。如果使用"队列最前端插入"函数，则是后入先出（LIFO）的次序，类似于堆栈。因此，使用队列可以实现堆栈的操作，而且这种堆栈比使用数组的堆栈更具有优势。

如果"超时"端子不连接，则默认输入值为–1，表示永不超时；如果连接了"超时"端子，而且等到设定的超时时间过后，新元素还无法入队，则本次等待结束。同时，"超时"端子返回 TRUE，表示出现超时。

"有损耗元素入队列"函数是 LabVIEW 新增的队列函数。在使用"元素入队列"函数时，如果队列已满，此函数会一直等待，直到有新的空闲空间为止；而"有损耗元素入队列"函数则不然，该函数会自动删除队列前端的元素，并立即在末端插入元素。"有损耗元素入队列"函数实现的实际上就是我们多次使用过的数据缓冲区。

（3）"元素出队列"函数与"清空队列"函数

"元素出队列"函数与"清空队列"函数的图标及接线端子如图 10-38 所示。

图 10-38 "元素出队列"函数与"清空队列"函数

在使用"元素出队列"函数时，如果队列为空，也就是队列中没有任何元素，则该函数会一直等待直到超时。如果未设置"超时"（默认超时为-1），则函数会一直等到有新元素入队并取出队列元素。如果队列中存在元素，则立即取出队列最前端元素。

"清空队列"函数清除队列中的所有元素，并以数组的形式返回队列中所有元素。"清空队列"函数实际上提供了一次读取所有元素的方法。如果我们需要一次读取整个队列，则可以使用"清空队列"函数。

（4）"获取队列状态"函数与"预览队列元素"函数

"获取队列状态"函数与"预览队列"函数的图标及接线端子如图 10-39 所示。

"获取队列状态"函数可以获得队列的大量信息，如队列的最大值、队列名称，以及队列中元素的数量等。通过这些信息，可以判断队列的引用是否有效。如果队列引用无效，则返回错误码 1。

"预览队列元素"函数返回队列最前端的元素但是不删除该元素。注意"预览队列元素"函数与"元素出队列"函数的区别，后者不但返回队列最前端的元素，并且删除该元素。

### 2. 队列的常规用法

队列的用途非常广泛，通过队列引申出许多重要的设计模式，本节仅介绍几种队列的用法。

（1）利用队列实现堆栈操作

使用队列的一般过程为：获取队列引用（一般是新创建）、元素入队列或者出队列、释放队列引用。元素可以在队列前端入队，而元素的出队也是从前端开始。这样的过程和堆栈操作相似，因此使用队列可以实现后进先出操作，如图 10-40 所示。

在图 10-40 中，在释放队列时，获得了队列中的剩余元素。当然也可以直接使用"清空队列"函数，来获取队列中的所有元素，而且这种方法更为常见。该例子因为是局部队列操作，以后就不再需要它了，所以直接通过释放队列函数获取所有元素。

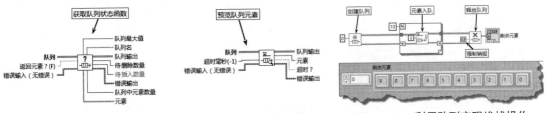

图 10-39 "获取队列状态"函数与"预览队列元素"函数 　图 10-40 利用队列实现堆栈操作

**学习笔记** 利用"清空队列"函数可以一次性获取队列中的所有元素。

（2）利用队列实现数据缓冲区

利用"有损耗元素入队列"函数可以实现上节所述的数据缓冲区，如图 10-41 所示。通过队列数据缓冲区，波形图实现了类似波形图表的连续滚动波形功能。

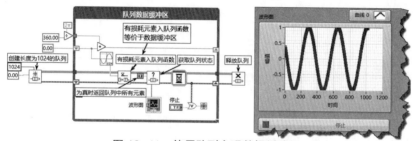

图 10-41　使用队列实现数据缓冲区

（3）利用队列替代全局变量

全局变量最大的问题是任意时刻任何线程都可以对其读写，这会导致数据竞争。在 VC 等高级编程语言中，通过互斥技术来保护全局变量。利用 LabVIEW 的队列，也可以实现互斥操作。

下面创建一个简单的动作机，用来存储全局变量。如图 10-43 所示，在首次调用动作机时创建一个队列，并在移位寄存器中存储队列的引用。该队列长度为 1，只能存储 1 个元素。元素的数据类型为 I32，表示该队列为 I32 型全局变量。在创建队列的同时入队 1 个元素。

无论对全局变量进行读操作还是写操作，都执行先出队、后入队操作。假如执行出队操作后，另外的线程需要读写，因为此时队列为空，所以其必须等待直至有元素入队。这样就完全保证了，全局变量不可能在同一时刻被读写。当然动作机本身就是 LV2 型全局变量，能保证同一时刻不被多个线程读写。这样做只是为了说明队列的作用。读写队列全局变量的程序框图如图 10-42 所示。

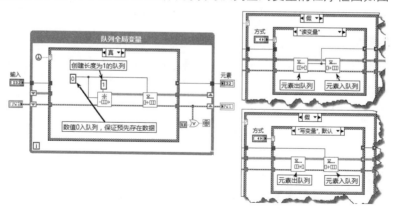

图 10-42　读写队列全局变量

调用队列全局变量非常简单，如图 10-43 所示。VI 结束前必须释放队列，如果忘记释放队列会导致内存泄漏。

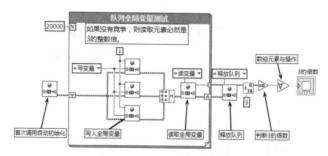

图 10-43　队列全局变量测试程序

（4）利用队列在不同任务中循环或者 VI 之间传递数据

队列最常见的应用是在多个任务中循环或者在多个 VI 之间传递数据。在传递数据的同时也调节各个任务之间的运行速度。利用队列可以将数据的采集、分析处理和显示分成不同的任务，如图 10-44 所示。仪器 A、仪器 B 工作循环采集数据，并统一将数据发送到数据显示工作循环处理。这样能够提高运行效率，使数据的处理和显示不至于影响数据的采集过程。

（5）利用队列创建基于命令的动作机

队列特别适合于多对一的模式。它可以在多个 VI 或者工作循环中发送命令或者数据，在一个工作循环中接收命令或者数据。这类似于 Windows 的消息机制，又类似于用户事件机制。例如，通过队列在一个 VI 或者工作循环中处理所有命令。当没有接收到命令时，该 VI 或者工作循环始终处于等待状态。这和 LabVIEW 的事件结构非常类似，是一种非常重要的设计模式，称为队列状态机。功能比较简单的队列状态机类似于基于命令的动作机。

比较复杂的应用通常需要利用动作机来封装队列。队列的创建、元素入队及出队和队列的释放位于同一个组件中，更利于模块化。

这里采用用户事件结构来演示如何通过队列发送基于命令的消息，如图 10-45 所示。

一个工作循环发送命令，另一个工作循环处理命令。实际上可以在多个工作循环或者多个 VI 中发送命令。这样就构成了服务器/客户端模式，即各个客户端发送命令请求，然后服务器统一处理命令。

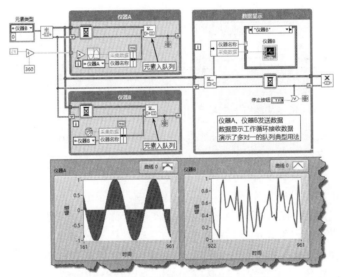

图 10-44　数据采集任务和显示任务

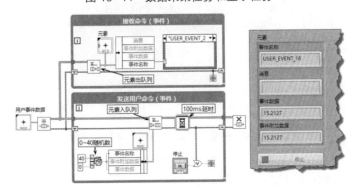

图 10-45　利用队列发送消息

队列是 LabVIEW 同步技术的基础，也是使用最广泛的设计模式。在队列的基础上，衍生出很多重要的应用，比如信号量等。队列的使用极为灵活，需要仔细领会。

### 10.5.2 通知器

队列特别适合于多对一的操作，而通知器恰恰相反，通知器适合于一对多的操作。通知器模式类似于网络通信中的广播模式——从一点发出的信息，多点可以同时接收。通知器模式相当于面向对象编程语言中著名的观察者模式。

使用全局变量也可以达到这样的目的，但是多个线程需要不断查询全局变量。如果查询速度大于全局变量改变的速度，则会多次重复读取同一个数据。如果查询速度小于全局变量改变的速度，则会跟不上全局变量的变化，导致数据遗漏。使用通知器则避免了这个问题。等待通知的线程，如果没有收到新的通知，则一直处于等待状态。一旦有新的通知，则所有等待线程立即被唤醒，并执行相应操作，完成操作后继续等待。这类似于事件结构的工作方式。

通知器操作函数选板如图 10-35 所示，总计包括 8 个函数。

**1. 通知器操作函数选板中的重要函数**

下面简要介绍通知器操作函数选板中的几个重要函数，更详细的说明请参考帮助文件。

（1）"获取通知器引用"函数与"释放通知器引用"函数

如图 10-46 所示。

图 10-46 "获取通知器引用"函数与"释放通知器引用"函数

同队列一样，LabVIEW 以名称来区别不同的通知器。"获取通知器引用"函数可以创建一个新的通知器。如果存在同名通知器，则返回这个通知器的引用。由于通知器的名称是全局的，所以通知器可以在不同任务或者 VI 之间传递数据。

可以将引用理解成指针，占 4 字节。如果在循环中不断获取引用，而不释放引用，会导致使用的内存持续增加。因此，比较合理的方法是用 LV2 型全局变量存储通知器的引用。在创建通知器的同时，需要指定通知器包含的数据类型，供其他通知器函数使用。

每一次调用"获取通知器引用"函数时，都获得一个新的通知器引用。如果需要在释放通知器引用的同时销毁通知器，则释放的次数必须和获取的次数相同。如果"强制销毁"参数为 TRUE，则"释放通知器引用"函数将自动销毁通知器，无须多次调用释放函数。

（2）"发送通知"函数、"等待通知"函数与"取消通知"函数（见图 10-47）

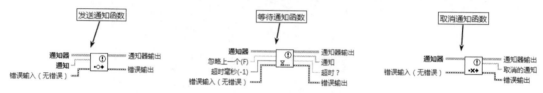

图 10-47 "发送通知"函数、"等待通知"函数、"取消通知"函数

"发送通知"函数向通知器发送一个通知，所有等待通知的任务将同时获得通知。通知的数据类型必须和创建通知器时输入的数据类型相同。

"等待通知"函数使任务处于等待状态，直到接收到新的通知。"等待通知"函数有两个重要的参数："超时"和"忽略上一个"。如果未指定"超时"参数的值，即默认值为–1，则表示永远不超时；如果设定了"超时"参数值，且等待的时间也达到超时值，则"超时"端返回 TRUE。"忽略上一个"参数如果为 TRUE，则继续等待下一个消息；如果为 FALSE，则继续执行。

"取消通知"函数用于删除通知器中的通知，并返回被删除的通知。

（3）"等待多个通知"函数与"获取通知器状态"函数

如图 10-48 所示。

图 10-48　"等待多个通知"函数与"获取通知器状态"函数

"等待多个通知"函数可以接收多个通知，如果多个通知中有一个发出，则该函数继续执行。否则处于等待状态，该函数的"通知器"输入参数为通知器引用数组。

"获取通知器状态"函数，用于返回通知器的当前状态，包括通知器名称、最近一次通知、等待数量，等等。

（4）"高级通知器等待"为函数选板，其中包括两个函数，这两个函数为新增函数。

如图 10-49 所示。

图 10-49　"等待带通知器历史的通知"函数和"等待带通知器历史的多个通知"函数

## 2. 通知器的典型用法

通知器具有许多重要的用途，下面通过几个具体的示例说明通知器的典型用法。

（1）同步多个线程

多个等待通知的任务或者 VI，在没有新的通知到来时一直是处于等待状态的。如图 10-50 所示，一旦新的通知到来，立即唤醒任务，并执行一次，然后继续等待下一个通知。这样在客观上协调了各个任务与发送通知的任务之间的同步关系。

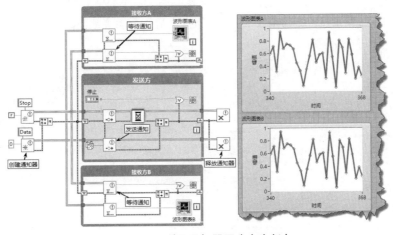

图 10-50　利用通知器同步多个任务

在这个例子中，包括三个独立的循环。左边的循环在 100 ms 的整数倍时运行一次，后面两个循环处于等待状态，一旦新的通知到来，立即启动。这样就实现了三个循环的同步。同时，左边的循环通过通知器向后面的两个循环传递数据，避免了使用局部变量或者全局变量进行数据交换。

（2）在多个任务或者 VI 之间交换数据

该例子不但实现了三个不同任务的同步运行，而且主要任务会不断地向次要任务发送数据，所以它也实现了任务和任务之间的数据通信。

（3）替代局部变量或者全局变量

通常情况下，我们采用局部变量来结束同一 VI 中的不同循环，采用全局变量结束多个 VI 中的不同循环。使用通知，则完全可以避免使用局部变量和全局变量。图 10-50 所示的例子就使用一个单独的通知替代了"停止"按钮局部变量，在结束主要循环的同时，结束两个次要循环。

（4）命令处理器

如果使用动作机将通知器结构封装起来，就可以构成一个基于命令或者事件的独立组件，当然使用队列也可以构成一个类似的基于命令的动作机。

（5）暂停或者运行循环

由于在没有新的通知到来的情况下，接收通知的循环处于等待状态，所以通过通知器我们能控制循环的运行与暂停，如图 10-51 所示。

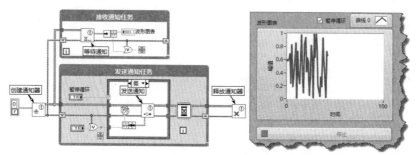

图 10-51　通过通知器运行或暂停循环

如果需要利用通知器同时传递多种信息，则可以采用两种方法。一是利用复杂的数据类型；二是利用多个通知器，并在接收通知的任务中调用"等待多个通知"函数。这特别适合多对一的通信，当然使用队列也可以满足这样的要求。使用通知器进行多对一的通信类似于事件结构多处触发事件，并在一个循环中处理所有的事件。注意，通知器不同于队列，它是没有缓冲区的，发送通知后立即执行。如果接收方没能及时接收数据，则数据可能会被新数据覆盖，导致数据丢失。多对一通知器如图 10-52 所示。

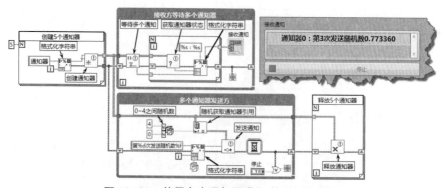

图 10-52　使用多个通知器进行多对一的通信

### 10.5.3 信号量与集合点

LabVIEW 是多任务的编程语言，带来方便的同时，也相应带来一些副作用，副作用主要体现在共享资源竞争方面。例如，一台网络共享打印机，如果多个用户同时打印，则需要排队处理，因为任意时刻只能打印一个文档。打印机作为共享资源，任意时刻只能有一台计算机获得它的控制权。当某台计算机获得控制权后，其他计算机只能等待，一直到打印机空闲为止。

#### 1. 信号量

信号量的作用是控制获取共享资源权限的数量。当达到信号量规定的数量之后，其他任务只能等待，直到别的线程释放控制权，出现空闲权限。这类似于银行的叫号排队，只有某个窗口出现空闲时，下一位客人才能办理业务。所有的窗口就是共享资源，可用窗口的数量就是权限的数量。

信号量的使用比较少见，因为在程序中可以通过其他方法决定是否执行任务。使用信号量获取控制权限具有很大的随机性，比如几个任务同时等待信号，无法确定哪个任务优先得到权限。信号量的用法如图 10-53 所示，"获取信号量引用"函数的"大小"输入端子未连接，其默认值为 1，也就是说任何时刻只能有一个任务获得权限，即两个任务之间是互斥的。

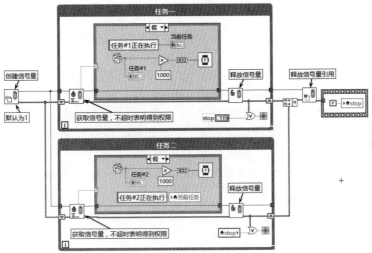

图 10-53 利用信号量实现互斥

#### 2. 集合点

集合点与信号量恰恰相反，使用信号量的任务是异步的，需要等到有空闲权限时，才能获得权限。做数据采集时如果只有一块板卡，那么多个任务中只能有一个任务对板卡操作。板卡作为共享资源不允许多个任务同时对它执行相同操作。

集合点则用于精确同步。假如有多块数据采集卡，要求它们同步启动采集，当然这可以通过硬件直接实现。如果要求基于软件同步，则可以使用集合点。

集合点适用于多个任务必须同时启动的情形。例如，百米赛跑，要求所有参赛的队员必须同时开始跑，但前提条件是所有队员必须到场。这就是集合点的意义。

集合点和信号量只能控制任务运行的次序，无法传递数据，因此并不常用。有关集合点和信号量的 VI 开放了源代码，跟踪这些 VI 就会发现，集合点和信号量 VI 内部都使用了队列。因此信号量和集合点实际上是队列的特殊用法。它们都是通过封装队列形成动作机，然后实现相应的功能。

如图 10-54 所示，"创建集合点"VI 的"大小"接线端子为 3，意思是必须有三个任务同时等待时，才会开始下一次循环。上面的循环间隔是可以设置的，下面的两个循环没有加入任何时间控制。下面的两个循环执行完毕后，必须等待上面的循环执行完毕，直至有三个任务等待时，才同步开始下一次循环。因此，三个循环是同步的，循环时间间隔是最上面的循环运行时间。

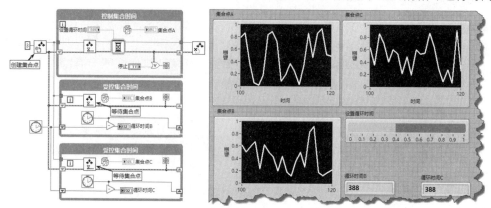

图 10-54　利用集合点同步循环

## 10.6　项目管理器

常规的编程语言通常都有一个集成的开发环境（IDE），用项目、工程、工作区来管理程序开发。作为一种特立独行的编程语言，尽管 LabVIEW 推出至今已有 20 多年了，但是直到 8.0 版本后才引入了项目管理器。这也是我们之前没有讨论项目的原因。

用项目来管理程序开发，好处是不言而喻的。使用项目可以集中管理各个 VI，使用过 LabVIEW 7.1 以前版本的读者们都清楚，当开发一个比较大的程序时，经常会出现不同目录下存在同名 VI 的情况。而内存中不允许有相同名称的 VI 存在。如果主 VI 中包含的 VI 在内存中已经存在，则可能会使用内存中已经存在的那个 VI。这样主 VI 引用的 VI 不再是当前目录下的 VI，而是其他目录下的 VI 了。比较大的程序可能会被多次备份，这容易导致多个目录含有相同名称的 VI，从而导致文件指向混乱。

松散的文件管理是不利于开发大型程序的，项目管理器的引入解决了这个问题。下面详细介绍 LabVIEW 的项目管理器。

### 10.6.1　项目管理器的结构

在前面章节中，所有的例子都是从新建一个 VI 开始，从未涉及项目的问题。下面我们新建一个项目，看看 LabVIEW 的项目管理器是如何工作的。

在 LabVIEW 中创建一个新的项目，存储该项目并命名为"项目管理器"，如图 10-55 所示。

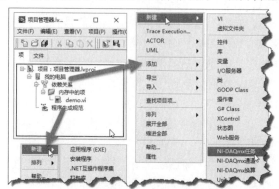

图 10-55　项目管理器及其重要的快捷菜单

　　项目管理器是一个独立的窗口，由菜单、工具条和选项卡构成。菜单和工具条非常简单，通过提示很容易了解它们的用途。我们重点关注项目管理器的选项卡——"项"和"文件"。

　　"项"选项卡中是一个树形控件，包括"我的电脑"、"依赖关系"和"程序生成规范"三个分支。

◆ **我的电脑**：通过"我的电脑"快捷菜单可以执行很多操作，包括新建 VI、库、类、控件，以及导入、导出 DAQMX 配置，新建文件夹，VI 服务器属性设置等。

◆ **依赖关系**：如果使用了其他未列入项目的 VI，则项目与该 VI 具有依赖关系，LabVIEW 会自动将 VI 列入依赖关系分支下。

◆ **程序生成规范**：LabVIEW 可以创建应用程序（EXE）、安装程序（Install）、共享库（DLL）、Web 服务和 ZIP 文件等。

## 10.6.2　虚拟文件夹

　　LabVIEW 的项目管理器独具特色。项目管理器使用虚拟文件夹来管理 VI。通过虚拟文件夹，人为地把 VI 文件、VI 库等划分成不同的层次结构，以区分 VI 不同的功能，但是它们与 VI 实际所在的文件夹并无明显关联。当然我们可以把虚拟文件夹设置成和实际文件夹相同，这样更易于管理，但是这样做并不是必须的。

　　我们一直在强调 VI 的模块化，以及通过多种方式将多个 VI 封装成一个独立的组件。通过设立虚拟文件夹，能更直观地对整个软件工程进行层次化管理。通过项目管理器中的"我的电脑"分支，可以创建虚拟文件夹。在每个虚拟文件夹中，可以创建或者导入已经存在的 VI。

　　对于已经存在的文件夹，可以通过"添加文件夹（快照）"或者"添加文件夹（自动更新）"两种方式将它们加入项目，然后根据已经存在的文件夹自动建立对应的虚拟文件夹。

　　采用快照方式，虚拟文件夹刚刚建立时和实际文件夹是一一对应的，但是它无法反映实际文件夹后来的变化，比如文件夹内文件的增减等。而采用自动更新方式建立的虚拟文件夹则能反映这样的实时变化。二者在显示上也是不同的，如图 10-56 所示。

　　从图 10-56 可以看出，通过快照方式与自动更新方式建立的虚拟文件夹的图标明显不同，很容易区分。当在两个实际文件夹中，增加新的 VI 时，通过自动更新方式建立的虚拟文件夹中自动出现了新的 VI。而通过快照方式建立的虚拟文件夹中则不出现新的 VI。

图 10-56　通过快照方式与自动更新方式建立的虚拟文件夹

## 10.6.3　库

　　这里所说的库（lvlib）是一个包含 VI、自定义数据类型和共享变量等的虚拟库，与 VI 实际存储的位置无关，通过"我的电脑"分支的快捷菜单可以建立库。把功能相关的多个 VI 集中放置在库中便于集中管理。通过设置不同的访问权限对其他非库内用户提供有限的接口。从这一点看，库本身就构成了一个功能组件。使用库有以下几个好处。

### 1. 独立的命名空间

位于库中的 VI，VI 名称中包含库名，因此不同库中的同名 VI，它们实际的 VI 名称是不相同的。这避免了早期版本中因 VI 重名而引发的一系列问题。

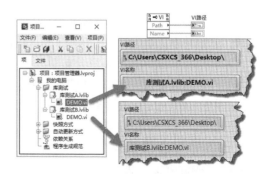

如图 10-57 所示，当使用 VI 库时，虽然两个库中的 VI 文件名相同，却不再提示冲突。这是 LabVIEW 非常大的进步。

当 VI 单独存在时，例如 DEMO.vi，它的文件名就是VI名称。但是当DEMO.vi位于库中时，VI 名称为库名：VI 文件名。这样位于不同库中的

图 10-57　库中 VI 的命名空间

同名 VI，虽然文件名相同，但是它们的命名空间是不同的。

### 2. 可以设置统一的图标

一般来说，库中所有 VI 之间都具有一定的相关性，因此它们的图标也应具有一定的共性。通过库的属性对话框可以设置库的图标，如图 10-58 所示。库中所有新建的VI自动被赋予库的图标。在此基础上，很容易设置 VI 的图标。

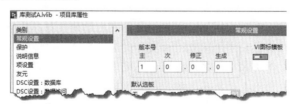

图 10-58　为库设置图标

### 3. 可以为库设置安全保护

通过库属性对话框，可以将库设置成"未锁定"、"已锁定"和"密码保护"三种状态，如图 10-59 所示。处于"未锁定"状态的库，任何人都可以查看或编辑库中的所有 VI。处于"已锁定"状态的库，仅仅显示公有 VI，他人无法对其编辑。处于"密码保护"状态的库，当你打开VI 程序框图时要求输入密码，该密码不同于 VI 密码，是库本身的密码。

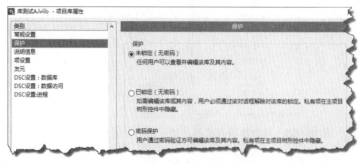

图 10-59　为库设置安全保护

当库处于"已锁定"状态时，库图标右侧会显示"锁"图标，表示库已经被锁定。

### 4. 可以设置库所属 VI 的访问范围

使用库的另外一个好处是，可以设置 VI 的访问范围，可以选择"公共"、"库内"或"私有"三种范围。公共 VI 可以被库外部 VI 自由调用，与一般的 VI 并无区别；而私有 VI，则只能被库中的其他 VI 调用；库内 VI 只有友元 VI 或者库内其他 VI 可以调用。当库被设置为"已锁定"状态时，私有访问范围的 VI 不可见，所以库 VI 无法访问它。如图 10-60 所示。

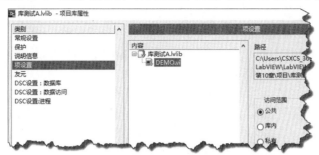

图 10-60　设置库所属 VI 的访问范围

### 5. 可以设置友元 VI

一般 VI 可以访问库内的公共 VI，不可以访问库内 VI 和私有 VI。如果库外的 VI 被设置为友元 VI，那么其就可以访问库内公共 VI 和库内 VI，不可以访问私有 VI。如图 10-61 所示，当"友元.vi"未被设置为库的友元时，提示两个错误，表明不能访问库内 VI 和私有 VI。修改为友元后，只提示一个错误，不能访问私有 VI，也就是说，可以访问库内 VI。

注意，当库中的 VI 被设置为库内访问范围时，项目管理器中的该 VI 的图标右侧会显示蓝色钥匙；当被设置为私有访问范围时，VI 图标右侧会显示红色钥匙。

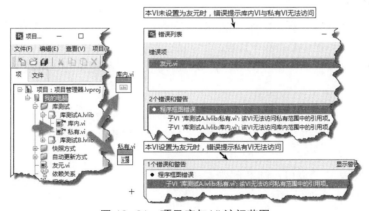

图 10-61　项目库与 VI 访问范围

## 10.7　面向对象编程

前面我们通过 LV2 型全局变量、动作机等封装了数据和动作。使用过面向对象编程语言的人都知道，数据封装是面向对象编程语言固有的特征。利用私有变量可以轻易实现数据的封装，利用类的属性和方法就可以构成上述的组件。

由于 LabVIEW 并非面向对象的编程语言，所以 LabVIEW 在构建较大程序时非常麻烦，需要相当的技巧，而类的引入在一定程度上解决了这个问题。

早在 LabVIEW 没有推出类之前，一些公司就推出了第三方工具包实现了部分面向对象的功能。

一直到 LabVIEW 8.0，LabVIEW 才正式推出类的概念，实现了面向对象编程的部分功能。

## 10.7.1　面向对象编程的基本概念

很多教科书都详细地介绍过面向对象编程的基本概念和思想，我们在了解 LabVIEW 的面向对象编程之前，有必要了解一下面向对象的基本知识。

面向对象（OOP），在 LabVIEW 中一般称为 LVOOP。面向对象的编程语言是通过类的方式描述对象的。类描述的是相同对象或类似对象，对象称作类的实例，一个类可以由多个其他类组合而成。显然这里所说的类和前面所说的组件很类似，但是类与组件相比具有明显的优点。

类的三个主要优点是封装、继承和多态。

- ◆ 组件虽然可以用 LV2 型全局变量封装数据，但是这种封装只是形式上的，用户还是可以直接调用组件内部的 VI。但是类则完全不同，在类的外部是无法直接访问类的内部数据的。
- ◆ 类是可以继承的，但是组件不能。组件要想实现代码重用，通常只能采用复制的方法。
- ◆ 一个子类与它的父类可以具有相同名称的方法，但这些方法可以执行不同的功能。一般来讲，父类描述的是通用特性，子类描述的是特殊特性。子类、父类可以创建同名方法，但它们可以执行不同的功能，这就是所谓的类的多态性。我们在前面的章节中，也提到过多态 VI，但是多态 VI 的多态与类的多态是完全不同的。多态 VI 是指在编译时，根据不同的数据类型自动选择不同的 VI，多态 VI 在运行时不具有多态性。

类具有属性和方法，属性用于读写类的数据成员，由于类具有封装数据的特性，因而类只能通过属性或者方法和外部交换数据。方法是类内部包含的 VI，执行具体的动作。

## 10.7.2　类的封装特性

下面我们通过类设计一个定时器，当定时器达到设定数值时，布尔变量输出为 TRUE。通过这个具体示例可以了解创建类的基本过程。

创建类的基本过程包括：创建类、设置类的基本信息、创建类的私有数据、创建类的属性、创建类的方法。

### 1.　创建类

在 LabVIEW 中，应该借助于项目管理器来创建类，这样更有利于类的调试。在 LabVIEW 中，创建类有两种方法。

- ◆ 在 LabVIEW 启动窗口，在"创建其它文件"一栏中选择"创建类"，会自动创建一个项目。
- ◆ 在项目管理器中，通过"我的电脑"分支快捷菜单，选择"新建类"。

### 2.　设置类的基本信息

在项目管理器中，右键单击类图标，显示类的快捷菜单，单击"属性"项，启动类的属性对话框。类的属性对话框与库的属性对话框基本类似，包括"常规设置"、"保护"、"项设置"、"继承"、"友元"等选项卡。

首先在"常规设置"选项卡中，设置类的图标，该图标将应用于类的所有属性和方法，所以需要选择合适的小图标，代表类的标志性信息。

### 3.　创建类的私有数据

首先创建一个新的文件夹，用于存储项目文件和类文件。然后创建一个新的项目和新的类，更改项目和类的名称并存储。在类库之下建立两个虚拟文件夹，用来存储类的属性和方法。

类的私有数据只能被类中的成员函数访问，继承的类和外部函数无法直接访问。这样做的最大益处是有效地封装了数据。

LabVIEW 中类的私有数据是通过自定义控件簇提供的，所需的私有数据应该包含在自定义簇中。新创建的类自动生成一个空的私有数据簇，可以向其中添加所需的私有数据，如图 10-62 所示。

我们利用 LabVIEW 的时间计数器函数来制作定时器，因此创建如下 4 个私有数据成员。

◆ 开始时间（Start Time）：用来记录开始计时的时刻。

◆ 设定时间（Set）：用户设定的定时器定时值。

◆ 经历时间（Ellapse）：当前时间计数器的值与开始时间的差，表示经历过的时间。

◆ 定时状态（Status）：当经历时间大于设定时间时，布尔控件输出为 TRUE，表示定时时间到。

### 4. 创建类的属性

接下来需要创建类的属性，类的属性用于读取或者写入类的私有数据成员。严格地说，属性与方法并无实质区别，方法完全可以替代属性。但是属性直接与私有数据相关，方法可以与私有数据成员没有任何关系。属性尤其是写入属性，可以验证输入数据的合理性，并能将其强制转换为合理输入数据。

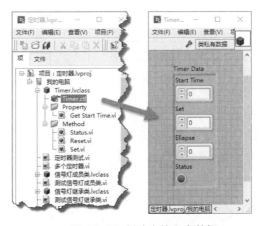

图 10-62 创建类的私有数据

创建类的属性的过程完全是自动的，通过类的快捷菜单，选择"新建"→"用于数据成员访问的 VI"项，就可以自动创建属性 VI。在 LabVIEW 中，属性被称为访问器，其访问的是类的私有数据成员。

在访问器对话框中，自动列出自定义控件中定义的所有私有数据成员，选择需要的数据成员和权限（权限包括读取、写入，以及同时读写）。选择访问器的虚拟文件夹、是否需要错误输入/输出，等等。还可以选择是否需要"通过属性节点"实现，如果选择"通过属性节点"实现，我们就可以像访问控件的属性节点一样，访问类的属性。当类的属性非常多时，选择使用属性节点来定义属性，更为方便快捷。

需要注意的是，访问器分为动态访问器和静态访问器。动态访问器可以被继承的类重写，而静态访问器则不能。下面创建一个设置定时器定时时间的访问器，如图 10-63 所示。图中显示了类的"新建"快捷菜单、"访问器"对话框、设置定时时间访问器（属性）的前面板与程序框图。

通过访问器（属性）访问类的私有数据成员，类似于常规的簇捆绑和解除捆绑操作，与一般的 VI 操作无明显区别。

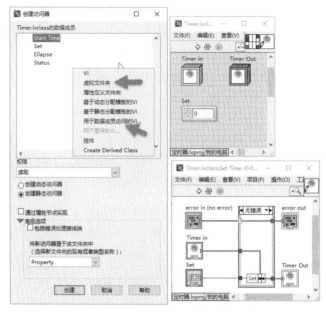

图 10-63　定时器定时时间访问器（属性）

### 5. 创建类的方法

接下来需要创建定时器类的方法。我们创建一个类的目的是描述外部事物，而改变外部条件，类的内部会产生一定的结果，比如驾驶汽车，通过油门和档位就可以控制汽车的速度，我们并不关心其内部是如何实现的，我们关心的是汽车的速度。通过外部参数控制类的内部行为并向外输出相应的结果，这就是方法要做的事情。

利用类的快捷菜单可以创建两种类型的方法，参见图 10-63。

◆ 基于动态分配模板的 VI：继承基于动态分配模板的 VI 时可以重写同名 VI，实现不同的行为。相同的 VI 根据不同的输入可执行不同的动作。使用动态模板的 VI 可以实现类的多态性。

◆ 基于静态分配模板的 VI：使用静态模板的 VI 只能继承，不能重写。

对于上面的定时器，我们创建了三种方法，即"设置定时时间"方法、"复位定时器"方法和"读定时器"方法。设置定时时间实际上就是修改私有数据成员，完全可以通过属性来设置，不过通过方法设置能更加体现定时器的动作。

"复位定时器（Reset）"方法如图 10-64 所示。"复位定时器"方法把"开始时间"重新设置为时间计数器的当前值，把"经历时间"复位为 0，把"定时到标志"复位为 FALSE。

"设置定时时间（Set）"方法如图 10-64 所示。在设置定时时间的同时，调用复位定时器方法，这意味着改写定时时间将导致定时器重置。

"定时器状态（Status）"方法，定时器的大部分功能都是通过"定时器状态"方法实现的，如图 10-64 所示。当时间计数器与"开始时间"的差值大于或者等于"定时时间"时，"定时到"端子输出为 TRUE，同时输出"定时到"端子的上升沿脉冲。

使用方法不仅可以修改私有数据成员的属性，更为重要的是它能完成特定的动作或任务。由于类是可以继承的，因此方法具有三种不同的权限，可以通过方法的快捷菜单来设置这些权限。

◆ 私有方法：只能被本类其他方法调用，禁止外部调用或者继承。

◆ 保护方法：只能被本类和继承它的类调用，禁止外部调用。

◆ 公有方法：内部、外部均可调用。

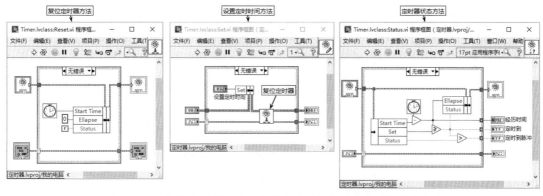

图 10-64 复位定时器方法、设置定时时间方法、定时器状态方法

### 6. 创建类的实例

类本质上是一种数据类型，在使用类的属性和方法之前，必须首先创建类的实例。拖动项目管理器中类的图标到 VI 中，即创建了这个类的一个具体实例。

通过类可以轻松实现代码重用。比如可以创建多个定时器类的实例，实例之间由于私有数据互相隔离，因此互不影响。下面建立 5 个定时器，各自执行不同的定时任务，如图 10-65 所示。

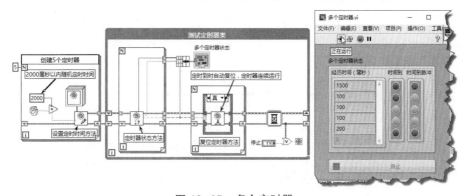

图 10-65 多个定时器

在图 10-65 所示的例子中通过循环建立了 5 个定时器，它们的定时时间是随机设定的，当"时间到"端子输出脉冲时，复位定时器，这样就可以实现自动复位，并重新启动定时器。

LabVIEW 类的引入使数据封装变得轻而易举，以往我们使用 LV2 型全局变量、动作机的主要目的就为了封装数据。动作机在封装数据的同时，实现了不同的动作，而这些动作实际上就是类中的方法。因此，可以使用最新的面向对象的编程方法替代传统的动作机编程方法。

LabVIEW 内部的一些函数和组件在引入面向对象编程方法后发生了很大变化，比如最新的生成报表工具包和三维控件就被以类的方式重新改写了。

## 10.7.3 类的继承特性

数据封装是类的特征之一，类的强大功能还在于它是可以继承和拓展的。一个类的数据成员可以是其他类的实例，这种构成方式称作组合。一个对象由一些基本对象组合而成，这种组合方式在现实生活中非常常见，比如自行车，就是由多种基本零件组合而成的。

下面使用两种不同的方法，来模拟交通信号灯的变化。第一种方法把定时器类作为信号类的数据成员；第二种方法用类继承的方法，使用继承于定时器类的类。通过比较我们可以发现二者的不同之处，了解类继承的基本特点。

**1. 类的实例作为另一个类的数据成员（信号灯成员类）**

假设信号灯有红灯、黄灯和绿灯，三个信号灯的定时时间不同。我们采用布尔数组表示信号灯；用 U32 数组表示信号灯对应的定时时间；自定义一个枚举类型表示当前状态；定义一个手动布尔控件表示选择手动控制还是自动控制，如图 10-66 所示。

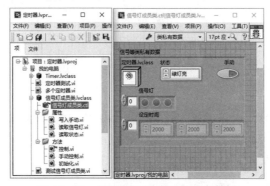

图 10-66　创建信号灯成员类私有数据

自定义的枚举类型共有 5 种状态，分别是红灯亮、黄灯亮、绿灯亮、全部亮和全部熄灭。

注意类的私有数据中的控件，通过控件的快捷菜单，可以设置默认值。在某些情况下，设置合适的默认值可以简化编程，不需要使用访问器就可以对私有数据进行初始化设置。

如图 10-67 所示，信号灯成员类包括三个访问器（属性），分别是"写入手动"、"读取信号灯"和"读取状态"。

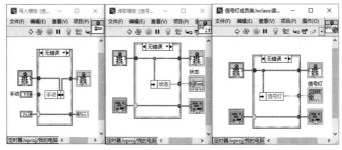

图 10-67　信号灯成员类的三个访问器（属性）

信号灯成员类包括三个方法，分别是初始化方法、控制方法与手动控制方法，其中控制方法被设置为私有的，供其他方法调用。初始化方法与控制方法如图 10-68 所示。

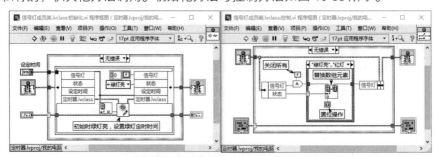

图 10-68　信号灯成员类的初始化方法与控制方法

在初始化方法中，为类的私有数据赋予初值。在面向对象的编程语言中，类具有构造函数，在创建类的实例时会使用到它。LVOOP 没有构造函数的概念，通常需要创建一个初始化方法，其功能类似于构造函数。在具有队列等引用的情况下，通常需要创建一个关闭引用方法，其相当于面向对象编程语言中的析构函数。

控制方法是一个简单的动作机，它根据状态枚举控件的当前值，以控制信号灯数组的值，也就是红绿灯的状态值。

手动控制方法是信号灯成员类的核心方法。其根据状态值与定时时间，控制信号灯的亮灭状态，如图 10-69 所示。

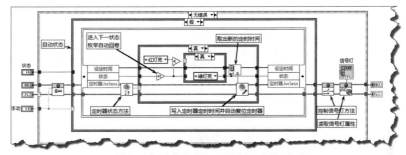

图 10-69　信号灯成员类的手动控制方法

由于定时器类是信号灯类的私有数据成员，因此必须在解除捆绑后，才能使用定时器类中的方法。这是 LabVIEW 比较典型的编程方法，用一个簇存储多个簇的引用，解除捆绑才能使用它们，然后再重新捆绑。

### 2. 继承定时器类

通过继承方式，子类可以直接使用父类的公共或者保护方法。通过公共属性或者方法，可以访问父类的私有数据。从私有数据簇的角度看，继承一个类相当于一个簇变成了两个簇，扩大了簇的范围。从继承方法的角度看，继承避免了编写大量重复性的代码。更为重要的是，通过继承可以实现多态，多态性将在下一节讨论。

与使用组合相比，使用继承不再需要反复的捆绑和解除捆绑操作。操作内部私有数据成员是通过访问数据成员函数来实现的。这种程序结构在体现清晰的数据流的同时，也强化了内部数据的封装，更加有利于避免错误的发生，当然过度的继承会导致复杂程度增加。

LabVIEW 目前不支持类的多重继承，每个类只能继承于单一的父类。我们下面开始创建信号灯继承类，该类直接继承于定时器类。首先创建信号灯继承类，然后在类的属性对话框中，选择"继承"页面，单击"更改继承"按钮，选择定时器类。然后创建类的私有数据，如图 10-70 所示。

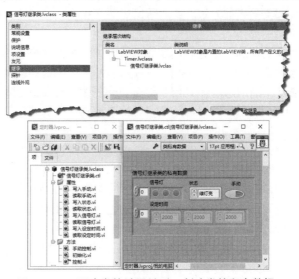

图 10-70　更改类的继承关系，创建类的私有数据

接下来创建信号灯继承类的属性，用于读写类的私有数据。可以自动创建读写属性，非常简单。接下来创建三个方法，分别是初始化方法、手动控制方法、私有的控制方法，如图 10-71 和图 10-72 所示。

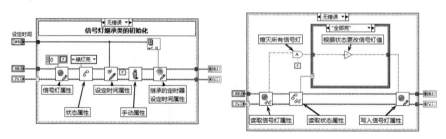

图 10-71　初始化方法与控制方法

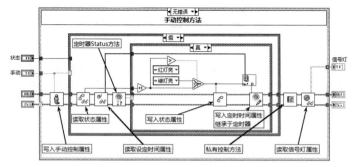

图 10-72　手动控制方法

可以发现，信号灯成员类与信号灯继承类区别不大，它们只是体现了类的封装功能。我们使用严格类型的自定义簇，也可以实现类似的功能，这里并没有体现出类的优势。下一节讨论类的多态性，这是类最重要的特性，从中你可以了解到面向对象的优势所在。

## 10.7.4　类的多态性

类除了具有数据封装和继承特性，还具有多态性。而最能代表类的本质特征的就是类的多态性。前面我们已经提到，创建属性和方法的时候可以选择静态或动态创建。如果选择动态创建，则继承的类可以拥有和父类同名的方法。类是通过方法来执行动作的，允许方法同名意味着相同名称的方法可以执行不同的动作。

一个类与其父类具有明确的继承关系，最基本的类称为祖先类或者基类。从祖先类继承的类可以为父类、子类、孙类等。同一级别的类还具有兄弟关系。从 C 语言的角度看，多态是通过虚拟函数实现的。LabVIEW 中的动态方法实际上和 C 语言中的方法基本相同。之所以能动态调用同名 VI，是因为在运行时 LabVIEW 能够自动根据类的引用判断类的相应级别，从而自动调用所属类的方法。

很多面向对象的编程语言都使用绘图类作为理解类的多态性的经典例程。我们这里创建一个形状（Shape）类作为父类，然后创建点类、直线类、圆形类、多段线类，等等，它们均直接继承于形状类。在形状类中，我们创建一个可重写（虚拟）的 Draw 方法，Draw 方法在形状类中不执行实际操作，它实际上只是定义了方法的输入、输出端子的数据类型、位置、数量等。在直线类、圆形类中，重写 Draw 方法，实现具体功能。

在形状类的快捷菜单中，选择新建"基于动态分配模板的 VI"，即可以创建一个可重写的方法，如图 10-73 所示。Shape 类没有定义私有数据成员，实际上我们不会直接创建 Shape 类的实例，纯粹作为父类使用。在面向对象编程语言中，这种类称作抽象类，或者接口。LVOOP 只是部分实现了面向对象编程，LabVIEW 中没有真正的抽象类。

注意可重写 VI 的连线板，类的连线板显示为红色星号，表示该 VI 是可以重写的。

接下来创建 Point（点）类。在每个子类中都要创建多个 Create 方法，作为构造函数。重写 Draw 方法，注意图 10-73 所示的快捷菜单中，"用于重写的 VI"项是发灰禁用的。当我们指定 Point 类继承于 Shape 类时，该项变为可用的。单击该项，可列出所有可重写的 VI，选择 Draw 方法后自动为 Point 类创建该方法。

当使用类进行编程时，往往 VI 数量比较多，可以充分利用虚拟文件夹，根据功能将它们进行分类。一般需要创建属性、可重写方法、构造函数等虚拟文件夹。如果构造函数比较多，可创建多态 VI，专门供构造函数使用，如图 10-74 所示。

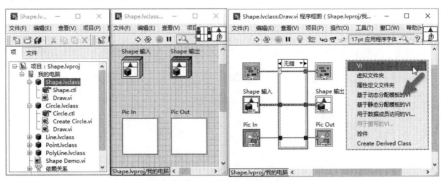

图 10-73　定义可重写的 Draw 方法

我们要在图片控件上执行绘图操作。绘图函数中的点是用点簇来描述的，所以在 Point 类中，定义一个私有的点簇，同时建立读写属性。

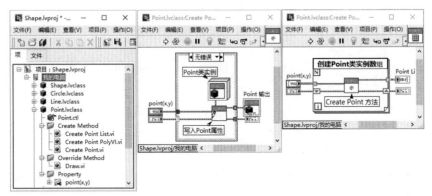

图 10-74　Point 类的虚拟文件夹、Point 类的构造函数、Point 数组的构造函数

一般创建类的实例时，直接拖动项目管理器中的类名称到程序框图中，就创建了类的常量，实际上就是创建了一个类实例。更好的方式是把创建类实例的过程封装在构造函数中。在图 10-74 中，首先根据输入的点坐标，创建了一个返回单个实例的构造函数。在此基础上，创建了一个返回实例数组的构造函数。

按照类似的步骤，分别创建圆形（Circle）类、直线（Line）类等的构造函数。在圆形类中，圆形可由圆心坐标与半径来描述，其私有数据包括一个点与一个半径；在直线类中，直线由开始点与终点来描述，其私有数据包括两个点。

这里为圆型类创建了三个构造函数，分别用于创建一个基本圆形对象、同心圆对象数组以及圆形对象数组。同时为三个构造函数创建了多态 VI，提供给用户作为创建圆形对象的接口。如图 10-75 所示。

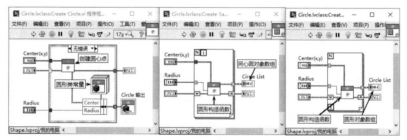

图 10-75　圆形类的构造函数

为直线类也创建了三个构造函数，同时创建了一个多态 VI 作为构造接口。三个构造函数分别用于构造单一直线、直线数组和交叉线，如图 10-76 所示。

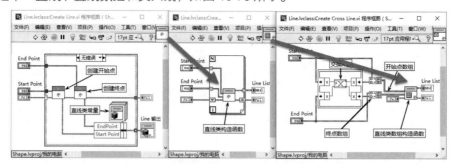

图 10-76　直线类的构造函数

点类、圆形类、直线类直接继承于形状（Shape）类，所以需要重写这三个类的 Draw 函数，实现实际的绘图操作。圆形类、直线类的重写 Draw 函数如图 10-77 所示。

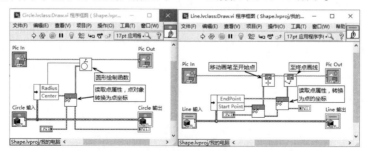

图 10-77　圆形类、直线类的重写 Draw 函数

现在我们完成了形状类及其子类的创建。通过下面的例子，我们可以看到类的多态性是如何实现的。

子类从父类继承后，就创建了一个子类对象，比如上述的圆形对象。系统首先自动创建一个形状类对象，然后创建圆形类对象，再为形状类对象附加子类的特有功能。在这种情况下，就可以直接用指向形状类对象的引用指向任何子类对象。当然此时形状类对象的引用只能使用形状类的属性和方法，无法直接使用子类对象特有的属性或方法。

只有父类的可重写 VI 会根据输入对象引用，指向具体的子类对象，并调用相应的子类对象的同名方法，这就是所谓的多态性。图 10-78 演示了普通调用与多态调用之间的区别。

从图 10-78 可以看出，利用多态性可以把多个子类对象合并为对象数组。此时子类对象引用自动转换为父类对象引用，这样在调用父类对象的可重写方法后，会自动调用子类的同名方法，这就是所谓的多态性。

了解了多态性以后，我们可以创建一个形状类对象引用的集合，把所有子类对象的引用加入到这个集合中，最后一次性绘制所有形状。

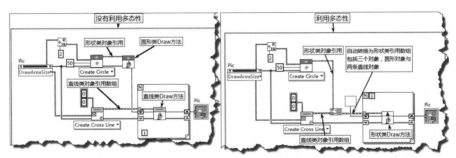

图 10-78　非多态与多态调用的区别

再创建一个 Shape List 类，该类也继承于形状类，因此它也具有 Draw 方法。Shape List 类的私有数据为 Shape 对象数组，我们为它创建两个构造函数，并创建两个 Add 方法，如图 10-79、图 10-80 所示。

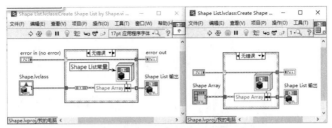

图 10-79　Shape List 类的构造函数

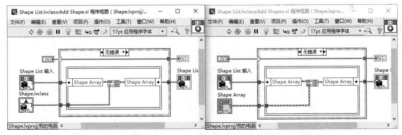

图 10-80　为 Shape List 类添加单个对象方法与对象数组方法

创建了形状对象集合后，绘制点、线、圆就非常容易了。图 10-81 演示了对象集合的用法，该例子创建了一个交叉线对象与 10 个同心圆对象。将它们加入集合后，再利用 Draw 方法绘制所有图形。

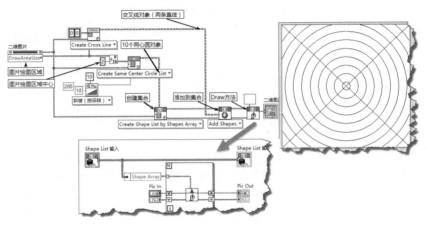

图 10-81　使用对象集合

### 10.7.5　类变量

使用类的主要目的是封装数据，但是在很多具体应用中，类的各个实例之间也需要数据交换。比如我们要统计一个类的实例数量，常规的方法是设计一个全局变量，在创建每个实例时将全局变量加 1。从程序设计的角度看，这样做不是最合适的。最好的方法是在类的内部设置计数器，每次创建实例时计数器自动加 1。在常规面向对象的编程语言中，称这种全局变量为类的静态变量，在 LabVIEW 中则称它为类变量。

类变量用于在类的实例之间共享数据，它类似于普通全局变量，与普通全局变量的区别在于它只能通过类的方法访问。也就是说，类变量只能在类的内部使用，对于外部是不可见的。

首先通过"文件"菜单创建一个常规的全局变量，重新命名后存储在项目管理器中，然后拖动全局变量 VI 到相应的类中。这样全局变量就变成其所属类的一个方法。如果设置全局变量 VI 的权限为私有，则全局变量就变成了类变量。

为 Point 类建立三个新方法：计数器自加 1 方法、计数器清零方法，以及读计数器值方法，并将它们放置在 Static 虚拟文件夹中，程序框图如图 10-82 所示。

图 10-82　计数器自加 1 方法、读计数器值方法、计数器清零方法

调用计数器的最佳位置是在点类的 Create Point 方法中。修改 Create Point VI，加入计数器，然后创建一个 VI 来测试计数器，如图 10-83 所示。

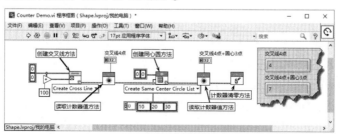

图 10-83　类变量计数器演示程序

通过创建直线类，我们知道直线是由两个点对象构成的，交叉线是由两条直线构成的，因此在创建交叉线时，需要自动创建 4 个点对象。每个圆形对象都包括一个圆心点对象。图 10-83 所示的例子创建了三个同心圆，也就是自动创建了三个点对象。4 个点对象加上 3 个点对象，所以计数器最后返回 7。

### 10.7.6　调用父类中的重写方法

在 LabVIEW 的簇、类、变体函数选板中，提供了几个类相关的函数，虽然数量不多，但是非常重要。在前面的章节中，我们主要介绍了 LVOOP 的基本编程，并没有涉及这些类函数。

通过可重写 VI（多态），可以动态地根据不同级别的引用调用相应级别的方法，来实现多态操作。这体现了类的多态特点，但是在有些场合，我们需要调用父类中的同名可重写方法，应该如何做呢？

初学者可能会考虑，把子类的引用转换为父类的引用，然后调用相应的同名重写方法，这是不行的。只能在子类的可重写方法中，利用"调用父方法"函数，调用父类中的同名可重写方法。

下面我们通过一个示例来演示"调用父方法"函数的用法。为了说明问题，这里建立一个运算类，完成两个数的加、减、乘、除、乘方等运算。

首先新建项目，并建立一个运算类作为父类，运算类包括 X、Y 两个数值控件。创建 Set XY 方法与 Get XY 方法，用于读写两个私有数据，如图 10-84 所示。

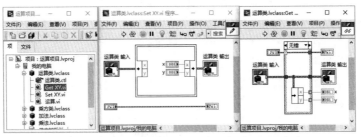

图 10-84 运算类的 Set XY 方法与 Get XY 方法

接下来创建可重写"运算"方法，然后在其他子类中重写该方法。父类中的"运算"方法不执行任何实际运算，但是会对输入的 X、Y 值进行合理性检查，强制将它们转换为 0~100 之间的数，如图 10-85 所示。

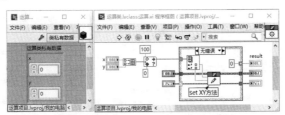

图 10-85 运算类的私有数据、运算类的"运算"可重写方法

"运算"方法把验证后的 X、Y 输入值写入运算类的私有数据中暂存，不执行任何运算。

分别建立加法、乘法、乘方类，它们均继承于运算类，并重写"运算"方法，如图 10-86 所示。用同样的方式可以建立对数等类。因为在运算类中，需要对输入进行验证，所以利用"调用父方法"函数调用了运算类的"运算"方法，"调用父方法"函数位于类操作函数选板中。输入 X、Y 值，通过验证后，通过运算类的"运算"方法将它们写入运算类的私有数据中。利用运算类的 Get XY 方法取出验证后的值，并进行实际运算，得到运算结果。

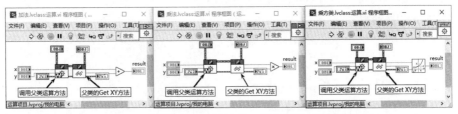

图 10-86 重写加法类、乘法类、乘方类的"运算"方法

**学习笔记** 只能在子类的同名方法中使用"调用父方法"函数。

### 10.7.7 类的引用转换

在簇、类、变体函数选板中，提供了两个类引用变换函数，分别为"转换为特定的类"函数和"转换为通用的类"函数。我们已经了解，类是具有明确继承关系的。当我们创建一个新的类时，假如未指定从哪个类继承，那么默认该类继承于祖先类。所有的类都继承于一个祖先类，称作 Lab VIEW Object。在类的函数选板中，提供了祖先类常量，使用它我们可以直接创建祖先类的实例。

上述的加法类、乘法类等直接继承于运算类。这里将加法类、乘法类等子类称作"特定的类"，而运算类作为父类，被称作"通用的类"。、

由子类引用向父类引用转换，可以使用"转换为通用的类"函数，这种转换也称作向下转换。向下的类引用转换，最终可以转换为祖先类引用。同样地，由父类引用向子类引用转换，需要使用"转换为特定的类"函数，称这种转换为向上转换。

在图 10-87 中，我们分别创建了加法类、乘法类、乘方类的实例。在左侧的程序框图中，直接调用了它们各自重写的"运算"方法。未进行引用转换，此时各自的"运算"方法具有各自的图标，表明调用的是各子类的方法。

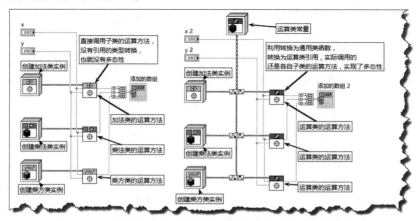

图 10-87  调用加法类、乘法类、乘方类的重写"运算"方法

在右侧的程序框图中，使用"转换为通用的类"函数将各子类的引用向下转换为运算类的引用，此时调用的是运算类的"运算"方法，注意，此时各子类"运算"方法的图标是相同的，都是运算类中的"运算"方法图标。

与 LabVIEW 的其他数据类型类似，可以隐式向下转换类引用。当把多个类的对象引用合并为数组时，会发生隐式转换，从而使它们变成更为通用的类。通常这种隐式转换会将子类引用转换为父类引用，而当这些引用不存在继承关系时，会将它们转换为祖先类的引用。如图 10-88 所示，通过创建数组函数自动将子类引用转换为运算类的引用。

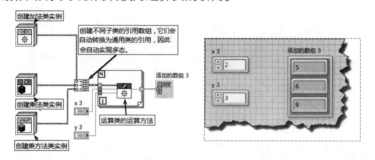

图 10-88  通过合并数组将加法类、乘法类、乘方类引用隐式转换为运算类引用

通过创建数组函数把子类的对象引用自动转换为父类的对象引用，这种转换方式最常见。我们在创建形状类及其子类时，已经使用过这种方式，只是未加解释。

### 10.7.8 简单工厂模式

请读者仔细观察图 10-87，在这里创建了加法类、乘法类和乘方类的三个实例，这个创建过程是比较复杂的。假如运算类存在几十个子类，那么这个创建过程将极为复杂。创建对象是面向对象编程的重要环节，面向对象的编程模式多属于创建型模式，其中最基本的就是所谓的"简单工厂模式"。

简单工厂模式（Simple Factory Pattern）是一种常见的面向对象的编程模式。该模式根据提供给它的数据，返回其中一个类的实例。通常返回的类实例都具有一个相同父类，以及至少一个可重写方法。

简单类工厂可以通过动作机封装对象的创建过程，并返回通用类的引用。首先创建一个严格类型自定义枚举控件来选择类，然后创建动作机，如图 10-89 所示。

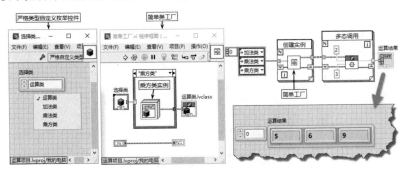

图 10-89　利用动作机实现简单工厂模式

在图 10-89 中，我们利用简单工厂模式封装了运算类及其子类的创建实例过程。假如增加了另外的运算子类，比如除法类，那么只需要修改选择类的枚举控件与简单类工厂 VI，调用简单类工厂的 VI 基本不需要更改。

### 10.7.9 类的动态加载与插件功能

我们知道，通过动态调用 VI 可以实现插件功能。利用 LVOOP 也可以实现插件功能。

在类函数选板中，还提供了两个重要的函数——"获取 LV 类默认值"和"获取 LV 类路径"函数。利用这两个函数可以动态加载类，实现插件功能。

下面创建另一个简单工厂，与图 10-89 不同的是，其不是利用类的常量创建实例，而是利用类文件的路径动态创建类实例。动态加载的类实例如图 10-90 所示，右侧 DEMO 演示了其调用方法。

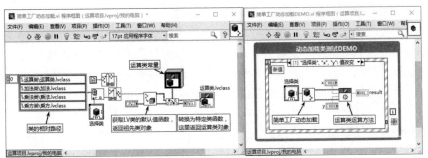

图 10-90　动态加载的简单工厂与其调用 DEMO

假如增加新的运算类子类，将其存储到合适的文件夹中。运行时通过文件搜索找到这些类文件，通过路径创建动态加载对象，就实现了类的插件功能，如图 10-91 所示。

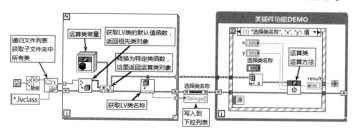

图 10-91　类的插件功能 DEMO

## 10.7.10　类方法的递归功能

老版本的 LabVIEW 是不支持递归功能的，虽然通过动态调用 VI 可以间接实现，但是实现起来非常麻烦也非常复杂。增加了 LVOOP 功能后，由于类的方法本身是支持递归调用的，所以 LabVIEW 也间接支持递归功能，如图 10-92 所示。

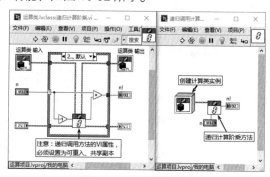

图 10-92　类的递归调用

图 10-92 演示了递归计算阶乘的方法。创建递归方法后，拖动本方法的图标至程序框图就可以进行递归调用了。使用递归方法必须注意两点：一是必须将方法 VI 设置为可重入、共享副本运行；二是必须设置正确的结束条件。

## 10.7.11　类的单态模式

单态（Singleton）模式要求一个类有且仅有一个实例，并且提供一个全局的访问点。只有拥有访问权限的 VI 才可以操作该实例，其他 VI 必须等待前一个 VI 释放权限后才能获取控制权。这实际上类似于登录和退出。如果想让单态模式的类被全局访问，可以把类的实例封装在 LV2 型全局变量中，这样就可以在任何位置调用这个类的实例了。

通过 LV2 型全局变量构建一个类的实例，让其作为实例的全局访问点。当 VI 首次运行时，创建一个类的实例并入队到队列中，队列的大小为 1。如果需要使用这个实例，该实例必须首先从队列出队，此时在任何其他位置无法使实例出队列，这样就达到了互斥的效果。

提供一个全局访问点也意味着不能直接创建类的实例。把类放置在库中，设置类的访问范围为库内，并锁定该库。这样在库外创建的 VI 就无法直接创建类的实例了。

下面的例子实现了单态模式，如图 10-93 所示。在单态模式库中，创建了 Number 类，其中包括一个加 1 方法，功能是将类的私有数据自加 1。Check Global 为 LV2 型全局变量（功能全局变量 FG），其功能是首次调用时创建一个长度为 1 的队列，并将 Number 类实例写入队列。非首次调用时，返回队列引用。

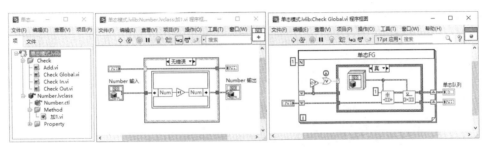

图 10-93　Number 类中的加 1 方法，Check Global VI 为全局访问点

Check Out VI 用于取出单态实例，Check In VI 用于存储单态实例。由于 Number 类的访问范围被设置为库内，因而从外部无法使用该类的方法，可创建一个 Add 接口 VI，供外部调用。如图 10-94 所示。

图 10-94　Check Out VI、Check In VI 和 Add VI

下面演示了单态模式的用法（如图 10-95 所示）。从程序框图可以看出，一共在 6 处不同位置执行了加 1 操作，最后返回的结果为 6。这说明单态模式正常工作了，如果不是单态模式，则结果应为 2。

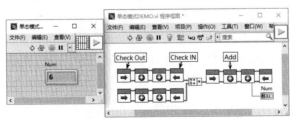

图 10-95　单态模式 DEMO

通过面向对象编程，可以实现许多面向对象编程语言中的典型设计模式，但是 LabVIEW 毕竟不是真正的面向对象编程语言。虽然事件结构和面向对象的引入，使 LabVIEW 具有了面向对象编程语言的部分特征。上面讨论的 LVOOP 主要作用于局部，在后面的章节中，设计整体框架结构时，还会涉及 LVOOP 技术。

## 10.7.12　接口

接口(Interface)是面向对象编程语言的最重要的特性之一，新版 LabVIEW 的 LVOOP 新增了接口功能。所谓接口，其实最早是硬件概念，比如我们最为熟悉的计算机 COM 接口、USB 接口、IDE 接口，等等。面向对象的实质是用类来描述外部事务，所以自然会涉及接口的问题。

LabVIEW 类的接口相对比较简单，仅支持方法接口。方法接口指的是，只定义了方法，包括输入控件、输出控件，以及连线板和图标，但是不包括具体实现。这样所有继承这个接口的类都必须具体实现这个方法，也就是实现接口约定的功能。

接口继承与类的继承相比具有下列优点，因此面向对象编程非常强调"多用接口，少用继承"。

我们知道 LabVIEW 中的类是单一继承的，不允许多重继承。这样当一个已经存在的类需要增加新的功能时，就必须通过继承原有类来创建一个新的类，这就会导致类的数量膨胀。而接口允许多重继承，这在一定程度上解决了上述问题。

更为重要的是，接口定义了方法的名称、连线板等，这样一旦某个类继承了某个接口，则它必然具有这个接口定义的方法。从而避免了实现同样的功能，出现具有不同名称、连线板的方法。

接口预先定义了需要实现的各种功能，可将它们视作功能芯片，各种功能芯片更容易组合成功能单元。也就是说，接口有利于功能扩充。

接口是多方必须遵守的协议约定，必须是公共的，多方可见的。有两种创建接口的方法：一是使用新建窗口创建公共的接口；二是在项目中创建接口，这样接口隶属于项目，从而限制了接口的使用范围。注意接口的图标四周是白色的虚框正方体，类的图标没有虚框，如图 10-96 所示。

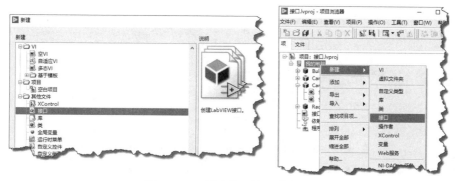

图 10-96　创建接口的两种方法

在下面的示例中，直接在项目中创建了两组接口。因为每种测试设备都必须具备启动与停止两种功能，所以我们创建了 Can Start and Stop 接口方法。接口方法必须是基于动态模板的 VI，不需要具体实现。所有继承接口的类必须重写所有的接口方法。如果是模拟量输出设备，除了启动与停止功能，还必须具有数值增加与减少的功能，所以我们创建了 Can Inc and Dec 接口，并在接口中定义了 Inc 与 Dec 接口方法。图 10-97 演示了如何定义 Start 与 Stop 接口方法。

图 10-97　创建 Start 与 Stop 接口方法

注意，定义接口与定义类的方法是非常相似的，但是有两个重要区别：一是接口类中不包含数据，只有方法定义，二是图标明显不同。

为演示接口的应用，我们定义了两个具体类。分别为灯泡类（Bulb)与收音机类（Radio)，其中 Bulb 类继承了 Can Start and Stop 接口，对应 Bulb 的开关功能。Radio 类同样继承了 Can Start and Stop 接口，对应了 Radio 的开关功能。Radio 类同时继承了 Can Inc and Dec 接口，对应 Radio 的音量的增加与减少功能。注意 Radio 类是接口的多重继承，没有接口功能是无法实现多重继承的。通过类的属性对话框，选择继承→更改父接口，可以修改类需要继承的接口。

继承接口的使用方法与继承类的使用方法类似，图 10-98 演示了继承接口的使用方法。

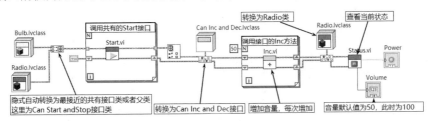

图 10-98 继承接口的使用方法

## 10.8 自适应 VI（VIM）

自适应 VI 是新版 LabVIEW 推出的最为重要的特性之一，也是一个最新的概念，与早期版本中的多态 VI 类似。多态 VI 在前面的章节中已经介绍过了，本节将详细介绍自适应 VI，在相当程度上，自适应 VI 可以完全替代多态 VI。

### 10.8.1 内置函数的自适应

首先我们要了解什么是自适应，毕竟这是一个新的概念，早期的 LabVIEW 中并不存在这个概念。谈及内置函数，通常认为内置函数的多态特性今后应该改为自适应特性。

所谓函数的自适应特性，指的是同样的函数可以自动适应输入控件的不同数据类型，并执行类似的操作。这类似于常规编程语言中的函数重载，程序可以根据输入参数的类型，自动调用相应的函数。

图 10-99 展示了内置函数的自适应特性，这里使用的是最简单的内置函数——加 1 函数。注意该函数可以自动适应各种标量数值类型，如双精度标量、整型标量等。同时它可以自动适应元素为数值的数组、元素为数值的簇以及时间标识符等。

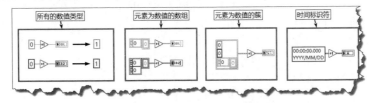

图 10-99 内置函数的自适应特性

采用函数重载的方式该内置函数可以很好地自动适应标量数值类型。但是对于簇是很难适应的，毕竟簇中的元素可以是任意组合的，所以无法通过函数重载来适应。合理的猜测是采用类似模板的方式，在编译的过程中自动适应。所以图 10-99 中同样的加 1 函数实际上是不同的。

### 10.8.2 多态 VI 的缺点

当把具有自适应能力的加 1 函数封装在普通 VI 时，该 VI 实现与加 1 函数同样的功能，但是普通 VI 不具有自适应特性，而是与特定的数据类型绑定在一起。如图 10-100 所示，针对不同的数值类型，不得不创建多个功能类似的 VI。然后把这些 VI 组合在一起创建一个多态 VI。

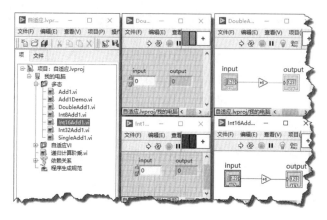

图 10-100　多态 VI

多态 VI 存在如下缺点。首先创建多态 VI 必须创建大量的功能类似的 VI，非常烦琐，从图 10-99 可以看出，同样的加 1 操作，必须创建大量功能重复的 VI。二是这些 VI 在运行时，都会被自动加载到内存中，即使实际上可能只会用到其中一两个 VI，浪费了很多内存。三是我们无法创建适应所有数据类型的多态 VI，尤其是针对簇操作的 VI。

### 10.8.3　创建自适应 VI

相信很多读者都使用过非常著名的 OpenG 工具包，查看其源码，可以发现有大量的基于多态 VI 的功能重复的 VI。LabVIEW 的使用者，尤其是致力于开发第三方工具的使用者，非常希望普通 VI 能如同内置函数一样具有自动适应数据类型的特性。

新版 LabVIEW 终于有了能自动适应数据类型的 VI。对于功能相似 VI，我们只需要创建一个自适应 VI，把它作为模板。这非常类似常规语言中的泛型，新版 LabVIEW 中的自适应 VI 是一个非常重大的改进。

创建自适应 VI 有两种方法：其一是使用新建对话框，选择 VI→自适应 VI；其二是先创建一个普通类型的 VI，另存为后缀为 VIM 的文件，该 VI 即为自适应 VI。

我们依然采用最简单的加 1 函数来演示，与多态 VI 不同，我们只需要创建一个单一的自适应 VI。自适应 VI 与普通 VI 采用相同的属性对话框，重点在于属性页中的设置，如图 10-101 所示。

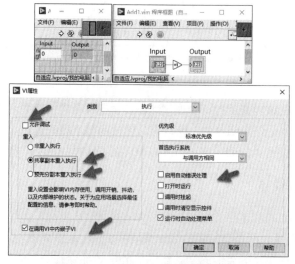

图 10-101　自适应 VI 及其属性设置

注意，自适应 VI 是作为模板用的，因此本身是不允许调试的，所以必须取消勾选"允许调试"与"启用自动错误处理"选项。其次在"重入"设置中，必须选择"共享副本重入执行"或者"预先分配副本重入执行"选项。最后必须勾选"在调用 VI 中嵌入子 VI"选项，把通过自适应 VI 模板创建的适应不同数据类型的 VI 作为代码的一部分，直接嵌入调用 VI 中。

将刚建的 VIM 命名为 Add1，其功能与加 1 内置函数完全相同。下面的示例 VI 演示了 Add1.vim 的功能，可以看出该 VIM 与加 1 内置函数等价，如图 10-102 所示。

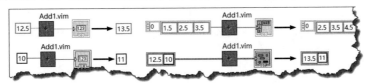

图 10-102　自适应 VI 实现加 1 内置函数的全部功能

### 10.8.4　扩充自适应 VI 数据类型范围

自适应 VI 不但能实现内置函数的自适应特性（多态性），而且可以扩充或者限制其适应的数据类型范围。这得益于一种新的"类型专用结构"，其位于函数选板中的"类型专用结构"中。

"类型专用结构"是新增功能，是专门为 VIM 提供的。该结构类似于条件结构，由多个帧构成。其中每个帧对应一类特定的数据类型。

当主调 VI 更改 VIM 输入的数据类型时，LabVIEW 自动重新编译，找到一个没有错误的帧，也就是没有断线的帧。编译该帧，并嵌入主调 VI 中。

某些内置函数，如果输入参数不符合其要求，会自动产生断线。比如加 1 内置函数，虽然支持各种数值型标量数据，以及元素为数值型的数组和簇，但是不支持字符串或者布尔类型数据。对于加 1 内置函数做这样的限制是合理的，因为无法确定字符串或者布尔加 1 的意义。

通过"类型专用结构"，我们可以扩充自适应 VI 的数据类型范围。比如我们自己创建的加 1 自适应 VI，我们可以自己定义字符串加 1 的具体含义。在图 10-103 中，定义了字符串加 1 的含义为复制一个字符串并连接，比如把字符串 abc 转换为 abcabc。把布尔加 1 定义为与上一个布尔真常量进行或操作，这样不管输入是否为真，输出始终为真。

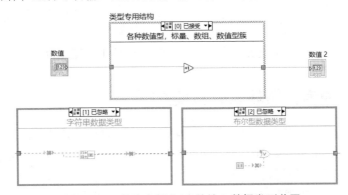

图 10-103　扩充自适应 VI 的输入数据类型范围

在图 10-103 中，如果输入为数值型数据，则加 1 函数所在帧无断线，自动编译该帧。如果输入为字符串，则连接字符串函数所在帧无断线，其他帧会断线从而被忽略。如果输入为布尔型数据，则函数所在帧无断线，自动编译该帧，忽略其他帧。这里我们创建的加 1 VIM，相对于内置加 1 函数，扩充支持了字符串与布尔数据类型。

### 10.8.5 限制自适应 VI 数据类型范围

除了可以扩充自适应 VI 支持的数据类型，还可以限制它支持的数据类型。内置函数本身支持多种数据类型的输入，但在某些时候可能需要限制它的输入为某些特定的数据类型，比如内置加1函数，我们需要限制它仅支持标量数据输入，不能接受数组或者簇输入。

由上所述，当输入为数组或者簇时，需要产生断线错误，才不会编译该函数。针对这种需要，新版 LabVIEW 专门提供了一个函数选板，用于限制输入的数据类型。注意，该函数选板中的所有函数是专门针对 VIM 的。函数选板位于函数选板->比较->检查数据类型下，如图 10-104 所示。

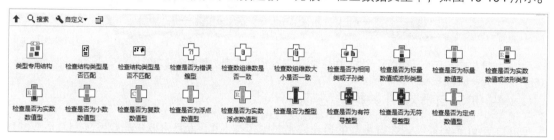

图 10-104　检查数据类型函数选板

在该函数选板中，除了"类型专用结构"，其他所有函数都是用于检查输入的类型是否匹配的。以"检查是否为标量数值型"函数为例，如果输入为标量数值，则该函数的输入连接不断线，表明输入合法。如果输入为字符串，或者元素为数值的数组、簇等，则该函数的输入连接断线，表明输入不合法，这样就限制了 VIM 的输入类型在某个范围之内，这是相对于内置函数的整个输入范围而言的，如图 10-105 所示。

除了利用检查数据类型选板中的函数，也可以利用内置函数本身限制 VIM 的输入数据类型范围。在图 10-106 中，如果是普通 VI，则"数组大小"函数本身没有实际用途。但是在 VIM 中，"数组大小"函数用于判断输入是否为非数组，若是则调用该函数时会发生断线。

图 10-105　限制输入为标量数值

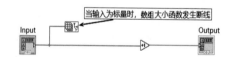

图 10-106　利用内置函数限制输入为元素为数值的数组

## 10.9　利用通道在循环之间交换数据

本章前面的章节中，介绍了队列、通知器等相关知识，队列与通知器主要用于在不同的工作循环之间进行数据交换。新版 LabVIEW 提供了一种全新的数据交换方式，即通道。相比于传统的数据交换方式，使用通道传递数据具有以下优点。

◆ 使用通道，用户不需要像使用队列一样创建及销毁引用句柄。

◆ 使用通道，程序框图需要的节点数少于队列。

◆ 通道可以显示数据的来源和去向，比引用句柄和变量更为直观，且便于调试。

◆ 使用通道，可向数据中加入停止和中止信号。与使用引用句柄和变量创建此类信号相比，使用通道可使应用程序更少出错。

图 10-107 演示了传统的队列数据交换与通道数据交换的区别。

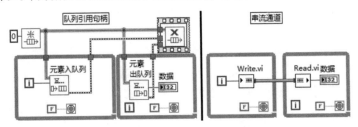

图 10-107　通道与队列数据交换

### 10.9.1 创建通道

通道的创建方法比较特殊，没有相应的函数选板可用，只能通过输出控件或者常量的输出端子来创建。具体方法为：在它们的快捷菜单中选择"创建"→"通道写入方"项。通过弹出的选择通道对话框，创建通道写入方 VI。

通道写入方 VI 输出一个通道引用，在其快捷菜单中选择"创建"→"创建读取方"项。通过弹出的选择通道对话框，创建通道读取方 VI。

图 10-108 演示了创建通道的基本过程，注意其中的"选择通道端点"对话框，在该对话框中提供了多种不同类型的通道。通道分为三种基本类型，分别为串流、Tag 和消息器。每种基本类型又包括不同的子类型。比如串流又分为高速串流、有损串流以及单元素串流。

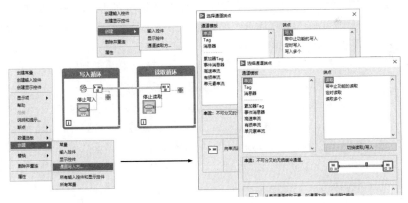

图 10-108 创建通道的基本过程

所谓通道，由写入通道 VI 与读取通道 VI 构成，两者之间的连线称为通道线。通道线与一般的数据连线不同，通道线实际上是引用连线，因此可以在不同工作循环之间交换数据。

我们是根据输入的数据类型来创建通道的，因此双精度数值类型的通道与字符串类型的通道是完全不同的，可以把通道理解成常规语言中的泛型模板。

### 10.9.2 串流的基本概念与分类

串流是新版 LabVIEW 提出的一个新概念，可以把串流理解成一个单向流通的管道。写入通道 VI 把数据写入管道的输入端，读取管道 VI 从另外一端读取数据。串流的数据在点对点之间单向流通，因此串流的通道线是不允许分叉的。从生产、消费者的角度看，通常情况下，一个生产者只能有一个消费者，是一对一的单点通信。

类似于队列，通道支持缓冲区。在首次调用写入通道 VI 时，LabVIEW 根据缓冲区大小输入端子确定缓冲区的大小，之后该输入被忽略。默认情况下，缓冲区为无限大小。

根据缓冲区的使用方式，串流又分为单元素串流和有损串流。单元素串流也就是缓冲区大小为 1 的串流。相比于一般串流，单元素串流效率比较高。单元素串流的用法，与一般串流的用法完全一致。

如果缓冲区已满，写入通道 VI 将一直等待，直到缓冲区有新的空闲位置。有损串流的缓冲区处理方式则不同，如果有损串流的缓冲区已满，则写入通道 VI 仍然写入新的数据，缓冲区末尾的原有数据被丢弃。除了缓冲区的处理方式不同，有损串流的用法，与一般串流用法基本一致。

我们知道，队列与通知器都包含超时处理，通道也是如此。对于串流的缓冲区已满的情况，可以设置超时的时间。如果写入通道 VI 等待的时间超过设置的超时时间，则写入通道 VI 的超时布尔输出端子为真。相应的读取通道 VI 也包含对应的超时处理。

### 10.9.3　串流的基本用法

虽然串流分为多种子类型，包括单元素串流、有损串流、高速串流以及一般的串流，但是它们的用法大同小异，区别仅在于缓冲区的使用方式以及如何停止串流。下面以一般的串流为例，介绍串流的基本用法。参阅图 10-108，在选择通道"端点"对话框中，可以为串流选择多种不同的写入端点，如写入、带中止功能的写入、定时写入、写入多个。相应地也可以为串流选择不同的读取端点，如读取、带中止功能的读取、定时读取、读取多个。

写入端点与读取端点是对应的，比如生产者工作循环采用带停止功能的写入端点，则消费者工作循环同样选择带停止功能的读取端点。

图 10-109 演示了写入串流通道 VI 与读取串流通道 VI 的基本用法。在数据采集工作循环中，每 500ms 采集一个随机数并写入串流通道。数据显示工作循环读取串流通道中的随机数据，并显示到图表中。当串流通道中没有数据时，显示工作循环处于等待中，也就是说数据采集循环控制了数据显示循环的循环速度。这里没有设置缓冲区大小，表明缓冲区为无限大小。如果指定了缓冲区的大小，那么读取工作循环同样可以控制采集工作循环的速度。

注意，写入串流通道 VI 提供了一个"最后一个元素"的布尔输出端子，同样，读取串流通道 VI 也提供了一个"最后一个元素"的布尔输出端子。当写入串流通道 VI 的"最后一个元素"输入端子为真时，则写入最后一个元素后，写入串流通道 VI 结束，并停止数据采集工作循环。当数据显示工作循环读取到缓冲区中最后一个元素时，读取串流通道 VI 的"最后一个元素"输出端子为真，此时结束数据显示循环。

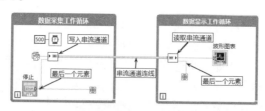

图 10-109　写入串流通道 VI 与读取串流通道 VI

定时写入串流与定时读取串流特别适合于慢速数据采集，比如监测房间温度、气压等。定时采用系统时钟，可以理解为它是一个闹钟定时应用。停止定时写入与读取，由生产者一方，也就是定时写入通道方控制。当写入方的"最后一个元素"输出端子为真时，结束生产者工作循环。当读取方的"最后一个元素"输出端子为真时，结束消费者工作循环。如图 10-110 所示的例子每秒采集一次随机数和每秒读取一次随机数。

写入串流与读取串流、定时写入串流与定时读取串流，这两种方式都是通过写入和读取"最后一个元素"输出端子的方式来结束生产者与消费者工作循环的。当缓冲区非常大并且缓冲区中的数据非常多时，消费者工作循环结束的时间明显滞后于生产者工作循环的结束时间。而且只能由生产者一方主动结束，消费者一方只能等待"最后一个元素"输出端子为真。

带中止功能的读/写串流通道 VI 提供了额外的"中止"输入端子与"已中止"输出端子。"中止"可以理解为紧急停止，当消费者读取到"已中止"端子为真时，会忽略缓冲区的未读数据，直接结束消费者工作循环。通常情况下，生产者工作循环的结束由"最后一个元素"与"已中止"端子共同控制。在图 10-111 中，通过"布尔或"函数使用了这两个停止信号。注意，消费者一方通过"中止"输入端子，也可以主动停止生产者工作循环。带中止功能的读/写串流通道的功能很强，但是相对效率比较低。

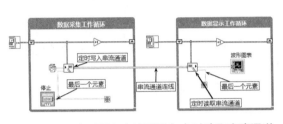

图 10-110    定时写入串流通道与定时读取串流通道

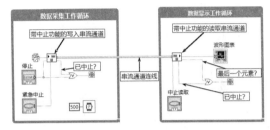

图 10-111    带中止功能的写入与读取串流通道

高速串流与单元素串流效率较高，它们的用法大同小异，可以根据实际情况，选择合适的串流。

虽然串流是点对点地交换数据，通常一个生产者对应一个消费者，但是可以通过创建串流通道的副本来实现一个生产者多个消费者的单点对多点的数据交换。选择串流通道线，打开其快捷菜单，选择"插入"→"创建副本"项，即可在通道线上插入一个副本函数。

通过副本 VI 可以把一个通道线复制成两条读取数据的通道线。可以分别设置两条通道线它们各自的缓冲区大小。副本 VI 提供了一个"单独中止"布尔输入端子，默认为假。当使用带中止功能的读取串流通道 VI 时，如果副本 VI 的"单独中止"输入端子为假，则任何一个消费者循环都可以主动结束所有的消费者循环与生产者循环。如果"单独中止"输入端子为真，则只能结束本身的消费者循环，生产者循环与其他的消费者循环继续运行。

图 10-112 演示了创建串流副本的方法，注意，串流本身是支持单点之间的数据交换的，不宜创建多个串流副本。如果确实需要单点对多点的数据交换，则可以选择其他的通道方式。

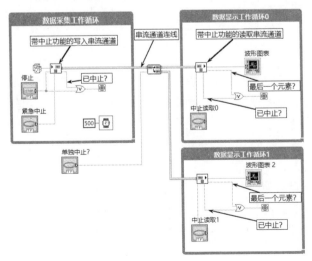

图 10-112    创建串流通道副本

## 10.9.4　Tag

Tag 通道类似于全局变量，它可以在多个 VI 之间，或者一个 VI 的多个工作循环之间传递数据。Tag 通道没有缓冲区，其只保存一个最新的值。Tag 通道允许多个写入方和多个读取方，因此通道线可以分叉。每当写入方写入新的值时，会更新通道的现有数据，这样读取方能够读取到最新的值。

与全局变量相比，Tag 通道由于需要通过连线传递数据，所以更容易跟踪，避免了滥用全局变量。

Tag 通道可以选择多种不同的写入端点，分别为写入、带中止功能的写入、定时写入。相应的串流也可以选择不同的读取端点，分别为读取、带中止功能的读取、定时读取。

图 10-113 演示了带中止功能的 Tag 通道的读写方式，其中包含一个生产者工作循环与两个消费者工作循环。注意，Tag 通道线是可以随意分叉的，这样就允许多个写入方与多个读取方。

由于没有数据缓冲区，所以需要通过定时器协调读写的时刻。如果写入过快，则读取方会丢失数据。反之，如果读取过快，则会读取多个重复数据。

针对 Tag 通道，还提供了一种累加器 Tag 通道。累加器通道特别适合于多个写入方和一个读取方的场合。多个写入方的数据累加在一起，读取方可读取累加结果或者读取其平均值。

图 10-114 演示了 Tag 累加器的用法，图中模拟了一个室温采集系统。室温采集系统需要采集多个采集点的温度，然后将所有的采集结果进行累加，把最后的平均值作为采集结果。

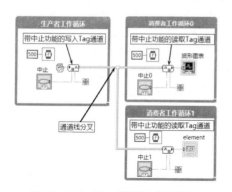

图 10-113　Tag 通道的基本用法

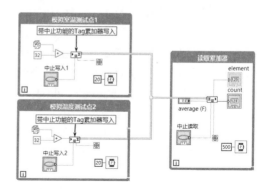

图 10-114　Tag 累加器的基本用法

## 10.9.5　消息器

消息器通道类似于队列，是一种非常重要的设计模式，可在中大型 LabVIEW 应用中使用。发送与接收消息是我们非常熟悉的操作，我们使用的 Windows 操作系统就是通过发送和接收消息来实现的。消息器通道通常由多个消息写入方和一个消息读取方构成，是一种多点对单点的数据交换方式。消息读取方所在的工作任务循环称作消息处理器。消息处理器解读消息并进行相应的处理，比如在面板上显示采集的数据等。

消息处理器可以结合其他的通道方法，把消息数据发送到其他的工作任务，这样就可以有效地对任务进行解耦，各负其责。在下面的示例中，我们创建了两个模拟数据采集任务，分别为室外温度采集 VI 与室温数据采集 VI，这两个 VI 为消息通道写入方，它们把采集结果传送到消息处理器。

要使用消息器，首先要构建自定义消息。常见的消息一般由命令+数据构成，其中命令为严格自定义枚举类型或者字符串，数据为变体数据，命令与数据组合成类，然后创建成对应的访问器。在示例程序中，数据采用了简单的双精度类型，如图 10-105 所示。

创建了消息类之后，就可以创建两个温度采集 VI，如图 10-116 所示。

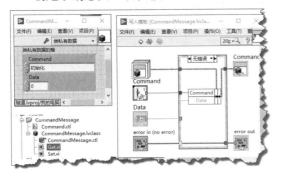

图 10-115　定义消息

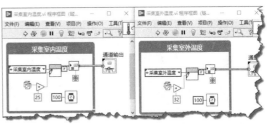

图 10-116　室内温度采集 VI 与室外温度采集 VI

接下来创建消息处理器 VI，消息处理器负责接收所有消息。为了显示采集的温度数据，通过串流把采集数据传递给显示部分。为了区分不同的显示部分，专门创建了用于显示的消息，也是采用命令+数据的方式，这样就做到了显示部分的去耦合。如图 10-117 所示。

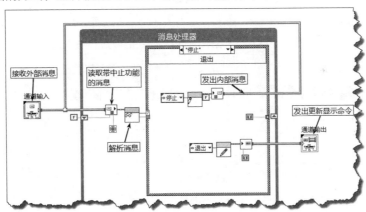

图 10-117　消息处理器 VI

图 10-117 仅仅演示了退出部分的处理，由于涉及多个 VI 的退出问题，因此采用了带中止功能的消息器通道。注意，接收到外部停止消息时，应该发送到消息处理器统一处理。在界面 VI 中，当停止按钮按下时，通过事件结构发出退出消息。消息处理器退出分支通过串流发送界面显示任务退出消息，然后中止串流。

退出分支同时在消息处理器内部自发自收消息。通过移位寄存器传递停止信号，当再次读取消息时，结束所有的消息器通道，包括两个温度采集 VI。

一般来说主控 VI 分为两个部分：控制部分与数据显示部分。由于采用了消息器通道，因此实际上控制部分和显示部分也可以完全隔离开来，这样就可以分别定制控制部分与显示部分，将它们分别放置在不同的 VI 中。图 10-118 所示为主控 VI，由于演示程序非常简单，所以把控制部分与显示部分放置在同一个 VI 中，但是在程序框图中，二者分属于不同的工作任务循环。

以上简单地演示了消息处理器的应用，其实消息处理器通常需要结合其他的通道模式，比如在图 10-118 中，显示部分就利用了串流通道。在两个温度采集 VI 中，采用了固定的采样率，我们完全可以结合 Tag 通道，让用户来设定采样率。

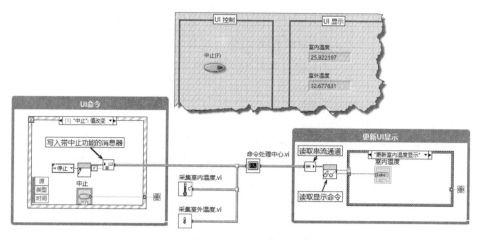

图 10-118　主控 VI

### 10.9.6　事件消息器

事件消息器结合了消息与事件机制，允许多点写入消息与多个消息接收方。事件消息器只有一种写入端点，包含"中止"与"最后一个元素"输入端子，这两个端子默认为假。要使用事件消息器，首先需要定义消息。图 10-119 利用在上一节中定义的消息，创建了一个采集室内温度 VI 与一个采集室外温度 VI。

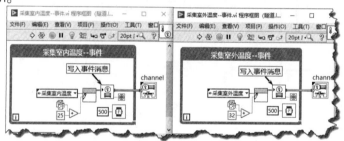

图 10-119　采集室内温度 VI 与采集室外温度 VI

接收事件消息方首先需要注册读取事件，且有两种读取事件方式。对于多对一数据交换，使用"读取事件注册"方式，此时只有一个事件结构。对于多对多数据交换，需要使用"读取多个事件注册"方式，对应多个事件结构。

图 10-120 演示了相同消息类型、多对一的事件消息器。注意，多个写入消息由于消息类型相同，可以直接连线消息，合并为单一的消息通道，供"读取事件注册"函数连接。

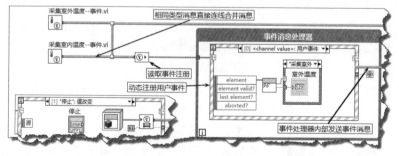

图 10-120　相同消息类型的多对一事件消息器

由于消息类型相同，因此事件结构中只有一个用户事件分支，只能通过消息中的命令类型来区分不同的消息。那么，如何停止两个温度采集 VI 呢？通过事件消息器内部发送事件消息，此时设置"中止"或者"最后一个元素"端子为真即可。

对于不同的消息类型，无法通过连线合并消息，需要分别注册不同的读取事件，并采用"按名称捆绑簇"函数合并注册事件引用句柄。在事件处理分支中，不同类型的消息在不同的分支中处理。在图 10-121 中，采集室内温度 VI 返回字符串数据类型，采集室外温度 VI 返回数值类型，因此二者需要各自注册事件。

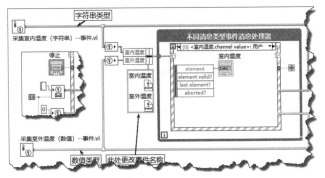

图 10-121 不同消息类型的多对一事件消息器

在基于事件驱动的通用语言中，观察者模式是一种非常重要的编程模式。这里通过"读取多个事件注册"函数，同样可以方便地实现观察者模式的事件消息器。需要注意的是，不能直接通过通道连线，来连接多个事件处理结构，这样可能会产生异常结果。必须使用"读取多个事件注册"函数连接多个事件处理结构。

多个事件处理结构通过处理同一个事件消息，实现了数据与数据显示，也就是视图的分离。图 10-122 演示了观察者模式的事件消息器，其中包括了主视图、温度采集视图 1 与温度采集视图 2。

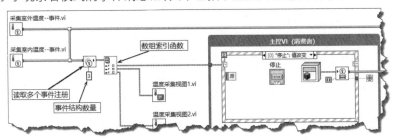

图 10-122 观察者模式的事件消息器（主视图）

主视图只有一个停止按钮，来控制程序的运行，没有显示任何温度采集数据。温度采集视图 1 采用数值控件显示温度，温度采集视图 2 使用波形图表显示温度。图 10-123 所示为温度采集视图 1，用同样的方法可以构建任意数量的视图，也就是多个观察者。

图 10-123 温度采集视图 1

## 10.10 小结

　　本章从 LV2 型全局变量开始，通过动作机、类，由浅入深地介绍了 LabVIEW 基于组件的编程方法。在 LabVIEW 没有引入面向对象的编程方法之前，动作机是最为常见的建立组件结构的方法，它有效地封装了数据，使得所有的操作都位于一个单独的 VI 中。引入了类的结构后，极大地简化了数据封装的难度，因此本章使用较大的篇幅介绍了使用类的方法。可以预见，在未来的 LabVIEW 编程中，进行面向对象编程的场合会越来越多。本章还介绍了 LabVIEW 的同步运行结构，重点介绍了队列结构，它的使用极为广泛。在后面有关设计模式的章节中，我们还会继续讨论队列的用法。在 10.8 节中介绍了新增特性自适应 VI，10.9 节中介绍了新增特性用于数据交换的通道。

◆　　　　　◆　　　　　◆

# 第 **11** 章　人机交互与编程风格

在 LabVIEW 中，设计人机交互界面（HMI）是很方便的。由于 LabVIEW 针对行业特点提供了大量的控件，因此 LabVIEW 具有极其强大的图形数据显示能力。

LabVIEW 程序是由多个 VI 构成的，VI 是构成一个复杂程序的基本要素。从用途的角度看，VI 可以分为两种：一种需要显示用户界面，允许人机交互；另外一种作为子程序或者函数，被其它 VI 调用。子程序或者函数型 VI 是立即调用的，执行后立即退出，这样的 VI 不需要界面显示。

LabVIEW 的一大特点是每个 VI 都可以单独运行。因此，从 VI 本身上并没有明确区分上述两种类型。VI 是否显示运行界面，完全取决于编程者是如何设计的。

现代计算机操作系统的界面本身就是图形化的，目前流行的计算机软件大多通过鼠标操作，虽然也都提供了键盘的操作方式，但是大多数用户还是选择通过鼠标操作。因此，软件的图形化界面设计显得尤为重要。

随着计算机图形化技术的发展，图形用户界面的设计逐步形成了一系列默认的规则。除了一些专用的小软件（比如媒体播放等）会采用一些独特的显示界面，大多数软件会采用与操作系统相同或者类似的人机交互界面。这样的界面都是非常类似的，由各种通用元素构成，包括窗体、标题栏、菜单栏、工具栏、状态栏、对话框等。

LabVIEW 主要用在自动控制和测试等特定行业，因此界面设计除了要考虑通用软件界面设计规则，更多的还要考虑相关行业的行业标准。设计人员首先应该研究通用界面元素的使用方法，只有对通用界面元素了然于胸，才能考虑如何设计特定的界面。

## 11.1　对话框

对话框是最常用的人机交互方式之一，对话框与前面板的最大区别是没有菜单栏，且一般不是主界面。对话框可分为模式对话框、非模式对话框。模式对话框要求主 VI 暂时停止运行，直到对话框返回；非模式对话框是独立的窗口，一旦被调用，就独立运行，主 VI 也可以继续运行。

### 11.1.1　内置对话框

LabVIEW 提供了几种简单的对话框，用于实现简单的数据交互。而复杂的对话框，则需要编程者自己创建 VI 来实现。LabVIEW 的"对话框与用户界面"函数选板如图 11-1 所示。

图 11-1　"对话框与用户界面"函数选板

在"对话框与用户界面"函数选板中，提供了单按钮对话框、双按钮对话框和三按钮对话框三种预定义对话框。

◆ 单按钮对话框只包含一个"确定"按钮和一条信息。

◆ 双按钮对话框包括"确定"和"取消"两个按钮。单击"确定"按钮，对话框返回 TRUE；单击"取消"按钮，对话框返回 FALSE。

◆ 三按钮对话框包括"是"、"否"和"取消"三个按钮。它返回一个枚举数据类型，表示被单击的按钮。

LabVIEW 预定义的对话框只能显示非常简单的提示信息，供用户选择的信息也不多，仅用于简单的场合。在事件结构中，用户要关闭程序时，必须进行确认，以避免误操作，这是双按钮对话框的典型应用。

如图 11-2 所示，在"前面板关闭？"事件中，用户通过双按钮对话框确认是否退出。如果用户决定不退出，则放弃关闭前面板。注意在显示 VI 前面板时，必须处理前面板关闭事件，否则会出现窗口已经关闭，但是 VI 依然运行的问题。

在用户单击"停止"按钮时，通过双按钮对话框，让用户确认是否停止 VI 运行。

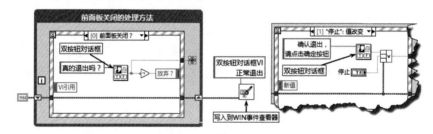

图 11-2　双按钮对话框

"写入到 WIN 事件查看器"函数为新增函数，可用于写入程序运行跟踪信息，或者记录报警信息等。可以在事件查看器中查看写入的信息，这个信息包括时间信息。

## 11.1.2　用户输入和显示对话框

LabVIEW 提供了两个与对话框有关的快速 VI，分别是"提示用户输入"和"显示对话框信息"VI。其中，对于"显示对话框信息"快速 VI，可以选择单按钮对话框或者双按钮对话框。"提示用户输入"快速 VI 特别适合于要求用户输入少量信息的场合，如图 11-3 所示。

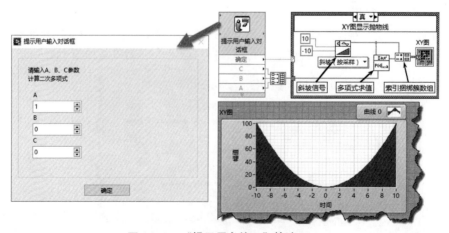

图 11-3　"提示用户输入"快速 VI

"提示用户输入"快速 VI 允许同时输入多个数据，如图 11-3 所示。双击此快速 VI，在配置对话框中，可以选择数字、复选框或者字符串等数据类型。

### 11.1.3  定制对话框

无论是简单的预定义对话框还是快速 VI 对话框，都只能提供或者显示少量信息，更为常见的是自行设计 VI 实现复杂的对话框。用作对话框的 VI，需要在其属性对话框中选择"对话框模式"项。与常规的 VI 相比，其主要是去掉了菜单和工具栏，如图 11-4 所示。

图 11-4  用户自定义对话框

设计用户自定义对话框，实际上和设计普通的用户界面完全相同。除了 VI 的属性需要修改，还需要考虑静态调用和动态调用的问题。

## 11.2  菜单

菜单是非常传统的人机交互方式，早在 DOS 时代就已经存在了。从"菜单"的名称就可以看出，它是典型的多选一操作，这极大地节省了界面所占的屏幕空间。几乎所有流行的软件都提供了菜单操作，我们在熟悉一个新的软件时，会自然而然地首先看看它的菜单。从菜单中，我们可以了解该软件可以实现的绝大部分功能。

Windows 操作系统提供了大量的 API 函数，专门用于菜单操作。LabVIEW 也提供了菜单函数选板，但是相对于其他编程语言，LabVIEW 的菜单比较简单。例如，LabVIEW 没有明确支持图标菜单，LabVIEW 本身也没有采用图标菜单，而在其他编程语言中，图标菜单是比较常见的。

### 11.2.1  创建静态菜单

菜单包括主菜单和快捷菜单两种，主菜单位于前面板菜单栏中，快捷菜单是指单击鼠标右键弹出的临时菜单。

创建菜单包括静态创建与动态创建两种方式。

◆  静态创建菜单指的是，利用专门的菜单编辑器创建菜单。静态创建的菜单，在创建后存储在文件中，供程序调用，适合于运行时菜单不需要改变或改变很少的场合。这种菜单比较简单，一般软件的主菜单大多采用静态创建的方法。

◆  动态创建菜单指的是，采用专门的菜单函数，在程序运行时创建。动态创建菜单比较烦琐，多用于菜单需要动态变化的场合。

在"编辑"菜单中选择"编辑"➜"运行时菜单"项，弹出菜单编辑器，如图 11-5 所示。通过编辑器可以编辑用户程序菜单。选择"文件"➜"新建"项，即可创建一个新的菜单。

图 11-5　菜单编辑器

如图 11-5 所示，在"菜单项类型"的下拉列表中可以选择用户项、分隔符和应用程序项。

◆　用户项：需要用户自己定制菜单。

◆　分隔符：不执行任何动作，只是把菜单项目进行合适的分组。

◆　应用程序项：可以使用预定义的菜单项目，是 LabVIEW 本身使用的菜单项。

"菜单项名称"和"菜单项标识符"在创建时默认是相同的。"菜单项名称"直接显示在菜单中；"菜单项标识符"类似于控件的标签，是程序用来判断菜单是否被单击的唯一标志，必须保证它是唯一的，不允许有重复。

编辑菜单时可以选择是否启用菜单。在菜单编辑器中勾选"启用"复选框即可启用菜单，不勾选"启用"复选框则菜单发灰。勾选"勾选"复选框则在菜单名称左边打勾，表示菜单项目已经被选中。另外，重要的或使用频繁的菜单项目，通常还需要设置对应的快捷键。

## 11.2.2　菜单相关函数

创建菜单非常容易，而如何判断和响应菜单则比较麻烦。在事件结构出现之前，菜单的使用非常复杂，只能通过不断地轮询相应的菜单项目，来判断用户是否选择了菜单项目。如果菜单数量庞大，则必须建立专门的任务，来监视菜单的变化。目前 LabVIEW 响应菜单一般是通过事件结构来完成的。

由于对于菜单的操作是通过菜单函数实现的，因此我们首先需要熟悉这些函数的具体用法。"菜单"函数选板，如图 11-6 所示。

### 1.　"当前 VI 菜单栏"函数与"获取所选菜单项"函数

在轮询方式中，首先通过"当前 VI 菜单栏"函数来获取菜单栏的引用句柄，然后通过"获取所选菜单项"函数，即可判断所选的菜单项了，如图 11-6 所示。

图 11-6　"菜单"函数选板，轮询方式查询菜单

处理菜单最好的方法是采用事件结构，这也是通用语言流行的做法。使用事件结构可以自动

获取菜单栏的引用句柄、项标识符及项路径，如图 11-7 所示。如果在图 11-6 所示的程序框图中轮询菜单项的同时，又采用了事件结构，那么事件结构会先获取项标识符，而轮询的线程则检测不到菜单的变化。

图 11-7　事件结构响应菜单

### 2. "启用菜单跟踪"函数

"启用菜单跟踪"函数，使用该函数可以允许菜单响应动作或者禁止菜单响应动作，该函数在需要禁止所有菜单时非常有用。例如，在和外部设备未建立通信连接前禁止所有操作，然后在连接成功后允许执行菜单，就可以使用这个函数。

**学习笔记**　"启用菜单跟踪"函数可以禁止或者启用菜单。

### 3. "设置菜单项信息"函数与"获取菜单项信息"函数

参见图 11-5，菜单中的每一个菜单项，均包括菜单项标识符、菜单项名称、启用、勾选、快捷方式等属性。菜单标识符用来区分各个菜单项，必须是唯一的。菜单项名称为显示在菜单中的字符串。"启用"属性为 TRUE 时，菜单项正常显示，可以使用。"启用"属性为 FALSE 时，菜单项发灰，禁止使用。"勾选"在较早版本中称作"已检查"，如果"勾选"属性为 TRUE，则菜单项左侧显示勾选符号。通过快捷方式属性，为菜单项指定快捷键。

"设置菜单项信息"函数用来设置上述的菜单项属性。"获取菜单项信息"函数用于获取菜单项的属性信息。如图 11-8 所示，通过布尔开关"已启用"和"已检查"，调用"设置菜单项信息"函数，来设置所选菜单项的"启用"和"勾选"属性。然后调用"获取菜单项信息"函数来获取"项名称"、"启用"和"已勾选"属性信息。

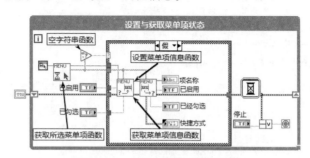

图 11-8　设置和获取菜单项信息

静态菜单是通过菜单编辑器创建的，并存储在 RTM（Run Time Menu）文件中。通过"菜单"函数选板中的"插入菜单项"和"删除菜单项"函数，能够动态创建菜单。这两个函数是多态函数，下面详细讨论它们的具体用法。

#### 4. "删除菜单项"函数

"删除菜单项"函数的图标及接线端子如图 11-9 所示。

"删除菜单项"函数的参数说明如下所示。

◆ 如果不指定"菜单标识符"和"项"端子，则删除整个菜单，一般在动态创建新菜单时，首先要删除所有菜单项目。

◆ 如果仅指定"菜单标识符"，则删除菜单标识符代表的菜单项目及其包含的所有子菜单。

◆ 如果菜单标识符代表的菜单包含子菜单，通过指定项目或者项目数组（字符串数组），删除一个或者多个菜单项目。

◆ 如果菜单标识符代表的菜单包含子菜单，通过指定位置索引（从 0 开始）或者索引数组，删除一个或者多个菜单项目。

"删除菜单项"函数的几种用法，如图 11-10 所示。

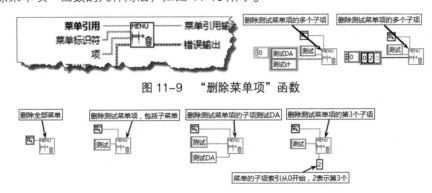

图 11–9　"删除菜单项"函数

图 11–10　"删除菜单项"函数的几种用法

#### 5. "插入菜单项"函数

删除原来的菜单后，通过"插入菜单项"函数，即可创建新的菜单。"插入菜单项"函数为多态函数，其接线端子及用法如图 11-11 所示。"插入菜单项"函数多用于需要动态创建菜单的场合。

"插入菜单项"函数有多种不同用法，比如插入顶层菜单、一次插入多个菜单、在指定位置之后插入菜单、插入某个菜单项的子菜单，等等。

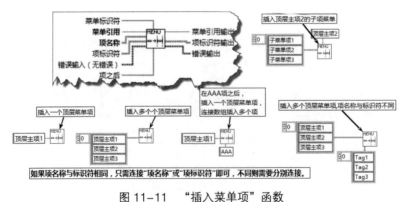

图 11–11　"插入菜单项"函数

## 11.2.3　动态创建菜单

动态创建菜单时，通常首先需要删除当前菜单，也可以在原有菜单的基础上，动态增加部分菜单。在删除当前菜单后，通过"插入菜单项"函数，首先创建主菜单项，然后根据各个主菜单项，创建各个子菜单。创建各个菜单项时，需要输入"项名称"数组和"项标识符"数组，如果项名称与标识符相同，则随意连接一项即可。"插入菜单项"函数也接受单个字符串输入，以创建单个菜单项。通过设置菜单项信息，可以设置启用、勾选和快捷键等属性。

动态创建菜单的详细程序框图如图 11-12 所示。

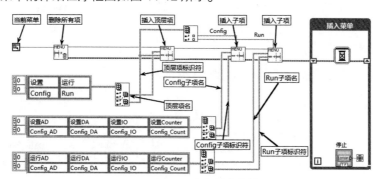

图 11-12　动态创建菜单

动态创建菜单的过程比较复杂，通常用户创建的菜单，顶层之下只有一级子菜单。这种情况下可以利用 INI 文件在外部完成创建过程，这样也非常容易更改菜单。

所有的段名作为顶层菜单项，键名可以作为项目标识符，键值作为菜单项名称。图 11-13 演示了如何利用 INI 文件动态创建与图 11-12 所创建的菜单相同的菜单。

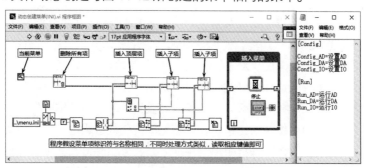

图 11-13　利用 INI 文件动态创建菜单

## 11.2.4　调用多个静态菜单，存储运行时菜单

常见的软件都具有多个菜单，并根据不同的情况显示不同的菜单，LabVIEW 也支持多个菜单调用。下面的示例创建了两个菜单，并存储在 RTM 文件中。然后根据用户的选择，调用不同的菜单文件，实现中英文菜单切换，如图 11-14 所示。如果希望把运行时的菜单存储在 RTM 文件中，则可以使用"存储当前菜单 VI 方法"。

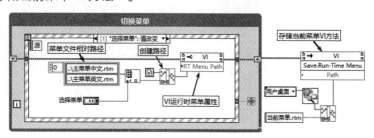

图 11-14　中英文菜单切换

## 11.2.5 自动触发预定义的菜单项

菜单通常都是通过键盘或者鼠标触发的，在触发后程序根据不同的标识符调用不同的 VI。很多时候，按钮或者其他控件与菜单具有相同的功能，比如工具条按钮。因此，单击按钮时能自动触发菜单项，这可以简化编程。

利用私有属性节点可以实现自动触发菜单项，但是这样只能调用 LabVIEW 内置的应用标识符，无法处理自定义的菜单项。自动触发 LabVIEW 应用菜单项的程序框图如图 11-15 所示。单击"系统新建对话框"按钮，相当于单击菜单的"新建"项，会显示新建对话框。

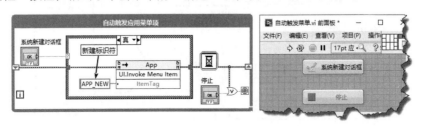

图 11-15　自动触发预定义的菜单项

## 11.2.6 控件的快捷菜单

相对简单的小型项目可以不使用主菜单。使用枚举、下拉列表、树形控件等同样可以实现类似菜单的操作。

各种控件都具有默认的运行时快捷菜单，也允许用户定义运行时快捷菜单，如图 11-16 所示。默认快捷菜单提供了基本的常用功能，比如"重新初始化默认值""复制粘贴""控件说明"，等等。复杂类型控件，比如波形图、XY 图等，其快捷菜单功能更为丰富。

自定义快捷菜单时，可以选择部分或者全部默认的快捷菜单项，也可以增加用户类快捷菜单项。在控件的快捷菜单中，选择"高级"→"运行时快捷菜单"→"编辑"项，打开"运行时快捷菜单编辑器"对话框，即可编辑快捷菜单，快捷菜单的创建过程与一般菜单类似。

在创建快捷菜单时，可以选择快捷菜单的存储方式，可以存储在单独的文件中，也可以作为控件的一部分，直接存储在当前 VI 中。

图 11-16　常用控件的默认快捷菜单

在图 11-17 中，为选项卡控件创建了自定义快捷菜单，用于修改选项卡控件的前景色。

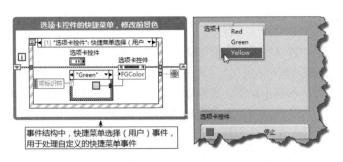

图 11-17 利用快捷菜单，修改选项卡控件的前景色

快捷菜单既可以静态创建，也可以动态创建。动态创建快捷菜单，需要响应控件的"快捷菜单激活？"过滤事件。"快捷菜单激活？"过滤事件发生在右击控件之后，快捷菜单显示之前。所以可以在该事件中，通过"插入菜单项"函数，动态创建快捷菜单。

如图 11-18 所示，在图片控件的"快捷菜单激活？"过滤事件中，删除所有快捷菜单，插入三个菜单项。在图片控件的"快捷菜单选择（用户）"事件中，用指定颜色绘制矩形背景。

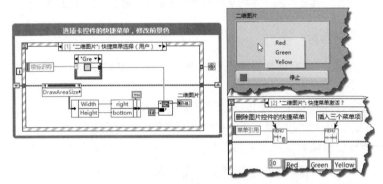

图 11-18 动态创建图片控件的快捷菜单，用于修改图片控件背景

## 11.3 光标工具

在不同的控件或者区域中使用不同形状的光标是比较常见的设计方法。在后台执行一个耗时操作时，通常需要设置忙碌光标，提醒用户等待。设置为忙碌光标后，会自动禁止用户对交互界面进行操作，等后台操作完成后再取消忙碌状态。LabVIEW 提供了从光标文件加载光标的方法，这样就可以使用自己定制的光标了。

"光标"函数选板如图 11-19 所示，其中包括"从文件创建光标"、"设置光标"、"销毁光标"、"设置为忙碌状态"和"取消设置忙碌状态"等 5 个函数。

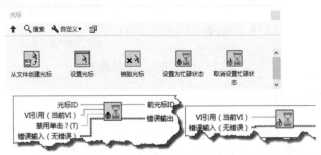

图 11-19 "光标"函数选板和"设置为忙碌状态"与"取消设置忙碌状态"VI

### 11.3.1 "设置为忙碌状态" VI 与 "取消设置忙碌状态" VI

忙碌状态表示后台正在执行操作，需要用户等待。当然我们不能寄希望于所有的用户都遵守这一规则，所以设置忙碌状态后，当"禁用单击？"参数的值为 TRUE（默认为 TRUE）时，LabVIEW 会自动禁止用户进行鼠标和键盘操作，直到取消忙碌状态后，才会恢复鼠标和键盘的操作。设置忙碌状态后，光标显示为沙漏形状。取消忙碌状态后，恢复为系统默认的形式。

图 11-20 所示模拟了一个耗时计算过程，在该计算过程中，光标显示为忙碌状态，此时禁止鼠标、键盘操作。

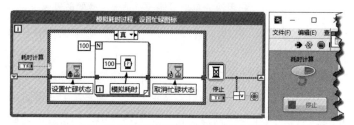

图 11-20　进行复杂运算时将光标设置为忙碌状态

### 11.3.2 设置控件光标

每个 NET 控件都允许单独为其设置光标，但是 LabVIEW 控件没有提供类似的特性，设置控件的光标需要编程实现。

设置光标函数设置的是整个 VI 的光标。当设置控件光标时，需要响应控件的鼠标进入事件与鼠标离开事件。在鼠标进入时，切换光标；在鼠标离开时，恢复原来的 VI 光标。如图 11-21 所示，允许用户为图片控件设置特色光标，图片下拉列表中包含了所有内置的 33 种光标。

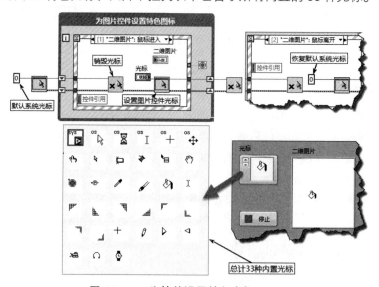

图 11-21　为控件设置特色光标

### 11.3.3 使用光标文件

LabVIEW 内部预定义了 33 种光标形式，参见图 11-21。既可以通过 0 ～ 32 索引值，设置当前光标；也可以通过光标文件创建光标。但是使用光标后，需要调用"销毁光标" VI 销毁光标，以防止内存泄漏。在 Windows 操作系统下，光标文件后缀必须是 cur 或者 ani。

在光标文件夹中，存储了 100 多个光标文件。下面的例子罗列了所有光标文件，并创建光标数组，如图 11-22 所示。每间隔 1s，切换一次光标。

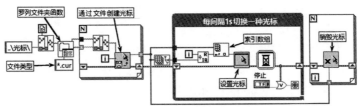

图 11-22 通过光标文件创建光标

## 11.4 选项卡、子面板与分隔栏

在创建中小型项目和配置对话框时，人机交互界面需要使用大量的控件。此时可以使用簇和通过修饰对控件合理分组。当控件数量较多时，前面板的可视部分可能容纳不下所有控件。将所有控件都堆积在一起，过分拥挤的界面，也不利于用户操作。这种情况下，可以使用容器类控件对控件进行适当的分组。

容器类控件包括水平分隔栏、垂直分隔栏、NET 容器、选项卡、子面板、ActiveX 容器。容器类控件本身就是其他基本控件的容器，它们的主要作用就是对多个控件进行合理的分组。

### 11.4.1 选项卡控件

选项卡由多个页面组成。每个页面都是独立元素，具有各自的引用句柄，允许独立设置各种属性，如颜色等。选项卡中用于切换属性页的部分称为页选择器。页选择器可以位于属性页顶部、底部、左侧或右侧。默认情况下页选择器位于选项卡的顶部，如图 11-23 所示。

可以将页选择器设置为纯文本、纯图像、文本图像和图像文本四种形式。从选项卡的快捷菜单的"高级"→"选项卡布局"项中，可以选择合适的形式。如果选择图像的形式，则需要把图像导入剪贴板，然后选择"高级"→"选项卡布局"→"从剪贴板导入图像"项。

图 11-23 分别展示了文本图像、纯图像和图像文本三种形式的页选择器，其中纯文本方式的页选择器最为常用。另外，经典控件与系统控件中，也提供了选项卡容器。

图 11-23 文本图像、纯图像、图像文本形式的页选择器

### 11.4.2 选项卡控件的页面

选项卡的每个页面都可以单独设置属性，如背景颜色等。其手动设置方法与常规控件的设置方法相同。如果需要通过属性节点设置，则必须取得页面的引用句柄，如图 11-24 所示。通过选项卡的属性节点的 Pages 属性，即可获取页面的引用句柄数组，通过该数组即可设置页面的相关属性。

选项卡是控件的容器，选项卡中包含的控件隶属于选项卡页面。要想访问页面上的控件，必须通过选项卡属性节点获取相应页面的引用句柄。然后再通过页面属性节点获取它包含的所有控件的引用，通过控件引用控制相应控件的属性。页面的属性同前面板的属性类似，我们可以把每个页面看成一个前面板，在一个选项卡控件中设置多个界面。

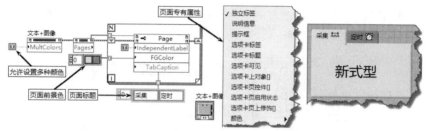

图 11-24　获取页面的引用句柄，设置页面前景色、标题

### 11.4.3　页面的公用控件

在不同的页面上布置公用的控件需要一点简单的技巧。首先分别创建选项卡控件和公用控件，再将选项卡控件拖动到公用控件上面。此时公用控件不属于任何页面，而且在编辑状态下公用控件会显示阴影，如图 11-25 所示。注意，如果先后次序不对，则需要通过工具栏中的重新排序工具把公用控件移至前面。

虽然在编辑状态下公用控件上会出现阴影，但是在运行状态下，阴影会自动消失，不影响使用。如果把按钮与选项卡分组锁定，则可以消除编辑状态下的阴影。

选项卡包含的数据本质上为枚举类型，因此其可以直接与数字控件连接，也可以直接连接条件结构。枚举控件具有自回卷功能，选项卡控件也是如此。

选项卡既可以作为输入控件，也可以作为输出控件。作为输入控件时，通常显示页选择器，允许用户选择页面。如果作为输入控件，则当需要编程改变页面时，需要使用局部变量。作为输出控件时，通常隐藏页选择器，编程实现显示哪个页面。作为枚举控件时，直接赋值即可改变页面。

如图 11-25 所示的示例创建了两个公用控件，分别是向前按钮与向后按钮。同时创建了选项卡输入与输出控件。程序框图演示了如何编程实现切换页面。如果隐藏了页选择器，就构成了典型的向导型应用。

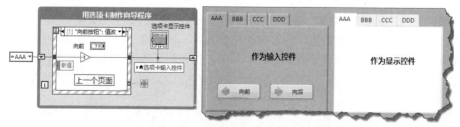

图 11-25　选项卡作为向导应用

选项卡控件虽然解决了界面上控件拥挤的问题，但是每个页面中控件的程序框图仍然需要单独设计，框图中依然充斥着大量的控件端子。所以真正解决控件太多的问题，还是要从编程风格和设计模式方面考虑。

### 11.4.4　分隔栏控件

LabVIEW 8.0 后的版本出现了很多重大改进，比如在前面板中增加了窗格的概念。在早期 LabVIEW 中，前面板是所有控件的容器。通过前面板的引用句柄获取前面板上所有对象的数组，然后就可以获取特定控件的引用。在出现了窗格的概念后，默认状态下，前面板只包含一个窗格，因此窗格的特征并不明显，但是从属性节点的使用过程中，可以明显看出新旧版本的区别。例如在 8.0 后的版本中，获取特定控件的引用，需要先从前面板引用获取窗格引用，然后通过窗格引用再获取控件的引用。

使用分隔栏控件后，窗格的概念就非常明确了。通过水平分隔栏或垂直分隔栏，可以把前面板分成多个窗格。每个窗格都具有前面板的特性，比如可以设置各自的背景、颜色等，如图 11-26 所示。

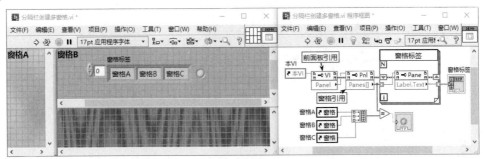

图 11-26　利用分隔栏，创建多个窗格

## 11.4.5　分隔栏与窗格滚动条

初学者首次使用分隔栏容器时，通常意识不到分隔栏与窗格滚动条的区别。因为在创建水平分隔栏时，会自动出现水平滚动条。在创建垂直分隔栏时，会自动出现垂直滚动条。所以会误认为滚动条就是分隔栏，这是不对的。

分隔栏隶属于整个前面板，从前面板属性可以得到所有的分隔栏引用数组。滚动条隶属于窗格，在窗格的属性中，可以设置滚动条是否可见。分隔栏与滚动条具有各自的快捷菜单，因为创建时，分隔栏高度很小，所以初学者不容易发现分隔栏的快捷菜单，所以也无法正确设置分隔栏属性，如图 11-27 所示。

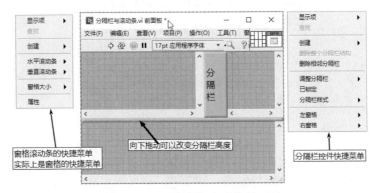

图 11-27　分隔栏与滚动条的区别

## 11.4.6　利用分隔栏创建工具栏与状态栏

在早期版本中，创建工具栏和状态栏是比较复杂的。问题在于如果要固定工具栏，它必须位于客户区上面的固定位置，而状态栏必须位于最下面的位置。现在通过分隔栏，很容易解决这个问题。

首先创建两个水平分隔栏，分别调整到顶部和底部的适当位置，预留出合适的高度，供工具栏与状态栏使用。通过窗格的快捷菜单，设置滚动条"始终关闭"。然后在工具栏窗格、状态栏窗格放置合适的控件。通常在工具栏上放置按钮、枚举、下拉列表、组合框等输入控件，状态栏上放置进度条、文本等显示控件。图 11-28 演示了如何利用分隔栏创建工具栏与状态栏。

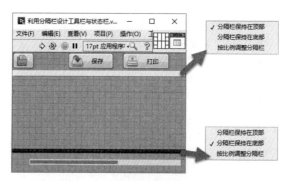

图 11-28　利用分隔栏创建工具栏与状态栏

### 11.4.7　利用分隔栏自动缩放控件

分隔栏的主要作用是把前面板窗口分隔成多个窗格。配合控件的"根据窗格缩放对象"属性，在窗口改变大小时，自动缩放控件。这一点在进行界面整体布局设计时，非常有用。

在图 11-29 中，创建一个垂直分隔栏。通过分隔栏的快捷菜单，选择"调整分隔栏"→"分隔栏保持在左侧"项。"保持在左侧"的意思是，当窗口改变大小时，左侧窗格的宽度不变，高度自动变化。右侧窗格的宽度与高度均自动变化。

图中在左侧窗格中放置一个列表框，用来选择波形。列表框在窗口大小改变时，宽度不变，高度始终自动适应窗格高度。右侧波形图控件，根据窗口改变，自动适应窗口大小。注意窗格中的控件，必须在快捷菜单中设置为"根据窗格缩放对象"。

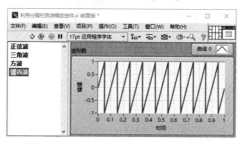

图 11-29　利用分隔栏自动缩放控件

### 11.4.8　子面板控件

LabVIEW 不支持多窗口（MDI），多个运行的 VI 各自具有自己的单独窗口（前面板）。子面板的出现在一定程度上解决了多窗口的问题。子面板控件属于容器型控件，在子面板中，可以插入其他 VI 的前面板，插入部分不包括菜单栏、标题栏等。

首先在前面板中，布置一个子面板控件，调整至合适的位置和大小，此时在程序框图中会自动出现子面板的"插入 VI"方法。子面板本身只有"插入 VI"和"删除 VI"这两个方法。调用"插入 VI"方法后，插入 VI 的前面板将被加载到子面板中，一直到主 VI 退出或者使用"删除 VI"方法，才能卸载子面板中的 VI。

注意，"删除 VI"方法只是卸载子面板中插入的 VI，不一定从内存中卸载该 VI。只在没有其他引用指向该 VI 时，才会从内存中彻底卸载它。

另一个需要注意的问题是，插入 VI 必须保证不能打开前面板。已经打开前面板的 VI，在被插入子面板时，会产生错误。

接下来我们采用三种不同的方式，演示在子面板中如何插入 VI。三种方式插入的效果是相同的。这三种方式分别是"动态调用方式"、"异步调用方式"和"静态调用方式"。

在子面板中，由用户选择插入"正弦波形发生器"、"三角波"或者"配置"VI。在子面板中插入 VI 的效果，如图 11-30 所示。

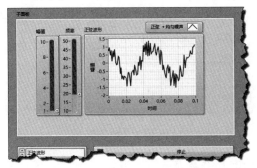

图 11-30　在子面板中载入 VI 的效果

图 11-31 所示为正弦波形发生器 VI 的前面板与程序框图，注意该 VI 为死循环。我们将在主 VI 中，调用"中止方法"停止插入 VI。三角波发生器 VI、配置 VI 与正弦波形发生器 VI 类似，也是死循环。

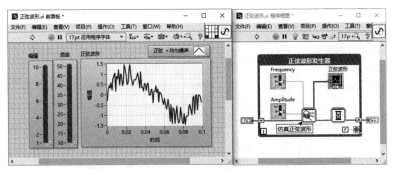

图 11-31　正弦波形发生器 VI（插入）

### 11.4.9　动态调用 VI 插入子面板

运行动态调用 VI 后，利用子面板的"插入 VI"方法，将其插入子面板中。这是子面板最常见的应用方式。

首先创建一个"动态调用"子 VI，该 VI 负责启动运行三个插入 VI，并返回这三个 VI 的引用数组，供"插入 VI"方法使用。动态调用三个插入 VI 的程序框图如图 11-32 所示。

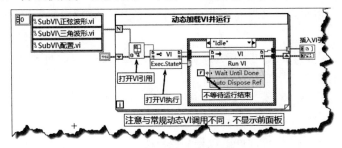

图 11-32　动态调用三个插入 VI

必须注意，与常规的动态调用不同的是，一定不要显示插入 VI 的前面板。

子面板主 VI 非常简单，如图 11-33 所示。前面板中的枚举控件用于选择插入子面板的 VI。在插入一个新 VI 之前，首先调用"删除 VI"方法，然后利用"插入 VI"方法，在子面板中显示插入 VI 的前面板。退出主 VI 时，循环调用"中止 VI"方法，结束所有插入 VI。运行效果参见图 11-30。

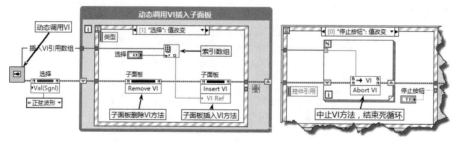

图 11-33　子面板主 VI

## 11.4.10　异步调用 VI 插入子面板

异步调用是 LabVIEW 新增功能，对于不需要显示前面板的插入 VI，异步调用更为方便。异步调用 VI，要求调用的子 VI 具有相同的类型，也就是有相同的连线板。

异步调用与严格类型的 VI 动态调用非常类似，但是存在本质区别。严格类型的 VI 动态调用必须等 VI 运行结束后，才能返回主调 VI。异步调用不必等待调用的 VI 结束，它启动了一个单独运行的异步任务，类似于一般的动态调用，但是异步调用允许从连线板输入运行的初始数据。

异步调用 VI 的程序框图与子面板主调用 VI 的程序框图如图 11-34 所示。

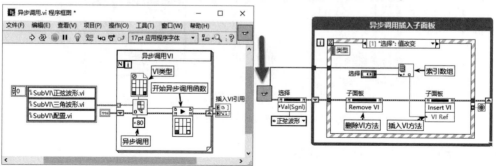

图 11-34　异步调用 VI 与前面板主调用 VI

## 11.4.11　并行的静态调用 VI 插入子面板

虽然在多数情况下，插入子面板的 VI 都是动态调用或者异步调用的。但是某些情况下，并行的静态调用 VI 也是可以插入子面板的。比如静态调用的并行 VI 偶尔需要显示前面板，做一些参数调整等。

并行的静态调用 VI 是不能通过"中止 VI"方法结束运行的。只能通过全局变量、队列、通知器等发送消息让并行的 VI 自己结束运行。

另外，对于插入子面板的 VI，需要获取它的引用。由于是静态调用，所以获取引用的方式与动态调用是不同的，如图 11-35 所示。

在该例子中，主 VI 和插入 VI 之间的数据交换与动态调用 VI 的方式相同。可以通过引用、设置控件值、全局变量、队列、通知器，以及用户事件等进行数据交换。

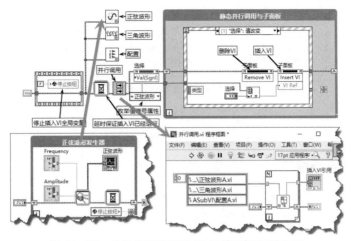

图 11-35　并行的静态调用 VI 与前面板主调用 VI

### 11.4.12　在多个子面板插入相同 VI

动态调用的 VI，如果被设置成可重入方式，则当它被多次调用时，可以自动为它们分配各自的内存空间。对于动态调用 VI，可以通过模板或者将 VI 设置成可重入的方式，实现同一 VI 的多次调用。但是插入到子面板的 VI，只能通过模板方式多次调用。

通过模板在多个子面板多次插入同一 VI 的方法如图 11-36 所示。注意，必须将插入 VI 存储成 VIT 格式。

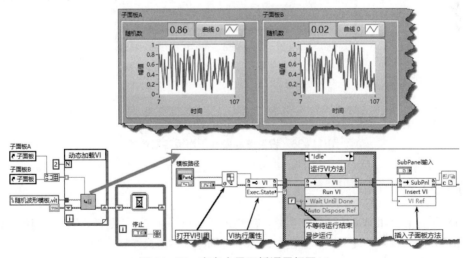

图 11-36　在多个子面板调用相同 VI

### 11.4.13　判断 VI 是否插入子面板

子面板仅仅提供了两个方法和几个属性，因此很难对子面板进行控制。如果一个 VI 的前面板已经打开，那么是不能将它加载到子面板中的。通过 VI 的方法和属性节点，很容易判断 VI 的前面板是否打开，但是无法判断 VI 是否已经被加载到子面板中了。

一个加载到子面板中的 VI，它前面板的"可调整大小"属性会自动被设置为只读状态。因此，我们可以通过前面板的"可调整大小"属性来间接判断 VI 是否被加载到子面板中了。当然，这么做的前提是 VI 的"可调整大小"属性预先被设置为"可改变"。判断 VI 是否被加载到子面板中的程序框图如图 11-37 所示。

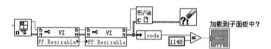

图 11-37　判断 VI 是否被加载到子面板中

在图 11-37 中，判断错误代码，如果发生 1148 号错误，则表明 VI 已经被加载到子面板中，此时"可调整大小"属性为只读状态。

### 11.4.14　子面板的属性

子面板具有"容器边界"和"透明"属性，通过"容器边界"属性可以调整子面板的大小。如图 11-38 所示，根据插入 VI 前面板的大小，来自动调整子面板的大小，同时设置水平、垂直滚动条的显示方式。

该例子使用了 OpenG 中的"矩形大小"函数，该函数通过矩形的左上角点和右下角点计算矩形的宽度与高度。

如果子面板的"透明"属性设置为真，则插入子 VI 具有与主调用 VI 同样的背景色。如果设置为假，则插入子 VI 保持原有背景色。

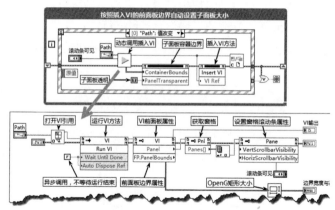

图 11-38　设置滚动条和子面板容器边界

## 11.5　XControl

XControl 是 LabVIEW 8.X 新增的功能。在 XControl 出现以前，通过属性节点和事件结构可以动态控制控件的外观、特性和行为。但是这种传统的控制方法只能针对特定的控件，无法实现控件的重用。

在 LabVIEW 中，无论是简单的还是复杂的控件都可以重用，都具有各自的属性、方法和事件，都是面向对象的层次继承结构，每个控件都继承了它的父类的属性和方法。但是一个具体控件的属性和方法都是固定的，我们无法删除或者增加这个控件的属性和方法。

XControl 的引入，使我们终于拥有了创建控件的能力。我们可以简单地将 XControl 理解为一个重新定义的、增加了大量功能的新控件。它继承了一个基本控件，用户在此基础上可以拓展它的属性和方法。

随着 LabVIEW 应用领域的不断扩大，需要为各个行业提供各种独特的控件。编程者只要掌握了 XControl 的制作方法，就可以自己创建适合不同行业需要的独特控件了。

### 11.5.1　Hover 按钮

Hover 按钮在各种应用软件中很常见，当鼠标悬停在按钮上时，按钮的颜色、字体、文本或者背景等自动改变。LabVIEW 中的控件没有这样的功能，需要编程实现。

下面通过一个具体的示例，详细说明如何实现 Hover 按钮。我们的目的是创建一个布尔控件，当鼠标进入和离开布尔控件时，控件的颜色和标题自动更改。

传统的设计思路是，使用布尔控件的事件结构。分别在"鼠标进入"事件和"鼠标离开"事件中，利用属性节点更改控件的标题属性和颜色属性。以传统方式实现的 Hover 按钮的效果和程序框图如图 11-39 所示。

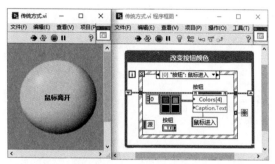

图 11-39　Hover 按钮的传统实现方式

通过事件结构，可以在鼠标进出布尔按钮时改变它的属性。但是以这种方式实现的控件无法重用。当界面上再增加类似的按钮时，我们必须对新的按钮重新编程。

虽然使用自定义控件，可以让布尔控件显示不同颜色，并且可以重用。但是自定义控件无法存储数据，也无法响应事件，因此无法实现控件的复杂操作。

XControl 出现之后，我们可以采用新的思路，重新设计 Hover 按钮。XControl 的创建过程比较复杂，下面详细讨论创建 XControl 的具体步骤和方法。

### 11.5.2　新建 XControl

在 LabVIEW 文件菜单中，选择"新建"项，然后在打开的新建对话框中，选择 XControl 项，即可新建一个 XControl，如图 11-40 所示。

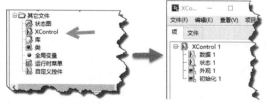

图 11-40　新建 XControl

从图 11-40 可以看到，LabVIEW 自动创建了两个自定义控件，分别是"数据"控件和"状态"控件；自动创建了两个 VI，分别是"外观" VI 和"初始化" VI。创建好 XControl 后，选择合适的名称和文件夹，保存后继续编辑 XControl。

### 11.5.3　修改数据控件和状态控件

数据控件表示 XControl 的数据类型，它是自定义控件，可以根据需要将其修改为需要的数据类型。例如，一个学生的个人信息应该组成一个簇，包括姓名、性别、年龄、班级等。

我们的目的是创建一个特效布尔控件，不需要包含复杂的数据。自动创建的数据控件为数值型控件，把该控件替换为按钮布尔控件。

状态控件表示 XControl 的显示状态。它和数据控件一样，都是自定义类型，它包含的信息是我们需要控制的 XControl 的属性信息。

当鼠标进入和离开按钮区域时，需要改变颜色和标题属性。因此我们在状态控件中，定义"鼠标进入标题"、"鼠标离开标题"、"鼠标进入颜色"和"鼠标离开颜色"这四种属性，如图 11-41 所示。

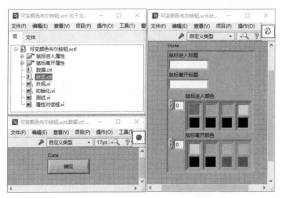

图 11-41　数据控件与状态控件

### 11.5.4　"外观"VI

当把 XControl 加载到前面板，或者把一个包含 XControl 的 VI 调入内存时，自动调用"初始化"VI，以便在显示之前做一些必要的初始化工作。

"外观"VI 是 XControl 中最为重要的 VI，XControl 的绝大部分操作都包含在"外观"VI 中。

首先我们看 LabVIEW 自动创建的"外观"VI 包含哪些内容。"外观"VI 的前面板是 XControl 控件的外观，默认为空白，因此，需要我们自己放置控件，然后设置 VI 属性。

**1. 选择合适的控件并设置 VI 属性**

"外观"VI 的前面板是 XControl 将要显示的控件外观，因此需要在"外观"VI 中，设计 XControl 的外观，包括：

◆ XControl 作为输入控件的外观。

◆ XControl 作为显示控件的外观。

◆ "外观"VI 的属性设置。

如果 XControl 需要根据窗口大小成比例变化，则需要在 VI 属性对话框的"VI 大小"选项卡中，勾选"调整窗口大小时缩放所有对象"项。如果 XControl 是固定大小的，则在 VI 属性对话框的"窗口外观"选项卡中选择"自定义"。单击"自定义"按钮，在弹出的自定义窗口外观对话框中，勾选"无法调整大小"项，使窗口无法调整大小。

"外观"VI 程序框图如图 11-42 所示。

**2. 超时事件**

在"外观"VI 中，LabVIEW 自动创建了一个事件结构，包含"超时"、"数据更改"、"显示状态更改"、"方向更改"和"执行状态更改"等事件。其中，除了"超时"事件，其他四个事件都是"外观"VI 特有的事件，普通的 VI 是不具有这些事件的。这些事件非常重要，是构成"外观"VI 的核心部分。下面详细讨论各个事件的用法。

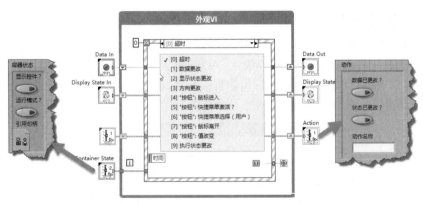

图 11-42 "外观" VI 的程序框图

"超时"事件是我们非常熟悉的事件，隶属于应用程序类事件。当"超时"端子不连接时其默认值为-1，表示永远不发生超时事件；连接一个固定的数值（比如 100）时，如果没有事件发生，则每 100 ms 触发一次"超时"事件。

需要注意的是，图 11-42 中的"超时"端子连接的是 0，表示没有其他事件发生时立即触发超时事件。同时设置"循环条件"端子为真时停止。因此一旦超时发生，将立即退出循环。

超时事件的"超时"端子连接 0，这和一般的事件结构使用方法完全不同。一般事件结构的超时端子如果连接 0，将导致整个循环退出，不会再响应其他事件。

经过仔细分析后，发现"外观" VI 类似于回调函数。CVI 的回调函数是这样定义的：

```
int CVICALLBACK PlotData (int panel, int control, int event, void *callbackData,
int eventData1, int eventData2);
```

如果面板或者面板上某个控件发生了某个事件，比如鼠标按下、值改变等，将自动调用这个函数。注意是系统自动调用这个函数，不是用户调用的。

一旦 XControl 发生任何事件，LabVIEW 将自动调用回调函数。回调函数响应事件后，继续等待其他事件。因为没有其他事件发生，所以会立即触发超时事件。这将导致循环结束，回调函数退出，结束本次调用。具体过程是这样的：

XControl 发生事件➜LabVIEW 自动调用"外观" VI➜响应事件➜超时退出。

下次发生事件时重复上面的过程。

### 3. "数据更改"事件

"数据更改"事件，是指自定义数据类型的值改变时而发生的事件。当我们使用数据流、局部变量或者值属性节点等改变了 XControl 的值时，会触发该事件。这一点和一般的事件结构也是不同的，一般的事件结构，当局部变量或者值属性节点改变控件的值时，是不会产生事件的。当我们在前面板生成这个 XControl 控件时，自动触发"数据更改"事件，尽管我们此时并未改变它的值。

### 4. "显示状态更改"事件

当我们向前面板拖入（生成）一个 XControl 的实例，或者复制控件，以及用自定义的属性节点改变控件时，都会触发这个事件。我们可以利用这个事件来改变 XControl 的外观属性。

### 5. "方向更改"事件

当一个 XControl 从输入控件变成显示控件，或者从显示控件变成输入控件时，会产生该事件。利用这个结构，我们可以把显示控件和输入控件显示成完全不同的形状。通过鼠标右键快捷菜单，选择"转换成显示控件"或者"转换成输入控件"项时，则自动触发"方向更改"事件。

**6.** **"执行状态更改"事件**

XControl 的"执行状态更改"事件的程序框图如图 11-43 所示。从左侧传入的"Run Mode？"参数，其值为 TRUE 时表示运行状态；其值为 FALSE 时表示编辑状态。由于在编辑状态下可以更改显示控件的值，而在运行状态下不允许用户直接修改，所以只能通过数据流或者局部变量来修改。这就要求我们，必须知道当前处于运行状态还是编辑状态。

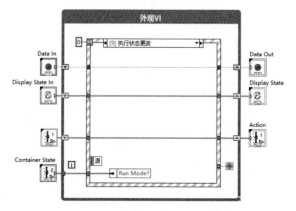

图 11-43　"执行状态更改"事件

经过实际测试，当一个 XControl 被拖入前面板（生成控件实例）时，将按照调用"初始化"VI→"数据更改"事件→"执行状态更改"事件这样的次序产生事件。

需要注意的是，左侧共有 4 个自定义严格类型的数据被传入循环和事件结构，它们的含义如下所述。

◆ Data In：图 11-41 中自定义的数据控件。

◆ Display State In：图 11-41 中自定义的状态控件。

◆ Container state：容器状态，参见图 11-42。

◆ Action：动作，参见图 11-42。

其中，Container State 和 Action 是 LabVIEW 系统预定义的自定义控件。

Action 是一个严格类型的自定义簇，由三个元素组成。

◆ 数据已更改：布尔型，如果为 TRUE，则触发"数据更改"事件。

◆ 状态已更改：布尔型，如果为 TRUE，则触发"显示状态更改"事件。

◆ 动作名称：用户可以定义的字符串信息，比如我们可以指明是谁触发了"数据更改"事件或者"显示状态更改"事件。

容器状态是一个严格类型的自定义簇，由三个元素组成。

◆ 显示控件：布尔型，为真时表示当前的 XControl 为显示控件；为假时表示 XControl 是输入控件。

◆ 运行模式：布尔型，为真时表示当前的 XControl 处于运行状态；为假时表示 XControl 处于编辑状态。

◆ 引用句柄：自身的控件引用。

## 11.5.5　创建属性和方法

XControl 强大的显示能力是通过属性和方法实现的，所以创建 XControl 时，要注意属性和方法的使用。

我们在状态控件中，已经定义了"鼠标进入标题"、"鼠标离开标题"、"鼠标进入颜色"和"鼠标离开颜色"四个属性。它们是自定义的属性，完成 XControl 后，LabVIEW 会自动在属性节点中增加四个条目。属性节点一般都定义成可读写的，但是也可以根据需要定义为只读。

为了使结构更加清晰，在创建 XControl 的过程中，需要创建虚拟文件夹，并对所有的属性分类处理。XControl 的属性创建与类的属性创建方法基本相同。

图 11-44 展示了虚拟文件夹的结构，以及"鼠标离开颜色写入"属性的程序框图，其他属性与此类似。

图 11-44　虚拟文件夹的结构和"鼠标离开颜色写入"属性

在 LabVIEW 自动生成的属性前面板中，给出的是布尔控件，标签为 Value。我们要用自己的控件来替代它，但是标签不能变。标签必须是 Value，而且第一个字母必须是大写。

属性节点设计完成后，还需要在"外观"VI 中响应按钮控件的"鼠标进入"和"鼠标离开"事件以及按钮"值改变"事件。这样存储在状态控件中的属性设定值才能传入布尔控件中，以更新按钮的显示。处理"鼠标进入"事件的程序框图如图 11-45 所示。

最后，还需要修改"初始化"VI，设置默认状态值。在 VI 中使用 XControl 时，会自动调用"初始化"VI，因此"初始化"VI 特别适于执行初始化操作。

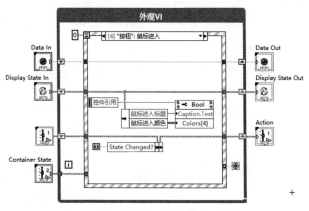

图 11-45　处理"鼠标进入"事件

## 11.5.6　调试 XControl

新创建一个 VI，在项目管理器中，将我们创建的 XControl 拖动到 VI 的前面板，就会自动创建一个 XControl 型控件，然后按照常规的方式创建属性节点，就可以看到我们设置的属性了，如图 11-46 所示。

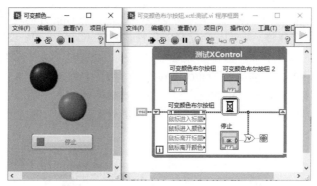

图 11-46　可变颜色布尔控件的效果图

XControl 的设计不可能是一蹴而就的。由于 XControl 本身无法直接运行，因此必须借助于调用 XControl 的 VI 进行调试，验证 XControl 是否满足设计要求。一旦打开一个包含 XControl 的 VI，XControl 就处于不可编辑状态。只有关闭了调用 XControl 的 VI，才能继续编辑 XControl。

当同时打开 XControl 浏览器和调用 VI 时，XControl 自动处于锁定状态（XControl 的名称前显示锁定标志）。同时快捷菜单中增加了"库锁定原因""解锁库以编辑"这两项。在快捷菜单中选择"解锁库以编辑"项后，XControl 库处于编辑状态，而调用 VI 时则处于断线状态。此时，快捷菜单中的"解锁库以编辑"项变成"应用实例改动"项。完成编辑后选择"应用实例改动"项，则调用 VI 中的 XControl 自动更新，重新处于可用状态。

> **学习笔记**　选择"解锁库以编辑"与"应用实例改动"项，可以对 XControl 进行动态编辑。

从 XControl 的设计过程可以看出，LabVIEW 自动创建的"数据"控件、"状态"控件、"外观" VI 和"初始化" VI 是非常重要的，LabVIEW 把这几个部件称作功能。在快捷菜单中选择"新建功能"项，可以动态创建这几个部件。在选择"新建功能"项后弹出的功能对话框中，还包括"反初始化"和"转换状态以保存"这两个功能。

## 11.5.7　自定义属性对话框与快捷菜单

LabVIEW 的控件属性都可以通过属性对话框来配置。如果 XControl 的属性非常复杂，那么给用户提供一个友好的配置对话框是十分必要的。

如果使用属性配置对话框，则 XControl 需要响应"快捷菜单激活？"过滤事件。在"快捷菜单激活？"过滤事件中，动态创建用户菜单项目。然后在"快捷菜单选择（用户）"事件中，把在对话框中选择的属性传递给 XControl 的状态数据，并要求更新状态。

首先设计一个"配置对话框" VI，直接输出在 XControl 中定义的状态数据，如图 11-47 所示。

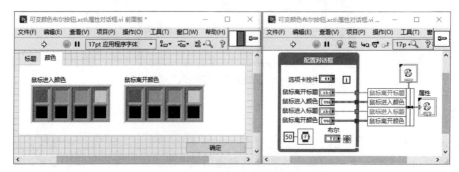

图 11-47　"配置对话框" VI

然后修改"外观"VI，响应快捷菜单事件，调用图 11-47 所示的"配置对话框"VI，如图 11-48 所示。

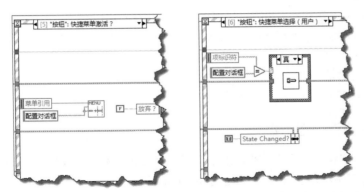

图 11-48 "快捷菜单激活？"事件和"快捷菜单选择（用户）"事件

这样，在 VI 的 XControl 快捷菜单中，选择"配置对话框"项，即可通过对话框配置 XControl 控件的标题属性和颜色属性。

## 11.6 错误处理

错误处理非常重要，同时也经常被忽视。从错误源的角度看，硬件本身和软件都会产生错误。从错误的程度上可以分为致命错误和一般错误。对于致命错误必须采取果断措施，立即处理，尤其是硬件设备的操作错误。妥善的错误处理，对保证设备的运行安全极为重要。

错误源是千差万别的，LabVIEW 不可能为所有外部设备定义错误。所以对于软件编程来说，希望 LabVIEW 能自动完成错误处理是不现实的。尽管如此，LabVIEW 还是提供了大量的预定义错误，同时提供了强大的错误处理机制。

常规语言的错误处理，由捕捉错误和错误处理两部分组成。当调用一个函数时，可以同时设置软件捕捉错误，如果捕捉到错误则进行相应处理，如果无错误发生则自动运行程序其他部分。LabVIEW 是基于数据流的，因此它的错误捕捉和错误处理独具特色，也是通过数据流的方式传递错误。这样我们既可以在 VI 内部处理错误，也可以将错误传递到其他 VI 或者线程中去处理。

### 11.6.1 错误簇

在前面的例子中，多次使用了错误输入簇和错误显示簇。但是使用它们的目的主要是通过数据流的方式，去控制各个 VI 的运行次序并替代顺序结构。其实错误簇的主要作用还是在于错误处理。LabVIEW 中的很多函数都采用了错误簇，我们自己创建的 VI 也可能需要使用错误簇。为此 LabVIEW 专门提供了带错误处理的子 VI 模板，用来自动创建带错误簇的 VI。

如图 11-49 所示，错误簇由三个元素构成。

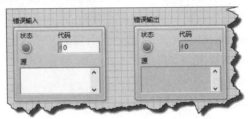

图 11-49 错误簇

◆ 状态：布尔控件，为 TRUE 时表示发生错误，为 FALSE 时表示无错误。

◆ 错误代码：I32 控件，代表错误类型，0 表示无错误，非 0 时表示发生了错误。

◆ 错误源：字符串控件，用字符串信息描述错误的来源。

LabVIEW 定义了大量的错误码，在菜单栏中选择"帮助"→"解释错误"项，会弹出错误解释对话框，在这里可以了解各种错误代码的具体含义。

除了预先定义的错误码，LabVIEW 还预留了一部分错误码供用户自己使用，范围是 5000～9999 和 –8999～–8000。

### 11.6.2　常用错误处理函数

LabVIEW 使用错误簇处理和传递错误，因此簇的所有函数对错误簇都是适用的。同时 LabVIEW 也提供了一些专门的错误处理函数，这些函数都开放了源代码。通过 LabVIEW 处理错误的方式，我们可以学习到常用错误的处理规则和方法。

#### 1. "清除错误"函数

"清除错误"函数会将错误状态重设为无错误，将错误代码重设为 0，并将错误源重设为一个空字符串。需要忽略错误时，使用该函数可以中断错误簇的传输。

#### 2. "简易错误处理器"函数

发生错误时，"简易错误处理器"函数显示有错误发生。如果发生错误，该函数会返回错误描述，或打开对话框。"简易错误处理器"函数的说明如图 11-50 所示。

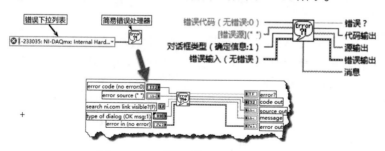

图 11-50　"简易错误处理器"函数

"简易错误处理器"函数调用了"通用错误处理器"函数。该函数一旦检测到错误，就会提示用户发生了错误。有几种错误处理方式供用户选择，可以通过对话框类型参数（枚举）来选择不同的处理方式。

◆ 选择"No dialog"，不显示对话框。错误会被继续传递，由主 VI 或者其他 VI 处理。

◆ 选择"Ok message"，显示只有"继续"按钮的对话框。仅仅提示错误，单击"确定"按钮后会继续传递错误。

◆ 选择"Continue or Stop message"，显示多按钮对话框。对话框上包括"继续"和"停止"按钮，选择"停止"按钮后会自动停止函数。

◆ 选择"Ok message with warnings"，显示含有警告和"继续"按钮的对话框。单击"确定"按钮后会继续传递错误。

#### 3. "通用错误处理器"函数

"简易错误处理器"函数是"通用错误处理器"函数的简化函数。"通用错误处理器"函数不但可以处理 LabVIEW 预定义的错误，而且可以处理用户定义的错误及异常。如果错误码和错误源与异常码和异常源匹配，则执行异常操作。如果不连接异常源，只要错误码与异常码相同，就执行异常操作。可以对"异常操作"输入端子进行三种指定。

◆ **无异常（默认）：** 不执行异常操作，按一般错误处理。

◆ **取消匹配错误：** 屏蔽错误，相当于调用了"清理错误"函数。

◆ **设置匹配错误：** 如果错误号和异常号匹配，则按照异常错误处理。

通过取消匹配错误，可以屏蔽特定错误，这对超时错误尤其实用。屏蔽 1 号错误的程序框图如图 11-51 所示。

对于特定的软件和硬件，LabVIEW 无法提供内部错误号和错误信息。这种情况下编程者可以自己定义错误号和错误源。自定义错误的程序框图如图 11-51 所示。

如果自定义错误号很多，采用常量数组方式就不合适了。LabVIEW 提供了错误文件方式，错误文件可以保存大量的自定义错误。另外，错误处理函数还包括合并错误、查找第一个错误等函数。它们比较简单，这里就不具体介绍了。

图 11-51    屏蔽错误及自定义错误

## 11.7    LabVIEW 的编程风格

任何编程语言都非常注重编程风格的问题，尤其是团队合作的项目，保持一致的编程风格有利于程序的可读性和编辑调试。LabVIEW 作为图形化的编程语言，对于编程风格的要求存在一定的特殊性。NI 公司的技术文档对 LabVIEW 的编程风格做出了具体规定，提出了一些通用规则。我们在编程实践中要自觉遵守这些规则，逐步养成良好的编程风格。

### 11.7.1    编程风格的内涵

LabVIEW 的编程风格与程序的易用性、效率、可读性、可维护性、稳定性、简单性，以及整个程序的运行性能存在密切关系。易用性、效率、可读性、可维护性、稳定性、简单性是 LabVIEW 程序设计的基本原则，贯穿于 LabVIEW 程序设计的始终。

#### 1. 易用性

任何软件最终都是需要与操作者进行交互的。软件本身可能非常复杂，但是与用户的交互必须非常简单，对于不同级别的操作者，软件都应该是简单易用的。所以，软件应该从功能上划分层次，使初级用户在很短的时间内学会操作。

#### 2. 可读性

可读性分为前面板的可读性和程序框图的可读性。前面板的可读性和软件的易用性存在密切关系。前面板是最终提供给用户的人机交互界面，界面的设计简约、通用和一致是保证界面可读性的重要原则。即便像 Office 和 LabVIEW 这样大型的软件，它们的基本界面也并不复杂，绝不能仅仅为了填充空间而随意增加不需要的控件。软件业经过数十年的发展，人们已经习惯了流行软件的操作方式，比如菜单、按钮、颜色主题等。软件的设计者应该充分尊重操作者的习惯，而不是强迫用户遵循设计者的习惯。一个用于完成特定任务的软件可能需要多个交互界面。因此，保持界面的一致性是非常重要的，所有的界面尽量采用相同的颜色主题、字体等显示效果。程序框图的可读性主要针对的是软件设计人员。如果是团队设计，那么我们创建的程序框图对其他软件设计人员必须是容易阅读和理解的。

### 3. 效率

从设计最基本的单元 VI 开始，就必须考虑效率问题，尤其是对数组等大型数据的操作。由于软件是由多个 VI 组成的，所以由多个低效的 VI 构成的软件不可能是高效的。因此，效率的高低也是考验编程人员能力的重要指标。

### 4. 可维护性

客户方的要求是不断变化的。编程者经常会遇到软件接近完成的时候，客户又提出了新要求的情况。如果从开始设计软件就没有使用模块化或者组件的方法，那面对这种情况是非常头疼的。因此，从设计初期就要进行合理的设计，使软件是开放的、可维护的。子面板、自定义枚举控件和动态调用 VI 都可以实现插件功能，而通过插件可以新增功能，不需要对整个程序结构做较大的改动。

### 5. 稳定性

应用程序必须是稳定的、健壮的。软件本身是不可能不存在任何问题的。例如，对于异常错误没有提供相应的处理方法，对于输入/输出的数据没有限定范围，用户输入了错误类型的数据，用户单击了不应该单击的按钮等问题，这些实质上都是软件设计本身的问题。因此，不能指望用户来保证数据输入是合理的，需要编程者检查输入是否合理。

### 6. 简单性

同样的函数，可以有多种实现方法。每一个具体的 VI 都要力争用最少的函数实现所需功能。要将复杂的问题细化成多个子 VI，通过模块化的方法解决问题。

LabVIEW 的编程风格是极其重要的，*The LabVIEW Style Book* 一书专门讲述了 LabVIEW 的设计风格。该书是专业 LabVIEW 编程人员必备的工具书，称得上是 LabVIEW 设计风格的巅峰之作。在这本书面前，笔者不敢过多谈及设计风格，只能认真研读体会。在 NI 公司的开发者指南中，也提出了很多设计规则。下面摘选部分常用规则，作为设计 LabVIEW 程序的准则。

## 11.7.2　前面板设计应该遵循的原则

前面板设计包括人机交互前面板设计和子 VI 函数前面板设计两种，二者对前面板的要求有很大不同。

### 1. 人机交互前面板设计应该遵循的原则

◆ 用修饰、间隔、选项卡及簇控件等把相关控件按逻辑关系分组。

◆ 前面板中的对象摆放要整齐，等间距排列。

◆ 类似的对象大小要一致。

◆ 工业用途的顶层面板要最大化。

◆ 对话框的面板要远小于全屏幕。

◆ 对话框面板要居中显示。

◆ 一般桌面应用使用 LabVIEW 内置对话框，但在工业应用中避免使用内置对话框。

◆ 在桌面应用中，对话框采用系统控件；在工业应用中，对话框采用 3D 控件。

◆ 根据重要程度，扩大和居中显示相应的控件。

◆ GUI 前面板要控制显示信息的数量。

◆ 前面板中的对象不能超过 7 个组，每组对象不能超过 7 个。

◆ 组与组之间要保证足够的空白间隔。

◆ 必须要避免可见控件的重叠。

◆ 如果重叠控件只有一个是可见的，其他控件处于隐藏状态，则对程序没有影响。

◆ 隐藏 LabVIEW 的工具栏。

◆ 专业的程序外观应该有公司的标识。

## 2. 子 VI 前面板设计需要遵循的一些原则

◆ 保持子 VI 前面板默认的外观和字体。

◆ 根据连接器端子的分配来排列对象。

◆ 调整前面板到合适的大小。

## 3. 前面板文本显示需要遵循的原则

◆ 前面板的文本要尽量少，力求简洁。

◆ 提示性文本在显示后，需要及时删除。

◆ 尽量保持文本字体的连贯性，不要使用过多的特殊字体。

◆ 选择同一种字体，通过加粗、改变字号和颜色来形成特殊的风格。

◆ 使用简明直观的控件标签，控件内部嵌入的文本保持简单。

## 4. 子 VI 前面板文本设计应该遵循的原则

◆ 绝大多数的子 VI 前面板使用默认字体。

◆ 在标签的末尾用括号标明单位或者默认值。

◆ 标签用加粗字体，括号内用普通字体。

◆ 文本颜色和背景颜色保证最大的对比度。

◆ 命令按钮和重要数据使用大字体。

◆ 针对不同平台的应用，标签和控件之间保持合适的间隔。

## 5. 关于颜色的使用问题

◆ 明智地使用颜色（约 10%的人有颜色识别问题，比如色盲）。

◆ 确定一个主题颜色，由始至终使用。

◆ 按照常规，应使用绿、黄和红三种颜色。

◆ 子 VI 中的控件保持灰色不变。

◆ 颜色主题要简单。

## 6. 一般 GUI 设计应该遵循的原则

◆ 控制某一时刻可见和可用的控件数量。

◆ 根据应用，要控制所有控件的取值范围。

◆ 数字控件要设定数据范围属性。

◆ 如果可能，用枚举或者下拉列表替代字符串输入。

◆ 设置控件间的 Tab 次序。

◆ 顶层 VI 使用自定义菜单。

◆ 用户界面一定要包括帮助菜单或者帮助按钮。

◆ 从始至终，保持风格的连续性。

### 11.7.3 程序框图设计应该遵循的原则

程序框图应该遵循的原则包括框图布局、连线、数据流、数据交换四个部分。

**1. 框图布局**

◆ 使用 1280×1024 显示分辨率，LabVIEW 的开发环境使用的最小分辨率是 1024×768，而 1280×1024 是主流设置。

◆ 保持默认的白色背景。

◆ 对象之间保持比较高的密度（也不能过于密集）。

◆ 框图尽可能保持在一个可见屏幕内，实在满足不了，应该在水平或垂直方向单方向延伸，这样滚动一下即可见。

◆ 生成多层分级子 VI。

◆ 用模块化子 VI 构成顶层程序。

◆ 使用高层组件 VI。

◆ 相同类型的属性节点采用统一的子 VI，使用引用作为参数。

◆ 底层（硬件操作）采用内聚型子 VI（用一两个句子就能解释其功能的，就是内聚型 VI）。

◆ 不能只为了节省空间而生成子 VI。

◆ 不要使用零碎的子 VI（仅仅包含一两个简单的节点）。

◆ 创建有意义的图标和使用贴切的说明。

**2. 连线**

◆ 连线尽量减少折线，避免环状连线。

◆ 平行连线保持一定的间距。

◆ 结构的隧道连线应该从左边界到右边界。

◆ 如果没有必要，连线不要穿过结构。

◆ 要始终保持连线和节点清晰可见。

◆ 控制连线长度，避免连线在一个屏幕内不可见。

◆ 绝不能为了连线的方便而使用局部变量或者全局变量。

◆ 对于连线比较长而源的端子又不可见的情形，需要加标签说明。

◆ 未连接的前面板控件的端子应该放在合适的地方。

◆ 密切相关的数据应该打包成簇，以实现模块化。

◆ 簇应该存储成自定义或者严格定义类型。

**3. 数据流**

◆ 数据流的方向应该由左至右。

◆ 用错误簇进行数据传递。

◆ 避免簇和数组之间的强制转换。

◆ 用端子的上下文菜单生成控件和常量。

◆ 取消连接结合点的 DOT。

◆ 除非必要，不要使用顺序结构。

◆ 避免结构三层以上嵌套。

◆ 用写局部变量的方法对控件进行初始化。

#### 4. 在简单的并行循环或者 VI 之间交换数据

◆ 如果没有数据依赖关系，用顺序结构控制执行次序。

◆ 如果需要使用顺序结构，请采用平铺式顺序结构。

◆ 避免在连续循环结构中轮询变量。

◆ 如果可以使用连线，就要避免变量方式。

◆ 使用移位寄存器替代局部变量和全局变量。

◆ 大多数的移位寄存器应该成组放在循环的上部。

◆ 在移位寄存器左侧部分加标签说明。

◆ 使用循环+条件结构替代顺序结构。

### 11.7.4 连线板设计应该遵循的原则

连线板是子 VI 与其他 VI 相互联系的通道，连接板设计应该遵循如下原则。

◆ 选择合适的连线板，原则是连线和数据流清晰。

◆ 弯曲部分要做到最小，消除环绕。

◆ 平行连线间保持一定间隙。

◆ 数据流总是从左到右。

◆ 使用错误簇。

◆ 选择的端子模式要有多余的端子。

◆ 相互关联的 VI 选择统一的端子模式。

◆ 多数 VI 使用 4×2×2×4 模式。

◆ 将左边端子分配给输入控件，右边端子分配给显示控件。

◆ 在上下文帮助窗口绝不允许出现端子连线交叉的情况。

◆ 端子的分配和前面板对象的布局要完全一致。

◆ 错误簇要分配给左下角和右下角。

◆ 引用和 I/O 名称要放在左上角和右上角。

◆ 高优先级的输入和输出要放在左右水平方向。

◆ 低优先级的输入和输出要放在上下垂直方向。

◆ 极其重要的输入和输出端子要设置成必须连接的形式。

◆ 一般不常用的端子设置为可选输入/输出。

### 11.7.5 图标设计应该遵循的原则

图标是 VI 的重要组成部分，图标设计应该遵循如下原则。

◆ 把制作图标作为一项快乐的工作。

◆ 为每一个 VI 创建独特的、含义明确的图标。

◆ 永远不要使用 LabVIEW 默认的图标。

◆ 存储 VI 时，要让图标可见，而不是端子可见。

◆ 使用黑色边框。

◆ 图标最好是由彩色象形符号和文字组合而成。

◆ 选择公众认可的象形符号。

◆ 多数文字采用 8 磅或者 10 磅小字体。

◆ 互相关联的 VI 采用统一风格的图标。

◆ 根据 VI 的可重用程度，合理调配绘制图标需要耗费的时间。

◆ 采用正文颜色作为前景色，彩色作为背景色，边框为黑色，可以快速制作图标。

◆ 文本和背景色对比度要强。

◆ 同一类的 VI 要选择同样的颜色主题。

◆ 为相互关联的 VI 制作一个图标模板。

◆ 相互关联的 VI 重用象形符号、颜色主题和字体。

◆ 复制别的 VI 图标。

◆ 避免使用国际间不通用的文字和图形。

## 11.7.6 数据结构应该遵循的原则

数据结构直接关系到整个程序的设计流程，数据结构的设计应该遵循如下原则。

◆ 选择前面板操作最简单的控件。

◆ 选择内存使用效率最高的数据类型。

◆ 选择贯穿应用程序始终的控件和数据类型。

◆ 为每一个控件设置默认值。

◆ 将自定义控件存储为严格自定义数据类型。

◆ 创建与实际应用所需数据相关的数组或者簇。

◆ 如果两个状态是逻辑相反的，则选择布尔控件。

◆ 使用命名来区分 TRUE 和 FALSE。

◆ 动作使用命令按钮，而参数设置使用滑动开关。

◆ 滑动和转换开关要标明真假状态。

◆ 避免使用按钮或者开关作为指示灯，避免使用指示灯作为输入控件。

◆ 整数类型选择 I32，浮点类型选择 DBL。

◆ 使用自动格式，除非需要指定特殊格式。

◆ 十六进制、八进制和二进制类型的数据要显示基数。

◆ 应用程序中要大量使用枚举数据类型。

◆ 枚举数据要存储成自定义类型。

◆ 如果没有必要，不要在前面板使用字符串输入控件，在可能的情况下，使用枚举、下拉列表和路径输入控件代替字符串输入控件。

◆ 在 GUI 前面板中，保持路径输入控件的"浏览"按钮可见。

◆ 采用数组表示多个相同数据类型的数据，采用簇表示类型明显不同的数据。

◆ 采用数组存储巨大或者长度动态可变的数据。

◆ 要加注说明数组和簇以及其中包含的元素。

◆ 使用排列工具，保持簇内的元素排列整齐和紧凑。

◆ 所有的簇都要存储为类型定义的，簇捆绑和解除捆绑要采用名称方式。

◆ 在对话框中不要使用簇进行人机交互。

◆ 使用嵌套的数据结构表示复杂的数据类型。

◆ 在执行极其重要的任务时避免复杂数据类型的操作。

◆ 通过初始化数组的最大长度控制数组的大小。

### 11.7.7 错误处理应该遵循的原则

错误处理是 LabVIEW 应用程序重要的组成部分，错误处理应该遵循如下原则。

◆ 所有的 VI 必须设置错误捕捉机制，并通过返回错误端子报告错误。
◆ 通过错误簇的传递捕捉错误。
◆ 在循环结构中，每次循环都要捕捉错误。
◆ 连续循环时要禁止索引错误。
◆ 有错误端子的所有节点都要捕捉错误。
◆ 使用对话框或者日志文件报告错误。
◆ 使用通用错误处理器，不要使用简单错误处理器。
◆ 发布的应用程序需要有错误日志文件。
◆ 无人值守或者远程控制的程序慎用对话框报告错误。
◆ 避免在子 VI 中报告错误。
◆ 通过 XML 文件维护用户自定义错误。
◆ I/O 设备错误使用负的错误代码，正的错误代码用于警告。
◆ 多数 VI 采用错误条件结构，这样一旦错误发生，会跳过该 VI。
◆ 使用错误处理模板生成子 VI。
◆ 涉及硬件 I/O 的子 VI，错误端子要设置成必须连接的形式。
◆ 错误簇应该放在结构的底部。
◆ 禁止自动错误处理。

## 11.8 小结

本章前面介绍了对话框、选项卡、菜单等的创建和使用方法，这些都是构成人机交互界面的重要组成部分，几乎所有的 LabVIEW 应用软件都必须使用它们。

XControl 是 LabVIEW 新增功能之一，其极大地增强了 LabVIEW 控件的能力。本章通过一个简单的示例，详细地介绍了 XControl 的工作原理和创建步骤。

错误处理也是软件的重要组成部分。本章介绍了 LabVIEW 常用错误处理函数,使用这些函数,结合用户事件和队列，即可以轻松创建错误处理日志。

本章最后介绍了 LabVIEW 设计应该遵循的基本原则，包括前面板设计原则、程序框图设计原则等。在进行 LabVIEW 程序设计时，要经常关注自己的设计方法是否遵循这些原则，这对于提高自己的编程水平是极其重要的。

◆　　　　◆　　　　◆

# 第 3 部分　工程应用篇

# 第 12 章　LabVIEW 设计模式与状态图工具

关于 VI 的问题，其实我们已讨论得够多了。这里之所以重提 VI，是因为本章将站在全局的角度重新审视 VI，而不是拘泥于 VI 内部。我们会重点讨论 VI 的可重入、VI 的调试、VI 的重构和 VI 的重用问题。

LabVIEW 8.0 后新增的项目管理器是我们构建软件的基础，它不仅关系到项目的管理，还直接涉及数据的封装、文档的管理等。

LabVIEW 提供了多种设计模式，从这些设计模式又衍生出众多适用于不同任务的设计模式。较为复杂的任务一般是由多种设计模式构成的。如果说前面章节讨论的是软件的战术问题，那么本章要讨论的就是软件的战略问题。

## 12.1　程序的基本单元 VI

VI 是构成 LabVIEW 程序的基本单元，由前面板、图标、连线板和程序框图四部分组成。从内存使用的角度上看，分为前面板空间、程序框图空间、数据空间和代码空间。前面板由多个控件组成，而程序框图由结构和函数组成，结构和函数统称为节点。

VI 分为顶层 VI 和子 VI，其中顶层 VI 是最终显示给用户的交互界面。子 VI 是一般的函数，不需要显示前面板，它通过连线板传递和交换数据。要指定 VI 的每个接线端子的类型，有"必须"、"推荐"和"可选"三种。

如果选择"必须"方式，则调用该 VI 时必须连接数据，否则会出现断线错误。而选择"推荐"和"可选"方式则不提示错误，用默认值处理。"可选"方式的接线端子，一般位于连线板中的上、下位置，表明该接线端子并不特别重要。

### 12.1.1　VI 的可重入属性

通常情况下，VI 是不可重入的，即 VI 是互斥的。当两个线程调用同一个 VI，而其中一个线程正在运行该 VI 时，必须等待这个线程运行完毕后，另外一个线程才能获得控制权，继续运行该 VI。我们在调用 DLL 中的函数时，通常需要将函数封装在一个 VI 中，就是这个原因。如果 DLL 函数不是线程安全的，是不允许被同时调用的。封装在 VI 中，就避免了同时调用的问题。

当在多处调用不可重入 VI 时，可以通过未初始化的移位寄存器共享数据。前面提及的 LV2 型全局变量，就是基于这个原理。

可重入 VI 是线程安全的，可以同时被多个线程调用。它们相互之间并不影响，就如同不同名称的 VI 一样。在 VI 的属性对话框中，选择"执行"选项卡，在这里可以设置 VI 的可重入属性。

### 12.1.2　不可重入 VI

默认情况下 VI 是不可重入的，不可重入 VI 除了具有互斥特性，它的未初始化移位寄存器是可以用来共享数据的。为了说明这个问题，我们设计一个计数器，统计 VI 被调用的次数。VI 计数器的前面板和程序框图如图 12-1 所示。我们未对 VI 属性进行任何修改，这种情况下，VI 是不可重入的，不可重入的 VI 会共享一个移位寄存器。

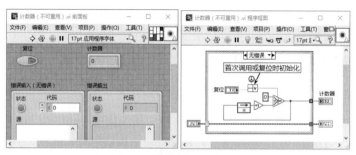

图 12-1　计数器（不可重入）

　　下面我们设计一个测试计数器（不可重入）VI，用以测试不可重入计数器。该 VI 的运行效果与程序框图如图 12-2 所示。

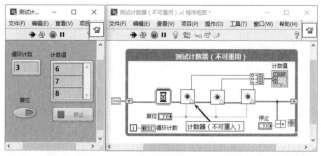

图 12-2　测试计数器（不可重入）

　　经过测试发现，图 12-2 中三个计数器的输出值是依次增加的，这说明未初始化的移位寄存器的数据可以共享，这也说明了图中的计数器 VI 是不可重入的。

### 12.1.3　可重入 VI

　　另存图 12-1 所示的计数器 VI，创建一个新的计数器（可重入）VI。在 VI 属性对话框中，选择"执行"选项卡。在"执行"选项卡中，选择"重入执行"，同时选择"为各个实例预分配副本"选项。重新设计测试程序，如图 12-3 所示。运行结果表明，调用的三个计数器是相互独立的，它们输出的值相同，即它们各自有自己的数据空间，彼此之间互不影响。

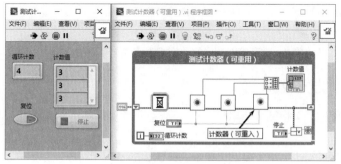

图 12-3　测试计数器（可重入）

　　**学习笔记**　通过程序框图打开一个可重入 VI 时，打开的是它的副本。使用快捷键 Ctrl+M 会转入编辑状态。

　　LabVIEW 内置的函数很多都是可重入的。我们自己创建的通用 VI，很多时候也需要设置成可重入的。例如，设计一个计时器，在多处调用它，以执行不同的计时功能，此时就需要将计时器设置为可重入的。

## 12.2　VI 模板与代码重用

在一个具体项目中，通常需要创建大量的 VI。尽管有些 VI 用于特殊目的，但是大部分 VI 都是通用的，可以被其他项目重复使用，比如数组处理函数等。OpenG 提供了大量的实用 VI，这些 VI 都是可重用的，在我们的项目中可以直接调用它们。当然可重用的不仅仅是 VI，自定义控件、自定义类型、严格自定义类型等都是可重用的。在更为复杂的面向对象编程中，可以重用整个对象。

很多情况下，我们创建的子 VI 都具有基本相同的框架。只需要在框架的基础上做些局部改动，就可以创建一个新的 VI。这种情况下，可以使用通用 VI 模板，或者用户自定义模板。模板在软件中比较常用，比如 Office 办公软件中就提供了大量的模板。只要调用了模板，就可以按照模板规定的格式创建用户文档。在 LabVIEW 中，也可以采用模板的形式创建 VI。

### 12.2.1　内置的 VI 模板

LabVIEW 包含许多内置模板，包括数据采集、分析、处理，以及通用设计模板等。特别是，LabVIEW 提供了两个常用框架 VI 模板，分别是带有错误处理的子 VI 模板和基于事件的对话框模板。

如图 12-4 所示，具有错误处理的子 VI 我们已经使用多次了。基于事件的对话框模板，包括 OK 和 Cancel 两个常用按钮。在其程序框图中，包括三个事件分支，分别是"前面板关闭？"过滤事件、OK 按钮值改变事件及 Cancel 按钮值改变事件分支。

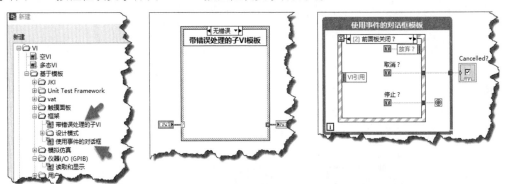

图 12-4　带有错误处理的子 VI 模板和基于事件的对话框模板

### 12.2.2　用户自定义模板

LabVIEW 允许自定义模板，使用相同模板创建的 VI 具有相同的前面板、程序框图、图标和接线端子等。

可以把经常使用的 VI 创建为自定义模板。在模板的基础上，添加需要的功能，这样可以避免许多重复的工作。

在进行 LabVIEW 编程时经常用到 LV2 型全局变量（功能全局变量），它们的创建过程基本相同，所以有必要创建一个自定义模板。

学习 LabVIEW 函数时，经常需要一个单循环结构，其中包括停止按钮、延时及错误簇移位寄存器，因此需要创建一个用户自定义 VI 模板。

我们以这两个模板为例，详细介绍如何创建自定义模板。创建自定义模板，实际上就是创建

VI。创建的 LV2 型全局变量的程序框图和单循环结构程序框图如图 12-5 所示。将其存储成 vit 类型的文件，vit 是 VI 模板文件的后缀。

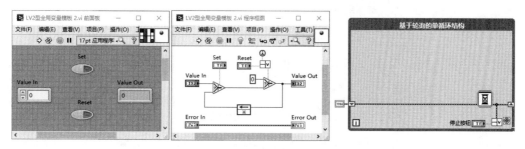

图 12-5　LV2 型全局变量模板、单循环结构模板

把模板文件复制到 C:\Program Files\National Instruments\LabVIEW 2016\templates\Frameworks 文件夹中。注意，LabVIEW 的安装位置不同，文件夹路径也相应不同。

重新启动 LabVIEW，就可以使用刚刚创建的模板了。使用 LV2 型全局变量模板创建新的 VI，然后重新存储或者替换为新的数据类型，一个新的 LV2 型全局变量 VI 就创建好了。

如果已经有自己创建的通用控件或者 VI，那么把它们复制到 C:\Program Files\NationalInstruments \LabVIEW 2016\user.lib 文件夹，则在"控件"选板和"函数"选板中就会显示这些控件或者 VI。此时就可以通过选板直接使用这些通用控件或者 VI 了。

我们也可以很容易地创建一个工具 VI，自动存储为模板。对于下面的工具 VI，用户可以选择是存储为模板，还是存储到 User.lib 中。工具 VI 的程序框图如图 12-6 所示。

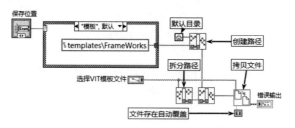

图 12-6　自动存储工具 VI

## 12.3　VI 的调试

任何程序都需要调试。在常规语言的编程中，软件调试的时间约占整个项目开发周期的三分之一左右。软件开发与软件调试是密不可分的，在开发过程中，编写源代码与调试代码是同步进行的。LabVIEW 之所以具有很高的开发效率，与它易于调试大有关系。

LabVIEW 的基本单元 VI 本身就是可以独立运行和调试的，这给 LabVIEW 的编程和调试带来了极大的方便。比较简单的 VI，根据输入参数和输出参数及运行结果，就可以轻松判断它是否运行正确。这是其他编程语言无法比拟的。调试比较复杂的 VI，则需要了解 VI 的高级调试方法，比如高亮显示、单步运行、探针等。

### 12.3.1　连续运行 VI

使用工具栏上的"连续运行"按钮，可以模拟 VI 连续运行的状态，此时修改输入控件的值就可以验证 VI 运行是否正确。图 12-7 所示的例子通过基本的与门、或门及与非门组合成一个异或门。单击"连续运行"按钮，不断改变 AB 输入端的值，即可验证组合异或门运行是否正确。

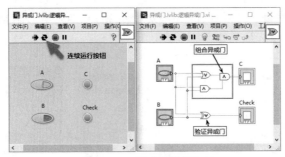

图 12-7　异或门验证 VI

再次单击"连续运行"按钮，或者"停止"按钮，可取消连续运行状态。

## 12.3.2　高亮执行

LabVIEW 的工具栏中除了"连续运行"按钮，还提供了"高亮执行"切换按钮，用于慢速执行 VI，同时显示各个节点处的数据流动情况。高亮执行的效果如图 12-8 所示。

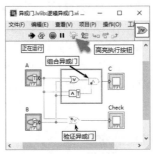

图 12-8　高亮执行

单击"高亮执行"按钮，则按钮处于高亮状态；单击"运行"按钮，则 VI 低速高亮运行。再次单击"高亮执行"按钮，则取消高亮运行状态。

## 12.3.3　单步运行

同常规编程语言一样，LabVIEW 也提供了单步调试功能。在单步调试时，通常使用快捷键更为方便，例如，Ctrl+Down（单步步入）、Ctrl+Right（单步步过）和 Ctrl+Up（单步步出）。

单击"单步运行"按钮，则进入单步运行模式，单步运行的效果如图 12-9 所示。

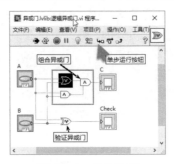

图 12-9　单步运行

## 12.3.4　探针

探针类似于常规编程语言中的变量监视窗口，可以用于随时观察数据的流动情况。

探针是 LabVIEW 最强大的调试工具，通过工具选板和数据连线的快捷菜单，可以为需要监测的数据连线设置探针。

探针是一个浮动窗口，在框图中用序号标记探针，在对应的探针窗口中，显示其数据连线的当前值，如图 12-10 所示。

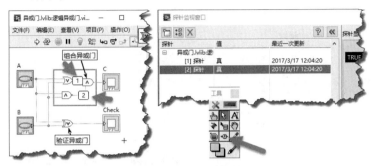

图 12-10　设置探针

### 12.3.5　自定义探针

除了上述调试工具，还可以在 VI 中需要监视数据的连线处，创建临时显示控件，用来显示连线的当前值，调试完毕后删除显示控件。

LabVIEW 最强大的调试工具是自定义探针。通过自定义探针，可以监视本次和以前多次数据流动情况。可以设置暂停条件，还可以自己编程设置自定义探针。

系统预置了两个自定义探针，分别是"带条件双精度"探针与"控件探针"。"带条件双精度"探针可以用来设置暂停条件。当数据流的值符合条件时运行暂停，这类似于断点。"控件探针"非常有用，可以用来以图形方式观察某个值的变化趋势。

自定义"控件"探针如图 12-11 所示。这里利用波形图表控件显示一个随机数的变化过程。

图 12-11　自定义波形图表控件探针

自定义探针是按照固定格式创建的 VI，其位于下面两个文件夹中：

C:\Program Files\National Instruments\LabVIEW 2016\vi.lib\_probes

C:\Program Files\National Instruments\LabVIEW 2016\user.lib\_probes

LabVIEW 允许用户创建自定义探针，很多第三方软件也提供了许多自定义探针。除非是为了创建专业的工具包，一般用户不需要自己创建探针。

### 12.3.6　断点

通过工具选板中的断点工具，或者数据连线的快捷菜单，可以为数据连线或函数设置断点。单击"执行"按钮后，程序遇到断点则停止执行。此时工具栏中的"暂停"按钮显示为红色，变成"继续"按钮,这相当于常规语言中的"执行到断点"操作。

如图 12-12 所示,断点显示为红色,表示此处为断点。在调试过程中,使用断点的快捷菜单,可以清除断点或者禁用断点。禁用断点后,红色断点变成空心圆,表示此处断点暂时停用。

另外,在任意连线的快捷菜单上,选择"断点"项,可以打开断点管理器。断点管理器用于管理 VI 中的所有断点,在该管理器中可以启用、禁用和清空断点。

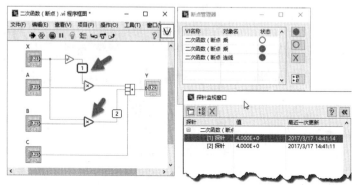

图 12-12　设置断点和探针

## 12.4　VI 的重构

创建 VI 的目的是为了完成特定功能,而实现同一目的有多种方法。虽然条条大路通罗马,但是在软件设计中,需要找到最便捷的道路。

初学者编制的程序往往是非常不成熟的,有经验的 LabVIEW 工程师很容易看出其中的问题。这些问题往往是由于编程者对 LabVIEW 不熟悉而造成的。虽然 LabVIEW 作为编程语言,初学者入门很快,但是希望在几天内就能学会 LabVIEW 是非常不现实的。LabVIEW 本身的函数极多,而 NI 又提供了各类工具包,要完全熟悉这些函数和工具包,至少需要半年的时间。

我们接下来要讨论的 VI 重构,不包括那些因为不熟悉 LabVIEW 而造成的无用编程。系统本身提供的函数不涉及重构的问题。

### 12.4.1　无用编程举例

即便是熟练的 LabVIEW 编程者,首次编制的程序中也往往会有考虑不周之处,初学者编制的程序问题就更多了。下面通过几个初学者创建的 VI,来看看存在的问题。

**无用编程举例 1:数组运算**

图 12-13 所示的例子对数组中的每个元素进行除法操作,并形成一个新的数组。图中展示了三种不同的方法,依次为初学者的方法、优化方法和最佳方法。

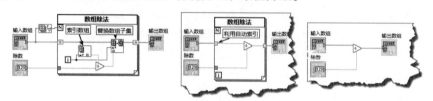

图 12-13　数组除法运算

初学者的方法存在两个问题。首先没有真正理解数组与 For 循环的关系。通过 For 循环的隧道启动索引,可以直接取出数组中的元素进行计算。然后通过 For 循环的输出隧道和自动索引,可以自动输出结果数组。二是不熟悉 LabVIEW 基本函数的多态性，可以直接进行数组和标量的除法运算。

**无用编程举例 2：将数值型数组转化为字符串**

图 12-14 演示了三种将数值型数组转换成字符串的方法。第一种是初学者创建的一个 VI。中间的方法是对初学者使用的方法进行了优化。最后是最优的方法，直接使用了 LabVIEW 内置的函数。

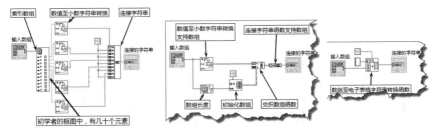

图 12-14　将数值型数组转换成字符串

从例子可以看出，熟悉 LabVIEW 本身的函数及常用算法是非常重要的。当我们用了一整天的时间，创建了一个特定功能的 VI，却忽然发现 LabVIEW 本身就提供了这样的函数时，一定会非常懊悔。

即便正确使用了 LabVIEW 的函数，比较复杂的 VI 中往往也会存在很多问题。编程者在设计的初期，主要关注功能如何实现。完成 VI 创建后，并不意味着大功告成了，这时还需要仔细考虑程序框图的布局和优化，即所谓的 VI 重构的问题。

## 12.4.2　查找框图中重复的功能

经过优化的、结构清晰的 VI 程序框图是令人赏心悦目的。反之，杂乱无章的、随意分布着数据连线的框图是令人生厌的。而且，这样的框图经过一段时间后，即便是编程者自己可能也理解不了 VI 是如何实现功能的。因此，VI 的重构并不是可有可无的工作，必须花费一定的精力来做，这样也有助于自己养成良好的编程习惯。

由于 LabVIEW 的程序框图非常易于复制，造成了初学者的程序框图中，往往出现大量的重复功能。当我们需要复制大块的框图时，意味着我们需要重构这部分功能了。

下面通过一个具体的示例，演示如何重构 VI。先建立一个数组处理的结构，然后建立波形处理的结构，最后建立一个波形数组的处理结构，来模拟多个采集通道。数组中数据的处理方式包括求最大值、求最小值、求中值、排序、去掉首尾等。未优化的前面板如图 12-15 所示。

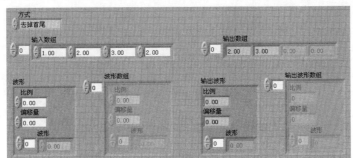

图 12-15　数组、波形及波形数组的数据处理

初学者喜欢大量复制 LabVIEW 程序框图，因此图 12-16 所示的编程方式是很常见的。

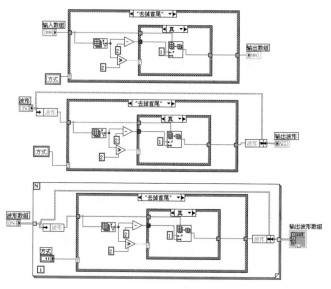

图 12-16　未重构的程序框图

在图 12-16 所示的程序框图中，最明显的问题是代码重复，在数组、波形和波形数组中，处理数组数据的部分完全相同，这种情况其实特别适合建立一个"数组处理"子 VI。

### 12.4.3　创建 VI 代替重复的功能

一般情况下，我们都是根据功能要求事先规划设计子 VI。LabVIEW 提供了从已经存在的程序框图快速构建子 VI 的方法。这种方法虽然方便，但是需要修改连线板的位置。熟悉 LabVIEW 的工程师一般不喜欢使用这种方式。

用鼠标选择程序框图中需要转换的部分，在"编辑"菜单中选择"创建子 VI"项，LabVIEW 会自动创建子 VI。增加错误处理机制，修改 VI 图标与连线板，命名为"数组处理"。"数组处理"VI 与重构后的程序框图如图 12-17 所示。

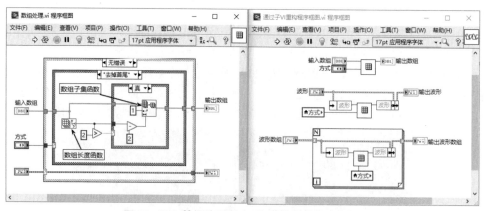

图 12-17　数组处理子 VI 和重构后的程序框图

### 12.4.4　创建多态 VI 处理相似的功能

仔细观察图 12-17，数组、波形、波形数组三部分，它们的输入部分与输出部分是非常类似的。因此可以将波形、波形数组部分分别创建为子 VI，如图 12-18 所示。

为"数组处理"、"波形处理"、"波形数组处理"三个子 VI 创建多态 VI。

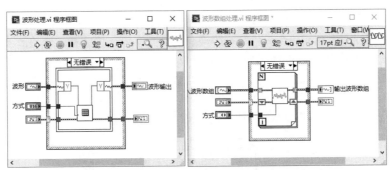

图 12-18  "波形处理"子 VI 与"波形数组处理"子 VI

使用多态 VI 重构后，程序框图变得非常简单清晰，如图 12-19 所示。

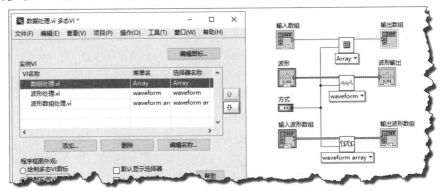

图 12-19  使用多态 VI 重构程序框图

**学习笔记**  多态 VI 的"菜单名"为显示在快捷菜单中的名称，"选择器名称"为程序框图中显示的名称。

## 12.5  LabVIEW 标准设计模式

设计模式的选择无疑是非常重要的，通常基于顶层 VI，或者基于组件子 VI，选择不同的设计模式，这是站在全局的角度考虑的。一旦选定了设计模式，所有后续的设计，将完全围绕设计模式展开，不同的设计模式，决定了软件的总体结构。

设计模式具有一定的抽象性，往往难于理解。即使经常使用 LabVIEW 编程的工程师，也很难说清楚自己的程序，到底属于哪种设计模式。因为一个程序的设计模式，可能是由多种简单的设计模式综合而成的，单一的设计模式一般是无法满足所有的技术要求的。

### 12.5.1  用户界面事件处理器设计模式

LabVIEW 在"新建"对话框中，提供了几种常见的标准设计模式，它们都是比较基本的设计模式。这些设计模式，可能我们已经在不知不觉中使用过多次了，只是没有对它们进行认真的思考罢了。

早期版本提供的标准设计模式比较多，新版本做了精简，归纳为四种标准设计模式。如图 12-20 所示，分别为生产者/消费者设计模式（事件）、生产者/消费者设计模式（数据）、用户界面事件处理器、主/从设计模式。

用户界面事件处理器，爱好者习惯称之为 EHL（Event Handler Loop）。实际上我们已经反复使用过它了，只是没有称之为设计模式。

EHL 由一个 While 循环和一个事件结构构成，包括一个停止按钮和一个值改变事件分支。使用 EHL 模板自动创建的 VI，自动被添加了一个命令按钮及一个事件处理分支。

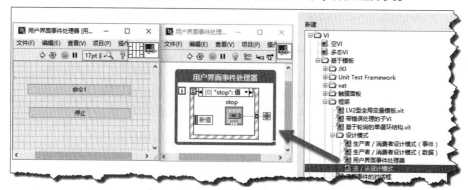

图 12-20　用户界面事件处理器（EHL）与标准设计模式

## 12.5.2　生产者/消费者设计模式（事件）

生产者/消费者设计模式（事件）是多线程编程中最基本的设计模式，使用非常普遍。

从软件的角度看，生产者是数据的提供方，消费者是数据的消费方。生产者和消费者之间存在一个数据缓冲区，大小一般是固定的。当生产过剩而消费不足的情况下，缓冲区的剩余空间不断减小直至耗尽。当缓冲区无剩余空间时，生产者必须停止生产，一直等到缓冲区出现剩余空间时再继续生产。反之，当消费能力大于生产能力的时候，缓冲区内的数据会逐渐减少，直至缓冲区中再无数据可用。此时，消费者处于等待状态。

所谓生产者/消费者设计模式（事件），是队列最基本的应用。可见设计模式并非什么新鲜的东西，就是我们所学的知识的综合应用，是与编程语言无关的抽象的设计思想。其具体的实现方式，对于不同的编程语言来说是不同的，但是设计思想是相同的。

如图 12-21 所示，在生产者/消费者设计模式（事件）中，常常是多个生产者提供数据，一个消费者使用或者处理数据。因为消费者使用数据的时候，队列中的数据已经被取出，所以在存在多个消费者的情况下，消费者所消费的是不同的数据。

在生产者/消费者设计模式（事件）中，消费者就是用户界面事件处理器（EHL）。消费者是一个包含元素出队列的循环，通常也称作执行器（Actor）。

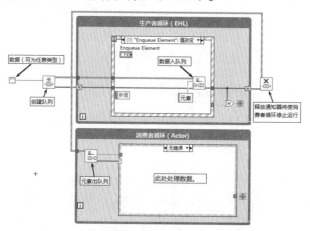

图 12-21　生产者/消费者设计模式（事件）

### 12.5.3　生产者/消费者设计模式（数据）

生产者/消费者设计模式（事件）通过界面事件管理器（EHL），把界面操作转换为命令或者数据，发送给消费者循环（Actor），执行具体操作。

而生产者/消费者设计模式（数据），其生产者为定时工作循环，它定时发送数据命令或者数据至消费者循环（Actor），让其执行具体操作，如图 12-22 所示。

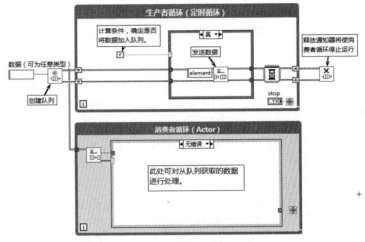

图 12-22　生产者/消费者设计模式（数据）

### 12.5.4　主/从设计模式

主/从设计模式包括一个主工作循环，通常为定时工作循环，包括一个或者多个从工作循环。在主工作循环中，通知器根据需要发送通知，所有从工作循环处于等待通知状态。

主/从设计模式特别适合于一对多的情况，只有主方有权发布数据，从方只能被动响应。主方没有发布新的数据时，所有从方都在等待数据。一旦主方发布新的数据，所有从方立即被唤醒并响应，处理数据后再次转入休眠状态。主/从设计模式要求主方必须具有销毁所有从方的能力，LabVIEW 通过错误处理机制满足了这一要求。当主方强制销毁通知器时，所有从方错误端子立即返回错误，结束从方任务。

主/从设计模式是典型的一对多模式，如图 12-23 所示。

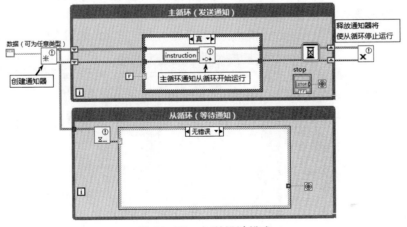

图 12-23　主/从设计模式

## 12.6　用户界面事件处理器模式的拓展

在实际应用中，往往采用的设计模式与标准设计模式不尽相同。但是其核心脱离不开四种标准设计模式，是标准设计模式的延伸和拓展。

本节我们将讨论一些常见的基于用户界面事件处理器（EHL）的设计模式。用户可根据自己应用的具体用途与规模大小，借鉴其中的有用部分，拓展其功能。

### 12.6.1　用户界面事件处理器+顺序结构设计模式

常规 LabVIEW 程序至少包含一个用户界面事件处理器。用户界面事件处理器由 While 循环结构和事件结构组合而成。其除了管理事件，在启动循环任务之前，还需要做一些初始化工作。例如，需要进行全局变量初始化、LV2 型全局变量初始化、将控件初始化为默认值及调用 INI 文件等。

在结束循环后，还需要做关闭文件、停止外部设备、退出 LabVIEW 等清理工作。因此，最基本的设计模式至少应该包括初始化、运行任务和关闭三部分，如图 12-24 所示。如果初始化操作和清除操作比较复杂，则可以采用层叠式顺序结构，以节省程序框图空间。

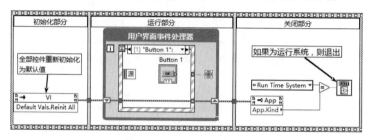

图 12-24　EHL+平铺式顺序结构

### 12.6.2　用户界面事件处理器+用户事件

EHL 可以响应界面控件产生的事件，比如控件的值改变、鼠标与键盘事件等，这些事件都属于外部触发事件。通过控件的值（信号）属性可以从内部触发事件。相对于值（信号）属性，从用户事件内部触发事件是更好的选择。

值（信号）只能携带简单的控件值数据，而自定义事件可以自定义任意数据类型。用户事件可以在其他 VI 中触发主 VI 中的事件。

EHL+用户事件是非常常用的设计模式，适用于绝大部分应用，如图 12-25 所示。

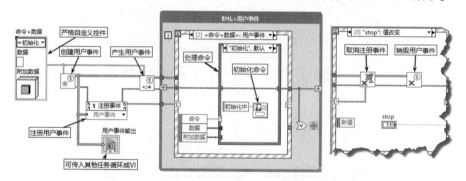

图 12-25　EHL+用户事件

在命令+数据自定义严格类型自定义控件中，枚举控件定义了各种命令。数据控件的数据为变体数据，因此命令可携带任意数据类型。附加命令控件为基本类对象，其可以指向任何类实例。

用户可以根据应用的需要，任意定义自定义事件的数据类型。

### 12.6.3　用户界面事件处理器+超时分频

基于事件驱动的编程语言，通常采用事件结构加定时器事件的编程模式，有时甚至需要多个定时器，LabVIEW 也经常采用类似的编程结构。多个定时器可以采用多个定时任务，也可以通过一个任务分频实现，这样就可以在一个任务中处理多个定时事件了。

如图 12-26 所示，最简单的事件结构加定时结构莫过于事件结构加超时事件了。当没有任何其他事件发生时，将按照固定时间间隔产生超时事件，实现定时器的功能。

事件结构的"超时"端子使用了移位寄存器，这样就可以在其他事件分支中灵活设置定时间隔。当"超时"端子的值为–1 时，表示永远不发生超时事件，即停止定时器。以"超时"端子连接的时间（ms）为时基，通过计数器进行分频，就可以得到多个定时器。

因为这个分频器 VI 需要多处使用，所以必须将其设置为可重入的方式。采用计数器实现的分频 VI 如图 12-26 所示。在 EHL 其他事件分支中，设置超时时间为 50 ms，那么 4 分频后定时时间为 200 ms，依此类推。

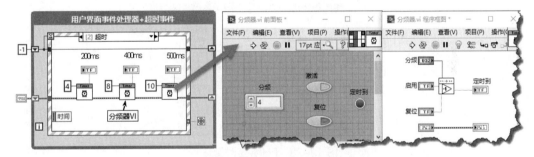

图 12-26　EHL+超时分频模式

事件结构加超时事件模式的优点是结构简单，可以使用移位寄存器进行数据交换，从而避免了数据的多任务通信。缺点是超时事件无法保证比较精确的定时，在有其他事件发生时，超时定时器会重新开始计时。

假如为超时事件设置的时间间隔小于 10 ms，那事件处理时间超过 10 ms 时，就无法保证超时事件发生。需要注意的是，如果采用了用户事件，则用户事件也会影响超时事件的发生与否。

在实际应用中，经常遇到周期性触发的问题，比如每分钟或几分钟记录一次数据等。这样简单周期性触发的定时，通过上面的分频器函数很容易实现。

除此之外，还有一类是以系统时间为基准，按系统时间重复触发或者定时触发的情况，比如每小时（整点）记录一次数据，如 8 点、9 点、10 点等。

在图 12-27 所示的程序中，创建了一个按系统时间周期性触发工具 VI，以及指定系统时间定时触发工具。在周期性触发工具中可以指定秒、分、小时其中之一作为单位，也可以设置时间间隔，比如 5s 触发一次。在定时触发工具中可以指定时、分、秒，当时间到时，触发一次，相当于闹钟。

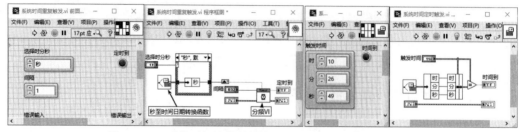

图 12-27　系统时间周期性触发 VI 和系统时间定时触发工具

### 12.6.4　用户界面事件处理器+定时循环

采用用户界面事件处理器+定时循环设计模式，避免了超时事件不确定性的影响，如图 12-28 所示。定时循环同一般的循环相比，具有较强的精确性，是定时结构的首选。在 EHL 中通过调用 "同步开始定时结构" 函数，可以同时开始多个定时循环。通过 "定时结构停止" 函数，可以同时或者分别停止各个定时结构。

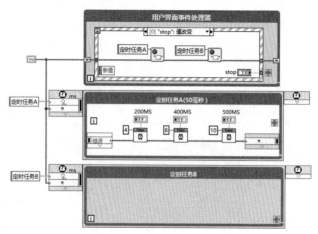

图 12-28　EHL+定时循环

## 12.7　队列消息处理器（QMH）设计模式

队列消息处理器设计模式是一种极为重要的设计模式，其既可以用于顶层的主 VI 设计，也可以用于子 VI 设计。队列消息处理器（Queue Message Handler）通常简称为 QMH。注意这里所说的队列，并不局限于同步函数中的队列函数，也具有其他不同的表现形式。

Windows 操作系统的事件结构就是典型的队列消息处理器。当操作系统接收到鼠标或键盘消息时，首先把鼠标或键盘消息送入队列，然后依次发送到对应的窗口。由窗口应用程序处理消息，响应事件。

队列消息处理器（QMH）由三部分构成：发送消息部分、队列消息部分及消息处理器部分。只要有这三部分，就可以称之为 QMH。

实际上，基本设计模式中的生产者/消费者设计模式就是典型的队列消息处理器设计模式。

### 12.7.1　基本队列消息处理器模式（字符串数组）

LabVIEW 较早版本提供了队列消息处理器模式，新版本中提供了队列消息处理器项目模板，二者有很大不同。这里把较早版本的队列消息处理器模式称为基本队列消息处理器模式。在编写有较少功能的子 VI 时，非常适合采用基本队列消息处理器模式，如图 12-29 所示。

基本队列消息处理器模式由 While 循环+条件结构构成。队列消息由字符串数组构成，保存在移位寄存器中。条件结构为消息处理器，每个条件分支对应一条消息。使用"创建数组"函数，向队列消息中添加消息，这是发送消息部分，可以选择加在数组首端或者末端，形成不同的优先级。

在条件结构中，用字符串方式描述消息，用字符串数组可以一次发送多条消息，且消息的数量是不受限制的，非常易于扩充。消息不仅可以包括命令，也可以包括数据，只要修改消息数组类型即可。

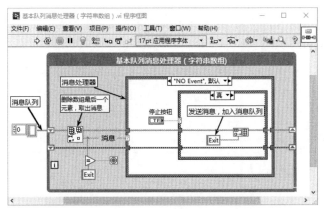

图 12-29  基本队列消息处理器模式（字符串数组）

## 12.7.2  基本队列消息处理器模式（字符串）

字符串可以表示任意信息，假如用字符串表示消息，那么可以用规定的分隔符将多个消息合并成一个字符串，作为队列消息。使用字符串作为队列消息是一种非常基本的队列消息处理器模式，任何编程语言都可以实现。

你可能已经使用过 JKI 状态机，其中的重要组成部分就是基本队列消息处理器（字符串）。如图 12-30 所示是 JKI 状态机的简略版，从中可以看到，JKI 的核心就是一个 QMH。

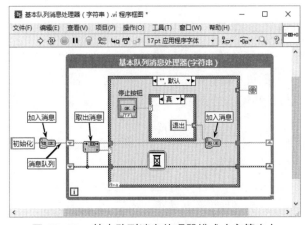

图 12-30  基本队列消息处理器模式（字符串）

## 12.7.3  基于生产者/消费者设计模式（队列）的队列消息处理器

基本队列消息处理器适用于解决某一特定问题，它的队列消息、发送消息、处理消息部分位于同一个工作循环中。在处理某个消息的过程中，如果耗时过长，将无法接收到新的消息。

在生产者/消费者设计模式中，由于发送消息部分和处理消息部分位于不同的工作循环，相互独立，因此不存在基本队列消息处理器（QMH）因处理消息耗时过长，而无法接收到新消息的问题。同时发送消息部分和处理消息部分位于不同工作循环，也解决了消息发送和处理之间耦合过密的问题。

对生产者/消费者设计模式进行适当的封装和改进，就可以构成队列消息处理器（QMH）。生产者/消费者模式的核心是队列的应用。通过适当定义队列元素的类型，就可以构成基于生产者/消费者设计模式的队列处理器。如图 12-31 所示，把队列的元素类型定义为"消息或命令"+"数据"的方式。消息有时也称作命令，一般定义为枚举类型或者字符串。为了表示所有类型的数据，"数据"一般被定义为变体类型。

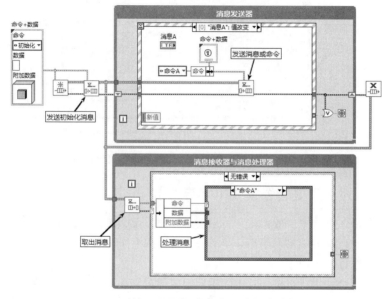

图 12-31　基于生产者/消费者设计模式的 QMH

## 12.7.4　AMC 队列消息处理器

基于生产者/消费者设计模式的队列消息处理器的使用非常广泛。除了定义合适的队列数据类型，还需要对基本的队列函数重新封装并添加合适的功能。AMC(异步消息传递通信)队列消息处理器是 NI 的一个免费工具。AMC 完全封装了队列的函数，是非常小巧的队列消息处理器，读者可以直接下载使用。

AMC 队列消息处理器支持同一个 VI 在不同工作循环之间发送消息；不同 VI 之间相互发送消息；网络之间通过 UDP 相互发送消息。因此功能非常强大。

AMC 队列消息处理器包括三类函数，分别位于三个函数选板中，分别为 AMC、Queue Registry（队列注册）、Dispatcher（队列调度）函数选板，如图 12-32 所示。

在 AMC 函数选板中，分别封装了队列的几个基本函数，包括创建、销毁队列函数，元素入队列、元素出队列函数等。注意，还提供了三个发送消息 VI：发送单一消息 VI、发送消息组 VI 及发送网络消息 VI。

下面列举三个 AMC 典型应用，简单介绍 AMC 队列消息处理器的使用方法。

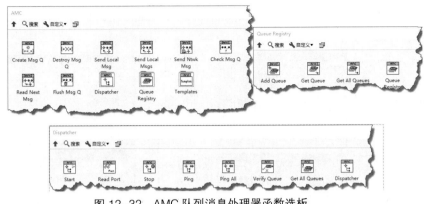

图 12-32　AMC 队列消息处理器函数选板

### 1. 在 VI 内部发送消息

图 12-33 的右侧部分定义了 AMC 消息的格式。消息由名称（字符串）、值（字符串）、属性(键值字符串数组)，以及网络参数、优先级设置构成。在 VI 内部发送消息，我们只需关注名称、值、属性即可。

名称、值、属性对应不同复杂程度的消息，对于基本命令，给定名称即可；对于简单命令＋数据，给定名称与值即可；对于复杂数据类型，可以定义属性。属性为字符串键值数组，通过平滑字符串函数，可以把数据定义为属性，从而可以传递任意类型的数据。

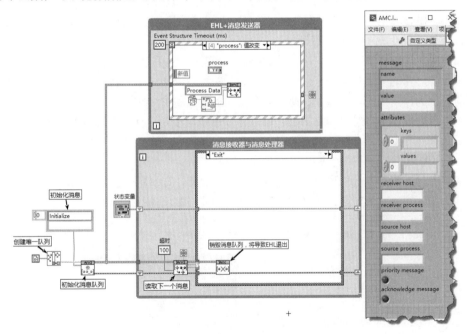

图 12-33　在 VI 内部发送消息及消息格式

### 2. 在 VI 之间相互发送消息

在 VI 之间相互发送消息与在 VI 内部发送消息的方法基本相同。区别在于发送消息 VI 如果不指定发送目标队列，则在 VI 内部发送消息；如果指定发送目标队列，则将消息发送给指定队列。

如图 12-34 所示，利用 AMC 创建了两个 VI，分别是数据处理 VI 与数据采集 VI。在数据处理 VI 中，创建了名称为"数据处理"的队列；在数据采集 VI 中，创建了名称为"数据采集"的队列。

数据采集 VI 通过发送"采集时间间隔更新"消息给数据采集 VI，设定采集时间间隔。数据采集 VI 根据设定的时间间隔，定时向数据处理 VI 发送"采集的新数据"消息，把采集的数据发送给数据处理队列。

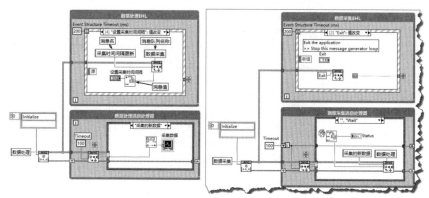

图 12-34　在 VI 之间发送消息

### 3. 在网络之间发送消息

在网络之间发送消息与在 VI 之间发送消息类似，需要使用发送网络消息 VI，该 VI 需要指定 IP 地址、UDP 端口，其他参数与发送消息 VI 类似

## 12.7.5　基于队列消息处理器的命令模式

以上介绍的设计模式使用的是 LabVIEW 的传统方法。自从增加了面向对象的功能之后，LabVIEW 也由此衍生出一些新的设计模式。

在面向对象的编程语言中，有著名的 23 种设计模式。由于 LVOOP 是值传递的，因此不可能完全按照面向对象的方式去实现它。命令模式是 23 种设计模式之一，我们将结合队列消息处理器与面向对象的命令模式，构成新的基于队列消息处理器的命令模式。

队列消息处理器虽然使用非常方便，但是当消息非常多时，存在明显的缺陷。在消息处理器部分，每个条件分支对应一条消息。大量的消息处理集中在一个工作循环中，造成非常紧密的耦合。一旦增加新的分支，可能会影响其他分支。

假如每个分支对应一个处理 VI，是否有办法消除消息处理器中的条件结构，用一个 VI 自动处理所有的消息？解决方法就是采用面向对象的命令模式，如图 12-35 所示。

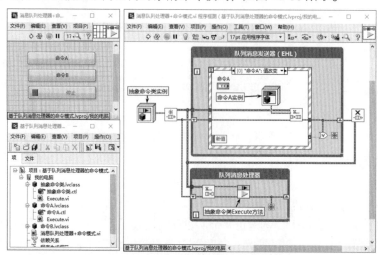

图 12-35　基于队列消息处理器的命令模式

在图 12-35 中，我们首先定义了一个抽象命令类，该类只有一个动态分配的可重写 Execute VI。然后定义两个具体的命令类：命令 A 类与命令 B 类，在类中重写 Execute VI。每个 Execute VI 用于在队列消息处理器中处理消息。

利用类的多态性，在队列消息处理器循环中，只用抽象类的 Execute 方法就可以处理所有消息。

如何处理各自不同的消息，取决于如何在具体命令类中重写 Execute 方法。

图 12-36 所示为命令 A 与命令 B 类的重写 Execute 方法，运行命令时，弹出单按钮对话框，表明执行的命令。

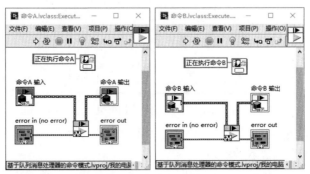

图 12-36　命令 A、命令 B 类的 Execute 方法

## 12.8　有限状态机设计模式

有限状态机（Finite-state machine, FSM）用确定数量的状态来描述系统的运行，通常称此为状态机。本节介绍的状态机特指有限状态机。

状态机（State Machine）不是 LabVIEW 特有的概念，早在 LabVIEW 诞生之前就有这个概念了。之所以在 LabVIEW 编程中经常强调状态机，是因为 LabVIEW 特有的图形编程方式特别适于采用状态机模式。例如，在 PLC 中流程图的编程方式就是一种特殊的状态机。

状态机包括状态（State）、事件（Event）和动作（Action）三个基本要素。它们的作用介绍如下。

◆ 状态是一个抽象的概念，状态在一定条件下或者一定时间内保持不变，等待一个或几个事件的发生。以交通信号灯为例，红灯、绿灯、黄灯都有亮和灭两种状态。当命名状态时，往往可以用"处于 XXX 状态、等待 XXX 事件"来描述。

◆ 事件是一个瞬时的概念，表示某件事情发生了。一旦有关的事件发生，就要采取某种动作。在信号灯自动控制状态下，红灯亮的时间是由定时器控制的，一旦"定时时间到"事件发生，就需要采取动作改变信号灯的状态。事件在有些软件中也称作转换条件，"定时时间到"就是转换条件。

◆ 动作表示一旦事件发生，应该采取何种处理方式。处理的结果通常是转入另一个稳定的状态。例如，红灯"定时时间到"事件发生后，转换条件具备，采取的动作是熄灭红灯的同时，转入黄灯亮的状态。

有限状态机的概念非常简单，但是越是简单的东西越不容易处理，因为简单则代表着限制少，也就更灵活。有限状态机设计的好坏完全取决于编程者，不仅仅取决于其编程的水平，更依赖于其逻辑思维方式。一个状态机设计的好坏，关键是看如何定义状态。状态少，则意味着在每一个状态中要处理的事务多；而状态多了，则整个状态机就变得复杂了。

## 12.8.1　标准状态机设计模式

早期的 LabVIEW 模板中提供了标准状态机，新版本中则提供了简单状态机项目模板。标准状态机通过严格自定义枚举控件定义所有的状态，如图 12-37 所示。

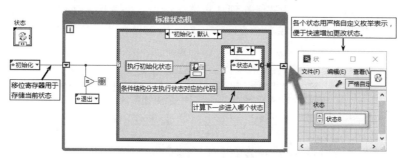

图 12-37　标准状态机

标准状态机用移位寄存器存储当前状态。在条件结构分支中执行状态的对应代码。根据代码执行结果，计算下一步需要进入的状态。

在前面的章节中，我们讨论过"动作机"。"动作机"就是简单的状态机，其不需要计算下一步进入哪个状态，直接输出当前状态的结果。可以将标准状态机理解为能够自动执行状态转换的动作机。

**学习笔记**　在状态机中使用枚举类型定义状态时，建议使用严格自定义枚举控件。

有限状态机中的各种状态是通过枚举常量进行切换的，条件结构中的每个分支都代表一种状态。预先定义的状态在程序设计过程中可能会不断发生变化。尤其是在多个子 VI 中，使用同一枚举类型时，如果没有使用严格自定义枚举数据类型，则状态的增减、改变会影响所有的常量、分支和子 VI。使用严格自定义枚举控件就可以避免这个问题。只要修改严格自定义控件，所有常量、分支和子 VI 都会自动快速更新。

LabVIEW 提供了标准状态机设计模式，其实除了标准状态机，还有很多其他类型的状态机。状态机是不依赖于设计平台的思维模式，因此不同的编程语言有不同的状态机实现方法。LabVIEW 中的状态机也有各种各样的实现方法，很难具体分类。

## 12.8.2　早期界面处理状态机

6.1 版本以前的 LabVIEW 尚未引入事件结构，那时界面处理只能使用轮询的方式。因此经常使用状态机的方式轮询界面状态，使用的方式就是调用公共状态的状态机。

通过移位寄存器，可以在每个状态执行之后都自动调用一次空闲状态，以查询界面按钮状态。如图 12-38 所示的有限状态机，其特点是利用移位寄存器存储下一步要执行的状态，状态类型可以用整数、字符串或者枚举类型等表示。

如图 12-38 所示，空闲状态为公共状态，每执行完一个状态后，自动执行"空闲"状态，其他状态的运行与标准状态机类似。图中的状态转换为：状态 1➔状态 2➔状态 3➔状态 1➔。可以看出，在每个状态之后都自动插入一个"空闲"公共状态。

有限状态机非常易于理解，结构也非常清晰。它的特点是可以从一个状态跳转到另一个状态。移位寄存器中每次只能存储一种状态，所以很容易用图形的方式勾勒出整个状态机的结构。当古典型状态机中状态较多时，很难从分支上看清楚整个状态机是如何跳转的。一个状态根据不同的转换条件，可能需要向多个状态跳转，所以设计有限状态机，最好利用图形流程的方法。在 PLC 等程序设计中，提供了图形化的流程设计方法，实际上它们采用的就是有限状态机设计模式。

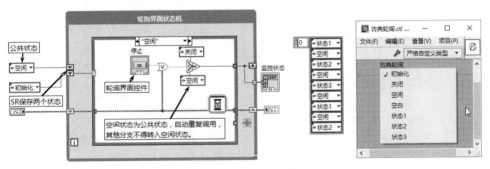

图 12-38　轮询界面状态机

### 12.8.3　顺序状态机

替代顺序结构的状态机简称为顺序状态机。顺序状态机是一种最简单的有限状态机，它可以替换一般意义下的顺序结构。顺序结构的状态机更像是堆叠顺序结构，不过 LabVIEW 本身的顺序结构是强制的，无法中间退出，而顺序结构的状态机采用循环扫描的方式，是可以中断和跳转的。

顺序状态机的特点是转换条件非常简单，一般只有两种：一是保持原状态不变；二是转换到下一个状态，不存在状态的较多跳转。

一个加工零件的程序，一般运行的过程为：等待启动按钮→主轴启动→滑台快进→滑台工作进给→终点延时→滑台快速返回原位→等待启动按钮（下一次循环）。

很明显上述零件加工过程存在固定的次序，很容易用顺序结构来描述这个加工过程，如图 12-39 所示。

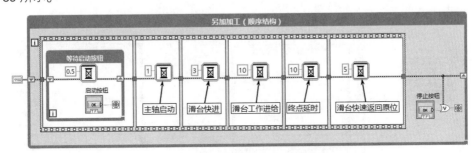

图 12-39　顺序结构的加工零件程序

顺序结构中的每一帧代表一个加工动作，每一个动作都持续一定的时间，直至动作完成后，才转入下一帧，进行下一个加工动作。在每个加工动作中，都需要一个循环结构，在循环中不断轮询动作的结束条件，结束条件一旦满足（如开关、按钮等），自动转入下一帧。

顺序结构存在一个重大缺陷：一旦顺序结构运行后，我们没有任何办法改变顺序结构的运行次序。比如在加工零件过程中，需要设置急停按钮，如果急停按钮被按下，则需要立即停止加工过程，转入急停处理过程。在顺序结构中，我们需要在每帧中检测急停按钮。如果急停生效，则退出本帧，转入下一帧。而在下一帧中依然要判断急停，直到最后一帧完成后程序才能退出顺序结构。

在这个加工零件的程序中，外层循环需要等到所有动作完成后，才执行下一次循环。对它稍加改造，就可以形成顺序状态机结构。顺序状态机的程序框图如图 12-40 所示。

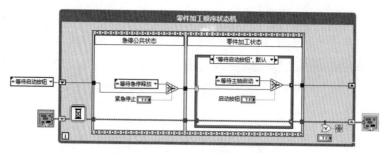

图 12-40　零件加工顺序状态机

　　一般的标准状态机都是采用循环＋条件分支结构的方式，利用移位寄存器存储当前状态，利用自定义枚举类型定义所有状态。在图 12-40 中，存储状态的移位寄存器被初始化为"等待启动按钮"。程序运行后，自动进入"等待启动按钮"状态。当"启动"按钮被按下后，则转入"等待主轴启动"状态。

### 12.8.4　处理公共状态

　　通过顺序状态机增加"紧急停止"状态后，可以在任何状态下立即进入紧急停止状态。同时，还可以增加错误簇，以利用移位寄存器传递错误状态。这样在任何分支内都可以触发错误，终止程序运行。

　　"紧急停止"和"错误处理"从动作方式上看属于公共动作。当然也可以设计成公共 VI，在进入分支前调用，如图 12-40 所示。从状态机的角度上看，它们也可以被设置成公共状态，在每个状态执行完毕后自动调用一次公共状态。这样的程序结构更清晰。

　　如图 12-41 所示，利用移位寄存器存储多个状态，可以实现对公共状态的多次调用。每次调用公用状态后，将当前状态存入移位寄存器，准备下一次调用。这种方式非常常见，通常称作流水线（Pipe Line）作业方式。

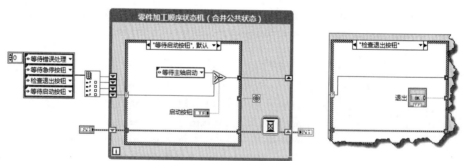

图 12-41　调用状态机中的公共状态

　　上面的例子执行次序为：等待启动按钮➔检查退出按钮➔等待急停按钮➔等待错误处理➔主轴启动➔检查退出按钮➔等待急停按钮➔等待错误处理……

### 12.8.5　状态机＋用户界面事件处理器

　　通常，有限状态机的界面操作是不多的，比如自动售货机、ATM 提款机等，只有少数几个界面操作按钮。此时可以采用简单的轮询方式监控按钮的操作。

　　当界面操作元素比较多时，采用轮询方式会非常麻烦。这种情况下，可以结合用户界面处理器模式，构造状态机＋用户界面处理器设计模式，可以称其为基于事件的状态机。基于事件的状态机如图 12-42 所示。

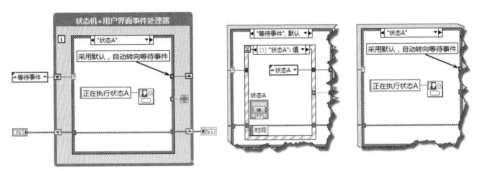

图 12-42　基于事件的状态机

基于事件的状态机是事件结构与状态机结合而成的，等待事件状态也称作空闲（Idle）状态。通过事件结构检测到相关事件发生后，程序转向相应的处理分支。处理完毕后再返回事件结构，等待其他事件发生。

如图 12-42 所示，事件状态机与常用的用户界面事件处理器模式非常类似，但是它们有本质区别。用户界面事件处理器响应事件后，自动等待下一个事件。事件状态机则在等待状态响应事件后，可以转向其他任何状态。至于何时回到等待事件状态（空闲状态），则由状态机流程决定。

### 12.8.6　进入、运行和离开状态的处理

有限状态机中的每一个状态都可以细分为进入状态、运行状态和离开状态三个子状态。其中，进入状态和离开状态都是瞬时状态，运行状态是相对长期的状态。进入状态仅运行一次，在运行状态前做一些状态内的初始化工作，离开状态则在状态结束前做一些清理工作。

> **学习笔记**　每个状态都可以细分为进入状态、运行状态和离开状态三个子状态。

下面利用有限状态机说明如何在状态机中嵌入"子状态"。嵌入"子状态"的状态机如图 12-43 所示。

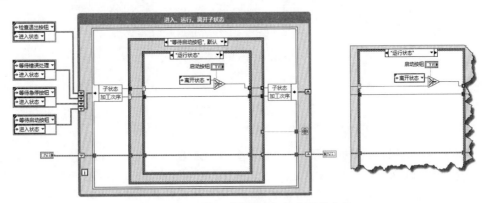

图 12-43　嵌入"子状态"的有限状态机

### 12.8.7　有限状态机+LVOOP

在有限状态机中，当状态数量达到一定程度时，会导致程序框图非常复杂。此时在程序框图中已经很难区分各个状态了。尤其是当某个状态根据不同条件可能会跳转到多个不同状态时。借助于 LabVIEW 面向对象编程技术，可以把每个状态封装为单独的类，以减少甚至消除整个条件结构。

采用面向对象的编程方法，把集中在状态机的功能分解于各个不同的类中，让它们相互之间减少耦合关系。在 23 种面向对象的设计模式中，也存在状态机设计模式。由于 LVOOP 的特殊性，不必完全照搬面向对象的状态机设计模式，可以结合 LabVIEW 的传统编程方式。

下面我们利用面向对象的方式，改写图 12-37 所示的标准状态机。其中包括初始化状态、状态 A、状态 B、退出状态四个状态。执行过程为：初始化➔状态 A➔状态 B➔退出。

首先需要建立一个抽象类（父类），在该类中应该定义几个抽象方法，描述有限状态机的共性。然后创建各个继承于抽象类的具体类（子类），在每个子类中重写这些方法，利用类的多态性，实现各自特有的功能。

对于状态机中的每个状态，把其中的功能分解成两部分：一是把状态中要执行的操作定义为 Action 方法；二是把根据条件跳转到其他状态的操作定义为 Trans 方法。Action 方法＋Trans 方法构成一个 Execute 方法。

针对每个状态，还需定义 Enter Action 方法，该方法在进入某个状态时执行一次；Exit Action 方法，该方法在转入另一个状态之前执行，做一些必要的清理工作。

在传统的有限状态机中，一般需要处理共享数据，共享数据可以定义在抽象类中，这样每个具体的子类都可以使用共享数据。在抽象类中，还定义了内部数据，这些数据在内部使用，用来标记类的一些运行信息。

还需要创建一个 Context（上下文）类，该类的私有数据包括一个抽象状态类的实例，以及对外的输入/输出数据，如图 12-44 所示。Context 实例在运行时被赋予不同的具体状态类实例，以便切换到不同的状态。

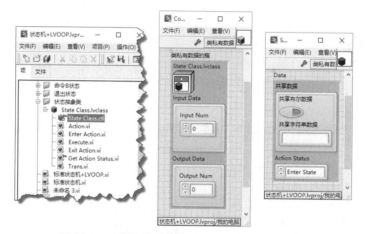

图 12-44 抽象状态类和 Context 类的私有数据

针对抽象状态类的内部数据，预定义了枚举型 Action Status 控件，该控件有三个值：Enter State、Running、Exit State，表示进入状态、运行状态或者退出状态。该控件可以用来判断是否第一次执行该状态，如果是首次执行该状态，则执行 Enter Action 方法，注意 Enter Action 方法只运行一次。

抽象状态类中的 Action 可重写方法不执行任何操作，延迟到具体状态类中；Enter Action 可重写方法修改 Action Status 为 Running，表示已经处于运行状态，下一次不应该再执行 Enter Action 方法，其他操作延迟到子类。Exit Action 可重写方法不执行任何操作，延迟到子类。如图 12-45 所示。

抽象类中的 Trans 方法用来确定是否根据外部条件转入下一个状态。如果转入下一个状态，则输出"状态已经改变"信息，从而控制是否执行 Exit Action 方法。

图 12-45　抽象状态类的 Enter Action 方法、Action 方法和 Exit Action 方法

抽象类的 Execute 方法结合了 Enter Action 方法、Action 方法、Trans 方法和 Exit Action 方法。在 Context 类中，将调用这个方法，如图 12-46 所示。

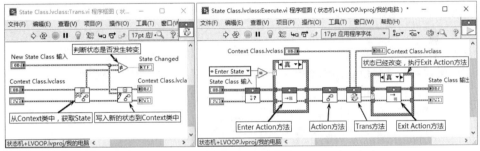

图 12-46　抽象状态类的 Trans 方法和 Execute 方法

需要对状态机的每个状态创建一个单独的类，该类继承于抽象状态类。重写 Enter Action 方法、Exit Action 方法、Trans 方法和 Action 方法，以执行具体的操作。图 12-47 所示是状态 A 类的 Action 方法、Enter Action 方法以及 Trans 方法的程序框图，在 Trans 方法中，状态 A 转换到状态 B。

图 12-47　状态 A 类的 Action 方法、Enter Action 方法和 Tans 方法

在 Context 类中，创建一个 Execute 方法，在该方法中调用了 State 类的 Execute 方法。图 12-48 展示了如何调用已经创建的状态机，右图为 Context 类的 Execute 方法。

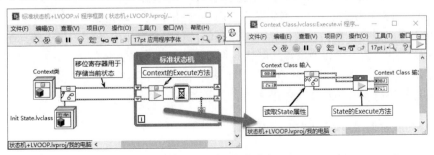

图 12-48　调用状态机

通过 LVOOP，把状态机的每个分支的功能分散到每个具体状态类中。每当需要添加一个分支时，只需要再创建一个新的具体状态类，非常容易扩充。

## 12.9　状态图工具

使用 NI 状态图工具包，采用流程图的方式，可以非常方便地设计有限状态机，这种方法尤其在设计中小型状态图时比较实用。状态图工具以图形的方式显示状态和转移条件，并且我们可以实时观察状态流程图的变化情况，非常利于调试。

### 12.9.1　调用状态图工具

状态图工具非常小巧，安装后被放在"函数"选板的"附加工具"选板中。选择"状态图"，即可启动状态图工具。启动状态图工具后，同时也会启动状态图编辑器。在 VI 的程序框图中，自动创建基本的有限状态机结构。

状态图编辑器与状态机程序框图是密切相关的，在状态图编辑器中的任何改动，例如增加状态等，都自动体现在状态机程序框图中。

在编辑完成并调试结束后，通过程序框图中的 While 循环的快捷菜单，选择"从状态图解锁代码"项，可使程序框图与状态编辑器脱离关系。

### 12.9.2　使用状态图编辑器

下面利用 NI 的状态图工具包，创建零件加工状态机。首先利用状态图编辑器，编辑状态和转换条件，如图 12-49 所示。

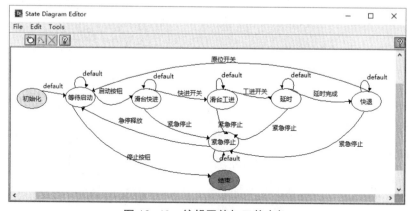

图 12-49　编辑零件加工状态机

任何状态图都至少包括两个状态：初始化状态和结束状态，这两个状态为特殊状态。可通过快捷菜单，设置当前状态为初始化状态或者结束状态。初始化状态用绿色显示，结束状态用红色显示。

每个状态至少包括一个转换条件，即默认条件。可以创建多个条件，用于转向不同的状态。例如，滑台快进状态有三个转换条件：默认条件、快进开关和"紧急停止"按钮。其中默认条件指向原来状态即快进状态。当快进开关压下时，表示滑台快进完成，从而转换到工进状态。当"紧急停止"按钮按下时，转移到紧急停止状态。

### 12.9.3　添加转换条件和状态代码

状态图工具包自动创建程序框图的基本结构，用户只需添加转换条件及当前状态需要执行的代码即可，如图 12-50 所示，图中展示的是滑台快进状态。

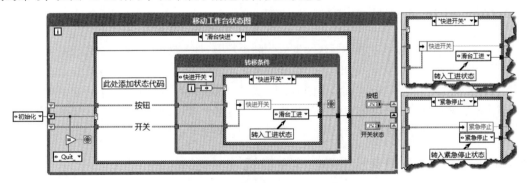

图 12-50 零件加工状态机程序框图

参照图 12-49，滑台快进状态共有三个转换条件，分别是默认条件、快进开关、"紧急停止"按钮。使用默认条件时，保持快进状态；快进开关按下时，转入滑台工进状态；紧急停止按钮按下时，转入紧急停止状态。

观察工具包创建的程序框图，可以看出，它是典型的有限状态机。值得借鉴的是它判断转换条件的方法，它采用 While 循环，一次查找全部转换条件。当某个转换条件为真时，自动结束内部循环，转向相应状态。当前面的条件均不为真时，使用默认转换条件，默认转换条件始终为真。

采用循环轮询所有条件，意味着多个转换条件具有不同的优先级。通过状态图编辑器，可以调整转换条件的次序。例如，因为"紧急停止"按钮的重要性，应该将它排列在最前面，使其具有最高优先级。这样当多个条件同时满足的时候，优先执行紧急停止状态。

### 12.9.4 选择独立运行或者子 VI 方式

通过状态图工具包创建的状态机，既可以作为独立循环连续运行，也可以作为子 VI 使用。作为子 VI 使用时的程序框图如图 12-51 所示。状态机作为子 VI 时类似于动作机，动作机加上自动条件转换就构成了状态机。

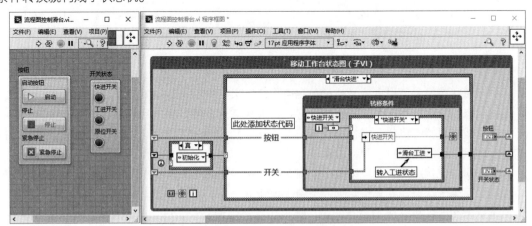

图 12-51 作为子 VI 使用

使用状态图工具包的最大优点是，可以用图形方式调试状态机，实时显示当前正在运行的状态。打开图 12-49 所示状态图编辑器，通过"工具"菜单选择"高亮执行状态"时，状态图编辑器会自动高亮显示当前执行的状态。

## 12.10　队列消息状态机

有限状态机的各个状态及状态与状态之间的转换都是可以预期的，适于有限状态的情况。假设有非常多的不同状态，需要由用户选择组合多个不同的转换条件(消息)，从而自动进入不同的状态，用有限状态机是不可能实现的。因为有限状态机移位寄存器只能保留下一次需要运行的状态。当然通过增加移位寄存器左侧端子的数量可以保存多个状态，上面的例子已经使用了这种方法调用公共状态。但可增加的端子数量毕竟是有限的，需要使用更好的解决方法。

### 12.10.1　通用队列消息状态机自定义模板

如果我们能够建立保存不同转移条件（消息）的数据缓冲区，那么就可以连续运行多个状态了。保存多个转移条件的方法不外乎使用字符串、数组或者队列。由此引申出更为重要的状态机设计模式，即队列消息状态机。

队列更便于构造队列消息状态机，队列可以存储任意多的转移条件（消息），任何任务都能在队列的前后插入新的转移条件（消息）。队列是典型的先进先出数据结构，一般是在队列的后面添加转移条件。对于紧急停止或者错误处理这样的转移条件，则可以选择将它们添加到队列的最前端。这样转移可以立即执行，实现了状态机的不同优先级处理。

如图 12-52 所示为一个典型的队列消息状态机，可以把它作为自定义 VI 模板。

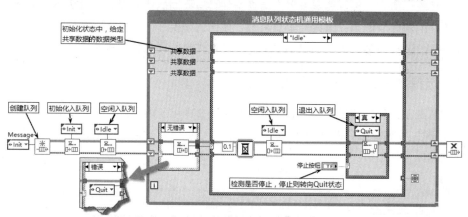

图 12-52 通用队列消息状态机自定义模板

队列消息状态机是通过自定义枚举数据类型来定义各种状态的。其中，初始化状态、空闲状态、退出状态和空白状态是必须具备的状态，其他状态是自由定义的用户状态。

初始化状态是状态机的开始状态，其负责软硬件的初始化工作，比如初始化移位寄存器、打开文件、读取配置信息、打开硬件设备等。通常初始化状态是最先执行且只执行一次的状态。

执行完初始化状态后，会自动执行空闲状态。空闲状态是默认状态，所有运行状态执行完毕后，都要返回空闲状态，并等待队列消息中出现新的消息。

退出状态用于结束队列消息状态机，在退出状态中通常执行一些清理工作，比如关闭文件，关闭硬件设备等。

队列消息中的消息类型是严格自定义枚举类型，因此队列消息只能存储即将执行的多个状态。各个状态之间显然也需要交换数据，在同一任务循环中，在各个分支中交换数据最简单实用的方式是使用移位寄存器，所以需要预先创建一些通用移位寄存器，用于共享数据。

对于暂不使用的移位寄存器，将其设置为布尔类型。当需要使用时，在初始化状态中，将其配置成合适的数据类型，比如数组、簇等。每个状态中的所有移位寄存器、错误簇必须内部连接。那么当状态很多时，工作量会很大，所以需要特意设计一个空白状态。空白状态仅仅作为分支的模板，当增加新的状态时，复制空白状态，这样就不需要手动连接公共连线了。

当移位寄存器较多时，往往很难区分各个移位寄存器的用途。显示连线标签，标注移位寄存器，这样移位寄存器的用途就一目了然了。

> **学习笔记** 队列消息状态机至少包括初始化、空闲、退出和空白四个状态。

队列消息状态机是非常强大的状态机设计模式，适用于状态非常复杂的场合。它也可以替代顺序状态机，而且使用更为灵活。

下面利用上面的队列消息状态机模板模拟数据采集、分析和显示的过程。这里需要做的是修改自定义枚举控件，定义采集、分析、显示三个用户状态。完成修改后，队列消息状态机将实现数据的采集、分析和显示，如图 12-53 所示。

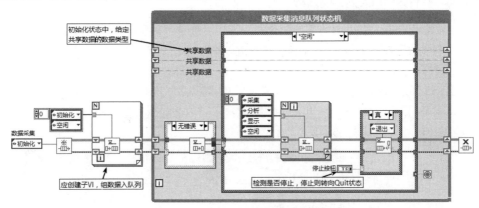

图 12-53　用队列消息状态机实现数据的采集、分析和显示

状态机执行次序为：采集→分析→显示→空闲。在空闲状态中改变队列消息中的消息，很容易实现一次采集和固定次数采集。

需要注意"退出"消息的使用。当单击"停止"按钮时，退出消息将被插入队列的最前面，因此具有最高的优先级，可以立即处理退出消息。

### 12.10.2　消息+数据队列状态机

在队列消息状态机中，队列中存储的是状态消息。我们知道队列中可以存储任意数据类型，其在传递状态消息的同时，也可以携带任何类型的数据，这样就避免了通过移位寄存器交换数据。由于需要处理不同的数据类型，所以需要传递变体数据或者类数据。由此产生了另外一种队列消息状态机，即消息+数据队列状态机。消息+数据队列状态机的程序框图如图 12-54 所示。

如图 12-54 所示，移位寄存器中存储的是簇类型数据，簇包括消息和变体数据。通过变体数据，消息可以携带任意数据类型的数据。比如在图 12-53 中，我们可以利用移位寄存器来存储采集的波形数据，在所有状态之间共享波形数据。而在图 12-54 中，可以将采集的波形数据存储在变体数据中，分析和显示状态可以直接提取变体数据。当然这样做也存在弊端，当数据被一个状态分支取出后，其他分支是无法共享该数据的。如果需要共享，数据必须再次入队。

当队列消息中无任何消息时，队列消息处于等待休眠状态。消息状态机没有设置队列超时时间，默认为−1，即永不超时。处于休眠状态的队列类似于事件结构，这极大地节省了 CPU 的时间。这是有限状态机无法比拟的。

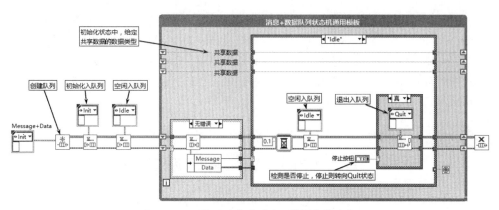

图 12-54　队列消息（消息+数据）状态机

### 12.10.3　事件驱动队列消息状态机

　　处理人机界面交互的最佳方法是使用用户界面事件处理器。队列消息状态机与用户界面事件处理器相结合构成了事件驱动的队列消息状态机。事件驱动队列消息状态机适用于设计顶层 VI 和人机交互程序。

　　如图 12-55 所示，事件驱动队列消息状态机与队列消息状态机的形式基本相同，但是事件驱动队列消息状态机是在空闲状态中嵌入事件结构，来响应前面板控件的事件的。在事件结构中，会根据具体的事件让不同的消息入队。

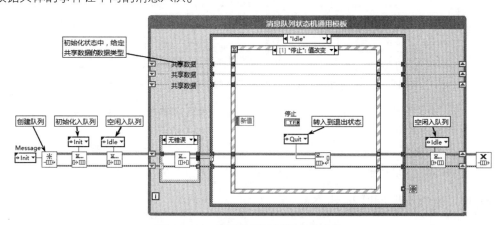

图 12-55　事件驱动队列消息状态机

　　当队列消息中没有消息时，队列消息处于休眠状态。事件结构具有相同的特点，因此在每个事件结构响应后，"空闲"消息必须入队。响应完队列消息后，再一次调用事件结构。

　　事件驱动队列消息状态机虽然功能十分强大，但是也存在不足。如果某个状态占用时间较长，这期间将无法响应用户界面的变化，所以每个状态必须能及时处理完事情，并返回到空闲状态。

## 12.11　JKI 事件驱动队列消息状态机

　　JKI 状态机是 LabVIEW 爱好者非常熟悉的状态机，其核心就是队列消息状态机＋用户界面处理器模式，也就是事件驱动队列消息状态机。JKI 状态机没有采用枚举数据来描述状态，而是采用规定格式的字符串。

　　由于采用字符串来描述状态，因而只要按照规定格式编辑字符串，就可以构成一个队列消息。

同时字符串也可以携带附加的数据信息，因此使用字符串也可以构成消息+数据队列状态机。

由于采用字符串来描述状态，因此可以在外部用任何文本编辑器编辑消息。在 VI 内部读取消息文件，这样就做到了从外部控制 JKI 状态机，而 VI 本身不需要任何改变。其他类型的状态机是很难从外部控制其内部状态转换的。

## 12.11.1　JKI 状态机模板

通过 VIPM 工具，安装 JKI 状态机后，会自动创建一个 JKI 状态机模板，拖动其图标到 VI 中，即可自动创建一个状态机框架。如图 12-56 所示，JKI 状态机是由队列消息状态机+用户界面事件处理器构成的。

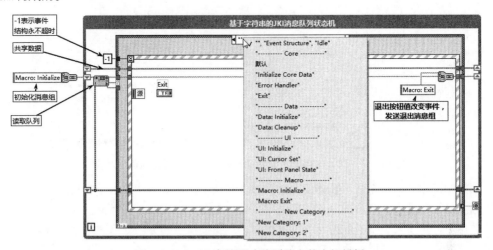

图 12-56　JKI 事件驱动队列消息状态机模板

JKI 状态机消息有三种构成方式。第一种为不包含数据的消息，例如 Data:Cleanup 状态，冒号之前的字符串为状态的类别，冒号之后的字符串为状态名。通过状态分类的方式，可以更容易操作状态。

第二种为消息+数据方式，例如 UI:Front Panel State<<Open，消息与数据用<<分隔，<<之前的字符串为消息，<<之后的字符串为数据。

第三种为消息组，多个消息或者消息+数据构成一个消息组，消息之间用换行符作为分隔符。这种方式允许我们在外部编辑复杂的消息组。JKI 状态机用 Macro:表示状态组。JKI 自动创建了两个消息组：Macro:Initialize 与 Macro:Exit，分别用于初始化与退出清理。

JKI 状态机自动创建了 5 个类别的状态，每个类别包括多个状态，分别是 Core（核心）、Data（数据）、UI（用户界面）、Macro（消息组）、New Category（新类别）。

核心类别的状态，一般不需要编程，在状态机内部使用。数据类别的状态主要用于处理用户自定义的共享数据。用户界面类别的状态，即我们在前面板添加的控件，需要添加用户界面类别状态的代码。针对消息组类别的状态，自动创建了初始化消息组与退出消息组，用户添加的消息组可以放在这个类别中。新类别状态，列举了用户创建的新状态示例，用户可以修改它们或者直接删除它们。

## 12.11.2　JKI 状态机的初始化

使用 JKI 状态机，必须仔细研究 JKI 状态机的初始化消息组与退出消息组。这两个消息组包括了绝大多数自动创建的代码。

运行 JKI 状态机时，首先会运行初始化消息组。初始化消息组包括四个初始化消息，分别是 Data: Initialize（数据类初始化）、Initialize Core Data（初始化核心数据）、UI: Initialize（用户界面类初始化）及 UI: Front Panel State >> Open（设置前面板状态，参数为 Open），如图 12-57 所示。

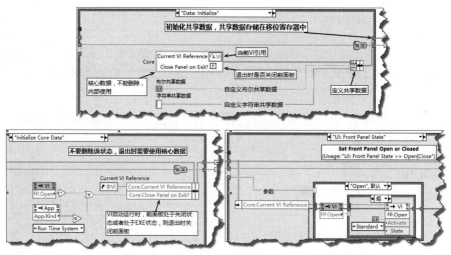

图 12-57　初始化数据、初始化核心数据以及设置前面板状态

在初始化过程中，首先进入数据初始化状态。包括初始化核心共享数据、初始化用户自定义共享数据。初始化核心共享数据时，只是确定数据的类型，没有赋予实际值。在初始化用户自定义共享数据时，预定义了布尔数据与字符串数据，并直接赋予初值。在该状态中，我们可以删除预定义的共享数据，或者增加新的共享数据。

接下来自动进入核心共享数据初始化状态，预先定义了两个核心共享数据，分别是本 VI 引用，以及表示退出时是否关闭前面板的布尔数据。如果 VI 运行时没有打开前面板，或者处于运行系统时，退出时要自动关闭前面板。一般不需要我们删除或者更改核心数据。

初始化核心共享数据后，自动进入用户界面初始化状态。在 JKI 状态模板中，用户界面初始化状态未执行任何初始化工作。该状态预留给用户，用户可根据自己的界面设计，进行必要的初始化工作。

最后的初始化状态为设置前面板状态，可以将其设置为"Open"或者"Close"方式，通常情况下，使用默认的"Open"方式即可，不需要更改。"Open"方式将 VI 前面板设置为标准状态，并具有焦点。

### 12.11.3　JKI 状态机的预定义事件

初始化操作结束后，队列消息不含任何消息，此时会自动进入事件结构。当队列为空，发送"Event Structure"消息或者"Idle"消息时，状态机进入事件结构，等待用户界面产生事件。

JKI 状态机自动创建一个退出按钮，并预先定义了几个必要的事件，包括超时事件、退出按钮值改变事件、前面板关闭过滤事件，如图 12-58 所示。

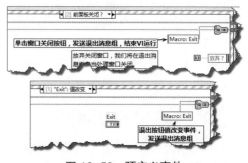

图 12-58　预定义事件

在超时事件中不执行任何操作；在退出按钮值改变事件、前面板关闭过滤事件中，直接发送退出消息组，JKI 自动处理所有退出过程。

### 12.11.4　JKI 状态机的退出

Macro：Exit 退出消息组用来处理所有退出工作。退出消息组包括两条消息：其中"UI：Front Panel State＞＞Close" 消息用来关闭 VI 的前面板；"Data Cleanup" 消息用来清理共享数据，包括关闭各种引用等。可以添加自定义退出消息，并加入到 Macro：Exit 消息组，如图 12-59 所示。

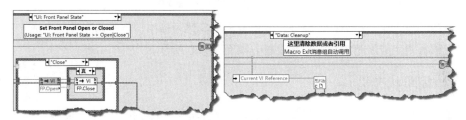

图 12–59　JKI 状态机的退出

## 12.12　简单状态机项目模板

在前面几节中，我们讨论的设计模式大多集中在一个 VI 中。在实际应用中，一个或者几个 VI 是很难完成所有任务的。一个具体项目会包括许多内容，这时候往往会综合使用多个常用的设计模式。

新版本的 LabVIEW 增加了项目模板。项目模板是非常重要的模板，其提供了多种构建中大型项目的模板。项目模板与 VI 模板是不同的，VI 模板仅仅用于创建一个单一的 VI，而项目模板用于构建整个项目。

项目模板由于包含众多内容，所以初学者理解起来非常困难。下面我们使用一节来介绍每个项目模板。

在所有项目模板中，简单状态机项目模板是最为简单的。理解简单状态机模板中的设计模式是比较容易的，我们在状态机有关章节中，已经讨论过类似的内容了。虽然表现形式略有区别，但是核心是相同的。

在这一节中，我们重点关注项目模板本身。所有的项目模板，组成结构是类似的。想要理解其他项目模板，必须首先了解项目模板的组成结构。

### 12.12.1　简单状态机项目模板的基本构成

我们以简单状态机项目模板为例，讨论项目模板的基本组成结构。简单状态机项目模板如图 12-60 所示。

项目模板包括几个重要的组成部分，下面描述的是所有项目模板的共性部分。

自动创建的项目文档（Project Documentation）文件夹与虚拟文件夹，我们创建的说明文档或帮助文件等，应该置于该文件夹中。

自动创建的类型定义（Type Definations）文件夹与虚拟文件夹。一个具体项目中可能包括大量的自定义类型，应该将它们具体细分，并置于类型定义文件夹中。

自动创建的 Main.vi，该 VI 通常是程序的入口 VI。

图 12-60　项目模板的基本组成结构

自动创建的程序生成规范，该部分比较重要。在具体项目中，经常遇到程序生成问题，此时可参考项目模板中生成规范的相关参数设置，如图 12-60 所示。

## 12.12.2　简单状态机

由简单状态机项目模板创建的简单状态机，实际上是标准状态机＋用户界面事件处理器模式，如图 12-61 所示。该模式我们已经详细讨论过了，请参考相关章节。

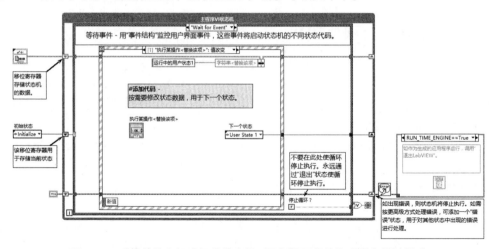

图 12-61　简单状态机（标准状态机＋用户界面事件处理器）设计模式

图 12-61 中的示例使用移位寄存器保存枚举类型状态，这是标准状态机模式。在 Wait for Event 状态中，嵌入了事件结构，用于处理用户事件，这是用户界面处理器模式。

## 12.12.3　简单状态机范例（有限次测量）

一般的小型测量，尤其是实验室内部的、针对某个具体应用的测量，都是在内部测量，一般由实验室内部人员编写测量程序。在这种情况下，需要的功能不会特别复杂，对界面也无太大要求，一般简单状态机就能够满足要求了。

除了项目模板，新版本的 LabVIEW 还提供了项目范例，项目范例其实也属于项目模板。项目范例在项目模板的基础上，添加了各种常用功能，尤其是关于测试测量的功能。

对于小型项目，查找近似的项目范例，以此为模板，创建新的测量项目。在此基础上，添加必要的功能，从而可以在极短的时间内，完成测量程序的编写。

一般的测量分为有限次测量与连续测量。有限次测量也称作定点测量，其按照指定的测量点数与采样时钟，一次读取所有的测量值。有限次测量项目非常适合使用简单状态机。新版本提供了有限次测量项目范例，该范例模拟了数据采集。

如果我们已经具有 NI 的数据采集卡，则可以直接使用有限次测量（Daqmx）项目范例。

图 12-62 所示为有限次测量项目范例，其创建了主 VI 的前面板。前面板由 9 个按钮、一个波形图控件、一个作为状态条的字符串显示控件构成。

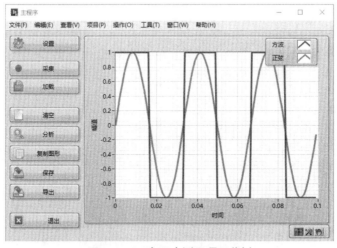

图 12-62  有限次测量项目范例

从前面板按钮可以看出，该模板已经具有常用测量程序的大部分功能，包括参数设置、数据采集、数据分析、数据显示等。单击"复制图形"按钮，可以把波形图写入剪贴板。单击"导出"按钮，可以把波形数据导出至文本（TXT）文件。

有限次测量主 VI 直接使用了简单状态机的模板，其程序框图及初始化状态如图 12-63 所示。每个按钮对应一个具体的状态，状态执行完毕后，进入 Wait Event 状态。通过事件结构响应所有按钮动作，并转入相应状态进行处理。

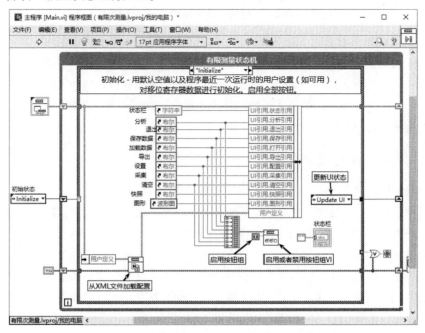

图 12-63  有限次测量主 VI 程序框图及初始状态

## 12.13 队列消息处理器项目模板

事实上我们已经讨论过多种队列消息处理器了，它们的功能相对简单。在队列消息处理器项目模板中自动创建的队列消息处理器功能更为强大，并且易于扩充，特别适合于创建顶层入口 VI。

### 12.13.1 队列消息处理器项目模板的基本构成

与简单状态机项目模板相比，队列消息处理器项目模板，除了自动创建文档、自动创建类型定义及自动生成规范，还会自动创建两个项目库，如图 12-64 所示。

图 12-64　队列消息处理器模板的基本构成

Message Queue 项目库除了对基本队列函数进行封装，还提供几个功能 VI，其中最为重要的是消息组入队列 VI。User Event-Stop 项目库封装了用户自定义事件的基本函数。

图 12-64 右边部分为入口 Main.vi 的前面板，从图中可以看出，自动创建了两个布尔输入控件，用来演示如何发送消息。显示字符串控件用来显示一些运行状态信息。可以删除这些控件，或者替换为需要的其他类型控件。

### 12.13.2 队列消息处理器

由队列消息处理器项目模板创建的队列处理器如图 12-65 所示。

观察该程序框图，从整体上看其是基于事件的队列消息处理器＋用户自定义事件模式。队列消息处理器使得"事件处理循环"，也就是用户界面处理器，可以发送消息给"消息处理循环"。用户自定义事件使得"消息处理循环"可以产生用户事件，"事件处理循环"响应用户事件。因此图 12-65 所示的队列消息处理器是可以在两个任务循环之间实现双向通信的。

基于事件的队列消息处理器＋用户事件模式是一种非常有用的设计模式，适用于多数应用。在此基础上，可以扩展为多个任务循环的相互通信模式。

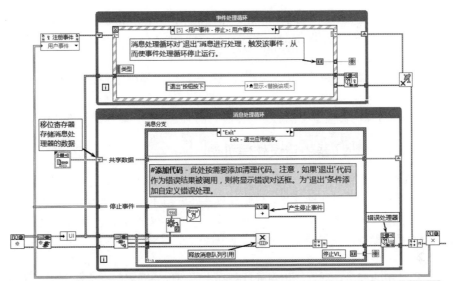

图 12-65　由队列消息处理器模板创建的队列处理器

### 12.13.3　队列消息处理器的退出机制

相比于我们讨论过的常规设计模式，通过队列消息处理器模板创建的队列消息处理器，其退出机制比较特殊，也更为合理。

队列消息处理器的 Exit 条件分支如图 12-66 所示，其是专门用于退出队列消息处理器的消息处理分支。在该分支中，通过产生停止用户事件，通知事件处理循环停止，同时销毁队列的引用。如果退出是由于错误处理器引发的，将弹出错误处理对话框。

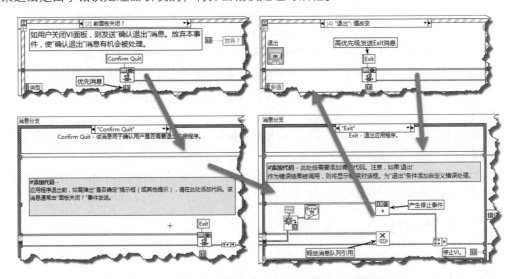

图 12-66　退出按钮值改变事件与前面板关闭过滤事件程序框图

模板中提供了三种触发退出的方法，即按下退出按钮，关闭前面板窗口，或者错误处理器 VI 检查到错误。图 12-66 所示为退出按钮值改变事件与前面板关闭过滤事件的程序框图。

如果用户单击前面板关闭按钮，那么事件结构首先响应"前面板关闭？"过滤事件，放弃关闭前面板，发送 "Confirm Quit" 确认退出消息，由消息处理循环确认是否真的退出。通常此时应该弹出对话框，给用户提供一个确认机会。如果用户确认要退出，则消息处理循环向自身发送 "Exit" 消息，确认退出。

如果用户单击了前面板中的 "退出" 按钮，则在 "退出" 值改变事件分支中，直接发送 "Exit" 消息，确认退出 VI。

在 "Exit" 消息分支中直接退出消息处理循环，同时通过用户事件通知事件处理循环退出。

### 12.13.4　队列消息处理器的错误处理机制

如图 12-67 所示，在事件处理分支之后，以及消息处理分支之后，都会执行对应的错误处理器 VI。模板中创建了两个错误处理器 VI，分别在事件处理循环与消息处理循环中使用。这两个错误处理器 VI 的程序框图基本相同。区别在于事件循环中的错误处理器把错误发送到消息循环，交由消息循环中的错误处理分支处理。而消息处理循环中的错误处理器会发送 "Exit" 消息，导致整个 VI 退出。

事件处理循环中的错误处理器与消息处理循环中的错误处理器都在内部调用了 Check Loop Error.vi（检查循环错误），该 VI 为可重入 VI。模板总计自动创建了三个错误处理 VI，如图 12-67 所示。

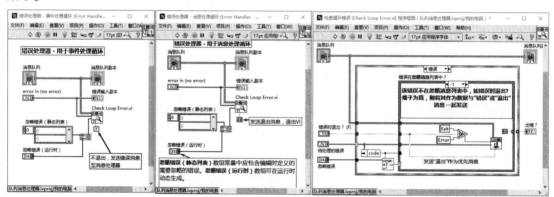

图 12-67　事件循环错误处理器、消息循环错误处理器及检查循环错误 VI

除了致命错误，有些错误或者警告是不影响程序运行的，这类错误称作可忽略错误。

如果是可忽略错误，我们可不进行错误处理，直接忽略即可。上述的三个错误处理 VI 包括了静态忽略错误列表，加入列表中的错误将被忽略。

忽略错误（运行时）列表允许动态加入可忽略的错误。对于此类错误，可以在 VI 外部编辑忽略错误列表，这增加了错误处理的灵活性。

在实际应用中，我们最好针对具体的消息分支，在分支内进行必要的错误处理。消息处理器中的错误处理分支常用于记录错误信息。

### 12.13.5　队列消息处理器的拓展

由于通过模板创建的队列消息处理器对队列、用户事件及错误处理进行了良好的封装，因此非常容易扩充其功能。目前模板仅提供了一个 UI（界面）队列和一个 UI 消息处理器。

通过必要的编程，我们可以将队列消息处理器拓展为包含多个队列和多个消息处理器。下面我们将创建两个新的队列：数据采集队列与数据处理队列。利用增加队列的方法，可以将其拓展为包含任意多个任务循环或者 VI。

模板自动创建了 "创建所有消息队列" VI，打开该 VI 并修改，更改后的程序框图如图 12-68

所示。增加消息队列，首先要修改消息队列严格自定义控件，克隆其中的消息队列。在下面的示例中增加了数据采集队列、数据处理队列。通过更改 for 循环次数，创建指定数量的消息队列。在创建队列之后，首先入队初始化消息。

图 12-68　创建多个消息队列

　　创建多个队列后，即可开始创建新的队列消息处理器循环。对于数据采集与数据处理任务，既可以在主 VI 中创建队列处理器循环，也可以单独创建队列消息处理器 VI。

　　如图 12-69 所示，分别建立了数据采集队列消息处理器子 VI、数据处理队列消息处理器子 VI，并创建了初始化、退出消息处理分支。

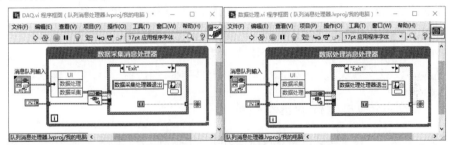

图 12-69　数据采集队列消息处理器子 VI 与数据处理消息队列处理器子 VI

　　对模板自动创建的主 VI，需要做适当的更改，如图 12-70 所示。

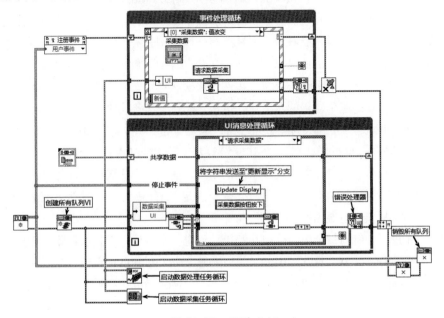

图 12-70　更改主 VI

由于 UI 队列消息处理器、数据采集队列消息处理器、数据处理队列消息处理器中引入了所有队列的引用簇，因此相互之间可以互发消息。如果需要与用户界面事件处理器相互通信，则应该引入自定义事件引用。

除了队列消息处理器项目模板，新版本还提供了连续测量与记录范例项目，该范例项目就是基于上述的队列消息处理器模板而建立的。

连续测量与记录范例项目是一个比较完善的项目，包括数据采集、数据记录等功能。从前面板设计到程序框图的编写都具有相当的借鉴价值。限于篇幅，这里就不再详细介绍了，请读者仔细研究，必能有所收获。

## 12.14  Delacor 队列消息处理器

Delacor Queued Message Handler，Delacor 队列消息处理器（简称 DQMH），是第三方开发的队列消息处理器项目模板。该模板基于 LabVIEW 队列消息处理器（QMH）项目模板，做了许多重大改进，提供了基于事件的消息机制，安全高效。并且提供了 Scripting 工具，使编程更为容易。

对于多人合作的项目，可以利用 DQMH 模板，按照统一的编程风格编程，以缩小相互之间的编程风格差异，大家更容易相互理解。

DQMH 特别适合于需要并行运行多个模块且模块之间需要相互通信的应用。一个使用队列消息处理器的 VI 称为一个模块。多个模块之间借助于良好封装的用户事件，非常容易实现数据交换。

### 12.14.1  DQMH 项目模板的基本构成

DQMH 项目模板适合于需要多个并行的任务模块的项目。并行的任务模块，一般通过动态调用的方法启动与停止。任务模块分为两类：一是单例任务模块；二是多例任务模块。每个自动创建的任务模块位于一个项目库中，模块的入口 VI 自动命名为 Main。

单例任务模块的 Main VI 被设置为不可重入。由于每个任务都是一个队列消息处理器，且会长时间连续运行，所以不可重入意味着，只能运行一个单例任务模块。多例任务模块的 Main VI，被设置为共享副本重入执行，因此可以同时运行多个具有相同前面板的 Main VI。

如图 12-71 所示，除了单例任务模块、多例任务模块项目库，还自动创建了应用项目库。应用项目库中的 Main VI 是整个应用的入口点，负责启动各个任务模块，并与之相互通信。实际上任务模块的 Main VI 都是独立的队列消息处理器，是完全可以单独运行和调试的。

对于每个任务模块，模板自动创建了测试器 VI，其位于虚拟文件夹 Tester 中。通过测试器 VI，不但可以启动任务模块，而且可以实现模块间的相互通信。对于团队项目，每个人可以负责一个或者几个模块，此时测试器 VI 就非常必要了。只要规定了统一的接口，其他人不必知道模块工作的细节，只要按照接口进行通信即可。

如图 12-71 所示，针对每个任务模块，都自动创建了一个项目库。项目库中包括几个重要的虚拟文件夹，包括 Documentation、Testers、Modules。Documentation 虚拟文件夹中存储的是项目相关文档；Testers 中存储的是所有模块的测试器 VI；Modules 中存储的是已经创建的模块，每个模块有单独的项目库。

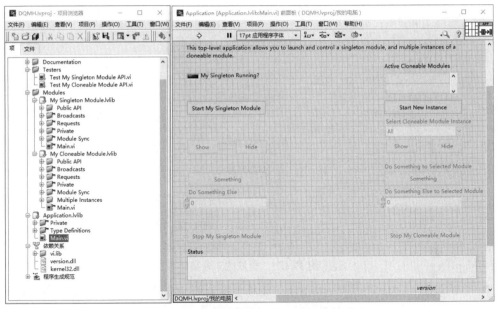

图 12–71  DQMH 项目模板与应用项目库的 Main VI

## 12.14.2  DQMH 模块的基本构成与对外接口

如图 12-71 所示，每个模块对应一个项目库，项目库存储在 Modules 虚拟文件夹中。项目模板本身已经自动创建了两个模块，分别为单例模块和多例模块。通过 Script 工具，可以创建新的模块，或者删除已经存在的模块。

每个模块的项目库的基本构成大致相同，根据具体功能分为几个虚拟文件夹和一个 Main VI。虚拟文件夹包括 Public API（公有）、Broadcasts（私有）、Requests（私有）、Private（私有）、Module Sync（私有）。

DQMH 项目模板适合于团队项目。编程人员可以分为两类：一类为使用模块的编程人员，他们只需要关注 Public API 虚拟文件夹，该文件夹中提供了模块所有的对外接口；另一类为模块本身编程人员，他们具有访问所有虚拟文件夹的权限。注意，除了 Public API，其他虚拟文件夹，包括 Main VI，其访问范围均为私有。因此除了模块编程人员，其他人员无法直接访问或者修改模块。

通过模板创建模块时，自动创建了一些对外接口 VI，位于 Public API→Requests 文件中。编程人员通过接口 VI，发送消息给模块的 Main VI，执行某种操作。这种要求模块执行操作的消息称作请求消息（Request Message）。图 12-72 所示的右侧的程序框图为 Do Something VI 接口的程序框图，其将每一种请求消息都封装成一个独立的 VI。

调用模块的编程人员不需要关心模块是如何实现的，只需要知道接口即可。图 12-72 中展示的 Do Something 消息是最为简单的字符串消息。消息本身为严格自定义类型，因此除了消息本身，还可以包括各种参数。每一种消息对应一个严格自定义类型，它们位于 Arguments→Request 虚拟文件夹中。

外部程序与模块之间相互通信是通过互发消息实现的，发送消息方产生用户事件，接收消息方监听用户事件。对模块接口而言，共有三类不同功能的消息。

◆ 请求消息（Request Message），如图 12-72 所示，这是外部 VI 向模块发送的消息，要求模块执行某种操作。

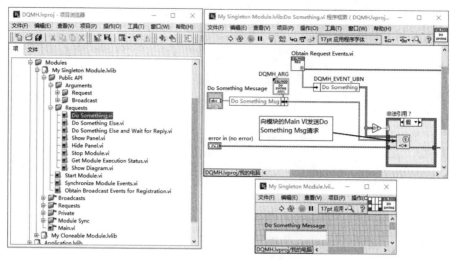

图 12-72　模块的对外接口

◆ 广播消息（Broadcast Message），是模块向外部 VI 发送的消息，外部 VI 通过监听用户事件，获取模块发送的信息。任何监听模块广播消息的 VI，都可以同时得到模块发送的信息，因此称之为广播消息。这是一种一对多的通信方式，类似于通知器的作用。

◆ 请求并等待回应消息（Request and Waiting for Replay Message），请求消息 VI 一发送完消息立即结束，类似于 API 的 Post Message 函数。请求并等待回应消息 VI 类似于 API 的 Send Message 函数，其发送消息后一直等待直到模块回应后，才结束返回。请求并等待回应消息 VI 在发送消息的同时，也发送了一个通知器引用，然后进入等待通知状态。模块接收到消息后，发送一个通知说明得到消息以及需要的结果。

无论请求消息，还是广播消息，核心是一致的，它们都是通过用户事件实现的。区别在于方向，从模块来看，对外发送消息就是广播消息，从外部对模块发送消息就是请求消息。与请求消息一样，每个广播消息对应一种严格自定义类型，并且被封装为一个独立的消息 VI。所有的广播消息 VI 都放置在 Public API→Broadcast 虚拟文件夹中，供外部 VI 使用。

请求并等待回应消息 VI 在发送消息后会处于等待状态，何时返回取决于模块执行消息操作所需的时间。在执行期间，外部 VI 一直处于等待状态，如果模块反应不及时，外部 VI 会失去响应，处于阻塞状态。一般情况下，应该避免过多使用请求并等待回应消息。

对时间要求不高的需要等待回应的消息，可以结合请求消息与广播消息构成一种往返消息。比如 Do Something 请求消息，模块接收到消息后，会发送 Did Something 广播消息，它们可以构成一个往返消息。往返消息是一种异步消息，对于返回时间无法确定的等待回应的消息，采用上述的往返消息更为合适。因为模块本身是队列消息处理器，所以不会错失消息。

上述的 Do Something 消息及 Do Something Else（消息＋数据）消息属于用户类消息，是可以删除或者添加的。除了用户消息，接口还提供了几个模块内部使用的消息，这些是不能删除的。模块内部使用的消息包括：启动模块消息、停止模块消息、显示前面板消息、隐藏前面板消息、获取模块执行状态消息等。

## 12.14.3　DQMH 模块测试器

每一个自动创建的模块，都对应一个自动创建的模块测试器 VI。通过模块测试器，可以测试模块的对外接口，包括测试请求消息和广播消息。下面我们以单例模块的测试器为例，讨论如何启动一个模块，如何发送请求消息给模块，如何接收模块的广播消息等。

如图 12-73 所示，测试器 VI 为用户界面事件处理器＋用户事件模式。测试器 VI 前面板包括 8 个按钮，用于启动、停止模块，以及发送消息。由于模块将每种消息发送都封装成一个 VI，所以发送消息非常简单，直接调用消息 VI 即可。

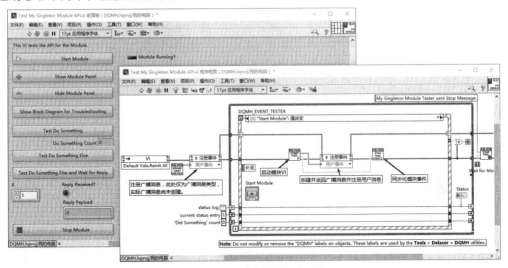

图 12-73　单例模块的测试器 VI

在事件循环外部，通过 "Obtain Broadcast Event for Registration " VI，注册模块的广播消息。注意，该 VI 把所有的广播消息打包成一个簇，此时模块尚未运行，广播消息的自定义用户事件尚未创建，仅仅表示类型。

在 "Start Module" 启动模块按钮值改变事件分支中，通过 "Start Module.vi" 动态调用模块，运行后返回广播消息簇，注意此时广播消息的自定义用户事件才被真正创建，因此需要再次注册用户事件。注册之后调用了 "Synchronize Module Events.vi"，该 VI 通过集合点函数等待模块 Main 初始化完成。只有注册了广播消息，并且完成了模块初始化，才会退出启动模块按钮值改变事件分支。

除了启动模块比较难于理解，其他消息的发送就非常容易了，因为消息得到了良好封装，所以调用相应的 VI 即可发送消息。

图 12-74 演示了如何发送 Do Something 请求消息、Do Something Else 请求消息（消息中含数据），如何发送 Do Something Else 请求消息并等待回应。从发送 Do Something Else 消息的程序框图可以看出，发送请求消息实际上就是产生一个用户事件。

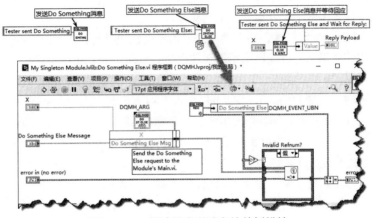

图 12-74　测试器发送消息给单例模块

### 12.14.4　DQMH 模块

DQMH 模块本身就是队列消息处理器（QMH）。DQMH 利用面向对象技术，对队列消息处理器 QMH 重新封装，并且提供了函数选板（如图 12-75 所示），因此使用更加方便。

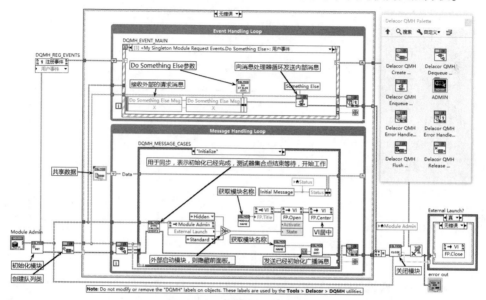

图 12-75　单例模块程序框图

除了封装了队列类，还创建了模块管理类，这两个类已经安装在 LabVIEW 中。因此它们并不依赖于 DQMH 项目模板，其他项目可以随意使用这两个类。模块管理类的 External Launch 属性用于表明是外部启动模块还是直接启动模块。

从图 12-75 可以看出，DQMH 模块其实就是一个队列消息处理器。与 LabVIEW 本身的队列消息处理器相比，没有太大的差别。增强的地方在于扩展了用户事件的功能，把用户事件封装成请求消息与广播消息。参照队列消息处理器有关章节，很容易理解 DQMH。

### 12.14.5　使用 DQMH 模块

DQMH 模块使得 QMH 具有了与外部 VI 相互通信的能力。与外部相互通信的关键在于创建请求消息与广播消息。由于每种消息都对应一个严格类型的自定义控件，并且要被封装成一个独立的 VI，因此在消息比较多时，创建过程会非常烦琐。

DQMH 利用 VI Scripting 技术，极大地简化了消息的创建过程。使用 VI Scripting 技术可以自动添加请求消息与广播消息，自动删除不需要的消息。除此之外，还可以自动添加新的模块，以及相关的模块测试器等。

在"工具"菜单中，选择 Delacor→DQMH，出现 5 项子菜单，分别是 Add New DQMH Module（添加新的模块）、Create New DQMH Event（创建新的事件（消息））、Remove DQMH Event（删除 DQMH 事件（消息））、Rename DQMH Module（模块更名）、Validate DQMH Module（验证 DQMH 模块的有效性）。

下面我们重点讨论如何创建一个新的模块，以及如何为模块添加新的事件（消息）。单击 Add New DQMH Module 菜单，弹出创建新模块对话框，如图 12-76 所示。在对话框中命名新的模块，指定模块项目库存储文件夹，选择单例模式，修改项目库图标，单击 OK 按钮即可自动创建模块。

图 12-76　创建新模块

DQMH 最为强大的功能是能够通过请求消息与广播消息与外部 VI 相互通信。创建消息的过程比较烦琐，首先必须创建一个严格类型的自定义控件，用来表示消息携带的参数。然后修改创建请求消息与广播消息的 VI，最后将其封装成一个独立消息 VI。

创建消息 VI 之后，还必须为模块 Main 中的事件处理循环添加新的分支，也需要为队列消息处理器循环创建新的消息处理分支。较大规模的程序中，消息的数量是非常多的，因此手动添加事件（消息）是非常困难的。

DQMH 可以自动创建新的事件（消息），自动将其封装成一个消息 VI，自动创建模块 Main 的事件分支与消息处理器分支，这极大地简化了编程，同时避免了编程过程中可能产生的错误。DQMH 在创建新的事件（消息）的同时，也自动为测试器 VI 添加了新的事件分支，使得调试更为容易。有了自动创建事件（消息）的工具，我们只需要关心要实现的功能即可，不需要更改框架本身，这是一种非常强大的功能，是普通队列消息处理器无法比拟的。

要创建一个新的事件（消息），必须首先选定模块。创建工具的下拉列表中会自动列出项目中已经存在的模块，这里选定"波形发生器"模块。

接下来需要指定事件（消息）的类型，可选类型包括：请求消息、广播消息、请求并等待回应消息及往返消息（请求+广播）。

这里我们为波形发生器模块创建一个请求消息，请求生成一个正弦波，如图 12-77 所示。在参数窗口中，需要指定输入参数，这里我们指定生成波形的幅值、频率与相位信息，输入参数最后会被自动创建成严格类型的自定义控件。单击 OK 按钮，完成请求生成正弦波形消息的创建。

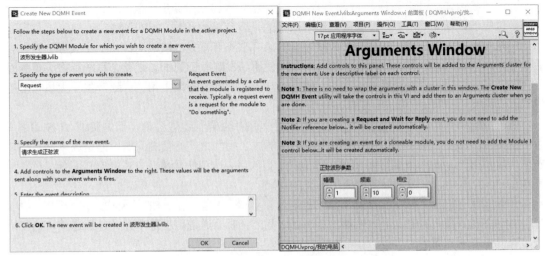

图 12-77　创建请求生成正弦波事件（消息）

如图 12-78 所示，DQMH 自动生成工具将请求生成正弦波消息封装为 VI，该 VI 在模块测试器中自动创建的分支中被调用。同时在模块 Main 中，自动创建了"请求生成正弦波"用户事件；在队列消息处理器中，自动创建了"请求生成正弦波"条件分支。

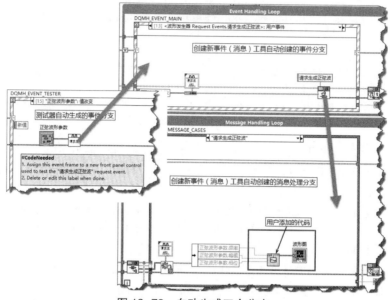

图 12-78　自动生成三个分支

从测试器发送消息，到 Main 事件处理循环接收消息，然后转发到队列消息处理器，这些都是自动完成的，我们只需要添加简单的用户代码即可。

以上只是演示了请求消息的创建，广播消息的创建方法与此类似。结合请求消息与广播消息，就构成了一个完整的消息链传送机制：

测试器发送请求消息→EHL 接收请求消息→EHL 转发消息至 MHL→MHL 处理消息并广播消息→测试器接收广播消息。

## 12.15　操作执行者框架

上一节我们详细讨论了 DQMH 项目模板，之前我们也讨论过 JKI 状态机及队列消息驱动的状态机。这些设计模式对于中小型项目是非常适用的，适合绝大多数 LabVIEW 应用。

但是对于中大型应用，上述的设计模式与框架存在不可避免的缺陷。比如一个大型项目，可能需要大量的模块，分别执行独立的任务，如果使用 JKI 或者 DQMH，则整个系统存在大量的重复代码。每个模块的公共功能是一致的，但是这些公共的功能不能重用，导致产生了大量重复的代码。

在一般框架中实现 VI 内部的各个任务循环之间的相互通信比较容易，但是实现 VI 彼此之间通信就比较困难了。虽然 DQMH 通过用户事件解决了相互之间通信的问题，但是请求消息与广播消息是公用的，任何 VI 都可以使用。对于中小型项目，这种任意通信方式是比较有优势的，但是对于中大型项目，任意通信就变成了明显的缺陷。

一般框架中的多个模块往往处于相同的层次。但是大中型项目一般需要构建多个层次结构，层次结构之间具有明显的上下级关系。上下层之间允许相互通信，但是不允许越级通信，这种要求普通框架是不易满足的。

随着引入面向对象的编程技术，LabVIEW 推出了操作者框架，该框架可以基本解决普通设计模式存在的缺陷，特别适合大中型项目的构建。

### 12.15.1　操作者框架概述

操作者框架（Actor Framework，AF）是 LabVIEW 提供的软件库，其支持独立运行多个任务，同时它还提供了任务之间相互通信的机制。应用中的每个操作者代表一个独立的任务，操作者通过接收与发送消息，实现与其他操作者相互通信。

操作者框架基于著名的队列消息状态机模式，其利用面向对象的编程技术，封装了消息队列。利用 LVOOP 的多态性，把状态机的每个状态封装成操作者类的一个方法。外部通过发送消息调用对应的方法，也就是执行状态机的一个状态。

操作者（Actor）类是操作者框架的基本抽象类，代表一个独立的任务。在操作者类中提供了一个 Actor Core(操作者核心)可重写方法，在该方法中封装了队列消息状态机。如图 12-79 所示，上面部分为队列消息状态机，下面部分为 Actor Core 可重写方法。我们可以大概地看出二者之间的对应关系。

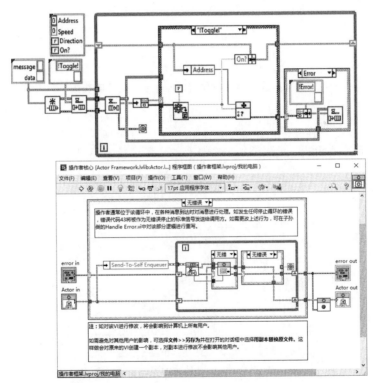

图 12-79　队列消息状态机与操作者核心方法的对应关系

首先状态机的共享数据对应操作者类的私有数据；状态机的消息队列对应操作者的 Send-To-Self Enqueuer；状态机的发送消息对应操作者的发送消息，该消息由 Actor Core（操作者核心）方法向外部发送；状态机的状态分支对应一个方法，该方法的调用被封装在消息中。

以上只是简略介绍了队列消息状态机与操作者核心方法的对应关系。在后续章节中，我们通过分析操作者消息，可以清楚地看到二者之间的对应关系。

### 12.15.2　创建操作者和消息

由操作者框架项目模板创建的项目比较复杂，初学者不容易理解。下面通过一个空白项目，创建一个计算三角函数的操作者，演示如何创建操作者，如何创建消息以及如何启动与停止一个操作者。

首先需要创建一个空白项目，在"我的电脑"快捷菜单中，选择新建→操作者，弹出"添加操作者至项目"对话框，指定操作者名称与父类，默认为 Actor 类，即可自动创建三角函数操作者库。

在三角函数操作者库中，自动创建了"操作者消息"与"调用者抽象消息"两个虚拟文件夹，以及与库同名的操作者类。LabVIEW 提供了操作者函数选板，其位于数据通信→操作者框架中，因为函数比较多，所以我们根据需要，介绍其中部分函数的使用方法，如图 12-80 所示。

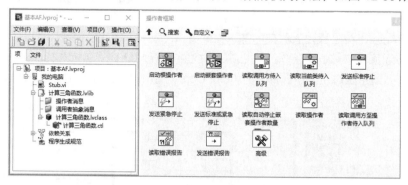

图 12-80　创建操作者与操作者框架函数选板

从图 12-80 可以看出，"计算三角函数"类目前仍然为空白类，不包含任何数据与方法。但是实际上由于其继承于操作者类，它本身就已经具备了强大的功能，相当于队列消息状态机。

下面为"计算三角函数"类先添加一个私有的"角度转换为弧度"方法，然后再添加一个公共的"计算正弦"方法，读者可以创建其他的方法，比如"计算余弦"的方法等，创建过程是类似的。注意，只有访问范围为公共的方法，才能创建对应的消息，供外部调用。如图 12-81 所示。

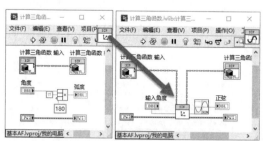

图 12-81　角度转换为弧度私有方法与计算正弦公共方法

创建公共方法后，就可以创建对应的消息了。"计算正弦"方法的连线端子中有一个用于输入角度的输入参数与一个正弦输出参数。这意味着外部调用"计算正弦"方法时，需要给定输入角度参数。右击项目管理器中的"计算正弦"方法，在其快捷菜单中，选择"操作者框架"→"创建消息"项，即可自动创建消息，并放置于"操作者消息"虚拟文件夹中。

所有的消息均继承于 Message 类，该类包含一个重要的可重写 Do 方法。用户不应该在外部调用 Do 方法，而是由"操作者核心"方法在接收到消息后自动调用 Do 方法。

针对"计算正弦"方法自动创建的对应消息类为"计算正弦消息"。"计算正弦消息"类的私有数据中封装了"输入角度"输入参数。"发送计算正弦消息"方法用于外部发送消息给"操作者核心"方法。在 Do 方法中，自动调用操作者类的"计算正弦"方法，如图 12-82 所示。

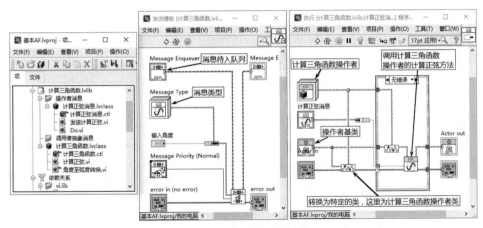

图 12-82　发送正弦消息方法与 Do 方法

"发送正弦消息"方法把消息添加至"计算三角函数"操作者的待入队列中。在"操作者核心"方法中，消息出队列后自动调用消息的 Do 方法。

目前外部可以通过发送消息，使操作者调用"计算正弦"方法，但是外部如何得到计算的结果还是一个问题。最简单的方法是从外部传入一个控件的引用，在操作者中把计算结果写入外部控件的值属性中。该引用可以放置在操作者的私有数据中，并创建相应的读写属性。为了便于写入各种类型的数据，我们创建一个字符串类型的引用。

下面创建一个私有方法，用于将计算结果写入外部字符串控件中，设置其访问范围为私有，同时修改"计算正弦"方法，如图 12-83 所示。

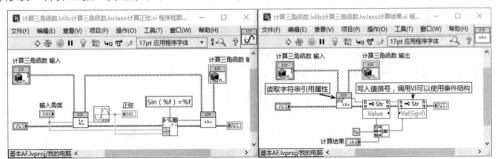

图 12-83　计算正弦方法与计算结果私有方法

操作者框架自动创建消息的功能极大地方便了我们的编程工作。从以上操作可以看出，我们只要创建了操作者的公共方法，框架就可以自动创建对应的消息。而且可以一次选择多个公共方法，自动创建一组消息。

### 12.15.3　启动、停止操作者，发送消息至操作者

在上一节中，我们创建了"计算三角函数"操作者，虽然该操作者的功能比较简单，但是从创建公共方法，到创建对应的消息，整个流程已经比较完整了。依照类似的流程，我们完全可以顺利地构造其他的方法与消息。

操作者本身是一个独立运行的任务，独立运行的任务必须具有启动、停止机制。启动操作者任务有两种方式。一种是通过外部 VI，启动一个操作者，这样的操作者称为"根操作者"。另外一种方式是通过一个操作者，启动另外一个或者多个操作者，被启动的操作者称为嵌套操作者。

假设 A 作为根操作者，它启动 B、C 嵌套操作者，B 又启动嵌套的 B1、B2 操作者，C 又启

动嵌套的 C1、C2、C3 等操作者，依此类推，就构成了一个树状的层次结构。这种嵌套的层次结构非常有利于构建大中型的应用程序。

目前"计算三角函数"操作者是唯一的操作者，所以需要采用外部 VI 来启动。下面创建一个 Stub VI，它负责启动并发送消息给"计算三角函数"操作者，如图 12-84 所示。

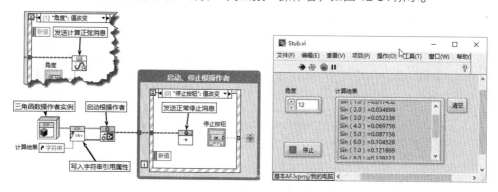

图 12-84　Stub VI 程序框图与前面板

在操作者函数选板中，提供了"启动根操作者"函数。给定一个操作者实例，为其配置相应的属性，即可通过该函数启动操作者。启动操作者后，返回该操作者的待入队列。通过函数选板中的"发送标准停止"函数，即可停止操作者。

### 12.15.4　创建操作者界面

大多数的操作者都属于后台工作任务，是不需要界面的。但在某些情况下，可能需要为操作者创建界面，比如根操作者通常作为整个应用的主界面。这种情况下，启动根操作者的引导 VI，它一般不需要创建界面，启动操作者后，立即退出。

创建操作者的界面需要重写操作者核心 VI，该 VI 的前面板就是操作者的用户界面。注意，重写操作者核心 VI 不仅仅是为操作者创建用户界面，更多的是为操作者添加新的功能。

下面我们开始为"计算三角函数"操作者添加用户界面。把上一节中的引导 VI 的用户界面移植到操作者核心 VI 中。右击"计算三角函数"类，在快捷菜单中，选择"新建"→"用于重写的 VI"项。在弹出的"新建重写"对话框中，列出了操作者所有可重写的 VI。选择 Actor Core，自动创建可重写 VI。修改该 VI，创建界面与用户界面事件处理器，如图 12-85 所示。

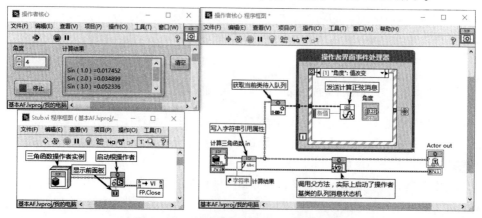

图 12-85　创建操作者界面及启动操作者

仔细观察图 12-85 所示的程序框图，可以看到重写的"操作者核心"方法调用了父类的"操作者核心"方法，可以将该方法理解为队列消息状态机。用户界面事件处理器＋并行的队列消息状态机就是我们前面讨论过的队列消息处理器。

操作者核心 VI 中的用户界面事件处理器可以通过发送消息，直接与队列消息状态机通信。同时用户界面事件处理器也需要接收队列消息状态机的相关信息，比如更新界面信息等。

由队列消息状态机向用户界面事件处理器发送信息有多种方法，比如传递控件引用，利用用户事件、队列、通知器等。一般来说界面更新的速度会比较慢，因此传递控件引用是一种非常简洁的方法，利用控件的值属性更新控件，不需要考虑效率较低的问题。当然传递控件引用也存在一定缺陷，那就是用户界面控件与队列消息状态机耦合度比较高。如果界面设计无法确定或者变化较多，可以采用用户事件的方法。采用用户事件时，不需要直接和用户界面控件交互，因此比较灵活。

### 12.15.5　操作者的定时功能

通过前面几节的讨论，我们基本熟悉了如何创建操作者、消息，以及操作者的用户界面。在这个过程中，可以看到操作者框架充分利用了类的封装、继承特性。类的最为强大之处在于其多态性。

本节我们重点讨论两个问题：一是如何拓展操作者的功能；二是如何针对接口编程，而不是针对具体实现，从而充分利用类的多态性。

定时循环是最为常见的简单设计模式，但是操作者并没有提供定时循环功能。下面我们为操作者添加定时循环功能，通过类似的方法，我们可以为操作者添加更多的功能。实际上为操作者创建界面也是为操作者添加功能。

通过重写"操作者核心"方法，可以很容易地添加一个定时循环，问题在于定时循环中，我们要实现何种功能。如果把要实现的功能代码直接添加到定时循环中，那么包含定时功能的操作者直接和功能代码耦合在一起，这种代码是不能重用的。

利用类的多态性，我们可以把定时循环与定时循环要实现的功能代码分离。在如下的示例中，我们将创建一个定时循环（Time Loop）操作者，在该类中创建一个 Timer 可重写方法，并创建一个私有数据及一个读写属性，用来读写定时循环的周期。在 Timer 可重写方法中，不需要编写任何代码，其只作为一个接口。重写"操作者核心"方法，在其中实现定时循环，如图 12-86 所示。在定时循环中，不断发送定时消息，自动调用 Timer 可重写方法。

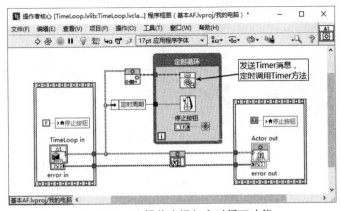

图 12-86　为操作者添加定时循环功能

只要新创建的操作者继承于定时循环操作者，其就自动具有定时循环功能。重写操作者中的 Timer 方法，执行需要的操作，就可以按照指定周期，自动重复执行 Timer 中的代码。

在操作者框架函数选板中，提供了"时间延迟发送消息 VI"。通过该 VI 可以按照指定时间，延迟发送某一消息；也可以指定发送次数，周期性地自动发送指定次数的消息；不指定发送次数，默认为无限次发送，也就是定时循环。

### 12.15.6　嵌套操作者

某个操作者，可以启动一个或者多个操作者。被启动的操作者称作嵌套操作者，负责启动的操作者称作调用方操作者。操作者可以与其嵌套操作者之间通过发送消息相互通信。

每个操作者本身都具有一个消息队列，称作当前类待入队列。调用方的操作者，当然也有当前类待入队列，但是从嵌套操作者的角度看，称为调用方待入队列。

在操作者框架函数选板中，提供了"读取当前类待入队列"与"读取调用方待入队列"函数，通过这两个函数，就可以实现操作者与其嵌套操作者之间互发消息。

一个根操作者可以嵌套多个操作者。而每个嵌套操作者，又可以再次嵌套多个操作者。通过这样的层层调用，就可以构成一个树状层次结构。同一层次的嵌套操作者之间，无法直接互相通信。一个操作者除了与其调用方操作者及其嵌套操作者通信，无法越级通信。这样就避免了全局通信，因而不会产生竞争与混乱。

下面我们通过一个简单的例程，说明如何启动与停止嵌套操作者，以及调用方操作者与嵌套操作者之间如何相互发送消息。

首先我们创建一个随机数发生器操作者，用来模拟外部数据采集工作站。然后创建一个控制中心操作者，负责启动、停止多个工作站。

使随机数发生器操作者继承于定时循环操作者，这样它就自动拥有一个定时循环。创建一个 U8 类型的私有数据，并创建其读写属性，用来设置工作站站号。重写它的 Timer 方法，定时向控制中心发送站号和随机数据，如图 12-87 所示。

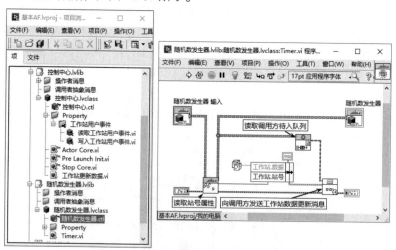

图 12-87　重写随机数发生器 Timer 方法

为控制中心操作者创建一个简单的界面。界面与队列消息状态机之间采用用户事件通信方式。创建私有数据，用来保存用户事件引用，并创建其读写属性。重写其"操作者核心"方法，如图 12-88 所示。

通过 for 循环，调用三次嵌套操作者函数，从而启动三个随机数发生器操作者，并设置其站号。在用户界面事件处理器的前面板关闭过滤事件分支中，发送停止消息。注意，停止一个调用方操作者会自动停止其所有嵌套操作者。

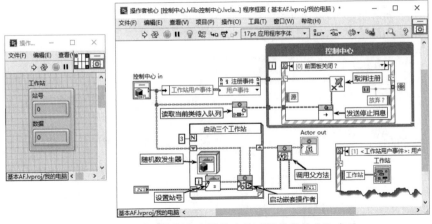

图 12-88 重写控制中心操作者的"操作者核心"方法

在"操作者核心"方法中，看不到用户事件的创建与销毁过程。这是因为我们重写了控制中心操作者的"Pre Launch Init"（启动前初始化方法）与"Stop Core"（停止核心方法）。重写"启动前初始化"方法，以在操作者启动之前，做一些必要的初始化工作。重写"停止核心"方法，以在操作者停止时，做一些必要的清理工作，比如释放引用、关闭文件等。

如图 12-89 所示，在"启动前初始化"方法中，我们创建了用户事件，并将其写入到了控制中心操作者的私有数据中。在"停止核心"方法中，我们销毁了用户事件引用。

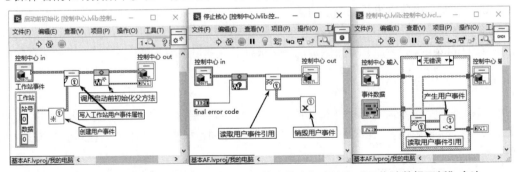

图 12-89 重写"启动前初始化"方法、"停止核心"方法和"工作站数据更新"方法

在控制中心类中，创建了"工作站数据更新"方法，并建立了对应的消息。该消息用于随机数发生器操作者向控制中心发送消息。参见图 12-87 所示的 Timer 方法，其中使用了"工作站数据更新"消息。

### 12.15.7 嵌套操作者的动态启动与停止

在图 12-88 中，我们通过 for 循环启动多个操作者，从中可以看出操作者是可以重入的。在调用方操作者的核心方法中，启动了其嵌套操作者。调用方操作者与嵌套操作者是同时启动的，也是同时停止的，具有相同的生存周期，这称作嵌套操作者的静态启动。一旦启动了调用方的核心操作者，就无法使用"启用嵌套操作者"函数，启动新的嵌套操作者。

操作者框架支持动态启动嵌套操作者，而且动态启动的嵌套操作者可以随时启动与停止。对于不需要经常运行的嵌套操作者，使用动态启动方式更为合适。动态启动嵌套操作者需要使用发送启动嵌套操作者消息 VI，向调用方操作者发送消息，如图 12-90 所示。

以上我们讨论了操作者框架的基本用法，当然操作者框架函数选板也提供了其他一些高级函数，但是一般使用得不多，这里就不详细讨论了。操作者框架比较复杂，对于初学者来说，理解难度很大。不但需要有 LabVIEW 的基础知识，更需要了解面向对象的思维方式。适当地借鉴 23 种经典面向对象的设计模式，有助于理解操作者框架。

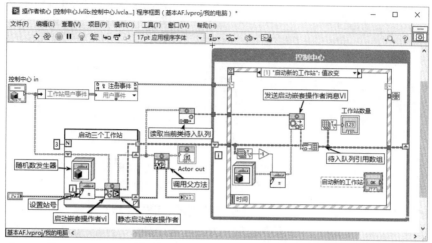

图 12-90　动态启动嵌套操作者

## 12.16　操作者框架项目模板

LabVIEW 针对操作者框架提供了项目模板。如果你已经熟悉了上一节的内容，那么理解操作者项目模板就很容易了。项目模板创建了一个根操作者与两个嵌套操作者，分别为操作者框架类、Alpha 类和 Beta 类，并分别和各自的消息一起被封装在项目库中。

### 12.16.1　闪屏引导 VI

我们知道根操作者需要通过外部 VI 引导启动。项目模板创建了启动操作者库，该库中的 Splash VI 用于实现闪屏，并启动根操作者。操作者框架项目模板与闪屏 VI 的程序框图如图 12-91 所示。

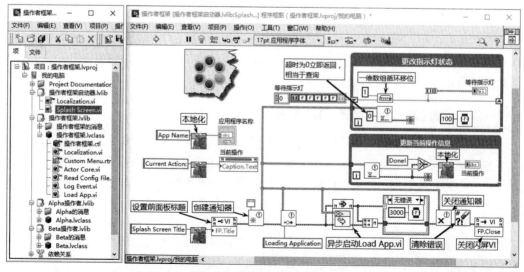

图 12-91　操作者框架项目模板与闪屏 VI 程序框图

在项目模板中，为闪屏与每个操作者均提供了 Localization（本地化）VI，该 VI 包含两个字符串数组，两个数组的元素具有一一对应关系。对于需要多语种界面或者显示信息的场合，可以使用本地化 VI。即便是同一语种，如果显示信息经常发生变化，或者编程时不能确定，此时使用本地化 VI 也非常合适。

在闪屏 VI 前面板中，包含 6 个布尔控件，且布局成圆形。更改指示灯状态循环，设置循环时间间隔为 100 ms。通过一维数组循环移位函数，每次点亮一个指示灯，点亮的指示灯沿着圆形构成流水灯。

更新当前操作循环，显示通知器发送的当前操作信息。更改指示灯状态循环与更新当前操作循环，实现在关闭通知器时，通过错误端子自动结束循环。

Load App.vi 为启动根操作者的引导 VI，其在闪屏 VI 中被异步调用。当 Load App VI 被全部加载至内存时，异步调用函数返回，关闭通知器。Load App 引导 VI 与闪屏的本地化 VI 程序框图如图 12-92 所示。

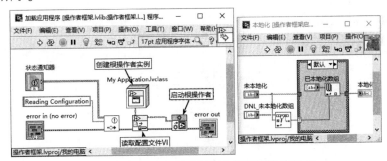

图 12-92　Load App 引导 VI 与闪屏本地化 VI

针对每个操作者，模板自动建立了对应的读取配置文件 VI。在该 VI 中，用户可以读取外部设置信息。没有为通过快捷菜单建立的操作者创建读取配置文件 VI，建议增加该 VI，即使暂时不需要配置，也应该留有相应的接口。

## 12.16.2　操作者框架根操作者

操作者框架类用作根操作者，模板除了创建了本地化方法、读取配置文件方法、加载应用（Load App）方法，还创建了 Log Event 公有方法，并创建了对应的 Log Event msg 消息，用来记录嵌套操作者 Alpha、Beta 发送的消息。

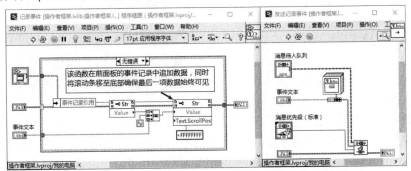

图 12-93　Log Event 公有方法与 Send Log Event 消息方法

在操作者框架私有数据中，存储了界面上字符串控件的引用。通过字符串的值属性，把事件文本字符串作为新的行添加到字符串最后。并利用字符串控件滚动条位置属性，把滚动条移动至末尾，保证最后一行新的数据可见。在 Alpha、Beta 嵌套操作者中，使用 Send Log Event 方法，向其调用方操作者发送消息。

在操作者框架类中，重写了"操作者核心"方法，并创建了应用界面与用户界面事件处理，如图 12-94 所示。在重写的"操作者核心"方法中，有如下几个重要知识点，需要特别注意。

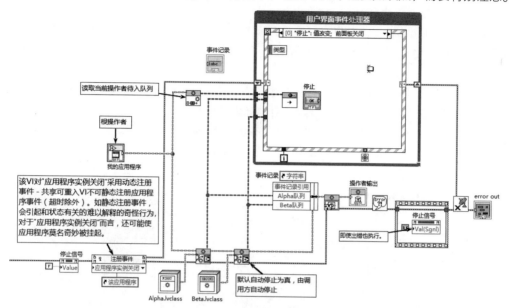

图 12-94　重写根操作者的"操作者核心"方法

首先是"操作者核心"VI 的执行属性为"共享副本重入执行"，这种情况下，不能使用静态注册的"应用程序关闭事件"。如果使用了"静态注册的应用程序关闭事件"，则可能引发一些莫名其妙的、无法解释的问题，甚至使得应用程序挂起。如果需要使用"静态注册的应用程序关闭事件"，则应该采用动态注册的方法。

当项目关闭时，或者执行"退出 LabVIEW"函数时，项目中的所有 VI 将终止运行，且所有 VI 将退出内存并释放该内存。只有等待"应用程序关闭"事件的 VI 例外，该 VI 中等待"应用程序关闭"事件的代码最终都会执行。

通常情况下，在结束用户界面事件处理器循环之外，要执行一些重要的清理工作，比如释放引用、关闭硬件设备等。由于可能发生错误等原因，可能不会执行外部清理工作。必须要做的清理工作，比如硬件设备的关闭等，应该将其置于"应用程序关闭"事件中，这样保证它最后一定能够执行。

其次是用户界面事件处理器的关闭问题。对于主界面而言，使用布尔控件的"值改变事件"或者布尔控件的局部变量是最简单的方法。如图 12-94 所示，使用了布尔显示控件，该布尔显示控件被隐藏了。当用户单击界面关闭按钮时，发送停止操作者消息。当操作者停止后，利用布尔控件的值改变事件，退出用户界面事件处理器。

对于嵌套的操作者，一般不会显示界面，这种情况下，最好采用用户事件停止事件处理器循环。如果使用布尔控件的值改变事件，会导致加载嵌套操作者的前面板至内存。

最后要注意的是，启动嵌套操作者时，如果其自动停止输入端子为真（不连接时默认为真），则停止调用方操作者时，会自动停止其启动的嵌套操作者。如果自动停止端子为假，则必须注意结束时，应该通过编程发送停止消息给嵌套操作者。

### 12.16.3　Alpha 嵌套操作者

Alpha 操作者重写了"操作者核心"方法与"停止核心"方法，如图 12-95 所示。

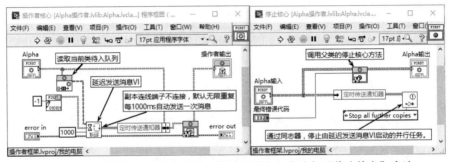

图 12-95  重写 Alpha 操作者的"操作者核心"方法与"停止核心"方法

在重写的"操作者核心"方法中，利用延迟发送消息 VI，创建了一个并行的定时循环。延迟发送消息 VI 又根据指定的发送消息的次数不同，有三种不同的用法。一是按照指定的时间，延迟发送一次消息。二是将指定的时间作为循环时间，按照指定的发送次数发送固定数量的消息。三是当指定次数为 0，或者不连接时，这种情况相当于定时循环，每次循环自动发送一次消息。

延迟发送消息 VI 内部使用了通知器功能，在运行该 VI 时，内部自动创建一个通知器，在操作者类的私有数据中，应该保存通知器的引用，供停止定时循环使用。

在重写的"停止核心"方法中，发送"Stop All Further copies"通知，该通知会停止定时循环。在重写"停止核心"方法时，一般会添加清理代码，比如释放引用、关闭文件等。

在 Alpha 操作者中，还创建了一个 Task 公有方法，并创建了相应的消息，参见图 12-95。

### 12.16.4  Beta 嵌套操作者

如图 12-96 所示，Beta 操作者重写了"操作者核心"方法与"停止核心"方法。在"停止核心"方法中，利用时间结构的超时分支，每 1s 向调用方发送一次消息。这是一个后台任务，没有显示界面。事件处理器定时循环的停止方式与根操作者不同，其不是通过布尔控件的值信号属性节点实现的，而是通过自定义用户事件实现的。

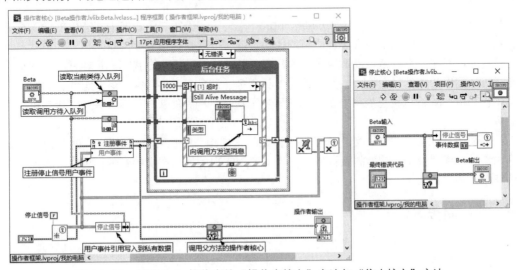

图 12-96  重写 Beta 操作者的"操作者核心"方法与"停止核心"方法

在重写的"停止核心"方法中，发送停止信号，以停止事件处理循环。

在 Beta 操作者中，同样定义了 Task 方法，并创建了对应的消息，用来向根操作者发送消息，如图 12-97 所示。

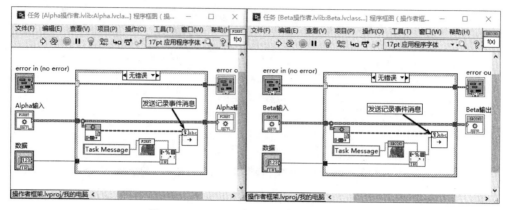

图 12-97　Alpha 与 Beta 类的 Task 方法

　　由根操作者发送 Alpha 任务消息，运行 Task 方法。Task 方法返回运行结果，向根操作者发送消息。这样就构成了一个往返消息。

　　LabVIEW 同时提供了更为复杂实用的"反馈式蒸发冷却器"范例项目，该范例项目是建立在操作者项目模板基础之上的，同时结合了多种面向对象的编程技术，是学习操作者框架的极好范例。限于篇幅，这里就不进行讨论了。

## 12.17　状态图工具包（Statechart）

　　在前面的多个章节中，都讨论了状态机在 LabVIEW 中的应用。从中我们应该体会到，状态机首先是一种设计思想，虽然这种思想非常容易理解，但是具体实现是非常困难的。大量的事件（触发）、转移条件和状态，以及彼此之间的复杂关系，使得状态机的创建与调试非常困难。NI 最新推出的状态图工具包使状态机的开发和调试变得轻而易举了。

### 12.17.1　状态图工具包简介

　　我们已经介绍过状态机工具包（State diagram），它局部解决了古典型状态机的程序框架问题。我们只需要在条件和状态中添加适当的代码，就可以轻松构造完整的状态机。但是状态机工具包功能非常简单，它只是自动实现了基本框架，并非独立的结构。我们更希望它能实现组件的功能，对外提供简单的命令接口，然后通过外部命令、消息、事件来操控这个组件，而组件内部实现了状态机。NI 近期推出的状态图工具包解决了状态机的具体实现问题，是实现状态机最有力的工具。

　　状态图工具包应用广泛，适用于桌面（计算机）应用、FPGA、嵌入式及实时应用等。如果说状态机设计模式解决了软件的设计方向，状态图则实现的是状态机的骨骼和框架，我们只需要在框架中添加代码即可。

### 12.17.2　同步与异步方式

　　状态图是用来解决状态机的具体实现问题的，所以它自然应该支持有限型状态机和队列消息状态机这两大状态机类型。

　　古典型状态机必须位于一个循环中，每次循环检查转移条件，执行状态中的代码，而循环结构的周期决定了有限状态机执行的周期。这类似于 PLC 的循环扫描方式。状态机按照固定的周期，扫描外部条件的变化（比如开关、按钮等）及内部条件的变化（比如计数器、定时器等），决定是否转移到另外的状态。状态图工具包把这种方式称为同步方式。

队列消息状态机与古典型状态机不同,它采用的是发送消息驱动事件的方式。当没有事件发生时,状态机处于等待状态。一旦有事件发生,立即唤醒状态机。而执行动作后,它会再次进入休眠状态。队列消息状态机是通过队列的方法实现的,状态图工具包把这种方式称为异步方式。

同步方式和异步方式的状态图具有明显区别,在设计状态图初期就应确定采用何种方式。

**学习笔记** 状态图分为同步方式和异步方式。

与状态机类似,状态图采用 4 个核心要素描述状态机,分别是触发、转移、状态和动作。一个状态图中的状态可能具有多个转移条件,一旦转移条件满足,则转入另外的状态。触发后首先响应转移条件的动作,然后响应上一个状态的退出状态动作,再响应新状态的进入状态动作。

### 12.17.3 创建状态图

状态图工具包非常小巧,安装后在函数选板中会自动添加状态图函数,如图 12-98 所示。

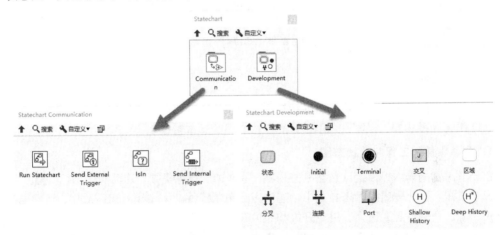

图 12-98 状态图函数选板

我们下面结合具体案例,讨论其中各个函数的具体用法。LabVIEW 采用库的方式管理状态图,这样有利于状态图的管理和重用,易于设置权限。通过菜单"文件"→"新建"→"其他文件"→"状态图"项,并设定状态图名称,即可新建一个状态图,如图 12-99 所示。

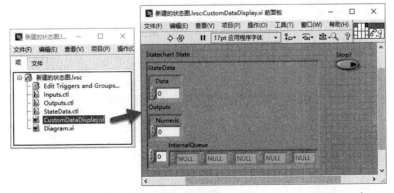

图 12-99 状态图库与定制数据显示 VI(CustomDataDisplay.vi)

LabVIEW 创建的状态图库中包括了 Input.ctl(输入控件)、Outputs.ctl(输出控件)和 StateData.ctl(状态数据控件)这三个自定义控件。Input.ctl 是状态图外部数据的输入点;Outputs.ctl 是状态图内部数据的输出点;StateData.ctl 是状态图的内部私有数据,在状态图外部无法访问。

状态图所有的数据都包含在这三个控件中，如果需要使用复杂数据类型，只能替换这三个控件。由此可见，无论在状态图内部还是外部，接口都是非常简单的，完全封装在三个控件中。

**学习笔记** 状态图输入控件接收外部数据，输出控件输出内部数据，状态数据控件为内部私有数据。

LabVIEW 自动创建了两个 VI，分别是"定制数据显示" VI 和"框图" VI（Diagram.vi）。"定制数据显示" VI 主要用于调试，不需要改动，它包含了输出数据、状态数据和内部队列。"框图" VI 是状态图的核心，我们大部分编程工作都是围绕这个 VI 进行的。

状态图是通过触发响应动作的，状态图库中的"Edit Triggers and Groups"用来定义触发源。LabVIEW 预定义了唯一的"NULL"触发源，不能修改或者删除该触发源。

在设计具体的状态图之前，首先要设置状态图的属性，比如确定同步或者异步方式，确定执行目标等。在项目浏览器状态图中，通过快捷菜单调出状态图属性配置窗口，然后选择"State chart Code Generation"页面，配置相应属性，比如同步或者异步等。

**学习笔记** 使用状态图首先要配置状态图属性，选择同步或者异步方式。

## 12.17.4 同步型状态图

同步型状态图，也就是常见的有限状态机，它特别适合于设计有固定流程的程序。下面我们通过状态图设计零件加工程序，演示设计同步状态图的基本过程。

### 1. 创建零件加工程序的状态图

首先考虑它的输入控件应该包含哪些内容，零件加工程序需要"启动"、"紧急停止"和"停止"三个按钮，因此需要在输入数据中创建对应的布尔控件。为了模拟运行动作，还需要添加快进开关、工进开关、延时时间、终点开关和原位开关。

为了显示当前的运行状态，在输出数据中增加字符串控件，用来输出当前状态。为了实现延时动作和错误处理，在状态控件中增加启动时间和错误簇。

如图 12-100 所示，使用通用编辑方法编辑状态图。可以用复制或者克隆的方法增加新的状态和转移。每个状态图都必须包括初始状态和结束状态，这两个状态不执行任何操作，称作伪状态，代表状态图的入口点和结束点。

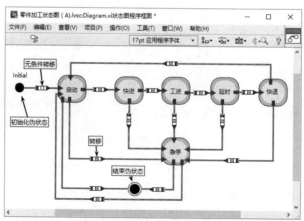

图 12-100　零件加工状态图

用箭头表示转移方向，在没有配置转移动作时，转移为白色框，配置后为蓝色框。

整个零件加工的流程为：启动状态→快进状态→工作进给状态→延时状态→快退状态→启动状态。其中从任何一个状态都可以转移到紧急停止状态，紧急停止状态可以转移到结束状态、启动状态。

### 2. 配置转移条件

创建状态图后，接下来需要配置转移条件和状态。一个状态与另一个状态的中间部分为转移条件，若需要使用转移条件，通过快捷菜单或者双击转移条件，启动转移条件配置对话框，并在对话框中添加相应代码。下面以启动状态为例，说明配置的具体过程。

从启动状态可以转移到快进状态，条件是"启动"按钮按下；转移到紧急停止状态，条件是"紧急停止"按钮按下；转移到结束状态，条件是"停止"按钮按下。

这三个按钮是通过输入控件传递数据的。每个转移都需要配置"触发"和"保护"两个条目。由于采用同步方式，因此触发源的值采用默认的 NULL。这样每次循环，都会自动触发一次。假如直接运行并触发了 NULL 转移条件，因为所有的转移都采用了 NULL 值，所以会自动从启动状态转向快进、紧急停止和停止状态。这是我们不希望的。我们希望在触发的情况下，检查转移条件，根据转移条件转向不同状态。要实现这个目的，可以通过"保护"（Guard）转移条件来决定触发后的动作，如图 12-101 所示，这里配置了"启动"按钮的转移条件。

图 12-101　设置转移保护与转移的动作响应

当图 12-101 中右侧的执行端子返回真时，表示转移条件成立，执行转移。如果返回假，则转移条件不成立，忽略此次触发。从图 12-101 可以看出，只有"启动"按钮的值为真时，才允许转移到快进状态。

转移条件的保护与触发是"与"的关系，只有触发存在，保护为真，这两个条件同时满足时，才执行转移，使用同样的方法可以设置紧急停止等其他转移保护条件。

### 3. 设置动作

转移条件满足后，如果设置了转移动作（Action），则首先执行动作中的代码，然后才能转入下一个状态。为了显示动作次序，可以在动作代码中调用对话框，指定动作次序，如图 12-102 所示。

### 4. 进入和离开状态动作

回过头来，看看如何响应状态。当状态图启动后，因为没有配置保护条件，所以立即从初始状态转移到启动状态。

对于每一个状态，LabVIEW 自动创建两个状态动作，分别是进入和离开状态动作。在进入状态之后，自动执行进入状态动作，然后处于等待状态。在其他转移条件成立后，执行离开状态动作。这两个动作只调用一次，分别在进入和离开时调用。

如图 12-102 所示，我们配置了进入状态动作，该动作中的代码在进入启动状态后执行一次。

配置转移和状态使用的是相同的对话框，不过在配置状态时，是不允许设置触发源和保护的。在"属性"（Properties）选项卡中，设置的是转移和状态的标签名称和说明信息。该信息显示在 LabVIEW 即时帮助窗口中，如图 12-102 所示。当然也可以直接修改转移和动作的标签，但由于默认是不显示的，所以一般通过对话框设置。

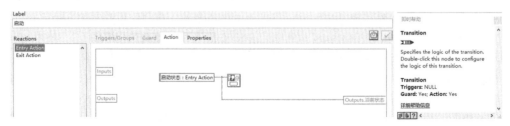

图 12-102　配置进入状态、离开状态和自定义响应动作

在设计状态图时，即时帮助窗口非常有用。当鼠标移动到相应部分后，窗口中会自动显示触发条件、是否保护及是否有动作等信息。添加了保护和动作的转移条件显示两个蓝色框，从状态图中就可以看出转移条件已经配置过了。

### 5. 配置静态响应

在启动状态中，除了默认的进入和离开动作，还创建了一个新的动作 Static Rxn()。Static Rxn() 动作不同于进入和离开动作，进入和离开动作仅运行一次，但是 Static Rxn() 在状态循环过程中是连续响应的，LabVIEW 称之为静态响应（Static Reaction）。可以为静态响应配置监护条件和触发源，只有监护条件和触发源同时满足时，静态响应才允许响应动作。配置静态响应的程序框图如图 12-103 所示。在静态响应中，对输出数据中保存的数值进行加 1 操作。

图 12-103　配置启动状态的静态响应

### 6. 使用状态数据处理延时

重复上述的配置步骤，依次配置各个状态和转移。需要注意的是延时的实现过程，它利用了状态控件中的数据。状态数据为私有数据，只能在状态图内部使用。当工进状态结束后，首先进入延时的"进入动作"（Entry Action）。在"进入动作"中，复位状态控件中的"延时到"标志，记录开始计时的时间。"Entry Action"的程序框图如图 12-104 所示。

图 12-104　延时状态的"Entry Action"程序框图

"进入动作"仅执行一次，因此，在"进入动作"中复位定时器最方便。新建"静态响应"

（Static Rxn0）动作，在"静态动作"中计时，与输入控件的延时时间相比较来判断是否定时到，如图 12-105 所示。

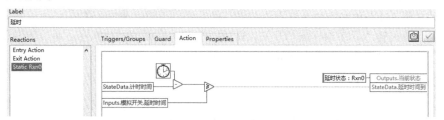

图 12-105　计算经过的时间，时间到则写入状态数据

在"延时"转移到"滑台后退"的转移条件中，增加转移保护，以"延时到"作为条件，如图 12-106 所示。

图 12-106　通过"延时到"条件转移到快退状态

通过上述编程过程，一个完整的同步状态图就构建完成了。单击工具栏中的"生成代码"按钮，LabVIEW 将自动创建代码。如果状态图存在错误，则该按钮显示错误状态。下一节继续讨论如何调用状态图和调试状态图。

### 12.17.5　状态图的调用和调试

状态图具有高度的数据封装能力。对于同步型状态机，通过"运行状态图"函数调用同步状态图。首先在程序框图中放置"运行状态图"函数。

**1. 调用状态图**

通过快捷菜单，配置"运行状态图"函数，在打开的对话框中，选择我们创建的状态图，如图 12-107 所示。"运行状态图"函数非常简单，输入端为在状态图中定义的输入数据，输出端为在状态图中定义的输出数据。

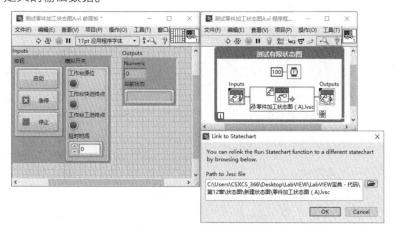

图 12-107　运行状态图

触发源（Trigger）为枚举数据类型，是我们在状态图中定义的触发源。零件加工状态图中使

用了 NULL 触发源。NULL 为默认状态，可以不连接。初始化输入端（Init）默认为 FALSE。如果为 TRUE，则状态图中断当前状态，回到初始化状态，即状态图的出发点。当状态图运行到结束状态后，结束端子（Terminated）返回真，我们用结束端子终止 While 循环。

运行后，通过输入簇中的按钮和开关，就可以控制状态图的运行次序。通过输出簇中的当前运行状态字符串，观察当前状态，模拟测试滑台的工作状态，效果如图 12-108 所示。

### 2. 调试状态图

状态图工具包提供了强大的调试功能。在运行状态中，可以监测输入数据、状态数据和输出数据。采用高亮、图形化的方式显示运行状态，运行结果正确与否一目了然。在"运行状态图"函数的快捷菜单上，选择"调试状态图"项，弹出调试窗口，如图 12-109 所示。

图 12-108　模拟测试滑台
的工作状态

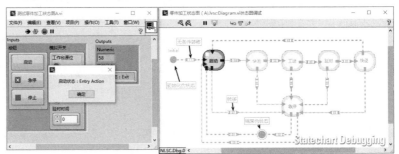

图 12-109　状态图调试窗口

通过调试，验证了我们设计的状态图符合最初设计要求。从以上过程可以看出，状态图工具的使用非常方便，非常易于组件编程，只需要编写少量的必要代码，即可构建整个状态机。并且易于调试，非常容易监控整个状态图的运行过程。

## 12.17.6　异步型状态图

异步型状态图类似于事件结构，当没有触发源的时候，状态图处于等待状态。当触发源触发、事件发生时状态图立即被唤醒，执行状态并判断转移条件。除了为每个状态配置不同的触发源，异步型状态图与同步型状态图的编辑方式完全相同。之所以称为异步，是因为状态图并非按照固定的循环周期运行。也可以把同步状态机理解成由固定循环触发的异步状态机，同步状态机只有一个内置的触发条件 NULL，每次循环 NULL 自动触发一次。

下面通过具体示例说明异步型状态图的具体用法，详细操作如下所示。

**step 1**　首先创建状态图，将其配置为异步方式，如图 12-110 所示。

**step 2**　在输入数据中定义了布尔数组和枚举类型用来选择模式。新定义两个

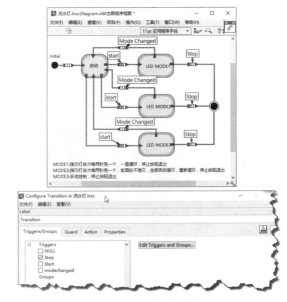

图 12-110　指示灯状态图

触发源 start 和 stop。start 用来触发启动状态到其他状态的转移。由于 start 可以向三个

状态转移，所以必须对转移加以保护，使之转移到正确的状态，如图 12-111 所示。

图 12-111　转移保护的设置

**step 3**　同样的触发源，通过转移保护就可以指向不同的状态。使用相同的方法设置模式 2 和模式 3 的转移条件。当输入模式发生变化时，自动返回到启动状态。因为转移仅指向启动状态，所以不需要保护转移条件，仅设定触发源即可。

**step 4**　在模式状态中，按照设计要求，通过定时器控制指示灯的变化。以模式 2 为例，配置静态响应函数，如图 12-112 所示。模式 1 和模式 3 的处理方法与模式 2 类似。

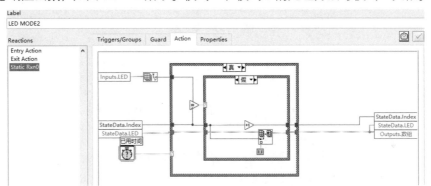

图 12-112　模式 2 的静态响应程序框图

**step 5**　创建状态图生成代码。异步状态图的调用方法与同步状态图具有明显区别。"运行状态图"函数为多态函数，它根据链接的状态图自动确定是异步还是同步方式，如图 12-113 所示。

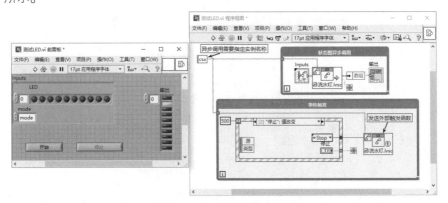

图 12-113　调用异步状态图

### 12.17.7　区域、超级状态和子状态

前面介绍了状态图的工作机理和创建方法。仔细分析零件加工状态图和指示灯状态图，可以发现，当状态比较多的时候，转移将非常复杂。在图 12-100 所示的零件加工状态图中，多个状态都需要转移到紧急停止状态。假如还需要错误处理状态，则可以想象转移的复杂程度。实际上，

无论是紧急停止还是错误处理，对于每一个状态而言，它们的转移条件都是公共转移条件，是完全相同的。

通过前面对状态机的介绍，我们知道这样的公共部分适于各个状态共享。使用状态图工具中的区域，就可以实现公共状态共享。

状态图中的状态不能嵌套使用，也就是说一个状态是不能包括另一个状态的，使用区域就可以解决这个问题。状态可以包含多个区域，而每个区域又可以包含多个状态。这样就充分体现了状态的模块化和公共转移条件的共享。包含区域的状态称作超级状态，区域内包含的状态称作子状态。超级状态和子状态存在明显的隶属关系。

下面就利用区域简化零件加工状态图，并增加公共错误处理状态。如图 12-114 所示，我们使用区域简化了零件加工状态图。"紧急停止"作为公共转移条件，相当于区域中的每个状态都连接到紧急停止状态。

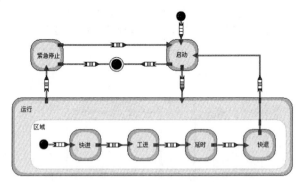

图 12-114　使用区域简化零件加工状态图

"紧急停止"和"启动"状态都可以转向"停止"状态，通过区域可以进一步简化状态图，如图 12-115 所示。

**学习笔记** 可以从一个区域的子状态任意跳转到另外的区域或者区域中的子状态。

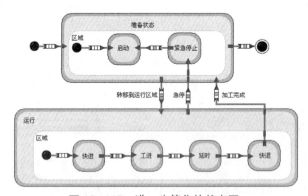

图 12-115　进一步简化的状态图

区域的使用不但极大地简化了编程，更为重要的是它实现了状态图的层次化，使得动作流程更为清晰。经过分层处理之后，更容易实现功能的扩展。例如，增加错误处理机制，使得运行中一旦发生错误就退出状态图。如果没有采用区域，则所有的状态都必须连接到错误状态，困难之大可想而知。采用区域后问题就变得简单了。增加错误处理后的状态图如图 12-116 所示。

在状态图的状态控件中，添加了 LabVIEW 的错误簇。在任何状态下如果需要触发错误，只要触发错误状态为真即可。简单设置错误处理转移条件和结束条件就完成了错误处理机制的添加，由此可见使用区域有多重要。

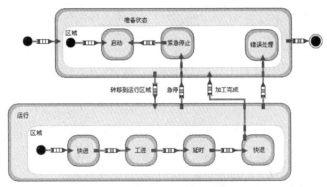

图 12-116　增加错误处理机制

### 12.17.8　多区域并发、连接、分叉与子图

通过区域操作，可以实现公共条件转移，以简化编程，但是区域的作用不仅限于此。还可以定义多个区域彼此之间的各种关系。这在 PLC 流程图编程中是很常见的。

前面讨论的例子是零件的单面加工，仅适合于简单的加工方式，而通常情况下是多面同时加工。下面以双面同时加工为例进行讨论。双面加工需要操作左右两个移动工作台（滑台）。两个滑台动作相同，共用"启动"按钮和"急停"按钮。两个滑台需要同时工作，而且只有它们全部快退返回原位时，才允许再次启动。

对于这种应用可以选择两种方案。第一种方案是从上面的状态图生成两个实例，每个实例控制一个移动工作台。第二种方案是两个工作台位于同一状态图中。下面我们采用第二种方案，说明并发、连接等函数的用法。

由于两个工作台各自有各自的开关和延时，所以需要修改输入控件、输出控件及状态控件，以增加右侧移动工作台的各种参数。

通过克隆操作可以复制整个区域。复制内容包括转移条件和状态代码，复制后稍加修改即可。

#### 1．多区域并发与同时结束

如图 12-117 所示，在状态图中创建了两个区域。进入运行状态后，两个区域同时开始运行。一个状态中的两个或者多个区域称作正交区域。设计要求是，必须两个移动工作台均返回原位后，才能再次启动零件加工过程。这就要求左右移动工作台共用一个转移条件，我们使用"连接"函数就可以实现转移条件共享。

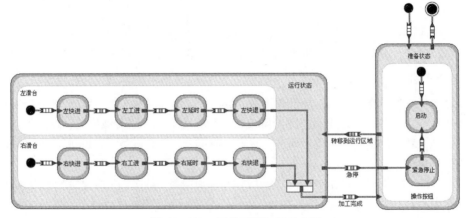

图 12-117　零件双面加工状态图

"连接"函数在流程图中一般称作汇合。当多个状态采用同样的转移条件时，可以使用"连接"函数。"连接"函数客观上要求它连接的状态全部执行完。为加工完成转移设置保护条件，当左、右滑台均返回原位，并按下原位开关时，表明加工已经完成，转入下个状态，如图 12-118所示。

图 12-118　配置加工完成转移的保护条件

左滑台区域和右滑台区域是同时开始运行的。通过"连接"函数，可以使两个区域同时结束。在中间运行过程中，两个区域是并发的，类似于多线程操作。

### 2. 同步启动多个指定状态

在图 12-117 所示的状态图中，当"紧急停止"按钮按下时，会转入急停状态。当"紧急停止"按钮释放后，则会自动转移到启动状态。从实用的角度看，这是非常不合理的。因为紧急停止时，滑台的位置是随机的。假如处于工进状态中，则按下"启动"按钮后，会在工进的位置执行快进动作，这样容易产生事故，比如刀具损毁等。正确的流程应该是"紧急停止"按钮释放后，自动转入快退状态。在快退动作完成后，再重新进入启动状态。

状态图工具包提供了"分叉"函数，通过这个函数即可同步启动两个区域中的指定状态。

如图 12-119 所示，这里未作任何代码修改，不过是通过"分叉"函数重新连接左、右快退状态，而不是从紧急停止状态转向启动状态。注意，状态图中的任何状态和转移都必须位于区域中。实际上整个框图就位于一个区域中，不过这个区域是顶层区域。

**学习笔记**　"分叉"函数使一个状态转入多个子状态。

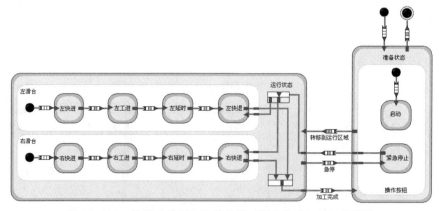

图 12-119　使用"分叉"函数处理"紧急停止"按钮的释放

### 3. 运用子图

对于比较简单的状态图，可以全部在顶层区域内设计。如果状态图非常复杂，这种方式就很难满足要求了。合理的方法是把状态图分解成各个功能模块。顶层区域内的状态图为功能总图，由各个具有独立功能的子图相互连接而成。这与电路制版软件非常类似，机械制图中的装配图和零件图也是采用这种方法。

这样可以采用自顶向下或者自下向上的设计方法，使得整个状态图的程序结构更为清晰。例如，上面的双面零件加工状态图，从总的方面看，就可以分成准备状态和运行状态。每个状态通过区域又细分成多个子状态。通过快捷菜单，可以把上面的状态图分成两个子图，如图 12-120 所示。

程序框图与子程序框图是通过端口（Port）相互连接的，使用函数选板中的"端口"函数可以增加新的端口。程序框图中的端口与子框图中的端口是一一对应关系。子框图的使用改善了状态图的显示效果，但是对状态图的功能没有任何影响。

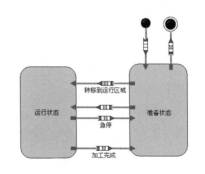

图 12-120　分为两个子图

### 12.17.9　高级应用函数

初始化状态和结束状态称作伪状态。伪状态是状态图预定义的状态，状态图不允许用户添加伪状态的动作。状态图包括四个伪状态。

◆ **初始化状态（Initial）**：表示进入区域的第一个状态。

◆ **结束状态（Terminal）**：表示结束区域的状态。

◆ **浅度历史状态（Shallow history）**：表示上次进入的区域中最高级别的子状态。

◆ **深度历史状态（Deep history）**：表示上次进入的区域中最低级别的子状态。

状态还定义了连接器的概念，连接器用于将多个转移结合起来。状态图模块包括三个连接器。

◆ **分叉（Fork）**：用于把一个转移条件分成多个，相同转移条件指向多个状态或者区域。

◆ **连接（Join）**：用于把多个相同转移条件汇合成一个转移条件，并指向同一个状态。

◆ **交叉（Junction）**：用于把多个转移条件汇合成一个或者多个转移条件，以共享转移动作。

#### 1. 浅度历史和深度历史状态

当我们跳转出区域再返回的时候，有两种选择：一种是让区域重新从初始状态开始运行，如零件加工程序中"启动"按钮按下；另外一种是直接跳转到区域中的子状态，如释放"紧急停止"按钮，直接跳转到快退子状态。在实际应用中，经常会遇到返回前一个状态的要求。这类似于中断，即当某种特殊情况发生时，转入中断程序，中断处理完毕后，返回调用点。在状态机中通过"深度历史"函数可以实现类似的中断功能。

"深度历史"函数特别适用于写入日志、报警信息，以及状态机暂停等情形。由于报警等信息是随机的，可能出现在区域的任何状态中，所以无法事先预知。"深度历史"函数会自动返回到转移前的状态，同时保持状态数据不变，因此可以从原状态继续执行。

下面为双面零件加工状态图增加报警功能。为了验证报警功能，在输入数据中增加了"报警"按钮，以便随时触发报警。如图 12-121 所示，运行状态子图中的任意状态都可以直接转入报警状态。

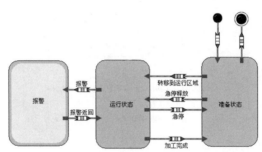

图 12-121　双面零件加工报警程序框图

如图 12-122 所示，这是运行状态的子图。假如左滑台处于工进状态，右滑台处于快进状态，则报警返回后，由于"深度历史"函数中记录了离开时的状态，所以会继续进入左滑台的工进状态和右滑台的快进状态。

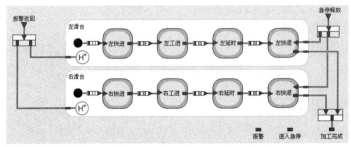

图 12-122　利用"深度历史"函数返回调用点

只能在状态中创建区域，在区域中创建状态。在复杂应用中往往区域和状态是多重嵌套的。由于上面应用的区域中的子状态中不存在区域，因此使用"深度历史"和"浅度历史"函数的效果是相同的。假如区域中的子状态包含内部区域，则效果是不同的。"深度历史"函数会进入区域中底层的子状态，而"浅度历史"函数会进入区域中最高级别的子状态。

### 2. 空状态

状态图中状态与状态之间不允许直接连接，必须通过转移条件相互连接。同样，转移条件之间也不允许直接连接，必须通过状态作为中介而连接。多个转移条件可以通过状态汇合在一起，而这个状态不执行任何操作，这样的状态称为空状态。

### 3. 连接器

使用连接器，转移与转移可以直接连接。这样做的优点是不需要触发源。我们知道状态必须通过触发才能转移到另外的状态。如果使用空状态，则必须提供触发源。

在连接器中，我们已经使用过多次"分叉"和"连接"函数了，它们的功能是比较单一的。相对而言，"交叉"函数的功能更为强大。它可以汇合不同的转移条件，输出不同的转移条件，共享转移的动作。"交叉"函数最常在多选一操作中使用，该多选一操作类似于 LabVIEW 的多分支结构，每次只能运行一个分支。

假如零件加工程序要求左、右滑台顺序动作，即左滑台工作完毕后右滑台工作，这种情况下就可以采用分支结构。当然我们可以直接在左滑台动作后连接右滑台动作，但是这样就直接规定了左、右滑台动作的先后次序。如果需要右滑台先动作，则必须更改状态图。比较好的方法是左、右滑台完全独立动作，仅仅通过"交叉"函数执行不同的分支。

下面通过"交叉"函数实现一个简单的计算器操作，如图 12-123 所示。

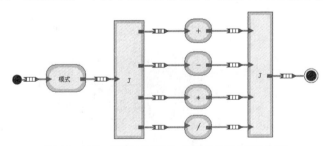

图 12-123　利用"交叉"函数执行不同的分支

### 4. 使用内部队列

除了状态图工具包中的基本函数，状态图的内部队列也是非常重要的，尤其是在异步状态图的设计中。异步状态图是触发式的，每次触发都会导致状态图被唤醒。状态图存在内外两个触发队列，外部触发队列用于交互式操作。零件加工图中的报警多发生在内部，这就要求状态图必须具备内部触发的能力。借助于内部触发队列，可以自动触发从而改变运行状态。

下面利用区域对图 12-110 所示指示灯状态图进一步简化，并利用空状态的自动触发机制转移到另外的状态。如图 12-124 所示，这里状态图中的状态是空状态。它们不执行任何操作，作用是输出多个转移条件。因此，执行到空状态时，需要自动触发，从而转移到相应的状态中。这里定义了一个新的触发源 Auto，当进入空状态后，可以通过内部触发队列，自动转移到下一个状态，如图 12-125 所示。

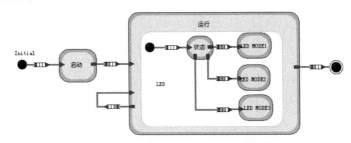

图 12-124　利用区域简化指示灯状态图

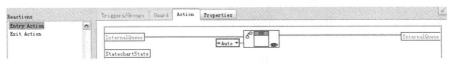

图 12-125　内部触发

通过上面几节的讨论，可以看出状态图的功能非常强大，使用状态图可以极大地简化 LabVIEW 编程。通过 LabVIEW 创建的 DLL，也可以在其他高级语言中调用 LabVIEW 的状态图。状态图是 LabVIEW 新增的强大编程工具，特别适用于控制领域，比如 FPGA、PAC 及实时系统。

## 12.18　小结

本章的内容非常重要，特别是各种常用编程模式。编程模式从本质上说，是 LabVIEW 基础知识的综合运用，其中的关键是事件结构和队列的使用。因此，本章通过对简单的编程模式的比较和复杂的状态机的介绍，使我们认识了各种常见的状态机结构。我们在构建 LabVIEW 程序时，选择合适的编程模式是非常关键的，它直接决定了程序的总体结构和编程风格。

本章后半部分详细介绍了状态图的使用方法。状态图是 LabVIEW 的新增工具包，其极大地降低了状态机的编程难度。文中通过一个具体的示例，由浅入深地介绍了状态图的使用方法和特点。相信状态图工具包将得到广泛的应用。

# 第 13 章　LabVIEW 通信与 DSC

LabVIEW 是工程师的语言，自然与工程应用密切相关。本章主要讨论 LabVIEW 在工程中的应用，包括串口通信、并口通信、网络通信和 NI 公司的数据记录与监控工具包（DSC）的应用。

## 13.1　串口通信

LabVIEW 把串口通信列入仪器通信类中。鉴于串口通信应用广泛，同时串口、并口是计算机的基本接口，而串口通信也是常规语言中不可或缺的部分，所以本章将串口、并口单独列出来专门讨论。

本节我们重点介绍串口通信的基本概念，如进行串口通信应做的准备工作，LabVIEW 串口通信函数的用法，以及如何通过 LabVIEW 实现串口通信。

### 13.1.1　串口通信的基本概念

串口是计算机使用得最为广泛的接口，也是历史最为悠久的通信接口。串口通常称为 COM 口或 RS232 口。COM 口是从硬件的角度描述的，从计算机的 BIOS 中和 Windows 的设备管理器中，都可以看到串口的配置。

#### 1. RS232、RS422 与 RS485

RS232( ANSI/EIA-232 标准 )是 IBM-PC 及其兼容机上的串行连接标准。在 RS232 的基础上，串口通信标准经历了很多变化，逐步发展成 RS422 和 RS485 两种新标准。

RS422（EIA RS-422-A 标准）是 Apple 公司的 Macintosh 计算机的串口连接标准。RS422 使用差分信号，RS232 使用非平衡参考地信号。由于差分传输使用两根线发送和接收信号，因此和 RS232 相比，RS422 能更好地抗噪声，传输距离更远。RS485（EIA-485 标准）是 RS422 的改进版。它增加了可以相互通信设备的数量，同时增加了传输距离。RS232 的通信距离在 15 m 以内，而 RS485 可以远达 1200 m。

早期的计算机串口采用 25 针 D 型连接方式，目前基本采用 9 针连接方式。DB9 串口连接器如图 13-1 所示。由于 RS232 早期使用调制解调器进行远距离通信，所以串口的许多管脚都是针对 Modem 通信而设计的。

#### 2. 串口的连接方式

最简单的 RS232 通信只需要三根线，分别是接地、发送和接收。串口的 PIN2 为 RXD，即串口数据输入端；PIN3 为 TXD，即串口数据的输出端；PIN5 为接地。对于单一串口，PIN2 与 PIN3 互连即可以进行自发送和自接收。

#### 3. 串口的参数配置

在进行串口通信前，需要配置 5 个参数。而且通信双方的设置必须相同，否则无法通信。这 5 个参数分别是：

◆ **每秒位数**，即波特率。它表示每秒钟传送的位数，比如比较常用的 4800 表示每秒传送 4800 位。

◆ **数据位**。数据位是我们真正要传送的内容，它的大小取决于我们要传递的信息。在 Windows 操作系统下可以设置为 4、5、6、7、8 位，比如标准的 ASCII 是 7 位（0～127），扩展的 ASCII 是 8 位（0～255）。

◆ **停止位**。串口通信通过帧的方式传递数据，在每个帧的最后自动附加上停止位，可以选择 1、1.5 或者 2。数据是在传输线上定时传输的，并且每一个设备有其自己的时钟。在通信中两台设备间很可能出现小小的不同步，因此，停止位不仅仅表示传输的结束，并且提供计算机校正时钟同步的机会。用于停止位的位数越多，不同时钟同步的容忍程度就越大，但是数据传输率同时也越慢。

◆ **奇偶校验位**，用于检查接收的数据是否正确。奇偶校验共有 5 种方式，分别为偶校验（even）、奇校验（odd）、无校验（none）、标志（mark）与空格（space）。其中最常用的是奇校验和偶校验，它们根据数据位的内容中 1、0 的个数决定校验位补 0 或者补 1。

- **奇校验**：要求所有数据位和校验位中，1 的总数为奇数。如传送 0011，则校验位为 1。
- **偶校验**：要求所有数据位和校验位中，1 的总数为偶数。如传送 0001，则校验位为 0。
- **无校验**：传送内容中不包括校验位。
- **标志**：校验位置逻辑 1，与数据位无关，对应 RS232 电平为低，负电压表示逻辑 1。
- **空格**：校验位置逻辑 0，与数据位无关，对应 RS232 电平为高，正电压表示逻辑 0。

◆ **流控制**。指的是串口通信中数据流的控制方式，也就是我们常说的"握手"，实际上就是发送和接收数据两个方面协调的问题。

相同的波特率是串口通信的必要条件，但是发送方连续发送帧的速度取决于发送方，而接收方接受帧的速度取决于接收方。如果发送数据的速度快于接收的速度，则会导致发送缓冲区溢出。因此，发送方和接收方应该相互协调。发送方与接收方约定，通过接收方的指令启动发送或者暂停发送，这就是所谓的流控制。由于串口通信一般是双向通信，通信双方都会发送和接收，所以流控制是必须考虑的问题。流控制有三种方式，分别是 XON/XOFF 流控制、硬件流控制和无流控制。

◆ XON/XOFF 是一种软件握手方式。XON 和 XOFF 代表实现约定的特殊字符，由接收方负责发送给发送方。当发送方接收到 XON 字符时，发送开始发送数据。当发送方接收到 XOFF 字符时，发送方停止发送。因此，是否发送数据完全由接收方控制，这样就不会导致发送方缓冲区溢出的情形。默认的 XON 字符为 0x11，XOFF 字符为 0x13。在 LabVIEW 中通过属性节点可以自己规定 XON 和 XOFF 所代表的字符。

◆ 最常见的硬件流控制是通过 CTS 和 RTS 两个管脚来实现。当接收方准备接收数据时，它自动将请求发送管脚 RTS（Request to Send）置为高电平，要求发送方发送数据。当发送方也准备好时，它通过 RTS 管脚将接收方的管脚 CTS（Clear to Send）置为高电平并发送数据。

◆ 早期是通过调制解调器来实现串口通信的，现在在远距离通信时仍然使用调制解调器。串口和调制解调器之间的硬件应答通过 DTR（Data Terminal Ready）和 DSR（Data Set Ready）实现。从计算机的角度看，DTR 是输出信号，DSR 为输入信号。通过这两个管脚也可以实现硬件流控制，不过通常 DTR/DSR 用于表示通信双方已建立连接，通信就绪。

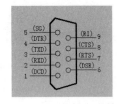

图 13-1  DB9 串口连接器

## 13.1.2  串口通信的准备工作

串口通信的硬件连接非常简单，所以串口通信的难点并不在于硬件连接，而在于如何编程。学习串口通信首先需要解决的问题是找到实际的可用硬件。如今，一般的笔记本电脑中已经取消了串口，一般的台式机中也只有一个串口。

### 1. 使用虚拟串口

现在最常见的是使用软件虚拟串口，目前虚拟串口软件很多，基本都能满足要求。如图 13-2 所示，这就是 VSPD 虚拟串口软件。从图中可以看到，虚拟的串口 COM3 和 COM4 已经处于连接状态。

虚拟串口软件通过虚拟的方式构建多个串口，虚拟串口的功能同真实的串口基本相同，这样我们就可以在不具备硬件的情况下，初步调试串口通信程序。

### 2. 串口调试软件与 Max 配置

学习串口通信还需要准备一个串口调试软件，比如串口精灵，以便解决程序设计时出现的问题。在 LabVIEW 中操作串口还必须安装 NI 的驱动程序和 VISA 驱动。这些都可以在 NI 的网站免费下载。

启动虚拟串口后，必须保证 NI 的 Max 配置软件能识别 COM3 和 COM4 串口，Max 中的串口配置如图 13-2 所示。

图 13-2　虚拟串口配置与 Max 中串口配置

在 LabVIEW 中，COM 被认为是 VISA 的一部分，VISA 资源名称为 ASRL3:INSTR，设备类型为串口，在系统中使用的 VISA 的别名为 COM3。

### 3. 枚举所有串口与并口

VISA 的"查找资源"函数可以枚举所有串口与并口，如图 13-3 所示。

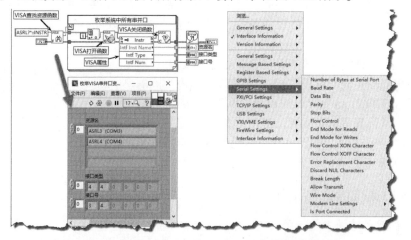

图 13-3　枚举 VISA 串、并口资源与资源属性快捷菜单

串口资源从接口号 0 开始，并口资源从接口号 10 开始。通过上面的方法可以搜索到所有的串、并口资源。VISA 的"查找资源"函数作为 VISA 的基本函数，并未被单独列入串口选板中。利用 VISA 串口属性，可以设置串口的各种参数，如图 13-3 所示的串口设置快捷菜单。

## 13.1.3　串口通信函数

串口通信作为仪器通信的一部分，它的函数是 VISA 函数的子集，串口通信函数选板如图 13-4 所示。

串口通信的函数非常简单，下面介绍各个函数的使用方法。

### 1.　"VISA 配置串口"函数

串口操作的基本过程为：配置串口参数（打开串口）→发送或接收数据→关闭串口。其中参数配置非常重要，它直接关系到串口通信是否正常。"VISA 配置串口"函数（如图 13-4 所示）实际上调用了 VISA 属性节点，通过属性节点可以设置串口参数。

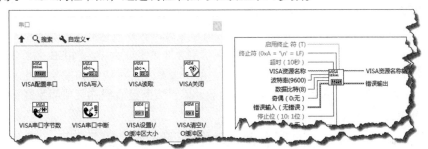

图 13-4　串口通信函数选板与"VISA 配置串口"函数

通过"VISA 配置串口"函数，可以设置串口通信的资源名称、波特率、校验方式、停止位和流控制方式等。这些参数属于串口通信的常规参数。另外，需要特别注意"超时"、"终止符"与"启用终止符"端子的设置。

◆ 超时：用于设置读取和写入操作的超时时间。默认值为 10000 ms。当达到超时时间而读写操作未完成时，则返回超时错误。超时错误通常发生在读操作中。

◆ 终止符：当读操作读到终止符时，立即结束本次读操作。终止符特别适用于发送字符串信息。默认的终止符为 0xA，即换行符\n。另外，回车字符也常用作终止符 0xD，即\r。

◆ 启用终止符：用于决定是否使用终止符。默认情况下是启用的。

### 2.　"VISA 写入"函数

"VISA 写入"函数比较简单，只需要输入要发送的字符串即可。常规编程语言支持字节发送和 ASCII 字符串发送两种通信方式，LabVIEW 串口通信也不例外。如果发送的字符串是以正常方式显示的字符串，则发送的是字符串的 ASCII 码，串口通信为 ASCII 字符串方式。如果发送的字符串是以 HEX 方式显示的字节，则发送的是字节，字节通信方式多用于直接传输十六进制数字。

比如要求传输 0x1234，使用强制转换函数把数字转换成对应的十六进制显示的字符串，再直接连接到"VISA 写入"函数的"字符串"输入端子即可。

### 3.　"VISA 读取"函数和 VISA 串口字节数属性

串口通信的读函数是需要重点关注的，在下列三种情形下会结束读操作：

◆ 在启用终止符的情况下，读函数读到终止符时，结束本次读操作。

◆ 读函数的输入参数设定了需要读取的字节数，当从输入缓冲区中读取了所要求的字节数后，结束本次读操作。

◆ 发生超时错误时，结束本次读操作。

在没有结束符或者未启用结束符的情况下，如果要读取的字节数大于接收缓冲区中已经接收的字节数，则读函数一直处于等待状态，直到超时发生。如果读函数一直等待，则会阻塞读线程，导致线程中的其他操作无法进行。因此，在执行读操作前，通常需要判断接收缓冲区中的字节数，而 Byte at Port 属性节点用于返回输入缓冲区中已经存在的字节数，如图 13-5 所示。

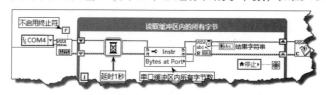

图 13-5　读取缓冲区内的所有字节

### 4. "VISA 设置 I/O 缓冲区大小"函数

串口通信是通过发送缓冲区（传输缓冲区）与接收缓冲区来发送和接收数据的。发送和接收缓冲区需要用到先入先出队列（FIFO）。串口通信的缓冲区默认大小为 4096 字节，通常不需要设置。通过"VISA 设置 I/O 缓冲区大小"函数，可以设置发送缓冲区和接收缓冲区的大小，如图 13-6 所示。通过"VISA 清空 I/O 缓冲区"函数，可以清空接收缓冲区或者发送缓冲区，也可以选择同时清空。

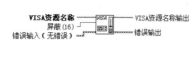

| 屏蔽值 | 十六进制代码 | 说明 |
|---|---|---|
| 16 | 0x10 | 刷新接收缓冲区并放弃内容（与64相同） |
| 32 | 0x20 | 通过将所有缓冲数据写入设备，刷新传输缓冲区并放弃内容 |
| 64 | 0x40 | 刷新接收缓冲区并放弃内容（设备不执行任何 I/O） |
| 128 | 0x80 | 刷新传输缓冲区并放弃内容（设备不执行任何 I/O） |

图 13-6　"VISA 清空 I/O 缓冲区"函数

### 5. "VISA 关闭"函数

在结束串口通信时，必须关闭设备对话句柄，释放串口资源，这时可以使用"VISA 关闭"函数。

## 13.1.4　串口通信典型应用举例

串口通信是自定义协议通信，因此使用非常灵活。下面列举几个典型的串口通信应用例程。

### 1. 简单的串口发送与接收

串口通信最常见的应用是通过字符串的方式相互交换数据。因此，下面从最简单的发送与接收入手，讨论如何发送和接收字符串。简单的串口发送与接收程序框图如图 13-7 所示。图中调用了串口通信四个最基本的函数，分别是"VISA 配置串口"函数、"VISA 写入"函数、"VISA 读取"函数和"VISA 关闭"函数。

串口通信由发送循环和接收循环组成，发送循环每 100ms 发送一行字符串，发送的字符串以换行（\n，0X0A）作为结束符。在接收循环的 VISA 配置中，同样配置 0X0A 为行结束符号，这样当读循环读到结束符时，即结束本次读操作。

在图 13-7 所示的简单串口发送与接收程序中，启用了默认的终止符。因此，在图 13-7 所示的读操作中，虽然设置了读取字符数为 100，但是每次遇到换行符时读操作立即结束，从而保证每次接收到的是完整的字符串。

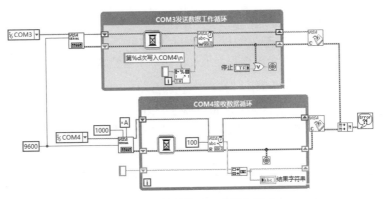

图 13-7　简单的串口发送与接收

### 2. XON/XOFF 流控制

串口通信常用 XON/XOFF 流控制方式。这种方式由接收方控制发送方是否发送数据，调整发送数据的速度。首先需要在"VISA 配置串口"函数中配置流控制方式，如图 13-8 所示。当接收方写入 XON（0x11）后，发送方开始发送数据。当接收方向发送方写入 XOFF(0x13)后，发送方停止发送数据。

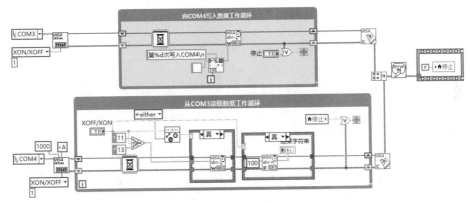

图 13-8　XON/XOFF 软件握手通信

### 3. 利用串口控制发送脉冲

如果简易控制步进电机的应用中没有脉冲发生装置，则可以用串口发送脉冲串，测试步进电机。这种方法使用 1 个起始位、8 个数据位和 1 个停止位，通过 1、0 的不同组合，形成 PWM 波形，如图 13-9 所示。

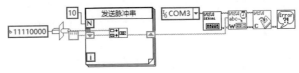

图 13-9　发送脉冲串

### 4. 利用串口输入、输出电平信号

如果不使用流控制，则串口的 DTR 和 RTS 可以作为输出引脚输出电平。DSR、CTS、DCD 和 RI 可以作为输入引脚，监测外部状态。通过属性节点读取或者写入上述引脚。LabVIEW 自带的例程中提供了利用串口输出电平信号的例子。

### 5. 事件驱动方式通信

LabVIEW 也支持事件驱动方式通信。LabVIEW 自带的串口通信例程 Set Break 和 Detect Break 演示了具体的通信方法。对这两个例程稍加改动，即可用来检测其他事件。

### 6. 使用 MSCOMM32 串口通信控件

由于 LabVIEW 增加了回调函数，所以也可以在 LabVIEW 中使用微软的串口控件。回调函数在串口发生事件时自动被调用，这样可以充分利用 MSCOMM32 控件强大的事件驱动功能，如图 13-10 所示。

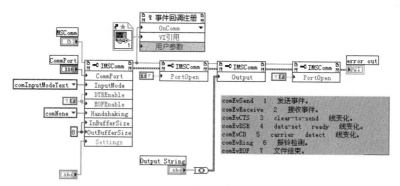

图 13-10　使用 MSCOMM32 控件

## 13.2　并口通信

与串口一样，并口（LPT）也是计算机的常用接口，过去广泛用于连接打印机，所以并口也称作打印口。随着 USB 技术的不断发展，USB 打印机已经逐步取代了并口打印机，同时也导致了大量的并口设备的出现。早期的并口是不允许双向通信的，只能借助于几个状态管脚读取外部状态。现在的并口不但支持双向通信，而且由于 EPP 和 ECP 模式的引入，通信的速度也得到了极大提高，完全可以满足中低速度的数据采集和工业控制的需要。利用并口进行数据采集和控制，成本低廉，控制简单，易于实现。

### 13.2.1　设置并口通信模式

通常计算机并口有 SPP、EPP 和 ECP 三种基本的模式。可以在 BIOS 中设置这些模式。SPP（Standard Parallel Port）即标准并口，不支持双向数据通信。EPP（Enhanced Parallel Port）即增强型高速并口，支持批量数据操作和双向通信。ECP 由于需要 DMA 的支持，而且占用极多的系统资源，所以目前 ECP 的外部设备很少见到。本节主要讨论 EPP 并口的通信方法。

并口的外部接口为 DB25，它的 25 个管脚没有全部使用。LabVIEW 自带的例程中提供了接口图，可以查看它了解接口的细节。

EPP 支持字节数据和批量数据的传送，字节数据的操作最为简单。在 LabVIEW 中操作并口有两种方法：一是直接使用 I/O 端口函数，其相当于 C 语言中的 inp 和 outp；另一种方法是使用通用的 VISA 读写函数，并口同串口一样，同属于 VISA。

### 13.2.2　传送字节型数据

在计算机的 BIOS 和 Windows 的设备管理器中，可以查看端口地址。通常情况下，COM1 的端口地址为 0X3F8，COM2 的端口地址为 0X2F8，LPT1 的端口地址为 0X378。LPT1 的端口地址指的是并口数据寄存器的地址。

并口包括三个 8 位寄存器，分别是：

◆ 数据寄存器（0X378），用于写入或者读取字节型数据，对应 DB25 中的 PIN2～PIN9。数据寄存器的外部管脚为正逻辑，高电平为 1，低电平为 0。

◆ 状态寄存器（0X379），用于计算机读取外部状态，需要注意的是，状态管脚和控制管脚中有些管脚是负逻辑。

◆ 控制寄存器（0X37A），用于计算机输出信号。

使用控制线，配合译码电路，可以构成比较复杂的数字电路，实现复杂的控制逻辑。如图 13-11 所示，这里通过"写端口"函数，向控制寄存器和数据寄存器写入数据；通过"读端口"函数，从状态寄存器和数据寄存器读出数据。

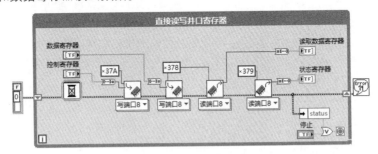

图 13-11　直接读写并口

数据寄存器是读写外部数据的最重要寄存器。在读数据寄存器时，控制寄存器的 BIT5 必须写入 0，否则数据寄存器始终读回 0XFF。

> **学习笔记**　读数据寄存器时，控制寄存器的 BIT5 必须保持低电平才能读回正确的数据。

### 13.2.3　传送 EPP 模式数据

字节型数据的传送方式非常灵活，但是它仅适用于简单 I/O 控制，并不适用于快速数据采集和数据传送。EPP 传送方式则可以高速连续传送数据，在这种方式中，并口与外部设备会通过硬件握手信号自动实现完整的读写周期。EPP 传送方式需要硬件线路的配合，以自动实现读写周期。

#### 1. 数据与地址的读写周期

数据写周期和数据读周期时序图如图 13-12 所示，地址写周期和地址读周期时序图如图 13-13 所示。使用 EPP 模式交换数据时，并口的各个管脚自动产生地址和数据时序，并口管脚如图 13-14 所示。

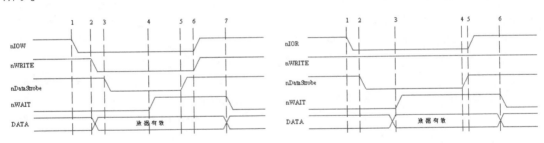

图 13-12　数据写周期和读周期

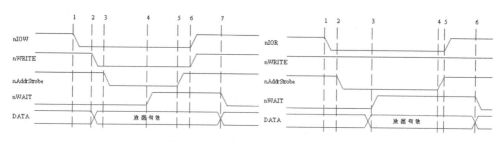

图 13-13　地址写周期与读周期

### 2. EPP 模式应用实例

下面以设计 EPP 模式的 CAN 总线通信卡为例，介绍 EPP 模式的并口数据交换的方法。EPP 模式的时序非常简单，通过 SJA1000CAN 接口芯片很容易构成 CAN 通信卡。EPP 模式的 CAN 通信卡接口电路如图 13-14 所示。

在使用 EPP 模式传输数据时采用另外两个寄存器，分别为 EPP 地址寄存器（0X37B）和 EPP 数据寄存器（0X37C）。在传输数据时，首先写入地址，然后读写数据。EPP 模式读写数据的过程如图 13-15 所示。

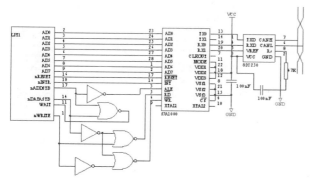

图 13-14　EPP 模式的 CAN 通信卡接口电路

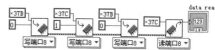

图 13-15　EPP 模式读写数据

另外，采用 16 位读写端口，可以同时输入地址和数据，编程更加简化。

## 13.3　共享变量

在前面章节中，我们已经接触了多种变量，如全局变量、局部变量等。共享变量是 LabVIEW 新增的变量。

### 13.3.1　共享变量与共享变量引擎

共享变量具有全局变量的所有特性，其可以在不同 VI 之间传递数据，同时避免了全局变量数据竞争的问题。更为重要的是，共享变量的使用范围远远超出了全局变量，通过共享变量可以在网络中的不同计算机间通信。通过简单的配置，使用网络上的数据如同使用本地数据一样方便。我们不需要考虑网络的具体实现，所有的工作均由 LabVIEW 自动完成。

如果需要在本地计算机创建和发布共享变量，则必须安装 LabVIEW 实时模块。对于读取或者写入其他计算机的共享变量，则不需要这么做，通过 DataSocket 函数可以直接使用其他计算机发布的共享变量。共享变量可以使用 LabVIEW 支持的任意数据类型，甚至可以是 I/O 点。它采用了内部的缓冲机制，避免了同时写入造成的竞争问题。

既然我们可以像使用本地变量一样，使用共享变量轻松实现网络间通信，自然 LabVIEW 就会负责在后台处理所有网络间通信的工作。LabVIEW 通过共享变量引擎（Share Variable Engine，SVE），管理单个或者多个系统上共享变量的使用和连接。SVE 作为服务程序，会随着计算机的启动自动在后台启动运行。通过控制面板或系统命令，可以启动或者终止 SVE 服务。

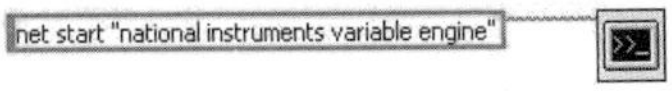

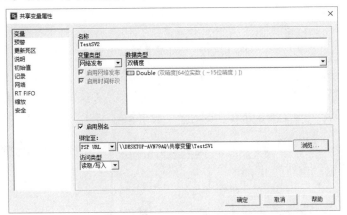

net start "national instruments variable engine"

图 13-16　通过命令行启动或终止 SVE

如图 13-16 所示，使用系统命令启动 SVE，需要输入命令行 net start "national instruments variable engine"。而使用系统命令停止 SVE，则需要输入命令行 net stop "national instruments variable engine"。

SVE 使用的是 NI-PSP 网络协议，我们不需要知道协议的具体细节。安装 LabVIEW 时，会自动安装 PSP 协议。SVE 通过网络地址（PSP URL）来标识共享变量，格式为 psp://computer/library/shared_variable。共享变量的网络地址由计算机名、项目库和变量名组成。

## 13.3.2　创建与监视共享变量

从共享变量的格式可以看出，共享变量必须位于项目库中，随着项目库一起部署，一个项目库中可以创建多个共享变量。

### 1.　创建共享变量

首先创建项目，然后在项目中创建项目库，再通过项目库的快捷菜单新建共享变量。创建共享变量时，会自动弹出"共享变量属性"对话框，在对话框中设置共享变量的众多属性。

如图 13-17 所示，在"变量"页面上设置的是最常用的属性，包括变量名称、变量类型、数据类型等。变量类型主要分为"单进程"和"网络发布"两种，其他选择与安装的 LabVIEW 组件有关。单进程共享变量只能用于本地计算机中的 VI，类似于全局变量。单进程共享变量与全局变量的区别在于，单进程共享变量可以通过简单配置而变成网络发布型共享变量，而程序则不需要任何改动。另外，单进程共享变量可以使用缓冲机制，这避免了全局变量数据竞争和数据丢失的问题。

### 2.　绑定到共享变量

当我们建立一个新的共享变量时，可以将其绑定到网络或者项目中已经存在的共享变量上。更为常见的是绑定在 I/O 变量上，直接映射外部设备的输入或者输出。例如，这里通过属性窗口定义了 TestSV1 和 TestSV2 共享变量，其中把 TestSV2 绑定到 TestSV1。因此，TestSV1 的数据会自动传输到 TestSV2。绑定共享变量的方法如图 13-17 所示。

图 13-17　配置 TestSV2 共享变量属性并绑定到 TestSV1

创建完共享变量后，需要部署共享变量。部署后的共享变量由 SVE 负责管理。在调用共享变量的 VI 执行前通过项目库的快捷菜单，部署项目库中的一个或者全部共享变量，也可以自动部署。

通过快捷菜单，还可以取消部署。

### 3. 变量管理器

LabVIEW 提供了共享变量管理器，通过这个管理器可以查看或者编辑共享变量。通过 Windows 开始菜单，找到 NI 的子菜单中的 Variable Manager，即可启动变量管理器，如图 13-18 所示。变量管理器中列出了已经部署的共享变量。直接将它们拖动到变量监视窗口，即可监视共享变量的变化。

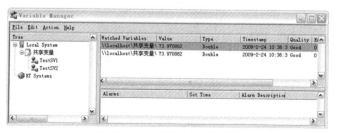

图 13-18　共享变量管理器

### 4. 分布式系统管理器

LabVIEW 8.6 及其以上版本提供了更高级的分布式系统管理器，使用它监视共享变量更为方便。在 LabVIEW "工具" 主菜单中，选择 "分布式系统管理器" 项，即可启动该管理器，如图 13-19 所示。

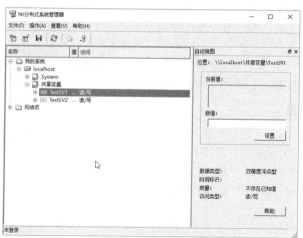

图 13-19　分布式系统管理器

如图 13-20 所示，这是一个简单的测试程序。拖动项目中的共享变量到程序框图中，就可以直接使用共享变量了。左边的线程向共享变量 TestSV1 写入 0 ~ 1 之间的随机数，右边的线程读取 TestSV1 和 TestSV2 共享变量。由于 TestSV2 已经绑定到 TestSV1，因此二者返回相同的数据。

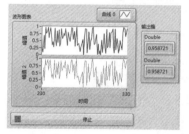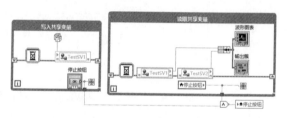

图 13-20　读写共享变量

运行测试 VI 后，在共享变量管理器中，可以直接观察到共享变量的值变化。

### 5. 控件属性对话框中的数据绑定

在前面的章节中，我们一直在使用控件的属性对话框。不知道大家注意到没有，控件的属性对话框中，提供了"数据绑定"选项卡，但之前我们一直没有使用它。在建立共享变量后，我们可以把前面板控件直接绑定到共享变量上，如图 13-21 所示。这样不需要任何编程，就可以通过控件写入或者读取共享变量。

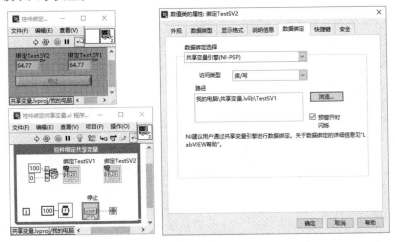

图 13-21 将控件绑定到共享变量

将两个显示控件分别绑定到 TestSV1 和 TestSV2。由于 TestSV2 已经被绑定到 TestSV1，因此两个显示控件的结果完全相同。绑定后在前面板中会显示绑定状态标志，在连线端子上可以看到共享变量标志。

## 13.3.3 共享变量的内部缓冲机制

全局变量最大的缺点是任何时间、在任何地点都可以对其读写，因此很容易导致数据竞争的问题。共享变量从使用方法上看与全局变量非常类似，但是共享变量通过独特的缓冲机制，解决了数据竞争的问题。单进程共享变量与网络发布型共享变量的缓冲方式是不同的。

### 1. 单进程共享变量与 RTFIFO

首先创建单进程共享变量，然后启用 RT FIFO，并配置元素数量为 10，即缓冲区的大小为 10，如图 13-22 所示。

图 13-22 单进程实时缓冲

在实际操作中是不允许在多处同时写入共享变量，以及在多处同时读取共享变量的。在首次进行读写操作时，RT FIFO 自动建立一个先入先出的缓冲区，这样可以解决数据竞争引起的不确定性。

将单进程共享变量配置为 RT FIFO 方式后，项目库中的共享变量将显示缓冲标志，在程序框图中调用的共享变量端子也同时显示缓冲标志。

下面我们通过测试程序，验证单进程共享变量的缓冲区。这里在共享变量中写入了 0～4 共 5 个数据，从读出的数据可以看到前 5 个数据是缓冲区中的数据，以后读取的是共享变量的最新值，如图 13-23 所示。

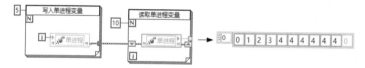

图 13-23　验证单进程共享变量 RT FIFO

### 2. 多进程共享变量

与单进程共享变量缓冲方式不同，网络发布型共享变量的读写具有各自的缓冲区，因此不会发生多重写入或者多重读出的问题。网络发布型共享变量的缓冲机制非常复杂，NI 网站中提供了详细的介绍，这里就不讨论了。

## 13.3.4　共享变量的批量创建、部署与引用

通过对话框创建共享变量非常简单，但是批量建立共享变量则比较麻烦，LabVIEW 提供了批量建立共享变量的方法。

### 1. 批量创建共享变量

可以使用"批量创建变量"对话框批量建立共享变量，如图 13-24 所示。通过项目库的快捷菜单启动"批量创建变量"对话框，在对话框上设置系列共享变量的参数，即可自动建立系列共享变量。在"多变量编辑器"对话框中，可以对共享变量进行细节设置。

图 13-24　"批量创建变量"对话框与"多变量编辑器"对话框

### 2. 获取共享变量的引用

通过 VI 服务器，利用项目的属性节点与方法，可以编程实现共享变量的创建、部署，这种方式特别适用于需要动态创建共享变量的场合。项目、项目库和共享变量都是 LabVIEW 对象，都具有自己的引用、方法和属性。在 DSC 应用中，我们会看到更多有关项目的动态操作。

通过共享变量的属性对话框，可以看到共享变量具有众多的属性。除了基本属性，大多数属性，如预警、历史记录等均属于 DSC 模块的属性。如果需要动态修改共享变量的属性，首先必须获取共享变量的引用。如同修饰的引用一样，只能通过查找的方式获取共享变量的引用。获取共享变量引用的程序框图如图 13-25 所示。

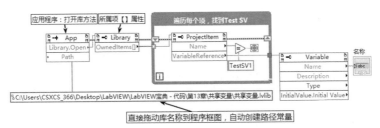

图 13-25 获取共享变量的引用

### 3. 编程创建共享变量

编程创建共享变量必须熟悉共享变量的网络地址。网络地址中最重要的是计算机名或者 IP 地址。局域网内的计算机上的共享变量都是可见的。对于不在本地子网的远程计算机，则必须首先在本地子网通过远程计算机名或者 IP 地址注册远程计算机，然后才可以把共享变量绑定到远程计算机上。在 LabVIEW "工具" 菜单的 "共享变量" 子菜单中，选择 "注册计算机" 项即可打开 "注册远程计算机" 对话框，如图 13-26 所示。输入计算机名或 IP 地址，单击 "确定" 按钮即可启动注册计算机。

图 13-26 注册远程计算机

**学习笔记** 必须在本地网络注册远程计算机后，才能将共享变量绑定到远程计算机。

也可以通过编程批量地创建共享变量。如图 13-27 所示，打开项目引用，然后查找项目库中的引用，即可通过循环动态批量创建共享变量。

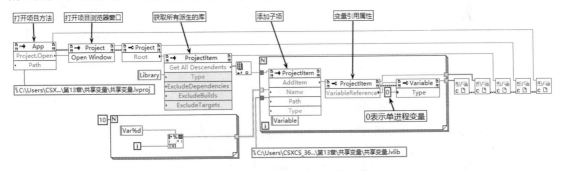

图 13-27 动态批量建立共享变量

### 4. 动态部署共享变量

动态建立的批量共享变量还必须能够动态部署，之后才能正常使用。如图 13-28 所示，这里动态部署共享变量时调用了项目的 "部署条目" 方法。

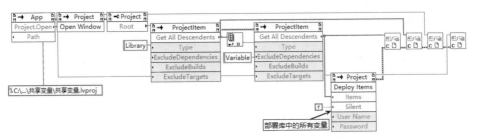

图 13-28 动态部署共享变量

## 13.4 DataSocket

随着计算机技术的不断发展，计算机网络无处不在。早期版本的 LabVIEW 已经对网络通信提供了支持。例如，DataSocket 就是建立在 TCP/IP 基础之上的，但是不需要用户掌握 TCP/IP 的底层编程技术。它屏蔽了网络通信的细节，极大地简化了网络编程。为满足测试测量与工业控制自动化的需要，DataSocket 在 TCP/IP 的基础上采用了独特的编程技术，因此 DataSocket 特别适合用于实时数据的传送。

在共享变量出现之前，DataSocket 是 LabVIEW 中使用最广泛的网络编程工具，共享变量的 PSP 协议也是 DataSocket 的一部分。DataSocket 支持多种通用协议和 NI 的专用通信协议，更为重要的是，其他编程语言可以利用 DataSocket ActiveX 控件来使用 DataSocket，这非常有利于 DataSocket 的普及与推广。

### 13.4.1 DataSocket 支持的协议与 URL

DataSocket 是 LabVIEW 网络编程的核心技术。它支持多种通信协议，采用类似 WWW 浏览器定位资源的方法，通过统一资源标识符 URL（Uniform Resource Locator）能够确定网络资源的唯一地址和遵循的通信协议。DataSocket 根据 URL 的不同格式，自动确定使用的通信协议。

DataSocket 支持多种协议，这些协议可以分为两大类：

◆ Windows 标准协议，包括 OPC、FTP、HTTP 等协议。
◆ LabVIEW 专用协议，包括 PSP、DSTP、FILE 等协议。

**1. Windows 标准协议**

下面简单介绍 DataSocket 支持的几种 Windows 标准协议，我们重点关注 URL 的构成方式。

◆ OPC 协议。OPC 是 Ole For Process Control 的英文缩写，OPC 是 Windows 操作系统下工业控制方面的常用标准通信协议。OPC 是 DSC 的基础，我们将在 13.6.1 节中详细讨论它。
◆ 文件传输协议（FTP）。用于指定一个 FTP 服务器以从中读取数据文件。使用 DataSocket 函数从 FTP 站点读取文本文件时，需要将[text]添加到 URL 的末尾。
  FTP 一般文件的 URL 格式为：ftp://ftp.ni.com/datasocket/ping.wav
  FTP 文本文件的 URL 格式为：ftp://ftp.ni.com/support/00README.txt[text]
◆ HTTP 协议。用于提供指向含有数据的网页的链接，这是我们经常使用的网络通信协议。
  HTTP 协议的 URL 格式为：http://www.sohu.com

**2. LabVIEW 专用协议**

◆ PSP 协议：NI 专有的通信协议，用于在网络和本地计算机之间传递数据，共享变量就使用该协议。
◆ DataSocket 传输协议（DSTP）：使用该协议时，VI 将与 DataSocket 服务器通信。因此必须为数据提供一个命名标签并附加于 URL，数据连接将按照这个命名标签寻找 DataSocket 服务器上某个特定的数据项。另外，要使用该协议，必须运行 DataSocket 服务器。
  DSTP 协议的 URL 格式为：dstp://servername.com/numeric
  其中 numeric 是数据的命名标签。
◆ FILE 协议：用于提供指向含有数据的本地文件或网络文件的链接，其 URL 格式如下所示。
  指定本地计算机上文件的路径：file:c:\mydata\ping.wav
  指定网络计算机上的文件路径（包括计算机名）：file:\\computer\mydata\ping.wav

从 DataSocket 支持的协议可以看出，LabVIEW 的网络功能非常强大。对于不同的通信协议采用统一的 LabVIEW 函数，而 LabVIEW 会自动根据给定的 URL 使用不同的协议。

DataSocket 也同样支持共享变量使用的 PSP 协议，因此使用 DataSocket 函数可以操作共享变量。综合上一节的讨论，在 LabVIEW 中存在四种使用共享变量的方法。

◆ **数据项目绑定**：在项目中建立新的共享变量，并绑定到已经部署的共享变量上。
◆ **DataSocket API**：使用 DataSocket API 函数读写共享变量，如图 13-29 所示。
◆ **前面板控件绑定**：将前面板控件绑定到已经部署的共享变量上。
◆ **直接使用共享变量 API**：这种方法只能在创建了共享变量的项目中使用，将 API 直接拖动到程序框图即可。

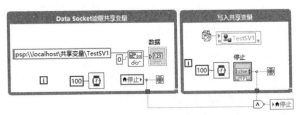

图 13-29　利用 DataSocket API 函数读取共享变量

HTTP 与 FTP 是常规的网络通信协议，在 LabVIEW 网络通信中使用得不多。图 13-30 所示的例子展示了如何通过 HTTP 来读取网络上的文件。从 NI 官网下载 2016 升级说明，并存储在 D 盘的指定文件中。

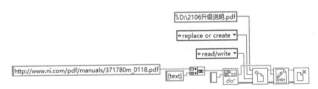

图 13-30　利用 HTTP 读取文件

## 13.4.2　DataSocket 服务器与服务管理器

这一节我们重点讨论，如何使用 DataSocket 专用协议 DSTP 进行网络通信。DataSocket 完全封装了 TCP/IP 的底层操作，即使我们不了解 TCP/IP，也可以使用 DSTP 进行网络通信。

DataSocket 网络通信由 DataSocket 服务器和 DataSocket API 两部分构成。其中 DataSocket 服务器负责处理所有底层通信的细节，而 DataSocket API 负责打开、读写和关闭 URL 连接的数据项。

DataSocket 服务器是一个独立的应用程序。使用 DataSocket 通信必须首先启动服务器，因为所有数据的读写都是通过服务器进行的。写入数据一方称为发布者，读取数据一方称为订阅者，发布或者订阅的数据称为数据项。发布者把要发布在网络上的数据写入服务器中，订阅者作为服务器的客户端，读取服务器上的数据项。

通过 DataSocket 服务管理器，可以设置服务器的参数和配置数据项，如图 13-31 所示。

我们可以通过 DataSocket 服务管理器，创建预定义的数据项目，这些项目将在 DataSocket 启动后自动创建。例如，图 13-31 中所示的 SampleNum、SampleString、SampleBool 就是预定义的数据项目。如果不存在预定义的数据项目，则在打开或者读写数据项目时会动态自动创建。通常情况下，DataSocket 服务器与服务管理器中的很多选项可以采用默认设置。DataSocket 服务器与服务管理器中涉及的重要概念包括如下这些。

图 13-31　DataSocket 服务器与服务管理器对话框

◆ Processes Connected：已经与服务器连接的客户端的数量。

◆ Packets Received 和 Packets Sent：已经接收的数据包或已经发送的数据包。DataSocket 的数据以包的形式发送和接收，每次读写 DataSocket 均发送和接收一个数据包。数据包中可以包含各种类型的 LabVIEW 数据，如数组、波形等。

更改 DataSocket 服务管理器后，需要重新启动 DataSocket 服务器，从而下面的一些参数才能生效。

◆ Server Settings：服务器设置，包括可以连接的最大客户端数量及最大数据项数量，默认的最大缓冲区大小及默认的最大包的数量。

◆ Permission Groups：配置组许可，这里的组代表一组 IP 地址，同一组内的数据项具有相同权限。

◆ Predefined Data Items：预定义数据项，在服务器启动时自动创建。

### 13.4.3　DataSocket API

由于 DataSocket 可以在多种语言中使用，因此 DataSocket 的相关函数一般称作 API。LabVIEW 提供了几个 DataSocket API 函数，分别是打开 DataSocket 函数、写入 DataSocket 函数及读取 DataSocket 函数。使用 DataSocket 通信的过程与使用 TCP 类似，具体步骤为：

**step 1**　利用打开 DataSocket 函数打开 URL 或者共享变量中指定的数据连接，返回连接 ID。

**step 2**　利用写入 DataSocket 函数向指定的 URL 或者共享变量发布数据，利用读取 DataSocket 函数从指定的 URL 或者共享变量读取数据。

**step 3**　利用关闭 DataSocket 函数关闭打开 DataSocket 函数返回的连接。

下面介绍 DataSocket API 函数的用法。

#### 1. 打开 DataSocket 函数与关闭 DataSocket 函数（参见图 13-32）

图 13-32　打开与关闭 DataSocket 函数

图 13-32 中的 "URL" 确定要读取的数据源或要写入的数据终端。"URL" 以读写数据要使用的协议名称作为开始，例如 psp、dstp、opc、ftp、http 和 file。也可将共享变量控件连线至该接线端。"模式" 指定数据连接的模式。选择对数据连接进行的操作：read、write、read/write、buffered read、buffered read/write。默认值为 read。

DataSocket 数据通信分为无缓冲方式和有缓冲方式两种。如果是无缓冲方式，则可以不使用 DataSocket 函数打开数据连接，直接使用写入或者读取 DataSocket 函数时其会自动打开。

### 2. 写入 DataSocket 函数与读取 DataSocket 函数

写入 DataSocket 函数与读取 DataSocket 函数如图 13-33 所示。

图 13-33　写入与读取 DataSocket 函数

"连接输入"指定要写入或者读取的数据源。"连接输入"可以是描述 URL 的字符串、共享变量控件、打开函数的连接 ID 引用参数输出。

写入和读取 DataSocket 时使用变体数据类型，因此可以使用任意 LabVIEW 支持的数据类型。

读取 DataSocket 函数的"等待更新值"输入端默认为真。为真时，一旦 DataSocket 数据项目更新，马上返回更新值，否则一直等待。为假时，则立即返回当前值。

## 13.4.4　DataSocket API 应用举例

利用 DataSocket API 进行数据通信分为无缓冲和有缓冲两种方式，下面通过具体例子说明二者之间的区别。

### 1. 以无缓冲方式发布和订阅数据

以无缓冲方式发布与订阅数据如图 13-34 所示。程序框图由三个循环构成，分别是发布数据与停止信号循环、不等待更新循环和等待更新循环。

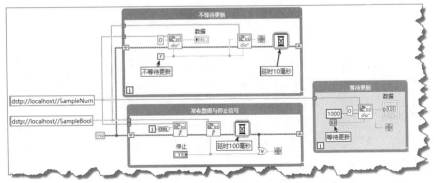

图 13-34　以无缓冲方式发布与订阅数据

在图 13-34 中，没有使用打开 DataSocket 函数打开数据连接，因此通信默认是无缓冲方式。发布数据与停止信号循环间隔 100 ms 发布双精度和布尔型数据，其中布尔型数据表示是否停止循环。

在不等待更新循环中，读取 DataSocket 函数的"等待更新值"端子连接的是 FALSE，因此读取函数立即返回，不等待数据更新。这种情况下，为了保证不丢失数据，订阅数据的循环间隔必须小于发布数据的循环间隔。

在等待更新循环中，读取函数的"等待更新值"端子连接的是 TRUE，因此读取 DataSocket 函数会一直等待新的数据发布，等待更新循环不需要指定循环时间间隔。

### 2. 以缓冲方式发布和订阅数据

当订阅数据的线程读取速度不恒定，偶尔低于发布速度时，可以采用 DataSocket 缓冲机制，以避免数据丢失，如图 13-35 所示。当然，如果读取数据的速度永远低于发布速度，则采用缓冲区也无法完全避免数据丢失。使用缓冲区需要设置"缓冲区最大字节数"（BufferMaxBytes）属性和"缓冲区最大数据包"（BufferMaxPackets）属性。通过"缓冲区利用率（字节）"和"缓冲区利用率（包）"属性返回当前缓冲的占用率，根据占用率可以动态调整缓冲区的大小和循环时间间隔。

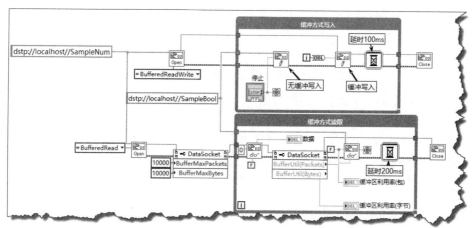

图 13-35　以缓冲方式发布与订阅数据

### 13.4.5　DataSocket 控件绑定

如同共享变量一样，LabVIEW 提供了控件绑定的方式来使用 DataSocket。用户不需要进行任何编程，只要将控件绑定到 DataSocket，就可以自动发布和订阅数据。另外，控件绑定的方式无法使用缓冲机制。

进行 DataSocket 控件绑定的过程非常简单。在控件的属性对话框上，切换到"数据绑定"选项卡，然后在"数据绑定选择"下拉列表中选择"DataSocket"项即可。具体过程与绑定共享变量相同，只不过要选择不同的通信协议。在图 13-36 中，通过 DataSocket 控件绑定的方式，在同一 VI 的两个循环之间进行数据交换。

程序框图由两个循环构成，发布数据的循环产生一个正弦波并写入波形图表。在订阅数据的循环中，把数值控件直接绑定到发布数据循环的波形图表上，因此数值控件实时更新波形数据。把订阅数据循环的"绑定停止按钮"直接绑定到发布循环的"停止"按钮，因此发布循环停止运行时，订阅循环也结束运行。

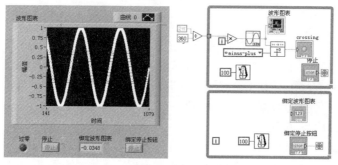

图 13-36　将控件绑定到 DataSocket

如图 13-36 所示，绑定的控件右侧上方出现绑定指示灯，未连接时指示灯为红色，处于连接状态后，指示灯为绿色，表示已经连接。通过控件的属性设置对话框，可以选择是否显示连接指示。

利用 DataSocket 和共享变量，编程者不需要复杂的编程，也不需要了解网络通信的任何细节，像进行本地 VI 通信一样就可以实现网络间的数据交换。LabVIEW 替我们完成了所有的底层通信工作。

## 13.5 TCP 与 UDP 网络通信

TCP/IP（传输控制协议/网际协议）作为网络通信的标准，是迄今为止使用最为广泛的协议。我们使用的 Internet 就基于 TCP/IP 协议。如今专门介绍 TCP/IP 的资料和书籍非常多，对 LabVIEW 用户来说，只需要了解 TCP/IP 的基本概念和使用方法就可以了。

TCP 采用网络服务器和客户端的方式进行通信。服务器应用程序负责向客户端发送数据或者从客户端读取数据，客户端应用程序同样可以从服务器应用程序获取数据或者向服务器发送请求。不管是服务器还是客户端，都可以进行双向的发送和接收。它们的区别在于服务器一方可以向多个客户端提供服务。

### 13.5.1 TCP 通信

TCP 协议提供了可靠的网络连接。整个过程为：首先服务器端通过主机名或者 IP 地址与端口号建立侦听，等待客户端连接。然后客户端根据主机的 IP 地址和端口号发出连接请求，等到服务器和客户端建立连接后，通过读写函数即可进行 TCP 数据通信。

在 TCP 通信中，以字节流数据包的方式发送和接收数据，而且采用固定长度字节的数据包通信最为简单。如图 13-37 所示，这里的例子既适于固定长度的数据也适于变长数据的发送和接收。对于固定长度的数据，不需要发送和接收数据包的长度，读取固定长度即可。

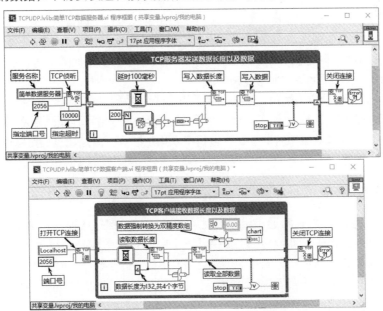

图 13-37　服务器发送数据包长度与数据，客户端解析数据包长度并读取数据包

如图 13-38 所示，服务器端通过端口 2056 建立侦听，超时时间设置为 100 ms，服务器启动后侦听函数处于等待状态。如果指定端口有客户端申请连接，则立即进入循环并发送数据。如果达到超时时间仍然没有任何连接，则返回超时错误并退出循环。

如果服务器没有启动，而是先启动客户端，则立即出现服务器指定端口拒绝服务错误，自动终止客户端程序。因此，需要首先启动服务器，然后再启动客户端。服务器首先发送数据包的长度，数据包长度为 I32 数据类型，将其强制转换成字符串，得到 4 个字节。在客户端中，首先读取 4 个字节的数据，获知后面数据包的长度，然后根据数据包长度，读取数据包。

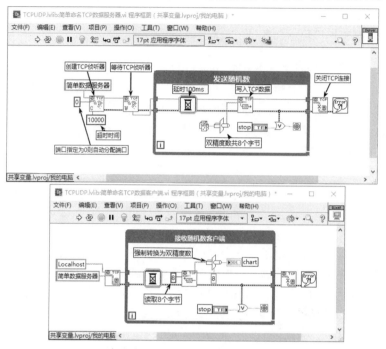

图 13-38　服务器自动分配端口，客户端根据命名自动连接

另一种常见方式是发送和接收字符串。由于字符串的长度是不固定的，因此通常以回车和换行作为结束符，这非常类似于串口通信的方式。

LabVIEW 提供的例程演示了这种通信方式，同时还包括许多其他的例子。从例程可以看出，直接使用 TCP 编程从流程上看是非常复杂的。

进行 TCP 通信时必须指定端口，如果创建 TCP 侦听函数的"端口"输入端子连接 0，则服务器端为指定的服务名称自动分配端口，而客户端则通过服务名称自动连接到相应端口。如图 13-38 所示，服务名称为"简单数据服务器"，在该例中未指定端口，而是通过指定服务器名称自动确定端口。

## 13.5.2　TCP STM 库

LabVIEW 利用最基本的 TCP 通信函数实现了 TCP 通信，但是这种方法从程序流程上看非常复杂，尤其是数据包的构成。NI 的网站上提供了一个免费的简单 TCP STM 库。通过 TCP STM 库中的函数，可以非常方便地定义数据包的形式。TCP STM 库封装了基本的 TCP 函数，这些函数可以在实时系统中使用。该库开放了源代码，下载地址为 http://zone.ni.com/devzone/cda/tut/p/id/4095。

安装了 STM 库后，在函数选板中的用户库中可以找到相关函数，同时在 NI 的例程中也会自动添加相关的例子。STM 服务器例程如图 13-39 所示，STM 客户端例程如图 13-40 所示。

在图 13-39 中，服务器方面定义了两种数据包，数据包标识分别是 RandomData 和 Iteration。RandomData 为双精度数组平化后的字符串，Iteration 为 I32 平化后的字符串。通过指定数据包格式和数据，服务器就可以向客户端发送数据了，数据包中本身就包含了数据包标识。

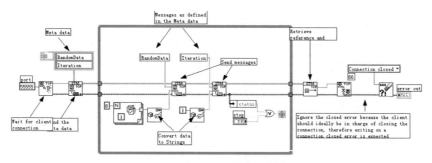

图 13-39 STM 服务器例程

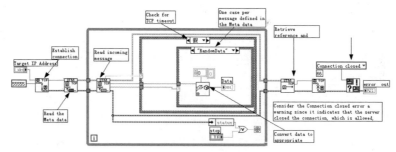

图 13-40 STM 客户端例程

在图 13-40 中，客户端读取数据包，解开数据包后，根据不同的数据包标识，就可以判断数据包中的数据类型，并可以利用从字符串还原函数还原服务器发送的数据。

另外，STM 库还提供了基于命令的例程，这里就不对它们进行详细介绍了。

### 13.5.3 UDP 通信

使用 TCP 通信方式，服务器与客户端必须先建立连接，然后才能相互通信。因此，这样的通信方式是非常可靠的。UDP 方式是无连接通信，采用广播的方式来发布数据，其特别适合于一点对多点的通信。通信速度比较快，但是数据传输不可靠。因此，在要求较快的响应速度，且允许部分数据丢失的情况下，可以选择 UDP 通信方式。对于要求不高的监控类程序，使用 UDP 方式要方便得多。UDP 通信的示例如图 13-41 所示。

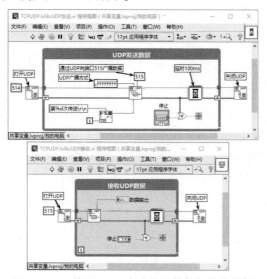

图 13-41 使用 UDP 方式发送数据与接收数据

"写入 UDP"函数需要指定计算机与发送端口，图 13-41 中的"写入 UDP"函数的"地址"输入端子连接的是 0XFFFFFFFF，为广播发送方式，所以网络中所有计算机的 515 端口都可以接收到 UDP 数据。如果指定了计算机地址，则只向指定的计算机发送 UDP 数据。

LabVIEW 也支持 UDP 多点传输方式，而且在其自带的例程中提供了例子。

除了 TCP、UDP 方式，LabVIEW 还提供了实施远程控制的方法。例如，通过 VI 服务器可以调用远程计算机中的 VI。配置 Web 服务器后，就可以在远程计算机中操作 VI 前面板，而且配置过程非常简单，不需要任何编程。

## 13.6 网络流

网络流 API 为分布式 LabVIEW 应用或者 CVI 应用，其提供了无损的单向点对点通信通道。利用网络流，我们可以轻松地在网络上或在同一台计算机上共享数据。

网络流是一种易于配置、紧密集成的动态通信方法，适用于应用程序之间的数据传输，具有可与 TCP 相媲美的吞吐量和延迟特性。网络流也增强了连接管理，如果由于网络故障或其他系统故障导致连接中断，则网络流可自动恢复网络连接。网络流利用缓存无损通信策略，来确保写入网络流的数据即使在网络连接不顺畅的环境下也不会丢失。

网络流经设计和优化可实现无损、高吞吐量的数据通信。网络流采用单向点至点的缓存通信模型，来实现应用程序之间的数据传送。这意味着其中一个终端是数据的创建者，另一个终端是读者。我们可以使用两个网络流来实现双向通信，其中每一台计算机上数据的创建者和读者与对应计算机上数据的创建者和读者相匹配。

由于网络流具有与原始 TCP 相匹配的吞吐量，因此对于高吞吐量应用，如果编程人员希望避免 TCP 的高复杂性，那么网络流就是理想的选择。网络流也可以用于无损的低吞吐量通信，例如发送和接收命令。但是，将网络流应用于低吞吐量通信时，如果需要最低的延迟，则可能需要更明确地管理数据通过网络流发送的时间。

### 13.6.1 在应用程序之间传递命令或者数据

通过网络流，可以在网络上不同计算机上的 LabVIEW 应用之间点对点方式传递流数据或者命令。图 13-42 演示了配置网络流的几种方式。

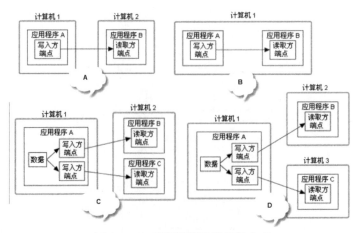

图 13-42　配置网络流的几种方式

方式 A 把数据从计算机 1 中的应用程序传递到计算机 2 上的应用程序；方式 B 把数据从同一

计算机上的一个应用程序传递到另一个应用程序；方式 C 把数据从计算机 1 上的应用程序传递到计算机 2 上的两个不同的应用程序；方式 D 把数据从计算机 1 上的应用程序传递到多个计算机上的不同应用程序。

### 13.6.2 网络流基本函数

LabVIEW 专门提供了网络流函数选板，如图 13-43 所示，其中"创建网络流写入方端点"函数与"创建网络流读取方端点"函数最为复杂。

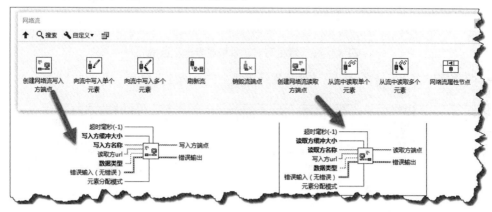

图 13-43　网络流函数选板

网络流通信是点对点的通信，这意味着创建写入方端点时，需要指定读取方的 URL，以确定唯一的读取数据端点。

网络流支持绝大多数的 LabVIEW 数据类型，包括波形数组、簇等，所以通信极为方便。支持单元素写入与多元素写入、单元素读取与多元素读取。

### 13.6.3 创建网络流 URL

网络流 URL 的基本语法为：ni.dex://host_name:context_name/endpoint_name

网络流 URL 使用的协议为 ni.dex。host_name 为端点所在计算机的项目别名、DNS 名或 IP 地址。该部分的默认值为 localhost，即连接的端点所在的计算机的网络位置。context_name 为端点所在的应用程序名称。除非指定的 URL 包含"创建网络流写入方端点"函数的写入方名称接线端或"创建网络流读取方端点"函数的读取方名称接线端，否则该部分为空字符串。

网络流 URL 根据配置网络流的方法不同，有多种不同的简略形式。

◆ 将数据传送至本机的另一个应用程序，也就是在本机中，两个 LabVIEW 应用程序之间的网络流通信，其 URL 定义如图 13-44 所示。

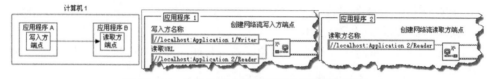

图 13-44　本机内两个应用程序之间网络流通信

localhost 表示本机 IP 地址，也可以为 127.0.0.1，二者等价。冒号后为应用程序名称，最后为端点名称。如果端点比较多，则可以根据需要预先分组。组名称＋端点名称作为总的端点名称，这样更为清晰合理。

◆ 将数据传送至本地计算机或者远程计算机的应用程序。在本地计算机上创建写入方端点，同时指明读入方端点。这是网络流最为常见的通信方式，也是最简单的一种。这种情况下不需要指定应用程序名称，如果是本地机 IP 地址，给定 localhost 即可。如图 13-45 所示。

图 13-45　本机写入，本机或者远程读取

◆ 将数据传送至运行多个网络流的远程计算机上的不同应用程序，参见图 13-46。

图 13-46　本机写入，本机或者远程多个应用程序读取

通常情况下，一般都是在本地主机上创建写入方端点，所以对于写入方 URL，一般只给定名称即可，写入方端点内部自动创建完整的写入 URL，包括 IP 地址、应用程序名称等。所以关键是在写入方端点中指定读取 URL。

### 13.6.4　网络流应用举例

创建合适的 URL 后，在计算机网络之间通信极为简单，不必考虑连接、断线及重新连接的问题，相比于基本的 TCP 网络通信要简单得多。同时网络流支持各种常见的数据类型，不需要写入方与读取方的强制类型转换，可以直接使用读取的数据。

目前 NI 公司支持网络分布式数据采集的硬件产品非常多，这非常便于进行网络流通信。未来基于网络流通信的应用会越来越多，我们要加以重视。

本地计算机网络流与远程计算机网络流通信原理相同，在不具备硬件的条件下，可以在本机模拟分布式数据采集。当实际硬件具备时，只需要修改对应的 IP 地址即可，所创建的 VI 基本不需要改动。配合 INI 文件或者 XML 文件，在外部文档中创建 URL，在应用中导入，应用程序就可以保持不变。

在下面的示例中，在本地计算机上创建一个写入方端点，以模拟单点数据采集，并在本地计算机上读取这个写入方端点发送的数据。

如图 13-47 所示，对于写入方端点，只给定写入方名称，写入方端点会自动构建完整的 URL，包括通信协议与本机的 IP 地址 localhost。在属性节点中，可以读取完整的 URL。

在创建读取方端点时，给出了完整的 URL，实际上只给出读取方名称即可，不需要指定 IP 地址。

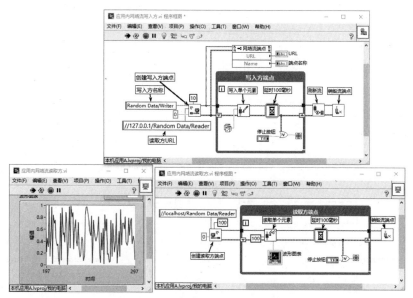

图 13-47 本机写入、本机读取网络流

## 13.7 DSC 工具包

在前面的章节中介绍 DataSocket 时提到过，DataSocket 是支持 OPC 协议的。OPC 是现代工业控制与计算机技术结合的产物，广泛用于工业控制领域。OPC 技术是我们要讨论的 DSC 工具包的核心内容。通过 OPC 技术，LabVIEW 可以与大量的工业控制设备（比如各种型号的 PLC）建立无缝连接。这使得我们可以像操作 LabVIEW 全局变量一样，直接操作外部设备。

### 13.7.1 OPC 与 DSC 的基本概念

OPC 是 OLE For Process Control 的英文缩写。OLE 是 Windows 中的概念，为 Object Linking and Embedding（对象嵌入链接）的缩写。过程控制（Process Control）是工业自动化控制中的概念。因此，OPC 是 PC 在工业自动化控制领域的扩展。

#### 1. OPC 的基本概念

1994 年，成立了一个由世界上一些知名的工业设备制造商组成的专业组织，其宗旨是为各种各样的工业设备指定一个统一的软件数据通信（不是物理层的通信）标准，这就是后来大家熟知的 OPC。

OPC 的一个主要目的是避免 PC 用户为工业设备开发通信驱动程序。为一个特定设备开发驱动程序是极其复杂和耗时的工作，因为设备千差万别，硬件接口也是多种多样，一般的软件开发人员很难完成这样的工作。OPC 制定一个统一的数据访问标准，而硬件驱动的部分则由硬件厂商或者专门 OPC 开发人员负责。这样，PC 用户就可以依据这个标准，实现和外部工业设备的无缝连接。

通过 OPC，一个 PC 客户端（OPC 客户）可以访问多个外部设备，如图 13-48 所示。网络上的多个不同客户端也可以同时访问多个外部设备，即 OPC 服务器，如图 13-49 所示。

OPC 服务器提供了几个高层对象供客户端访问，分别是 Server（服务器）、Group（组）和 Item（条目）。Server、Group 和 Item 的详细介绍如下。

◆ Server 对象提供服务有关的信息，同时它也是 Group 对象的容器。

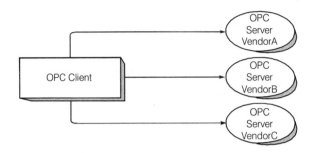

图 13-48　OPC 客户端访问多个 OPC 服务器（外部设备）

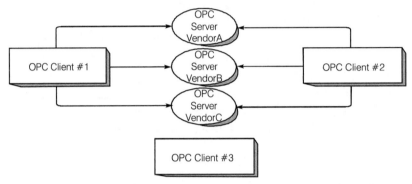

图 13-49　多个客户端访问多个服务器

◆ Group 对象提供性能相似的分类信息，可以配置 OPC 客户端是否支持 Group，以及 Group 组数据的更新频率。同时，Group 对象也提供了，如果数据访问失败而显示的错误信息。另外，Group 也是 Items 对象的容器。

◆ Item 对象是每个特定的数据项目，比如它可能是设备的一个特定的寄存器。

OPC 是一个典型的分层结构。如果我们要访问一个 Item，途径必须是 Server➔Group➔Item。OPC 客户端不允许直接访问具体的 Item。这样有效地实现了数据的封装。

### 2. DSC 的基本概念

工业控制设备一般不具备复杂的界面显示能力。当然，随着计算机技术的不断发展，触摸屏已经广泛用于工业控制设备中，但是仅限于专门的设备。对于自动线这样的复杂组合设备，要想显示所有设备的运行状态，计算机仍然是唯一的选择。尤其是随着计算机网络技术的发展，越来越流行通过以太网通信来实施设备的远程控制与诊断。

一般在对速度要求较高、距离较近的设备之间采用工业分布式总线，如 Canopen、Profibus 和 Devicenet 等。远程控制与监控则采用以太网络，其综合了工业控制总线与以太网的优势。

计算机与工业设备之间的通信一般使用组态软件，NI 公司的 Lookout 就是一种流行的组态软件。随着 LabVIEW 的功能和应用领域不断拓展，LabVIEW 的 DSC（数据记录与监控）工具包已经取代了 Lookout。

DSC 工具用于设计和维护分布式监控系统。利用这一工具，工程师们可以很方便地实现与 I/O 设备、LabVIEW 实时硬件模块和 OPC 设备的连接。DSC 模块主要包括如下功能：

◆ 分布式检测和控制程序的图形化开发。

◆ 提供应用程序的用户级安全机制。

◆ 内置联网，便于与第三方设备共享数据和集成。

◆ 实时与历史数据追踪。

◆ 基于配置的报警和事件能力。

◆ 用于分布式数据记录的联网数据库。

## 13.7.2 DSC 强大的图形显示能力

组态软件的图形显示能力是令人称道的，DSC 模块也不例外。它继承了 NI Lookout 强大的图形显示能力，提供了众多新型控件和工业控制常用图片。使用这些控件和图片，可以快速搭建形象的图形显示界面。

DSC 提供了常用管道、阀门和泵的布尔型控件，以及各种容器控件，用于构建基本的图形显示界面，如图 13-50 所示。

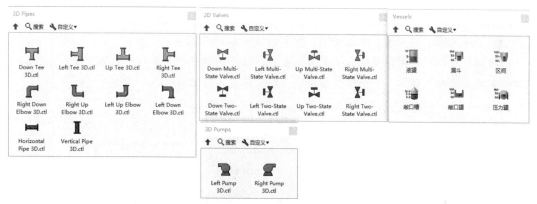

图 13-50　管道、阀门、泵与容器控件

DSC 的显示控件与 LabVIEW 的一般控件的使用方法完全相同。管道、阀门与泵的数据类型为布尔型，容器控件为数值型。除了上述的控件，DSC 还提供了大量工业控制中常用的图片，使用这些图片，再结合自定义控件，可以创建出风格各异的专用控件。

通过 LabVIEW "工具"菜单打开图片浏览器，在浏览器菜单中选择 "粘贴图片到剪贴板或文件"项，按照常规的自定义控件方法，就可以构造出自己需要的控件了，如图 13-51 所示。

图 13-51　自定义控件

粘贴浏览器中的图片时，一般需要选择 "粘贴成 WMF（图元文件）文件"。WMF 文件是 Windows 专用的图形文件，Office 中的剪贴画采用的就是这种格式。WMF 的显示与浏览设备无关，其并非基于像素，而是采用 Windows API 函数绘制出来的，因此可以自由伸缩，而且图形不会失真。LabVIEW 的控件在缩放时也不会失真，而采用 BMP 图像文件则会产生失真现象。

DSC 模块针对工业控制中常用的预警与历史数据也提供了相应的控件。在 DSC 例程中还包括几个 XControl 控件。

图形显示能力只是 DSC 的一个方面，DSC 强大的通信、数据处理能力才是我们需要重点研究的。DSC 工具包中包含大量的 OPC 驱动程序，使用它们可以直接连接流行的工控产品。

## 13.7.3 OPC 配置与 I/O 变量

如果使用 OPC，则调用不同的工业控制产品的方法基本无区别，因为 OPC 驱动程序已经做好了所有底层通信工作。在 LabVIEW 中使用 OPC，如同使用本地变量一样方便。使用 DSC 工具，首先要判断 DSC 工具中是否直接提供了设备的 OPC 驱动程序。DSC 工具提供了众多的 OPC 驱动程序，但是不可能对所有设备，尤其是规模较小的厂家产品提供驱动支持。目前越来越多的第三方产品本身就提供了 OPC 驱动程序，同时也有专业软件开发公司专门从事 OPC 驱动程序的开发。因此，即便是 DSC 本身不包含设备驱动程序，也可以轻松使用第三方的 OPC 驱动程序。

### 1. 设置 OPC 服务器通道

使用 DSC 与外部设备通信，首先要设置 OPC 服务器。OPC 服务器负责与外部设备的底层通信，同时负责给 DSC 工具提供数据服务。安装 DSC 工具时，会自动安装 OPC 服务器程序、OPC 客户端程序。通过 Windows "开始" 菜单启动 OPC 服务器，即可启动配置程序。

配置 OPC 服务器的流程比较简单。首先创建一个新的 OPC 文件，输入合适的通道名。建立通道后，要求选择合适的设备驱动程序，我们选择三菱 FXPLC 系列。

选择驱动程序后，将弹出相应的参数配置对话框。三菱 FX2N 通过串口与计算机连接，因此需要配置相关的串口参数。配置串口参数后，接着配置通道属性，如图 13-52 所示。

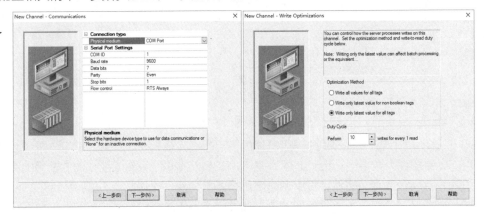

图 13-52　配置通信参数与通道属性

通过 OPC 控制外部设备，通常需要将数据写入外部设备寄存器，因为要求比较高的实时性。图 13-52 所示的属性对话框中有三种写入方式供选择。

◆ Write all values for all tags：所有的 OPC 客户端都会将需要写入的数据保存在 OPC 的内部队列中。OPC 以最快的速度将数据不断写入外部设备，直至队列为空。以该模式写入的数据有严格的次序，即使写入的数据相同，也必须按照内部队列的次序逐个写入。

◆ Write only latest values for non_boolean tags：通常情况下，客户端在某段时间内写入的数据是相同的，由于绝大多数外部设备的寄存器具有保持功能，因此没有必要连续写入相同的数据。使用这种模式，不会写入相同的数据，避免了浪费通信的带宽。在该模式下，除了布尔型，其他类型的数据只有更新了才被写入。因为一般布尔控件要求瞬时响应，所以需要立即写入更新。

◆ Write only latest values for all tags：与 "Write only latest values for non_boolean tags" 模式基本相同，区别在于布尔值的处理。如果对布尔值的实时性要求不高，则可以选择在所有值发生变化时才写入外部设备。

Duty Cycle 项设置的是写次数与读次数的比率，默认值为 10，也就是每写 10 次读 1 次。如果长时间内没有写入数据，则按照固定的周期读数据。

### 2. 配置设备和标签

配置完通道后，接着配置设备。一个通道可以对应多个设备，通道下的所有设备使用相同的驱动程序。在配置设备对话框中，选择真正要使用的设备。这里选择 FX2N，FX2N 对应系列 PLC。

PLC 中包含大量的输入/输出点、计数器、定时器等，这些都对应着 PLC 的内部寄存器。如图 13-53 所示，配置标签，使 OPC 的标签与 PLC 内部的寄存器一一对应。这样我们读写 OPC 项目如同直接读写 PLC 内部的寄存器一样方便，中间的通信与转换完全由驱动程序自动完成。

如果需要同时与多个外部设备通信，则需要创建多个通道，创建过程基本类似。

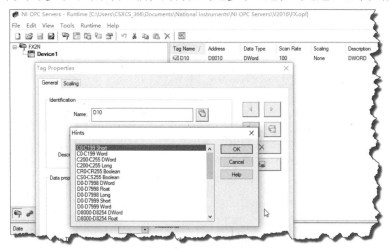

图 13-53　配置设备与标签

配置标签，将 PLC 内部的寄存器映射到对应的标签。在图 13-53 中，标签 D10 类型为 DWORD，对应 LabVIEW 中的 U32 数据类型。在 LabVIEW 中读写 D10，实际上就是操作 PLC 的 D10 数据寄存器。

### 3. 设置 I/O 服务器

配置 OPC 服务器后，外部设备的寄存器就映射到了 OPC 的标签。这时只需要在 LabVIEW 中读写这些标签，就能间接地对外部设备实施控制。DSC 通过 I/O 服务器访问 OPC 中的标签，因此我们需要在 LabVIEW 中创建 I/O 服务器。

创建 I/O 服务器必须使用项目和项目库（如图 13-54 所示）。在项目或者项目库的快捷菜单

图 13-54　配置 OPC IO 服务器与查看 I/O 项对话框

中，选择"新建 I/O Server"项，弹出对话框。然后选择"OPC Client"项（客户端）。接下来弹出配置 OPC 客户端 I/O 服务器的对话框，在这里我们选择 NI OPC 服务器。LabVIEW 将自动在项目中创建 I/O 服务器，操作完成后，通过 I/O 服务器的快捷菜单，可以查看到我们刚刚创建的标签。

通过上述一系列配置，在 LabVIEW 中就会出现 OPC 服务器中配置的标签。这意味着我们已经具备在 LabVIEW 中控制外部设备的能力了。

### 4. 将共享变量绑定到 I/O 服务器条目

将外部设备绑定到 I/O 服务器中的每个条目是通过共享变量实现的。如图 13-55 所示，创建共享变量后，先把共享变量绑定到 I/O 服务器中的条目上，然后通过读写共享变量，就可以间接控制外部设备了。通过 OPC 服务器直接映射外部设备的寄存器，在 LabVIEW 内部通过共享变量间接映射 OPC 服务器项目。

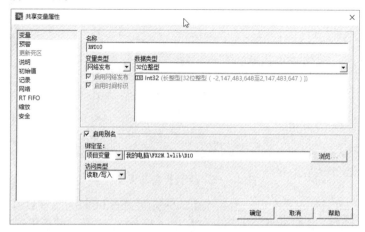

图 13-55　创建共享变量并将其绑定到 I/O 服务器条目

### 5. 模拟 OPC 服务器

DSC 涉及外部设备，在没有外部设备的情况下，可以使用 DSC 的模拟功能熟悉 DSC 工具的使用方法。

在 NI OPC 服务器中打开 simdemo.opf 文件，启动模拟 NI OPC 服务器。在该服务器中定义了斜坡信号发生器、随机信号发生器、正弦信号发生器等设备和众多的标签，如图 13-56 所示。

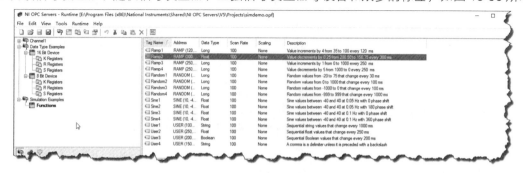

图 13-56　OPC 服务器模拟信号发生器

## 13.7.4　Modbus

DSC 工具内置了对 Modbus 总线的支持。目前市场上存在大量基于 Modbus 的串口通信设备，而且在 TCP/IP 工业控制总线的设备内部，也大多采用 Modbus 进行控制器与模块间的通信，因此有必要了解一下 Modbus。

### 1. Modbus 的基本概念

Modbus 目前在自动化领域使用非常广泛，原因之一是它纯粹是一个"软"协议，不依赖于任何通信介质和通信设备。Modbus 最早是由莫迪康（Modicon）公司研究开发的。该公司是世界知名的 PLC 生产商，因此它开发的协议自然与工业控制密切相关。目前该公司已经被施耐德集团收购，这必将进一步推动 Modbus 的发展。之所以说 Modbus 是工业控制总线，是因为它不是为计算机和计算机的通信而设计的，它更适用于控制器和控制器之间的通信。

Modbus 和 TCP/IP 的结合充分利用了 Modbus 和 TCP/IP 的特点，使通过以太网控制工业分布设备成为一种流行趋势，目前自动化设备已经成为网络的一部分。

对于串口通信，仅仅定义了硬件的通信规范，而没有规定具体的软件通信协议，通常都称该协议为自由协议。因此，串口通信经常使用软件通信协议，目前市场上出现了许多采用 Modbus 协议的串口通信设备。

Modbus 采用的是典型的主从通信模式，也就是说，对话由主控制器发出，从控制器被动地返回主控制器要求的信息或者执行主控制器要求的命令。主控制器既可以单独和网络中的任何一个从控制器通信，也可以广播通信。如果是一对一通信，则从设备返回信息。如果是广播方式，则从设备不返回信息。

Modbus 定义了一个与硬件通信层无关的简单协议通信单元（PDU），加上附加域就构成了基本的应用数据单元。应用数据单元（ADU）的构成如图 13-57 所示。

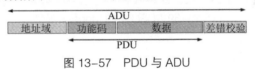

图 13-57 PDU 与 ADU

ADU 由如下几部分组成。

◆ **地址域**：指向需要通信的控制器的逻辑地址（1 字节），是由控制器本身规定的逻辑地址，用来区分需要通信的控制器。一个符合 Modbus 通信协议的控制器，自己会提供地址设定功能，由地址开关或者软件设置相应的地址。

◆ **功能码**：长度为 1 字节，每一个功能码代表不同的命令，要求控制器执行相应的动作。

◆ **数据区域**：用于向控制器传递数据。

◆ **CRC16 校验**：Modbus 差错校验采用常用的 CRC16 校验方式。

Modbus 通信是主从关系的通信，也可以看成客户机和服务器的通信。客户机是主控制器，服务器是从控制器。由客户机发起请求，由服务器做出应答。

### 2. Modbus 库

如果是简单的 Modbus 通信，没有必要采用 DSC 工具。NI 公司提供了简易的 Modbus 库，用于一般的 Modbus 通信。该库开放了源代码，从源代码可以了解 Modbus 协议的具体用法。NI Modbus 库的函数选板如图 13-58 所示。Modbus 库经常用于串口通信，使用非常广泛。

### 3. DSC 与 Modbus

DSC 直接支持 Modbus 通信，因此在 LabVIEW 中可以直接建立 I/O 服务器，选择 Modbus，然后建立共享变量并与 Modbus 规定的寄存器绑定，就可以自由通信了，不必关心 Modbus 内部细节，如图 13-59 所示。

图 13-58　NI Modbus 库函数选板

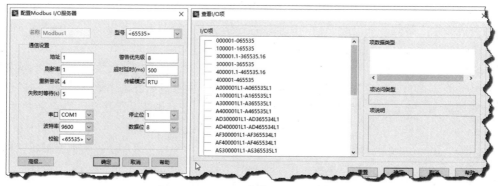

图 13-59　DSC 中的 Modbus 通信

### 13.7.5　共享变量的属性

DSC 与共享变量是密不可分的，在 13.3 节中，我们讨论了基本的共享变量属性。共享变量的其他属性均与 DSC 工具相关。创建共享变量后，在它的属性对话框中，可以看到共享变量存在许多与 DSC 直接相关的属性。

在 13.3 节中，我们通过项目及项目库，找到共享变量的引用，进而获取共享变量的属性。这一方法虽然具有通用性，但是使用起来极为不便。DSC 工具专门提供了共享变量函数选板，如图 13-60 所示。

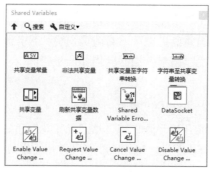

图 13-60　共享变量函数选板

"共享变量常量"、"非法共享变量"、"共享变量至字符串转换"和"字符串至共享变量转换"是常用的共享变量操作函数。

"共享变量常量"函数通过浏览对话框的方式，找到系统中已经部署的共享变量。LabVIEW

没有提供直接创建共享变量控件的方法，但是可以通过"共享变量常量"函数的快捷菜单创建。创建共享变量控件、共享变量引用及共享变量属性的方法如图 13-61 所示。

图 13-61　创建共享变量控件、引用及属性

需要注意，共享变量的属性与共享变量控件的属性是不同的，如图 13-62 所示。共享变量控件的属性是我们常用的控件属性，而共享变量的属性是共享变量的专用属性，与共享变量控件无关。

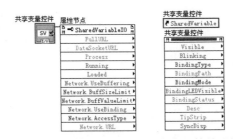

图 13-62　共享变量属性与共享变量控件属性

常用的共享变量属性包括如下这些。

◆ 变量名（Name）：显示在项目库中的名称，如"Random"。

◆ 进程（Process）：每个共享变量隶属于一个进程，通过浏览共享变量可以查看共享变量隶属的进程，进程可以是 I/O 变量或者项目库名称，如"I/O 服务器"。

◆ 整个 URL：共享变量由 URL 确定，包括计算机、进程与变量名，如"\\localhost\I/O 服务器\Random"。

◆ DataSocket URL：包括协议的 URL，如"psp:\\localhost\I/O 服务器\Random"。

◆ Network 属性：该属性中包含众多属性，比如网络 URL，是否绑定等。

◆ Scaling 属性：用于设置数据比例与范围，包括最大、最小值等。

◆ Logging 属性：用于设置数据记录属性，对应属性对话框中的"记录"选项卡。

◆ Alarming 属性：用于设置预警参数，对应属性对话框中的"预警"选项卡。

共享变量的属性十分复杂，与 LabVIEW 中常见的属性完全不同，需要仔细阅读帮助文件。

### 13.7.6　共享变量引擎 SVE 函数

DSC 工具能够自动创建共享变量、发布共享变量和取消共享变量。前文中已经提及利用项目动态创建共享变量的方法，这种方法非常复杂，通过 DSC 工具创建共享变量更为简单方便。

共享变量由共享变量引擎 SVE 负责管理，所以自动创建共享变量，实际上是在 LabVIEW 内部操作共享变量引擎。DSC 的 SVE 操作函数分为进程类、共享变量类和 I/O 服务器三类，如图 13-63 所示。

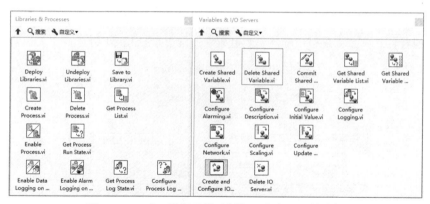

图 13-63　库、进程函数选板与共享变量函数选板

共享变量隶属于一个进程或者项目库，如果需要自动创建共享变量，则必须首先具备创建进程和查询进程的能力。

进程、项目库与共享变量的相关函数非常多，下面根据它们的功能进行分类介绍。

### 1. 进程与共享变量查询

对于已经部署的共享变量，我们首先想到的是如何获取共享变量，进而通过共享变量的属性节点实施控制。通过"进程列表"和"变量列表"函数，可以列举计算机中已经部署的全部进程和共享变量。图 13-64 所示的例子，列举出"I/O 服务器"进程中包含的所有共享变量。

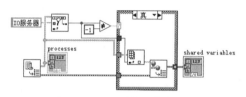

图 13-64　列举共享变量

### 2. 创建进程与共享变量

在介绍共享变量时，我们已经讨论过批量创建共享变量的方法。除此之外，还可以使用 DSC 工具创建共享变量。因为共享变量隶属于进程，所以首先必须创建新的进程。创建进程与共享变量的方法如图 13-65 所示。

图 13-65 所示的例子通过循环建立了两个进程，分别是"测试进程 1"和"测试进程 2"。首先利用"删除进程"函数删除同名进程，然后创建新的进程。利用"创建共享变量"函数，分别创建布尔变量和双精度变量两个共享变量。因为共享变量隶属于进程，所以不同进程中的共享变量，即使名称相同也不会互相影响。最后通过"提交共享变量"函数将共享变量提交给 SVE，完成共享变量的创建。

上面的例子只是展示了动态创建共享变量的基本过程。由于共享变量包含大量的属性，所以在创建共享变量的同时，一般需要设置共享变量的属性。共享变量的属性非常复杂，因此 DSC 工具在例程中提供了一些多态函数，专门用于设置共享变量的属性。这些多态函数很常用，但是没有列入 LabVIEW 文档，如图 13-66 所示（注意，新版 LabVIEW 已经将这些函数列入函数选板）。

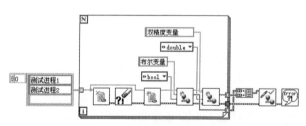

图 13-65　创建进程与共享变量

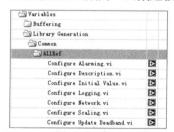

图 13-66　用于设置共享变量属性的多态函数

在图 13-65 所示的程序框图中加入对共享变量的属性设置，结果如图 13-67 所示。

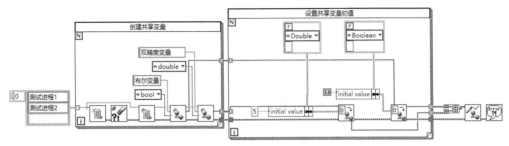

图 13-67 加入共享变量属性

### 3. 启动、停止进程与查看进程状态

通过进程函数，可以创建、删除、启动、停止进程。通过进程状态函数，可以查询进程状态。图 13-68 所示的程序框图就可实现启动、查看和停止进程。

### 4. 部署库、取消部署、存储到项目库

这三个函数的使用非常简单，如图 13-69 所示。

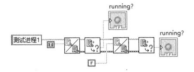

图 13-68 启动、查看和停止进程 　　图 13-69 部署库、取消部署、存储到项目库

"存储到项目库"函数非常实用，它可以批量导出计算机中的进程或者共享变量到项目库中。如果把项目库加入我们自己的项目中，就可以直接使用这些进程或者共享变量了。

进程函数选板中还包括与数据记录相关的一些函数。稍后结合数据记录一起讨论。

## 13.7.7 预警与事件

DSC 工具的中文名称是数据记录与监控模块。数据记录是指数据被自动写入实时数据库的过程，需要实时读写共享变量的值，然后将其写入数据库。监控主要是指在读写共享变量的同时，对于超出范围的数据，自动产生预警和事件。因此，数据的预警与事件是 DSC 工具的重要功能。预警可以分为预警设置与预警处理两部分。下面就针对预警进行详细的讨论。

### 1. 预警的设置

预警是共享变量的重要属性之一，预警的设置实际上就是对共享变量预警属性的设置。如果共享变量位于项目中，自然可以使用共享变量的属性对话框来设置。如果共享变量不是我们创建的，通过 NI 分布式系统管理器同样可以调用共享变量的属性对话框。如果共享变量是动态部署的，则在程序结束后，会自动取消共享变量的部署。一般通过共享变量的属性节点动态部署共享变量。

如图 13-70 所示，预警属性对话框中包含了大多数的预警属性。

- ◆ 启用预警：勾选该复选框，启用预警功能。只有启用预警功能，才能通过预警函数读取预警，不启用则不会发生预警。
- ◆ 启用：在"启用预警"复选框选中的情况下，可以单独地启用或者禁止部分预警。
- ◆ HI_HI、HI、LO、LO_LO：当变量值超过设定范围时会产生这些预警。一般 HI_HI（高高）和 LO_LO（低低）预警属于严重超标预警，必须立即处理。HI（高）预警和 LO（低）预

警属于一般预警，可能不需要采取特殊措施。

◆ **死区/时间（Deadband/Time）**：默认情况下使用百分比表示。当产生预警后，如果确认类型选择"Auto"（自动），而且当前值不在预警值乘以死区设置的百分比以内，则自动取消预警。该值不可以设置过大，否则可能无法取消预警。

◆ **确认类型**：分为自动和用户两种类型。自动类型根据数据的变化情况决定是否取消预警。选择用户方式时，由用户决定是否取消预警。

◆ **记录**：该复选框的勾选与否，可以决定是否将预警记录到数据库中。

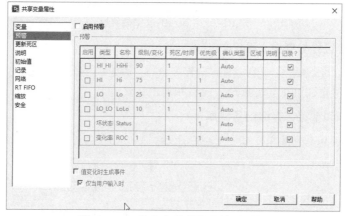

图 13-70　共享变量预警属性对话框

利用共享变量属性节点，可以设置共享变量的预警属性与其他属性，如图 13-71 所示。

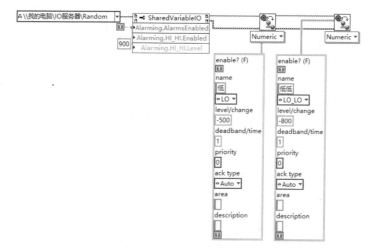

图 13-71　利用属性节点设置共享变量预警属性

### 2. 查询和显示预警信息

设置预警之后，一旦预警发生，需要捕获预警信息。从编程角度看，捕获预警信息无非两种方式。一种是查询方式，通过轮询的方式检查预警是否发生。另外一种方式是一旦预警发生，自动通知用户程序。这是基于事件驱动的编程方法。简单查询方式的预警，其程序框图如图 13-72 所示。

通过"读所有预警信息"函数，在循环中不断查询预警信息。若为该函数输入共享变量数组，则可以同时查询多个共享变量预警。

图 13-72　查询预警信息

DSC 提供了预警信息控件，但预警信息控件包含众多元素，不利于显示。DSC 自带的例程中提供了"使用列表框显示预警信息"函数，不过未列入函数选板中(注意，2016 版已经取消了该例程，可以从早期版本中复制)。如图 13-73 所示，在这里可以选择预警簇中的项目，并直接调用函数。

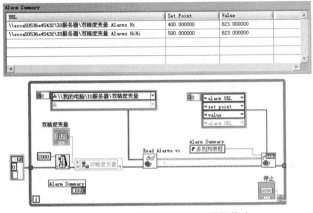

图 13-73　使用列表框显示预警信息

DSC 工具在预警控件选板中还提供了其他几个控件。其中有一个 ActiveX 控件，专门用来显示预警信息，如图 13-74 所示。

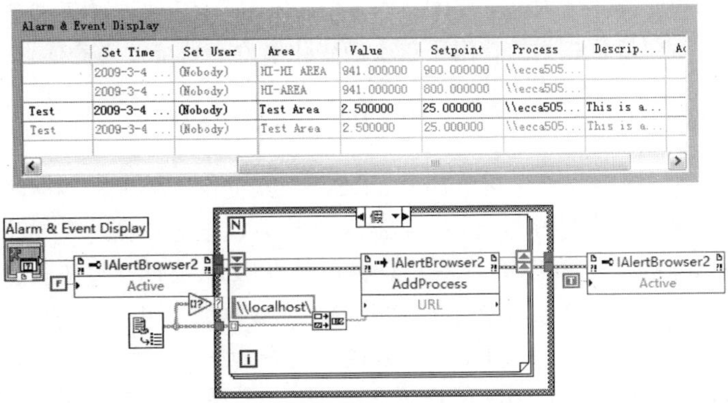

| Alarm & Event Display | | | | | | | | |
|---|---|---|---|---|---|---|---|---|
| | Set Time | Set User | Area | Value | Setpoint | Process | Descrip... | Ac |
| | 2009-3-4 ... | (Nobody) | HI-HI AREA | 941.000000 | 900.000000 | \\ecca505... | | |
| | 2009-3-4 ... | (Nobody) | HI-AREA | 941.000000 | 800.000000 | \\ecca505... | | |
| Test | 2009-3-4 ... | (Nobody) | Test Area | 2.500000 | 25.000000 | \\ecca505... | This is a... | |
| Test | 2009-3-4 ... | (Nobody) | Test Area | 2.500000 | 25.000000 | \\ecca505... | This is a... | |

图 13-74　"预警和事件显示"（Alarm & Event Display）ActiveX 控件

"预警和事件显示"控件的使用非常灵活。通过设置进程数组，可以监视选定进程的预警和事件。上例中显示的就是计算机中所有进程的预警和事件。通过控件的属性设置对话框，还可以设置预警信息、事件信息的颜色与字体等。

### 3. 利用事件结构捕捉预警信息

利用事件结构捕捉预警信息的程序框图如图 13-75 所示。使用事件结构处理预警信息，具有迅速快捷的优点。首先启用预警与事件通告，然后利用共享变量数组表明要获取哪些共享变量的预警信息，动态注册预警事件。在退出后禁止预警与事件通告，取消用户事件注册。

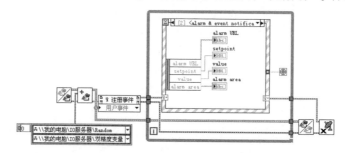

图 13–75　利用事件结构捕捉预警信息

　　DSC 工具提供了自定义预警功能，DSC 例程中也提供了相应的例子。除了预警，DSC 还可以监测共享变量值变化事件。监测值变化事件一般采用事件结构，如图 13-76 所示。

　　图 13-76 所示为利用事件结构捕捉预警与值变化事件的例子。

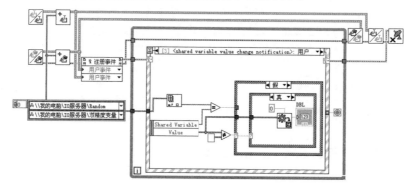

图 13–76　利用事件结构捕捉预警与值变化事件

　　在图 13-76 所示监测预警的程序中，通过事件结构，增加了共享变量值变化事件。由于各个共享变量的类型不同，因此事件结构返回变体数据类型。用户只能用搜索共享变量数组的方法来确定哪个共享变量的值发生了变化。另外，由于首次值变化事件有可能产生空值，因此需要忽略空值。

## 13.7.8　数据记录

　　数据记录是 DSC 工具的另一个重要功能。DSC 工具提供了强大的数据库管理功能，其通过建立数据集，可以批量周期性地将数据写入数据库，也可以根据预警、事件等条件自动写入数据库，或者编程写入数据库。安装 DSC 工具后，会自动在 LabVIEW 文件夹里建立 DATA 文件夹，其中包括数据库的各种文件。DSC 的数据库并非简单的数据库文件，它是一个综合的、基于网络的数据库管理系统。它兼容 SQL 和 ADO，可以通过常规操作数据库的方法读写数据库。DSC 的数据库为 Citadel historical database，是 DSC 和其他 NI 产品共同使用的数据库。

### 1. 直接读写数据库

　　常规数据库采用表和字段的方式定位数据，DSC 则采用 Trace 定位数据。Trace 这个词本意是跟踪，翻译成线索更为合适。如图 13-77 所示，利用"线索"直接写入两组数据，分别是 100 个随机数和 100 个正弦波形点。

　　将数据直接写入数据库分为打开"线索"、写入"线索"和关闭"线索"三个步骤。"线索"是定位数据的标志，打开"线索"需要指定数据库。

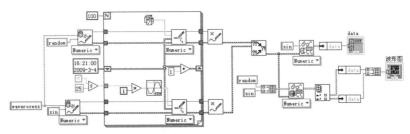

图 13-77  利用"线索"直接将数据写入数据库并读取写入数据和显示

利用"线索"标识的数据包括"值"和"时间"两部分，时间和值是一一对应关系，表示某一时刻的值。在图 13-78 所示的例子中，每次循环时间增加一秒，即每秒记录一个数据。通过"读取线索"函数和"读取多个线索"函数，读回存储的历史数据。历史数据由"值数组"和"时间戳数组"构成。

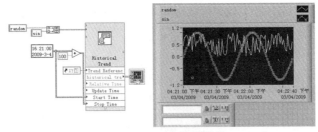

图 13-78  历史趋势曲线

### 2. 浏览历史数据

由于历史数据中的数据在时间点上往往不是等间隔的（比如预警数据），因此使用波形图等常规显示控件并不合适。DSC 工具专门提供了历史趋势曲线控件，用于显示历史数据。上例中的历史趋势曲线（如图 13-78 所示），实际上是定制的 XY 图，历史趋势曲线充分运用了 XY 图可以显示离散数据的特点。

DSC 工具提供了显示历史数据的工具。选择 DSC 工具菜单中的"浏览历史数据"项，DSC 会自动打开历史数据浏览器，如图 13-79 所示。

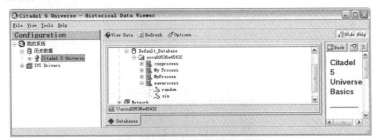

图 13-79  历史数据浏览器

通过图 13-79 中所示的"View Data"选项卡指定"线索"，即可以浏览"线索"标识的历史数据，如图 13-80 所示（此图只截取了数据显示部分）。

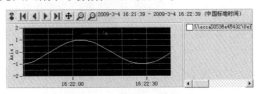

图 13-80  浏览 Sin 历史数据

历史数据浏览器不仅仅是浏览数据的工具，它还是 DSC 管理数据库的工具。通过历史数据浏览器，可以进行归档、压缩、删除数据等操作。通过它的快捷菜单，可以使用各种数据库管理功能。

### 3. 自动记录共享变量

通过"线索"方式我们可以直接读写 DSC 数据库。DSC 为共享变量的读写提供了更为便捷的方法，通过配置共享变量的记录属性，不需要任何编程，就可以自动记录历史数据。

首先需要配置项目库的通用数据记录属性，它作用于项目库中所有共享变量。

如图 13-81 所示，在项目库属性对话框中，可以设置是否启用数据记录；可以选择数据库所在的计算机，默认是记录在本地计算机中；可以选择数据库名称，默认使用当前数据库；可以选择数据库路径，默认使用当前数据库路径。"数据生命周期"属性用于设置数据保存的时间，超过时间后，数据自动被清除。勾选"启用预警及事件记录"复选框，则允许数据记录和预警。

图 13-81　配置项目库的 DSC 数据库

配置完项目的通用属性后，还要设置共享变量的属性。在共享变量属性对话框的"预警"页面中，可以设置具体的报警类型；在"记录"页面中，可以选择是否启用共享变量的记录，如图 13-82 所示。

配置完共享变量的属性后，接着部署项目库共享变量。部署完成后，DSC 会在后台自动记录数据和预警。这样，我们没有进行任何编程工作，数据的记录就自动完成了。

DSC 工具提供了实时趋势曲线快速 VI，特别适于显示共享变量的实时变化，如图 13-83 所示。

图 13-82　"记录"页面

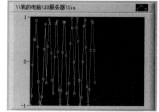
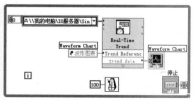

图 13-83　共享变量的实时趋势

通过历史数据浏览器，我们体验了 DSC 强大的实时数据显示功能。实际上浏览器内部调用的是"超级趋势"ActiveX 控件，在 DSC 的控件选板中可以找到它。如图 13-84 所示，在用户程序中可以利用 ActiveX 控件的属性和方法来动态控制"超级趋势"ActiveX 控件，当然也可以在运行时通过控件的属性对话框来设置它的属性，这样更为方便快捷。

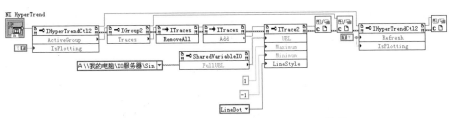

图 13-84 动态控制"超级趋势"Activex 控件

#### 4. 数据集

除了利用"线索"直接将数据写入数据库，DSC 还提供了数据集的方法将数据写入数据库。数据集用于统一管理相关的共享变量，其把相关的共享变量进行分组并集中管理。通过配置数据集，可以设置开始记录的条件和结束记录的条件。通过设置不同的运行 ID，同一数据集可以多次记录数据。例如，同样的数据采集可能进行多次，通过不同的运行 ID，就可以区分同一数据集下不同批次的数据。

接下来在项目库中新建 I/O 服务器。如图 13-85 所示，在 I/O 服务器对话框的"Definition"选项卡上，在"Start when"下拉列表框中选择合适的记录触发条件，然后单击"OK"按钮确定，这样就建立了数据集服务器。数据集服务器的属性设置比较重要，其中数据集 ID 是用来区分不同数据集的标识。因此首先需要选择代表数据集 ID 的共享变量，然后设置启动记录条件和停止记录条件。

这里选择新建立的字符串共享变量"Data_Set_ID"作为数据集 ID。开始记录和结束记录的条件有多个，详细介绍如下。

- ◆ ID Value Changes：选择该项，当 ID 值发生变化时，结束上次记录并启动新的记录。
- ◆ Discrete SV ON/OFF：由离散型共享变量即布尔型共享变量触发记录条件。比如，当共享变量为 ON 时开始记录，为 OFF 时结束记录。当然也可以选择 OFF 时开始记录，ON 时结束记录。

图 13-85 设置数据集服务器属性

- ◆ Analog SV>Limit、=Limit、< Limit：选择该项，模拟型共享变量在大于极限、等于极限或者小于极限时启动或者停止记录。
- ◆ String SV=Value：选择该项，表示由字符串型共享变量触发记录条件，比如 SV=START 时开始记录，SV=STOP 时停止记录。
- ◆ Time of Day：通过设置每天的开始记录时间和结束记录时间来启动或者停止记录。

选择不同的条件，"Definition"选项卡上的内容会自动发生变化。例如，选择"Time of Day"

项，将显示两个时间戳。设置相应属性后，数据集记录共享变量的过程将在后台自动完成。我们只需要启动或者停止记录就可以了，根本不需要编程。

图 13-86 所示的例子展示了如何利用布尔型共享变量启动和停止数据集记录。通过历史数据浏览器浏览记录的布尔型共享变量的变化，如图 13-87 所示。

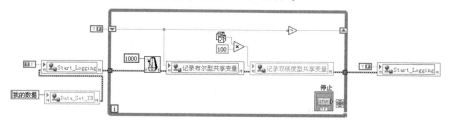

图 13-86　利用布尔型共享变量启动和停止数据集记录

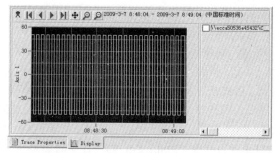

图 13-87　通过历史数据浏览器观察记录布尔型共享变量数据集中的值

DSC 工具也提供了许多数据库操作函数，但是一般情况下不需要对数据库直接操作。通过 DSC 工具，我们甚至不需要任何编程，就能实现数据记录。

### 13.7.9　安全与权限管理

LabVIEW 主要应用于测试测量和工业控制领域，而 DSC 工具主要针对工业控制领域。在这些领域中，安全与权限是必须要考虑的问题。我们开发的 LabVIEW 程序，对于不同级别的用户一般需要设置不同的权限。例如，只允许操作者执行一般的操作，而允许高级操作人员进行基本配置，系统工程师则会被赋予所有权限。在 DSC 中实施安全与权限管理首先必须建立域，因为所有后续权限设置都是基于域的。

#### 1. 域账号管理器

通过域账号管理器创建域、组和用户后，LabVIEW 会自动创建管理员组、来宾组和操作者组。在 LabVIEW 菜单中，选择"安全"→"域账号管理器"项，可以启动"域账号管理器"对话框，如图 13-88 所示。

图 13-88　域账号管理器

在图 13-88 中，已经创建了"我的域一"网络域。接下来创建三个用户，分别是系统工程师、高级操作员和普通操作者。每一个用户都通过属性对话框，分别设置了各自的密码。

### 2. 设置前面板控件的安全属性

前面板是 LabVIEW 程序显示给用户的操作窗口，所有的用户操作都是通过前面板上的控件进行的。控件的选项卡中包含了众多的属性，但是控件安全属性我们一直未提及。通过对前面板控件进行分级安全管理，可以使不同用户具有不同的软件权限。比如可以实现隐藏、禁止、发灰显示、只读等效果，如图 13-89 所示。对于系统工程师，赋予所有的权限；对于高级操作员和普通操作者，控件被禁止使用并发灰。不过这些需要 VI 运行时才起作用。

图 13-89　设置控件安全属性

当我们以普通操作者身份登录时，"启动高级操作面板"按钮与"启动高级设置"按钮处于禁止并发灰状态，这样程序就禁止了一般用户进行高级操作和系统配置，如图 13-90 所示。

图 13-90　普通操作者权限

### 3. 设置共享变量的安全属性

DSC 允许设置共享变量的安全属性。通过共享变量的属性对话框中的"安全"属性页，即可设置不同用户对共享变量的访问权限，如图 13-91 所示。

图 13-91　设置共享变量安全属性

当我们以系统工程师的身份登录时，可以对共享变量正常读写。当我们以普通操作者身份登录时，读写共享变量将产生错误，因为没有写入权限。对网络共享变量进行权限的分级管理尤其重要，可以限定哪些用户可以读写共享变量。

### 4. 与安全相关的 VI

控件与共享变量的安全属性一般是通过对话框静态配置的。DSC 也提供了一些与安全相关的

VI，用来查询域、组、用户等信息。同时，DSC 也提供了几个与登录相关的 VI。与安全相关的几个 VI 用法如图 13-92 所示。

上例中的登录过程是通过对话框完成的。使用登录 VI，则可以通过编程方式自动登录或登出，如图 13-93 所示。

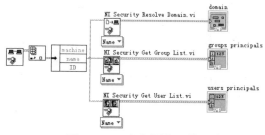

图 13-92　安全相关 VI 的用法　　　　　　图 13-93　自动登录或登出

上面几节简要讨论了 DSC 的典型应用。实际上，DSC 工具包括很多重要功能，很难在较短的篇幅内进行全面讨论，而是需要在实际应用中不断探索、思考与总结。

## 13.8　小结

本章介绍了计算机的基本接口，比如串口、并口，以及 TCP/IP 网络通信的基本方法。本章的后半部分详细介绍了 NI 的 DSC 工具包。DSC 工具包在工业自动化领域得到了广泛应用，利用此工具包，不需要复杂的编程，就可以直接与常见的工业控制设备，例如 PLC 通信，这极大地拓展了 LabVIEW 在工业自动化领域的应用。

◆　　　　　◆　　　　　◆

# 第 **14** 章 数据库与报表工具包

各种高级编程语言都提供了对数据库的支持，严格来说，它们在数据库操作上没有本质的区别。这是因为操作系统中的数据库驱动程序解决了数据库底层操作的问题，无论哪种高级编程语言，都是在底层驱动的基础上，利用 ODBC 或者 DAO、ADO 调用 API 接口来操作数据库的。

LabVIEW 可以通过自动化技术，使用 ADO 操作数据库。为了方便用户，NI 公司开发了数据库连接工具包，封装了 ADO 的接口。这样，即使我们对 ADO 和数据库没有太多的了解，也能轻松使用数据库。

我们在第 13 章介绍 DSC 模块时，曾提到可以通过 DSC 创建、读写数据库。不过 DSC 使用的是专门的数据库，用于自动记录监控数据，而我们要讨论的是通用数据库技术。LabVIEW 提供了大量的文件操作函数，我们还有必要使用数据库吗？答案是肯定的。

LabVIEW 中除了文本类型文件可以在任何环境下直接浏览，其他如二进制文件、TDMS 等文件都需要借助相应的浏览程序才能浏览。而数据库则不然，有相当多的工具都可以用来直接编辑、浏览数据库。

数据库具有极强的数据管理功能，比如数据的查询等，是普通文件系统无法比拟的。数据库虽然无法高速存储大量数据，每秒存储数千条记录已经达到极限了。但是对于中低速数据采集和工业控制而言，可以直接使用通用数据库记录数据，因此，数据库在测试测量和工业控制领域还是很常用的。

作为应用工程师，主要考虑数据库的具体应用问题，对于数据库的底层和 SQL 查询语言可能不熟悉。使用 NI 公司的数据库连接工具包，不必考虑数据库的细节，只需要了解一些数据库常识即可。

## 14.1 准备使用数据库连接工具包

在使用数据库连接工具包之前，必须具备一些数据库方面的基本知识，如创建数据库、建立数据源、理解 ADO 模型等。这些基础知识虽然不属于工具包的内容，但却是使用工具包的基础，不能不掌握。

### 14.1.1 创建数据库

数据库连接工具包没有提供创建数据库的方法，但是可以通过其他工具创建数据库，比如微软 Office 中的 Access、VB 等。如果必须通过编程创建数据库，则可以复制数据库文件，并删除其中的所有表，然后再将其另存成新的数据库文件。工具包支持动态创建表和字段，因此动态构建数据库是没有问题的。

#### 1. 静态建立数据库

如果数据库中的表、字段是固定的，那么静态创建数据库最合适。下面我们使用 Access 建立一个样板数据库，然后动态创建一个新的数据库。

如图 14-1 所示，先通过 Access 创建一个数据库，同时创建测试数据表。表中包含三个测试通道（数值）、一个测试说明（文本）、一个测试时间（时间）和一个测试合格（布尔型）字段。

下面我们通过这个数据库逐步熟悉数据库工具包的用法。

### 2. 动态建立数据库

通过模板建立新的数据库，其程序框图如图 14-2 所示。以数据库文件作为模板新建数据库文件后，利用工具包中的"删除表"VI，删除所有的表，就建立了一个空白的数据库。

图 14-1 通过 Access 创建数据库

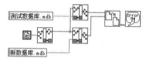

图 14-2 通过模板建立新的数据库

## 14.1.2 建立数据源

使用数据库，首先需要和数据库建立连接关系。我们是通过连接字符串和数据库建立连接关系的，由于不同类型的数据库文件需要不同的驱动程序，所以连接字符串的构成很复杂。因此，一般采用数据连接工具自动创建连接字符串。

### 1. 利用 DSN 连接数据库

DSN（Data Source Name）即数据源名称。在 Windows 操作系统的控制面板中，选择"性能和维护"→"管理工具"→"数据源（ODBC）组件"，调用"ODBC 数据源管理器"对话框，如图 14-3 所示。

在图 14-3 中，可以配置三种类型的 DSN。

◆ **用户 DSN**：Windows 支持多个用户登录，不同的用户具有不同的权限。用户 DSN 只对创建 DSN 的用户有效，其他用户无权访问。

◆ **系统 DSN**：该类型的 DSN 对当前计算机中的所有用户均有效。

◆ **文件 DSN**：该类型的 DSN 以文件的形式存储连接信息，文件后缀名为 DSN。该类型 DSN 的内容实际上是文本，可以用记事本打开。

图 14-3 配置 DSN

在图 14-3 所示的对话框中，单击"添加"按钮，打开"创建新数据源"对话框。由于我们创建的是 Access 类型的 MDB 数据库，因此在对话框中选择"Access 驱动"。接下来创建 DSN，选择合适的数据库文件。这样就可以通过 DSN 直接操作数据库文件了。

成功创建了 DSN 后，用户 DSN 和系统 DSN 存储于注册表中，文件 DSN 存储在 C:\Program Files\Common Files\ODBC\Data Sources 文件夹中。注册表和文件 DSN 中的内容如图 14-4 所示。

### 2. 利用 UDL 连接数据库

ADO（ActiveX Data Objects）是微软利用自动化服务器技术开发的数据库接口。它不同于传统的 ODBC，ODBC 仅支持关系型数据库，而 ADO 对关系型数据库和非关系型数据库都提供了支持。

如同 ODBC 的 DSN 一样，使用 UDL（通用数据库连接）文件也可以指定 ADO 的连接字符串。创建 UDL 文件有三种常用方法。

◆ 复制一个现有的 UDL 文件后，更改名称，然后双击文件，通过"连接属性"对话框连接到数据库文件。

◆ 在操作系统快捷菜单中，选择"创建数据库连接（UDL）"项。某些版本的快捷菜单中可能不显示该项。

◆ 通过 LabVIEW 菜单，单击"工具"菜单下的"Create Data Link"项，创建 UDL。

创建 UDL 文件后，双击该文件，即可打开"连接属性"对话框，然后配置数据库连接属性。必须为不同类型的数据库文件选择对应的提供者，比如 MDB 数据库文件的提供者应该选择"JET4.0 OLE DB Provider"，而 SQL 服务器应该选择"SQL Server"。

在"连接"选项卡上选择希望连接的数据库文件，并测试一下连接状态。测试连接成功后，UDL 文件将自动记录连接数据库的相关信息。UDL 文件本质上是文本文件，可以用记事本打开，它的内容如图 14-5 所示。

图 14-4　注册表和文件 DSN 中的内容

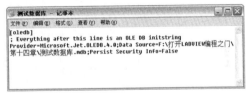

图 14-5　UDL 文件内容

### 3. 利用连接字符串连接数据库

无论是 UDL 文件还是 DSN 文件，它们存储的都是连接字符串。因此，我们可以根据规定的格式，直接输入连接字符串。分析图 14-5 中 UDL 文件的内容，数据源指向的是我们要操作的数据库，因此可以直接定义连接字符串。自定义连接字符串的程序框图如图 14-6 所示。

图 14-6　自定义连接字符串

由于 LabVIEW 开发环境与运行环境的路径是不同的，因此通过判断是否为运行环境，使数据库文件的路径指向不同位置。通过自定义连接字符串，还可以在程序中将数据源自由地指向其他数据库文件。

## 14.1.3　数据库工具包支持的数据类型

LabVIEW 中有各种数据类型，数据库中也同样存在各种数据类型，但是数据库工具包只支持 6 种数据类型，如图 14-7 所示。

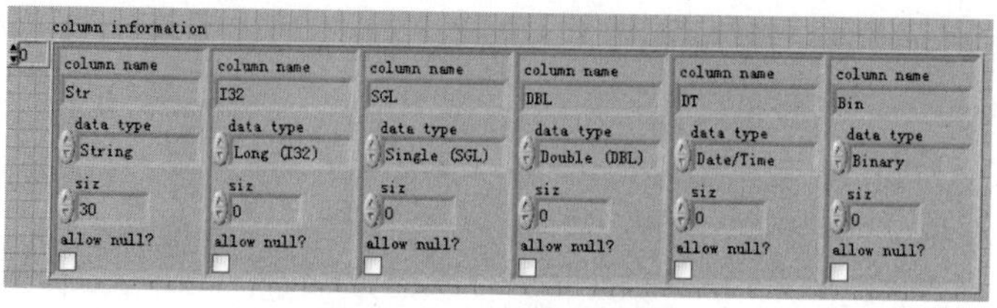

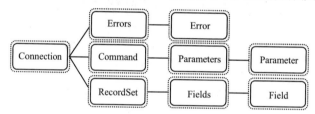

图 14-7　6 种数据类型

数据库工具包支持的数据类型包括字符串、I32 整型数、单精度浮点数、双精度浮点数、日期时间类型和二进制数据。数组、簇、波形数据、图片等 LabVIEW 中的数据类型，可以通过平化字符串的方式转换成二进制数据存储。这种方式对于数据存储而言没有什么问题，但是无法浏览二进制数据。

常规数据库支持货币和布尔型数据，但是数据库工具包不支持这两种类型，在创建数据库时，应尽量避免使用不兼容的数据类型。工具包在写入数据库时，会自动将布尔类型转换成 TRUE 或者 FALSE 字符串，而读取时会自动把 TRUE 或者 FALSE 字符串转换成布尔型数据。

## 14.1.4　ADO 模型

ADO 模型具有易于使用、速度快、占用空间少的优点，NI 的数据库连接工具包就使用了 ADO 模型。因此，在使用工具包之前，了解 ADO 编程模型是必要的。ADO 模型通过对象、属性、方法和事件访问数据库。ADO 模型包括多个对象，而且对象之间具有明显的层次关系，如图 14-8 所示。

图 14-8　ADO 模型

在 ADO 模型中，只有创建上一级对象后，才能创建下一个级的对象。每个对象都具有自己的属性、方法和事件。在访问具体的数据库时，根据具体情况选择要创建的对象，而很多时候创建其中几个对象就可以满足要求，并不需要创建所有对象。

数据库工具包经常会使用连接（Connection）对象、命令（Command）对象和数据记录集（RecordSet）对象。下面我们结合工具包中 VI 的用法，通过实践熟悉 ADO 模型。

## 14.2　数据库基本操作

数据库的基本操作包括创建表、删除表、插入记录、删除记录、编辑记录和浏览记录等。掌握了这些基本操作，就可以自如地使用数据库了。

### 14.2.1　建立连接

根据 ADO 模型，访问数据库首先必须创建连接。如上文所述，可以用 DSN、UDL 等不同方式连接数据库。无论使用的是 DSN 还是 UDL，LabVIEW 都会自动创建 Connection 对象。

安装数据库工具包后，在 LabVIEW 函数选板中会出现数据库函数选板，如图 14-9 所示。

我们首先需要学习如何连接（打开）数据库和关闭数据库。连接数据库是通过"打开连接"函数实现的，该函数是多态函数，具有多种连接方式，概述如下。

### 1. 选择数据库

如图 14-10 所示，使用"DB Tools Open Connection.vi"建立连接，使用"DB Tools Close.vi"关闭连接。当"prompt"（提示）端子连接 TRUE 时，表示程序运行时，用户通过"数据连接"属性对话框选择数据库。

图 14-9　数据库函数选板

图 14-10　建立连接与关闭连接的 VI

与建立 UDL 文件不同，图 14-10 所示的例子虽然使用相同的"数据连接"属性对话框，但是并不建立 UDL 文件，只是通过对话框获取连接字符串。通过追踪"打开连接"函数，我们也可以学习通过编程打开"数据连接"属性对话框的方法。打开"数据连接"属性对话框的程序框图如图 14-11 所示。

### 2. 使用 DSN 连接数据库

使用用户 DSN 或者系统 DSN，直接输入 DSN 字符串，可以连接数据库，如图 14-12 所示。如果数据库没有密码保护，则可以不使用"userID"和"password"端子。

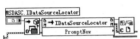
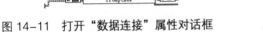

图 14-11　打开"数据连接"属性对话框

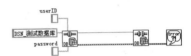

图 14-12　使用 DSN 连接数据库

使用文件 DSN 连接数据库的程序框图如图 14-13 所示。

### 3. 使用 UDL 文件连接数据库

使用 UDL 文件连接数据库的程序框图如图 14-14 所示。

图 14-13　使用文件 DSN 连接数据库

图 14-14　使用 UDL 文件连接数据库

### 4. 使用连接字符串连接数据库

如图 14-15 所示，直接定义连接字符串来连接数据库，这种方式更为灵活。

以上几种不同的连接方式虽然使用的是相同的连接函数，但是 ADO 的连接字符串是不同的。这也意味着虽然调用不同的数据库驱动程序，但是 ADO 的高层接口却是相同的。因此，通过不同的驱动程序，ADO 以相同的方式调用不同的数据库，我们不需要关心底层细节。

从 ADO 的模型可以看出，每个对象都具有自己的属性。数据库工具包提供了"读取对象属性"和"设置对象属性"VI，这两个 VI 为多态 VI，可用来操作连接对象、命令对象和数据集对象，如图 14-16 所示。

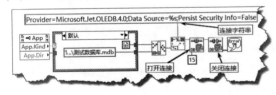

图 14-15　使用连接字符串连接数据库

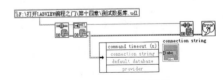

图 14-16　读取属性

"读取对象属性" VI 只封装了连接的部分属性，包括命令超时、连接字符串、当前数据库和提供者。由于"读取对象属性" VI 是多态 VI，并且开放源代码，因此可以修改"读取对象属性" VI，以读取更多的属性。

通过重构属性 VI，我们可以获取 ADO 的所有属性。数据库工具包封装了最常用的属性，这些属性大多数情况下都可以满足我们的要求。

## 14.2.2 表操作

数据库以表的形式管理数据，每个数据库包含多个表，每个表包含多个记录，每个记录由多个字段组成。因此，访问数据库实际上是访问数据库指定表中的记录或者记录的字段。数据库表的操作包括列举数据库中所有表、创建表和删除表。

为了方便起见，我们用连接字符串连接测试数据库，如图 14-17 所示。然后把连接字符串封装成 VI，供其他 VI 调用。

### 1. 创建表

创建表有多种方法。可以在其他软件中创建表，比如 Access 等。在 LabVIEW 中创建表有两种方法：一是利用"创建表"函数；二是插入数据时，如果表不存在，则自动创建新表。

如图 14-18 所示，这里展示的是如何通过"创建表" VI 创建雇员情况表。列信息数组中定义了 5 个字段，包括姓名、出生日期、年龄、工资和个人照片。列信息包括列名（字段名）、数据类型（字段数据类型）、长度以及是否允许空数据。

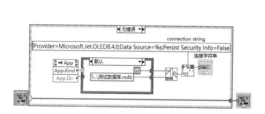

图 14-17 "连接测试数据库" VI

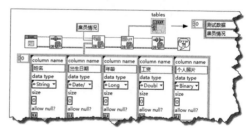

图 14-18 利用"创建表" VI 创建新表

### 2. 列举表与表中的字段信息

测试数据库中目前已经含有两个表：一个是在创建数据库的同时创建的测试数据表，另一个是我们通过"创建表" VI 创建的雇员情况表。

通过"列举表" VI 可以列举数据库中的所有表，通过"列举列信息" VI 则可以获取表中所有字段的信息。列举表中字段信息的程序框图和效果如图 14-19 所示。

删除表非常简单，在"删除表" VI 中连接需要删除的表名称即可，这里不做过多介绍。

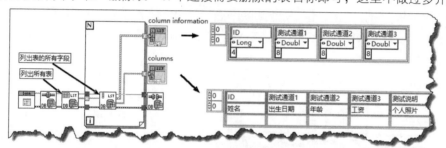

图 14-19 列举表中字段信息

### 14.2.3  插入数据

向数据库中添加数据，通常称作添加记录，这是数据库的基本操作之一。数据库工具包以簇的形式管理数据，每个簇代表一个记录。为了使用方便，一般需要建立包含所有字段及其数据类型的自定义簇。

通过工具包提供的"插入数据"VI，可以实现多种方式的添加记录操作。下面详细介绍"插入数据"VI 的不同用法。

#### 1.  在指定表中插入数据

"插入数据"VI 可以用多种方式插入数据，如果表已经存在，则指定表名称和由字段构成的簇，就可以在表中插入数据。如图 14-20 所示，通过循环插入 100 条记录。

#### 2.  插入数据的同时建立新表

默认情况下，为表插入数据时，这个表必须存在，否则返回错误。如果"插入数据"VI 的"创建表"输入端子选择为 TRUE，那么在表不存在的情况下将自动创建新表，如图 14-21 所示。该例子实际上提供了建立新表的另外一种方法。

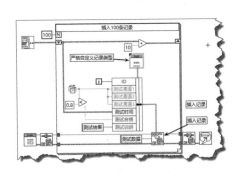

图 14-20　插入记录

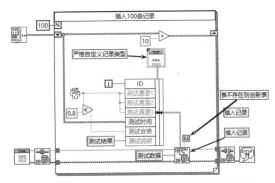

图 14-21　如果表不存在，则自动创建新表

自动创建新表时，会自动创建 COL0、COL1、COL2……字段，如果输入了列名称，则创建新表时，新表会使用给定的列名称（字段名称）。创建新表并指定字段名的程序框图如图 14-22 所示。

#### 3.  插入部分字段

很多情况下，我们不需要添加记录的所有字段。可以通过输入列名称来指定需要添加的字段，我们使用"插入数据"VI 添加记录中的部分字段，如图 14-23 所示。

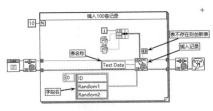

图 14-22　创建新表并指定字段名

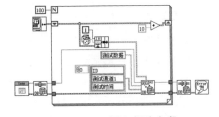

图 14-23　插入部分字段

由于仅插入部分字段，因此当捆绑数据成簇时，必须保证簇的次序与字段（列名）的次序是完全一致的。

#### 4. 插入二进制数据

数组、簇、波形数据等复合数据类型可以以二进制方式存储在数据库中，这种方式的缺点是无法用一般的数据库工具浏览数据。如图 14-24 所示，插入波形数据、信号和图片数据。

另外，"插入数据" VI 的 "Flatten Cluster？" 端子用来选择是否平化簇，默认为不选择。如果不选择平化簇，则簇中的每个元素作为一个字段。如果选择平化簇，则整个簇作为二进制数据。

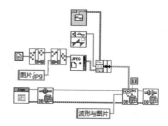

图 14-24　插入波形数据、信号和图片数据

### 14.2.4　读取数据

从数据库中读取数据指的是从数据库特定表中读取数据。读取数据有多种方法，通过"选择数据" VI、SQL 语句或记录集都可以，使用"选择数据" VI 最为方便。"选择数据" VI 的说明如图 14-25 所示。

"选择数据" VI 读回的数据是变体类型，因此必须还原成一般的 LabVIEW 数据类型。LabVIEW 提供了将变体数据转换成一般数据的函数。可以在常规数据上直接使用这些函数，不过由于数据库中数据类型的特殊性，工具包提供的转换函数兼容性更好。

"选择数据" VI 的使用非常灵活，根据不同的输入参数其功能也不同。下面通过具体示例详细介绍"选择数据" VI 的用法。

#### 1. 读取表中的所有数据

如果只给定表名称，则"选择数据" VI 返回表中的所有数据，包括所有字段和所有记录。如图 14-26 所示，读取图 14-24 所示的例子写入的图片和波形数据。

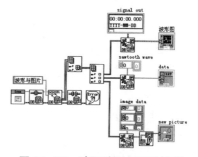

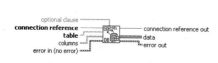

图 14-25　"选择数据" VI

图 14-26　读取波形与图片数据

#### 2. 表与表格控件

在数据库中，表的存储方式与表格控件的存储方式类似，因此表格控件最适合显示数据库中的记录。由于读取数据库后返回的是变体数据，而表格控件需要二维字符串数组，所以在实际应用中，通常需要创建子 VI，把记录转换成字符串数组，如图 14-27 所示。

在图 14-27 中，测试数据自定义簇包含数据库的所有字段，转换后，一个数据库记录则对应一个一维字符串数组，多个记录对应二维字符串数组。

图 14-28 所示的例子，读取所有记录，并通过循环将它们转换为二维字符串数组，显示在表

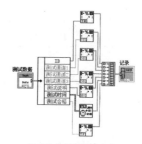

图 14-27　将测试数据转换成字符串数组

格控件中。图 14-29 展示了将数据显示在表格控件中的效果。

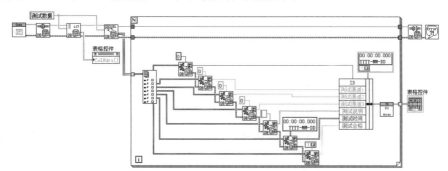

图 14-28 读取测试数据表中所有数据并写入表格控件

| 测试数据 | | | | | |
|---|---|---|---|---|---|
| ID | 测试通道1 | 测试通道2 | 测试通道3 | 测试说明 | 测试时间 | 测试合格 |
| 39 | 0.715835 | 0.715835 | 0.715835 | 测试结果 | 2009-3-9 11:29:15 | TRUE |
| 40 | 0.155017 | 0.155017 | 0.155017 | 测试结果 | 2009-3-9 11:29:24 | TRUE |
| 41 | 0.041243 | 0.041243 | 0.041243 | 测试结果 | 2009-3-9 11:29:35 | TRUE |
| 42 | 0.787741 | 0.787741 | 0.787741 | 测试结果 | 2009-3-9 11:29:45 | TRUE |
| 43 | 0.067364 | 0.067364 | 0.067364 | 测试结果 | 2009-3-9 11:29:55 | TRUE |

图 14-29 利用表格控件显示测试数据

### 3. 变体数组转换为二维字符串数组

表格与多列列表框是显示数据库数据最常用的控件，它们的表现形式与数据库表非常类似。上例中使用的方法是分别取出各个数据，单独转换成字符串。实际上，可以直接将返回的变体数组转换成字符串数组，并写入表格，如图 14-30 所示。

### 4. 同时读取多个表

使用"选择数据"VI 可以同时读取多个表，不同表名称用英文逗号分隔。读取多个表的程序框图如图 14-31 所示。

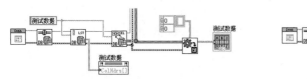

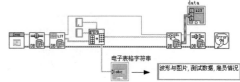

图 14-30 表数据直接被写入表格控件　　　　图 14-31 读取多个表

需要特别注意，读取所有表中的数据时，多个表名称之间用英文逗号分隔，而不是中文逗号。错误地使用中文逗号，是引起数据库操作错误的常见原因。

### 5. 读取符合条件的记录

通常数据库中包含很多表，每个表又包含大量字段，所以读取全部数据非常浪费系统资源。因此，我们读取数据时，经常希望读取满足一定条件的数据，也就是数据查询。

使用数据库工具包查询数据很简单，例如，通过"选择数据"VI 可以返回部分满足条件的记录，通过指定"选择数据"VI 的列参数，可以返回指定的一个或者多个列（字段）的数据。

如图 14-32 所示，设置列参数，可以返回"测试通道 1"和"测试时间"数据，然后转换成双精度数和时间戳，并显示在 XY 图中。

通过"Optional Clause"输入端子，输入 SQL 筛选条件，可以进一步筛选数据。如图 14-33 所示，返回测试通道 1 中所有不合格以及大于 0.9 的数据。

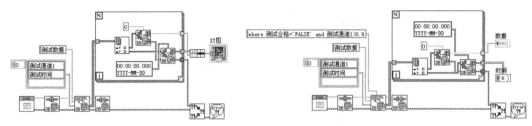

图 14-32　读取"测试通道 1"和"测试时间"数据　　　图 14-33　使用筛选条件

另外，还要提一下 SQL。SQL 是操作数据库的重要工具，其不属于工具包本身的内容。如果需要实现数据库的高级功能，是离不开 SQL 语句的，后续内容很多都涉及 SQL 语句，因此熟悉其常规语法是必须的。

### 14.2.5　记录集与数据浏览

通常数据库管理程序必须提供数据浏览功能。在数据库表中，由多个字段构成一条记录，每个表中包含多个记录。通过"选择数据"VI 可以返回多个记录构成的记录集，由于记录集包含的记录众多，因而往往 VI 执行效率很低。很多时候我们关心的是表中的单条记录，而不是全部，这就涉及 ADO 中另一个重要对象——记录集。

记录集本身是一个对象，有自己的属性和方法。数据库工具包封装了记录集创建过程，通过"执行数据集查询"VI 可自动返回记录集。下面详细介绍有关记录集的操作过程。

#### 1.　创建与释放记录集对象

通过"执行数据集查询"VI 可以返回记录集对象，根据输入的筛选条件，查询函数可以返回符合特定条件的记录集。在对记录集对象操作完成后必须释放记录集对象，如图 14-34 所示。

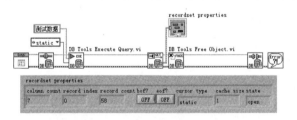

图 14-34　创建与释放记录集对象

通过记录集对象属性可以获取表中包含的符合条件的记录数、游标类型、记录索引号等。通过 SQL 设置筛选条件，可以进一步筛选符合条件的记录。如图 14-35 所示，该例子返回测试数据表中，所有测试不合格的记录。

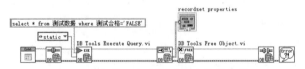

图 14-35　获取所有测试不合格的记录

#### 2.　选择游标

执行记录集查询时，需要输入游标类型。在图 14-35 中选择的是 static（静态游标）。游标中保存的是记录集中当前记录的位置，通过游标可以移动到前一个记录、下一个记录，或者移动到任意记录。

游标使用磁盘空间、内存空间等临时存储资源存储备份记录集。工具包中包含了几种游标，分别对应 ADO 内部的游标。

- ◆ Forward Only：移动该游标，仅能移动到下一个记录位置（Move Next），而不能前后移动。使用该游标，当使用备份资源时，其他用户修改结果不能及时体现。比如其他用户编辑修改了记录，而我们只能浏览到备份资源中的结果。
- ◆ Key Set：键集游标，移动该游标，可以前后遍历记录。它为打开的记录集创建了一个关键字列表，类似记录集的描述。使用该游标，只有访问数据的时候才取得数据值。可以即时看到修改信息，但是不能即时得到数据是否被删除的信息，因为这个关键字列表是事先初始化好的。
- ◆ Dynamic：这是动态游标。移动该游标，可以前后遍历记录，这样能够体现其他用户的修改更新，但是效率有所降低，只有必须体现数据库即时更新状态时才选择动态游标方式。
- ◆ Static：这是静态游标。移动该游标，可以前后遍历记录，但是不能体现其他用户即时更新。在不考虑其他用户是否修改的情况下，可以选择使用静态游标。静态游标操作的是备份数据，即使数据库连接已经断开，仍可继续使用该游标。

### 3. 移动记录

获取记录集后，就可以利用记录集的方法移动游标，比如"移动到前一个记录""移动到下一个记录""移动到第 N 个记录""移动到第一个记录""移动到最后一个记录"等。数据库工具包仅提供了"移动到前一个记录"、"移动到后一个记录"和"移动到第 N 个记录"这三个方法。

数据包高级函数选板中提供了有关记录集的函数。首先我们看看"移动到下一个记录"VI 的源代码，通过修改该 VI 可以创建自己的记录集函数，如图 14-36 所示。

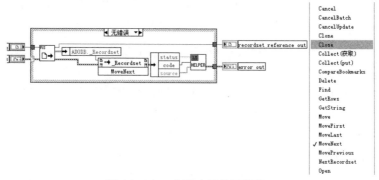

图 14-36　创建自己的记录集 VI

"移动到下一个记录"VI 实际上是调用 ADO 记录集的方法实现的。使用同样的方式我们也可以调用其他方法，如 Delete、AddNew、Find、GetRows 等。

### 4. 获取记录中的字段

通过移动游标可以遍历数据集。一旦定位记录，我们自然会考虑如何获取记录中的字段。工具包提供了两个有关获取记录中数据的 VI，分别是"获取记录集数据"VI 和"获取元素数据"VI。

如图 14-37 所示，使用"获取记录集数据"VI，返回记录集中的所有数据。我们已经知道如何通过"选择数据"VI 获取表中的所有数据，而通过记录集对象可以实现同样的功能。

通过"获取元素数据"VI 可以获取指定记录中各个字段的值，如图 14-38 所示。

在图 14-38 中，我们使用了"移动到第 N 条记录"VI，该 VI 直接将游标移动到指定位置。其中，0 代表第一个记录，–1 表示移动到最后一个记录，N 表示移动到第 N 个记录。使用"获取元素数据"VI 获取指定记录中的字段时，可以输入列索引值代表字段（0 表示第一个字段），也可以通过字段名获取字段值。另外，"获取元素数据"VI 为多态 VI，可以直接指定字段的数据类型。

图 14-37  通过记录集获取所有记录　　　　图 14-38  获取指定记录中的字段

### 5. 利用记录集对象创建基本的数据库管理程序

具备了有关记录集的基本知识后，就可以利用记录集对象，创建完整的数据库记录浏览程序了。下面我们就创建一个简单的数据库程序，其包括添加记录、删除记录、浏览记录等功能。

**step 1**　修改"执行查询"VI，设置记录集锁定模式。

这里的例子通过"执行查询"VI 返回数据集，默认情况下以只读的方式返回，因此不允许添加新记录或修改更新。可能是由于创建多态 VI 的需要，"执行查询"VI 没有提供设置记录集锁定的方法。打开"执行查询"VI，其程序框图如图 14-39 所示。

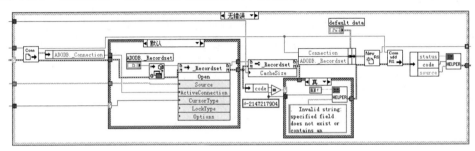

图 14-39  "执行查询"VI

如图 14-39 所示，其中"LockType"输入端子未连接，使用的是默认值。LockType 可以使用如下值。

- ◆ adLockReadOnly(1)：默认值。使用该值，则记录集对象以只读方式启动，此时无法执行 AddNew、Update 及 Delete 等方法。
- ◆ adLockPrssimistic(2)：使用该值，则当数据源在更新时，系统会暂时锁住其他用户的动作，以保持数据一致性。
- ◆ adLockOptimistic(3)：使用该值，则当数据源在更新时，系统并不会锁住其他用户的动作，其他用户可以对数据进行增加、删除、修改的操作。
- ◆ adLockBatchOptimistic(4)：使用该值，则当数据源在更新时，其他用户必须将 CursorLocation 属性改为 adUdeClientBatch 才能对数据进行增加、删除、修改的操作。

因为我们的数据库管理程序需要增加和修改记录，所以不能选择只读方式，只能选择可以修改和更新方式。首先复制"执行查询"VI，增加"LockType"输入端子，或者修改"执行查询"VI 的默认输入，选择"adLockOptimistic"方式。为了方便，我们直接修改"执行查询"VI。

**step 2**　创建"修改记录集"VI。

因为修改和更新时需要修改字段的值，而工具包只提供了"记录集获取字段值"VI，所以需要修改该 VI，创建一个可以设置记录集字段值的 VI。"设置记录集字段值"VI 的程序框图如图 14-40 所示。

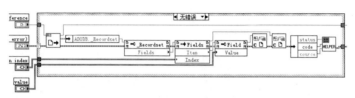

图 14-40 "设置记录集字段值" VI

**step 3** 创建数据库浏览与更新管理程序。

通过以上步骤,我们创建了一个简单的数据库浏览与更新程序。数据库浏览与更新程序的主 VI 如图 14-41 和图 14-42 所示。

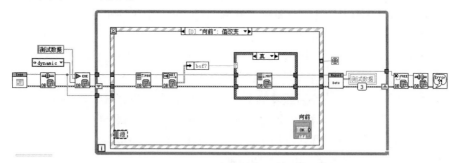

图 14-41 移动到前一个记录

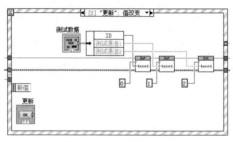

图 14-42 更新记录

记录集对象是 ADO 模型最常用的对象。通过记录集对象,可以完成大多数数据库操作,如遍历记录、浏览数据库等。记录集对象包括很多的属性和方法,但是工具包仅提供了其中一部分,个别情况下需要自己添加功能函数。

## 14.2.6 事务与提交

事务是数据库中的一个重要概念,它主要用于保证数据的完整性。如果多个用户同时操作一个数据库,而一次完整的测试结果可能包括多个记录,就要求本次测试的数据必须是连续存放的。如果此时也在存储其他用户的测试结果,则记录的数据就可能存在交叉,导致数据的不完整。

很多数据是按照一定的规则分组存放的,如果组中的数据出现错误,则该组数据不能保存,必须取消。事务是一个命令序列,要么全部执行,要么全部不执行。通过事务的相关函数就可以保证数据的完整性。

事务会确定一个开始点,之后所有操作并没有实际操作数据库,而是直到调用函数,操作才正式生效。也可以取消前面的操作,重新回到开始点。使用事务的程序框图如图 14-43 所示。

在图 14-43 中,当"存储"端子为真时,提交事务,使更改生效,并且写入 100 个数据。当"存储"端子为假时,取消(回卷)事务,不插入数据。事务函数的 Operation 输入端子为枚举数据类型,包括 begin(开始)、commit(提交)和 rollback(取消)这 3 个选项。

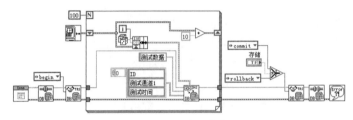

图 14-43　使用事务

如同 LabVIEW 的全局变量一样，当多用户同时读写数据库时也会产生错误的结果。这个问题就可以通过事务函数来解决。当多用户读写数据库时，事务函数可以锁定事务并设置隔离级别。所谓设置隔离级别就是采用不同的锁定策略，锁定级别越高，引起的冲突越小。

多用户同时读写会引起以下问题。

◆ Dirty reads（脏读）：一个用户的数据更新尚未提交，另外的用户却读取了这条数据，由于读取的是更改前的数据，因此读取的是错误的数据。

◆ Non repeatable reads（不可重复读）：一个用户读取了数据后，其他用户修改或者删除了数据，导致原来的用户再次读时发现数据已发生变化或者不存在。

◆ Phantom reads（幻象读）：一个用户读取数据集后，其他用户增加了新的记录，当先前用户再次读时发现记录集出现了新的记录。

使用最低隔离标准时，所有上述问题都会发生。使用最高隔离标准则可以避免上述所有问题，而中间级别可以避免部分问题。

工具包中的事务函数的隔离等级输入参数可以设置，详细介绍如下。

◆ Chaos：该参数代表最低隔离等级。选择它，则事务之间是不安全的，一个事务的操作可能覆盖另一个事务的操作。

◆ Read Uncommitted（未授权读）：选择该参数，允许本事务读取其他事务上未提交的数据。

◆ Read Committed（提交读）：选择该参数，则本事务只能读取其他事务已经提交的数据，未提交的数据不可见。

◆ Repeatable Read（可重复读）：选择该参数，则在一个事务开始后，其他用户对数据的修改不可见。在提交任务之前，多次读取数据的结果相同，因此数据是可以重复读的。

◆ Serializable：该参数代表最高隔离等级。选择该参数，则在一个事务尚未结束之前，锁定记录。其他用户无法更改记录，必须在事务结束后才能更改记录，因此更改记录是串行的。

应该根据实际需要选择隔离等级，并非越高越好。例如，若事务耗费时间较长，则使用串行隔离等级有可能导致另外的用户处于死锁状态。另外，单用户操作的数据库不需要设置隔离级别。

## 14.2.7　使用命令对象和 SQL 语句

在 14.2.5 节中，我们通过"执行查询" VI 返回记录集对象，利用记录集对象实现数据的查询和修改。根据 ADO 模型，我们也可以创建命令对象，然后通过命令对象执行 SQL 语句。这种方式更灵活，但是需要用户对 SQL 语法比较熟悉。

通过"执行查询" VI 可以直接执行 SQL 语句。图 14-44 所示的例子展示了如何利用"执行查询" VI 执行插入数据的 SQL 语句。

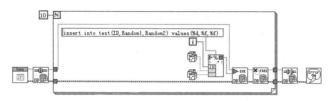

图 14-44 使用 SQL 语句插入数据

跟踪数据库工具包提供的"插入数据"VI，可以发现它实际上采用的也是上面的方法，只不过它自动把簇数据转换成相应的 SQL 语句，然后调用执行查询语句。另外，"执行查询"VI 会返回数据集对象，因此需要销毁对象。

"执行参数化查询"VI 返回命令对象，可通过命令对象进行读写操作，如图 14-45 所示。

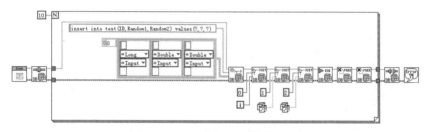

图 14-45 通过命令对象读写数据

前面讨论了数据库工具包的使用方法，由于工具包是通过 ADO 自动化服务器操作数据库的，因此其涉及的知识与 LabVIEW 本身关系不大，更多的是 ADO 本身的功能。因此，要想真正了解数据库，必须熟悉 SQL 语句和 ADO 模型。

## 14.3 报表与报表工具包

一般对于一个具体项目，用户通常需要存储和打印结果。因此，对于一个完整的程序而言，报表功能是不可或缺的。

报表是遵从特定格式的简单文档。制作报表的方法有很多，例如，LabVIEW 本身提供了文本和图形简单报表功能。如果需要制作复杂报表，可以试试 Diadem 软件，NI 公司的 Diadem 是一款超强的集数据管理和显示、数据分析和报表于一身的综合性软件。一般的报表并不需要使用这样超强的专业软件来完成，使用 Office 办公软件 Word 和 Excel 即可。

Office 是计算机办公必备的软件，普通用户对 Office 也非常熟悉。利用 LabVIEW 的自动化服务器功能，可以在 Word 或者 Excel 中建立报表，然后可以利用 Office 强大的文档功能实现报表输出。

用自动化服务器控制 Word 和 Excel 是非常麻烦的。Word 和 Excel 拥有大量的对象，一般的编程者不可能完全掌握这些对象的用法。NI 报表生成工具包封装了 Word 和 Excel 对象，是我们创建复杂报表的强大工具。NI 报表生成工具包与其他工具包不同，安装之后，它的函数选板并不是独立存在的，而是被嵌入在 LabVIEW 原有的报表函数选板中。

### 14.3.1 LabVIEW 中的报表 VI

内容十分简单的报表，并不需要使用报表生成工具包来创建，基本的报表函数就可以满足要求。然而简单的报表函数一般直接将报表输出到打印机，没有打印预览功能，这对创建报表十分不便。因为在创建报表时往往需要多次修改格式才能满足要求，如果直接在打印机输出，则没有打印机的开发者无法调试报表，即便是拥有打印机，也会浪费很多纸张。要解决这个问题，可以安装一个虚拟打印机软件。用虚拟打印机软件模拟打印机的功能时，输出最好选择图片方式。这样就可以在计算机中看到实际打印的效果，非常有利于学习 LabVIEW 的报表函数。

**学习笔记** 可以使用虚拟打印机学习 LabVIEW 报表 VI。

我们先熟悉一下 LabVIEW 的基本报表 VI。"报表生成"函数选板如图 14-46 所示。

### 1. "新建报表" VI

"新建报表" VI 是创建新报表时调用的第一个 VI，其说明如图 14-47 所示。

图 14-46 "报表生成"函数选板

图 14-47 "新建报表" VI

"新建报表" VI 可以创建四种类型的报表，分别是标准报表（直接输出到打印机）、HTML 网页文件、Word 文档和 Excel 文档。除了标准报表会输出到打印机，其他的都会以文档方式存储。HTML 文件可以使用浏览器直接阅读，适合于较小的报表，而 Word 和 Excel 文档则适合于复杂报表。

如图 14-47 所示，创建 Word 和 Excel 报表前，需要启动 Word 和 Excel 软件。"窗口状态"端子用来控制 Word 或者 Excel 窗口，比如最大化、最小化等。可以使用模板方式创建 Word 和 Excel 文档，"模板"输入端子则用来输入模板文件路径。如果调用的是网络上其他计算机中的 Word 和 Excel 软件，则需要在"机器名称"端子输入远程计算机名称。

"新建报表" VI 输出的是报表的引用，因此，其他报表 VI 需要使用报表引用来进行操作。常规的报表 VI 包括报表字体设置、添加文本、添加表格、添加列表、添加前面板图像、添加控件图像和添加图片文件等功能。

### 2. 创建 HTML 报表

下面以创建 HTML 报表为例，简要介绍各个 VI 的基本用法。之所以选择 HTML 报表，是因为任何浏览器都可以直接浏览 HTML 报表。

如图 14-48 所示，通过"新建报表" VI，选择创建 HTML 文件，然后通过"设置报表页眉文本" VI 和"设置报表页脚文本" VI 设置页眉和页脚。页眉和页脚的位置可以设置在左侧、中部或右侧。"添加报表文本" VI 是常用的报表 VI，如果它的输入端子"添加新行"为 TRUE，则开始新的一行。当然也可以在字符串中直接换行。

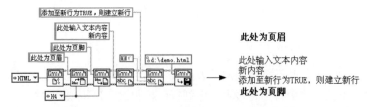

图 14-48 写入页眉、页脚、文本到 HTML 文件

### 3. 设置报表字体

通过"设置报表字体"VI，设置报表使用的字体及字体大小、颜色、粗细、是否倾斜等格式。如图 14-49 所示，设置字体后，该设置对后面的文本操作一直有效，直到重新调用"设置报表字体"VI。

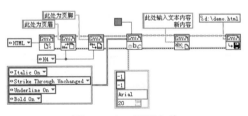

图 14-49 设置字体

### 4. 创建表格和列表

表格和列表在报表中非常常见。LabVIEW 提供的"添加表格至报表"VI 和"添加列表至表格"VI 可以方便地在报表中创建表格和列表。如图 14-50 所示，把表格控件的内容写入报表。

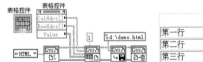

| | 第一列 | 第二列 | 第三列 |
|---|---|---|---|
| 第一行 | AAA | BBB | CCC |
| 第二行 | DDD | EEE | FFF |
| 第三行 | GGG | HHH | III |

图 14-50 插入表格

"列宽"输入端子用来设置表格的宽度，单位可以选择"厘米"或者"英寸"。表格的所有列宽都相同，如果需要分别设置列宽，则可以修改表格 VI，分别确定各自列的宽度。

在报表中创建列表与创建表格类似，但是创建列表要注意选择列表标记。列表标记有多种样式，比如数字、字母、实心圆点、方框等。如果选择排序方式创建列表，则可以选择数字、大写字母或者小写字母作为标记。如果不选择排序方式，则可以选择实心圆点、空心圆或者方框作为标记，如图 14-51 所示。

### 5. 插入图片

图片是报表不可缺少的内容。在报表中可以插入 LabVIEW 的前面板图片、控件图片和磁盘上存储的其他图片文件。前面板和控件图片需要通过 VI 引用和控件引用调用，而对于磁盘上的图片文件指定路径即可。如图 14-52 所示，在报表中插入了旋钮控件和布尔控件的图片以及磁盘中存储的图片文件。

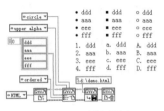

图 14-51 插入列表

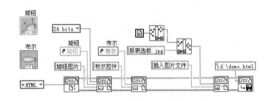

图 14-52 插入图片

## 14.3.2 VI 说明信息与 HTML 报表

经常需要将 VI 本身的信息输出到报表中，比如前面板、程序框图、VI 图标等。LabVIEW 专门提供了"VI 说明信息"函数选板，如图 14-53 所示。其中包括"添加前面板图像至报表"VI、

"添加 VI 程序框图至报表" VI、"添加 VI 说明至报表" VI、"添加 VI 图标至报表" VI、"添加 VI 层次结构至报表" VI、"添加 VI 历史至报表" VI、"添加 VI 控件列表至报表" VI 和"添加 VI 的子 VI 列表至报表" VI。这些 VI 的使用非常简单，示例程序框图如图 14-54 所示。

图 14-53　"VI 说明信息" VI 选板

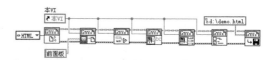

图 14-54　使用 VI 说明信息函数

VI 说明信息函数对于编制说明文档十分有用，特别是 VI 层次结构和子 VI 列表对于分析程序的流程非常实用，从中可以清晰地看到 VI 和子 VI 之间的关系。

可以说 HTML 是最为通用的报表形式，任何计算机，只要安装了 Windows 操作系统，不需要使用其他软件就可以打开报表。除了通用报表 VI，LabVIEW 还专门提供了几个 HTML 相关的 VI。

专用 HTML VI 包括"添加水平线至报表" VI、"添加超文本链接至报表" VI、"添加用户自定义 HTML 至报表" VI、"在浏览器中打开 HTML 报表" VI。

专用 HTML VI 的使用方法如图 14-55 所示。这里在 HTML 文档中，添加了超文本链接功能。

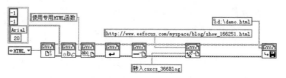

图 14-55　使用专用 HTML VI 添加超文本链接

创建 HTML 报表后，调用"在浏览器中打开 HTML 报表" VI，即可在默认浏览器中直接打开报表，程序框图如图 14-56 所示。

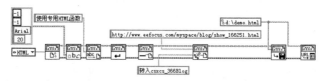

图 14-56　使用默认浏览器直接打开报表

### 14.3.3　报表布局与高级报表 VI

在创建报表之前，我们首先要考虑的是报表的类型，其次是报表的布局。报表的布局决定了报表中可用空间的大小，所以一般需要事先设置。

报表布局包括上、下、左、右页边距，报表打印方向，报表制表符宽度，报表换页，报表换行，报表页眉和页脚等。"报表布局"和"高级报表生成" VI 选板如图 14-57 所示。

图 14-57　"报表布局"和"高级报表生成"函数选板

"高级报表生成"函数选板中包括"获取报表类型"、"获取报表设置"、"添加文件至报表"、"清除报表"、"清除报表文本"和"查询可用打印机"等 VI。

在"报表布局"选板中,通过"设置报表页边距" VI 可以设置报表的上、下、左、右页边距。单位可以选择"厘米"或者"英寸",报表打印方向可以选择"纵向"或者"横向"。设置页边距 VI 只能用于打印,不能用于文件其他操作。其他如页眉、页脚等设置方法在前面的例子中已经介绍过了。

我们知道,"设置报表字体" VI 运行后对后面所有的操作都有效。比如在创建标题时可能选择了特殊字体,而创建文本时可能选择默认字体,但此时则必须恢复原有的字体设置。因此,我们需要获取报表字体,返回当前正在使用的字体,以便以后恢复。下面的示例中调用了"添加文件至报表" VI,该 VI 可以直接将文本文件的内容写入报表,如图 14-58 所示。该示例利用"获取报表字体" VI,取得当前字体,然后修改当前字体的颜色,再通过"设置报表字体" VI,设置新字体。

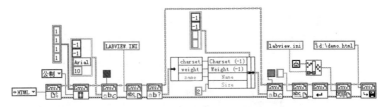

图 14-58  将文本文件写入报表

上面讨论了报表 VI 的各种基本功能,它们能满足一般简单的报表设计要求。如果要创建复杂的报表,则需要使用报表生成工具包。

### 14.3.4  利用 Word 和 Excel 模板创建报表

Word 和 Excel 是十分常用的办公软件,大家都非常熟悉。通过报表生成工具包调用 Word 和 Excel 报表非常方便,其中最为简单的方法是利用模板来建立基本报表。

建立模板的过程非常简单,首先创建 Excel 模板文件,Excel 2007 以前版本的模板文件后缀名为 XLT,Excel 2007 版本的模板文件后缀名为 XLTX。建立模板后,需要为单元格创建别名,别名将显示在 LabVIEW 中。接着选取单元格,输入单元格名称,按回车键后即生效,此后此单元格将以这个名称显示。创建的 Excel 模板如图 14-59 所示。

图 14-59  创建 Excel 模板

创建模板后,需要调用"MS Office Report"快速 VI,如图 14-60 所示。在快速 VI 中指定模板路径,配置各项参数后,程序框图中自动出现 Excel 单元格的别名,该名称就是我们创建模板时创建的那个名称。

图 14-60    使用 Excel 模板

使用 Excel 模板的关键是建立单元格的别名。同样，也可以使用 Word 模板创建 Word 报表，如图 14-61 所示。它们的区别仅仅在于，建立 Word 报表时使用的是 Word 的书签。

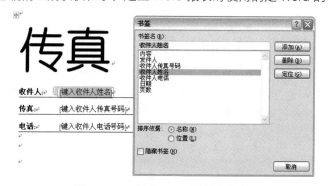

图 14-61    创建 Word 模板和书签

## 14.4    利用报表工具包操作 Excel

使用报表工具包可以创建 Excel 和 Word 这两种类型的报表。报表工具包中包括了大量这两种类型的功能 VI，有些是 Word 和 Excel 共用的，有些仅能适合一种类型。本节专门讨论 Excel 报表相关 VI。

LabVIEW 的"文件"函数选板中也提供了"写入电子表格文件"和"读取电子表格文件"VI。但是"文件"函数中所使用的电子表格文件和 Excel 电子表格文件不同。前者只是用固定分隔符分隔的文本，可以用 Windows 的记事本打开，也可以用 Excel 打开，但是它不包含 Excel 专有的格式信息。用记事本打开 Excel 电子表格文件时，显示的是乱码，这是因为记事本无法显示格式信息。本节中介绍的电子表格文件指的是 Excel 电子表格文件。

### 14.4.1    常用的简单 Excel VI

工具包中提供了 Excel 专用 VI，Excel 专用 VI 函数选板如图 14-62 所示。专用 VI 函数选板中包括四个常用的简单 Excel VI，分别为"Excel 简单标题"、"Excel 简单文本"、"Excel 简单表格"和"Excel 简单图表"VI。

创建 Excel 报表的过程与创建 HTML 报表基本一致。首先都需要调用创建报表 VI，不同的是这里需要选择 Excel 报表类型。另外，报表通用 VI 对 Excel 报表都适用。

### 1. "Excel 简单标题"VI

"Excel 简单标题"VI 内部调用的是"添加文本"VI, 也就是说标题不过是规定了特殊字体格式的文本, 与一般文本没有本质区别。工具包中的很多 VI 都公开了源代码, 因此可以很容易了解它们的实现过程。

如图 14-63 所示, 在"Excel 简单标题"VI 中, 首先需要获取原有字体信息。Get abc VI 内部使用的是"获取字体"VI, 在写入标题后恢复原有字体。Get abc VI 和 Set abc VI 的使用非常方便, 虽然未列入基本报表 VI 中, 但是可以直接将它们拖动到程序框图中使用。

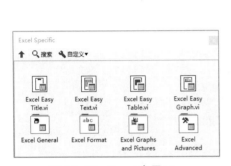

图 14-62　Excel 专用 VI

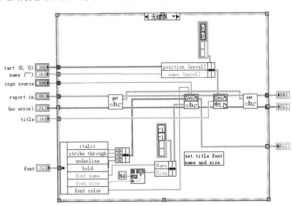

图 14-63　"Excel 简单标题"VI 的源代码

### 2. "Excel 简单文本"VI

"Excel 简单文本"VI 用于向 Excel 报表中添加文本。写入文本时需要指定开始单元格(Start)和结束单元格(End), 如图 14-64 所示。

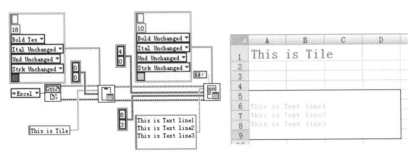

图 14-64　将标题和文本写入电子表格

除了用行索引和列索引定位单元格, 也可以用名称定位, 比如 A1 代表(0, 0)单元, B2 代表(1, 1)单元等。当然, 直接输入名称比索引更为方便。

### 3. "Excel 简单表格"VI

从 LabVIEW 的角度看, 表格控件和电子表格最为类似, 但是 LabVIEW 表格中存储的仅是字符串类型的二维数组, 而 Excel 表格中可以存储多种数据。"Excel 简单表格"VI 支持数值型数组和字符串数组这两种数据。"Excel 简单表格"VI 的用法如图 14-65 所示。

### 4. "Excel 简单图表"VI

Office 的图表功能是非常丰富的, 通过报表生成工具包使用 Office 中的图表也非常方便。可使用"Excel 简单图表"VI 在 Excel 中插入图表, 其程序框图如图 14-66 所示。

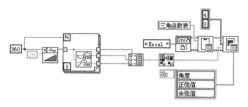

图 14-65 "Excel 简单表格" VI

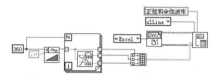

图 14-66 插入图表

使用"Excel 简单图表"VI 时需要指定图表的类型，参见图 14-66 中的"xlLine"。而图表包括几十种类型，在 Excel 中可以通过对话框方式预览图表类型，在工具包中则通过下拉列表选择图表类型，但是从字面上很难区分每种类型的具体显示格式。如图 14-67 所示，借助于 Excel 图表类型对话框，可以选择我们需要的图表类型。

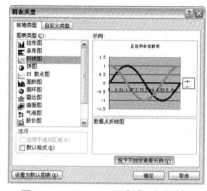

图 14-67 Excel 图表类型对话框

### 14.4.2 单元格格式

通过对 Excel 简单 VI 的介绍，我们已经学会了如何插入标题、文本和图表。我们知道 Excel 单元格是电子表格的基本单位，有自己的字体、颜色、边框等属性。报表生成工具包专门提供了 Excel 格式 VI 选板，用来设置单元格的各种属性，如图 14-68 所示。

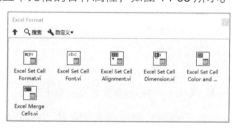

图 14-68 Excel 格式 VI

Excel 格式选板中包括"设置单元格格式"、"设置单元格字体"、"设置单元格对齐"、"设置单元格大小"、"设置单元格颜色和边界"和"合并单元格"等 VI。

#### 1. 设置单元格字体、对齐方式和边框

图 14-69 所示的程序框图设置了不同的单元格字体、对齐方式和边框格式，效果如图 14-70 所示。

#### 2. 设置单元格数字格式

最为复杂的单元格是数字类型单元格。数字类型单元格除了字体、边框等属性，还存在特定的数字显示格式。"设置单元格格式"VI 多用于设置数字单元格。设置和定义单元格数字格式的

程序框图和效果如图 14-71 和图 14-72 所示。单元格中数值小于 50% 的以红色显示，高于 50% 的以蓝色显示。

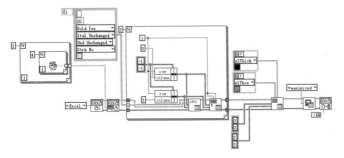

图 14-69 设置单元格字体、对齐方式和边框

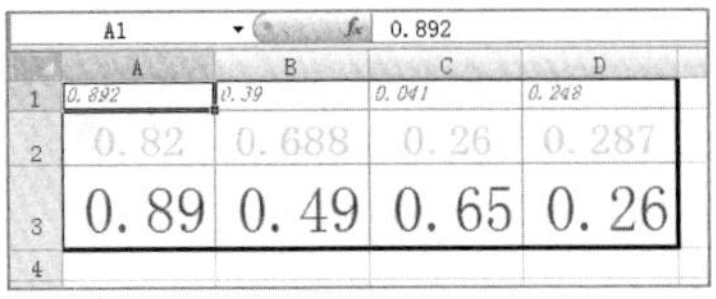

图 14-70 不同单元格字体和对齐方式

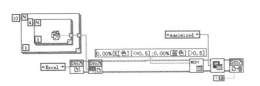

图 14-71 设置和定义单元格数字格式

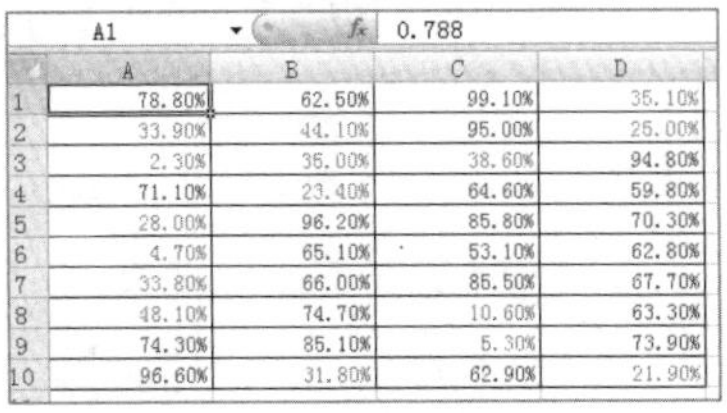

图 14-72 按照格式显示的单元格

### 3. 单元格数字格式对话框

单元格中的数字格式非常丰富，也非常复杂。最简单的方法是参照 Excel 单元格数字格式对话框中定义的基本格式，来选择合适的数字显示格式，如图 14-73 所示。

图 14-73 使用 Excel 自定义数字格式

Excel 格式选板中还包括"合并单元格"VI。该 VI 比较简单，就是将多个单元格合并为一个单独的单元格。

## 14.4.3 图表与图片 VI

图表相关 VI 包括"插入图表"、"更新图表"、"设置图表颜色"、"设置图表标尺"、"退出图表"和"设置图片格式"VI。Excel 图表和图片函数选板如图 14-74 所示。

### 1. 在 Excel 中插入图表

"Excel 简单图表"VI 内部利用了上述几个图表 VI，以实现在 Excel 中创建图表。通过这几个 VI，可以对图表进行更为复杂的控制。它们的使用方法如图 14-75 所示，图表效果如图 14-76 所示。

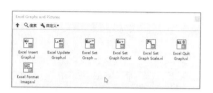

图 14-74　Excel 图表和图片 VI

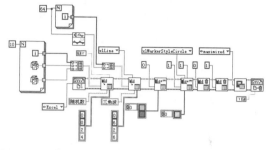

图 14-75　在 Excel 中插入图表，设置图表颜色、线型

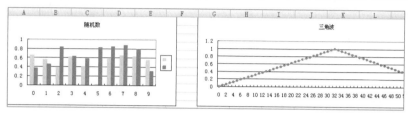

图 14-76　Excel 图表效果

### 2. 实时更新 Excel 图表

如图 14-77 所示，可通过"更新图表"VI 实时更新 Excel 图表中的数据，这样我们就能够在 Excel 中实时观察数据的变化情况。

### 3. 在 Excel 中插入图片

通过报表通用 VI 可以在报表中插入前面板图片、控件图片，以及从文件中加载图片。通过"设置图片格式"VI 可以设置图片的显示格式，比如高度、宽度、比例因子、颜色类型等，如图 14-78 所示。同图表一样，图片定位也是通过索引实现的，索引值-1 表示最后的图片。

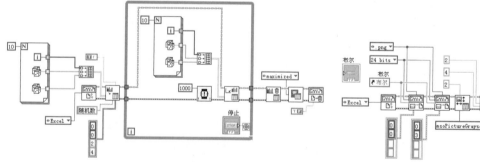

图 14-77　实时更新 Excel 图表

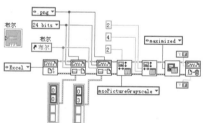

图 14-78　插入图片和设置图片格式

## 14.4.4　Excel 通用 VI 和高级 VI

通过前面对 Excel 专用 VI 的介绍，相信大家已经熟悉了如何在单元格中插入文本、图表和图片，如何设置文本和图表的显示属性。本节讨论 Excel 通用 VI，比如增加表单，读取 Excel 单元格数据，查找满足条件的数据等。Excel 通用 VI 和 Excel 高级 VI 选板如图 14-79 所示。

### 1. Excel 通用 VI 和高级 VI

Excel 文档由多个工作簿组成，每个工作簿由多个表单构成，每个表单又由多个单元格构成。我们使用 Excel 的时候，操作的就是表单和单元格。Excel 通用 VI 选板提供了常用的表单操作 VI 和单元格操作 VI。它们的详细介绍如下。

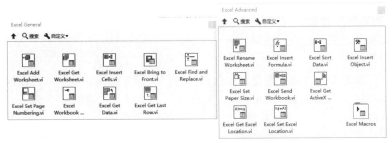

图 14-79　Excel 通用 VI 和高级 VI

◆ Add Worksheet（新建表单）：用于在当前工作簿中添加新的表单。通常新建工作簿时自动创建三个表单，并自动命名为 Sheet1、Sheet2、Sheet3，新增加的表单依次为 Sheet4、Sheet5……

◆ Get Worksheet（活动表单）：用于设置当前处于活动状态的表单。因为存在多个表单，所以操作某一表单之前必须使该表单处于活动状态，插入文本、图表和图片等操作都是针对活动表单的。这个 VI 通过索引号激活不同的表单，索引号 1 表示第一个表单。该 VI 也可以使用表单名称参数。如果该参数为空，则使用索引号。通过高级 VI 中的 "Rename Worksheet" VI 可以修改表单的名称，使用表单名称来设置活动表单，其意义更为明确。

◆ Insert Cells（插入单元格）：用于在指定位置插入行或者列。比如我们在使用电子表格模板时，可能需要增加部分内容。这种情况下，可以使用这个 VI 增加新的行或者列。

◆ Bring to Front（置于前）：用于使 Excel 窗口在前台显示。窗口状态可以设置为最大、最小或者正常。

◆ Find and Replace（查找与替换）：用于查找表单中的字符串或者数字，并将其替换为给定的字符串或者数字。

◆ Set Page Numbering（设置页码）：用于设置在页眉或者页脚显示的页码，可以选择显示总页数。

◆ Get Data（读数据）：用于读取指定单元格的数据。这是读取 Excel 数据的唯一方法，非常重要。Get Data 为多态 VI，可以读一个单元格、整行、整列或者连续范围单元格的数据，数据类型可以是 STR、I32、DBL，或者字符串数组、I32 数组、DBL 数组。

◆ Get Last Row（获取最后一行行号）：用于获取 Excel 表单最后一行的行号。

Excel 高级 VI 包括下面这些函数。

◆ Rename Worksheet（重命名表单）：用于更改表单名称，默认为 Sheet1、Sheet2。

◆ Insert Formula（插入公式）：用于在单元格中插入公式。Excel 的公式功能非常强大。

◆ Sort Data（排序）：用于对指定范围内的单元格数据进行排序。可以选择升序或降序排序，也可以选择按行排序或按列排序。

◆ Insert Object（插入对象）：用于在单元格中插入对象，比如图片、Word 文档等。

◆ Set Paper Size（设置纸张大小）：用于设置纸张大小，比如 A4、信纸等。

◆ Get Cell Location（读单元格位置）：用于将字符串表示的单元格转换成对应的行索引和列索引。

◆ Set Cell Location（设置单元格位置）：用于根据行索引和列索引，获取对应的表示单元格的字符串。

### 2. Excel 通用 VI 和高级 VI 应用举例

下面通过几个具体例子说明上述 VI 的用法。

（1）创建表单

首先创建一个新的电子表格，包括三个表单，分别存储正弦信号数据、三角信号数据和斜坡信号数据。通过"Add Worksheet"VI 增加三个表单，并修改为合适的表单名，其程序框图与效果如图 14-80 所示。

（2）写入表单

打开上面创建的文件，向三个表单分别写入信号数据。然后通过"Get Worksheet"VI 激活不同的表单，写入表格数据，存储为相同的文件名，程序框图如图 14-81 所示。

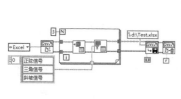

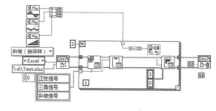

图 14-80　创建新表单，修改表单名称，存储报表

图 14-81　打开文件，激活表单，写入表格数据

（3）排序和插入公式

如图 14-82 所示，通过"Sort Data"VI 对写入的数据进行排序。通过"Insert Formula"VI，计算信号的和与平均值，并存储到文件。

（4）读取 Excel

读取上例中三个表单的数据并写入波形图。采用读取数组的方式读取 Excel 中的数据，如图 14-83 所示。

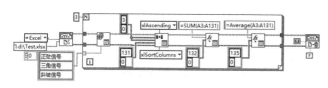

图 14-82　排序，求和与平均值

图 14-83　读取 Excel 中的数据

除了上述 Excel VI，报表生成工具包还支持 Excel 宏调用。不过这需要对 Excel 非常了解，一般很少使用。一些不能直接实现的特殊要求，可以通过修改 Excel 基本 VI 来实现。因为大多数的 Excel VI 都是开放源代码的，所以很容易修改。

## 14.5　利用报表工具包操作 Word

Word 是目前使用很广泛的软件，特别适合于制作通用报表，操作 Word 是报表生成工具包的重要功能之一。操作 Word 和操作 Excel 的方法非常类似，有一些 VI 是通用的。

### 14.5.1　Word 简单 VI

同 Excel 一样，Word VI 包括"Word 简单标题"、"Word 简单文本"、"Word 简单表格"和"Word 简单图表"VI。Word 专用 VI 选板如图 14-84 所示。

通过 Word 模板创建 Word 报表很方便，对于一般的报表而言，使用几个 VI 基本就可以满足要求。创建 Word 报表的过程与创建 Excel 报表的过程基本相同，下面利用 VI 写入信号数据，在 Word 中插入波形图片显示波形，程序框图如图 14-85 所示。

图 14-84　Word 专用 VI 选板

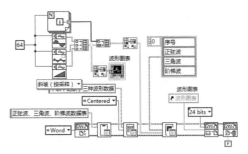

图 14-85　在 Word 中插入标题、文本、图表和图片

## 14.5.2　Word 通用 VI

Word 文件由多个文档组成，Word 通用 VI 主要用于操作文档。Word 通用 VI 选板如图 14-86 所示。

图 14-86　Word 通用 VI 选板

### 1. Word 通用 VI 介绍

◆ Add New Document（添加新的文档）：用于在 Word 中添加文档，新建的中文 Word 文档自动命名为"文档 1"、"文档 2"，依次类推。创建的新文档自动变成活动文档。另外，通过"Get Document" VI 可以切换同一文件中的不同文档。

◆ Get Document（获取文档）：用于通过索引号激活文档，后续所有 Word 操作都是针对活动文档的。

◆ Bring To Front（置最前）：用于把 Word 窗口置于最前面，同时可以设置 Word 窗口状态，如最大化、最小化等。

◆ Find & Replace（查找与替换）：用于查找 Word 中的文本，并将其替换成给定的文本。

◆ Set Page Numbering（设置页码）：用于设置在页眉或者页脚显示的页码。

◆ Word Document Properties（Word 文档属性）：用于设置文档属性。

从上述 VI 说明可以看出，Word 通用 VI 的用法与 Excel 对应 VI 的用法基本相同。

### 2. Word 通用 VI 应用举例

下面的示例演示了如何在 Word 文档中插入标题、文本、表格和图片，如图 14-87 所示。

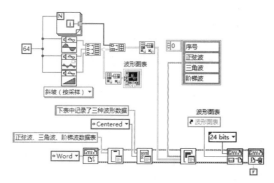

图 14-87　在 Word 文档中插入标题、文本、表格和图片

### 14.5.3　Word 表格与图表 VI

表格和图表是 Excel 重要的数据表现形式，在 Word 中亦如此。如图 14-88 所示，报表生成工具包提供了关于 Word 的表格 VI 选板和图表 VI 选板，选板中包含很多有关表格和图表的格式 VI。

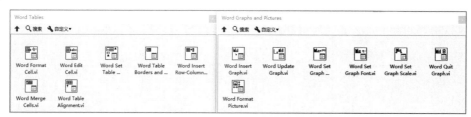

图 14-88　表格、图表 VI

#### 1. Word 表格 VI 介绍

表格也是 Word 常用的数据展示方法，Word 中的表格具有丰富的表现形式。Word 表格 VI 选板包括如下几个 VI。

◆ Word Format Cell（Word 格式化单元格）：用索引号定位 Word 表格，–1 表示最后一个表格，0 表示第一个表格。通过 Start 和 End 输入端子定位单元格。如果 Start 和 End 都未连接，则使用全部单元格。如果只连接 Start，未连接 End，则通过 Start 值可以选取单一单元格、整行或者整列。如果 Start 中行索引和列索引均不等于–1，则选取单一单元格。如果行索引为–1，则选取整列。如果列索引为–1，则选取整行。如果 Start 和 End 都连接，则选取 Start 和 End 之间的连续单元格。

◆ Word Edit Cell（编辑单元格）：通过 Start 输入端子定位起始单元格，可以编辑单一单元格或者连续单元格范围。编辑范围取决于输入数据为标量还是二维数组。数据类型可以选择 I32、DBL、STR 和文件路径，或者对应类型的数组。

◆ Word Set Table Dimensions（设置表格大小）：用于设置列宽、行高和左侧缩进量。

◆ Word Table Borders and Shading（Word 表格的边框与底纹）：用于设置表格边框与底纹。表格单元格通过 Start 和 End 输入端子定位，可以选取固定单元格、整行、整列、范围或者全部。边框与底纹的格式与 Word 边框底纹对话框中的相同。

◆ Word Insert Row-Column-Cell（插入行、列、单元格）：用于插入行、列或单元格。插入整行方式比较常用。

◆ Word Merge Cells（合并单元格）：用于合并指定范围的单元格。

◆ Word Table Alignment（表格对齐）：用于设定指定范围内单元格的对齐方式。Word 支持多种对齐方式，具体表现形式参照 Word 对齐对话框中的设置。

#### 2. Word 表格 VI 应用举例

Word 表格 VI 的使用并不复杂，关键是如何确定表格范围。设定表格格式的方法如图 14-89 所示。

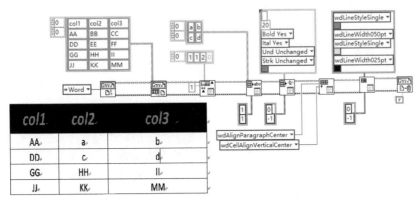

图 14-89　设定表格格式

工具包中还提供了操作 Word 的其他 VI，它们的使用方法和 Excel 的非常类似，可以参考对应 Excel VI 的用法。Word 和 Excel 是非常庞大的软件，同时也非常复杂。工具包只是针对常规应用提供了一些专用 VI，如果需要创建更为复杂的报表，则可以修改工具包中的相关 VI，扩充工具包的功能。

## 14.6　小结

本章详细介绍了数据库工具包和报表生成工具包的使用方法。这两个工具包本质上与 LabVIEW 关系不大，但是在实际工作中使用广泛。通过深入研究这两个工具包，有助于理解 LabVIEW 调用自动化服务器的方法。早期报表生成工具包采用动作机的方式封装数据和 VI，新版本的报表生成工具包采用面向对象的编程方法。这些方法都可以运用到常规 LabVIEW 编程之中。

数据库工具包和报表生成工具包要求编程者对数据库和 Office 软件比较熟悉。虽然工具包提供了大量功能强大的 VI，但是我们还必须深入研究底层复杂操作和特殊功能。

◆　　　　◆　　　　◆

# 第 **15** 章　LabVIEW 与实时操作系统

　　NI 实时技术可以为对时间要求苛刻的应用系统提供可靠、确定的性能。将 LabVIEW 实时模块与 NI 硬件搭配使用，可快速、高效地开发和部署复杂的实时系统。本章介绍如何进行实时系统的编程和实时应用软件的高级编程技巧。

## 15.1　实时操作系统

　　实时操作系统（Real Time Operating System，RTOS）简称实时系统，是指具有实时特性，能够支持实时控制系统工作的操作系统。它将系统中各种设备有机地联系在一起，控制它们完成既定的任务。实时操作系统的一个重要特征就是对时间有严格限制和要求。

### 15.1.1　实时操作系统的特点与实现

　　实时操作系统并非指"快速"的系统。在实时操作系统中，时间就是生命，这与一般的通用操作系统有显著的不同。所以，实时操作系统的首要任务是调度可利用的资源完成实时控制任务，其次才着眼于提高计算机系统的使用效率。

　　实时操作系统与常用的分时系统相比，有如下重要区别。

◆ **交互性**：分时系统是一种随时可供多个用户使用的、通用性很强的计算机系统，用户与系统之间具有较强的交互作用或会话能力；而实时操作系统的交互能力相对较差。

◆ **实时性**：分时系统对响应时间的要求较低，以人们能够接受的等待时间为依据，数量级通常规定为秒；而实时操作系统对响应时间一般有严格限制，它是以控制过程或信息处理过程所能接受的延迟来确定响应时间的，数量级可达毫秒，甚至微秒，事件处理必须在给定时限内完成，否则操作就失败。

◆ **可靠性**：虽然分时系统也要求系统可靠，但实时操作系统对可靠性要求更高。因此，在实时操作系统中必须采取相应的硬件和软件措施，以提高系统的可靠性。

实时操作系统的实现可分为硬式和软式两种。

◆ **硬式实时操作系统（Hard Real-Time）**：硬式实时操作系统保证关键任务按时完成。恢复保存的数据所用的时间以及操作系统完成任何请求所花费的时间都是规定好的。因而，通常很少使用或不用各种辅助存储器，数据存放在短期存储器或 ROM（只读存储器）中。通常，高级操作系统都具有把用户和硬件隔开的特性，从而使操作的时间不确定。

◆ **软式实时操作系统（Soft Real-Time）**：它对时间限制稍微弱一些。在这种系统中，关键的实时任务比其他任务具有更高的优先权，且在相应任务完成之前，它们一直保留着给定的优先权。像硬式实时操作系统一样，操作系统内核的延时要规定好，防止实时任务无限期地等待内核运行它。软实时与硬实时以及普通操作系统之间的差异如图 15-1 所示。

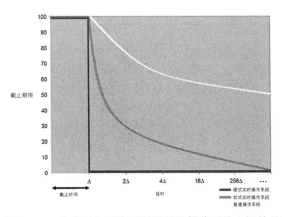

图 15-1 软实时与硬实时以及普通操作系统之间的差异

## 15.1.2 操作系统的有关名词解释

本书并不是专门研究操作系统的，但有一些名词需要解释一下，以便于读者理解后面内容。表 15-1 给出了操作系统的一些名词解释。

表 15-1 操作系统名词解释

| 名　词 | 解　释 | 备　注 |
|---|---|---|
| 进程（任务） | 　　进程是程序在并发环境中的执行过程。进程和程序是两个完全不同的概念。程序是静态的，是一组指令的有序集合；进程是动态的，是一组指令序列在处理器上的一次运行过程。进程是程序在一个数据集合上的运行过程，它具有动态、并行、异步等特性；一个进程由"创建"而产生，由调度而进入运行，在资源不能满足时被"挂起"，由"撤销"而消亡。因此，进程是有生命的 | 　　基本特征：动态性、并发性、调度性。<br>　　进程的5个状态：休眠状态、就绪状态、运行状态、挂起状态及被中断状态 |
| 线程 | 　　线程是进程实施调度和分配的基本单位。一个进程可以有多个线程，但至少有一个线程，而一个线程只能在一个进程的地址空间活动。资源被分配给进程，同一个进程的所有线程共享该进程的所有资源。处理器被分配给线程，即真正在处理器上运行的是线程。线程在执行过程中需要协作同步。不同进程的线程间需要利用消息通信的办法实现同步 | 　　线程的状态：运行状态、就绪状态、阻塞状态、终止状态 |
| 进程间的三种相互关系 | 　　互斥：各个进程间彼此不知道对方存在，逻辑上没有关系，由于竞争同一资源而发生的相互制约。<br>　　同步：各个进程不知道对方的名字，但通过对某些对象的共同存取来完成一项任务。<br>　　通信：各个进程可以通过名字彼此之间进行通信，交换信息，合作完成一项任务 | 　　同步的经典问题：<br>　　1．生产-消费问题<br>　　2．读者-写者问题<br>　　3．哲学家进餐问题<br>　　4．打瞌睡的理发师问题 |
| 死锁 | 　　死锁是指在进程集合中的每一个进程都在等待仅由该集合中的另一个进程才能引发的事件而无限期地僵持下去。对待死锁的策略：预防、避免、检测与恢复，以及完全忽略 | 　　死锁需要同时具备以下4个必要条件时才发生：<br>　　1．互斥条件<br>　　2．占有且等待条件<br>　　3．不可抢占条件<br>　　4．循环等待条件 |

续表

| 名　　词 | 解　　释 | 备　　注 |
|---|---|---|
| 内　核<br>（kernel） | 内核是操作系统最基本的部分。它是为众多应用程序提供对计算机硬件的安全访问的一部分软件，这种访问是有限的，并且内核决定一个程序在什么时候对某部分硬件操作多长时间。直接对硬件操作是非常复杂的，所以内核通常提供一种硬件抽象的方法来完成这些操作。硬件抽象隐藏了复杂性，为应用软件和硬件提供了一套简洁、统一的接口，使程序设计更为简单 | |
| 调度 | 内核的主要职责之一就是决定该轮到哪个任务运行了。多数实时内核采用优先级调度法。每个任务根据其重要程度的不同，被赋予相应的优先级。CPU总是让处于就绪状态的、优先级最高的任务先运行。高优先级任务何时掌握CPU的使用权，由使用的内核的类型确定 | 调度算法可分为：<br>1．先来先服务<br>2．短作业优先法<br>3．最短剩余时间法<br>4．优先级法<br>5．轮转法<br>6．多级排列法<br>7．多级反馈队列法<br>8．高响应比优先法<br>9．平均共享法等 |
| 优先级 | 每个任务都有优先级。任务越重要，被赋予的优先级相应越高。就大多数内核而言，每个任务的优先级是由用户决定的 | |
| 优先级转置 | 优先级转置指低优先级线程阻塞执行高优先级线程的情况。通常在资源竞争时会出现这种情况 | |
| 抖动 | 在所有实时系统中，仍有称为抖动（Jitter）的错误。抖动亦为测量实时系统的方式。系统中期望的时间延迟，与其他不同时间延迟之间的最大差异，即为抖动 | 抖动示意图如图15-2所示 |

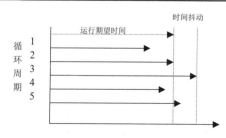

图 15-2　周期抖动示意图

### 15.1.3　LabVIEW 中的实时开发软件

NI 公司在 1998 年 2 月于 LabVIEW 5 版本中推出了实时（Real-Time）模块，其允许工程师自动编译在 Windows 或 Mac OS X 主机上开发的 LabVIEW 代码，然后将应用程序下载到独立的目标硬件平台上运行，这些硬件平台是建立在现成即用的计算机组件和实时操作系统基础上的。通过降低在实时系统中部署代码的复杂度这个创新的理念，让工程师以一种更方便的方式进行应用的开发。实时应用系统的开发类似于桌面系统开发，LabVIEW 实时模块为开发环境增加了一些工具，以帮助程序员充分利用实时开发平台。

所有 LabVIEW 实时目标平台都包含一个嵌入式实时操作系统，它按照抢先式和时间片循环式（round-robin）对执行任务进行排序，优化了确定性性能。在抢先式排序中，高优先级线程抢先于低优先级线程执行。在低优先级线程执行时，如果高优先级线程需要处理器时间，则低优先级线程将立刻停止运行以保证高优先级线程运行。当同等优先级线程执行时，时间片循环排序方式为每个线程分配同等的处理器时间。在一个线程用完可用的时间片后，系统自动地停止该线程，开始执行队列中的下一个线程。这种混合了抢先式和时间片循环式的任务排序方式能确保 LabVIEW 实时应用程序具有时间确定性性能，并尽可能减小时间抖动。在 LabVIEW 中，线程优先级的分配可以基于单个 VI 或循环来进行。使用 VI 的属性配置对话框，可分配 6 种不同的优先级。

使用 LabVIEW 实时模块可以在两种不同的实时平台上开发并配置确定性应用。这两种开发平台分别是 ETS 和 RTX。

ETS（Embedded Tools Suite）的 LabVIEW 实时模块可以安装在一台 Windows PC 上，它允许开发并下载 VI 到一个具有独立的运行嵌入式代码的内核的实时设备上。NI 公司的实时目标产品包括 PXI、cRIO、Compact Fieldpoint、Fieldpoint、RT-series DAQ devices 和 Compact Vision Systems。此外，也可以将台式 PC 配置成一个独立的实时目标平台来运行。

RTX（Real-Time eXtensions）的 LabVIEW 实时模块在运行 RTX 的台式 PC 上使用，这是一个 Windows 的实时扩展。这个实时操作系统和 Windows 操作系统共享一个处理器，并行执行各自的任务，为用户界面及确定性操作提供一揽子的解决方案。如果想以主机的一部分作为 RTX 实时目标进行开发，就应该使用 RTX 的 LabVIEW 实时模块。每个开发系统软件可使用的 LabVIEW 实时目标平台如表 15-2 所示（圆点表示可以使用）。

表 15-2　每个开发系统软件可使用的 LabVIEW 实时目标平台

| | 用于 ETS 平台的实时模块 | | 用于 RTX 平台的实时模块 |
|---|---|---|---|
| | Windows | Mac OS X | （Windows） |
| PXI | ● | ● | — |
| Compact FieldPoint | ● | — | — |
| FieldPoint | ● | — | — |
| Compact Vision System | ● | — | — |
| PCI 插入板卡 | ● | — | — |
| 台式PC | ● | — | ● |

### 15.1.4　LabVIEW 支持的实时操作系统

NI 每个系列的实时平台都可以运行两个实时操作系统：Ardence PharLap ETS 或 Wind River VxWorks。

LabVIEW 对实时的支持基于 X86 的硬件平台，使用的是 PharLap（现在命名为 ETS）的操作系统。ETS 并不支持基于 PowerPC 的硬件平台，在嵌入式小型化系统中，PowerPC 具有优于 X86 的性能特点，所以 LabVIEW 增加了对 VxWorks 的支持。从一个程序员的角度上看，在不同操作系统下编程只有很小的不同。在 VxWorks 平台上运行程序与在 ETS 甚至 Windows 系统上差不多，不过还是有一些不同的地方。总的来说，我们能够在 ETS 和 VxWorks 上运行相同的代码，只是需要重新在 LabVIEW 下编译一下代码。

有兴趣的读者可以去 http://www.intervalzero.com/这个网站查到关于 PharLap ETS 实时系统的性能及基本特征，同样也可以查到 RTX 的有关信息。在 http://www.windriver.com/网站可以查到有关 VxWorks 实时操作系统的信息。

### 15.1.5　LabVIEW 实时平台概述

尽管所有的 LabVIEW 实时目标平台都使用同样的内核架构，但是所选平台不同，所能达到的性能也有所不同。PXI 和 PCI 系统具有最好的确定性，而 Compact FieldPoint 和 Compact Vision

Systems（紧凑型视觉系统）有最高的可靠性。作为嵌入式和独立系统时，这些平台的功能都是相同的。实时平台的介绍如表 15-3 所示。

表 15-3　实时平台

| 开发软件 | 实时运行平台 |
|---|---|
| 编译器 | RTOS |
| 连接器 | 微处理器 |
| 调试器 | I/O板卡 |
| 系统分析工具 | |

### 1. PCI 实时系统

现今很多的测试和测量应用是基于 PCI 系统的。向 Windows 系统增加一个实时组件或者把台式 PC 转变为专门的实时目标平台，就可以在这些系统中使用 LabVIEW 实时模块。

### 2. 台式 PC

依靠 ETS 或 RTX 目标平台的 LabVIEW 实时操作系统把标准的台式 PC 转变为实时目标平台。用于 ETS 的 LabVIEW 实时操作系统是基于 IntervalZero 公司（Venturcom Phar Lap）的 ETS 实时操作系统的，其软件架构如图 15-3 所示。在这种情况下，包含单一实时内核的专用 RTOS 将被下载到台式 PC 中。专用 RTOS 应用程序可在另一台主机上开发，然后下载到实时目标平台上。同样的架构可以用于所有的 NI 实时硬件目标平台。

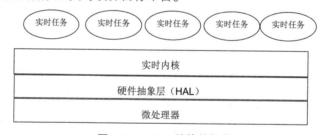

图 15-3　ETS 的软件架构

用于 RTX 目标平台的 LabVIEW 实时操作系统是基于 IntervalZero（Venturcom Phar Lap）的 RTX 实时操作系统，可在运行 IntervalZero（Venturcom Phar Lap）RTX RTOS 的任何 PC 上使用。在这种情况下，经扩展的实时操作系统被下载到台式 PC 的微处理器上，其软件架构如图 15-4 所示。RTOS 扩展包括实时内核和共享相同处理器的非实时内核。使用这种双内核架构，可以在同一台机器上运行主机应用程序和实时系统。

利用 RTX 架构，可为实时任务分配更高的优先级。Windows 任务只能在所有实时任务处于休眠状态时执行，然而，由于实时任务和 Windows 共享相同的硬件资源，如果 Windows 操作长时间占用硬件（例如占用数据总线，传送来自 CD ROM 的大量数据），则实时任务在该操作完成之前将无法使用此硬件。这种情况可能会导致实时任务和 Windows 任务的优先级转置。因此，必须小心避免出现这种资源竞争情况，这需要有效地限制运行在 Windows 环境下的程序的功能。

### 3. PXI 实时系统

实时 PXI 系统包括牢固的机箱、嵌入式控制器和插入式 I/O 模块。PXI 硬件平台如图 15-5 所示。使用 ETS 目标平台的 LabVIEW 实时模块，把专用 RTOS 和应用程序软件下载到专用微处理器上，将嵌入式控制器转变为实时控制器。这样，嵌入式软件就可以访问所有的 PXI 系统中所有的 I/O，充分利用 PXI 高级定时和同步功能以实现精确的 I/O 触发和多模块间同步。

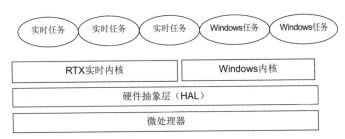

图 15-4  RTX 的软件架构

### 4. Compact FieldPoint 实时系统

Compact FieldPoint 系统包括一个运行实时操作系统的嵌入式处理器控制器和各种 I/O 模块。这些系统具有坚固的硬件结构，能在工业环境下工作。图 15-6 展示了一种 Compact FieldPoint 硬件平台。Compact FieldPoint 系统利用一种发布/获取通信协议——NI Logos，能和其他网络节点共享最近的 I/O 值和内存标记，因此 Compact FieldPoint 系统的软件架构非常适合于分布式应用。

图 15-5  PXI 硬件平台

图 15-6  Compact FieldPoint 硬件平台

所有 LabVIEW 的控制算法可在 PID 控制工具包中实现。和 PLC 和 DSC 工具相比，LabVIEW 提供了一整套工具包，将快速实现系统所需的复杂控制算法抽象出来，用户可以打开工具包通过简单的拖曳操作迅速建立起自己的控制软件系统。

### 5. Compact Vision 实时系统

Compact Vision（紧凑型视觉系统，参见图 15-7）是小型坚固的系统，为自动化检测机器视觉应用进行了优化。一个小型 Compact Vision 系统包括 1 个运行实时操作系统的嵌入式处理器，3 个 IEEE 1394 DCAM 摄像头接口，1 个本地视频显示接口，1 个以太网口，15 个数字输入和 14 个数字输出端口。

## 15.2  实时控制器软件的安装及配置

这一节我们学习实时控制器的软件安装和配置方法。通过本节的学习我们可以将一台未装任何系统的 PXI 实时控制器"裸机"，配置为能发布实时应用软件的实时控制器。

图 15-7  Compact Vision 实时系统

### 15.2.1  配置实时系统 BIOS（PXI）

**step 1**  安装有关 PXI 采集板卡和信号调理等外围设备，连接 PXI 的键盘和显示器，启动 PXI 电源。

**step 2**  按 Delete 键进入 BIOS 进行设置（本例以 PHOENIX BIOS 为例）。

**step 3**  选择 Main 选项卡，移动光标到 Require Keyboard to Boot 项，选择 NO。

**step 4**  选择 LabVIEW RT 选项卡，移动光标到 Boot Configuration 项，选择 LabVIEW RT；移动光标到 Startup VI 项，选择 Enable；移动光标到 Reset IP Address 项，选择 NO。

**step 5** 选择 Save changes and exit the BIOS，退出 BIOS 设置。

**注意** 如果实时控制器未连接键盘并且设置为"不忽略键盘错误"，将导致控制器无法引导进入实时软件系统中。

## 15.2.2 在 MAX 下安装 PXI 实时软件

**step 1** 如图 15-8 所示，进入 MAX（NI Measurement & Automation Explorer）后，在左边的树形目录中单击"远程系统"，如果实时控制器与本计算机有网络物理连接，就可以在远程系统找到要配置的设备。本例以 PXI-8184 实时控制器为例。

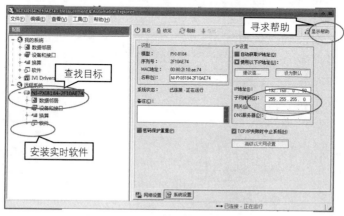

图 15-8　配置实时控制器的网络

**step 2** 在图 15-8 所示界面的右侧"IP 设置"一栏，设置实时控制器的 IP 地址，保证实时控制器的 IP 地址与被调试主机地址在同一个网段中。当按提示自动重启系统后，将自动启用新设置的 IP 地址。

**step 3** 在树形结构中，展开"软件"节点，选择"安装/卸载软件"程序组，弹出如图 15-9 所示界面，选择安装所需的实时软件组件。

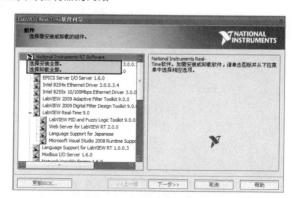

图 15-9　安装实时软件

## 15.2.3 识别远程设备

在安装完驱动软件后，必须通过 MAX 识别相关的机箱、控制器，以及调理模块。只有识别出这些信息，实时控制器才能使用板卡同步、连接并识别外部的信号调理模块。

**step 1** 如图 15-10 所示，在"设备和接口"节点中识别远程 PXI 机架（本例设置为 PXI-8184）。

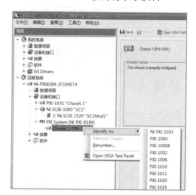

图 15-10　识别远程 PXI 机架

**step 2** 如图 15-11 所示，识别机架后再识别远程 PXI 机架上的采集卡。

**step 3** 如图 15-12 所示，在"设备和接口"节点中单击右键，识别远程 PXI 连接的信号调理箱。

图 15-11 识别机架上的采集卡

图 15-12 识别信号调理箱

**step 4** 如图 15-13 所示，在远程系统中完成 PXI 机架、采集卡和信号调理箱识别。

图 15-13 完成采集卡和信号调理箱的识别

## 15.2.4 建立实时项目

实时控制器软件安装完成后，可以通过实时项目向导建立新的实时项目。建立实时项目的第一步如图 15-14 所示。

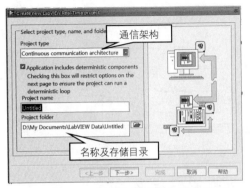

图 15-14 建立实时项目的第一步

如图 15-15 所示，在向导中配置实时控制器和主机软件循环工作方式。单击"完成"按钮后生成简单的实时控制软件项目。这个项目中包含的几个 VI 如图 15-16 所示。

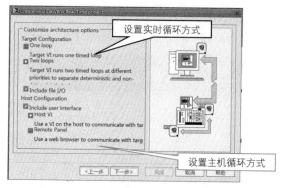

图 15-15　建立实时项目的第二步

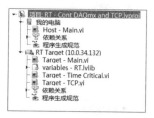

图 15-16　建立实时项目

典型的实时系统架构有两个循环( 如图 15-17 和图 15-18 所示 )，一个循环为高优先级线程，在此线程中进行高实时性的操作，而高优先级线程中的数据通过带 FIFO 的共享变量传递给低优先级线程。另一个循环为低优先级线程，在其中可以进行数据通信、存储等操作。而在远程非实时主机中仅仅依靠网络共享变量就可以将远程实时系统中的数据读取出来。

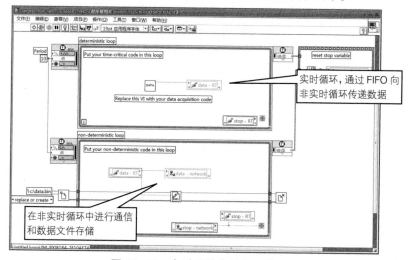

图 15-17　实时系统中的主函数

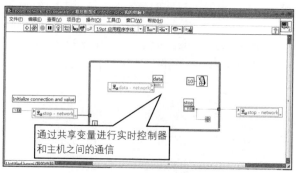

图 15-18　主机系统中的主函数

## 15.3　实时应用软件高级编程及技巧

通过以上几节我们了解了实时操作系统的一些概念，并可以搭建出一套可用的实时控制器 ( 实时应用软件 )。在下面的几节中，我们将要学习实时控制器的高级编程和一些技巧。

### 15.3.1 在实时操作系统下 LabVIEW 不支持的特性

在实时操作系统下编程毕竟不同于在 Windows 系统下编程，有一些在 Windows 下 LabVIEW 支持的功能和 VI 移植到实时系统下却不能使用（有可能编译通过，但执行起来会产生错误）。在 Windows 开发环境中编程之前请注意实时系统不支持的功能，以免出现错误，具体可以参考相关手册。

### 15.3.2 实时操作系统下的多线程

VI 的执行系统及 VI 优先级与多线程密切相关。下面讨论的内容同样适用于分时系统，但是对于实时系统来说更为重要。

#### 1. LabVIEW 中的执行系统

LabVIEW 有 6 种线程执行系统。在 LabVIEW 主菜单中选择"文件"→"VI 属性"项，然后在"VI 属性"对话框中选择"执行"，在这里可以设置执行系统，如图 15-19 所示。

图 15-19　设置执行系统

有以下执行系统可供选择。

◆ 用户界面：处理用户界面。此行为在多线程和单线程应用程序中完全一致。VI 在用户界面线程上运行，但执行系统在协同式多任务处理和用户界面事件响应之间轮流切换。

◆ 标准：用户界面在不同的线程上运行。

◆ 仪器 I/O：防止 VISA、GPIB 和串行 I/O 干扰其他 VI。

◆ 数据采集：防止数据采集干扰其他 VI。

◆ 其他 1 和其他 2：当应用程序的任务需要独立的线程时，可采用该系统。

◆ 与调用方相同：对于子 VI 而言，将与调用该子 VI 的 VI 在同一个执行系统中运行。

以上执行系统为那些必须独立运行的 VI 提供了大致的分区。默认状态下，VI 在"标准"执行系统上运行。

在这些执行系统中，建议以任务的类型为仪器 I/O 和数据采集命名。I/O 和数据采集可以在其他系统上工作，但是通过这些标签可划分应用程序并有助于理解其组织结构。

执行系统并不负责管理用户界面。如果某个执行系统中的 VI 需更新控件，则执行系统将该任务交给用户界面执行系统。把用户界面执行系统分配给带有数个属性节点的 VI。

LabVIEW 分配的线程与计算机上处理器的个数成正比。每一个线程处理一个任务。例如，如果 VI 调用 CIN，则执行系统中会有一个独立的线程继续运行其他 VI。每个执行系统的线程数量有限，如果线程繁忙，任务将一直处于就绪状态。

即使新创建的 VI 能在"标准"执行系统上运行无误，也可考虑其他执行系统。例如，开发仪器驱动程序可能需使用"仪器 I/O"执行系统。即便使用"标准"执行系统，用户界面仍然会被分配到它自己的线程。用户界面中的任何操作，如前面板的绘图、对鼠标点击的响应等，都不会影响程序框图上代码的执行时间。同样，执行长期运算任务也不会妨碍用户界面响应、鼠标点击和键盘输入等。

具有多处理器的计算机能从多线程技术中获得更多益处。在单处理器计算机上，操作系统优先占用线程并给处理器上每个线程分配时间。在多处理器计算机上，不同处理器上的线程能同时运行，所以多个行为能够同时发生。

### 2. LabVIEW 中的线程优先级

在"VI 属性"对话框中可修改优先级。有以下优先级供选择，按级别由低到高排序如下：

- ◆ 后台优先级（最低）
- ◆ 标准优先级
- ◆ 次高优先级
- ◆ 高优先级
- ◆ 实时优先级（最高）
- ◆ 子程序优先级

前 5 个优先级行为相似（从最低到最高），子程序优先级则具有其他特性。以下内容适用于前 5 个优先级（子程序优先级除外）。

（1）用户界面执行系统的优先级

在多线程应用的用户界面执行系统中，执行系统队列有多个进入点。在队列中，执行系统把高优先级的 VI 放在低优先级 VI 的前面，如果高优先级的 VI 正在运行而队列中只包含低优先级 VI，则高优先级的 VI 连续运行。例如，如果执行队列中两个不同优先级下分别有两个 VI，高优先级的两个 VI 将共享执行时间，直到执行完毕，然后次高优先级 VI 共享执行时间，直到执行完毕，依次类推。但是如果较高优先级的 VI 调用等待函数，执行系统从队列中移出此优先级的 VI 直到这次等待或 I/O 完成，并分配其他（可能是低优先级的）任务运行。当这次等待或者 I/O 完成以后，执行系统将被挂起的任务重新插入队列中，放在较低优先级任务的前面。如果高优先级 VI 调用了一个低优先级的子 VI，则子 VI 将继承调用方 VI 的高优先级，与调用方 VI 是否运行无关。因此，无须修改子 VI 的优先级，调用该子 VI 的 VI 会提升子 VI 的优先级。

值得一提的是，在 LabVIEW 实时开发环境下，当处于调试模式时，打开一个含有显示控件的部署在远程实时平台的子 VI 并查看数据更新时，如果此子 VI 被设置为标准优先级，则后面板的程序将与实时操作系统下的 VI 线程共享 CPU 时间。如果此子 VI 被设置为实时优先级，则 VI 线程的 CPU 时间片被占据。

（2）其他执行系统和多线程应用程序中的优先级

每个 VI 的"首选执行系统"选项（在"属性"对话框中）中有 6 种执行系统可选，分别为：用户界面、标准、仪器 I/O、数据采集、其他 1、其他 2。每个执行系统在每个优先级上都有一个独立的任务线程，不包括子程序优先级和用户界面优先级。每一个具有优先级的执行系统都有自己的队列和两个线程用于运行队列中的程序。虽然可以选择 6 个执行系统，但 LabVIEW 并不是分为 6 个执行系统，而是 1 个任务线程用于用户界面系统（无论其优先级状态如何），另外 25 个任务线程用于其他系统（5 个执行系统乘以 5 个优先级）。根据分类，操作系统为每一个执行系统的线程分配不同的优先级。因此，在典型的执行系统中，较高优先级的任务线程比较低优先级的任务线程得到更多的执行时间。低优先级任务只有在高优先级任务暂时等待时才会运行。

操作系统通过定期提升较低优先级任务的优先级来避免这个问题。即使高优先级的任务想要连续运行，较低优先级的任务也能定时得到运行机会。用户界面执行系统为单线程。在其他执行系统中，用户界面线程适用于一般优先级。所以如果有一个高于一般优先级的 VI 在标准执行系统中运行，则用户界面线程可能不会执行，这可能导致用户界面响应变慢或者没有响应。同样，如果给一个 VI 分配最低优先级，则它的优先级将比用户界面线程优先级低。

如果一个 VI 调用了低优先级的子 VI，则在调用期间，子 VI 的优先级会被提升到和调用它的 VI 相同的优先级上来。

（3）子程序优先级

子程序优先级允许 VI 以最有效的方式运行。设置成子程序优先级的 VI 不与其他 VI 共享执行时间。当 VI 处于子程序优先级时，它能有效地控制正在执行的线程，并与其调用者运行在同样的线程上。在子程序优先级 VI 完成运行之前，其他 VI 不能在这个线程上运行，即使这些 VI 也具有子程序优先级。

除了不与其他 VI 共享执行时间，子程序优先级 VI 的执行是流线型的，因此当子程序优先级 VI 被调用时，前面板的输入控件和显示控件不会更新。子程序优先级 VI 在前面板上不显示它执行的任何信息。子程序优先级 VI 可以调用其他的子程序优先级 VI，但是不能调用其他优先级的 VI。如需最大限度地减少用于简单运算的子 VI 的系统开销，则可以使用子程序优先级。而且，因为子程序不与执行队列交互，故它不能调用函数让 LabVIEW 将其拉出队列，这意味着它们不能调用等待、GPIB、VISA 或者对话框函数。

子程序优先级 VI 还有另外一个有利于较高优先级应用程序的功能，右键单击一个 VI 并且从快捷菜单中选择"遇忙时忽略子程序调用"，如果子程序优先级 VI 正在另外一个线程中运行，则执行系统会跳过程序调用。这一功能可帮助执行系统在时间紧迫的循环中安全跳过子 VI 的执行操作，避免等待完成子程序优先级 VI 而导致的延时。如果跳过了子程序优先级 VI 的执行，则所有子程序优先级 VI 前面板上显示控件的输出会还原为默认值。

（4）LabVIEW 中线程的定制

LabVIEW 执行系统的线程数目由 LabVIEW 的 .INI 配置文件指定，默认的配置在大多数的应用程序中会很好地工作。多线程平台默认配置是运行普通优先级的线程。

定制线程数量如图 15-20 所示。当 LabVIEW 应用程序运行在一个专用的机器上时，可以考虑调整线程的配置。NI 公司为此提供了一个线程配置文件：threadconf.vi，位于 vi.lib\utilities\ sysinfo. llb 中，图 15-21 所示是该 VI 的前面板。在这个对话框中，可以改变线程的配置。每个运行子系统的每个优先级最多可以配置 8 个线程。

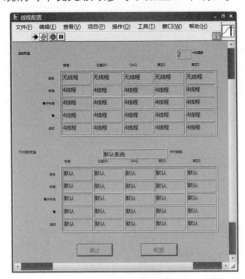

图 15-20　定制线程数量

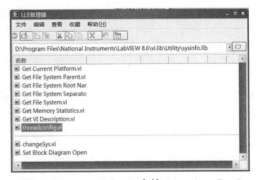

图 15-21　sysinfo.llb 中的 threadconfig.vi

### 3. 实时系统下实时优先级的延时

在普通线程中，特别是在循环中，可以通过调用 Wait 或 Wait Until Next ms 这两个 VI 来释放当前线程的控制权，将其交与其他线程。在使用 LabVIEW 开发的实时系统中（注意是实时操作系统），如果将不同的 VI 同时设置为实时优先级，则其中一个 VI 含有 Wait 或 Wait Until Next ms VI，其他与之并行的实时优先级 VI 同样要休眠这个 VI 所指定的延时时间。

下面举例说明两个实时优先级 VI 中的延时。两个 VI 分别是 First.vi 和 Second.vi，都被设置为实时优先级。两个 VI 的程序框图如图 15-22 所示，都含有一个 While 循环结构，将 First.vi 中的 Wait Until Next 的延迟时间设置为 200 ms，而将 Second.vi 设置为 20 ms。

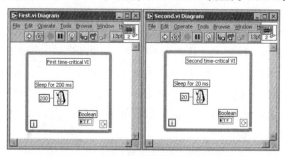

图 15-22　两个实时优先级 VI 中的延时

程序运行结果是，First.vi 与 Second.vi 延时的时间一样多。也就是说，在 First.vi 的循环延时 200ms 以外还要延时 20ms ，两个循环都要延时 220ms。

如果将两个并行循环放在同一个实时优先级的 VI 中，则两个循环的延时效果也是相同的。

如何在 LabVIEW 实时模块中避免这样的事情发生呢？将 First.vi 和 Second.vi 设置在不同的执行系统（标准、仪器 I/O、数据采集等）中就可以使得不同的循环延时相应的时间。当然，建议在 LabVIEW 实时模块中只建立一个实时优先级的循环，不同的延时时间可以通过编程解决。

## 15.3.3 实时系统中时间确定性的实现

### 1. 使用 Wait 和 Wait Until Next Multiple VI

在实时系统下，可以通过 RT Timing 选板中的 Wait 和 Wait Until Next Multiple 两个 VI（参见图 15-23），建立自己的时间确定性循环。循环延时可以精确到毫秒（ms）或微秒（us）级。

图 15-23　Wait 和 Wait Until Next Multiple VI

Wait 和 Wait Until Next Multiple VI 的延时效果是不同的，下面将分别介绍。

（1）Wait VI

等待指定的毫秒数，并返回毫秒计时器的值。将 0 连接到"毫秒计时值"输入端子，可迫使当前线程放弃对 CPU 的控制。

图 15-24 由 Execution Trace Toolkit 截取。在实时应用程序中使用 Wait VI，应用程序首先执行 Function A，再执行 Function B。执行 Function B 后使用 Wait VI 休眠 10 ms。注意在 40 ms 时的 Wait VI 与图 15-25 所示的 Wait Until Next Multiple VI 是不同的。

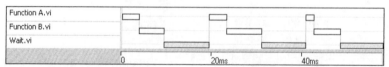

图 15-24　Wait VI 的延时效果

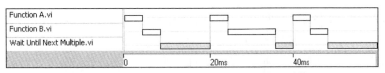

图 15-25 Wait Until Next Multiple VI 的延时效果

（2）Wait Until Next Multiple VI

等待直至毫秒计时器的值为"毫秒倍数"中指定值的整数倍。该 VI 用于同步各操作，可在循环中调用，控制循环执行的速率。但是，第一个循环周期可能很短。将 0 连接到"毫秒倍数"输入端子，可迫使当前线程放弃对 CPU 的控制。

图 15-25 由 Execution Trace Toolkit 截取。在实时应用程序中使用 Wait Until Next Multiple VI，应用程序首先执行 Function A，再执行 Function B。执行 Function B 后使用 Wait Until Next Multiple VI 等待 20ms 的整数倍时间。Wait Until Next Multiple VI 的真正延时时间与 Function A 和 Function B 的执行周期有关。

**2. 在实时系统下使用定时循环**

在实时系统下的定时循环可以实现如下功能：

◆ 多速率实时应用循环。

◆ 设置实时线程的优先级。

◆ 同步软件和硬件。

◆ 编程事件响应。

（1）多速率实时应用循环

如图 15-26 所示，在实时任务中可以存在不同的速率线程来执行不同的功能。图中有两个线程循环速率分别为 10kHz 和 3kHz 的 PID 循环线程和一个事件线程在监视 ShutDown 事件。

图 15-26 实时任务中不同线程的不同功能

（2）选择定时结构的定时源

定时源控制着定时结构的执行。有三种定时源可供选择：内部、软件触发和外部。内部定时源，是指在配置定时结构的输入节点时所选择的内置定时源，或使用"创建定时源"VI 创建的内置定时源。软件触发定时源是指使用"创建定时源"VI 的"创建软件触发定时源"实例创建的定时源。外部定时源是指通过 DAQmx 中"数据采集"VI 创建的定时源。

1）内部定时源

用于控制定时结构的内部定时源，包括操作系统自带的 1kHz 时钟及实时终端的 1MHz 时钟。在定时循环、定时顺序或多帧定时循环对话框的"循环定时源"或"顺序定时源"中，可选择一个内部定时源，有如下几个选项。

◆ 1 kHz 时钟：默认状态下，定时结构以操作系统的 1 kHz 时钟为定时源。使用 1 kHz 时钟，可创建毫秒精度的定时结构。所有可运行定时结构的 LabVIEW 平台都支持 1 kHz 定时源。

◆ 1 MHz 时钟：某些终端可使用 1 MHz 时钟定时源控制定时结构。使用 1 MHz 时钟，可创建微秒精度的定时结构。处理器必须为 Intel Pentium3 或 4 系列以上，实时系统必须支持微秒精度，例如 ETS，才可能使用 1 MHz 时钟。

◆ 1 kHz 时钟<结构开始时重置>：与 1 kHz 时钟相似的定时源，每次定时结构启动时重置为 0。

◆ 1 MHz 时钟<结构开始时重置>：与 1 MHz 时钟相似的定时源，每次定时结构启动时重置为 0。

◆ 同步至扫描引擎：将定时循环同步至 NI 扫描引擎。选择该定时源，定时结构将在每次扫描结束后执行。循环之间的间隔对应于"扫描引擎"页中的"扫描周期（μs）"设置。

2）软件触发定时源

可以创建一个软件触发定时源，根据软件定义的时间来触发定时循环。使用"创建定时源"VI 创建软件触发定时源，也可以将软件触发定时源作为事件处理器，当生产-消费应用程序中生成新数据时，通知消费方定时循环。软件触发定时源还可用于离散事件仿真。"发射软件触发定时源"VI 执行后，定时结构的内部计数器增加"计时数量"个计数值。如果内部计数器跳过一个或多个定时循环间隔，则定时循环将这些间隔作为丢失的间隔。如果要通过一次调用"发射软件触发定时源"VI 来触发多个定时循环，可取消勾选"配置定时循环"对话框的"放弃丢失周期"复选框。

3）外部定时源

可使用 NI-DAQmx 7.2 或更高版本创建用于控制定时结构的外部定时源。比如，使用"DAQmx 创建定时源"VI 通过编程选中一个外部定时源。DAQmx 定时源可用于控制定时结构，如"频率"、"数字边沿计数器"、"数字改动检测"和"任务源生成的信号"等定时源。

◆ 频率：创建一个在恒定频率下执行定时结构的定时源。

◆ 数字边沿计数器：创建一个数字信号边沿升降时执行定时结构的定时源。

◆ 数字改动检测：创建一个或多个数字线边沿升降时执行定时结构的定时源。

◆ 任务源生成的信号：创建一个以特定信号指定定时结构执行时间的定时源。

表 15-4 列出了在不同系统下可创建的定时源。

表 15-4  不同系统下的定时源

| 系统及硬件 | 1 kHz | 1 MHz | Single Cycle |
|---|---|---|---|
| Windows | 是 | 否 | 否 |
| Mac | — | — | — |
| PXI-814x/815x RT | 是 | 否 | 否 |
| PXI-817x/818x/819x RT | 是 | 是 | 否 |
| RT ETS 台式机 | 是 | 是 | 否 |
| RT for RTX | — | — | — |
| [c]FP-20xx RT | 是 | 否 | 否 |
| PCI-7041 RT | — | — | — |
| PCI-7030 RT | — | — | — |
| CVS RT | 是 | 否 | 否 |
| cRIO 900x RT | 是 | 否 | 否 |
| FPGA | 否 | 否 | 是 |

（3）不使用定时结构实现多速率循环的应用

在实时编程中，是不推荐在时效性强的代码中使用并行循环的。因此，最好的方法就是让一个循环的速率是另一个的整数倍，如图 15-27 所示。这样可以在一个循环中包含两个定时循环的代码。低速率循环的代码在一个 case 结构中，它会以适当的时间间隔跳过这个循环。这样的两个定时循环，它们的基础循环是一样的，而通过条件选择执行时间可以实现多速率循环的应用。

（4）定时结构的优先级

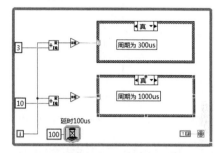

- ◆ 每建立一个定时结构，即在系统中建立一个独立线程。如图 15-28 所示，在追踪工具中可以看到，每一个定时结构对应一个独立的线程。
- ◆ LabVIEW 执行的定时结构的优先级低于实时优先级但高于高优先级。
- ◆ 定时结构的优先级与 VI 优先级不同。LabVIEW 执行系统是抢占式的，因此准备就绪且优先级较高的定时结构将

图 15-27　使用非定时结构实现不同定时速率

在所有准备就绪而优先级较低的结构以及其他非实时优先级的 LabVIEW 代码之前执行。

- ◆ 最大并行执行的定时结构数量为 128 个。

（5）同步定时结构

图 15-29 所示的"同步定时结构"VI 可以同步一组定时结构。其中的定时结构在同组其他定时结构未准备好运行之前一直等待，这类似于"集合点"VI。此 VI 的使用方法如图 15-30 所示。

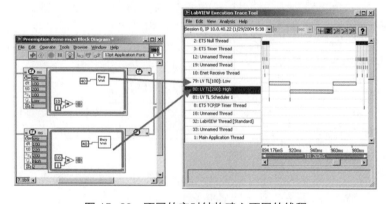

图 15-28　不同的定时结构建立不同的线程　　　图 15-29　"同步定时结构"VI

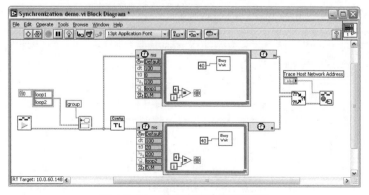

图 15-30　使用同步定时结构 VI

（6）动态调整循环速率

如图 15-31 所示，通过定时结构中周期（Period）属性，可以动态调整循环速率。

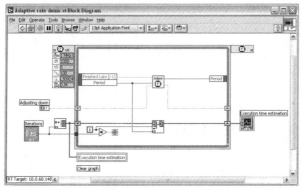

图 15-31　在同步定时结构中动态调整循环速率

## 15.3.4　实时系统中的线程间通信

在线程间通信有多种方法，其中最常用的是全局变量、LV2 型全局变量、队列等三种方法，表 15-5 所示为三种方法之间的对比。

表 15-5　在线程间通信的方法

| 方　　　法 | 说　　　明 | 备　　　注 |
| --- | --- | --- |
| 全局变量 | 全局变量本身是线程安全的（不会读到不完整的数据）。它的机制是：每次读取全局变量前要自我复制出全局变量的副本，但不正确地使用会导致编写的程序线程不安全 | 每次需要复制自身，在使用全局变量编写多线程程序时要格外小心 |
| LV2型全局变量（全局功能变量） | 在几个线程同时读取LV2型全局变量时，强行阻塞其他线程而保证只有一个线程在读取或写入LV2型全局变量 | 不可重入VI的特性，保证只有一个线程在一个时刻有访问权限 |
| 队列 | 使用大小为1的队列，在一个线程中弹出数据时其他线程将得不到数据而处于阻塞状态 | 使用大小为1的队列是一个技巧，LabVIEW本身使用它来实现信号量（semaphore） |

### 1. 错误地使用全局变量将会导致应用程序的线程不安全

如图 15-32 所示为在本示例运行中要建立的不同全局变量副本，导致在不同线程中读取数据时不安全，所得的结果不确定。注意这个例子是在同一个 VI 中创建的，在不同 VI 中建立同样性质的多线程程序，同样会导致运行结果不确定。并且因为有多个 VI，编程时很难寻找错误点，所以建议尽量不用全局变量在多线程中同时写入数据。

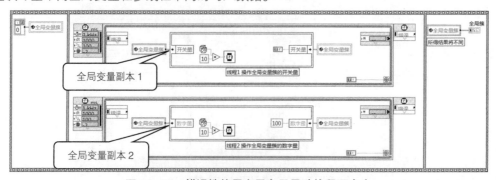

图 15-32　错误地使用全局变量导致线程不安全

### 2. 使用 LV2 型全局变量保证线程安全

图 15-33 和图 15-34 是典型的 LV2 型全局变量的内部代码的例子，通过命令实现对数据的初始化、写入、读取等操作。其中最好将"命令"枚举类型定义为严格自定义控件，方便修改。

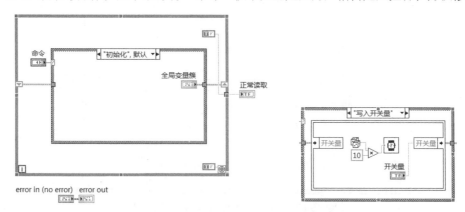

图 15-33 LV2 型全局变量初始化和写入开关量命令

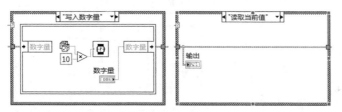

图 15-34 LV2 型全局变量写入数字量和读取当前值命令

如图 15-35 所示，通过 LV2 型全局变量的线程特性保证程序运行结果的确定性。此时输出结果为确定值：开关量结果为真，数字量数值为 100。

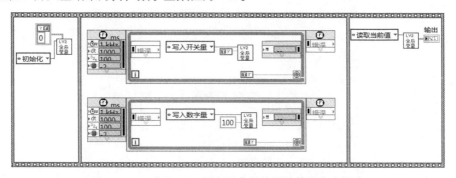

图 15-35 依靠 LV2 型全局变量编写的线程安全程序

### 3. 使用队列保证线程安全

图 15-36 所示的程序通过大小为 1 的队列实现了线程的安全性。

如图 15-37 所示，LabVIEW 8.6 版本以后的内部函数信号量（semaphore）的基本机制就是通过 1 个元素大小的队列实现线程间互斥。如图 15-38 所示，在 LabVIEW 2009 中"打开配置数据" VI 内部同样可以看到大小为 1 的队列，此 VI 通过这个大小为 1 的队列来实现线程安全并存储 INI 配置信息。

表 15-6 比较了在线程中传递数据的方法，如表所述，实时系统在线程之间传递共享数据的方法，选择顺序为：队列→ LV2 型全局变量→全局变量→局部变量。

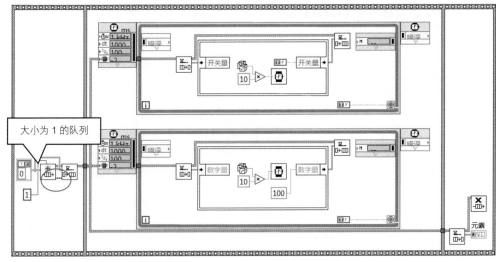

图 15-36　利用队列编写的线程安全程序

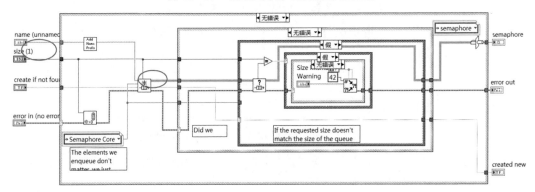

图 15-37　LabVIEW 8.6 以后利用队列封装的信号量

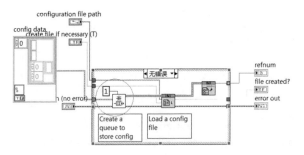

图 15-38　LabVIEW 2009 以后利用队列封装 INI 文件配置信息

表 15-6　在线程间传递数据方法的比较

| 方　　法 | 同地址操作<br>（是否自我复制） | 读写简单型变量 | 读写复杂型变量 | 阻塞线程 | 编程难易程度 |
|---|---|---|---|---|---|
| 全局变量 | 否 | 快 | 慢 | 否 | 简单 |
| 局部变量 | 否 | 快 | 慢 | 否 | 简单 |
| 队列 | 是 | 稍慢（同一数量级） | 快 | 是 | 比较简单 |
| LV2型全局变量 | 是 | 稍慢（同一数量级） | 快 | 是 | 复杂 |

　　值得一提的是，在使用队列时可能会导致内存泄漏，例如使用"获取队列引用"函数返回循

环内部某个已命名队列的引用时，LabVIEW 将在每次循环执行时创建该已命名队列的新引用。例如在循环中使用"获取队列引用"函数，因为每个新引用都使用额外的 4 字节，所以 LabVIEW 会逐渐占用更多的内存。VI 停止运行时这些字节被自动释放。然而，如果是持续时间较长的应用程序，内存占用的持续增加可能使 LabVIEW 的表现类似发生内存溢出错误。在循环中使用"释放队列引用"函数可释放每次循环的队列引用，这样可以避免不必要的内存占用。另外一种解决方法是按照图 15-39 所示在不同线程中的循环内部获取队列引用。

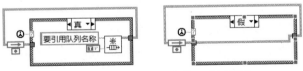

图 15-39　在不同线程中获取队列引用

### 15.3.5　实时控制系统的网络通信

#### 1. 实时控制系统的几种通信方式

实时控制系统与非实时系统之间可以通过不同的方式进行通信，不同的通信方式具有各自的优缺点。常见的通信方式有如下几种：

- ◆ 网络共享变量（Network-Published Shared Variables ）
- ◆ 时间触发共享变量（Time-Triggered Shared Variables ）
- ◆ TCP
- ◆ UDP
- ◆ VI Server
- ◆ DataSocket

（1）网络共享变量

网络共享变量可以在不同的 VI 之间和网络中传递数据，如果在实时控制器中开启了"Real -Time FIFO"选项，虽然在不同 VI 之间传递数据具有确定性，但是在网络中使用网络共享变量仍然不具有确定性。由于网络的延时，最新写入的网络共享变量（毫秒级）网络的另一端不一定马上接收到。因为这个特性，当前读取的数据可能是远程系统写入的前一个值。如果使用网络共享变量编写类似数据日志的应用程序，则可以通过开启"时间标签"选项来查看当前读取的数据是否更新过。

因为网络共享变量不具有确定性，因而编写实时控制系统时要避免使用网络共享变量传递控制命令等重要数据。

（2）时间触发共享变量

时间触发共享变量可以作为控制、仿真中确定数据的实时传递方法。为了满足这个需求，时间触发共享变量通过自己私有的封闭网络环来通信。

要使用时间触发共享变量,首先所用的设备必须支持,并且要在 MAX 中进行配置。

（3）TCP

TCP（传输控制协议）是一个网络产业标准的协议，位于 OSI-RM 第四层——传输层，是一个端对端、面向连接的协议。因为 TCP 具有快速和面向连接（不丢失数据）的特性，所以可以用来进行大数据的通信，但是在 LabVIEW 中使用 TCP 通信时必须把其他数据类型转换为字符数据串的格式，这为编程带来一些麻烦。

（4）UDP

UDP（用户数据报协议）和 TCP 一样也是一个网络产业标准的协议，位于 OSI-RM 第四层——传输层，其并不提供数据传送的保证机制。如果从发送方到接收方的传递过程中出现数据报的丢失，协议本身并不能做出任何检测或提示。因此，UDP 被称为不可靠的传输协议。相对 TCP 来说，UDP 协议在传输速度上具有优势。

表 15-7 对实时控制系统与非实时系统之间的通信方式进行了比较和总结。

表 15-7    通信方式的比较

| 协　　议 | 速度 | 读/写时间确定性 | 数据传输确定性 | 优　　势 | 备　　注 | 通常用法 |
|---|---|---|---|---|---|---|
| 网络共享变量 | 好 | RT FIFO开启 | 否 | 易于编程 | 仅限LabVIEW编程 | 数据记录、与主机通信 |
| 时间触发共享变量 | 好 | 是 | 是 | 易于编程 | 仅 RT PXI 和 RT desktop特殊硬件支持 | 命令控制、自动控制、仿真 |
| TCP | 最好 | 否 | 否 | 高速率 | 字符串数据 | 数据流 |
| UDP | 最好 | 否 | 否 | 高速率 | 有损的字符串数据 | 数据流 |
| VI Server | 一般 | 否 | 否 | 易于编程 | 限于LabVIEW编程 | 与主机通信 |
| DataSocket | 一般 | 否 | 否 | 易于编程 | LabVIEW、VB、CVI、VC均可以使用 | 多设备之间通信 |

（5）VI Server

LabVIEW VI Server 是一种可以利用编程方式运行、控制以及修改服务器上其他 VI 的方法。VI Server 可以连接到本地机器或者网络上允许虚拟访问每个 VI 的网络机器。

VI Server 有多种用途：

◆  动态调用 VI 降低整体内存开销。

◆  运行时调整 VI 属性。

◆  在计算机上运行没有用户或者用户界面的 VI。

◆  访问内置的 VI 模块接口，方便程序扩展。

（6）DataSocket

DataSocket 是一个高性能、易于使用的编程工具，用于在测试测量和自动化应用程序中共享和发布实际数据，这些数据在不同的应用程序之间，以及在 Internet 上不同的机器之间传输。LabVIEW 的 DataSocket 模块简化了同一台计算机上的不同应用程序或者连接到网络上的不同计算机之间的实际数据交换过程。

尽管现在有很多种不同的技术可以实现在应用程序之间共享数据，包括 TCP/IP，但是大部分工具无法面向多个客户端进行实际的数据传输。使用 TCP/IP，在广播应用程序中，需要将数据转换为一个无数据结构的字节流，然后在接收应用程序中将字节流解析为它原始的格式。而 DataSocket 则大大简化了实际数据的传输过程。

## 2.  实时控制系统中控制命令的通信

STM 是一个可以通过 TCP/IP、UDP 和串口等多种协议，在多个设备之间传输用户自定义参数和数据的工具包。它具有以下特点：

◆ 传输和接收用户自定义的元命令，并且每个命令可以携带相应的不同类型的参数。

◆ 读写数据可以通过 TCP/IP、UDP 和串口等多种协议传输。

◆ 支持多个客户设备之间的连接。

◆ 可以直接在编程菜单中引用。

虽然 STM 已经非常完美了，但笔者在实际使用中遇到过如下实际问题（基于 TCP 协议）。

（1）通信中断不可恢复

在实时控制器与主机通信时，如果出现一次通信错误（例如，主机死机、主机与实时通信网路出现网线断线、路由器断电，乃至因为通信量过大导致 TCP 通信超时）均会导致 STM 整个通信失败并且不可恢复。可以看到，在 STM 例程中只有简单的报错及关闭连接操作，可能只能通过重新启动实时应用程序才能解决这些问题，这种处理方式对于一些大型工业控制系统来说是不可接受的。

（2）主机与实时控制器必须保证同时开启

与单纯的数据采集及测量项目不同，在工业控制项目中实时控制器常常作为 PAC（编程自动化控制器）使用，而主机一般用于运行参数设置、状态查看。此时不需要强制连接主机与实时控制器，即在必要的时候才打开主机进行参数设置或状态监视，操作完毕后可以将主机关闭。此时即使主机出现故障（例如，中毒、硬件损坏），实时控制器仍可以继续工作，当主机重新连接后可以继续操作实时控制器。而面对这种需求，单纯使用 STM 例程中的经典方式是无法满足的。

（3）通信中的命令必须依次执行

在 STM 中，所有命令处于同一个队列中，命令按照先入先出的方式执行，读取并执行一条命令后才允许查找和执行下一条命令。对于一些应用场合这种方式是不适宜的。例如，主机发送正常命令序列如下：电机启动➔电机升速至 2000rpm➔测量。如果在电机升速时发生紧急情况，主机又立即发送了"急停"命令，此时命令序列变为：电机启动➔电机升速至 2000rpm➔测量➔急停。如果采用 STM 经典方式，"急停"命令可能需要等到"电机升速至 2000rpm"命令执行后才能执行。

面对以上的工业控制的特殊需求，对 STM 进行改造，编写一套基于控制命令的通信架构，该架构有如下特点：

◆ 传输和接收用户自定义的元命令，并且每个命令可以携带相应的不同类型的参数（通信帧与 STM 相同）。

◆ 使用消息队列封装发送和接收命令，在不同的线程中进行命令操作。

◆ 断线等待，如果通信不成功则自动等待，一旦成功则继续发送上一次未成功的命令。

◆ 消息队列可以查询"急停"之类的命令，保证提前执行。

图 15-40 所示为改进的程序框图。

图 15-40 给出的是实时控制器中的接收和发送循环，主循环中有三个循环。第一个循环为等待监听循环，当发生连接错误或超时时在此循环中监听等待。其他两个循环，一个为接收循环，一个为发送循环。接收和发送的命令分别存储于两个独立的队列。发送队列非空时进行发送，每次发送一条命令后需要等待主机的确认信息，如果收到确认信息则将此条命令从发送队列中弹出，而若未收到主机确认信息则不将发送命令从发送队列中弹出。接收循环跟发送循环类似，当接收到命令时，将命令压入接收队列并向主机发送确认信息。接收与发送流程图如图 15-41 所示。

如图 15-42 所示，主机部分的命令接收与发送线程与实时控制器的类似。

操作接收命令队列分为两种方式：一种是依照命令队列先入先出的正常顺序进行读取，如图 15-43 所示；而另一种是对某些命令（如"急停"）扫描的方式，如图 15-44 所示。

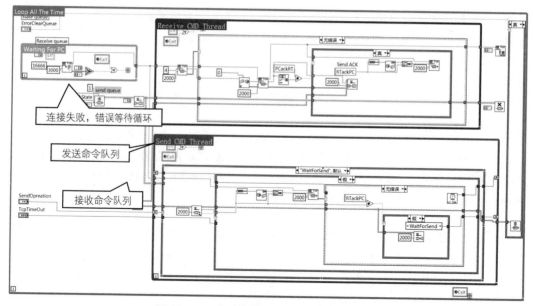

图 15-40　实时控制器部分的命令收发线程

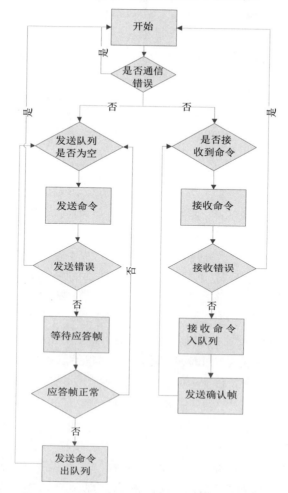

图 15-41　实时控制器部分的命令收发流程图

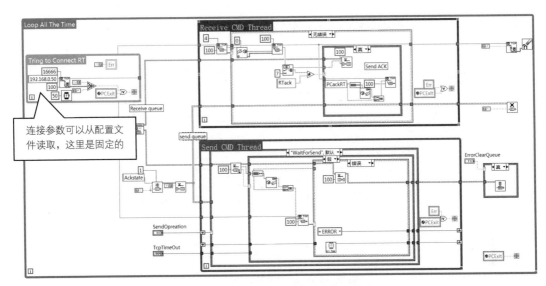

图 15-42 主机部分的命令收发线程

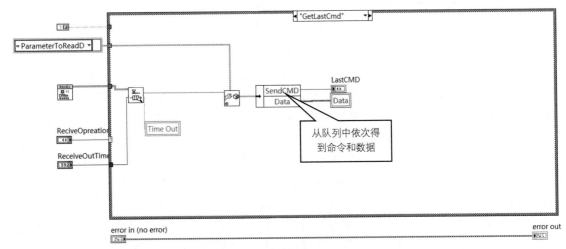

图 15-43 正常的命令读取方式

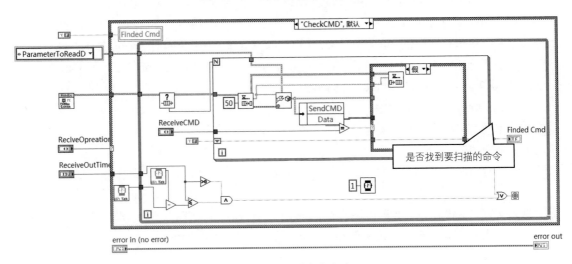

图 15-44 扫描命令方式

图 15-45 所示为一个命令处理 VI，其读取命令后按照不同的命令进行解析。

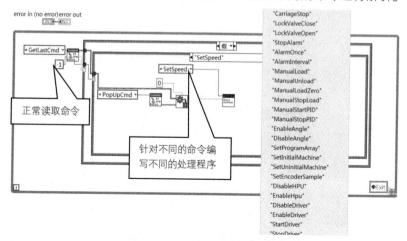

图 15-45　命令解析及执行 VI

这里只是介绍一种实时控制器和主机基于命令控制的编程思路，详细代码请到网站 www.broadview.com.cn 下载。有兴趣的读者可以根据这个思路编写更加完善的基于命令的通信程序。

### 3. 实时控制系统与 Beckhoff 远程端子进行通信

德国倍福自动化有限公司（Beckhoff）成立于 1953 年，是一家生产工业自动化产品的公司。通过基于 PC 的控制技术，Beckhoff 可提供适用于几乎所有行业的开放式、通用型自动化解决方案。Beckhoff 的产品范围包括工业 PC、I/O、现场总线组件，以及驱动产品和 TwinCAT 自动化软件。NI 的 PAC 实时系统可以与 Beckhoff 的总线端子结合，利用其现场总线的优势，提供更优秀的自动化解决方案。NI 的实时系统与 Beckhoff 的总线端子可以通过串口、EtherCAT，以及基于 TCP 的 Modbus 等多种方式进行连接控制。可以通过 NI 实时系统所带的 NI-Industrial Communications for EtherCAT Real-Time OS 模块连接 EtherCAT 协议，但需要硬件支持（特定的 PXI 控制器）。使用基于 TCP 的 Modbus 协议可以通过普通工业以太网与 Beckhoff 的 BK9000、BK9050、BC9050 等远程端子或 PLC 控制器进行连接，从而读取相应的模拟和开关量。

在 NI 的实时模块中有两种方法可以使用基于 TCP 的 Modbus 协议连接 Bechkoff 设备。一种方法是通过建立 Modbus I/O Server 来支持 Modbus。Modbus I/O Server 可以非常容易地将 Modbus 寄存器值和共享变量连接到一起，再通过操作共享变量达到操作远程设备寄存器的目的。另一种方法是使用 Modbus LabVIEW Library，Modbus LabVIEW Library 允许在 LabVIEW 或 LabVIEW 实时应用程序中实现 Modbus 通信。

（1）Modbus I/O Server 方法

**step 1** 如图 15-46 所示，在实时项目的变量库中建立 I/O Server。

**step 2** 如图 15-47 所示，选择 I/O Server 类型。

**step 3** 如图 15-48 所示，配置 I/O Server，可以设置传输模式、地址、刷新率、超时时间等多种参数。

**step 4** 如图 15-49 所示，在已建好的 I/O Server 上单击右键，创建约束变量。创建完约束变量后可以如同操作本地共享变量一样操作远程设备的内存地址。

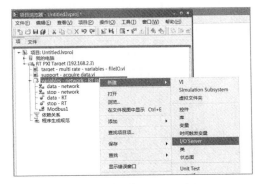

图 15-46　建立 I/O Server

图 15-47　选择 I/O Server 类型

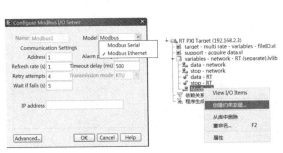

图 15-48　配置 I/O Server

图 15-49　创建约束变量

（2）自己通过 Modbus 协议编写通信模块

笔者通过学习 Beckhoff 的基于 TCP / ModBus 的远程通信协议及其操作远程总线端子的方法，编写了一些远程总线端子通信 VI，通过这些 VI 可以简单地操作远程 Beckhoff 设备。其特点如下：

◆　支持 BK9050、BK9000 两种远程总线耦合器，因为 BC 系列的远程端子映像区是自己定义的，所以不能像 BK 系列那样写出固定通用的 VI 模块。

◆　支持多个远程设备，添加设备时只需在初始化时将新设备 IP 添加进去。

◆　用户可以通过设置严格自定义控件定义操作地址。

◆　支持多种远程总线端子、模拟量、开关量，以及温度模块。

以下为笔者编写的部分代码。

如图 15-50 所示，所有通过 IP 数组生成的 TCP 均保存在 VI 的反馈节点内部。

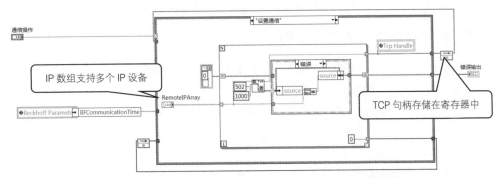

图 15-50　在 SubCommunication.vi 中初始化，建立通信通路

如图 15-51 所示，在 SubCommunication.vi 中不使用 IP 或者 TCP 句柄操作远程设备，而是使用设备号进行操作。设备号与初始化时的 IP 数组排列对应。

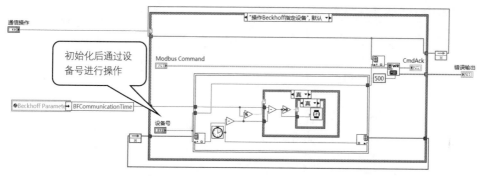

图 15–51　在 SubCommunication.vi 中对远程设备进行操作

如图 15-52 所示，操作 Beckhoff 中各个设备的 VI 使用了 ACTION ENGINE 的方式，例如想要设置看门狗的方式，可以使用这个 VI 来做。图 15-53 所示为与 BK9000 通信的 VI 的 ACTION ENGINE 内部构造。

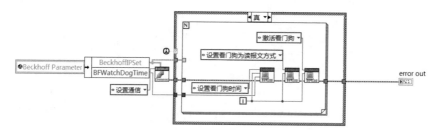

图 15–52　通过 BK9000 VI 就可以进行看门狗的设置

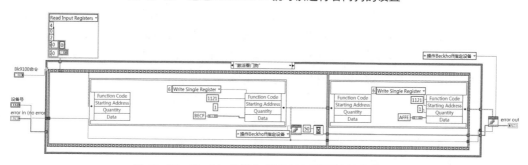

图 15–53　Beckhoff 操作 BK9000 系列的部分代码

由于篇幅原因，不再赘述，详细的代码及使用方法详见本书网站下载资源。

## 15.3.6　实时控制系统的软件架构

本节介绍典型的实时控制系统架构，并对部分架构进行评测。

图 15-54 所示为典型的控制系统架构。其中非实时系统部分分为：用户交互界面子系统、非实时数据处理子系统、数据存储及数据库子系统。实时系统部分分为：控制子系统、数据通信及日志管理子系统、监视子系统。

（1）实时系统中的控制子系统

图 15-55 所示为实时系统中的控制子系统。控制子系统中包含了一系列由软件控制的线程循环。为保证控制的确定性，这些控制循环的优先级已经被设置为"高"。控制循环以一个基本速率 X 运行。其他低优先级循环子系统（监视、通信、日志）的运行速率是它的几分之一。

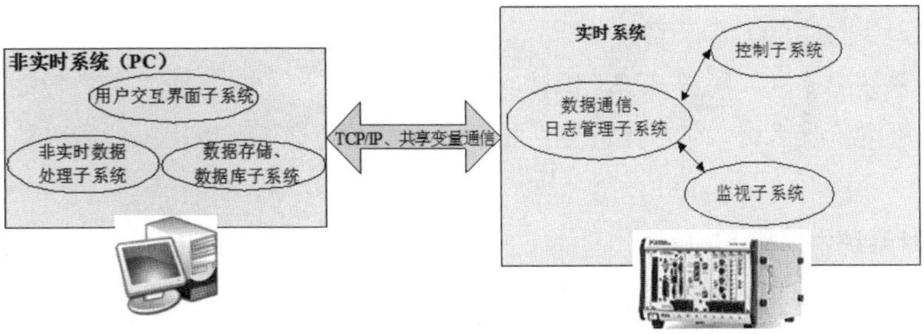

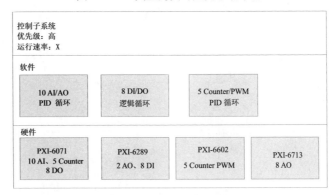

图 15-54  典型的实时应用系统架构

图 15-55  控制子系统架构

基本速率 X 是保证整个系统稳定的最高速率。所谓保证整个系统稳定，是指在控制循环中没有丢失周期，并且高优先级的控制循环系统与低优先级的循环系统之间通信的缓冲区不会因为未及时读或写入过快而溢出。

控制循环中的控制数据由 NI 采集系统采集而来。NI 采集系统包括采集硬件和 NI-DAQmx 驱动软件。在这个例子中控制循环采集了模拟信号、数字信号以及频率计数。完成数据采集后，进行 PID 或逻辑运算，再将计算结果通过采集系统输出。

（2）实时系统中的监视子系统

如图 15-56 所示，监视子系统运行的优先级低于控制子系统，其运行速率为控制子系统的 1/10 或者更低。

（3）实时系统中的通信及日志子系统

如图 15-57 所示，通信、日志子系统处于最低的线程优先级，它们的运行速率为控制子系统的 1/50 或者更低。

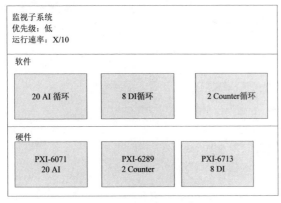

图 15-56  监视子系统的架构

图 15-57  通信及日志子系统的架构

（4）非实时系统中的各种子系统

在非实时系统中，同样可以开辟不同的线程（处理用户界面的线程、文件数据库线程、通信线程）以支持不同的子系统。依靠不同的线程优先级和运行速率可以提高非实时系统中主机的运行效率。

### 1. 在实时系统中使用 FIFO

在实时系统中，要在不同线程间进行通信建议使用 Real-Time FIFO（参见图 15-58）。因为 Real-Time FIFO 不是使用实时系统中自带的内存管理模块实现非阻塞特性，所以使用它在各个不同优先级线程间进行通信时可以保证各个线程的运行时间确定性。

Real-Time FIFO 中的缓存大小由线程的写入/读取速率决定。太小的缓存不能保证数据的完整性。例如本例中控制线程的速率为 X，通信子线程为 X/50，即通信子线程循环 1 次时控制线程已经循环 50 次。为保证数据不丢失，其缓存大小至少为 50，考虑到系统可能产生不稳定抖动，将缓存大小设置为 1000。

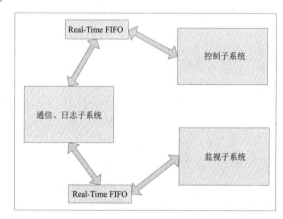

图 15-58　Real-Time FIFO 的使用

### 2. 多通道转换速率设置

默认情况下，NI-DAQmx 以 round-robin 方式对多通道进行扫描。在这种方式下，设备使用 50%的有效时间（设定采样率）进行通道转换。通过 DAQmx 的属性节点"AI Convert Maximum"可以得到设备所允许的最快的通道转换速率。如图 15-59 所示，读取这个最快转换速率并将其写入"Timing AI Convert Rate"属性节点后，使用默认的 round-robin 方式将其转换为设定的最快固定转换速率。这个设置可以提高多通道间的默认转换速率，特别是在采用外部信号触发采集的情况下可以提高应用程序的运行速度。

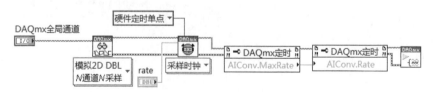

图 15-59　多通道转换速率设置

### 3. 实时控制系统中的数据采集技巧

实时控制系统与普通采集系统中的数据采集具有不同的特点，表 15-8 列出了两者的区别。

表 15-8 普通采集系统与实时控制系统中数据采集的比较

| 数据采集参数 | 普通采集系统 | 实时控制系统 |
| --- | --- | --- |
| 采样速率 | 高 | 高 |
| 每次采样点数 | 多 | 不易过多，过多的采集点数占用更多的控制周期计算时间 |
| CPU占用率 | 高 | 不易太高，将更多的CPU时间用在数据处理和PID控制计算中 |
| 数据处理的实时性 | 低 | 高，必须在当前控制周期内完成 |

正是有以上要求，实时控制系统中的数据采集更注重采集数据所消耗的 CPU 时间，所以应尽量减少采集占用的 CPU 时间。在 DAQmx 中，"AI Read"读取函数在采集数据未达到设定要求前，采取轮询方式查询数据是否采集完。如果我们通过计算可以得到两次"AI Read"读取之间的轮询时间，人为地在中间加入"Wait（Sleep）"函数以释放轮询所占的 CPU 时间，就可以有效地使用整个系统的 CPU 资源。

其他低优先级线程可以通过采集线程中 Wait 的时间片处理本线程的数据。例如，在控制线程中设置采样率为 50kHz，采样点数是 500 点，所得采样读取间隔应为 10ms。这里可以在两次"AI Read"读取之间加入一个 Wait 函数等待 5ms 以释放 CPU 资源。如图 15-60 所示，在不同采样间隔下，加入"Wait（Sleep）"函数和不加该函数，CPU 占用率差别很大。

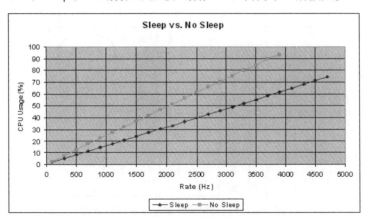

图 15-60 利用 Wait 函数释放资源

## 15.4　小结

本章首先介绍了实时系统的概念和特征，然后介绍了 NI 公司实时系统的分类和所支持的硬件设备，并讲解了如何简单配置 PXI 实时控制器。在讨论实时系统高级编程技巧时，介绍了实时系统的多线程、线程优先级和在多线程间进行数据通信的各种方法及特点。另外，本章还讲述了在实时控制器和非实时主机之间通信的方法和技巧，并介绍了实时控制系统中基于控制命令的通信方式，以及与 Beckhoff 通信的例程。最后给出了普通实时系统的软件架构。通过学习本章，读者可以对实时系统有一个大致的了解，更深刻的认知需要在实际工作中慢慢积累。

◆　　　　　　◆　　　　　　◆

# 第 16 章　LabVIEW 实现数据采集

LabVIEW 语言的研发公司——美国国家仪器有限公司（NI）以信号测量著称。LabVIEW 作为 NI 公司的图形化语言，在数据采集方面具有其他计算机语言无可比拟的优点。本章介绍利用 LabVIEW 语言进行数据采集的方法和一些技巧。

## 16.1　数据采集的基本概念

这一节介绍数据采集的基本概念。只有掌握了这些基本概念，才能更好地在工程中进行数据采集。

如图 16-1 所示，数据采集系统一般由传感器、信号调理器、数据采集卡、计算机和测量采集软件组成。其中测量采集软件又可以分为软件信号调理、分析及控制、数据存储和交互界面这 4 部分。

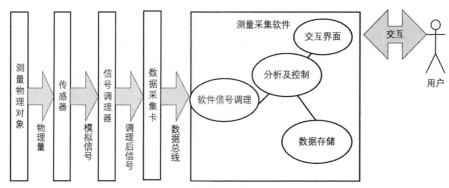

图 16-1　数据采集系统基本组成示意图

### 16.1.1　信号

如图 16-2 所示，工程应用中的常见信号分为模拟信号和数字信号两类。

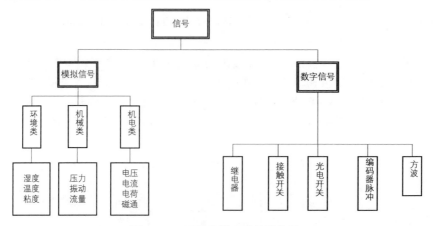

图 16-2　工程应用中的常见信号

模拟信号是指幅度和相位都连续的电信号。该信号可以被模拟电路用于各种运算，如放大、相加、相乘等。该信号的幅度、频率或相位会随时间连续变化，如电台广播的声音信号或图像信号等。真实世界中只存在模拟信号，因为任何时间点都会有数值，不管这个数值是多少它总是存在的。

数字信号幅度的取值是离散的，幅值表示被限制在有限数值之内。二进制码就是一种数字信号。二进制码受噪声的影响小，易于由数字电路进行处理，所以得到了广泛的应用。

### 16.1.2 传感器

国际电工委员会（International Electrotechnical Committee，IEC）对传感器的定义是："传感器是测量系统中的一种前置部件，它将输入变量转换成可供测量的信号"。如表 16-1 所示，这里列出了通过传感器测量的常见物理对象。

表 16-1　常见传感器测量的物理对象

| 分　类 | 测量的物理量 |
|---|---|
| 机械 | 长度、厚度、液位、位移、速度、加速度、旋转角度、扭力、转速、质量、压力、真空度、动量、流速、风速、流量、振动 |
| 电气 | 电压、电流、功率、阻抗、电容、电感、电磁波、电荷 |
| 温度 | 温度、热度、比热 |
| 音响 | 音压、噪声 |
| 频率 | 频率、　周期 |
| 磁性 | 磁通量、磁场 |
| 光线 | 亮度、光度、颜色、紫外线、红外线 |
| 湿度 | 湿度、水分 |
| 化学 | 纯度、浓度、PH值、黏度、密度、比重、粒度 |
| 生物 | 体温、血压、心电图、脑波图、心音、脉波、血液氧气饱和度 |

在工程应用中，选择正确的传感器是数据采集和测量过程中最为关键的一步。如果传感器选择失误，即使有再好的信号处理方法和数据采集设备，所得到的采集结果也不会令人满意。如何评价传感器性能呢？如表 16-2 所示，这里展示了传感器的主要性能指标。选择传感器时要依照表 16-2 与传感器供应商逐项核实与比较，这样才能选择到合适的传感器。常见传感器如图 16-3 所示。

表 16-2　传感器主要性能指标

| 项　　目 | | 指标描述 |
|---|---|---|
| 基本参数 | 测量范围 | 在允许误差范围内传感器的测量范围 |
| | 量程 | 测量范围的上限（最高）和下限（最低）值之差 |
| | 过载能力 | 传感器在不致引起规定性能指标永久改变的条件下，允许超过测量范围的能力，一般用允许测量上限（或下限）的被测量值与量程的百分比表示 |
| | 灵敏度 | 灵敏度、分辨率、满量程输出 |
| | 静态精度 | 精确度、线性度、重复性、迟滞、灵敏度误差、稳定性、漂移 |
| | 频率特性 | 频率响应范围、幅/相频特性、临界频率 |
| | 阶跃特性 | 上升时间、响应时间、过冲量、临界速度、稳定误差 |
| 环境参数 | 温度 | 工作温度范围、温度误差、温度漂移、温度系数、热滞后 |
| | 振动、冲击 | 允许各方向抗冲击的频率、振幅、加速度、冲击振动允许引入的误差 |
| | 其他 | 抗潮湿、抗介质腐蚀能力、抗电磁场干扰能力等 |

续表

| 项　目 | | 指标描述 |
|---|---|---|
| 其他参数 | 可靠性 | 工作寿命、平均无故障时间、保险期、疲劳性能、绝缘电阻、耐压 |
| | 使用条件 | 电源（交流、电压范围、频率、功率、稳定度） |
| | | 外形尺寸、质量、备件、壳体材料、结构特点、安装方式、馈线电缆、出厂日期、校准期、校准周期 |
| | 经济性 | 价格、性价比 |

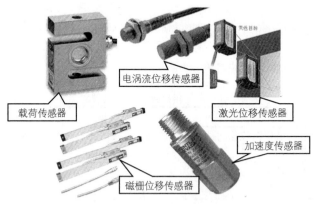

图 16-3　常见传感器

### 16.1.3　信号处理

传感器输出的信号，有的是包含有用信息的信号，有的是应当除掉的噪声。所谓"信号处理"，就是要对记录在某种媒介上的信号进行处理，以便抽取出有用信息。信号处理是对信号进行提取、变换、分析、综合等处理过程的统称。

信号处理有这些目的：削弱信号中的多余内容；滤出混杂的噪声和干扰；将信号变换成容易处理、传输、分析与识别的形式，以便后续的其他处理。

人们最早处理的信号是模拟信号，所使用的处理方法也是模拟信号处理方法。随着计算机的飞速发展，信号处理的理论和方法也得以发展。例如，现在出现了不受物理制约的纯数学的加工方法（即算法），并确立了信号处理的领域。现在处理信号，通常是先把模拟信号变成数字信号，然后利用高效的数字信号处理器（Digital Signal Processor，DSP）或计算机对其进行处理。因此，信号处理可分为模拟信号处理和数字信号处理两部分。

一般信号调理器具有放大、衰减、滤波、隔离等功能。常见信号调理模块的功能的详细说明如表 16-3 所示。

表 16-3　常见信号调理模块的功能

| 调理器 | 说　明 |
|---|---|
| 放大 | 传感器传出的信号，可能会因电平过低而无法分辨，可能会在传输过程中被大噪声干扰而无法识别。类似的信号过小的问题，其解决方法就是将有用信号放大。<br>需要注意，信号放大最好在接近传感器端处理，不要在信号传送一段距离后执行。在传输过程中原始信号可能被较大噪声信号干扰，再对被干扰后的信号进行放大时也会将噪声一同放大。这样就无法有效地降低噪声干扰了 |

续表

| 调 理 器 | 说　明 |
|---|---|
| 衰减 | 如果原始信号电平大于采集设备检测的最大值，就必须将信号的电平降低，这就是衰减。衰减后的信号应该保持其特性不变。<br>　　一般采集卡模拟量输入范围为–10V～+10V。如果信号电平超过了此范围，就必须先将信号范围缩到可测范围。工程上的简易做法是在信号电路串接一个稳定的分压电阻，通过分压的方式将电压降低。在精密测量的场合，则还要使用专用的信号衰减调理模块 |
| 滤波 | 如果在测量信号中既要对干扰进行抑制或衰减，又同时想保留有用信号，则可以选用对特定频率信号具有选择性的电路达到以上的目的 |
| 隔离 | 原始信号通常通过半导体器件进行调制变换，再通过光感或磁感器件进行隔离转换，然后进行解调变换回隔离前的原始信号，并同时对隔离后信号的供电电源进行隔离处理。隔离功能用来保证变换后的信号、电源、地之间是绝对独立的。<br>　　隔离功能有这些作用：保护下级的控制回路；削弱环境噪声对测试电路的影响；抑制公共接地、变频器、电磁阀及不明脉冲对设备的干扰；保护人员、设备的安全 |
| 激励 | 用于对一些特殊的传感器，比如应变计、RTD（热阻温度探头）等，进行外部电压或电流激励 |
| 线性化 | 通常情况下，传感器的实际静态特性输出是一条曲线而非直线。在实际工作中，常用一条拟合直线近似地代表实际的特性曲线。<br>　　线性度（非线性误差）就是输入/输出的校正曲线与其拟合直线之间的最大偏差 |
| 数字信号调理 | 与模拟信号相同，某些数字信号也必须经过调理才能进入DAQ卡。<br>　　例如，工业中经常使用的数字输入/输出电压为24V。这种电压在普通的DAQ卡上是无法直接使用的，所以在进入DAQ卡之前必须经过处理 |

　　表 16-4 总结了在使用传感器或者读取由传感器转换后的信号时一般要做的调理操作。

表 16–4　常见传感器信号及对应调理操作

| 传感器/信号 | 调理操作 |
|---|---|
| 称重传感器 、应变片 | 激励、放大、线性化 |
| RTD | 电流激励、4线和3线选择、线性化 |
| 热电耦 | 放大、线性化、冷端补偿 |
| 存在共模电压或采集电压高 | 隔离放大器 |
| 控制AC电源或大电流 | 机械继电器或固态继电器 |
| 含有高频噪声信号 | 低通滤波器 |

　　如图 16-4、图 16-5 和图 16-6 所示，市面常见的信号调理器有研华（Advantech）信号调理模块、德国魏德米勒（Weidmuller）信号调理模块和 NI 公司的信号调理模块等。研华和德国魏德米勒信号调理模块一般以导轨安装的方式普遍应用于工业环境中的机架安装，而 NI 公司的信号调理模块大部分是以调理箱的方式出现的。

图 16–4　研华（Advantech）信号调理模块　　图 16–5　德国魏德米勒（Weidmuller）信号调理模块

图 16-6　NI 公司的信号调理模块

## 16.2　数据采集卡

直接使用计算机并不能读取外界的模拟信号和数字信号，必须使用计算机基本配置以外的其他附件。可行方法之一是使用数据采集卡（Data Acquisition Card），当把数据采集卡插入计算机后，该计算机就具有读取模拟信号和数字信号的功能了。本节将详细讲解数据采集卡的规格和分类，并一一说明在选购采集卡时需要注意的地方。

### 16.2.1　数据采集卡的定义及分类

数据采集卡是计算机与外部的接口，它的主要作用是将外部的模拟信号转换为计算机能够处理的数字信号。按照不同的标准可以将采集卡分为不同的种类，如表 16-5 所示。各种采集卡外观如图 16-7 所示。

表 16-5　采集卡分类

| 分类标准 | 具体分类 |
| --- | --- |
| 信号类型 | 模拟量输入/输出、数字量输入/输出、定时/计数 |
| 采样速度 | 高速、低速 |
| 隔离方式 | 不隔离、组隔离、通道间隔离、通道-接地隔离 |
| 按总线方式 | PCI、PCI Express、Compact PCI、PCMCIA、PXI、PXI Express、USB、无线、以太网、火线（1394）、ISA、Compact FieldPoint、CompactDAQ、CompactFlash、CompactRIO、SCC、SCXI |
| A/D 转换器与通道数量 | 同步采集卡、多路复用采集卡 |

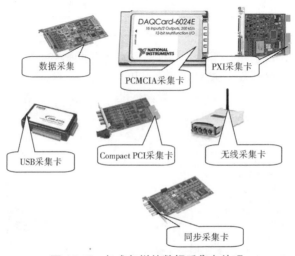

图 16-7　各式各样的数据采集卡外观

### 16.2.2 多功能数据采集卡原理图

研华公司 PCI-1710 多功能采集卡的原理图，如图 16-8 所示。通过原理图可知，一般多功能数据采集卡包含如下部分：PCI 总线及通信控制器、板卡内部数据总线、IRQ 控制器、板载 FIFO、板卡基振时钟、计数器、A/D 与 D/A 转换器、多路转换器、可编程增益放大器等。

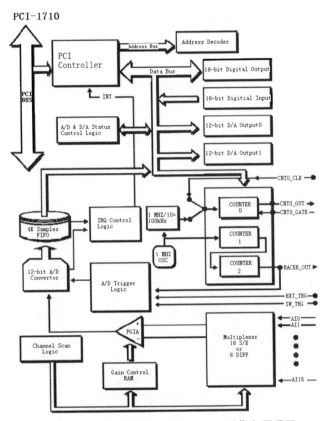

图 16-8　研华公司 PCI–1710 采集卡原理图

### 16.2.3 数据采集的关键参数和概念

将外界信号通过采集卡转换为计算机中的数据是一个复杂的过程，在这个过程中要涉及许多电气、软件基本概念，以及一些定律。本节将对这些参数和概念进行归纳。数据采集模拟量输入的关键参数的详细解释，如表 16-6 所示。

表 16-6　模拟量输入参数的解释

| 概　念 | 解　释 | 备　注 |
|---|---|---|
| 通道数 | 用于设置采集模拟量时的路数。另外，要注意所需输入信号是差分信号还是单端信号，因为每一路差分信号要占用采集卡两个采集通道 | 单端信号输入个数=采集卡通道数；差分信号输入个数=采集卡通道数/2 |
| 单端输入 | 单端输入时，输入信号均以共同的地线为基准，所测量值即检测信号与GND的电压差值 | |
| 差分输入 | 差分输入时信号两端均浮地，所采集的是两个信号线的电压差。信号受干扰时，差分输入的两线会同时受影响，但是两线之间的电压差变化不大，即抗共模干扰性较好 | 一般采集卡均支持单端和差分两种信号输入方式 |

| 概　念 | 解　释 | 备　注 |
|---|---|---|
| 单极信号 | 该信号电平均大于0V | 典型值为0V～10V |
| 双极性信号 | 该信号电平可以为正负两种极性 | 属于双极性输入，典型值为-5V～+5V |
| 模拟输入阻抗 | 较高的输入阻抗可以保证干扰电流不会影响流入的信号，从而大大提高数据精确度 | 一般输入阻抗大于10 MΩ |
| PGA（可编程增益放大器） | 可编程增益放大器（Programmable-Gain Amplifier）是指其增益通过独立的输入（通常是数字量）进行编程控制的芯片。例如，12位ADC接收小于A/D转换器满量程输入十分之一的信号，仅可提供8位分辨率，除非在信号到达A/D转换器之前用PGA放大它。PGA允许在软件控制下使接收信号的增益达到宽范围 | 在设置采集卡输入范围时，其实就是在设置板卡上的PGA的放大倍数 |
| 采样/保持 | 该参数用于将输入的连续标准模拟信号，变换成时间上离散的采样信号 | |
| A/D转换器 | 用于在经过了采样/保持后，将幅值在采样时间内仍然是连续的模拟信号转换成数字信号，并将采样信号的幅值用二进制代码来表示 | |
| FIFO（先进先出缓冲器） | 经过A/D转换后，数字信号首先会暂存于采集卡上的FIFO。FIFO保证了数据的完整性，有效减小了在完成了A/D变换后数据丢失的可能性 | FIFO的大小关系到板卡最高采样率和计算机总线时间，一般由板卡生产商计算好，工程师只要知道FIFO大小以备编程之需 |
| 采样速率 | 用于设置单位时间内数据采集卡对模拟信号的采集次数，是数据采集卡的重要技术指标 | 采样速率一般以Hz为单位 |
| 多路复用 | 多路复用是使用单个测量设备来测量多个信号的常用技术。常对温度这样缓慢变化的信号使用多路复用方式。ADC采集一个通道后，转换到另一个通道进行采集，然后再转换到下一个通道，如此往复 | 一般采集卡都采用多路复用形式。例如，采集卡的采集频率为100kHz，如果采集10个通道的数据，则每个通道最大采样率只有10kHz |
| 分辨率 | 分辨率是指A/D转换器所能分辨的模拟输入信号的最小变化量。设A/D转换器的位数为$n$，满量程电压为FSR，则A/D转换器的分辨率定义为：<br><br>分辨率$=1LSB=\dfrac{FSR}{2^n}$<br><br>式中1LSB即量化单位。从公式中可以看出，A/D转换器分辨率的高低取决于位数的多少 | 一般常见的采集卡 A/D转换器位数为12、16、18和24 |
| 精度 | 精度是反映一个实际$n$位A/D转换器与一个理想$n$位A/D转换器差距的重要指标之一，分为绝对精度和相对精度两种。通常以误差的形式来给出精度 | 精度与分辨率参数容易混淆，后面将在介绍精度与分辨率概念时给予区分 |
| 隔离 | 为了安全，把传感器的信号和计算机相隔离。被监测的系统可能产生瞬态的高压，如果不使用信号调理，这种高压会对计算机造成损害 | |

下面进一步介绍各个模拟量输入的概念。

### 1. 差分信号与单端信号

差分信号与单端信号比较，有以下不同之处：

◆ 差分信号抗干扰能力强，因为两根差分走线之间的耦合很好，当外界存在噪声干扰时，几乎是同时被耦合到两条线上，而接收端关心的只是两信号的差值，所以外界的共模噪声可以被完全抵消。

◆ 差分信号能有效抑制 EMI，同样的道理，由于两根差分走线信号的极性相反，它们对外辐射的电磁场可以相互抵消，耦合得越紧密，泄放到外界的电磁能量越少。

◆ 差分信号时序定位精确，由于差分信号的开关变化位于两个信号的交点，而不像普通单端信号依靠高低两个阈值电压判断，因而受工艺和温度的影响小，能降低时序上的误差，同时也更适于低幅度信号的电路。

## 2. 精度与分辨率

如图 16-9 所示，高分辨率与低分辨率的区别如同"枪手"射击的靶环，高分辨率的"枪手"可以轻易区分出 10 环和 9 环，而低分辨率的"枪手"无法区分 10 环和 9 环，将其看为一个环。精度与分辨率概念的区别是，高精度的"枪手"可以一枪命中 10 环靶心，而低精度的"枪手"却"跑偏了"射到别的环上。

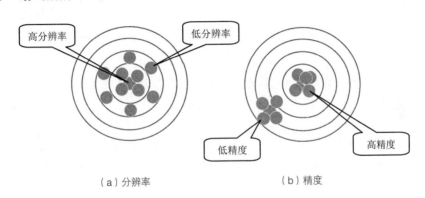

（a）分辨率　　　　　　　　　（b）精度

图 16-9　分辨率与精度

分辨率是 A/D 转换器的转换精度（量化精度），并不代表转换后所得结果相对于实际值的准确度。同样的 N 位分辨率的不同品牌数据采集卡，其精度是不同的。这就是精度和分辨率概念的不同所在。例如，一块 12 位 A/D 转换器的数据采集卡，它的最佳分辨率就是 $1/(2^{12})=1/4096$。也就是说，当输入电压范围为 ±10V（即 $V_{pp}$=20V）时，它能分辨的最小电压就是 20V/4096=4.88mV。理论上，分辨率越高，分割信号的点就越密，从而还原出来的信号也就越真实、越平滑。

精度指的是测量值和"真实"值之间的最大偏差的绝对值。在待测信号进入 A/D 转换器之前，还必须经过数据采集卡上的多路转换器（MUX）、可编程增益放大器（PGA）等其他的器件处理。在这个过程中都可能引入随机噪声，并且随着时间和温度变化参考源发生的漂移，以及增益前后引入的非线性误差等，都会对测量结果产生影响。相对于分辨率，工程师更关心采集卡的精度。

如图 16-10 所示，在描述同样的 0V～10V 电压正弦信号时，16 位的板卡与 3 位的板卡对波形的描绘大相径庭。16 位的板卡可以通过 65 536 个阶次轻易地描绘出正弦波形，而 3 位的板卡却将光滑正弦波描绘成类正弦的 8 阶"台阶"。

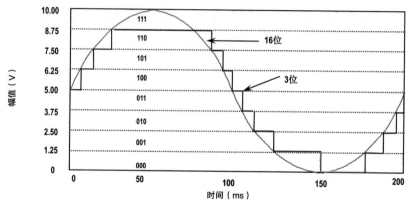

图 16-10    16 位与 3 位分辨率的比较（5 kHz 正弦波）

在不同的测量范围下 12 位分辨率与 16 位分辨率的区别，如表 16-7 所示。

表 16-7    测量范围与分辨率

| 测量范围 | 12 位分辨率 | 16 位分辨率 |
| --- | --- | --- |
| ± 0.05 V | 24.4 μV | 1.5 μV |
| ± 1 V | 488 μV | 30.5 μV |
| ± 10 V | 4880 μV | 305 μV |

### 3. 各种隔离

通道与地隔离、通道与通道隔离、数据层隔离（通道与总线）是常见的几种隔离方式，下面分别对它们进行介绍。

（1）通道与地隔离

电气通道与大地隔离是一种最基本的隔离类型，该隔离是包含在数据层隔离之中的。这种隔离建立在仪器电气采样通道与大地之间。在图 16-11 中，$V_a$ 与 $V_d$ 之间，$V_b$ 与 $V_d$ 之间，以及 $V_c$ 与 $V_d$ 之间都是这种隔离。

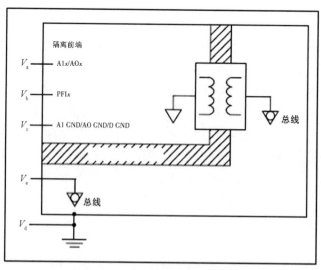

图 16-11    电气通道与大地隔离/数据层隔离（通道与总线）示意图

（2）数据层隔离（通道与总线）

数据层隔离指的是不同类型采样通道的参考地之间，以及参考地与大地之间的隔离。在

图 16-11 中，数据层隔离表现为 $V_a$ 与 $V_e$ 之间、$V_b$ 与 $V_e$ 之间，以及 $V_c$ 与 $V_e$ 之间的电气隔离。

（3）通道与通道间的隔离

仪器的每个独立采样通道之间以及它们与其他的非隔离部分之间都存在隔离。在图 16-12 中，通道与通道间隔离表现为 $V_a/V_b$ 与 $V_c/V_d$ 之间、$V_a/V_b$ 与 $V_e/V_f$ 之间，以及 $V_c/V_d$ 与 $V_e/V_f$ 之间的电气隔离。

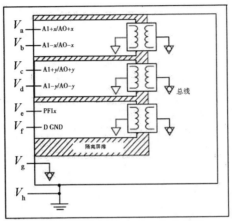

图 16-12 通道与通道隔离示意图

表 16-8 列出了模拟量输出的相关概念。这些是将计算机数字信号转换为外界"认识"的模拟量需要了解的相关概念。

表 16-8 模拟量输出的相关概念

| 概 念 | 解 释 |
|---|---|
| D/A转换 | 将计算机中的二进制代码转换为相应的模拟电压信号，与A/D转换相反 |
| D/A分辨率 | D/A分辨率与输入分辨率类似，它是产生模拟输出的数字量的位数。较大的D/A分辨率可以缩小输出电压增量的量值，因此可以产生更平滑的变化信号。要求动态范围宽、增量小的模拟输出应用需要有高分辨率的电压输出 |
| 标称满量程 | 指相当于数字量标称值$2^n$的模拟输出量 |
| 稳定时间 | 指达到规定精度时需要的时间。稳定时间一般是由电压的满量程变化时间来判定的 |
| 转换速率 | D/A转换器所产生的输出信号的最大变化速率 |

数字量输入的相关概念如表 16-9 所示。这些是将计算机外部采集的开关量信号转换为计算机"认识"的数据需要了解的相关概念。

表 16-9 数字量输入的相关概念

| 概 念 | 解 释 | 备 注 |
|---|---|---|
| TTL输入 | 用于设置输出电平。例如，一般室温下的输出高电平是3.5V，输出低电平是0.2V。最小的输入高电平和低电平：输入高电平≥2.0V，输入低电平≤0.8V，噪声容限是0.4V | TTL电平传输信号的距离不宜超过10m |
| CMOS输入 | 1逻辑电平电压接近于电源电压，0逻辑电平接近于0V，而且具有很宽的噪声容限 | |
| 晶体管输入的漏端和源端 | 漏端和源端分别表示所用到的数字输入和输出的类型。漏端的数字I/O提供一个地，而源端的数字I/O提供一个电压源。以一个由数字输入与数字输出相连而成的简单电路为例，该电路由电压源、地和负载组成。源端数字I/O为该电路提供所需电压，漏端数字I/O提供所需的接地，数字输入提供这个电路工作所需的负载 | |

续表

| 概　念 | 解　释 | 备　注 |
|---|---|---|
| 晶体管输入的漏端和源端 | 图16-13（a）是漏端的数字输出与源端的数字输入的连接图。在电路中，源端的数字输入提供电源电压和负载，漏端的数字输出通过一个三极管控制该数字线接高（+V）或接地（0V）。<br>图16-13（b）是源端的数字输出与漏端的数字输入的连接图。在这个电路中，源端的数字输出提供电源电压，而漏端的数字输入提供负载和接地。数字输出通过三极管控制数字线保持在0V或升高至+V。<br>由于构成一个完整的电路既需要电压源又需要地，因此，源端输入必须和漏端的输出相连；相反，源端输出必须和漏端的输入相连。如果需要将同样是源端或漏端的输入和输出相连，就需要增加额外的电阻 | |

漏端（Sinking）和源端（Sourcing）电路图，如图16-13所示。漏型逻辑：当信号输入端子流出电流时，信号变为 ON。源型逻辑：当信号输入端子流入电流时，信号变为 ON。

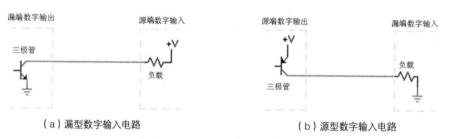

（a）漏型数字输入电路　　　　　　（b）源型数字输入电路

图 16-13　漏端和源端电路图

数字量输出的相关概念如表 16-10 所示。这些都是将计算机内部的数据转换为外部开关量信号需要了解的相关概念。

表 16-10　数字量输出的相关概念

| 概　念 | 解　释 | 备　注 |
|---|---|---|
| 电磁式继电器输出 | 一般由铁芯、线圈、衔铁、触点簧片等组成。只要在线圈两端加上一定的电压，线圈中就会流过一定的电流，从而产生电磁效应。这时，衔铁会在电磁力吸引的作用下克服返回弹簧的拉力吸向铁芯，从而带动衔铁的动触点与静触点（常开触点）吸合。当线圈断电后，电磁的吸力也随之消失，这时衔铁就会在弹簧的反作用力下返回原来的位置，使动触点与原来的静触点（常闭触点）吸合。这样吸合、释放，从而达到了在电路中的导通、切断的目的 | 电磁式继电器可以用于驱动交流负载，也可以用于驱动直流负载。它的适用电压范围较宽、导通压小，同时承受瞬时过电压和过电流的能力较强。虽然如此，因为它属于有触点元件，所以响应速度慢、寿命短、可靠性差 |
| 固态继电器（Solidstate Relays） | 一种全部由固态电子元件组成的新型无触点开关器件。它利用电子元件（如开关三极管、双向可控硅等半导体器件）的开关特性，以达到无触点无火花地接通和断开电路的目的 | 开关三极管只能用于直流负载 |

## 16.2.4　数据采集卡与信号接地

上一节我们解释了模拟量输入中的单端和差分的概念，这一节接着介绍信号接地方式。模拟信号接地一般有 3 种方式：

◆　有参考地的单点接地

◆　无参考地的单点接地

◆　差分方式

如图 16-14 所示，有参考地的单点接地方式中信号源端是不接地的，采集设备的负端与大地是相连的。

一般计算机机箱或者 PXI 机箱的 PE（保护地）是与采集卡 AI GND（AI 接到大地的参考地）相互连接的。如果机箱 PE 不进行隔离处理，我们就采用这种有参考地的单点接地方式。在图 16-14 和图 16-15 两种接线方式中，务必使用图 16-14，而不要使用图 16-15 的方式。

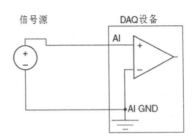

图 16-14　有参考地的单点接地（信号浮地）

如图 16-15 所示，如果信号源的地电平和采集卡（机箱 PE）所处地电平不同，则可能因为两者电平不同使得电流在信号源与采集卡之间流动。这样的后果，轻则使得采集信号时干扰大而得不到正确结果，重则烧毁采集卡或者计算机。

如图 16-16 所示，在无参考地的单点接地（信号浮地）方式中，信号源与采集设备均不与信号地相连接。

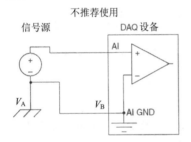

接地回路的电压（$V_A - V_B$）被加到待测信号上

图 16-15　有参考地的单点接地（信号接地）

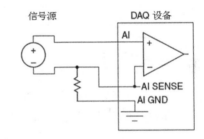

图 16-16　无参考地的单点接地（信号浮地）

如图 16-17 所示，在无参考地的单点信号接地方式中，信号源与信号地相连接。如果计算机想实现无参考地的单点接地信号浮地方式，则计算机需要外接隔离变压器（如图 16-18 所示），将整个计算机浮地。

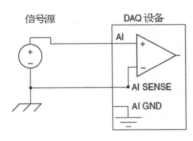

图 16-17　无参考地的单点接地（信号接地）

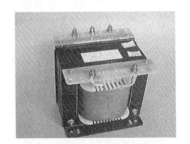

图 16-18　隔离变压器

将采集卡设置为差分方式后，其外部接线方式类似于无参考地的单接点式接法，如图 16-19 和图 16-20 所示。

综上所述，不同的接地方式有不同的优缺点，在工程上根据实际情况依照它们各自的特点进行取舍。表 16-11 列出了不同接地方式的优缺点。

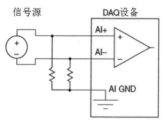

图 16-19　差分信号接法（信号浮地）

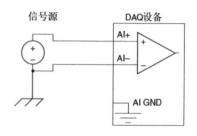

图 16-20　差分信号接法（信号接地）

表 16-11　不同接地方式的优缺点

| 接地方式 | 优　点 | 缺　点 |
|---|---|---|
| 有参考地的单点接地（信号浮地） | 可以使用全部通道；不需要平衡电阻；计算机端不需要隔离 | 共模抑制比低 |
| 有参考地的单点接地（信号接地） | 无 | 可能损坏板卡或计算机 |
| 无参考地的单点接地（信号浮地） | 可以使用全部通道 | 计算机端需要隔离；共模抑制比低 |
| 无参考地的单点接地（信号接地） | 可以使用全部通道 | 计算机端需要隔离；共模抑制比低；需要平衡电阻 |
| 差分信号接法（信号浮地） | 共模抑制比高 | 采集通道减少一半；需要平衡电阻 |
| 差分信号接法（信号接地） | 共模抑制比高 | 采集通道减少一半 |

## 16.3　采样定理

　　表 16-12 总结了各种采样定理的概念。只有充分了解这些概念，才能在工程中按照实际情况选择适合的采样频率，以达到还原原始信号和提高采样精度的目的。

表 16-12　采样定理概念总结

| 名　称 | 解　释 | 备　注 |
|---|---|---|
| 奈奎斯特定理 | 如果带宽一定的连续信号中不含有超过其采样频率一半的频率分量，则该采样信号可以用于无失真地重建原信号，这一采样定理称为奈奎斯特定理。如果以高于模拟信号最高频率分量两倍的频率进行采样，当将其转换回模拟域时，仍可以进行无失真的信号重建。该采样频率称为奈奎斯特频率 | 奈奎斯特定理仅仅能还原出频率信号，采样频率一般取原始信号最高频率的2.56～4倍，而为了能充分保持原始信号的形状，工程上采样频率至少为原始信号最高频率的5～10倍 |
| 混叠 | 在A/D转换中，根据奈奎斯特定理，采样频率必须至少是模拟信号最大的两倍。如果采样频率不满足这一条件，则较高的频率成分将被"欠采样"，并被搬移到较低的频段（频谱搬移）。被搬移的频率成分即所谓的混叠。所搬移的频率也称为"混叠频率"，因为从频谱图上看，高频成分与频带的欠采样部分重叠在一起 | |
| 抗混叠滤波器 | 它位于A/D转换器的前端，是可消除高于奈奎斯特频率成分的低通滤波器，可以用于消除带内的信号重叠（混叠） | |
| 过采样 | 当采样频率$f_s$远大于原始信号频率$f_N$时，称$M=f_s/f_N$为"过采样比"。其中，$M$远大于1。过采样可以压缩基带内量化噪声，降低对输入端模拟滤波器的要求等 | |

对于采样定理，需要特别注意两个问题：信号混叠；过采样技术与提高分辨率。下面对它们进行详细说明。

### 1. 信号混叠

如图 16-21 所示，波形 1 为 10Hz 原始信号，而波形 2 是对波形 1 以 5Hz 进行采样所得到的波形。可以看出因为采样率不足导致高频信号变成低频信号，造成信号混叠。这种现象也称为"频谱搬移"。

图 16-21  信号混叠示意图

### 2. 过采样技术与提高分辨率（精度）

如图 16-22 所示，当没有加入扰动信号时，测量范围为 –10V ~ +10 V 的 12 位模拟采集卡（最小可分辨电压为 4.88mV）采集的是几乎为直流的 8.0mV 的信号，计算得到的平均值为 5mV。

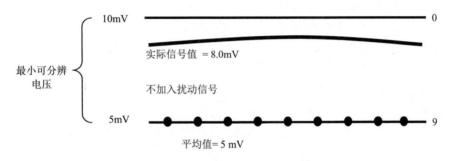

图 16-22  不加扰动信号的示意图

如图 16-23 所示，当加入 0.5 倍 LSB 的白噪声后，测量范围为 –10V ~ +10 V 的 12 位模拟采集卡采集同样的 8.0mV 的信号，计算得到的平均值为 8.3mV。也就是说，竟然达到了 14 位的采样精度。

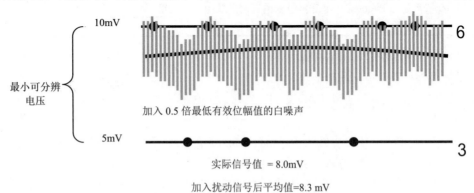

图 16-23  加入扰动信号的示意图

以上就是过采样能提高分辨率（精度）的原理，在工程上我们平时"讨厌"且不能避免的白噪声，在这里为过采样提高分辨率提供了有益的条件。还有的一些采集板卡在原始采集信号中添加了"高频扰动信号"——伪随机噪声，以达到过采样并提高分辨率的效果。因此，在工程中有一个被广泛认可的结论：每提高4倍的采样率，就可以得到1位的分辨率（精度）。

## 16.4 降低系统噪声和提高精度

由于实际工程所处的工业环境和噪声环境不同，因此数据采集卡的数据精度经常达不到产品标称精度。本节介绍降低系统噪声和提高测量精度的方法，其中与精度有关的概念如表 16-13 所示。

表 16-13　与精度有关的概念

| 名　称 | 解　释 | 备　注 |
|---|---|---|
| 电路的噪声 | 除目的信号外的一切信号都是电路的噪声 | 常见噪声源有电机、照明设施、阴极射线管和手机等 |
| 共模干扰 | 指干扰大小和方向一致，存在于信号线中任何一相对大地或中线对大地间的干扰信号。共模干扰也称纵模干扰、不对称干扰或接地干扰，是载流体与大地之间的干扰 | |
| 差模（串模）干扰 | 指大小相等、方向相反，存在于信号线中的干扰信号。差模干扰也称为常模干扰、横模干扰或对称干扰，是施加于载流体之间的干扰 | |
| 信　噪　比（SNR） | 狭义来讲是指放大器的输出信号电压与同时输出的噪声电压的比值，常常用分贝数表示。设备的信噪比越高表明它产生的杂音（噪声）越少 | 信噪比数值越高，噪声越少 |
| 分贝 | 分贝是放大器增益的单位。放大器输出与输入的比值为放大倍数，单位是"倍"，如10倍放大器，100倍放大器。当改用"分贝"做单位时，放大倍数就称为增益。这是对一个概念的两种称呼。<br>电学中分贝与放大倍数的转换关系为 $Au(I)(dB)=20\lg(Vo/Vi)$。用 $Ap(dB)=10\lg(Po/Pi)$ 定义时，电压（电流）增益和功率增益的公式不同。我们都知道功率与电压、电流的关系是 $P=V^2/R=I^2R$。采用这套公式后，两者的增益数值就一样了，都是 $10\lg[Po/Pi]=10\lg[(Vo^2/R)/(Vi^2/R)]=20\lg(Vo/Vi)$ | 使用分贝有数值变小、运算方便、符合听觉感受和估算方便等优点 |
| 共模抑制比 | 放大器对差模信号的电压放大倍数 $Aud$ 与对共模信号的电压放大倍数 $Auc$ 之比。共模抑制比的英文全称是 Common Mode Rejection Ratio，一般用简写 CMRR 来表示。它能够表明抑制共模电压的程度，能说明差分放大电路抑制共模信号的能力 | 采集卡共模抑制比一般要在85dB以上 |

降低噪声、提高精度有以下几种方法。

（1）合理地放置设备，屏蔽干扰信号。

◆ 设备要正确。噪声源离 DAQ 设备、线缆以及传感器越远越好。DAQ 设备则离传感器越近越好。

◆ 最好采用屏蔽电缆及接线端子。如图 16-24 所示，这里对比了使用 NI 屏蔽电缆及接线端子前后的效果。使用屏蔽电缆和接线端子后信噪比增大了 2 倍。

（2）抑制共模噪声。如图 16-25 所示，使用单端测量方式，噪声会进入单条通道中。而采用差分测量方式，噪声将分别被引入+/-两个通道中（如图 16-26 所示），因此被成功抑制。

（3）接地环路。实际上不存在绝对意义的地。如图 16-27 所示，当两个"地"同时连接在电路中时，会产生电流，导致测试出现问题。

如果电路中两个连接的端子处于不同地电势，就形成了接地回路（如图 16-28 所示）。这个差别将会导致电流流入交叉连接点，而导致偏置误差的出现。更为复杂的是，在信号源的地和数据采集设备的地之间的电势差通常不是直流电平。这就导致了在读数中会出现电源频率分量的信号。

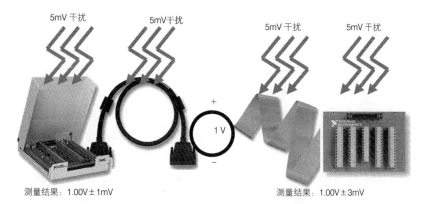

图 16-24  不同屏蔽电缆与抗干扰效果

图 16-25  单端与共模干扰          图 16-26  抑制共模干扰

图 16-27  不同的"地"          图 16-28  未隔离而导致电流环路

如图 16-29 所示，由于隔离电流无法流过隔离屏障，因此放大器参考地可以比物理地具有更高或更低的电势，这样不会在无意中将接地回路引入电路中。使用隔离的测量设备去除了测量系统适当接地的模糊性，确保能够得到更加精确的结果。

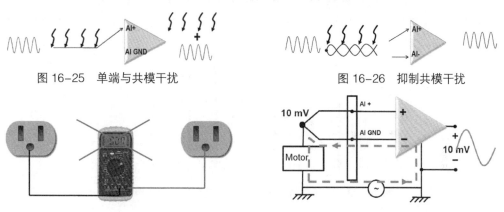

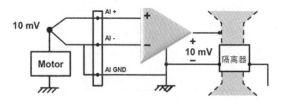

图 16-29  隔离器阻止形成接地回路

（4）使用滤波器。滤波器分为硬件和软件两类。

◆ 硬件滤波器不占用 CPU 资源，但需要外接硬件支持。

◆ 软件滤波器简单、灵活、可预测、低成本，但是无法过滤混叠信号。目前 CPU 已完全满足软件滤波处理的要求。

（5）降低噪声还有其他一些方法。如图 16-30 所示，使用电流环路可以降噪。使用带调理功能的传感器，使用数字传感器都可以降噪。

（6）提高精度也有其他一些方法。例如，使用更高精度的采集卡，使用过采样技术等。

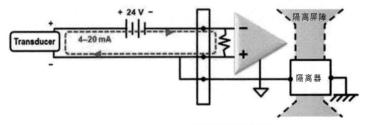

图 16-30　使用电流环路降噪

（7）数字量同样存在干扰，对于工业应用，TTL 具有噪声边界值小的缺点。高逻辑电平和低逻辑电平分别是 2.0 V 和 0.8 V，因而误差的空间很小。例如，TTL 输入的低电平噪声边界值是 0.3 V（它是最大低电平 TTL 输入值 0.8 V 和最大低电平 TTL 输出值 0.5 V 之间的差）。任何与数字信号耦合超过 0.3 V 的数字信号都会将电压平移至 0.8 V～2.0 V 的未定义区域。这时，输入的行为是不确定的，并且会产生不正确的数值。而 24 V 逻辑电平提供了更宽的噪声裕度，具有更好的综合噪声抑制度。由于大多数工业传感器、执行器和控制逻辑已经使用 24 V 电源进行工作，故使用对应的数字逻辑电平更为方便。由于低电平输入为 4 V，高电平输入为 11 V，因此数字信号对噪声的干扰更不敏感，如图 16-31 所示。

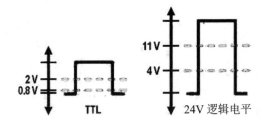

图 16-31　24V 逻辑电平相比 TTL 具有更好的噪声裕度

## 16.5　如何选购采集卡

数据采集卡的主要技术参数已经介绍过了，用户可根据"功能够用"的原则，按需求选择合适的采集卡型号。不要盲目购买价格贵、功能超强的设备。一般来说当精度要求不是很高，采样频率较低时，PCI 和 USB 总线的数据采集卡都可以满足要求。若工作环境比较恶劣，则可以采用工控机。当采集精度要求较高，采样频率很高，工作环境比较恶劣时要优先选用 PXI 类型的数据采集产品。按照表 16-14 进行分析，基本上能够找到合适的采集设备。

表 16-14　选择采集设备

| 项　　名 | 选　择 | 备　注 |
|---|---|---|
| 总线类型 | PCI 、PXI 、USB、PCMCIA等 | |
| 采集信号类型 | 模拟量、数字量 | 是否需要模拟量或数字量的输出 |
| 模拟、数字量的输入/输出通道数 | 8、16、32路等 | 如果是差分方式输入，则采集卡通道数是实际通道数的2倍 |
| 模拟信号输入类型 | 电压、电流 | |
| 模拟信号需要特殊调理 | 应变、压力、温度等 | 采集卡前端是否需要特殊的调理模块 |
| 分辨率及采样精度 | 12位、16位、18位等 | 注意分辨率和采样精度的概念 |
| 每通道需要的最低采样率 | 10Hz、100Hz、100kHz等 | |

| 项　名 | 选　择 | 备　注 |
|--------|--------|--------|
| 所有通道的采样率 | 10Hz、100Hz、100kHz等 | 如果为非同步采集卡,则所有通道的采样率=每通道采样率×通道数。所有通道的采样率要小于或等于非同步采集卡的最高采样率 |
| 模拟信号的量程 | –5V～+5V、0～10V、0～5V、0～20mA、–10mA～+10mA等 | 信号是否超过10V或20mV,如果超过需要调理 |
| 是否隔离 | 无隔离、分组隔离和通道与通道隔离等 | |
| 数字输入/输出的量程类型 | TTL、24V、220V等 | 注意是机械继电器还是固态继电器输出 |
| 是否需要计数或需要定时信号 | 带PFI和计数器功能 | |
| 软件操作系统 | Windows、Linux、Mac OS等 | |
| 其他 | 成本、品牌效益等 | |

下面举例说明如何选择采集设备。假设某系统要求在生产现场随机抽检产品,单个产品需要同时测量 12 路 0～10V 的直流电压,测量误差不大于满量程的 0.01%。现场环境良好,检测地点分散(各地点不要求同时检测)。那么,我们可以按照以下步骤,选择合适的采集设备。

**step 1** 选择总线类型。由于检测地点分散,所以最好选择 USB 总线结构的多功能卡(与笔记本电脑配合)。

**step 2** 确定通道数。需要同时检测 12 路信号,所以模拟输入通道数不小于 12 个。另外,被检信号为直流电压,对采样率也没有特殊要求,所以一般的多功能卡都能够满足要求。

**step 3** 考虑量程及精度。被检信号量程为 0～10V,所以一般多功能卡的输入范围能满足要求。测量误差最大值为 10V×0.01%=1mV,而在 10V 量程下,14 位 ADC 的分辨率为 0.61mV,小于 1mV,能够满足要求。

## 16.6　数据采集软件基础

前面几节介绍的是数据采集的硬件及其选型的相关知识,本节将要介绍数据采集软件的安装和一般采集所用到的函数。

### 16.6.1　采集系统的安装

采集系统的安装一般遵循先软件后硬件的原则,先安装 LabVIEW 应用软件,然后安装板卡驱动程序,再安装采集硬件。不同公司的产品可能略有差异。下面介绍 NI 和研华两个公司的产品的一般安装顺序。

#### 1. NI 系统

(1)按照下面的顺序安装应用软件。

**step 1** 安装 LabVIEW 软件。

**step 2** 为 LabVIEW 软件添加各种模块。例如,添加 LabVIEW　Real-Time Module、DSC、Report Generation 等模块。

**step 3** 安装其他应用软件,如 Measurement Studio、TestStand、Lookout、VI Logger 和 DIAdem 等。

经过这些安装步骤后,LabVIEW 安装程序会提示需要 LabVIEW Drivers CD。这些新的驱动程序都是 Meta Installer（无忧安装），也就是说它们能够检测之前安装的旧版本的驱动程序。如果发现旧版本的驱动程序，它会在安装最新版本驱动程序前卸载旧的驱动程序。如果它检测到最新版本的驱动程序已经安装，则不再做任何操作。

 如果需要旧版本的驱动程序，就不要安装和 LabVIEW 配套的这些驱动程序，以免发生冲突。

（2）安装其他驱动程序

现在来安装一些其他需要的，但在应用软件安装过程中未安装的驱动程序。可能需要安装下面部分或者全部驱动程序：

◆ NI-FGEN（需要 NI-DAQ、NI-VISA 和 IVI Compliance Package）。
◆ NI-RFSA（需要 NI-DAQ、NI-VISA 和 IVI Compliance Package）：会一起安装 NI-Tuner 和 NI-Scope，两者都是在射频设备中使用的，还会安装适用于 LabVIEW 或 CVI 的频谱测量工具包（Spectral Measurements Toolset SMT）。
◆ NI-RFSG（需要 NI-DAQ、NI-VISA 和 IVI Compliance Package）。
◆ NI-Scope（需要 NI-DAQ、NI-VISA 和 IVI Compliance Package）。
◆ NI-VXI。
◆ NI-82xx 系列。
◆ NI-CAN（系统中有 NI-DNET 时，不能安装 NI-CAN）。
◆ NI-DNET（系统中有 NI-CAN 时，不能安装 NI-DNET）。

（3）安装其他软件

如果你在使用 NI 的图像采集和运动控制产品，则应该已经安装了 NI-IMAQ 和 NI-Motion。那么接下来安装下面的软件：IMAQ Vision for LabVIEW 或者 IMAQ Vision for Measurement Studio、IMAQ Vision Builder、Motion Assistant。

（4）安装其他 NI 硬件

最后，安装其他上文没有提到的 NI 硬件。

### 2. 研华系统

与 NI 系统的安装类似，在安装完 LabVIEW 应用软件以后，按以下步骤进行其他安装。

（1）安装软件

安装研华软件，具体的操作步骤如下：

**step 1** 将启动光盘插入光驱并启动安装程序，这时会看到如图 16-32 所示的安装界面。

 如果计算机没有启用自动安装，则可双击光驱根目录下的 SETUP.EXE 文件启动安装程序。

图 16-32　安装界面

**step 2** 在安装界面上单击 CONTINUE 按钮，将出现如图 16-33 所示的界面。

**step 3** 选择并单击所安装的板卡型号，然后按照提示进行操作即可完成驱动程序的安装。

**step 4** 如图 16-34 所示，在研华驱动盘找到 LabVIEW 目录，运行 LabVIEW 和 LabVIEWDAQ 两个文件。

图 16-33 驱动程序安装界面

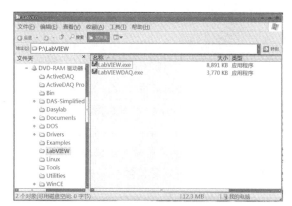

图 16-34 研华 LabVIEW DAQ

（2）硬件安装

安装好软件后，即可安装板卡硬件及其驱动程序。具体的操作步骤如下所示：

**step 1** 先关掉计算机，然后将板卡插入计算机后面空闲的 PCI 插槽中。

 **注意** 在手持板卡之前触摸一下计算机的金属机箱以免手上的静电损坏板卡。

**step 2** 接下来需要检查板卡是否安装正确。右击"我的电脑"，在快捷菜单中选择"属性"项，弹出"系统属性"对话框。切换到"硬件"选项卡，单击"设备管理器"按钮，在弹出的窗口中，可以看到板卡是否已经成功安装，如图 16-35 所示。

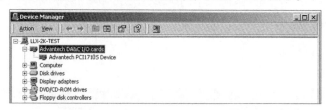

图 16-35 Device Manager 界面

**step 3** 在操作系统的"开始"菜单中，选择"程序" → "Advantech Device Driver V2.5" → "Advantech Device Manager"项，可以打开 Advantech Device Manager 窗口，如图 16-36 所示。

图 16-36 Advantech Device Manager 窗口

在该窗口中，查看 Supported Devices 一栏中驱动程序名前面有没有红色叉号，没有则说明驱动程序已经安装成功。PCI 总线的板卡插好后计算机操作系统会自动识别，且 Installed Devices 一栏的 My Computer 组下面会自动显示出所插入的器件。这一点和 ISA 总线的板卡不同。

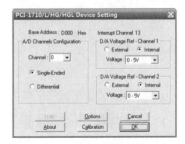

在 Advantech Device Manager 窗口中单击 Setup 按钮，弹出 Device Setting 对话框，如图 16-37 所示。在这里，可设置模拟输入通道是单端输入还是差分输入，也可以设置两个模拟输出通道 D/A 转换的参考电压。设置完成后，单击 OK 按钮即可应用设置。

图 16-37　配置采样设备

### 16.6.2　NI 采集卡的常用函数

与传统的编程语言所使用的采集函数不同，LabVIEW 独有的"多态"特性可让我们在一个多功能设备中使用同样的函数集进行编程（模拟输入、模拟输出、数字 I/O 和计数器）。学习完本节的这些函数后，你就可以开发大部分的采集应用了。

#### 1．DAQ 助手

DAQ 助手是一个对话框式的向导界面。通过本界面可以交互式地创建、编辑 NI-DAQmx 虚拟通道和任务。一个 NI-DAQmx 虚拟通道包括一个 DAQ 设备上的物理通道和这个物理通道的配置信息，如输入范围、自定义缩放比例等。一个 NI-DAQmx 任务是虚拟通道、定时和触发信息，以及其他与采集或生成相关属性的组合。如图 16-38 所示为 DAQ 助手及其配置界面。

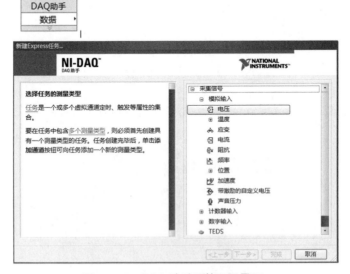

图 16-38　DAQ 助手及其配置界面

在建立复杂的采集系统时，可以先通过 DAQ 助手建立基础的代码，再在基础代码上进行修改（如添加触发、同步等功能）。此外，虽然 DAQ 助手对快速搭建采集系统能起到一定的帮助作用，但在实际使用中，由于 DAQ 助手将错误处理也封装在 Express VI 内，使得对任务发生错误后的处理不方便，因此建议将 Express VI 转换为标准 VI。

将 Express VI 转换为标准 VI 的具体步骤如下：

step 1　通过 DAQ 助手进行采集参数的配置。

step 2　如图 16-39 所示，在 DAQ 助手图标上单击右键，然后在弹出的快捷菜单中选择"打开前面板"项，将 Express VI 转换为标准子 VI。

step 3　双击转换后的 VI，再对代码进行修改。采用这种方法在遇到复杂的编程时可以节省一定的时间。

### 2. 创建虚拟通道函数

"DAQmx 创建通道"函数如图 16-40 所示。该函数创建一个虚拟通道并且将它添加为一个任务。使用该函数也可以创建多个虚拟通道，并将它们都添加成任务。如果没有指定一个任务，这个函数将创建一个任务。

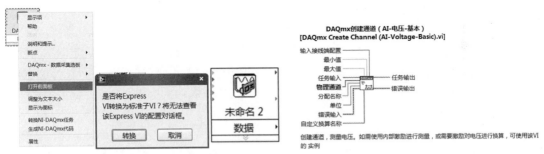

图 16-39　将 Express VI 转换为标准子 VI　　　图 16-40　"DAQmx 创建通道"函数

如图 16-41 所示，可以通过"DAQmx 创建通道"函数创建：模拟输入、模拟输出、数字输入、数字输出、计数器输入、计时器输入和计数器输出 7 种实例。每种实例又可以分为不同的类型选项。按照菜单逐级建立项目中所需的采集虚拟通道。

图 16-41　可选的实例选项

### 3. 开始触发函数

"DAQmx 开始触发"函数如图 16-42 所示，该函数用于配置触发器，并用其来完成特定的动作。最为常用的触发器是启动触发器（Start Trigger）和参考触发器（Reference Trigger）。通过启动触发器初始化采集或生成任务，然后利用参考触发器确定所采集的采样集的位置。这些触发器都可以配置成在数字边沿、模拟边沿触发，或者在模拟信号进入、离开窗口时触发。

许多数据采集应用程序需要实现一个设备的不同功能区域间的同步（如模拟输出和计数器），有些则需要让多个设备同步。为了达到这种同步性，触发信号必须在一个设备的不同功能区域和多个设备之间传递。NI-DAQmx 自动地完成了这种传递。当使用 DAQmx 触发函数时，所有有效的触发信号都可以作为函数的源输入。

如图 16-43 所示，从"DAQmx 开始触发"函数的展开菜单可以设置"开始""参考""更多"等触发形式。

图 16-42 "DAQmx 开始触发"函数

图 16-43 "DAQmx 开始触发"函数的菜单

### 4. 定时函数

"DAQmx 定时"函数如图 16-44 所示，该函数用于配置硬件的定时数据采集操作，包括指定操作是否连续或有限，如果是有限操作还应选择采集或生成的采样数量，以及在需要时创建一个缓冲区。对于需要采样定时的操作（模拟输入、模拟输出和计数器），"DAQmx 定时"函数中的采样时钟实例设置了采样时钟的源（可以是一个内部或外部的源）和采样率。采样时钟控制采集或生成采样的速率，在每一个时钟脉冲中为每一个包含在任务中的虚拟通道初始化一个采样的采集或信号的生成任务。

为了在数据采集应用程序中实现同步，如同触发信号必须在一个设备的不同功能区域或多个设备之间传递一样，定时信号也必须以同样的方式传递。"DAQmx 定时"函数自动地实现这个传递，所有有效的定时信号都可以作为"DAQmx 定时"函数的源输入。

### 5. 启动任务函数

"DAQmx 启动任务"函数如图 16-45 所示，该函数显式地将一个任务转换至运行状态。在运行状态中，这个任务将完成特定的采集或生成。如果没有使用"DAQmx 启动任务"函数，那么在"DAQmx 读取"函数执行时，一个任务可以被隐式地转换至运行状态，或者自动启动。

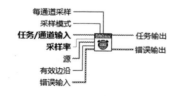

图 16-44 "DAQmx 定时"函数

图 16-45 "DAQmx 启动任务"函数

如图 16-46 所示，最好使用"DAQmx 启动任务"函数，显式地启动一个与硬件定时相关的采集或生成任务。如果"DAQmx 读取"函数或"DAQmx 写入"函数在循环中执行多次，则应当使用"DAQmx 启动任务"函数。如图 16-47 所示，若未使用"DAQmx 启动任务"函数，则任务将会在循环中重复地启动和停止，从而任务的性能将会降低。

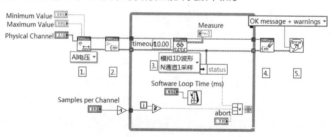

图 16-46 显式启动任务函数

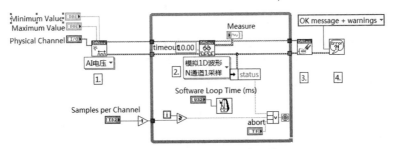

图 16-47 隐式启动任务函数

#### 6. 终止任务函数

如图 16-48 所示，与"DAQmx 启动任务"函数相对应，"DAQmx 终止任务"函数终止显式启动的任务或隐式自动启动的任务。

#### 7. 读取函数

"DAQmx 读取"函数如图 16-49 所示，该函数需要从特定的采集任务中读取采样。

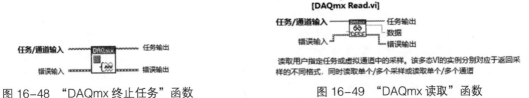

图 16-48 "DAQmx 终止任务"函数 图 16-49 "DAQmx 读取"函数

可以读取多个采样的"DAQmx 读取"函数的实例包括一个输入，用来指定在函数执行时读取数据的每通道采样数。在有限采集时，将每通道采样数指定为-1，该函数会等待采集完所有请求的采样数后，再读取这些采样。在连续采集时，将每通道采样数指定为-1，这会使得函数在执行时，读取所有保存在缓冲区中的采样。

#### 8. 写入函数

"DAQmx 写入"函数如图 16-50 所示，该函数用于将采样写入指定的生成任务中。该函数的不同实例允许选择生成采样的类型（模拟或数字）、虚拟通道数、采样数和数据类型。

#### 9. 结束前等待函数

"DAQmx 结束前等待"函数如图 16-51 所示，该函数用于保证在任务结束之前完成特定的采集或生成。"DAQmx 结束前等待"函数经常用于有限采集。一旦该函数执行，有限采集或生成就完成了，而且无须中断操作就可以结束任务。此外，"超时"输入端允许指定一个最大的等待时间。如果采集或生成不能在这段时间内完成，那么该函数会退出并生成一个合适的错误信号。

图 16-50 "DAQmx 写入"函数 图 16-51 "DAQmx 结束前等待"函数

#### 10. 清除任务函数

"DAQmx 清除任务"函数如图 16-52 所示，该函数用于清除特定的任务。如果任务现在正在运行，那么该函数首先终止任务然后释放它所有的资源。一旦某个任务被清除，就不能使用该任务了，除非重新创建它。因此，如果还会使用某个任务，就必须用"DAQmx 终止任务"函数来终止任务，而不是使用"DAQmx 清除任务"函数来清除它。在连续的操作中，"DAQmx 清除任务"函数则用来结束真实的采集或生成。

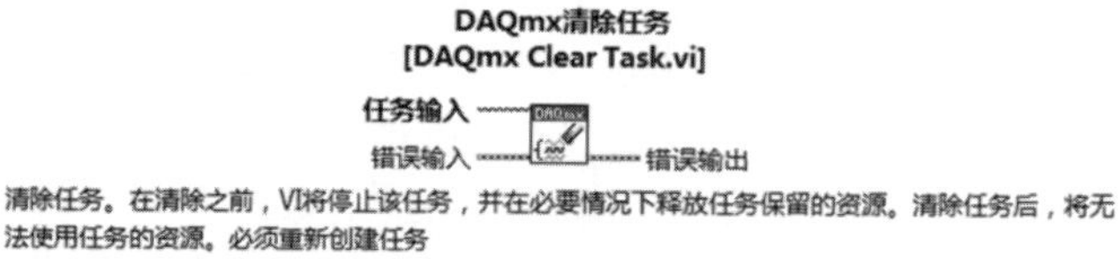

DAQmx清除任务
[DAQmx Clear Task.vi]

任务输入 ━━━
错误输入 ━━━ ━━━ 错误输出

清除任务。在清除之前，VI将停止该任务，并在必要情况下释放任务保留的资源。清除任务后，将无法使用任务的资源。必须重新创建任务

图 16-52  "DAQmx 清除任务"函数

### 11. 属性节点

DAQmx 属性节点如图 16-53 所示，它们提供了对所有与数据采集操作相关属性的访问。这些属性可以通过 DAQmx 属性节点来设置，当前的属性值可以从 DAQmx 属性节点中读取。

图 16-53  DAQmx 属性节点

在 LabVIEW 中，可以通过一个 DAQmx 属性节点写入多个属性或读取多个属性。例如，可以先使用 LabVIEW DAQmx 定时属性节点设置采样时钟的源，然后读取采样时钟的源，最后还能设置采样时钟的有效边沿。许多属性都可以使用前面讨论的 DAQmx 函数来设置。例如，"采样时钟源"和"采样时钟有效边沿"属性就可以使用"DAQmx 定时"函数来设置。然而，一些相对不常用的属性则只可以通过 DAQmx 属性节点来访问。

### 16.6.3  研华常用采集函数

研华支持的 LabVIEW 采集函数集，分为 Advantech DAQ VIs for LabVIEW 和 Advantech DAS Card Driver for LabVIEW 两类。其中，Advantech DAS Card Driver for LabVIEW 面市比较早，在 LabVIEW 下使用这些函数的方法与在研华 Microsoft Visual Studio 下使用的方法是相似的，有些函数名与 VI 名称是一一对应的。对于在使用 LabVIEW 之前使用过研华 Microsoft Visual Studio 的采集函数编写采集程序的程序员来说，Advantech DAS Card Driver for LabVIEW 可能会更容易理解一些。Advantech DAS Card Driver for LabVIEW 如图 16-54 所示。

Advantech DAQ VIs for LabVIEW 如图 16-55 所示，其是研华推荐在 LabVIEW 下使用的采集函数驱动程序。它的编程方法与传统的 NI DAQ（注意不是 DAQmx）编程方法非常相似，分为 Analog Input VIs、Analog Output VIs、Digital I/O VIs、Counter VIs 和 Utilities 等 5 部分。使用传统的 NI-DAQ 编写的采集程序如图 16-56 所示。使用 Advantech DAQ VIs for LabVIEW 编写的采集程序如图 16-57 所示。

图 16-54  Advantech DAS Card Driver for LabVIEW

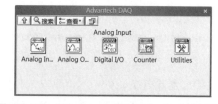

图 16-55  Advantech DAQ VIs for LabVIEW

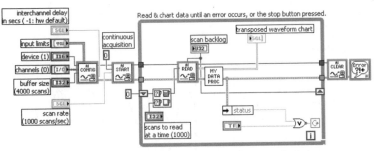

图 16-56　使用传统的 NI-DAQ 编写的采集程序

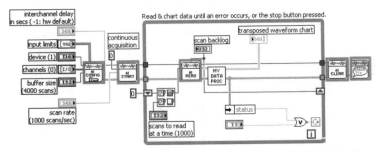

图 16-57　使用 Advantech DAQ VIs for LabVIEW 编写的采集程序

## 16.7　基于 NI-DAQmx 的高级编程

本节介绍数据采集程序的高级编程技巧。阅读过本节后，你可以学会设置采集卡，实现采集数据的触发、同步。此外，本节还将介绍采集数据的传输机制，从而了解如何减少缓冲区溢出错误，并处理在数据采集常用软件架构和工程中经常会遇见的问题。

### 16.7.1　触发信号

了解触发信号，可以解决在实际工程中所遇见的特殊信号触发采集以及同步采集等高级应用问题。与触发采集有关的概念如表 16-15 所示。

表 16-15　与触发采集有关的概念

| 概　　念 | 解　　释 | 备　　注 |
| --- | --- | --- |
| 触发 | 停止、启动或同步DAQ事件的所有方法 | 按信号类型分为数字触发信号和模拟触发信号<br>按触发方式分为软件触发和硬件触发 |
| 数字触发信号 | 数字信号为上升沿和下降沿时，触发信号 | 数字触发信号如图16-58所示 |
| 模拟触发信号 | 当模拟信号超过或低于指定电平时，触发信号 | 模拟触发信号如图16-59所示 |
| 软件触发 | 从软件中直接控制触发信号。例如，使用前面板布尔按钮控制数据采集 | 用户要准确地控制所有DAQ操作。DAQ事件的定时不需要非常精确 |
| 硬件触发 | 通过DAQ设备的电路来管理触发信号，这可以大大提高DAQ事件的定时精度和控制能力。硬件触发还可以分为内部触发和外部触发两类 | DAQ事件定时需要非常精确，需要较小软件的CPU占用率 |
| 内部触发 | 事件源在板卡内部，则是内部触发 | 对DAQ设备进行编程，当模拟通道达到指定电平时输出一个脉冲信号 |
| 外部触发 | 事件源在板卡外部，则是外部触发 | 通过触发引脚，使用外部触发信号控制采集 |

图 16-58 所示为当数字触发信号上升沿到来时触发信号的波形采集。

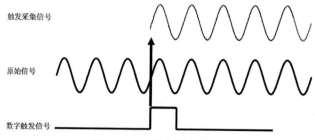

图 16-58　数字触发信号

图 16-59 所示为当模拟信号达到所设定的电平限值时触发信号的波形采集。

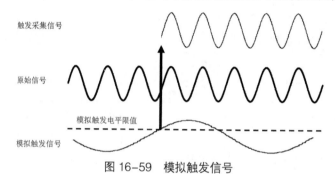

图 16-59　模拟触发信号

触发信号分为开始触发、参考触发和暂停触发三种，如表 16-16 所示。

表 16-16　触发信号分类

| 名　称 | 解　释 |
|---|---|
| 开始触发<br>（Start Trigger） | 使用这种触发模式时，只有收到触发信号后才开始采集数据 |
| 参考触发<br>（Reference Trigger） | 使用这种触发模式时，一旦收到软件的开始命令，指定数量的扫描点就会被采集进一个循环的缓冲区中。当接收到参考触发信号时，仍会继续采集并将采集数据放到另一个通用的缓冲区中，直到所有的扫描点被采集完毕（后触发扫描点数＝要求扫描的总点数－前触发扫描点数）。返回的缓冲数据包括依次合并的前触发扫描数据和后触发扫描数据 |
| 暂停触发<br>（Pause Trigger） | 使用这种触发模式时，每当收到触发信号都会停止采样，直到暂停触发信号无效 |

如图 16-60 所示，选用“开始触发”模式，触发信号到来后进行数据采集。

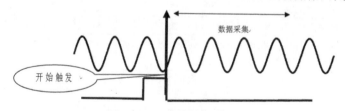

图 16-60　开始触发模式

如图 16-61 所示，选用“参考触发”模式，只要未出现触发信号，会一直进行数据采集，而当触发信号到来时，则立即停止采集。

如图 16-62 所示，选用“暂停触发”模式，触发信号一出现就会暂停当前采集，触发信号被撤除后则继续进行数据采集。

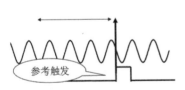

图 16-61　参考触发模式

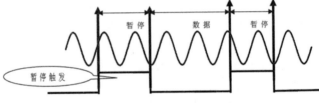

图 16-62　暂停触发模式

如图 16-63 所示，通过 DAQmx 触发属性，可以在 LabVIEW 中设置触发信号。如图 16-64 所示，通过 DAQmx 触发属性设置触发模式为"开始触发"，触发信号为"数字边沿"，触发源为"/PXI1Slot2/PFI0"，数字触发边沿触发为"上升沿触发"。按照图 16-64 设置属性后，当/PXI1Slot2/PFI0 出现数字上升沿时，将立即进行数据采集。

图 16-63　设置触发属性

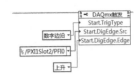

图 16-64　设置触发属性的例子

## 16.7.2　采集系统时钟

本节介绍与时钟有关的概念，如表 16-17 所示。了解这些概念才能在工程中为采集系统选择合适的时钟。

表 16-17　与时钟有关的概念

| 概　念 | 解　释 | 备　注 |
|---|---|---|
| 采样时钟<br>（Sample Clock） | 用于控制采样的时钟。每个采样时钟产生一个脉冲，然后采集每个通道上的数据 | 采样时钟源可能是数据采集卡上的内部时钟，也可能是外部时钟 |
| 转换时钟<br>（Convert Clock） | 用于确定板卡A/D转换的速率 | 在低扫描率（scan rate）时，转换时钟的计算方法是由最高的转换时钟（也就是最快的扫描率）再加10μs的延时。当扫描率不断提高达到某个频率时就无法满足10μs的额外延时了。也就是说在这10μs中，下一个采样周期时钟的边沿将抵达。在这种情况下，驱动程序使用循环（round robin）的通道采样方式，均匀地将采样点之间的延时分配到各个通道之间。这时，转换时钟的计算方法就是将采样率乘以使用的通道数 |
| 最低有效位LSB<br>（Least Significant Bit） | 指A/D转换后二进制数据中最低值的位，为我们常说的码宽 | 与之相对的是最高有效位（MSB），它是指二进制数据中最高值的位。在16位的二进制数中，其第1位对16位数的值有最大的影响。例如，在十进制数15389中，代表万的数字（1）便对数值的影响最大，而个位（9）为"最低有效位" |
| 建立时间<br>（Settling Time） | 信号放大达到指定的采集精度所需要的时间 | |

图 16-65 示意了采样时钟与转换时钟的关系。在多路数据采集中，一次采样时钟将会触发多次转换时钟。

通过转换率属性可修改板卡的转换速率，如图 16-66 所示。

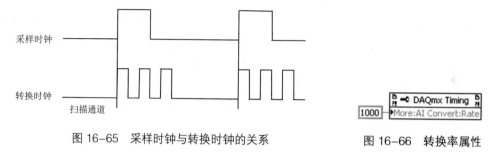

图 16-65　采样时钟与转换时钟的关系　　　　图 16-66　转换率属性

建立时间的概念如图 16-67 所示。横坐标是采集时间，纵坐标为实际信号的电压值。当未达到 $t_s$ 时间前，A/D 转换的电压值达不到允许的精度。

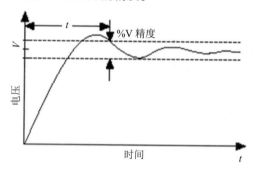

图 16-67　"建立时间"示意图

下面举例说明。例如，PCI-6220 M 系列卡的最大采样率为 250 kb/s。当我们设置一个较低的采样率，如 2 个通道 10kHz 时，转换时钟的值应该是 71428.6 Hz。其计算方法为由最高的转换时钟（也就是最快的扫描率）再加 10 μs 的延时=4μs (1/250000) + 10μs = 14μs ➔ 71428.6 Hz，其中 4μs 是由最高的采样率（250 kb/s）来决定的。

如果选择的采样率高于 35kHz（该频率由所使用的通道数和板卡所支持的最大采样率决定），则在相邻的 2 个通道采集数据的中间就无法加入 10μs 的延时。这时转换时钟就是采样率乘以通道数所得到的数值。对于 PCI-6220 来说，当采样率为 40 kHz 且对 2 个通道进行采样时，转换时钟就是 80 kHz。

需要谨记的是，最高的采样率也是由板卡决定的。对于 PCI-6250 这样的板卡来说，最高的采样率在 1MS/s。当实际采样率比较低时，通道转换率应为：

11μs = 1μs（对应最高板卡采样率 1MS/s）+ 10 μs

也就是说转换时钟应该为 90909.1 Hz。

为放大器提供足够长的建立时间是十分必要的。举例来说，为了保证 PCI-6220 的测量精度在 ±1 LSB，放大器所需要的最短建立时间为 7μs，尽管最高的通道转换时钟是 4μs。另外，要注意的是，高输入阻抗同样会增加放大器的建立时间。

### 1. 内部时钟

内部时钟的相关概念如表 16-18 所示。

表 16-18　内部时钟的相关概念

| 概　　　念 | 解　　　释 |
|---|---|
| PFI（Programmable Function Input） | 数字触发输入的引脚 |
| APFI（Analog Programmable Function Input） | 模拟触发输入的引脚 |
| RTSI（Real-Time System Integration） | 这种总线接口存在于许多NI的设备上，利用一根RTSI总线电缆，就可以在多块板卡之间共享和交换时钟及控制信号。它通常被用来进行同步 |
| PLL（Phase-Locked Loop） | 锁相环路，简称为锁相环。许多电子设备要正常工作，通常需要外部的输入信号与内部的振荡信号同步，利用锁相环路就可以实现这个目的。锁相环路是一种反馈控制电路，简称锁相环（PLL）。锁相环的特点是，利用外部输入的参考信号，来控制环路内部振荡信号的频率和相位 |

从图 16-68 可知，M 系列板卡具有 80MHz、20MHz、100kHz 三种时基。人为设定参考内部时基时，默认情况下所采用的是板卡晶振的 80MHz 时基。AI、AO、Counter 子系统将分别使用这些时基，而 Counter 是唯一直接使用 80MHz 时基的子系统。在所有的 M 系列板卡上都具有 PLL（锁相环），它可以使 RTSI、PXI StAR、PXI_Clk10 三个信号在相位上保持同步。

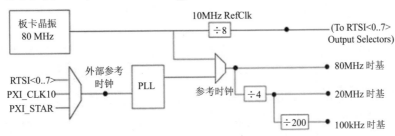

图 16-68　NI M 系列多功能采集卡的内部时钟

### 2. 外部时钟

除了使用板卡的内部时钟作为数据采集时钟的采集方式，还有一种使用外部信号作为外部时钟进行采集的方式。例如，使用相对型旋转编码器进行一个圆周的确定角度采集，即将编码器的每一次跳变信号作为采集的外部时钟。这种方式必须使用 PFI 管脚进行外部信号的输入。PFI 支持设置为外部信号的上升或下降沿触发。PFI 管脚除了具有外部信号输入的功能，还具有将内部时钟引出的功能。

如图 16-69 所示，通过设置采样时钟属性，可以将 PFI0 作为采样时钟。

如图 16-70 所示，通过这样设置可以将 "/DEV1/PFI2" 作为开始触发信号使用。通过设置开始触发信号可以控制如何开始时钟触发。

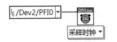

图 16-69　将外部 PFI0 作为内部采样时钟

图 16-70　将 PFI2 作为开始触发信号

图 16-71 展示了如何使用/DEV2/PFI0 作为采样时钟。

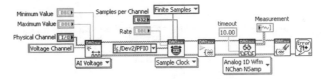

图 16-71　使用 PFI0 作为采样时钟

NI-DAQmx 不允许屏蔽采样时钟，而采用转换时钟进行所有通道的 A/D 转换。

当使用外部信号作为采样时钟时，必须要用设置采样率的方式来告诉采集卡使用什么内部时钟作为转换时钟。

图 16-72 展示了如何设置"/Dev2/PFI0"作为采样时钟，设置"/Dev2/PFI1"作为转换时钟。

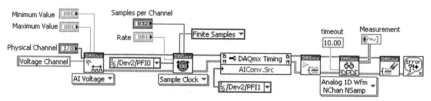

图 16-72　使用 PFI0 作为采样时钟，同时使用 PFI1 作为转换时钟

### 16.7.3　多板卡之间的同步采集

多个板卡之间完全可以通过各种总线进行时钟的路由，达到多板卡之间的同步。所谓"同步"，并不是板卡间简单地同时触发采集，而是板卡之间共用相同的时钟。如果想让不同的板卡同步，则安装板卡后首先需要配置 RTSI 电缆或 PXI 机架。当 DAQmx 识别出 RTSI 电缆或 PXI 机架时，就可以按照设置自动路由共用时钟。如果板卡 1 要用板卡 2 的时钟，则在板卡 1 启动前，板卡 2 必须已启动。

图 16-73、图 16-74 和图 16-75 展示了板卡之间同步的几个例子。图 16-73 通过设置采样时钟属性，让板卡 2 采用与板卡 1 同样的采样时钟。注意板卡 1、2 的启动顺序。

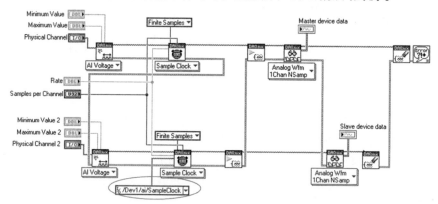

图 16-73　板卡 2 采用板卡 1 的采样时钟

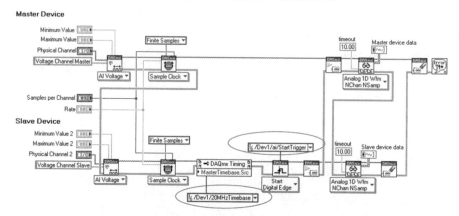

图 16-74　从板卡 2 路由板卡 1 的 20MHz 时钟作为时基，并且由板卡 1 进行触发采集

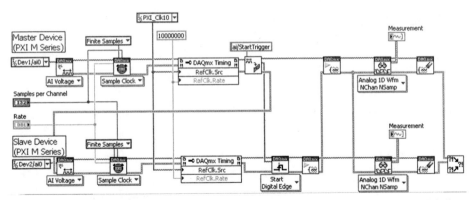

图 16-75　设置两个板卡以 PXI 背板时钟 Clk10 作为时钟，并且共享同一个开始触发信号

图 16-74 通过 DAQmx 定时属性将/Dev1/20MHz 作为采集主时基，并让板卡 2 的"开始触发"信号与板卡 1 同步。

图 16-75 通过 DAQmx 定时属性将 PXI/Clk10 作为采集主时基（频率为 10MHz），并让板卡 2 的"开始触发"信号与板卡 1 同步。

要知道 DAQmx 是否已经识别出所要同步的板卡，板卡间或板卡内部的信号是否能进行路由，就需要使用自动化浏览器（Measurement & Automation Explorer，MAX）查看。要查询设备路由，需要在 MAX 中完成以下操作步骤：

**step 1** 　选中设备。

**step 2** 　在 MAX 主窗口的底部选择"Device Routes"。图 16-76 显示的就是完成以上步骤后应该看到的界面。

路由颜色的含义如下：

◆ 绿色表示设备上连线的直接路由。

◆ 黄色表示间接路由，意味着路由时会使用某个子系统。

◆ 白色表示该设备不可用的路由。

务必确定路由是可用的，即非白色路由。如果想使用黄色路由并想知道使用哪个子系统，请将鼠标指到黄色方格内，查看左下角显示的子系统名称。也可以按住 Shift 键并单击黄色方格，显示出实现该路由所用的所有连线的详细列表。如图 16-77 所示，这是使用 Shift 键加单击方法查看到的路由细节。

图 16-76　NI 的路由表

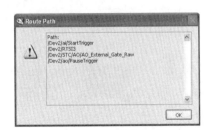

图 16-77　路由细节

## 16.7.4　数据传输机制

数据传输机制是 CPU 与总线 I/O 对数据传输的处理机制。通常分为可编程 I/O、中断请求和直接内存访问 3 类。数据传输机制的有关概念如表 16-19 所示。

表 16-19　数据传输机制的有关概念

| 项　　目 | 解　　释 | 备　　注 |
|---|---|---|
| 可编程I/O<br>(Programmed I/O) | 所有读/写数据的操作均需要通过CPU进行，这种方法对读/写数据来说效率最低 | 特点：<br>1．所有操作通过软件进行。<br>2．读/写操作的时间确定性依靠软件循环周期保证 |
| 中断请求<br>（Interrupt Request，IRQ） | IRQ传输方式会置高信号并中断处理器，然后由处理器处理数据传输。IRQ传输速度通常很低。如果DAQ设备读取信号太过迅速，而CPU中断处理程序处理中断指令不够快速，将产生数据的丢失错误 | 特点：<br>1．传输数据是通过CPU处理中断来实现的。<br>2．传输速度跟CPU性能相关。<br>3．比较适合读取单点数据 |
| 直接内存访问<br>（Direct Memory Access，DMA） | DMA是一种DAQ板卡和PC内存间直接通信的方式，这种传输方式不再需要CPU的干预。DMA操作在每次调用获取函数的时候开始和停止。因此，数据传输速度依赖于PCI总线的速度、处理器速度、板卡的传输速度。<br>中断方式传输速率一般只有150 kb/s，而DMA可以高达20 Mb/s以上。 | 特点：<br>1．CPU不参与数据传输，通过DMA控制器在内存中直接存取数据。<br>2．在这三种方式中是最快的传输方式。<br>3．如果不进行特殊设置，在DAQmx中默认的传输方式为DMA，通道的数量与使用的主板相关 |

图 16-78 演示了采集数据的存储过程，数据存储所涉及的软硬件说明如下：

① 数据采集卡，用来采集模拟或数字信号。数据采集卡具有板载 FIFO，在数据传输到计算机内存缓冲区之前，板载 FIFO 作为 DMA 采集数据的临时缓冲区。

② DMA 控制器，它可以不占用计算机的 CPU 资源，直接将 FIFO 中的数据存放在计算机内存中。

③ 采集卡与计算机主板之间的数据总线（PCI/PXI/USB 等）。

④ 采集程序在计算机内存中申请的内存缓冲区。

⑤ 采集系统应用程序。

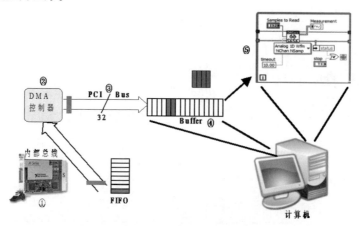

图 16-78　采集数据存储过程

接下来讲解数据存储的过程，具体操作如下：

`step 1`　采集卡将信号数字化后，将数据存储在采集卡自带的 FIFO 中。

`step 2`　DMA 控制器通过数据总线，将 FIFO 中的数据存放在采集程序开辟的计算机系统内存的缓冲区内。

`step 3`　采集应用程序读取计算机内存中的采集缓冲区，将采集数据读取出来。

缓冲区溢出的原理如图 16-79 所示。当 LabVIEW 采集应用程序开始运行时，将采集卡 FIFO 中的数据通过总线写入内存的缓冲区。如果采集应用程序不能及时将内存缓冲区的数据读出，会导致在已有数据的内存缓冲区中记录数据，从而破坏原来存储在该区域中的数据。这就是缓冲区溢出。

导致采集应用程序不能及时将内存缓冲区的数据读出的原因，可能是：

◆　LabVIEW 采集应用程序读取数据不够快。

◆　读取数据的进程或线程被阻塞。

◆　缓冲区大小设置不正确。

如图 16-80 所示，这是一个缓冲区溢出的例子。从图中可以看到，没有机制保证 DAQmx Start Task.vi 在 Open_Create_Replace file.vi 完成之后执行，因此当用户在文件对话框中选择要写入的文件时，程序很可能已经开始向缓冲区中写入数据了，因而有可能造成缓冲区溢出。

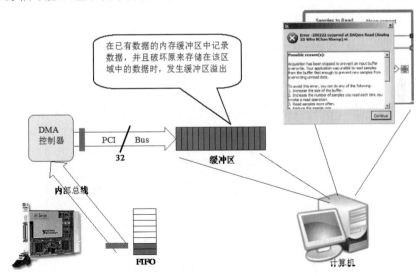

图 16-79　缓冲区溢出的原理

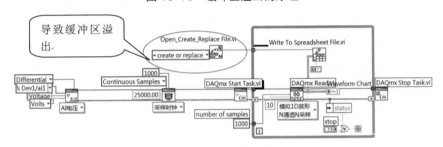

图 16-80　缓冲区溢出例子

如图 16-81 所示，这里通过错误簇连线保证了 DAQmx Start Task.vi 在 Open_Create_Replace file.vi 执行之后才开始执行，因此直到选择完文件才会有测量数据写入缓冲区。这才是正确合理的程序结构。

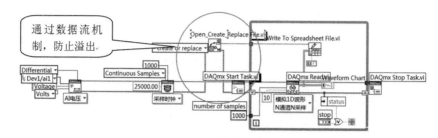

图 16-81　防止缓冲区溢出示例

在 LabVIEW 中使用 NI-DAQmx 时，通常是自动进行缓冲区分配的。如果采集有限的数据（DAQmx Timing.vi 的"sample mode"被设置为"Finite Samples"），则 NI-DAQmx 会分配一个大小等于"samples per channel"值的缓冲区。如果是连续采集（DAQmx Timing.vi 的"sample mode"被设置为"Continuous Samples"），则 NI-DAQmx 根据表 16-20 所示来分配缓冲区。

表 16-20　缓冲区大小计算表

| 采样率 | 缓冲区大小 |
| --- | --- |
| 0～100 S/s | 1 kS |
| 100～10 000 S/s | 10 kS |
| 10 000～1 000 000 S/s | 100 kS |
| > 1 000 000 S/s | 1 MS |

缓冲区溢出时有如下的处理方法：

◆ 忽略缓冲区溢出错误。这样可以只读取最新的采集数据，放弃未及时读取而被覆盖的采集数据。如果要设置忽略缓冲区溢出错误，则需要修改三个属性，如图 16-82 所示。其中最好将"Offset"属性设置为"Samples to Read"，即要读取点数的负值。

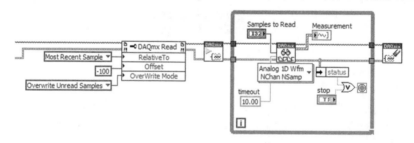

图 16-82　忽略缓冲区溢出错误

◆ 增加 DAQmx Timing.vi 的"samples per channel（每通道采集点数）"参数值，以增加 PC 缓存区的大小。

◆ 增加 DAQmx Read.vi 的"number of samples per channel（每通道每次读取点数）"参数值，以加快读取速度。

◆ 减少 DAQmx Timing.vi 中的"rate（每通道采样率）"参数值，以降低采样率。

◆ 优化采集应用程序，去掉在线分析结构，使用生产者/消费者编程结构。生产者/消费者编程结构允许将分析和显示步骤放到另一个循环中，从而加快读取的速度。

◆ 采用原始数据，并将原始数据存储进硬盘，以便事后分析。

◆ 如果可能，使用一台更快的计算机，这样就可以以更快的速率，将数据从 PC 缓冲区向应用开发环境的内存中传输。

在开发过程中可能会遇到 FIFO 溢出，FIFO 溢出错误如图 16-83 所示。FIFO 溢出错误通常比缓冲区溢出错误更加严重，因为它说明了在读取之前数据就已经丢失。发生 FIFO 溢出错误，表示板卡上的 FIFO 内存缓冲区已经满了，无法放入新的采集数据，也就是说总线的传输速率小于设定的数据输入速率。

FIFO 溢出错误有如下处理方法：

◆ 采用 DMA 传输方式替代 IRQ 数据传输方式。在传输数据时，DMA 方式比 IRQ 方式更快。通过 DAQmx Channel 属性节点中的"Data Transfer Mechanism property"改变传输方式。注意，DAQCard 与 USB 设备不支持 DMA 方式。

◆ 降低 DAQmx Timing.vi 中的"rate（每通道采样率）"参数值。

◆ 将可能共享 PCI 总线的其他仪器断开。

◆ 购买有更大 FIFO 容量的仪器。可以增加板载内存来减小由 PCI 总线瓶颈造成的问题。也可以选择购买一台总线速度更快的计算机以加快将数据从 FIFO 内存传输到 PC 内存的速度。

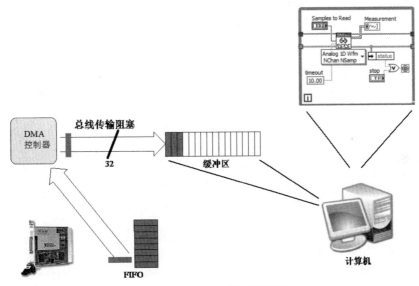

图 16-83　FIFO 溢出示意图

### 16.7.5　完整波形输出

如图 16-84 所示，这是采集卡模拟量完整波形输出方式的示意图。为了能够在输出波形的同时在程序中更改 DAQ 设备输出的波形，需要设置设备的"重生成模式（Regeneration Mode）"属性为"允许重生成"。这可以通过 DAQmx Write.vi 完成。设置好属性后，就可以强制板卡的板载 FIFO 在输出旧的数据的同时向 PC 的缓存请求新的数据。

如图 16-85 所示，当"重生成模式"属性被禁止时，需要在循环中放置一个"DAQmx 写入"VI 来持续更新缓存。注意，为了这个属性能够正常工作，必须在开始一个 AO 任务（Start Task.vi）之前下载一个波形（Analog Write.vi）。

当设置"重生成模式"属性为"不允许重生成"后，"数据传输请求条件"属性就可以起作用了。这个属性可以在 DAQmx Channel 属性节点中的模拟输出（Analog Output）→常规属性（General Properties）→高级（Advanced）→数据传输和内存（DataTransfer and Memory）→数据传输请求条件属性（Data Transfer Request Condition）中找到。这个属性将决定改变的波形经过多久时间能够出现在输出端。下面详细描述通过这个属性节点能够设置的三个不同值。

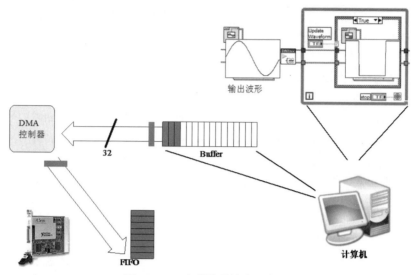

图 16-84  完整波形输出示意图

（1）板载内存未满

如图 16-86 所示，当"数据传输请求条件（Data Transfer Request Condition）"属性被设置为"板载内存未满（Onboard Memory Less than Full）"时，如果板卡板载 FIFO 未满，则板卡就会请求新的数据。这意味着如果改变波形的输出，需要过几秒钟的时间输出端才能反映出改变，因为新的波形数据需要穿过整个板载的 FIFO。这个设置可以使板载 FIFO 总是保持满载。

图 16-85  设置重生成模式属性            图 16-86  设置为板载内存未满

（2）板载内存为空

如图 16-87 所示，当"数据传输请求条件"属性被设置为"板载内存为空（Onboard Memory Empty）"时，板卡会在板载 FIFO 为空的时候请求新的数据。这意味着如果改变波形输出，则新波形能够马上在输出端被观察到。由于新的数据传送过去时板载的 FIFO 几乎是空的，因此新数据在输出前不需要经过整个 FIFO。也就是说，新的数据在到达 DAQ 板卡的时候已经在 FIFO 的末端，所以能够立即出现在输出端。

（3）板载内存未超过半满

如图 16-88 所示，当"数据传输请求条件"属性被设置为"板载内存未超过半满（Onboard Memory Half Full or Less）"时，需要设置的缓冲区大小不小于设备的板载 FIFO。设置这个属性意味着板卡正在使用其 FIFO 中的很小一部分，所以可以设置更小的缓冲区。建议先设置缓冲区大小为 500，然后增加或者减少这个数字，以达到最佳的性能。

图 16-87  设置为"板载内存为空"          图 16-88  设置为板载内存未超过半满

## 16.7.6  并行结构采集

NI-DAQmx 是支持用多线程来操作板卡的，也就是说可以在不同的线程中操作同一块板卡。有了多线程的支持，在编写采集程序时，就可以采用并行的结构。这样，一个线程对板卡进行一种操作，每一个操作的延时间隔也可以根据需求设定。并行采集结构如图 16-89 所示。

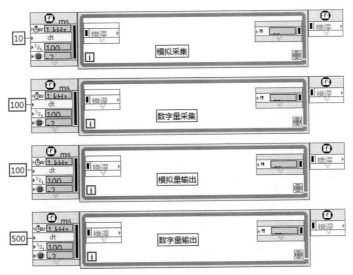

图 16-89　并行采集结构

### 16.7.7　通过硬件信号触发定时循环运行

NI-DAQmx 支持建立一个硬件信号时钟源，以驱动定时循环进行 I/O 操作。如图 16-90 所示，这里使用 Dev1 的采样时钟的硬件时钟作为定时循环（Timed Loop）的时间源。在定时循环中，首先采集模拟量进行运算（控制 PID），然后输出一个模拟的控制量进行控制。本例中通过 "Control Loop From Task" VI 建立时间源。这个 VI 中的延时设置是为了避免定时循环占用 100% 的 CPU 资源来等待两次模拟量输入。

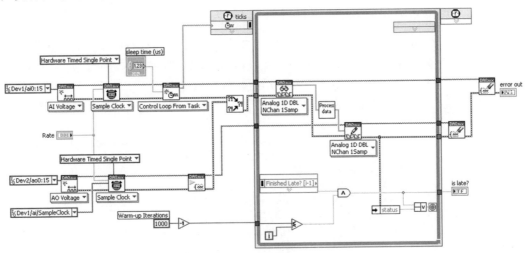

图 16-90　定时循环的外部时钟

采用硬件信号触发定时循环运行，有如下的优点：

◆　可以通过内部或外部硬件时钟来触发定时循环以进行软件操作。

◆　"Control Loop From Task" VI 建立的时间源具有严格时间确定性。

◆　通过定时循环可知道两次循环之间的时间间隔。

◆　在不同速率的 I/O 采集子系统中，可以依靠不同的定时循环进行处理。

◆　定时循环的优先级可以设定。

不过，这种方式也有下面两点局限性：

◆ 由于定时循环的特性，CPU 占用率要高于普通循环。

◆ 需要额外的代码来设定迭代次数。

如图 16-91 所示，在应用程序的定时循环线程中，硬件时钟信号触发采集。在硬件数据采集中，定时循环线程处于阻塞状态，等到硬件数据采集后，定时循环线程启动，开始采集数据读取操作、计算处理操作和处理数据输出操作。当操作完成后，进入阻塞状态，等待下一个采样时钟的触发采集。

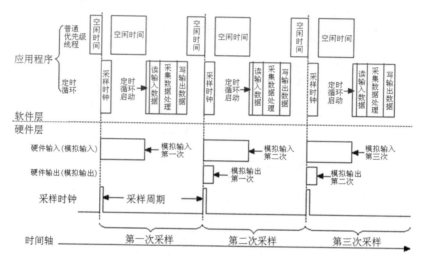

图 16-91　定时循环硬件触发时钟图

### 16.7.8　使用 NI-DAQmx 的事件编写事件驱动程序

使用 NI-DAQmx 的事件编写事件驱动程序，可以依靠消息机制，将 CPU 从采集事件轮询中解放出来，释放的 CPU 资源可以用来处理其他事件。虽然释放了部分 CPU 资源，但毕竟是依靠消息机制，所以响应事件和处理事件不如直接用线程轮询处理得及时。

如图 16-92 所示，这是典型的 NI-DAQmx 事件驱动编程，即通过注册事件属性将事件注册到事件结构中。

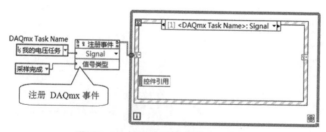

图 16-92　通过事件属性注册事件

NI-DAQmx 注册事件按采集状态分类，可以分为两类：

◆ 采集完成

◆ 每采集 N 个采样点

按硬件信号分类，可以分为四类：

◆ 检测更改

◆ 计数器输出

◆　采样完成

◆　采样时钟

### 16.7.9　选择合适的读取策略

NI-DAQmx 有 4 种读取模拟量输入的策略，每一种读取策略有不同的特性。各种读取策略的特性如表 16-21 所示。

表 16-21　各种读取策略的特性

| 数　　据 | 特　　　　　性 | 备　　注 |
| --- | --- | --- |
| 波形数据 | 通道数据的读取顺序已经按任务设定好。数据被缩放为指定的电压值。将时间及其他的属性信息添加到数据中 | 用波形图展示时比较适合 |
| 单位转换数据 | 将数据缩放为指定的电压值。与波形数据不同的是缺少了时间等波形属性 | |
| 单位未转换数据 | 不存在任何的缩放及单位转换信息 | |
| 原始数据 | 与单位未转换数据的主要区别是读取数据的排序方式，原始数据是FIFO中数据的镜像，数据不是按照通道排序的 | |

如图 16-93 所示，从板卡读取的原始数据是没有经过排序的，通道 1、2 的数据交互插在一个数组中。经过排序后，就会得到不同的通道数组。此时数组中的数据是没有单位的"码字"。通过单位转换操作可以将这些"码字"转换为我们所需要的数据，如电压数据或者电压波形数据等。

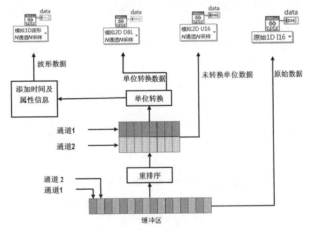

图 16-93　数据及其转换过程

图 16-94 所示是读取策略与性能和易用度的关系。随着数据易用度由高到低变化，性能和吞吐量反而下降。

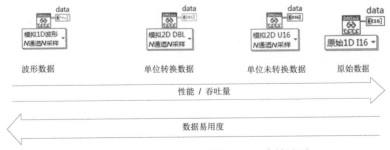

图 16-94　读取策略与性能和易用度的关系

如图 16-95 所示，使用原始数据的压缩格式可以减少数据量，这有助于数据流盘，节省内存空间，提高采集性能。例如，使用 NI-6110 12 位采集卡采集数据，且原始数据采用未压缩格式时，将返回 16 位数据。当选择无损压缩格式时，数据将被压缩 25%。在进行大数据量采集时，这样的压缩可以大大节省硬盘空间。

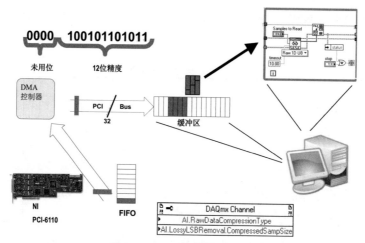

图 16-95　压缩数据示意图

### 1. 通过使用 ChannelsToRead 属性来读取指定通道

ChannelsToRead 属性如图 16-96 所示。通过该属性可以在任务中指定待读取的通道组。数据采集卡按照采集任务的设定，在指定的物理通道上采集数据，而通过这个属性的设置，可以从计算机缓冲区中剥离未选中的通道，并且只返回采集应用程序指定通道的数据。这样可以减少应用程序的内存开销。

图 16-96　ChannelsToRead 属性

### 2. 创建自定义换算

如图 16-97 所示，通过 MAX 中的定义，在编写 NI-DAQmx 程序时可以自定义换算。

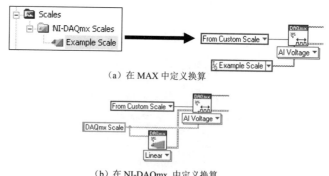

（a）在 MAX 中定义换算

（b）在 NI-DAQmx 中定义换算

图 16-97　自定义换算

自定义换算支持的类型：

◆ 线性

◆ 映射范围

◆ 多项式

◆ 表格

使用 NI-DAQmx 进行换算的优势：

◆ 因为 NI-DAQmx 自定义换算是在驱动层进行代码优化后再运算的，相对于用户自己编程实现换算而言，使用 NI-DAQmx 进行换算运行速度更快。

◆ 使用 NI-DAQmx 的 DAQ 助手可以节省编程时间和代码量。

◆ 使用 NI-DAQmx 采集的数据具有单位，这样在编程时可以清楚地知道通道数据的物理意义。

## 16.7.10 使用 NI-DAQmx 控制任务安全终止采集

"DAQmx 安全终止"函数的图标及输入端子如图 16-98 所示。该 VI 用于按照用户指定的动作更改任务的状态。例如，"错误输入"输入端子有连接表明 VI 执行前已发生错误，而如果"动作"输入端子为"未保留"或"终止"，则此 VI 正常执行。

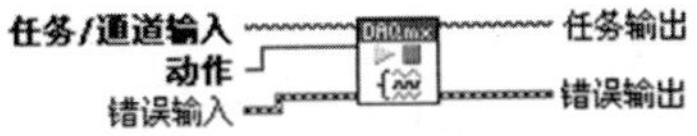

图 16-98 "DAQmx 安全终止"函数

此函数的"动作"选项如表 16-22 所示。

表 16-22 "DAQmx 安全终止"函数的动作选项

| 选　　项 | 作　　用 |
|---|---|
| 中止 | 用于立即终止任务并停止当前的操作（如读取或写入）。终止任务可使任务处于不稳定但可以恢复的状态。如果恢复任务，则可通过"DAQmx 开始"函数重新开始任务，或使用"DAQmx 停止"函数重置任务 |
| 提交 | 根据任务配置对硬件进行编程 |
| 保留 | 保留任务所需的硬件资源，其他任务不能保留相同的资源 |
| 未保留 | 释放此前保留的资源 |
| 验证 | 验证全部任务参数在硬件上的有效性 |

在编写采集应用程序时，可能会遇见如下情况：

◆ 外部信号触发采集，但一直未等到触发信号。

◆ 采样点数设置得很大，而采样率不高。

◆ 采集程序不需要等待而立刻安全终止采集。

◆ 不可预见的系统错误。

如图 16-99 所示，这是一个"DAQmx 安全终止"函数示例，展示了如何用此 VI 终止采集程序。

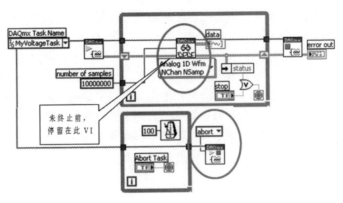

图 16-99 "DAQmx 安全终止"函数示例

### 16.7.11 计数器/定时器及其应用

在大部分多功能采集卡（M、E系列）上均有计数器/定时器。计数器/定时器通常用在复杂测量系统中执行关键定时功能，是一个非常好的硬件资源。利用计数器/定时器可以创建各种测量解决方案，包括测量多个与时间相关的量，进行事件计数或累加，以及监控正交编码器等。此外，还可以使用计数器/定时器来产生脉冲和脉冲序列。

**1. 数字频率采集**

数字频率采集过程相当简单。对低频信号来说，采用一个计数器或时基就足够了。如图16-100所示，输入信号的上升沿触发时基开始计数。因为时基的频率是已知的，所以输入信号的频率就可以很容易地计算出来。

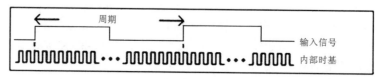

图 16-100 数字信号相对于内部时基（单计数器获取低频）

当数字信号的频率很高或变化时，最好采用以下介绍的两种双计数器法。需要注意的是，两种方法具有相同的硬件局限性，即所要测量的频率不能超过计数器支持的最大输入频率，但可以超过内置的时基频率。

（1）高频双计数器测量法

高频双计数器测量法如图16-101所示。高频信号测量需要两个计数器，用于产生用户指定周期的脉冲序列。同时，测量时间需要远大于待测信号所需时间，但又要尽量小，以避免计数器翻转。

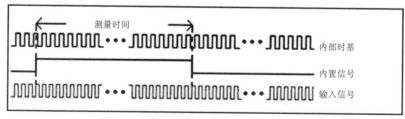

图 16-101 数字信号频率的双计数器测量法（用于测量高频信号）

内置信号的测量时间为内置时基的整数倍，在一定的时间间隔内测量输入信号的振荡次数，而间隔时间由内置信号提供。将振荡次数除以间隔时间就能够得到输入信号的频率。

（2）大范围双计数器测量法

大范围双计数器测量法如图16-102所示。对于频率变化的信号来说，双计数器法能在整个信号范围内提供更高的精度。在这种情况下输入信号被一个已知量除，或称分频。内置时基在分频信号逻辑高时的振荡次数被记下来。这样得到的逻辑高电平间的时间，为振荡次数乘以内置时基的周期时间。这个值再乘以2就得到分频信号的周期（高、低电平间时间之和），它是输入信号周期的整数倍。另外，把输入信号周期求倒数就能够得到其频率。

这一方法相当于在大范围测量后求均值得到信号的变化频率，该方法还能测量比时基频率高的输入信号频率。

**2. 编码器位置采集**

编码器是一种机电装备，可以用来测量机械运动或者目标位置。大多数编码器都使用光学传感器来提供脉冲序列形式的电信号。这些信号可以依次被转换成运动、方向或位置信息。

增量型编码器的工作原理如图 16-103 所示。有一个中心有轴的光电码盘，其上有环形通、暗的刻线，由光电发射和接收器件读取，获得 4 个正弦波信号组合：A、B、C、D，每两个正弦波之间有 90° 相位差（一个周波为 360°）。将 C、D 信号反向，叠加在 A、B 两相上，可增强稳定信号。有些正交编码器还包含被称为零信号或者参考信号的第 3 个输出通道。这个通道每旋转一圈输出一个单脉冲，所以可以使用这个单脉冲来精确计算某个参考位置。在绝大多数编码器中，这个信号称为 Z 轴或者索引。

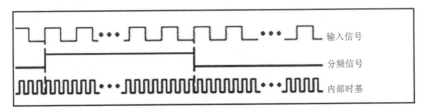

图 16-102　数字信号频率的双计数器测量法（用于大范围测量）

如图 16-104 所示，由于 A、B 两相相差 90°，所以可通过比较 A 相在前还是 B 相在前，来判别编码器的正转与反转。另外，通过零位脉冲，可获得编码器的零位参考位。

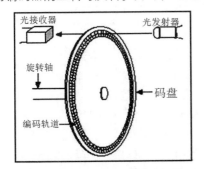

图 16-103　光电编码器的组件

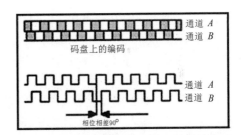

图 16-104　正交编码器 A 和 B 的输出信号

编码器码盘的材料有玻璃、金属和塑料等。玻璃码盘是在玻璃上刻录薄的刻线，其热稳定性好、精度高。金属码盘不易碎，但由于金属有一定的厚度，精度就有限制，其热稳定性要比玻璃的差一个数量级。塑料码盘是经济型的，其成本低，但精度、热稳定性、寿命均要差一些。

（1）分辨率

编码器每旋转 360° 提供的通或暗刻线称为分辨率，也称解析分度，或直接称为多少线，一般每转分度为 5~10000 线。

（2）信号输出的方式

信号输出有正弦波（电流或电压）、方波（TTL、HTL）、集电极开路（PNP、NPN）、推拉式多种形式，如图 16-105 所示。其中，TTL 为长线差分驱动（6 线对称信号：A, A-；B, B-；Z, Z-），HTL 也称推拉式或推挽式输出。编码器的信号接收设备接口应与编码器对应。

（3）信号连接

编码器的脉冲信号一般连接计数器、PLC 和计算机。PLC 和计算机连接的模块有低速模块与高速模块之分，开关频率有低有高。

单相连接用于单方向计数，单方向测速。A、B 两相连接，用于正反向计数，判断正反向和测速。A、B、Z 三相连接，用于带参考位修正的位置测量。A 与 A-、B 与 B-、Z 与 Z- 连接，由于带有对称负信号的连接，因此电流对于电缆贡献的电磁场为 0，衰减最小，抗干扰性最佳，可传输较远的距离。

带有对称负信号输出的 TTL 编码器，信号传输距离可达 150 m。带有对称负信号输出的 HTL 编码器，信号传输距离可达 300 m。

增量型编码器存在零点累计误差，抗干扰性较差，接收设备的停机需断电记忆，开机应找零或参考位等问题。这些问题可以选用绝对型编码器来解决。

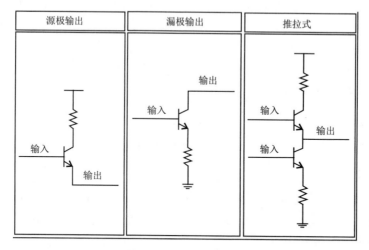

图 16-105　信号输出类型

增量型编码器的一般应用为测速，测转动方向，测移动角度、距离（相对）等。

接下来需要解决的是怎样使用编码器进行测量。要使用编码器进行测量，必须有一个基本的电子设备，即计数器。基本的计数器可以通过几个输入通道产生一个数值，来表示检测到的边沿（即波形中从低到高或高到低的变化）数目。大多数计数器都有三个相互关联的输入——"门限"、"源"和"升/降"。计数器记录源输入中的事件数目，并且根据"升/降"端子的状态进行加计数或者减计数。例如，如果"升/降"状态为"高"，那么计数器加计数；如果"升/降"状态为"低"，那么计数器就减计数。如图 16-106 所示，这是一个简化的计数器框图。

编码器通常有 9 根线需要连接。不同的编码器，这些线的颜色是不一样的。你可以使用这些线来给编码器提供电源，并且读入 A、B 和 Z 信号。如图 16-107 所示，这是一个增量式编码器的典型接口定义。

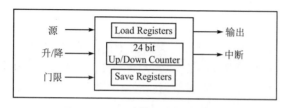

图 16-106　计数器的简化模型

| 管脚 | 功能 | |
|---|---|---|
| 1 | 0 V | |
| 2 | +Ub (供电) | |
| 3 | A | 通道 |
| 4 | B | 通道 |
| 5 | Z | 通道 |
| 6 | A 反 | 通道 |
| 7 | B 反 | 通道 |
| 8 | Z 反 | 通道 |
| 9 | 保护地(外壳) | |

图 16-107　增量式编码器接口

接下来就要决定这些线应该接到什么位置了。如上文所述，将信号 A 接到"源"接线端上，对其信号中的脉冲进行计数，而将信号 B 连接到"升/降"选择端子上。将任意 +5V 的直流电源接到电源和地接线端子上。大多数情况下，一个数据采集设备只需一根数字线就足够了。

将编码器连接到一个计数器，具体的操作如下：

**step 1** 　选择通道 A 以及通道 B，或者选择通道 A 反、通道 B 反。

**step 2** 不要将非反转及反转通道连接到同一个计数器上。例如，通道 *A* 与通道 *A* 反不应连到同一个计数器上。

**step 3** 在选择一个有效的反转或者非反转对通道之后，根据选择的通道配置两个通道中的一个，如表 16-23 所示。

表 16-23　配置通道

| 配置 1 | | 配置 2 | |
|---|---|---|---|
| 通道A | 源 | 通道A反 | 源 |
| 通道B | 升/降 | 通道B反 | 升/降 |
| Z-索引 | 门 | Z-索引 | 门 |

既然对信号边沿计数了，接下来需要考虑的就是应如何将这些数值转换成位置信息。这个由边沿数值转换为位置信息的过程，取决于所采用的编码类型。总共有 X1、X2 和 X4 三种基本的编码类型。

（1）X1 编码

如图 16-108 所示为一个正交周期和其相应的 X1 编码类型下的计数值的加减数目。当通道 *A* 引导通道 *B* 时，增量发生在通道 *A* 的上升沿。当通道 *B* 引导通道 *A* 时，减量发生在通道 *A* 的下降沿。

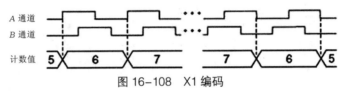

图 16-108　X1 编码

（2）X2 编码

X2 编码与上述过程类似，只是计数器 *A* 通道的每个边沿计数是增加还是减少，取决于由哪个通道引导哪个通道。计数器的数值每个周期都会增 2 或减 2，如图 16-109 所示。

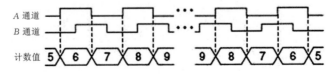

图 16-109　X2 编码

（3）X4 编码

在 X4 编码模式下，计数器同样也在通道 *A* 和通道 *B* 的每个沿上增值计数或者减值计数。计数器所计算的数目是增加还是减少，取决于哪个通道引导哪个通道。计数器的值每个周期都会增 4 或减 4，如图 16-110 所示。

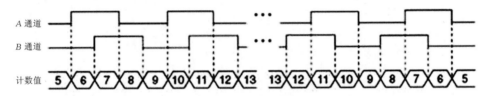

图 16-110　X4 编码

一旦设置了编码类型及脉冲计数类型，就可以使用下列公式把数值信息转换为位置信息了。对于转动位置：

$$当前位置 = \frac{当前计数值}{xN} \times 360°$$

其中，$N$ 代表轴每旋转一周过程中，编码器所生成的脉冲数目；$X$ 代表编码类型。

例如，求一个 4096 线编码器采用 X4 编码方式计数值为 2318 时所处的角度位置。

根据公式：$当前位置 = \dfrac{2318}{4 \times 4096} \times 360 = 50.93°$

所以当前位置为 50.93°。

## 16.8　小结

　　本章涵盖近百个与数据采集有关的概念，读者需要具备一定的硬件和软件基础才能理解。如果不能马上全部理解也不必担心，这些知识是需要在实践中慢慢积累的。本章首先介绍了信号和传感器的种类，然后介绍了通过传感器转换后的各种信号处理操作，以及如何选择数据采集卡。在讲解了信号源接地和隔离的各种连接方式后，讨论了信号和数据采集的理论。在本章后面还介绍了如何安装驱动程序，以及进行简单的数据采集。最后介绍了同步和触发等高级采集方法，以及从原理上讲解了缓冲区溢出的起因，讨论了一些在实际应用中的高级采集问题。

◆　　　　　◆　　　　　◆

# 第 **17** 章　FPGA 开发

LabVIEW 作为一种功能强大的编程语言，其适用领域十分广泛。数据采集和仪器仪表是 LabVIEW 最早涉及的领域，随着 LabVIEW 不断地发展，推出不同的专用工具包， LabVIEW 的功能在逐步扩充。目前 LabVIEW 通过 DSC 工具包和运动控制工具包，已经在工业控制领域大显身手；通过 ARM 嵌入式工具进入了单片机领域；通过 Vision 工具包进入了图像采集与处理领域。

LabVIEW 的诞生使创建虚拟仪器成为可能。对于同样的数据采集卡，编写不同的软件，可以实现不同的仪器功能，演化成多种仪器，但是这样的演变是有条件的，一块只有简单的数字量输入/输出的数据采集卡是不可能实现模拟量采集和计数器功能的。常规的数据采集卡包括模拟量输入、模拟量输出、数字量输入、数字量输出和计数器这几个主要的部分。这些功能是由采集卡上的特定芯片实现的，比如 A/D 转换芯片、计数器芯片等。由于实际应用中的需求各不相同，因此生产厂商提供了大量的不同功能的板卡供用户选择。如果我们能自己定制板卡的功能，可以根据需要随时改变采集卡的功能，那么我们的虚拟仪器已经不是传统意义上的虚拟仪器了。这时，我们甚至可以认为采集卡本身就是虚拟的。FPGA 就具有这种能力。

LabVIEW 一如既往地保留着它的传统优点，即便是在 FPGA 这样新的领域，通过 LabVIEW FPGA 工具包，工程师们也可以毫不费力地编程。传统的 FPGA 编程需要专门的编程工具和编程语言，而 FPGA 工具包的推出，使得工程师可以借助于 LabVIEW 的图形编程方式，方便地使用 FPGA。

## 17.1　FPGA 的基本概念与 CRIO 的组成

在使用 FPGA 工具包之前，有必要了解一下 FPGA 的基本概念，这样更有利于理解使用 FPGA 工具包编程中的细节问题。同时必须熟悉 FPGA 工具包支持的 NI 硬件设备，LabVIEW 的 FPGA 工具包是针对特定硬件的，不能用于通用 FPGA 的开发。

CRIO 是 NI 公司非常有代表性的 FPGA 设备，我们主要针对 CRIO 设备讨论如何进行 FPGA 编程。

### 17.1.1　FPGA 的基本概念

FPGA（Field Programmable Gate Array）全称为现场可编程门阵列。熟悉数字电路的读者都知道，集成电路芯片都是由各种基本的门电路构成的，比如与门、非门、与非门等。每种特定的芯片都是为特定功能设计的，比如译码器、定时器等。虽然规模更大、功能更强的单片机极大地减少了电路板中芯片的数量，但是其种类繁多、功能各异，给我们学习和使用造成极大的困难。因此，我们迫切需要一种万能芯片，它可以替代常规的芯片，我们可以通过软件改变它的硬件功能。FPGA 的横空出世部分地解决了以上问题。

FPGA 是一种可编程门阵列。未上电之前，FPGA 内部是空白的。上电后，通过读取里面存储的内容，FPGA 会自动配置，形成我们需要的功能芯片。因此，可以说 FPGA 是由软件决定的芯片，它的功能是可以由软件进行更新的。通过不同的专业功能逻辑模块（IP CORE，类似于函数），FPGA 可以被重新配置成各种我们需要的专业芯片。高级的 IP CORE 甚至可以构建 CPU 这样复杂的芯片及各种通信接口、总线，比如 RS232、SPI、PCI 总线等。

FPGA 作为新技术，其重要性是不言而喻的。FPGA 的程序设计必须通过专业的开发软件完成（如 ISE），也需要使用专业的编程语言（如 VHDL）。NI 的 FPGA 工具包另辟蹊径，它是以 LabVIEW 作为基本开发环境，采用我们熟知的图形化编程方式来编写 FPGA 程序的。结合 NI 公司的 FPGA 板卡，我们可以像编写常规的 LabVIEW 程序一样编写 FPGA 程序，不需要更多的 FPGA 方面的专业知识。

不过，这个 FPGA 工具包是有局限性的，它目前只能支持 NI 公司特定的硬件。虽然通过附加库，可以控制流行的 Spartan-3E FPGA 开发板，但对于其他通用的 FPGA，工具包暂时还不能提供支持。NI 公司正在逐渐加大 FPGA 方面的投入，其使用范围将会越来越大。

目前 NI 公司提供的 FPGA 设备主要有以下几类：

◆ R 系列智能 DAQ 设备

◆ NI CompactRIO 系列，简称 CRIO

◆ NI Compact 视觉系统

◆ NI FlexIO

本章主要以 NI CompactRIO 系列为例，说明 FPGA 工具包和相应硬件设备的用法。

## 17.1.2　CRIO 的构成

一个完整的 CRIO 系统由控制器、FPGA 机箱和 C 系列模块组成。如图 17-1 所示，这是一个完整的 4 槽 CRIO 系统，其中包括了 4 个 C 系列模块。

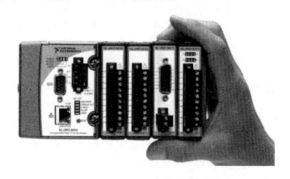

图 17-1　4 槽 CRIO 系统

CRIO 由三部分硬件组成，分别是控制器、CRIO 机箱和 C 系列模块，其作用概述如下。

◆ 控制器：控制器中运行的是实时操作系统，不同的控制器，嵌入的实时操作系统可能不同。NI 公司为 CRIO 控制器提供了两种实时操作系统，分别是 VxWorks 和 Pharlap。

◆ CRIO 机箱：从 CRIO 的硬件结构上看，FPGA 程序运行在 FPGA 机箱背板中。它是作为 CRIO 系统中的一个部件存在的。它的上一级是控制器，控制器中运行的是实时操作系统。它的下一级是 C 系列模块，负责实际的数据采集和控制。

◆ C 系列模块：属于通用模块，并非为 FPGA 专门设计，其通常用于便携式设计。C 系列模块负责所有的外部采集功能，包括数字 I/O、模拟量输入、输出等。

FPGA 负责所有的信号采集、输入/输出控制。由于其可用空间的限制，故而只能做一些简单的数据处理，并不适合大量数据的存储、分析等，而这些功能恰好是控制器实时操作系统的基本功能。因此，FPGA 采集的数据一般要传递到控制器实时系统中，同时实时系统的命令和处理结果也要返回到 FPGA 中。这就不可避免地涉及实时系统和 FPGA 相互通信的问题。

CRIO 编程包括 FPGA、RT 控制器和 Real-Time 的图形接口这三个部分的编程。其中 RT 控制器编程要求安装 LabVIEW 实时（RT）工具，FPGA 编程要求安装 FPGA 工具。

　　RT 控制器和上位机是采用通信方式来显示实时图形界面的。我们知道 RT 控制器中安装的是嵌入式实时操作系统。所谓实时操作系统并不是指它的运算速度很高，而是时间的确定性。由于 Windows 操作系统本身就是多任务抢先式操作系统，所以虽然 CPU 的速度很高，但是很难精确到毫秒级定时。这主要是由鼠标、键盘等输入设备不断产生中断，加上多任务之间互相竞争造成的。对于常规的操作，这些都不是问题，但是硬件控制则需要微秒级甚至纳秒级的精确时序，而采用实时操作系统就可以实现这一点。在单片机编程中，我们经常用空指令实现较短的延时，就是因为它的指令周期是确定的。

　　RT 编程与常规 LabVIEW 编程不同，具有一定的特殊性。在 FPGA 编程中，控件和函数选板会自动改变成 FPGA 支持的控件和函数选板。RT 编程也是如此。在 RT 终端（目标）下新建一个 VI，则控件和函数选板自动改变。

　　RT 模块支持绝大部分 LabVIEW 的基本节点函数，包括运算、数据分析处理、存储等。因此，只要熟悉 LabVIEW 的基本编程方法，使用 RT 模块编程并不是很困难。RT 模块是嵌入式操作系统，是没有界面显示的。因此，同 FPGA 一样，必须在上位机中创建项目。程序编制完成后，会被部署到 RT 控制器中，然后在 RT 程序运行时，通过上位机监控 RT 中的 VI。

## 17.1.3　构建 FPGA 项目

　　我们必须通过项目管理器来进行 LabVIEW 的 FPGA 编程，因此首先需要创建 FPGA 项目。LabVIEW 提供了 FPGA 项目向导，也可以手动创建 FPGA 项目。

　　通过 LabVIEW 的启动界面，即可创建 FPGA 项目。由于 FPGA 向导包含很多对话框，无法一一列出，所以下面择其重点说明项目创建过程。

**step 1**　开始创建 FPGA 项目。从 LabVIEW 启动界面选择"LabVIEW FPGA Project"，单击"开始"按钮，进入下一界面，如图 17-2 所示。

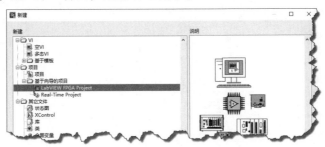

图 17-2　开始创建 FPGA 项目

**step 2**　选择 FPGA 硬件设备。在弹出的对话框中，选择 NI 支持的 FPGA 硬件设备。列表中列出了所有支持的 NI 设备，这里我们选择 NI 公司的 CompactRIO 系列。

**step 3**　选择控制器。在对话框中，配置新的 CompactRIO 系统，选择控制器。

**step 4**　选择可重配置机箱。

**step 5**　选择 C 系列功能模块。一旦机箱确定了，插槽的数量就固定了。C 系列的模块很多，请根据设计需要选取不同的模块。

**step 6**　预览 FPGA 项目。上述操作完成后，可以预览创建的项目，如果有问题，则可以返回到上一步，继续修改。

　　完成项目创建后，工具包可以自动创建功能函数，比如缓冲方式的数据采集等，当然也可以自己在项目中创建。

CRIO FPGA 各个终端具有明显的隶属关系，从控制器、FPGA 机箱、C 系列模块到 I/O，各项目的隶属关系同它们之间的物理关系是一致的。

## 17.2　FPGA 编程

前面介绍的是 FPGA 编程的预备工作，FPGA 编程才是本章的重点。一个完整的 FPGA 项目编程包括 FPGA 编程、RT 编程和 RT 接口编程这三部分内容。在有些具体应用中，可能只需要部分编程，所以我们首先从 FPGA 编程入手，逐步过渡到 RT 和 RT 接口编程。

### 17.2.1　FPGA 基本 I/O 之模拟量输入/输出

NI 公司 C 系列模块种类繁多，因此首先要选择需要的模块。选取模块后，LabVIEW 将自动建立 FPGA I/O，以对应模块的输入/输出点。这样通过 FPGA I/O，我们就建立了外部 I/O 点与 FPGA 内部的联系，操作 FPGA I/O 相当于直接操作外部 I/O 点。

#### 1. 选择和配置 C 系列模块

如图 17-3 所示，在机箱的插槽 1 配置了 4 通道 RTD 测温模块。通过 4 通道 RTD 模块的快捷菜单打开属性对话框并配置 C 模块的属性，属性对话框中显示了模块名称、模块类型（只读）、模块安装的插槽位置等信息。

这里选定了 NI 9217 模块，如图 17-4 所示。该模块为 4 通道 24 位 RTD 输入。选定后，FPGA 工具包将自动创建 4 个 FPGA I/O，以映射 9217 的 4 路输入，并分别命名为 RTD0～RTD3。

图 17-3　FPGA 项目　　　　　　　　　图 17-4　选择 C 系列模块

#### 2. 创建模拟量输入 FPGA VI

FPGA VI 将被下载到 FPGA 机箱中，它就是在 FPGA 中运行的程序。下面我们开始创建一个 FPGA VI，具体的操作如下。

**step 1**　在 FPGA 终端（FPGA Target）的快捷菜单中，选择"创建 VI"项，即可创建 FPGA VI。

这种创建方式表明该 VI 隶属于 FPGA 终端，即创建的是 FPGA VI。FPGA VI 的编程与一般 VI 的编程基本相同，只是函数选板和控件选板发生了很大变化。很多控件和函数在 FPGA 中是不被支持的，同时也增加了一些 FPGA 专用的控件和函数。

**step 2**　如图 17-5 所示，在 FPGA I/O 函数选板中包括 4 个节点函数，分别是 I/O 节点、I/O 常量、I/O 方法节点和 I/O 属性节点。在这里，我们选择 I/O 节点。

**step 3**　如图 17-6 所示，建立 I/O 节点后，选择我们创建的 RTD0～RTD3 这 4 个 I/O 变量，即可直接读入 C 模块采集的结果，或者直接拖动项目中的 IO 节点至程序框图。

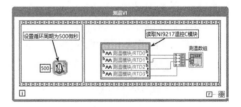

图 17-5　FPGA I/O 函数选板　　　　　　　图 17-6　读取温度数据

在这个例子中我们建立了一个简单的模拟量输入采集程序，RTD 返回的是定点数。定点数是 LabVIEW 新增加的数据类型，主要用于 FPGA 项目，在单片机通信中也经常用到定点数。

### 3. 定点数

对于不同的 C 模块，LabVIEW 会自动根据模块的位数，确定定点数的范围。定点数的表示方式比较复杂，因为 FPGA 中大量使用定点数，所以下面简单介绍一下。在快捷菜单中选择"属性"项，弹出定点数属性配置对话框，如图 17-7 所示。

RTD 是 24 位精度，也就是说需要 24 位来描述 RTD 返回的数据，因此位长度为 24 位。其中 10 位表示整数部分，14 位表示小数部分。因为采用有符号数，最高位代表的是符号位，所以共有 9 位表示数字，那么它的表示范围就是 $-2^9 \sim 2^9$，即 $-512 \sim +512$。delta 表示小数部分的最小分辨率，分辨率为 $1/2^{14}$，即图 17-7 中所示的 6.1035E-5。

### 4. 模拟量输出 FPGA VI

利用 FPGA 读取模拟量输入是非常简单的，同样在 FPGA 中输出模拟量也十分容易。如图 17-8 所示，在 FPGA 终端中创建 C 系列模块 NI 9263。该模块为 4 通道 +/-10V 16 位模拟量输出。创建通道后 FPGA 工具包将自动建立 4 个 FPGA I/O，表示 4 个模拟量输出通道。

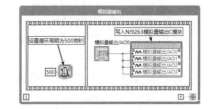

图 17-7　定点数属性配置对话框　　　　　　图 17-8　模拟量输出

FPGA 中的模拟量输入/输出采用的是定点数，实际上也正是从 FPGA 开始，LabVIEW 才新增了定点数的数据类型。FPGA 中的很多函数只支持整数运算，因此只能以整数的方式表示小数。

## 17.2.2　FPGA 基本 I/O 之数字量输入/输出

在常规的数据采集卡中，除了模拟量输入和模拟量输出，数字 I/O 和计数器也是数据采集中最常用的功能。数据采集卡的计数器是由专门的计数器芯片实现的，因此计数器资源十分宝贵。由于板卡本身需要的时钟源也多是由计数器提供的，因此留给用户用的计数器并不多。很多时候为了增加计数器，甚至不得不增加数据采集卡，造成资源的极大浪费。

FPGA 技术则完全不同，它的高速数字 I/O 可以轻松实现计数器的功能。这样利用高速的数字 I/O，就可以任意定义计数器。有些 C 系列的数字 I/O 模块是双向的，用户可以设置它为输入或者输出。如果作为输入，则可以实现计数器的计数和定时功能。如果作为输出，则可以实现计数器的脉冲输出功能。

从常规数据采集卡来看，数字 I/O 与计数器尽管管脚的物理特性类似（比如逻辑电平是相同的，只有 0、1 两种不同的状态），但是内部实现机理完全不同。FPGA 的数字 I/O 和计数器则是完全一致的，无论是物理特性还是内部实现机理。

### 1. Line 和 Port 方式

下面我们就来看 FPGA 数字 I/O 的编程。同常规的数据采集卡数字 I/O 一样，FPGA 数字 I/O 可以采用 Line 和 Port 两种方式，如图 17-9 和图 17-10 所示。采用 Line 方式，可以控制一个或者多个数字 I/O，采用的数据类型为布尔型。采用 Port 方式，则控制整个 I/O 寄存器，比如一次控制 8、16、32 个数字 I/O，采用的数据类型为数值型。

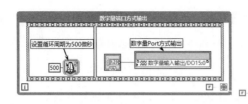

图 17-9 Port 方式与 Line 方式数字输出

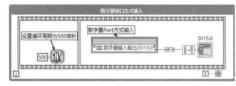

图 17-10 Port 方式与 Line 方式数字输入

### 2. 可配置输入/输出

有些 C 系列数字 I/O 模块是可以由用户自定义 I/O 管脚的，即通过软件来配置管脚为输入还是输出。比较典型的有 NI9403 模块，它支持 32 路的数字量 I/O。

可以采用三种不同的方法配置数字 I/O 的输入/输出方式。

（1）属性对话框

通过模块的属性对话框可以配置数字 I/O 为输入或者输出，如图 17-11 所示。

图 17-11 配置数字 IO 管脚属性

默认情况下，数字 I/O 管脚自动被配置成输入状态。选择初始状态为 "Output"，则设置对应管脚为数字量输出状态。如果能保证只有一处调用数字量输出，则可以选择 "Disable Arbitration（禁止仲裁）" 选项。这样可以节省 FPGA 资源。

（2）利用快捷菜单。默认情况下，我们创建的 FPGA 数字 I/O 处于读状态，即输入状态。在数字 I/O 的快捷菜单上选择 "Change To Write" 项，即可配置该数字 I/O 为数字输出。

（3）编程配置。除了使用属性对话框、快捷菜单配置数字 I/O，还可以利用方法节点配置。先配置数字 I/O 为输出，然后利用写输出方法写入输出数据。

如图 17-12 所示，使用 "Set Output Enable" 方法可以配置某一位，也可以通过直接输入整型数，一次配置多个数字 I/O。使用 "Set Output Data" 方法也是如此，这样就可以一次性写入批量数字 I/O。

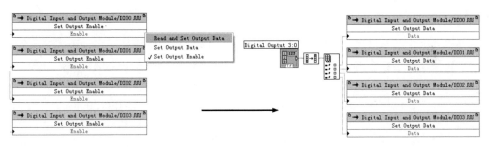

图 17-12　利用方法节点配置输出和写入输出数据

### 17.2.3　FPAG 定时、时钟与分频

我们采用 RT 和 FPGA 最重要的原因是 RT 和 FPGA 能够保证精确的时序，即所谓的确定性。使用 RT 系统，可以精确定时到微秒级，使用 FPGA 则可以精确到纳秒级。这是因为 FPGA 的时序完全是由硬件时钟或者硬件时钟分频来控制的。如图 17-13 所示，FPGA 函数选板中提供了几个定时相关函数。它们形式上与 LabVIEW 的基本定时函数类似，但是性质完全不同。LabVIEW 的定时函数是基于 Windows 操作系统的，只能保证毫秒级别的定时。

#### 1. FPGA 常用定时函数

FPGA 定时函数选板包括三个函数，分别为循环定时函数、等待函数和嘀嗒计数。这三个 VI 均为快速 VI，它们的配置对话框完全相同，如图 17-14 所示。

图 17-13　FPGA 定时函数

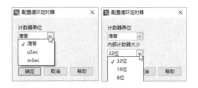

图 17-14　定时函数配置对话框

Windows 操作系统中存在一个毫秒计数器，它会自动记录计算机启动以来经历过的毫秒数。在 Windows 操作系统下，LabVIEW 中的时间计数器函数指的就是这个计数器。同样，在 FPGA 中也存在这样的计数器，称作自由计数器。我们在创建 FPGA 终端时，会自动创建一个板载基准时钟，一般为 40MHz。这意味着基准时钟每秒发出 40MHz 时钟脉冲，每个时钟脉冲就是一个嘀嗒（Tick）。

计数器单位可以选择 Ticks(嘀嗒数)、μs 或者 ms，这说明利用 FPGA 可以实现精确的时序。计数器的大小可以选择 32 位、16 位或者 8 位。位数越多，越占用资源。当然，位数少，控制的范围就越小。选择 Ticks，则可以实现纳秒级别的定时。

Loop Timer（循环定时）函数类似于 LabVIEW 中"等待下一个整数倍毫秒数"函数，但是它们有本质的不同。循环定时函数用来确定两次循环之间的时间间隔。如果程序代码运行时间小于循环定时，则循环可以保证精确的等间隔的循环时间。如果某次程序代码运行时间大于循环间隔，则下次循环立即运行，并把下次循环开始的时间设置为启动时刻，而且循环定时器会把它作为新的时间基准。这一点与"等待下一个整数倍毫秒数"函数是不同的，后者始终保持相同的时间基准。

Wait 函数即延时函数，与 LabVIEW 中的 Wait 函数意义相同，即让当前线程暂停，直至设定的时间到。

Tick Count 函数用于返回当前计数器的值。需要注意的是，当计数器达到最大值时，会自动从 0 开始重新计数。因此，利用 Tick Count 函数测量时间间隔时，如果采用了 Ticks 作为单位，就要考虑计数器溢出自动复位的情况。定时函数非常常用，尤其是在计数器应用中。

### 2. 分频时钟

时钟是确定时序的基准。FPGA 以基准时钟作为基准，由其可以衍生出多种不同频率的时钟，从而可以创建高于基准频率的时钟，比如倍频时钟。当然，也可以对基准时钟进行分频。

在"On Board Clock"的快捷菜单上，选择"New FPGA Derived Clock"项，弹出派生时钟配置对话框。在此对话框中，设置不同的乘数与除数，即可派生出我们需要的时钟。也可以直接在"Desired Derived Frequency"控件中输入我们期望的时钟频率，由 LabVIEW 自动配置乘数与除数。由于乘数与除数的范围是 1～32，所以并非所有频率的时钟都能派生。要能派生频率，除了最大、最小频率的范围限制，还必须能满足乘数与除数是整数。

派生时钟的一个重要作用是控制定时结构循环的时间间隔。FPGA 中的定时结构循环在默认情况下使用的是 FPGA 40 MHz 基准时钟。通过时钟常量或者定时结构属性对话框，可以选择不同的时钟源。

采用 40 MHz 板载时钟，一个嘀嗒即一个脉冲为 25 ns，因此循环间隔为 25 ns。如图 17-15 所示，这里的派生时钟为 8 MHz，是基准时钟的 1/5 分频，因此，如果采用 8 MHz 时钟，则循环间隔为 125 ns。

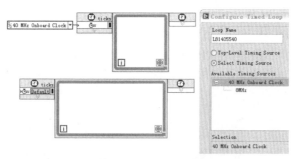

图 17-15 使用不同时钟的定时结构循环

## 17.2.4 FPGA 计数器应用

FPGA 计数器使用非常灵活，与常规数据采集卡计数器有很大区别。下面介绍几种常见计数器操作。

### 1. 内部计数器

图 17-16 所示的例子展示了如何创建一个微秒级别的定时循环和内部计数器。

FPGA 不同于常规的数据采集卡。它的内部不存在专用的硬件计数器，每一个高速数字 I/O 都可以作为计数器使用，因此可以创建多个计数器，这极大地扩展了 FPGA 的应用范围。在常规数据采集中，因为采集卡上的计数器数量不足，有时需要配置多块板卡，造成资源的极大浪费。

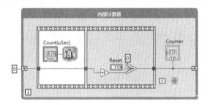

图 17-16 内部软件计数器

### 2. 可变频率的方波输出

FPGA 中的计数器从硬件角度看，与数字 I/O 完全一样。区别只是，FPGA 中的计数器完全是通过 FPGA 编程实现的。下面根据常规计数器的典型用法，介绍如何实现计数器功能。计数器的主要功能是计数、定时和脉冲输出。

输出可变频率方波，其程序框图如图 17-17 所示。定时循环的每次循环都会改变布尔显示器的状态。因此，直接连接 FPGA 数字输出，则会产生等间隔的方波。如果使用 Ticks 作为计时单位，则可以产生纳秒级别的方波。通过配置派生时钟，使用定时结构循环同样也可以产生需要的方波。

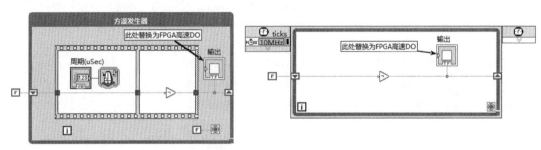

图 17-17 输出可变频率方波

### 3. PWM 波形输出

PWM（脉宽调制）可以用脉冲频率和占空比来描述。脉冲频率是脉冲周期的倒数，一个完整的脉冲周期等于高电平持续时间与低电平持续时间之和。占空比是高电平持续时间与脉冲周期的比值，也可以用高电平持续时间和低电平持续时间来描述 PWM 波形。如果保持脉冲周期不变，那么调整高、低电平持续时间实际上是调整占空比，调整脉冲周期则调整的是脉冲的频率。我们先看看如何创建简单的 PWM 波形输出，如图 17-18 所示。

图 17-19 展示了如何利用周期和占空比两个参数创建 PWM 波形。

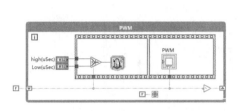

图 17-18 PWM 波形输出

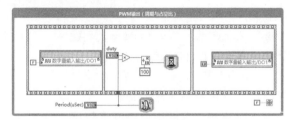

图 17-19 利用周期和占空比创建 PWM 波形

### 4. 计数功能

计数功能是计数器最基本的功能。在外部数字量输入脉冲的上升沿或下降沿，计数器执行加 1 或者减 1 操作。当计数器值达到某个值时，还可以触发其他操作。常规的计数器功能还包括复位输入端，复位可以在程序内部触发或者直接用外部 I/O 点触发。下降沿计数和上升沿计数的程序框图，如图 17-20 所示。

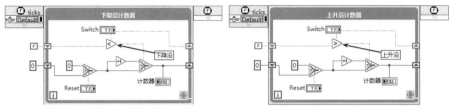

图 17-20　下降沿计数和上升沿计数

对于计数器，沿的概念非常重要。如果一个布尔量前一个状态为 FALSE，当前状态为 TRUE，则上升沿发生。如果前一个状态为 TRUE，当前状态为 FALSE，则下降沿发生。由于布尔数中 TRUE 大于 FALSE，因此可以用关系运算来判断沿的状态。如果上升沿和下降沿均计数，则可以用布尔运算的不等关系来判断。双沿计数的程序框图如图 17-21 所示。

### 5. 周期和频率测量

在计数器沿的概念基础上，可以拓展出各种专用测量方法，比如测量脉冲周期、测量频率等。使用脉冲沿，配合嘀嗒计数函数，就可以精确测量两个状态之间的时间间隔。FPGA 板载时钟为 40MHz，即每个脉冲周期为 25 ns，因此定时循环的时间间隔为 25 ns。我们只要获得经历过的嘀嗒数，就可以计算出经过的时间，进而测量出周期。

图 17-22 所示是一个测量脉冲周期的程序框图。在输入信号的上升沿，计算上次上升沿到本次上升沿的时间间隔。两次上升沿之间的时间间隔就是一个完整的脉冲周期。由于移位寄存器的初始化问题，首次测量结果不能反映真实情况，应该丢弃该值。

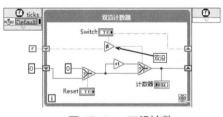

图 17-21　双沿计数

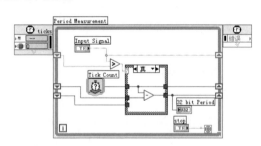

图 17-22　测量脉冲周期

我们获得脉冲的周期后，通过求周期的倒数，就可以获得脉冲的频率。对于频率测量，则一般是通过一段时间内经历的脉冲数来计算的。这样更为精确，用硬件计数器测量频率也是采用这种方式。

如图 17-23 所示，这是测量频率的程序框图。对信号输入进行计数，当计数达到设定值时，会获取当前嘀嗒数与计数器为 0 时嘀嗒数的差值，也就是设定脉冲数量经历的时间，进而可以计算出脉冲的频率。

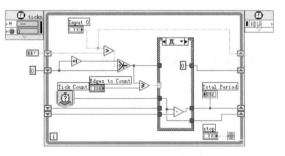

图 17-23　测量频率

**6. 增量正交编码器测量**

正交编码器是目前测量旋转角度最常用的装置，广泛用于运动控制系统中。大多数编码器都使用光学传感器来提供脉冲序列形式的电信号。这些信号可以依次被转换成运动、方向或位置信息。

测量增量编码器需要具备加减计数器。通过编码器 A、B 两相脉冲可以判断出编码器的相对位置和旋转方向。如果 A 相超前，通常称作 A 引导 B，则为顺时针旋转，计数器加计数。如果 B 相超前，通常称作 B 引导 A，则为逆时针旋转，计数器减计数。

计数器有三种编码方式，分别为 X1、X2 和 X3。它们的区别在于一个完整的正交周期内，计数器变化的数量不同。16.7.1 节详细介绍了这 3 种编码方式。

使用 FPGA 测量编码器十分方便。如图 17-24 所示，这是用来测量 X4 方式下增量编码器的程序框图。

编码器分为绝对编码器和增量型编码器。对于绝对编码器，通过计数器的值可以判断出编码器的绝对位置，而对于增量型编码器只能判断出两次旋转之间的相对位置。因此，增量型编码器需要一个相对的 0 位置。这就是 Z 相的作用，它也被称作索引（Index）。编码器每旋转一周，Z 相产生一个窄脉冲。根据该脉冲，即可判断编码器的 0 位置。

在编码器的 0 位置，可以执行我们需要的动作，一般是复位计数器、载入计数器预设值或暂存 0 位置计数器的当前值等。图 17-25 所示的例子展示了如何利用 Z 相复位计数器。这样就可以根据计数器当前的值来判断相对于 0 角度的当前旋转角度了。

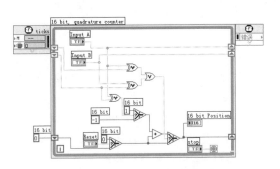

图 17-24　测量 X4 型编码器

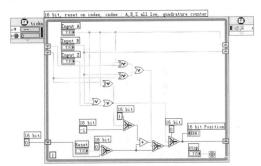

图 17-25　X4 型编码器测量与复位计数器

## 17.2.5　触发与外部时钟循环

在测试测量和自动化控制方面，触发是非常常用的动作。当某种特定情况发生时，触发相应的动作。一般的采集卡都支持触发采集，即在外部数字或者内部数字信号的上升/下降沿触发采集。在 FPGA 项目中实现触发操作非常容易。外部 I/O 信号上升沿触发采集的程序框图如图 17-26 所示。

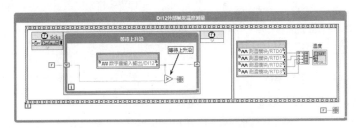

图 17-26　外部 I/O 信号上升沿触发采集

数据采集卡可以使用外部时钟控制循环，FPGA 也是如此。如果外部 I/O 输入或者控件输入为时钟信号，则循环按照外部时钟周期运行，如图 17-27 所示。

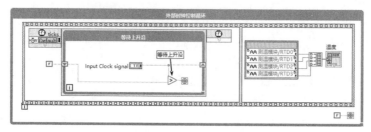

图 17-27　利用外部时钟控制循环

前面介绍了 FPGA 最常用的功能，但 FPGA 的功能远不止这些。本章后面几节将逐步介绍 FPGA 在其他方面的应用。

### 17.2.6　FPGA 常用函数

前面介绍了 FPGA 模块硬件相关功能，这一节接着介绍 FPGA 模块中的函数。这些函数大部分属于分析处理函数，是与硬件无关的。不太复杂的数据处理，可以在 FPGA 模块中直接完成，否则必须上传数据到 RT 中，由 RT 负责处理。FPGA 模块由于资源有限，所以对函数编程要求较高。FPGA 模块中的有些函数是开放源代码的，仔细研究这些代码就可以学习到效率较高的编程方法。

FPGA 常用函数选板如图 17-28 所示。其中前面三个包含子函数选板。下面逐一介绍各函数选板中的函数。

#### 1. 一维 Look-Up Table 函数

在单片机程序设计过程中，经常用查表的方式，通过地址或者索引获取一些固定的数据。由于硬件资源的限制，FPGA 不支持复杂的数学运算，尤其是浮点数运算，所以很多高级数学函数无法直接实现。因此，查表的方法对 FPGA 就更为重要，FPGA 的 Look-Up Table 函数就是查表函数。例如，我们要通过 D/A 输出一个正弦波形，那么我们可以在表格中存储一个或者多个周期的波形数据。然后每次循环取出一个数据。这样就可以创建一个正弦波发生器。

Look-Up Table 函数为快速 VI。如图 17-29 所示，通过属性对话框可以配置其属性，可以设置元素个数、数据类型、元素值。也可以通过内置的模式，自动创建表格数据，比如常量、线性变化值、正弦或者余弦波形数据，并且可以选择周期数。

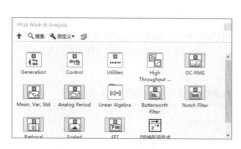

图 17-28　FPGA 常用函数

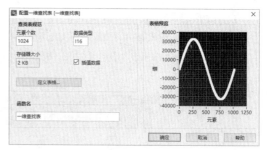

图 17-29　配置 Look-Up Table 函数

#### 2. 离散非线性系统的相关函数

如图 17-30 所示，这个选板上只有部分函数是 FPGA 的基本函数，是已列入帮助文档的。因为有些用户安装的 FPGA 模块可能只有这些基本函数，所以我们只讨论这些函数的用法。这些基本函数是通过 NI 最新的编程技术 XNode 创建的。我们可以跟踪它们的源代码，从中体会 FPGA 编程与常规 LabVIEW 编程的不同之处。

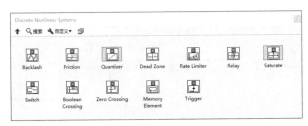

图 17-30  离散非线性系统函数

（1）Switch 函数

Switch 函数只有一个输出端子"output"。它的值取决于"control input（控制输入）"和"threshold（阈值）"的值。如果控制输入的值大于阈值，则输出 input1。如果小于或者等于阈值，则输出 input2。

通过 Switch 函数的快捷菜单（如图 17-31 所示），可以把函数转换成子 VI，由此可以看到函数的功能是如何实现的（如图 17-32 所示）。

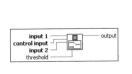

图 17-31  快捷菜单

图 17-32  将 Switch 函数转换成子 VI

（2）Boolean Crossing 函数

如图 17-33 所示，Boolean Crossing 函数和逐点分析库中的上升/下降沿函数非常类似，但是二者的编程风格不同。由于 FPGA 的资源是极其有限的，所以 FPGA 对代码的简洁性要求很高，代码必须优化。

该函数可以选择上升沿、下降沿和双沿触发，其核心是使用 LV2 型全局变量（反馈节点）保存的上一个状态，与本次状态相比较。因为一次可以保存多个数据，所以在 LabVIEW 编程中通常使用 While 循环，而 FPGA 中类似的操作则多使用反馈节点实现。

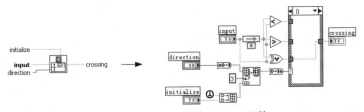

图 17-33  Boolean Crossing 函数

（3）Zero Crossing 函数

如图 17-34 所示，Zero Crossing（过零函数）函数是常用函数。LabVIEW 逐点分析库中也提供了同样的函数，但是它们的实现方法完全不同。所谓过零，就是输入值的前一个值与本次值符号不同。可能是由负变正或者由正变负，但是在某个瞬间会过零。这是模拟触发中常用的方法。通过过零函数，很容易实现任意数值的触发。例如，要在输入值大于 100 时触发，则用输入值减去 100，检测其差是否过零就可以了。

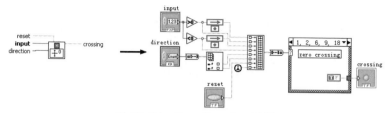

图 17-34　Zero Crossing 函数

另外，"direction" 输入端子是用来选择过零方向的，可以是负变正、正变负或者双向触发。

（4）Memory Element 函数

Memory Element 函数的程序框图如图 17-35 所示。该函数就是一个 LV2 型全局变量，它通过反馈节点存储本次输入值并返回上次输入值。

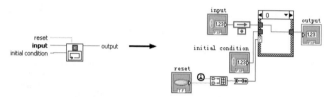

图 17-35　Memory Element 函数

（5）Trigger 函数

Trigger 函数的程序框图如图 17-36 所示。该函数用于检测输入是否发生变化以及发生变化的方向，相当于 OpenG 中的 Value Changed 函数。由 Trigger type 可以选择上升沿、下降沿或者双沿触发。如果本次输入信号值大于上次值，则为上升沿。如果小于上次输入值，则为下降沿。

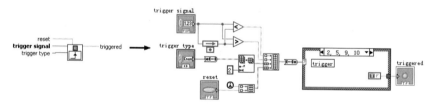

图 17-36　Trigger 函数

这里介绍的都是一些常用的 FPGA 函数，其他的 FPGA 函数还有很多。要用好 FPGA 函数，需要仔细地研究体会。

## 17.2.7　FPGA 多线程与线程之间的数据交换

LabVIEW 自从诞生之日起就支持多线程操作。而单核系统其实并没有实现真正物理意义上的多线程，单核计算机的多线程是在 CPU 的参与下，通过多个线程不断地切换实现的。从 CPU 的角度看，这并非真正的多线程。当然在多核计算机的情况下，是可以实现物理意义上的多线程的。我们感兴趣的是 FPGA 是否支持多线程。如果支持，多线程之间是如何实现数据交换的。

### 1. FPGA 多线程

FPGA 不仅支持多线程，而且支持物理意义上的多线程。将经过编译的 FPGA 程序下载到 FPGA 硬件后，空白的 FPGA 会被自动配置成相应的逻辑电路。因此，在 FPGA 中可以形成彻底互相不干预的逻辑电路，执行并行循环。把一个复杂任务分解成多个线程，有利于提高运行速度和效率。由于多个循环位于不同的组织结构中，所以多个循环可以完全同步运行。另外，各自的循环间隔不同，增加或者减少一个循环完全不影响其他循环。虽然 FPGA 特别适合同时运行多个线程，但是 FPGA 的线程具有自己的特点，FPGA 完全是由硬件逻辑电路实现多线程的。因此，编程方法和风格极大地影响 FPGA 的运行，尤其是线程之间需要通信的场合。

常规的 LabVIEW 多线程之间通信可以采用全局变量、局部变量、LV2 型全局变量、同步技术，以及属性节点等方法。这些常用的 LabVIEW 线程或者 VI 之间的数据交换技术在 FPGA 中并不适用。例如，全局变量适合在多个 VI 中共享数据，而 FPGA 基本不需要全局变量。FPGA 资源是非常宝贵的，比较复杂的操作，比如数据处理等一般都会在 RT 控制器中进行。简单的数据交换是可以用局部变量完成的，FPGA 会自动对局部变量进行锁定。这样防止了常规局部变量竞争的问题，但是同时导致 FPGA 多个线程有时不能按照固定的时序运行，从而丧失了 FPGA 多线程的优越性。因此，在不是必要的时候，一般很少使用局部变量。FPGA 是无界面的，因此通过属性节点控制其输入控件和输出控件没有任何意义。至于常用的同步技术，FPGA 根本不支持。

如上所述，FPGA 是非常适合多线程的，但是必须使用 FPGA 独特的数据交换技术。下面就详细介绍在 FPGA 中进行数据交换的方法。

### 2. 使用移位寄存器在单线程两次循环间传递数据

使用移位寄存器在多次循环中传递数据，是 LabVIEW 常规编程中非常常见的技术。我们在状态机中也多次使用这样的技术，其他语言将这种编程方法称为流水线（Pipe Line）编程。FPGA 非常适合于高速 PID。PID 是我们耳熟能详的控制技术，使用非常广泛。

NI 对于常规 PID 编程提供了专门的工具包。因为比较简单，所以我们并未对 PID 工具包做专门的介绍。普通的 PID 控制仅适合变化较慢的场合，比如温度控制，而 RT 模块和 FPGA 使得高速 PID 数字控制成为可能，在很多场合完全可以取代常规的模拟 PID。FPGA 专门提供了 PID 函数节点，要使用 FPGA PID 函数必须同时安装 FPGA 工具包和 PID 工具包。如图 17-37 所示，PID 控制在 FPGA 中非常简单。

PID 的基本原理是通过各类传感器，获取设备的当前状态。例如，测量加热箱的温度，并与设定温度值比较，然后根据当前值和设定值的差值，控制加热装置。如图 17-38 所示，这里采用的是一般的数据流方式来采集外部数据，然后通过 PID 运算，进而控制输出。FPGA 中的模拟量输入/输出，特别是模拟量输入（需要 A/D 转换），是比较耗时的。另外，由于循环时间为模拟量输入时间+模拟量输出时间+运算时间，其中运算时间是比较短的，所以总的时间基本上消耗在 A/D 和 D/A 操作过程中。

图 17-37 和图 17-38 这两个程序框图，功能完全相同。它们的区别在于，后者 A/D 转换和 D/A 转换是同时进行的。本次 A/D 转换值存入移位寄存器中，PID 控制使用的是上次 A/D 转换值。由于 A/D 和 D/A 操作同步进行，因此极大地减少了程序的运行时间。此时程序的运行时间为 A/D 和 D/A 转换中耗时较大者。

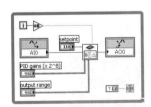

图 17-37 基本 PID 控制

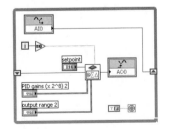

图 17-38 流水线式 PID 控制

### 3. 使用 FIFO 在多线程之间传递数据

无法直接使用移位寄存器在多线程间传递数据。当然我们可以通过封装 LV2 型全局变量在多个循环之间共享数据，但是这种方式在 FPGA 中并不适合。FPGA 是基于硬件的，它的突出优点是可以保持精确的时序。LV2 型全局变量是一个独立的 VI，并且是不可重入的。因此，当一个循环调用 LV2 型全局变量时，会导致另外一个循环处于等待状态。这样就破坏了循环固有的时序。

我们在 LabVIEW 常规编程中多次提到 FIFO 的概念，FIFO（First In First Out，先入先出缓冲区）是非常常用的编程技术。FPGA 中的 FIFO 与通常的 FIFO 有所不同。从性质上看，它的作用与队列更为类似。它不仅可以用于在线程间交换数据，其更为重要的用途是在 RT 和 FPGA 之间交换数据。由于使用方法类似，我们一并在 17.3 节中介绍。

**4. 使用存储器块**

利用 FPGA 的板载 RAM，FPGA 中的不同 VI、同一 VI 中不同线程之间可以相互交换数据。同一 VI 中不同线程使用的 RAM 称为 VI-scoped Memory Item，即 VI 范围内的存储器块。在不同 VI 之间交换数据所用的存储器块称为 Target-scoped Memory Item，即目标（终端）范围的存储器块。目标范围的存储器块必须在项目中创建，而 VI 范围的存储器块是在 VI 中创建的。新版本增加了数据存储与传输函数选板，如图 17-39 所示。早期版本的存储器块存储函数也包含在该选板中。

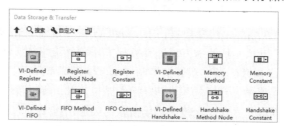

图 17-39　数据存储与传输函数选板

早期版本共有三个 VI 范围内的存储器块（内存块）操作函数，分别是"VI 范围内的内存块配置"函数、"读内存"函数和"写内存"函数。新版本增加了存储器块方法节点，取消了原来的读写函数，用方法节点代替。这些函数的使用非常简单，在使用"读内存"和"写内存"函数之前，必须创建和配置存储器块。

在 FPGA 程序框图中放置一个存储器块配置函数，在它的快捷菜单上，选择"属性"项，弹出"属性"对话框。首先需要设置存储器块名称，同一 VI 内的不同存储器块名称必须不同。如果 VI 被设置为可重入方式，则每个 VI 的副本均创建一个同样大小的存储器块。然后选择存储器块中元素的数据类型，以及存储器块中包含元素的大小。由于分配的存储器块中的当前数据是随机的，因此一般要配置其初始值。图 17-40 所示为"Initial Values（初始值配置）"页面。

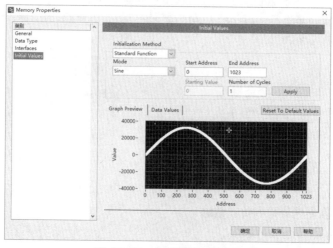

图 17-40　初始值配置页面

初始值可以设置为常量、线性数据、正弦或者余弦波形数据，也可以通过 VI 创建初始值。内存是公共区域，允许多处对相同的内存同时读写，在没有新的数据写入之前，该处内存会保持其原来的值。由于读写内存位于多线程中，多处同时读写会导致读写不正确的数据，因此在某些情况下，必须通过仲裁，限制多处读写。当某个读或者写操作在执行时，不允许其他位置读写该处内存。在"Advanced Code Generation"（高级代码生成）页面中，就可以设置仲裁模式。

仲裁是 LabVIEW 自动完成的，也就是说 LabVIEW 是仲裁者，需要访问内存的一方称为请求者，正在访问内存的一方称为访问者。仲裁可以保证任意时刻只能有一个访问者。使用仲裁方式不但需要更多的 FPGA 资源，而且阻碍了线程的正常运行。因此，在不是必要的情况下，尽量不要使用仲裁方式。

如图 17-41 所示，这里创建了一个存储器块，存储器块是一段连续的内存，可通过索引号寻址。从地址索引 0 开始，写入数据。

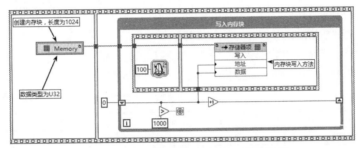

图 17-41　创建存储器块并循环写入数据

### 5. 使用寄存器

存储器块适合于一段连续的存储空间，对于简单的数据交换，使用寄存器更为合适，每个寄存器表示一个单一的数据单元。比如一个布尔量或者一个 U32 值等。在下列情况下使用寄存器存储数据：需要跨越多个时钟域访问数据，需要访问不同部分的数据以及需要写入可重入代码。相对于 FIFO，寄存器占用较少的 FPGA 资源。并且寄存器不会占用稀缺的 FPGA 资源（存储器块）。

利用寄存器在不同任务循环中交换数据，如图 17-42 所示。

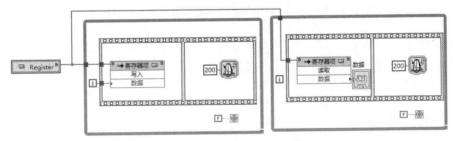

图 17-42　利用寄存器交换数据

### 6. 使用 FIFO

FIFO 是先入先出的存储空间，类似于队列。使用 FIFO 可以有效地缓冲不同任务之间的数据传输。利用 FIFO 传递数据，如图 17-43 所示。

### 7. 使用局部变量

在 FPGA 的同一 VI 的多个线程中或者顺序结构的多个帧中，使用局部变量传递数据，这与常规 LabVIEW 编程相同，但是这种方式在 FPGA 编程中并不普遍。

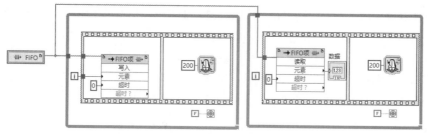

图 17-43　利用 FIFO 传递数据

## 17.2.8　FPGA IP Core

FPGA 编程虽然不复杂，但是需要相当的技巧。FPGA 工具包提供了大量的例程，我们可以直接使用这些例程，同时 NI 网站以 IP Core（知识产权内核）的方式提供了大量的常用 FPGA 功能模块。下载地址如下：

http://zone.ni.com/devzone/cda/tut/p/id/8869

IP Core 包括很多模块，如数学计算、信号分析等。这些模块都是经过实践验证的，有些已经被收录至 LabVIEW 例程和函数库中。图 17-44 列出了部分数学类函数。

| 名称 | LabVIEW FPGA版本 | IP或范例 | 行业 | 代码成熟度 |
| --- | --- | --- | --- | --- |
| PID（比例积分微分） | 7.0、7.1、8.0、8.2、8.5 | IP | 工业控制 | 5 |
| 巴特沃思滤波器 | 8.2、8.5 | IP | 通用 | 5 |
| DC与RMS测量 | 8.2、8.5 | IP | 通用 | 5 |
| 模拟周期测量 | 8.2、8.5 | IP | 通用 | 5 |
| 陷波滤波器 | 8.5 | IP | 通用 | 5 |
| 自定义数字滤波器 | 7.1、8.0、8.2、8.5 | IP | 通用 | 5 |

图 17-44　数学运算类函数

图 17-44 只是显示了一部分函数，还有很多函数和模块没在这里列出。对于通常的 FPGA 应用，基本都可以在 IP Core 中找到类似的应用，再稍加改动就可以实现我们需要的功能。

## 17.3　FPGA 与 RT 程序之间的数据交换

FPGA 中的数据采集是通过各种 C 系列模块实现的，而 C 系列模块通过内部总线和 FPGA 进行数据交换。这个过程是自动实现的，不需要我们关心细节。本节重点讨论在 RT 控制器中运行的 RT 程序和 FPGA VI 之间的数据交换问题。

### 17.3.1　读写控件方式

在 FPAG VI 中可以使用我们常见的输入控件和显示控件，而 FPGA 显然不存在显示的问题，所以 FPGA 程序中的控件主要用于和 RT 程序之间进行数据交换。

如图 17-45 所示，这里将 A/D 输入的值直接写入显示控件，D/A 输出的值由输入控件控制。我们在 RT 程序中控制这两个控件的读写就可以实现 FPGA 和 RT 之间的数据交换。

读写 FPGA 控件类似于 LabVIEW 动态调用 VI。首先获取 VI 的引用，然后使用 Write/Read 函数就可以与 FPGA 进行数据交换了。这种方式实际上是 RT 程序采用轮询（Polling）方式不断地查询 FPGA 中控件的状态，也就是说数据通信是由 RT 程序发起的。因此，我们需要使用 RT 模块提供的函数。同时，读写控件隶属于 RT 项目，必须在 RT 目标下创建。在 RT 目标下创建的 VI

一般称为 Host VI（主 VI）。

如图 17-46 所示，读写 FPGA 控件最重要的函数是"打开 FPGA VI 的引用"函数。这个函数指定了 FPGA 中运行的主 VI，即 FPGA 中的启动 VI，相当于顶层 VI。对于已经预先编译的 FPGA 中的 VI，可以指定资源名称，然后 RT 程序会自动定位 FPGA 中运行的 VI。除此之外，也可以通过属性对话框指定需要打开的 VI。这种方法可以指定 FPGA 中运行的 VI，也可以指定 Bitfile 文件。

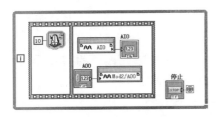

图 17-45　FPGA 程序

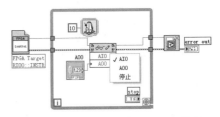

图 17-46　RT 程序读写 FPGA 控件

读写控件函数连接 FPGA VI 引用后，将自动显示出 FPGA VI 的输入控件和显示控件。因此，可以对 FPGA 的输入控件写入数据，而对 FPGA VI 的显示控件则可以读出它的当前值。

在轮询方式下，RT 程序和 FPGA VI 可以按照各自固定的时序运行。有些情况下，如果需要二者同步，则可以采用软件握手方式协调。握手方式 FPGA VI 如图 17-47 所示。握手方式 RT Host VI 如图 17-48 所示。

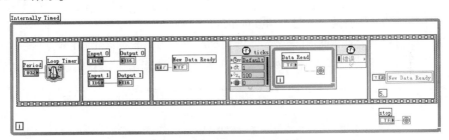

图 17-47　握手方式 FPGA VI

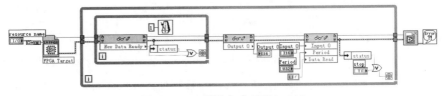

图 17-48　握手方式 RT Host VI

在 FPGA 程序中，设置了"New Data Ready"信号。如果此信号为真，则表示 FPGA 方面的数据更新已经完成，RT 方面可以读取新的数据。如果为假，则 RT 方面通过内部 While 循环一直等待。FPGA 数据更新后，置位"New Data Ready"，然后等待 RT 方面读取数据。RT 方面读取数据后，通过"Data Read"信号通知 FPGA 数据已经读取，然后 FPGA 方面进入下个循环状态。需要注意的是，由于读写控件只能执行单向操作，因此握手信号的复位只能在各自的程序框图中完成，通过局部变量复位握手信号。

### 17.3.2　中断

在轮询方式下，RT Host VI 会主动查询 FPGA 的输入控件和输出控件的当前值。由于 RT 中的 VI 是按照固定的时序运行的，因此轮询方式与 FPGA VI 中的数据是否更新没有关系。如果 FPGA 中的数据更新较慢，轮询方式可能读取重复数据。如果 FPGA 数据更新较快，则有可能错过数据更新。对于 FPGA 数据更新不频繁，但是需要响应较快的场合，则可以采用中断方式。中断方式是由 FPGA 一方主动发起的。当 FPGA 触发中断时，RT 中的 VI 立即响应中断。无中断发生时，FPGA 处于等待状态，不占用 RT CPU 时间。

中断是由 FPGA 一方触发的硬件中断，不同的 FPGA 终端拥有不同数量的硬件中断号。当多个中断同时发生时，必须通过中断仲裁机制决定中断的优先级。因此，可能产生一定的延迟。

如图 17-49 所示，中断 VI 需要指定中断号，中断号从 0 开始。"Wait Until Cleared" 端子如果为 TRUE，则中断 VI 一直等待，直至接收中断一方处理中断后才返回。"Wait Until Cleared" 端子默认值为 FALSE，表示产生中断后自动返回，不等待中断处理结束。

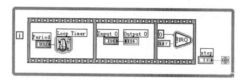

图 17-49　FPGA 产生中断

当使用中断方式通信时，RT 方面处于等待中断状态。一旦中断发生，立即读写控件的当前值，然后发送中断处理完毕信号给 FPGA，以便 FPGA 继续运行，如图 17-50 所示。

接收中断时使用了 FPGA 中的 Method 接口函数，该函数支持多种方法。如图 17-51 所示，这里就使用了其中的两个方法。下面介绍各种不同的方法。

在 RT 程序框图中放置 Method 函数。连接 FPGA 引用后，单击 Method 节点，在打开的菜单中选择需要的方法。FPGA 接口中的 Method 节点支持的方法如图 17-51 所示。

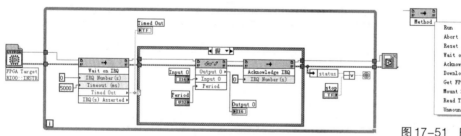

图 17-50　RT 接收中断

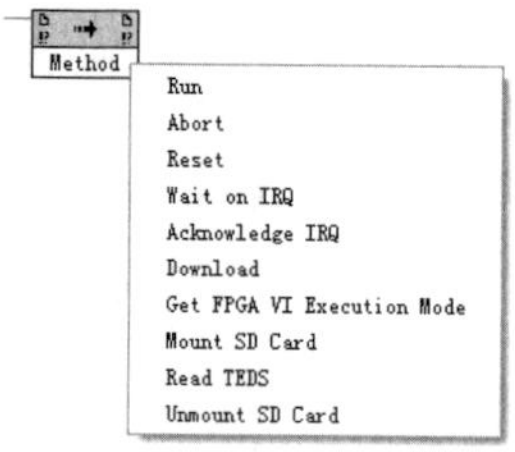

图 17-51　FPGA 接口中的
Method 节点支持的方法

如图 17-51 所示，菜单中的有些方法是针对特殊 C 模块的，下面只介绍一些通用方法。

◆ Run：该方法会运行 FPGA 终端中的 FPGA VI。如果 VI 已经运行，则不执行任何操作。

◆ Abort：该方法会放弃 FPGA 终端中正在运行的 VI，类似于 LabVIEW 的"终止执行"按钮。控件和指示器将保持当前值，不恢复为默认值。

◆ Reset：该方法会重置 VI，输入控件、指示器、移位寄存器、全局变量、FIFO 等将恢复为默认值，但是该方法并不复位内存。

◆ Wait on IRQ：该方法会等待中断发生。可以同时在多个线程或者 VI 中使用该方法，响应不同的中断号。

◆ Acknowledge IRQ：该方法会在响应中断后，通知中断源。

◆ Download：用于下载最新编译的 FPGA VI 或者 Bitfile 到 FPGA 终端。一般不需要直接调用该方法。运行 RT VI 后，如果有新编译的 VI，会自动下载。

### 17.3.3 FIFO

轮询和中断方式适于采样速度较慢的场合，不适于高速数据采集环境。在高速采集情况下，轮询方式会造成数据的丢失；而采用中断方式，则会因响应中断造成延迟，导致速度不高。因此，高速数据采集同常规的数据采集一样，采用 FIFO 方式是最佳选择。

FPGA 中的 FIFO 概念与 LabVIEW 中常规的 FIFO 概念略有不同。常规的 FIFO 在数据满后，会自动"挤出"最先进入的数据。FPGA 中的 FIFO 类似于队列的概念，在缓冲区满后，会处于等待状态，直至超时或者缓冲区有新的空闲位置。

根据 FIFO 作用域的不同，FPGA FIFO 分为如下三类。

◆ Target–Scoped FIFO（终端范围 FIFO）：用于在 FPGA 终端一个或者多个 VI 的不同线程间传递数据。

◆ VI–Scoped FIFO（VI 范围 FIFO）：用于在同一 VI 的不同线程间传递数据。

◆ DMA FIFO（直接内存访问 FIFO）：用于在 RT 和 FPGA 之间传递数据。

#### 1. VI–Scoped FIFO

顾名思义，VI-Scoped FIFO 的作用域为一个 VI 内部。它的作用主要是在 VI 内部不同线程间传递数据。VI-Scoped FIFO 需要在 VI 内部创建，其他两种类型的 FIFO 需要在项目中创建。

虽然 FIFO 实现机理比较复杂，但是 FPGA 模块中只有 4 个相关函数。如图 17-52 所示，分别为 VI-Scoped FIFO 配置函数、FIFO 写入函数、FIFO 读函数和 FIFO 清空函数。其中最重要的是 VI-Scoped FIFO 配置函数。

在程序框图中放置一个 VI-Scoped FIFO 配置函数，然后通过属性对话框可以配置其属性。如图 17-53 所示，通过属性对话框，可以配置 FIFO 的名称、数据类型、FIFO 元素的数量等属性。

图 17-52　FIFO 函数选板　　　　图 17-53　FIFO 属性对话框

通常可将 FPGA 芯片配置为两种基本的部件：触发器（Flip-Flops）和查找表（LUT）。我们所创建的 FPGA VI 通过编译后，就可以重构 FPGA 中的触发器和查找表，并形成不同的逻辑电路形式。因此，我们创建的 FIFO 可以选择触发器或者查找表形式。这两种形式占用的都是 FPGA 内部资源，非常宝贵。FIFO 缓冲区不可设置得过大，NI 建议触发器方式的 FIFO 不超过 100 字节，而容量为 100～300 字节的 FIFO 可以选择查找表方式。

除了 FPGA 芯片本身，NI FPGA 设备还配置了嵌入式存储器，即 RAM，在 FPGA 中也称为 Block Memory。同触发器和查找表相比较，它的容量可以达到几十 KB，但是存取速度相对较慢，至少需要 FPGA 6 个时钟周期才能获取最新的数据。

#### 2. Target–Scoped FIFO

Target-Scoped FIFO（终端范围 FIFO）的作用域为 FPGA 中的 VI 及其子 VI，它可以在不同 VI 之间传递数据。其配置对话框与 VI-Scoped FIFO 的基本相同。它们的区别仅仅在于创建 FIFO

的位置不同。VI-Scoped FIFO 是使用配置函数在 VI 内部创建的，而 Target-Scoped FIFO 是在 FPGA 项目中创建的，如图 17-54 所示。

图 17-54　创建 Target-Scoped FIFO

Target-Scoped FIFO 同样可以选择触发器、查找表和 **Block Memory** 方式。除了作用域不同，它的使用方法和 VI-Scoped FIFO 完全相同。

配置 FIFO 后，调用图 17-52 所示的 FIFO 读/写函数，就可以直接读/写 FIFO 了。写入数据到 FIFO 的程序框图如图 17-55 所示。

VI-Scoped FIFO、Target-Scoped FIFO 和 DMA FIFO 使用相同的 FIFO 读/写函数，而 FIFO 写入函数包括如下几个输入端子。

◆ Element：用于向 FIFO 中写入一个元素，而且写入元素的**数据类型必须与** FIFO 配置对话框中配置的数据类型一致。

◆ Timeout：用于设置超时时间，时间单位为 Tick。当 FIFO 有空闲空间时，元素立即被插入 FIFO。当 FIFO 已经满时，写入函数处于等待状态。如果等待时间超过规定的 Tick 数，Timeout 返回真，表示超时发生，元素不会被插入 FIFO。如果将 Timeout 设置为-1，则一直等待。如果设置为 0，则不等待。在定时结构循环中，必须设置为 0，因为定时循环必须保证在一个 Tick 中完成。

读取 FIFO 的程序框图如图 17-56 所示。读取 FIFO 函数的端子的意义与写 FIFO 的相同。读取 FIFO 的关键是 Timeout 参数的设置，需要协调读写之间的速度。

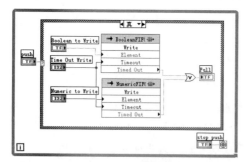

图 17-55　写入数据到 FIFO

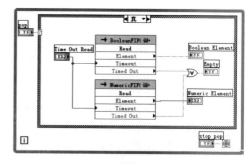

图 17-56　读取 FIFO 数据

### 3. DMA FIFO

由于 FPGA 运行的精确性，通过 FIFO 在 VI 内不同线程之间和不同 VI 之间传递数据比较容易，但是通过 FIFO 在 RT 与 FPGA 之间传递数据则比较复杂。这是因为高速采集过程中 FPGA 的运行速度在 μs 甚至 ns 的级别，而 RT 系统一般在 ms 的级别。因此，FPGA 采集的速度远远快于 RT 循环的运行速度。这种情况下，RT 如果需要读取全部数据，又不能出现数据丢失的情况，就必须采用 DMA FIFO 方式传递数据。

DMA（Direct Memory Access，直接内存访问）在数据采集中使用非常普遍。使用 DMA，通信的双方不需要 CPU 的参与，一方内存中的数据通过 DMA 控制器可以直接传递到另一方的内存中。DMA FIFO 与 Target-Scoped FIFO 使用相同的属性对话框，但是 DMA FIFO 只能使用 FPGA 的嵌入式 RAM，因此无法设为触发器和查找表方式。DMA FIFO 首先要确定数据传输的方向。这与 FPGA 硬件有关，个别的 FPGA 硬件仅支持 FPGA 至 RT 的数据传送，但是大多数都支持双向数据传送。如果要进行双向数据传送，必须使用两个不同的 FIFO。针对一个特定的 FIFO，数据传输方向是确定的，要么是 FPGA 至 RT，要么是 RT 至 FPGA。

　　DMA FIFO 的传送机制与常规的数据采集卡 DMA 传送机制是类似的。支持 DMA FIFO 的 FPGA 设备，通过控制总线（比如 PCI 总线），自动实现双方数据在内存中的传送，而且中间没有 CPU 的参与。因此，DMA FIFO 传输批量数据的速度非常快。因为启动一个 DMA FIFO 的传输动作相对于读/写控件方式需要耗费更多的时间，所以 DMA FIFO 的优势只有在传输大量数据时才能体现出来。

　　LabVIEW 使用 DMA Engine 来负责 DMA FIFO 的数据传送。DMA Engine 由驱动程序和硬件两部分组成，在后台自动工作。实际上它就是我们通常说的 DMA 控制器。

　　配置 DMA FIFO 的大小是非常关键的，在 LabVIEW 中称 DMA FIFO 的大小为深度。FPGA 方面的参数可以通过属性对话框设置，运行时不能改变。RT 方面默认 FIFO 大小为 10000 个数据，通过 Method 节点中的配置方法可以配置它的大小。另外，必须保证 RT 方面的 FIFO 足够大，这样 FPGA 在插入数据时就不需要等待了。

　　如图 17-57 所示，这里的 FPGA 写入 8 个模拟量输入通道的数据到 DMA FIFO 中。

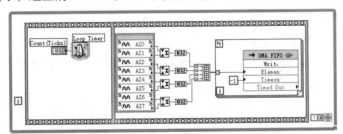

图 17-57　FPGA 将数据写入 DMA FIFO

图 17-58 展示了如何使用 RT Host VI 来读取 DMA FIFO 中的数据。

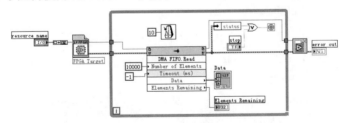

图 17-58　RT Host VI 读取 DMA FIFO 中的数据

## 17.3.4　扫描方式

　　LabVIEW 8.6 的 FPGA 工具包引入了一种新的 FPGA 编程模式，即扫描方式。在扫描方式下，用户不需要对 FPGA 进行任何编程，RT 会直接用 I/O 变量映射 C 模块的 I/O。从形式上看，似乎是 RT 直接读写 C 模块。其实不然，FPGA 工具包对支持扫描方式的 C 模块预编译了 FPGA 程序。也就是说，FPGA 程序虽然不需用户编写，但是其依然存在，不过是由工具包自动完成的。

　　扫描方式的基本原理如图 17-59 所示。扫描方式的强大功能是通过 RT 中的 Scan Engine 和 FPGA 中的 RIO Scan Interface 来实现的。RT 的 Scan Engine 按照设定的速率，把 FPGA I/O 的值写入内存。RIO Scan Interface 由 NI 公司开发的一系列 IP Core 构成。在 FPGA 运行时其会被自动下载到 FPGA 中，这些 IP Core 完成所有的硬件采集功能。

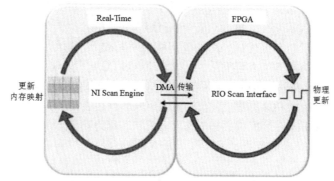

图 17-59　扫描方式的基本原理

使用扫描方式极大地降低了 FPGA 编程的复杂性。采集温度、压力等慢速变化的数据时，不需要对 FPGA 进行任何编程。这样我们就可以集中进行 RT 方面和上位机方面的编程工作。扫描方式支持的最高扫描频率为 1000Hz，因此不适合高速数据采集。

并非所有的控制器和 C 系列模块都支持扫描方式，而且不同的 C 系列模块扫描方式的配置也不相同。使用扫描方式首先需要了解如何建立 I/O 变量。例如，RT 是通过 I/O 变量直接访问 FPGA 外部 I/O 的。

如果在 FPGA Chassis 中创建 C 系列模块，则创建的是 I/O 变量。如果在 FPGA 目标的快捷方式下创建 C 模块，则创建的是 FPGA C 模块。从图标上也可以看出二者明显的区别。

已经存在的 I/O 变量，如果被拖动到 FPGA 目标下，则自动建立 C 模块。如果将已经存在的 C 模块拖动到 FPGA Chassis 中，则自动建立 I/O 变量。

右击选中的模块，在快捷菜单中选择"属性"项，在弹出的属性对话框中配置模块属性。以这种方式配置 A/D 和 D/A 非常简单，但是配置 I/O 则非常复杂。这是因为高速 I/O 通常可以作为计数器使用，而利用计数器，可以测量频率、计数和进行 PWM 脉宽调制输出。扫描方式支持计数器的常规功能，下面就分类介绍如何配置扫描方式计数器。

### 1. PWM 脉宽调制波形输出

如图 17-60 所示，LabVIEW 预先定义了几种常用 PWM 频率供我们选择。PWM 可以选择的频率有 1Hz、50Hz、250Hz、500Hz、1kHz、5kHz、10kHz 和 20kHz。为每个通道选择不同的频率，这样就可以同时输出不同频率的 PWM 波形。

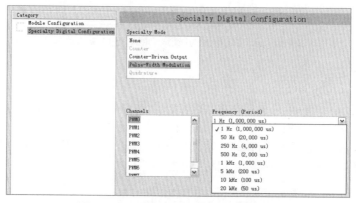

图 17-60　配置扫描方式的 PWM 输出

除了配置 PWM 波形的频率，还需要设定占空比。占空比需要在 RT Host VI 中设置。直接拖动配置好的 I/O 变量到 RT Host VI 中，即可自动建立与 I/O 变量对应的共享变量。这时，向 PWM 共享变量写入的值就是 PWM 的占空比。设置 PWM 占空比的方法如图 17-61 所示。

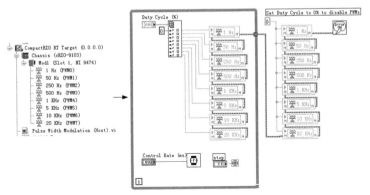

图 17-61  设置 PWM 占空比

### 2. 计数功能

边沿计数是计数器最基本的功能。扫描方式支持比较复杂的计数，其复杂性体现在属性对话框的配置，如图 17-62 所示。

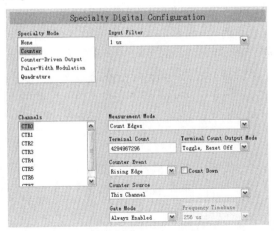

图 17-62  计数方式的属性配置

图 17-62 所示的对话框中的选项，详细介绍如下。

◆ Input Filter（ 输入滤波 ）：这个属性值可以设置为 1μs、16μs、256μs、4096μs 或者 Disabled，该值作用于所有计数器输入端子，用来过滤指定时间范围内的噪声、瞬时脉冲、毛刺等。如果选择 Disabled，则使用默认时基，宽度大于 250ns 的脉冲能够检测到，小于 250ns 的脉冲则不能检测到。选择 1μs，则宽度小于 1μs 的脉冲无法检测到，1μs 和 2μs 之间的脉冲有时能检测到，大于 2μs 的脉冲可以检测到，其他选项的含义与此类似。

◆ Measurement Mode（ 测量方式 ）：分为边沿计数方式、周期测量、脉冲宽度测量和频率测量等。对于一般的计数需求，选择边沿计数方式即可。

◆ Terminal Count（ 结束计数 ）：该参数用于设置计数器的最大值。当使用 32 位计数器时，计数器的最大计数值为 $2^{32}-1$。如果设定了结束计数值，则当达到设定值时，计数器自动复位，并在此从 0 开始计数。

◆ Terminal Count Output Mode（结束计数输出模式）：该参数用于设置结束计数后需要响应的动作。当计数器达到预设值时，可以在其他槽的 C 模块数字量输出中，响应计数器值到达事件。其他模块必须在 Counter-Driven Output 模式下工作。事件发生时可以选择下列 4 种动作：

 ● Toggle,Reset Off：选择该动作，Counter-Driven Output 通道开始状态为 OFF，每次事件发生时切换状态。

 ● Toggle,Reset On：选择该动作，Counter-Driven Output 通道开始状态为 ON，每次事件发生时切换状态。

 ● On Pulse：选择该动作，一般情况下 Counter-Driven Output 保持 OFF 状态，事件发生时状态为 ON，并保持一个计数周期，形成一个正向脉冲。

 ● Off Pulse：选择该动作，一般情况下 Counter-Driven Output 保持 ON 状态，事件发生时状态为 OFF，并保持一个计数周期，形成一个负向脉冲。

◆ Count Down（减量计数）：一般情况下，默认设置为增量计数。勾选 "Counter Down" 复选框后为减量计数。当计数器值达到 0 时，计数器会自动复位到预设值，重新开始减量计数。

◆ Counter Event（计数触发模式）：用于设定计数的触发方式。可以选择上升沿、下降沿或上升、下降双沿计数。

◆ Counter Source（计数源）：通常情况下，计数器为 32 位，计数源就是该通道的数字量输入。允许计数器级联，选择计数源为前一个通道时，则变成 64 位计数器。当前一个通道达到预设值时，触发其后一个通道的计数器加 1。

◆ Gate Mode（门控方式）：该参数利用下一个通道作为当前计数器的门控输入。当门控输入为高时允许计数，当门控输入为低时，停止计数。

### 3. 周期测量

周期测量比较简单，只需要选择测量边沿即可。选择上升沿，测量的是一个上升沿到下一个上升沿之间的时间周期。选择下降沿，测量的是一个下降沿和下一个下降沿之间的时间周期。

### 4. 脉冲宽度测量

脉冲宽度测量首先需要选择滤波方式，然后选择测量形式。测量形式包括 3 种。

◆ 高脉冲：用于测量连接信号为高的持续时间。

◆ 低脉冲：用于测量连接信号为低的持续时间。

◆ 最近的：用于返回最近的高低电平构成的完整脉冲时间。

### 5. 频率测量

频率测量是计数器的基本应用之一。频率测量的基本原理是在给定的时间范围内测量计数器变化的值，进而计算出信号的频率。要进行频率测量首先需要选择滤波方式，然后选择上升沿测量或下降沿测量。

选择给定时间即基准时基是非常重要的。基准时基越小，分辨率越差，但是响应速度较快，能够及时获取最新的数据结果。反之，基准时基越高，则分辨率越高，但是响应速度越慢，不能够及时获取最新的数据。

对于小于 1kHz 的频率，用测量周期的方法来测量更为精确。反之，如果测量较短的周期，则可以考虑用测量频率的方法测量。然后求倒数，即可间接测量较短的周期。

使用扫描方式避免了 FPGA 编程,这对于变化较慢的大批量的输入信号采集非常实用。另外,在 RT 终端中设置扫描周期,一般采用 ms 作为单位。

### 6. 编码器

一个编码器需要 3 个连续的输入通道,而一个 C 系列模块最多可以配置为两个编码器。因此,0、1、2 数字量输入通道为第一个编码器的 A、B、Z 输入,3、4、5 数字输入通道为第二个编码器的 A、B、Z 输入。

对于含有低速采集和高速采集的混合应用,可以采用扫描和 FPGA 编程的混合方式来处理。高速采集部分采用 FPGA 编程方式,通过 DMA 实现高速数据交换;低速采集部分则采用扫描方式来获得数据。

### 17.3.5　专用 C 模块

针对各种具体应用,NI 公司提供了多种 C 模块供用户选择。这样就可以灵活地构建最优系统,既能满足数据采集的要求,又不浪费硬件资源。

除了常规的 A/D、D/A、I/O 模块,NI 还提供了一些专用模块,比如 RS232 通信模块、CAN 通信模块等。比较复杂的常规测量模块也各不相同,比如对于同一模块可以选择不同的量程及端子的不同连接方式。不同的专用 C 模块会提供不同的方法节点,通过专用的方法节点对其实施控制。下面根据具体类别说明专用 C 模块的控制方法。

### 1. 模拟量输入

模拟量输入 C 模块的种类是最多的,下面以 NI 9205 为例,讨论特殊模拟量输入模块的用法。NI 9205 可以配置为 32 路单端输入或者 16 路差分输入、±200 mV、±1 V、±5 V 和±10 V 可编程输入范围,16 位分辨率,总采样率 250kS/s。由于 NI 9205 具有多种配置方式,所以需要编程配置所需的量程和接线方式。

NI 9205 提供了 4 个专用方法,分别是 I/O Sample、Set Terminal Mode（设置终端模式）、Set Triggers（设置触发器）和 Set Voltage Range（设置量程）。如图 17-63 所示,这里使用 Set Terminal Mode 来设置连线方式,还使用 Set Voltage Range 来设置量程,并通过 For 循环一次设置了多个通道。

设置量程与接线方式的参数类型的方法如图 17-64 所示。

从图 17-63 中可以看到,NI 9205 还支持触发方式采集。对于其他特殊的 A/D 模块,根据其特殊的功能,C 模块还会相应地提供其他的方法。这些功能方法都是硬件相关的。

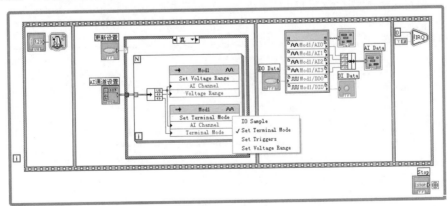

图 17-63　配置 NI 9205 量程与接线方式

### 2. 串口

FPGA 使用 NI 9870 模块作为 CRIO 扩展串行接口。NI 9870 模块的主要参数如下：

◆ 4 个 RS232（TIA/EIA-232）串口。

◆ 可配置 14 b/s～961 kb/s 的波特率。

◆ 数据位为 5、6、7、8，结束位为 1、1.5、2。

◆ 控制流为 XON/OFF、RTS/CTS、无。

◆ 各个端口上均配有 64 B UART FIFO 独立缓冲区。

FPGA 的串口编程与普通的 RS232 串口编程区别不大，可以参考常规 RS232 串口编程。

### 3. CAN 总线

CAN 总线是目前工业领域常用总线之一。特别是在汽车行业，CAN 总线的使用极其普遍。NI 985x 系列模块使用 CAN 总线，其中 NI 9853 为高速 CAN 通信模块，而 NI9852 为低速 CAN 通信模块。

CAN 总线采用帧结构通信，因此编程非常简单。发送帧和接收帧的程序框图如图 17-65 所示。

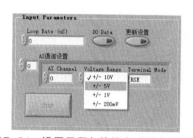

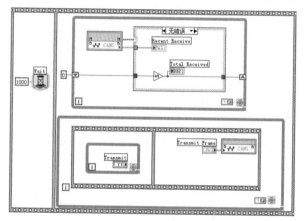

图 17-64　设置量程与接线方式的参数类型　　　　图 17-65　接收帧和发送帧

### 4. 文件存储

FPGA 本身是没有永久性存储设备的，因此无法实现数据的永久保存。借助于 NI 9802 安全数字型可拆卸存储模块，则可以以文件的方式存储数据。NI 9802 模块具备两个 SD 卡插槽。SD 卡的最大容量为 2GB，因此 NI 9802 最大的存储容量为 4GB。NI 9802 的写入速度为 2MB/s，编程方法与一般的文件操作基本相同。SD 卡的读写类似于二进制文件的读写。SD 卡的编程方法如图 17-66 所示。

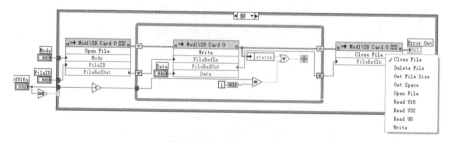

图 17-66　写入 SD 卡

通过 SD 卡除了可以进行打开、读写和关闭文件操作，还可以进行删除文件、获取文件大小等操作。

### 17.3.6 FPGA 程序的优化

FPGA 的硬件资源是非常有限的，不同 FPGA 程序的编写风格对程序性能的影响非常显著。实现同一功能的 FPGA VI，编写方法不同，编译后占用的 FPGA 资源会有很大的差别。因此，在实现功能的基础上，必须考虑对 FPGA 程序进行优化。优化主要包括提高运行速度和提高 FPGA 逻辑的使用率这两个方面。

虽然我们不需要进行 FPGA 底层编程，但是了解 FPGA 的硬件基本原理对 FPGA 的编程是有极大帮助的。

前面我们已经提到 FPGA 是由触发器构成的。每个触发器可以表示一个逻辑位，具有真、假两种状态。一组触发器构成一个寄存器，比如一个 8 位寄存器，可以表示 8 个逻辑位。因此，可以用 8 位寄存器代表 U8 数据。FPGA 中的寄存器具有一个时钟输入端、一个数据输入端和一个数据输出端。在每个时钟输入端的时钟周期内，数据输入端的数据进入寄存器并锁存，同时寄存器的内部数据输出到输出端。我们可以认为寄存器是 FPGA 中的基本数据单元，它包含的触发器的数量决定了它可以代表何种数据类型。

寄存器的最大特点是在一个时钟周期内更新一次数据。由于 FPGA 一般工作在 40MHz 基准时钟上，也就是说每个时钟周期为 25ns，那么必须保证数据从一个寄存器传递到另一个寄存器需要的时间小于 25ns。这个传递时间称作传递延迟。传递延迟由两部分构成，即逻辑门电路本身的延迟和信号在布线之间传递产生的延迟。其中逻辑门电路本身的延迟更为突出。后者由于编译器本身会对布线进行优化，试图用最短的路径传递信号，因此延迟不明显。但是随着使用的寄存器数量的增加，布线的延迟越来越显著。如果两个寄存器之间的传递延迟超过一个时钟周期，则编译时会返回错误。

如图 17-67 所示，假定函数 A 的执行需要 6 ns，函数 B 需要 14 ns，如果不考虑连线时间，则所需时间为 20 ns。因此，留给布线的时间为 5 ns。如果采用图 17-67 中方式 1 的布线方式，则信号在布线之间传递需要 3ns，所以可以成功编译。如果采用方式 2，则信号在布线之间传递需要 9ns，总的时间超过了 25ns，因此会编译失败。

FPGA 的编译器是非常智能化的，在必要的情况下，它可能会采取不同的编译策略。如果插入中间寄存器，这样两个寄存器之间所需的时间就小于 25 ns 了，如图 17-68 所示。

插入中间寄存器后，虽然解决了在一个时钟周期内编译的问题，但是实际数据传递就会需要更多的时钟周期。在当前时钟周期，数据传入中间寄存器。在下一个时钟周期，中间寄存器的数据输出到寄存器。也就是说这样编译的结果，会使得运行速度降低。

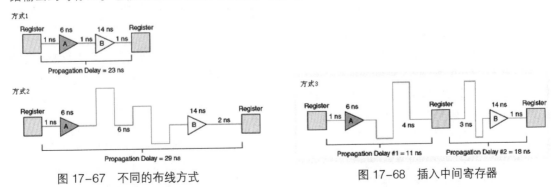

图 17-67　不同的布线方式　　　　　　　　图 17-68　插入中间寄存器

从一个 FPGA 寄存器的输出到另外一个寄存器的输入的中间过程称为组合路径。通过上面的分析可以看到，在时钟的上升沿控制下，寄存器会存储和更新数据。这就要求中间组合路径耗费的时间不能过长。尤其是在定时循环中，必须保证在一个 Tick 周期内完成所有的数据传输。在单周期定时循环中，编译器在输出寄存器和输入寄存器之间不会增加中间寄存器，而是采用增加组合路径长度的方式。如果路径过长，超过一个时钟周期，则会产生编译错误，表明无法在一个 Tick 周期完成数据传输。

如图 17-69 所示，普通循环与单周期定时循环的代码和功能是完全相同的，但是运行时间和所占的空间是不同的。产生这种现象的原因是单周期定时循环消除了中间寄存器，因此客观上要求其内部代码必须在一个 Tick 中完成执行。这样就提高了运行速度，同时节省了内部资源。

使用单周期定时循环只能优化 FPGA 的内部代码，而数据采集是不可能在一个时钟周期内完成的，但这并不意味着在涉及硬件采集的情况下，不能使用单周期定时循环。

如图 17-70 所示，从常规 LabVIEW 编程角度看，这里使用的方法是毫无意义的，但是在 FPGA 编程中，采集结果运算处理部分使用单周期定时循环是非常有必要的。定时循环只运行一次，因此目的并不是使用循环本身，而是限定编译器。单周期定时循环内部的代码必须在一个 Tick 内完成执行，实际上这改变了编译器的编译方式。

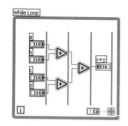 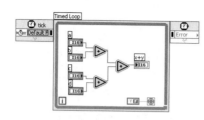

图 17-69　普通循环（左）与单周期定时循环（右）

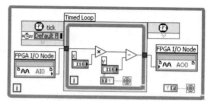

图 17-70　用单周期定时循环优化内部代码

需要注意的是，并非所有的内置函数都能在单周期定时循环内运行。即便使用的都是单周期定时循环支持的函数，由于复杂程度的不同，也无法保证编译器能够顺利编译成功。因此，只有在特别需要的情形下才使用定时循环优化代码，一般情况下是不需要优化的。

另一个重要的优化方法是使用流水线作业方式，流水线作业的基本原理是使用移位寄存器保存数据，多个线程同时运行。使用流水线方式优化后的程序框图如图 17-71 所示。

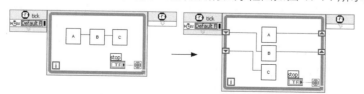

图 17-71　使用流水线方式优化

使用反馈节点同样可以实现流水线作业，如图 17-72 所示。

在前面 17.2 节讨论 FIFO 数据传输时，我们谈及了仲裁的问题。共享资源的共享仲裁不仅极大地影响了运行速度，而且需要额外的空间。如果通过具体的编程结构本身来避免同时访问共享资源，我们就可以选择"永远不仲裁"方式。另外，在同一循环中可以通过顺序结构，避免同时读/写共享资源，如图 17-73 所示。

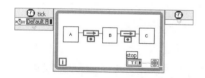

图 17-72　利用反馈节点实现流水线作业

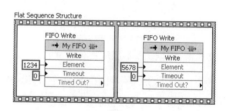

图 17-73　避免同时使用共享资源

通过 FPGA 顶层 VI 的前面板输入控件和显示控件，可以在 RT Host VI 和 FPGA VI 间交换数据。前面板控件的数量及其代表的数据类型，是影响 FPGA 运行速度和资源耗费的重要因素。顶层 VI 的前面板控件对 FPGA 资源的耗费非常严重，因为顶层 VI 中的输入控件和显示控件必须在两次调用之间保持它们的值，这会消耗更多的寄存器。因此，需要尽可能地减少前面板控件的数量。

同常规 LabVIEW 编程一样，数组控件的使用也是极其耗费资源的。因此，除非必要，应该尽量避免使用。如果需要进行数据交换，则尽量使用 FIFO 和内存数据交换的方法而避免使用数组控件。当 RT Host VI 通过数组向 FPGA VI 传数据的时候，FPGA 编译器会创建一个相应的 For 循环，依次读取数组中的每一个元素，而对于簇类型的数据则采用并行读取的方式，同时读取簇中的各个元素。

如果不需要通过输入控件和显示控件在 RT 和 FPGA VI 之间传递数据，只是在 FPGA 的各个 VI 之间交换数据，则可以使用全局变量替代输入控件和显示控件。如果不需要通过控件在 RT 和 FPGA，以及 FPGA 各 VI 之间进行数据交换，则可以使用常量替代控件。这样可以避免为前面板控件分配额外的资源。

在 FPGA VI 设计中，使用移位寄存器或者反馈节点保存中间数据，可以有效节约 FPGA 资源。另外，特别需要重视选择合适的数据类型，尽量根据需要选择耗费资源最少的数据类型。例如，用一个 U8 类型可以表示 8 个布尔量，一个 U32 控件可以表示 32 个布尔量。

## 17.4 Spartan-3E 开发板

基于 PCI 和 PXI 总线的 R 系列板卡的 FPGA 编程方法与 CRIO FPGA 类似。FPGA 工具包中提供了大量的例程，理解了 CRIO 编程后，R 系列板卡的编程就很容易理解了。

R 系列板卡和 CRIO 的硬件设备非常昂贵。除了大学的实验室可能具备这样的设备，一般的组织单位很少有设备供我们学习和研究。这就给我们学习和使用 FPGA 造成了极大的困难。相对而言，Spartan-3E 开发板由于成本低廉，在国内使用非常广泛。NI 公司对 Spartan-3E 开发板提供了全面的支持，因此可以通过 Spartan-3E 开发板实际测试 FPGA 工具包的使用方法。

### 17.4.1 Spartan-3E 开发板简介

使用 Spartan-3E 开发板前，首先需要熟悉开发板的硬件构成及其可以实现的功能。

为了帮助用户熟悉 FPGA 数字量输入/输出的方法，开发板使用四个开关，表示外部四个数字量输入。它们位于开发板的右下角，每个滑动开关下面标有名称，分别为 SW0、SW1、SW2 和 SW3，如图 17-74 所示。

当开关置于 ON 状态时，管脚输入 3.3V 电压，处于逻辑高电平状态。当开关置于 OFF 状态时，管脚直接连接地，处于逻辑低电平状态。另外，开关的上方是 8 个数字量输出。

除了四个滑动开关，Spartan-3E 开发板还提供了四个触发按钮和一个旋钮，位于开发板的左下角，如图 17-75 所示。

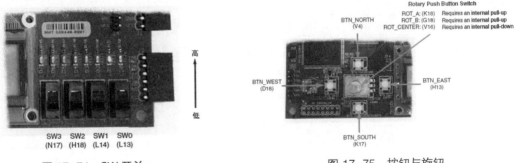

图 17-74 SW 开关　　　　　　　　图 17-75 按钮与旋钮

BTN_EAST、BTN_WEST、BTN_SOUTH、BTN_NORTH 这四个按钮都具有下拉电阻。当这些按钮没有被按下时电阻为低，按下后电阻为高。在四个按钮中间是一个旋钮。转动旋钮，可以产生 A、B 两相脉冲来模拟编码器。按下旋钮，则其功能类似一个按钮，可以模拟编码器的 Z 相。以上介绍的不过是开发板的基本功能，详细内容请查阅 Spartan-3E 开发板用户手册。

在 LabVIEW 中使用 Spartan-3E 开发板，需要安装 NI 的 SPARTAN-3E 开发板驱动程序。驱动程序分为 8.5 和 8.6 版本，可以根据 LabVIEW 的版本确定使用驱动程序的版本，驱动程序下载地址如下：

http://digital.ni.com/express.nsf/bycode/spartan3e

驱动程序的安装很简单。由于 Spartan-3E 开发板没有提供 USB 连接电缆的驱动程序，因此需要安装 ISE 软件包，安装时选择 USB 驱动程序就可以了。

## 17.4.2 建立 Spartan-3E FPGA 项目

创建 Spartan-3E FPGA 项目与创建 CRIO 项目有很大不同。因为 Spartan-3E 开发板是通过 USB 与 PC 通信的，所以不存在 RT 项目。建立一般项目后，通过项目中"我的电脑"快捷菜单，可以直接创建 FPGA 终端。创建 Spartan-3E 终端的方法如图 17-76 所示。

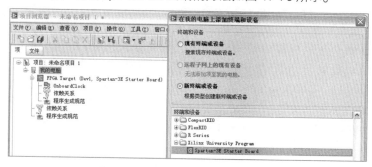

图 17-76　创建 Spartan-3E 终端

创建 Spartan-3E FPGA 项目后，接下来需要添加 FPGA I/O。通过 FPGA 终端的快捷菜单，选择创建 FPGA I/O，如图 17-77 所示。Spartan-3E 开发板所有可用的资源都出现在"Available Resources"列表中。

接下来就是添加所需的资源，这里选择 SW0、SW1、SW2、SW3 滑动开关，同时选取 8 个指示灯中的 4 个。

存储项目后，创建 FPGA VI 并直接拖动 FPGA I/O 变量到 VI 程序框图中。我们的目的是通过 4 个滑动开关控制 4 个指示灯。具体的程序框图如图 17-78 所示。

图 17-77　添加 Spratan-3E FPGA I/O

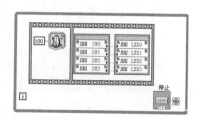

图 17-78　用滑动开关控制指示灯

### 17.4.3　编译 FPGA 程序

Spartan-3E FPGA 程序编写完成后，接下来需要编译 FPGA 程序。可以通过两种方式启动编译程序：一是直接运行 FPGA VI；二是在顶层 VI 的快捷菜单上选择"编译"项。Spartan-3E FPGA 程序的编译过程与 CRIO 和 R 系列程序是完全相同的，下面我们详细介绍编译的完整过程。

FPGA 程序的编译是通过 FPGA 编译服务器实现的。作为 FPGA 编译服务器的客户端，开始编译后，LabVIEW 会自动连接到 FPGA 编译服务器。编译期间，LabVIEW 可以断开与编译服务器的连接，但是服务器会继续 FPGA 程序的编译。只要不更改正在编译的 VI，LabVIEW 就可以进行其他的工作。另外，在需要的时候，LabVIEW 还可以重新连接到编译服务器。

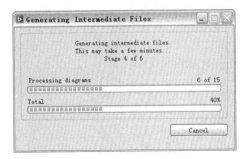

图 17-79　创建中间文件

如图 17-79 所示，编译程序首先创建所需的中间文件。

创建完毕后，LabVIEW 自动启动 FPGA 编译服务器。编译的过程很长，一个较小的 FPGA 程序就可能耗时十几分钟。编译服务器的编译过程界面如图 17-80 所示。

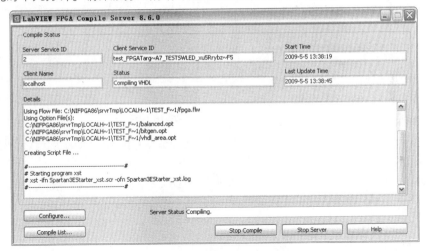

图 17-80　编译服务器在编译中

如图 17-80 所示，在编译服务器中有一些重要的参数。

◆ Server Service ID：编译服务器是外部应用程序，它可以通过网络编译其他计算机上的 FPGA 程序。Server Service ID 就是用来标识编译的 FPGA VI 的。单击"Compile List（编译列表）"按钮，可以看到过去编译过的所有 FPGA VI。

◆ Client Service ID：用来标识正在编译的 FPGA VI。

◆ Client Name：FPGA VI 所在的计算机名称。如果是本机，则显示 localhost。

◆ Server Status：用来显示编译服务器的当前状态。Compiling 表示正在编译；Idle 表示空闲，即编译完成。

编译完成后，编译服务器不会自动退出，需要单击"Stop Server"按钮它才能退出。退出后，编译的 FPGA VI 会被自动下载到 Spartan-3E 开发板中。然后，根据我们设计的 FPGA 程序，改变滑动开关，对应的 LED 输出指示灯将随之改变。

上面介绍了建立 Spartan-3E FPGA 程序的完整过程，下面通过一些具体示例说明如何使用 Spartan-3E 开发板。

### 1. 读取按钮并显示

Spartan-3E 开发板共有 BTN_EAST、BTN_WEST、BTN_SOUTH、BTN_NORTH、ROT_CENTER 五个按钮，如图 17-81 所示的程序框图读取这些按钮的状态，并显示在开发板的指示灯上。通过按钮的按下和释放，验证 FPGA 程序是否正确运行。

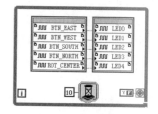

图 17-81　读取按钮状态并显示

### 2. Host VI 读写 FPGA 控件

通过读写 FPGA VI 控件的方式，Host VI 可以和 FPGA VI 进行数据交换。如图 17-82 和图 17-83 所示，这两个例子展示了如何通过 RT Host VI 控制 Spartan-3E 开发板上的指示灯。图 17-82 为 FPGA VI 的程序框图，图 17-83 为 RT Host VI 的程序框图。

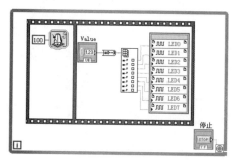

图 17-82　FPGA VI

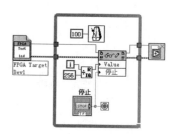

图 17-83　Host VI

在监控的状态下，可以直接使用前面板上的输入控件控制指示灯。在正常情况下，由于 FPGA 是不可能具有前面板的，因此必须在计算机上的 RT HOST VI 中修改 Value 的值，间接控制指示灯。具体的程序框图如图 17-83 所示。

Spartan-3E 开发板具有强大的功能，比如 LCD 显示、SPI 总线通信、模拟量输入/输出等。如果已经拥有开发板，那么通过 FPGA 工具包，就可以测试开发板的各种功能。

## 17.5　小结

本章集中讨论了 NI FPGA 工具包的使用方法。FPGA 工具包是 NI 公司新推出的专用工具包，通过 FPGA 工具包，LabVIEW 拓展了它的应用范围，从所谓的软件就是仪器过渡到自定义硬件，使数据采集卡从多功能系统走向了柔性系统。在可以预见的将来，软件将成为万能仪器。这是一个极大的跨越。

FPGA 编程与常规的 LabVIEW 编程非常相似。这使得 LabVIEW 工程师可以毫不费力地从常规编程过渡到 FPGA 编程。但是由于 FPGA 的硬件资源比较有限，因此其对编程者提出了更高的要求。很多常规的 LabVIEW 高效编程方法在 FPGA 中并不适用，所以在使用和学习中，更需要注意 FPGA 编程的特殊性。

FPGA 编程与 RT 工具包是密不可分的，所以必须熟悉 RT 系统的编程。FPGA 应用是 LabVIEW、RT、FPGA 三者相结合的。这对于 LabVIEW 编程者来说，是一个新的挑战。

◆　　　　◆　　　　◆